CLARISSIMI VIRI

D. IODOCI DAMHOVDERII,

BRVGENSIS, EQVITIS AVRATI, I.V.D.

CONSILIARII REGII,

PRAXIS RERVM CRIMINALIVM.

OPVS ABSOLVTISSIMVM,

Prætoribus, Conſulibus, Magiſtratibus, atq; omnibus Iuſtitiæ adminiſtris neceſſarium.

Ab ipſo Auctore ante mortem tertia ſui parte auctum, & nunc tandem vltimò editum.

Cum Summariis, Capitum & Titulorum, Materiarum item Indicibus copioſiſsimis.

Seorſum acceſſerunt eiuſdem Auctoris

SENTENTIÆ SELECTÆ, PERTINENTES ad materiam Praxeos Rerum criminalium;

Nunc primùm in lucem edita.

ANNO MDCI.

THE LAWBOOK EXCHANGE, LTD.
Clark, New Jersey

ISBN 978-1-58477-560-7

Lawbook Exchange edition 2005, 2023

The quality of this reprint is equivalent to the quality of the original work.
The irregular pagination is reproduced as it was found in the original work.

Pages 113–122 intentionally missing.

The Lawbook Exchange, Ltd.
33 Terminal Avenue
Clark, New Jersey 07066-1321

Please see our website for a selection of our other publications
and fine facsimile reprints of classic works of legal history:
www.lawbookexchange.com

Library of Congress Cataloging-in-Publication Data

Damhoudere, Joost de, 1507-1581.
Praxis rerum criminalium : opus absolutissimum, praetoribus, consulibus, magistratibus, atq : omnibus iustitae administris necessarium / Iodoci Damhouderii.
p. cm.
Originally published: Antverpiae : I. Belleri, 1601.
ISBN 1-58477-560-2 (cloth : alk. paper)
1. Criminal procedure--Europe--History--Sources. 2. Criminal procedure (Roman-Dutch law) I. Title.
KJC9400.D36 2005
345.4'05--dc22
2004058665

Printed in the United States of America on acid-free paper

CLARISSIMI VIRI

D. IODOCI DAMHOVDERII,

BRVGENSIS, EQVITIS AVRATI, I.V.D. CONSILIARII REGII,

PRAXIS RERVM CRIMINALIVM.

OPVS ABSOLVTISSIMVM,

Prætoribus, Consulibus, Magistratibus, atq; omnibus Iustitiæ administris necessarium.

Ab ipso Auctore ante mortem tertia sui parte auctum, & nunc tandem vltimò editum.

Cum Summariis, Capitum & Titulorum, Materiarum item Indicibus copiosissimis.

Seorsum accesserunt eiusdem Auctoris

SENTENTIÆ SELECTÆ, PERTINENTES ad materiam Praxeos Rerum criminalium;

Nunc primùm in lucem edita.

ANNO

MDCI.

ANTVERPIÆ,
Sumptibus viduæ & hæredum IOAN. BELLERI, sub insigni Aquilæ aureæ.
Cum priuilegio Sacr. Cæs. Maiestatis ad decennium.

SERENISSIMO PRINCIPI, AC DOMINO D. GVILHELMO, COMITI PALATINO RHENI, VTRIVSQVE BAVARIÆ DVCI, DOMINO suo colendissimo,

CASPAR BELLERVS TYPOGRAPHVS Antuerpiensis S. D.

D VABVS potissimè rebus, SERENISSIME PRINCEPS, publicæ rei salus & tranquillitas continetur, ex priscorũ Philosophorum sententia, PRÆMIO ET POENA. Nam vt est humani ingenii prauitas, plærique necessitate magis quàm ratione, mulctis & pœnis, quàm ipso honesto, ad honestè viuendum adducuntur: Hinc *legis virtus, non in imperando vetandoq; consistit tantùm, sed & in puniendo*, Modestino authore. Cum enim *tria Iuris præcepta sint, Honestè viuere, Alterùm non lædere, Ius suum cuique tribuere*: Huius quidem duæ partes sunt, vt bonis præmia, prauis pœna tribuatur; ad cætera verò seruanda pœna magis quàm honesto (vt diximus) plæriq; mouentur. Itaque Papinianus ex Demosthenis authoritate, Legem definiebat, *Delictorum quæ sponte, vel Ignorantia contrahuntur coërcitionem*: & Martianus ex Chrysippo scribit, *Legẽ præsidem, Principẽ ac ducẽ esse oportere, & bonis, & malis*; bonis quidẽ pręmio, malis pœnâ. Vlpianus etiam, Iustitię Sacerdotum, id est Iurisconsultorum studium esse ait, *bonos tam metu pœnarum, quàm præmiorum exhortatione efficere, in quo veram, non simulatam philosophiam affectent.* Quapropter magna Iuris vtriusque pars terribili pœnarum atrocioribus sceleribus inferendarum tractatu continetur.

Verùm cum iudiciorum forma alia, aliæ maleficiorum pœnæ, alius deniq; Iudicum & Magistratuum, qui vindicandis sceleribus præsint, ordo moribus nostris sint, quàm fuerint olim iure Romanorum, quod libris Iuris ciuilis continetur: præclarè de Republ. dubio procul, meriti sunt ii authores, qui de rebus Criminalibus ad vsum fori nostri, & temporis huius mores accommodatè scripserunt. Quorum è numero præcipuas partes obtinet IODOCVS DAMHOVDERIVS Brugensis Iurisconsultus, D. CAROLO V. CÆSARI, & deinde PHILIPPO II. REGI CATHOLICO in Flādria à consiliis; qui ante annos iam quinquaginta rerum criminalium Praxin scripsit, nostris moribus, nostriq; æui Magistratibus ac Iudiciis accōmodatissimam. Ea quanto omnium tribunalium, omniumq; in Europâ, Germaniâ maximè, ciuitatum consensu recepta sit, testimonio sunt iteratæ editiones, & varias in linguas translationes. Quem sui laboris fructum, institutiq; sui successum expertus author, adhuc in viuis agens, maiorem etiā operam, maiusq; studium ad id opus exornandum, adaugendumgendumque sibi conferendum esse censuit. quod & assecutus est prius, quàm fatis cõcederet, opere toto magna accessione adaucto & vltimâ limâ expolito. Cum itaq; author ipse superstes adhuc, opus hoc ita auctum typographię iterùm nostrę euulgandum crediderit, neque hactenus id præstare, per temporum patriæq; calamitatem licuerit: nunc tandem auctoris piis manibus, & Reipubl. cõmodis satisfaciendum esse, neq; vltra differendum putauimus. Patronum verò nouum, nouato operi quæsiturus, visum est iis Regionibus quærere, in quibus infans adhuc hic fœtus maximo applausu susceptus fuit, id est, in Germania, spe conceptâ fore vt adultus iam, maiore etiam suscipiatur. Inter Principes verò Procerosq; Germaniæ, quem potiùs deligamus quàm te, DVX SERENISSIME? qui & splẽdore familię, & Imperii amplitudine ac potentia, & veræ Religionis procuratione, & rei literariæ studio, & deniq; seuerâ Iustitię administratione longè cæteris antistas.

Quare supplices oramus, vt libri huius frontem, tuo inscribi nomine, ipsumq; tuo censeri patrocinio, facilis lubensq; patiaris: Ita nobis animũ magnopere augebis rei literariæ laboribus nostris promouendæ; & in vicem gratiarum agendarum, D.O.M. orabimus, vt te

SERENISSIME PRINCEPS, Magnum Ecclesiæ suæ, Reipublicæque Christianæ columen quam diutissimè seruet. Dat. Antuerpiæ, IIII. Kal. Aprilis, Anno MDCI.

INDEX OMNIVM CAPITVM, ET TITVLORVM, IN PRAXI CRIminali contentorum.

38 De

INDEX CAPIT. ET TIT.

Finis indicis Capitum & Titulorum.

PRAXIS RERVM

CRIMINALIVM, PRÆTORIBVS, PROPRÆTORIBVS, CONSVLIBVS, PROCONSVLIBVS, Magiſtratibus, reliquiſque id genus Iuſtitiariis ac Officiariis, apprimè vtilis & neceſſaria.

AVCTORE CLARISS. VIRO D. IODOCO Damhouderio, Brugenſi, Equite aurato, V.I. Doctore, quondam Cæſareo, nunc Hiſpaniarum Regis Philippi Conſiliario, atque eiuſdem Regis per totam Belgiam Financiarum Commiſſario.

PROOEMIVM IN RERVM CRIMINALIVM PRAXIN.

Summæ rerum tractatarum in Commentariis Procemii.

1 *REipublica intereſt delicta puniri.*
2 *Publica diſciplina fauor dictat & ſuadet, vt maleficia puniantur.*
3 *Publicè intereſt, prouinciam malis hominibus purgari, vt in quiete permaneat.*
4 *Publicè intereſt pœnam facilè non remitti, ne ad maleficia temerè quiſquam proſiliat.*
5 *Dare pœnas, maximi mali euitatio eſt, &c.*
6 *Caſtigare noxam oportet, non ob præteritum delictum, cùm id corrigi nequeat: ſed ne iterum peccet, tum ne ipſius exemplo cæteri quoque peccent, &c.*
7 *Facilitas veniæ, incentiuum tribuit delinquendi.*
8 *Si ea quæ malè vſurpantur, omittimus, exceſſus viam aliis aperimus.*
9 *Punienda ſunt maleficia, vt vnius pœna, metus poſſit eſſe multorum.*
10 *Quos ad vitæ decora, domeſticæ laudis exēpla non prouocāt, correctionis ſaltem medicina cōpellat.*

PRAESENTIS Praxis materiam exactiùs ac penitiùs explicare, non ſolùm ad Iuriſconſultum, verùm etiam ad Latrunculatorem multiſcium & expertum pertinet. Satis tamen fuerit quomodocunque datur, pingui (quod aiunt) Minerua, Deo opt. max. auxiliante & ſuppetias ferente, eam indicare, ad huius operis ſufficientiam, quantumque huic noſtro propoſito ſeruiat: quo ſecuriùs, clariùs ac enucleatius nouerint & intelligant quid agendum, quidve omittendum ſit, qui vel nummis datis, aut

parentum amicorumque fauore, officium
aliquod consecuti sunt. Ne igitur materiæ
scopum prætereamus, paucis rem ipsam
1 nunc aggrediamur. Reipublicæ † interesse
constat delicta puniri, ne maleficia mane-
ant impunita Trita l. Ita vulneratus primo
responso, in fine ff. ad l Aquil. ibiq; nec in-
eleganter ait Baldus acutissimus. Publicæ
disciplinæ † fauorem dictare ac suadere, vt
2 maleficia puniantur, l. Licitatio § quod il
licitè ff. de publica & vectigalibus, l. Stichũ,
§. tametsi, ff. de solut. l. Si longius §. 1. ff. de
iudic. vulgata l. Capitalium § famosos. ff.
de pœnis, c. vt famæ, extra de sentent. ex-
communi. His illud quoq; seruit. Publicæ
3 † interest, prouinciam malis hominibus
purgari, vt in quiete permaneat. Notabili l.
Congruit, ff. de officio præsid. l. 2. C. quan-
do licet vnicui. sine iudi. se vindicare. Cùm
4 † non remitti pœnam, facilè publicè in-
tersit, ne ad maleficia temere quisquã pro-
siliat, l. Si operis, C. de pœnis: his concordat
glossa notabilis in verbo, confusè, in fine in
c. Cùm clamor, extra de testibus. Quàm au-
tem vtilis, imò necessaria sit in delinquen-
tes ea iustitiæ pars, quæ vindicatio à Philo-
sophis appellatur, quam & animaduersio-
nem vocare licebit, docet diuinus ille Plato
5 in lib. de Republica, cum ait: † Dare pœnas
maximi mali euitatio est: facit enim alibi
prudentiores & iustiores, & medicina quæ-
dam iniquitatis, ipsum est iudicium. Illud
verò neque deorum neq; hominum vllus
audebit dicere, vt ab eo qui iniustè egerit,
6 pœna non sit exigenda † Castigare noxam
oportet, non ob præteritum delictum, cùm
id corrigi nequeat, sed ne iterũ peccet: tum
ne ipsius exemplo cæteri quoque peccent.
7 Quod fit, si † crimina non puniantur: faci-
litas enim veniæ, incentiuum tribuit delin-
quendi. c. vt clericorum, ext. de vita & ho-
8 nest. cleri. & † si ea quæ malè vsurpantur o-
mittimus, excessus viam aliis aperuimus,
c. loci, §. proinde, 5 q 9 c. Peruenit, 90. di-
9 stinct. Punienda ergo † sunt maleficia, vt v-
nius pœna, metus possit esse multorum.
Aurea l 1. C. ad l Iul repetun. d. l. Capitali-
um, §. famosos. His conformis est gloss. in
verbo pertimescat, in c. Sicut, extr. de iure-
10 iurando. Et quos † ad vitæ decora domesti-
cæ laudis exempla non prouocant, corre-
ctionis saltem medicina compellat, l vnice.
C de emenda. propin. cuius itidem memi-
nit glossa in verbo Pœna, in priùs citato c.
vt clericorum: nonnulla ibidem allegans
nequaquam dissimilia. Sed quorsum tam
multa de malefactorum pœna? nempe vt
cognoscas hanc iudiciarii fori partem Præ-
torib. Proprætor. Consulib. Proconsulib.
Magistratibus, reliquisque id genus Iusti-
ciariis ac Officiariis opidò quàm necessa-
riam esse. Quare ad munus susceptum re-
deamus; & in capita aliquot vniuersæ pra-
xis nostræ summam redigamus.

CAPVT I.

De Criminibus & Maleficiis.

Summæ rerum tractatarum in Commentariis, CAP. I.

1 *Criminum Alia* { *Publica,* { *Ordinaria.* / *Extraordinaria.* } / *Priuata,* }

2 *Crimina quare dicantur publica.*

3 *Ad publicam vtilitatem spectat, ne crimina maneant impunita,*

4 *Crimina quare dicantur ordinaria.*

Quando

5 *Quando ordinariam pœnam potest Iudex, caussa cognita, augere,*
6 *Quando minuere.*
7 *Publica extraordinaria quare dicantur.*
8 *Extraordinaria quare dicantur.*
9 *Crimina dicuntur priuata, vna ex caussa.*
10 *Crimina dicuntur priuata, altera ex caussa.*
11 *Criminum Alia* { *Capitalia.* / *non Capitalia.*
12 *Crimina capitalia sunt.*
13 *Crimina non capitalia sunt.*
14 *De iure Canonum non imponuntur pœna capitales, &c.*
15 *Crimina an viginti annis iure Ciuili præscribantur.*
16 *Crimina an viginti annis iure Canonico, sicut ciuili præscribantur.*

1 PRincipio præmittendum † & animad-
uertendum est, Criminum alia esse pu-
blica & ordinaria: Alia publica & extraor-
dinaria, & alia priuata. Crimina publica &
ordinaria sunt, vt crimen læsæ Maiestatis,
Hæresis, Simoniæ, Adulterii, Homicidii,
Falsi, & plurimorum nec dissimilium, quæ
ex iudiciorum publicorum legibus sunt in-
2 troducta. Ex eo dicta † publica, quòd eo-
rum executiones siue denunciationes, siue
accusationes, cuilibet ex populo pro inter-
esse iustitię competant. §. 1. vers. Publica au-
tem, Institut. de public. iudic. l. 1. ff. eo. tit.
3 quoniam † ad publicam vtilitatem spectat,
vti sæpiusculè allegatum est, ne crimina
4 maneant impunita. Dicuntur verò † ordi-
naria quia certa pœna lege Principis statu-
to, aut consuetudine introducta in eis sta-
tuitur: quam ordinariam non licet Iudici
minuere. Nam vt Papi. resp. facti quidem
quæstio in arbitrio iudicantis est, pœnæ
verò persequutio non eius voluntati man-
datur, sed legis authoritati reseruatur, l. 1. §.
2. ff ad S. C. Turpil. nisi forte caussa cogni-
ta, quia tum vel augere vel minuere admit-
5 titur. Augere, † quando multis grassanti-
bus opus est exemplo, vt vnius pœna, me-
tus sit multorum, l. 1. C. ad leg Iul. repetun.
6 Minuere, † quoties persona delinquens ho-
nesta est, neque deliquit nisi semel, l. Quid
ergo. §. pœna granior ff. de his qui nota-
tur infamia, l. in seruorum, §. finali & l. Re-
spiciendum. ff. de pœnis. Publica † autem
7 extraordinaria, vt l. Iul repetun. & l. Fla. de
plag. & huiusmodi, de quibus habetur, l. pri-
ma, ff. de publi. iudic. l. Lex Iulia, §. hodie, ff.
ad l. Iul. repet. & l. finali, ff. ad l. Fla. de pla.
8 Ideo dicuntur † extraordinaria, quòd nõ sit
illis certa, aut lege, aut Principis statuto, aut
consuetudinis introductione cõstituta pœ-
na, sed arbitrio imponitur iudicantis, & hoc
secundum delicti & personæ qualitatem,
c. super his, extra, de accusat. c. de caussis, §.
illis, extra, de offi. deleg. l. 1. ad medium, ff.
9 de effract. & expilat. Porrò † priuata sunt,
ob quæ priuatim ad interesse nostrum agi-
mus, nobisq; aliquid dari, aut applicari de-
bere pro delicto in nos commisso petimus,
id est, pecuniariter pro illis agimus. Aut di-
10 cuntur † priuata, quòd eorũ executiones &
denunciationes siue accusationes ad illos
tantum pertineant quibus inferuntur, vt
furtum, iniuria, damnũ, crimen abigeatus,
&c. l. finali, ff. de priua. delictis, l. finali, ff. de
11 furtis. Rursum, † dictorum criminum alia
sunt capitalia, quæ vltimo supplicio affici-
12 unt homines, veluti sunt ea, ob † quę mors,
pœna sanguinis, confiscationis bonorum
13 aut exilii infligitur. Cætera non † capita-
lia, ex quibus pecuniaria, aut in corpus ali-

qua coërtio, pœna est, l. 2. ff. de pub. iudic. §. Publicorum, Instit. eo tit. De iure autem ca-
14 nonum non † imponuntur pœnæ capitales seu corporales, c. Cùm non ab homine, extra, de iudic. licet sint argumenta, quæ cum ista autoritate pugnare videantur in c. 2. extra de maiori. & obedient. in c. Per venerabilem, extra, qui filii sint legitimi, in c. Sicuti, §. Quia ergo, 2. q. 7. quòd hîc breuitatis caussa examinare ac discutere sciens prudensque prætereo. Cæterùm varia præsentis materiæ, ex diligenti passuum consideratione inferius declarandorum, lucidiùs colligi poterunt. Restat adiicere, antequam præsens caput absoluam vnam & alteram
15 quæstionem non absurdam. Crimina † & maleficia, an viginti annis, iure ciuili, præscribantur? Licet ad hãc quęst. videantur & cernãtur diuersę doctorum opiniones, quibusdam dicentibus & sustinentibus præscribi duntaxat triginta annis, aliis viginti. Sanior tamen mihi videtur opinio sustinentium pręscribi viginti annorum spacio. Sicuti videtur tenere eximius D. Barto. in l. Querela. C. ad l. Corneliam de falsis, quã l. dixit notabilem & singularem esse, quam etiam summopere commendauit D. Iacobus Robertus V. I. Doctor, præceptor meus Aureliæ legens Anno M. D. xxx. quam ait digito perpetuo alligandam pro amico liberando. & hæc lex habet tantum locum in foro fori, secus in foro poli siue animæ. D. Panor. in c. Cum haberet, extra de eo qui duxit in matrimonium, quam polluit per adulterium, c. Cum tanto. extra de cõsuetu. & in d. c. Cum haberet, notabiliter distinguit D. Panor. in 3. notabili. quem omnino vide. Huius quęstionis etiam meminit D. Nicolaus Boerius suis in decisionibus aureis in prima parte, quæstione 26. numero 7. & seq. folio 38. quem etiam videre le-
16 ctor poterit. Crimina † an viginti annis iure canonico, sicut ciuili, præscribantur? vt huic q. satisfaciamus, dicendum videtur de iure canonico, quod non præscribantur delicta & maleficia dicto viginti annorum spacio, vt per Abba. & Felin. in c. Licet caussam. colu. 93. versic. Tertium remedium, extra de probat. & per Aufred. in decisione Capellæ Tholos. q. 11. c. 88. volentes quod in criminibus impedientibus executionem ordinis vel beneficii retentionem, etiam post peractam pœnitentiam (de quibus in c. Inquisitionis, de accusatio.) non currit præscriptio, nec illis præscribitur, quia talium accusatio non clauditur præscriptione legali, vt volunt Anto. de Butrio, Imola, & Abbas Sicul. ib. in aliis vero tollitur directa accusatio dicto viginti annorum tempore, cum lex ciuilis non reperiatur secundum ipsos a canone correcta. per tex. in c. 1. de no. oper. nunciatio. Et sic extat regula tam de iure ciuili, quam canonico, crimina & maleficia viginti annorum præscriptione tolli, &c. De his & aliis huic materiæ congruentibus ponit D. Nicolaus Boerius in suis decisionibus aureis. q. 26. numeris 6. 7. 8. 9. 10 & sequentib quem Lector etiam videre nequaquam grauabitur.

CAPVT II.

De Iudiciis seu Litibus vulgo Processibus criminalibus.

Summę rerum tractatarum in Commentar. CAP. 2.

Criminalium Iudiciorum, Alia { *Criminaliter intentata,* / *Ciuiliter intentata.* }

Iudicia

2 *Iudicia criminalia criminaliter intentata sunt.*
3 *Iudicia criminalia ciuiliter intentata sunt.*
4 *Iudicia criminalia secundum nonnullos sunt.*
5 *Iudicia ciuilia sunt.*
6 *Criminaliter agi quando dicatur.*
7 *Ciuiliter agi quando dicatur.*

QVemadmodum Crimina ipsa paulò antè duplici genere distinximus: ita iudicia quoque criminalia, bifaria ratione se-
1 iunximus. Sunt † enim criminalium iudiciorum alia criminaliter intentata, alia ciui-
2 liter intentata. † Iudicia criminalia criminaliter intẽtata sunt, in quibus tractatur de crimine capitali, siue pœna vltimi supplicii: nempe decollationis, suspendii, incendii, mutilationis aut amputationis mẽbri, sectionis, exilii, aut alterius cuiuscunque magnæ corporalis punitionis. Iudicia verò cri-
3 minalia, ciuiliter † intentata sunt, in quibus non agitur de capitali crimine sed de mulcta duntaxat, hoc est, emenda pecuniaria, aliave ciuili animaduersione simili. Neque hîc me clàm est, esse nonnullos authoritate graues ingeniiq; perspicacitate celebres qui aliquantulo diuersiùs isthæc defi-
4 nisse videntur: vocant † enim Iudicia criminalia, quorum finis ad Reipublicæ & Fisci commodum tendit, siue pœna sit corpo-
5 ralis siue pecuniaria. Ciuilia † autem, quorum finis ad commodum partis tendit, quę nec absurdè priuata dicuntur. glossa notabilis in verbo Centum aureorum, in l. Prætor, in principio, ff. de sepul. violat. quam nequaquam erubuit dicere singularem Iohan. Imolensis in Rub. de public. iudic. ad
6 illud tritum videlicet: Quòd † criminaliter agi dicitur, quando pœna postulatur applicari Fisco, vel cõmunitati, proueniens ex
7 delicto. Quando autem applicatur † parti, dicitur agi ciuiliter. Idem nec displicuit eximio Bartolo in l. Agraria ff. de termi. mot. Angelo Aretino Institu. de actionibus, in exordio: fuitque hæc opinio Innocentii in c. Qualiter & quando, 2. de accusat. necnon doctorum in c. 1. de Iudic. & potissimum Abba. Panor. super Rubro de Iudic. in versic. Tertiò quæro de vtili quæstione, recitantis varias ac diuersas scribentium opiniones, quas studio breuitatis posthabemus & omittimus, atque studioso in rebus publicis non occupato, videndas relinquimus. Hæc rimari penitiùs, & vter modorum magis proposito seruiat, examinare discussiùs, neque animus est, neque ipsi loco certè conueniens, quum in subiectis capitibus quantum isthæc assumpta materia postulare videbitur, abundè satis meminerimus.

CAPVT III.

Quo pacto in Iudiciis Criminal. procedendum fuerit.

Summæ rerum tractatarum in Commentar. CAP. 3.

1 *In iudiciis criminalibus criminaliter intentatis proceditur*
- *Ordinariè*
  - *Delatiuè. i. per querelam partis.*
  - *Probatiuè. i. quando delata inuestigatione, vera probantur.*
- *Extraordinariè*
  - *Summariè in cognitis.*
  - *Simpliciter, cùm res vrget maturationem.*

2 *Ordinariè*
3 *Extraordinariè,* } *quando proceditur.*
4 *Summariè,*
5 *Simpliciter & de Plano,*
6 *In notoriis non est opus iuris ordinem seruare.*
7 *Dissimulatio aliquando bonæ iustitiæ nomen meretur.*

1 IN iudiciis criminalibus † criminaliter intentatis nonnunquam proceditur Ordinariè & secundum iuris ordinem:& aliquādo Extraordinariè, id est, iuris ordine non
2 seruato. Ordinariè, † quum adest persona conquerens & offerens probare, aut quoties delicti certa veritas constare potest probatione ordinaria: Hoc casu, dantur processui omnia ac singula requisita. Extraordi-
3 nariè, † quando non est pars conquerens, sed cùm Iudex aut Fiscus procedit ex suo officio per inquisitionem quæstionis aut torturæ super indiciis & præsumptionibus: quo quidem casu proceditur nonnunquam summariè, aliquando simpliciter, de plano, & sine strepitu ac apparente forma iu-
4 dicii. Summariè, † quum crimen Iudici notum est: tum enim iuris ordinem seruare non est necesse. Attamen sic in notoriis criminibus iuris ordinem non seruare, est nihilominus secundum iuris ordinem procedere, c. Ad nostram. 3. extr. de iureiuran. Recepti iuris est, quòd in notoriis non est necessaria accusatio, vel denunciatio, vel inquisitio, vel exceptio, de quibus
infrà dicemus. † Simpliciter de plano & sine strepitu & figura iudicii, quum negotium celeritatem desiderat, adeò vt mora ac dilatione maius dispendium, periculum, & incōueniens Reipublicæ imminere posset, veluti tempore commotionis aut seditionis: quo quidem tēpore quatuor aut quinque ex præcipuis seditiosis subita decollatione tolluntur è medio: ac postea disputa-
6 tur æquo ne iure sublati sint. Nam † in huiusmodi notoriis nequaquam opus est iuris ordinem seruare, præcitato c. Ad nostram. 3. Si verò iudici perspectum fuerit occasione temporis, ex huiusmodi subita punitione plus mali quam boni Reipublicæ posse oriri, eo tempore iudex dissimulanter ac conuenienter iustitiam protrahet. Atque
7 † eo tempore talis dissimulatio veræ bonæque iustitiæ nomen merebitur.

CAPVT IIII.

Qualiter crimina ad Iudicis notitiam perueniant.

Summæ rerum tractatarum in Commentariis. CAP. 4.

1 *Crimina variis modis ad Iudicis perueniunt notitiam* { *Ordinariè* { *Accusatione.* ; *Extraordinariè* { *Denunciatione.* *Exceptione.* *Inquisitione.*

2 *Accusationis*
3 *Denunciationis* } *definitio seu descriptio.*
4 *Exceptionis*
5 *Inquisitionis.*

1 Signandum nunc est, Crimina variis † multisque modis ad Iudicis peruenire notitiam: nempe Ordinariè, Accusatione. Rursum extraordinariè, Denunciatione,
2 Exceptione, & Inquisitione. Est autē † Accusatio siue accusare (quod idem est Azone teste in summa tit. de accusationibus in principio) quempiam in libello reum criminis deferre, vel criminis reum ad vindictam efficere. Vide Hostiensem in summa eod. tit. in exordio, necnon D. Ioannem Oldendorpium virum in iurium studiis doctissimum, in suo libello de Copia verborum & rerum in iure ciuili, dicentem: Accusare est apud Iudicem causari, ali-
3 quem peccasse. Denunciare † siue denunciatio, est alicuius crimen ad superiorem nunciare. Præfatus Hostiensis in summa, tit. eod. de accusat. hanc ita definit: Denunciatio est criminis alicuius apud Iudicem sine inscriptione legitimè facta, delatio, ad pœnitentiam peragendam, vel aliam legitimam pœnam imponendam, vel etiam
4 ad vtrunque, &c. Exceptio † siue excipere, est parti crimen imponere in iudicio siue iudicialiter ad aliquam defensionem, tanquam proposito subseruiens, cum protestatione, ac animo non iniuriandi, vide Specul. lib. 3. par. 1. tit. de criminibus in mo-
5 dum excep. pro. † Inquisitio, est alicuius criminis per superiorem respectu inferiorum suorum inuestigatio, vt in tit. de Accusat. inquisit. & denunciat. Cæterùm qua forma in accusatione, denunciatione, exceptione, ac inquisitione procedendum fuerit, latiùs infrà suo loco dicendum produximus: nunc hasce definitiones vtcunq; tetigisse, abundè hîc fuerit satis.

CAPVT V.

De Accusationibus.

Summæ rerum tractatarum in Commentar. Cap. 5.

1 *In Iudiciis criminalibus proceditur accusatione.*
2 *Absque accusatore seu accusatione nemo venit condemnandus.*
3 *Antiqua iura scripta, quemlibet legitimum & idoneum criminaliter accusantem admittebant.*
4 *Accusator, ad quæ de iure cogebatur.*
5 *Accusatori sine vinculo inscriptionis ex communi vsu, accusare conceditur.*
6 *Accusare volens alium criminaliter, habeat suas probationes, luce meridiana clariores paratas.*
7 *Quorundam opinio.*
8 *Accusator succumbens quibus obnoxius.*

1 In omnibus iudiciis † criminalib. necessa-
2 riò proceditur accusatione. Nā absq; † accusatore seu accusatione vlla, nemo producitur condemnandus. l. Rescriptio, § si quis accusatorem, ff. de muneribus & honoribus, l. 3. C. de his qui accusa. non possunt, c. vnico, ext. vt eccl. benef. sine diminu. conferan. c Relatum, 5. q. 3. & c. De manifesta. 2. q. 1. Quamobrem nec Dominus noster Iesus Christus mulierem repertam in adulterio condemnare voluit, quòd nemo ipsam adulterii accusauerat: nec Iudam eiicere, cum fuisset fur, quòd nemo
3 eum furti accusauerat. Antiqua † autem iura scripta, quemlibet dignum, legitimum & idoneum criminaliter accusantem, apud Iudicem omnis criminis aut sceleris publi-
4 ci admittebant. Sed interim † hic accusator cogebatur sese mancipare carceri, ac inscriptionis vinculum assumere: hoc est, ad pœnam talionis semet obstringere, nisi delata legitimo testimonio comprobasset.

Nempe vnam eandemque subire pœnam,
quam reus vera accusatoris delatione, vera-
que comprobatione iure suscepisset, vel cer-
tè talem pœnam quam ipse accusator, sua
delatione spectare & intendere videbatur l.
fin. C. de accusat. & inscri. quæ lex partim
canonizata reperitur in c. Quisquis, & in c.
Qui crimen, 2. q. 8. atq; gloss. in c. Super his,
ext. de accusat. denuncia. & inquisit. Sed
5 quoniam huiusmodi iuris † ratio ac inscri-
bendi, seseque in carcerem tradendi solen-
nitas nimium austera nimisque rigida fue-
rat, vt hac de caussa multi etiam maleficen
tissimum quemque, atque adeò Reipubli
cæ etiam sceleratissimum accusare time-
rent, censentes satius esse propriæ saluti cō-
sulere, quam forsitan cum iactura vitæ, ac-
cusatione sua temeraria alterius vitam au
ferre velle: ideo stylo & consuetudine præ-
fatum ius merito antiquatum est: ac intro-
ductum vt quilibet liberè tutoque posset
accusare & criminaliter concludere sine ti-
more alicuius pœnæ aut mulctæ: & quòd
Pars duntaxat concludat ad emendam ci-
uilem, & ita habet communiter vsus. Nihil-
6 ominus tamen pars † formalis, aut volens
alium accusare criminaliter, oportet habeat
suas probationes paratas, quæ in talib. ple-
næ & clarissimæ requiruntur, l. 1. apud quē,
C. de eden. vulgatissima l. Sciant cuncti. C.
de probat. quam legem verbotenus cano-
nizatam legimus in c. Sciant cuncti, 2. q. 8.
7 Et secundum † nonnullos obligatur tale
iudicium criminale seu (vulgò) processum
propriis sumptibus & expensis deducere: &
8 succumbens † condemnari ad detrimenti,
imò ad totius iusticiæ reparationem, atque
Rei ipsius perperàm per ipsum accusati o-
mnibus detrimentis & incommodis fa-
cere satis: deinde de iniqua vanaque pro-
ximi accusatione (vulgò *vā de vvā laeghe*)
acrē dignamq; subire supplicii pœnam, nō
quidem talionis atque delato crimini pa-
rem: sed iudicis arbitrio imponendam.

CAPVT VI.

De Denunciationibus.

Summæ rerum tractatarum in Commentar. CAP. 6.

1 *Iura* { *Ciuilia*
2 { *Pontificia* } *Quos ad denunciandum admittunt.*

3 *Infamis,*
4 *Vilis,*
5 *Conspirator,*
6 *Inimicus,* } *non denunciant.*

7 *Bona vita, fama, & conuersationis, qui ex charitate & non ex odii fomite procedit denunciare admittitur.*
8 *Denunciationes oportet esse veras.*
9 *Inter accusatorem & denunciatorem differentia.*
10 *Denuncians ad qua obligatur.*
11 *Denuncians nonnunquam obligatur iurare denunciationem veram esse.*
12 *Iudex, Fiscus, & similes in denunciatione ad qua animaduertere obligantur.*
13 *Finis denunciationis.*

Iura

1 IVra Ciuilia † neminem ad denuncian-
dum admittunt, nisi officiarios ad id mu-
neris ordinatos: veluti messarios, saltuarios,
forestarios, clientes, satellites, apparitores,
catholicianos, amanos, atque id genus non
dissimiles: quorum sunt partes, virtute iu-
ramenti præstiti, crimina bene legitimeque
Iudicibus Magistratibus Iustitiariis, vel
Officiariis denunciare, quibus tamen non
nisi in minutulis, leuibusque criminib. fi-
des habenda fuerit: In magnis grauibusque
criminibus minimè: nisi forsitan quum Iu-
dex, Magistratus, Iustitiarius, Officiarius,
aut Fiscus de illis grauioribus criminibus
exactiùs penitiusque sciscitari velit & in-
2 quirere. Iure verò † Pontificio etiam qui-
uis, quorum interesse ratione aliqua posset,
admittuntur, c. Illa præpositorum, ext. de
accusat. & ibi Panor. eiusque sequaces. Idem
similiter recipit & eos, qui recto vtilitatis
publicæ desiderio moti, atque adeò vero
Iustitiæ excitati zelo, quemlibet de quo-
cunque etiam crimine denunciant: modò
hic tamen denuncians non sit infamis, in-
3 famia † iuris & facti, secundum Canones,
aut iuris tantùm, secundum leges, c. 1. & ibi
Panor. & alii scribent. ext. eod. t. de accusat.
4 Neque † etiam si vilis persona fuerit, aut
5 † conspirator quispiam. c. Cùm dilectus,
6 ext. eod. de accusat. Neq; † inimicus, c. Re-
pellantur, eod. tractatu: Neq; si ex odio aut
ea conditione denunciare videatur, vt de-
nunciatus puniatur aliqua pœna canonica,
aut legali: sed eò duntaxat spectet, vt ipsius
delati saluti consulat: vt vel hoc pacto nem-
pe iusta atque euangelica correptione supe-
rioris, tandem resipiscat: aliique simili me-
tu, ac pudore perterriti coërceantur, ne li-
beriùs impunitiusve peccent. Quisquis ve-
rò alio animo confratrem deferre parauit,
iure ab huiusmodi denũciatione reiectabi-
7 tur. Sed qui bonæ † vitæ, famæ & conuer-
sationis fuerit, qui ad hoc ex charitate pro-
cedit, nec ex odii fomite denunciare con-
spicitur, indubiè admittitur, c. Repellan-
tur, &c. Qualiter, ext. de accusat. Quamob-
8 rem † denunciationes omnes oportet esse
veras, alioqui denunciator iste ad detrimẽ-
ti, imò ad totius iustitiæ reparationem de-
uinciretur, atque ipsius etiam Rei perpe-
ràm per ipsum denunciati, omnibus detri-
mentis & incommodis facere satis obliga-
retur Iudicis arbitrio, aut (vt quibusdam
placet) ad pœnam etiam talionis. Hoc ta-
9 men inter † accusatorem & denunciatorẽ
interesse sciendum, quòd accusator inscri-
bere se cogatur, accusationem suam pro-
nunciare, Fisco assistere, Iudicium inter-
10 dum suis sumptibus prosequi. Denuncia-
tor verò horum nihil præstare cogitur, nec
se inscribere nec denũciationem suam pro-
nunciare, nec Fisco assistere, neque litem
suis prosequi sumptibus: sed duntaxat ob-
ligatur ostendere ea quę de illo crimine no-
uit, atque etiam nominare testes criminis
huiusmodi conscios, c. Super his, ext. de ac-
11 cusat. Etiamque † iurare (inquantum Iu-
dici, Magistratui, Iustitiario, Officiario, aut
Fisco placeat) obligatur, suam denuncia-
tionem esse veram, & non facere calu-
mnię caussa, c. Veniens, ext. de accusat. & ibi
12 Iohan. And. Iudicis † interim fuerit, atque
ipsius etiam Magistratus, Iustitiarii, Offi-
ciarii, aut Fisci (priusquam denuntiatio-
nem quampiam acceptent) diligenter in-
trospicere ac animaduertere personæ de-
nunciãtis qualitatem, ingenium, mores, o-
mnesq; conditiones, necnon studiosè & ac-
curatè perscrutari singulas tam denuncia-
toris quàm aliarum rerum pænè omnium
circunstantias, ne cui (quod huiusmodi re-
rum neglectu fieri potest) temere odiosam
molestiam pariat, ac frustra in graues expẽ-
13 sas inducat. † Finis igitur seu Effectus de-
nunciatoris est, vt Iudex, Magistratus, Iusti-
tiarius, Officiarius, aut Fiscus, denunciatio-
ne audita, inquirat vera ne sit an falsa eius-
modi denunciatio, & si denunciata cuncta
vera reperiat, ilico correpturus procedat in
delinquentem seu maleficum.

CAPVT VII.

De Exceptionibus criminalibus.

Summæ rerum tractatarum in Commentar. CAP. 7.

1 *CRimen in modum exceptionis, secundum ius canonicum & ciuile diuersimodè propoui dicitur.*
2 *Crimen obiectum & probatum, quem habet effectum.*
3 *Nullum malum remanet impunitum.*
4 *Exceptio non extendit sese latius, quàm ad finem ad quem proposita est.*
5 *Fisco aut officiario quid liceat.*
6 *Fiscus & similes, Ius, Consuetudinem, vel stylum obseruare tenentur.*

REis omnibus non minùs ciuili iure,
quàm canonico probabili sanè ratione
permissum inuenimus, vt aliis pro sua de-
fensione crimina quæpiam impingant, vt
certè vel hoc pacto semet tutentur ab ad-
uersariis. Id autem efficiunt multifariam.
1 Excepturi † enim nonnunquam iudici ipsi
criminis notam obiiciunt, aliâs actori, ali-
quando testibus, postremò literis instru-
mentalibus, aliisve documentis ipsi reo
contrariis, modò tamen isthæc in exceptio-
ne proposita veritati fuerint consentanea:
alioquin si falsitatis ea conuicta fuerint, &
reus falsa sua exceptione succumbens nil
probauerit, ad iustitiæ partisque læsæ re-
parationem obligatur pro delicti falso illati
quantitate & magnitudine: pro ipsius et-
iam iniuriati qualitate, ad iudicis arbitri-
2 um. Verum quisquis † exceperit criminali-
ter, & etiam probauerit in exceptione obie-
cta, non ideo punitur Pars, cui obiecta fue-
rat exceptio: neq; etiam ob hoc in infamiæ
notam incidit, sed in hoc iudicio seu pro-
cessu duntaxat per reum à iudicio ferendo,
siue à testimonio, siue ab accusatione pro-
bati sceleris caussa, iustè repellitur, l. Lucius,
ff. de his qui not. infa. c. Cum dilectus. §. fi-
nal. ext. de ord. cogni. c. Super eo, ext. de te-
3 stib. & c. 1. ext. de excep. Porrò † quo nullum
malum impunitum remaneat iuxta l. Ita
vulneratus. § quod si quis, vers. cum neque,
ff. ad l. Aquil & l. Licitatio. §. quod illicitè,
ff. de publica. & vectigali. cum sine numero
nec dissimilibus iuribus, & vt per rei impo-
sitionem pro criminis obiectione iure ple-
cti posset, denuò intentandum fuerit nouū
iudicium, seu (vt vulgo loquimur) proces-
sus contra talem per exceptionem, accusa-
4 tum. Non enim † sese latiùs extendit quæ-
uis exceptio, quam ad finem, ad quam pro-
posita est: nempe ad iudicem à cognoscen-
do, partem ab agendo, testes à deponendo,
& documenta seu instrumenta ab aliquid
5 operādo seu probando, repellendū. Sed † fi-
sco aut simili officiario, audita exceptione,
suā actionē ea de caussa intentare, conclu-
sionē criminalem capere super verificatio-
6 ne partis, integrum erit. Aut † certè ad eum
modū, quo de iure, consuetudine, stylo, vel
ex consilio factitandum videbitur.

CAPVT VIII.

De Inquisitionibus.

Summæ rerum tractatarum in Commentariis CAP. 8.

1 *INquisitio (vulgò) Informatio.*
2 *Inquisitio semper ex iudicis officio fit.*

Solus

3 *Solus Iudex, aut eius potestatem habens, inquirere potest.*
4 *Ad inquisitionem debitam, multa concurrunt necessaria.*
5 *Subditus { Originis / Delicti } ratione.*
6 *Inquisitio fit de maioribus criminibus.*
7 *Inquisitio non fit de leuibus criminibus.*
8 *Inquisitionem pracedit publica fama.*
9 *Contra indiffamatos minimè inquiri potest.*
10 *Fama in maleficiis initium habere debet à personis fide dignis.*
11 *Ante inquisitionem necessum est crimen esse commissum.*
12 *Inquisitio in decenti ac forma debita redigi debet.*
13 *Quando debita ac decens forma intelligitur.*
14 *Inquisitio triplex. { Generalis. / Specialis. / Generalis simul & specialis.*
15 *Inquisitio generalis non requirit famam publicam pracedere.*
16 *Inquisitio specialis famam publicam pracedentem requirit.*
17 *Inquisitio generalissima secundum Panor.*
18 *Inquisitio specialis secundum eundem.*
19 *Inquisitiones duntaxat seruiunt ad praparandum, & nequaquam ad instruendum iudicium.*
20 *Iudex de iure obligatur dare parti inquisitionis copiam facta ad instantiam partis.*
21 *In inquisitione facta, ex mero iudicis officio absque alicuius requisitione non traditur reo inquisitionis copia.*
22 *In Flandria consilio ac praxi Procurator generalis nunquam tradit Parti inquisitionis seu informationis pracedentis copiam.*
23 *Iudex ac fiscus in multis Flandria Curiis obligantur dare Parti testium nomina ac cognomina, necnon totius inquisitionis copiam.*
24 *Iudex & fiscus inquirunt duntaxat de crimine intra viginti annos admisso: supra verò viginti annos, nequaquam.*
25 *Inquisitio siue officium iudicis inquirentis, tollitur viginti annis.*
26 *L. Querela. C. ad l. Cornel. de fals. duntaxat habet locum in foro fori: secus in foro poli.*

1 INquisitio † (quã vulgò informationem
2 præcedentem appellamus) ex iudicis & †
officio & autoritate, semper fiat necessum
3 est. Nemo † enim nisi solus Iudex, aut Iudicis potestatem habens, de crimine efficaci-
4 ter inquirere potest. Atque † ad debitam veramque inquisitionem multa concurrunt necessaria. Principiò, vt inquisitor sit Iudex competens ac proprius, potens de crimine cognoscere: nempe vt is, de quo inquisitionem sit producturus, suo tribunali subiectus fuerit, aut certè vt crimen illud ac delictum in ditione iurisdictioneque sua commissum esse constet. Subdi-
5 tum † autem intellige, vel originis vel delicti ratione, l. 1. & in Authentica, Qua in prouincia. C. vbi de cri. agi opor. Aliàs inquisitio esset nulla. l. 1. & per totum titulum C. Si à non compet. iudic. Ad hæc
6 requiritur, † vt crimen sit magnum, inquisitione dignum: non enim inquirendum est, nisi de maioribus criminibus, puta læsæ Maiestatis, Homicidii, Sodomiæ, Simoniæ, Adulterii, Periurii, Incestus, Raptus,

Furti, & huiusmodi, quorum capitibus se-
quentibus, (quantum materia subiecta po-
stulet) abundè mentionem faciemus. De
7 leuibus † autem ac de dissimulandis crimi-
nibus nequaquam inquiritur, l. leuia. ff. de
accusat. c. Inquisitionis, extra eodem titulo
de accusat. Tertiò oportet præcedere famã
verisimilem, quę Iudicem de commisso aut
perpetrato crimine indagando excitet, &
8 inquisitionis occasionem præbeat. Non †
enim potest ad inquisitionem procedi, nisi
præcesserit publica fama, tanta quæ offen-
diculum populo præbeat, adeò vt absque
periculo tolerari nõ possit, vt in c. 1. c. Cùm
oportet, c. Ad petitionem, c. Inquisitionis.
& c. Qualiter & quando, 2. extra de accusat.
9 contra † enim indiffamatos minimè in-
quiri potest. Quartò, ne fama hæc siue po-
tiùs diffamatio præcedens fingatur à male-
uolis, à maledicis, à criminosis, ab inimicis
10 & suspectis: sed potiùs ab † honestis, pru-
dentibus, veridicis, virisque fide dignissi-
mis, néve semel duntaxat sparsa audita fue-
rit: sed vt frequenti sermone, atque adeò in
probatorum hominũ ore increbuerit, præ
citato, c. Qualiter & quando, 2. c. Iudicet. 3.
q. 7. c. Cùm oporteat, eo. titu. de accusat. c.
In cunctis, & ibi glos. in verbo maledico-
rum. 11. q. 3. c. licet Heli. versic. Cõtra quos,
de Simonia, & l. miles. §. mulier, & ibi nota-
tur, ff. ad l. Iul. de adulte. & stup. Quintò, ne-
11 cessum † est inquisitori certum esse, crimen
commissum ac perpetratum esse, de quo
inquisitionem sit facturus. Contigit nam-
que aliquãdo inquisitionem factam de ho-
micidio necdum perpetrato, nempe viro
læso etiamnum viuente: & informationem
factam ex leui rumore vulgi de incendio
domus, quæ tamen pòst integra inuenie-
12 batur & illæsa. † Sextò, debet inquisitio
seu informatio in decenti ac forma debita
redigi. nam si in forma isthæc peccaret, in-
ualida esset, nullius momenti, nulliusque
roboris, vt in c. Inquisitionis, & in c. Quali-
ter & quando 2. extra de accusat. facit, l. 1. §.
13 mens. fals. mod. dixe. † Intelliges debitam
ac decentem formam, quoties substantialia
informationis non omittuntur, vtpote per
quem facta, quando, quo loco, cuius iussu,
ætates, iuramenta, nomina cognomina,
qualitates, domicilia testium & huiusmodi
circumstantiæ. Neminem autem hic præ-
terire volumus, Inquisitionem esse tripli-
14 cem. Prima, † nempe generalis est simpli-
citer, & personarum & delictorum respe-
ctu, vtpote cùm Præses, Iudex, aut Fiscus
generaliter inquirit an sint homines faci-
norosi: an scelera vsquam latenter suppullu-
lent, aut commissa fuerint, de qua in insi-
15 gni l. Congruit, ff. de offic. præsid. † vt pro-
uincia facinorosis hominibus purgetur, vt
in quiete permaneat. Et in hac inquisitio-
ne generali minimè necessaria est fama: sed
eo casu proceditur generali apprehensione
per cursoriam, leuem, siue plebeiam quam-
piam vicatim peruestigationẽ. Altera spe-
cialis est simpliciter, idque personarum et-
iam ac delictorum ratione: vt cùm de certo,
finito, seu limitato delicto, contra certam,
& finitam seu limitatam personam, Præses,
16 † Iudex, Prælatus, vel Fiscus inquirit: de
qua in l. Ea quidem, C. de accusat. & ibi ne-
cessario desideratur fama, vel diffamatio
præcedens. quemadmodum superiùs me-
minimus, alioqui ipsa informatio esset nul-
la, parte scilicet refellente ac contradicente.
Tertia generalis simul & specialis, genera-
lis vtique ad personas, ad delicta autem spe-
cialis, vt cùm Præses in genere vel vniuersa-
liter inquirit de iis qui Socratem occide-
runt: vel contra, generalis ad delicta & ad
personas specialis: vt cum Potestas, aut alius
punitur ad Syndica: Attamen secundum D.
Abbatem Panormitanum in præallegato
c. Qualiter & quando, 2. numeris 11. 12. &
17 13. extra de accusat. Alia datur † inquisitio-
nis distinctio. Nam alia est Generalissima,
qua inquiritur super statu alicuius Ciuita-
tis, Arcis, Castri, vel Loci. Alia dicitur spe-
18 cialis: † qua inquiritur contra certam per-
sonam,

ſonam, ſiue ad imponendam pœnam, ſiue
ad ſcelera extirpanda ex debito officii: hanc
diſtinctionem pie lector precor ne ibi vide-
re pigeat. Porrò in inquiſitionibus nec Pręſes nec Iudex, nec Fiſcus aſtringuntur ad a-
liquas conſtitutas leges, aut ad ſolennita-
tem illam, quæ debet obſeruari in inquiſi-
tionibus ſeu in informationib. ordinariis,
quia non vocant partem aduerſam vt vide-
at informationem fieri, aut vt videat teſtes
iurare, nec etiam tradūt huic aduerſario no-
mina aut cognomina teſtium, vt his omni-
bus per exceptionem obueniat, cunctaque
refellere poſſet, idque ſecundum receptum
19 vſum, ſtylū, & conſuetudinem. † Cuius ra-
tio eſt, quòd inquiſitiones duntaxat ſerui-
unt ad præparandum, & nequaquam ad in-
ſtruēdum iudicium, ac vt illius virtute quis
condemnetur aut abſoluatur: quorſum ta-
men ſeruiunt & ſpectant inquiſitiones ſeu
informationes ordinariæ. Tametſi autem
in inquiſitionibus per Iudicem aut Fiſcum
aut quempiam ex ipſorum mandato pera-
gendis, nec ante nec poſt litis conteſtatio-
nem vocanda fuerit pars, ad videndam in-
formationis deductionem, vel ad audienda
20 teſtium iuramenta: de iure tamen, & † Iu-
dex & Fiſcus obligantur dare parti inquiſi-
tionis copiam priuſquam partem ream co-
gere poſſint ad reſpōdendum, potiſſimum
ſi fuiſſet facta inquiſitio ex autoritate, vo-
to, & mandato ad inſtātiam ſeu requeſtam
partis, teſte Angelo ſummi iudicii viro, in l.
Si vacantia. C. de bo. vacan. lib. 10. ver. quin-
21 to not. in ver. Item fallit. Sin autem facta †
ea fuerit ex mero iudicis officio abſque ali-
cuius requiſitione, non debet reo de iure
tradi informationis copia. Ita D. Angelus
22 in d. l. Si vacantia. † In praxi autem ſeu con-
ſilio Flandriæ, Procurator generalis nun-
quam dat parti inquiſitionis ſeu informa-
tionis præcedentis copiam: licèt id fieri vi-
23 deamus in multis aliis Flandriæ † Curiis:
vbi obligantur, accuſato aut denunciato et-
iam dare teſtium nomina ac cognomina,
necnon totius inquiſitionis ſeu informa-
24 tionis copiam, ſi quando id poſtulet. † Po-
ſtremò ſciendum eſt, quod Iudex, Fiſcus,
aut ſimilis debet tantum inquirere de cri-
minibus intra viginti annos admiſſis, com-
putando ab ipſo die commiſſi criminis: ſu-
pra verò viginti annos nequaquam, l. Que-
rela. C. ad l. Corn. de falſ. quam legem in-
quiunt notabilem & ſingularem magnus
ille Bartolus, necnon Baldus, & Angelus i-
bidem, quos Iuriſperiti pro numinibus co-
lunt: quam legem & ego cenſeo ſemper prę-
ſenti memoria tenendam, ac quaſi ad vn-
guem pro amici liberatione perpetuò ha-
bendam. c. Cùm venerabilis, ext. de excep.
gloſ. in c. 1 in verbo per ſententiam, eod. de
25 tit. de except. Itaque † inquiſitio ſiue offi-
cium iudicis inquirentis tollitur viginti
annis. d. c. Qualiter & quando, 2. Bartolo,
Angelo Saliceto, & communiter doctori-
bus teſtibus, ita fixo pede tenentibus in d.
l. Querela, qui gloſſæ opinionem contra-
rium ſuſtinentis, expreſſim reprobant. Quę
26 † quidem l. Querela duntaxat habet locum
in foro fori: ſecus in foro poli, conſcientiæ
ſiue animæ. Panor. in c. Cum haberet, ext.
de eo qui dux. in matri quā polluit per ad-
ulter. per c. Cum tanto. ext. de conſuetud.
& in d. c. Cum haberet, notabiliter diſtin-
guit Panor. quem omnino in 3. notabili vi-
dendum non diſſuaſerim. Aliarum tamen
limitationum, ad d. l. Querela, abundè me-
minit præclarus I. V. Doctor D. Iohannes
Franciſcus Balbus in ſuo perutili & ſubtili
tractatu Præſcriptionum. §. Secundò quæ-
ro: ad quem prolixitatis euitandæ cauſa, le-
ctorem, caſu occurrente, remitto.

CAPVT IX.

De Diffamationibus præcedentibus per famam sparsis.

Summæ rerum tractatarum in Commentar. CAP. 9.

1 *Iudex aut Fiscus habens duntaxat famam pro inquisitione facienda, ad quæ obligatur.*
2 *Fama quæ originem sumpsit ex Ebriosis,*
3 *Leui plebecula,*
4 *Inimicis,*
5 *Aduersariis maleuolis, ad alicuius diffamationem est inualida.*
6 *Fama recens orta, aut quæ post capturam demum exoriri cœpit, ipsum reum non diffamat.*
7 *Fama sola nullis aliis indiciis fulta, nihil efficit.*
8 *Fama vnico teste non suspecto, de casu factoque ipso loquente, sufficit ad inquisitionem ineundam, ad capturam, ad arrestam, denique ad tortura etiam subinde supplicium.*
9 *Diffamatio omnis inquisitione digna, nasci debet ex viris probis, &c.*
10 *Famæ actores sunt nominandi.*
11 *Opiniones circa numerum proborum virorum, ad probandam iustam diffamiam.*
12 *Æqua & nequaquam irrationabilis opinio.*
13 *Ad famæ probationem duos testes haud suspectos sufficere (etiam autoritate euangelica) aiunt.*
14 *Fama qualiter probetur remissiuè.*

SI iudex aut Fiscus pro inquisitione sua
producenda, nihil habuerit explorati,
nihilque certi nouerit, quàm quæ quali-
cunque fama aliquando percepisset, lon-
gè profectò ab omni æquitatis tramite de-
uiaret, si huiusmodi rumusculi (plerunque
falsi) fama fretus, inquisitionem suam ten-
1 tare præsumeret. Necesse † enim est ipsum,
antequam eam inquisitionem aggrediatur,
rite atque per omnia edoctum, beneque de
isthac fama informatum esse, & exactè co-
gnoscere: cuiusnam ex ore primò prodierit,
2 qua occasione exorta: Num † ex ebrio-
3 sis, aliave leui † plebecula surrexerit: num
4 ex † inimicis: ex aduersariis, † maleuolis:
5 quandoquidem hæc † omnia ad alicuius
diffamationem (cuius gratia fieret inqui-
sitio) sunt inualida, sicuti capite etiam præ-
cedenti nonnihil meminimus. Similiter
6 fama † nunc recens orta, aut quæ post ca-
pturam demum exoriri cœpit, nulla est,
neque ipsum reum diffamat, potissimum
informatione celebrari cœpta. Bartolus in
l. Maritus, in frontispicio, & in l. De minore.
§. Tormenta, in versic. Quæro ex quo tem-
pore, &c. ff. de quæstionibus, & Bald. & I-
mol. in l. Is potest. ff. de acquiren. possess. I-
7 tidem nihil † efficit fama sola, nullis aliis a-
pertis indiciis fulta. glossa celebri in verbo
Illorum, & Doctoribus testibus in c. veni-
8 ens, 1. extra de testibus. Porrò fama, † vnico
teste, nulla suspicionis caussa refellendo, de
casu factoque ipso loquente, sufficit ad in-
quisitionem ineundam, ad capturam, ad
arrestam: Denique ad torturæ etiam subin-
9 de supplicium. Debet igitur † omnis diffa-
matio inquisitione digna nasci ex viris pro-
bis, constantibus, morum grauitate fiden-
dis, nullo vitio nullave alia circumstantia
suspectis, c. Qualiter & quando. 2. c. Cum o-
porteat, extra de accusat. c. Iudicet. 3. q. 7. c.
In cunctis, & ibi gloss. in verbo Maledico-
10 rum, 11. q. 3. Quamobrem famæ † autores
seu actores nominare oportet, quò sciatur,
quæ personæ sint, & an possint reprobari, l.
Si quis decurio. C. de fals. & in Authent.
Hodie.

Hodie. C. de repud. De istorum autem nu-
11 mero, ad † probandam iustam diffamiam, non satis conuenit inter iurisperitos. Sunt enim qui huiusmodi famam vel diffamiam constare velint decem bonorum proborumq; virorum testimonio, vno eodemque ore loquentium, cuius meminit (licèt reprobauit & meritò) amicus veritatis Bart. in d. l. De minore. §. Tormenta, ff. de quæstionib. Alii reorum saluti addictiores cõtendunt non nisi viginti quinq; aut ad minimum viginti bonorum virorum testimoniis reum posse diffamari. Nõnullis placet famam fieri validam maiori testium acuius viciniæ numero, vbi res contigisse
12 narratur. Aliis † verò (quod mihi quoque probatur maximè) nullus certus proborũ virorum de diffamia stabilienda cõstituitur numerus, neq; hunc etiam iura præscribunt, sed Iudicis prudentię hic planè cõ-
13 mittitur. Sunt † deniq; qui dicant (etiam autoritate euangelica) ad famæ probationẽ duos testes haud suspectos sufficere, quatenus ipsorum testimonia apparenti rationi consentiant, vt simul edicant suæ notitiæ caussam à quibus sua ista testata didicerint: atque vt hîc nominent viros probos & honestos c. In omni. & c. Licet vniuersis, ext.
14 de testib. Qualiter † autem fama probetur, atq; per quot testes, lubebit videre per glos. & doctores in admodum trita l. 3. §. eiusdẽ. ff de testib. Cætera quippe, quæ pertinerent ad huius materiæ ampliorem enodationem, breuitatis studio, prætereo. Sed plura desiderantem ac expectantem remitto ad dominos, Bartolum in præcitata l. de Minore. §. Tormenta, ff. de quæstionib. & ibi Dy. & Cy. Abbatem & Felinum in c. Veniens primò, iuncta ibidem glos. singulari ac celebri, in verbo Illorum, ext. de testib. Amedeum Iustinum de Castello, in suo insigni tractatu Syndicatus, atque ad quosuis etiam istorum posteros, quorum opiniones, dogmata, & interpretationes in hac materia, nostra ætate omnes passim sequẽtes, constanter laudant & asserunt.

CAPVT X.

De Diffamationibus per indicia, suspiciones, coniecturas, aut præsumptiones dispersis.

Summæ rerum tractatarum in Commentariis CAP. 10.

1 *IVdex aut Fiscus, si pro inquisitione sua producenda præter coniecturas, præsumptiones, indicia aut suspiciones habuerit nihil, obligatur de illis informare.*
2 *Indicia quæ sunt?*
3 *Indicia ex quibus oriuntur?*
4 *Malæ conuersationis descriptio.*
5 *Ex mala, cumque malis conuersatione, ipse etiam bonus, malus efficitur.*
6 *Qualis quisque est, tali socio delectabitur.*
7 *Cum sancto sanctus eris, & cum peruerso peruerteris.*
8 *Ex locorum varietate, varia coniectura ducitur, indicium seu præsumptio.*
9 *Fuga haud dubiè non mediocrem suspicionem ac indicium parit.*
10 *Iudex quæ indagare obligatur.*
11 *De vnoquoque bonum vel malum præsumimus, consideratis primæ ætatis suæ moribus.*
12 *Ex gestis præteritæ vitæ, præsentia metimur.*
13 *Ex dictis hominum facta pensamus.*

14 *Indicia testibus nequaquam suspectis constare debent.*

15 *Vnus testis integer & sufficiens, omnique exceptione maior ex visu deponens, aliamque sufficientem scientiæ caussam reddens, indicium sufficiens ad capiendum, inquirendum & tormentis subdendum efficit.*

16 *Super indiciis, aut ex præsumptionibus, siue mendicatis suffragiis, nemo venit criminaliter condemnandus.*

17 *Indicia vel præsumptiones in criminalibus debent esse luce clariores.*

18 *In caussis criminalibus perspicacius consilium est adhibendum: quia ibidem maius periculum vertitur.*

19 *Confessio extraiudicialis vnico teste sufficiente, & caussam scientiæ reddente ad inquirendum ac procedendum sufficit.*

20 *Minæ vnico teste probatæ, aliquando ad inquirendum ac procedendum sufficiunt.*

ETsi præsentis capitis materia eadem o-
pera potuisset expediri & tractari in ca
pite proximè præcedenti, vbi actum est de
diffamationibus præcedentibus per famam
sparsis, tamen ne nimia eiusdem capitis
longitudo cuiquam fuisset offendiculo: de-
inde quò clariùs aut enucleatiùs (præser-
tim ingeniis tardiusculis) explicetur, hoc
loco penè eandem materiam statui latius
rudiusque rursum Deo opt. max. auxilian-
1 te explanaturus discutere. † Si igitur Iudex
aut Fiscus, pro inquisitione sua producen-
da, præter coniecturas quasdam, præsum-
ptiones, indicia aut suspiciones, habuerit
nihil, obligatur profectò principio seipsum
2 de illis informare. † Indicia enim sunt me-
dia intellectualia veritatis eliciendæ, ex a-
liqua circunstantia singulari exurgentia, l.
Iudicia certa, C. de rei vendic. c. Inter qua-
tuor. iuncta gloss. in verbo Per argumenta,
ext. de cleri. peregri. &c. Cùm caussam, in
3 fine, de probat. Oriuntur † autem istiusmo-
di indicia nonnunquam ex communi pu-
blicaq; voce & fama, aut ex moribus & mo-
do viuendi ipsius diffamati, nempe ex ma-
la conuersatione, ob quã non temere isthęc
4 indicia oriri cernimus. Mala enim † cõuer-
satio est malorum operum, & animi inter-
nis sceleribus infecti probabile argumen-
tum, aut (vt aliis placet) est malæ operatio
nis & conscientiæ deprauatæ indicium, l. Si
plures, §. Assiduè, ff. de administra. tuto. Et
5 † ex mala, cumq; malis conuersatione, ipse
etiam bonus malus vel viciosus efficitur, l.
Ædiles, §. Pedius, ibi, aleator fortè, &c. ff. de
ædi. edict. Huc seruit illud magni nominis
6 Philosophi dictum, Qualis † quisque est,
tali socio delectabitur. Cui consonat & il-
7 lud Psalmistæ: Cum † sancto sanctus eris,
& cum peruerso peruerteris. Interdum in-
dicia colliguntur ex loco, in quo quis con-
8 uersatur, aut aliquando versatus est, quia †
ex locorum varietate, varia similiter conie-
ctura ducitur, indicium seu præsumptio, l.
finali. c. Si mancip. ita fuer. alienat. & l. Aut
9 facta. † § Euenit, ff. de pœnis. Quandoque
verò ex fuga. Fuga enim haud dubiè non
mediocrem suspicionem ac indicium parit.
Dynus in l. Diuus, ff. de custod. reo. Vtrum
verò fuga, & quando suspicionem generet,
aut indicium, vel semiplenam probationẽ,
refert vir ille summi nominis Bartolus in l.
lege, ff. De Syll. nec non D. Cataldinus de
Boncõpagnis de Viso. I V. Doctor celeber-
rimus in suo tractatu Syndicatus, numero
74 qui plura huius rei ibidem ad plenum
cõgessit, quæ, ne sim æquo prolixior, trans-
eunda putaui. Poterit prætereà Iudex indi-
cia efficacissima elicere ex hominis constan-
tia, vel ex vocis, aut membrorum trepida-
tione tremula, vel pallore. Iuxta illud, *Heu
quam difficile est crimen non prodere vultu?*
l. De minore, §. Tormenta, ff. de quæstioni-
bus. Ideoque & hæc indicia Iudici fuerint

obser-

obſeruanda, per quæ ſæpenumero emergit
& eluceſcit veritas, d.§. Tormenta. Iudex
10 etiam † indagare obligatur, cuius primò
vitæ fuerit, & an talia, aut ſimilia, de qui
bus impræſentiarum inculpatur, facere cō-
ſueuerit. Nam de vnoquoque † bonum,
11 vel malum præſumimus, conſideratis pri-
mæ ætatis ſuæ moribus. l. Deſertorem §. Is
qui 2. ibi, inſpecto vitæ eius præcedenti a-
ctu, l. Non omnes, §. A barbaris, ff. de re mi-
litar. l. Tutor quoque. §. Quæri poteſt, ff. de
12 ſuſpect. tut. Ex † geſtis enim præteritæ vi-
tæ præſentia metimur, l. pen. §. fi. C. de agē.
in reb. li 12. Item an fuerit occiſo ſeu inter-
fecto minatus: quoniam erit probabile in-
diciū, quod ipſe re adimpleuerit, quicquid
13 verbis profudit: cum ex † dictis hominum
facta penſemus, l. vnica, C. Si quis Imper.
maled. l. Labeo, ff. de ſupel. leg. l. Item apud
Labeonem, §. Adiicitur, ff. de iniur. Præter-
eà conſiderandum eſt: An ſit talis, qui con-
ſueuerit, taliaque viribus conficere potue-
rit, l. famoſi, ibi, an potuerit facere: & an an-
te quid ſimile fecerit, &c. ff. ad l. Iul. maieſt.
14 Et hæc † indicia teſtibus nequaquam ſu-
ſpectis conſtare debent. Vnus teſtis integer
15 & ſufficiens, † omnique exceptione maior,
ex viſu deponens, aliamque ſufficientem
ſcientiæ cauſſam reddens, indicium ſuffici-
ens ad capiendum, inquirendum, & ad tor-
mentis ſubdendum efficit, l. Si quis, C. Ad
l. Iul. maieſt. & ibi notant gloſſ. & Doct. &
Sali. in l. fin. C. de quæſtionib. ſed inſuffi-
16 ciens ad condemnandum. Quod † ſuper
indiciis, aut ex preſumptionibus, ſiue men-
dicatis ſuffragiis, nemo venit criminaliter
condemnandus, l. Abſentem, ff de pœnis l.
1. in fine, ff. de quæſtionib. l. Singuli, C. de
Accuſat. atque D. Bart. in l. fin. eod. tit. quā-
tumque etiam fortia ſint: † quia in crimi-
17 nalibus indicia vel probationes debent eſſe
luce clariores, vulgatiſſima l. Sciant cuncti,
C. de probat. vbi Imperatores Grat. Valent.
& Theodo. inquiunt, ac ſtatuunt in hæc
verba: Sciant cuncti accuſatores eam ſe rem
deferre debere in publicam notionem, quæ
munita ſit idoneis teſtibus, vel inſtructa
apertiſſimis documētis, vel indiciis ad pro-
bationem indubitatis, & luce clarioribus
expedita. Huic legi ſubſcribunt Pontificii
canones, c. Sciant cuncti, 2. q. 8. vbi eam le-
gem verbotenus habemus canonizatam,
& c. Epiphanium, 5. q. 6. Idem dicitur in l.
Qui ſententiam, C. de pœnis. ac d. l. Singu-
18 li. Quod ea † ratione videtur procedere,
quia in cauſis criminalibus perſpicacius eſt
conſilium adhibendum: ibi enim maius
periculum & detrimentum vertitur & con-
tingit, argumento l. Addictos, C. de appel-
lat. & l. 1. §. de ventre inſpic. cum ſine nume.
19 ro haud diſſimilibus iurib. † Cōfeſſionem
Rei extraiudicialem vnico teſte ſufficienti,
& cauſſam ſcientiæ reddente ad inquiren-
dum, ac procedendum, ſiue torturæ ſubii-
ciendum ſufficere aiunt, l. Capite quinto ff.
de adul & ibi gloſſ. in verbo, Accuſatori,
quam ſcribentes ad hoc notabilem ac ſin-
gularem aſtruunt. Adde quod not. Panor.
in c. De hoc, numero 7. in verbo confeſſi,
ext. de ſimonia, & in c. Quam ſit graue, nu-
mero 2. ext. de exceſſib. prælato. Bart. in l.
Quoniam, ff. de his qui notant. infam. Bald.
in l. Ictus fuſtium. eodem tit. Ang in l. 1. ff.
20 de confeſſis. cum infinitis locis ſimilib. †
Quemadmodum etiam minæ vnico teſte
probatæ, maximè quum minator conſue-
uerit ſuas minas mandare executioni: Et ex
multis aliis poterit curioſus Iudex indicia
ſumere ad firmandam & informandam
conſcientiam, pro exquirenda ac eruenda
veritate delicti, vt inquit Bar. in ſuo tracta-
tu de quæſtionib. in Rub. Quæro aliqua in-
dicia, &c. Circa ergo materiam, quomodo
ſumantur indicia, & qualibus ſit opus in-
diciis, quę Iudicem ad inquiſitionem & et-
iam torturam meritò extimulent, memi-
nerit pius lector hîc nihil certi poſſe conſti-
tui: ſed pleraque ex prudentis Iudicis arbi-
trio dependere: Ideoque exactam de ipſa
doctrinam dari nō poſſe. Quod perpulchrè

etiam astruit D. Abbas in c. Cùm in cōtemplatione, in 1. colum. in versic. Et quæ indicia sufficiant, &c. ext. de Reg. iur. Sensit item hoc variis in locis subtilissimus Bald. in l. 1. in principio vltimæ columnæ, C. cōmu. de leg. & in l. Seruos, C. de testib. atque expresse, in l. 2. C. Quorum appellat, & D. Angelus Areti. in suo libello vtilissimo maleficiorum. in gloss. fama publica præcedente. in 5. colum. in versic. Quæro, an vnum indicium. Ad quos consulendos (causa vrgente) conuolare ne grauemini.

CAPVT XI.

De Notorio.

Summæ rerum tractatarum in Commentariis CAP. II.

1 *Notorium* { *Facti* { *Actu transeuntis*, *Interpellati*, *Actu permanētis* } ; *Iuris* ; *Præsumptionis* } — *Notorium est* { *Iudici tantùm.* *Aliis tantùm* *Iudici & aliis simul,* } — *Incognitum* { *Aliis.* *Iudici.* }

2 *Notorium facti quid sit?*
3 *Aliter, facto res fit iudici notoria.*
4 *Populi testimonium, quomodo intelligitur?*
5 *Decem faciunt plebem siue turbam.*
6 *Palam ac publicè, quomodò intelligitur.*
7 *Quando crimen efficitur notorium, sunt opiniones.*
8 *Vbicunque non est expressum aliquid à iure, iudicis arbitrio indubiè relinquitur.*
9 *Notorium* { *Facti actu transeuntis,*
10 *Facti interrupti,*
11 *Facti actu permanētis,*
12 *Iuris,* } *Quid sit?*
13 *Vel iure crimen fit notorium.*
14 *Contra notorium iuris subinde admittitur probatio in contrarium.*
15 *Notorium præsumptionis quid sit?*
16 *Filius is est, quem nuptiæ demonstrant.*
17 *In rebus iudici certa notione perspectis, nullus legum ordo, nulla recepta procedendi forma seruanda est.*
18 *In notoriis criminibus, coram Iudice commissis, Iudex rei omnia necessaria defectū solus adimplet.*
19 *Crimine in Iudicis conspectu pro tribunali sedentis admisso, licet Iudici contra reum summatim procedere sine forma ac Iudicii strepitu.*
20 *Crimina manifesta iudiciarium ordinem non requirunt, occulta verò maximè.*

MInimè nostri erat instituti, quamlibet hic notorii materiam fusiùs prolixiusque discernere atque excutere (quum id citra ingentem fructum, laboris penè fuerit immensi) quare id duntaxat, quod nostro scopo seruire videbatur, clarius aperire statuimus. Est † igitur hic tale notorium triplex: Notorium facti, Notorium iuris, Notorium præsumptionis. Notorium facti † est, quod sese apertè plurimorum oculis exhibet, tamque est euidēs, vt probabiliter negari nequeat, vt nulla causatione, nulla tergiuersatione celari possit, l. Sed & si pupillus, §. Proscribere. ff. de instit. acti. l. Palam. ff. de ritu nup. l. Palam ff. de verbo signific. & l. Quod maior, ff. ad municip. Vel aliter: † Fa-

3 † Facto res fit iudici notoria, quoties deli-
ctum palam, publicè, frequentiq; populo
teſte committitur: adeò vt maleficus infi-
4 ciari admiſſa nequiuerit. Populi † autem
hic teſtimonium intellige: quando decem,
5 aut plures perpetrato crimini adfuerunt. †
Nam decem faciunt plebem ſiue turbam, c.
Vnio. 2.q.3. iunct. gloſ. finali. c. Presbyter ſi
6 à plebe, 2.q 4. Palam verò † ac publicè com-
mitti intelliges, quando in plateis, in tem-
plis, in foris ipſis ſenatorum conſeſſionibus
aliisve locis publicis res commiſſa fuerit.
7 Quando autem † crimen efficiatur notoriũ,
varii varia meminerũt. Sunt qui velint tum
crimen effici notorium, quando nullus in-
ficiationi locus penitus exiſtit: vtpote cuius
vniuerſæ viciniæ populus teſtis eſt, c. Cùm
dilectis filiis. §. Præſertim, extra, de purg.
canoni. c. Scelus. 1. q. 1. Alii contendũt ſuf-
ficere, ſi id apud maiorem partem iſtius vi-
ciniæ vt certum & notũ verſetur, d.l. Quod
maior, ff. ad municipal. & d. c. Cùm dilectis
filiis. Poſtremo ſunt, qui id omne iudicis
arbitrio relinquẽdum conſtanter affirmẽt:
quãdo ſcilicet hominum numero quid fiat
notorium: quod non ſit hoc ipſum expreſ-
ſe in iure diffinitum ac terminatum: tunc
enim omnia iudicis arbitrio ſtatuenda eſſe
certiſſimum eſt, c. De cauſſis, ext. de offic.
8 delegat. Nam vbicunq; † non eſt expreſſum
aliquid à iure, iudicis arbitrio relinqui in-
dubitatum eſt, d. c. De cauſſis, & l. 1. ff. de
iure deliber. Quorum ſententiæ ac opinio-
ni adſtipulari nec ipſe vereor. Intellige ta-
men quando interdiu, nequaquam de no-
cte id delictum committitur, ita vt clarè cõ-
ſpici poſſit, argumento c. Conſuluit. in fi-
ne, extra, de offic. delegat. l. Teſtium §. Tu
magis ſcire potes, ff. de teſtib. & l. Aut facta,
§. Tempus. ff. de pœnis. Cæterum hic ani-
maduertendum velim, notorium facti tres
præterea habere ſpecies. Nam aliud dicitur
9 Notoriũ † facti actu trãſeuntis, vt hoc, quod
ſemel notorium factum eſt, ita vt non poſ-
ſit tergiuerſatione aliqua celari, nec vllam
habeat ſui actus reiterationem, vt eſt homi-
cidium publicè commiſſum, quod reitera-
tionem non recipit: quale fuit Chriſti ſer-
uatoris noſtri, c. Semel Chriſtus mortuus
eſt, de conſecrat. diſtinct. 2. c. Aut facta, de
pœnitent. diſtinct. 1. & c. Pernouit, extra,
10 de teſtib. cogend. Aliud eſt † notorium fa-
cti interrupti, hoc eſt, quando ita publicè fit,
vt non poſſit celari per tergiuerſationem,
ſed ſæpius reiteratur, non tamen continuè:
tale eſt crimen vſurarii manifeſti, qui habet
menſam paratam ad mutuandum, & publi-
cè tenet, non tamen facit continuè mutuũ,
ſed frequenter hoc reiterat, c. Cùm tu ma-
nifeſtos, ext. de vſur. & c. Vſurarum vora-
ginem, eodem tit. libr. 6. vbi de hoc. Et in
hoc notorio ſemiplena probatio requiritur,
11 vt in c. Cum in diœceſi, extra, de vſur. † A-
liud eſt notorium facti actu permanentis,
quod ita fit publicè, vt celari non poſſit, &
habet in ſe facti continuationem: vt eſt vi-
dere in illo, qui cõtinuè in carcere contine-
tur. de hoc in c. Cum dilectis filiis, extra,
de appella. Porro quodvis notorium facti,
aliquando notorium eſt, & manifeſtum Iu-
dici, ſed incognitum aliis. Contra, aliquan-
do cognitum eſt & notorium aliis, ſed oc-
cultum Iudici. Denique aliquando noto-
rium & Iudici, & aliis, c. De manifeſta. 2. q.
1. quorum omnium ac ſingulorum memi-
nit D. Ioann. Millęus, in ſua praxi criminis
perſequendi, in tractatu de notorio: ad quẽ
plura ſciſcitari deſiderantem (vt compen-
dio ſtudeamus) remittimus. Hactenus de
12 notorio facti. Nunc de notorio iuris. † No-
torium iuris eſt id crimen, de quo quis con-
demnatus eſt, vel quod in iuſtitia quis con-
feſſus eſt, c. Euidentia, extra, de accuſat.
l. Ingenuum, ff. de ſtatu homin. l. Res in-
dicata, ff. de regulis iuris. dummodo certè
hic in iuſtitia confeſſus perſeueret in ſua
confeſſione, facta ſine tormentorum for-
midine, poſt diem & noctem: aliter enim
non foret iure notorio talis confeſſio, lege
prima, paragrapho, Quæſtioni, Digeſtis

13 de quęstio. Aut sic: Iure † crimen notorium fit Iudici, quandocunque maleficus id liber in præsentia Iudicis pro tribunali sedentis, & debitum sui officii exequentis, fatetur, liber (inquam) omni metu, compedibus, vinculis, & quibuscunque tormentorum generibus: vel quoties Iudicis delictum constat inquisitione præuia, legitimo testimonio, aliisve similib. argumentis efficacibus: ita vt hinc posset sequi condemnatio, l.
14 fin. C. de probat. l. Gesta, C. de re iudic. † Nihilominus contra notorium iuris admittitur subinde probatio in contrarium, veluti si tale notorium negetur, aut in dubium reuocetur: quibus modis quis appellans audiri debet & admitti c. Romana ecclesia, §. Sin autem. De appella. lib. 6. Tertiò, restat de notorio præsumptionis pauca differere.
15 Notorium † præsumptionis, est euidentia iuris vehementis præsumpta. Præsumptionibus namque Iudex ad criminis noticiam peruenit, quando indicia ipsa, vel cuiusquam hominis mores tales sunt, vt non temere iustitiæ præbeât apertam & penè certam de criminis veritate censuram. Veluti quum maleficus familiam alit cum alterius vxore: iura hinc eliciunt, & veluti certissimum ducunt, ipsum ita mœchantem in adulterio viuere. Rursum quando vsurarius fœnoris gratia publicam mensam exponit: colligunt iura, & certissimum habent, hûc fœnerare. Tertiò, quando maritus & vxor puerum aliquem nominant filium: tunc est præsumptio iuris, puerum illum esse ipsorum filium, c. Per tuas, ext. de probat. & c. Transmissæ, ext. Qui filii sint legit. quia
16 filius † is est, quem nuptiæ demonstrant, l. Quia semper, ff. de in ius vocan. & l. filium ff. de his qui sunt sui vel alie. iur. atque item in similibus. Nunc verò in notoriis, ac manifestis huiusmodi criminibus noueritis, quod sufficiat de istius notitiæ, seu vulgò (si ita fari liceat) notorietatis certitudine inquisitio. Quæ quidem notoria ac manifesta notitia haud parum efficax est in inquisitionibus, tantumq; habet momenti, vt in apertis, ad formam prædictam criminibus, iudex procedere possit, absque vllius accusatione vel delatione sine traditione, pro reo exemplaris copiæ indiciorum, sine consueto articulorum libello: denique absque vlla conclusionis peroratione. Atque huiuscemodi processus neutiquã sunt improbandi, neque vt nihili, parumque efficaces, refellendi: quasi ob non adhibitas debitas, necessariasque iustitię solennitates.
17 † Quandoquidem in rebus Iudici certa notione, siuè notorietate perspectis, nullus legum ordo, nulla recepta procedendi forma
18 seruanda fuerit. In notoriis enim his † criminibus coram iudice in loco iudiciali sedente commissis, Iudex ipse rei omnis necessariæ defectum solus adimplet. Crimine
19 verò in Iudicis † conspectu pro tribunali sedentis, ac debitum sui officii exequentis, & præsentia decem vel duodecim admisso, licet Iudici contra Reum summatim procedere sine vlla processuum, ac iudicii strepitu, c. Vestra, & c. Tua nos, ext. de cohabit.
20 cler. & mulier. Nam crimina † quæ manifesta sunt, iudiciariũ ordinem nõ requirũt: occulta verò maximè, c. prohibentur, § fin. 2. q. 1. Verũ enimuero si crimen perpetratũ fuerit præsente, teste q; Iudice extra tribunal seu locũ senatorium, non pro tribunali sedente, foris vspiam: procedendũ fuerit Iudici per inquisitionẽ, atq; processus legitimo ritu instituendus. Quod scilicet crimen tali loco cõmissum, non fuerit ipsi notoriũ seu cognitum tanquam Iudici, sed veluti priuato. Itaque eo casu omnis ordo iudiciarius est necessarius, l. 1. & Authent. Offeratur, C. de litis contesta. c. Cùm tu, ext. de vsur. c. Cùm de tua, ext. de corp. vitia. ordinã. & c. Si sacerdos, ext. de offic. ordina.

CAPVT

CAPVT XII.

De Commissionibus Criminalibus.

Summæ rerum tractatarum in Commentariis CAP. 12.

1 *In crimine capitali iubet Iudex*
- *Reum apprehendi,*
- *Rei bona fideliter conscribi.*

Idq; per
- *Cōmissiones criminarias in Flandriæ & Mechliniensi consiliis, ex petitione*
  - *Partis tātū, Procuratoris tantum, Vtriusque* — *vel*
    - *Ad informationē iā iā habitā.*
    - *Ad informa. mox producēdam.*
- *Satellites, nuda ipsorum scilicet autoritate & iuramento. In*
  - *Curiis feudorum.*
  - *Quibuscunque aliis tribunalibus.*

2 *In materia criminis, nulli licitum est citatione vel captura uti, nisi informatione prauia.*

3 *In Cancellaria Brabantiæ, quales nonnunquam commissiones criminales admittantur.*

QVoties crimen ipsum aliquo superiorum modorum innotuit Iudici, mandatis reum, siue criminis rumusculo infamem citari, & Senatui sistendum accersiri.
1 † In crimine autem capitali iubet Iudex reum apprehendi, ipsiusque bona cuncta fideliter conscribi seu annotari. Absque huius enim decreto seu autoritate, nulli vnquam fas esse potest in re criminaria quemuis aut citare, aut apprehensione constringere: sicuti spectabilis egregiusque Iurium Doct. D. Bartholomęus Chassaneus in Consuetudines Ducatus Burgundiæ, titulo: *Des Iudices & droictz d'celles.* §.6. fol. 65. ad finem numeri 19. commemorat. Tex. est, & ibi Bartolus, in l. Neminem. C. de exhiben. reis. quapropter super hac re in Flādriæ necnon in magno Mechliniensi conciliis, consuetudinis est elargiri commissiones (quas vocant) criminarias. In Curiis verò Feudorum, cæterisque tribunalibus, satellites, & quotquot sunt huius muneris absque vllo largiori mandato, sola officii autoritate, hanc apprehensionem sibi vsurpant, quorum nonnulli sunt generales, quibus huiusmodi apprehensionis cura à superiorib. suis, vnà cum officio committitur, maturationis scilicet gratia, quam isthæc captura interdum deposcit. Multifariam igitur cōmissiones criminales in memoratis consiliis super libellis supplicatoriis (vulgò Requestis) expediuntur. Alias ad solam postulationem & requisitionem partis, vt placuit Aret. in c. 1. de iudic. c. Licet, de accusat. Ad l. peremptorium, ff. de iudic. Nec non Bart. in l. Si finita. §. Iulianus. ff. de dam. infect. in l. Consentaneum, & in Authent. Qui semel. C. Quomodo & quando Iudex. Rursum ad solam quæstionem seu petitionem ipsius procuratoris. Postremò ad vtriusque & partis, & procuratoris quęstionem simul. Sunt harum præterea nonnullæ commissiones, quæ ad iamiam habitam informationem expediuntur. Aliæ ad informationem mox producendam. Sed hanc † peragi
2 oportet, priusquam vel ad citationem, vel ad apprehensionem procedatur: quandoquidem in materia criminis nulli licitum

eſt citatione vel captura vti, niſi informa-
tione præuia. Atque in omni commiſſione
eius rei de qua producenda foret inquiſitio,
neceſſum eſt per libellum articulatim ſin-
gula enarrari crimina: quod non requirit
res, cuius informatio antè habita eſt. Sed
hîc ſufficit dicere (informatione viſa, &c.)
abſque vlla criminalium articulorum enar-
3 ratione. In † Cancellaria autem Brabantiæ
nonnunquã admittũtur commiſſiones cri-
minales ſine vlla perſona efflagitante, ſine
narrarione criminum, ſine aperta rerum
cauſſa: nempe peculiari ratione hoc ſuaden-
te: aut certe ex abſoluta voluntate & auto-
ritate Principis, cuius vnius poteſtatis eſt
hoc efficere, & non cuiuſpiam alterius è ſuo
conſilio. Quoties item crimen punitione
corporali dignum eſt aut certe tale, vt cita-
tus cauſſæ ſuæ defenſionem per procurato-
rem tutari nequeat, tradit tum Conſilium
ipſam corporalem citationẽ, modò iſtiuſ-
modi præmiſſa apertè conſtiterint.

CAPVT XIII.

De Citatione.

Summæ rerum tractatarum in Commentar. CAP. 13.

1 *Citatio* { *Diuini* / *Naturalis* / *Canonici* / *Ciuilis* } *Iuris eſt.*

2 *Citatio eſt de ſubſtantia iudicii criminalis.*
3 *Citatio rei criminaria fieri debet in perſonam diffamati, modo inueniri poſſet.*
4 *Citatio fit ad domum, quam citationis tempore inhabitat, ſi perſonaliter reperiri nequit.*
5 *Domus quomodo hîc accipiatur.*
6 *Reus ſi domibus careat, fugamq; dederit, quo pacto citandus?*
7 *Executori ſemper incumbit, vt citato inſinuatio innoteſcat.*
8 *Reo citato competens commodumq; comparitioni tempus à Iudice elargiendum.*
9 *Executori fides fit de commiſsione peracta.*
10 *Nonnunquam Iudicis eſt, vtrilibet credere, aut executori, aut diffamato.*
11 *Conſilium haud aſpernandum pro executoribus, quo cauillationem & periculum effugiant.*
12 *Executor in negotio criminali, reo expletorum copiam non tradit.*
13 *Executor in negotio ciuili, reo expletorum copiam ex vſu ac ſtylo tradere obligatur.*

1 CItare, diuino, † naturali, canonico, at-
que ciuili iure, iam olim à multis ſecu-
lis introductum eſſe conſtat, vt Geneſ. 3. v-
bi legimus, Dominum Deum priuſquam
Adam de peccato inobedientiæ punierat, i-
pſum ad ſeſe vocaſſe, Adam vbi es, atque i-
pſius audiuiſſe admiſſi criminis expurga-
tionem. Huic ſeruit c. Deus omnipotens.
2. q. 1. vbi inquit, Deum noluiſſe priùs pu-
nire Sodomorum enormia mala, quam in-
ueſtigatione ac fidelibus teſtibus factus cer-
tior, ipſorum opera aperto iudicio compro-
baſſet, Clement. Paſtoralis, cum ibidem
not. de ſentent. & re iudicat. & extrauagan-
ti, Rem non nouam aggredimur, iuncta i-
bi gloſſa de dolo & contum in extrauagan-
tib. communib. c. Cùm olim, extra de te-
ſtib. tritiſsim. l. De vnoquoque. ff. de re iu-
dicat l. Nam ita Diuus. ff. de adoptio. l.
Tres denunciationes. C. Quomodo & quã-
do iudi. l. Si quando. C. de teſtib. cum ſine
2 numero ſimilib. iurib. † Citatio autem eſt
de ſubſtantia & eſſentia ipſius iudicii ſeu
proceſſus criminalis; vſque adeò, vt nullus
niſi

XIII. De citatione

niſi huiuſmodi citationis acceſſu, proceſſus
valeat: teſte D. Lanfran. de Oriano inſigni
practico in cap. Quoniam contra falſam §.
Citationes ad exordium, extra de probat.
Ideoque huic materiæ planè eſt neceſſaria.
Nam omnia atq; ſingula proceſſuum ſub-
ſtantialia, ritum atque ordinem ſuum ob-
ſeruent, neceſſe eſt: alioqui perperã omnia
procederent, proceſſusque ipſe foret nihili.
l. Prolatam C. de ſentent. & interlocut. o-
mnium iudic. Prætor enim incipit iudiciũ
ab ea parte, quæ eſt de in ius vocando. §. fi-
nali. Inſtitut. de pœnis temer. litigant. l. 1.
ff. de in ius vocand. atque per Iacob. Rebuff.
in l. hac lege. de proxim. ſacro. ſcri. libro 12.
3 C. Debet autem omnis † citatio rei crimi-
nariæ fieri & peragi in perſonam Rei ſiue
diffamati, modò is inueniri poſſet, l. 1. ff de
lib. agnoſcend. & l. 4. ff de dam. infecto.
4 Vel † certe pronunciabitur citatio domi
ſuæ, quam ſcilicet nunc inhabitat citatio-
nis tempore, non in aliis domibus ſuis. d. l.
1. & d. l. 4. & ibi Bartolus, l. Scire oportet, §.
Sufficit. ff de excuſat. tuto l. Aut qualiter,
§. Et ſi fortè, ff. quod vi aut clam, &c. Cauſ-
ſam quæ, extra de dolo & contumac. Do-
5 mum autem † hîc accipimus, ſiue in pro-
prio domo quis habitet, ſiue in conducta,
ſiue gratis, ſiue hoſpitio quis receptus ſit, §.
Domum. Inſtitut. de iniur. & l. 1. §. Habi
tare, ff. de his qui deiecer. vel effud. Idem
quoque cenſet Lucas de Penna in l. 2. C. de
6 meta. & epidim lib. 12. Quòd † ſi domib
omnino careat, atque loco ſuo fugam de-
derit, peragetur citatio ad normam execu-
tori in commiſſione traditam: vtpote edi-
cto ſiue proclamatione publica, voce præ
conaria, tubæ ſonitu, aut ſimili ſolennita
te, quorum meminit excellentiſſimus vir
D. Guilelmus Duran variis in locis ſui Spe-
culi, ad quem iuris ſtudioſum, breuitatis
7 gratia, remitto. † Verùm curandum ſem-
per fuerit executori, vt inſinuatio ſeu inti-
matio citato palàm fiat per commiſſionem,
aut per aliam non abſimilem formam, qua
aperte Iudex cognoſcat commiſſionem ac
citationem veriſimiter Reo innotuiſſe. Ci-
8 tatione † autem iſthac ex commiſſione fa-
cta, neceſſum fuerit ipſi Reo citato compe-
tens commodumq; compatitioni tempus
elargiri, plus minusve ſeptem dierum, pro
ratione diſtantiæ inter citatum & Iudicem.
9 Atq; † iſtiusmodi executori, quisquis is fu-
erit, fides fit de commiſſione peracta, vt et-
iam ex ipſius relatione per Iudicem decer-
natur ac detur contumacia ad eum finem
atque commodum, vt decet: quatenus de
commiſſione ſua & onere conſtiterit. Ve-
rùm enimuero non habetur iſthæc execu-
tori fides de iure ciuili, ſed abſolutam fidẽ
illi hac tempeſtate dari cernimus. Quoties
tamen nuntius ſiue executor refert ſe citaſ-
ſe perſonaliter Socratem, isq; conſtanter id
10 neget, & † iuramento contrarium aſſerat:
hic in Iudice fuerit (vt nonnullis placet)
vtrilibet credere, cõſiderato ingenio & qua-
11 litate perſonarum. Quocirca † tutiſſimum
fuerit (ſicuti doctores autumant) binos e-
mittere nuntios, vel certe, vt nuntius ſiue
executor commiſſionem ſuam peragat præ-
ſentibus teſtibus: quos inſuper orationi ſuæ
referendæ prudens inſeret. Sunt tamen qui
volunt, ſoli nuntio ſiue executori habẽdam
fidem de commiſſione facta, quòd in re cri-
minaria plerunque difficile foret teſtes ad-
12 hibere. Cæterũ † in negotio criminali, nun-
tius ſiue executor expletorum ſiue ſui man-
dati ſeu commiſſionis & relationis copiam,
Reo nequaquam tradit, quod tamen effice-
re cogitur in materia ciuili, idq; ex vſu ſty-
loq; recepto. Horum plura, quia ſunt omni-
13 bus obuia, referre poſtpono. † Interim ta-
men ſi quis nuntiorum ſiue executorũ ma-
teriam pulchram, vtilem, ſingularem, &
quotidianam abundanter ſcire deſiderauc-
rit, ad Bartholomæum Chaſſanæum Con-
ſuetudinum Burgundiæ Commentatorem
inſignem, tit. *des Iuſtices & droicts u-
icelles.* vniuerſo §. 7. ne ſim lon-
gior, eundem remitto.

CAPVT XIIII.

De Annotatione bonorum.

Summæ rerum tractatarum in Commentar. CAP. 14.

1 *Annotatio bonorum fit propter primam contumaciam.*
2 *Annotatio dicitur quædam compulsio ad comparendum.*
3 *Annotatio dicitur quædam præparatio ad confiscationem.*
4 *Annotatio duntaxat fit in caussis criminalibus, in quibus fit bonorum publicatio.*
5 *Error non pusillus nonnullorum Iudicum nostri temporis.*
6 *Annotatio quando fieri debeat, remissiuè.*
7 *Recepto vsu, stylo, ac consuetudine, quorum bonorum annotatione vtimur.*

1 BOnorum † annotationem non fieri nisi propter primam contumaciam, explorati iuris est, vt puta, quando aliquis de aliquo crimine in iudicium euocatus, præsentiam sui facere contemnit, id est, se absentat, nolens ad iudicium venire: eius bona tum ad manum iustitię (si ita fari liceat) ponuntur: dicunturq; annotari, vt si infra annum redierit & se crimine purgauerit, integram rem suam habeat: si neq; redierit, neque qui se defendat, habuerit, tunc post annum bona publicentur, l. finali. ff. de requi. Reis, & l. 1. C. eodem tit. Itaque anno-
2 tatio † meritò dici potest quædam compulsio ad comparendum, & casu adueniēte ve-
3 rificationis † delicti, quædam præparatio
4 ad confiscationem. Animaduertite † tamen secundum D. Ang. in d. l. 1. Cod. de requi. Reis, Annotationem duntaxat in caussis criminalibus fieri debere, in quibus fit bonorum publicatio. In aliis autem caussis criminalibus, vbi non venit publicatio imponenda, bona non sunt ad manum curiæ ponenda, quantumcumque sit contumax
5 Reus. Iudices † tamen nonnulli huius temporis secùs faciunt, ingenio ac iudicio quo moti, nescio, & pro contumacia faciunt indistinctè subhastari bona, secundum l. fin. C. De requi. Reis, de qua annotatione habetur in l. 1. & per vniuersum illum tit. ff. de requi. Reis. Per Bartolum, qui ibi decla-
6 rat † quando fieri debeat annotatio, in l. Inter. ad finem, ff. de publi. iudic. & quo-
7 modo † fieri debeat, habetur in l. 1. §. 1. & in l. fin ff. de requi. Reis. Inolito receptoque vsu, stylo, ac consuetudine, bonorum vtimur annotatione, per commissionem criminalem executoris, simulatq; per inquisitionem ipsi de præmissis constiterit.

CAPVT XV.

De Citatione reali, id est, Captura.

Summæ rerum tractatarum in Commentariis CAP. 15.

1 *Citatio realis absque* { *Licentia,* / *Authoritate,* / *Commissione* } *Iudicis fieri nequit.*
2 *Exceptiones aliquot superioris præcepti.*
3 *Exules, hostes Reipublicæ sunt.*
4 *Repertus in flagranti crimine, potest capi etiam sine licentia Iudicis.*

XV. De citatione reali, id est captura

5 *Capti citra Iudicis authoritatem, carcere claudendi sunt intra 20. horas, secundum Bart.*
6 *Iidem carceri tradendi intra sex horas, secundum alios.*
7 *Captura quatuor modis ab officiariis exercetur.*
8 *Officiarius Iustitialis innocentes suo arbitrio comprehendens, punitioni fit obnoxius.*
9 *Inuectio in nonnullos arrogantes Officiarios.*
10 *Diffamatum duntaxat comprehendere licet.*
11 *Diffamati infamia sua dicam suis moribus praferunt.*
12 *Executor dissimulans commissam manus iniectionem, quomodo puniendus.*
13 *Executoris aut Apprehensoris non est captum ob quamlibet etiam pollicitam fidem libera donare relaxationi.*
14 *Executori in captura poscenti subsidium, nullus officiarius, nullus ipsi subditus impunè id recusare poterit.*
15 *Executori vbiuis locorum aperiendi sunt carceres, modò id poposcerit ad minimum vna nocte.*
16 *Executori maleficum rebellem comprehensuro, permittitur domum obsidere, ostia & fenestras infringere.*
17 *Executori ex vna authoritate concredita permittitur item quicquid ad illam capturam videbitur necessarium.*
18 *Executoris non esse, carcere constrictum vi illinc eximere, nisi, &c.*
19 *Executori non permissum è templis, aut cœmeteriis temere abstrahere.*
20 *Loca sacra nemini grauioris sceleris reo patrocinari possunt.*
21 *Executori quando & quomodo, maleficum è sacratis locis abstrahere dabitur.*
22 *Loca sacra leuiter maleficis patrocinia sunt, nisi, &c.*
23 *Officiario seculari quando clericos captiuare conceditur.*
24 *Executori licitum subinde maleficum è propria domo ereptum, captiuare.*
25 *Executor omnem dissimulabit saluiconductum, vel similem purgationem.*
26 *Appellatio in re criminaria per totam Flandriam nulla.*
27 *Executori non licere rebellem maleficum interficere.*
28 *Executor quando ab homicidio malefici capiendi excusandus.*
29 *Violenta manus iniectio in Officiarium aut executorem quomodo punienda.*
30 *Captum è manibus Executoris siue Officiarii vi liberans, Rei capti periculo fit obnoxius.*
31 *Officiarios in Captura non iuuantes, quantum peccent.*
32 *Captura maleficorum quibusuis incumbendum est.*
33 *Cur regiones nostras passim habeamus latronibus oppletas.*
34 *Executori de commissione peracta, non de iniuriis relatis, fides adhibenda.*
35 *Executori maleficum in aliud territorium confugientem, & subsequi, & captiuare licebit.*
36 *Clericus in sacris constitutus, in flagranti crimine repertus, an capi posset etiam à laico?*

1 NVLLI fas esse † potest (antè meminimus) absq; commissione sine authoritate Iudicis, quemuis violenter siue realiter citare, aut apprehensione constringere: Textus clarus & ibi nec inconcinniter Bart. in l. Neminem C. de exhib. reis: verùm fal-
2 lit † hæc regula multifariam, veluti in monetarum falsariis seu violatoribus, l. 1. Cod. de fals. monet. In iis passim qui publice latrocinio grassantur trita & vulgata l. Capitalium. § famosos, ff de pœnis. In incendiariis, § Incendiarii in famiam dicta l. Capitalium, l. Qui ædes, in principio, ff. de incend. & l. Qui vltimo, ff. de pœnis. In violentis fœminarum compressoribus, l. Raptores C. de episco. & cleri. & l. vnica. C. de rap. virg In stipendiariis, qui furtim duces effugiunt, l. 3. ff. de re milita. & l. 1. C. de

deſerto. & occult. lib. 12. In arborum & vi-
nearum ſtolidis inciſoribus, ac deprædato-
ribus, l. 2. ff. arbor. furt. cæſar. In furibus
cum ſarcina furti deprehenſis, populoque
fugientes ipſos clamore tali inſectante: Te-
nete furem, Prehendite furem, l. Si quis in
ſeruitute, ad finem, & l. Interdum §. Qui
furem, ff. de furt. huic non parum ſeruit l.
itaque, ff. ad l. Aquil. In veneficis, in incan-
tatoribus, qui veneficiis ſiue incantationi-
bus aut puteos aut aquarum riuulos vitiãt,
l. final. C. de malefic. & math. quos omnes,
hisq; adeò ſimiles, quilibet citra iudicis vel
permiſſum vel mandatum comprehende-
re poteſt. Capturæ † itidem quorũlibet ex-
3 poſiti ſunt, Apoſtatę, Nonnę velatæ, trans-
fugæ, fugitiui, item exules: quos nemo nõ
Reipublicæ, ſecundum iura ac Stylum, ho-
ſtes ſuſpectos habet, & communem perni-
ciem. Verùm enimvero, citra informatio-
nem pręuiam huiuſmodi captura nulli per-
mittitur: niſi vbi delinquentes inuenti fue-
4 rint † in ipſo facto, & adhuc flagranti crimi-
ne comprehenſi: quo quidem caſu cuiuis
conceditur, quoties flagrans crimen capita-
le eſt, aliàs verò minimè, l. Raptores & l. v-
nica, paulo ante citatis, & l. Capite quinto,
ff. Ad l. Iul. de adult. & ſtup. Debent autem
omnes iam dicti captores quibus ſine iudi-
cis authoritate apprehendere datur, captum
5 illico † carceri iuſtitiali intra 20. horas (vt
nonnullis placet) tradere ſub pœna priua-
ti carceris aut alia arbitraria: aliàs priuato
capere nõ licet, vt l. vnica. C. de priuat. car-
ce. Ita egregius iuris interpres Bart. & ſequa-
ces tenent in iamiã allegata l. Capite quin-
6 to. Alii † intra ſex horas id faciendum (ſi
quidem id fieri poteſt) autumant. Huius
7 meminit S. Tho. 22. q. 65. † Prætores, Sup-
prætores, Satellites, Clientes, idq; genus re-
liqui Officiarii Ciuitatum, Oppidorũ, Ca-
ſtrorum, Ditionũ, Pagorum, quatuor mo-
dis capturam excercent: Aut ex delatione
generalis inquiſitionis: In præſente fla-
granti crimine: Ex partium poſtulatione
ſiue requiſitione: Ex iudicatis multis. Of-
8 ficiarius † iuſtitialis qui aliquem legalem,
legeve dignum prehendit proprio arbitrio,
quouis tempore, nulla vrgente cauſa ſiue
(vt vulgò dicitur) ex vẽto, capto haud me-
diocrem facit iniuriam, imò ignominiam
irretractabilem, teſte Baldo, in l. vnica. C.
de in integr. reſtitut. nec non Iaſone mul-
ta allegante in l. 4. §. Si quis condemna-
tus ſit, numeris 22. & 23. ff. de re iudicat. at-
que ea de cauſa punitioni ſubiacet nequa-
9 quam mediocri, etiam ſi huius † infelicis-
ſimi æui nonnulli arrogantes Officiarii,
contra omnem rationem ac æquitatem,
contrarium facere minime erubeſcant, in-
trepidè ſuſtinentes ſeſe habere (vt practi-
corum voculis vtar) ora aurea, & manus
aureas: quaſi ipſis omnia tam iure quam
iniuria impunè conceſſa fuerit dicere & fa-
10 cere: quum † tamen neminem niſi malæ
famæ ſiue diffamatum comprehendere li-
ceat: veluti ſcurras, ganeones, heluones,
nebulones, tenebriones nugatores, vanos,
& nullius precii homines, quos vtique pro-
prio arbitratu ſiue ex vento captiuare lice-
11 bit: † quod ii infamiæ ſuæ dicam ſuis mo-
ribus præferant, iuribus paulo ante allega-
12 tis. Quiſquis executorum diſſimulanter †
manus iniectionem negligit, quam tamen
in mandatis ſuſceperat, ſuiſque viribus id
fuerat integrum & liberum, ſuſpendendus
eſt officio, & pro Iudicis prudentia plecten-
dus acriter. Si vero captum remiſerit libe-
rum adeoque ad fugam conniuenter iuue-
rit, veluti ex malicia, aut alioqui corruptus
muneribus: tum planè priuandus mouen-
duſque foret officio, &ettereà quouis of-
ficio declarandus perpetuo indignus, & o-
mni executioni inutilis & inhabilis: deinde
exilio, aliaque pœna arbitraria mulctan-
13 dus. † Neq; item executoris aut apprehen-
ſoris eſt, captum donare relaxationi ſiue di-
mittere, etiam ſi bona fide recipiat ſe ad
conſtitutum diem rediturum. Hoc pacto
enim commiſſionis formã excederet. Non
poteſt

14 potest Iudex, Officiarius, † aut quicunque
subditus executori in apprehensione vllum
recusare subsidium, si quando illud petierit.
Nam si ex illius detrectatione quippiam
consequeretur dispendii, vel pars aduersaria,
vel ipsa Iustitia, in illum animaduertendum
15 dum foret, pro Iudicis prudentia. † Vbiuis
locorum executori aperiendi sunt carceres,
modò id poposcerit, certè vel minimũ
vna nocte, quatenus commentariensi pro
sumptibus & laboribus ibi respondeat. Ex-
16 ecutori, † vt maleficum rebellem & pugnacem
comprehendit, permittitur multa satellitum
manu, & præsidio domum circũcingere
& obsidere: ad hæc & ostia & fenestras
infringere, etiam si id literæ commis-
17 sionis non expresserint. † Quando enim illi
captand. authoritas conceditur & committitur,
intelligitur tum illi permissum
quicquid ad commissionis suę plenam executionem
spectare videbitur: textus notatu
dignus ac literis purpureis scribendus in
l. Illud, & ibi Bart. Paul. Castrens. & Doct.
ff. de acquiren. hæredit. textus admodum
singularis in c. Ex parte, cum ibi notatis per
Anto. de But. Panorm. Præpos. & alios Canonistas,
De sponsalib. c. Prudentiam, §.
Sexta, ext. de officio deleg. his accedat textus
aureis literis scribi haud indignus, cum
adiuncta sua singulari gloss. in l. Quamuis,
18 Cod. de fideicommiss. Si verò † maleficus,
constrictus carceris vinculis per Iustitiam
foret, non esset Executoris illum per fractionem
carceris eximire, nisi id expresse per
commissionem in mandatis habeat. Ne-
19 que itē fas † illi potest esse maleficos è templis,
ex cœmeteriis, aliisve locis sacratis violenter
extrahere absque peculiari illius mãdato
habito, l. Fideli, & l. vlt. C. de his qui
ad eccles. confugi. vbi (solito more) D.
Cynus, acutam narrat distinctionē: quam
casu emergente videndam non dissuadeo,
& c. Inter alia, extra, de immu. eccles. Verum
licet interim templum istud & cœmeterium
obsessione circumdare, & tum curare
de amplioris authoritatis commissione,
si id negotii circunstantia & materiæ
26 dispositio postulent. De homicidio, † de
raptu virginum, idque genus grauioribus
siue atrocioribus criminibus, nullum templum,
nullum (inquam) cœmeterium,
maleficum vlla libertate tuto donare potest:
quamobrem non iniuria illinc abstrahi
possunt. textus, & ibi glossæ in paragrapho,
Homicidia, & in paragrapho, Neque
autem, in Authentic. de mandat. princip.
collat. tertia, & notat gloss. in verbo, Abducere,
in lege secunda, Cod. de his qui ad
eccles. confug. Angel. laboriosissimus in
suo tractatu maleficiorum, sub singularissima
gloss. in verbo, Fama publica, versic.
Quarto quæro an vbilibet liceat capere malefactorem,
& cap. Idem Angel. in eodem
tractatu in gloss. in verbo, In scalis sancti
Petronii, ad exordium, quem in materia
hac, & alia criminali legendum ac relegendum
nemo non suadet. Attamen æ-
21 quum † est hic talem violentiam à sacro
abstractionem, ab Episcopo, ipsiusve vicariis
prius efflagitare: quam si imprudenter
hi negauerint, vi illinc extrahere licet
contra Episcopi mentem & gratiam, citra
sacrati etiam loci violationem: vt iura præfata
aperte demonstrant, præallegatis §.
Homicidia, & paragrap. Neque autem, nec
non D. Angel. in locis statim citatis & Saliceto
in Authentic. Si quis, Cod. Ad l. Iul.
22 de adulter. & stup. De † leuioribus autem
criminibus, templum & cœmeterium Reo
libertatis confugia sunt, l. Fideli, l. vlti. &
cap. Inter alia, suprà in medium adductis,
nisi hic maleficus sacratum locum maleficio
suo violauerit ipse, committendo scilicet
crimen in templo, vel in cæmeterio,
ca. fin. & ibi D. Panorm. & alii scribentes,
ext. de immu. eccles. In Authentica, vt liceat
matri & auiæ, §. Quia verò ita reperiuntur,
colla. 8. In his enim non admodum

insisto, quandoquidem iuris canonici dispositioni in his standum sit. arg. no. cap. 1. de no. oper. nuncia. Si tamen quispiam immunitatis materiam fusiùs & acutiùs examinatam inspicere desiderauerit, conuolabit ad commentaria in Consuetudines Burgundiæ, incomparabilis viri Bartholomęi à Chassanæo, sub titulo, *Des Iustices & droictz d'escelles*. Rub. *Si aucun commet simple larcin.* § Quinto, versic. Sed ad materiã immunitatis, &c. per tres columnas, necnõ ad excellentissimum V. I. Doctorem D. Oldradum in suis consiliis, consilio 154. inci-
23 piente, Quidam deliquit, &c. † Officiario seculari clericos itidem & viros Ecclesiasticos in flagranti crimine repertos cõprehendere licet, sed captos tradere debet ipsorum ordinario, sed hic exoluere procul dubio expensas iustitiæ cogitur, c. Si iudex laicus, cum ibi notatis, de sentent. excommuni. lib. 6. Neque hic in flagranti crimine ipsis duntaxat officiariis fas est clericos siue ecclesiasticos captiuare: verùm etiam quibusvis aliis extra omnẽ officii administrationẽ, modò eos captos tradãt vt suprà d. c. Si iudex laicus. Secularib. itẽ officiariis licet capere clericos seu ecclesiasticos nõ in vestitu, habitu, tonsuraq; ecclesiasticis repertos, captosque detinere, donec Iudici spirituali innotuerit, an vestis in qua capti fuerint, clericalis sit, an non. c. Ex part. 3. & ibi. D. Panorm. eiusq; imitatores, ext. de priuil. & excessib. priuile-
24 giato. Executori † licitum est captiuare criminosum, atq; etiam è domo propria extrahere, l. 1. C. de offic. diuer. iudicum. & nota-
25 tur in l. Nemo, ff. de reg. iur. In † grauioribus item delictis non abstinebit ab apprehensione, gratia alicuius saluiconducti aut similis permissionis, & condonationis prærogatiuæ, quales literas maleficus ipse huic executori exhibere contenderet: sed executione exercenda perget executor, Rei ipsius omnem cognitionem tum dissimulaturus: neque sim liter ipsum ad vllam appellatio-
26 nem admitteret. † quandoquidem appellatio in re criminaria per totam Flandriam nihil loci habeat, sicuti id passim fortiter asserunt; vel saltem comprehensum non sinet abire liberè, donec illi per superiorem fuerit vlterior constringendi per prohibitionem adempta potestas, vt antè. Neque etiam de iure licet aliud appellare tribunal ob capturam, sed tantum ob immodicam & plus æquò diuturnam carceris custodiam, & ob si-
27 bi † pernitiosum administrationis Iustitiæ defectum. Nulla ratione licet apprehensori, maleficum inter apprehendendũ (quamlibet acris etiam fuerit & fortis malefici rebellio, & corporis sui defensio) interimere, etiam si exul sit, aut alioqui morte ipsa dignissimus. Id enim non permittitur præterquam Iudici: cui soli vniuersa, in corpus, atque adeò in vitæ extinctionem potestas
28 est collata. † Verùm enim verò si certò aperteq; executori cõmissum fuisset, talem maleficum ita apprehensione vrgere, vt aut viuum aut enectum tandem caperet, vel certè ea tamq; violenta fieret scelerati rebellio, vt concertatio videretur periculosa, victoria dubia, & contra executori à sese propulsanda foret scelerosi violenta inuasio, hoc pacto apprehensor ab homicidio tali commisso excusaretur. Neque culpæ vlli executor fit obnoxius, ob læsionem, ob mutilationem, si quando de malefici impetuosa rebellione docere poterit, l. 2. & l. si quis percussorem. C. ad l. Cornel. de sica. Ita videtur sentire Bal. subtilis in simili, in l. Addictos; C. de Episc. audien. nec non d. Angel. in suo tractatu malefi. in gloss. in verbo, Fama publica, versic. Et primo, quando Officialis vadit pro malefactore capiendo. Idem
29 Bald. in l. fin. C. de exhib. Reis. Quisquis † violenter executori apprehensuro restiterit, violenta manu ipsius sinum aut gulã constrinxerit, similemve violentiam illi impegerit: periculo se committit perdendi pugni, aut alterius mulctæ pro qualitate impetus, & animi ad nocendum auidi. Quis-
30 quis autem † violẽter maleficum criminis

gratia

gratia vinctum, è manibus executoris aut
satellitis extraxerit, is sese exponit periculo
subeundi eandem pœnam corporalem, vel
ciuilem, pro Iudicis arbitrio quam subiis-
set captus, si extractus nō fuisset, argumen-
to l. Ad cōmentariensem, C. De custo Reo.
l. Quoties, C. De exactorib. tributo lib. 10.
Porrò quum hominum natura pronior sit
ad malum, quàm ad bonum, non raro fit,
vt multi ita sint erga iustitiæ executores af-
31 fecti, vt ad apprehensionem † maleficorum
(tametsi non eripiant) requisiti, aut fugi-
ant, aut operam suam recusent, sed veluti
otiosi spectatores, baculis suis innituntur,
& euentum colluctationis expectātes, quasi
ad iustitiæ executionem impediendam ala-
criores sint, quam ad eiusdem promotionē
(quod ipse nimis vera experientia didici)
Officiarium in periculo relinquūt, aut sub-
inde etiam occidi permittunt, ob quorum
inertiam, siue potius ob iustitiæ propagan-
dæ supinam negligentiam, atque pernitio-
sum despectum fit vt ipsi malefici è manib.
iustitiarii sæpe elabantur, audaciores fiant,
& etiam passim multis modis maleficētio-
res, imò & ipsis rusticis iustitiæ maleuolis
despectoribus sepe nocentiores: cui damno
suo, imò communi malo potius, facilè me-
deri potuissent, si vel leuiter Officiarium in
apprehensione iuuare libuisset: Alii verò
multò sunt pusillanimiores, qui ob rusti-
cum & nimis ignauum timorem, malefi-
corum gratiam potius sibi conciliare ma-
lunt, quām malam apud eos inire gratiam.
Hinc fit vt etiam aliquando de iis bene me-
reri studeant, eos domi quum veniunt, alāt:
requisiti, eos occultent, patrocinētur, clan-
cularias suppetias sufferant: Officiariis eos
requirentibus, denegent, adeò vt vel iura-
mento adacti, malint nequiter peierare se
eos nescire, aut non vidisse, quàm eos sola
commonstratione in Officiarii manus salu-
briter tradere. Atque hæc omnia ex eo (vt
dixi) metu, quo timent postea ab ipsis, si
euaserint, aut à complicibus suis nocte op-
32 primi, spoliari, aut incendi. Verùm † si o-
mnes Rustici coniunctis & animis & operis
huiusmodi nebulones, Reipub. pernicies,
& nefaria scelera, vt rabidas bestias nō tam
à sese quam à tota Repub. profligatos, atq;
prorsus extinctos curarent, longè prēclarius
Respublicæ nostræ florerent, tutiusq; pas-
sim bonis ciuibus iter facere, quocunq; ve-
lint, liceret. Verum, proh dolor, plures in-
uenias qui in ipsam Iustitiā, virtutem Rei-
publicæ quam maximè necessariam, quam
in ipsos iustitiæ oppressores, aut propugna-
tores sæuire malunt. Atque hinc fit, vt tam
33 † impunè tot latronibus regiones nostras
oppleri videamus, qui laxis vestibus inte-
riusq; occultatis loricis, aut aliis armis cla-
ra luce inter bonos ciues conuersentur, qui
quoties volunt, bonos mercatores Reipub.
fortes neruos, in viis opperiunt, spoliant, &
interimunt. Sed huiusmodi omnes pere-
grinos, vestibus aut armis quocunq; modo
suspectos, optarim ab Officiariis apprehen-
di, perquiri cuiates sint, & vnde viuāt. Quos
si apprehenderint, cautè eos seruent (vt o-
mnes alios) nusquam quiescant aut rarius,
potissimum si per Cœmeteria, aut per loca
alterius iurisdictionis, aut per loca alia pri-
uilegiata ipsos conducere debeant, ne eo ex
manibus ipsorum elapsi, tanquam ad cer-
34 tum asilum profugiant. † Executori de in-
iuriis, violentiis, aliisve excessibus in com-
missionis suę executione (vt fortasse refert)
nulla alia, nullaq; maior fides per Iudicem
dabitur, quam quòd ad talium iniuriarum
veritatem inquirendam (si volet) iubebit
procedere. De ipsa verò executione facta, &
quicquid ipsam concernere videbitur, exe-
cutori indubitata fides habebitur, vti &
35 paulo ante meminimus. † Quoties male-
ficus diffamatus executorem insequentem
profugiens, sese in alterius ditionem & ter-
ritoriū receperit, licebit nihilominus exe-
cutori, & ibi per alienam iurisdictionem è
vestigio, atq; ardēti cursu fugientem male-
ficū subsequi atq; in territorio eodem in iu-

stitiæ fauorem apprehendere: sed ita captum debebit tradere illius territorii domino & præfecto, vbi captus fuerit, siquidem id captus, aut dominus poposcerit. Huius quæstiunculæ vtcunq; meminit D. Angel. in præfato suo tractatu maleficiorum, sub gloss. in verbo, Fama publica, versic. Sexto quæritur, An si Officialis vult capere malefactorem, &c. coniunctis additionibus ibidem, quę petite. Hic quoq; oritur quæstio, An clericus in sacris ordinib. cōstitutus, repertusq; in enormi & flagranti crimine, capi posset etiā à laico? ad quam quæstionem respondendum est quod sic, modo eum ducat ad iudicem ecclesiasticum. Iuxta Innoc. in c. vt famę de sentent. excommunic. D. Flor. in l. 4. ff ad l. Aquil. Hippol de Marsiliis in repetitione l. vnicæ, numero 98. & 90. C. de rapt. virg. Quorum sententiam & refert, & sequitur Ang. de Aret. in suo malefic. tractat. in verb. fama publica, in 10. charta, versic. 9. &c. & ibi in additionibus. Quos authores occasione habita, consulere poteris.

CAPVT XVI.

De Carceribus.

Summæ rerum tractatarum in Commentariis CAP. 16.

1 *Carcerum alii parantur Maleficis*
- *Puniendis*
  - *In curiis spiritualibus semper,*
  - *In singularis iustitia subinde.*
- *Seruandis*
  - *Simpliciter,*
  - *Per compedes, &c.*

Carcerum alii parantur
- *Debitoribus seruandis, vel*
  - *Molestia carceris ad solutionem vrgentes,*
  - *Iuramento, In domibus* { *Satellitum* / *Stipatorum* } *Sic impropriè.*
- *Militibus aliisq; captis tempore belli, vsq; ad mulctæ solutionē ibi continēdis.*

2 *Pœna perpetua carceris, morti comparatur.*
3 *Carcer custodia, non pœna esse debet.*
4 *Carceralis punitio in pane & aqua ad tempus Iudici seculari nonnunquam conceditur.*
5 *Apostolus Paulus Romæ fuit detentus sub libera custodia.*

1 MVltæ sunt carcerū siue ergastulorum formæ. † Alii namq; carceres ad corporis punitionem, siue pœnam parantur, qualibus vtuntur curiæ spirituales, seu Iudices ecclesiastici, maleficos condemnātes ad perpetuā, vel temporalem carceris pœnam, c. Quamuis, de pœnis, lib. 6. Ioan. à Platea, & Angel. in l. Nemo carcerem, C. de exactorib. tribut. lib. 10. c. Nouimus, extr. de verb. signif. Panorm. in c. At si clerici, &
2 in c. Cùm ab homine extr. de Iudic. † quæ quidem pœna perpetui carceris, morti procul dubio comparatur, Innocenrio & aliis testibus in c. Qualiter & quando, ext. de accusat. Panorm. in c. Tuæ discretionis, ext. de pœnis. Alii ad solam criminosorum siue facinorosorum custodiam seruiunt, donec processus fuerit formatus. Hoc autem fit bifariam, quando scilicet leuiter malefici, simpliciter absque vllius catenæ, compedis, aut alterius ferramenti adhibitione seruantur. Grauiter verò criminosi, dictis compedibus adstricti custodiuntur, donec de delicto cognoscatur, l. 2. C. de exhibend. reis ad finem: ibi, donec reperiit cognitio celebrata discrimen. Hoc incarcerandi forma vtuntur Iudices seculares, qui nullos vnquam perpetuis mancipandos carceri-
3 bus decernunt. † Quandoquidem custodiæ isti ciuili iure conseruandis, neutiq. na puni-

XVI. De carceribus

puniendis corporibus inuentæ siue extructæ sunt, l. 1. & fin. C. De custo. reo. l. Aut damnum, §. Solent, ff. de pœnis, l. Incredibile, Cod. eod. titul. de pœnis, d. l. Nemo carcerem, l. Verum est, ff. de verbor. significat. Vnde iurisconsultus perpetuos carceres prohibet, de quo admodum multa D. Angel. in d. l. Nemo carcerem. Horum recordatus est Angelus in suo singularissimo tractatu maleficiorum sub gloss. in verbo, Fama publica præcedente, versic. Et primò sciendum est, quod carcer regulariter ad custodiam, non ad pœnam inuentus est. Bald. in l. Imperium, ff. de Iurisd. omnium iudicum. Idem Bald in l. 1. Cod. de confess. Angel. in l. Qui in carcerem, ff. de eo quod met. caus. quos loco atque tempore opportunis, studiosus lector videre po-
4 terit. Verùm enimuero † in leuioribus delictis, quibus iura aut statuta nullum peculiare decernunt supplicium, subinde seculari Iudici permittitur carceralis punitio: nempe, vt criminosus in carcerem coniectus ad certum tempus, solo pane & aqua maceretur, aut aliàs castigetur, l. 1 § fin. ff. de aleæ lusu, & aleator. vbi textus, Qui compulit ludere aut mulcta mulctetur, aut in latumias, vel vincula publica ducatur; vbi de iure ciuili est vnicus casus specialis, quo carcer est ad pœnam, teste D. Bartolus in suo tractatu de carceribus. Huius meminit ad amussim Ioan. à Platea, in allegata l. Nemo carcerem. Alii carceres soli extenuationi atque corporum exercitationi accommodantur, eorum potissimum qui condemnationi ipsorum pro viribus satisfacere negligunt, nec sese ære alieno, quo grauantur, eximere student. Angel. in suo tractatu malefic. sub gloss. in verbo, Fama publica præcedente, versic. Quotuplex autem sit carcer. Alii bellorum temporibus magis sunt vsui, quibus coarctantur capti, donec constitutam ipsis pecuniariam mulctã pro iure militari dependerint, vt in vniuerso titulo De cap. & postlim. reuers. Qui autem seruantur sub fida seu libera custodia, hoc est, quos seruandos tradimus fidei satellitum, aut stipatorum, non dicimus hos propriè incarceratos: non licet tamen illis longius quam pro permissa fide, quoquam sese diuertere, l. Diuus, 1. ff. de custod. & exhibit. reor. & iamiam citata l. Nemo carce-
5 rem. Itaq; † fuit Romæ Paulus Apostolus detentus sub fida siue libera custodia, cap. vltimo Actuum Apostolorum. Ad eandem quoque fidem deuincti sunt, quicunq; sese iuramento adstrinxerunt non exire Oppida, Castra, domus Satellitum, atq; similia ipsis constituta loca: hic, si quid amplius de carcere desideres, ex variis eximii D. Baldi scholiis petito, nempe, Authent. Si captiui C. de Episc. & cleric. l. Imperium, ff. de iurisdictio. omnium iudic. l. vnicæ, C. de confess. atque Angeli, in l. Qui in carcerem, ff. de eo quod met. caus. nec non in tractatu maleficiorum, sub solenni & sæpe allegata glossa, in verbo, Fama publica præcedente, versic. Quotuplex autem sit carcer, atque Bart. in d. suo tractatu de Carceribus, cum sine numero similibus scribentium passibus, hoc loco prolixitatis euitandæ gratia omissis.

CAPVT XVII.

De carcerariis, siue Commentariensibus, hoc est, carcerum custodibus.

Summæ rerum tractatarum in Commentar. CAP. 17.

Commentarienses in Iure qui dicantur.
Commentariensium eligendorum diligens habenda est ratio.
Commentariensium quorundam improbanda vitia.

4 *Commentarienſium bonorum conditiones quales.*
5 *Capti, ab ipſa hora traditionis, periculo carcerarii commiſsi ſunt.*
6 *Carcerato reperto mortuo, contra commentarienſem præſumitur.*
7 *Carcerum cuſtodes negligentes, qua pœna puniantur?*
8 *Incendium, Ruina, aut ſimilis caſus fortuitus, clauſtrarium abſoluit ab eruptione, fugaq́ captiui.*
9 *Carcerarii plures, quomodo excuſentur, fugam capiente ipſorum vno cum captiuis.*
10 *Carcerum cuſtodibus fas eſt nonnunquam ferreis manicis ſiue catenis vinctum conſtringere.*
11 *Validiores arctius conſtringendi ſunt debilioribus.*
12 *Commentarienſium eſt vinctos blandè, alacriterq́ exceptos, grata humanitate tractare.*
13 *Quæ carcerum cuſtodibus ſint prohibita.*
14 *Incarcerati non ſunt inedia, ſiti, aut fame torquendi, digno ve ſolatio priuandi.*
15 *Carcerum cuſtodibus, quæ officia potiſsimum incumbant?*
16 *Iudicis officium erga Captiuum inſontem.*
17 *Captiui intra menſem relaxandi, niſi, &c.*
18 *Carceratorum cauſſas oportet eſſe ſummarias.*
19 *Mulierum carceres ſecludendi à virorum carceribus.*
20 *Commentarienſis vinctam cognoſcens, qua pœna plectendus?*
21 *Cuſtos carcerum mulierem incarceratam honeſtè cuſtodire debet.*
22 *Carcerarius iure debet Reum abſolutum ilico dimittere, verum vſus nunc ſecùs obſeruat.*
23 *Officiarius, Fiſcus, aut Hoſtiarius, nullam dat cautionem de expenſis carcerati.*
24 *Commentarienſibus prohibetur vinctos pecunia, veſtibus, aut aliis rebus ſpoliare.*

1 COmmentarienſes † in iure vocantur, quicunque carceribus præficiuntur, à quibus apertius carcerarii dicuntur à Cip-
2 pis, Cipparii: Horum † Commentarienſium circa electionem diligens habenda eſt ratio, ne quibusvis hoc officium citra dele-
3 ctum committatur. Sunt † enim hodie (quod ſine dolore commemorare non poſſum) permulti carcerarii tot ſceleribus coinquinati, tot, tamque fœdis vitiis infamati, vt ipſi verius neruis ſint implicandi, & coercendi compedibus, quam quos ipſi duriſſimis vinculis immaniter conſtringunt. Nempe ſtrenui potatores, ſcortatores, adulteri, ſuarum captiuarum aut compreſſores, aut ad libidinum varias ſpecies conniuentes, coadiutores. Et ne quid ſæuius interim dicam: Carceres iuſtitiæ profanãtes, & quaſi proſtibuli loco abutentes, aut diſſimulatione abuti permittẽtes, vt hinc propriis ſuis libidinibus ſeruiant, aut certum quæſtum (licet turpiſſimum) ſecretò faciant. Inueniuntur alii, qui munerib. corrupti captiuos aut clauſtra aperiant, aut ſibi vim illatam ad eruptionem ſimulent, aut ad varias effractiones conniueant, & fortaſſis etiam ſubſidium præbeant, aut propriis carceribus incendium inferant. Sunt alii quibus res eſt contractior, qui captiuos ſuos æquò durius excipiant, inclementius tractent, parcius ſubſeruiant, ſæuius in vincula & compedes coniiciant, contumelioſius alloquantur, commiſſa exprobrent, miſſas portiones aut minuant, aut prorſus ſibi reſeruent, debitam carceris quoq; portiunculam tenuius præbeant. Hisq; modis miſeros captiuos inedia torqueant, & afflictis afflictionem conduplicant. Sunt alii prætera Cõmentarienſes verius aleatores quã officiarii iuſtitiæ, qui nullum non aleatorum genus in carceres inferũt, per quos captiui ſua deperdant, ipſi vndecunque ſuum lucellum venantes, captiuos ſuos quacunque in re (ne dicam expoliantes) emulgentes, atque emungentes, nihil penſi habentes, quomodo ſuos patientes excipiant, tractent, & dimittant. His malis vt piè occurratur, & remedium prudenter adhibeatur, admo-

admonendi sunt mihi iudices, vt in assumendis Cõmentariensibus, vigilantes sint & prudentes, ne quibusvis citra delectum
4 hoc officium committant. Quin † potius eligant viros bonos, cordatos, humanos, mites, misericordes, benignos, affabiles, pios, bonæ conscientiæ, timentes Deum, qui suis captiuis diligenter necessaria subministrent, eos subinde consolentur & vt pii patresfamilias, in quibusvis necessitatibus iuuamen & solacium præbeant afflictis. Nihil piaculi, nihil spurcitiæ, nihil exactionis, nihil imposturæ, nihil fraudis, nihil criminis, nihil denique maleficii, aut per se, aut per alios, in suos carceres irrepere sinãt. Atque huiusmodi cura maxime adhibẽda est in primariis ciuitatibus, quales sunt in Brabantia, Louanium, Bruxella, Antuerpia, Buscumducis. In Flandria, Gandauũ, Brugæ, Ypra. Item Insulæ, Tornacum, atque his permultæ similes in quibus plærunque magnus est captiuorum numerus. In reliquis verò ciuitatibus iisque minorib. Pagis aut Castris, propter raritatem prædictorum Ciuium, superuacanea fortassis foret prædicta tamque accurata diligentia in eligendis Commentariensibus. Interim tamẽ supradictam delectionis curam non aspernabuntur sed ad præscriptam formã suam quoque diligentiam, quantum in ipsis erit, adhibebunt, eam imitabuntur, & ad eam sese diligenter component. Nacto igitur tali iuxta formam præscriptam probo Carcerario, tutò huic Carceres committantur, ipsisque per Iudicem ac magistratum præfi-
5 ciatur. Capti itaq; omnes † quotquot sunt, ab ipsa hora traditionis fortunæ ac pericu-
6 lo Carcerarii cõmissi sunt: adeò vt si † quispiam in Carcere casu quodam repertus fuisset enectus, neque certò de interemptione constaret, mors isthæc ipsi commentariensi imputaretur, nisi legitime hinc sese expurgatum reddere posset. Glossa est admodum singularis in l. Cùm ita, § Species. in verbo nec dolo. ff. de leg. 2. seruit l. Cùm res. §. Item. ff. de legat. 1. quam gloss. refert ad hoc, & sequitur Ioan. de Ana. in c. Ad falsariorum, in fine primæ columnæ, de crim. fals. eandem astruit singularem Ang. Aretinus in suo tract. maleficiorum. in gloss. incipiente, fama publica præcedente, in 13. char. in verb. 2. quæro. In l. 1. in fin. & in l. Ad Commentariensem, C. de custo. Reo. Huius meminit excellentissimus I. V. Doct. & illuminatissimus D. Hippol. à Marsil. in suis consiliis criminalibus, consilio 52. nu-
7 mero 36 in 1. volumine. Si præterea † captiuus crimine notatus, incuria, negligentia, aut ebrietate carcerarii, vel suorum, carceribus effractis aufugerit, obnoxius fit hic idem carcerarius iisdem pœnis, mulctis, & suppliciis, quibus ille fugitiuus, siue capitalibus, siue ciuilibus arbitrio iudicis, trita & vulgata l. Ad commentarienf. addita gloss. memorabi. in verbo, Qui fugerit. C. de cust. reo. Neq; vlla expurgatione claustrarii carceris, aut ipsorum cuiuspiam, diluere-
8 tur incuria. † Verum si incendium, ruina, aut quid similis fortè euidentis periculi accidisset carceribus, ab istiusmodi scelerosi eruptione, fugaque claustrarius immunis foret & liber, potissimum si quid eorum, præter ipsius culpam euenisset, l. milites & l. si ff. de cust. & exhibi. reo. nec inconcinniter his seruit l. Si vt certo, § Proinde, ff. commoda. Si verò malitia, fauore, aut donariis corruptus illos scelerosos apertis claustris emisisset, plane capitaliter plectendus
9 foret, præallegata l. fin. Sicubi † locorum carceribus præficerentur carcerarii duo aut tres, quorum tertius vnà cum captiuis laxatis vinculis sese in fugam daret: reliqui claustrarii (nisi huic re aut consilio suppetias attulissent) indemnes, & immunes erunt à culpa, & à pœna liberi l. final. versic Interdum, ff de custo & exhibit. reo. & ibidem D. Alexander in apostil ad Bart. ait prædictam l. finalem nedum singularem sed singularissimam ad hoc, Quod custos carceris non tenetur de facto sui socii, quia iuste erat

de suo socio confisus, quod dictum refert D.
Bolog. signandum pro castellanis, in suis
additionibus ad præcitatam l. fin. Fas est †
10 Cippariis (si ita fari liceat) seu carcerum
custodibus sibi criminosos captiuos, ad re-
petitionem vsque traditos, ferro, compedi-
busque constringere, modò furis, tibiis, pe-
dibus, aliisq; membris illæsis, minimeque
mutilis reddiderint, l. 1. §. Interea, C. de cu-
stod. reo. Captiuus ilicò à confessione cri-
minis capitalis coniiciēdus est in cōpedes,
siue in vincula publica: aut cum primū te-
stimonio criminis Reus conuictus fuerit,
donec de eo pronuncietur, l. Si confessus,
ff. de custod. & exhibit. reo. Idem quoque
fiat ei, qui erupto carcere furtim effugerit,
quod similis fugæ suspicione, iam certò
11 taxandus fuerit. Iuuenis † arctius, fortius-
que constringendus est sene. Rursum va-
lidus firmius continendus languido. Sa-
nus fortius ægroto ac valetudinario, atque
item de aliis, vbi summa prudentia in re-
rum ac personarū perspectione Commen-
tariensi vtendum fuerit, secundum glos-
sam & doct. in l. Si vt certo, ff. Commo.
quod nec displicuit D. Hippolyto de Mar-
sil. I. V. Doctori emeritissimo in sua pra-
ctica caussarum crimin. in §. Attingam,
12 numer. 15. Cippariorum † siue Commen-
tariensium erit, captiuos blandè, alacri-
terque exceptos, grata humanitate, atque
13 clementia officiosa tractare. Saltem illos †
ad loca quò cœlestis aër pertingere nequit,
non seducere: neque aliquò protrudere
tam procul ab omni hominum copia, vn-
de voces ipsorum & clamores à nemine ex-
14 audiri valeant. Neque vlla sinant † ratione,
captiuos siue vinctos inedia, siti, aut fame
torqueri ne pœnis carcerum perimantur,
l. 1. C. de cust. reo. Iason Doct. insignis, in
l. Si victum, ff. de re iudicata. Nullos ami-
corum aut affinium ab horum solatio ar-
ceant & colloquio, nullorum eleemosy-
nis ciborum, aut potuum ipsis elargien-
dis obsistant, nisi per iudicem ipsis expressè
15 fuisset vetitum. Singulis † quibusq; men-
sibus carcerariorum est suorum captiuo-
rum seu vinctorum numerum significare
Iudici, caussam & delicta, quorum gra-
tia sibi traditi sunt, pariter cum ipsorum æ-
tate, valetudine, & imbecillitate, vt aut
conuictos, velox pœna subducat: aut libe-
randos custodia diuturna non maceret, id-
que sub pœna viginti librarum auri, l. fi. C.
de custo. reo. Verum istud, practicæ vsus
non recipit. Iudicis item fuerit captiuis di-
ligenter de singulis prospicere, iubere, &
mandato curare, ne quid ad vitæ commo-
ditatem necessariū ipsis deficiat, Clement.
16 1. § Sanè, & ibi Car. de hæret. Si † Iudici
compertum esset, captiuum quempiam
ibi coniectum, absque vlla persona, acto-
re, aut criminatore, illius muneris foret
hunc vinculis, & carceribus relaxatū pri-
17 stinæ libertati restituere. † Debet insuper
iudex omnes captiuos intra vnius mensis
spacium (iuris ratione) absoluere vel sen-
tentia damnare, quatenus ipsa ad hoc ma-
teria planè parata deposcat expressa l. fina-
18 li, C de custo. reo. † Carceratorum enim
caussa est summaria, sicut caussa miserabi-
lium personarum, vt inquit D. Cynus in l.
finali C. si quis alteri, vel sibi. quem refert
& sequitur D. Bartolus in tractatu suo, de
carceribus, ad finem, vbi etiam allegat D.
Cynum in l. 1. C. Quando Imper. inter pup.
& viduas. Dicitque quod de hoc videtur es-
se textus, & ibi Bald. in l. finali, C. de custo.
reor. sæpiusculè allegata. Ita recitat D. Hip-
polytus de Marsiliis, in sua caussarum cri-
minalium practica, sub §. Attingam. nu-
19 mero 75. Mulieres † captæ ob crimina, à vi-
rorum consortio separandæ sunt, ac priua-
tis suis mancipandæ custodiis. Aperta l.
Quoniam, cum Authentica seq. & ibi Bald.
& Salicetus, Cod. de custo reo. Cardina. in
Clement. 1. §. 2. de hæretic. Vel pro nouis
Constitutionum legib. detrudantur in ar-
ctum aliquod monasterium & cœnobium,
fideliter ibidem conseruandæ, donec Iudex
nego-

negotiũ plenè discussum finierit, Authent.
Hodie, C. de custod reo nec non in Authẽ-
tica, vt nulli Iudicum, §. necessarium, vn-
de iam iam citata Authentica deprompta
20 est, colla. 9. constitut. 9. Quisquis † Cip-
parius, siue Commentariensis carnali com-
pressione quampiam suarum captiuarũ co-
gnouerit, etiam si id cũ ipsius cognitæ gra-
tia factũ fuerit, capitis crimini fit obnoxius,
& gladii animaduersione plectẽdus, Iohan-
nes Fabri in §. Item lex Iulia, ad finem. In-
stit. de publ. iudic. Paris de Puteo non me-
diocris sui temporis pract. in suo tractat. de
syndi. in c. Adulterium, §. siue: tenetur e-
nim diligenter ac honestè custodire & alere
mulierem incarceratam, atq; illam illęsam
supplicio vel innocentiæ conseruare, vt l. 1.
& final. C. de custo. reo. Barthol. à Chassa-
næo in Rubrica, *des iustices & droictz d'icel-
les*, folio 17. col. 3. etiam si incarcerata esset
meretrix, teste D. Iacob. Boullenc. Ebroi-
censi. I. V. prolyta, in Repetit. §. Famo-
sos, constituti in l. Capitalium, ff. de pœnis:
licèt enim meretrix possit impunè cogno-
sci, non tamẽ dum est in carcere iudicis de-
tenta, ne fiat iniuria castitati carceratorum,
ratione loci, qui est publicus, l. 1. C. de offic.
ciuil. Iudi. pro. hoc text. in arg. in l. Quod
ait lex, ibi, quare non vbicunq;. ff. de adult.
Ad hæc casu emergente, consulite D. Nico-
laum Boer. decisionum aurearum insigniũ,
q. 317 vbi tractat. Quid de iudice, aut sena-
tore, siue consiliario regio, vel præside, aut
cancellario, vel commentariense, qui car-
naliter cognoscit mulierem coram eo, vel
curia litigantem, aut carceratam, vel alia ra-
tione iurisdictioni tantùm subditã, an pu-
21 niatur: Cogitur † carcerarius captũ crimi-
ne absolutum illico relaxare, atque suæ li-
bertati pristinæ dimittere: semper actionẽ
suorum sumptuum recuperaturus ab illis,
qui talem capturæ priùs mandare ipsi cura-
uerant, idq; solum iuris decreto. Verũ ho-
die vsu iam recepto, solent cõmentarienses
suos captiuos seu vinctos retinere, donec per
ipsos, aut alios sibi de impensis sumptibus
satisfactum fuerit. Cõmentariensium fue-
rit, ipso captiui traditionis tempore à parti-
bus aduersariis, quorum authoritate capti
sunt, flagitare cautionem & fideiussionem
de expensis insumendis: Vel certè ab his ex-
pensis per exteri cuiuspiã sup; editationem
liberari: nisi is captus ad sumptuum certi-
tudinem satis fuerit opulẽtus, vel nisi con-
tra officiarium aut fiscum duntaxat carceri
traderetur. quòd horũ vterq; satis sit diues
22 soluendis sumptib. Hostiarii, & † reliqui of-
ficiarii, quum captos tradunt carcerariis ex
mandato siue commissione Principis. aut
Consilii, non debent vnquam respondere
aut iubere fidem de expensis exoluendis.
Quod fuerit solius impetrantis: nisi hostia-
riis illis per impetrantes de executionibus,
atq; cęteris sumptibus euenturis esset satis-
23 factum. Non possunt commentarienses, †
aut suorum quiuis captum, pecunia, vesti-
bus, aut aliis rebus vllo modo spoliare sub
prætextu & titulo sumptuum aut expensa-
rum carceralium, neque vllo alio prętextu.
Hæc de Carcerariis scripta sufficiant.

CAPVT XVIII.

De effractione Carceris.

Summæ rerum tractatarum in Commentar. CAP. 18.

1 *Fugiens è carcere*
- *Per ipsum vi effracto, aut*
  - *Criminis obiecti Reus est*
  - *crimine innocens est*
  - } *Et punitur*
    - *Capitaliter, crimine tum per se antè non capitali,*
    - *Tamen tanquam id ipsum commisisset.*
- *Aperto, non effracto, puniendus est pro arbitrio Iudicis.*

2 *Captus, commentarienſem effugiens, lædens, aut occidens, gladio punitur.*
3 *Captus reuelans carceris effractionem, laxandus eſt vinculis.*
4 *Captiuum criminarium violenter extrahens carcere, quomodo puniatur.*
5 *Qui aufugit carcere, is fugæ (ex quauis etiam capituitate) ſuſpectus conuincitur.*
6 *Iudex debet conſiderare quid mouerit fugientem vel effringentem, quo ſecurius iudicet.*
7 *De iure Pontificio non reperitur ſpecialis pœna ſtatuta in effractores carceris.*
8 *Sacri canones, ſacras leges imitari non dedignantur, & econuerſo.*

1 QVisquis † criminaliter captus, carceri-
bus, citra omnem etiam violentiam,
effugerit: vt quorum oſtia repererit aperta,
is exilii, relegationis, ſiue alia pœna arbi-
traria, pro Iudicis prudētia damnandus fue-
rit, aperta & clara l. 1. ff. de effracto & expi
la. Si vero hinc violentè atque effractis fo-
ribus ſiue conſpiratione cum cæteris, qui
in eadem cuſtodia fuerant, eruperit, atque
crimen ob quod coniectus ſit in neruum,
nunc factum ſit propatulum, ſiue ipſius cri-
minis nunc cōuictus fuerit teſtimonio, ca-
pitis animaduerſione plectendus fuerit, et-
iam ſi crimen ipſum antè capitale non fuiſ-
ſet, l. 1. in princ. paulò antè citata. notabili
l. Milites agrum §. Eius fugam, ff. de re mi-
lit Marcia. Eum qui carcere effracto fuge-
rit, etiam ſi non antè deſeruerit, capite pu-
niendum Paulus ſcripſit, & l. Si quis aliquid
2. §. Miles, ff. de pœnis. Ipſa namque carce-
ris violenta eruptio fugientem, illius reum
efficit, l. In eos. ff. de cuſtod. & exhibit re-
or. & ibi gloſ. D. Iaſonem in ſua ſolenni re-
petitione, l. Admonendi, ſub numeris 172.
173. 174, & 175. ff. de iureiurand. multa de-
ducentem videbitis. Et ratio, cur is acrius
puniatur, eſt, quòd maius & intenſius hac
effractione, delictum reddatur, ideoq; nec
mirum ſi plus puniatur, argumento l. 3. in
fin. C. de epiſcop. audient. l. Seruos, circa
medium C. ad l. Iul. de vi publ. l. Capita-
lium, §. Solent, ff. de pœnis, & l. Omnes,
De delatorib. lib. 10. C. Itidem quicunque
2 captus † commentarienſem effugerit læſe-
rit, aut occiderit: is gladii animaduerſione
3 capitaliter damnandus erit. Captiuus ſeu †
vinctus reuelans, prodens, & quoquo mo-
do Iudici proferens, quod cæteri concapti-
ui carceris effractionē moliantur, laxandus
eſt vinculis. & crimē per Principem (modo
id remiſſibile fuerit) merito remittendum
erit. d. l. In eos, ad fin. iuncta ibidem gloſſ.
plurima allegante in verb. Releuandos, quā
per occaſionem lege & modica, lectionis te
4 nunquam pigebit. Quicunque † violenter
criminarium captiuum (criminis tametſi
immunem) extraxerit carcere, is quinquē-
nalis exilii pœna iuridice damnabitur l. 1.
§. Item & effractores, ff. de effracto & expi-
lato. iamiam quam ſæpiſſimè allegata. Sin
crimini obnoxium capitali, confeſſo, aut te-
ſtibus conuicto ita extraxerit, capitaliter i-
tem puniendus erit, argumento l. 1. ſtatim
adductæ, & l. Ad commentarienſem, C. de
cuſto. reo. atque gloſſæ ſingularis ibid. in
5 verb. Qui fugerit. † Cuius carceres, compe-
des, aliave vincula vel minimis etiam indi-
ciis, confractione aut violatione notantur,
is fugæ, & ex quauis etiam captiuitate, au-
fugii ſuſpectus conuincitur, perditque pri-
uilegia, gratias, & omnem benignitatem
aliis conceſſam captiuis, veluti relaxationes
ſub fideiuſſione, liberationem ex compedi-
bus, exitus ad beneficia cæli, acceſſus ad lu-
culentas feneſtras, idque genus alia amica
humanitatis donaria. Si contingeret capti-
uum ſemet grauiter lædere aut etiam ex
deſperatione ſimiliue occaſione ſeſe interi-
mere, neque Iudex, neque commentarien-
ſis in huius læſionis ac interemptionis (ſi-
quidē eas ex deſperatione factas apertè con-
ſtiterit) culpam incideret. Si verò ea occa-
ſio non clara, ſed dubia prodiret, obiicien-
da eſſet commentarienſi, donec ab ea ſeſe
expur-

XVIII. De effractione carceris

expurgatum reddidisset, l fin. §. Ergo, ff.
6 de custo.&exhibit.reo. Casu† tamen emergente debet Iudex animaduertere & considerare, quid mouerit fugientem vel effringentem, quo securius iudicet: Ita adstruit egregius vir, iurisq; peritissimus Ioan. Berberius in suo singularissimo ac compẽdiosissimo viatorio seu directorio iuris, sub Rubrica, de effractoribus carcerum, versus me-
7 dium. †De iure autem Canonico seu Pontificio non reperitur specialis pœna statuta, sed per generalitatem regularum, de quib. in c. At si clerici, & in c. Cum non ab homine, de Iudic. ac per c. Tuæ, ext. de pœnis, poterit Iudex ecclesiasticus ad instar regularum ciuilium, qualitatibus personarum & delictorum pensatis, punire. Nam posset effractorem deponere, per lecturam, & no-
8 tata in c. Ex literis, de excessib. prælato. †Sicut enim leges non dedignantur sacros canones imitari: ita & sacrorum statuta canonum, principum constitutionibus adiuuãtur c. 1. & ibi scribentes, extra de no. oper. nuncia. c. vlti. in fin. ext. de secund. nupt. In Authentico, vt cleri. apud proprios episcopos primum conueniantur. §. penult. colla. 6. In Authent. de eccles. tit. in principio, colla. 9. & in Authẽt. quomodo opor. episcop. §. vlt. colla. 1. vide Nicolaum Boer. in suis decisionib. aureis. q. 215. & 216. Huic Capiti non absurdum foret adiicere aliquot modos, quibus malefici Carceres effringere soleant; verum quum horum multi multos lateãt, deinde ne eos edocere videamur, ab eorum explicatione calamum cohibere volui.

CAPVT XIX.

De relaxatione Carceratorum.

Summæ rerum tractatarum in Commentar. CAP. 19.

1 *Relaxationum carceratorum*
- *Alia fiunt post caussæ, siue litis decisionem, & sic post sententiam.*
  - *Alia per sententiæ executionem.*
  - *Alia per gratiam ex beneficio & indulgentia principis,*
  - *Alia propter innocentiam incarcerati, &c.*
- *Alia lite pendente*
  - *Alia per compositionem pœnæ factam cum Curia, aut Fisco, &c.*
  - *Alia gratia fideiussionis præstita, &c.*
- *Alia licenter, & de facto per fugam incarcerati*
  - *Alia cum fractura & violentia carcerum.*
  - *Alia absque fractura aut violentia.*

2 *Carcerarius nequit criminosos vinctos vllo modo relaxare sine Iudicis ordinatione.*
3 *Iudex temerè captiuum relaxans, aut mandans relaxandum, ad quid teneatur?*
4 *Criminaliter coniectus in carcerem absque mandato, aut informatione praua, is repente laxandus est.*
5 *Quomodo & quando incarcerati laxantur à vinculis.*
6 *Flandriæ vsus.*
7 *Captiuus non est relaxabilis, vbi Fiscus alternatiua vtitur conclusione.*
8 *Flandriæ vsus.*

9 *Captus nonnunquam relaxatur, aut per cautionem ante adiudicationem, aut per consignationem post adiudicationem.*

10 *Mulieres honestæ in leuibus criminibus non debent personaliter detineri.*

11 *Mulieres non relaxantur fideiussoribus, si crimina atrocia sunt.*

12 *Mulieres infames, impudicæ & inhonestæ, etiam pro leuibus detineri possunt criminibus.*

13 *Cessio bonorum nil habet loci in lite criminaria, in qua captus patienter criminis mulctam corporali pœna subeat, necessum est, &c.*

14 *Paupertas à pœna non excusat.*

15 *Qui non habet in ære, luat in corpore.*

QVum sæpiuscule cernamus reos pro
multifariis criminibus incarcerari, ex
quibus carceribus postea diuersimodè rela-
xantur, non incongruum nobis fuit, hoc lo-
co de carceratorum relaxatione paucula in
1 medium afferre. Reorum † itaq; relaxatio
nes diuersæ sunt. Aliæ namque fiunt post
caussæ decisionem, idq; post latam senten-
tiam. Aliæ autem, fiunt lite adhuc penden-
te. Earum verò relaxationum, quæ post litis
decisionem fiunt, quædam fiunt, per sen-
tentiæ executionem: Aliæ per gratiam ex
beneficio & indulgentia principis: Aliæ de-
niq; propter innocentiam incarcerati, cun-
que plene & ad amussim de illius innocen-
tia constiterit. Relaxationes autē, quas fie-
ri diximus lite pendente, quædam fiunt per
compositionem pœnæ factam cū curia, of-
ficiario, fisco, aut similibus. Aliæ fiunt, gra-
tia fideiussionis præstitæ de sese præsentan-
do, quoties id Iudici visum fuerit, & soluen-
do pœnam, &c. Aliæ sunt, quæ fiunt licen-
ter & de facto, per fugam incarcerati: quæ
subinde accidunt cum fractura & violentia
carcerum: quandoque autem clanculo abs-
que aliqua fractura aut violentia. Huius au-
tem postremæ diuisionis vtcunq; memini-
mus cap iam iam præcedente, De effract.
carceris. Quamobrem nequaquam hic de-
creuimus istarum diuisionum omnia mē-
bra exactius atq; copiosius explicare, nem-
pe contenti earum capita vtcunq; aperuisse,
& lectoris auiditatē exacuisse, vnde ipsum
(hic supersedendo) iustius ad maximi no-
minis interpretem D. Paulum Grillandum
remittimus, libr. 3. tit. de Relaxatione car-
ceratorum. Quantum autem Relaxatio
concernat ipsos carcerarios, qui aliquando
temerè, suo periculo, aut ex Iudicis decreto
relaxant. Item & de conclusionum varieta-
te hic obiter paucula monstrare statuimus.
2 Non est igitur † quod Carcerarius aut Com-
mentariēsis putet sese posse criminosos vin-
ctos vllo modo relaxare, aut emittere, sine
Iudicis ordinatione, etiamsi essent innoxii:
aut dignos fideiussores, ac vades constitue-
rent. Si enim id fecerit extra ordinem arbi-
trio Iudicis plectendus est & omnis damni
3 restituendi obnoxius. † Itidem ipse Iudex
qui temerè captiuum relaxat, aut mandat
relaxandum, ad damni reparationem tene-
tur, quod hinc iustitia siue pars aduersa cō-
sequeretur. In relaxatione autem captiuo-
rum optarem Carcerarium suo fungi officio
(vti supra meminimus in ca. 17. de Com-
mentariensibus) nempe, vt captiuos rela-
xatos piè & prudenter admoneant, vt me-
mores consecutæ gratiæ, postea vigilantius
studeāt vitare similia maleficia, à malorum
consortio sese abstrahant, malis consiliis nō
auscultent, iracundiæ temperent, & quas-
cunque occasiones mali fugiant. Quin po-
tius adhortentur ad studium pietatis & ho-
nestæ vitæ, vt relicta via scelerum, viæ in-
sistant virtutum. Deum timere incipiant,
& de proximo bene mereri studeant: frater-
nam infirmitatem moderate ferant, nihil
vlcisci curent, iniurias quasque fortiter to-
lerent, easq; per iustitiam propulsent, non
per vim, aut per furores, ne ipsos contingat
eosdem, aut similes iterare carceres, vnde
fortassis nō perinde facile liberarentur, nisi
cum

XIX. De relaxatione carceratorum

cum infami & durissimo supplicio mortis.
Ad quam exhortatiunculam adhibeat me-
morabilia exempla, quæ captiuos terreant,
quibus emendentur & resipiscant. Qui cri-
4 minaliter † coniectus fuerit in carcerem,
absque mandato, commissione, aut infor-
matione præuia, is repente citra cautionem
laxandus erit. Itidem is, cuius caussa talis
fuerit, vt solo exilio foret relegandus: quan-
doquidem exilium non vrget captiuũ diu
5 carceribus constringendum. Pari ratione †
censebitur de quouis alio crimine, quod ca
pitis pœnam, membri abscissionem, publi-
cam installationem, flagellationem, aut si-
milia non postulat. Captiuus capitaliter ca-
ptus, non est laxandus vinculis sub fideiuſ-
sione, nisi crimen in caussam ciuilem fuerit
conuertibile, & nisi fiscus niteretur ciuili,
conclusioni nempe, vt Reus pœnam centũ
librarum grossorũ subiret, aut aliam mul-
ctam pecuniariam. Neq; item laxãdus erit,
si fiscus tueretur conclusionem criminalem
in subsidium: nempe centum librarũ gros-
sorum, aut aliam summam intra mensem
dependendam: quam nisi statuto tempore
illi exoluerit, amputetur illi pes, manus aut
aliud membrum. Sed ne tum quidem rela-
xabitur, quoties fiscus concludit copulati-
ue, hoc pacto: damnetur summa centum
librarum grossorum, & manu truncetur. In
6 Flandria † vsu receptum est, vt quãuis pro-
curator alternatiuas conclusiones proferat,
criminali tamen suæ conclusioni constãter
innitatur, quo decernatur ipsi super ea per
7 ordinem iustitia. † Similiter non est capti-
uus relaxabilis vbi fiscus alternatiuæ ac an-
cipiti institerit conclusioni: videlicet, præ-
cidatur manus, aut centum libr. grossorum
mulctetur. Tu enim in prudentia Iudicis
fuerit alterutrum adiudicare pro qualitate
8 facti. Vsus † tamen Flandriæ, iam olim re-
cepit captiuos leuare, quoties procurator
quoquo modo à conclusione prima defle-
xerit, hoc est, alternauerit: quanquã ipsam
criminalem conclusionem adhuc mordi-
9 cus presserit. † Quisquis captus fuerit ob
non iudicatas, vel ob quas non incidisset
mulctas criminales, vnde semet liberũ esse,
negando contenderet: profectò is carceris
angustiis cum cautione hac, quod in iusti-
tia comparebit, & iudicata persoluet, leua-
bitur. Si verò mulcta prius fuerit adiudica-
ta ante subleuationem, oportet prius (pro
stylo & vsu) nummos enumeret & consi-
10 gnet. Mulieres † honestæ in caussis crimina-
libus, vbi crimen sit leue, non enorme, ne-
que admodum atrox & graue, non debent
personaliter detineri neque incarcerari: sed
per fideiussores de iudicii obseruatione re-
laxari; siquidem ipsos nancisci & constitue-
re potuerint: si verò eos constituere nequi-
uerint, ne tum quidem detinebuntur: sed
stabitur earum fideiussoriæ aut iuratoriæ
cautioni, per quam relaxabuntur. Quod si
11 crimen † esset atrox & grauissimum, tunc
non incarcerantur apud viros (vti superio-
ribus titulis tactum est) sed intruduntur
siue mittuntur in monasterium, vel in A-
scetrion custodiendæ aut honestis matro-
nis traduntur per quas custodiuntur, vt in-
quit text. notabil. in Authent. vt nulli iu-
dic. §. Necessarium, versic. Si vero crimen
sit, &c. In Authent. Hodie nouo iure, Cod.
12 de custo. reo. Hæc autem † intellige, de mu-
lieribus honestis, honestamque vitam de-
gentibus. Quandoquidem mulieres infa-
mes, impudicæ, & inhonestæ, huiusmodi
priuilegio frui non merentur, D. Bart. exi-
miò ita attestante in d. Authent. vt nulli iu-
dic. §. Necessarium, atq; Baldo & doctoribus
ita tenentibus in d. Authent. Hodie nouo
13 iure. Cessio † atq; bonorum renunciatio ni-
hil habet loci, nil purgationis in lite crimi-
naria, in qua captus patiẽter criminis mul-
ctam, aut emendationem corporali pœna
subeat necessum est, dum nec opibus hanc
14 alioqui præstare potuerit. † Paupertas igi-
tur nequaquam illum à pœna excusabit.
Regulare enim est, † vt qui non habet in
ære, luat in corpore: ex quo sumere hanc

conclusionem nec extraneum fuerit. Qui pœnam pecuniariam præ inopia soluere nõ possit corporalem pœnam sustineat, & corpore iure plectitur, l. 1. §. Generaliter, ff. de pœnis. Vbi text. Generaliter placet in legibus publicorum iudiciorum, vel priuatorum criminum, qui extra ordinẽ cognoscunt præfecti vel præsides, vt eis qui pœnam pecuniariam egentes deludunt, coërctionem extraordinariam (nempe corporalem) indicant, & ad hoc notat illum textum Bart. ibi, & l. Si quis id quod iurisdictioni, § In seruos, ff. de iurisdict. omnium iudic. vbi in corrumpentem album prætoris, datur actio popularis quinquaginta aureorum, sed in seruos, si non defendãtur à dominis, & in eos qui inopia laborant corpus torquendum est, ait text. & ibi per Odofre. & l. fin. ff. de in ius vocando, vbi si libertus vocet in ius patronum sine venia, incidit in pœnam quinquaginta aureorum: si verò laboret inopia, castigatur in corpus, & c. Ad liberandum, ext. de Iudæis, vbi Christiani, arma, ferrum & ligamina galearum deferentes & apportãtes Sarracenis, excommunicantur, & anathemate notantur, nec, possunt Ecclesiæ reconciliari, nisi omnia restituant, quæ ex commercio tam damnato perceperint & tantundem de suo transmiserint in subsidium terræ sanctæ. Quod si fortè soluendo non fuerint, sic aliàs reatus talium castigabitur, vt in pœna ipsorum, aliis interdicatur audacia similia præsumẽdi: nam poteruut subiici verberibus loco pœnę, secundum gl. ibi in verb. Sic alias, aquot passus allegantem. & l. Cum sit iniustum, C. de sepul. viola. vbi si quis propter debitum defuncti, impediat defuncti sepulturam, punitur pœna quinquaginta librarum auri, alioqui laborans inopia luit corpore, dicente text. Eum verò qui in huiusmodi fuerit deprehensus flagitio, quinquaginta libras auri dependere: vel si minus idoneus ad eam pœnam persoluendam sit, suo corpore sub competenti Iudice pœnas luere statuimus: & text. in l. Quicunque, C. de seruis fugit, vbi suscipientes Seruum fugitiuum, tenentur eum restituere, & insuper cum eo parem seruum dare, vel eum 20. solidos reddere. Quòd si ad prædictam pœnam soluendam, is qui susceperit minimè sufficiat, æstimatione competentis Iudicis castigatio in eum procedat. Allegare plura alia iura potuissemus, sed quia plus ostentationis, quàm fructus in eo situm, reliqua hîc silẽtio præterire duximus: hęc pauca ex prolixa disputatione D. Frederici Schenck ex Baronibus de Teutenburch, Iurisconsulti, viri in legum studiis non parui nominis, in sua Triade forensi, sub tit. De liberto actore vel reo. cap. 4. sufficiant. Vbi proculdubio illud præcitatum vulgare axioma: Qui non habet in ære, luat in corpore, admodum feliciter discussit & examinauit, quem loco ac tempore studiosis petere licebit.

CAPVT XX.

De Fideiussione in re, seu materia criminaria.

Summæ rerum tractatarum in Commentariis CAP. 20.

1 *Reorum relaxandorum sub*
- *Obnoxii criminibus, quibus debetur pœna duntaxat pecuniaria*
  - *Ex confessi,* / *De iis conuicti* — *Non relaxantur.*
  - *Ex nec confessi, nec cõuicti relaxantur, sed præstita cautione.*

cautio-

cautione, quidam aut sunt. | Obnoxii sunt criminibus, ob qua infertur pœna arbitraria, Quæ si fuerint. { Leuia, & gratia digna { Relaxantur. / Atrocia & enormia gratiaque indigna. { Non relaxantur.

2 Iudex detinens volentem idoneè satisdare, tenetur iniuriarum actione.
3 Captiuus criminalis non valens constituere fideiussores, captiuus permaneat.
4 Pœnam corporalem nemo, nisi reus ipse subire poterit.
5 Nemo sui corporis periculo pro alio fideiubere poterit.
6 Membrorum suorum dominus nemo est.
7 In infligendis pœnis corporalibus, habenda personarum ratio.
8 Iudex acriter expendat fideiussiones in crimine criminali.
9 Bartoli distinctio pro fideiussione criminosorum.
10 Baldi distinctio pro fideiussione criminosorum.
11 Quæstio, quomodo nobilis per cautionem relaxandus?
12 Quando fideiussio extincta, & quando non.
13 Fideiussionis amplitudo in re criminaria.
14 Non constituendi fideiussores, de non inferendo maleficio.
15 Maleficus non spondet pro maleficio, in grauioribus criminibus: sed, & c.
16 Maleficiorum bona, fisco committuntur, saluo creditorum iure.

QVandoquidem iamiam præcedente
Cap. nonnullarum relaxationũ mentionem fecerimus, hoc loco non ab re fuerit & alterius speciei relaxationis meminisse, quæ fit, quum crimen dubium est, & Iudex est in actu inuestigandæ veritatis: quæ fieri solet fideiussore præstito per Reum, de se repræsentando quoties ad hoc fuerit requisitus, hoc est, ad libitum & voluntatem Iudicis: vel de non recedendo ex certo loco, ciuitate, oppido, castro, aut prætoris palatio, sine Iudicis licentia & de soluendo pœnam. Examinemus nunc de quibus criminibus siue delictis sit relaxandus Reus sub cautione prædicta: Id itaque paucis admodũ, vnica nempe distinctiuncula fiet. Est nãque
1 que† Reus aut in crimine, ob quod venit illi imponenda duntaxat pœna pecuniaria. Hoc autem casu Reus aut fuit confessus aut plenè conuictus: quo non debet relaxari, sed detineri, donec persoluerit pœnam l. Si confessus, ff. de custod. & exhib. reo. Aut nec confessus, nec conuictus fuit: hoc casu debebit relaxari præstita cautione digna de se repræsentando, vel de non recedendo ex certo loco. vt inquit Bar. in l. 1. ff. eod. tit. de custo. & exhib. reo vbi post Iacobum de Arena, declarat istum articulum reducendo ad praxim: pro quo item facit text. in l. fi. C. eod. tit. l. 1. & l. Si quis, ff. eod. tit. In quibus iuribus in effectu disponitur, quòd in criminibus illis in quib. venit imponenda pœna pecuniaria, Reus debet præstito idoneo fideiussore, relaxari, & ratio est, quod pœna ipsa non minus satisfieri potest fisco per fideiussorem, quàm per principalem, argumento l. Denique, & l. sequent. ff. de
2 iure fisci. Quinimò, si Iudex† vellet retinere Reum constrictum citra relaxationẽ, qui paratus esset præstare idoneum fideiussorem, posset tum agi contra Iudicem in syndicatu, actione iniuriarum, vt notat Bar. in l. Si verò pro condemnato, §. 1. ff. qui satis-
3 dare cogant. Si verò† captiuus criminalis non poterit constituere fideiussores, necesse est captiuus permaneat, teste Bar. in d. l. 1. ff. de cust. & exhib. reo. & in d. l. Si verò pro
4 condemnato †1. & l. Eos 1. §. Super his, C. de appellat. Aut certè crimen leue est, & nequaquam atrox, tum fideiussoribus relaxa-

bitur, l. Diuus, 1. ff. de custod. & exhib. reo.
Aut crimen est atrox, vel tale, ob quod in-
cidit in pœnam corporalem, isto casu non
debet Reus regulariter per fideiussores rela-
xari, sed personaliter detineri, d. l. Diuus, 1.
ratio est ne eludatur iudicium, si postquam
repertus fuisset culpabilis, fugam arriperet,
id namque esset propriè iudicium fallere. &
eludere: quod scilicet huic pœnæ corporali
nõ posset per principalem satisfieri. tamet-
si fideiussor expresse se ante obligasset ad
quamlibet pœnam corporalem, & dixisset
se velle subire omnem pœnam in corpore
suo, quam reus pateretur, si in carcere ad
sententiam vsque fuisset detentus. Nemo
5 † enim poterit se diuincere ad sistendum
quempiam iudicio sub pœna proprii capi-
tis, corporis, aut membri sui: quod hac in
re nullus sui corporis aut membri dominus
6 fuerit. Attamen principali, † & ei cuius res
agitur, licebit se obligare ad redeundum in
iudicium, sub pœna duntaxat quasi cõfes-
si criminis, perdẽdi scilicet beneficii, remis-
sionis, alteriusve gratiæ, exilii subeundi, aut
similium: non autem sub pœna capitis. pu-
gni, oculi, alteriusve membri, trita l. Liber
homo, ff. ad l. Aquil. & videte D. Bart. in
d. l. 1. ff. de custo. & exhibit. reo. Nec non
c. De occidendis, c. Si non licet, & c. Cum
homo 23. q. 5. in quibus quidem iurib. ha-
7 betur: quod † quando sumus in huiusmo-
di criminibus, in quibus venit inferenda
pœna corporalis, fit personarum ratio ac di-
stinctio, pro modo facultatum, dignitatis,
honoris, pro criminis qualitate, innocentia
Rei, & similib. iuxta text. l. 1. crebro allega-
tum, ff de custo. & exhibit. reo. & secũdum
ista Iudex decernet, an Reus sit detinendus
in carceribus, an in palatio, militibus ne cu-
stodiendus, an fideiussoribus committen-
dus, qui erũnt fideiussores, non de repræsen-
tando, sed de sistendo in certo loco, & non
recedendo ab illo: aut in vinculis coniicien-
dus, secundum quod declarat. D. Bart. di-
ctum illud Iacob. de Aret. in d. l. 1, in 2. col.
& sic Iudex secundum qualitates & condi-
tiones istas, arbitrabitur modum detentio-
nis ipsius Rei, secundum quod considerat
8 Iurisc. in sæpenumero allegata l. 1. Quare †
iudicis hic fuerit diligenter expendere, quo
pacto fideiussiones in crimine criminali ac-
ceperit. Si enim hinc vllum oriretur incõ-
modum, id omne fisco aut parti per ipsum
depẽdendum esset, aut Reus est in crimine,
ob quod inferenda fuerit pœna arbitraria:
& isto casu, an Reus sit fideiussoribus rela-
xandus, an non Bart. in d. l. 1. ff. de custo. &
exhibit. reo. hunc in modum distinguit:
9 Aut † delictum est adeò turpe, vt verisimi-
le sit Iudicem ob id impositurum pœnam
corporalem. & tum iudicatur sicut de pœ-
na corporali simpliciter, ideoque non erit
fideiussoribus relaxandus, d. l. 1. ff. de cust.
& exhib. reo. Aut verisimile est Iudicem ar-
bitraturum, pœnam debere esse pecunia-
riam & tum licebit relaxari: d. l. Si vero pro
condemnato, §. 1. ff Qui satisd. cogantur:
isto enim casu iudicatur de eo, sicut de cri-
mine pro quo venit imponenda pœna pe-
cuniaria simpliciter d. l. Si vero pro conde-
mnato, & videte Bart. in d. l. 1. qui tamen
(venia tanti viri dixerim) non ita distincte
loquitur, sed quærit, Quid si per defectum
pœnæ pecuniariæ veniret imponenda pœ-
na corporalis, fas erit tum per fideiussores
relaxari? & regulariter id fieri posse conclu-
dit negatiuè. Post tamen explicat modum
& cautelam, quomodo possit relaxari. vi-
10 dete ibi per eum. † Subtilis autem Bald. in
d. l. Nullus, C. de exhiben. reis, alia vtitur
(suo more) distinctione, & clariore acco-
piosiore, dicens: Aut sunt rei in crimine, ob
quod venit imponenda pœna ordinaria aut
extraordinaria & arbitraria. Primo casu, id
est, quando ordinaria & determinata, aut
est pœna corporalis, aut pecuniaria: si cor-
poralis, non erit fideiussoribus relaxandus,
imo detinendus & custodiendus in carcere,
d. l. Nullus, in fine, & l. Si quis in ea, Co. de
custo. reo. & l. 1. ff. eod. tit. Quando autem
est con-

est confessus delictum, aut legitime conuictus, non solum est detinendus, sed etiam in vincula coniiciendus ad sententiæ definitionem, & deniq; ad ipsius sententiæ executionem, d. l. Nullus, in principio, & l. Si confessus, ff. eo. tit. ideò tunc non est per fideiussores relaxandus: quandoquidem fugiendo posset illudere Iudici, & pœnam debitam iniquè iustitiæ suffurari, quod vtiq; non fuerit in potestate fideiussoris soluere iudicatum teste Bald. in d. l. Nullus. Si autem imponēda sit pœna pecuniaria, & reus confessus delictum fuerit aut conuictus, nõ erit simili ratione relaxandus, sed detinendus, & confestim condemnandus, d. l. 1. & fin. C. de custo. reo. & l. Si confessus, ff. eo. tit. Aut si non confitetur, sed negat, debet per fideiussores dimitti: sed debebũt hi promittere de eo repræsentando, & iudicato soluendo. d. l. 1. ff. de custo. & exhibit. reo. Huic seruit etiam text. in l. Cum clericis, §. 1. Ipse vero. C. de episc. & cleric. qui text. si rectè syncereq; inspiciatur, proprie loquitur de fideiussore huiusmodi: nempe de repræsentando, & stando iuri, & iudicato soluendo sub certa pœna. Tertio vero casu, dum reus est in pœna arbitraria, dicit Bald. considerandam esse criminis qualitatem, loci, Iudicis, & fori consuetudinem, & conditionem personæ, quemadmodum notatur in simili, in l. Quid ergo. §. Pœna grauior, ff. de his qui notan. infam. vnde si verisimile fuerit pœnam esse corporalem, idem tum iudicabitur quod de ordinaria corporali: si vero cõstet pœnam esse pecuniariam, idem in iudicando seruabitur quod in pecuniaria ordinaria. Prædictis vtcunque enarratis, lubet hic inserere quæstionem notabilem, & vsibus nostris sæpe frugiferam, cuius recordatus est D. Paulus Grillandus in suo tractat. de relaxatione carceratorum, sub c.
11 de fideiussoribus reorum, num. 8. † Spectatæ fidei & autoritatis vir quispiam, nobilitate, opibusque præcellens, accusatur alicuius criminis, ratione cuius de iure communi aut ex statutorum forma, pœna corporalis venit imponenda. Hic in ius vocatus seu citatus comparet, examinatus omnia negat, iudex vult ipsum detinere, donec absoluatur processus, & purgentur indicia. Replicat dicendo: quòd est paratus seipsum obligare de se repræsentando, toties, quoties, &c. sub pœna mille ducatorum, &c. & de stando iuri & parendo iudicato: vel dicit quòd vult præstare idoneam cautionem de se repræsentando, vt sup. Quæritur, an Iudex poterit illum relaxare sub tali fideiussione, vel propria obligatione? videtur prima facie respondendum negatiue, quia cum sit pœna corporalis, posset eludi iudicium, vt ante diximus, & notatur in d. l. 1. Cod. de custod. reo. & l. fin. C. de requirend. reis. Contrarium tamen veritati arbitror consonum: Quod Iudex pro criminis qualitate, & magna personæ conditione, pro dignitate vel innocentia poterit arbitrio suo detentionem ipsam moderari, ac dictum nobilem dimittere, aut sub propria iuratoria, aut sub fideiussoris obligatione, de se repræsentando, vel de non discedendo ex certo loco, secundum quod notat Bartol. in d. l. 1. ff. de custo. & exhibit. reor. Concludendum est igitur, Iudici in relaxandis aut reseruandis reis criminosis magnam dari & concessam esse à lege authoritatem, & arbitrium, teste Iurisconsul. in d. l. . ff. de custo. & exhibit. reo. dum dicit: De custodia reorum Proconsul æstimare solet vtrum in carcerem recipienda sit persona, an militi tradenda, aut fideiussoribus committenda, vel etiam sibi. Hoc autem, vel pro criminis quod obiicitur, qualitate vel propter honorem, aut propter amplissimas facultates, vel pro innocentia, vel pro dignitate eius qui accusatur, facere solet: quibus coniecturis verisimile esse videtur, ipsum reum non fugiturum, nec iudicium delusurum, d. l. 1. & l. Non omnes, §. A barbaris, ff. de re militari, & d. l. Cum clericis. §. 1. & §. sequenti, Cod. de episcopis &

cleri. & per Bald. & Ang. in l. 2. Cod. de ex-
12 hib. reis. Circa prædicta autem † obſeruan-
dum erit, quod fideiuſſio de repræſentãdo,
proculdubio extincta ſit, quando ſententia
lata eſt in cauſſa principali. Item & ea fide-
iuſſio, quæ fit ad ſiſtendum iudicio, aut Iu-
dicis ſententiæ obediendum. Verum illa fi-
deiuſſio, quę facta eſt de ſoluendo ac paren-
do iudicato, nequaquam cenſetur ceſſare
atque extincta eſſe. niſi poſtquam ſententię
paritum fuerit. Qui pro alio ſpoponderit in
rebus criminalib. ciuiliter inſtitutis, is ma-
leficio nullam ſponſionem præſtabit, quicũ-
que etiam fuerit vbi ſententia lata, aut ap-
pellatione, reformatione, aut ſimili modo
13 fuerit retractata. Notandũ † autem hîc fue-
rit, fideiuſſionem hic tam latè accipiẽdam,
vt in ſe quoq; ſuperiorem appellationis iu-
dicem complectatur & quicquid per ipſum
ſententia decernendum fuerit: licet D. Hip-
poly. de Marſil. contrariæ & negatiuæ ſen-
tentiæ inhærere videatur in ſua ſolẽni Re-
petitione Rubricæ, ff. de fideiuſſorib. ſub
numero 108. plurima (vt ſolet) ibidem al-
legans, ad medium tamen in noſtram opi-
nionem condeſcendens, cui etiam ſeruiunt
quæ idem Hippolyt. poſuit in d. Repetitio-
ne, num. 91. ad quæſt. An fideiuſſor tenea-
tur ad augmentum: quem occaſione emer-
gente, videre nec graue fuerit. Nemo etiam
14 cogendus eſt, fideiuſſores † conſtituere de
nullo maleficio inferendo: ad id enim dif-
15 ficulter quis fideiuſſores inuenerit. † in
grauioribus delictis criminaliter intentatis,
non licet vni maleficio præbere fidem pro-
lo: ſed liceat id in paruis delictis ciuiliter
inſtitutis. Et vt præſens cap. abſoluamus,
ſciendum eſt, omnia maleficorum bona,
credita & conſtituta eſſe in manu Fiſci,
dempto creditorum iure, quibus hic ſem-
per ius potiſſimum permanet, tritiſſima l.
Aufertur, § fiſcus, ff. de iur. fiſc. Multa hîc
addita, quæ declarari potuiſſent cap. præ-
cedente.

CAPVT XXI.

De Captiuorum ſeu vinctorum Aggrauatione.

Summæ rerum tractatarum in Commentariis CAP. 21.

1 *Incarceratus an poſsit recommendari?*

2 *Proceſſus prioris cauſſæ ſemper præcedit.*

1 QVisquis vnius maleficii † cauſſa captus
ſeu vinctus fuerit, alterius quoq; ma-
leficii gratia ab alio Officiario grauari pote-
rit, quod & vulgò dici ſolet. Is qui eſt re-
commendatus in carceribus ex vna cauſſa
ſiue delicto, poterit ibi recõmendari & ag-
grauari ab eodẽ ſiue ab alio ex alia cauſa ſeu
crimine. Recommendare nihil aliud eſt,
quàm eum qui eſt incarceratus, detinere e-
tiam pro alio crimine, D. Vdalrico Zaſio Iu-
reconſ. clariſſ. teſte, in lectura l. In ius vo-
cati, cum duabus legibus ſequentib. ff. de
2 in ius vocando. Ita † tamen vt prioris cauſſę
proceſſus ſemper præcedat, neque alterius
cauſſæ grauamine remoretur. Cy. & Bart.
in l. Qui de crimine, Cod. de accuſat. & in-
ſcript. Huius meminit pleniſſimè Bart. in
l. Si quis ſeruus. §. Qui exhibendi, ff. de cu-
ſtod. & exhibit. reo. deducens. Carceratus
ex vna cauſſa, quando poſſit ob aliam ibi re-
commendari & aggrauari, iunctis additio-
nibus ibidem, ad quem nactis o-
cium recurrendum ſua-
ſerim.

CA-

CAPVT XXII.

De Præsentatione siue Contumacia.

Summæ rerum tractatarum in Commentar. CAP. 22.

1 *Citato non licet contemnere Iudicis euocationem.*
2 *Competentia iudicis in criminalibus, in tribus locis consideratur* { *Domicilii, Delicti, Captura.*
3 *Delinquens tres contra se sortitur Iudices.*
4 *Citatus non comparens, quomodo contra ipsum procedatur.*

1 CItato in † re criminali nullam fas erit
contemnere Iudicis euocationem, sed
coram ipsius tribunali compareat oportet,
modò is competens fuerit, l. Si quis ex alie-
na, ff. de iudic. & ibi Baldus & Ang. videte
Bart. in l. Non videtur ff. eod. tit. In tribus
2 autem locis. † Iudicis competentia in cri-
minalibus spectabitur, videlicet in loco vbi
citatus moratur, l. 2. C. de iurisd. omnium
iudic. & ibi Bald. ac eius sequaces: vbi deli-
ctum commissum fuerit. l. 1. & Authent.
Qua in prouincia, & ibi Bald. aliiq; scriben-
tes. C. Vbi de criminib. agi oportet, & l. 3.
ff. de offi. præsi. Et vbi citatus captus fuerit,
3 Itaque † qui deliquit, tres contra se sortitur
4 iudices, Baldus in d. l. 1. Quoties † citatus
comparere neglexerit, cōtra ipsum procedi-
tur per non comparitionem c. Absens, 3. q.
9. vti ex sequentibus doceberis. Verùm si is
captus fuerit, atque crimen existat capitale,
nulla opus est præsentatione super rotula
(vt aiunt) aut comparitione in consisto-
ria, quòd tum processus formetur extraor-
dinariè in carcere, nisi certe fuerit aduersa
pars conquerens: aut crimen ipsum nō fue-
rit capitale: quibus casibus proceden-
dum esset ordinariè, ac caussa
præsentanda.

CAPVT XXIII.

De Comparitione in materia criminali.

Summæ rerum tractatarum in Commentariis CAP. 23.

1 *Procurator in caussa criminali, interuenire an possit?*
2 *Officium suum alicui esse damnosum, est iniquum.*
3 *Caussa ob quas procurator in criminalibus interuenire nequit.*

1 IN rebus † siue materiis criminaliter insti-
tutis, citatus ipse personaliter compareat,
necessum est: per procuratorem autem mi-
nimè, secundum D. Bart. §. Theoricam, in
l. Accusatore, §. Ad crimen. ff. de publ. iu-
dic. & in l. Seruum quoque, §. Publicè, ff. de
procuratorib. Copiosè D. Alexander in d. l.
Accusatore, §. Ad crimen. Doctores in cap.
Veniens, ext. de Accusat. coniuncta ibidem
optima & memorabili gloss. in verb. Cri-
minali. in c. In criminalibus, 5. q. 3. In c. Si
quando, 2. q. 6. In c. Absens, 3. q. 9. latissi-
me D. Alexander in 2. vol. consiliorū, con-
silio 116. Ludou. Roma. consilio .. & D.
Matthæus de Afflictis, in suis decisionibus
Neapolitanis, decisione 64. Ratio, Quod
vtique sententia contra procuratorem pro-
ferenda, nihil in ipsius procuratoris perso-
nam agere poterit, vt qui nihil peccauerit,
eoq; indignus sit, qui alterius viri peccati
pœnā immeritò sufferat. Quod indignum
si quando contingeret, nullum vicissim a-

ctionem haberet procurator in constitutorem suum, vt à condemnatione liberaretur.
2 Vnde † colligeretur procuratorium officiũ, ipsi procuratori haud parũ ita fore damnosum: quod cum rationis æquitate apertissimè pugnat, l. Sed si quis, in prin. ff. de testament.
3 Sunt præterea & † aliæ cõplures rationes cur ipsum maleficũ Iudici personaliter sistẽdum velint: quas & Barth. à Chass. iurium doctor expressit abunde in Cõmentariis consuetudinum Burgundiæ, titulo *Des droictz & appertenances à gens mariez*, §. v. Fol. 145. numeris 23. 24. 25. 26. 27. Quod iniquum foret procuratorem pro caussa sui (quem defendit) malefici absentis, condemnari ad mortem vel aliam pœnam: deinde ne iudicium fiat illusorium, neve maleficia relinquãtur impunita: & quòd principalis acrius, meliusq; propriam defendat caussam, quã procurator. Postremò (quę rationũ omnium vna est efficacissima) quod ex malefici citati cõparitione, exhibitione & præsentatione, æquè ipsius vultu, aspectu, qualitate personę, cõstantia, trepidatione, ex oculorum sermonisq; indicio, plurimum Iudex consequatur indicii, & censuram subinde multò certissimã: quã ex procuratoris constitutione nunquam eliceret.

CAPVT XXIV.

De Procuratoribus in re siue materia criminali.

Summæ rerum tractatarum in Commentariis CAP. 24.

1 *Procurator, in caussa criminali regulariter non admittitur.*
2 *Aliquot fallentia.*
3 *Procurator in crimine publici iudicii, ad allegandum caussas absentiæ admititur.*
4 *Reipublicæ vtile est, absentes à quibuscunque defendi.*
5 *Absens criminosus non damnatur.*

1 IN criminalibus negotiis tam publicis quàm † priuatis, non solet quispiam regulariter ad constitutionem procuratoriam admitti, D. Barthol. in l. Accusatore, § Ad crimen, ff de public. iudic. & in l. Seruum quoque, §. Publicè, ff. procurat. D. Alexander latè in d. l. Accusatore, §. Ad crimen. Scribentes in can. Veniens, ext. de accusat. coniunctà ibi celebri gloss. in verb. Criminali. In c. In criminalibus, 5. q. 3. In can. Si quando, 2. q. 6. In c. Absens, 2. q. 9. Alexander in 2. vol. consiliorum, consilio 116. Ludouicus Romanus, consilio 21. D. Matth. de Afflictis in suis decisionibus Neapolitanis, decisione 64. & l. 1. ff an per aliũ caus.
2 appel. agi pos. † Verum multifariam comperimus hanc regulam fallere. Primò namque, Academiis, Vniuersitatibus, atq; Collegiis, permittitur in caussis criminalibus constituere procuratores vel syndicos: quod in ipsa iudiciales censuræ, veluti in priuatas personas, non cadunt. Et si vniuersitas conuenitur, non potest respectu vniuersitatis esse pœna capitalis, ideoque defendi potest per syndicum: Cum enim vniuersitas non deliquerit verè, non poterit capitaliter puniri: sed illi de vniuersitate, qui interfuerunt facto vel consilio, bene possunt capitaliter puniri si crimen est capitale, argumẽto l. 1. §. 1. ff. de magistra. conueniend. Specula. in tit. de accusat. ver. Quid si vniuersitas deliquit. Bald. in Specul. de pace Constant. §. Damna, in verb. Et ideo nos videmus, & in l. Polla in verb. extra quæro quid erit, D. de his quibus vt indig. & in Specul. de accusatore, vers. Sed nunquid potest. Secundò, in accusatione ingratitudinis, cùm quis aliũ ingratitudinis accusat. l. Sed & hæ personæ, § Patronus, ff de procuratoribus. Deinde in minoribus siue leuioribus criminibus,

nibus, argumento l. Leuia, ff. de accuſat. &
l. 1. §. 1 ff. an per alium cauſ. appel. agi poſ.
& plene notatur in d. l. Seruum quoque, §.
Publice. In criminibus non criminalibus,
ſed ciuiliter inſtitutis, c. Tuæ, ext. de pro-
curator. & c. Super his, ad fin. ext. de accuſ.
In conſortibus leuiorum criminũ: poſſunt
enim hi loco alterius in eodem crimine cõ-
ſortis conſtitui, vt meminimus ſup. tit. de
fideiuſſione in re criminaria. In crimine in-
iuriarum, in quo illuſtris perſona etiam per
procuratorem intendere & excipere poteſt,
c. Abſens, §. Niſi, 3. q. 9. & l. vlt. c. de iniuriis.
In crimine ſuſpecti tutoris, l. Non ſolum, §.
vlt. ff. de procuratorib. quod Innoc. & Ioã.
And. extendũt ad prelatum ſuſpectũ. In do-
mino defendente ſeruũ in crimine l. Si cui,
§. pen. ff. de accuſ. Item in quouis crimine
publico aut priuato, quod ſola relegatione,
aut pœna pecuniaria dignũ eſt, poteſt pro-
curator ſuæ petitioni, aut refutationi inſtã-
ter inniti, ad excuſandum, excipiendum,
probandum confutandum. Poſtremo, in
quibusvis negotiis quæ principalis ipſe co-
ram & præſens efficeret ac præſtaret l. 1. §.
addita gloſ. Ignominia ff. an per aliũ cauſ.
appel. agi poſſ. d. c. Veniens, ext. de accuſat.
iuncta ibidem gloſ. in verb. Criminali, d. l.
Seruum quoque §. Publice, cum gloſſa ma-
giſtrali in verb. Datur, ff. de procur. Verum
3 in delictis, quę † merentur corporalem ſan-
guinis pœnam, nunquã procuratori prin-
cipalis abſentiam occupare, intendere &
excipere licebit, niſi ad enarrandũ malefici
capitalis abſentiæ cauſas, vel exceptiones
obiiciendas, d. l. Accuſatore, § Ad crimen &
ibi ampliſſime Bar. fa. l. Abſens, ff. de pro-
4 cur. & l. Reos, C. De accuſ. quia reipubl. †
vtile eſt abſentes à quibuſcunq; defendi, &
quemlibet pro eo verba facientem audiri, d.
l. Seruum quoq;, §. Publicè, & c. Reos, 23. q.
5. dictis tribus gl. in ver. Ignominia, Crimi-
nali, & Datur: quas videre poteritis has fal-
lentias deſcribentes. In criminalibus verò,
vbi ſtatutorum benignitate criminalia cõ-
uerſa ſunt in ciuilia, licebit procuratori ab-
ſentis criminoſi occupare defectum & ab-
ſentiam, veluti ſi ſtatutum ſic habeat: Quiſ-
quis alium occiderit, dependet mille libras
Pariſienſ. vel ſimilem ſummã pecuniariam:
vbi procuratori fas erit occupare per vni-
uerſium rei proceſſum. Sin hoc pacto Sta-
tutum habeatur, Qui alterum occiderit, vel
decollabitur, vel mille librarum Pariſ. ſum-
ma mulctabitur, non eſſet eo caſu admittẽ-
dus procurator: quòd capitalis pœna, prin-
5 cipalis pœnæ loco ſit poſita. Non † ſinunt
iura abſentẽ criminoſum cõdemnare (imò
diuinæ & humanæ leges hoc prohibent)
quod ipſemet Iudici, neq; ſit auditus neq;
aliàs per procuratorem ſeſe Iudici ſiſtere li-
ceat, l. Abſentẽ, ff. de pœnis, addita ibi gloſ.
in verb. Abſentem, l. Abſentem, C. De ac-
cuſat. & d. c. Abſens, 3. q. 9. Verùm ſi ede-
retur Statutum, vt abſens contumax ob id
criminaliter cõdemnari poſſet tanquam in
iudicio victus, tum licitum eſſet abſenti ad
ſuæ abſentiæ expurgationem procuratoriũ
tranſmittere. Nam ſi talia Statuta contra
ius commune edita & admiſſa, criminoſum
abſentem criminaliter condemnent: ex eo
plurimi volunt, eadem quoq; Statuta non
abſona ratione, abſentem etiam releuare, vt
vniuerſum negotium ſuum per procurato-
rem defendat. Si verò per Statutum decer-
neretur, vt is abſens criminoſus exul impu-
ne poſſet occidi: atq; ex eo deinde reperire-
tur, qui eundem criminoſum abſentem &
exulem neci dediſſet: poterit tum hic pro-
curatorem ſufficere, qui ſuam abſentiam
excuſet, allegans & deponens eum occiſum
fuiſſe exulem. Nonnulli dicunt, ſi ante litis
conteſtationẽ non eſſet cõtra procuratorem
exceptum, non licere procuratorem deinde
reiicere. Sed apertè vetant iura contrarium,
nemini fas eſſe in criminalibus atque adeò
capitalibus cauſſis ad abſentẽ defendendũ,
occupare. Atq; is procurator qui hoc tenta-
ret non eſſet à Iudice admittendus, etiam ſi
pars aduerſa ipſum non reiiceret.

CAPVT XXV.

De Exoniando in materia criminum.

Summæ rerum tractatarum in Commentar. CAP. 25.

1 *QVi criminaliter citatus, comparere ex caussa nequit, debet sese exoniare per eum quem velit.*
2 *Indigni & inhabiles in caussa criminali admittuntur ad exoniandum.*
3 *Mulier vel Minor potest comparere ad exoniandum.*
4 *Praxis recipit, vt exoniationem habeat, in mandatis ab absente, idq; iuret.*
5 *Patri in capitalibus permittitur impedire contumaciam: & è contra.*
6 *Pater & filius censentur vna persona.*
7 *Pater filii caussam defendens, seipsum censetur defendere.*
8 *Excusationes quæ impediunt absentem comparere.*
9 *Graues morbi & periculosi exoxiant.*
10 *Leues morbi, &c. nequaquam excusant.*
11 *Absentia ob officium, excusationem, siue rectius exoniationem parit.*
12 *Insigne patriæ aut Reipublicæ commodum, citatum excusat.*
13 *Venti validi & tempestates, quando excusant.*
14 *Mulieres impregnatæ, à comparitione sunt excusabiles.*
15 *Bella, à comparitione excusationem præstant.*
16 *Pestilentia excusant.*
17 *Aeris intemperies, à comparitione excusationem tribuit.*
18 *AEgritudines ex acrimonia vini, mors prolis, & similia infortunia, nullam prætexunt citato excusationem.*
19 *Contumax nequit reputari, qui citatus, comparere non tenetur.*
20 *Excusationes aliæ* { *Necessariæ.* / *Probabiles.* / *Merè voluntariæ.* }
21 *Infirmitas à comparitione excusat.*
22 *Incarceratio itidem à comparitione excusat.*
23 *Inimicitiæ capitales tribuunt citato excusationem.*

1 QVi criminaliter citatus, † comparere
ex caussis nō potest, debet sese exonia-
re per eum quem velit, cuiq; quam optimè
fidit, siquidem legitima exoniandi subfue-
rit caussa. Atque hoc casu non modò pro-
curator, sed & quiuis alii, procuratorio mu-
2 nere etiam indigni aut † inhabiles, sunt ad-
missibiles: veluti vxor, liberi infra 25. anno-
3 rum ætatem equites † aurati, religiosi, &
similes, Bart in l. Accusatore, §. Ad crimen,
num. 17. ff de publ. iudic. notat Innoc in
c. Veniens, de accusationibus: quos tamen,
quorundam iudicio, eam exoniandi caus-
sam habere in mandatis oportet. Nam sunt
4 qui autument, talem hic commissionem †
non esse necessariam. Verum praxis ipsa v-
su recepit, vt hanc exoniationem habeant
in mandatis ab absente, idque iuramento
5 verissimum esse firment. Patri † in capita-
libus permittitur impedire contumaciam
filii (vt nonnullis placet) si is pater sub cō-
dicta pœna, cautionem constituerit de filio
ad designatum diem sistendo Iudici. Bart.
in d. l. Accusatore, §. Ad crimen, numer. 8.
argu-

argumento l. 1. ff. de liber. homi. exhibend.
Aliis vero videtur, huiusmodi cautionis si-
ue satisdationis constitutionem patris pro
6 filio, non esse neçessariam; quod † vtiq; pa-
ter & filius eandem quasi personam fictio-
ne legis exhibeant, sintque tanquã vna per-
sona, l. fin. ad finem, C. de Impuber. & aliis
substitutionibus, & ibi Bart. & §. Ei vero qui,
& ibi Angel Instit. de inutilib. stipul. adeò
7 † vt pater filii caussam defendens, seipsum
censeatur defendere. Simili ratione & filio
datur in criminalibus impedire contuma-
ciam patris, ob rationes iam habitas. Æqua
8 fuerit † protelatio, si executor ipse sine frau-
de testetur citatum alibi esse captum: idque
constet attestatione siue certificatione iusti-
tiæ eiusdem loci aut simili. Item fortiter
absentem citatũ excusat, si constiterit, quod
is in manus & arbitrium competentis Iudi-
cis sese ab eodem crimine purgandum de-
derit, & crediderit. Pari ratione per alium
excusatur, si Iudici palam fuerit, ipsum eo
dem tempore coram superiori Iudice cita-
9 tum, cuius iussibus & authoritati † æquius
parendum fuerit. Graues item morbi & pe-
riculosi, si quidem ii duorũ, aut ipsius me-
dici (cui hîc fidem haberi par est) testimo-
nio. Iudici innotuerint, citatum alterius o-
pe intermedia constanter excusant, ac exo-
10 niant. Leues † vero morbi, læsiones paruę,
leuis rei iactura, aut aliud futile impedimẽ-
tum, nulla ratione citatũ de personali præ-
sentatione ac comparitione excusant, quod
huiusmodi leuicula Iudicem parum admo-
11 dum moueant. Absentia † ob officium, &
obsequium Principi præstandum, l. Si cui.
§. Tandiu ff. ex quibus caus. maior. notat.
Bart. in l. Abesse, eo. titu. Bald. in l. Ab eo,
C. quomodo & quando Iudex, & l. Qui cõ-
meatus. ff de re milit. aut ob testimonium
eodem tempore coram alio tribunali feren-
12 dum: Aut † ob insigne aliquod patriæ aut
reipublicæ commodum excusat & exoniat
citatum, l fin. C. de cursu publ. libr 12. &
in l. Iubemus, C. de nauibus non excusan.
lib. 11. & l. 1. Cod. vt nemini liceat in empt.
13 specie. se excus. lib. 10. Similiter † excusant
validi vẽti & tempestates eum, cui per ma-
re traiiciendum fuerit, l. 2. §. Si non, ad me-
14 dium, ff. Si quis cautionibus. Mulieres †
imprægnatæ, aut non ità dudum è puerpe-
rio leuatæ, hac quoque parte sunt excusabi-
15 les, fa. d. l. 2. §. Si non. Bella, Pestilentiæ, †
16 idque genus alia pericula † in loco citati si-
militer excusant, D. Matthæo de Afflictis
attestante in suis decisionib. Neap. decisio-
ne 50. num. 2. & 4. c. Ex parte 1. & ibi Doct.
Bald. Alb. & Philipp. extra de appella. & l.
Recusare, §. fin. & ibi Bald. & moderni, ff.
ad S C. Trebel. seruit. gloss in Clementi-
na, Ne in agro, in verb. Rationabili, de sta-
17 tu monacho. Vbi aëris † intemperies infir-
mitas, & plura alia haud dissimilia, à com-
paritione & residentia excusant: notatur in
l. 2. §. penultimo, ibi vel aliqua fortuita ca-
lamitas, &c ff. Si quis cautionibus crebrò
allegata, quo textu, Summus pontifex Gre-
gorius 12. se excusauit, quare non venit ad
consilium Pisanum, timens grauitatem cę-
li Pisani, vt refert Marianus in ca. Veniens,
extra de accusat. & Felinus in c. Accedens,
2 versic. Sexta conclusio. Vt lite non con-
testa. & est celebris gloss. in verb. Suorum
infirmitate, in c. Cùm filius 23. distinctio.
& in can. Quorundam, 74. distinct. Verùm
18 ægritudines † ex acrimonia vini, mors pro-
lis, aliaq; similia infortunia, nullam præte-
xunt citato apud Iudicem excusationem:
nisi ipsi id ita visum fuerit. Ad prædicta pos-
sent adaptari ea quæ notat D Mattheus de
Afflictis in suis decisionibus Neapolitanis,
decisione 289. atque D. Feli. in c. Accedens,
2. extra, vt lite non contesta. quæ omnia at-
19 que singula videre poteritis. Nec † potest
dici contumax, si non compareat: quia ne-
quaquam potest reputari contumax, qui ci-
tatus non tenetur comparere, secundum
Bald in l Generaliter 2 colum. C de Episc.
& clericis. Epilogando tamen dicamus cum
D. Bart. in l. Accusatore, §. Ad crimen, ff. de

pub. iudic. referente Innoc. in c. Veniens,
20 ext, de accusat. † Nonnullas esse excusatio
nes necessarias, quæ impediunt absentem
21 comparere: nempe quum citatus sit † infir-
22 mitate impeditus, vel carceratus, † vel simi-
li ex caussa comparere aut transire iter ne-
queat, habebitur ratio humanitatis, sicut
haberi solent & hyemis, & nauigationis, &
cæterorum, quæ casu cōtingunt, d. l. Si cui,
§. Tamdiu. Alias excusationes esse probabi-
les: quę eū excusare à cōparendo possent, ta-
23 men venire posset, si vellet, vt puta, quia † in
illo loco habet inimicitias capitales, & ita à
comparitione excusatur, l. de ætate, ff. Ad
S. C. Trebel. Fa. notata in Clementi. pasto-
ralis, de re iudic. & tunc, si procurator cum
mandato comparet ad eum excusandum,
admittetur secundū Bald. loco præallegato.
Alias esse merè voluntarias, vtpote, Tu nō
es meus Iudex, & similes. Plura apud D.
Bart. egregiè tractata loco sæpiuscule citato,
reperire haud dubiò poteritis.

CAPVT XXVI.

De Publica fide, siue (vt vocant) Saluiconductu.

Summæ rerum tractatarum in Commentariis CAP. 26.

1 *Saluiconductum an Iudex possit dare citato?*
2 *Saluiconductum conferre solius Principis est, &c.*
3 *Saluiconductus subinde Iudici, vrgente ex caussa, ac parte vocata, conceditur.*
4 *Saluiconductus à Iudice expediri debent, cum prudenti cognitione rerum ac informatione debita.*
5 *Saluiconductus interdum non seruatur.*
6 *Saluiconductus in fraudem & Reipublicæ dispendium, Iudex non largitur.*
7 *Saluiconductus etiam iuratus, non seruatur delinquenti secundum Bald.*

QVando citatus procurauit per alterum
semet de absentia expurgatum redde-
re, siue exoniare, dicens, sese ad comparen-
dum non audere committere itineri, me-
tuens, ne ab aduersario suo in via forsitan
interceptus, vi & crudeliter interimatur:
mittit tum Iudex officiarios & satellitium,
1 sed citati impendiis. † Porrò si poposcerit
saluiconductum, vt securus, & periculo li-
ber adire Iudicem valeat, in arbitrio tum
Iudicis fuerit ipsum saluiconductum, aut
concedere, aut recusare pro qualitate crimi-
nis, & personæ, Bart. in l. Is qui Reus, ff. de
public. iudic. Notatur in c. Venientes, ext.
de iureiurando: necnon Fel. in c. Accedens,
2. num. 9. ext. vt lite non contest. Salic. in
l. Reos, in 5. col. ver. Expeditis contrariis, C.
De accus. Neque velim hic quispiam existi-
met, eum saluiconductum permissum esse
2 cuilibet indifferenter: quum † ipsum con-
ferre solius fuerit Principis, aut illius qui
Principis personam publicè refert, vt notāt
Bart. & Bald. in l. Conuentionum, in 2. op-
po. ff. de pact. & ibi per Alexand. in 1. col. v-
bi allegat plures concordantias. Ad hoc et-
iam lubebit videre Bald. in tit. de pace Con-
stant. in §. Imperialis, in fin. primæ col. in
3 vsibus feudo. Verum enimvero est, vbi †
huiuscemodi saluiconductus subinde pri-
uato alicui Iudici conceditur: sed id nō nisi
4 ex vrgentibus grauibusque causis, † & non
nisi parte aduersa vocata, vt in Authent. de
mand. princip. §. Sed neq;, Colla. 3. Et non
nisi is legitimè fuerit expeditus, cum ma-
tura atq; prudenti cognitione rerū & caus-
sarum, & informatione debita. Siquidem
5 eiuscemodi † saluiconductus leuiter cui-
piam fuissent donati, & absq; certa rerum
cognitione, caussa & modo debito: crimen-
que ipsum adeò foret enorme, vt vel ipsius

gratia

gratia ab Ecclesia, seu loco sacro foret extrahendus: in Iudice tum fuerit eundem saluiconductum ita perperam, & contra æquitatem permissum, denuo refringere, & per missione priori nil obstante, contra eundem
6 maleficum, vt ante procedere. Non enim † Iudicis fuerit vllos saluiconductus in fraudem, & reip. dispendium vllo modo largiri, Gloss. in verb. Neque custodies, in d. Authent. de mandat. princip. Collat. 3. in §. Neque autem homicidis. Idem videntur sentire Iac. de Ra. & Cy. in l. Præsenti, C. De his qui ad eccles. confug. Pet. & Bart. in l. Illicitas. §. Ne potentiores, in fin. ff. de offic. præsid. Rursum si Iudex † ex certis caus-
7 sis vrgentibus, debitis formis, & modis cuiquam concessisset saluicōductum, eumque etiam malefico poscenti graui iuramento adstrinxisset: deinde is maleficus supra causam concessi saluiconductus, enormius aliquod admitteret crimen, nil obstante priori saluiconductu concesso, nil obstante iuramento poterit Iudex eum maleficum cōprehendere, comprehensum pro criminis qualitate condemnare: quòd ipsum nunc grauet noua caussa, ob quam non meretur prioris saluiconductus priuilegio & gratia frui. Simile enim exemplum testatur sese conspexisse Bald. in d. §. Item Sacramenta, in vlt. col. de pace iura. fir. in ciuitate Padua, vbi cuidam bannito concessus fuerat saluiconductus, tutò libereque adeundi ciuitatem: quam quum ingressus fuisset, denuo recens cōmisit flagitium, expendendo scilicet adulterinam, falsamque monetam: ob quod nil sibi illo patrocinante saluiconductu, ilico laqueo suspensus vitam finierat. His itaque vtcunq; de saluiconductus materia enarratis & admonitis, & quod eadem materia per Doct. in l. Denunciamus, D de his qui ad ecclesiam confug. abundè tractetur, non decreui latius inhærendum. Qui plura desideret, eò confugiat.

CAPVT XXVII.

De defectu, non comparitione, siue contumacia, contra impetrantem, in materia criminum.

Summæ rerum tractatarum in Commentar. CAP. 27.

1 *Contra procuratorem generalem in Flandria nequaquam decernitur contumacia, &c.*
2 *Qui sint procuratoris generalis vicarii?*
3 *In aliis consistoriis, si non comparuerit impetrans, &c. captiuus statim liberatur carcere.*
4 *Citatus si non comparuerit, decidit à purgationis iure.*

1 Contra † procuratorem generalem nusquam per totam Flandriam quippiam decernitur, per absentiam, siue impetrantis defectum, quod nunquam non fit, qui procuratoris generalis absentis vices occupet, inq; illius locum surrogetur: hinc iure di-
2 ctus † illius vicarius siue substitutus Sunt autem procuratoris generalis vicarii reliqui procuratores Curiæ omnes. Attamen
3 si in consistoriis, † conciliis, siue in feudorum tribunalib. non compareret dominus impetrans, nec ipsius prætor, nec suppræ-tor: ilico captiuus per illorum defectū liberaretur carcere, & personaliter liber remitteretur. Quin & impetrantis defectu, citatus absoluitur à curia & sumptibus, protestarique poterit (si volet) de iniuria, infamia, damno, & incommodo. Verum hoc euentu procedit procurator (si quidem informatio præcesserit) aduersus citatum pro detrimento ac interesse iustitiæ. Porro † in
4 materia purgationis, si ipse impetrans non comparuerit, decidit à purgationis iure, fitque criminis obiecti suspectus.

CAPVT XXIIX.

De Defectu, absentia, & non comparitione contra citatum.

Summæ rerum tractatarum in Commentariis CAP. 28.

1 *Citatus criminaliter, si non paruerit, illius bona, ob non comparitionem, ilicò per fiscum notantur.*
2 *Purgatio contumaciæ, intra annum admittitur, cuiusq; tum sit effectus.*
3 *Hæredes priuilegio defuncti hic gaudent.*
4 *Absens non damnatur crimine corporali.*
5 *Stilus Cameræ Flandriæ.*
6 *Consuetudo magni Consilii.*
7 *Vt ex stylo quispiam criminaliter citatus condemnetur per contumaciam, requiritur prælre quatuor citationes, &c.*
8 *Exilia ex contumaciis prolata, sunt interlocutoria.*
9 *Exilium omne includit infamiam.*
10 *Probationes in criminalibus debent esse luce clariores.*
11 *Vbi de hominis salute tractatur, diligentius fieri debet examinatio.*
12 *Sanctius est impunitum relinqui facinus nocentis, quam innocentem damnari.*
13 *Mulcta seu pœna confiscatione confunduntur.*
14 *In materia securitatis, si citatus non comparuerit, ipsa securitas iudicatur prima non comparitione, per contumaciam, &c.*
15 *Quando citatus personaliter comparet, nequaquam insinuatione opus est.*
16 *Securitatem statuere nolens, in carcerem detruditur, donec eam constituerit.*
17 *Securitas quando adiudicetur in Curia Flandriæ.*
18 *Securitatis constitutio in Francia.*
19 *In materia purgationis, si citati secunda contumacia non comparuerint, impetrans ob citatorum contumaciam iudicabitur purgatus.*
20 *Quonam pacto procedendum sit per fiscum, quoties multi criminosi eiusdem criminis citantur, quorum alii comparuerunt, alii vero non.*

IVxta iurium rationem, † quisquis crimi-
1 naliter citatus non paruerit, illius bona v-
niuersa, ob non comparitionem, ilicô per
fiscum notantur & committuntur literis.
Qui si intra annum adueniat, semet ab illa
cōtumacia purgaturus, † bonis ante ita no-
2 tatis, denuo libere fruatur necesse ū est. Quo
item † priuilegio gaudent illius hæredes
3 quoties intra annum contigerit ipsum obi-
re morte. Si verò ante annū non veniat, sese
purgaturus à nō comparitione & calumnia:
bona illa, quæ diximus à fisco proscripta, in
fisci manus adiudicantur damnata. Non est
tamen eius cōtumax, à sua defensione, & pur-
gatione proponenda, post annum, aut quo-
4 ties velit, plane reiectus. Quod iura † nul-
lum absentem reiectent, nec vlla corporali
pœna condemnent: licèt in mulctam pecu-
niariam, ob contumaciam talem absentem
5 subinde constringant. Verum Stilus † & v-
sus receptus habet: vt quisquis in Camera
Flandriæ citatus fuerit personaliter, & non
comparuerit, incidat in contumaciam: is-
que denuò & secundo citandus est per con-
clusionem manuum: qui si ne tum quidem
comparuerit, ob iteratam & secundam cō-
tumaciam à Iudice traditur commissio il-
lum comprehendendi, sicubi locorum per
totam

totam Flandriam, extra sacrata loca inueniri poterit. Nam si nusquam apprehendi poterit citabitur ad pœnam exilii, siue omniũ bonorum confiscationis. Quod si neq; hoc remedio citationi pareat, acrius deinde cõtra ipsum, tanquam contumacissimũ, proceditur, nempe ad perpetuum exiliũ Flandriæ, & pœnam confiscationis omniũ bonorum suorum, ad vsum Comitis Flandriç, absq; vlla alia inquisitione, quàm quæ præcesserat. In magno Concilio consueuerunt
6 ob cõtumaciam damnare exilio † ex omnibus huius inferioris Germaniç finibus: scilicet Brabantia, Limburgo, Lutzenburgo, Flandria, Artesia, Hannonia, Hollandia, Zelandia, Frisia, Namurco, Mechlinia, &c.
7 Vt autem ex Stilo † quispiam criminaliter citatus, condemnetur per contumaciam, requiritur præire quatuor citationes, & quatuor contumacias: quarũ tres prorsus sunt necessariæ, quarta abundans ex gratia adiicitur. Quibus peractis, impetrans emolumẽta, quæ sibi per contumaciam sperat futura, exhibet per INTENDIT. Quo viso, vnà cum informationibus, actis, actitatis, munimentis, & meritis caussæ, curia pronunciat exilium, & bonorum confiscationem, huiusmodi contumaciæ intuitu. Nihilominus si talis exilio damnatus, innocentiæ suæ conscius fuerit, neutiquam priuatur libertate sese, suamq; contumaciã purgandi, & iudicio sistendi. Nam huius-
8 modi † exilia, ex contumaciis prolata, nihil sunt, quam interlocutoriæ, quæ sunt reuocabiles, l. Quod ius sit, ff. de re iudicat. c. Cùm cessante, ext. de appella. Veruntamen confiscatio semper hic locum obtinet (nisi Principis clementia huic confiscationi cedens, bona cũcta exilio ita damnato refunderet) adeò, vt etiam si contumax is ciuis fuerit Gandensis, Brugensis, Yprensis, aut aliorum similium locorum Flandriæ, vbi ciues à cõfiscatione sunt liberi, Curia tamen non desinat confiscationẽ adiudicare Principi: quæ quidem libertas aut priuilegium potest allegari in executione. Et fieri etiam potest, vt hic contumax absens bona sua habeat extra limites Flandriç, quo dictum priuilegium (vt nonnulli conantur sustinere) sese non extendit. Deinde qui se sinit in criminalibus per contumaciam condemnari, iacturam facit, nõ solum bonorum, verum etiam nominis, honoris, & famæ: quãdo-
9 quidem exilium omne † includit infamiã, ob quam is permanet infamis, donec per Principem priori nominis sui integritati restituatur, quorum meminit excellentissimus I. C. D. Nellus à sancto Geminiano, in suo insigni tractat. de Bannitis, sub secundo tempore: nempe de occurrentibus post perfectum bannum ipsi bannito, ad quem Lectorem remittimus. Sunt qui autument, absentes contumaces in re criminaria criminum obiectorum esse reos & obnoxios, omniaque obiecta habenda esse pro confessis, quod is condemnabilis sit in principali, ratione suæ contumaciæ, quam æstimant pro ficta probatione: contumax enim videtur fictione iuris crimen confiteri. Verùm
10 alii cẽsent per talem fictam † probationem, aut confessionem, nullum absentem absolute, siue diffinitiuè cõdemnari posse, quod probationes criminarias neutiquam oporteat esse fictas, verum luce clariores, vulgatiss. l. Sciant cuncti, C. de probat. & ibi Sal. concordat verbo tenus, c. Sciant cuncti, 2. q. 8 c. Epiphanium presbyterum, 5 q. 6. l.
11 Qui sententiam, C. De pœnis. † Diligẽtius enim debet fieri examinatio, vbi de hominis salute tractatur, non autem ex præsumptione: quia sanctius est impunitum relin-
12 qui facinus nocentis quàm † innocentem damnari, tritissima l. Absentem, ff. de pœnis l. 3. §. Idem tamẽ confitetur, ff. de min. 25. an. cum mille concordantibus. Quando accersitur & citatur quispiam ob crimen personaliter ad pœnam pecuniariã, ob quã etiam comparere recusat: citatur deinde ad maiorem pœnam, & ad audiendam simul sententiam mulctę & pœnæ, in quam prio-

ris contumaciæ caussa inciderat. Præterea
citatur & tertiò ad duriorem pœnam, &c.
Porro si nec harum pœnarum timore per-
territus comparuerit, ob quartam contu-
maciam (quam ex gratia abundantem di-
ximus) condemnatur exilio, & bonorum
13 proscriptione siue confiscatione. Sed in †
hoc casu mulctæ seu pœnæ per confiscatio-
nem confunduntur vbi confiscatio locum
habet. Nam vbi ea cedit, omnes pœnæ iam
dictæ adiudicādæ sunt, & exequēdæ. Quo-
ties exulat quispiam ad certam pœnam, si-
mulque præcipiatur, ne ante eiusdem pœ-
næ solutionem redire præsumpserit: non
est qui is exul pœnæ executioni subiectus,
dum paret exilio: in ipso namq; fuerit v-
trumlibet, aut exilium aut pœnam persol-
uere. Si vero durante exilio, contingeret i-
psum intermori, hæredes in pœnā seu mul-
14 ctam latam non inciderent. In materia †
securitatis, si citatus non comparuerit, ipsa
securitas iudicatur prima non comparitio-
ne, per contumaciam, & impetranti ilico
conceduntur literæ, quibus parti aduersæ
insinuet. Hanc autem formam vsurpamus
15 in Flandria. Si verò † citatus personaliter i-
pse compareat & certitudinem seu securi-
tatem propria firmauerit dextra, nulla opus
erit illi insinuatione facienda. Quū autem
16 eam certitudinem statuere noliat, † com-
prehenditur, & in carcerem detruditur, do-
17 nec eam constituerit. In Flandria nulla †
certitudo siue securitas per non compari-
tionem adiudicatur: nisi Curiæ seu Conci-
lio constiterit, citationem factam fuisse in
personam, vel domum seu domicilium ci-
tati, & eo die ad citationem constituto. Nā
si is incuria, aut aliàs prætermissus fuerit,
rursum ab integro noua parabitur citandi
18 commodio. In Francia † habent, vt in ma-
teria constituendæ certitudinis siue securi-
tatis, necessariò requirantur duæ non com-
paritiones siue defectus: potissimum, quā-
do citatio non fuerat facta in personam ci-
19 tati. † In materia purgationis, si citati se-
cunda contumacia non comparuerint, im-
petrans ob contumaciam, & citatorum ab-
sentiam, iudicabitur purgatus: nequaquam
tamen recuperabit suas expensas, quòd suū
20 fuerit purgationem peragere. Quoties †
multi criminosi citantur eiusdem criminis,
quorum alii comparuerint, alii verò mini-
mè, non cunctatur procurator aut fiscus ob
absentium defectum, aduersus præsentes
procedere: nec contra absentes cessat proce-
dere, ratione contumaciæ.

CAPVT XXIX.

De contumaciis purgandis.

Summæ rerum tractatarum in Commentar. CAP. 29.

1 *Absentium cuilibet, iure permittitur absentiæ obiectæ purgatoria excusatio.*
2 *Redeunti intra annum, adiudicatur bonorum proscriptorum restitutio.*
3 *Ex stylo & consuetudine, nullus admittitur ad purgandam absentiam in re criminali.*
4 *Restitutio ex caussa saltem apparenter necessaria, admittit purgationem absentiæ in re criminali.*
5 *Bona in manibus Principis constituta quamdiu permaneant.*

1 ABsentium siue † deficientium cuilibet,
iure permittitur absentię siue deficien-
tiæ suæ obiectæ (quoties libet) purgatoria
excusatio, & sese Iudici sistendi potestas, vt
2 supra quoq; meminimus. Qui si † intra an-
num redierit, adiudicatur ipsi bonorum per
fiscum proscriptorum, rursum integra pos-
sessio, & restitutio, l. fin ff. de requir reis,
& l. 1. C. eod. tit. sicuti ante demonstratum
3 est. Ex stylo † & consuetudine inolita, nul-
lus admittitur ad purgandam absentiam &
defectum in re criminali: nisi per restitu-
tionis in integrum beneficium, & indul-
4 tum † Principis, permissum ad apparenter
necef-

necessariam excusationem. Tum autem non redit ad bonorum suorum vsum & pos-
5 sessionem : quum ea † in Principis manus (vt vulgò circumfertur) constituta fuerint: sed ibidem durante lite seu processu conseruantur, donec per sententiam Iudicis è manibus Principis rursum liberanda denunciëntur. Neq; item ad bonorum suorũ possessionem redit : maximè, quoties eorum confiscatio per contumaciam declarata fuerit: nisi id forsitan contingat ex speciali Principis sui gratia, per certas apertasque ipsius literas ritè in Financia, vt decet, verificatas.

CAPVT XXX.

De libello formando, seu petitione facienda in re criminali.

Summæ rerum tractatarum in Commentariis CAP. 30.

1 *Libellus non fit per Fiscum in criminaliter intentata ex officio.*
2 *Libellus formatur per Fiscum in crimine ciuiliter intentato ex officio.*
3 *Libellus formatur per aduersarium ciuiliter.*
4 *Libellos criminum oportet esse clarissimos.*
5 *Libellos non oportet carere substantialibus.*
6 *Libellus non necessario exprimit diem : nisi ratione alibi.*
7 *Libelli non egent conclusionibus, in criminibus criminaliter intentatis.*
8 *Libellus accusatoris, ex consuetudine quid concludat.*
9 *Consuetudo, Stilus, Vsus,* } *non recipiunt duplam, aut quadruplam restitutionem.*
10 *Bona ablata Iudicis est non sibi depradari, sed cognito veroq; domino restituere.*
11 *Exclamatio Authoris, in rapaces offitiarios.*
12 *Libellus in actione iniuriarum concludit aut ciuiliter, aut criminaliter.*
13 *Parti aduersæ omnis adimitur criminaliter concludendi facultas, ex stylo & consuetudine.*
14 *Libellos Fiscus ante litis contestationem commutare potest.*

1 IN crimine criminaliter † intentato per Fiscum ex officio (potissimum malefico capto) nullam fiscus petitionem siue libellum format : sed Curiæ ilico præuiam informationem cõmunicat: cupiens, vt maleficus Reus super eiusdem informationis articulis, ligato pede, examinetur. In crimine
2 † vero ciuiliter per fiscum ex officio intẽtato, format is petitionem seu libellum, capitq; cõclusionem materię accommodam.
3 In materia criminũ, † vbi ipse aduersarius impetrans est, formatur libellus seu petitio per eundem aduersarium, ciuiliter insistendo conclusioni ciuili, scilicet, honorabili & proficuæ, seu fructiferæ emendæ, cum expensis, damnis, & interesse. Fiscus autem siue procurator cõcludit aut ciuiliter, aut criminaliter, pro conditione criminis. Omnes
4 † libellos seu petitiones criminarias opor-
5 tet esse clarissimas: Ne quid † ipsorum substantialium accusationis desit, sed vti aperte referant, & exprimant annum, mensem, indictionem, locum, & omnes criminis patrati qualitates, l. Libellorum, ff. de
6 accusat : & ibi Bartolus ac eius sequaces † Verum diem ipsum simul efferre, non erit necessarium : nisi id Reus requisierit, com-
7 probaturus, suum ALIBI. Rursum † in materia criminum criminaliter intentatorum, nulla opus est conclusione : quandoquidem iura ipsas pœnas & punitiones criminibus debitas & proprias, ilico citra

conclusionem vllam, referant, & commonstrent, ita Bart. in d. l. Libellorum, cui ser-
8 uit, l. 1. §. 1. ff. ad S. C Turp. † Vsu tamen
ac consuetudine receptum est, quoties accusator postulat Reum condemnatum pro
ratione iurium, aut ad constitutiones seu
leges municipales, statutas in materia manifesti furti, in quo fur vnà cum re furtiua
prehenditur, posse aduersarium cōcludere,
vt fur condemnetur in forefactis, & omnibus expensis, & de manifesto furto ad quadruplam solutionē, l. Inter omnes § Quod
dicimus, ff. de furt. nihilominus procuratoris est præter hæc, conclusioni semper in-
9 sistere criminaliter. Idque ex iure. Cùm †
duplam siue quadruplam bonorum restitutionem nec stylus, nec consuetudo, nec
vsus vnquam receperit, quòd sufficiat parti
aduersariæ propria suarū rerum ablatarum
10 restitutio per officium Iudicis: † cuius est,
cuilibet ad restitutionem rerum suarū succurrere & patrocinari, sicubi poterit. Quid
11 † igitur hîc vetat, nos grauiter exclamare in
quorundam nostræ infelicissimæ ætatis iniquos Prætores, Proprætores, latrunculatores, idque genus alios officiarios, qui quotidie huiuscemodi res furto ablatas (& si
quam optime nouerint, quorum sint, quibusve ablatæ) non reuereantur eas sibipsis,
tanquam proprias, vendicare, asscribere, &
reseruare? quum proculdubio hoc, atque
simili potissimum casu furibus ipsis atque
prædonibus iisdem sese testentur esse similes, similibusque censuris & suppliciis esse,
nedum iure humano, verum etiam diuino
obnoxios, & plectendos, quod innumeris
locis, & authoritatibus nunc facile mōstrauero, sed cùm id luce fuerit clarius, quumq;
id nullus, nisi corrupto iudicio, insanaque
mente præditus, vnquā negauerit, statui omnib. iis locis abstinere, & ad rem nostram
iam intermissam, denuo redire. In actionib.
12 † itaq; iniuriarum liberū fuerit parti aduersæ vtrolibet concludere modo, aut ciuiliter,
aut criminaliter, §. In summa, Instit. de iniur. Verum altervtrius lectione, decidit à libertate electionis alterius, vti iura testantur, in l. Quod Senatusconsultum, & l. Prętor, §. 1. ff. de iniur. & §. Liberum. Instit. de
13 leg. Aquil. Nam † inolitis iam olim stylo &
consuetudine, parti aduersæ omnis admititur criminaliter, in quauis etiam materia,
14 concludendi facultas. Porro † in manu fiscorum fuerit quoties ipsis visum fuerit, vel
res deposcat, conclusionem, vel additione,
vel detractione cōmutare. Veluti si quid asseruerint contigisse interdiu, post narrare
poterunt, factū esse noctu. Verùm hęc fieri
oportet ante litis cōtestationem, teste Bart.
eiusq; sequacibus, in l. Edita, C. de edend.

CAPVT XXXI.

De Dilationibus in re criminaria.

Summæ rerum tractatarum in Commentar. CAP. 31.

1 *Super libello criminali, iura admittunt reo deliberationem.*
2 *Super libello criminali: & inquisitione facta per fiscum ex officio duntaxat, nequaquam admititur reo deliberatio, & articulorum copia.*
3 *Reus nonnunquam cogitur respondere ilicò ad propria maleficia.*
4 *Iuaucia, Dilationes.* } *Triduana nonnullis in locis admittuntur.*
5 *Reus in crimine ciuiliter instituto fruitur singulis dilationibus, sicuti in materia ciuili.*

XXX. De libello formando, seu petitione facienda in re criminali

1 IVra † admittunt Reo (si quidem id voluerit) deliberationem & consultationē faciendam super libello seu petitione, ipsi criminaliter facta, intentata, & exhibita: traduntur q; eidem criminum obiectorum articuli vt iis inspectis & cognitis, cum iustis dilationibus, & matura cōsultatione siue consilio, felicius semet ab iis defendat & expurget: modò tamen hic sit pars aduersa conquerens: & inquisitio præcesserit ad instantiam & requisitionē partis. Huic quadrant l. 1. ff. de eden. & c. Induciæ accusatis, §. Offeratur, 3. q. 3. & ibi scribentes. Quo-
2 ties † autem libellus seu petitio, & inquisitio facta sunt per fiscum ex solo ipsius officio, absque vlla partis aduersę querimonia, siue requisitione, nulla tum reo largienda erit articulorum exemplaris copia, neq; vlla dilatio ad deliberationem siue consulta-
3 tionem. Verùm † respōdendum ei fuerit ilico, & pede stante (vt aiunt) ad proprios excessus, propriaq; maleficia. In nonnullis
4 † attamen locis, vt Brugis, admittuntur induciæ siue dilationes triduanæ, siue ad triduū, siquidē eas petierit: & ꝓceditur de tri-
5 duo in triduū. Cæterùm † in crimine ciuiliter instituto ac intentato, fruitur Reus singulis dilationibus, sicuti in materia ciuili.

CAPVT XXXII.

De respondendo per Exceptionem.

Summæ rerum tractatarum in Commentariis CAP. 32.

1 *Reo concessum est, aut per se, aut per causidicos, suas exceptiones proponere.*

2 *Reus in ipso rerum principali cardine, oportet, personaliter respondeat.*

3 *Exceptionis { Declinatoria,*

4 *Dilatoria, } Exempla.*

5 *Peremptoria,*

6 *Somnus delictum excusat.*

7 *De crimine bifariam agi potest, { Ciuiliter, Criminaliter.*

1 IN quouis crimine, tam capitali † quam alio, concessum est Reo per se, & item per causidicos, aduocatos, & procuratores, in iudicio respondere, & proponere quaslibet suas exceptiones declinatorias, dilatorias, & peremptorias, siue rectius, elisorias, perinde
2 atq; in ciuilibus negotiis. Verùm † in principali rerum cardine, plane oportet reum ipsum respondere, proprio ore profiteri aut
3 diffiteri. Declinando † autem Iudicem sibi suspectum, audacter efferre, suspectionisq; caussam euidenter ostendere, & citare poterit: Aut dicet se eiusdem criminis gratia, coram alio tribunali constitutum & citatū,
4 quô desiderabit mitti. Item † differendo, vel ad dilationis ac moræ productionē, poterit reiectare executionem, asserens officiarium sua commissione in citando aut prehendendo vsum fuisse citra authoritatem & mandatum iudicis, aut præter omnē informationem (vt vocant) præuiam. Aut apprehensionem destruet, dicendo ipsum fuisse immunem à tali apprehendendi authoritate: Aut extra suæ iurisdictionis terminos contigisse. Vel certe parti suæ aduersæ contradicere ac refutare eam poterit, dicens: ipsam accusationibus ineptam & inhabilem, eoq; in iudicio minus audiēdam: quippe, ob vitæ ipsius infamiam, quam illi
5 intensurum prædicabit. † Peremptoriè af-

firmare poterit, sibi crimen esse remissum, & condonatum: aut exilium reuocatũ: aut sese prius ob idem maleficium tulisse supplicium: aut certe compositione placasse animum Iudicis vel officiarii, aut his similia prçstruet: vel citabit ALIBI: nempe se tẽpore patrati criminis, non fuisse eodem loco. Item licebit ipsum factum inficiari: nihilque esse rei sibi obiectæ, aut si quid eius rei tandem inueniretur, id neutiquam destinata malicia, aut nocendi libidine, sed vis illatæ repellẽdæ gratia factũ esse, aut infortunio, aut simili casu fortuito, aut quod fe-
6 cerit dormiens: iure † namq; somnus factum excusat & diluit D. Hippol. de Marsil. teste in l. 1. ad exordium ff. ad l. Cornel. de sica. num. 46. atq; text. in Clement. vnica, de homicid. nisi ex consuetudine sæpius consuesset cædere, quo casu non excusaretur, quum ita meritò confugeret cum aliis concumbere, vt inquit Bart. in l. pe. de parricid. & Ang in suo tract. maleficiorum, in gloss. in verb. Et ad hoc colloquium, in versic. Sed quid si quis propter ebrietatem deliquerit, &c. quos videte: Affirmare item licebit, sibi crimen esse remissum: & interemtum. ipsi tum mortem, tum quamlibet iniuriarum actionem, benigno clementiq; animo condonasse & ignouisse. Verum ne plus æquo hoc nomine sibi placeat, quod ipsi cum parte aduersa bene conueniat, & iniuriam remiserit: quasi tunc ab omni crimi-
7 ne purgatus existeret. Nam etiam si † ita sese res habeant, bifariam tamẽ adhuc de crimine ipso poterit agi: quippe ciuiliter in gratiam partis, & criminaliter ex officio fisci. Nunquam enim pars plenariè potest remittere, cum detrimento fisci: nec contra fiscus vnquam remittet, cum detrimento partis. Porrò in singulis his exceptionibus, Iudici summariè, atque ordine faciendum, & ius dicendum est, non secus, atque in rebus ciuilibus agere consueuit.

CAPVT XXXIII.

De remissione in materia criminali.

Summæ rerum tractatarum in Commentar. CAP. 33.

1 *Remissio in criminalibus nullum habet locum.*
2 *Prauentio remissionem excludit.*
3 *Prauentio priuat Iudicem, etiam competentem, iurisdictione.*
4 *Nemo tenetur litigare, & comparere pro eadem caussa coram duobus iudicibus.*
5 *Prauentio fit variis modis, quandoque per* { *Citationem* { *Verbalem,* / *Realem,* } / *Litis contestationem,* / *Libellum,* / *Sententiam.* }
6 *Prauentio citationis realis, præfertur citationi verbali.*
7 *Remissionem suorum ciuium non consueuerunt facere ciuitates priuilegiatæ.*
8 *Domini de Consilio, nulla vtuntur remissione in priuilegiatis.*
9 *Vagabundorum nulla fit remissio.*
10 *Vagabundi vbilibet possunt conueniri, & puniri.*
11 *Crimina vbicunq; claruerint, punienda sunt.*
12 *Delicta non debent remanere impunita.*
13 *Reipub. interest, vt animaduertatur in maleficos.*
14 *Vbi te inuenero, ibi te iudicabo.*
15 *Vagabundus quis dicatur?*

Tribu-

6 *Tribunalibus contendentibus, quis vsus dominis de Consilio.*
7 *Remissio, an vlla consuetudine tollatur?*

HAc de remissionis materia varii va-
ria scripsere. Sunt qui contendant, de
Iure communi remissioni in criminalibus
locum esse, iuxta §. Si vero quis, in Authẽt.
Vt nulli iudicum, Collat. 9. ponderantes
text. ibi Iubemus prouinciæ illius Iudicem,
&c. & ibi Bart. cum sequacibus: quod ver-
bum (Iubemus) est verbum necessitatis, l.
1. & 2. ff. Quod iussu. & notatur in Authẽt
Qua in prouincia, C. Vbi de criminibus agi
opor. Alii autem nempe Bald. eiusq; imi-
tatores secus censent, dicentes, se nusquam
legisse legem vllam in criminalibus remis-
sionem admittentem: vide eundem Bald
in Addit. Specul. de accusatore, versic. Sed
quid si offensus, Anto. Francis. in addit. ad
D. Abb. Panorm. in c. fin. extr. de fo. com-
pet. His altercationib. hoc loco non decre-
ui prolixius insistere, vtique rem istã (quo
ordinis decorum aptè seruetur) vel tantula
citatione attigisse contentus. Quare omis-
1 sis hic innumeris opinionibus, statui † pro-
priam sententiam aperire, qua censeo, re-
missionem in criminalibus nullum habere
2 locum: nempe, quod † præuentio omnem
huiusmodi remissionem excludat. Præuen-
3 tio † enim isthæc priuat alium Iudicem, e-
tiam competentem, iurisdictione: ne quis
4 † teneatur litigare, & comparere pro eadem
caussa coram duobus Iudicibus, vt habetur
in c. Proposuisti, ext. de fo. compet. & in c.
Vt debitus, extr. de appellat. & per Specul.
in titulo de rescripti præsentia, in §. Ratio-
ne autem caussæ, in versic. Item quod sub-
latum est, & in versic. Item quod impetrãs.
Hippol. de Marsil. in l. fin. ff. de iurisdict. o-
mnium Iudicum. Et præfatam præuen-
5 tionem † variis contingere modis, indubi-
tatum est: nempe, quandoque per citatio-
nem, quandoque per litis contestationem:
quandoque per libellum: quandoq; per sen-
tentiam: quandoq; per arrestum, aut per
personalem comprehensionem seu captu-
ram, quam vulgò vocant, citationem rea-
6 lem. Et † præuentio citationis realis præ-
fertur citationi verbali, quod crimen comi-
tetur ipsam personã: in quam is Iudex suam
executionẽ exercet, qui ipsam prior captu-
ra constrinxerat, secundũ Bart. in l. 3. ff. de
custo. reo. & in l. 1. ff. de pœnis, & in l. Di-
uisim, ff. ad Turpil. & Bald. in l. 1. C. Vbi de
criminibus agi oport. & in Auth. Sed nouo
iure, C. de seruis fugit. Cuius præuentio-
nis amplè meminerunt Bart. & Alex. in l.
Si pluribus, ff. de leg. 1. Idem Alex. in l. Si
Titius, ff. de verbo. oblig. Doct. in c. Capi-
tulum sanctæ crucis, extr. de rescript. & in c.
Si duo. de procurat. lib. 6. Idem Alex. post
alios, in l. Sepulchri, ff. de sepulch. violat.
Cyn. & Bald. in l. 1. Cod. de his qui accusari
non possunt: Idem Alex. post Bart. in l. De-
nunciasse, § Quæritur, ff. de adul. Hippol.
de Marsil. in d. l. fin. ff. de iurisd. omnium
iudic. l. Si quis postea, ff. de iudic. Angel.
Aret. in tract. maleficiorum, versic. Citen-
tur. Attamen si maleficus alibi, quam suæ
habitationis seu domicilii, aut criminis pa-
trati loco fuisset apprehensus: posset tunc
Iudex domicilii siue loci habitationis male-
7 fici, reposcere remissionem. † Neq; Brugen-
sibus, neque aliis priuilegiatis Ciuitatibus
vnquam consuetum est, suorum ciuium re-
8 missionem facere. Domini † de Cõsilio nul-
la vtuntur remissione in priuilegiatis caus-
sis, veluti ob Salueguardiæ Principis infra-
ctionem: ob violationem pacis Principum:
ob temporum irruptiones & violentias:
ob crimen læsæ Maiestatis: ob enormia fa-
cinora, semel atque iterum aucta & con-
duplicata (vulgò *faict bouen faict*) ob vim,
officiariis officiantibus, suaque adhuc of-
ficia exercentibus, illatam. Neque item
ob alia similia facinora, potissimum quo-
ties ipsi de his præuentionem habent. Ne-
que similiter remissionem faciunt ob an-
nua admissa, id est, ob facinora plus anno

commissa, aut vltrà, atq; adeo quæ ob iustitiariorum, aut officiariorum negligentiã
9 impunita relicta sunt, &c. Porrò de † vagis siue vagabundis maleficis, nempe, quibus nulla est in Flãdria certa habitationis sedes, nulla fit similiter remissio : quod vbilibet
10 locorum, † vbi reperiuntur, conueniantur, & punitioni subiaceant, l. 1. & ibi gloss. in verb. reperiuntur, in fine. C. Vbi de criminib. agi. opor. §. Si vero quis comprehensorum, in Authent. vt nulli iudic. Crimina
11 enim, vbi † vbi claruerint, ibi sunt punienda, vt in c. Ecce, 24. q. 3 & in c. Si quid, 86. distinct. & in c. 1 & ibi Doct. de collusio. detegen. & voluit gloss. in verb. Præterebat,
12 in c. 2. eo tit. Et delicta † non debent remanere impunita, l. Ita vulneratus, 1. responso. in fin. ff. ad l. Aquil. c. Vt famæ, ext. de
13 sentent. excommuni. Reipublicæ † etiam interest, (quemadmodum superioribus locis frequenter recensuimus) vt prouincia purgetur maleficis, vt in l. Congruit, ff. de offic. præsid. Et de eo potest intelligi illa au-
14 thoritas: Vbi te † inuenero, ibi te iudicabo, teste Panorm. in c. fin. num. 13 ibi, Tertiò gloss. dicit, extra de for. competen. vbi di-
15 cit: Quod vagabundus † dicitur ille, qui nõ habet domicilium certũ, vel habitationem, quotidieque per varias ciuitates vagus oberrat; gloss. in l. Eius qui manumisit, § fin. ff. ad municip. & Bart. in l. Dies cautioni, §. Prætor ait, ff. de dam. infecto. Hippol. de Marsil. suis in consiliis, consilio 86. Quan-
16 do † autẽ inter duo tribunalia de iurisdictione nascitur cõtentio ac cõtrouersia, Domini Consilii Flandriæ ex authoritate superiori, sibi maleficum iubent adferri, formãdo processum, & punitionem exercendo, citra vllum præiudicium. Quum huius remissionis vsum paulò ante dixerim variis opinionum fluctibus iactari, eoq; esse ambiguum, & infrequentem : haud absurda
17 hic nascitur quæstio : An † remissio quopiam modo consuetudine posset tolli? Cui planè affirmatiuè respondendum erit, modò is Iudex, in cuius territorio remittendus degit, delinquentem ipse puniat. Hoc enim casu nõ læditur vtilitas publica : quod malefici crimina non maneant impunita hic mihi suffragantur Panor. & Felin. in c. fin. extr. de for. competen. Quisquis hac de re plura desiderat, is legat D. Berrachinum in suo repertorio in verb. Iurisdictio. Speculat. titul. de remissionibus, & D. Bartholomæum à Chassanæo humanorum iurium Doctorem, ac Commentatorem Consuetudinum Ducatus Burgundiæ, in tit. *Des adueuz*, per aliquot columnas.

CAPVT XXXIV.

De respondendo pede ligato.

Summæ rerum tractatarum in Commentar. CAP. 34.

1 *Vsus procedendi in magno Consilio contra respondentem pede ligato.*
2 *Vsus procedendi in Consilio Flandriæ.*
3 *Captus interrogatus, debet pertinenter respondere de veritate.*
4 *Caussarum æquitas, vel iniquitas per Iudicem, non per reum discutienda.*
5 *In confessum nullæ partes Iudicis sunt, nisi in condemnando.*
6 *Homicidium confitenti, sed ad sui defensionem necessariam, patratum, incumbit onus probandi.*
7 *Homicidium prorsus negans, & quatenus probatum fuerit, se commisisse ad defensionem, dicens, non habetur pro confesso.*

1 IN magno consilio, post † petitionem exhibitam, atque post delictorum Rei informationem inspectam, vsu receptum est, citatũ ilico per arrestum personaliter sistere Iudici, ipsumq; vrgere ad respondendum articulis per procuratorem exhibitis, pede liga-

ligato, hoc est, vti captiuum, vbi si in respondēdo nihil fateatur, nihilque affirmet sibi contrarium, caussæve suæ damnosum, neque item admodum grauetur ipsa informatione præuia, recipitur tum ad processum ordinarium, in quo admittitur occupaturus per procuratorem, & vt defensiones suas peragat scripto. Deinde vt informatio recognoscatur, accuratius habeatur, ad onus ipsius citati. Tandem concludunt per omnia ordinarie procedendum esse in caussa siue processu, vti æquū est, ac oportet. Verum si idem citatus, interrogatus pede ligato, cœperit quippiam confiteri sibi damnosum ac onerosum: aut si inter respondendum quid variet, dubiisve sententiis fluctuet & hæsitet, præbens hac, similive occasione sese suspectum, vndeque euidentia indiciorum, aut suspicionum aduersus ipsum nascantur argumenta: decernit tum Curia, eundem citatum debere recipi in carceris custodiam, vt ibi processus ipsius agatur, & tractetur.
2 † In consilio Flandriæ consuetum est, interrogare officiarios citatos ob sua ipsius commissa personaliter, non per commissarios, neque priuatim, sed publice, & palam in consistorio, verbis & rationibus: cæteri autem non officiarii, interrogantur seorsum & priuatim. Quod nihilominus etiam fit in officiariis, quoties admissum non concernit ipsorum
3 officia. Captus † autem interrogatus, debet id, quod Rei est, respondere, nudamque fateri veritatem: non per (credit) aut (non credit) sed per veritatis confessionem, aut negationem. Vbi si adstruat se delicti patrati esse immunem & expertem: aut dicat, nego me illius criminis Reum, insufficiens est illa responsio: quum ipsius responsionem conueniat aperte factum, aut non factum crimen prodere iis scilicet verbis, quibus affirmet & dicat, se fecisse, aut nō fecisse: Non
4 autem, † vt dicat, se crimini de iure esse, aut non esse obnoxium: quandoquidem caussarum æquitas vel iniquitas per ipsum Iudicē discutienda proponitur: nō per Reum. Si verò interrogatus, vniuersum crimen libens, aperte, & non coactè fatetur, ab omni vlteriori quæstione, & disceptatione prorsus supersedendum fuerit. Nam in caussis per se lubenter, apertè planeque vniuersim confessis, sola opus est Iudicis condemnatione, & sententia: hinc vulgo dicimus.
5 † Quod in confessum nullæ partes Iudicis sunt, nisi in condemnando, l. Proinde, ff. Ad l. Aquil. l. fin. prim. respon. ff. de custo. reo. l. Cum Reis, Cod. de pœnis. Ita tenuit D. Bald. de Periglis Perusinus in suo insigni tract. De quæstion. & tormentis, Ca. 2. & nu. 2. atq; D. Angel. Aret. in tract. suo maleficiorum, in gloss. in verb. Fama publica præcedente, in versic. Et primò, quando sponte confitetur, &c. notant. gloss. & Bart. in l. 1. § Diuus, in princip. ff. de quæstion. Si verò interrogatus crimen omne cōstanter negauerit, Iudex vlterius procedit ad criminis probationem explorandam, & examinandam: vbi si omnia certa, vera, probataq; deprehenderit, properanter procedit ad ferendam sententiam. Si autem probationem repererit minus claram, parumq; euidentem, adeo vt præter magna indicia, suspiciones, aut semiplenam probationem, nihil habeat: tum animum intendit ad personæ, ac criminis qualitatem, nec non ad criminis quantitatem: secum expendēs, an istiusmodi indicia, & suspiciones habitæ ex personæ, criminisq; tum qualitate, tum quantitate, torturæ, sufficiant, & ad rem propius acriusque tormentorum generibus explorandam, conueniant. Cæterùm si captus interrogatum delictum partim fatetur, partim inficiatur: ita vt fateatur se fuisse eodem loco, & tempore patrati homicidii, cæterum homicidium à se admissum negauerit: Iudex huiusmodi responsionem non secus quam totam negatiuam, accipit, & ad probationem procedit. Verum si captus agnouerit se commisisse illud homicidium, sed non eodem loco, eo-

demq; tempore, accipit Iudex rem tanquã vniuersim vel plane confessam, proceditq;
6 ad condemnationẽ. Porrò si † confitetur de commisso homicidio: sed id defendendi sui corporis caussa, necessario fecisse prætexuerit, homicidium quidem confessim sibi reseruat Iudex, & ad illum prætextũ probandum, necessitatemque demonstrandam, Reum procedere iubet. Ita expressè tenuit D. Lanfrancus ab Ariadno V.I. Doctor excellentissimus, in suo tractatu Confessionum, ad finem, n. 17 & 20. Quocirca
7 † prudentissimè, tutissimeque responderit Reus si ad hanc formam, responsionẽ suam composuerit: Ego homicidium illud prorsus à me patratum nego: & si quid postea quorũdam testimonio contra me secus inuentum fuerit, & cognitum, id omne nunc dico propriæ vitæ defendendæ fecisse gratia. Nam hac responsione nihil habet Iudex, quod sibi deberi putet, seu teneat pro confesso. Ad postrema hæc, si lubet, videbitis scripta Bart. ad l. Aurelius, § Idem quæsiit, num. 2. ff. de libera. legat. Nec non Bald. in addit. Spec. in tit. de Confessionib. in versic. Cõfiteor hominem occidisse. Atq; D. Hippol. de Marsiliis nostræ memoriæ in criminalibus practici summi, in §. Postquam, & num. 23 & 24. in §. Secunda, numer. 14. in sua praxi caussarum criminalium.

CAPVT XXXV.

De criminoso tradendo Torturæ.

Summæ rerum tractatarum in Commentar. CAP. 35.

1 *Maleficus quæstioni nunquam traditur, cum pars formalis probationem offert.*
2 *Maleficus torturæ non traditur, quum delictum percipi potest probatione ordinaria.*
3 *Iudex, ad quæstionem non facile, nec repente prosiliat.*
4 *Quæstio ob crimina leuia nequaquam fit.*
5 *Crimina leuia quæ sint?*
6 *Non interrogatus pede ligato nequaquam torturæ subiicitur.*
7 *Ad quæstionem non proceditur, quum de crimine commisso non satis constitit.*
8 *Quæstioni non est tradendus confitens, & agnoscens.*
9 *Quando Reus de sociis posset interrogari?*
10 *Quæstioni siue torturæ nullus adiudicandus est, nisi ex iudicis mandato.*
11 *Criminosus appellans, auditur.*
12 *Quæstionibus nullus damnandus est, nisi crimen patratum sufficientibus indiciis liqueat.*
13 *Redargutio in nonnullos Iudices & Prætores, tyrannidem in maleficos exercentes.*
14 *Fama, contraria fama eliditur,*
15 *Fama, præsumptiones, & indicia præcedentia, per contraria subsequentia eliduntur.*

1 NVnquã maleficus traditur † quæstioni, cum pars formalis & aduersa offert
2 criminis manifestam probationem, aut † quum res percipi potest per probationem ordinariã. Ita probant l. Edictum, & l. Diuus Pius, & ibi. Doct. ff. De quæstionib. & l. Quoties, C. eod. titul. & hoc firmat Gandi. in suo tractat. maleficiorum. sub rubric. de quæstionib. & torment. ad exord. vbi mouit, dominum Iudicem, quæstionem de aliquo habere intendentem, ante omnia habere debere & iuris & humanitatis considerationem, hanc nempe, vt non facile,
3 † nec repente ad quæstionem prosiliat, si aliqua alia via leuiori, vel veriori potest obiecti criminis veritas inueniri ac haberi, q̃ãtumcunq; etiam adsint indicia, vel verisimilia argumenta. Cui nec dissentit Angel.

gel. Aret. in tractat. suo maleficiorum, in
verb. fama publica, in 15. char. in versic. Se-
cundo quæro, &c. cui seruit d. l. Edictum,
& ibi Bart & hanc esse communē doctorum
opinionem aiunt: Quod probato delicto,
Iudex nequeat Reum quæstioni tradere, te-
statur Hippol de Marsil. in sua praxi caussa-
rum criminalium, in §. Nunc videndum,
num. 25. & in l. 1. in princip. in versic. Quar-
tò requiritur, ff. de quæstionib. & in sua re-
petitione l. fin. C. De probat. Nec non latis-
simè in suis consiliis, consilio 51. incipiente:
4 Licet nedum planè, &c. Neque item fiet
† huiusmodi quæstio ob crimina leuia,
quæ nec vitam nec membri mutilatio-
nem, aut abscissionem concernunt. Sunt
5 autem † leuiuscula crimina, quempiam ca-
pillis conuellere, pessundare pedibus, im-
pingere colaphos, conuicia ingerere, iniu-
riam verbis inferre, hisque similia, d. l. Edi-
6 ctum. Neq; item † quæstioni committitur
quisquam, nisi is prius fuerit interrogatus,
7 pede ligato Neq; etiam, † quum de crimi-
ne commisso non satis euidenter constitit.
Veluti necessum est prius Iudicem esse con-
scium, incendio cum coniuncto latrocinio,
& non casu interiisse, & vi illata, & latroci-
nio absumptum esse, non naturali morte.
8 Non † tradendus est etiam quæstioni, quo-
ties crimen impositum libere fatetur, & a-
9 gnoscit, aut profiteri promittit † citra cru-
ciatum: nisi intentati criminis cum ipso &
alii fuissent participes: ad quos prodendos,
quęstione cogendus est. si aliter prodere no-
lit, l. Sicuti, C. de quæst. iuncta ibidem glos.
in verb. Conscientia. Amplè D Franc. Bru-
nus in suo excellenti tract. De indiciis & tor-
tura, q. 3. primæ partis. vers. Quæro an men-
10 dacium, &c. Nullus † adiudicandus est tor-
turæ, nisi ex mandato & consensu Iudicis:
principio enim pronunciandum est per Iu-
dicem deueniendum esse ad torturam, pri-
usquam deueniatur, ita tenet D. Hippol.
de Marsil. in sua praxi causarum criminaliū,
sub §. Nunc videndum, num 2. D. Fran-
cisc. Brunus in tract suo, de indic. & tortu.
in 9 char. col. 4. Huius dicti expressè memi-
nit D Bart. (qui iure primo fuerat citandus)
in suis consiliis, cōsil o incipiente, Punctus
11 quæstionis, &c. Vbi † si maleficus à tali mā-
dato & cōmissione appellauerit, audiendus
est: non procedendum vlterius, donec de
appellatione. sententia quid fuerit defini-
tum, idque ex iure l. Vnica, ff. nil noua. ap-
pellat. interposita, l. 2. ff. de appellat. recip.
& c. Cùm sit Romana, §. Præterea, extr. de
12 appellat. Nullus item † quæstionibus da-
mnandus est, nisi crimen patratum, suffici-
entibus indiciis, dignisq; liquerit præsum-
ptionibus: atque hoc item ex iure, l. Cum
cognitionaliter, C. de quæstionib. l. Vnius,
13 in principio, ff. eod. tit. Sunt tamen † non-
nulli prætores, & Iudices sanguine fraterno
adeò inexaturabiles, vt ilico quemuis malæ
famę virum, citra vlla certa argumenta aut
indicia. corripiāt ad sæuissimam torturam,
inclementer dicentes, cruciatum facilè ab
illis extorturum rerum omnium confes-
sionem. Verum hanc tyrannidem, & sæui-
tiam acriter domini de Consilio puniunt,
quum ad ipsorum notitiam isthæc seueri-
14 tas per aliquē defertur. † Si quando inqui-
sitio (vulgo informatio) facta est ex sparsa
fama, & post hanc informationem sparga-
tur fama contraria: nulla ratione tùm ex
priori fama Reus adiudicandus est torturæ,
nisi alia noua dignaq; eiusdem criminis si-
bi pararit Iudex indicia aut pręsumptiones.
15 Fama † enim, præsumptiones, & indicia
præcedentia, per contraria subsequentia e-
liduntur. Huic seruiunt & suffragantur
notata Iac. de But. & Bartolus in l. Si ita, §.
fin. ff. de fund. instruct. ac D. Francis. Bru-
ni in suo vtili & practicabili tractatu, de in-
diciis & tortura, quæst. 5. primæ partis, nu-
mer. 1.

CAPVT XXXVI.

De Indiciis Tortura condignis, hoc est, ad Torturam sufficientibus.

Summæ rerum tractatarum in Commentar. CAP. 36.

1 *Indicia quando dicantur esse ad torturam legitima, Iudicis arbitrio committitur.*
2 *Indiciorum sufficientiam iudicare, solius est Iudicis.*
3 *Iudicis arbitrium, discretio, & conscientia, debent esse iuri & æquitati consona.*
4 *Conscientia publica, dicitur conscientia legis, aut canonis.*
5 *Iudex debet sequi regulas legum, & non conscientiam suam legibus aduersantem.*
6 *Iudicium hominis propria sua innitentis sententia, plerumque fallit, & fallitur.*
7 *Legi magnam facit iniuriam, qui vult videri lege prudentior.*
8 *In Iudice debent esse duo sales, Scilicet* { *Sal sapientia, ut* { *Intellectus legum,* / *Et canonum* } / *Sal secura conscientia.* }
9 *Iudex, quando veram & rectam habet conscientiam.*
10 *Iudicis arbitrio relinquitur, quicquid à iure non determinatur.*
11 *Indicia trifaria* { *A veritate remota* / *Veritati propinqua,* / *Veritati propinquissima.* } *Aliàs:* { *Generalia,* / *Semiplena, & dubitata,* / *Plena, & indubitata.* }
12 *Indiciorum* { *Remotorum ac propinquorum,* / 13 *Plenorum & indubitatorum,* } *quis effectus.*
14 *Indicium ad torturam* { *Efficiunt duo testes fide digni, &c.* / 15 *Efficit unicus testis fide dignus, de veritate deponens* }
16 *Exempla indiciorũ in* { *Latrocinio.* / *Furto.* / *Adulterio.* }
17 *Indicium ad torturam efficit unus testis, de visu deponens, quando alia circumstantia non obsistunt.*
18 *Fuga, an faciat indicium ad torturam?*
19 *Fugiens fractis carceribus, habetur pro confesso.*
20 *Fuga facit indicium contra fugientem.*
21 *Confessio diffamati extraiudicialis, an præbeat indicium ad torturam*
22 *Fama sola, an faciat indicium ad torturam?*
23 *Fama, res est fragilis & perniciosa.*
24 *Fama iuncta aliis adminiculis, facit indicium sufficiens ad torturam.*
25 *Fama vehemens, efficit sufficiens indicium ad torturam.*
26 { *Inconstantia,* / *Mendacium,* / *Variatio seu* } *An faciant indicium ad torturam?*

Vacilla-

Vacillatio,
Pauor,
Trepidatio,

27 *Cautela pro Iudicibus examinaturis.*
28 *Indicium ne vnum, an plura requirantur ad torturam?*
29 *Pluralis locutio, singulari non acquiescit.*
30 *Communis doctorum opinio.*
31 *Pluralitas nonnunquam in singularitatem resoluitur.*
32 *Indicium vnum, an plura requirantur ad torturam, Iudicis arbitrio relinquitur.*
33 *Indicium variis nominatur modis apud Iurisperitos.*
34 *Iudici vero & prudenti quid considerandum, quum res ad torturæ quæstionem exigitur.*
35 *Quæstio, siue tortura, non est omnibus ex æquo, nec vniformiter inferenda.*
36 *Si captus fuerit confessus in tortura non præcedentibus indiciis, nunquam potest ex illa confessione damnari.*
37 *Delinquens qui fugit, potest à priuatis capi & duci ad Iudicem.*

1 AN indicia, suspicionesq; † vllæ sufficiant, quæstioni siue torturæ, nullis certis documentis, nullaque doctrina id comprobari poterit, neque ea vllis innituntur
2 regulis: sed vniuersum † id negotium geritur penes arbitrium discretionem, ac conscientiam Iudicis, cuius solius est, iudicare suspiciones, probabiliaq; argumēta, aut digna, aut indigna esse tormentorum discussione. Et in hoc conueniunt omnes doctorum sententiæ. His quam optimè seruit insignis & vtilissima l. 3. §. Eiusdem quoque, ff. de testib. Ita censuerunt Alberic. Paul. de Eleaza. Odof. Cy. & Bart. in l. fi ff de quæstionib. dicit tamen ibidem Bartol. In nonnullis criminibus posse dari aliquam viam, ad cognoscendum indicia ad torturam sufficientia. Idem etiam notarunt (teste Bart. in d. l. fin.) doctores in l. vlt. C. eod. tit. de quæstionib. Bald. in l. 2. in 1. col. num. 8. C. Quor. appel. nō recip. Ioan. And. in c. Cùm in contemplatione, De reg iur. Alexand. in suis consiliis, consilio 77. incipiente, In causa accusationis, in 1. vol. & ibi in consilio 65. incipiente, Habita super contentis, in fine.
3 Et licèt hoc † verum sit quod, an indicia sint sufficientia ad torturam, an non relinquatur arbitrio, discretioni, & conscientiæ Iudicis: tamen tale eius arbitrium, discretio, & conscientia debent esse iuri & æquitati consona, aliàs robore proculdubio careret: ita notabiliter ait Ludouic Rom. in consiliis suis, consilio 376. incipiente, Quæstio est, numquid, &c. in penul. colum. & consilio 451. incipiente, Quædam mulier, &c. Huic congruit, quod qui habet potestatem disponendi secundum arbitrium, discretionem, ac conscientiam, nequaquam debet sequi propriū arbitrium vel propriam discretionem atque conscientiam, sed publicam, quæ est regulata & reformata secun-
4 dum leges & canones. Et illa dicitur † conscientia publica, scilicet conscia legis & canonis: textus est insignis, iuncta glos. in c. Iudicet, 3. q. 7. & Bald. in l. 1. C. Qui accus. non possunt. Ideoque dixit idem Bald. in l. fin. C. De pœna iudic. qui mal. iudic. Iu-
5 dicem † debere sequi regulas legum, & non conscientiam suam legibus aduersantem.
6 † Iudiciū verò hominis sequentis suū sen-
7 sum, & suā phantasiā, siue suam † præsumptam æquitatem, fallit & fallitur, c. A nobis, 2. De sentent excommunic. Vnde magnam facit iniuriam legi, qui vult videri lege prudentior, §. Oportet, in Authent de iudicib. colla. 6. & per Bald. in l 2 C de sentent. ex brc. recitan. & in c. 1. De offic. ord.
8 Et dicit Bald. in d. l. 2. Quod † in mente Iu-

dicis debent esse duo sales, c. Cùm contingat, De rescript. scilicet sal sapientiæ, vt intellectus legum & canonum, aliàs insipida: & sal securæ conscientiæ, aliàs est diabolica,
9 c. Cum æterni, de re iudic. Tunc † enim veram & rectam habet conscientiam, si est bene instructa sale iurium, & secundum bonos & probos mores reformata: Ita egregiè meminit D. Henning. in suo solenni & perutili ordinis iudiciarii processu, in Procemio: Idem quoque confirmat Bald. in l. 2. in 4. notabili, C. De fideicommiss. latissime per D. Hippol. de Marsil. §. Diligenter, numeris 23. 24. 25. & 26. Horum recordatus est D. Paulus Grillandus in suo insigni tractatu, De quæstionibus & tortura, versic. Tertio quæro, numero 17: qui allegat D. Azonem in sua summa, de quæstionib. Idem tenuit D. Guido de Suzaria in suo perutili & quotidiano tractatu, De tormentis, versic. Quæ & qualia indicia requirantur. Idem scribit D. Albertus de Gandino in suo opere Maleficiorum, titulo De quæstionibus. & torment. versic. Sed quæro, quæ & qualia esse debeant ista indicia, &c. His congruit illa
10 vulgaris ac generalis iuris theorica, † Omne quod non determinatur à iure, relinquitur arbitrio Iudicis, per doctrinam c. De causis, ext. de officio delegati, l. 1. ff. de iure deliber. l. Hodie. & l. Sanctio, ff. de pœnis, l. 1. §. Quibus nulla, ff. de effract. Indicia au-
11 tem † sunt trifaria. Alia namque à veritate sunt remota, siue generalia. Alia vero veritati propinqua, hoc est iuxta doctores, semiplena & dubitata. Alia autem veritati quidem proxima, & propinquissima, quæque vocari solent indicia plena & indubitata.
12 Porro tam remota † quam propinqua indicia, Iudicis quidem animum mouent, & indicium qualecunque præbent, Bald. & Scri. in l. Cum probatio, ff. de probat. & Gandinus in suo tract. præsumtionum. Verum ex
13 † sese indigna sunt, illegitima, & insufficientia, vt ex sola ipsorum consideratione, quis torturæ adiudicetur, nisi accesserint e-
14 uidentiora signa & indicia. Verum † indicia plena irrefragabilia, siue indubitata, duorum fide dignorum, idemque testantium testimonio comprobata, prorsus sufficiunt ad inquisitionem per torturã, l. Milites, §. Oportet, C. de quæstionibus. Imo
15 † vnicus testis fide dignus, omnique exceptione maior, deq; veritate delicti constanter deponens, facit indicium sufficiens ad torturam: quod (teste D. Barr. in l. Obseruare, 1. colum. n. 5. C. Quor. appellat. non recipi.) intelligendum est, dummodo aliæ circumstantiæ non obsistant, quod est no-
16 tabile: verbi gratia: In † latrocinio remota indicia sunt: hic diffamatus est, alterius homicidii reus est. Propinqua autem sunt indicia: hic interempti perpetuus hostis fuit, illi sæpe mortem interminatus est, & minis suis frequenter respondere solet. Sed hæc indicia sola, etiam probata, non sufficiunt ad torturam. Verum isthæc plena, certa, irrefragabilia, & indubitata sunt indicia: hic visus est prodire ex nemore, vbi interfecti cadauer humi prostratum iacuit, districtum cruentumq; in manu gladium etiamnum habuit, facies ipsius commotione deformata fuit, celeri cursu properabat ad cœmeterium aut templum. Hæc namque signa & indicia duobus dignis, non suspectis testibus, comprobata, sufficiunt ad torturam, Gloss. in verb. Vel indiciis, reputata singularis, in l. fin. Cod. Famil. hercisc. ita tenent Bart. & doct. in l. fin. ff. de quæstion. nec dissimile voluit Innoc. in c. Sicut, de simonia. Idem quoque efficiet vnicus testis, omnis suspicionis immunis, seu (vt vulgo) fide dignus, non suspectus, & omni exceptione maior, si affirmet, quod viderit ipsũ vulnus plagamque inferentem: is namque de veritate deponit. l. Si quis, & ibi Bartol. Cy. & Scri. C. ad l. Iuli. Maiestat. D. Guido à Suzaria in suo perutili & quotidiano tractat. De indic. & tortur. num. 90. D. Franciscus Brunus in suo practicabili tractatu, De indiciis & tortura, quæstio. 2. primæ

partis

partis, num. 1. notat glos. in l. Si quis, C. Ad l. Iuliam Maiest. l. Maritus, ff. de quæstion. Vbi etiam per Bart. & per eundem, & Bald. in l. fin. C. Famil hercis. & in l. Bonæ fidei, C. De iureiuran. & l. Admonendi, ff. eod. tit. Quod verum censet Bald. in d l. 2. Cod. Quor. appell. non recip. & Ioan. Andreæ in
17 c. Cum in contemplatione, De reg. iur. † Nempe, quod vnus testis ex visis, indicium ad torturam faciat, quando aliæ circumstātiæ non obsistunt, quod aiunt esse notatu dignum. Simili ratione in materia furti, signa aut indicia remota sunt, si suspectum, molitorem afferas, si pauperem, si illum elegātiori vestium cultui semper studere cōfirmes. Viciniora autē indicia aut propinqua, sunt, si res furto ablata in ipsius deprehensa fuerit manibus. Omnium verò proximum, certissimum, indubitatissimum, atque adeo omnium sufficientissimum indicium fuerit, si cum ablata præda ipsum aufugientem à loco furti conspexeris. In materia adulterii, indicium remotum est, si afferas ipsos mutuo amore inuicem prosequutos. Vicinius & propinquius, quum marito absente, visus est ædes frequentare. Proximum autem & indubitatum indiciū esto, si cum alterius vxore eodem toro, eodemque lecto deprehensus fuerit. Pari ratione indiciorum varietatem colligere lice-
18 bit in ceteris. Fuga † omnis certò comprobata, indicium culpæ est certissimū quum fugitiuus post diffamationē, & à fama sparsa, & non accusatus, male tamen sibi metuens, fugit, sicuti habetur in l. fi. ff. de quæstionibus, & per Scrib. in l. lege Cornelia ff. ad Sylla. & per Ang. Aret. in tract. maleficiorum, in verb. fama publica, in vers. An fuga sit sufficiens indicium, &c. D. Hippo. de Marsil. in sua practica caussarum criminalium §. Diligenter, versic. Quæro modo vlterius, an fuga faciat indicium ad torturā, &c. & in sua repetitione, super rubro, de probat. versic. Nam tu scias, quod fuga,
19 &c. Aut † si constrictus carceris angustia, carcerem effringat, fugam arripiat, ad templa, cœmeteria, aliaque tuta (sui seruandi gratia) loca confugiat: talis enim fuga effi-
20 cit indicium sufficiens † contra fugientem, ad torturam, adeo vt habeatur pro confesso, secundum glos. & Bart. in l. Eos: per illum textum ff. de custod. reo. Ita tenet D. Hippo. de Mars. in d. sua solenni Reper. de probat. vers. Item alius est etiam casus &c. Attamen non infaustum fuerit, illum, aduersus quem inquisitione proceditur in criminibus enormibus & capitalibus, ad tempus vsquam delitescere, seseque ex citationis aut apprehensionis metu, publico hominum abstinere conspectu, donec cognouerit quid sibi imponendum iudex statuerit. Ita singulariter censuit Bart. in l. 1. ff de his qui sibi mort. consci. Verum si in ius accersitus, tandem sese fuga quoquam subripiat, incidit in suspicionem, ob quam torturæ etiam tradi poterit, locis superius alle-
21 gatis. Confessio † diffamati extraordinaria siue extraiudicialis, bene probata, vnicoq; teste idoneo confirmata, efficax & validum satis præbet indicium ad quæstionem siue torturam, gloss. est notabilis in l. Capite quinto, ff. ad l. Iuliam de adult. & ibi Bart. quam sequitur Angel. Aret. in tractat. maleficiorum, in verb. fama publica, in versic. Quæro, an vnum, &c. Prolixissime D. Hippol. de Marsil. in §. Diligenter, numer. 76. versic. Quæro vlterius, an confessio, &c. & idem Hippol in §. Quoniam, numeris 18. & 19. in sua praxi caussarum criminalium, quibus in locis plurima huic materiæ conuenientia allegat, quæ videre, vbi vacauerit, non te piguerit. Magnum item parit indicium, si quispiam visus sit cum factore profugere. Aut si criminis authorem post factum, hospitio exceperit. Aut si authorem defenderit, quo minus in sibi propensum inciderit dispendium: aut obstiterit, quo minus fuerit captus. Aut si ante iactasset, se tale aliquando patraturum facinus. Vel certe, si suo consilio persua-

ſiſſet interemto, vt illac iter faceret, vbi co-
gnouiſſet ipſi paratas ſtructasque, vt interi-
meretur, inſidias. Præterea, ne præpropero
pede videar pertranſiſſe præſentem mate-
riam accuratius diſcutienda fuerint cætera
22 his affinia. Quæritur ergo, † fama ſola an
faciat indicium ſufficiens ad torturam nec-
ne? Huic interrogationi faciunt ſatis docti
ac præcipui noſtræ lectionis & memoriæ
practici in materiis criminalibus: Nempe,
Angel. Aretin. in tractat. maleficiorum, in
verb. fama publica, in verſic. An fama, &c.
D. Franciſc. Brunus in ſuo quotidiano tra-
ctat. de indiciis, & tortura, quæſtione 3. pri-
mæ partis, num. 32. D. Hippol. de Marſil
in §. Diligenter. num. 18. in ſua praxi cauſ.
crimin. adducentes multos ac varios paſſus
præſenti quæſtioni congruentes: quos loco
& tempore opportunis, videbitis: Intrepide
23 autem † ſuſtinent partem negatiuam, ſci-
licet, famam ſolam nequaquam efficere in-
dicium ad torturam, ratiunculam aſſignat,
D. Hippol. loco ſtatim allegato, quia fama
24 eſt † res fragilis & pernicioſa, tranſmiſſa ab
his, qui deſiderant de hoc famam eſſe. Ita
ait Bart. in tractat. de tortura, quem refert
& ſequitur D. Paris de Puteo, in tractat. ſyn-
dica. in 110. char. in 3. colum. Niſi ea fuerit
coniuncta cum aliis adminiculis ſiue indi-
ciis. In hoc item quieſcit & conſentit Bart.
in d. l. fin. ff. de quæſtionib. & in l. De mi-
nore, § Tormenta. eod. titul. & Salic. in l.
Ea quidem, C. De accuſat. Cyn. in l. fin. C.
25 De quæſtion. Præterea † nihil agit ſola fa-
ma, niſi ea eſſet multum fortis & vehemẽs:
tum enim ad torturam ſufficeret. Ita ſentit
conſtanter Baldus in c. 1 §. Iniuria, verſic.
Sed nunquid ex tali cõfeſſione, De pace iu-
ram. firma. & Bart. in quodam ſuo conſilio
191. incipiente, Dom. Paci de Burgo ſancti
26 ſepulchri. Deinde ſubit & alia quæſtio, †
An inconſtantia, mendacium, variatio, ſeu
vacillatio, pauor, & trepidatio, indicium fa-
ciant ad torturam, aliis indiciis extrinſecis
deficientibus, necne? Huic quæſtioni pro-
culdubio faciens ſatis, affirmatiuã partem
amplexandam clare cenſuit Bartolus in d. l.
De minore, §. Tormenta, verſic. Plurimum
quoque, ff. de quæſtion. vbi ait text. Iudi-
cem debere animaduertere, qua conſtantia,
& qua trepidatione examinãdus loquatur:
iſta namque Iudici multum conferunt in-
dicii, adeò vt ſi trepidè, inconſtanter, & va-
cillanter loquatur, abunde ſatis indicii col-
ligat Iudex ad torturam. Quocirca operæ
27 precium eſt † Iudicem eſſe cautum & ſedu-
lum, vt faciat ipſius reſponſa ita varia & di-
uerſa excipi ſcripto, ne poſt Iudici obiicia-
tur, quod Reum ad quæſtionem tradiderit
ſine iuſtis indiciis, ſecundum eum allegat
Innoc. in can. Quoniam contra falſam. De
probat. vbi ait: Ille qui examinat teſtẽ, cu-
rare debet vt idipſum in actis ſcribatur, ſci-
licet quòd in reſpondẽdo ſe tam trepidum,
hæſitabundum, & vacillantem geſſerit, &
ſimilia. Idem quoque placuit Baldo in l.
Presbyteri, C. De Epiſcopis & cleric. qui ſub-
it hoc inſuper relinquendum Iudicis arbi-
trio, cuius eſt, ex indiciis alia colligere indi-
cia fortiora: non autem ex ſolo pallore faci-
ei, vel trepidatione. De his latè etiam D.
Franciſcus Brunus in ſuo quotidiano tra-
ctatu De indiciis & tortura, quæſt. 3. primæ
partis, numero 50. Et ample D. Hippol. de
Marſil. in § Diligenter, verſic. Quæro vlte-
rius, an mendacium, num. 74. & 78. & §.
Quoniam, verſic. Sed Variatio, num. 4. in
inſigni praxi cauſſarum criminalium pluri-
ma ſuo more allegans, quem conſulito.
Nam iſthæc commonefeciſſe hic ſufficiat.
Nec obliuiſcendum cenſui, ante quam ex-
tremam manum huic indiciorum materiæ
28 imponam, Vtrum † vnum duntaxat indi-
cium ſufficiat ad torturam inferendam, an
verò requirantur plura? Præſentis quæſtio-
nis meminerunt Bart. in l. fin. num. 6. de
quæſtionib. Et Guido à Suzaria in ſuo tract.
ſingulariſſimo indiciorum & torturę, num.
90. Nec non D. Hipp. de Marſil. §. Diligen-
ter. verſic. Quæro modò vlterius, num. 177.

in ſua praxi cauſſarum criminalium , atque
eorum ſequaces, in vtramque partem diſ-
putantes. Principiò, pluribus indiciis opus
eſſe ad torturam : quandoquidem , omnes
leges, omniaq, Iura de indiciis tractantia &
loquentia quę requirantur ad quæſtionem
habendam, pluraliter loquuntur: veluti in-
dicia debere præcedere, non indicium , l. 1.
reſponſ. 2. ff de quæſtion. ibi , & aliis argu-
mentis, & l. vnius, §. 1. & l. fin. ff. eod. titu.
l. Cùm cognitionaliter, & l. Milites, C. eod.
tit. de quæſt. l. Sicut, C de falſ. Et pluralis
29 † loquutio, ſingulari non acquieſcit, l. Li-
bertas quam, § vlt. ff. de manu. teſtam. Sed
30 his nequaquam obſtantibus, † haud dubie
vnicū indicium ad torturā ſufficere, Doct.
ad vnum omnes aſſerūt in locis paulo prius
citatis : facit gloſſ. in d. l. Maritus, ff de quę-
ſtion. quæ loquitur in ſingulari, dum dicit:
Sed præcedēte ſuſpicione, &c. & facit etiam
gloſ. in d. l. Si quis, C. Ad l. Iuliam Maieſt.
31 dum dicit : indicium domini, &c nec † ob-
ſtant iura in contrarium allegata, in quibus
de pluribus indiciis habetur mentio : quia
illa pluralitas, ſi communem vſum ſpectes
loquendi, in ſingularitatem reſoluitur, l.
Non eſt ſine liberis, ff. de verb. ſignific. l. Ait
prætor, §. 1. ff. de nego. geſt. l. 2. §. Exactis,
ff. de origine iur. l. Demonſtratio falſa, §. fin.
& l. Qui concubinam , §. Si Stichus, ff. de
condit. & demonſtrat. Quicquid diximus
teſtibus Bart. & Hippol in locis paulo ante
32 memoratis, ſcilicet: † An ſufficiat vnum iu-
dicium , an plura requirantur, vt quis tor-
queri poſſit : relinquitur profecto id omne
arbitrio Iudicis, argumento l. 3. §. Eiuſdem
quoq;, ff. de teſtib. quod ſuſtinere longè tu-
33 tius ſecuriusque fuerit. † Animaduerten-
dum Iurisperitos variis ſubinde nominibus
nominare indicium. Quandoque nominãt
argumentum, l. 1. in princip. ff. de quæſt.
& l. Militem, §. Oportet, C. eod. tit. Inter-
dum appellant ſimpliciter indicia, vt com-
muniter nuncupamus, l. 1. §. Antoninus, &
§. Diuus Adrianus, & l. Diuus, §. Ex quibus,
ff. de quæſtio. Nonnunquam vocant ſuſpi-
ciones, vt l. fin. ff. de quæſtion. & l. Abſen-
tem, in princ. ff de pœnis. Poſtremò nomi-
nant probationes, vt l. 1. C. de quæſt. & l. 1. §.
34 Diuus Seuerus, ff eo. tit. Bonus † itaq; & diſ-
cretus Iudex cuncta circumſpiciet, & iuxta
criminis qualitatem , facti contingentiam,
conditionem perſonæ, & abundantiam in-
diciorum conſiderabit , an ad torturam i-
pſam deueniēdum ſit : & caſu quo ad illam
deueniri contingat, iterum mature conſi-
derare debet, qua grauitate, lenitate, vel
moderamine fuerit inferenda, iuxta notata
D. Azo. in ſumma, de quæſt. ſcilicet quan-
tum moderatæ rationis temperamenta de-
35 ſiderant. Aliter † enim ſunt torquendi iu-
uenes robuſti : & alio modo debiles delica-
ti. vel ſenes : alio modo ruſticus , vel miles:
& alio modo ciuis : alio modo nobilis : & a-
lio modo ignobilis, & plebeius, l. De mino-
re, §. Tormenta. ff. de quæſt. & l. 1. §. fi eod.
tit Bart. in d. l. fin. eod. tit. Bald. in d. l. 2. C.
Quorum appell. non recip. & idem Bald. in
l. Milites, & l. fin. C. de quæſt. Abbas in c.
Cùm in cōtemplatione, de reg. iuris, in an-
tiquis Et hæc omnia tanquam pulchra, ſin-
gularia , vtilia , & quotidiana memoriæ cō-
mendanda ſunt, quod indiciorum & quæ-
ſtionis materia admodum ſit frequens, &
in iudiciis practicabilis, potiſſimum in cau-
ſis criminalibus : & quæ (vti dictum eſt) in
Iudicis arbitrio plurimum conſiſtat. Dein-
de quod Iudices, maxime iuniores , & parū
experti ſæpe ſoleant in iſtis, aut neceſſaria
quæpiam pretermittere: aut certè vlterius,
quàm iuris ſit, procedere. Quare hanc ma-
teriam prolixius & clarius, ad communem
praxim , & vtilitatē publicam deduximus.
36 Quid ſi captus fuerit confeſſus in tortura,
non præcedentibus indiciis, dicendū quod
nunquā poteſt ex illa confeſſione damnari,
vt eſt gloſ. mirabilis & ſingularis in l. pen.
ff. de quæſtio. hoc ideo, quia confeſſiones
reorum pro exploratis facinoribus haberi
non oportet, ſi nulla probatio religionem

cognoscentis instruat, l. 1. §. Diuus Seuerus, ff. de quæstio. huius meminit D. Ioan. Mulleus in sua praxi criminis persequendi, sub tractatu de indiciis, fol. 68. ad finem primæ
37 colum. † Delinquens qui fugit, an potest à priuatis capi, & vinctus duci ad iudicem? Hanc quæst. mouet D. Carolus Ruinus, suis in consiliis, consil. o. quinti volum. vbi affirmatiuam partem sustinet, & ad eam probandam allegat varios & diuersos Doctores. Primo, Speculatorem in tertia parte, in titul. de accusat. versic. idem forte in debitore, &c. argument. l. ait prætor, § Si debitorem, de his qui in fraud. credit. & idem etiam probatur ex notatis per Baldum in capite primo, §. 1 de pace iuramento firmata, qui etiā loquitur de clerico. Quod ergo dicitur de debitore fugiente, idem est etiam dicendum de debitore suspecto de fuga: non dicit de suspecto ex hoc solo quod non possideat immobilia, sed etiam ex aliis indiciis, secundum D. Iohan. Baptistam Caccialup. in tractatu de debitore fugiente, in 4. quæstione, colum. penult. vbi ex mente Doctorum concludit, quod licet propria authoritate capere debitorem, ne dum in actu fugæ sed etiam illum qui esset in fuga mentali, & ex signis colligitur fuga instās, adeo quod si tunc non interrumperetur, periculum esset in mora. Et pro hoc allegat gloss. in l. penult. de pignora. action. ex qua notant ibi Bald. & Salic. etsi illud, quod operatur fuga in actu, operatur tamen in potentia, quos loco præallegato videre poterit lector.

CAPVT XXXVII.

De quæstione, siue tortura.

Summæ rerum tractatarum in Commentar. CAP. 37.

1 *Torquendi ratio consistit in arbitrio Iudicis.*
2 *Tortura, pii commouentur Iudices.*
3 *In tortura, quænam Iudici sint expendenda.*
4 *Tortura affectorum clamores, non magnifaciendi.*
5 *Tortura infligenda citra corporis grauem læsionem.*
6 *In tortura spectandus Patientis respondendi modus & ordo.*
7 *Ante quæstionis actum, interrogationes habendæ in promptu.*
8 *Specificatio ab ipso patiente nascatur.*
9 *Torquendi, nec minis, nec persuasionibus ad confessionem adigendi sunt.*
10 *Interrogationes tantum facienda de delatis.*
11 *Torquendus nemo sine indiciis prauis.*
12 *Interrogationes non formandæ de aliorum delictis, nisi, &c.*
13 *Quo casu patiens ad confessionem sit inducendus.*
14 *Quis ordo seruandus, cum multi sunt torquendi, per exempla.*
15 *Patre & filio* } *Extorquendis, quis ordo habendus.*
16 *Vxore & marito* }
17 *Tormentorum genera ex iure per solos funes.*
18 *Tormentorum genera plerumq; inusitata, varia.*
19 *Tortura ex ordinatione, & mandato Iudicis inferuntur.*
20 *Tormenta nostra ætate passim fere recepta, minusque perniciosa.*
21 *Malefica cuiusdam exemplum Brugis pro sancta habita.*

Male-

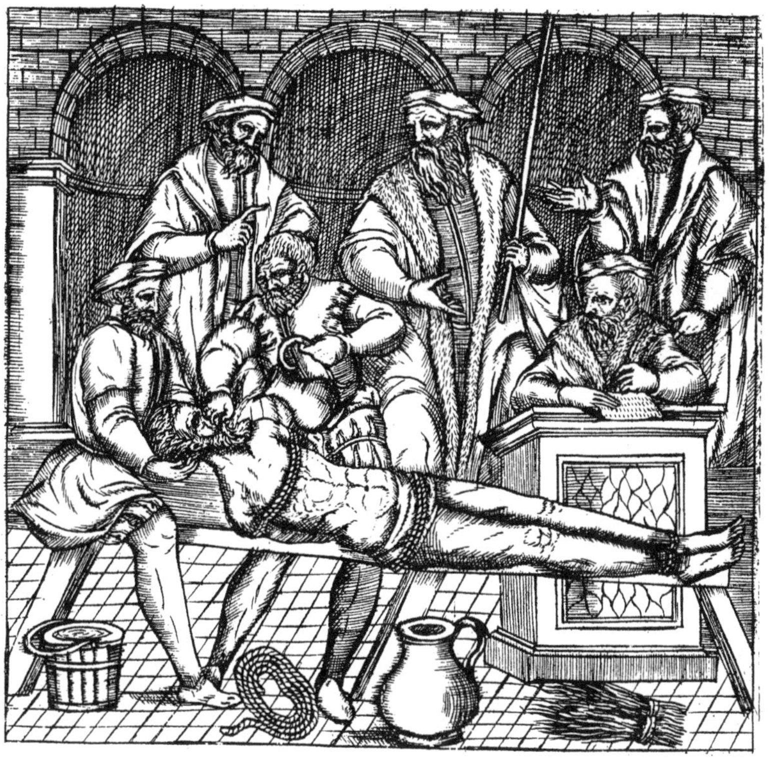

XXXVII. De quaestione, sive tortura

22 *Maleficis crines in tortura abradendi.*
23 *Mesites lapis potatus, facit vt dolorem nullum ſentiat tortus.*
24 *In tortura omnia prudenter admouenda, ne quod hinc oriatur periculum.*
25 *An clericus à Iudice ſeculari comprehenſus, torqueri poſsit aut debeat.*
26 *An clericus tortus, & criminis reus citra degradationem morte puniri poſsit.*
27 *Tortura etiam virgis feliciſsimè exercebitur.*
28 *Clericus an torqueri poſsit à Iudice ſeculari comprehenſus.*
29 *Clericus criminis alicuius reus, quod mortem mereatur citra degradationem an morte puniri poſsit?*

1 QVæſtionandi, † torquendiq; ratio to-
ta conſiſtit in Iudicis arbitrio, pruden-
tia, & pietate, vt eam ſcilicet, pro ſuo arbi-
tratu & iudicio adhibeat, aut durius, inten-
ſius, aut remiſſius, l. Quæſtionis, & l. De
minore, ff. de quæſtionib. l. Item apud La-
beonem, ff. de iniuriis & famoſis libel. &
eleganti ac philoſophica l. Reſpiciendum,
2 ff. de pœnis. Verum pii † clementisq; Iudi-
cis fuerit hic erga patientem ſemper com-
miſeratione moueri, & prudenter expende-
3 re † canitiem, ſenectutem, confectam æta-
tem, aut iuuentutem, virile robur, valetu-
dinem, tum imbecillem, tum validam: de-
nique inſpicere quid ipſius perferre valeant
vires, vt hac in re verum, prudentemq; Iu-
dicem agat, non tyrannum referat: ita vt
ſenſim, & gradatim, & leniter pœnam irro-
get: mox fortius torqueat, deinde iterum
plectat preſſius, atq; iterũ durius mox cru-
ciatum intendat, pœnamq; omnem infli-
ctet pro qualitate & quantitate criminis &
delicti, proq; indiciis, argumentis, præſum-
ptionibus & ſuſpicionibus, quas de patrato
crimine nouit: denique pro qualitate, id
eſt constantia aut vacillatione ſui reſponſi,
d. l. De minore, §. Tormenta. Paruifaci-
4 ens quam ſuppliciter † queratur, lamente-
tur, aut quam altum ſublata voce incla-
met. Attamen iſthæc omnia cum tali pru-
5 dentia, & † animi moderatione temperet,
& peragat: ne patiẽtis corpori vllã grauem
læſionẽ aut mutilationẽ infligat. † Iudicis
6 item (vt dixi) fuerit, diligẽter animũ inten-
dere, ad patiẽtis ſermonẽ & reſponſum: nẽ-
pe, quem modũ, ordinẽ & mores in reſpon-
dẽdo & inter ſupplicia habeat: vt obſeruet,
nũ variet, aut vacillet, nũ dictis conſtet: eaq;
omnia per Graphiarium aut Scribam cala-
mis excipiẽda curet, d. l. De minore, §. Tor-
7 menta. Porro conueniet, † interrogationes
& quæſtiones ſuas prius habere promtas &
expeditas, easq; generales: nempe, vbi ſab-
bato veſpere egerit: quibuſcum eo tempore
verſatus fuerit, quid ibidẽ egerit aut patra-
8 rit, qui plures cum eo ibi adfuerunt. Ita † vt
ſpecificatio perpetuo ab ipſo patiẽte naſca-
tur: vt quam optime docet Iac. de Bellouiſu
in ſua pract. iudiciaria, in criminalib. tit. de
quæſt. n. 50. l. 1. §. In cauſſa tributorũ, verſ.
9 Qui quæſtionem, ff. de quæſtio. Non † eſt
boni Iudicis, neque in ipſius poteſtate, ſiue
authoritate, maleficum aut Reum in tor-
mentis eo conari inducere & perſuadere, vt
quippiam ſibi aduerſum confiteatur: neq;
item minis ipſum huc ſollicitare, aut ter-
rere, aut interminari maiora ſupplicia, ſi fa-
teri nolit: ſed æquo libramine, animoq; ſe-
dato pergat exercere cruciatũ, donec ipſius
prudẽtiæ & iuſtitię ex animo vere Chriſtia-
no ad ſummũ videbitur pœnam intenſam
fuiſſe, adeo vt grauiora perpeti nequierit.
10 † Neq; iure Reum interrogare poteſt de a-
liis delictis, quam quorũ accuſatus, & gra-
11 uatus fuerat, cuius hæc ſe offert † ratio, quod
citra vlla indicia nullus ſit tortura exami-
nandus, l. Vnius, ff. de quæſtionibus, & l.
Cùm cognitionaliter, C. eod. tit. de quæ-
12 ſtionib. Neque † etiam ipſum interrogare
poteſt de aliorum delictis, neque de ipſo-
rum vita & moribus, & conuerſatione,
l. Repeti, ff. de quæſtion. l. fin. Cod. de
Accuſat. & inſcript. l. Sicuti, Cod. eod. tit.
de quæſt. & c. 1. ext. de confeſſ. ibi eſt caſus
expreſſus, iuncta ibidem inſigni gloſſa,
in verb. Confeſſi: niſi fuerint ii inſignes pu-

bliciq; latrones & insidiatores. l. Prouincia-
rũ, & ibi Paul. Castrens. C. De feriis Adulte-
rinæ monetæ authores, l. 1. C. de falsa mo-
ne. hisque similes: in quibus casibus, tales
interrogandi sunt in genere, nulla adhibita
specificatione, l. Qui vltimo, in fine, ff. de
pœnis, vti ante dictum est. Eaque interro-
gatio fiat in tortura de aliis consciis, & su-
per conscientia aliena, d. l. final. ad finem,
C. de accusat. & inscript. Quod tamen sanè
intelligẽdum est, nempe si contra alios præ-
cedant indicia: alias vero minime: quia si-
cuti sæpiuscule allegatum est, Nemo sine
indiciis præcedentibus torquendus est, d. l.
Vnius, & d. l. Cum cognitionaliter, cum si-
ne numero similibus. Verum (quod pror-
sus improbandum est) conspicimus com-
plures Iudices huius inferioris Germaniæ,
ex consuetudine quadam, his legib. & for-
13 mis contraire, & secus quotidie facere. †
Verum enimvero in crimine læsæ Maiesta-
tis, atque aliis enormibus criminibus, vnde
periculum summum, & pernicies maxima
oriri posset, deberet Iudex Reum ipsum an-
te aliquam pœnam inducere & persuadere
huc totis viribus omnique animi dexterita-
te, vt si crimen vltro lubensq; fateri volue-
rit citra vllum cruciatum, & illius verita-
tem aperte reuelare, quod ipsi crimen con-
donabitur, eiusq; remissio & absolutio im-
14 petrabitur. Sin † id profiteri recusarit, quod
tormentis variis ad veritatis confessionem
extorquendam procedetur. Quoties autem
plures malefici, eiusdem criminis Rei, quę-
stionibus sunt examinandi, hunc ordinem
obseruet Iudex, vt semper in illũ prius tor-
turam exerceat, à quo putat, se omnium
optime veritatem exquisiturum, testibus
Bart. in l. 1. in princ. ff. de quæst. Angel. A-
ret. in suo tract. maleficiorum, in gloss. in
verb. fama publica præcedente, versic. Nunc
videamus de tortura, Gandino in tract. suo
maleficiorum, sub rubr. De quæstionib. &
tortura. in 2. colum. in versic. Nunc viden-
dum: & Hippol. de Marsil. in §. Expedita,
versic. Quæri etiam potest de notabili du-
bio, num. 49. in sua practica caussarum cri-
minalium. Aut qui sibi maximè suspectus
est criminis, l. 1. in exordio, ff de quæstio.
Aut certè quæstionem intentabit primum
ab omnium debilissimo, d. l. 1. coniuncta
15 l. Vnius, ff. de quæstionib. † Veluti si & pa-
ter & filius sint extorquendi, prius crucia-
tum admouebit filio, præsente aut absente,
sed sciente patre, quod naturale sit patrem
magis metuere pœnam filii, quam proprii
sui corporis: Ideoque grauius filii, quam sui
ipsius pœna affectus, facilius ad veritatis cõ-
fessionem cõpungitur, vt in l. Isti quidem,
ff. de eo quod met. caus. iuncta memorabi-
li glos. ibidem in verb. magis & in §. final.
16 Instit. de noxalib. actionib. Si verò † vxor
& maritus torquendi fuerint, prius Iudex
vxori tormentum infligat, ceu debilissimæ
& cruciatui ferendo maximè impari. Mari-
tus enim, quòd sit pectoris & naturæ robu-
stioris, tardius ad cõfessionem pertrahitur.
Vxor verò ceu vasculum fragile, & flexibile,
& molle citius ad veritatis confessionẽ, tum
persuasionibus, tum tormentis inducitur,
& inflectitur, l. Filia in orbitate, C. de inof-
fic. testa. & c. Forus, in fin. ext. de ver. signi-
fic. l. Deferre. in princip. ff. de iure fisci, ita
ait Dynus in suo tract. de quæst. versic. Quo
ordine sit habenda tortura, &c. Ita etiam
firmat ad literã, D. Paris de Puteo suo tract.
syndic. in 102. in 1. col. & Guido de Suzaria
in suo tractat. maleficiorum, in 5. colu. in
versic. Quo ordine. Et idem in effectu vide-
tur firmare D. Franc. Brunus in suo etiã tra-
ctat. maleficiorum, De indiciis & tortura,
in 12. char. in 3. colum. atq; hæc omnia pro
suo arbitratu & prudentia. Tormentorum
17 † autem genera agi conuenit funibus: neq;
18 vspiam † iuris reperitur, alia ad torturam
esse adhibenda, l. Nullus, Cod. ad l. Iuliam
Maiesta. Verum ex inolita consuetudine,
variis instrumentis, diuersaq; materia hanc
torturam exerceri cognouimus per latrun-
culatores, & maleficiorum Iudices, nunc
chordis

chordis & testibus, nunc aqua, nunc aceto, aliàs oleo ipsius gutturi infuso: pice deniq; ardenti, aut alio simili cruciatu, corpori ipsius adhibito. Quin & inedia durissimaque siti, aut intolerabili frigore, aut cibo salsissimo citra vllum potus remedium exhibito. Alii immissis inter digitos bacillis ligneis, atque item arctissime funiculis digitos constringētes, aut taxillo, aut alea inter vnguem & carnem torquendi perducta. Item crabronibus, muribus, similibusq, infestis animalculis, quæ malefici ventri & vmbilico viua adhiberi sueuerunt, ipsis superimposito vitreo poculo ne euadendi pateat exitus: sed vt cruciatum acrius vrgeant in patientis corpus. Rursum torturam exercere solent capra quapiam, hoc modo: Torquendam primò scamno illigant: mox illius pedes diligenter aqua salsa proluunt: deinde capram ipsam salis auidissimam, ipsius plantis admouēt lambituram. qui sanè cruciatus fertur atrocissimus, maximeque intolerabilis, citra vllum corporis periculum. Sunt qui Patientibus scamno innixis, per nares aquam cum calce viua immittunt, & os ipsius concludunt, verum hoc periculosum est. Quidam patientem nudū tabulæ duræ implanæque iniiciunt, cuius pedib ac manibus grauia saxa appendunt, quæ corporis partes extremas, magno cum cruciatu deprimunt. Sunt quidem impuriores qui Reorum testiculos fune constringant, eosdemq; testiculos virgis acriter cędunt. Verum hoc Turcicum est, aut Scythicum. Noui qui maleficos excarnificaturi, verius quam torturi, eos in aëre suspenderint brachiis in diuersum protensis, ipsorumque axillis ardentes supposuerint candelas donec cutem vtcunque inurerent, aut pedum plantis viuas prunas, aut carbones subiecerint. Quidam patientem calceant nouis calceis bene pinguibus, atque ita adhibent obiectis plantis ad ignem. Aut ardētissimo foco instituunt, donec arctissime pedes constringantur, & duram pœnā percipiant. Alii vero, malefici scamno illigati pedes multo lardo perungunt, eosque feruenti igni admouent, donec hic pœna victus ad confessionem (si fieri potest) pertrahatur. Alii vero aliis, hisq; similibus inuestigandi modis vtuntur, D. Franciscus Brunus in suo excellenti tract. de indic. & tortura, quæst. 2. secundæ partis, nume. 6. Necnon D. Paulus Grillandus in suo tract. de quæstionib & tortura, versic. Secundo quæro, & versic. Quartò nunc videndum, & Iacobus de Belloui su in sua practica iudiciaria in criminalibus titu de quæstionib. numer 48. Verum quod isthæc pleraq; tormentorum genera sint sua exquisitione tyrannica potius, quam humana, idcirco vel tandem sua sponte desierunt, & passim exoleuerunt, vti & Bald. ipse quoque meminit in parte in l. 1. C de emendat. seruor. & Doctores maxime practici in suis tractat. Gandinus in opere suo maleficiorum, in tit. de quæstionib. & tormentis. Angel. Aret. in suo opusculo maleficiorum, in gloss. Fama publica præcedente, in versic. Tortura. At ille insignis Doctor modernus Bononiensis, D. Hippol. de Marsil. clarius ceteris hæc aperuit in egregiis commentariis suis, quæ edidit super notabili tit. ff. de quæstionib. in l. 1. in exordio. Vbi ponit quatuordecim species tormentorum, omnes diuersas: quas vide.
19 † Sed ea omnia ex ordinatione, & mandato Iudicis inferuntur. pro quantitate criminis, & qualitate personæ, vt inquit D. Hippol. de Marsil. in sua practica caussarum criminalium in § Nunc videndum, num. 2. & num. 20. Maximus item omnium cruciatus, quem citra vllam corporis læsionem, detrimentum, aut mutilationem adhibueris est si patientē Reum inter angustas laminas ad cistulæ formam confectas, stricte concluseris, & compresseris: deinde maximos pedum digitos fune ligatos extraxeris. Hoc namque modo fune rotula intento, corpus conclusum altius intumescit, & intolerabili pœna ilico affici-

tur: quæ pœna mox laxato fune, remittitur, & perit, absq; corporis læsione. Quod nonnũquam accepi à latrunculatorib. siue quæstorib. parricidiariis (quos vulgò maleficiorum Iudices appellare solemus) qui id non raro sese exercuisse, mihi certo & frequenter narrarunt: atque ipse idem non raro experientia comperi. Cæterum enumeratis aliquot tormentorum generib. in iure expressis: deinde refutatis iis, quæ aut tyrannis, aut væsania quorundam Iudicum stultè excogitauit, quæque sua sponte iam nuper apud nostrates desierunt, non putaui
20 † vllo silentio hîc prætereundas esse eas torquendi species, & modos, quos passim hac nostra ætate vsurpari, & exerceri conspeximus: potissimum in inclyta ciuitate Brugensi: cuius Senatui ad torturam & quæstionem sæpenumero (licèt indignus) assessor & cõsultor interfui. Principio igitur omnibus suis exuitur vestibus, nisi quod verẽdis (quibus ipsa natura pudorem induit) amictus lineus (reuerentiæ humanæ gratia) connectitur. Deinde manibus ambabus in tergum reductis, ibique strictè ligatis, supinus implicatur, & imponitur in arctum scamnũ, & corpore torquendi penè strictius: in quo, fune sub axillis, & per thoracem pectoris ducto, constringitur & colligatur: ne aut tortoris incuria, aut pœna mox infligenda victus, periculosè in pauimentum corruat. Post vtrique pedum digiti maximi, separatim connectuntur funiculis, qui obuoluti rotularum axibus, aut aliis similib. instrumentis, corpus torquendi (dum rotantur aut intenduntur) longissimè extendunt. Deinde funem (si opus fuerit) arctè impingunt ipsius femoribus aut tibiis: quem baculis subter scamno arctè constringunt carnifices. Aut simili forma ossulis, aut bacillis funiculum contortum nexibus, aut globulis fronti patientis imprimunt strictius, aut leuius, ad arbitrium Iudicis: Aliàs vero oculis ipsius implicito panno vuido, compressisque naribus, tortor nonnihil altius angustioris gutto frigidam fundit aquam in pectus ipsius, in tibias, pedes, aliaque maxime affecta membra. Præterea ori ipsius immittitur frænum siue capistrum, ad hoc commode aptatum, ac mox ori tortor infundit aquam frigidam, donec venter intumuerit in eam crassitudinem, quæ Iudici, ipsiusque consiliariis videbitur, corporis virib. citra graue periculum sufficere. Quibusdam vero ad torturam applicandis, non temere, priusquam dicta tormenta aut partim, aut collectim omnia intentarentur, omnes capillos, crinesque omnes nouacula abrasos conspexi, facto scilicet per hoc periculo, num quæ adminicula haberent pro impassibilitate, qua nulla tormentorum genera persentiscerent: id enim magicis artibus, sortilegiis, incantationibus, aut execranda dirarum deuotione, plerunque efficere solent, vti sæpe ipse vidi quum Ciui-
21 tati † Brugensi essem à consiliis, potissimũ in muliercula admodum anu, quæ tum habitu, tum victu, tum incessu, tum moribus, & fucata sanctimoniæ specie ab omnibus venerabatur, habebatur in precio, & plurimi fiebat, veluti vera Christi Apostola, quod multarum matronarum filios ac filias, quasi miraculosè curaret, gibbos liberaret, crura, tibiasque confractas ilico restitueret, idque non arte, aut externo medicamine aliquo adhibito. Verum (vt olim Apostoli) pietatis aliquo exercitamento iniuncto: nempe, vt vno, duobus, aut tribus diebus ieiunarent in pane & aqua, vel vt ter legerent orationem dominicam, aut inuiserent Sãctam Mariã Ardenburgensem, aut S. Arnoldum Audenburgensem, aut S. Iodocum, aut S. Hubertum in Arduenna. Vel vt sacrum vnum aut alterum religiosè audirent, aut aliquot preculas persoluerent ægri. His rebus iniunctis ritè expletis, ilico aut certe intra pauculos dies, ab incommodis & morbis liberabantur, & firmæ valetudini restituebantur, ob eam, quam in ipsam mulierculam spem conceperant. Quum istius

ftius mulierculæ ea facta in vulgus latius spargerentur, à Senatoribus (quibus mens, vt æquum erat, fuit altior & sanior) intempesta nocte iussa fuit ex lecto comprehendi, & carceri mancipari. Postridie quum ab iisdem Senatoribus in carcere leni, præuioque examine perquireretur, quomodo, quibus mediis, quo fœdere, quaq; fiducia freta suas curas perageret. Ea intrepidè semper respondit se pie cuncta exercuisse, & bonis, piisque rationibus: atque ideo sese non debuisse tam ignominiosè comprehendi. His non obstantibus ex certis manifestisque indiciis, per Senatum adiudicabatur torturæ, ad quam cum venisset, & verbis persuasoriis examinaretur, constanti vultu & animo semper perdurauit in ea sententia, qua asseuerabat se nihil eorum quæ fecerat, Dæmonis alicuius ope peregisse: sed omnia pio, & licito medio. Aderat hoc tempore ipse quoque Burgimagister (vt dicitur) misere tunc (nam podagricus fuit) afflictus & cruciatus podagra, cuius gratia subinde inter examinandum tristia edidit suspiria, & singultus miserabiles. Ad quem hæc anicula conuersa, sic orsa est: Vis, inquit, mi D. Burgimagister, feliciter ab hoc podagræ cruciatu liberari? Ego hoc malum, si voles, ilico & feliciter in te curauero. Ad quam ille: Curares, inquit? Optarem ab hoc morbo, ait, penitus curari posse duobus milibus ducatorum, quos tibi iam iam etiam numerauero, si quod verbis promittis, re præstare poteris. Ad quem tum graphiarii, & consiliarii præsentes: Domine (inquiũt) Burgimagister, etiam atque etiam dispice quid dicas, quidq; facturus sis: Nobis quæsumus potius ausculta, & istam maleficam in aliam cameram seduci iube, nosque patienter audi. Et ita seorsum abducta, rursum dicti iidem Consiliarii in hunc modum Burgimagistrum alloquebantur: Ah inquiunt, Burgimagister, vide diligenter quid dicas, aut quid facias, quantoque periculo temet exponas, ex vana persuasione, qua arbitraris hanc, tanquam Christi quandam Apostolam, te ab hac tua podagra posse licitis modis curare, tametsi cuncta secundum speciem videantur pia & diuina. Si enim penitius ipsius potestatem perscrutari libeat, age, eandem denuo ad nos reuoca: modum curandi perquiramus (non est abbreuiata manus Domini) si Apostolico remedio te curaturum promiserit: ipsorumque viis & mediis institerit, non refragabimur. Sin aliis illicitis mediis vtatur, quibus fidat, omnia ipsius & tibi & nobis omnibus merito suspecta esse debent. Hæc itaque reducta ab vno consiliariorum rogabatur: Si, inquit, Burgimagistrum nostrum morbo quo laborat, leuare, curareque præsumas, quo, inquit, remedio adhibito & quibus rationibus id præstabis? Tum illa: Nullo (inquit) alio remedio, quam hoc: Credat Burgimagister, & sibi persuadeat me eam habere potestatem, vt ipsum curem ilico, & valens curabitur. Quibus auditis, & intellectis iussa est denuo abduci, & in locum priorem seorsum recipi. Tum vno ore parique consensu dicti Consiliarii: Vides inquiunt & audis mi D. Burgimagister, vosque omnes Senatores præsentes quid ista malefica responderit? Ex cuius verbis aperte constat ipsam omnia peruersè atque adeo diabolicè peragere, teque Burgimagistrum illicite curare præsumpsisse. In sua enim cura Apostolorum vestigiis minime insistit. Illi enim in fide & virtute DEI sanabant, dicentes claudo: In nomine Domini nostri IESV CHRISTI surge, & ambula. Cæco dicebant: In nomine Domini nostri IESV CHRISTI suspice: ille ad gressum restitutus est, hic visum recepit: non quidem ope humana, sed potentia diuina in nomine & fide Christi. Hæc autem malefica se curaturam iactitat, si quis duntaxat ipsi fidat. ipsam-

que hoc facturam credat. Quæ quidem fides (imo perfidia) prorsus contraria est cũ fide Apostolorum. Hac itaque responsione percepta & rebus melius pensiculatis, Burgimagister pœnitudine ductus ab ea curari noluit, quem dum vixit ad supremum vsque spiritum tã facilis credulitatis non mediocriter pœnituit. Malefica interim isthæc ob cõstantem negationem eorum quæ ipsi imponebantur, torturæ tradebatur, acriter autem contorta nonnulla delicta cõfitebatur eaque leuiuscula. Insignia vero maleficia fortiter negauit, ab hac itaq; tortura leuabatur, & vtcunq; purgata rursum in carcerem recepta est. Postea nouis indiciis grauata iterum torturæ adducitur. In qua (vt prius) paucula quædam eaq; minutiora tantum confitebatur. Ob cruciatum tamen clamare cœpit: Abripite me ex hoc torturæ scamno, aut permerdabo vos quotquot adestis omnes, nam diutius naturæ pondus continere non possum. Erant autem iuxta torturæ locum latrinę, ad quas adeundas quibusdam Senatorum eam relaxari placuit. Alii quibus mens erat sagacior, nullo modo relaxandam esse statuerunt, ne fortassis hinc grauius quoddam incommodum oriri posset, verum vicit hic affirmantium maior numerus, quorũ indicio è scamno relaxatur, & ad latrinas deducitur. Vbi postquam æquò diutius hæsisset, nempe ad semihoram, & amplius, neque bis, terve vocata rediret, tandem redire cogitur, scamno imponitur, nouæq; torturæ destinatur, ligatur, & ex iussu Prætoris, Consulis, & Senatorum torqueri occipit. Illa non lamentationes, aut clamores edidit, sed horũ loco subridere cœpit, & quamuis ligata, digitorum tamen complosionibus Iudicibus ipsis insultabat, dicens: Vos Prætor, Cõsul, ceterique Domini, & tu quoq; nefarie tortor, agite, facite posthac quod vobis libitũ fuerit, nihil nunc in mei tortura profeceritis, nihil in me valebit vestra crudelitas. His auditis sanior Senatorũ pars existimabat illam dæmonis ope factam impassibilem. Ex eo namque tempore nihil fere fateri voluit ex iis, quæ secunda informatione producta fuerant, sed scamno patienter innixa aut risit, aut dormiuit. Hinc factum vt secundo è scamno, & tortura relaxaretur, & iterum in carcerem reciperetur. Postea alii quoq; testes auditi sunt, & noua indicia habita, ob quæ iam tertio torturæ adiudicatur. Verum priusquam scamno impo-
22 neretur † totius corporis pilos & crines abradi curauimus, postea scamno imponitur, acerrime torquetur, nihil tamen fateri voluit. Tandem quibusdam astantibus succurrit eam nõ esse tonsam in pudendis, sub axillis, & in culo, vbi per tonstrices illi quoque crines abrasi fuerunt, & inter radẽdum reperta fuit pergamena culo cũnoq; inserta, cui inscripta fuerunt aliquot peregrina vocabula dæmonum, crucibus aliquot inter se distincta, hæc pergamena Senatoribus exhibita occasionem præbuit, vt rursum scamno torquenda traderetur, vbi facta plane passibilis, omnia nude fatebatur, quæcũq; tribus prioribus informationibus fuerant proposita. Cum autem rogaretur, cur prius fateri noluit, ait: Nisi à me, inquit, omnes crines, atque etiam hanc schedulam abstulissetis, nunquã à me perquirere quicquam potuissetis, vt quæ per illa, ob maligni spiritus operam, facta eram impassibilis: quod haud dubie verissimũ fuerat. Postquam vero res eò peruenisset; vt inter Senatores discuteretur, qua pœna hæc malefica plectenda foret: Aliis placuit eam igne plectendam & occidendam esse. Alii (quibus animus ad sexum muliebrem & ad ætatem tam prouectam fuit mitior) cẽsuerunt eam non igne, nec morte conficiendam sed puniendam pœna morti proxima: nempe vt in theatro consuetis vestibus omni populo ostenderetur, deinde caput commodatitiis capillis vestiretur, quos carnifex iniecta flamma exureret. Hoc, signo indicans, magistratum eam non punire iuxta rigorem

iuris,

iuris, & pro cõsuetudine patriæ (iuxta quã deberet comburi viua) sed in eam vsum fuisse summa clementia. Hoc facto censebant eam exilio damnandam esse ad annos perpetuos, sub pœna ignis, etiamsi nihil similium postea perpetrasset: Et si banno suo obediens, extra Flandriam similia perpetrare præsumeret, ob ea, & tunc etiam ob præcedentia omnia, tanquam suam secum sententiam conferens, viua cõbureretur. Hæc itaque posterior, & etiam mitior sententia, pluralitate vocum præualuit. Malefica igitur hæc, ita punita, bannoq; suo obedire se velle declarans à duobus Senatorib. & Pensionario extra terminos territorii Brugensis producta fuit. Vnde statim conuolauit in Zelandiam, & aliquot hebdomadibus resedit Middelburgi, vbi statim ad intermissa maleficia redire non destitit. Prætor autem ibi Florentius Dammæus à nobis de hac muliercula edoctus, per exemplaria omnia nostræ informationis Torturæ, & sententię ad ipsum in fauorem iustitię transmissa, eam obseruare incœpit, quam, vbi ad consueta maleficia redisse certò cognouit, eam comprehendit, & ob confessionem, & sententiam præuiam, viuam incendi curauit, & huius Iustitiæ executionem Senatui Brugensi ilico rescripsit, mihique fideliter narrauit. Sed de his plus satis. Et sicut mihi adstipulatur D. Paulus Grillandus, qui de eadem re meminit in suo tract. de quæstionibus & tortura, versic. Quartò, nunc videndum. Similiter & de remediis, num. 12. 13. 14. 15. 16. ceteri ipsius posteri: quos, vbi tibi visum fuerit, ibidem consulere suaserim. Est aliud tormentorum genus, haud infrequens Italis, quo maleficum constituunt in scamno aut sede ligatum, & duobus famulis adhibitis, qui maleficum cohibeant à somno, his duobus succedant alii, atq; alii famuli, qui nulla ratione permittent maleficum in vllum soporem ac quietem, incidere. Et quoties continget ipsum reũ ad somnum nutare, quietemque optare, astantes famuli alapis, acribusq; vellicationibus somnum dispellent, donec reus inquietudine victus optet somnum, & confessionem promittat: Atq; hoc tormentum minimè omnium corpusculum lædet, estque maximæ efficaciæ in eos, qui ad quæuis tormentorum genera videntur inuincibiles, eaque omnia respuunt & rident. Imo etiã ad vincendas ipsas maleficas, vt citius ad confessionem compellantur. Nec omittendum censui, quod Albertus Magnus dixit in lib. quem edidit De secret. nat. quod lapis quidam mesites nuncupatus, qui oritur ex ciuitate Mesis, in partibus orientalibus, contritus, & aqua aut vino commixtus, datusque ad potandum illi, qui torquendus est, inducit insensibilitatem pœnę & cruciatus, vt refert Paris de Puteo in tract. syndic. in c.
23 Tortura 2. Hi igitur enumerati torquen-
di modi nobis fere sunt in vsu: & ad eos
exercendos vnum quodq; prætorium apta,
accommodaq; habet instrumenta, ex con-
suetudine inolita passim comprobata, & in
iure stabilita, l. Nullus, C. Ad l. Iuliam Ma-
iest. Attamẽ summa hic adhibenda est cau-
24 tela, † vt cuncta tormenta prudenter & mo-
deratè intententur, alioqui haud pauca ist-
hinc solent exoriri pericula. Quoties verò
patientes, vniuersa isthæc tormenta fortiter
deuicerint (vti aliquando ipse vidi), & pœ-
nam omnem citra confessionem deuora-
rint, fas est eosdem Reos (si noua, dignaq;
alia euenerint indicia) ad iterationem tor-
turæ reuocare, eosque vegetis asperisq; vir-
gis (ad quod identidem ipse suasi) acriter
cædere. Imo hanc flagellationem quæ cor-
pori nocet minus, prius ante alia subinde
experiri cupiam quam adeo noui, ac exper-
tus sum, plerunque ad confessionem plus
efficisse, quam dicta iam (quamlibet atro-
cia) tormentorum omnia genera. Priusquã
huic capiti finem imponeremus, non inuti-
lem hîc quæstionem referre placuit, An cle-
ricus † scilicet torqueri possit, & debeat à
25 Iudice seculari comprehensus quum ipsos

clericos satis raro viuere conspiciamus iuxta ipsorum professionem, sed vt scelerati nebulones multa indigna mala perpetrantes. Verum ad hanc quæstionem opus est distinctione: Is enim Clericus aut infamis est, aut non infamis. Si infamis est, profecto torqueri potest, secundum DD. in c. Grauis, de deposit. Hipp de Marsil. in l. Edictum, nume. 9. ff. de quæstionibus, & ad modum late, in singularibus suis, singulari 51. incipien. Animaduertas ad vnũ nonnullas ad hoc allegationes citantem. Aut est non infamis, & tunc nullo modo torqueri poterit. Cæterum vt clauus clauum pellit, ita quæstio quæstionem protrudit.
26 Quæri enim potest. An† talis clericus in sacris ordinibus constitutus, tortus, & criminis alicuius reus, quod mortem mereatur citra degradationem morte puniri possit? Sed & hic opus est distinctione. Si enim ipsius crimen enorme fuerit & atrocissimũ, veluti assasinatus, aut parricidium, aut simile, poterit haud dubiè per Iudicem Secularem, aut per latrunculatorem morte puniri, absque vlla præcedenti degradatione, teste Ioann. Andreæ in c. Cum non ab homine, extra de Iudic. Et Gemini. inc. finali, de homicid. libr. 6. Et Petr. de Anchar. in suis consil. consil. 57. incip. Ex narratis in facto, 5. colum. Et Hippolyt. de Marsil. in sua practica caussar. criminalium, § diligenter, nume. 160. Ipso enim iure censetur degradatus, videturque cuique data potestas ipsum capiendi ac puniendi secundum lapsum in c. pro humani. De homicid. libr. 6. c. Primo, de scisma. eodem lib. 6. Et iure videtur spoliari omni clericali priuilegio, vt ibi per docto. Potestque Iudex contra assasinum procedere ex mero suo officio iurisque ordine prætermisso, ob criminis seu assasinamenti (vt vocant) atrocitatem & immanitatem, Bart. in l. Non solum, §. si mandato, ff. de Iniur. Et D. Paris de Puteo, in suo solenni tract. Syndicatus, 51. chart. [illegible] colum. ad finem, idem intelligendum in similibus atrocioribus delictis. Si verò talis clerici delictum, quod commisit non atrox fuit, & enorme, secus censendum est, & iuris ordine procedendum est, cum degradatione præuia. Hic ergo sit huius capituli terminus, ne offendat vnius nimia longitudo.

CAPVT XXXVIII.

De repetitione quæstionis, siue torturæ.

Summæ rerum tractatarum in Commentar. CAP. 38.

1 *Tortus semel non est ob idem delictum retorquendus.*
2 *Tortus ad torturam repetitur, nouis emergentibus indiciis.*
3 *Tortura quando repetitur sine nouo indicio.*
4 *Summa aut sufficientia torturæ, in Iudicis prudentia consistit.*
5 *Indicia noua quæ?*
6 *Inuectio authoris in sanguinarios Iudices.*
7 *Reum inconfessum, Flandria non adiudicat morti.*
8 *In magno Consilio* } *paruiducunt Rei responsa in certa probatione.*
9 *In Flandriæ consilio* }
10 *Probatio quænam sufficiens.*
11 *Probatio ex visu omnium est fortissima.*
12 *Reus in tortura confessum delictum negans, retorqueri potest.*

Reproba-

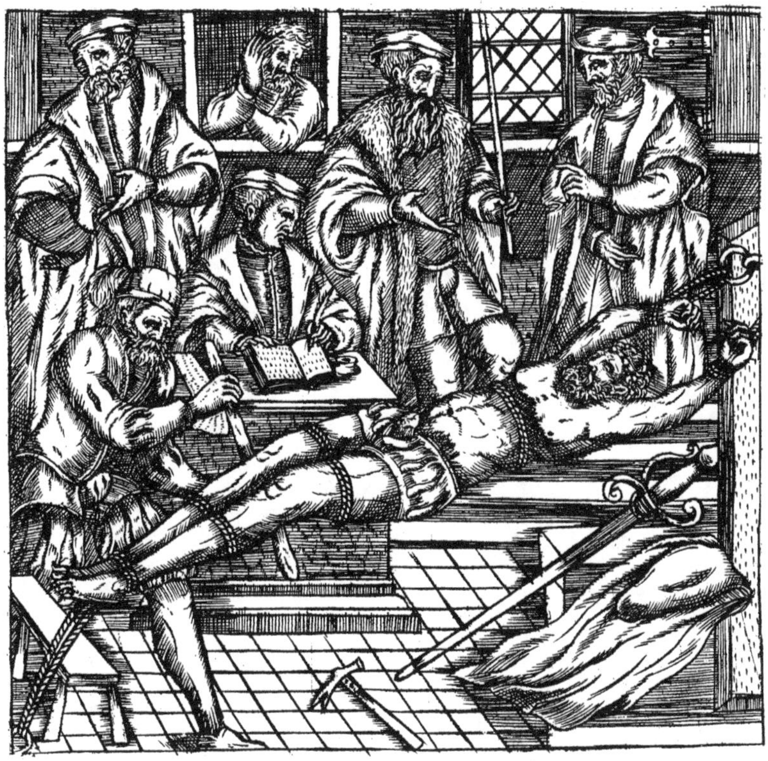

XXXVIII. De repetitione quaestionis, sive torturae

13 *Reprobatio quorundam tormentorum.*
14 *In tortura confessus crimen sociale, ad sociorum proditionem retorqueri potest.*
15 *In tortura alterius, qui sunt proditi, comprehendi possunt: non autem ob id torqueri, nisi, &c.*
16 *Ad torturam liberi procedendum tardius: nisi, &c.*
17 *A tormentis non est auspicanda inquisitio.*
18 *Tortura vehementia Reum interimens aut mutilans, homicidii aut mutilationis suspicionem (incidit.*
19 *Authoris praemonitio ante torturam latronum.*

1 REus † qui semel delicti vnius gratia,
acriter & ad iustitiæ æquitatem & ple-
nitudinem, quæstionis torturam subiit, &
perpessus est, in qua nihil tamen confes-
sus est, non est ob idem delictum ad itera-
tionem torturæ denuo aut secundo reuo-
2 candus: † nisi certè noua aliaque succresce-
rent condigna iteratione torturæ indicia, l.
Repeti. & l. Vnius, §. Reus, & ibi Bart. &
sequaces, ff De quæstionib. Bald. in l. Mi-
lites, C. eodem tit. Cynus in l. De tormen-
tis, C. eod. allegans Odofredum, D Guid.
à Suzaria in suo perutili & quotidiano tract.
de indiciis & tortura, num. 57 59 D. Angel.
Aretin. in suo tract. maleficiorum, in gloss.
Fama publica præcedente, versic. Tertiò
quæro, An semel tortus possit iterum tor-
queri? Gandinus sub Rubrica de quæstio-
nib. versic. An quæstio repeti. Angel. in l. 1.
§. Si quis, ff. de S. C. Syllan. Bald. in l. 1. C.
De Confess. D. Iacobus de Bellouisu in sua
practica iudiciaria sub tit. de quæstionib. n.
90. 91. 92. D. Franciscus Brunus in suo tra-
ctat De indiciis & tortura q. 5. secundę par-
tis, nume. 59. latè haud dubie distinguens,
D. Hippol. de Marsil. in sua practica caussa-
rum criminalium, in §. Quoniam, num. 2.
Fol. 90. Quandoquidem priora indicia ab-
unde satis per tormenta passa, sunt dilata &
purgata. Aut † certe nisi priora indicia de fa-
3 cti veritate, clariora fuerint & euidentiora,
quàm vt vllo modo Iudex ambigere posset,
nempe duorum aut plurium fide digno-
rum, & ex certa notitia, & vsu testantium
testimonio fuerint sufficienter comproba-
ta: adeo vt Iudex plene ita instructus de rei
veritate, sentiat potius Rei esse duram per-
tinaciam, quam synceram innocentiam,
quod in pœna nihil ante confessus fuerit.
Quo casu posset Iudex ob sola prima indi-
cia, maleficum Reum, ita maligne pertina-
cem ad trocleam siue scamnum carnifica-
4 rium recipere, Bart. in d l. Vnius, §. 1. An †
autem patiens quispiam sufficienter & ad
extremum vsq; satis excruciatus fuerit, to-
tum id consistit, & situm est in iudicio, &
prudentia Iudicis, l. Quæstionib. & l. De
minore, ff. de Quæstio. l. Item apud Labeo-
nem, ff. de iniuriis, & l. Respiciendum, ff.
de pœnis, sicuti capite ꝓximo meminimus.
5 Noua † recentiaq; indicia, hîc velim intel-
ligas, quæ à prioribus specie differunt, aut
substantia. Verbi gratia, sint prima in-
dicia, quod malæ famæ fuerit & vitæ, mo-
rumq; pessimorum, consuetus quosuis, et-
iam non lacessitus, cædere: quibuslibet a-
trocia ilico minari consuetus perpetuus in-
terfecti hostis, & vbiuis locorum infestus,
cui non raro etiam interminatus sit, & si-
milia. Noua recentiaq; erũt indicia, si acce-
dat testis fide dignus, qui audacter adstruat,
& deponat, se vidisse ipsum Reũ interemto
infligere plagã, ictum, & verbera. Aut si di-
cat, quod audierit ipsum Reum id factum
aperte fatentem. Delationes & istiusmodi
depositiones testiũ, gignunt noua indicia,
à prioribus specie planè distantia eoque di-
gna & sufficientia, ob quæ Reus inconfes-
sus denuo ad iterandum cruciatum reuoce-
tur, nouamq; retorturam subeat. A qua
sententia nequaquam abhorrent Angelus
Aretin. in suo tractatu maleficiorũ in verb.
fama publica præcedente, in versic. Quæ-
ro, quæ dicantur noua indicia: D. Ludou.

Bologninus in additionib. ad tractatum D.
Guidonis à Suzaria, de indiciis & tortura,
num. 61 D. Hippol. de Marsil. in sua pra-
ctica caussarum criminalium, § Quoniam,
num. 9. arg. no. in l. Per hanc, Co. de tem-
porib. appel. Bart. non inconcinniter idem
tenet in d. l. Vnius, ad exordium, ff. de quę-
6 stionib. atque in suo tract. de quæstion. In †
quibusdam locis Flandriæ ac aliarum regio-
num (nescio quo spiritu afflati) vt videan-
tur boni Iudices, Officiarii aut Assessores,
neque Deum, neque leges præ oculis habē-
tes. testibus Cyn. in d. l De tormentis, Gui-
done à Suzaria, Angel Aret. locis iamiam
allegatis ex vsu & consuetudine habent:
Quoties Reus legitime, & multorum fide
dignorum testimonio fuerit conuictus: to-
ties, & tam diu Reum ad quæstionariam
torturam reuocare. crucemq; toties, adeo-
7 que intendere, donec pœna exaturatus † &
victus, singula fateatur: huic fundamento
innitentes, quod nullum Reum inconfes-
sum, morti adiudicare ipsis liceat, nec non
& alteri fundamento, cuius meminit §. Il-
lud videlicet. versic. Oportet enim eos, in
Authent. vt Iudices sine quoquo suffra. fi-
ant. ibi torquebunt fures, & non prius qui-
escant, donec reddant furta, &c. A qua ta-
men torturæ liberali & immodica repeti-
tione suaserim abstinendum, atque cauen-
dum: maxime quum doctorum omnium
theorica sententia, contrarium huic secun-
do fundamento defendat: prout supra cō-
memoraui. Ita etiam in terminis voluit
Bald. acutissimi ingenii doctor, in l. 2. C.
quorum appella non recip. & in d. l. Milites,
C. de quæstionib. D. Abbas, in can. Cùm in
contemplatione, in 2. colum. in versic. Se-
ptimo queritur, ext. de reg. iur Ita nec dissi-
militer adstruit D. Guido à Suzaria in locis
8 prius memoratis. † Nihil attamen in ma-
9 gno Consilio, nihil in Consilio † Flandriæ
pendunt confessionem Rei: si quando legi-
tima, dignaq; satis condemnatione habue-
rint de facto testimonia, probationē & no-
10 titiam. Sufficientem autem † probationem
in negotiis criminalibus dicunt esse, euidē-
tem & claram depositionem, hoc est, duos
11 omni suspicione vacuos testes, qui † certo
testabuntur se conspexisse Reum crimē pa-
trantem: quam nonnulli probationem ple-
nissimam vocāt. Probatio enim quæ fit per
visum, & per inspectionem oculorum, est
dignior & potentior omnibus aliis proba-
tionibus, teste gloss. in verb. Requirit, in c.
Ad nostram 3 de iureiur. cuius meminit
D. Hippol. de Marsil. in sua insigni practica
caussarum criminalium, § Secundi, num.
12 22. Quisquis † in tormentis semel delictum
est confessus. moxq; à pœna id iterum ne-
gauerit, potest denuo ad torturæ cruciatum
recipi, quo in priori confessione constantiā
seruet, Bald. in l. In bonæ fidei, versic. Item
quæro, C. de reb. credi. & Alexand. in l. V-
nius, § Reus, ff. de quæstionib. In quo ta-
men iterato cruciatu si nihil confessus fue-
rit, & negando perstiterit: non est tertio re-
torquendus: quandoquidem indicia prio-
ris confessionis per supplicium, & pœnam
secundæ torturæ satis expiata sunt, quem-
admodum meminit D. Hippol. de Marsil.
in d. § Nunc videndum, nu. 26 in sua pra-
xi caussarum criminalium. Sunt Iudices †
13 qui ad extorquendam veritatem, inedia, si-
ti, & fame grauissima Reum pertinaciter ni-
hil profiteri volentem excruciant: vt vel
hoc modo delictum citra aliam torturam,
& absque nouis indiciis confiteatur. Verum
istud ex iure prohibitum est, sicut & alii cō-
similes torquendi modi veteres & inusitati,
quorum aliquot supra quoq; meminimus.
14 Quum † Reus confessus semel fuerit crimē,
quod solus patrare nequierit, sed quod so-
cios ad complementum requirat, eundem
Reum semel tortura afflictum, ad torturæ
iterationem reposcere licet: vt vel hoc pacto
eosdem cooperarios prodat, si alioqui eos-
dem aperte prodere nolit. Huic congruit
l. final. coniuncta glos. in verb. Conscien-
tia, C. de accusat. & inscript. c. 1. addita o-
ptima

ptima gloss. in verb. Confessi, ext. de con-
15 fess. Si autem † in pœna quempiam accusa-
tione grauet, & prodat, abunde magnum
præbet ex eo indicium & argumentum, vt
ex illius confessione idem illic delatus com-
prehendi mandetur. Verum non efficax sa-
tis est ipsius confessio ad alterius delati sup-
plicii torturam aggrediendam: nisi alia cer-
tioraq; consequerentur indicia: quia, vti sę-
16 penumero † præallegatum est, ad quæstio-
nem siue torturam liberi hominis procedi
non debet, nisi præcesserint indicia suffici-
17 entia & verisimilia. Nam à † tormentis in-
cipiendum non est, sed oportet indicia præ-
cedere, & Reum suspectum esse, sæpe allega-
tis l. 1. in princ. l. De minore, §. Tormenta,
l. Maritus, iuncta ibi gl. in verb. à quęstionib.
& l. final. ff. de quæst. l. Cum cognitionali-
ter, & l. Milites, C. eod. tit. de quæstionib.
& hanc opinor esse humaniorem ac tutio-
rem sententiam: & si nonnulli contrarium
asserere nequaquam erubuerint, quos hîc
18 recensere breuitatis gratia omitto. Si † Reus
ex multiplici torturę reiteratione & assiduis
cruciatibus tãdem succumbens moreretur
in pœna, aut certè in vllam corporis muti-
lationem incideret: homicidii aut mutila-
tionis suscipione ilico notandus esset Iu-
dex, etiam si digna apertaque satis ad tortu-
ram habuisset indicia, nisi semet expurga-
re posset, & re declarare, quod in torquendi
mandato, & actu iustas vsitatasque leges,
& moderationem, contra animi iudicium,
& iurium & prudentiæ æquitatem, non ex-
cessisset: sed quod zelo iustitię omnia ad ve-
ritatis inquisitionem fideliter & prudenter
fuisset consectatus: nihil autē tentarit dolo,
malitiæ, aut odii gratia, Angel. Aret. in suo
tract. maleficiorum, in gloss. in verb. Fama
publica præcedente, versic. Octauo quæro,
quid si tortus moritur, &c. D. Franciscus
Brunus admodum liberaliter & prolixe in
suo vtili & practicabili tractat. de indiciis
& tortura, quæstione 5. secundæ partis, in-
cipiente, Quintò principaliter quæritur,
num. 18 ad finem, 19. 20. 21. 22. 23. 24. 25.
26. 27. 28. 29. 30. 31. 32. 33. D. Guido à Su-
zaria in suo perutili & quotidiano tractatu,
de indiciis & tortura, num. 85. 86. 87. 88. 89.
19 Cæterum † hoc loco Lictorem, Iudicem,
aut alium quempiam, ad quem torturæ in-
fligendæ spectabit ratio, ignorare nolim,
quò felicius & æquius quæstionariam tor-
turam ex personarum qualitate exerceat,
varia esse latronum, furum, incendiariorū,
sicariorum, idque genus similium malefi-
corum genera. Horum enim nonnullos re-
perias veteranos, qui admodum diu longo-
que vsu, omne facinorum genus tractare &
patrare nō veriti sunt. Alios verò non ita diu
reperias maleficiis semet inquinasse. Postre-
mò eorum aliquos cognosces recentes qui
pauculis aliquot mensibus vitam suam va-
rio maleficiorum genere commacularunt.
Atque inter huiuscemodi subinde reperies
(expertus & ex propria ipsorum confessio-
ne loquor) qui sese mutuis suppliciis in ne-
moribus excarnificāt, & ad omne tormen-
torum genus forti animo perferendum do-
cent, exercent, & obdurant: ne quando ca-
pti serioque torturam subeuntes, tormen-
tis cederent, sed vti cuncta exercitato cor-
pore, & animo gustatis pœnis edocto, & ob-
firmato, constanter citra vllam confessio-
nem, vlliusve proditionem perferrent, ac
deuorarent. Ante vllam igitur quæstionem
operæprecium esse putaui Iudicem isthæc
cognoscere: & quamdiu sese in latrociniis
exercuerint, deinde an aliquando in nemo-
ribus à suis sociis torturā obiissent: quod ex
rerū istarū notitia, aut remissius, aut inten-
sius seu durius cruciatū abhibere mādauerit.

CAPVT XXXIX.

De confessione rei in tortura.

Summæ rerum tractatarum in Commentar. CAP. 39.

1 *Reus in tortura crimen agnoscens, à tortura laxandus est.*
2 *Reo in tortura non interrogata imprudenter confesso, nulla danda est fides.*
3 *De confesione criminum non rogatorum post facienda est inquisitio.*
4 *Rei sæpe ex durissimo cruciatu contra se falsa fatentur.*
5 *Rei sæpe malunt iniustam mortem occumbere, quam pœnarum torturæ sæuitiam perpeti.*
6 *Rei confessio de alterius delicto, tantum ad alterius apprehensionem valet, non ad torturam.*
7 *Reus in tortura crimen confessus, postridie eandem confessionem, liber, & palam vniuerso Senatui iterat.*

1 SI quando Reus in † torturæ supplicio de-
lictum, ob quod excruciatur fatebitur,
ilico relaxādus est à pœna, nec vlteriori tor-
2 mento stringendus est. In qua † pœna ta-
men, si quid sponte præter interrogata &
imprudenter contra se effutiuisset, aliave
delicta confessus fuerit de quibus nulla Iu-
dex certa habuerat indicia: non est istis con-
fessionis verbis vlla à Iudice dāda fides, neq;
magni statim facienda est huiuscemodi cō-
fessio. Ita placuit D. Bald. de Periglis Peru-
sino in suo tractat. de quæst. & torment. sub
secundo capite, loquēte de effectu quęstio-
nis nume. 9. nec non D. Hippol. de Marsil.
in sua insigni practica caussarum crimina-
lium, §. Secunda quæstio. Et Iacobo de Bel-
louisu in sua solenni practica iudiciaria in
materiis criminalibus, tit. de quæstionib.
num. 59. Et D. Iasoni in suis consiliis, con-
silio 188. incipiente, Spectabilis dominus
Marcus Antonius, in 2. vol. Itē D. Panormi-
tano in c. Cum in contemplatione, de reg.
iuris. Idem confirmat D. Felinus in c. At si
clerici, de iudic. in vers. Sexto limit. num.
5. qui hanc materiam locupletissimè ibi di-
3 ctis locis tractarunt. Attamen post † tortu-
ram resciscet, quidnam sit quod de hac re
vltro non interrogatus confessus fuerat: ve-
rum ne scilicet fuerit, an falsum. Quando-
4 quidem † sæpe numero compertū est Reos
ex torturæ intolerabili cruciatu, & ex despe-
ratione sæpe audacter confessos quæ ne co-
gitarint quidem vnquam: nedū opere com-
5 plessent: vtique vel quodlibet † mortis ge-
nus alacriores subituri, quam tam inhuma-
num cruciatum diutius perpessuri, l. 1. §.
In caussa tributorum, versic. Quæstioni fi-
dem, ff. de quæstionib. Pari ratione censen-
dum est, quum Reus in tormentis quem-
6 piam prodit & accusat. † Nam isthæc accu-
satio solum coniecturam præbet, qua accu-
satus capi & comprehendi poterit non ad
7 torturam exigi aut condemnari. Quū † au-
tem Iudex cōfessionem Rei cognouerit, eā-
que in scriptum redegerit, iubet eundē po-
stridie sisti suo tribunali, ibiq; rursum corā
vniuerso Senatorum cœtu, ab ipso iam ab
omnibus vinculis libero, & extra omnē pœ-
nam, eandem confessionem exigit: quam
liberam confessionem ilico graphiariorū,
scribarum, ac notariorum calamis, scripto-
que excipiendam curat, & ad processus de-
finitionem progredi mandat. Ita pulchrè
adstruit Hipp. de Marsil. in sua pract. caussar.
criminal. §. Quoniam. Et D. Lanfrancus ab
Ariadno in suo excellentissimo tractatu cō-
fessionum, versic. Et quęro primo num. 8.
Idem affirmat D. Ludouicus Bologninus,
in additione ad perutilem & quotidianum
tractatum de indiciis & tortura D. Guido-
nis à Suzaria, numero 69. & hæc praxis
seruat.

CA-

XLI. Qui a tortura sint excusandi

CAPVT XL.

De negatione patientis in tortura.

Summæ rerum tractatarum in Commentar. CAP. 40.

1 *Reus in tortura nihil confessus, liberatus à tortura, reducitur ad carcerem.*
2 *Reus in tortura nihil confessus, non èmergentibus nouis indiciis,* { *Practicè absoluitur per Quousque.* / *Iuridicè absoluitur plenariè.*

Tortura quauis criminum purgat indicia.

1 SI Reus in tormento † singula constanter negauerit, nullaq; interrogatorum fateri voluerit, reducitur tum iterum ad carcerem. Vbi decem, viginti, aut triginta diebus, ampliusq; aut minus, pro Iudicis prudentia seruatur, an forsitan alia noua indicia aliunde sint euentura. Quæ si non delata fuerint, è carcere † & ex omnibus vincu-
2 lis liberatur pristinæque libertati (qua ante capturam fruebatur) restituitur, & dimittitur. Quousque: hoc est donec denuo in iudicium accersatur: sine ampliori & plenaria absolutione, atq; ita receptum est fieri
3 in practica. Nam ex iure † plene absoluendus erit, quod per exactam torturam ab omnibus indiciis & suspicionibus satis sit purgatus.

CAPVT XLI.

Qui à tortura sint excusandi.

Summæ rerum tractatarum in Commentar. CAP. 41.

1 *Doctores,*
2 *Equites aurei Velleris,*
3 *Equites aurati,*
4 *Officiarii,* — *A tortura sunt excusabiles.*
5 *Pueri minorennes,*
6 *Senes deliri,*
7 *Mulieres grauidæ.*

8 *Crimen læsæ Maiest.*
9 *Proditionis,*
10 *Simoniæ,*
11 *Maleficii,* — *Nulli à tortura patrocinium præbent.*
12 *Falsi,*
13 *Priuati carceris,*

1 NEmo de crimine sufficientibus † plenisq; indiciis suspectus, à tortura purgari poterit: exceptis iis, quos leges & iura ipsa excipiunt, quales sunt Doctores, quemadmodum sustinent Angel. Aret. in suo insigni tractatu maleficiorum in gloss. in verbo, Fama publica præcedente, versic. Sexto quæro. Amplè D. Franciscus Brunus in suo vtili & practicabili tract. De indiciis & tortura, quæstione tertia secundæ partis, numero 23. Et Hippolytus de Marsiliis, in sua solenni practica criminali, in §. Expe-
2 dita, nu. 29. † Equites aurei Velleris, Equi-
3 tes aurati, † cæterique summates & proce-

res in magnis dignitatibus constituti. l. Mi-
lites in exordio, C. de quæstionib. l. Nullus,
C. ad l. Iul. Maiest. & l. Diuo Marco, C. de
quæstionibus, nec non præfati Doctores lo-
4 cis iamiam allegatis. Item † Principum of-
ficiarii, ciuitatum rectores, hisque similes,
officiorum suorum durante tempore, d. l.
Diuo Marco, & l. Decuriones, Cod. de quæ-
stionib. Angel. Aretin. in d. sua practica, in
5 citato § Expedita. Insuper & pueri † ætatis
infra decimumquartum annum, quique
virgis ac ferulis etiamnum puniendi sub-
iacent, l. De minore, ff. de quæstionib. l. 1.
§. Impubes, & § Impuberi, & l. Excipiun-
tur ff. de S. C. Sylla. huic seruit l. 1. & quæ
ibi habentur, C. Si aduersus delict. Præter
6 ea † senes pene delirantes, memoriæ vitiis
multum laborantes. l. 1. §. Impubes, iun-
cta ibi gloss. in verbo, ætas, & l. 3. §. Igno-
7 scitur, ff. de S. C. Sylla. Postremo † mulie-
res imprægnatæ, & grauidæ (nihil refert à
proprio ne marito, an ab adultero, l. Et ser-
uorum, §. penult. ff. de statu homi.) tutæ
sunt à tortura, donec enixæ partum, vali-
diores sint effectæ: Ita luculenter tenuit D.
Bart. in l. Prægnantis, ff. de poenis. D. Franc.
Brunus in suo tractatu, de indiciis & tortu-
ra, quæstione quarta secundæ partis, num.
3. & D. Hippolyt. de Marsiliis in d. sua praxi
caussarum criminalium, § Nunc videndū,
num. 47. & 48. Sunt tamen crimina, in qui-
bus istiusmodi exceptiones cessant, & ob
quæ leges nulli à tortura patrocinantur: sed
quosvis indiscriminatim ad questiones po-
8 stulant: qualia sunt † crimen læsæ Maiesta-
tis, l. De minore, 2. responso, ff. de quæ-
stionib. & l. Nullus, C. ad l. Iuliam Maiest.
Aretin. in tractat. maleficiorum in gloss. in
verb. *che hai tradita la tua patria*, in princ.
9 Proditio † patriæ, Ciuitatum, aut princi-
pum, hisque affinia, l. Desertorem, §. His qui
ad hostes, & l. Proditores, ff. de re militari.
10 † Idem videtur in crimine simoniæ, teste
gloss. in verb. Maiestatis, in d. l. Nullus, per
textum in l. Si quenquam, C. de Episc. &
cleri. ibi, ad instar publici criminis, & læsæ
Maiestatis accusatione proposita, à gradu
11 sacerdotii retrahatur. Nec absimile † cen-
setur dicendum in maleficis & mathemati-
cis atque aliis similibus, de quibus loqui-
tur l. Et si excepta, C. de malefic. & mathe-
12 mat. Adde † idem dicendum esse in crimi-
ne falsi, l. Si quis decurio, C. de fals. Et idem
13 † in priuato carcere, l. 1. C. de priuat. carce-
rib. Duorum postremorum meminit gloss.
in verb. Demonstrantur. in d. l. Et si exce-
pta. Horum nec oblitus est D. Franciscus
Brunus in suo sępe allegato tract. de indiciis
& tortura, quæstione quarta secundæ par-
tis, numero vigesimo quarto nec non alii
moderni practici in sæpe allegatis eorum
tractatibus.

CAPVT XLII.

De purgatione vulgari, & principio de Monomachia, siue de Duello.

Summæ rerum tractatarum in Commentar. CAP. 42.

1 *Intendens alteri crimen quod probare nequit, monomachiam indicere solet.*
2 *Ad monomachiam prouocato, agnoscendum crimen, aut concertandum fuerat.*
3 *Monomachia apud Longobardos multum recepta.*
4 *Duelli leges à Longobardis conscripta.*
5 *Duelli duplex ratio.*
6 *Duellum Francorum.*
7 *Duella quare reiecta & abolita.*

1 Fucus

XLII. De purgatione vulgari

8 *Fucus excusationis duelli.*
9 *Duellum à Comitibus Flandriæ ablatum.*
10 *Duella in Francia à Philippo Pulchro reuocata.*
11 *Duelli prorsus tollendi triplex ratio.*
12 *Casus de iure, duellum admittens.*

1 OLim, si quando † actor quispiam intentatum alteri crimen & factum condigno testimonio, aut alia quauis probatione ordinaria cõfirmare nequiuerat, probationis certitudinem addixit, & recepit corporis sui periculo: offerens aduersario fatalem illam chirothecam, qua ipsum ad monomachiam prouocauerat: persuasum habens, veritatem, iustitiam, & innocentiam seipsum ab aduersarii iniustitia prote-
2 cturam. Quam equidem † chirothecã aduersarius assumere cogebatur, aut intentati criminis veritatem agnoscere. Huiusmodi
3 † autem duella multum recepta fuere apud Longobardos, quo tempore Italiã ipsi oc-
4 cuparunt: adeo vt † non paucas de his conscripserint leges, quas ipsi ius Longobardorum vocant. In quo octodecim aut viginti descripserunt capitula, partim criminalia, partim ciuilia quorum vi aut dimicandum fuerat, aut crimine agnito, iuri conceden-
5 dum. Ita vt si † crimen fuisset capitale, concertandum erat ad alterius internecionem vsque. Si vero ciuile, ad vlterius deditionẽ vsque in pugna standum fuerat. Idem quo-
6 que receperunt † Franci, hinc iura sua habẽtes, quas leges vocarunt Salicas, de quibus
7 multa conscripta sunt † Verum quum isthæc duelli conflictatio rectè pugnet cum omnibus diuinis, humanis, naturæque legibus: & beluina potius sit furia, quã humana
8 insania: deinde † quod ipsa hæreseos fundamento ac huic basi innitebatur: qua sibi palpabantur, diuinam iustitiam nunquam sinere innocentem vlla in re possum ire, quum verius tamen istud sit, diuinam tentare clementiam, & ex diffidentia omnipotentiæ diuinæ experimentum quærere, c. vltimo, extra de purgat. vulga. Ideo tum iure Canonico, tum Ciuili vetitum fuit ne quis iis legibus amplius vteretur, vt ex c. de purgat. vulga. per totum, 2. q. 4. c. Consuluisti, & c. Monomachiam, & ibi gloss. c. 1. & 2. ext. de torneamen. ff & C. ad l. Corneliã de sica. variis in locis, & l. Vnica, de gladiatoribus, lib 11. C. iuncta ibidem gloss. in
9 verb. Gladiatores. Earumq; † immunitatem multis Flandriæ ciuitatibus Comites largiti sunt sancientes, necubi huius Regionis diutius eæ pertraherentur in vsum: quod & in hunc vsque diem fideliter cautũ
10 est. Cæterum in † Francia Rex Philippus Pulcher hãc duelli rationem, rursum ab inhumanis atque adeo Tartareis Erynnibus, in lucem & hominum vitam suis diplomatis reuocauit, anno ab orbe redempto, millesimo trecentesimo sexto, volẽs ea in quatuor potissimum vtendum esse: Nempe cũ res fuerat criminalis aut capitalis: Cũ proditoriè patratum est crimen, & commissum adeo clam, tamq; latenti Marte, vt alia via innotescere veritas nequeat: Deinde vbi ꝓuocatus, patrati criminis ob vehementes suspiciones & certa indicia suspectus est: Et postremo, quoties de patrato crimine certa
11 veritas habetur. Triplici † tamen ratione isthæc vulgaris purgatio merito prohibita est. Prima scilicet, quod cacodæmonũ versuta calliditate & inuidia sit reperta: vti vel hoc modo miserãda nece sese conficerẽt homines, vnde non mediocre animarum tum spectatorum, tum peragentium, tum consentientium subsequeretur detrimentum, d. c. Monomachiam, & Panor. in c. 1. ad finem, extr. de cleric. pugnan. in duello. Secunda, quod per eam diuina potentia & iustitia aperte tentetur, d. c. Vltimo, ext. de purgat. vulga. Tertia, quod per eam sæpe

innocens ob alterius iniustam prouocationem condemnaretur: contigit enim multos sub iniusto clypeo perire, c. Significantibus, ext. de purgat vulga. Reperio † tamen
12 indubiè vulgarem purgationem siue duellum in casu sine scrupulo admittendũ, quum publicæ salutis caussa fiat: & istud est admodum laudabile: textus est. in l. 1. §. Sed si quis operas, ff. de postulan. Vbi licèt locans operas, vt cum bestiis pugnet, infamis sit, eadem l. §. Et qui operas, tamen non est infamis, qui locat operas, vt expugnet feram regioni nociuam. Horum plus satis. Interim tamen lector, vbi tibi videbitur, omnia ista & plenius & distinctius cõperies apud Ioannem de Lignano Iurisconsultum non incelebrem in pulchro suo tractatu de duello, multa admodum de hac re memoria digna describentem, potissimum pro gloriosis, ne dicam, ingloriis ac insensatis. Quare isthæc dixisse hìc nobis sufficiat.

CAPVT XLIII.

De alia purgatione vulgari.

Summæ rerum tractatarum in Commentariis CAP. 43.

1 *Purgatio alia vulgaris, solita fieri per ferrum candens, aquam bullientem, &c.*
2 *Purgatio vulgaris, modo & forma prædictis, quare prohibita.*

1 EOdem pene tempore, † & aliæ purgationes & vulgares fuere receptæ, quibus à præsumptionibus & suspicionibus diffamati & delati purgabantur. Nempe: cùm candens ferrum vola manus compresserant: aut cum super ignito ferro nudis plantis incesserant: his ve similia: de quib. purgandi formis, multa donata sunt à principibus priuilegia Flandriæ. Porro Gandensibus ciuibus à Comite Flandriæ indultum priuilegio fuit, sese purgare aqua frigida, quod sanè interpretandum est de aqua frigida, & adhibitis consuetis funibus Verum
2 quum † & istiusmodi purgationes nihil habeant humanitatis, sed tyrannico animo, diabolicoque instinctu inuentæ atque excogitatæ, ad diuinæ potentiæ tentamenta rectè vergant: ideo non temerè Canonico iure prohibitæ sunt & abolitæ: ne amplius iisdem vteremur, c. Ex tuarum, ext de purgat. canonic. & extr. de purgat. vulga. per totum, c. Consuluisti, 2. q. 4. & D. Andreas Alciatus vir haud mediocris diligentiæ in suo perutili iudiciarii processus compẽdio, atque iuris vtriusque praxi, titulo, Quid sit purgatio, cum sequenti.

CAPVT XLIV.

De purgatione canonica.

Summæ rerum tractatarum in Commentariis CAP. 44.

1 *Purgatio canonica iure Pontificio inuenta.*
2 *Forma purgationis canonicæ.*
3 *Infamatus se purgabit iuramento veritatis.*
4 *Compurgatores purgabunt caussam iurantis de veritate, iuramento credulitatis.*

5 Numerus

5 *Numerus compurgatorum arbitrarius.*
6 *Canonica purgatio frequens ecclesiasticis.*

1 IVra Pontificia, aliam † quoque suspicionum & præsumptionum purgandarum formam inuenerunt & statuerunt, quam
2 vocant purgationem canonicam. Qu† fit, cum Iudex diffamatum & criminis suspectum conceptis verbis ad iuramentum, adstante bonæ fidei virorum certo legitimo-
3 que numero, adigit & adstringit. Ita † vt suspectus seu infamatus iuret se à crimine, super quo infamatur, immunem esse & innocentem, c. Constitutus, & c. Accepimus,
4 ext. de purgat. canonic. † Cæteri vero instantes testes, dicti compurgatorii, iuramento se deuincient, & iurabunt, quod credant & putent suspectum ac infamatum iurantem, vera iurasse. can. Quoties, & d. can. Constitutus, extra de purgat. canonic. Neque enim ad fortius iuramentum vrgeri possunt, quam ad, ita credere, itaque sibi persuasum esse: alioqui procliues fieri possint, & vicini periurio, lege Videamus, Di-
5 gestis de in litem iurand. Testium † autem huiusmodi coniurantium siue compurgatorum certus numerus plane consistit in arbitrio Iudicis: vt multos statuat, an paucos: ecclesiasticos, an seculares: pro personarum qualitate, & infamiæ & criminum quantitate, eoque & tempore & loco, quibus ipse Iudex velit, can. Cum in iuuentute, extra de purgat. canonic. can. fin. extra de transactio. ibi textus & glossa.
6 Hac † igitur forma vtuntur frequenter Curiæ spirituales: Et earum imitatione, subinde etiam tribunalia sæcularia, seu prophana in Flandria, nec non aliis in locis.

CAPVT XLV.

De purgatione legali.

Summæ rerum tractatarum in Commentar. CAP. 45.

1 *Legitimè purgandus, se vltro captiuum præbet.*
2 *Legitime purgandus, quando citabit partem aduersam.*
3 *Legitima purgationis priuilegio priuatur, quisquis captura preuentus fuit.*
4 *Legitima purgatio fit ex sumptibus purgaturi, nisi, &c.*

1 VVlgaris practica, & † legalis purgandi forma in legitimis Curiis est, vt suspectus semetipsum in captiuitatem tradat: aut in loco suæ habitationis: aut vbi Iustitiæ subiicitur, seu forum sortitur: aut vbi crimen admissum fuerit. Aut certè sese captum exhibeat dominis de Consilio, velu-
2 ti omnium Iustitiarum præsidentibus: † deinde citandos curet singulos Officiarios, omnes aduersarios suos, & quotquot ipsum de hoc crimine (cuius diffamatus & suspectus fuerat) grauare velint: Si tamen factum tale fuerit, vt ab eo per processum, aut per purgationem ordinariam se purgare posset: veluti si retorto telo, alibi commissum esse, aliumque criminis patrati authorem commonstrare poterit: aut si consimilibus, ordinaria legitimaque probatione, & nequaquam præsumptionibus aut indiciis defensionem suam adstruere valeat: aliàs vero minimè licebit contra se cita-
3 re Officiarios, aut alios aduersarios. † Porrò si diffamatus prius captus fuerit ob crimen, à quo se expurgare concupiscat, quam

sese purgandum vltro dedisset, non esset is tum habilis, vt se purgationi traderet, sed respondendum ipsi tunc fuerit Officiariis
4 loci, vbi captus est. Cæterum † purgationes omnes oportet fieri & deduci ex sumptibus impetrantis: nisi Officiarius quispiam aut alius aduersarius purgationem reiiceret, vnde nihil probare valens mox excideret. Hoc tũ casu, aduersarius ille aut Officiarius incideret in omnes expensas, & ob illatam calumniam, in omnes sumptus detrimentorum, & incommodorum condemnabilis fieret, arg. l. Si postulauerit, §. fin. ff. de adulter. cum ibi notatis & l. fin. C. de fructi. & lit. expen.

CAPVT XLVI.

De sese præsentando Torturæ contra partem aduersam.

Summæ rerum tractatarum in Commentariis CAP. 46.

Purgaturo sese { *Non conceditur* / *Aliquando conceditur* } *Con tortura cum aduersario* { *Recusante,* / *consentiente.* }

1 NEmo in † hoc audiendus est, neq; acceptabilis, si semetipsum tortura purgandum cõtra partem suam aduersam, offerat. Verum necessum est, legitima purgatione sese defendat, factaque sua debitè pro-
2 bet: alioqui à caussa sua decideret. † Attamẽ si pars aduersa eam torturæ probationem in se acceperit, sibique placuerit ad maiorem veritatis contestationem, simul cum accusato scamni torturalis pœnam subire: Iudex hoc casu, processum per torturam perficere posset, ex consensu scilicet Partis, & si aliter veritas haberi non posset, fa. l. Diuus Pius, ff. de quæstion. cum innumeris haud dissimilibus.

CAPVT XLVII.

De confrontatione.

Summæ rerum tractatarum in Commentariis CAP. 47.

Conceptiuis in { *Mutuis accusationibus discordantibus, quid Iudici faciendum.* / *Commentis suis persistentibus, confrontatione vtendum.* }

In testes constanter depositionibus discrepantes, subinde confrontatio exercenda.

1 QVum † duorũ captiuorum alter alteri crimen imponit. & in delationib. discordant: iubet vtrumque Iudex sibi sisti, quos de discordantiis interrogat, prius sepa-
2 ratim, mox vtrunq; coniunctim. In † quibus modis si Iudex ipsos quasi in subdolis commentis, siue fictionibus persistere comperiat, neque vllis aliis modis veritatem indagare potest, mãdat simul vtrunq; in alterius mutuo conspectu torqueri (quod nos recepto magis quam Latino vocabulo vocamus *Confrontationem*, quasi fronte ad frontem) verum hîc summa Iudici adhi-
3 benda est prudentia. Similem † quoq; confrontationem exercet, quoties duo testes in materia criminali disconueniunt, ita vt alter suspectum accuset, alter excuset: maxime si aliter constare veritas nequeat: seruit huic textus in l. Diuus Pius, ff. de quæstionib. cum infinitis similibus iuribus.

CA-

CAPVT XLVIII.

De probatione ordinaria.

Summæ rerum tractatarum in Commentar. CAP. 48.

1 *In probatione ordinaria, officium actoris est, Reum praire.*
2 *In probatione ordinaria, officium* { *Rei fuerit, defensionem probare.*
3 *Iudicis est, Informationem efficere: Nisi* { *Testibus longe dissitis,*
4 *Morbo,*
5 *Impedimento* } *Præpeditus sit.*
6
7 *Testes citati, comparere recusantes, vt corrupti & falsi habendi sunt.*
8 *Inquisitionem facturum, plene de circumstantiis edoctum oportet.*
9 *Circumstantiæ caussas grauant aut eleuant.*
10 *In conclusione pecuniaria, Rei diffamati opulentia spectanda.*

1 IN ordinaria probatione, Actoris † est Reũ
præire, quum tempus ipsi constitutum
2 fuerit. † Et quum productionem suam per-
egerit, mox consequetur Reus probaturus
suam defensionem: D. Bald. in l. Frustra.
versic. Modo quæro, C. de probat. & l. Si
quidẽ, C. de exceptionib. & l. In pecuniariis,
3 ff. de feriis. In † materia criminali, ipsius
Iudicis fuerit informationem (vulgo *En
questam*) efficere, nisi secus rerum status
4 suaserit: veluti si testes ab ipso † longe sint
dissiti, aut si morbo, aut simili aliquo im-
5 pedimento præpeditus fuerit. † Quibus ca-
sib. licitum fuerit Iudici in hoc negotio al-
6 teri suas delegare vices. Si verò testes † com-
parere detractẽt, fortasse ex dissuasione, aut
corruptione malefici, aut ex alterius timo-
re, aut certe mala dehortatione, potest Iu-
dex eosdem præmio corruptos ad tribunal
7 suum accersere. Qui si ne † tunc quidem
comparuerint, habebit eos Iudex vt falsos,
& contra eos procedere potest. In probatio-
ne ordinaria criminali, Reus admittitur ad
probationem negatiuarum: nempe, quod
rem sibi imputatam non fecerit: Bald. in l.
8 Actor, in fin. C. de probat. Iudex † aut cõ-
missarius inquisitionem aut informationẽ
faciens, oportet accurate seipsum informet
9 de rerum circumstantiis: quod ex † iis facti
caussæ plurimum aut grauantur, aut ele-
10 uantur. Si conclusio † Reum vrgeat ad pœ-
nam pecuniariam, aut aliam frugiferam
mulctam oportet tum diligenter Iudex re-
sciscat, & inquirat de Rei diffamati opulen-
tia, & facultate: vt æquiori libramine ciui-
les has pœnas & mulctas expensurus, taxare
& iudicare posset.

CAPVT XLIX.

De plena probatione in materia criminali.

Summæ rerum tractatarum in Commentar. CAP. 49.

1 *Duo irreprobabiles testes* }
2 *Vltronea Rei confessio,* } *Plenam probationem efficiunt, Non* { 4 *Præsumptio,*
3 *Euidentia facti,* } 5 *Fama,*
6 *Opinio,*
7 *Fuga.*

8 *Probationes in criminalibus oportet esse clarissimas.*

1 DVo ſufficientes † teſtes, haud reproba-
biles, viuida de facto teſtimonia feren-
tes, hoc eſt, ex viſu, & certa notitia teſtãtes,
plenam atque abſolutam probationem in
re criminaria efficiunt, tritiſſima l. 3. § Item
Diuus, iuncta ibidem gloſſ. in verb. Spe-
ciem, & ibi Bart. ac ſequaces & l. Vbi. ff. de
teſtibus, huic quam optime ſeruit c. Teſtes,
3. q. 9 Vbi expreſsè textus: Teſtes per quã-
cunque ſcripturam teſtimonia non ferant,
ſed præſentes de his quæ nouerunt & vide-
runt, veraciter teſtimonium proferant &c.
coniunctis ibidem gloſſ. in verb Sed præ-
ſentes, & in verb. Quæ nouerunt, c. 2. & c.
Ex literis, ext de probat. c. In omni c. Li-
2 cet & can, Cum à nobis, extra de teſtib. & c.
Nouit, ext de iudiciis. Confeſſio Rei † ſiue
partis libera, vltronea, & extra omnẽ vin-
culum ac pœnam in iudicio facta, plenam
etiã probationẽ efficit l. Si cõfeſſus, ff. de cu-
ſto. reo. l. 1. §. D. Seuerus, & l. Si quis vltro. ff.
de quæſtion. & l. Si ſine, ff. de interrog. a-
ctionib. c. Cum ad ſedem, ext. de reſtit. ſpo-
3 lia. Euidentia † ipſius facti, qua Iudici ſci-
licet factum clare & aperte innoteſcit, ple-
nam quoque probationem facit, vulgato c.
Euidentia, ext. de accuſat. c. Ad noſtram, 3.
ext. de iureiurando, c. De manifeſta, 2. q. 1. l.
Ea quidem, Cod. de accuſat. D. Speculator,
practicus ſui temporis haud mediocris, in
tit. de probat. §. videndũ reſtat, verſ. quar-
to per euidentiam. Nec diſſimiliter tenuit
Ioannes à Graſſis, Doctor V. I. inſignis in
ſuo tractat. in arborem iudiciorum, ſub ter-
tio flore, num. 1. De notorietate ſiue euidẽ-
4 tia facti. Violenta † vero, validaq; præſum-
5 ptio, fama † opinio, † fuga, idque genus a-
6 lia, nunquam plenam probationem effice-
7 re poſſunt in materia criminali ad conde-
8 mnationem, quod ad criminis † materiam,
omnes probationes oporteat eſſe clariſſi-
mas. l. Sciant cuncti, C. de probat. cum ibi
notatis, quam legem canonizatam verbo-
tenus, legimus in c. Sciant cuncti, 2. q. 8.
concordat etiam c. Epiphanium, 5. q. 6. l.
Singuli, C de accuſat. l. Addictos, circa me-
dium, C. de appellat. l. Cum Reis, C. de pœ-
nis, cum infinitis iurib. nequaquam diſſi-
milibus. Rationem rationis aſſignat gloſ.
nequaquam incelebris in iamiam citata l.
Sciant cuncti, in verb. vel indiciis, dicẽs cla-
rius, diligentius, & perſpicacius fore agen-
dum, vbi de hominis ſalute agitur & tra-
ctatur: cuius inter multos meminit (etſi
prolixius paululum) Iacobus de Belloviſu,
in ſua ſolenni practica iudic. ſub rubr. De
cauſſis criminalibus, criminaliter intentan-
dis, num. 4. Quæ omnia à Iudicibus crimi-
num ſunt memoriæ ſcrinio commendan-
da, nec non præ oculis ſemper habenda, an-
tequam ad ferendas ſententias capitales
procedant.

CAPVT L.

De Reprobatione.

Summæ rerum tractatarum in Commentar. CAP. 50.

1 *Legislatores ad eorum quæ ſæpenumero eueniunt cognitionem, multo ſunt attentiores, quam ad ea, quæ rarius contingere ſolent.*

2 *Minores* { 14 / 20 } *annis.*

3 { *Aduerſarii.* / *Inimici,* / *Hoſtes.* }

15 { *Furioſi,* / *Phrenetici,* }

16 { *Excommunicati,* / *Hæretici.* }

17 *Pauperes,*

Famuli

3 *Familiares inimici.*

4 *Quis dicendus inimicus. / Quis aduersarius capitalis. / Nuper inimicus, nunc tamen amicus factus.* — *Nota*

5 *Domestici, / Familiares, / Mercenarii. / Conuictores,*

6 *Famuli, / Famulæ, / Mancipia.*

7 *Patres, / Matres, / Aui, / Auiæ.*

8 *Amici, / Cognati, / Affines*

9 *Mariti / Vxores,*

10 *Fratres, / Sorores.*

11 *Aduocati, / Procuratores, / Solicitatores.*

12 *Tutores. / Curatores.*

13 *Notati infamia*

14 *Socii criminum.*

18 *Monachi, / Regulares canonici, / Conuersi, / Quicunque sub regulari obedientia constituti.*

A fideli testimonio ferendo reiiciendi sunt.

19 *Homicidæ, / Malefici, / Sacrilegi, / Fures, / Raptores, / Adulteri manifesti, / Venefici, / Sortilegi, / Periuri, / Lenones, / Concubinarii manifesti, / Incestuosi.*

20 *Conspiratores. / Coniuratores,*

Testimonii gratia qui precio corrupti sunt.

— *Ad legitima testimonia non admittendi.*

22 *Accusatores,*
23 *Fœmina* — *admittendi non sunt ad testimonii fidem.*

24 *Fœmina in materia feudorum,*
25 *Fœmina in testamentis* — *Non sunt ad testimonium audiendæ.*

26 *Meretrices an dignæ testes sint in caussa criminali.*

27 *Probationes in criminibus debent esse omni suspicione & exceptione immunes.*

28 *Qui reprobatæ sunt Vitæ, Opinionis, Conuersationis, Iure à testimoniis repelluntur.*

QVum testimoniorum vsus in iure & praxi admodum frequens sit & necessarius & res præterea sit periculo plena, potissimũ in negotiis criminũ, ꝓpterea quod Iustitiarii & officiarii plerũq; aut ambitione turgidi, aut ignorantia capti, hîc soleant esse negligẽtiores & dormitabundi: ꝓfecto
1 † quũ ad eorum quæ sæpenumero eueniũt cognitionem multo vigilantiores sint & attentiores quã quæ raro contingere solent: vt in Authẽ. vt sine prohibitione matr. debit. & credit. §. Quia vero, & l. Nam ad ea, ff. de legib. Ideo mei muneris hic esse duxi nõnihil succisiui tẽporis huic rei impendere, & probandi materiã aggredi. In re igitur † cri-
2 minali reprobandi sunt minores 14. annis, l. 3. §. Lege Iulia. ff. de testib. Similiter & iuuenes 20. annorum ætate minores, l. in

testimonium, ff. de testib. c. Si testes, vers.
Item in testimonium, 4. q. 3. vel certe ipso-
rum testimonia non tantum habent pon-
deris, vt ad condemnationem vrgeant. Re-
3 iiciendi † quoq; sunt aduersarii, inimici, &
hostes scilicet capitales, & quotquot cum
capitalibus inimicis siue hostibus familia-
rem aut domesticam conuersationem ha-
bent, c. Repellantur, & c. Quum oporteat,
& ibi Felinus, ext. de accusat. Innoc. in c In-
qu sitionis, eod. tit. de accus. c. Licet Hely.
ext. de Simonia, l. 3. in exordio, & ibi Bart.
ff. de testib. l. Si quis, C. eod. de testib. quam
legem etiam reperimus canonizatam in c.
4 Si quis, 4. q. 3. Quis autē dicatur † aut præ-
sumatur inimicus, & quæ dicantur inimi-
citiæ capitales, describit D. Felinus amplis-
simè, in d. c. Repellantur, & in c. Afferte, in
4. colum. in ver. datur aliud exemplum,
circa finem versic. de præsumptionib. Ale-
xander in suis consiliis, consilio 99. primi
volum. & not. in d. c. Repellantur, & in d.
l. Si quis. Item reprobatur is qui aliquando
(etiam si nunc resarta gratia bene inter se
conueniant,) capitalis hostis, aut inimicus
fuit: nempe quod nunquam is vindictæ su-
spicione careat, per id quod notat gloss. in
verb. Nam adsit, in Authent. de testib. §. Si
vero quis dicat odiosum: multa de hoc per
D. Felinum in d. c. Cum oporteat, numero
5 4. Rursum † Domestici, Familiares, Merce-
narii & Conuictores à testimonio repellun-
tur, l. penult ff. de testib. & tritissima l. Et-
iam: & ibi notant Cynus & alii scribentes,
C. eod. tit. In literis, ext. eod. Ita notat glos.
in verb. Domestica, in l. Præsenti, in §. Sa-
nè, C. de his qui ad eccles. confug. Famuli,
6 † famulæq; mancipia, atque huiusce gene-
ris alii, à testimonio aut lato aut ferendo re-
pellendi sunt, l. Seruos, & l. Quoniam, C. de
testibus, l. Pridem, C. de quæstionib. c. Nul-
lus, 3. q. 5. & c. Si testes, versic. Item testes
7 quos 4. q. 3. Ad hæc reprobatione † tollun-
tur pater, mater, auus, auia, ascendentes, &
descendentes in infinitum, l. Parentes, & ibi
glos. in verb. Parentes, C. de testib. & d. c. Si
8 testes, vers. Item testes, 4. q. 3. Item † amici,
cognati & affines, c. Absens, 23. q. 9. Ita tenet
Bart. in l. Qui testamento, in §. Per contra-
rium, ff. de testamēt. c. Similiter, 3. q. 5. Spe-
9 cul. tit. de teste. Reprobatur † vxor pro ma-
rito aut contra. Probare namq; pro marito,
vetat affectionis suspicio. Contra vero ma-
ritum testari, reuerentiæ dispendium, & ma-
ritalis odii augmentum, gloss. in verb. Pa-
rentes, in d. l. Parentes, Fel. in d. c. In literis,
ext. de testib. Notatur etiam per Scribentes
in d. l. Etiam. Huic seruit dictum Baldi, &
Doct. in l. Si cum dotem, §. Si maritus, ff.
sol. matrim. quod vxor, vna caro & volun-
tas cum marito censetur: ideo dicitur me-
rito suspecta in caussa mariti, & è contrario.
10 Frater † pro fratre, aut sorore, vel soror pro
sorore testatura repellitur, glos. & D. in d.
l. Parentes, l. Lex Cornelia, ff. de iniuriis, l.
Qui testamento, ff. de testamentis, D. Lan-
francus ab Ariadno in suo tractatu notabili
Depositionis testium, seu de testib. num. 6.
atque etiam quæuis aliæ personæ, quæ pro
vllo amicitię aut necessitudinis vinculo iū-
ctæ (vulgo personæ coniunctæ) sunt testa-
turæ, Bart. in l. Aut affinitate, ff. de procu-
11 ratorib. Aduocati, † procuratores & solici-
tatores caussarum itidem repelluntur, l. fin.
ff. de testib. & ibi glos. & Doct. in c. Ex lite-
ris, ext. de transactio. Egregiè D. Cyn. in l.
Quoniam. num. 5. C. de testib. c. Statuen-
dum, 2. q. 6. & c. Romana, de testib. lib. 6.
12 Item tutor, † curator, & similes sunt repro-
bandi, l. fin. & ibi glos. in verb. In executo-
13 ribus. ff. de testib. iam iā allegata. † Repro-
bandi sunt etiam, tanquam intestabiles, hi
qui in iudiciis vllis notati & damnati fue-
runt alicuius famosi criminis, aut de crimi-
ne vllo publica fama fuerunt infames, c. Ex
parte, & c. Testimonium, ext. de testibus,
l. 3. §. Lege Iulia. & l. Ob carmen ff. eod. de
testib. qui enim olim fuerunt criminosi, ad-
huc præsumuntur criminosi, l. Quisquis,
14 C. ad l. Iul. Maiest. Item † reprobantur cri-
minum

minum socii, siue eodem crimine irretiti, c.
Veniens, 1. ext. de testib. c. Nullus, 3 q 5. &
5 l. Sicuti, C. de quaestionib. Item † furiosi &
phrenetici admittendi nō sunt ad testimo-
nii fidem: Tales enim pro absentibus & i-
gnorantibus habentur, l. 1. §. Si furiosus, ff.
6 de acquir. possess. Item † excommunicati,
& haeretici à testimonio respuuntur, c. Ve-
niens, 2. ext. de testib. & l. Quoniam, C. de
7 haeretic. Similiter † pauperes à testando tol-
luntur, quod hi minus fidei praestent quàm
diuites, In Auth. de testib. §. 1. & §. Sanci-
mus, colla. 7. Hostien. in summa, de testib.
§. 2. in versic. in fortuna, Specul. in titu. de
testib. §. 1. vers. Idem quod est pauper. Al-
tera ratio quia facilius corrumpitur pauper,
l. 3. vbi bona glos. super verb. Egenus, ff. de
testib Alexand. in consilio 15. incipiente:
Viso processu, in 3. vol. Socinus in tract. suo
fallentiarum, in regula 289. incipiente, Pau-
8 per. † Reiectantur quoq; monachi, regu-
lares canonici, vel conuersi, aut quiuis alii
religiosi, subiecti ordinibus aut regulis, hoc
est, sub obedientia constituti, etiam cum
praelati consensu impetrato Attamen si ali-
ter veritas indagari nequeat, Iudex deposi-
tionum ipsorum rationem & respectū ha-
9 bere solet. Item † homicidae, malefici sacri-
legi, fures, raptores, adulteri manifesti, ve-
nefici, sortilegi, periuri, lenones, concubi
narii manifesti, & incestuosi, atq; huiusmo-
di produci testes non possunt, nec in testi-
monium admitti debent, c. Ex parte, & c.
Super eo. ext. de testib. l. Non potest, ff. de
furtis, c. Consanguineorum, 3. q. 4. & c.
10 Constituimus, 3. q. 5. Item † conspiratores
vel coniuratores, c. Conspiratores, 3. q. 4 &
d. c. Cum oporteat, ext. de accusatio. Simi-
11 liter qui † precium receperunt, vel recepturi
sunt pro testimonio, vel dicendo, vel tacen-
do: vel quod huc subornati & instructi fue-
rint, l. 3. §. Lege Iulia. ff. de testib. l. Eos. Et
l. Si quis, in fin. C. eod. tit. & c. Licèt, ext. de
12 probat. Item † Accusatores à testimonio
repelluntur: Nemo enim potest esse testis
& accusator, c. Forus, §. In omni, extra de
verb. significat. & c. Accusatores, 3. q. 1. Hic
tamen (quod acriter insectandum est) vi-
deas plerosq; officiarios grauiter peccare (ab
ipsorum nomenclaturis prudens abstineo)
quos non pudet cōtra omnem aequitatem,
eosdem ad testimonia cōtra misellos feren-
da producere, quos prius habuerunt dela-
tores: non alia (metuo) caussa, quàm vel
hac ratione ex innocentium oppressione,
pecuniariam cōdemnationem assecuti, suis
23 consulāt marsupiis. Foeminae † quoq; repel-
luntur in criminalibus processibus crimi-
naliter institutis: non vero in processibus
ciuilibus, ciuiliter institutis, si Iura Pontifi-
cia sectemur. c. Forus, cum ibi notatis, ext.
de verbor. significat. & c. Mulierem, 33. q. 5.
Nā ex ratione iuris ciuilis, nihil vetat foemi-
nam suum testimonium, tum in ciuilibus,
tum in criminalib. deponere, l. Ex eo. ff. de
testib. Vbi I. C. à contrario argumētatur, ad
hunc modum: Si publico iudicio damna-
ta, à testimonio ferendo arcetur: non con-
demnata, ad testimonium ferendum ad-
mittetur, c. Ex eo, 15. q. 3. l. Qui testamen-
to, §. Mulier, ff. de testamentis. Alexander
Imolensis in suis consiliis, consilio 11. 4. col.
Consilio 64. 1. col. & in consilio 99. 3 col.
in primo consiliorum volumine. Exceptis
24 duabus duntaxat caussis. Nempe, In † ma-
teria feudorum, c. 1. qui test. sunt necessa.
ad nouam inuestit. probandam, in vsibus
25 feudo. & ibi Bald. in fin. † Et in testamentis,
l. Qui testamento, §. Eum qui, versic. Mu-
lier & ibi Bart. & sequaces, ff. de testament.
& §. Testes, Instit. de testam. ordinandis, c.
Forus, & ibi. glos. & Doct. ext. de verb. signi-
fic. Attamen in dispositione foeminarum
Iudicis fuerit diligenter cōsiderare ipsarum
qualitatē, loquēdi affectus & mores, cū reli-
quis circūstantiis, fa. d. c. Forus, cū ibi no-
26 tatis, ext. de V.S. † De meretricibus aūt hic
dubium oriri posset: sint ne cōdignae testes
in materia criminali, an indignae? Verum
dubium omne pellit D. Alex. Imolensis,

respondens plane negatiue in suis consiliis,
27 consilio 11. num. 2. 1. volum. † Nam in cri-
minalibus (vti sæpe dictum est) oportet probationes omni suspicione & exceptione esse immunes, l. Sciant cuncti. C. de probat. l. Absentem, ff. de pœnis, l. 3. §. Lege Iulia ff. de testib. c. Sciant cuncti, 2. q. vl-
28 tim. &c. Epiphanium, 5. q. 6. † Postremo
(vt summatim dicam) reprobãtur omnes, qui non sunt probatę vitę, opinionis, & honestæ ac bonæ conuersationis, c. Super eo. &c. Testimonium, ext. de testib. &c. Licet, ext. de foro competenti Quisquis autem in hac materia plura desiderat, is consulat D. Speculatorem, lib. 1. in Rubr. de teste, particula 4. nec non post eum. D. Andream Alciatum in suo iudiciarii processus compendio, atque iuris vtriusque praxi, sub Rubr. Quæ possint contra testes opponi, D. Stephanum Aufreri. in suo insigni tract. de testib. & eorum reprobatione, D. Lanfrancũ ab Ariadno in tract. suo celebri, de testib. D. Franciscum Curtium, in suo vtili tractat. de testib. D. Albericum à Rosate in suo singulari tract. de testib. D. Tyndarum, I.V. Doctorem introducentem Bartolũ & Baldum colloquutores, & ad inuicem disputantes, & Ludouicum Romanum altercationes eorum decidentem, in suo tractat. de testib. D. Andream Barbatiam ad c. Testimoniũ, de testib. D. Massuerum in suo aureo ac perutili tract. siue iudiciorum praxi, sub rubri. de testib. quos de hac re comperiet locupletissime & exactissime disseruisse.

CAPVT LI.

De Saluatione.

Summæ rerum tractatarum in Commentar. CAP. 51.

1 *Saluandi materiam præbet reprobatio prior.*
2 *Saluatio reprobatione non minus necessaria.*
3 *Saluandi testes, non calumniandi.*

Saluantur duo.
- 4 *Testes, scilicet negando reprobatos esse*
  - *Inimicos,*
  - *Fautores,*
  - *Domesticos,*
  - *Concubinarios,*
  - *Adulteros,*
  - *Infames, &c.*
- 6 *Testimonia, scilicet à*
  - 7 *Loco quod scilicet contigerit*
    - *Secreto: etiam per domesticos.*
    - *Publico,* / *Honesto* — *Per quoslibet irreprobabiles.*
    - *Inhonesto: etiam per infames.*
  - 8 *Tempore depositionis, quo negabis eos fuisse*
    - *Famulos tuos,*
    - *Meretrices,*
    - *Concubinarios,*
    - *Adulteros,*
    - *Infames, &c.*

5 *Allegantis, non negantis, est probare.*
9 *Depositionum tempus in saluatione obseruandum.*

Saluan-

10 *Saluãtur teſtimonia* { *Infamium, de rebus infami loco patratis.* / *Famulorum,* / *Ancillarum,* / *Domeſticorum,* } *de rebus domi & priuatim peractis.*

ETſi ſaluationis materia appoſitè vnà
1 cum ſuperiori capitulo † tractari potuiſ-
ſet, nempe quod & reprobatio & ſaluatio ita
ſeſe habeãt ad inuicem, vt ex vno facile col-
legeris alterum, & auditis teſtium reproba-
tionibus, ſtatim ſaluationis formam ſatis
agnoſcas. Ne hic tamen prorſus inuitus hãc
materiam præteriiſſe iudicer, haud alienum
ab hac materia, noſtroque munere eſſe pu-
taui, ſi pauculis aliquot exemplis common-
ſtratis, ſaluationis vſum & modum imperi-
2 tis oſtendero: potiſſimum † quum iſthæc
ſaluatio ſit in quauis materia nõ minus ne-
ceſſaria, quam ante dicta reprobatio. Dein-
de quod non minori ſtudio teſtes, & ipſorũ
teſtimonia (quatenus id fieri poteſt) ſaluan-
3 da ſunt, † quam prius fuerant ab aduerſario
reprobata: eoq; neutiquam calumnianda,
argumento c. Cum tu fili, & ibi gloſ. ext. de
teſt. Quare noueris Lector hunc primũ eſſe
vſum ſaluationis, vt quoſcunq; teſtes tuos,
aduerſarius tuus exceptione reppulerit, qua
4 dixit † eos eſſe aut amicos, aut inimicos,
Fratres, ſorores, conuictores, famulos, an-
cillas, infames, &c. tu contra (iſthæc omnia
negando) eoſdem ſalues, & teſtimonio fe-
rendo dignos affirmes, oportet: alioqui ni-
ſi huiuſcemodi negationibus tuos ſaluaris,
per tuum tacitum conſenſum, iudici vt re-
probati habebuntur. Vbi ergo tuos teſtes,
negando reprobationem aduerſarii, ſalua-
ueris, illius tum fuerit allegata probare, iux-
ta vulgatam & frequenter ab aduocatis al-
legatã legẽ 2. ff. de probat. nec non optimã
5 gl. ibidẽ: Et incumbit † probatio qui dicit:
non ei, qui negat. l. Actor, C. eo. tit. de pro-
bat. §. Quod aũt diximus, iuncta ibi gl. in
verb. Et verius eſt, Inſtit. de legat. tritiſſima
l. Qui accuſare, C. de edendo, aurea & ſin-
gulari l. Res. C. de rei vendic. cum ſexcentis
6 ſimilibus iurib. Vbi is igitur † allegata teſti-
bus cõprobare conabitur, tuũ erit, vt viciſ-
ſim ipſius teſtes qua potes repellas: atq; hac
tua reprobatione, teſtes tuos priores ſalua-
ueris: & ad hunc modũ iuxta ſaluationẽ &
reprobationẽ vtrobiq; procedetur vlterius.
Proximus ſaluandi vſus eſto: ſi teſtes tuos
ſaluare nequeas (vtpote conſcius, teſtes re-
probatos tales eſſe, quales aduerſarius præ-
dicauit) vt aliô, tuos teſtes ſaluaturus, con-
fugias: nẽpe, ad loci aut temporis rationẽ.
7 De locis aũt † diſpicies, an res contigerit lo-
cis ſecretis, an publicis: honeſtis, † an infa-
8 mibus. De † tẽporis vero ratione vide, an tẽ-
pore famulatus, an ante famulatũ: tempo-
re amicitiæ, an inimicitiæ, &c. Hinc enim
Iudici noſcendi via aperitur, & partib. liti-
gantib. ſaluationũ & reprobationũ materia
confertur: verbi gratia, ſi aſſerat teſtẽ abs te
productũ, tuũ eſſe cõuictorẽ, dices: hũc eſſe,
aut aliquãdo fuiſſe in conuictu meo nõ in-
9 ficiamur: verùm † tẽpore depoſitionis ſiue
teſtificationis ſuæ, conuictor aut famulus
meus non fuerat: haud graue erit adhæc vi-
dere D. Speculatorem, in tit. de teſte, in §. ..
in verſ. Quid ſi olim, argum. l. 3. §. Affini-
tates, ff. de poſtul Ioan. de Fantu. in c. Con-
ſanguinei, 4 q. 5. Abbatẽ in c. In literis, n. 2.
& 6. ext. de teſtib. Cyn. Bald. & alios in l. 2. C.
de teſtib. Bart. in l. 1. §. Si ſeruos, per illum
textum, ff de quæſt. Bald. in l. Qui teſtamẽ-
to, ff. de teſtam. & in l. 2. n. 3. C. de teſtib. &
Felin. in d. c. In literis, col. penult. ergo hic
audiẽdus, & nõ reprobandus. Si meretricem
affirmet, aut homicidam infamẽ, aut con-
cubinarium: negabis eandẽ perſonam tũc,
cũ iſta deponeret, fuiſſe meretricẽ, homici-
dã, infamẽ, aut concubinariũ, eoq; nõ reiici-
endã à teſtimonio, ſed admittendã, audien-
dam, & credendam. huiuſmodi de tempore.
10 De loco † aũt ſic tuos defendes, vel ſaltem i-
pſorũ teſtimonia ita ſaluabis, ſi aliter perſo-
narũ tuarũ qualitatem reprobatam tutari
nequeas. Nam ſi defloratio, ſtuprũ, aut ho-

micidium commissum ac perpetratum in lupanari fuerit, tuq; pro verificatione facti tui in testimonium produxeris meretrices, lęnas, lęnones, aliosq; nebulones, & infames ibi per te repertos quos ille, iuxta præcedens caput, vt meretrices & infames, à testimonio remouerit: eosdē denuo eorũq; testimonia saluaueris, si asserueris, alia ratione veritatē constare nō posse, nisi per personas ibidē (quales, quales sunt) conuersantes. Illisq;, licet sint refutabiles, dices eandem necessariò habendam esse fidem in locis secretis & infamibus, quā habiturus esset Iudex probis testibus, in locis illis publicis & honestis. Itidem tuos saluabis, si crimen in Xenodochio seu hospitali patratũ fuerit, quod per ibidem præsentes pauperes, mendicos, viles, humiles, & id genus non dissimiles probaueris: quos si alter reprobarit, dices eos de tali loco patratis non esse à testimoniis arcendos. Idem quoque (saluo tamen aliorum rectius sentientium iudicio) aliàs percensuimus in nostro Patrocinio pupillorum, tit. de tutorum & curatorum munere, Tomo 6. nn. 60. 61. Postremo, vt vel hoc exemplo ab vlteriori supersedeam, quũ scelus domi tuę contigerit negabis tuos domesticos, aut famulos, & similes à veritate testanda, vlla ratione mouendos: quod de his, quæ secrete fiunt in domibus, possunt serui, ancillæ, & alii domestici esse testes, iuxta glossam notabilem in l. 3. C. de adult. Ita habet excellentissimi V. I. professoris D. Nicasii lectura insignis super 4. Institutionum, lib. in tit. de hæred. instituend. ad medium, 3. col. vulgata l. Consensu, in §. Seruus, C. de repud. quod ea quæ fiunt in domo, possunt probari per eos qui habitant in domo, c. Veniens 2. ext. de testib. Abbas in c. In literis, crebro præallegato, num. 2. & 6. ext. eod. titu. D. Vdalricus Zasius in suis consiliis, consilio 3. incipiente, Casus talis est, nobilis quidam adolescens, &c. pagina 83. numero 53. Ex his nunc facile collegeris reliquas omnes saluandi formas.

CAPVT LII.

De concludendo in caussa, siue malis, de ipsa caussa dedenda Iustitiæ.

Summæ rerum tractatarum in Commentariis CAP. 52.

1 *In materia criminali proceditur* {
Extraordinariè: scilicet capitaliter, idque sine vllis solennitatibus, quibus caussa in iustitiam concluderentur.
2 *Ordinariè, non capitaliter, tamen criminaliter, tum caussarum in iustitiam concludendarum solennitates adhibētur.* }

3 *Post conclusas in iustitiā caussas admittitur* { *Reo* / *Fisco* } *Producere* { *Testes plures* / *Instrumenta* / *Munimenta* / *Literas.* } *Quibus* { *Reus suam innocentiam tueatur.* / 4 *Fiscus Rei caussam grauet.* }

5 *Cuncta capiti ac vita post habenda.*

6 *Malefici mortuus corpori* { *Ante sententiam, ex* {
Iure nulla infligenda pœna: sed memoria.
Consuetudine: si { *Certa caussa læsa Maiestas,* / *Enormia crimina.* } *postulent, pœnā irrogant.* } }

Post

Post sententiam pœnæ latæ, ratæ perdurant, id est, { *Corpus executioni non* / *Bona confiscationi* } *Subiacent.*

1 IN materia criminali capitali, † scilicet vbi res agitur de capite, & in qua Iudex extraordinariè procedit ex suo officio, nullæ solent adhiberi solennitates de concludendo in caussa. Verùm constanter procedit ad
2 condemnationem aut absolutionem. † In materia verò criminali non capitali, criminaliter tamen intentata, in qua ordinarie proceditur, partes ab vlteriori allegatione & probatione supersedentes caussas & productiones suas concludunt vtrobiq; in iustiti-
3 am. Reo † etiam post conclusionẽ in caussa, ad suam innocentiam tuendã, conceditur plures alios producere testes: insuper instrumenta, munimenta, literas, aliasq; probationes suæ innocentiæ patrocinantes, vsque ad finem exclusiuè, l. Videamus, § penult. in verb. Probationibus, ff. de in litem iuran. D. Bart. in l. 1. in fin. num. 4 ff de quæstionibus. Istius autem hæc est ratio, secundum additionem ad Bart. in d. l. 1. §. Si quis vltro, ff eo. tit. de quæstionib. quòd conclusio in caussa, & renunciatio probationum idem sint, iuxta not. in Authent. Iubemus, C de iudic. & gloss. in c. Cùm dilectus, ext. de fide instrumento. Et ideò sicut non licet in criminalibus expresse renunciare probationibus & defensionibus, secundum gloss. in l. Pactum inter hæredem, ff. de pactis. Ita nec per conclusionem in causa, d. l. 1 §. Si quis vltro, D. Bald. in l. Admonendi, ff de iureiurand. l. 1 in 4. quæstio. num. 9. C. de condict. indebi. D. Iason de Mayno in sua solenni repet. d. l. Admonendi, num. 56, 59, notat Bart. in l. Diui fratres ff. de pœnis, Bald. in l. Si accusatoribus. columna vlt. C. de Accusat. signanter D. Panor. in c. Cùm dilectus, num. 3. iamiam præallegato. Neque istud rationi aut æquitati repugnat, quum ibidem de ipsius
4 † agatur capite: cui non temerè cuncta sint posthabenda. argum l. Addictos, ad medium, C. de appella. & l fin cum gloss. in verb. vel indiciis, ac ibidem per Doct. notatis, C. de probat. & l. Singuli, C. de accusationib.
5 Pari † ratione fisco admittitur post suam conclusionem in caussa, alios quoq; producere testes, aliasque probationes ad grauandam malefici caussam, quum nouæ proba-
6 tiones sibi innotuerunt. Porrò † si contingat maleficum mori post definitã sententiam, tẽpus pœnæ irrogandę iã desiit. Verùm cõfiscationes, & latæ pœnæ, ratæ perdurãt: proquibus ipsius hęredes executioni subiacent. In crimine læsæ Maiestatis atq; aliis criminibus, cũ malefici morte nõ cessantibus, nõ licet Iudici in cadauer mortui sæuire: sed cõceditur in famam, honorem, memoriam, atque in bona ipsius relicta procedere, & ea omnia fisco adiudicare, l. fin. C. ad l Iuliam Maiesta & l fin. in princ. ff. eod tit. gloss. in verbo, non intercidit, in l. Ex testamento, C. de testament. manu. Gloss. in verb. Sit extinctum, in lege 1 C. si Reus vel accusat. mort. fuerit. Huic seruit l. Ex iudiciorum, ff de accusatio. Ex iure itaque non proceditur contra præmortuum ad suspendium, incendium, aut decollationem, l 1, & 2, & per vniuersum tit. C. Si reus vel accusat mort. fuerit. Atque istud confirmat D. Angel. in § Interdum, Institut de hæred. quæ ab intesta. defer. dicens, quòd post mortem delinquentis, negatum sit Iudici vlla damnatione sæuire in corpus mortui, sed tantum in ipsius memoriam. Quare plurimùm aberrant Iudices qui maleficorum mortua corpora ad publicam executionem postulant, aut ad crucem, rotam, flammamve abripiunt. c. Quorundam, 23, distinct. Idem videtur sentire D. Cynus, secundum Iacob. & Petrũ in l. 2, C. qui testamẽta facere possunt.

Idem quoque in eadem l. 2, num. 2. refert Baldus subtilis. Verùm in hac sententia tandem persistit, qua dicit, hæc in arbitrio Iudicis consistere, quod videlicet corpus illud, semper corpus pœnæ permaneat: fa. quod not. in c. 1. de pœni. & remissio. in Clement. Ista igitur sentētia ex iure tātū nascitur. Nā fieri potest, vt ex magna caussa vrgente, deinde ob enormia quædā delicta vsus & cōsuetudo secùs admittant, hoc est, in corpus mortui executionem exerceant, per ea quæ notantur in argumentum in Canone, Mulier, 15. q. 1 & in l. 1. C. ad l. Iuliam repetunda. Quod hac ratione defendunt, vt delinquentibus hoc exemplo maiorem scilicet pœnam incutiant, hoc est, vt vnius pœna, metus possit esse multorum, glos. in verb. pertimescat, in c. Sicut, ext. de iureiuran deinde, quo tali spectaculo & simili cōspectu deterreantur alii ab iisdem facinoribus, vulgata l. Capitalium, §. Famosos ff. de pœnis. Ita placuit D. Alexandro in additione ad Bart. ad l. fin. ff. ad l. Iul. Maiest. præallegatam.

CAPVT LIII.

De causa sua committenda in gratiam Iudicis, vel, De implo-randa gratia Iudicis.

Summę rerum tractatarum in Commentar. CAP. 53.

1 *Gratia Iudicis semper imploranda.*
2 *Gratia promissa, vniuersim, aut particulatim conferenda.*

1 QVum Rei sese, suamque † caussam dedunt & submittunt in gratiam Principis, Domini, aut Iudicis, in cuius quidem manu fuerit optatam gratiam concedere, (quod ego, vt semper id faciant Rei, modis omnibus suaserim) faciunt id tutissimè, & citra vllū sui, suæq; caussæ prȩiudicium aut periculū, etiā si æquissimā caussam habuerint, & vitæ inculpatissimæ fuerint. † Post-
2 quā autē Princeps is, Dominus, aut Iudex Reū in gratiā suam recepit, oportet ipse eandem plenam, aut particularem conferat.

CAPVT LIIII.

De processus visitatione, & examine.

Summæ rerum tractatarum in Commentar. CAP. 54.

1 *Officium Iudicis, priusquam in causis criminalibus procedat ad sententiam.*
2 *Error in processu criminali deprehensus, processum reddit ad condemnationem inualidum.*
3 *Iudicem correctionis errorum suorum pœnitere aut pudere, non conuenit.*
4 *Malum consilium, melius consilium pellat.*
5 *Probationes in causis criminalibus oportet esse luce clariores.*
6 *In causis criminalibus* { *Perspicacius consilium adhibendum.* / *Maius detrimentum & periculum inest.* }
7 *Iudex probationes inapertas, curabit ante condemnationem explanandas.*
8 *Condemnatio non profertur ex* { *indiciis.* / *Præsumptionibus.* / *Mendicatis suffragiis.* }
9 *Ex indiciis indubitatis, fas est Iudicem ad sententiam ferendam accedere.*

10 Nullus

10 *Nullus ex vllis indiciis quamlibet claris, definitiuè condemnandus.*
11 *In criminalib. caussis periculum animæ subest.*
12 *In dubiis & incertis, æquius est & sanctius, nocentis facinus relinqui impunitum, quàm innocentem damnare.*
13 *In dubio, pœnæ sunt potius molliendæ, quàm exasperandæ.*
14 *Iudicem oportet diligenter attendere confessionis caussam & modum.*
15 *Confessio ex metu facta supplicii, nulla est.*
16 *{Nihil prorsus confiteri, & / Confiteri sine perseueratione} paribus passibus ambulant.*
17 *Quanto tempore, quoue loco, iteranda sit malefico confessio.*
18 *Confessio ex supplicii metu facta, quatenus intelligitur.*
19 *Paria sunt, hominem ferire gladio, & stricto gladio cædem minari.*
20 *{Confessionem factam in ipsis tormentis / Et extortam formidine tormentorum} lex æquiparat.*
21 *Leuiculus timor non inualidam facit confessionem malefici.*
22 *Confessio orta extra torturæ locum ex minis Iudicis, habetur valida.*
23 *Leuis territio, nunquam habenda est pro tormento.*
24 *Leuis territio & extra torturæ locum facta, elusoria est.*
25 *Acre duntaxat tormentum, arguit maleficum ex metu pœnæ confessum.*
26 *Confessio erronea & falsa nemini præiudicat.*
27 *Errantis de facto confessio nulla.*
28 *Confessio in tortura facta, absq; vllis prauiis indiciis, est nulla, etiamsi in confessione perseueret.*
29 *Indicia prauia requiruntur ad torturæ quæstionariæ substantiam.*
30 *Confessio facta in tormentis absque indiciis, non conualidatur, etiã si postea superueniant indicia.*
31 *Confessio criminis quod confitentis excedit pœnitentiam, nulli obesse potest.*
32 *Delictum omne cadit in puerum, excepto delicto carnis.*
33 *Confessio rerum impossibilium, aut naturæ apertè repugnantium, nulli præiudicat.*
34 *Confessio facta de rebus incertis, officit nemini.*
35 *In rebus dubiis propensiorem esse conuenit ad absolutionem, quam ad condemnationem.*

Confessio { … } *nulla.*
36 *Furiosorum & amentium*
37 *Non coram Iudice facta*
38 *Extra iudicium facta*
39 *Per procuratorem facta*

40 *Confessio spontanea criminis patrati, ad condemnationem efficax est.*

1 PRiusquam Iudex in † materia criminali
capitali procedat ad sententiæ declarationem, modis omnib. oportet diligenter
examinet an processus ritè & debitè à capi-
2 te ad imũ vsq; productus sit. Nam † si quid
erroris in eo commissum deprehenderet,
vniuersus litis processus inualidus esset, &
nullius momenti ad cõdemnationem. Nec
3 æquum † est, vt correctionis suorum errorum ipsum aliquãdo pœniteat aut pudeat,
quum præstet eos restituere & corrigere,
quàm eorum gratia publicam subire infa-
4 miam. Et † fit subinde, vt malum cõsilium,
melius consiliũ pellat, argu. c. Cùm cessante, ext. de appel. Si vero cognoscat processum dignè & sufficienter productũ: vlterius
tunc probationũ vi (siquidem eę probationes sufficientes fuerint) ad cõdemnationis
5 sententiã procedat: † quia in materia criminali oportet esse ꝓbationes sole aut luce clariores, sæpenumero hac in praxi allegata l.
Sciant cũcti, C. de probat. Cui verbotenus

concordat c. Sciant cuncti, 2.q. vlt. l. Sin-
guli, C de accusat. & l. Qui sententiam, C.
6 de pœnis. Idque ex hac † caussa nascitur,
quòd in caussis criminalibus perspicacius
semper sit consilium adhibendum, quum
7 ibi maius † detrimentum & periculum in-
sit, & contingere soleat arg. l Addictos, cir-
ca medium, C. de appel. & l 1. § 1 ff. de vent.
inspicien. Si verò compererit probationes
parum solidas & inapertas, licitum est imò
oportet, vt ex suo officio probationes eas te-
nebricosas, curet explanandas, & recolle-
ctione & iteratione denuò clarius elucidan-
das, antequam condemnationem vllã in-
8 tentet. † Non enim conuenit, vt vllam cõ-
demnationẽ quis proferat ex indiciis, præ-
sumptionibus, & mẽdicatis suffragiis & in-
apertis, l. Absentem, in exordio, ff. de pœ-
nis, d l Singuli, l. 1. in fine ff. de quæstioni
9 bus, & Bart in l fin. ff eod. tit. † Nisi ea in
dicia sint eiusmodi, vt indubitata sint, & è
quibus Iudex certum indicium colligat, &
veritatem rerum, tanquã ob oculos certissi-
mè cognoscat: quo casu (quorundam iudi-
cio) fas est Iudicem ad sententiam feren-
dã accedere & ista indicia sunt à lege appro-
bata, sicut etiam quando simul plura colle-
cta & consona indubitanter veritatẽ indi-
cant (vt nonnullis visum est, l Milites. § O-
portet, C de quæstionib. Veluti si cuipiam
intendatur homicidii crimen, multa indi-
cia coniuncta erunt: si occisi fuerit inimi-
cus, si de illo occidendo præsumpserit, si po
tens talis homicidii fuerit, si occisorem ho-
spitio exceperit, si domesticus fuerit aut fa
miliaris occisoris. Vnde colligitur, quòd
per hunc, alterius internecionem procura-
uerit: de his D. Ioannes Milleus in sua praxi
criminis persequendi, in fine, sub tract. in-
diciorum, folio (libro meo) 68. Alii verò
10 secus sentiũt, † nullum ex vllis indiciis quã-
libet claris, definitiuè condemnandũ esse,
dicta l. Sciant cuncti, & dicta l. Singuli. Ideo
11 quia in † criminalibus caussis maius peri-
culũ, videlicet animæ subest, vt in Auth. vt
Iudices sine quoquo suffra. si § Cogitatio,
colla. 2. Vnde maior requirenda est tutela,
dicta l Addictos, & l. Vbi, C. ad l. Cornel de
fal. Ideoque etiam Gandinus in opere suo
maleficiorum, apertè sentit & vult (vt in
practica obseruari conspexit,) quòd nullus
possit capitaliter condemnari ex indicio,
quantumcunq; indubitato: secùs tamen si
veniret imponenda pœna pecuniaria: &
huic Gandini opinioni consentiunt & ad-
stipulantur omnes Doctores Bononienses;
Sicuti etiam meminit D. Franciscus Bru-
nus in suo tract. de indic & tortu. q. 4. pri-
12 mæ partis, num. 16. Et in casibus † dubiis,
& incertis probationibus, sanctius est faci-
nus nocentis relinqui impunitum, quàm
innocentem damnare, l. Absentem, ff. de
pœnis, & l. 2 C. quorum appellat non re-
13 cip & in dubio, pœnæ † sunt potiùs mol-
liendæ, quàm exasperandæ, l. Si Præses, & l.
14 Interpretatione. ff. de pœnis. † Et Iudex ex
ipsius malefici ore & confessione, conde-
mnationis sententiam proferre volens, o-
portet diligenter attendat cõfessionis caus-
15 sam & modum. Quandoquidem † con-
fessio ex metu facta supplicii, nulla est, l 1.
§ Diuus, ff. de quæstionibus & d. l. 2. C.
16 quor. appel. non recipi. quoniam † nullo
modo confiteri, vel confiteri sine perseue-
ratione, vt comites paribus passibus ambu-
17 lant: nisi † certè maleficus intra spacium
20. aut 24 horarum, aut (vt aliis placet)
post diem & noctem, liber ab omni vincu-
lo & ferro, eandem palàm & apertè coram
tribunali, & in prætorio siue consistorio
professus iteraret: hoc est, in sua confessio-
ne facta, sine formidine tormentorum per-
seueraret, d. l 1 § Quæstio, & § Si quis vl-
tro, & d. l. 2. C. quorum appel. non recipi-
18 untur. Confessionem † autem ex suppli-
cii metu factam intellige, non tantùm
quam tortorio scamno impositus & extor-
tus fatetur, sed etiam quam ex sola & nuda
scamni cõmonstratione: vel quam ex solo
conspectu scamni metu confessus fuerit, aut
quam

quam algidæ aquæ aut fumo impositus:
aut quam inediæ, famis, sitisve cruciatu cō
tortus fatebitur, d. l. 2. ibi. aut formidine
tormentorum, &c. C quorum appella. non
recipi. & nota quod text. dicit (formidine)
non autē dicit (tormentis) & nequaquam
dissimile ibi sentit glos. & l. Item apud La-
beonem, §. Adiicitur, versic. Nuda ergo in-
terrogatio, ibi, vel leuis territio, ff. de iniu-
riis: ergo à contrario sensu, non leuis terri-
tio habetur pro ipsa tortura: & accedat quod
legitur sufficit terror armorū, & si quis eis
vsus non sit, l. Idem est, §. Qui armati, ff. de
19 vi, & vi armata, † Paria itaque hic sunt &
affinia, hominem ferire gladio, & gladio
cædem minari, l. 1 §. Diuus, ff. ad l. Cornel.
de sicar. l. 3. ff. ex quib. caussis maio. & l. Me-
tum, ff. de his quæ vi met. caussa gest. sunt:
20 & ita † lex æquiparat confessionem factam
in ipsis tormentis, & extortam formidine
tormentorum, Bart. in d. l. 1. §. Diuus Seue-
rus, ff. de quæstio. Adde quod voluit idem
Bart. in l. Nouissimè, per illum textum, ff.
quod fals. tuto. autho. Ita tenent D. Guido
à Suzaria in suo tract. de indic. & tortu.
num. 72. & Ludoui. Bolog. ibidem in addi-
tione D. Guidonis, num. 73. horum memi-
nit D. Franciscus Bru. in suo etiam tract. de
indiciis & tortu. q 2. secundæ partis. num. 3.
4. 5. & D. Bald. de Periglis in suo tract de
quæstionib. & torment. sub 3 cap. circa cō
21 fessiones in tormentis, num. 1. Leuiculus †
verò timor, vtpote, ex re leui & nihili, ex
nullo cruciatu ortus, non est censendus ti-
mor, ex quo, vel cuius gratia iudicaremus
malefici confessionem inualidam: veluti si
Iudex sciscitaturus veritatem, malefico ex-
22 tra torturæ locum dicat: Age, fateberis †
hic mihi veritatem, aut ilico scamni tortu-
ram passurus subibis, aut diris cruciatibus
te corripiam. Non esset quidem hic terror
tanti momenti, vt confessionem ex eo eli-
citam, quis iure negaret validam. Oportet
igitur vt maleficus pœnam perpessus sit a-
crem, priusquam ex pœnæ timore dicamus
maleficum quicquam confessum esse. Le-
23 uis † enim territio nunquam habenda est
pro tormento, d. l. Item apud Labeonem,
24 §. Quæstionem, & d. l. metum. Et leuis †
territio & extra locum torturæ facta, eluso-
ria est, argu. l. Hæc autem satisdatio, ff. Si
cui plus quàm per l. Falcid. & hoc pacto te-
net D. Angel de Aret. in addit. ad tract. ma-
leficiorum Aretini in glos. in verb. fama
publica præcedente, in antepenult. colum.
25 Sed acre † quidem tormentum maleficus
perpetiatur oportet, priusquam ex pœnæ
timore dicamus maleficum quicquam cō-
fessum esse. Nam si tantùm ex solo suppli-
cii inferendi terrore, & ex pusillanimitate
confessus fuerit, expende quid faciendum,
si dixerit se timore pœnæ confessum, con-
sulite hic Bartolum, Guidonem, Ludoui-
cum, Franciscum & Baldum, locis superio-
26 ribus allegatos. Confessio † erronea & falsa
id est, ex errore & falsa opinione facta nemi-
27 ni præiudicat. † Non enim videtur fateri,
qui in facto errat, l. 2. in princip. ff. de con-
28 fess. Cōfessio † item in scamno tortorio, si-
ue in tortura facta absque vllis præuiis in-
diciis, hoc est, non præcedentibus indiciis,
nulla est, nunquam enim potest ex illa cō-
fessione confitens damnari, glos. mirabilis
& singularis in l. pe. ff. de quæstionib. Hoc
ideo, quia confessiones reorum pro explo-
ratis facinoribus haberi non oportet, si nul-
la probatio religionem cognoscentis in-
struat, d. l. 1. § Diuus Seuerus. Nulla (in-
quam) est, etiam si ipse confitens in confes-
sione constanter persisteret, argu. l. 2. 3. &
4. C. Si ex fals. instr. vel test. iudic. sit, l. Ma-
ritus, & seq. secundum vnam lecturam, ff.
de quæstionib. & l. Diuus, versic. ex quibus,
29 eod. tit. De substantialibus † enim quæstio
habenda est, vt legitima præcedant in-
dicia: aliàs nemo torquendus est, cùm ab
ipsis tormentis non sit incipiendum, l. 1 ff.
de quæstionib. & d. l. Maritus, l. Cognitio-
naliter, & l. Milites, C. eod. tit. quib' indici-
is deficientibus, quicquid sequitur, ipso

iure non valet, l. Non dubium C. de legib. l.
1. de fid. instrumento. & iure hast. fisca. li. 10.
C. l. Diuus, ff. de restitutio. in integrum, & l.
30 Nominationes, C de appella. At hic † quis-
piam quæstionē mouerit: an cōfessio facta
in tormētis absq; indiciis nō conualidetur
ex superuenientibus post confessionē indi-
ciis? Cui negatiuè respōdet gloss. ad hoc sin-
gularis & vnica, quam Bart. ibi multum cō-
mendat, in d. l. Maritus & sequitur Bald. in l.
fin. C. de accusa. & D. Ludouicus Rom. in
suis consiliis, consilio 167. Confessio crimi-
31 nis, cuius † confitens fuerit impotēs, nulli
obesse potest: veluti, si puer impubes fatea
tur de vitio aut stupro mulierculę illato. ar-
gum. c. 1. & ibi gloss. & scribent. ext. de deli-
32 ctis puero. quia, vt ibidem notatur, † omne
delictū cadit in puerum doli capacē, præter
delictū carnis, l. 1. §. Impuberi, & l. Excipiun-
33 tur, ff de Senatuscōsul. Sylla. Cōfessio † iti-
dem rerū impossibilium, aut naturæ apertè
repugnantium, nulli præiudicat: vt si quis
Brugis existens, fateatur se hesterno die Ro-
34 mæ aut Parisiis cōmisisse homicidiū. † Cō-
fessio similiter facta de rebus incertis, & de
quibus nō immeritò quis dubitare potest,
35 officit nemini: Quod in rebus dubiis, † ꝓ-
pensiorē esse conueniat ad absolutionem,
quàm ad condemnationem, cōmuni l. Ar-
rianus, ff. de actionib. & obligationib. c. Ve-
niā nunc. & ibi est bona gloss. in verb. Si fa-
ciendū, multas concordantias cōtinens, 35.
36 q. 9. Cōfessio † furiosorū & amentiū prorsus
est nulla, l. In negotiis, ff. de reg. iur l. 2. §. Fu-
riosus, ff de iure codicil. c. fin. ext. de suc-
37 cessio. ab intestat. Confessio † quoq;, nō co-
ram Iudice facta, nulli damnosa esse potest,
c. At si clerici, cū ibidem nota. ext. de iudic.
38 Confessio † item extra iudiciū facta, ineffi-
cax est, quòd veras legitimasq; cōfessiones,
& acta cuncta iudicialia, vnde sententiam
Iudices proferunt, oportet fieri corā Iudice,
& loco iustitiæ consueto, d. c. At si clerici, l.
39 2. C. de custod. reo. Cōfessio † per procura-
torem facta in rebus criminalibus, capitali-
bus, vbi procuratori occupare nō licet, nul-
40 li damnum præstruere potest. † Verum e-
nimuero libera, aperta, & spontanea crimi-
nis patrati confessio, valida est, & ad conde-
mnationem efficax: nec opus tunc est fre-
quenti eiusdē confessionis iteratione, quū
eā vel semel iterasse sufficiat. Sed quū ea cō-
fessio coacta est, & pœnæ metu extorta, ad
sententiam ferendam inualida est: quare
eam denuo liber ab omni vinculo & ferro
reiteret, oportet, vt antè diximus. Optarim
in hoc capite Iudices, Assessores, & Consi-
liarios excusso animi torpore esse multò di-
ligentissimos, quod hinc sententiæ ferendę
æquitatis aut iniquitatis summa consistat.

CAPVT LV.

De Condemnatione & Punitione in re criminali.

Summæ rerum tractatarum in Commentariis CAP. 55.

1 *Pœnarum: Alia* { *Ordinaria,* / *Extraordinaria.*

2
Pœna { *Ordinaria,* / *Extraordinaria,* } *quæ sit.*
3

4 *Iudex in ferenda sententia perpetuo sequi debet pœnas ordinarias, & in legib. constitutas.*

5 *In extraordinariis pœnis ferendis, oportet eas Iudex expendat, non ex animi sui religione, sed ad ea, quæ ipsi, non tanquam Petro, sed tanquam, Iudici, innotuerunt, & probata sunt.*

6 *Iudicem semper commendat clementia.*

7 *In leuibus potissimum caussis, æquum est iudicem esse moderatum & facilem.*

8 *Vbi materia obscura sunt & ancipites, conuenit Iudicem ad absoluendum, quam ad damnandum esse procliuiorem.*

In enor-

9 *In enormibus delictis, singulas, vniuersasq; legum constitutiones ad amussim obseruet Iudex.*
10 *Iudex in omni cōdemnatione criminali, cōdemnationis causā articulatim exprimat, necessū est.*
11 *Sententia definitiua ciuilis, caussæ expressionem non requirit.*
12 *In Flandria quid passim receptum.*
13 *In magno Consilio quid consuetum.*

1 POEnarum alia † est ordinaria, alia est
2 extraordinaria. Ordinariā † pœnā dici-
mus, quam leges sanxerunt, quā principes
constituerunt, aut certè quę longa, patriaq;
consuetudine introducta est, l. 1. §. 2. ff. ad S.
3 C. Turpillia. Extraordinariam † verò pœnā
appellare licebit, quam Iudex ipse, non ex
Legum, Principumve constitutione, aut ex
inolita cōsuetudine, sed ex proprio arbitrio
infert & imponit, c. De causis, § Illis, ext. de
offic. delegat. c. Super his, ext. de accusat. l. 1.
ad medium, ff. de effracto & expilato l. 1. in
fin. ff. de iure deliberan. l. Hodie, & l. Sāctio
legum, ff. de pœnis, quorum etiā memini-
mus suprà c. 1. titul. de criminib. & maleficii-
is, nu. 4. 5. 6. 7. 8. Quocirca isthæc libens ex-
4 plicui, † vti cōmonstrarem Iudicem in ferē-
da sententia perpetuò sequi debere pœnas
ordinarias, & in legibus cōstitutas: neq; il-
las temere posse suo arbitratu augere, mi-
nuere, variare, inflectere aut infringere sine
euidenti maximaq; ratione secus vrgēte. E-
uidentes autē constitutionum rigorē infle-
ctendi & minuendi rationes sint: Si delictū
fuisset cōmissum ex ignorantia, imprudentia,
tia, casu fortuito, ebrietate, furore, phrene-
tica passione, in necessaria defensione cor-
poris, ex inductione, & persuasione alterius,
aut simili quapiam occasione: Si nulla prę-
meditatione, nullo studio crimē fuisset ex-
cogitatum. Euidens verò constitutionum
legalium formam intēdendi augendiq; ra-
tio fuerit, si equēs eiusdem delicti iteratio,
aut plurium multorumq; criminū admis-
sio. Aut si is veluti multorū criminū & cri-
minosorum caput & author, plures ad simi-
le facinus patrandū suasu suo pertraxisset:
5 aut minis coegisset. † In extraordinariis pœ-
nis ferendis (quas diximus ex Iudicis depē-
dere arbitrio) oportet eas Iudex expendat,
non ex animi sui religione & cōscientia, sed
ad ea, quæ ipsi non tanquā Petro aut Paulo,
sed tāquam Iudici innotuerunt, & probata
sunt, vulgata atq; semper ad id allegata l. Il-
licitas, § Veritas, ff de offici. præsid. c. Sum-
mopere, 11 q. 3. c. Iudicet, 3. q. 7 c. Iudicantē,
30 q. 5. c 1. cum gloss. in verb. Secundū quod
Canones censent, cum multis cōcord. tam
LL. quam cano. ext. de offic. ordina. Bald.
in l. 4 C de sent. ex breui. recitan. Huius nec
ineleganter meminit practicus insignis, &
V. I. Doctor, D. Henningus Gœden, sub pro-
œm. solennis & perutilis ordinis iudicarii
processus. Cognouit enim Christus adul-
teram mulierculam, sibiq; oblatam ex lege,
capitali punitioni fuisse obnoxiam. Cuius
tamen damnare refugerat, quod eiusdē ad-
ulterii corā ipso, vt Iudice cōuicta nō fuerat.
6 † Iudicē semper cōmendat clemētia: Ideoq;
7 † in leuibus potissimū caussis, æquū est i-
psum esse moderatū, facilē, & ab omni ty-
8 rannide alienū. Et vbi † partes siue materię
obscurę sunt & ancipites, cōuenit eū ad ab-
soluendum, quā ad condemnandū esse pro-
cliuiorē, l. Arrianus, ff. de actio. & obliga. c.
Veniā nunc, iuncta ibidē singulari gloss. in
verb. Si faciendū, multas cōcord. cōtinente,
9 35. q 9 In † enormib. verò delictis, singulas
vniuersasq; legū cōstitutiones ad amussim
obseruet, oportet: Ita tamē, necubi sibi, bo-
noq; Iudici dissimilis sit semper sentētię fe-
rēdæ clementiā, cōpassionemq; cōmisceat,
argum. c. Disciplina, &c. Omnis, 45 distinct.
10 Atq; in † omni condemnatione criminali,
condemnationis caussam articulatim ex-
11 primat, necessum est: qd nō † requirit sen-
tētia definitiua ciuilis, testib. Bart. & Bald.
in l. In sūma, in princ. ff. de re iudica. necnō
D. Lāfrāco de Ariadno Iuris vtriusq; inter-
prete celeberrimo, in suo tract. Interlocutio-

num & appellationum, num. 77. quos occasione emergente lubebit videre. Quinimò (vt multi autumant) condemnandũ suo conspectui & præsentiæ prius sistat, ó- portet, quàm sententiam pronunciet. At-
12 que † ita passim receptum est in Flãdria, ex-
13 cepto magno cõsilio, in quo cõsuetum est, † vt procuratorem generalem cum vno scribarum in carcerem ad maleficum transmittant, denunciaturos malefico suam ipsius condemnationem: quò is sententiæ super se latæ conscius, semetipsum paret ad dignè Christianeque, tempore & loco constitutis obeundum supplicium.

CAPVT LVI.

De ordinaria capitali Punitione in Flandria.

Summæ rerum tractatarum in Commentar. CAP. 56.

1 *Punitiones capitales ordinarias habent in Flandria 6. aut 7.*

1 IN Flandria 6 aut 7. † habent punitiones capitales ordinarias. Prima & maxima harum est, quæ simul & vitam, & opes vniuersas aufert. Proxima vitam duntaxat, non opes tollit. Tertia nec vita, nec opibus orbat: sed mutilationem, aut alicuius mẽbri, vt pugni, auris, aut digiti decisionem præstat. Quarta est, quæ publica fustigatione, flagellatione, & publico exilio plectit. Quinta est, perpetuum exilium cum confiscatione bonorum. Sexta fit installatione theatrali, aut simili publica exhibitione malefici in locis editis, quo is palam omnibus exhibitus, saltẽ pudore resipiscat, & aliis incautis suæ vitandæ nocentiæ testimonium ferat. Gandaui præterea vsurpare consueuerunt punitionem priuationis Iustitiæ siue legum immunitatis.

CAPVT LVII.

De ordinaria criminali Punitione ciuili.

Summæ rerum tractatarum in Commentariis CAP. 57.

1 *Ordinaria criminales punitiones ciuiles quæ dicantur.*
2 *Mulcta, commoda iurisdictionis sunt.*

1 ORdinariæ criminales † punitiones ciuiles, sunt mulctæ & pœnæ pecuniarię, quas Principes ipsi instituerunt. Pœnæ
2 enim † & mulctæ sunt commoda iurisdictionis, not. Bartol. in l. fin. ff. solu. matrimo. & Ludouicus Rom. consil suo 70. incipiente: Visis themate & quæstione, in 4. colum. in vltimo dubio. Aut certè sunt peregrinationes & ablegationes breues & lõginquę, quæ scriptæ narrãtur in lib. Rubro.

CAPVT LVIII.

De Exiliis siue Bannis.

Summæ rerum tractatarum in Commentar. CAP. 58.

1 *Exilium passim est vsitatissimum.*

2 *Exilio plectimur* { *Extra ciuitatem,* / *Intra ciuitatem,* / *In constitutis locis,* }

3 Exilium

3 *Exilium cum confiscatione bonorum, par est morti ciuili.*
4 *Mors ciuilis, morti naturali similis.*
5 *Exilio damnamus* { *Temporali,* / *Non temporali.* }
6 *Exilia & emissiones, nomine sunt diuersa, re vero eadem.*
7 *Exilii tempus violans, iterato exilio damnandus.*
8 *Banniti qui dicantur? remissiue.*
9 *Bannum quid, & quotuplex? remissiue.*
10 *Quod sit bannum quod deportationi comparatur? remissiue.*
11 *Bannum unde dictum? remissiue.*
12 *Qui dicantur banniti nostri temporis, remissiue.*
13 *Bannitorum differentia, remissiue.*
14 *Banniti similes deportatis, remissiue.*
15 *Bannitus Imperii aequiparatur deportatis, remissiue.*
16 *Banniti Gallia non possunt impune offendi, remissiue.*
17 *Exules aequiparantur deportatis, remissiue.*
18 *Amittens ciuitatem, perdit bona absque alia publicatione, remissiue.*
19 *An bannitus mortuus possit sepeliri in sepulcro, maiorum suorum? videtur quod non, remissiue.*
20 *An arma banniti vbique depicta possint deleri? remissiue.*
21 *Bannitum occidere impune est tolerabile, sed non laudabile, remissiue.*
22 *Bannitam pragnantem interficiens, an sit excusatus? remissiue.*
23 *An semel bannitus possit iterum banniri, remissiue.*
24 *Bannitus an possit occidi à filio, vasallo, seruo, vel liberto? remissiue.*
25 *Vxor receptans maritum bannitum, an incidat in pœnam receptantium bannitos?*

1 VSitatissimum est † in Flandria puniri
2 exilio. Est autem † triplex exilii ratio. Alia, quæ extra ciuitatem pellit. Altera, quæ intra ciuitatem coarctat. Tertia, quæ in certo & constituto loco hominem adstringit. Intra ciuitatem exilio cõtinemus eos, quorum præsentia Reipublicę profuerit magis, quam absentia: quive absentes officere magis, quam proficere possent. Pari ratione eos extra ciuitatem exilio damnamus, quos absentes cognoscimus fore magis vtiles foris, quã in ciuitatibus. In constitutis vero locis, exilio arctamus eos (quod item vocari solent confinitionem) quos nolumus errabundos per diuersas regiones vagari, eoque lex, siue magistratus ipsis exilii locum designat, veluti in Cypro, in Rhodo. Hungaria, aliisque locis, volens, vt ibi permaneant, neque limites transiliant, Bart. in l. Relegatorum, §. Est quoddam genus, ff de interd. & relegat. & deport. Bald. in l. Executorem, 8. colum. num 33. Cod. de execut. rei iudicat. D. Abbas in c. Postulasti, 3. col. num. 10. ext. de foro compet. Necessum item fuerit, vt relegatus is sese cautè ab vlteriori maleficio temperet, alioqui enim grauiori punitioni, aut perpetuæ pœnę se deuinciret, l. Relegat, in princip. ff. de pœnis.
3 Perpetuum † exilium cum bonorum confiscatione, in iure par & æquale habendum
4 est cum ciuili morte, † quæque proxima est morti naturali siue corporali, §. Cum autem, iuncta gloss. in verb. mortuo, & ibi D. Angel. Aretin. Instit. Quib. mod. ius patr. potest. soluit. & l. 1. §. Quidam filium, in fi. ff. de bono. poss. contra tab. Cynus, & Bald. in l. Deo nobis, C. de episc. & cleric. Iustitię Flandriæ interdum pl. ctum exilio tempo-

rali: Interdum non temporali. Vbi notabis
Gandenſibus morem hunc eſſe, vt damnẽt
exilio quinquagenario, & infrà. Bragenſi-
bus vero conſuetum eſt, exilium decernere
ad certum temporis terminum: aliquando
ſine vllo temporis termino: quod idem fa
ciunt & alia pleraq; regionũ multarum tri-
bunalia, nullam confiſcationem pronun
6 ciantia. In magno † quoque conſilio, nunc
temporali exilio, nunc non temporali da-
mnant, ſed vbi nullum ſtatuitur tempus,
conſequitur bonorum confiſcatio. Quæ-
dam Iuſtitiæ Flandriæ vtuntur emiſſioni-
bus ſiue ablegationibus, nullis exiliis: hæc
tamen in eundem finem recidunt. Quis-
7 quis ſemel † certo tempore exilio damnan-
tur, idque præmaturè violauerit, is iterato
exilio remittitur ad aliud ſimile tempus: In
quibusdam vero locis tales perpetuo exilio
relegantur, hoc eſt, deportantur Et quicun
que ita perpetuo exulant, ipſis conſtituitur
exilii locus, Cyprus, Rhodus, Portugallia,
aut ſimilis definitus locus. l. Relegati, l Exi-
lium, & l. Relegatorum, ff. de interd & re-
legat. & deport. hæc tantum de bannis &
exiliis. Meruit tamen iſthæc exiliorum ma-
teria tum accuratius, tum fuſius explicari:
vtpote, quæ cunctis regionibus vſitatiſſi-
ma ſit, & pœna communis: verum nego-
tiorum vndæ, quibus conſtanter immerſus
ſupra vires premebar, tam digno tractatui
vlteriorem operam noſtram inuidebant.
Quare hinc neceſſario abſtractus ſuaſerim
pio lectori, conſulat D. Nellum de ſancto
Geminiano in tractat ſuo de Bannitis, vbi
hanc materiam latiſſime & digniſſime per-
ſequitur. Nec non D. Bartholom. Chaſſe-
næum in ſuis Commentariis conſuetudi-
num Burgundiæ, tit. *Des Confiſcations*, verſ.
8 finem, tractantẽ inter alia ibi multa de Ban-
nitis, ſcilicet † Banniti qui dicantur?
9 † Bannum quid & quotuplex?
10 † Quod ſit bannum quod deportationi
comparatur?
11 † Bannum vnde dictum?
12 † Qui dicantur, banniti noſtri temporis?
13 † Bannitorum differentia.
14 † Banniti ſimiles deportatis.
15. † Bannitus imperii ęquiparatur deportato.
16 † Banniti Galliæ non poſſunt impune of-
fendi.
17 † Exules æquiparantur deportatis.
18 † Amittens ciuitatem perdit bona absque
aliqua publicatione.
19 † An bannitus mortuus poſſit ſepeliri in
ſepulchro maiorum ſuorum? videtur
quod non? &c.
20 † An arma banniti vbique depicta poſ-
ſint deleri?

Ad quem occaſione occurrente confuge-
re lector poterit, vbi prædictarum quæſtio-
num deciſiones reperiet, quas hic inſerere
omiſi, ad euitandam prolixitatem, veritati
21 inimicam, vt nonnulli ſomniant. † Banni-
tum occidere impune eſt tolerabile, ſed
non laudabile, vt declarat D. Antonius
Corſetus in ſuo tractatu, de verbis gemina-
22 tis, fol. 92. verſo num. 14. quẽ vide. † Ban-
nitam prægnantem interficiens, an ſit ex-
cuſatus? hanc quæſtio. ſubtilem ponit &
examinat late D. Nellus de ſancto Gemi-
niano in ſuo inſigni & præclariſſimo tra-
ctatu De Bannitis, folio 67. numero 45.
quem videre lector tempore oportuno po-
23 terit, vbi vtitur diſtinctionibus nonnullis. †
An ſemel bannitus poſſit iterum banniri,
vide eundem D. Nellum in præfato tracta-
24 tu de bannitis, fol. 43. numero 3. † Banni-
tus an poſſit occidi à filio vaſallo, ſeruo vel
liberto? Vide eundem D. Nellum in d. tra-
25 ctatu, de Bannitis, fol. 63. numero 10. † V-
xor receptans maritum bannitum, an inci-
dat in pœnam receptantium bannitos?
huius quæſtionis meminit D. Nellus à ſan-
cto Geminiano, in ſuo inſigni tractatu, de
Bannitis, & ibi allegat Guil. in Spec. de do-
nat. inter vir. & vxor. §. fi. verſ. quid ſi vir
ſeu maritus eſt in banno. Et tandem dicit:
quod

quod vxor banniti & etiam excõmunicati communicabit cum eo non obstante banno, vel excommunicatione, allegat. canon. Quoniam, 11. quæstio. 3. & can. Inter alia, de sentent. excommunic. & sic videtur concludere, quod sine pœna possit eum receptare. Facit l. Vim passam, §. Muliere, ff. de adulter. Nec obstat, quod vir sit hostis ciuitatis, quia statutum vires matrimonii soluere non potest, cum sit de iure diuino. Secundum Franciscum de Aretin. in lege secunda, de receptator. Et idem etiam tenuit Alber. vbi sup. quæstio. 7. allegat l. primam, C. de repud. & quia vxor debet sequi infortunium viri seu mariti, l. Si cum dotem. §. sin autem, solut. matrimon.

CAPVT LIX.

Qui excusandi, non puniendi, ob Delicta commissa.

Summæ rerum tractatarum in Commentariis CAP. 59.

1 *Regulariter delicta plectenda sunt pœna delictis condigna.*

Huic regulæ non subsunt
2 *Quibus casus iuris patrocinantur.*
3 *Qui casu, non meditata occasione peccant.*
4 *Qui Phrenesi percitus maleficia committit.*
5 *Dormiendo lædentes.*
6 *Pupilli, & pueri impotentes.*
7 *Ebrietate planè sepulti.*
8 *Ignoranter malè facientes.*

Peccantes
9 *Necessitate summa*
10 *Diuinis relationibus*
11 *Rerum ipsa æquitate*
12 *Graui metu periculi*
13 *Æqua, & rationabili defensione*

PEractis hactenus formis quibus nocentes legum constitutionibus grauamus, non ab re me facturum esse putaui, si maleficorum legitimas expurgationes adiicerẽ: quibus merito lex, vsus, ratio & necessitas
1 patrocinari debent. Regulæ † itaque iuris ad pœnam quemlibet adstringunt delictis condebitam, & constitutam: Fallit tamen isthæc regula in omnibus casibus, in qui-
2 bus † iura dissimulant alterum alteri licere offensionem inferre, de quibus infra suo
3 loco dicetur: Fallit præterea in illis, quos † casu delinquere contigit, quod item mox
4 infrà erit cernere. Rursum fallit in † furiosis, phreneticis, aut amentibus, si quando tempore phreneseos aut amentiæ peccasse
5 eos compereris. Præterea à † regula tolluntur, qui dormientes, aut in somnis peccant.

quod id citra omne voluntatis arbitrium
6 fiat. absque vlla facti noticia. Ad hæc † ex-
cusandi sunt pupilli & pueri minorennes,
& à delinquendi voluntaria malicia adhuc
7 vacui. Adde ebriosos, † qui vino potuve
alio adeo sepulti fuerint, vt quid fecerint,
nesciant: nisi certe hanc ebrietatem astutia
& studio quodam affectassent. Ignoran-
8 tia quoq; † à regula & delictis excusat. Ve-
luti si vxor cũ viro in lecto suo reperto, quẽ
germanum putauit esse maritum, mœcha-
9 ta fuerit. Excusat † etiam extrema rerum
necessitas: vti post explicabitur in cap. de
10 defensione coacta. Insuper excusant † diui-
næ reuelationes, quas tamẽ rarò continge-
11 re cernimus. Item † res iustæ, siue ipsamet
Iustitia, quæ Iudicis animum flectere pos-
12 sunt. Item † excusat grauis metus sibi in-
13 ferendi periculi. Postremo † excusat æqua
defensio, qua omne periculũ strenue à proprio capite pellere, aut ab amicis arcere, aut à bonis suis amicorumque suorum propulsare quis conatur, vti infra clarè doceberis. Hæc tantum de maleficorum legitima expurgatione obiter dicta sufficiant.

CAPVT LX.

De capitalium & publicorum criminum multiplicitate.

Summæ rerum tractatarum in Commentar. CAP. 60.

1 *Capitalium & publicorum criminum: Aliud*
- *Crimen læsæ Maiestatis*
  - *Diuina,*
  - *Humana,*
- *Homicidium.*
- *Latrocinium.*
- *Parricidium.*
- *Stuprum.*
- *Adulterium.*
- *Raptus.*
- *Zodomia.*
- *Vis publica.*
- *Prædatio.*
- *Incendium.*
- *Furtum.*

QVum hactenus de criminosis (quatenus ad ipsorum accusationem, comprehensionem, torturam, aut expurgationem spectare videbatur) nonnulla peregerimus, libuit hîc ipsorum criminum varietatem paucis interserere, priusquam ad reliqua huius materiæ transeundum esset. Est
1 igitur † criminum, aliud crimen læsæ Ma-
iestatis, aliud homicidium, latrocinium, parricidium, stuprum, adulterium, raptus, zodomia, vis publica, prædatio, incẽdium, furtum, atque huius generis penè crimina infinita: à quorum nomenclatura (quum sacræ Theologiæ & Iuris literæ, hæc copiosè & passim explicent) supersedeo. Cæterum crimen læsæ Maiestatis bifariam finditur. Aliud est crimen læsæ Maiestatis diuinæ. Aliud crimen læsæ Maiestatis humanæ siue temporalis.

CAPVT LXI.

De crimine læsæ Maiestatis diuinæ.

Summæ

Summæ rerum tractatarum in Commentariis CAP. 61.

1 *Crimen læsæ Maiestatis diuinæ, omnium criminum est grauissimum.*

2 { *Parenti,* / *Domino,* / *Senatori,* } *grauius peccatur, quam* { *ignoto.* / *ignoto.* / *priuato.* }

3 *Pœnam conuenit delicto condignam esse.*

4 *Iudicem non æquum est esse mitiorem lege.*

5 *Clementiores multò leges sunt, quam homines.*

6 *Diuina Maiestas alias occultè, alias manifeste offenditur.*

7 *Occultorum solus Deus, & cognitor, & Iudex est.*

8 *Secretorum cognitio ad forum non pertinet humanum.*

9 *Crimina læsæ Maiestatis diuinæ* {
- *Blasphemia.*
- *Præuaricatio.*
- *Apostasia.*
- *Hæresis.*
- *Simonia.*
- *Sortilegium.*
- *Diuinatio.*
- *Incantatio, &c.* }

10 *Blasphemia Deum obiectum habet: ideo peccatorum grauissimum.*

11 *Blasphemiæ descriptio, ac eiusdem tres species.*

12 *Blasphemia in Deum, de iure ciuili capitalis est.*

13 *Blasphemia non dissimulanda.*

14 *Blasphemiæ altera descriptio.*

15 *Vltimum supplicium mortem interpretamur.*

16 *Clausula in fine posita, ad singula refertur præcedentia.*

17 *Blasphemantes quomodo de consuetudine puniantur.*

18 *Blasphemantes quomodo à iure canonico arceantur: remissiuè.*

19 *Blasphemia est mixti fori.*

20 *Iudices ambo (ecclesiasticus scilicet & secularis) ad eiusdem delicti punitionem aliquando concurrunt.*

21 *Blasphemantem non deferens, puniendus est.*

22 { *Iracundiæ* / *Ebrietatis* } *prætextus, an excusent?*

23 *Iracundia lacessita minuit, non tollit delictum.*

24 *Blasphemia tam factis, quam verbis committitur.*

25 *Imagines serio male tractantes, morti sunt obnoxii.*

26 *Non minus facta, quam verba loquuntur.*

27 *In blasphemantibus assuefactio imprimis attendenda.*

28 *Blasphemi antiquitus non opprimebantur.*

29 *Blasphemia quando dicatur publica?*

30 *Blasphemia ne maledicti quidem sunt incessendi.*

31 Blasphemia idem cum maledicto, secundum nonnullos.
32 Blasphemiæ pœna irrogatur remissior in Francia, atque in nostratibus regionibus.
33 Blasphemi quomodo puniti ex edicto Regis Philippi de Valloys.
34 Blasphemiæ in { Burgundia, / Francia, / Curiis magnatum, } admodum frequentes.
35 Præuaricatio Adamum protoparentem exegit paradiso.
36 Præuaricatores qui dicantur?
37 Præuaricator à quo dictus.
38 Præuaricator teste Vlpiano Iurisconsulto, quis dicatur.
39 Præuaricator secundum Marcellum Iurisconsultum, quis dicatur.
40 Præuaricatio qualiter probetur? remissiue.
41 Apostasia { Elongatio / Defectio / Rebellio / Retrostatio / Retrocessio } nuncupatur.
42 Apostasia trifaria { Perfidiæ, / Inobedientiæ, / Irregularitatis.
43 Apostasia perfidiæ est.
44 Apostasia perfidiæ, vt hæresis punienda.
45 Apostasia inobedientiæ est.
46 Apostasia irregularitatis est.
47 Apostata irregularis quomodo puniendus.
48 Ecclesia non claudit gremium resipiscentibus.
49 Apostata, testis aut accusator esse nequit.
50 Hæresis quare cæteris criminibus grauior, & detestabilior.
51 Hæresis non immerito crimen læsæ Maiestatis diuinæ appellatur.
52 Maiestatem æternam offendere grauius est, quam temporalem.
53 Hæresi qui notandi sunt.
54 Hæreticæ prauitatis crimen plectendum est, non solum in plebeis, &c. Verum etiam in Principibus, &c.
55 Hæresis crimen, habet duo extrema substantialia.
56 Hæretici quibus pœnis afficiendi?
57 Immisericors est misericordia, vni parcere, & omnes in discrimen adducere.
58 Hæretici puniuntur pœna ignis.
59 Consuetudo, optima legum interpres.
60 Vbi maior est culpa, ibi grauior debet esse vindicta.
61 In hæreseos crimen non solum verbo, verum & facto quis incidit.
62 Simonia est.
63 In simoniacos varie, idque arbitrarie animaduertitur per Iudicem ecclesiasticum: remissiue.
64 Simoniacus quis fit?
65 Simoniæ vitio nostris temporibus multi illaqueati.
66 Et temporalia & spiritualia hodie exponuntur vanalia.
67 Simoniam non dicitur committere Papa, beneficia vel dignitates accepta pecunia conferens.

Papa-

LXI. De crimine laesae maiestatis divinae

68 Papatus, apostolatus est.
69 Papæ licitum est quadrata æquare rotundis.
70 Simonia, unde nominis originem traxit.
71 Simoniacorum exitus terribiles: remissiue.
72 Simonia & iure diuino et humano damnata.
73 Simonia triplex: remissiue.
74 Simoniacè adeptorum beneficiorum fructus, cui restituendi?
75 Simoniacus, nullam potest in ea ecclesia offerre victimam Deo gratam.
76 Beneficium simoniacè adeptum vacare censetur.
77 Restitutio fructuum beneficii simoniacè obtenti, non est facienda canonicis.
78 Capitulum tantum administrare potest fructus, eosq; in vsum pium conuertere.
79 Bonorum vsurariorum administratio reseruatur Episcopo, distribuenda piis vsibus.
80 Sortilegium quid sit, generaliter sumpto vocabulo.
81 { Sortilegi, Diuinatores, Malefici. } Hostes humanæ salutis, & humani generis inimici credendi sunt.
82 Sortilegus propriè quis dicatur?
83 Sortilegia plerunque sub falsa religionis imagine fieri sueuerunt.
84 Sortilegium vnde vocabulum duxit?
85 Sortilegia per quos fuerint prius inuenta?
86 Sortilegiorum diuersæ species { Diuinatoria, Amatoria, Venefica.
87 Diuinationis species sunt variæ.
88 Qua pœna plectendus, qui poculo amatorio porrecto, aut male composito, aut male temperato, alterius bibentis sustulerit vitam?
89 Pœna vltimi supplicii punitur quis quandoque pro homicidio, fine, dolo ac intentione aliqua occidendi commisso, contra dispositionem iuris communis.
90 Qua pœna afficiendus, quando non fuit subsecuta mors, sed alius turpis effectus?
91 Malefici sola carminis potentia homines nonnunquam interimunt.
92 Cuius est condere, eiusdem est & soluere.
93 Cuius est condemnandi facultas, eius est absoluendi libertas.
94 Nihil tam naturaliter connexum, quod eodem genere dissolui non possit.
95 Sanare hic & morbos inferre, eiusdem sunt artificii.
96 Dæmon secretorum morborum, ac rerum naturalium peritissimus.
97 Remedia aduersum maleficia, iure ciuili nequaquam reprobata.
98 Iure Pontificio non licet maleficiatum contrariis maleficiis liberare.
99 Diuinatio inter cæteras obtinet principatum.
100 Sortilegi & Necromantici suis superstitionibus fidem asserturi, futura pronunciant.
101 Diuinationum 4. sunt species { Geomantia, Hydromantia, Pyromantia, Aeromantia, } Hinc dicti { Geomanti, Hydromanti, Pyromanti, Aeromanti.

102 Professorum, Alii { Diuini, Incantatores, Harioli, Haruspices, Augures, Phytonissæ, Astrologi, Genethliaci, Saltitores, Necromantici } dicuntur.

103 Necromantia unde dicta?
104 Hinc necromantes vel necromantici.
105 In necromantia cruor aqua miscetur: Dæmones enim cruore delectari feruntur.
106 Professores siue magistri 2, & 3. speciei sortilegiorum, qui sint.
107 Maleficos vocamus, ob facinorum enormitatem.
108 Magistri artis amatoriæ, & veneficæ, iure ciuili æquiparantur.

109 Sortilegorum professio duplex { Tacita. / Expressa { Solennis siue publica. / Priuata. } }

110 Tacita professio est.
111 Professio tacita, quare sic dicta?
112 Expressa professio est.
113 Expressa professio duplex.
114 Expressa professio, solennis, siue publica est.
115 Expressa professio priuata est.
116 Satanas in hoc totus incumbit, vt adoretur quasi Deus.
117 Quibus locis, quibusve temporibus, sortilegia fieri consueuerunt?
118 Sortilegi, huique similes alii, vbi conuenire soleant?

119 Sortilegia plerumque fiunt in locis { Syluestribus. / Occultis. / Subterraneis. / Ab hominum conuersatione remotis. / Longe dissitis. / In caducis castellis & desertis. / Semper in intempesta noctis tenebris. }

120 Qui male agit, odit lucem.
121 Satanas, virtutum, bonorum operum, veritatisq́ aduersarius infestissimus.

122 Satanas mendax { Inuentor / Author } mendacii; amat { Tenebras. / Loca obscura. / Sordida. }

123 Sortilegia cur nocte potius, quam interdiu fiant.

sortile-

124 *Sortilegi, quibus* { *Rebus, Signis, Instrumentis, Mixturis, Compositionibus, Ligaturis, Characteribus, Figuris* } *vtuntur?*

125 *Malefici in manibus publicæ iustitiæ existentes, & incarcerati, cur non faciant se deferri, ac inde liberari per ministerium Dæmonis, ad mortem euitandam?*

126 *Dæmon eorum mortem, quos habet subiectos, optat: quo prædam eos habeat tutam.*

127 *Malefici incarcerati cur euadere nequeant, quod tum diuina iustitia non permittat Dæmonem in eos suam naturalem exercere potentiam.*

128 *Maleficis vnde potestas tanta?*

129 *Potestas omnis à domino Deo est.*

130 *Neq; Dæmones, neq; malefica quicquam facere possunt, nisi omnipotens consentiat, potestatemq; faciendi concedat, quod iam peruersa voluntate facere decreuerunt.*

131 *Maleficæ quicquid moliuntur, non hominis Dæmonisque potentiæ id solum asscribendum; sed diuini permissu id totum peragi credendum est.*

132 *Diabolus cum sit superbissimus, Deo cupit in omnibus quam simillimus esse.*

133 *Effectuum omnium necromanticorum & maleficorum operator Diabolus, per applicationem mediorum, opus producit optatum: quod fit aliquando realiter, aliquando solum apparenter.*

134 *Maleficæ mulieres, notas quasdam & signa symbolica à Dæmonibus recipiunt, quibus exciti Dæmones mox prosiliunt.*

135 *Maleficarum stulta credulitate nihil efficacius in operationibus Dæmonum: qua pactis votisque augetur.*

136 *Maleficæ rebus vtuntur ad maleficium sibi notis & familiaribus.*

137 *Malefici non sunt vspiam tolerandi, sed vbiuis locorum tollendi funditus.*

138 *Maleficos non patieris viuere.*

139 *Mulieres cur magis sint idoneæ ad maleficia quam viri: remissiuè.*

140 *Cur potius virgines quàm corruptæ: remissiuè.*

141 *Cur plures mulieres sunt maleficæ, quàm viri malefici: remissiuè.*

142 *Dæmonum, Alii* { *Aërii, Ignei, Aquatici, Terrestres, Subterranei, Lucifugi* } *A locis quibus sunt addicti, aut à malitia naturæ, appellationes eas habentes.*

143 *Maleficarum potestas tota Dæmonibus, à Domino Deo limitata conceditur.*

1 GRauissimum & omnium † criminum maximũ est, Crimen læsæ Maiestatis diuinæ: cũ longe grauius sit æternã, quam temporalem offendere Maiestatem, Authent. Gazaros, C. de hæretic. & Manichæ. & in Authentic. De statutis & consuetudinibus contra libertates ecclesiæ editis, §. Gazaros, colla. 10. constitut. fin. vnde dicta Authent. desumpta est: quæ quidem verba etiam legimus canonizata in c. Vergentes

P

in senium, ext. eod. tit. de hæretic. & ibi no-
tab. gloss. in verb. grauius, c. Sicut qui ec-
clesiam, & ibi sing. gloss. in verb. grauius,
17 q. 4. Maius, (inquit,) peccatũ est, quod
in Deum committitur, quam quod in ho-
minem, quia quod in Deitatem, aut in re-
ligionem diuinam cõmittitur, in omnium
fertur iniuriam: ac publicum crimen com-
mittitur, l. Manichæos, versus exordium,
C. de hæret. & Manichæ. c. Cum secundum
leges, eod titu. libr. 6. Præterea quanto di-
gnior est persona cui peccatur: tãto grauius
est peccantis delictum, vt legitur & notatur
in can. primo de calumniato, text. gloss. &
Panor. in c. Cum illorum, extr. de sentent.
excommuni. textus in §. Atrox, Institut. de
2 iniur. Aliter enim delinquit ac † punitur,
qui quid in dominum parentemve ausus
est, quam qui in extraneum: In Magistra-
tum, quam in priuatum: Ita textus in l.
Aut facta, §. Persona, ff. de pœnis. Si ergo
enormius est delictum in Deum, quam in
quemcunque hominem, text. in d. c. Ver-
gentes in senium, consequitur id ipsum o-
mnium grauissime esse plectendum. Nam
3 † pœnam cõuenit delicto esse conformem,
vt per hæc verba dicit textus elegans & phi-
losophicus in l. Respiciendum, in frõte sui,
ff. de pœnis: Respiciendum causæ iudican-
ti fuerit, ne quid, aut durius, aut remissius
constituat, quam caussa deposcit. Nec enim
aut seueritatis, aut clementiæ gloria affe-
ctanda est: sed perpenso iudicio, prout quę-
que res expostulat, cuncta statuenda sunt:
& dicit text. in can. Felicis, de pœnis, in 6.
post multa verba: Proportionetur pœna
delicto, ita vt vindicta ex æquo excessu re-
spondente ab offensa nostrorum cohibean-
tur deinceps, &c. nec enim delictum nõ de-
lictum: vel non crimen, crimen facere de-
4 bemus. Nec † Iudex debet esse mitior lege
(inquit textus in § Oportet, in Authent.
de iudicib. colla. 6.) Illud est quod dicimus
5 quòd † mitius agitur cum lege, quam cum
homine: clementiusque iudicant leges,
quam homines: & multo sunt clementio-
res leges, quam homines, in l. Celsus, ff. de
6 arbit. Cæterum † diuina ipsa Maiestas, aliàs
7 occultè, aliàs manifeste offenditur: quia †
tamen occultorum siue secretorum solus
8 Deus, & cognitor & Iudex est, † ipsorum
cognitio ad forum non pertinet huma-
num, c. Vnico, § Porro. Vt eccles. benefic.
sine dimi. conferan. c. Sicut, ext. de Simon.
c. Erubescant, in fin. 32. distinct. coniun-
cta ibidem memorabili gloss. in verb. Secre-
torum. De his igitur, per quæ ipsam diui-
nam Maiestatem palam offendunt, præsens
aget capitulum: atque eiusmodi sunt, bla-
9 sphemia, † præuaricatio, apostasia, hæresis,
simonia, sortilegium, diuinatio, incanta-
10 tio, atque id genus similia. † Blasphemia
Deum ipsum obiectum habet: ideo pecca-
torum est grauissimum, vti & hinc quoque
liquet, quod Luciferum creaturarum o-
mnium nobilissimum ilico cum suis expu-
11 lit cælo. Est † igitur Blasphemia, Deo attri-
buere, vel de Deo aliquid dicere, quod Deo
non conuenit: vel Deo adimere, quod ipsi
proprium est, aliquave verba in eius san-
ctos, & maxime beatam Virginem publice
& contumeliose proferre: quæ quidem de-
scriptio probatur in c. Si quis per capillum,
22. q. 1. & in c. Statuimus, & ibi Doct. extra
de maledic. Colligitur igitur tres esse spe-
cies blasphemiæ; Prima, quum Deo attri-
buitur, quod ei non conuenit: vt impoten-
tia, iniustitia, crudelitas, malitia, membra
humana, & huiusmodi. Nam quamuis Dei
Filius humanam carnem pro nobis assum-
pserit membra habentem: Deus tamen in
se incorporeus est, omninoque simplex. Se-
cunda blasphemiæ species est: quum Deo
adimitur, quod ipsi propriè conuenit vt o-
mnium rerum prouidentia & præscientia,
iustitia, bonitas misericordia, omnipoten-
tia. Sic negare Dei filium non esse verum
hominem factum: aut non esse in Eucha-
ristiæ sacramento, aut non odisse pecca-
tum. Tertia species, quando creaturæ attri-

buitur

buitur, quod Deo appropriatur, vt quod i-
mago creata, sit Deus: quod imago det gra-
tiam, quod creatura aliqua ex se pronunciet
futura, soli Deo nota, vt circa superstitio-
12 nes interdum fieri solet. Blasphemia † in
Deum, de iure ciuili, pœna mortis punitur,
text. est apertissimus in Authent. vt nõ lu-
xu. contra natu. colla. 6. quæ pœna meritò
13 infligitur: quia † illius dissimulare non de-
bemus opprobrium, qui probra nostra de-
leuit, c. In nonnullis, ext. de Iudęis, Sarace.
& eo. seruis. Minuenda sic fuerit superior de-
14 finitio: † Blasphemia insuper fit, quoties
quis deliberato animo, de Deo omniũ no-
strûm creatore ac redemptore, maledica lin-
gua quippiam indignum effutiuerit. Et a-
nimaduertite, quod text. in d. Authent. vt
non luxur. cont. natu in fin. vbi narrauit
enormitatem nonnullorũ criminum, sub-
iũgit: præcipimus enim gloriosissimo Prę-
fecto regiæ ciuitatis, permanentes in præ-
dictis illicitis & impiis actibus comprehen-
15 dere, & vltimis subdere suppliciis. Quæ †
verba secundum gloss. ibidem in verb sup-
pliciis, intelliguntur de morte, secundum
vulgatum text. in l. Vltimum supplicium
mortem solam interpretamur, ff. de pœnis.
Et si argutus quispiam dicat, quod solum
ille versiculus referatur ad Sodomitam (de
quo verè dicitur, quod morte mulctandus
est) & non ad blasphemantem: Dico, quod
istud tollitur. Nam cum supra in d. tit. fue-
rit locutus Imperator, tam de Sodomitis,
quam de blasphemantibus, versiculus ille
post ad finem adiectus, referendus est ad
16 vtrunque: clausula † enim in fine posita,
ad singula refertur pręcedentia, teste D. Bar-
tolo in l. fin. ff. de reb. dub. & l. Prætor ait,
2. ff. vi bonor. raptorum. Abbas in c. Secun-
do requiris, extr. de appellat. gloss. & Doct.
in c. Cum dilecti, de donat. Imo plus vo-
luit Bartol. in l. Talis scriptura, §. Hanc au-
tem, ff. de lega. 1. quod referatur ad præce-
dentia, etiam si sit clausula onerosa. Huic
seruit quod notat Abbas per gloss. ibi nota-
bi. in c. De multa, in 5. colum. de præbend.
dicens: Quòd si post constitutionem ali-
quid adiiciatur, omnia supradicta habent
locum in illo postremum adiecto: faciunt
quæ habentur in l. Et si pepercerit, §. Filius,
ff. de liber. & posthum. & l. Si seruus plu-
rium, §. fi. ff de lega. 1. Item quod dicta pœ-
na vltimi supplicii habeat locum in bla-
sphemia, suffragatur illud dictum præcita-
tæ Authent. circa medium ibi: Si contra ho-
mines factæ blasphemiæ impunitæ non re-
linquuntur, multo magis, qui ipsum Deũ
blasphemant, digni sunt supplicia sustine-
re, subiungendo postmodum circa finem:
ne ex contemptu talium inueniatur & ciui-
tas, & Respublica, per hos impios actus læ-
di: & pro illa æquiparatione hominis ad
Deum, facit text. in simili, in c. Viduas, in
versic. Si enim 27. quæst. 1. ad idem in ea-
dem quæstione, can. 1. A maiori igitur ad
17 minus infertur, blasphemantem † mortem
sustinere necessum esse. Blasphemiam ve-
ro in Christi seruatoris nostri Virginem ma-
trem euomens, in pellerinam, seu consimi-
lem editum locum subreptus statuitur: vbi
blasphemantis lingua candenti ferramento
pertunditur: deinde exilio quoque da-
mnatur, siue alia simili pœna arbitraria Iu-
dicis. Simile quoque supplicium sumen-
dum de iis, qui blasphemant in Sanctos ac
Diuos Christi electos: & hæc de consue-
tudine. Quamuis enim blasphemia, pro-
priè sit bonitati & excellentiæ præcipue
diuinæ derogare & conuiciari, tamen si-
cut DEVS in sanctis laudatur, quatenus
laudantur opera, quæ DEVS in sanctos
efficit: ita & blasphemia, quæ fit in sanctos,
18 in Deum redundat. † Si quispiam vero
scire desiderauerit, quomodo blaspheman-
tes à iure canonico arceantur siue plectan-
tur, confugiat is ad can. Statuimus, extra
19 de maledicis. Vbi † monstratur blasphe-
miam esse mixtum crimen, siue mixti
fori: eoque non minus seculari, quàm
canonico iure puniendam. Et ibidem

20 D. Panorm. num. 4. citat casum, quo fambo Iudices (ecclesiasticus scilicet & secularis) ad eiusdem delicti punitionem concurrunt: adeo, vt à seculari irrogata malefico pœna, non praescribat ecclesiasticè pœnam quoque inferendam, nec contra vti ibidem videre fuerit. Praeterea blasphemia crimen est nulli vnquam piorum hominum dissimulandum aut tacendum, quin potius quã citissime prodendum, iuxta text. in c. Nonnulli, vbi Doct. not. extr. de Iudaeis. Adeo
21 † quod blasphemantem non deferens, ipse tanquam maleficus blasphemanti consentiens, puniendus esset, text. in c. Si quis per capillum, 22. quae. 1. vers. medium, ibi, Si quis autem talem hominem non manifestauerit, non est dubium, quin diuina cõ-
22 demnatione coërceatur. Nec † blasphemãtem excusat aliquis iracundiae aut ebrietatis praetextus. Nisi ex aliqua passione in verba imaginata quis subito prorumpat, quorum significationem non considerat, tunc enim huiuscemodi verba non habent proprie rationem blasphemiae, hinc & peccatũ veniale tantum esse aiunt Theologi. Si vero aduertit hoc esse blasphemiam, considerans verborum significata, non excusatur: Sicut nec ille qui ex subito motu irae aliquẽ
23 occidit penes se sedentem. † Nam licet iracundia lacessita soleat delicti pœnam minuere, non tamen efficit, quin maneat delictum, per ea quae nos in l. Si non conuicii, C. de iniuriis, in c. Si quis iratus, per Doct. ibi, 2. q. 3. & quod habetur in l. Iurisiurandi, C. de reb. credi. & in l. Quidquid calore, ff. de reg. iuris. Ebrietas quoque pariformiter non excusat delictum, licet diminuat siue leniat pœnam, vt probat text. in l. Omne delictum, ff. de re milita. ibi: per vinum aut lasciuiam lapsis capitalis pœna remittenda est, & militiae mutatio irroganda est, & text. in c. Sanè & in c. Inebriauerũt, 15. q. 1. Hinc
24 vulgò dici solet: † *Quod ebrietas excusat cul-*
25 *pam à tanto, sed non à toto.* Caeterum † notandum est, quod non modo verbis, sed etiam factis blasphemia committitur. Veluti, si quis Sanctorum imagines seriò verberet conscindat, vel in terram proiiciat: sicut habet textus à contrario sensu in l. Non contrahit, ff. ad l. Iul. Maiest. ibi, Nec qui lapide iactato incertò, statuam fortuitò attigerit, crimen Maiestatis commisit: ergo si seriò fecisset, & non fortuito, bene commisisset: imò plus probat text. in c. Si canonici in §. Caeterum, de offic. ordin. libr. 6. Quod percutiens tales imagines, etiam non serio, grauiter punitur. Ita reprehendit per haec verba: Caeterum detestabilem abusum, horrendę indeuotionis illorum qui crucis, beatae Mariae virginis, aliorumque Sanctorum imagines, seu statuas irreuerenti ausu tractantes, eas in aggrauationem cessationis huiusmodi prosternunt in terram, & vrticis spinisque supponunt, penitus reprobantes: aliquid tale fieri de caetero districtius prohibemus, statuentes, vt in eos qui contrafecerint, vltrix procedat dura sententia: quae delinquentes sic puniat grauiter, vt alios à similium praesumptione compescat. & ibi gl. in verb. Indeuotionis, declarat, quod tales imagines debemus adorare, & qua adoratione, ibi etiam Dominicus de sancto Geminiano referens Lapum, quod tantam imaginibus reuerentiam debeamus, quantam illis qui per imagines designantur: vnde diceres, serio superiori modo imagines tractãtes, morti obnoxios esse per text. vulgatũ, in l. Ex senatusconsulto, ff. Ad l. Cornel. de sica. qui sic habet: Ex senatuscõsulto, eiusdem legis pœna damnari iubetur, qui mala sacrificia fecerit, habuerit: quod satis verificatur in illo (meo tenui iudicio) qui tali modo supradicto res sacras tractauerit. Quin & Angel. ibidem expresse per illum text. tenet, tale delictum morte puniendum: etiamsi referat, alias in facto solum manum delinquentis fuisse abscissam, & idem Angel. in sua disputatione, quae incipit: refulgenti delitiorum, fortiter contendit, quod ad euadendam supradictam pœnam,

poenam, nulla hominum dignitas quicquã excusat. Alibi Imperator idem impietatis flagitium stricta poena verbisq; asperrimis prohibet in l. Vnica, iũcta ibi gloss. in verb. grauissima, & in Rubro, C. Nemini licere signum seruatoris Christi, &c. & ibi Salic. aduersum religiosos id permittentes. Ex su-
26 perioribus igitur iam palam est, † Blasphemiam non modo dictis, verũ & factis, multifariam committi. Nam iuxta tritam sententiam, Non minus facta, quam verba loquuntur, l. Paulus, in exordio, ff. rem rat. haberi. Quocirca conclusiue nunc dicimus, quisquis huiusmodi blasphemiæ detestandum delictum, data opera, seriò, ex consuetudine & publice commiserit, iure optimo ad mortem posse damnari: Imo capitis vltimo supplicio plectendus est. Ita affirmant & concludunt Doctor. in c. fin. extr. de maledic. post Cynum, & Petrum in l. 2. C. de reb. cred. Bald. & Salice. in l. 2. C. ad l. Iuli. Maiest. & post istos D. Francisc. Mignon. in Commentariis super Consuetudinibus Andegauensib. tit. *De la punition des crimes*,
27 art. CLXXXII. n. 17. dicens in † istis admodum assuefactionem attendi oportere, teste Paulo Castrens. in l. Qui per salutem, ff. de iureiuran. Huic seruit illud Leuitici, cap.
28 24. Educ † blasphemum extra castra, & lapidet eum populus vniuersus, & ita antiquitus blasphemi opprimebãtur lapidibus, Numeri, c. 4. Nec semel vel bis id faciendo, deberet puniri poena mortis, sed alia graui pœna non tam magna, vt ibi habetur in dictis iuribus. Tamen istud intelligitur de blasphemia publica, & non simpliciter, vt
29 habetur in præallegatis iurib. Et † dicitur publica, quando est vulgatissima, & per quã multi conspicientes scandalizati sunt. Qui igitur hoc frequenter commiserit: de quo est text. in c. fin. 26. q. 6. ibi, publicum & vulgatissimum crimẽ est, quod vniuersam commouerit vrbem: & quod habetur in l. 3. in princip. C. de summa Tri. & fide catho. in l. Palàm, ff. de verb. signific. vel alio modo potest dici blasphemia publica, quando est notoria iuris, vel de iure: vt quia blasphemus conuictus & condemnatus in iudicio vel facti, aut de facto, iuxta notata in c. Vestra, de cohabita. cleric. & mulier. Panor. in c. Statuimus, extr. de maledicis, num. 7. & c. fin. ext. de cohabit. clerico. &
30 mulier. † Enormitatem quoq; supra ea quę ante monstrauimus, vel hinc cognoscere licet, quod ne maledictione quidem dignos, æternoque inferni supplicio addictos, maledica blasphemia incessere licet, vt est text. in c. Si igitur, 24. q. 5. Si igitur (dicit text.) S. Michaël non fuerit ausus diabolo, & certe maledictione omni dignissimo, iudicii inferre blasphemiæ, quanto magis nos ab omni maledicto, potissimum Dei, electorumque ipsius, oportet esse purissimos? Merebatur profecto diabolus maledictum: sed per os Archangeli blasphemia exire non debuit: quo quidem textu volunt Doctorum
31 nonnulli idem esse † blasphemiam cũ ma-
32 ledicto. Cæterũ hîc obseruandum est, † remissiorem irrogari blasphemiæ pœnam in Francia, atque in nostratibus regionibus: quandoquidem ibidem ab anno Domini
33 1347. ex edicto Regis Philippi de Vallois, † Blasphemantes in Deum, aut virginẽ suam Matrem, primo blasphemiæ crimine proponuntur populo in publica pellerina vsq; ad meridiem: à meridie per plateas & vicatim circunducuntur, & à nebulonib. omni spurcitiæ genere consperguntur: nullo mortis genere, imò nulla alia interim corporali pœna affecti: nisi quod aliquandiu posteà inędia cum panis & aquę paucitate torqueantur. Si verò blasphemiam iterent, nondũ satis correpti isthac infamia, duobus locis iussit ipsorum incidi inferius labrum in iustitiali theatro. Tertia blasphemia superius labrum incidit. Quarta blasphemia integrã
34 concidit maxillam. Has † duntaxat punitiones clementissimus Rex constituit in istos nefarios blasphemos: qui in Burgundia apud Burgundos: & in Francia apud Fran-

eos: & etiam in Curiis magnatum (quod
lamentandum eſt) admodum frequentes
ſunt, vt norunt qui ibidem habitauerunt,
aut frequentauerunt. Ad huius quoque
Philippi regis clementiam, viſus eſt voluiſ-
ſe edictum ſuum ſtatuere clemẽtiſs. Imper.
noſter Carolus V. quod edidit anno 31. quo
blaſphemos carcerali anguſtia in fame &
ſiti menſem vnum puniri iuſſit: poſt hanc
pœnam eos quoque qui blaſphemiam pro-
tulerint, iuſſit præterea in pellerinam ſub-
uectos linguæ pertuſione candenti ferro ſi-
ne diſſimulatione puniri. Si quis vero pro-
lixius blaſphemiæ materiam rimari deſi-
deret, perlegat tractatum pulcherrimum &
eruditione refertum ingenioſiſſimi Docto.
Domini Ludouici Montalti Syracuſii, ſu-
per Reprobatione ſententiæ Pilati; nec non
Beatum Thomam in ſecunda, 2 quæſtio-
35 ne 13. articulis 1. 2. & 3. † PRAEVARICA
TIO Adamum protoparentem exegit pa-
radiſo. Ideo Adam præuaricator dicitur,
quod à recto diſceſſerit. Eſt enim præuarica-
ri, ſecundum Theologos, à lege Dei, quæ
rectiſſima eſt, à præſcriptoque ſui officii,
quocunque modo deflectere: quanquam in
36 forenſibus litibus aliter accipiatur. Nam †
præuaricatores dicuntur, qui vera crimi-
37 na fraudulenter occultant; hinc † præua-
ricator à varicando, hoc eſt, transgredien-
do dictus eſt, qui ab officii ſui præſcripto
deflectit atque aberrat; vel, vt Vlpiano Iu-
riſconſultorum Iuriſconſultiſſimo placet,
38 Præuaricator † eſt quaſi varicator, qui di-
uerſam partem adiuuat, prodita cauſſa ſua;
quod nomen, Labeo à varia certatione tra-
ctum ſenſit, l. prima, & per vniuerſum
titulum, ff. de præuaricato. Et Marcellus Iu-
riſconſultus, in l. 1. § Præuaricatorem, &
ibi Bart. & alii Scribentes, ff. Ad Senatuſcõ-
ſultum Turpilian. † Præuaricatorem fu-
39 iſſe ſcribit eum, qui colluderet cum Reo, &
translatitio munere accuſandi defungere-
tur; eo quod proprias quidem probationes
diſſimularet, falſas vero accuſationes ad-
mitteret. Cicero pro Cluent. An vt præua-
ricaretur? iam id quoque ad corrumpen-
40 dum iudicium pertinet. † Qualiter autem
probetur præuaricatio, videbitis apud Bar-
tol. & eius ſequaces in d. §. Præuaricato-
rem, numero 4. His additur, quod præua-
ricatores quaſi ſpinæ euellentur vniuerſi,
quæ non tolluntur manibus: Et ſi quis tan-
gere voluerit eas, armabitur ferro & ligno
lanceato: igneque ſuccenſæ comburentur
vsque ad nihilum. 2. Regum 23. Quonam
pacto in veteri teſtamento iure canonico, &
ciuili veniant puniendi, ſatis abunde liquet
ex ſupra allegatis, atque hoc loco, ſtudio
41 breuitatis, omiſſis. † APOSTASIA, elon-
gatio, defectio, rebellio, nuncupatur: Aut
ſecundum nonnullos retroſtatio, aut retro-
ceſſio, can. Non obſeruetis, & c. vltim. 26.
42 quæſt. vlt. Et † eſt trifaria. Prima, apoſta-
43 ſia † perfidiæ, per quam quis recedit à fide,
c. Non poteſt, 2. q. 7. Et hæc proculdubio,
44 † vt hæreſis, venit punienda, Panormita-
no poſt Hoſtienſem teſte, in c. 1. nu. 3 extr.
45 de apoſta. Alia apoſtaſia † inobedientiæ, id
eſt, obedientiæ rebellio, ſiue à ſacra & pro-
miſſa obedientia defectio, qualis fuit pri-
morum parentum Adæ & Euæ præuarica-
46 tio. † Similiter eorum qui ſacra Eccleſiæ de-
creta peruicaci animo ſpernentes, à ſeſe ex-
cutiunt, c. Si quis venerit, & c. Illud, ext. de
maior. & obedient. Præterea hoc apoſtaſię
crimen etiam incidunt, quicunque canoni-
catus aut monachatus decreta ſolenni vo-
to & obſeruatione recepta procaciter, citra
vllam pontificiam diſpẽſationem, violant,
47 relinquunt & deſerunt: † quod ſolent apo-
ſtaſiam irregularitatis appellare, can. 1. &
ibi Panormi. & ſcribentes, ext. de apoſta. &
c. vlt. 50. diſtinct. Ideoq; tales vti infames,
puniendos cenſuerunt leges ſqualore carce-
ris, donec reſipuiſſe noſcantur, & conſtan-
tem obedientiam denuo ſpopõderint: quo
48 † caſu ab apoſtaſiæ crimine leuandi ſunt, &
prioribus obedientiæ tradendi regulis, can.
A nobis, extr. de apoſt. iunct. gloſſ. ſi ibi, in
verb.

verb. resipiscant. Ecclesia enim (inquit) nõ
claudit gremium redeuntibus & resipiscẽ-
tibus, l. inter claras, in fin. C. de sum. Trini-
tate, & fid. catho. atq; D. Paul. Grillan. in
suo tract. de hæret. nu. 8. lib. 1. Et præfatæ
diuisionis trimembris perspicuè meminit
gloss. celebris in verb. apostasia, in d. can. 1.
extr. de apost. quæ quidem gloss. in fine
49 sui, etiã † sustinet apostatã testem esse, aut
alium accusare non posse, c. Beatus &c.
Si quis à vero, 3. q. 4. Inter crimina quæ a-
nimaduersione digna sunt, HÆRESIS
50 † est grauius & cæteris detestabilius: eò
quod directò cõtra ipsum Creatorem Deũ
omnipotentem patratur, eius omnipoten-
tię detrahẽdo, negando illius diuinitatem,
vt habetur in c. 1. de sum. Trinita. & fid. ca-
tho. & l. 1. C. eod. tit. & c. Ad abolendam, de
hæret. Non immerito igitur appellatur
51 crimen læsæ Maiestatis diuinæ, † ex quo di-
rectò tendit in lęsionem & præiudicium di-
uinæ potestatis, d. c. Ad abolendam, & c.
52 Vergentis, eod. tit. Longè † enim grauiùs
est æternam quam temporalem Maiestatẽ
offendere, c. Non offeramus, 24. q. 1. & d. c.
53 Vergentis. Hæresi itaque † notandi sunt,
quicunque in fide pertinaciter vacillant,
qui se ab orthodoxa Ecclesia auertunt & se-
parãt: qui cum sancta, orthodoxa, & catho-
lica fide pugnantia ingerunt & docent: aut
qui falsam hæreseos opinionem tuentur,
contra Christianæ religionis fidem, c. 1. &
ibi Abb. & Doct. ext. de hæreti. sæpe citato,
c. Ad abolendam, c. Inter hæresim, & can.
Hæreticus, 24. q. 3. & l. Quicunque, §. vlt.
C. de hæreti. Quinque igitur requiruntur
vt aliquis propriè dicatur hæreticus. I. vt sit
error in ratione. II. Vt error ille sit cõtra ea
quæ determinauit Ecclesia, in his quæ spe-
ctant ad fidem & bonos mores. III. Vt
Vt huiusmodi error sit in illo qui Christia-
nam catholicamq; professus est religionẽ,
aliàs Iudæus, Turca aut Paganus dicere-
tur. IIII. Vt huiusmodi errans aliquam
confiteatur de Christo veritatẽ, quæ spectat
ad ipsius humanitatem vel diuinitatem.
Quoniam si totum fidei symbolũ & Chri-
stianam fidẽ abnegaret, non hæreticus, sed
apostata censeretur. V. Vt huiusmodi erro-
rem pertinaci & obstinata mente eligat &
sequatur. Vnde D. Augustinus 24. q. 3. c. di-
xit apostolus. Si qui sententiam suã quam-
uis falsam atque peruersam nulla pertinaci
animositate defendunt: præsertim quam
nõ audacia suæ præsumptionis pepererint,
sed à seductis atque in errorem lapsis parẽ-
tibus acceperunt: quærunt autem cauta
solicitudine veritatem, corrigi parati cũ in-
uenerint, nequaquam sunt inter hæreticos
54 deputandi. Hoc itaque † hæreticæ prauita-
tis crimen plectendum est, non solùm in
plebeis, & infimæ sortis homunculis, ve-
rùm etiam in Principibus, Regibus, Impe-
ratoribus, Pręlatis, Episcopis, & Pontificib.
Curia tamen spiritualis siue ecclesia pro-
cessum peragit: Iusticia vero secularis pro-
cessum absolutum & iudicatum exequitur,
d. c. Ad abolendã, & ibi Panor. num. 7. & 12.
& c. Excommunicamus, 2. ext. de hæreti.
& c. Vt officium, & c. Cùm secundũ leges,
eod. tit. de hæret. lib. 6. Vt vt isthæc iura
præscribant, eo tamen (nec iniuria) nos v-
sus perduxit, vt consilia & tribunalia quæ-
uis secularia passim non solũ hereseos exe-
cutionem: verùm & causæ cognitionem, &
55 sententiæ prolationem assumant. † Quod
quidem hęresis crimen habet duo extrema
substantialia, sine quibus id esse nõ potest.
Alterum est, quod respicit hæresis initium,
& hoc substantiale est error in ratione: sup-
pleueris tu, quod sit error circa ea quæ sunt
fidei, non circa alia. Alterum vero extre-
mum est, quod respicit complementum,
quod est pertinacia in voluntate, c. Dixit,
24. q. 3. huius meminit D. Paulus Grillan-
dus, de hæreticis lib. 1. num. 6. Sed hæretici
56 quibus pœnis † plectendi? Augustinus ad
Bonifacium refert, singulos hæreticos de-
cem libris auri multari. Gelasius Papa exi-
lio damnauit hæreticos. Hieronymus de-

cet resecādas esse putridas carnes, ita inquiens: Resecandæ sunt putridæ carnes, & scabiosa ouis à caulis repellenda, ne tota domus, massa, & corpus & pecora ardeant, corrumpantur, putrescant, & intereant. Et in-
57 fra: Quæ est ista misericordia, vni parcere, & omnes in discrimen adducere? Et Beatus Ambrosius: Hæresis, velut quædam hydra fabularum, vulneribus suis excreuit, quæ quanto sæpius succiditur, tantò copiosius succrescit & pullulat, igni debite, incendioque peritura. Augustinus lib 2. contra Gaudentii epistolam de hæreticis inquit: Hoc hominum genus per Imperatoriam curam corrigi debet. Et super Ioan. ad longum docet, Imperatores & Principes catholicos benefacere quod vtantur gladio contra hæreticos: debent enim hæretici affligi & eiici à Principibus, sicut Agar fuit afflicta à Sara, quando Ismael ludit cum Isaac, Gen. 21, & ad Gal. 4. Constantinus Imperator Arriū cum adhærentibus damnauit in exiliū, quia nolebat adhærere concilio Nicæno, l. Manichæos, C. de hæreti. Theodosius Imperator puniuit hæreticos Manichæos, omnium bonorum possessione & omni successione priuauit, admisit desuper inquisitionē fieri post mortem, l. Ariani, C. eod tit. de hæreti. coniuncta l. vltimum supplicium, ff. de pœnis. Item decreuit Valentinianus, ne Manichęi in solo Romano conueniēdi morandique habeāt facultatem: decreuit quoque eos vltimo supplicio tradendos, l. Quicunque, §. vltimo, C. eod. tit. de hæretic. ibi, vltimo etiam supplicio coerceantur, qui illicita docere tentauerit. Adde hic quæ habentur in c. Excommunicamus, 2. iūcta gl. in verb. Puniendi, ext. eod. tit. Et vt paucis satisfaciamus præfatæ quæstioni, qua pœna heretici sint plectendi, dicendum secūdum Panorm. in d. c. Ad abolendam, extr. de hæretic. post Hostiensem, & Ioannem
58 And. quod pœna † ignis. Debent ergo cremari. vt colligitur ex Euangelio Ioan. 15. c. vbi dicitur: Si quis in me non manet, mittetur foras, sicut palmes, & arescet, & colli-
59 gent eum, & in ignem mittent. Et † hanc pœnam esse debitam interpretatur consuetudo, quæ optima est legum interpres, c. Cum dilectus, ext. de consuetudine, & in l. Cum de in rē verso, ff. de vsur. expressè textus in l. Si de interpretatione, ff. de leg. Cōueniunt ergò in hoc lex diuina, canonica, ciuilis, & consuetudinaria, vt communiter puniantur pœna ignis, vt testantur D. Panorm. & cæteri canonistæ neoterici in d. c. Ad abolendam. Idemque prudentissimus noster Imperator Carolus V. edicto suo generali adstruxit anno quadragesimo: quo pertinaces hæreticos, & sectæ alicui nefariæ addictos ignis supplicio damnat: resipiscentes verò viros, gladii animaduersione: mulieres verò putei inhumatione tollendas
60 præcipit. † Vbi maior est culpa, ibi grauior debet esse vindicta, c. Excommunicamus, 1. § Credentes, vers. Sanè, ext. de hæretic. Nec mirum, quia si falsarii monetæ, siue pecuniæ, aut alii male factores (vt infra apertius docebitur) per seculares Principes iustè morti traduntur: cur non hæretici falsarii S. scripturæ? Imperatores puniunt furta, homicidia, rapinas, adulteria, periuria, cur à minori ad maius non punirent hæreses? Animaduertēdum autem hic est, priusquam extremam manum huic materiæ imposue-
61 ro, † non solum verbo, verū & facto in hæreseos crimen posse quempiam incidere: tenent expressè Lapus, Abbas, Antonius de Butrio & Ioann. Imolensis in Clement. de vsuris. D. Franciscus Squillacen. in suo eleganti tract. fidei, siue de fide catholica: quos
62 data occasione cōsulturi videbitis. SIMONIA est studiosa voluntas vel cupiditas emendi, vel vendendi, aliquid spirituale, vel spirituali annexum, ita glos. in Rub. in tit. de simonia: de qua quidem materia, atque eiusdē punitione tractatur prima caussa, per omnes quæstiones suas, c. Præsentium, & c.
63 Sancitum, 7. q. 1. In simoniacos † variè, idque arbitrariè animaduertitur per Iudicem eccle-

ecclesiasticum, vt licet videre per tit. & ibi
scribentes, ext. de simonia, & ne aliquid, &
c. atque locis priùs allegatis, hic studio bre-
46 uitatis omissis. † Intellige autem Simonia-
cum illum, qui Sacramenta ecclesiastica,
beneficia, prælaturas, atque reliquas di-
gnitates ecclesiasticas mercatur, aut vendit.
65 Et huic † Simoniæ vitio nostris tempori-
bus multos (quod iure deplorandum) il-
66 laqueatos conspicimus. † quoniam & tem
porale & spirituale hodie vænalitati expo-
situm est, vt inquit Anton. in c. Tuam, co-
67 lum. 3. de ætat. & qualitat. Papa † tamen nō
dicitur committere Simoniam, si confert
beneficia vel dignitates accepta pecunia,
secundum Bart. in l. Barbarius, in 2. colum.
68 ff. de offic. Prętor. in repetit. vbi dixit † ratio-
nē esse, quia Papatus est Apostolatus. & aut
sanctum facit, aut sanctum recipit: quod est
notandum, contra rabidè latrantes aduer-
69 sus sedem apostolicam: quibus † non est li-
citum apponere os in cælum, sed licitum
est Papę æquare quadrata rotundis, c. Cun-
70 cta per mundum, & c. Principalē, 9 q. 3. Et †
dicitur à Simone Mago, qui fuit primus au-
thor huius sceleris in nouo Testamento. I-
pse enim voluit emere gratiā Spiritus sancti
à beato Petro Apostolorum principe. Sic
Giezi in veteri testamento voluit gratiam
sanitatis Naaman Syro vendere, vt 4. Re-
gum 5. Horum ac plurimorū etiam exem-
plorum meminit textus, in c. Qui studet, 1.
71 q. 1. quod vide, quò † scias simoniacorum
72 ibidem recitatorum exitus terribiles. † Et
præfatā simoniam legimus, & iure diuino
& humano damnatam, per extrauag. Pauli
II. incipientem: Cùm detestabile, in exor-
dio, sub titulo de simonia. Et D. Abbas Pa-
normitanus in c. Nemo, extra de simonia,
73 † triplicis meminit simoniæ, quem consu-
lite. Ante absolutionem præsentis mate-
riæ, lubet hîc mouere quæstiunculam non
aspernandam, & sæpenumero obuiam. Po-
74 namus quendam canonicum A. † canoni-
catum suum simoniacè adeptum esse: Cui
eiusdem canonicatus malè impetrati faci-
enda erit restitutio, fabricæ ne, an capitulo?
Pro solutione præmittendum, quod simo-
niacus nullum ius acquirit in beneficiis:
quare illi nullum in beneficium, aut bene-
ficii fructus ius collatum est; eoque iniquè
fructus omnes recipit: sed omnes illos re-
stituere tenetur, quos percipit, & sui hære-
des seu executores tenentur & adstringun-
tur sub animæ periculo ad restitutionem, si
conscientiam saluam volunt, per extrauag.
Pauli, incipient. Cùm detestabile, sub titu.
de Simon. id expressè ordinantem & sta-
tuentem: sed cui fieri debeat restitutio, non
dicit. Dico igitur, quòd debet fieri Eccle-
siæ, in cuius ignominiam cedit huiusmodi
canonicatus adeptio simoniaca. Et fit præ-
75 cipuè † iniuria illi ecclesiæ, in qua illicitè
recipitur: cùm nullum ibidem potest face-
re seruitium Deo gratum: imo censendum
76 est ipsum † beneficium vacare, cùm tunc
habendus sit tanquam non verus possessor
seu rector canonicatus, & hoc certum est
cedere in ignominiam ecclesiæ. quare illi
eidem ecclesiæ facienda est restitutio, per
nota. in c. De hoc, de Simonia, in c. Ad libe-
77 randum, §. fin. De iudiciis: Intelligo † ta-
men sanè, quod huiusmodi restitutio non
debeat fieri canonicis ipsis, vt inter se eius
canonicatus fructus distribuant, sibiq; ex
æquo cōmunicent: sed vt in vsum & vtili-
tatē cōmunem ipsius ecclesiæ conuertant,
fundādo ex huiusmodi fructibus missam,
quo cultū diuinū, & fructum ecclesiæ au-
gmentent? Aut certè cōuertant in vsum fa-
bricę, per extrauag. Vrbani 4. alias 5. sub
eod. tit. de Simon. incipientē, Sanè ne in vi-
nea. vnde isto casu capitulū solū habet ad-
78 ministrare † huiusmodi fructus, & in vsum
79 pium conuertere, sicuti disponuntur † bo-
na vsurariorum, quorum administratio re-
seruatur Episcopo, nō vt sibi applicet, sed in
aliū vsum piū ipsa conuertat, per c. Quan-
quam, de vsur. lib. 6. quod etiā apparet Phi-
lippo Franco in ca. 2. de offic. ordin. lib. 6.

SORTILEGIORVM materia amplius ac
fusius nobis meritò hìc foret enarranda,
quod ea inter Christianos (proh detestan-
dum facinus) tam impune (eo quod mul-
tis incognita) dissimuletur, & passim tam
frequens exerceatur. Ne tamen tam abo-
minandi sceleris imprudẽs simplicibus fe-
nestram aperiam qua ad rei notitiam mea
explicatione, parum cauta perueniant, si
negotii huius copiam, & varietatem cũctis
articulatius patefecero, statui ab hac mate-
ria prorsus temperandum, magisque ope-
ræpretium esse de ea nihil fari, quam in-
consulte aliis ruinæ occasionem suppedita-
re. Verùm enimuero, quũ in hoc læsæ Ma-
iestatis diuinæ crimine versemur, aliquid e-
nucleasse contenti, ea duntaxat & obiter hìc
detegere studebimus, quæ simplicibus offi-
cere nequeant, & doctis ampliora inquiren-
di materiam præbeant. Principiò igitur,
ne ex ignotis procedamus, discutiendum
& examinandum assumpsimus, quid sit
Sortilegium generaliter sumpto vocabu-
80 lo, pro omni superstitionis specie? † Sorti-
legium est quædam superstitio illusoria &
summè noxia, qua vtitur homo Dæmonis
ministerio, vt habetur 26. q. 5. in sum. &
26. q. 2. c. Qui sine saluatore, l. Nemo, & l.
Multi, C. de malefic. & mathe. & S. Thom.
in secunda 2. q. 95. artic. 3. in titul. de su-
81 perstitio. & notat. in c. 1. & 2. de sortil. Et ideo
† sortilegi, diuinatores, & malefici, hãc dia-
bolicam superstitionem professi, dicuntur
hostes humanæ salutis, & humani generis
inimici credendi sunt, l. Et si excepta, & l.
82 final. Cod. eod. titul. † Euidenter nunc ex
hoc apparet quis propriè dicatur sortilegus.
Textus enim in can. Sortilegi, 26 quæstio.
83 1. dicit, quod † sortilegi nempe proprie hi
sunt, qui sub nomine fictæ religionis, per
quasdam (quas Sanctorum seu Apostolo-
rum vocant) sortes diuinationis scientiam
profitentur, aut quarumcunque scriptu-
rarum inspectione futura promittunt: ex
quo extr. notatur, quod isti sortilegi & in-
cãtatores sub falsò quodam & ficto religio-
nis nomine, vtpote Apostolorum vel alio-
rum Diuorum authoritate, sua conficiunt
sortilegia: & hinc est, quòd isti incantato-
res, & maximè mulieres in suis sortilegiis
& incantationibus (quas vulgo vocant)
sæpius dicere iubent eos quos suis malefi-
ciis sedu e e curãt, aliquot orationes Domi-
nicas: aliquot enarrare Psalmos: elargiri e-
leemosynam: aliquam subire peregrina-
tionem: corporis macerationem, & ieiu-
nium, aut simile apertæ pietatis officium,
quo scilicet incautis, huiusmodi religionis
ac pietatis specie, facilius imponant, & ad
suam perfidiam (deserta vera Christoq; di-
gna fide) nequiter seducant, aut certè ali-
quot oratiunculas legẽdas mandant in cul-
tum, gloriam atque pro præsidio alicuius
Diui, cui sese totos, suaque vota apparenter
nuncupare simulant: quasi istius Diui præ-
sidio ac ope cuncta administrent, & tanquã
omnia pia sint, sancta, ac salutaria, quæ per
ipsos in tali negotio gerantur: quum tamen
omnia ficta sint, falsa, superstitiosa, ac dia-
bolica: nempe solius Dæmonis artificio o-
mnia patrantes, quæ ficto cultu, falsisque
votis Sanctorum peragere simulant. Hoc
tamen piè Lector velim intelligas, me hoc
vocabulum (Sortilegium) non stricte, sed
largius hìc accipere, nempe pro omni specie
84 superstitiosa, † siue ea malefica, siue ama-
toria, siue diuinatoria fuerit. Sunt enim i-
stius diabolicæ superstitionis nomenclatu-
ræ tam variæ: formæ præterea ac species,
non minus dissimiles, quàm diuersę. vt sin-
gulas suis certis ac peculiaribus definitioni-
bus commonstrare, laboris foret cum infi-
niti, tum superuacanei. Quocirca vno hoc
sortilegii nomine, omnes ac singulas male-
ficiorum aut incantationũ species (in sub-
stantia etiam differentes) comprehensas
volumus: quod solum etiam requiritur ad
essentiam veræ definitionis, Bart. teste in l.
1. ff. de testam. Et secundum hanc largam
acceptionem, is dicitur sortilegus, qui dia-
bolicam

bolicam superstitionē professus, noxia quę-
que, superstitiosa ac elusoria, Dæmonis in-
stinctione, componit. Vxor (noxia) conti-
net species amatorias & veneficas. Particul.
(elusoria) continet speciem diuinatoriam.
Verbū (superstitiosa) complectitur sortile-
gia, quæ fiunt ad sanandū maleficiatos, vt l.
Eorum, l. Nemo, & l. Multi, C. de malefic.
& mathe. c. 2. de sortileg. c. Sortes & c. seq.
26. 5. Porro sortilegorū professio duplex est,
vna tacita, altera expressa: quarū infra me-
85 minerimus. † Hic autem sese offert quæ-
stio, à quibus fuerunt inuenta hæc sortile-
gia: quique fuere primi authores, qui ea in-
ter mortales inuexerunt? Dic, quod Persæ
ac Chaldæi qui cæteris curiosiores, naturę
etiam secreta abditissima perrimari conati
sunt: adeò vt ne hac quidem rerum notitio-
ne contenti quas humana industria perue-
stigare potest, honestę magiæ limitib. trans-
gressis, ad curiosam & impiam Dæmonum
illusionem & imposturam prolapsi sint, c.
Igitur genus. 26. q. 4. Si quis autem plura
hic desideret, quid sit sortilegium, & quis
sortilegus, videat Archid. in c. Accusatus, §.
Sanè, de hæret. lib. 6. & in summa confess.
in tit. de Sortileg. 2. & 3. quæst. Hostiens. &
Ray. in summa, eod. tit. & S. Thom. secun-
da 2. q. 95. in t. De superstitio. vers. Ad quar-
86 tum dicendum. † Hoc tamen impræsentia-
rum admonitū te velim pie lector, multas
ac diuersas esse sortilegiorum species, iuxta
diuersas hominū professiones, & varias for-
mas, quibus illa conficiunt. Pręcipuæ verò
& capitales species sunt tres, nempe, Diuina-
toria, Amatoria, & Venefica. Prima dicta
est diuinatiua, quòd per illam isti sortilegi
vsurparunt sibi nomen diuinatoris: per quā
futura quædam pręsentia, vel præterita no-
bis ignota, vaticinari conantur, c. Non o-
portet, 26. q. 5. & d. l. Nemo, C. de malefic.
& mathe. ibi diuinandi curiositas, &c. se-
cundum hanc acceptionem Sortilegiū pro-
prie & strictissimè dicitur: habetque nomen
à sorte, quæ in hac materia sumitur pro arte
diuinandi, & hoc modo sumpsit text. hoc
verbum, in c. Sortilegi, 26. q. 1. Diuinatio-
87 nis † autem species sunt variæ. Prima est,
quæ fit per manifestam Dæmonum inuo-
cationem, pertinetq. ad necromanticos. Se-
cūda fit per solam considerationem dispo-
sitionis vel motus alterius rei. Hæc augu-
rium est. Tertia est, dum facimus aliquid,
vt nobis manifestetur quiddam occultum,
quod ad sortes pertinet: & ista duo vltima
fiunt per tacitam Dæmonum inuocationē.
Vbi sub quolibet vero istorum generū rur-
sum diuersæ sunt species. Secunda verò spe-
cies sortilegiorum, dicitur amatoria, quia fit
propter amorem libidinosum: & vt pluri-
mum, ad inflectendum pudicos animos ad
libidinem, tam mulierum quàm virorum,
sed frequentius mulierū, l. Eorum, in princ.
C. de malefic. & mathe. l. 3. §. Hæc adiectio,
ff. ad l. Corneliam de sicariis, & l. Si quis a-
liquid, §. Qui abortionis, ff. de pœnis. Vbi
88 fit mentio de poculo amatorio. † Et qua
pœna plectendus erit, quisquis tali poculo
porrecto male composito, aut male tempe-
rato, alterius bibentis sustulerit vitam? Ap-
paret prima facie dicendum, quod aliqua
pœna extraordinaria relegationis, vel simi-
li: ex quo homicidium illud nequaquā fuit
commissum dolo & cum occidendi propo-
sito: ideo nō debet puniri pœna vltimi sup-
plicii, l. 1. § Diuus, & l. Diuus ff. ad l. Cor-
nel. de sica. Tamen contrarium dicit text.
in d. l. Si quis aliquid, §. Qui abortionis:
quod si casu moriatur, qui vel quę poculum
prædictum absorbuit: qui tradidit, vltimo
supplicio puniendus est: licet dolo non de-
derit, sed bono zelo: & hoc est quia res ipsa
est mali exempli. Ex quo notandus est ca-
89 sus † admodum singularis, in quo quis pu-
nitur pœna vltimi supplicii pro homicidio
commisso, sine dolo & intentione aliqua
occidendi, contra dispositionem iuris com-
munis, in l. Lege Cornel. & l. Diuus, & l. 1.
§. Diuus, ff. ad l. Cornel. de sica. & l. Is qui
cum telo, Cod. eod. titul. quæ habet, nua-

quam pœnam mortis inferri pro homicidio commisso sine dolo & proposito occidendi: imò in casu prædicto lata culpa minimè æquiparatur dolo, vt signāter ait Bart in d. l. Lege Cornel. hîc enim nulla ratio, neque præsumptio contra ipsum, qui dedit poculum amatorium, militat. Et qua pœ-
90 na † afficiendus, quando non fuit subsecuta mors: sed alius turpis effectus? Ad hoc respondendum censeo, quod iure ciuili humiliores in metallum perpetuo damnātur: honestiores verò propter malum exemplū, & turpitudinē finalis intentionis, in insulam, dimidia parte bonorum suorum confiscata, perpetuo relegantur: Ita text. cum glos. in d l. Si quis aliquid, §. Qui abortionis, ff de pœnis. Tertia sortilegiorum species est, venefica, siue malefica, quæ cæteris multis partibus est perniciosior, eoque magis execranda, per quam infinita mala suppullulant: tot infirmitates: tam varii morbi: tot calamitates, humana pariter ac brutorum corpora excarnificantur: adeo, vt ad durissimam mortem non rarò viuentes adigantur, hi citius, illi vero tardius. Citius enim istiusmodi malefici perimunt, quoticscunq; compositio malefica valde præsentanea est, & plurimum habet veneni. Qua ratione autem id fiat, cautus hic prudensq;, prætereo. Tardius vero mortem infligant, quum longis cruciatibus corpora ita conficiunt, adeo exinaniunt, vt eorum vniuersa virtute contabescente, tandem emori cogantur. Quocirca non perperam species isthęc malefica dicitur, ab enormitate sc. maliciæ, in quā directe perpetuo vergit, l. Eorū, ad exordium, & l. Multi, præallegatis. Hinc fit quod lex vocat istos humani generis inimicos, vt qui semper tendunt ad hominum internicionem. Obseruandum pręterea hoc loco, variis modis istos maleficos, suo maleficio homines (diuino semper permissu)
91 adigere ad mortem. † Sunt enim, qui sola carminis potentia homines aliquando interimunt, absque vllo veneni haustu, S. Augustin. testante li. 10. de ciuitat. Dei, cuius dictum insertum est c. Nec mirum, §. Magi. 26. q. 5. l. Et si excepta, in prin. C de malefic. & mathe. eoque alibi appellantur hostes communis salutis l. fin. in exor. C. eo. tit. Quidam vero reperiuntur, qui eadem arte, eademque professione magica instructi, supradictas infirmitates, & maleficas pollutiones ab affectis, languid sq; corporibus eripiunt, corporaque maleficio infeliciter concussa, breui tempore sanant: ita maleficia maleficio propulsantes: quib. autem medelis, quibus remediis, hasce curationes suas conficiant, & maleficas illas pollutiones remoueant, referre nefas est. Neq; putandum est curationes huiuscemodi fieri posse, absque scientia ac notitia maleficæ artis, & Dæmonis instructione. Non enim maleficæ illæ pollutiones vnquam destrui solent, nisi per eiusdem artis magistros, qui ista diabolica professione bene instructi, ac quoquo modo participes fuerint: quia maleficia ipsa absque Dæmonis ministerio & suffragio (siue rebus ipsis, siue verbis fiant) communiter nec inferri corporibus solent, nec ab eis tolli: & hoc est, quod ait S. Augustin. in lib. de ciuitat. Dei, prout refertur in d c. Nec mirum, in fin. 26. q. 5. quod huiusmodi remedia & medelas, ars non commendat medicorum: vt quæ non ex arte, quam naturalis scientia profiteretur, proueniāt: sed ex imposturis Dæmonū. Quandoquidem naturalis medicina, & omnium physicorum & chirurgicorū ars tota, communiter non sufficeret ad sananda huiusmodi corpora maleficiis affecta, & remouēdum eas pollutiones, quæ Dæmonis opera & ingenio corporibus fuerunt insertæ, quā eadem artis peritia, eodemq; suffragio tol-
92 lantur, oportet. † cuius arte fuere inflictæ,
93 iuxta illud: Cuius † est condere, eiusdem
94 est & soluere, & † cuius est condemnandi facultas, eius est absoluendi libertas, l Condemnatc, ff. de re iudicat. & l. Nemo qui, ff. de reg. iur. Nihil tam naturaliter cōnexum, quod

quod eodem genere dissolui non possit, l. Nihil tam naturale, ff. de reg. iur. Sanare igitur hic & morbos inferre, eiusdem sunt
95 artificii. † Quin & hoc notandum est, morbos quosdam naturalibus etiam ex caussis ortos, nempe ex veneni, aut toxici illati efficacia, ne posse quidem perpetuo curari per naturales operationes contrarias, hominib. cognitas: sed Dæmonis ope hos aliquando
96 citius propelli. Nec hoc mirandum, est † enim Dæmon secretorum morborum, ac rerum naturalium longe peritissimus, eoque ob cognitam omnium rerum vim, virtutẽ, ac medendi efficaciam, medicus exactissimus: quam curandi artem nulli (quantum in se est) reuelant, nisi sibi fidentibus, ac diabolicam hanc artem professis. atq; hinc fit, vt vulgus dicat, morbos huiusmodi per nullos naturales medicos posse curari: sed per eosdem tantum magos & incantatores, aut per alios eiusdem professionis, & artis: qua arte aliis & maleficia inferunt, eadem & illata denuo citius eripiunt: sed non nisi instructi tollunt Dæmonis ope, vt habetur per S. Tho. in secunda, 2 q 95. art. 6. & l. Eorum, §. fin. C. de malefic. & mathe. Non
97 est tamen, quod quispiam putet † hæc remedia de iure ciuili esse prohibita: aut vlla pœna de iure ciuili afficiendos, quicunque hoc artificio illata incommoda profligunt, licèt id agant arte malefica, vt est text. in d. l. Eorum. § fin. tamen de iure Pontificio siue Canonico (cui hoc in negotio haud du-
98 biè standum) nõ† licet aliquo modo hominem maleficiatum contrariis maleficiis liberare, c. Admoneant, 26. q vlt. Superest nunc, vt & alias sortilegiorum species aperiamus: quæ sunt quodãmodo species subalternæ ad illas superiores: quæ finem & effectum ipsorum sortilegiorum verius respicere videntur, quam principium: infrà scriptæ vero respiciunt finem, principium, & medium: & diuersis nominibus nũcupantur, secundum diuersos modos ac formas, quibus conficiuntur: & eisdem vicissim nominibus appellantur eorum artifices: nempe ab ipsa arte, quam exercent, titulum referentes. Redeamus nunc ad primam spe-
99 ciem, † quæ est diuinatoria: quæ inter cæteras obtinet principatum: in quam complures homines capti vel decepti sæpius incidunt, quàm in alias. Natura enim humana & illorum maxime, qui sunt curiosi, natiuo quodam appetitu fertur in desiderium cognoscendi ea, quæ superiora, quæq; maiora sunt naturali scientia & ab humano
100 intellectu nimis abdita. Hinc fit, † vt ferè conspiciamus istos sortilegos, necromanticos, magos, hisque similes, quotiescunq; student operibus & superstitionibus suis fidem adhibere (licèt extranei sint & penitus ignoti) quæcunque alicui vel longinquo tempore præterito euenerunt, tanquam ad vnguem eidem, sicuti acciderunt, referre solere: quorum relatione, si cum veritate consentiant, vehementer hominum mentes ad se allectant: vt horum veritate circũuenti, tandem etiam credere incipiant, quę sunt falsissima. Hæc autem ita fieri confirmat S. Augustin. in lib. 10. de ciuit. Dei, relata per sacros Canones in c. Nec mirum, §. Nullum suffragium, 26. q. 5. sub hac enim specie plures militant magistri. Et huius speciei maliciam exaggerat peccantiũ multitudo, quod eam fere malefici profitean-
101 tur. Quę vti clarius innotescat, in † quatuor riuos seu species eam deducere par est, iuxta numerum quatuor elemẽtorum in quibus exercentur. Primum videlicet Geomantia, à γαία, quod est terra, & μαντεία, id est diuinatio, quasi terrestris diuinatio. Hydromãtia, quæ fit in aqua; ab ὕδωρ, quod est, aqua. Pyromantia, quæ fit in igne, à πῦρ, quod est ignis. Et Aeromantia, quæ fit in aëre. Hinc dicti sunt Geomãti, Hydromanti, Pyromanti, & Aëromanti, qui artes ipsas in iis elementis profitentur, vt exponit text. in can. Igitur genus, in princ. 26. q. 4. quæ verba fuerunt assumpta ex dictis sancti Au-

gusti. in lib. de natura Dæmonum, & Hostiens. in summa, eod. tit. in exordio. Quo-
102 rum professorum, alii † dicti sunt diuini, quasi Deo pleni: hi enim diuinitate se plenos esse, hominibus persuadent, & hac astuta fraudulentia hominibus futura coniectant. Alii incantatores dicuntur, nempe qui artem verbis tantum peragunt, qui aliquando tantum carminis potentia valent, vt verbis suis, absque aliquo veneni haustu interdum occidant, vt habetur in d. c. Nec mirum, in princip. 26. quæst. 5. Quidam alii sunt arioli, sic dicti, quia circa aras idolorum nefarias preces emittunt, & funesta sacrificia offerunt: quibus celebritatibus Dæmonum responsa suscipiunt. Alii dicuntur haruspices, quasi horarum inspectores. Hi enim obseruant tempora, dies, horas, & momenta, ex quorum obseruatione, bona vel mala futura prædicunt. Hi quoque intestina pecudum inspiciunt, ex quibus futura vaticinantur. Alii sunt augures, qui volatibus ac auium garritibus intendunt, quorum exercitium, augurium, quasi auigerium dicitur: quòd, quid aues vocibus aut volatibus gerant, obseruent. Alii dicuntur Pythonissæ, qui quadam superstitione diabolicam professionē sectantur, à Pythone, id est, Apolline dicti, qui autor fuit artes diuinandi. Alii sunt Astrologi, qui ex astrorum consideratione quippiam vaticinantur. Ars profecto hoc tempore nusquam non gentium, & celebris, & apud nonnullos multæ fidei. Verum an ista hæc vaticinatio iure sit permissa, ex caussa prudensque nunc prætereo. Alii dicuntur Genethliaci, sic vocati propter natalitiorum considerationes. Obseruant enim hi diem natalis & horam alicuius, mox per duodecim cæli signa, siderumque cursus, cum ad iustum numeri calculum referunt: vnde ipsi prædicunt felices aut infelices futuros euentus: imo & mortem interdum. Alii denique sunt Salitores, sic dicti, quòd membri cuiuspiam palpitatione, aut ex trepido saltu, nescio quid prosperi, aut aduersi mox euenturum deblaterant. Hactenus enumeratæ species omnes declarantur per text. in d. c. Igitur genus. Adiiciam ipse superioribus Necromantiam, quæ est per mortuorum cadauera, siue ex inspectione
103 mortuorum diuinatio, † dicta à νεκρὸς, id est, mortuus, & μαντεία, id est, diuinatio.
104 Hinc dicti sunt † necromantes vel necromantici, quorum incantamentis videntur resuscitari mortui: aut certè ex mortuorum inspectione miranda futura diuinant, dum mortuorum cadauera alloquentes, & ab ipsis mutua responsa ferentes, nescio quid deliramentorū leuiusculis hominibus diabolica illusione persuadere conantur. Porrò quoties hæc peraguntur, necromanticis istis mos est, cadauer conspergere sangui-
105 ne: quod Dæmones cruore delectari ferantur. Hinc quotiescunque † fit necromantia, cruor aquæ miscetur, vt Dæmones sanguinis colore faciliùs prouocarentur, vt habetur d. can. Nec mirum, 26. quæst. 5. in §. Necromantici: Hæc tamen non doctis, sed rudioribus cōmonstrare volebam. Cæ-
106 terum rogatus à quoquam, † quinam sint professores siue magistri qui 2. & 3. speciem sortilegiorum exercere solent, paucis respondebis, eos ipsos esse, qui sunt professores artis amatoriæ. Rursus in illa sortilegiorum specie militare eosdem qui in venefica specie profitentur, quosque magos appellari diximus, hoc est, qui artem magicam profitentur, vt inquit text. in d. l. Eorum, in princ. & in d. c. Nec mirum, §. Ma-
107 gis. Eosdem præterea † vocamus maleficos, nempe ob facinorum enormitatem, vt
108 ait text. in præallegato §. Magi. Hinc † factum est; vt ius ciuile hos vtriusque artis magistros, scilicet amatoria sortilegia perpetrantes & venefica, æquiparauerit non minus in facto, quam in pœnis: pari supplicio in ambos animaduertēdum decernens, d. l. Eorum, in princ. & l. Si quis aliquid, §. Qui abortionis, ff. de pœnis. Verū an idem

fiat

fiat de iure Canonico (quod eadem sit in vtroq; pœna cōstituta, aut diuersa) hîc breuitatis causa prætereo. Sunt præterea alii qui dicuntur incantatores, qui sola potētia carminis perstringunt hominum mētes: hi solent vt plurimum in 3. specie militare. Item quidam alii, quos suprà in prima specie expressimus, in hac 3. specie sæpius se exercēt: quales sunt arioli, qui in suis sacrificiis & immolationibus adiungunt quandoque imagines ceræ vel cretæ recentis, illas iuxta feruentissimum ignem apponentes, vel acubus earum capita vel latera perforantes, baptizantes, atque complura alia turpia & nefanda facientes & committentes, quæ omnia ad 3. quoque speciem referenda sunt. Quin & necromantici similiter sæpius solent in 3. specie laborare. Cæterum quum in hunc sortilegiorum campum, vt amplissimum, ita multò certè teterrimum inciderimus, non ab re me facturum arbitratus sum, si aliquanto penitius rudiusculos in ipsius amplitudinem perduxero. Non ergo huius disciplinæ nefariæ cuiquam author existere cupiam, quod nec in superioribus, nec in sequentibus intendero: sed vt triuialibus (quod pace ipsorum dictum sit) iudicibus huius rei latiorem noticiam suppeditarem, ac examinis faciendi rimulas potiores cōmonstrarem. Quocirca noueris, ve-
109 lim, duplicem † esse sortilgiorum professionem: tacitam scilicet, & expressam. In genere intelligas oportet, de cuiuscunq; speciei
110 professorib. Tacita † autem professio, est promissio quædam, quam quis facit alteri professo, de obseruando quæ sibi mandauerit, sub promissione, quod grandia facturus sit & mirabilia: quod in vita sua futura cognoscet, & multa alia his non dissimilia: dummodo cum fidei catholicæ renunciatione, & pertinaci Sacramentorum ecclesiasticorū contemptu: vnde pollicebitur quòd totis viribus cultui, & obsequio adhærebit sui magistri, ipsumq; ceu verum Principem adorabit: ipsiq; omnem veræ adorationis cultum sub idolorum forma exhibebit, & alia huiusmodi turpiora pacta: quod cuncta denique opera per ipsum facienda in illius nomine & deuotione confecturus sit.
111 Dicitur † autem isthæc professio tacita, quod non fiat, nec pacta sit propriè cum ipso Dæmone, sed cum Dæmonis ministro. In qua tamen etiam multæ interueniunt cæremoniosæ solennitates extrinsecæ, quæ vsuuenire solent in professione expressa: veluti solennis stipulatio, fides præstita per iuramētum de obseruatione promissorum: item obsequium, & ratæ fidei pactum cum Dæmone, vnà cum abominanda abiuratione fidei Christianæ, & aliis in ea requisitis, vt in c. Qui sine saluatore, 26. q. 2. & vide sum confess. eo. tit. q. 3. & 6. vbi fit mentio de vtraque professione, & pacto habito cum Dæmone, scilicet tacito, & expresso, & eo. tit. q. 10. in fin. quam submissionem, & sui obseruantiam ipse Dæmon postea ratam habet: redditq; ob eam se facilē ad obsequendū eorum votis, ac appetitui: nō minus quam voluntati eorū, qui expressa professione Dæmonis, sua sortilegia exercere solent, vt ibi notatur, & l. Nemo, & l. Eorū, in princ. C. de malefic. & mathe. sępiuscule præallegatis, & in c. 2. de sortileg. vbi dicitur de illo, qui occulti furti inueniendi cupidus inspexit in astrolabium: Huius quoq; tacitę professionis apparet meminisse textū, si accuratius ipsius verba discutiantur, in d. c. Nec mirū, §. Necromantici, verb. ad hęc omnia: vbi post enarrata aliquot certa remedia, quib. affecti, id est, maleficiati ad priorē ac integrā corporum valetudinem restitui solent, subiunxit textus hæc omnia fieri arte Dæmonum, ex pestifera societate hominum cum cacodæmonibus exorta. Alte-
112 ra vero dicitur † professio expressa, nempe, quæ fit expressè cum proprio Dæmone. Ist-
113 hæc † rursum est duplex: vna dicitur solennis siue publica; altera verò priuata. Solen-
114 nis † aūt & publica ea est, quæ fit cū Dæmone publicè, in maiestatis suę solio, Princi-

pum more residente, ad vniuersales cōgre-
gationes omnium strigarum & maleficorū,
necromanticorum, & cuiuscunque generis
professorum, certis nocturnis, horis, locis, &
temporibus, Dæmonis arbitrio, constitu-
tis: Vbi coram vniuersis adstantibus isthęc
105 fit professio. Priuata † verò professio est il-
la, quæ fit cum ipso Dæmone, pacto expres-
so, & cum iuramento, citra vllas tamen so-
lennitates, & extra omnium hominum cœ-
tum: vnde de istis dicitur Esa. 28. c. Dixistis,
percussimus fœdus cum morte, & cum in-
ferno fecimus pactum: & de hac fit mentio
in sum. confess. eo. tit. q. 4. in princ. & q. 6.
& 12. Fit hæc professio quandoque eisdem
solennitatibus, quibus hodie fieri conspici-
mus veras & solennes professiones mona-
chorum in religione Christi, vbi ad vitam
monasticam degendam, abnegant mūdum
cum suis vniuersis oblectamentis pręstigia-
riis. Ita hi contrà, abnegato Deo, deserto
Christo seruatore nostro, ac renunciata fide
cum contemptu Baptismi, ac cum contem-
ptu reliquorum ecclesiæ Sacramentorum,
vni Dæmoni adhæresunt, cui se totos de-
nouent, & spontanea obedientia cōsecrant,
cum arctissimo iuramenti sacramento: ad-
eo, vt hinc iure efficiantur ipsius subditi, &
(vt ita loquar) Dæmonis vasalli coniun-
ctissimi. Atque ex hac, hominis scilicet &
Dæmonis exitiali societate, nascitur & con-
firmatur tam arcta amicitia, vt ex ea homi-
nes (heu) miseri dolenda mala (permissu
diuino) & turpissima opera, relatu nequio-
ra conficiant, vt in sum. confess. eo. tit. c. 3.
& 4. in exordio. Ii verò qui expressam pro-
fessionem fecerunt, reddunt etiam expres-
sum adorationis Dæmoni cultum, per so-
lennia sacrificia, quæ ipsi exhibent Dæmo-
ni, imitantes in omnibus (quo magis no-
stram simplicitatem fallerent) diuinū cul-
tum cum cæremoniis ac paribus luminari-
bus, precibus etiam quibusdam & orationi-
bus, cum his aliis similibus, quibus instru-
cti sunt & edocti, quibusque Cacodæmo-
nem, suum exitiale exitiū, incessanter col-
laudant & adorant, haud aliter, quàm nos
felices colimus & adoramus vnicè vnicum
Iesum Christū D.N. cum patre, ac coopera-
tore S.S. omniū visibiliū pariter, ac inuisibi-
liū omniū creatorem & rectorē maximum,
26. q. 5. c. Contra idolorum, gloss. in c. Ac-
cusatus, §. Sanè, de hære. lib. 6. & in sum-
ma confess. eod. tit. q. 2. & 3. & c. Non ob-
seruetis, 26. q. 5. & eadē caussa, & q. 2. Qui
sine saluatore. Hic autem cultus, vel ex ea-
dem satanæ superbia suppullulat & erum-
pit, qua olim se Deo suo æquare cupiens, so-
lium suum in Orientem indignè conabatur
euehere, quò Creatori suo appareret æqua-
lis. Quà quidem superbia necdum extincta,
Dæmon Dei sui adorationis ęmulator stre-
nuus, ab hominibus quoq; pari ritu se ad-
orari patitur & concupiscit. Quod autem
eadem superbia in ipso etiamnum duret,
testis est S. Tho in secunda, 2 q. 95. art. 5.
& S. Aug. in lib. 10. de ciuit. Dei: cuius di-
cta tradita sunt 26. q. 5. can. Nec mirum, §.
Auguria, ver. sed hoc quosdam fallit, & vers.
106 ad hoc vbi dicitur, † quod satanas in hoc to-
tus incumbit, vt adoretur quasi Deus: hinc
quicunque interueniunt in dictis sacrificiis
expresse ipsum satanam adorantes, cæteris
ipsi Dæmoni multo quidem sunt chario-
res, adeo vt nihil ab ipso petant, quod non
ilico assequantur: modo id à Deo datum, ac
suæ potestati concessum fuerit. Porrò si id
ipsi negatum fuerit, petitores suos exaudi-
re nequiens, tam est tamen malignus satan,
vt petita se præstare posse iactitet, ac post
præstanda (quum non ilico) promittat ne-
quiter, quibus illusionibus suos professos
misere decipit. Hinc dicunt nonnulli, quod
sortilegia & maleficia quæ per istos fiunt,
cæteris magis atrocia atq; efficaciora, quā-
doquidem diabolus summopere cupit gra-
tificari iis, à quibus maius honoris præmiū
recipit. Hos autem hinc penè dignosces,
quod tales sæpe soleant struere imagines,
aut statuas gemmeas, cæreas, aut cretaceas,
simili-

similiumque materiarum, teste S. August.
in lib. 21. de ciuit. Dei, hæc verba notantē:
quod Dæmones alliciantur his rebus, cha-
racteribus, signis, & carminib. magicorum,
non tanquam animal cibis, sed, vti spiritus
signis: quia enim homines in signum sub-
iectionis ipsis offerunt solemnia sacrificia,
& prostrationes submissas faciunt, gaudent
summopere huiusmodi reuerentiæ signa
sibi exhiberi. Alliciuntur autē diuersi Dæ-
mones diuersis signis, pro diuersitate scili-
cet vitiorum ipsis conuenientium. Verba
sunt S. Augustini relata per S. Thom. in
tractat. 44. disput. primæ partis, in tit. de
mira. q. 10. versic. Respondeo in fine, quæ
ibidem vide. Rogare autē posset quispiam
curiosulus: quibus locis quibusve tempo-
117 ribus. hæc † sortilegia fieri consueuerunt?
118 Deinde vbi † sortilegi, hisque similes alii
conueniri soleant? huic paucis respondea-
119 tur: huiusmodi sortilegia † plerunq; in lo-
cis siluestribus, occultis, subterraneis, & ab
hominum conuersatione remotis: In locis
longè dissitis, caducis castellis, & desertis:
semperque in intempestæ noctis tenebris
fieri solere, vt nota. in c. Episcopi, 26. q. 5.
cuius duplicem rationē esse comperi. Prior
est, quod Dæmon post fœdum casum ex
paradiso, effectus fuit obscurus & tenebro-
sus, vt habet communis omnium Theolo-
gorum sententia, & maxime S. Thomæ in
in tractatu 44. quæstione 16. articul 1. & 6.
in titul. de Dæmoni. Atque hinc conuin-
citur, ab authore tenebricoso, lucisque, id
est, iustitiæ, virtutis, veritatisque osore per-
petuo, nulla quoque lucis opera fieri posse:
sed cuncta atra, horrida & tenebricosa flagi-
tia ab eo solum peragi: eaque tum locis,
tum temporibus obscurissimis, iuxta illud
120 commune dictum: † Qui male agit, odit
lucē, c. Perniciosam, 18. q. 2. & c. Item si an-
tè, de Pœnitentia, dist. 1. Lux enim verita-
tis, hoc est, illa quæ illuminat omnem ho-
minem venientem in hunc mūdum, Chri-
stus est, vt habetur Ioan. 1. 3. 5. & 8. capite,
& l. Inter claras, in exord. C. de sum. Trin.
& fid. catho. Ideoque etiam dicta lux inter-
na, vt quæ clarificet animam & intelle-
ctum hominis, de consecrat. distinct. 4. in
princip. Is cuncta opera sua clarissima lu-
ce agi vult ad patris sui gloriam, & gregis
121 sui ædificationem. Satanas † verò virtu-
122 tum, bonorum † operum, veritatisque ad-
uersarius infestissimus, qui idem & men-
dax est, & mendacii inuentor, & author,
eoque tenebricosus, tenebras amat, loca
obscura, sordida, sibique simillima, vt no-
tat. Ioan. 3. c. & 81. distinct. can. Valent in-
terdum. Posterior redditur ratio, cur nocte
123 potius quam interdiu hæc † diabolica ope-
ra fiant. Nam si luce ac clara die fierent,
conspici possent ab aliis, faciliusque de-
prehenderentur ipsorum maleficia: ob quę
citius innotescerent curiæ, ac iustitiæ: cui
ita incautè sese capiendos, puniendosque
producerent. Quare ne tam facile detegan-
tur & impediantur eorum opera, & sacri-
ficia, de nocte celebranda curant, eaque in
locis prædictis, ne à quoquam vllum im-
pedimentum ferant, & nota in d. can. Epi-
scopi, 26. quæstio. 5. & can. Nec mirum,
ead. quæstione. Posset hic rursum quis-
piam mouere quæstiunculam huic mate-
124 riæ minimè incongruam: Quibus † rebus,
signis, instrumentis, mixturis, composi-
tionibus, ligaturis, characteribus, atque fi-
guris vtuntur sortilegi ad sua sortilegia &
maleficia, secundum diuersas hominum
opiniones, quas persequi intendunt, con-
ficienda? Respondendum, quod variis at-
que diuersis, quorum ad satietatem memi-
nit Dom. Paulus Grillandus in suo tracta-
tu de sortilegiis, quæstio. 3. & 5. quem pe-
tendum, materia occurrente, nec dissuase-
ro: materia enim præsens non minus est
125 confusa, quam diffusa. Postremo † non
hoc prætereundum putaui, cum malefi-
ci in manibus publicæ Iustitiæ existentes
& incarcerati, non faciant se deferri, ac in-
de liberari per ministerium Dæmonis ad

mortem euitandam? quod nonnulli curiosi Iudices quandoque experimento discere tentarunt: frustra tamen atq; in summum dispendium salutis suæ æternæ, eoque ab hac temeritate obnixè cauendum. Huius quæstionis, vt mihi videtur, non erit difficilis solutio, si doctorum monumentis & scriptis diligentem lectionem impenderimus. Attamẽ (vt aliquid afferamus) duas caussas huius rei nobis explicant Canones, & sacri Theologi in sæpe allega. c. Nec mirum, 26. q. 5. Prior est quod Dæmon qui nil auidius cupit, quam multarum animarum lucra, quique ad tenebras inferni variis illusionibus & dolis homines protrahere studet, simulatque viderit professum suum apprehensum, illiusque animam sub sua potestate subiectam, nil magis anxie
126 quærit, nihil † expectat auidius, quam animæ à corpore demigrationem: vt quam adhuc sub pacto retinet, certam lucretur, priusquam per pœnitentiam sua nassa præter expectationem elabatur, fidelium gregi denuò connumeranda. Quocirca vt irretitam prædam certò possideat, incunctanter mortem ipsius machinatur: tantum ab-
127 est, vt liberationem ferat. Posterior ratio, † cur euadere incarcerati nequeant, est, quod tum diuina iustitia non permittat Dæmonem in eos suam naturalem exercere potentiam. ne qui iudices & officiales curiosi, animique pellicibilis, leuis, ac sequacis, videntes aliquot signa manifesta liberationis eorum inuitarentur ad amplectendum eorum professionem: & hoc est quod dicit S. August. in libr. 3. de Trinit. in 10. de ciuit. Dei, & S. Thom. in tractat. 44. primæ partis, quæst. 5. in tit. De mira, & Canones in d. c. Nec mirum, si Deus impediat in quibusdam Dæmonis potentiam, pro conseruatione Christianæ fidei: alioqui enim fides ipsa Christiana paulatim tota corrueret, maiorisque tandem potestatis putaretur diabolus, quam Deus: & iudex is haberetur, qui minister ipsius est, & Dei creatura, can. Nemo contemnat, & c. sequent. 11. quæst. 3. & ideo tunc Deus resistit Dæmoni, viresque illius comprimit, per ea quæ notat S. August. ecclesiæ doctor insignis, in libr. 10. de ciuit. Dei, & refert, & sequitur S. Thomas in d. tractatu 44. d. q.
5. Torquet alios, † vnde potestas tanta maleficis, qua patrare tam multa, varia & miranda possunt, etiã vna hora? qualia, quantaque bonorum toto suæ vitæ tempore facere possent vnquam? Verum iis † apertè 129
respondetur, quod omnis potestas à domino Deo est, sine quo nihil potest omnis creatura sicut in Euangelio Christus ait, Sine me nihil potestis facere. Vnde manifestum est omnem faciendi potestatem, hominibus dari à Domino Deo, & non aliunde concedi posse, siue bonum homines, siue malum operentur: hinc sanctissimus Præsul Augustinus dicit: Voluntas Dei, est prima & summa caussa omnium corporalium specierum ac motionum, nihilque fit in ista totius creaturæ amplissima & immensa republica visibiliter, quod non de interiori, inuisibili atque intelligibili aula summi Imperatoris aut iubeatur, aut permittatur, secundum ineffabilem iustitiam præmiorum atque pœnarum. Quamobrem nequaquam est dubitandum, quin potestas illa maleficarum, in qua mirandos (cooperatione Dæmonum) horrendosq; producunt effectus, à Domino Deo concedatur, cuius voluntati nemo potest obsistere, vt sine cuius ope ac numine inefficax est omnis humana opera, adeo vt ne manũ quidem vlli rei tentandæ sine ipso admouere possibile sit. In hoc enim Sãcti doctores & Pa-
130 tres omnes vnanimiter consentiunt, quod † neque Dæmones, neque malefìcæ quicquã facere possunt nec hominem lædere, nec iumentum: nisi omnipotens Deus permittens, consentiat, potestatemque faciendi concedat, quod iam peruersa voluntate facere decreuerunt. Æquum est enim, vt tum Dæmones, tum homines creaturæ Dei,

Dei, suo creatori pareant, atq; ab illius nutu toti dependeant, à quo esse, velle, & posse, susceperunt. Alioqui, si contra ii quid possent, inuito Deo, in infirmitatis imperfectionisq; suspicionem veniret Deus creator omnipotens, à quo abhorrent piorum
131 aures catholicæ. Quocirca † quicquid maleficæ moliuntur, non hominis, Dæmonisque potentiæ id solum adscribendum, sed diuino permissu id totum peragi credendum est, à quo omnis potestas exsurgit, & à quo omne esse & fieri profluit, tanquam ab omnium rerum caussa prima. Verum enimuerò non ex se, sed cooperatione ac ope Dæmonum (Deo semper permittente) maleficæ cuncta mala operantur: quos vt natura subtiles, ita & experientia longa fecit ad producendum miranda & fortes & agiles. Neque etiam putandum est tam prodigiosos effectus maleficarum ab huiusmodi rebus, quibus vtuntur ad maleficandum, oriri (quales sunt capita mortuorum, bufones, serpentes, cha-
132 racteres, imagines, hisque similia) sed ab † instituente hæc signa diabolo, qui cum sit superbissimus, Deo cupit in omnibus quàm similimus esse. Quemadmodum enim omnipotens Deus quædam in Ecclesia sua Sacramenta instituit, quæ dignè vtentibus (ipso aspirante) salutarem designant & producunt effectum: ita & diabolus, qui nihil impensius appetit, quam in precio haberi, & Deo æqualis videri, signa quædam tanquam Sacramenta instituit, quibus inuocatus ab his, quibus confœderatus est pactis, operator malignus assistit: & quoties Deus permiserit, quod rogatur malum perficit: Deo vero non permittente, nihil is quoque poterit efficere. Omnium ta-
133 men † effectuum necromanticorũ & maleficarum operator eatenus diabolus est, quatenus per applicationem mediorum (quæ prius ipse instituit in materia subiecta) opus producit optatum: quod fit aliàs realiter, aliquando solum apparenter. Mu-
134 lieres autem † maleficæ, quæ iam voluntate deprauata, & consensu in consortium Dæmonum per pacta transierunt, notas quasdam & signa symbolica ab ipsis recipiunt, quibus exciti Dæmones mox pro-
135 siliunt. Quocirca in his † pernitiosis operationibus Dæmonum, nihil efficacius stulta maleficarum credulitate, quæ pactis augetur & votis. Nam quanto vel Dæmonibus, vel eorum signis firmiorem adhibuerint fidem, tantò velociorem assequuntur, cooperantibus ipsis, effectum: voluntatis enim maleficarum tam est dolenda alienatio, vt ipsas quodammodo redigat in furorem, quo percitis, iisque furentibus, mox Dæmones aduolant, subseruiunt, & effectum petitionis pactis inuitati & signis, Deo permittente, insanientibus præstant. Simile quiddam commemorat Plato in libro de furore poëtico, dicens: Bacchantes fœminas mente non sana, mel & lac exhaurire fluminibus, mente autem sana, haurire non posse: id autem effecit earum animus sui impos, & in consortium Dæmonis extra se raptus: Idem nos exploratum habemus, maleficas in puteis aut fluminibus agitatis hausisse butyrum furoris sui temporibus, quod alio tempore efficere non potuissent. Quare id solum ministerio Dæmonis fieri credendum. Similiter odio alicuius flagrantes, nihilque quam vindictam in animo concipientes, totæ in illius interitum incumbunt: & vt ipsum aut perdant, aut iumentis ipsius mala inferant, agris, vineis, segetibus, a-
136 liisque fructibus incommodent. Rebus † vtuntur ad maleficium sibi notis & familiaribus. Inuocant Dæmones, ostendunt signa ab illis instituta, simul & characteres, & quod propria virtute perficere nequeunt, illorum ministerio consequuntur. Alius vero, qui non est Dæmonibus pacto & deditione deuinctus, etiam

si res conuenientes ad maleficium nouerit, simul & operandi modum, signa omnia exhibeat, rarissimè tamen tentanti succedet effectus: propterea quod cum inter suos familiares dęmon non connumeret, vt suis mysteriis non initiatum. Quanta autem mala hoc perniciosissimum genus hominum nusquam non regionum faciat, cuiuis hominum id est notissimum. Amplius enim hi perniciosissimi homines, mendaciis superstitionibusq; plenissimi, sua malignitate obsunt, quàm boni quiuis aut precibus, aut pietate prosunt. Plus incommodi reipublicæ Christianæ illi inferunt: quàm hi commodi conferunt, nisi Deus
137 obstiterit. Ideoque † non sunt vspiam tolerandi sed vbiuis locorum potiùs tollendi funditus, omnium creatore Deo sic præcipiente, Exod. 22. & Deut. 12. Maleficos non
138 patieris viuere. † Nam vt in obsequiũ sibi dæmones alliciant, sacrificiis turpissimis plerunque vtuntur, & expressum cum eis ineunt (vt dictum est) pactum. Multos variosque libellos circũferunt spurcitiis, impietate, ac mendacio plenos, veterumque philosophorum & sapientum nominibus falso inscriptos, quorum ementitis titulis, inuocatis simplicib & curiosis multis imponunt, & in foueam dæmonum secum pertrahunt. Promittunt magna, & penitus incredibilia, quibus auditis homines in admirationem mendaciorum suspenduntur. Statuis, imaginibus, exorcismis, coniurationibus, similibusque signis iactant se dæmones posse cogere ac coarctare malignos, adeo vt in circulo, annulo, in crystallo, seu alio receptaculo visibiles appareant, & ad singula interrogata distinctè respondeant. Hoc omnes quidem promittunt: sed eorum paucissimi nostris temporibus inueniuntur, quibus maligni spiritus etiã malis per hunc modum obediant, Deo id iustissima ratione non permittente: ne curiositas hominum nouitatis auidissima, religione contempta Christi, suffragia paulatim in necessariis postularet à dæmone. Est denique aliud hominum genus non minus fatuum, quàm superstitiosum, æquè item vt superiores, fugiendum: Nempe, qui nullum cum dæmonibus commercium ineunt: nihilominus tamen rebus vtuntur in operationibus vanis, dæmonibus appropriatis, stultis, superstitiosis, & futilibus. & ob id quoque penitus illicitis. Veluti, qui dies ad quid agendum obseruant qui ex auium garritu aut volatu sibi quid futurum pollicentur. Venatores, qui ob alicuius fraterculi, aut sacrifici occursum sibi quid infaustũ, aut infelicem venationem spõdent. Qui scriptum Euangeliũ Iohannis ex collo suspendunt, aut alios characteres membranulis inscriptos. Sacerdotes denique qui missificant super hostiam nõ consecrantes, aut oblationes nefarias in missis offerunt, aut preces nefarias & turpes, & indignas, ad malum finem offerunt, & legunt qui merito degradatione, & beneficio sunt priuandi. Cæteri vero qui characteribus aut crucibus abutuntur, putãt huiusmodi characteribus magnam & occultam inesse virtutem, & ideo varios contra Deum & fidem
139 Christi committunt errores. Possem hîc † explicare caussam, cur Mulieres sint magis idoneæ ad maleficia conficienda, quam vi-
140 ri. Deinde † cur potius virgines, quam cor-
141 ruptæ. Postremò, cur † plures mulieres sint maleficæ, quam viri malefici, sed pro huiusmodi explicationibus lectorem transmitto ad D. Martinum de Arles, in suo tractatu insigni de superstitionibus. Et ad D. Paul. Grilland. in suo vtilissimo libr. de Sortile-
142 giis. Possem hîc quoque obiter recensere † multa Dæmonum genera, qui locorum intercapedine certis gradibus, certisque inter se passibus absunt: alii enim aërei, alii ignei, aquatici alii, alii terrestres, alii subterranei, alii lucifugi, à locis quibus sunt addicti, aut à maliciæ natura appellationes eas habentes. Quorum descriptiones, operationes, & quibuscum maleficæ commercium habeant,

beant, & cum quibus non compendio studens, prætereo. Tantum hoc memineris
43 † maleficarum potestatem totam, qua tam miranda conficiunt, Dæmonibus à domino Deo limitatam concedi: ita vt ipso permittente noceant: eo verò non permittente, nihil eos quoque operari posse. Verum de his satis superque. Quæ tamen omnia non ita surda aure (maximè studiosis, ac maioribus ingeniis) prætereunda, sed accuratius perquirenda. Quamobrem cætera huius materiæ cognoscere cupientem (quandoquidem hic exactiora perscribere, mea vetant negotia) remitto ad clarissimos dominos, Paulum Grillandum, criminalium caussarum Romæ quondam auditorem, in suo tractatu, vtilissimo, de sortilegiis, maleficis, & poculis venenosis, ac Dæmonum inuocatione, atque eorundem pœnis; Troilum Maluetium Iurisperitum indubitatum in suo tractatu, de sortibus. Martinum de Arles sacræ theologiæ professorem meritissimum in suo insigni & exquisitissimo tractatu de superstitionibus, Ioannem Franciscum spectabilem iuris vtriusque Doctor. in suo subtili & eleganti tract. de Lamiis & excellentia. Malleum maleficarum: & Ioannem Trittenhemium Abbatem Spanhemensem, in suo libro 8. quæstionum, quas illi dissoluendas proposuit Maximilianus Cæsar, quæst 5. de reprobis atque maleficis, & quæst 6 de potestate maleficarum. Quorum opiniones, dogmata & interpretamenta, hac in materia omnes passim sequuntur, laudant & asserunt, nec est meo iudicio, & si tenui, vlla materia, in qua adeo Paulo Troilo, Martino, Ioanni Francisco, Malleo maleficarum, ac Ioanni Trittenhemio assentiantur, & tribuant scriptores, non solum speculatiui, sed etiam practici: ita recepta est in hoc scribendi genere, eorum authoritas, vt pro lege (quamuis vtique nullis corroboretur legibus) apud omnes habeatur. Quocirca vt res tandem ad finem decurrat, his impono finem huic capiti, etiam si sine numero alia pulchra, vtilia, & quotidiana huic materiæ minimè incongrua, sed admodum conueniẽtia, in medium adferre facile potuissem, quæ, ne lectorem, multis morer, posthabeo, & omitto, atq; studioso, in rebus publicis non occupato, indaganda relinquo.

CAPVT LXII.

De crimine læsæ Maiest. temporalis siue humanæ.

Summæ rerum tractatarum in Commentariis Cap. 62.

Crimen læsæ Maiestatis variis committitur modis:

1 *Aduersus* { *Principem,* / *Salutem domini sui.* }

2 *Aduersus* { *Consilium* / *Consules* / *Senatores* / *Consiliarios* } *Principis.*

3 *Contra utilitatem reipubl.*

4 *Seditionem excitando.*

5 *Principis* { *Vices vendicando præter ipsius voluntatem.* / *Monetam adulterando.* }

6 *Crimina læsæ Maiestatis plectuntur morte, scilicet:* { *Gladio.* / *Igni.* / *Dissectione in quatuor partes.* }

7 *Consules, Senatores, Consiliarii* } *sunt pars corporis Principis.*

8 *In conspirationibus plectuntur* { *Principales. Fauentes. Assistentes. Iuuantes.*

9 *Filii committentium crimen læsæ Maiestatis, efficiuntur insuccessibiles.*

10 *In crimine læsæ maiestatis, punitur affectus, etiam non secuto effectu.*

11 *Ex sola scientia quis punitur.*

12 *Conspirationis pertæsus, & eam reuelans, veniam meretur.*

13 *Princeps solus, aut eius consilium, cognoscit de crimine aduersus suam personam commisso.*

14 *Mulieres* { *Veneno, Incantationibus* } *committentes præfatum crimen, grauius puniendæ, quam viri.*

15 *In crimine læsæ Maiestatis quilibet delator esse potest.*

16 *In crimine læsæ Maiestatis proceditur* { *Summariè. De plano. Sine strepitu. Sine figura iudicii.*

17 *Qui pro obnoxiis crimini læsæ Maiestatis intercedunt, infames fiunt absque venia.*

MVltis quidem modis crimen admittitur aduersus temporalem Maiestatem, l. 1 2. 3. 4. & ibi etiam per Bart. Bald. Angel & alios scribentes, ff. ad l. Iuliā Maiestat. vbi multi modi & casus enumerantur, quibus læsæ Maiestatis crimen cōmitti dicitur: nempe,

1 † conspiratione aduersus suum Principem: aut contra domini sui salutem: aut contra vllas personas sui consilii: aut contra vtilitatem reipub.

2 † Seditionem excitando in populo, d. l. 1. Hostibus

3 re, † armis, opibus, & consilio suppetias ferendo, l. Cuiusque, ff ad l. Iuliam Maiest.

4 & ibi Ang. † Quoquo modo captiuos huius facti criminosos carceribus eripiendo, d. l. Cuiusque, in fi. & ibi Bart. Si quis priuatos conficiat carceres, l. Vnica, C. de priua. carcer. inhiben. & ibi Cynus, qui verbum subdit admodum notabile: Si pater, aut dominus, filium, vel seruum domi suæ incarcerauerit, nequaquam punietur pœna l. Vnicæ, C. de priuat. carcerib. rationemque allegat, quia pater & dominus id faciunt ad correctionem: dicta verò lex vnica loquitur in casu, quo quis in carcere ad custodiam

5 ponatur. Dum † Principis vices & officia sibi quispiam vendicat & exercet, præter ipsius voluntatem, d. l. 3. ff ad l. Iul. Maiestat. Si quis Principis monetam adulterauerit, l. Si quis numos, C. de falsa monet.

6 atq; hæc quidem † crimina, ad vnum omnia, morte plectuntur, per dictas ll. 1. 2. 3. & 4. ff. ad l. Iul Maiestat & l. Quisquis, C. eod. tit. variis tamen modis, iuxta varietatem legum, edictorum, & statutorum in locis, vbi commissa fuerint: nonnunquam gladio: aliquando igni: interdum dissectione in quatuor partes, &c. Verum quisquis ita conspirauerit in personam sui Principis, & hinc mors secuta fuerit, is profectò enormiter (nempe ob facinoris enormitatem) peculiari quodam modo extraordinariè, absque vlla legum ac constitutionum obseruatione, puniendus est ad prudentiam, iudicium, & discretionem D. Iudicū. Conspiratores verò aduersus gloriam, & salutem,

tem, & commoda Principis sui, detegen-
tes hostibus vniuersa ipsius secreta, volun-
tates, & studia, locorum munitiones, & in-
firmitates, cum rerum statibus, & qualita-
tibus, hi in quatuor partes dissecandi sunt,
cum omnium bonorum proscriptione. Ad
has formas grauissime & extraordinarie
quondam puniebantur ii nefarii conspira-
tores, qui Brugis crudeli nece Comitem
Carolum sustulerant. Similiter ac pene in-
humanitus etiam animaduersum est in eos
qui comitem Hollandiæ Florentium dira
nece trucidarunt. Neque etiam minori
supplicio puniendi sunt, qui quicquam ne-
7 farii † machinantur contra Principis Con-
cilium, Consules, Senatores & Consilia-
rios, qui corporis Principis pars haud du-
biè sunt l. Quisquis, in princip. C. ad l. Iu
lia. Maiestat. & ibi Alber. & Bald. & c. Cum
dilectus, iuncta gloss. in verb. familiares,
8 extra de cleric. non residen. Porrò † in di-
ctis conspirationibus non tantum plecten-
di ipsi principales Rei, verum etiam quicun-
que studio, dataq; opera, re, & consilio hu
iusmodi conspiratoribus fauent, assistunt,
& iuuant, d. l. Quisquis, imò ipsorum li-
9 beri, † conspirationum tamen non conscii,
vniuersis parentum suorum bonis confi-
scatione priuantur, itaque efficiuntur in-
successibiles, sola ipsis vita relicta. Ang. in §.
Interdum num. 7. instit. de hæred. quę ab
intesta. defer. Addam maiora: Tanta est
10 huius † facinoris enormitas, tamque odio-
sa legibus ac principibus, vt per conspira-
tionem voluntas non secus puniatur, quàm
ipsum factum: potissimum, si externo quo-
piam actu certoque indicio isthæc volun-
tas constiterit, aut probata fuerit, d. l. Quis
quis, C. ad l. Iul. Maiest. & Ang. in l. fin. §.
fin. ff. quod quisque iuris. Archidiaco. in
c. Ego, 12. q. 2. nota per Specul. tit. de ca-
lum. habetur in l. 1. ff. de extraordinar. cri-
minibus & in l. Aut facta §. Euentus, ff. de
pœnis, per doctor. in l. Si quis non dicam
11 rapere, C. de episcop. & cleric. † Itidem pu-
niuntur, qui istius criminis fuerunt conscii,
& non prodiderunt, Bartol. in l. Vtrum, ff.
ad l. Pompeiam de parricid. Ioan. Andr. in
c. Petrus de homicid. Specul. in tit. de le-
gat. § Iuxta in 4. colum. in versic. Quid si
amici. D. Philipp. Decius in regula, Culpa
12 caret, ff. de regu. iur. Cæterum si † quispiam
suæ conspirationis pertæsus, reliquos præ-
cipuos huius criminis authores, & facta fi-
deliter prodiderit: huic certè de commisso
13 prius crimine, danda erit venia. Porrò †
conspirationis aduersum Principem pœnā,
solus ipse sibi vindicat Princeps aut Princi-
14 pis concilium. Quæcunque autem † mu-
lieres huiusmodi audent committere cri-
men aut veneno, aut incantationibus, gra-
uius puniendæ sunt, quam viri, & semper
15 igni consumendæ. Huius † criminis dela-
tores quosvis, iura admittunt citra vllam
exceptionem, l. Famosi, & l. In quæstioni-
bus, & ibi Bart. ac sequaces, ff. ad l. Iul. Ma-
16 iestat. Et animaduertendum est, in hoc †
crimine læsæ Maiestatis procedi summarie,
de plano, sine strepitu, & figura iudicii, text.
in extrauag. Ad reprimendam, & ibi Bar-
tolus. Priusquam huic capiti finem impo-
nam, adiiciam adhuc vnum vel alterum
17 verbum, vtrum liceat † intercedere pro ob-
noxiis crimini læsæ Maiestatis? Paucis re-
spondendum negatiuè, per expressam l.
Quisquis, §. Denique iubemus, Cod. ad l.
Iuliam Maiestatis, continentem, qui pro
obnoxiis crimini læsæ Maiestatis interces-
serunt, notabiles & infames fiunt, sine &
absque venia. Si quid autem præter ista re-
quiris, consule Dominum Martinum Lau-
dens. doctorem celeberrimum in suo tra-
ctatu de crimine læsæ Maiestatis, Domi-
num Franciscum Lucanum à Parma, insi-
gnem iuris vtriusque doctorem ac practi-
cum, in suo tractatu de priuilegio fisci, in se-
cunda parte de crimine læsæ Maiestatis,
Dominum Nicolaum Boërium, Iuris vtri-
usque interpretem clarissimum, in suo e-
leganti & præclaro tractatu de seditiosis,

omnibus profectò, ciuitatum, villarum, castrorum Dominis, Scabinis seu Consulibus, ac cæteris reipublicæ administratoribus vtili ac necessario. Et D. Ioan. de Terra rubea, in suo non aspernando libro contra rebelles suorum regum, latè hãc materiam diuersis in locis examinantem: nempe in textu art. 2. tract. 2. fol. 47. Et in textu art. 3. tract. 3. fol. 36. & 37. Item in text. art. 3. tract. 3. fol. 57. Item in gloss. super verbo, capite, folio 76. quem per occasionem videre poteritis.

CAPVT LXIII.

De Seditionibus.

Summæ rerum tractatarum in Commentariis CAP. 63.

1 *Conspirator, crimen læsæ Maiestatis incurrit.*
2 *Quæ pœna conspiratorum.*
3 *Qui seditiosi habendi.*
4 *Quæ congregationes illicitæ.*
5 *Quæ seditiosorum pœna.*
6 *Quæ autoris seditionis pœna.*
7 *Seditiosorum appellatio nulla.*
8 *Principi rimanda seditionis origo.*
9 *Quid, si Officiarii seditionis caussa fuerint?*
10 *Si primates populi in officiarios exurgant, quid, & quæ pœna.*
11 *Tota ciuitate seditionem committente, qui plectendi.*
12 *In vniuerso populo plectendo, vtendum cautela.*
13 *Vxor rebellis si ex forma statuti, aut statutorum non potest stare in ciuitate, ea effecta vidua poterit reuerti & stare.*
14 *Congregatio in qua aliquid pactionibus vel statutis firmatur, habet diuersa nomina.*
15 *Seditio vbi habeat locum?*
16 *Multitudini non parcitur.*
17 *Multitudini quando parcitur?*
18 *Multitudo non excommunicatur, nec venit excommunicanda.*
19 *Mutationes & nouitates periculosæ & odiosæ.*
20 *Mutationes & nouitates plerunque discordiam atque iniuriam pariunt.*
21 *Rebellem an occulte occidere cuiquam liceat.*

1 QVisquis vllam molitur † conspirationem aduersus rectores, administratores regionum, ciuitatum, aut rectores aliorum locorum Principis, vt hos interemptos curet, is sane crimen læsæ Maiestatis committit, atque ad hunc modum puniendus
2 fuerit. Principio ex † more plateatim equo, crati vimineæ insidens pertrahitur: mox decollatur: deinde quadripartitur ceu proditor, atque eiuscemodi quatuor partes ad quatuor publicas vias palam, ac publicè dependuntur & affiguntur. Postremò cuncta ipsius bona fisco adiudicantur: huc facit l. Proditores, ff. de re militari. Eadem quoque pœna plectuntur omnes ipsius complices, cooperatores, criminis conscii & non prodentes, vt c. Præcedenti meminimus. Se-
3 ditiosi autem, † nempe, qui illicitas cõgre-
4 gationes populi cogũt (sunt enim † omnes illicitæ congregationes vititæ per doct. in l. Conuenticulam, C. de epis. & cleric. Illicitas autem intellige, quas iura reprobant) quique

LXIII. De seditionibus

quique furtiua conuenticula parant, ciues, populumque vniuersum commotionibus turbant, noxiam & tumultuariam factionem concitant, de quibus certo constiterit, ita vt de iis conuicti fuerint, ii puniendi e-runt iuxta personarum qualitates, ac quan-
5 titatem, & conditionem suorum † delictorum, alii suspendio, alii exilio, alii vltore gladio, aut certè alia criminali mulcta, pro ratione personarum, temporum, aut locorum, secundum prudentiam Iudicis, l. Si quis, ff. de pœnis, l. 3 §. Item qui, ff. ad l. Corn. de sica. l. 1. & 2. C. de seditios. Quis-
6 quis † igitur talis seditionis author fuerit (quòd ea scelus sit nefarium) hunc profectò conuenit extemplo publicam mortem oppetere, vt cæteris sit exemplo, & timorem incutiat. Idem mecum confirmat Modestinus, qui huiusmodi seditionum concitatores damnatos statim ac publicè puniri, reipublicæ interesse censet: ita vt eorum
7 appellationes non recipiendæ sint, l. Constitutiones, & ibi Bart. Ang. Aretin. & mo-
8 derni, ff. de appellat. Si quando igitur † huiusmodi populi seditio nascitur, diligenter obseruandum est Iudici, vnde ea seditio o-
9 riginem sumpserit: nempe, an † officiarii vel senatores ob parum diligentem administrationem iustitiæ, aut alias ob caussas in culpa sint. Quo in casu, Principis fuerit rem vtrinque moderari, & sua prudentia con-
10 sopitam reddere. Verum si huiusmodi † seditio populi, cum suis præfectis, gubernatoribus, ac decanis simul aduersus Principem exurgat, ita vt ipsius officiarios violenter adigant neci, atque ipsius Principis autoritatem vsurpent & iura: in hoc casu totus populus reus fit & obnoxius Principis voluntati, ad proscriptionem bonorum, & vitæ, & ad extinctionem omnium priuilegiorum ac immunitatum, nempe, vt Rei criminis læsæ Maiestatis. Sed hoc in casu, ne simul omnes insontes perirent cum nocentibus, solent Principes frequentius vti gratia & clementia, quàm rigore iustitiæ: ne summum ius, multis fiat iniuria: huic nec omnino incongruit c. Romana, in fin. de senten. excommunica. libr. 6. Quamobrē
11 † ea in re tantum plectit principales seditionis authores, & excitatores: alios detruncatione capitis, alios exilio: nempe, extra prouinciam, regionem, territorium, ciuitatem, oppidum, aut districtum, vbi seditionem concitarunt, relegatione atque proscriptione, cōfiscatione bonorum alios priuilegiorum ereptione, longinquis peregrinationibus alios; atque item in cæteris pro suo arbitrio, arg. l. Qui cædem, ff. ad l. Cornel. de sica. Idem sentit gloss. in l. Aut facta, ff. de pœnis: facit optimè l. Si familia, ff. Si famil. furt. fecis. dicat. huic summè quadrat c. Sanè, de temporib. ordi. Totum vero corpus talis ciuitatis, atque adeo totā rempub. ob suam rebellionē punit inedia, & paupertate: nempe magnis mulctis, ac mulctarum impositionibus, aut similibus
12 pœnis, pro suo legitimo arbitrio. In † huiusmodi tamen animaduersione, Prætoribus & Iudicibus (ne cui vlla fiat iniuria, sed vt eiusmodi factiones, praui motus, & tumultus solummodo caueantur) recto sanoque consilio vtendum fuerit. Varia sunt apud Thucydidem, Ciceronem, atque alios scriptores seditionum ac factionum exempla, eaque grauia, & nefaria, quorum aliquot vel nostra memoria conspecta sunt. Quæ omnia breuitatis studio, & ex caussa, prætermissa volumus. Antequam præsens cap. absoluam, addam sequentia materiæ
13 non incongrua. † Vxor rebellis si ex forma statuti aut statutorum nō potest stare in ciuitate, ea effecta vidua, an poterit reuerti & stare? Videtur affirmatiue respondendum, quod sic: quia finita caussa odii, videtur finiri odium, D. Bart. in l. Titia, §. Vsuras, ff. de legat. secundo, facit l. Cui eorum, §. Affinitatis, ff. de Postulando. Nec absurdum erit etiam addere sequentes tabulas.

14 Congregatio in qua aliquid partitionibus vel statutis firmatur, habet diuersa nomina, secundum quod congregati ei nomen imponunt, vel secundum quod ius imponit. Nam aliquando vocatur
1. Vnio,
2. Consideratio,
3. Secta,
4. Conuenticula,
5. Coniuratio, id est, simul iuratio,
6. Conspiratio, i. simul spiratio,
7. Monopolium,
8. Consilium.

15 Seditio habet locum
1. In Exercitu,
2. In Classe,
3. In Campo,
4. In Schola, &
5. Vbicunque multitudo est hominum.

Neque silentio prætereunda sunt, quæ ad hanc materiam tractat Ioannes de Terra Rubea Iuris vtriusque Doct. celeberrimus, in suo aureo, singularique opere, contra rebelles suorum Regum 3. tract. cum apostillis Dom. Iacobi Donandi, vtriusq; Iuris Licentiati: vbi multas singulares diuersasque quæstiones huic materiæ ac tempori non incongruentes ponit, disputat & examinat: Primo, Multitudini non † parcitur in textu, articul. 10 tractat. 3. folio 94.
16
17 Deinde, Multitudini † quando parcitur, in glossa super verbo, Multitudine, folio 88. & in glossa super verbo Venia. fol. 94. Tertio,
18 Multitudo non † excommunicatur, nec venit excommunicanda, dicit glossa super Matthæum 13. cap. & in glossa super verbo. Seueritate, folio 103. Quarto, Mutationes
19 † & nouitates periculosæ sunt & odiosæ, in glossa super verbo: Non recognoscit, folio
20 34. Item plerunque discordiam † atque iniuriam pariunt, c. Qui consuetudine, & ibi Alb. Panorm. de consuetud. & ibi Ioann. Andreæ, quos per otium & occasionem videre licebit. Rebellem an † occultè oc-
21 cidere liceat? Dicendum quod sic: quia ipso facto hanc pœnam incurrit, glossa in verbo Rebellando in extrauag. Qui sunt rebelles. Interim tamen hanc materiam videte copiosè tractatam à clariss. viro D. Nicolao Boërio, I.V. interprete acutissimo, in suo eleganti tract. de seditiosis.

CAPVT LXIIII.

De priuatis carceribus faciendis.

Summæ rerum tractatarum in Commentariis CAP. 64.

Priuati carceris reus, quo supplicio afficiendus.

Quisquis { *Filium, Filiam, Seruum, Seruam, Vxorem, Amicam,* } *Carceribus aut cubiculis includit, non perpetuo priuati carceris crimini sit obnoxius.*

Pari

Paria sunt { *Sub vinculis esse,* *&* *Sub custodia esse, datis fideiussoribus.* }

PRiuata authoritate vllos conficere, aut habere carceres, non abest à crimine: adeo vt quisquis priuatos citra authoritatem Principis carceres parat, quibus etiam criminosos vi, & contra ipsorum voluntatem vltra 20. horas includat, in crimen læsæ Ma-
1 iestatis is incidat: ob quod vitæ † priuatione, & gladio cum bonorum confiscatione plectendus erit, vt tradit Imperator in l. vnica, C. de priuat. carceribus inhiben. & ibi Cynus. Bart. Bald. variique scribentes. Sed
2 † hoc fallit in parentibus & dominis, qui suos liberos & seruos, castigandi, atq; à malo coercendi gratia, vinculis, carceribus, aut aliis clatratis repagulis domi detinent. Ratio enim isthæc quoniam ad correctionem, & ad suorum resipiscentiam spectat, non immeritò, nec præter æquitatis legem ipsis permittitur. Dicta igitur hæc lex intelligenda est, si quãdo ad solam custodiam alios priuatis suis carceribus constringunt: Cynus in d. l. vnica, cui adstipulatur Bart. Chassan. in Comment. consuetud. duca. Burgundiæ, Rubrica. *Des iustices, & droictz a'icelles*, num. 54. subiungens, quòd etiam quis dicitur committere carceris priuati crimen, qui aliquem ponit sub custodia, da-
3 tis fideiussoribus: Paria enim sunt, † quempiam sub vinculis esse, vel sub custodia datis fideiussorib. Luc. de Penna in l. Si grauius, C. de digni. lib. 12. & in l. seq. eo libr. Item fallit in maritis, qui zelotypia perciti, aut alia simili ex caussa, suas vxores strictè cubiculis inclusas domi detinent: imo si verius perpenderis, comperies huiusmodi nullum priuati carceris erecti crimen committere: faciunt notata gloss. fin. & ibi Hostiens. Ioan. Andr. & Panorm. in c. Quemadmodum, extr. de iureiurando, in l. Consensu, & Authent. Sed nouo iure, C. de repud. text. singularis cum gloss. in c. Placuit, 33. q. 2. Idem Panorm. in c. Cum contingat, num. 20. extr. de foro competen. Vbi inquit, marito, patri & domino, vxorem, filium & seruum castigare, carceri mancipare, ad ieiunia cogere salutaria, licere. Sicuti nec ii, qui amore capti aut pro sua animi libidine, suas amasias secretò vspiam in cubiculis inclusas continent, modò ipsis nullam vim inferant, Bart. in l. Verum, ff. de furt. Ioan. de Vilemati, in repetitione l. Diuus, ff. ad l. Cor. de sicariis, num. 89. & 90. Cazialup. in repeti. l. Si qua illustris, C. ad S. C. Orficia. colum. 8. & D. Ioan. de Neuizanis in sua sylua nuptiali. Est nubendum, folio lib. meo 74. de his iam satis.

CAPVT LXV.

De monetæ adulteratoribus.

Summæ rerum tractatarum in Commentariis CAP. 65.

Quintifariam crimen adulterandæ monetæ committitur. Si
1 *Excudatur citra authoritatem Principis.*
2 *Falsa & iniqua excudatur.*
3 *Monetæ inscriptio adulteretur.*
4 *Iustæ monetæ pondus auferatur.*
5 *Adulterina moneta in vulgus spargatur.*
6 *Qui veri monetarum adulteratores.*
7 *Quibus apprehendi monetarios potestas.*
8 *Quæ pœna monetarios non deferentibus.*

9 *Domicilia ad excudendum falsam monetam elocata, fisco adiudicanda.*
10 *Moneta adulterata condemnatis, omnis interdicitur appellatio.*
11 *De tectis ac furtiuis monetariis.*
12 *Moneta debet cudi talis, vt posit vbique expendi. remissiue.*
13 *Moneta debet tantum valere in massa, quantum formata, remissiue.*
14 *An posit vna moneta plus valere in vna ciuitate, quam in alia. remissiue.*
15 *An posit quis cogi recipere monetam alterius patria. remissiue.*

CRimen adulterandæ monetæ quinti-
1 fariam cõmittitur. Primo,† monetam
excudendo absque vlla Principis authorita-
te aut permissu: atque is committit crimen
læsæ Maiestatis, & ex iure ilico, omni dila-
tione summota, punitur gladio, l. 1. C. de
fals. monet. aut igni & proscriptione bono-
rum, l. 2. C. eod. tit. etiamsi excusa ipsius
moneta iusta sit, æqui ponderis & precii.
Non enim ipsius est, publicam excudere vel
formare monetam: sed solius Papę, Impera-
toris, Regis, Principis, aut alterius autho-
ritatem habentis à sede Apostolica, vel ab
Imperiali, vel Regali Maiestate, aut à Prin-
cipe: vel certe ex antiqua consuetudine, à
tempore cuius non extat memoria, intro-
ducta, gloss. in Rub. de veter. numis. potest.
lib. 11. C. Facit in ratione sui c. Super qui-
busdam, §. Præterea, ext. de verbo. signific.
quæ quidem consuetudo, cuius scilicet nul-
la extat memoria, ius ac priuilegium indu-
cit, l. Hoc iure, §. Ductus, ff. de aqua quo-
ti. & æstiua l. 1. §. vlt. ff. de aqua plu. arcen.
c. Hoc quippe, 3. q. 6. c. Conquestus, 9. q. 3.
c. Mos antiquus, 65. distinct. l. Testamẽta,
C. de testament. Quocirca quum talis con-
suetudo ius inducat, minimè necessum est
vllum titulum allegare: quod alioqui re-
quiritur in cõsuetudine 30. annorum, teste
gloss. in verb. Non extat memoria, in d. c.
Super quibusdam, § Præterea. His itaque
consideratis, fit, vt monetam excudere ad
regalia pertinere dicamus vt in can. Vnico.
Quæ sint regalia in vsib. feudor. cum ibi
2 notatis. Secundò monetam falsam † excu-
dendo pondere aut materia, nempe si æs,
aut metallum inauret, aut si stannum vel e-
lectrum inargentet: is similiter crimen læsę
Maiestatis incurrit, & pari pœna cum supe-
riori punitur, etiamsi ab ipso Principe sibi
facta fuisset libera monetæ excudendæ po-
testas, l. 1. in princ. C. de fals. monet. & in l.
Quicunque numos, & l. seq. ff. ad l. Cornel.
3 de fals. † Tertiò adulterando ac falsificando
monetæ imaginem aut superscriptionem,
aliam imprimẽdo formam ac effigiem, qui
simili crimini læsæ Maiestatis, & pœnæ si-
mili fit obnoxius l. lege Cornelia testamẽ-
taria, in exordio, ff. ad l. Corn. de fal. Quar-
4 tò, † corrumpendo numorum pondera su-
pra ordinationem Principis: nempe, numis
non tribuendo pondus æquum, plenum &
consuetum, aut iusti ponderis numos cir-
cumcidendo, eoque modo ponderis æqui-
tatem auferendo, vt volunt Doctor. in l.
Lege Cornelia cauetur, ff. ad l. Cor. de fals.
& est gl. 1. super ver. defraudata, in c. Quan-
to, & ibi Panorm. ext. de iureiurand. & in l.
1. C. de veter. numismatis potestate. lib. 11.
Hi enim vt fures, quodque indignissimum
furtum committant, patibulo & laqueo
5 plectuntur. Quintò, † qui corruptã & ad-
ulterinam monetam ab aliis coëmunt, & in
vulgus elargiuntur, de quo per Doct. in d. l.
Lege Cornelia cauetur ff. ad l. Cornel. de
fals. Panorm in præallegato c. Quanto. Hi
autem puniuntur extraordinariè ad arbi-
trium Iudicis. arg. l. Saccularii. in princ. &
ibi gloss. ff. de variis & extraord. criminib.
Hactenus autem omnia intelligas oportet,
6 † de adulteratorib monetæ suiipsius Prin-
cipis, vel alterius Principis, in cuius ditione
ea falsitas contigisset: aut certe intelligen-
dum est de ea moneta alterius, quam suus
Prin-

LXV. De monetae adulteratoribus

Princeps ex ordinatione, cursum (vt vocāt) habere sinit & permittit. Quandoquidem si ea adulteratio esset numorum exteri cuiusdam Principis, quiq; in sui Principis regione nullius essent vsus, crimen hoc leuius ac mitius puniendum foret, gloss. 1. in d. c.
7 Quanto. Cæterum huius † criminis Reorum, omnes apprehensores esse possunt, nō
8 minus ipsæ mulieres quàm viri. Et huius † criminis enormitas tam est exosa Principi, & indigna legibus, vt ipsos etiam conscios, & crimen non propalantes, non secùs plectendos esse leges iubeant, quam ipsos principales authores. Deinde vt accusatores etiam succumbentes, nequaquam, vti calumniatores in aliis caussis puniantur: omnia autem isthæc probantur, l. 1. C. de fals. monet. & gloss. in d. c. Quanto, in verb. defrau-
9 data. † Præterea tam habent leges exosam monetæ adulterationem, vt fundum, aut domū in qua dicta adulteratio peracta probatur, arrestandam esse velint & fisco adiudicandam: viduarum tamen ac pupillorum domibus semper exceptis, quos speciali dignos indulgentia credidit Imperator in d. l.
10 1. C de fal. monet. Postremò, † quò maiorem huius criminis enormitatem omnibus propalam facerent leges, Doctores voluerunt, vt monetæ adulteratæ condemnatis, omnis interdiceretur ad aliud tribunal appellatio, vt per Specul in tit. de appellat. §. 2. versic. 29. & d gloss. in verb. defraudata, d. c. Quanto. Atque hactenus de notissimis monetarum adulteratoribus & circumciso-
11 ribus. In † quos quum tam acriter animaduertant iura, quid quæso pie Lector de iis pecuniarum mercatoribus, imo reipublicæ bonorum deprædatoribus pessimis statuendum censes: qui nihil habent pensi, quomodo Reipublicæ dignitas, vtilitas, & maiestas succedat, floreat, an pereat, modo vnico suo quæstuoso compendio studentes, sibi prosint per fasque nefasque? Qui ad bursas, & scrinia quorumlibet mercatorum passim inuigilant, venantes in re certissima certissimum lucrum, vt pro optimis, monetas reddant pessimas. Quomodo inquies? Accipe, re ipse, & exemplo doceberis. Adeunt hi nefarii prædones opulentissimos quosque mercatores, rogant quot Reales, quot ducatos, quot angelatos, quot nobiles (& ita de reliquis optimi auri numis) habeant, eos alia moneta commutare (nēpe peiori, tametsi hoc dissimulent) modis omnibus efflagitant: offerentes ad singulos dictos numos vltra communem valorem & cursum aliquid lucri: scilicet grossum, aut 2. grossos. Mercatores itaque cernentes certū numorum suorum lucrum, præter omne dispendium procliuiores sunt ad commutationem: optimæ monetæ suæ pecuniam numerant: cum alia pecunia (cuius etiam vsus est, licèt ea peior sit) lucri caussa commutant. Prædones verò illi acceptam hanc optimam pecuniam pro pessima, poculo aurario immittunt: liquendam curant, talemq; auri massam ad alienas regiones deferunt: eam iniqua commistura vitiant: & peioris monetæ, peiorisque valoris numos ex ea excudendos curant: ex quibus mirum quantum lucri compendium, imò quātum animæ dispendium faciant. Porro hanc iniquæ monetæ pecuniam, magnam passam metamorphosim, rursum ad nostrates regiones, rursum cum optimo auro cōmutādam, perferunt, vt prius. Hæc quum quotidie per ipsos fiant, quid quæso aliud quam Rempublicam prædantur, regiones nostras optimo auro spoliantes, & auro opplentes pessimo? Quo itaque supplicio dignos censes pie Lector hos furtiuos monetæ corruptores, si tam atrociter in apertos adulteratores leges sæuiant? Certè meo iudicio (& si tenui) cum scelere & damno sint istis non impares, imò perniciosiores, censuerim eos dignos, in quos leges fiant occulatiores, & in quos Principes tandem, vt in alios, grauiter quoque animaduertere incipiant. Hęc habui pie Lector, quę de tā nefariis prædatorib. zelo Reipublicę cōmemorare libuit,

Si quis tamen hanc materiam latius videre
ac examinare voluerit, cōuolet ad Alber-
tum Brunum Astensem, in suo insigni
tractatu, De augmento & diminutione
monetarum, in vltima conclusione, vbi in-
12 ter alia sustinet, quod moneta † debet cudi
talis, vt possit vbique expendi. Item, quod
13 † moneta tātum debet valere in massa, quā-
14 tum formata. Item, an possit † vna mone-
ta plus valere in vna ciuitate, quam in alia,
15 & an † possit quis cogi recipere, monetam
alterius patriæ, &c. quem lector tempore o-
portuno videre poterit.

CAPVT LXVI.

De confiscatione bonorum.

Summæ rerum tractatarum in Commentariis CAP. 66.

1 *Crimini læsæ Maiestatis annexa est bonorum confiscatio.*
2 *Aliis criminibus, non adhæret confiscatio bonorum.*
3 *Confiscatio bonorum, etiam innocentes lædit.*
4 *Quæ feuda seu fundi confiscatione cedunt* { *Dominis.* / *Principibus.* }
5 *Feuda confiscata ac fundi non cedunt hæredibus.*
6 *Criminosorum vxores non confiscantur suis dotibus, nisi, &c.*
7 *Filii ac hæredes confiscantur hæreditate criminosorum.*
8 *Cur filii parentum criminosorum hæreditate indigni.*
9 *Quando filii parentum criminosorum hæreditate non priuantur.*
10 *Confiscantur non solum merces, sed & vasa, & iumenta, quando ad hostes deferuntur, remissiue.*
11 *Confiscari quando debeant animalia deferentia merces prohibitas, remissiue.*
12 *Confiscari an debeant merces in via ad hostes inuentæ? remissiue.*
13 *Confiscata bona non recuperat quis, pendente iudicio purgationis vel abolitionis, remissiue.*
14 *Confiscata bona, an fisco regis vel dominis locorum applicentur? remissiue.*
15 *Confiscata sunt bona à tempore hæresis, vel læsæ maiestatis, licèt non apprehendantur, nisi lata sententia. remissiue.*
16 *Confiscatio peti non potest ante condemnationem. remissiue.*
17 *Confiscatio, quando fiat ipso iure, & quando ope exceptionis, remissiue.*
18 *Confiscatio quando fiat ob incestas nuptias?*
19 *Confiscationem datam potest abolere princeps.*
20 *Bona omnia tam mobilia, quam immobilia committentis crimen læsæ maiestatis veniunt confiscanda.*
21 *Falsam monetam cudentis, bona debent applicari fisco.*
22 *Domus etiam, in qua falsa moneta fabricatur, fisco applicatur.*
23 *Bona alienata in fraudem fisci, fisco confiscantur.*
24 *Bona committentis crimen legis Corneliæ de sicariis, publicantur, & fisco applicantur.*

Falsum

25 *Falsum committentis bona omnia publicantur, & fisco applicantur.*
26 *Stuprum committentis bona, pro dimidia parte aliquando confiscantur.*
27 *Crimen l. Iulia de vi publica committentis bona, pro tertia parte fisco applicantur.*
28 *Euellens terminos statutos fines mutando, punitur in quinquaginta aureis fisco applicandis.*
29 *Committens crimen legis Iulia repetundarum, punitur in quadruplum, qua pœna fisco applicatur.*
30 *Haretici bona debent confiscari, & fisco applicari.*
31 *Contra hareticum mortuum & iam defunctum etiam potest procedi, vt bona eorum confiscentur, & applicentur fisco.*
32 *Diuinatorum, & eos inuocantium bona, fisco applicari debent.*
33 *Exactorum publicorum lucrum quod faciunt sine licentia principis, debet esse publicum, & fiscus potest ab eis illud repetere.*
34 *Omnia male quasita, fisco applicantur.*
35 *Bona super quibus signa principis posita sunt, prasumitur esse facta incorporatio.*
36 *Omnia bona monopolium committentis, fisco applicari debent.*
37 *Collegiorum illicitorum bona publicantur, & confiscantur.*
38 *Quando collegium destruitur, & reprobatur a principe, bona eius tanquam vacantia pertinent ad fiscum.*
39 *Milites nolentes accipere annonam certo tempore eis debitam, fisco debet applicari.*
40 *Quando aliquis, cui est bonis interdictum à lege, propter delictum seu crimen lesa Maiestatis, si sit hares institutus, non potest adire hareditatem, sed fiscus.*
41 *Nouum vectigal subditis suis imponens, si accusatur criminaliter, punitur pœna dupli fisco applicanda.*
42 *Hospitantes eos, qui merces illicitas deferunt, puniuntur pœna exilii, & publicationis bonorum.*
43 *Si Comitatensis faciat emere rem pro eo à magnate, vel ciue priuilegiato, & non subsit oneribus, talis res fisco applicatur.*
44 *Defendens bona hominum delinquentium & peccantium tanquam alienata, vel cessione facta, punitur in quadruplum.*
45 *Interficiens eum, cui succedere debebat, non amplius succedit, sed fiscus: nisi sit alius non interficiens in eodem gradu cum interfectore.*
46 *Legata incapacia, fiscus aufert.*
47 *Fiscus aufert hareditatem tanquam ab indigno, ab illo qui non adhibuit medicos defuncto.*
48 *Metu instituto haredi, hareditas aufertur & applicatur fisco.*
49 *Maledicens principi, quia committit crimen lesa Maiestatis, poterunt bona eius publicari, & fisco applicari.*
50 *Inquietans funus punitur in publicatione tertia partis bonorum.*
51 *Violans sepulchrum punitur pœna 20. librarum auri, fisco applicanda.*
52 *Qui confugit ad alterius patrimonium, &c. punitur si sit nobilis in centum libris auri: mediocris in amissione facultatum suarum.*
53 *Rusticos ad obsequia cogentes, qua pœna puniuntur?*
54 *Thesauri arte magica quasiti & inuenti, debent fisco applicari.*
55 *Iudex intra 30. dies reum non liberans aut condemnans, in 20. libris auri condemnari debet, qua fisco applicantur.*
56 *Commentarienses debent tenere carceratos ligatos bono, & competenti ligamine.*

57 Non præsumitur datum ferrum carcerato vel aliquod aliud ex quo aufugit: nisi ex negligentia, & culpa ipsius commentariensis.

8 Iudex non audiens volentem facere suam defensionem, quando inquietatur pro grauitatibus, condemnatur in 30. libris auri.

59 Quando Iudex non facit sedere doctores in sua societate, tunc punitur in tribus libris auri fisco applicandis.

60 Iudices qui pro priuatis, vel fiscalibus debitis mulierem in carcerem intrudunt, maiores puniuntur in 20. libris auri, minores in decem.

61 Ludens ludo azardi, debet pœna extraordinaria puniri, & cum publicatione domus.

62 Tutoris pupillam stuprantis, vniuersa facultas fisco vendicatur.

63 Accipiens equos deputatos spectaculis: & vtens ad sui commodum, in vna libra auri punitur (fisco.

64 Res cadens in commissum, ipso iure efficitur sub dominio fisci.

65 Arbores iuxta publicos aquaductus plantans, quæ aquaductui publico nocent, publicantur.

66 Bona apostatarum publicantur, & dominio fisci facultates eiusdem vendicantur.

67 Plaustra, aut naues tempore belli occultantis, publicari possunt, si bellum sit iustum.

68 Dos vxoris hæretici (si sciuerit ipsum hæreticum) confiscatur.

69 Pecunia à præsidibus pro eorum officiis recipiens debet reddere quadruplum, bona eius confiscabũtur, & cingulo priuabitur.

70 Committentes in legem Iuliam de annona, punitur in 20. aureis.

71 Defraudantes fiscum, puniuntur in duplum.

72 Rem litigiosam alienans, compellitur rem non tantum redhiberi, sed precio eius priuatur: non vt lucrum cedat ei, cui rem alienauit, sed vt etiam alia tanta quãtitas ab eo fisci iurib. referatur.

73 Vitium litigiosi non impedit confiscationem.

74 Committentes ambitum, puniuntur in centum aureis: & fiunt infames.

75 Committentes sacrilegium, puniuntur pœna extraordinaria.

76 Falsificans mensuras, & pondera, puniatur pœna extraordinaria.

77 Pondera, & mensura non debent augeri, nec minui.

78 Accipiens pecuniam ad aliquod opus publicum faciendum, & non expendit: sed in se retinuit, vel aliter in vsus proprios conuertit: punitur ad restitutionem dictæ pecuniæ, & in triplum plus quod habuit, fisco dandum.

79 Iudices singulis diebus dominicis debent prouidere carceratis, ne quid eis deficiat, sub pœna librarum 20. auri.

80 Qui defert fisco, & non probat, tamen debet dare fisco, quantum detulit, nisi ex necessitate officii faciat.

81 Omnia bona vacantia sunt fisco applicanda.

82 Bona seipsum interficientis desperatione criminis perpetrati, fisco confiscantur.

83 Assessor qui ablata restituit, ea in quadruplum restitui iubemus; quæ docebuntur ablata, vt duplum spoliatus accipiat, & duplum fiscus acquirat.

84 Portiones eorum, qui mortem libertorum suspecto decedentium, non defenderunt, fisco vendicantur.

85 Viam publicã occupantes pœna quinquaginta librarum auri puniũtur, quæ fisco applicari debent.

86 Quod relinquitur per militem mulieri, quam stuprauit, applicatur fisco.

87 Si is, cui quis est rogatus restituere legatum, dixerit illud falsum, fisco applicabitur.

88 Excommunicatus ex contumacia, qui sustinuit excommunicationem per annum: bona eius debent confiscari.

89 Iudex

89 *Iudex pecunia corruptus, id eſt, qui aliquid accipit à partibus in initio litis, ſi in cauſa ciuili, punitur in triplum cum amiſsione officii: ſi vero in cauſa criminali, mittitur in exilium, & bona eius confiſcantur.*
90 *Pars, quæ iurauit ſe dediſſe, & non probauit, bona eius confiſcantur.*
91 *Vide caſum, in l. Qui contra, C. de inteſt. nupt. &c.*
92 *Quid in Baſtardo moriente ſine liberis ex conſuetudine? remiſsiue.*
93 *Quæ confiſcationes competant principi: & quæ domino, altam iuſtitiam habenti: remiſsiue.*
94 *Quo modo intelligatur,* Qui confiſque le corps, *&c. remiſsiue.*
95 *An bona eius, qui obiit in carcere, antequam ferretur ſententia, confiſcentur? remiſsiue.*
96 *An bona deportatorum confiſcentur? remiſsiue.*
97 *An mors ciuilis naturali æquiparetur, quo ad publicationem bonorum? remiſsiue.*
98 *An bona ad mortem condemnati lata ſententia abſq; alia declaratione ſint publicata? remiſsiue.*
99 *Confiſcatio omnis ad principem ſpectat? remiſsiue.*
100 *An confiſcatio bonorum extendatur ad bona in alio territorio ſita? remiſsiue.*
101 *Confiſcans ſuccedit vt hæres, remiſsiue.*
102 *Fiſcus ſucceſſor, remiſsiue.*
103 *Bona ſequuntur conditionem perſonæ. remiſsiue.*
104 *Confiſcatio trahitur ad bona mobilia extra territorium. remiſsiue.*
105 *An nomina debitorum veniant appellatione mobilium? remiſsiue.*
106 *Bona propter crimen raptus confiſcata, applicari debent raptæ. remiſsiue.*
107 *Dos mulieris non venit in confiſcatione bonorum mariti. remiſsiue.*
108 *Dos propter delictum mulieris, publicari non debet matrimonio conſtante. remiſsiue.*
109 *Legitima filii viuo patre in confiſcatione bonorum filii delinquentis non venit. remiſsiue.*
110 *An ius patronatus cadat in confiſcationem. remiſsiue.*
111 *An emphyteuſis eccleſiaſtica cadat in confiſcationem? remiſsiue.*
112 *An feuda poſsint confiſcari? remiſsiue.*
113 *An res donatæ veniant in confiſcatione? remiſsiue.*
114 *Alimenta non poſſunt confiſcari. remiſsiue.*
115 *An legitima confiſcari poſsit? remiſsiue.*
116 *Bona futura non poſſunt confiſcari. remiſsiue.*
117 *Legata quorum dies non ceſsit, non confiſcantur. remiſsiue.*
118 *Bona eccleſiæ propter delictum prælati non confiſcantur. remiſsiue.*
119 *Confiſcata domo propter ludum, confiſcantur vt bona in ea exiſtentia. remiſsiue.*
120 *Bona confiſcata cui applicanda? remiſsiue.*

1 IN crimine † læſæ Maieſtatis perpetuo cō-
ſectatur bonorum confiſcatio, nempe, ob
criminis enormitatem & odium: ita vt hîc
nulla ſit opus noua promulgatione bono-
rum confiſcationis, quæ crimini læſæ Ma-
ieſtatis ex ſententia lata perpetuò eſt anne-
xa, vt in l. Quiſquis, C. ad l. Iulia. Maieſtat.
& in Authent. Bona damnatorum Cod. de
bon. proſcript. ſeu damna. l. Ex iudiciorum,
ff. de accuſat. & l. Poſt contractum, ff. de
2 donat. In aliis † autem criminibus planè
oportet confiſcationem ſententia noua eſſe
pronunciatam, teſte Angel. de Aret. in ſuo
inſigni tractatu maleficiorum, in gloſſ. ſu-
per verb. Eius bona publicamus: vel ex hac
ratione potiſſimum, quod omnis bono-
rum proſcriptio ſeu confiſcatio ex ſua na-
tura odioſa ſit, & ferè in detrimentum, &
3 perniciem eorum † vergat, qui innocentes
4 ſunt, & culpa vacant. Porrò in feudis † ac

fundis criminoforum, duplex eft diftinctio. Quandoquidem feuda & fundi, quæ criminofus habet eo loco, vbi crimen patratum eft, ea fequuntur dominos eiufdem loci. Verum feuda, & fundi fita in aliis locis, vbi crimen non eft commiffum, non confequuntur eorundem locorum dominos. fed ipfum Principem, non fecus, quàm ipfa bona vacantia. Ad hæc nequaquam grauabimini videre Baldum in l. Cunctos populos, C. de fumma Trinitate, & fide catholica, verfus finem, ibi: Vlterius quæritur: Bartol. & omnes modernos in l. Si finita, §. Si de vectigalib ff de damno infecto. Guido. Papę in fuis decifionibus, quæftione feptuagefima octaua, & quæftione trecentefima quadragefima prima. Ratio
5 † autem cur ea feuda ac bona Principi potius cedant, eft, quod videlicet nec hæc, nec illa fas eft liberis ac hæredibus vllo iure fibi vendicare feu apprehendere dicta Authentica, Bona damnatorum & ibi Baldus ac fequaces, necnon in Authentica, vt nulli iudicum, §. final. collatione 9. conftitutione 9. vnde dicta Authentica deprompta
6 eft. De † vxorum autem dotibus hoc fciendum eft, quod nec dotis vxoriæ, nec aliorum bonorum poteft effe profcriptio feu confifcatio ob maritorum criminofa delicta, Authent. Bona damnatorum. & d. Authent. vt nulli iudicum, necnon d. l. Quifquis, §. Vxores. Hæc tamen intelligenda funt, nifi ipfa criminis fuiffet aut particeps, aut confcia, dicta l. Quifquis, §. Id quod. Fi-
7 liorum † verò bona paterna, iure confifcanda funt. Nam regula generalis eft: Quotiefcunque hæreditas aufertur aliquibus, tanquam hæreditate indignis, ea Fifco applicatur, l. Lucius, ff. de iure fifci, l. Papinianus, § Meminiffe, ff. de inoffic. teft. Porrò
8 iftiusmodi † liberi propter delictum paternum huic confifcationi redduntur obnoxii, vel ex eo, quod procreati fint ex damnatorum ac reiectorum fanguine: & cum fanguinis delicta confectentur hæredes (d. l. Quifquis, § Filii vero) merito habēdí funt liberi eadem paterna hæreditate indigni, etiamfi ex alieno vitio ifthæc infectio fanguinis proceffcrit. Deinde quod prædicta l. Quifquis, præfumat ac arbitretur eos effe hæredes criminis paterni, & paternæ audaciæ fucceffores: idcirco etiam ipfam hæreditatem fuccefsionis, veluti ab indignis, Fifcus auferre debet. Atque ifthæc eft aperta fententia Cyni in d. l. Quisquis, in 3. colum. Quin & de iftis iura funt rationibus amplifsimis referta: quocirca de iis fuperfedeo.
9 Verum enimuero † ifta omnia fanè intelligenda funt: quandoquidem filii hac bonorum paternorum profcriptione iure abfoluendi funt, quando parentum, aut maiorum crimina tempori aperiunt, & deferunt, frequenter præcitata l. Quisquis, §. fin. In omni criminali exilio ob contumaciam pronunciato, condemnatur contumax pœna fcilicet prius proclamatione pronunciata, quemadmodum meminit excellentiffimus Iurisconfultus & practicus D. Nellus de fancto Geminiano, in fuo infigni ac præclariffimo tractatu de Bannitis. Antequam finem huic capiti imponam, aliquot quæftiones, partim remiffiue & partim non, adiicere propofui, quia eius materia communis eft, ac quotidiana. Prima
10 eft, † Confifcantur non folum merces, fed & vafa, & iumenta, quando ad hoftes deferuntur. Vide Domin. Nicolaum Boerium in fuis decifionibus aureis, quæftione 178. num 21. folio 190. part. 1. Secunda eft: †
11 Confifcari quando debeant animalia deferentia merces prohibitas? apud eundem Boerium quæftione 178. numero 28. folio
12 90 parte 1. Tertia eft, † Confifcari an debeant merces in via ad hoftes inuentę? apud eundem Boerium quæftione 178. numeris 29. 30. 31 32. & 33 folio 190 parte 1. Quarta eft, † Confifcata bona nō recuperat quis,
13 pendente iudicio purgationis, vel abolitionis, apud eundem Boerium, q. 65. num. 5. &
14 6. fol. 84. parte 1. Quinta eft, † Confifcata bona,

bona, an ſiſco regis, vel dominis locorum
applicentur? apud eundem Nicol. Boerium,
15 q. 284. num. 6. fol. 207. parte 2. Sexta eſt, †
Confiſcata ſunt bona à tempore hæreſis, vel
læſæ Maieſtatis. licèt non apprehendantur,
niſi lata ſententia, apud eundem Boerium,
quæſt. 277 num. 22. fol. 123. parte 2. Se-
16 ptima eſt, † Confiſcatio peti non poteſt an-
te condemnationem, apud eundem Boe-
rium, quæſt. 63 num. 1. fol. 83. part. 1. O-
17 ctaua eſt, † Confiſcatio, quando fiat ipſo
iure, & quando ope exceptionis, per eun
dem Boerium, q. 264. num. 10. 11. & 12. fol.
18 108. parte 2. Nona eſt, † Confiſcatio quan-
do fiat ob inceſtas nuptias? apud eundem
Boerium, quæſtione 264. numero 13. fol.
19 108. parte 2. Decima eſt, † Confiſcationem
datam poteſt abolere princeps, apud eũdem
Boerium, q. 65. n. 4. fol. 84. part. 1. Præterea
nec abſurdum erit hîc addere multos, ac va-
rios caſus, in quibus venit, & habet locum
bonorum confiſcatio ex diſpoſitione iuris
principaliter: vel in totum, vel in parte, cũ
ſuis allegationibus ſubiectæ materiæ con-
gruentibus, quorum meminit D. Bartho-
lomæus Chaſſanæus, humanorum iurium
Doctor eximius in ſuis commentariis con-
ſuetudinum Ducatus Burgundiç, ſub Ru-
brica, *Des Confiſcations*, §. 1. 2. & 3. Primus
20 caſus eſt, † cuius etiã ſupra memini, quan-
do quis crimen læſæ Maieſtatis committit,
quoniam pœna mortis venit puniendus:
& omnia bona tam mobilia, quam immo-
bilia veniunt confiſcanda, l. Quiſquis, C. ad
21 legem Iuliam maieſtatis. Secundus † caſus
eſt: Si quis numos falſa effuſione formauit:
hoc eſt, falſam monetam fecerit, l. Si quis, C.
de falſa moneta. Salicetus ibi reddens ratio-
nem, quia fabricans falſam monetam com-
mittere dicitur crimen læſæ Maieſtatis: imo
22 etiam † domus, in qua falſa moneta fabri-
catur, ac cuditur, debet fiſco confiſcari, l. Pe-
nultima, C de falſa moneta. & aduerte: quia
etiam hoc caſu poſſet eſſe dubiũ, an debeat
principi applicari, cum committitur crimẽ
23 læſæ Maieſtatis. Tertius caſus eſt † quando
alienantur bona in fraudem fiſco, ne com-
miſſo maleficis bona publicarentur, tũc ta-
lia applicantur fiſco: prout tenuit Specul. in
tit. de donat. §. final. verſ. Sed pone, &c.
24 Quartus caſus eſt in † committente crimen
legis Corneliæ de ſicariis, ſeu incidens in
legem Corneliã de ſicariis, & veneficis: quia
tũc bona eius publicantur, & fiſco applican-
tur, l. 3. §. legis Corneliæ, ff. ad l. Corneliã
de ſicariis. Quintus caſus eſt, in commit-
25 tente falſum, † quoniam omnia bona eius
publicantur & fiſco applicantur, l. 1. §. fi-
nal. ff. de falſ. quod videtur hodie non eſſe
verum per Authent. bona damnatorum,
C. de bonis præſcript. &c. quomodo autem
puniantur de iure canonico, vide in c. Ad
falſariorũ, extr. de crimine falſi. Sextus caſus
26 eſt, in cõmittente ſtuprũ, † quia quandoq;
punitur in confiſcatione dimidiæ partis, §.
eadẽ, Inſtit. de public. iudic. Septimus caſus
27 eſt, in cõmittente † crimẽ legis Iul de vi pu-
blica: quia cõfiſcatur tertia pars bonorũ ſuo-
rum, l. 1. in 1. ff. ad l. Iul de vi priuata, & l. 2.
& l. Si quis, & ibi per Bald. & Salic. C. ad l. Iul.
28 de vi publica. Octauus caſus eſt, quod euel-
lens terminos ſtatutos vltra ſuũ gradũ fines
mutãdo, punitur in 50. aureis fiſco applicã-
dis, l. Agraria, & ibi Bart. ff. de termino amo-
to. Angel. plene in l. 1 C. de accuſ. Nonus
29 caſus eſt, † in cõmittente crimẽ l. Iuliç repe-
tundarũ, quia punitur in quadruplum: quæ
pœna fiſco applicatur, iuxta gl. in l. 1. ff. ad l.
Iul. repetund. diſtinguit tamen gl. in l. 1 C.
ad l. Iul repetund. dicendo ſic: quia aut tur-
pitudo verſatur ex parte vtriuſq;, ſc. dantis &
recipientis: & tunc eſt verũ, quod dicendum
eſt aut ex parte tantum: & tunc dimidietas
tantũ fiſco applicatur l. 3. C. de aſſeſſor. & il-
lam gl. ſequuntur ibi Doct. maxime Bald.
& Salic. Decimus caſus eſt contra hæreticũ,
30 † quia eius bona debent confiſcari, & appli-
cari fiſco, l. Manichæos, C. de hæreticis, imo
31 † etiam contra hæreticum defunctũ poteſt
procedi, vt bona confiſcentur & applicẽtur

fiſco.c.accuſatus,§. In eo vero,deberet.in 6.
32 Vndecimus caſus eſt in diuinatoribus, † &
eos inuocantibus, quia eorum bona con-
fiſcari, & fiſco applicari debent, l. Nullus,
& ibi doctor. C. de malefi. & mathemat.
33 Duodecimus caſus eſt † contra exactores
publicos, qui pecuniam exigunt, & eam
redigunt in florenos vel aureos, vt lucrum
faciant: quia non poſſunt facere ſine licen-
tia principis, & omne lucrum quod perci-
pitur, debet eſſe publicum: & fiſcus poteſt
ab eo recipere. Secundum Bartol. in l. V-
nica, C. de auri publi. perſecutor. lib. 10.
dicitque iſtud eſſe notandum: imo dic
plus; quod retinens tale lucrum retinet cō-
tra conſcientiam. Decimustertius caſus
34 eſt, quod omnia † ſcelleratè quæſita, fiſco
applicantur, l. Lucius, ff. de iure fiſci. de
quo per gloſſ. in c. cum te de condition. ob
turp cauſ. Dicit tamen Bald. in l. Si poſſeſ-
ſor, ff. de petit. hæred. quod debent reſtitui,
35 &c. Decimusquartus caſus eſt, † nam ſi
quis poſuerit ſigna principis ſuper domo,
vel bonis alicuius; præſumitur eſſe facta
incorporatio in fiſcum. Secundum d. Bar-
tol. in l. Facultas, C. de iure fiſci lib. 10. &
dicit Bartol. in tractatu ſuo de inſigniis &
armis. Decimusquintus caſus eſt: vt com-
36 mittens † monopolium, omnia eius bona
confiſcentur. & debent fiſco applicari. l. V-
nica, C de monop. vt ſunt artifices, qui fa-
ciunt monopolia: ne quis eorum ab eis ta-
xata minori precio vendat, vt dicitur in d.
l. Vnica Decimus ſextus caſus eſt in com-
37 mittentibus † collegia illicita: quia puni
untur pœna criminis læſæ Maieſtatis: &
pœna legis Iuliæ de vi publica, l. 2. iuncta
gloſſ. ff. de colleg. illicit. ergo bona eorum
publicantur, & confiſcantur. Decimus-
38 ſeptimus caſus eſt; quando † collegium de-
ſtruitur, & reprobatur à principe: bona e-
ius tanquam vacantia pertinent ad fiſcum,
ſecus ſi omnes de collegio moriantur: quia
debet reuocari collegium. Secundum d.
Angel. in l. Sicut §. 1. ff. Quod cuiuſque v-
niuerſ. no. & D. Bart. in l. finali, ff. de colleg.
illicit. Decimusoctauus caſus eſt, quando
39 milites † nolunt accipere annonam certo
tempore ſibi debitam, fiſco debet applica-
ri, l. Fortiſſimi, & ibi D. Barto. C. de eroga.
milit. annon. & tempore lapſo non poſſunt
eam petere, ita tex. in l. Nulli, C. eodem, de
erogat. milit. anno. Intellige dummodo
offeratur tempore debito: quia per ſolam
oblationem iſto caſu liberatur reſpublica;
ita per plura dicit D. Iaſon in l. Quod te, in
7. colum. ff. Si certum petat. & per eundem
in l. prætor ait, §. Si aliquando, ff. de noui
oper. nutiat. Decimusnonus caſus eſt:
40 quod † quando aliquis, cui eſt bonis inter-
dictum à lege propter delictum, ſeu crimen
læſę Maieſtatis, ſi ſit hæres inſtitutus, non
poteſt adire hæreditatem; ſed fiſcus, gloſ.
in l. Venter, § 1. ff. de acquir. hæredit. Vi-
ceſimus caſus eſt, in imponente nouum
41 † vectigal, ſi accuſetur criminaliter: quia
punitur pœna dupli fiſco applicanda. Se-
cundum Dominum Baldum in l. Finali,
Cod. noua vectigalia imponi non poſſe.
42 Viceſimusprimus caſus eſt, vt † trans-
gredientes ciuitates inclytas, vel nego-
ciationes prohibitas deſerentes, ſuſcipien-
tes, puniuntur pœna exilii, & publicatio-
nis bonorum, l. Finali Cod. de comer. &
mercator. & facit illa lex pro inhibitioni-
bus, quæ fiunt hoſpitibus, vt velint denun-
ciare præſid:, omnes hoſpitantes in ſuo ho-
ſpitio. Viceſimusſecundus caſus eſt, vt ſi
43 † comitatenſis faciat emere, rem pro eo
à magnate, vel ciue priuilegiato, vt non
ſubſit oneribus, talis res fiſco applicatur,
l 1. Cod. de nauibus non excuſ. libro vn-
decimo, & ibi Dominus Bartolus Iuris-
conſultus Clariſſ. Viceſimustertius caſus
44 eſt in illis, qui † volunt defendere bona de-
linquentium tanquam alienata, vel ceſſio-
ne facta, puniuntur in quadruplum, l. Qui
contractibus, C. de iure fiſci. libro decimo.
Viceſi-

Vicesimusquartus casus est in illo, qui in-
45 terfecit † illum, cui succedere debebat: quia
non amplius ei succedit, sed fiscus. nisi sit
alius non interficiens in eodem gradu cum
interfectore l. 3. § Fratris, ff Si quis ali. te-
stam. prohib. ita inquit D Bart. in l. Cum
ratio, §. Si plures, ff. de bon. damnator. Vi-
46 cesimusquintus casus est, † quando tacita
fides datur testatori ab hærede de restituen-
do hæreditatem incapaci, puta spurio: nam
tunc fiscus aufert, vt ab indigno: facit text.
in l. Eum qui ff. de his quib. vt indig. &c.
Fallit in filio, & seruo, quorum bona non
confiscantur: quando sunt iura, quæ non
transeunt, nisi ad filios, secundum Bald. in
l. Insulam, ff solut. matrim. Vicesimus-
47 sextus casus est, quod fiscus † aufert hære-
ditatem tanquam ab indigno ab illo, qui
non adhibuit medicos defuncto, gloss. est
in l. Indignum, ff de his quibus vt indig.
48 Vicesimusseptimus casus est, si † testator
ductus fuerit motu per aliquem ad institu-
endum: hæreditas ei aufertur, & applica-
tur fisco. vt voluit D. Bartolus in l. finali, ff.
Si quis aliquem testa. prohibuer. & Baldus
in l. 1. in 4. colum. Cod. eodem tit. quod
intellige, quando erat proximior, qui erat
successurus ab intestato, vt l. 1. C. Si quis a-
liquem testam. prohibuer. Aut vero habet
priorem in gradu, vel æqualem, & tunc non
succedit fiscus: quia non poterit præiudica-
re primo in gradu, vel æquali, l. 2. §. Fratris,
ff eodem, si quis aliquem testa. prohib. te-
nent D. in d. l. 1. in principio, ff. eod. titul.
49 Vicesimusoctauus casus est in illo, qui †
male locutus est de principe: quia committ-
tit crimen læsæ Maiestatis, l. 1. Cod. Si quis
imperat. maled. & dicit Bald. in l. Incredi-
bile, C. de pœnis, & in c. 1. de pace tenenda,
quod poterunt bona eius publicari. Vice-
50 simus nonus casus est, in illo, qui † inquie-
tat morientem, vel funus eius: quia puni-
tur in publicatione tertiæ partis bonorum:
secundum quod voluit Salicet. in l. Cum sit
iniustum, C. de sepulchr. violat. Tricesi-
51 mus casus est in violatoribus sepulchrorũ:
qui puniuntur pœna 20 librarum auri, fi-
sco applicandarum, l. Si quis, C. de sepulc.
violat. & etiam locus, ad quem aliquid de
sepulchro violato exportatur, fisco applica-
tur, l. Si seruus, C. eod. Tricesimusprimus
52 casus est, † in eo, qui confugit ad alterius
patrimonium: quod tenere non poterat si-
ne solutione publicæ functionis: puta, quia
prohibitum est in aliquibus locis, quod ne-
mo possit possidere terras nisi sit de illo lo-
co. & soluat tales functiones publicas; si cõ-
stituat vicarios, aut alio modo alteri priui-
legiatæ conditionis; qui non tenetur sol-
uere publicas functiones sub prætextu ven-
ditionis, aut donationis, tenere faciat: pu-
nitur si sit nobilis in centum libris auri; me-
diocris, in amissione facultatum suarum.
Tricesimus secundus casus est, quando of-
53 ficiales † rectorum prouinciarum rusticos,
vel eorum seruos, vel iumenta ad aliqua co-
gũt obsequia, ipsique rustici se sponte dictis
obsequiis subiiciunt, pœna publicationis
bonorum, ac perpetui exilii puniuntur, l 2.
C. ne rusticani ad vllum obsequium deuo-
centur, libr. 11. & intellige etiam ad obse-
quia fiscalia, l. 1. C. eod sed pro certo hodie
malè obseruatur. Tricesimustertius casus
54 est, si quis thesaurum † per artem magicam
inuenerit, debet fisco applicare, l. 1. & ibi
Bart C. de thesauris, &c. Tricesimusquar-
55 tus casus est, † quod si iudex infra triginta
dies reum non liberauerit, vel condemna-
uerit: in 20. libris auri condemnari debet,
quæ fisco debent applicari, l. Ad commen-
tariensem, C. de custod. & exhibit. reorum,
56 & idem † dicit cõtra commentariensem: &
isti commentarienses debent tenere carce-
ratos ligatos bono, & competenti ligamine,
iuxta gloss. in l. 1. §. Finali, ff. de seruis fugi.
prout dicit Angel. in l. Milites, ff. de custod.
reo. & vide quæ dicit in l. Carceri, ff. de cu-
stod. reo. vbi dicitur quod non præsumitur
57 datum † ferrũ carcerato, vel aliquid aliud,
ex quo aufugit; nisi ex negligentia custodię,

& culpa ipsius commentariensis: & aduerte quod quando carceratus fugit de carcere, regulariter præsumitur aufugisse culpa superstitis vel custodis: vnde ille, qui allegat contra custodem carceris, culpam, habet præsumptionem iuris pro se: ita probat text. in l. finali, circa medium: & ibi glossa ff. de custod. reo. notat Bartol. in l. Si quis ex argentariis, §. fin. ff. de edendo, & est casus in l. Diuus, in fine, ff. de offic. præsidis. Horum meminit Franciscus de Aretino suis in consiliis, consilio trigesimo octauo, incipiente Consultissime Domine collateralis. Hinc per hoc notabiliter infertur, quod ex quo habet iuris præsumptionem pro se, transfert onus probandi in aduersarium, hoc est, in custodem: ita quod tenetur probare per euidentissimas rationes, & probationes: hoc est, per tres testes idoneos: aut per duos multum excellentes, iuxta dictum Speculatoris in titulo de probation. §. final. in versiculo vltimo, &c. & tenet Dominus Franciscus Curtius iunior, in capite primo, §. primo, quibus modis feudum amittatur: confirmatur, quia propter præsumptionem iuris contrariam, debet adduci probatio, quæ sit fortior, vt habeat maiores vires, iuxta notata in lege, non est verisimile, ff. quod metus causa. gloss. & Alexand. in l. Transactionem, ff. de transaction. Vide plene de materia Paridem de Puteo in tractatu de syndicatu, in litera C. in verbo, Carcer & Carceratus, per decem aut vndecim column. Et adde regulariter, custos carceris non est diligens, si non tenet duos custodes ad obseruandum carcerem, d. l. finali, ff. de custod. reor. circa principium. Et istud tenet Aretinus in consilio hic ante allegato. quæ bene nota. Adde quod commentariensis non potest retinere incarceratos pro eorum expensis, in carceribus factis: Sed debet eos relaxare, si fuerint a iudice absoluti, & postmodum agere contra eos, de iure: Sed de consuetudine aliud ob-

seruatur. Guido Papæ quęstione sua quarta, capite quadragesimo sexto. Tricesimus-
58 quintus casus est, quod iudex † non audiens volentem facere suam defensionem, quando inquietatur pro grauitatibus: punitur eo, quia condemnatur in triginta libris auri, lege secunda, Cod. de offic. ciuil. iudicum. Tricesimussextus casus est quando
59 iudex † non facit sedere doctores in sua societate: quia tunc punitur in tribus libris auri fisco applicandis, l. finali, Cod. de offic. diuerso. iudic. Fallit vno casu, quando Doctores habent litem: quia his horis & temporibus, quibus merita causarum, & acta panduntur, residendi cum iudice non habent facultatem, leg. prima, Cod. de offic. ciuil. iudicum. Tricesimusseptimus
60 casus est contra iudicem, † qui pro priuatis, vel fiscalibus debitis mulierem in carcerem intrudit: quia maiores iudices puniuntur in 20 libris auri, minores in decem. Auth. Sed hodie. C. de offic. diuerso. iudic. Tricesimusoctauus casus est cõtra ludentem ad
61 † ludũ azardi: quia debet pœna extraordinaria puniri, & cum publicatione domus. Auth. Alearum vsus, C. de religios. & sumptib. funer. & alearum vsu & aleatorib. Tri-
62 cesimusnonus casus est: Si tutor † pupillã sua violata castitate stuprauerit, vniuersa facultas eius fisco vendicetur, l. Vnica, C. Si quis eã, cuius tutor fuerit, corruperit. Qua-
63 dragesimus casus est, accipiens equos † deputatos spectaculis, & vtens ad sui commodum, in vna libra auri punitur fisco. Secundum Barto. in l. Quisquis C. de spectaculis, li. 11. Quadragesimusprimus casus est, quod
64 res, † quę cadit in commissum, ipso iure efficitur sub dominio fisci. vt inquit Bald. in l. Neque, C. de vectigal. & commis. concordat l. Commissa, ff. de publi. & intellige hoc verum, quando colligitur vectigal fisci nomine: sed vbi nomine singularũ personarum, quæ emerunt vel conduxerunt vectigal à fisco, dicendum est, quod illis tũc applicatur, & non fisco, vt est text. singularis se-

ris secundum eũ in l. Si quis. C eo titu. Præ-
terea Bald. in l. exceptione, C. de vectigal.
Sic dicit, quod vectigalis soluti fiscus duas
habet partes: tertiam ciuitas, vel munici-
pium, nisi sit vectigal principi reseruatum,
tamen Bald. in c. 1 § finali, de feudi cogniti.
plus dicit, quod pœnę dationum triplican-
tur publicanis. Quadragesimussecundus
65 casus est, quando iuxta † publicos aquędu-
ctus plantantur arbores, quæ aquęductui
publico nocēt: quia confacientibus datur
pœna: eo, quia prędia, ad quę aqua deriuata
fuit publicantur, vt & arbores plãtatę: quæ
pœna non remittitur per sacros apices, no.
Bartol. in l. Decernimus. C. de aquęductu.
lib. 11. Quadragesimustertius casus est, vt
66 bona † apostatarum publicentur, l. 1. C. de
apostatis: & dominio fisci facultates eiusdē
vendicantur. nota. in Auth. Ingressi mo-
nasterium. C. de sacrosanct. eccle. nisi forte
habeat filios, vel cognatos quibus deferan-
tur. Auth. Si qua mulier, C. eodem. & ha-
betur in l. Apostatarũ, C. de apostat. Qua-
dragesimusquartus casus est, quod plau-
67 stra, vel † naues quę tempore exercitus oc-
cultantur, publicari possunt, si bellum sit
iustum. prout no. Alberi. de Rosat. in l. iu-
bemus nullam, C. de sacrosanct. eccles. &
quando bellum sit iustum. vide Hostien in
summa de vectiga. & pace, §. est autem iu-
stum bellum & § seq. & c. 1. 23. q. 2. Et dicit
Alberi. de Rosa. in l. neminem. C de sacros.
eccles. quod iustum bellum fieri debet sine
grauamine subditorum, prius expenden
do aurum suum. allegat tex. in Authent. vt
iudic. sine quoquo suffra. §. Illud. collat. 2.
Quadragesimusquintus casus est, quando
68 † maritus condemnatur de hæresi: quia
dos vxoris (si sciuerit ipsum hæreticum)
confiscatur. cap. decernit, de hæretic. lib. 6.
69 Quadragesimussextus casus est, quando †
curialis principis pecuniam recipit ab ele-
cto in præsidem, vel in aliam administra-
tionem, vt habeat dictum officium, debet
reddere quadruplum, & bona sua confisca-
buntur, & cingulo priuabitur, vt est text. in
Authent. vt iudices sine quoquo suffra. §.
Sic igitur. Pro certo si hoc obseruaretur,
multi curiales hodie priuarentur bonis.
Quadragesimusseptimus casus est, vt com-
70 mittentes † in l. Iuliam de annona, puniã-
tur in 20 aureis l. 2. ff. Ad legem Iul. de an-
non. Et ista pœna tenentur, qui emunt bla-
dum causa reuendendi, & faciendi caristi[illegible],
vt cõmuniter fit, & est cõmunis mos apud
Citramõtanos, maximè in Burgundia; nec
non in infinitis aliis regionibus, & ciuita-
tibus. Quadragesimusoctauus casus, quod
71 qui † fraudē facit in fisco in quęrendis, pu-
nitur in duplum. vt est glos. in l. Facultas, C.
de iure fisci, lib. 10. vbi etiã dicit glos. quod
officiales plurima mala faciunt, & commit-
tunt, quam alii. Hoc etiam voluit Bart. in l.
Cum contractibus, C. eodem titu. de iure
fis. vbi dicit etiam mēte tenēdum in istis,
qui recipiunt venditionem fictitiã in frau-
dem fisci; vt teneantur in duplum. l. Aufer-
tur, §. fin. ff. de iure fis. Nam ex quo alienatio
sit à delinquente in commētum, præsumi-
tur facta in fraudem fisci, Bald. in l. Si quis
post hac, Cod. de Bonis damnatorum.
Quadragesimusnonus casus est, quod si
72 quis † rem litigiosam alienauerit, com-
pellitur rem non tantum redhibere, sed
precio eius puniatur, non vt lucrum ce-
dat ei, cui rem alienauit; sed vt etiam alia
tanta quantitas ab eo fisci iuribus refera-
tur, ita inquit text. & Bald. in l. finali, Cod.
73 de litigi. ex quo dubitatur, nunquid vitium
litigiosi impediat confiscationem, & dicen-
dum est non, per textum & quod ibi notat
Dominus Angelus Aretinus in l. Si con-
stante. §. finali, ff. soluto matrimonio.
Quinquagesimus casus est, vt committen-
74 tes † ambitũ puniantur in centum aureis:
& fiunt infames, l. 1. ff. ad l. Iul. de ambitu.
75 Quinquagesimusprimus casus est, vt † cõ-
mittentes sacrilegium puniantur pœna ex-
traordinaria, l. Sacrilegii, ff. ad leg. Iul. pe-
76 cul. Quinquagesimussecũdus casus est, vt †

falsificans mensuras, & pondera, puniatur
pœna extraordinaria, l. In Dardaneis, & l.
Hodie, ff. de pœnis: pondera enim, & men-
77 suræ † non debent augeri, nec minui, c. vt
mensuræ, extr. de emptione & venditione.
Quinquagesimustertius casus est, quod si
78 † quis pecuniam accepit ad aliquod opus
publicum faciendum, & non expendit: sed
in se retinuit, vel aliter in vsus proprios con-
uertit, punitur ad restitutionem dictæ pe-
cuniæ, & in triplum plus, quod habuit, fisco
dandum, l. 2. § Sed & qui publici, ff. ad l. Iul.
79 pecu. Quinquagesimusquartus est † quod
iudices singulis dieb. dominicis habere de-
bent notitiã carceratorũ, & intelligere, si ha-
bent victum, & aliter prouidere, ne quid eis
deficiat sub pœna lib. 20. aurei, vt est text. in
l. Iudices, C. de de episcop. audient. vtinam
istud hodie obseruaretur. Quinquagesimus
80 quintus casus est, † quod qui defert fisco &
non probat, tantum debet dare fisco, quan-
tum detulit, gloss. est in l. 4. C. de delator.
libr. 10. & l. Senatus, § Senatus, ff. de iure
fisci, nisi ex necessitate officii faciat, l. 2. eo.
tit. Quinquagesimussextus casus est, Quod
81 † omnia bona vacãtia sunt fisco applicanda,
l. 1. C. de bon. vacan. sed post quadrienniũ
non admittitur, l. 1. C. de quadri. præscrip.
Credo quod apud nos etiam ante triginta
annos admittitur, cum omnes præscriptio-
nes sunt redactæ ad 30. annos, &c. Quin-
82 quagesimus septimus casus est, † quia bona
seipsum interficientis, desperatione crimi-
nis perpetrati, fisco confiscantur, quod quo-
modo intelligendum sit, recurrendum est
ad Doct. in l. 2. C. Qui testa. face. possunt,
maxime per Bald. Salic. & Iason. & per Sa-
lic. in l. 1. C. de bonis eor. qui mort. sibi cõ-
sciuerunt. Quinquagesimus octauus casus
83 est, † in assessore, qui ablata restituit in qua-
druplum, l. Consiliarios, C. de offic. asses-
84 sor. Quinquagesimusnonus casus est, †
quia portiones eorum, qui mortem liber-
torum suspecto decedentium, non defen-
derunt, fisco vendicantur, l. Portionis, ff. de
his quibus vt indig. Sexagesimus casus est,
85 † quia viam publicam occupantes, pœna
quinquaginta librarũ auri puniuntur: quæ
fisco applicari debet, l. Qui sine, C. de oper.
public. Sexagesimusprimus casus est illud,
86 † quod relinquitur per militem mulieri,
quam stuprauit, applicatur fisco, l. Mulie-
rem, ff. de his quibus vt indig. Sexagesimus-
87 secundus casus est, † si is, cui quis est roga-
tus restituere legatum, dixerit illud falsum,
fisco applicabitur, l. Post legatum §. si pa-
ter. in fine. ff. de his quib. vt indig. Sexage-
simustertius casus est, in excommunicato
88 de contumacia † secundum tenorem can.
Cum cõtumacia, de hæreti. d. in 6. qui sus-
tinuit excõmunicationem per annũ: quia
bona eius debent confiscari, & fisco applica-
ri. Decisio Capellæ Tholosanæ in c. 66. Io-
an. Andr. in c. 1. de homicid. in 6. & Aret.
in c. Qualiter & quando, §. Ad corrigendos,
de accusation. Sexagesimusquartus casus
89 est, in iudice, † qui aliquid accipit à partibus
in initio litis: quia si in causa ciuili, punitur
in triplum cum amissione officii: si vero in
causa criminali, mittitur in exiliũ, & bona
eius confiscantur, iste est text. in Authent.
vt litigantes iurent. §. Si quis autem ex liti-
gato collat. 9 Sexagesimusquintus casus
90 est, † in parte, quæ iurauit se dedisse: & non
probauit: quia bona eius confiscantur text.
est in d. §. Si quis autem in Authent. vt li-
91 tigan. iurent. Sexagesimussextus † casus est,
in l. Qui contra, C. de incest. nupt. & in l.
Cũ hic status, §. fi. ff. de don. int. vir. & vxor.
Sexagesimusseptimus casus est, ex consue-
92 tudine in Bastardo † moriente sine liberis,
&c. vt latius ponit D. Bartholomæus Chas-
sanæus in commentariis consuetudinum
Burgũdię in t. (*des successions des Barstards*)
vbi videre poteris, & per eundem etiam per
totum, & vniuersum titulum, *Des confisca-*
tions, vbi tractat inter alia, Quæ confiscatio-
nes competant principi, & quæ domino, al-
tam iustitiam habenti. Item: quomodo
93 intelligatur, † *Qui confisque se corps*, &c. I-
tem;

94 tem: An bona eius, qui obiit † in carcere,
antequam ferretur sententia, confiscentur.
95 Item: † An bona deportatorum confiscen-
96 tur? Item, † An mors ciuilis naturali æqui-
paretur, quo ad publicationem bonorum?
97 Item, † An bona ad mortem condemnati
98 lata sententia, absque alia declaratione sint
99 publicata? Item, Confiscatio † omnis ad
100 principem spectat. Item, An † confiscatio
bonorum extendatur, ad bona in alio terri
101 torio sita? Item: Confiscans † succedit vt
102 hæres. Item: † Fiscus successor. Item: Bo-
103 na † sequuntur conditionem personæ. I-
104 tem: Confiscatio † trahitur ad bona mobi-
105 lia extra territorium. Item: An nomina †
debitorum veniāt appellatione mobilium?
106 Item, Bona † propter crimen raptus con-
fiscata applicari debent raptæ. Item: Dos
107 † mulieris non venit in confiscatione bo-
norum mariti. Item: Dos propter delictū
108 † mulieris publicari nō debet matrimonio
109 constante. Item: Legitima † filii viuo
patre in confiscatione bonorum filii delin-
110 quentis non venit. Item: † An ius patro-
111 natus cadat in confiscationem. Item: An †
emphyteusis ecclesiastica cadat in confisca-
112 tionem? Item: An † feuda possint confisca-
113 ri? Item: An † res donatæ veniant in con-
114 fiscationē? Item: Alimenta non possunt cō-
115 fiscari. Item: An legitima † confiscari pos-
116 sit? Item: Bona futura † non possunt confi-
117 scari. Item: Legata † quorum dies nō ces-
118 sit, non confiscantur. Item: Bona † eccle-
siæ propter delictū prælati, nō confiscātur.
119 Itē: Cōfiscata † domo propter ludū, cōfiscā-
120 tur & bona in ea existētia. Itē: † Bona cōfisca-
ta cui applicāda? Hęc immediate pręcedētia
remissiue dūtaxat in mediū adduxi, succi-
dēs superfluitatē, quæ suis vmbris veritatē
obfuscat in his & similibus thematibus.

CAPVT LXVII.

De cæde seu homicidio.

Summæ rerum tractatarum in Commentar. CAP. 67.

1 *Secundum crimen, fuit homicidium Cain.*
2 *Primum omnium criminum prauaricatio Adæ.*
3 *Homicidii enormitas* { *A lege diuina.*
Ab effectu vario. 4. 5. 6.
Ex iure pontificio.
7 *Pœna talionis.* }
8 *Homicidæ humani generis extirpatores.*
9 *Homicidium inter humana commissa grauissimum.*
10 *Occidendi voluntas quando punienda, vt ipsum homicidium.*
11 *Quæ sint occidendi voluntatis indicia.*
12 *Voluntas quando pro facto punitur.*
13 *Homicidii pœna ex lege diuina.*
14 15 *Homicida offendit quatuor* { *Deum, bifariam.*
16 *Remp. & Principem.*
17 *Occisi parentes, & cognationem.*
18 *Interfectum, omnium maximè.* }
19 *Voluntas non statim pro factis punienda, ob triplicem caussam.*
20 *Deficiente probatione facti, nullus capitaliter damnandus.*
21 *Ab homicidii pœna nullus excusandus.*
22 *Reatus omnem honorem excludit.*
23 *Homicidium est grauiter puniendum.*

24 *Vbi maior venia, ibi maior delictorum copia.*
25 *Neque sub spe veniæ delinquere quispiam debet.*

1 CRiminum omnium secundum, † quod
post hominem cõditum in terra patra-
2 tum est, fuit homicidium. † Quandoqui-
dem protoparentum nostrorum Adæ & E-
uæ præuaricatio, primum læsæ Maiestatis
crimen fuit, atq; adeò omnium criminum
fons & caussa. Hinc Cain furiosè germa-
num fratrem Abelem occidendo, nefarium
alterum, nempe homicidii crimen subiun-
xit, gloss. in l. Si quis homicidii. C. de accu-
3 sat. hoc † homicidium tam est Deo execran-
dum, vt suis præceptorum tabulis illud ex-
pressè vetitum voluerit: Non occides, vt pa-
4 tet Exodi 21. & Deutero. 5. capitibus. † De-
inde vt innocentis occisi sanguinem in cæ-
lum clamare: & Angelos vindictam expo-
scere, sacræ testentur literæ, iuxta illud: Cla-
mitat ad cælum vox sanguinis, &c. Et scri-
5 bitur in Apocalypsi: Ecce † post hæc vidi a-
nimas interfectorum clamantes ad Deum,
& dicentes: Vsquequo Domine non das iu-
dicium, & vindicas sanguinem nostrum de
interfectoribus nostris, qui sunt in terris,
&c. cuius meminit D. Paris de Puteo in tra-
ctat. suo Syndicatus 105. char. 1. column. &
D. Hippol. à Marsil. post eum in suis consi-
liis, cons. 7. incipiente, Summi cæli Deus,
6 in princip. Quodque † adeo est detestabile,
vt Angeli diuinæ voluntatis executores,
sanguinem occisorum de manibus homici-
7 darum requirant: de quo Genesis 4. cap. †
Postremò hoc vnicum Pontificia iura tam
habent exosum, vt (quum alia omnia cri-
mina remissius puniant) hoc solum capitis
animaduersione plectendum esse statuant:
vel vt ob nullum aliud crimẽ quam ob hoc
vnum, capitalem sententiam ferre velint:
naturalis enim ratio dictat, vt quod quisq;
alteri facere voluerit, ipse patiatur, l. 2. &
per vniuersum titul. ff. quod quisque iuris,
8 c. Cum omnes, extra de constitutione. †
Vnde fuit pœna talionis de iure diuino in-
uenta, vt quis animam pro anima: oculum
pro oculo, & sic de similibus perderet: vt
probatur Exodi 21. cap. vnde nihil mirum,
si homicida quod fecit, idem ipse expectet.
9 Dictas ob † causas, iura ciuilia homicidas,
extirpatores, seu violatores generis huma-
ni appellitant: quod cognationis propaga-
tionem inter homines à natura cõstitutam
è medio tollant & impediant, l. Vt vim. ff.
de iustitia & iure. & gl. in verb. humanitatis,
in l. Non tantum, ff. de appellat. vnde inter-
est hominis hominẽ beneficio affici, l. Ser-
uus ea lege, ff. de seruis exportand. Hinc
item & beatus Thomas dicit secunda, 2. q.
122. articulo 6. Quod homicidium de se
non est appetibile, sed magis horribile: quia
non habet in se rationem alicuius boni. I-
dem scribit secunda, 2. quęst. 70. articulo 8.
10 Quòd inter cætera † peccata, quæ commit-
tuntur in proximum, homicidium grauis-
simum sit: eosque tam auersantur & sacri
Canones, iuxta notat. in c. Periculosè, de
11 pœnitentia, distinct. 1. & iura † Imperialia,
vt non tam homicidium, quam ipsam ho-
cidii voluntatem accerrime puniant, si qui-
12 dem ea † voluntas externis indiciis patescat:
nempe si armatus incedat, si insidias ponat:
quæ quidem solæ insidiæ per se etiam deli-
ctum sunt. l. Propter insidias, C. de accusat.
c. 1. quæ fuit prim. caus. benef. amittend.
si adoriatur armis vetitis irreferibilibus, cę-
dendo, lædendo, & mutilando, l. Is qui cũ
telo, & ibi D. Hippolyt. de Marsil. C. Ad l.
Cornel. de sicar. quæ quidem l. canonizata
est in c. Is qui cum telo. de pœnitent. di-
stinct. 1. l. Diuus, ff. eod. tit. & aperta l. Aut
13 facta, §. Euentus, ff. de pœnis. Regula † e-
nim generalis est in iure, quod quotiescun-
que non stat per aliquem, quo minùs actus
impleatur, actus habetur pro impleto, l. de
pupillo, §. Si is cui nũciatur, ff. de operis no.
nunciat. Veluti si quis hominem non oc-
cidat,

LXVII. De caede seu homicidio

cidat, sed tantum vulnerauerit, eo tamen animo, vt occidere posset, is pro homicida damnandus est, vt in l. 1. § Diuus, ff. ad l. Corn. de sica. quæ quidem iura, quod fortius est, etiam iuuantur lege diuina, qua
14 prohibitum etiam reperitur † homicidium sub pœna vltimi supplicii, vt habetur Genes. 9. c. Quicunq; effuderit humanum sanguinem, fundetur sanguis illius: ad imaginem quippe Dei factus est homo: ob quod meritò homo dignissima creaturarum habetur, teste gloss. in verb. personæ, in §. fin. Instit. de iure nat. gent. & ciu. & l. Iustissimè, ff. de ædi. edict. gl. in verb. rerũ natura, in §. pecudum, Instit. de rer. diuis. & l. Cognationum, ff. de var. & extraord. cognit. vbi gl. in verb. dignitatis, ita humanam extollit naturam, vt ei Angelicã naturã inseruire Deus constituerit. Idcirco etiam homicida qua-
15 tuor offendit. † Primò Deum, idque dupliciter, & quod creaturam Dei vita spoliet, & quod præcepta Dei contemnat, iuxta decalogum (vt antè allegatum est) Non occi-
16 des, Exodi 21. & Deutero. 5. Secundo † homicida offendit rempublicam & Principem, quòd hominem occidendo suo bono & ciue spoliet: quandoquidem interest reipublicę, refertas esse liberis hominibus ciuitates l. 2. C. de indict. vid. tollend. l. 2 ad fin. C. cõmunia, de manumiss. l. 1. ff. solu. matri. Quamobrem D. Adrianus in ea sententia se fuisse testatur, vt Imperium ampliari hominum adiectione potiùs quam pecuniarum copia maluerit, vt patet in l. Cum ratio naturalis,
17 ff. de bonis damnat. Tertiò, † homicida lædit patrem & parentes occisi: primò patrem, quia testem ipsius hæreditarium, qui patrem suũ successione referret, aufert: cum filii immortalitate quadam suos parentes donent, in Authent. de nuptiis, §. 1. collat. 4. vt cum per nos remanere non possimus, per filios remaneamus, l. Liberorum, in fi. ff de verb. & rerum signific. Maiores item & cognatos interempti pari ratione lædit, quia iniuria facta vni de parẽtela, redundat in ignominiam cuiuscunq; stirpis eiusdem, l. 3. ff. de libera. caussa. & hinc ait clarè text. in l. Capitalium, §. Famosos, ff. de pœnis, pœnam eorum esse solatio cognatis & affi-
18 nibus interempti. Quartò, vel † omnium maximè occisum læsit, quem vita nullis rebus humanis conferenda, priuauit. Ideoq;, vt rursus repetam, Exodi 21. cap. Si quis per industriam occiderit proximum suum, & per insidias: ab altari meo euelles eum, vt morte moriatur, & Leuit. 24. Qui percusserit & occiderit hominem, morte moriatur, & Numeri 35. c. Si quis ferro percusserit, & mortuus fuerit qui percussus est, reus erit homicidii, & ipse morietur. Quibus seruit illud quod dixit Christus Petro, scilicet, Qui gladio ferit, gladio peribit. Matthęi 26.
19 cap. Veruntamen † vsus, consuetudo, & practica, prædictum rigorem voluntatis puniendæ, & asperitatem immodicam, ex caussa relaxant & remittunt, testib. Pet. Bart. & Hippol. de Marsil. n. 14. in d. l. Is qui cum telo, nec non D. Ioan. Berberio, in suo iuris viatorio seu directorio, sub Rub. de homicidio: qui facta ipsa solummodo punienda asserunt, fortassis triplicem ob caussam: Aut quod ea iura plus satis sint rigorosa: Aut ꝙ ea volũtatis certitudo probatu sit difficilis, adeo quod non nisi per signa externa, aut præsumptionem ea voluntas innotescat: ob quam præsumptionem, nemo criminaliter damnandus est, sicuti dictum est superiori-
20 bus capitibus multifariis in locis. Deficit † enim probatio facti, sine quo nullus debet capitaliter damnari, per l. 1. §. Si quis vltro, ff. de quæstionib. Postrema ratio sit, quod nec iustitia, nec reipublicæ salus tam grauiter voluntate læditur, atq; ipso facto: quia non fuit æquè priuata homine suo, quando delictum fuit attentatũ, sicut quãdo fuit consummatum: & hęc de consuetudine, quæ quidem consuetudo non potest fundari nisi in dicta vnica ratione, vt inquit D. Ioannes Berber. in d. suo iuris viatorio, sub Rub. de homicidio: quem videte

21 tempore congruo. Quocirca † homicidæ etiam nobili, de iure vltimum debet irrogari ſupplicium, multis de cauſſis ſupra memoratis, ſicut etiam ait ſignanter text. in l. Nemo deinceps, ibi, homicida, quod fecit, ſemper expectet, Cod. de epiſcop. audient. quem multi aiunt eſſe vnicum ac monoculum in iure: ſed mihi videtur ſingularis textus in l. Eiusdem, §. Legis Corneliæ, ver. Sed ſolent, ff ad l. Cornel. de Sica. & in l. Quoniam multa, C. ad l. Iulia. de vi publi. vel priuat. Melior textus, quem pauciſſimi vnquam allegarunt in l. Vnica, ibi, & meritò mortis damnantur ſupplicio: cum hec ab homicidii crimine huiusmodi raptores ſint vacui, C. de rapt. virgi. Quod procedit etiam quantumcunque grauis ſit & honeſta ſeu nobilis perſona homicidæ. Nam reatus
22 † omnem honorem excludit l. 1. C. Vbi ſenat. vel clariſ. ciui. vel cri. conue. & ibi gloſ. in verb. Excludit. Non eſt parum ponderan-
23 da hominis mors per homicidam † cū tanto animæ periculo præcipitata. nec ſuper his facilis debet eſſe venia, ne talia perpetrandi occaſio pręſtetur. Nunquid ſcriptum
24 eſt, Vbi † maior venia, ibi maior delictorum copia. nec quis ſub ſpe veniæ delinquere debet, 1. q 7. Fecit Dauid Vriam occidi propter quod Deus eum grauiter puniuit. 2. Regum 11. Tantusq; fuit horror eius delicti, quod licèt optimus eſſet; tamen noluit Deus quod templum ædificaret. 2. Regum 7. Recte ſcripſit Ouidius De arte amādi: — *nec enim lex æquior illa eſt, Quam necis artifices arte perire ſua* Reliqua præſentis materiæ, vtpote homicidiorum genera, & quot modis committatur, elucidabimus capitibus proximè ſequentibus.

CAPVT LXVIII.

De pluribus ac diuerſis modis Homicidii.

Summæ rerum tractatarum in Commentariis CAP. 68.

1 *Homicidium ex propoſito committitur*
- *Manibus atque inſtrumento.*
- *Lingua.*
- *Conſenſu vel permiſſu.*
- *Signis.*
- *Incantationibus.*
- *Toxico ac veneno.*

2 *Homicida capitaliter puniendus.*

3 *Adimere vitam eſt*
- *Principis,*
- *Miniſtri iuſtitiæ.*
- *Principum officiarii.*

1 HOmicidium autem ex propoſito, multis † cōmittitur modis: nempe manibus atque materiali inſtrumento, lingua, cōſenſu, vel permiſſu, ſignis, incantationibus, toxico ac veneno. Quisquis igitur aliquem aut ſimilē dictorū homicidiorum †
2 modū commiſerit, is capitaliter puniendus eſt. Ratio hæc eſt certiſſima, quòd nulli vnquam conceſſum fuerit deliberato animo ac deſtinata malitia, aliquo iſtorum modorum cuiquam adimere vitam, neque item ad mortem condemnare, neque morte punire, iuribus ſuprà cap. præcedenti allegatis, & capitibus ſequentibus ſuis congruis
3 locis allegandis: niſi ſoli Principi † iuſtitiæ miniſtro: aut illi cui Princeps ſuas in eo officio vices delegauit, quemque authoritate ſua in iuſtitiæ fauorem inſtituit, c. De occidendis, 23. q. 5. Hæc autem, quoniam pro capituli anguſtia latiora ſunt, ſpeciatim ex ſubiectis aperienda cognoſces.

CAPVT LXIX.

De homicidio manuali.

Summæ rerum tractatarum in Commentariis CAP. 69.

1 *Modi*
&
1.3 *Instrumenta* } *homicidii manualis.*

4 *Quando plures delinquunt, nec apparere potest cuius ictu percussus sit mortuus, an omnes puniantur, & qualiter, remissiue.*

5 *Si plura sint commissa delicta siue maleficia, in vna & eadem rixa, an sit vnum vel plura facta? remissiue.*

6 *Magister leniter percutiens puerum, morte tamen subsecuta, an de homicidio teneatur?*

7 *Quid si cæcus iaciat baculum, & sic hominem interficiat, an teneatur de homicidio?*

8 *Dormiens, occidens, aut aliàs delinquens, an puniatur?*

1 INfinitis modis † committitur homici-
dium ministerio manuum: his tamē prę-
2 cipuè modis, assultibus, †inuasionibus, vio-
lentis inflictionibus, cædendo gladiis, spa-
this, semispathis, pugionibus, clauis, cucu-
mis, hastis, rumigestibus, vulgo hallebar-
dis, lanceis, sparis seu rumicibus, doloni-
bus, tragulis, iaculis, telis, sagittis, missili-
bus, fundis, ballistis, sclopis serpentinis, co-
lubrinis, bombardis. Item variis ferreis, æ-
3 neis, plumbeis, ligneisque armis. Atque †
adeo etiam lapidum iactibus, præcipitan-
do à pontibus, è fenestris, speculis, monti-
busque: eiiciendo in imam vallem, aut in
plateam. Postremo submergendo, strangu-
lando: atque simili ratione quempiam læ-
dendo, vt hinc mors subsequuta probetur,
l. Qua actione, §. Occisum, ff. ad l. Aquil. l.
1. §. Occisorum, ff. de S. C. Sylla. l. 1. §. Di-
uus Adrianus, ff. ad l. Cornel. de sicar. & l.
Is qui cum telo, Cod. eod. titul. & ibi scrib.
Antequam finē huic capiti imponam, adii-
ciam aliquot quæstiones, proposito & ma-
4 teriæ admodum congruentes. † Quando
plures delinquunt, nec apparere potest cu-
ius ictu percussus sit mortuus, an omnes pu-
niantur & qualiter? Huius quæstionis & a-
liarum dependētium, meminit, distinguit,
& decidit eximius D. & pater veritatis Bart.
in l. Finali, incipiēte, Si in rixa, ff. ad l. Corn.
de sicariis, ad quem prolixitatis euitandæ
5 causa lectorem remitto. Item, Si plura † sunt
commissa delicta siue maleficia in vna & ea-
dem rixa, an sit vnū vel plura facta? huius
meminit idem Bart. in l. 1 C. vnde vi, num.
12 fol. lib. meo 97. ad quem etiam solutio-
nem siue plura scire desiderantem, remitto.
6 Item, Magister† leniter percutiens puerum,
morte tamen subsecuta, an de homicidio
teneatur? Ad hanc quæstionem respondit
Dominus Ioannes Gaufredus in suo Col-
lectario iuris, in c. Ad audientiam, num. 1.
de homicidio, quod non tenetur, si sanus e-
rat puer, vel rubustus. Si vero tener vel in-
firmus, secus: quia iam non est ista lenis per-
cussio. l. Qua actione, §. si quis, ff. Ad l A-
quil. Hoc Archid. in c. Circuncellis, 23. q.
5. quos scribentes tempore & loco lectores
7 videre poterunt. Item: Quid † si cæcus ia-
ciat baculum, & sic hominem interficiat,
an teneatur de homicidio? non videtur
teneri, quia cæcus similis est ignoranti, §.
vt itaque, 15. quæst. 1. Sed contrarium sub-
ditur ibi, quia iacere lapidem, vel aliud di-
citur esse alienum ab eo, ideo reus est homi-
cidii, vt ibi dicitur, vbi dicit Archid. hoc
non est credendum, si nullam volunta-
tem habet ad homicidium, sed dicitur reus

non propter ipsum factum, sed ex iniuria, secundum Hug. Huius etiam meminit D. Iohannes Gaufredus in suo collectario iuris, in c. Suscepimus, nu. 5. de homicidio.

8 Item: † Dormiens, occidens, aut aliàs delinquens, an puniatur? huius resolutionem poteris videre per D. Bartol. in l. Pœna parricidii, ff. ad l. Pompeiam de parricidiis. & videtur quod teneatur. vt l. Si seruus seruum, §. Si formicarius, ff. ad l. Aquil. In contrarium videtur quod nõ: quia parcendum est vitio naturali: vt l. fluminum, § vitium, ff. de damno infecto. Solutio secundum Guilielmum De Cũgno, nam aut iste talis scribat hoc euenire sibi, & tunc sibi debet prouidere vt iaceat solus, vel nemo sit in camera sua, & si non fecit, est in culpa: & propter culpam tenetur sicut putator arboris, qui non admonuit transeuntes: vt lege, Si putator. Digestis ad l. Aquil. Si vero hoc non sciebat sibi euenire, ei parcitur: nam dormiens æquiparatur furioso, vt lege prima, §. 1. ff de acquirend. possess. & ibi notatur, sed furiosus non tenetur: vt l. Infans, &c. vt ibi: vide eundem Bartolum, in l. Vt vim, Digestis, de iustit. & iure & eundem in repet. legis primę, Cod, vnde vi, in vlti. chart.

CAPVT LXX.

De Homicidio Linguæ.

Summæ rerum tractatarum in Commentar. CAP. 70.

1 *Homicidium, lingua committitur 4. modis*
- *Falso testimonio.*
- *Consilio.*
- *Mandato.*
- *Iniqua condemnatione.*

2 *Homicidium, falso testimonio committitur.*

3 *Falsidicus testis tres lædit,* { *Deum, Iudicem, Innocentem* } *eoque trifariam imponenda pœna,* { *1 Periurii. 2 Falsi. 3 Homicidii.* }

4 *Lingua omni ferro nocentior.*

5 *Consilio etiam efficitur quis homicida.*

6 *Iudæi lingua Christum crucifixerunt.*

7 *Distinctiuncula remissiuè*
- *Consilii mandantis operis remoti.*
- *Et operis propinqui.*

8 *Homicidii mandato commissio.*

9 *Nuncius scienter portans homicidii literas, tenetur pœna homicidii.*

10 *Primus mandans priori, & ille alteri mandauit, qui cõmisit homicidium, omnes tenentur l. Cornel. de sicar. scilicet pœna homicidii.*

11 *Nuncii, quorum opera fiunt tractatus maleficii, puniuntur.*

12 *Proxenetæ contractus vsurarii, tenetur ad vsurarum restitutionem.*

13 { *Præcipiens, Iubens, Mandans* } *homicidium, punitur vt occidens.*

14 *Damni dans caussam, damnum dedisse videtur.*

Iudex

15 *Iudex numis corruptus, innocentem morte damnans, vt homicida puniẽdus, citra mortẽ vero damnans*
16 *Nulla lex innocẽtẽ occidere cõcedit*
17 *Pilatus vt homicida habendus.*

Datur in exilium.
Bona confiscantur.
Lege Iulia repetundarum / *Pœna* { *Conclusionis* / *Falsi* } *tenetur.*

1 HOmicidium † lingua ferè committi-
tur 4. his modis: nempe adulterino,
seu falso testimonio, consilio, suggestione,
vel adhortatione, præcepto, iussu, vel man-
dato, & iniqua seu iniusta condemnatione.
2 Falsus † itaque testis quisquis linguæ suæ
veneno ad iniquam sed iniustã mortis con-
demnationem quempiam adigit, morte,
nempe gladio, ac bonorum ademptione, vt
falsarius, vt periurus, & vt homicida quo-
que mulctandus est, quod fundatur in l. 1.
in princ. ff. ad l. Cor. de sicar. ibi, qui ve fal-
sum testimonium dolo malo dixerit, quo
quis publico iudicio rei capitalis damnare-
tur, &c. huic nec incongruit text. in can. 1.
3 ext. de crimine falsi. qui habet: † Falsidicus
testis tribus personis est obnoxius: primùm
Deo. cuius præsentiam contemnit: deinde
Iudici, quem mentiendo fallit: postremò
innocenti, quem falso testimonio lædit,
& quia tres lædit, triplex pœna ei imponi
potest, scilicet, Primo periurii: Secundo fal-
si: & Tertiò homicidii: facit optimè text.
in c. Periculose, de pœniten. distinct. 1. te-
netur etiam alia quacunque pœna, quæ ir-
rogatur ex crimine, de quo Reum per fal-
sum testimonium lædit, teste glos. in d. c. 1.
de crimi. falsi, super verb. lædit. Qui qui-
dem prænominatus occidendi modus, de-
testabilis est: eo quod quasi cum omnibus
participat criminibus, merito ergo I. C. de
eo modo specialem mentionem fecit in d.
l. 1 in princ. ibi, qui ve falsum testimonium,
&c. quam ait singularem Baldus in c. 1. §.
Iniuria, in fin. de pace iuram. firma. in vsib.
feudo. post eum Alexand. in Apostillis ad
Bartol. in d. l. 1. ad hoc, quod testis deponens
falsum in caussã criminali, debet subire il-
lam pœnam, quam de iure pateretur ille,
contra quem deposuit, si verum esset: nec
minus occidit hominem, qui falso testimo-
nio opprimit innocentem, quàm qui ferro
4 necat, quum lingua † sit omni ferro nocen-
tior. De homicidio, consilio, suggestione,
vel adhortatione commisso, varii varia di-
xerunt: communem tamen doctorum opi-
nionem hic solum recensere curabimus,
quum nostra ætate, iuris candidatos breui-
5 tate gaudere cognoscam. Quod si igitur †
homicida, homicidium aliàs facturus non
fuisset, nisi interuenisset consulentis con-
silium: tunc par idemque delictum est, fa-
cere homicidium, vel consulere persuaden-
do, aliàs non facturo, & indè facienti: quis-
quis igitur consilium dedit, quo fretus &
adiutus quispiam alterum adigit neci, e-
am citra illius consilium nunquam com-
missurus, is haud dubiè non aliter plecten-
dus est, quàm is, qui principaliter homici-
dium manibus patrauit, c. Sicut dignum,
§. Quia verò, iunct. gloss. in verb. consilium,
ext. de homicid. can. final. eo titulo, lib. 6.
c. Si quis viduam. 50. distinct. can. Noli. &
c. Periculose, de pœnitent. distinct. 1. vbi
cap. insigniter habet. Et hinc patet, quàm
periculose errent, qui eos tantùm homici-
das esse existimant, qui manibus homines
occidunt: ac non etiam eos, per quorum
consilium & fraudem, & exhortationem
6 homines extinguuntur. Sicut & † Iudæi ne-
quaquam propriis manibus Christum oc-
ciderunt: mors tamen Christi ipsis planè
imputanda est, quod iniquo testimonio,
consilio, & suggestionibus, eum ad crucis
mortẽ pertraxerint. Doct. interim locis pre-
7 allegatis † vtũtur vna distinctiuncula, nem-

pe consilii mandantis operis remoti, & o
peris propinqui, cuius etiam meminit Io-
han. Berbe. in suo viatorio iuris, sub rub. de
Homicidio, quam hîc breuitatis caussa o-
8 mittimus. Præterea qui † homicidii pa-
trationem præcepit, iussit, vel mandauit,
tenetur vt faciens illam, secundum Bartho.
& alios in l. Si per alium, ff. ne quis eum qui
in ius voca. est, vi exi. in princ. & in l. Sed si
vnius, § Si seruus, & ibi Alex. ff. de iniur.
Bartho. & sequaces in l. Si seruum, 8. Prætor
ait, ff. de acquir. hæredi. Bald. in c. 1. in vlt.
colũ. Quib. mod. feu. amittitur. Alex. post
alios in l. Si quis id quod, ff. de iurisd. o-
mnium iud. de quo latè per Ang. Aret. in
suo insigni tract. maleficiorum, in verb.
Sempronium mandatorem, per totum,
quem suadeo legendum & relegendum, ob
varias, bonas, vtiles, ac quotidianas, quas
suo laudabili more mouet, examinat, &
discutit, quæstiones. Atque hoc item mo-
do Iudæi cum Pharisæis & Scribis, Chri-
stum seruatorem nostrum occiderunt: quẽ
iussu, clamoribus, ac mandatis imperiosis
ad crucis patibulum adegerunt, vti habent
sacræ Euangelistarum historiæ: Crucifige,
crucifige eum, Si hunc dimittis, &c. quæ o
mnia sunt apertiora, quàm vt hîc amplius
probanda sint. Item & per Doct. in d. can.
Sicut dignum, & per D Fely. in c. Mulieres,
per totum, de senten. excom. D. Hippo. de
Marsil. suis in singularibus, singulari 181. in-
cipiente: Mandans fieri homicidium, &c.
9 Vbi † etiam quærit, quid de nuncio scien-
ter portante literas mandatum homicidii
continentes, secuto tandem homicidio: cõ-
cludit eum teneri pœna homicidii: Ita sin-
gulariter dixit Cyn. in l. Non ideò minus,
C. de accusa. Idem expresse firmat Bald. al-
legans Cyn. in l. 1. §. Ne autem, in 5. colum.
C. de cadu. tollend. Vbi etiam subdit, idem
10 esse, † si mandaui Titio vt faceret homici
dium, & Titius mandauit Seio: nam omnes
tenentur, allegat text. quem dicit singula-
rem, in l. Si ego, ff. quod vi aut clam. Idem
etiam voluit Bart. in l. 1. § Incidit, ff. ad Tur-
11 pil. vbi inquit, Quod † nuncii per quos fi-
unt tractatus homicidiorum, vel malefi-
ciorum, puniantur per illum text. subdens,
quòd ille casus est per glos. in ver. Cauerint,
in l. Si sciente, ff. ad l. Pomp. de parricid. Qui
12 dicit † etiam à simili, quòd proxeneta con-
tractus vsurarii tenetur ad restitutionem
vsurarum. Multò magis autem ille male-
ficii est culpabilis, qui iussu ac mãdato, ma-
leficii caussam dederit. Plures allegationes,
si desideras, videbis per D. Hippoly. in dicto
suo singulari 181 & antè eum per D. Ang.
Aret. in d. suo tract. maleficiorum, in verb.
13 Sempronium mandatorem. Itaque † præ-
cipiens, iubens, vel mandans, debet puniri,
quemadmodum occidens, text. in c. fin. de
homicid. lib 6 ad idem text in l. Damni, §.
Si pupillus, ver. Si mandato. ff de dam. in-
14 fecto. Ratio huius est, Quia † quisquis da-
mni dedit caussam, damnum dedisse vide-
tur, l. Qui occidit, § In hac, ff. ad l Aquil. §.
Cæterum, & glos. in verb mortuus, Institu.
de le. Aquilia. Item, quod quis per alium
facit, per seipsum facere videtur, § Non so-
lum, Institu. de iniur. l. 1. § Deiecisse, ff. de vi
15 & vi arma. Postremo † iniquus iudex nu-
mis corruptus, qui falso, dolose, & sinistro
medio innocentem morte damnat, is item
vt falsarius, vt periurus, & vt homicida quo-
16 que damnandus est: nulla † enim lex inno-
centem occidere concedit, c. Si non licet, in
prin. 23. q. 5. sicuti ex sequentib. clariùs co-
17 gnoueris. † Propterea Pilatus simili pœna
damnandus fuerat, qua ipse innocentem
Christum condemnauit. Iudex namque
iniustè aliquem ad mortem iniusta senten-
tia damnans, eadem pœna, nempe homi-
cidii, seipsum inuoluit l. Lex Iulia, § fin. ff.
ad l. Iuli. repetun. quem text. pro mirabili
allegat Ioan. de Anania, in c. Accusanti, ext.
de accusat. Similiter & Bald in l. vnica, in 4.
colum. C. ne ex delict. defuncto. contra Iu-
dices, qui accepta pecunia, vel calore iracũ-
diæ inducti, vel sine consideratione, mortis
senten-

sententiam proferunt in l. 3. C. de episcop. audient. ibi homicida quod fecit, semper expectet: huius luculenter meminit text. in d. l. 1. in princip. versic. quóve magistratus Iudéxve quæstionis sub capitalem caussam pecuniam acceperit, vt publicæ legis Reus fieret: & qui hominem occiderit, punitur: non habita differentia, cuius conditionis hominem interemit, ff. Ad l. Cornel. de sicar. Resolutiuè atque vnica distinctiuncula dicamus: quòd si ad mortem condemnet, pœna capitali legis Corneliæ tenetur, d. l. 1. Si aūt ad mortem non condemnet, sed aliàs puniat in corpore, corruptè iudicando, in exilium datur: omnia bona confiscantur, de quo in Authent. Nouo iure, C. de pœna iudic. qui mal. iudic. Item tenetur l. Iulia repetundarum, l. 3. & 4. ff. ad l. Iulia. repetund. Item concussionis l 2. ff. de concussionibus. Item falsi, l. 1 §. Et qui Iudicem, ff. ad l. Cornel. de fals. Posset hic aperiri amplissimus quæstionum campus, quem prudens prætereo, ne æquo prolixior fiā: quandoquidem quæstiones eæ ex superiorib. facilè solui poterunt.

CAPVT LXXI.

De homicidio per consensum.

Summæ rerum tractatarum in Commentariis CAP. 71.

1
2 *Homicidium consensu committitur: Aut* { *Ante factum.* / *In facto.* / *Post factum.* }
3
4
5 *Homicida consilium ac opem præstans per viam* { *Iustitiæ,* / *Gratiæ,* / *Alimoniæ,* } *non est puniendus.*
6

1 HOmicidium † consensu committunt ii, qui ipsi homicidæ, aut ante factum, aut in facto aut post factum homicidium, suppetias ferūt, aut solatia. Ante factū quidem, si opibus & pecunia iuuent, si milites, si equites, si arma, atq; id genus subsidiaria auxilia suppeditent, l. 4. ibi, cuiusve opera, ff. ad l. Iul Maiestat. l. Si pignore, §. Cùm furti. verb. Qui ferramenta, ff. de furt. l. 1. & l. Vtrum. ff. ad l. Pompei. de parricid. l. Qui domum, ff. ad l. Iul. de adulter. l. Nihil interest, ff. ad l. Cornel. de sicar. & l. 1. ff.
2 de receptat. In ipso † autem facto, seu actu quis maleficium committit, si semet malefactori homicidæ adiungat, ei assistat, commoditatem vllam præbeat, quò expeditius homicidium faciat: probatur notabili l. 1. C. de rap. virgi. c. Sicut dignum, §. 1. extr. de homicid. pro hoc text. in l. Item Mela. §.
3 Si alius, ff. ad l. Aquil. Post † factum verò, si cum ipso homicida se coniungat: cum ipso, ceu patrocinaturus, conuersetur: ipsum hospitio, tāquam re bene gesta, recipiat: si quo minus comprehendatur, impediat: si aliis quoq; similibus indiciis consensum actualem demonstret, vt probatur in l. Is cuius ope. ff. ad l. Iul. de adulter. in l. 1. C. de his qui latrones vel aliis criminibus reos occultarunt: Textus aureus in d. l. 1. ff. de recept. Hæc tamen sanè veniunt intelligenda, quia
4 † si quis post delictum commissum consensum ac opem criminoso præbeat, & consiliū, non contra ipsam iustitiam, sed vti ipse criminosus per viam iustitiæ suoq; consilio adiutus, periculum mortis euadat, nullo modo puniendus est, veluti ipsi aduocati, qui ex Iudicis assensu postulant pro delinquentibus, secundum notata in l. Per omnes, C. de defensoribus ciuitat. facit l. Custodias, cum gloss. & ibi notat. per Bart. & Ioan. de

Imol. ff. de public. iudic. l. Si postulauerit, §. quæstionibus. ff. Ad l. Iuliam, de adulter. Hanc opinionem pari ratione cõfirmat Innocẽtius in c. Solet, ext. de sent. excomm. vbi dixit, quod Aduocatus excommunicato consilium præstans, & cum eo ex gratia conuersans, nullam excommunicationis
5 labem sibi ex eo cõtrahat. Rursum, † si quis post delictum commissum, alicui consensum præstat, & opem ei qui delictum commisit, vt euadat, per viam gratiæ, siue misericordiæ supplicando pro eo Principi, non punitur, argum. l. Quidam, ff. de reb. dubiis, l. Relegati, & l. Diui fratres, ff. de pœnis. Istud tamen fallit in crimine læsæ Maiestatis: quia supplicans pro iis qui in crimẽ læsæ Maiestatis inciderunt, efficitur infamis, pœnaque perpetuæ infamiæ notatur, l. Quisquis, §. Deniq;, C. ad l. Iul. Maiestat.
6 Postremo † post delictum commissum, pręstans consensum & opem alicui per viam alimoniæ, non punitur, cum etiam post cõdemnationem sit alimentatio permissa, l. Legatum, de cap. diminut. probatur in l. 4. ff. de iis quæ pro non scrip. habent. Itaque per prædicta nunc constat abunde satisfactum esse huic communi quæstioni: vtrum consentiens per cooperationem puniatur eadem pœna, qua delinquens, d. l. vnica. C. de rapt. virg. & l. Vulgaris, §. penult. ff. de furt. Hactenus item enarrata omnia copiosè ac luculenter confirmat ac probat Bartol. in l. In furti, §. Ope, ff de furt. nec non D. Paulus Gril. in suo tract. de pœnis omnifariam coïtus, folio libr. meo 223. & num. 15. 16. 17. 18.

CAPVT LXXII.

De homicidio per indicia seu signa.

Summæ rerum tractatarum in Commentariis CAP. 72.

1 2 3 4 *Signis homicidium committitur*:
- *Commonstratione personæ.*
- *Commonstratione viæ periculosæ.*
- *Consilio* / *Indiciis* — *dolosis, in alicuius necem.*

1 Signis ferè homicidia † committuntur, quoties dolosè ac malignè indicant lo-
2 cum, vbi latet is qui postea occiditur. Aut † si nequiter commonstrata via, quempiam
3 per locum transire † consulant, vbi ipsi insidias structas esse cognorunt, l. Item si obstetrix, ibi, Quemadmodum, ff. ad l. Aquil.
4 l. Cuiusque, ff. ad l. Iuliam Maiestat. † Aut si similibus indiciis alicui cędis occasionem & caussam præbuerint, l. Nihil interest, ff. ad l. Cornel. de sicar. Hi enim omnes vero homicidio obuincti sunt, eoq;, vt ipsi principales homicidæ, plectendi.

CAPVT LXXIII.

De homicidio per sortilegia.

Summæ rerum tractatarum in Commentariis CAP. 73.

1 *Sortilegiis occidens*:
- *Vt homicida, morte mulctatur.*
- *Vt sortilegus, igne comburitur.*

Sorti-

LXXII. De homicidio per indicia seu signa

2 *Sortilegiis impediens* { *Conceptum* / *Partum* } *incendio absumitur.*

QVisquis aliquem sortilegiis occiderit, † aut incantationibus, is ignis confla-
1 gratione consumendus est: illius enim homicidium non simplex est, quoniam homicidium preterea sortilegio commaculauit,
2 cuius gratia incendio damnatur. Sicut † item is qui sortilegiis naturalem in viris ac mulieribus generandi vim impedit: aut efficit, ne mulier cōcipere possit: aut grauida pârere: aut lac nutricis desiccat: aut quouis alio modo sortilegia ac maleficia, siue in corpore per cibum vel potum, siue extra corpus conficit, is vt homicida tenetur, c. Si aliquis, & ibi scrib. ext. de homicid. l. Si quis aliquid, § Qui abortionis, & ibi Doct. ff. de pœnis l. Eorum, C. de malef. & mathematicis. Illius etiam meminit explanatius D. Paulus Grillard. in suo insigni ac laboriosissimo tract. de Sortilegiis in 2, 3. atque 11. quæstionib.

CAPVT LXXIV.

De homicidio per Venenum.

Summæ rerum tractatarum in Commentar. CAP. 74.

1 *Occidens* { *Veneno* / *aut* / *Toxico* } *punitur &* { *Gladio* / *&* / *Confiscatione bonorum.* }

2 *Atrocius est hominem extinguere veneno, quàm occidere gladio.*

3 *Venenum triplex* { *Ex sui natura malum, sed admixtum salubre.*
4 *Ex sui natura nociuum, nociuumque semper permanens.*
5 *Maliciosè ad perimendum confectum.* }

6 *Venenum* { *Primum* / *Secundum &* / *Tertium* } { *quibus* / *nullis* } *permittitur.*

7

8 *Lætalibus herbis, aut potu necans, cui pœnæ obnoxius.*

9 *Veneno faciens abortum* { *Fœtus viuentis, punitur capitaliter.*
10
11 *Fœtus nondum viui, punitur extraordinariè.* }

12 *Arte fœtum priùs mortuum propellens, in laude est, non in crimine.*

13 *Mulier sibi abortum faciens* { *Fœtus viuentis* / *Fœtus nondum viui* } *punitur* { *hac, puteo.* / *hac, extraordinariè.* }

14

15 *Mulier sibi abortionem procurans condicta pecunia, semper punitur capitaliter.*

16 *Animatio* {
Fœtus fit { *secūdum alios die 30.* / *secūdum alios die 35.* } *teste D. Conciliatore.*
Fœtus {
Masculini fit die 40. testibus { *Glossa.* / *D. Abb.* / *Barto.* }
Fœminini { *Die 60. secundum Bart.* / *Die 80. secundum* { *Glossam.* / *D. Abb.* } }
} }

17 *Attentata abortione frustrata, quomodo punienda?*

18 *In maleficiis spectandus euentus potius quàm animus.*
19 *Lanionum, & salsamentariorum maleficia, quomodo punienda?*
20 *In sceleratos laniones & similes acerba inuectio.*

1 SIquis aliquem † occiderit veneno, aut
toxico, is ceu proditor habetur teste Bald.
in l. Nemo clericus, Cod. de sum Trinit. &
fid. catho. ideoque gladii animaduersione
punitur, cum confiscatione bonorum, l. 1.
& 3. ad l. Corneliā de sicari. & venefi. Imò
2 inquit l. 1. Cod. de malefi. & mathe. Plus †
est hominem extinguere veneno, quàm oc-
cidere gladio, d. l. 3. in principi. Eidem
quoque crimini sese inuoluit, quisquis præ
sentantem tale venenum conficit, emit,
vendit, siue parum siue multum, aut domi
seruat, aut sciens, volensque pro necando a-
liquo custodit etjam si eo veneno nūquam
vtatur, nec ad effectum probauerit, nec eo
vllus vnquam peremptus fuerit, l. 1. & 3.
3 Hic tamen te scire † velim, amice Lector,
tria esse venenorum genera, quorum me-
minit text. in d. l. 3. Nempe venenum, quod
ex sui natura quidem malum est: sed aliis
substantiis admixtum, bonum fit & salu-
4 bre. Aliud † per se nociuū est, ac nociuum
5 permanet. † Aliud, maliciose ad perimēdū,
confectum est, l. Eiusdem, ff. ad l. Cor. de si-
car. ibi & Bart. tractante de medicamentis
6 ac triplici veneno. Primùm permittitur †
medicis, chirurgis, pharmacopolis, veteri-
nariis seu equorum medicis (quos nunc
vulgus marescalcos adpellat) atque id ge-
nus similibus, vt eo vtantur, vt valetudi-
nariis, atque affectis præbeant, vt id emant,
vendant aut simplex aut mixtum, sicuti i-
psis visum est, l. Quod sæpe, §. Veneni, ff. de
contrah. empt. aut vendit. Sed in hoc ge-
nere pharmacopolis diligenter videndum
est, quibus hoc venenum dent aut vēdant:
& cuius rei vsui emptor sibi coëmat, atque
diligenter memoriæ, siue potiùs literis fi-
dis memoriæ custodibus mandet si forsan
apud eos isthac de re facieda veniret inqui-
sitio: aliàs certè tenerentur pœna legis Cor-
7 neliæ de sica. d. l. 3. §. Alio: Alia verò duo †
venenorum genera, nulli fas est dolose ser-
uare domi, nec ea emere aut vendere, nec
dare cuiquam, aut concedere vllo modo
sub pœna capitali l. 1. §. Præterea, & l. 3. ff. ad
l. Cor. de sicar. & in d. l. Quod sæpe §. Ve-
neni, ff. de contrah. empt. ven. Simili ra-
8 tione cum superiori, quisquis † aliquem
lætali potione, aut eduliis herbaceis ex ve-
nenosis confectis herbis, cicuta, salamādra,
aconito, pytyocampa, bobusuo, mandra-
gora, cantharide malignè perimit, tam est
in noxa, eademque pœna mulctandus, ac si
veneno sustulisset hominem, d. l. 3. §. Alio.
9 Adhæc † quisquis noxia potione, aut hu-
iuscemodi veneno mulieri procurat abor-
tum is capitaliter puniendus est, si quidem
fœtum in vtero vixisse constiterit, l. 1. ff. ad
l. Pompe. de parricid. & meliùs in l. penult.
ff. ad l. Cor. de sicar. l. 1. in princ. ff. eod. tit.
glos. in verb. exilium, in l. Diuus, ff. de ex-
traor. crimi. De his abundè D. Paulus Gril-
landus in suo tract. de Sortilegiis, q. 12 & 13.
10 Sin fœtum † nondum concepisse vitā, cer-
tum est, haud tam enormis est noxa: alia ta-
men pœna extraordinaria, relegatione exi-
lio, vel simili ad arbitrium Iudicis, secun-
dum qualitatem facti, & personarum con-
ditionem, is proscribendus est, l. Si quis a-
liquid, § Qui abortionis, ff. de pœnis, l. Di-
uus, ff. de extraor. crimi. l. Cicero, §. fin. & l.
Prægnantem, ff. de pœnis, & l. Si mulierem
visceribus, ff. ad l. Cor. de sicar. Et hāc distin-
ctionem inter partum animatum, & inani-
matum facit text in c. Moyses, 32. q. 2. in c.
Sicut ex literarum, De homicidio, in antiq.
11 At si quis † fœtus in vtero prius emortui
arte medica eiectionem curauerit, in laude
is est, nedū culpa vacat, si de ea morte certò
12 constiterit. Mulier † vero quæpiā, quæ te-
chnis dolosis sibiipsi fœtus viuentis abor-
tionem

LXXIV. De homicidio per venenum

tionem facit, ea quoque similiter vt antè de iure scripto, & ex recepta consuetudine, putei suffocatione damnãda est. 13 Si verò † foetum talis mulierculæ sibiipsi poculum noxium præbentis, nondum vixisse certum fuerat; ea exilio item releganda aut certè alia poena extraordinaria mulctanda, l. Diuus, l. Cicero, §. fin. l. Si prægnantem, & l. Si mulierem visceribus, suprà crebrò memoratis. 14 Veruntamen † si isthæc mulier impraegnata ante foetus animationem, vllam ab aliquo accepisset pecuniam, vt præmaturè foetum illum embryonis nondum animati per noxia quæpiam, aut per medicamẽta corruptũ eiiceret: ea non solùm, vt prior, exilio, sed grauiùs multo punienda esset, nempe poena capitis, citra vllam distinctionem, an vixisset partus, an verò minimè: idque propter detestabilẽ illã pecuniæ receptæ turpitudinem, quam assassiniam vocant, l. Cicero. in prin. ff. de poenis. Bart. in d. l. Diuus. 15 Quoniam † vero mota est suprà illa distinctio, de foetu animato & non animato, non ab re facturum me arbitrabor, si quanto tempore foetus in vtero materno animaretur, hîc obiter ostenderem. Secundum igitur quorundam doctorum opinionem, foetui vita infunditur trigesimo à conceptione die, aut trigesimoquinto ad summum. Ita habet dominus Conciliator in suis differentiis physicis, differ. 47. Alii verò autumant foetum masculum animari die quadragesimo: foetum autem foemininum, non nisi octuagesimo die vita donari. Ita dicit gloss. 5. distinct. in princ. in verb. 40. quam etiam sequitur Abbas in c. Si aliquis, in fin. ext. de homicidio. In iure tamen ciuili non est discedendum ab opinione glossæ singularis in d. l. Diuus, quam quidem gloss. ob summam authoritatem, summè etiam communiter approbant omnes. Bart. tamen itidem vult masculum foetum animari vita, quadragesimo die: foemininũ autem die sexagesimo: ea tamẽ naturalibus discutienda relinquit. Atque hactenus de conamine foetus expellẽdi declarata, intelligas oportet, si conatum illum secutus fuerit effectus, hoc est, si mulier partum abortiuerit. 16 Nam si conatum † nõ sequitur effectus, nec sumptum noxium poculum operetur effectum: sed si præter suã expectationem, & spem foetum viuum pepererit, qui aliquantulo tempore superuixerit: ipsa quæ poculum obtulit, aut ea quæ vltro sumpserit, punitur quidem, non tamen capitaliter, teste D. And. Barba. in suis consiliis, consi. 23. in 2 volumi. 17 Et hodie in † maleficiis potius spectatur euẽtus, quàm solus animus delinquentis sine effectu, & ponderat textum in d. l. Si quis aliquid, §. Qui abortionis, in verb. perierit: vbi ita imponitur poena vltimi supplicii danti poculum abortionis, si perierit partus: sed hoc casu non periit partus, ergo, &c. Attamen non impunitus euadet quisquis aut sciens tradidit, aut sciens sumpsit: poterit enim relegari, per ea quæ habentur in d. l. Si quis aliquid, §. Qui abortionis, ff. de poenis, quem ocium nactus perlegere poteris. 18 Porrò laniones, † salsamentarii, ac oenopolæ, qui corruptas carnes, putridosque pisces, ac scientes noxia infectaque vina, siue infectas lagenas largiuntur aut vendunt, vnde violenta alicuius mors sit exorta, iure puniendi sunt, vt veri homicidæ. 19 Quod vtinam † tam ipsis esset persuasissimum, quàm in iure ac ratione est certissimum, cautius puto ac syncerius nobis suos pædores, malaque venderent, nosque felicius concessam vitã ageremus. Sed (quod nõ sine summo moerore commemorare possum) tãta passim permittitur his in rebus libertas, vt si ita in suis maleficiis pergere sinantur, nec necessario remedio per Senatum occursum fuerit, plures tandẽ (metuo) quàm ipsi carnifices sustulerint. Vnde quæso tam crebræ pestes? vnde tot tormina? tot dysenteriæ? Vnde hæ chiragræ, podagræ? atque sexcenta penè morborũ genera? nisi ex corruptis obsoniis, ex putidis piscibus, vermiculosis

atq; infectis carnibus, atque vitiatis vinis,
sulphure,calce, vt peiora nō memorē Qui-
bus non sat est,quod falsis mercibus autob-
soniis manifestum furtum cōmittant, nisi
etiam suis vitiosis admixtis nos misere ex-
carnificent, ac mille morbis morte durissi-
ma grauioribus infeliciter exagitent.Quo-
circa optarim omnibus votis iustitiam hîc
oculatiorem, ac Senatum temporius huic
inualescenti malo adferre remediū.In sum-
ma,quisquis maliciose alteri adimit vitam,
quocunq; modo,ac forma id fiat:is damnā-
dus est ad formas prædictas,l.1.§ Præterea,
& l. In lege Cor.dolus,ff. ad l. Cornel. de si-
ca. Atq; itē omnes cooperarii,coadiutores,
qui ipsis homicidis scientes volentesq; sua
solatia,fauorē, ac opē suam contulerunt, l.
4. §. Cuiusve opera, ff. ad l.Iul. Maiest. l. Si
pignore,§.Cum furti,ver. Qui ferramenta.
ff.de furt.l.1. ff. de recepta. quorum vtcun-
que meminimus capitibus præcedentibus.
Possent ditissimæ huic materiæ plura fanè
vtilia adiungi: verum ne immodica proli-
xitate vos detinerem,ea præterire volui.

CAPVT LXXV.

De Inspectione occisi, & percunctatione vulnerum.

Summæ rerum tractatarum in Commentar. CAP. 75.

1 *Inspectionis occisi forma.*

2 *Vulneratus tantum* { *Propria* { *Culpa vel Incuria,* } / *Imperitia* { *Medicorum, vel Chirurgorum* } } *moriens,non grauat vulnerantem crimine homicidii.*

3 *Inspectionis ratio & forma apud Brugenses.*

4 *Relatio Burgimagistri ad Senatum post inspectionem.*

5 *Forma querelæ Consulis communitatis, coram Senatu per Scribam.*

6 *Homicidam oportet ante tertium diem sese per amicos de facto prodere.*

7 *Forma absentes homicidas proscribendi, ex consuetudine Brugensium.*

PRæsens caput de interfecti inspectione
iamiam præcedentibus capitibus sub-
iungere non inutile fuerit, vt in prædictis
casibus æqua consideratio atque cognitio
talium læsionum & vulnerum caussa, an-
te sepulturam certò Iudici constare posset:
neve interfecti minus certæ cognitionis
in isthac interfectione desideretur. Præ-
1 tor † igitur seu ipsius vicarius, vnà cum
duobus scabinis, cum scriba iudicii, cum
vno alteroque chirurgo & medico (si ha-
beri possint) ante inspectionem quidem ad
hoc iuratis, eundem illum cæsum, mortu-
umque priusquam sepeliatur, diligenter in-
spiciant, & si sepultus fuerit, effossum cada-
uer accuratè considerent, & omnia accepta
ipsius vulnera, verbera, ictus & iactus, iuxta
compertam notitiam & veritatem, summa
cum diligentia notari cōsignarique curent,
quod ita fieri voluit Bart. in l Damni, § Sa-
bini. ff. de damno infect. vt describātur tē-
pus locusque vulneris. Summa item cum
obseruatione notanda sunt vulnera mor-
talia, & non mortalia. in l. fin. ff. de quæ-
stionib. Ang. in l. Si in rixa, ff. ad l. Cor. de
2 sicar. Nam † si per negligentiā & incuriam
propriam. aut imperitiam medicorum ac
chirurgorū vulnus fortè mortale fiat, vul-
nerans tunc tenetur de vulnerato tantùm,
nequaquā de occiso, l. Qui occidit, §. fin. &
l. Si

LXXV. De inspectione occisi

l. Si ex plagis, ff. ad l. Aquil. c. Significasti, de homicidio. Bart. in tract. de percussionibus, vers. Quid si est percussus non mortiferè, &c. Bald. consilio 136. Proponitur 2. patre. Nisi sit vulnus illatum in homine nō sano: bonus textus in l. Qua actione, §. Sed etsi quis seruum ægrotum, ff. ad l. Aquil. Vel nisi coniunctio, ac vulnerum non mortalium pluralitas, mortem coniunctim induceret, Bart. in d. l. Si in rixa, ff ad l. Cornel de sicar. Vel de occiso non tenebitur, si vulnerati vulnus sua negligentia siue culpa propria efficiatur mortale, veluti si non sinat se curari: vel si cum vxore, aut alia muliere concubuit: vel si medicorum aut chirurgorum præceptis parere neglexerit, aut plane noluerit, non abstinendo à potu ciboque vetitis, vulnerique suo contrariis, huic seruit quæstio. 323. minimè incelebris, 2. parte decisionum aurearum quæstionum D. Nicolai Boerii, viri inter iuris interpretes maximi nominis: quæ habet multa insignia de vulnere, & inter alia vulnus mortale quale dicatur, & quando mors ex vulnere vel aliunde probetur subsecuta: & quæ sint partes in humano corpore letalib. vulneribus obnoxiæ, quæ vero minimè: deinde an iudicio medicorum aut chirurgorum in hac inspectione standum fuerit: quam quidem D. Nicolai quæstionem introspiciendam nequaquam dissuadeo. Cuius gratia vnum exemplum proferam vbiuis locorum vsitatissimum, potissimū autem
3 in inclyto † Brugensi oppido, vbi hic mos, & cōsuetudo receptissima inoleuit: vt quoties denunciatus fuerit quispiam interemptus, ad cadauer occisi ilico properet Prætor, vel suus vicarius cum duobus senatoribus seu scabinis, cum scriba, & vno atque altero chirurgo iurato: quò quum ventum fuerit, diligentem occisi inspectionem habent, ita vt interrogent cæsi qualitatem, cōditionem, & exercitationem, nomen, cognationem, affinitatem, & similia: cui notus, cur, & quomodo ea cædes commissa sit. Ideoque notent locum, vbi primò occisum repererunt, notent omnia vulnera letalia & non letalia, & loca vulneribus affecta, notent diem, tempus, & horam quando occisus, quando ita à senatoribus seu scabinis repertus, notent instrumenta, notent postremo per quem ea cædes commissa habeatur, ea autem omnia scriba, hac aut simili forma verborum breuissimè complectetur. Anno 1550. sexto Iulii, hora 3. à prandio inspectus est Ioannes Lupus F. Petri, maritus Annę Vulpis, faber murarius Gandensis, iacens interfectus Brugis in platea lapidea ante œnopolium Cerui, vno aut pluribus vulneribus affectus, quorum vnū (quod per se lætale fuerat) inflictum fuit in capite, alterū per se etiam letale in pectore, reliqua vero eo, atque eo loco, nō tamen letalia. Quę omnia inflixisse ferebāt Petrū Simonis F. Pauli aurigam Bruxellēsem, gladio, aut hasta, anno & die suprà scriptis hora 10. ante prandiū, qua hora è viuis excessit. Acta est hæc inspectio anno, die, & hora, vt ante, præsentibus dominis M. Iodoco Casletano, & Henrico Stratio senatoribus seu scabinis, vnà cum Prætore, vel ipsius vicario, vel satellite. Huius autem inspectionis
4 nota inscribenda est registro. Porrò † quoniam Burgimagister communitatis, verè caput est totius reipublicę, sibi illatum merito putat, quicquid vlli suarum partium illatum fuerit. Quocirca in florentissimis nostris Brugis, vbi æquissimè atq; omnium optimè politica singula constituta sunt, hęc consuetudo post dictam inspectionem perpetuo seruatur, vt dictus Burgimagister communitatis ob illam partis suę iniuriam & læsionem, ante finem tertii diei, querelam suam referat ad collegium senatorium (siquidem id conuenerit) aut coram duobus eiusdem collegii magistratibus, per Dominum scribam ad hanc formam pronunciandam.

5 *Forma † querelæ per D. Consulem communitatis ex relatione Scribæ.*

A*Equissimus D. Consul communitatis Brugensis, Petrus Tutor, grauiter conqueritur de Petro Simonis F. Pauli, auriga Bruxellensi, homicida nefario, qui Ioannem Lupum, F. Petri, maritum Annæ Vulpis, & fabrum murarium Gandensem grauissimè vulnerauit gladio, hasta, &c. in capite, in pectore, &c. ex quibus illatis vulneribus hic Ioannes Lupus è viuis excessit. Contigit autem hoc homicidium Brugis in platea lapidea, ante œnopolium cerui, anno 1550. sexto Iulii, hora decima ante prandium. Cuius querelam D. Consul deponit ante finem tertii diei ab inspectione facta, nempe nono Iulii, anno vt suprà, coram vobis dominis in collegio senatorio huius ciuitatis Brugensis.* Si autem Burgimagister communitatis per absentiam hãc querelam referre non potuerit, idem scriba eandem relationẽ faciet ex nomine alterius sequentis consiliarii, aut ipsius sequentis vicarii, hoc modo: *D. Matthæus Viues legitimus vicarius ac locum tenens Domini Petri Tutoris, ob ipsius absentiam grauiter conqueritur, &c. vt antè.* Cæterum † non abs re 6 hîc diligentissimè obseruandum hoc receptissimum apud Brugas nostras statutum, quo sancitum est, vt ipse homicida debeat ante finem tertii diei sese homicidio per ipsum perpetrato coram senatu accusando notificare, idque per duos eiusdem ciuitatis ciues, quibus homicidæ nomine coram senatu aut duobus senatoribus comparendum fuerit, & eadem homicidæ notificatio ipsis referenda, quam dicent iuramento adstricti habuisse ab ipso homicida in mandatis ad referendum ipsius nomine, qui fatetur sese homicidium commisisse tali loco, tempore, & instrumento, ita vt ea confessione hoc factum sibi tantum ascribat, reliquosque innocuos excuset. Nam si hac accusatione sui, homicida ante diem tertium de commisso homicidio minimè se proderet, Iudex homicidium ipsius pro latrocinio habendum censeret, ipseque per absentiam & non comparitionis contumaciam, exilio centum annorum ac vnius diei Flandria proscribitur sub pœna capitis, vt verus latrocinii Reus. Porrò † si ante tertiũ diem 7 à commisso homicidio ipsemet corporaliter citatus (nam semper à patrato homicidio per Consulem communitatis citantur ad obediendum iustitiæ) compareat, & se captiuum offerat pro defensione sua, & ex purgatione faciẽda, semper auditur, & causa ipsius iuridicè peragitur. Si verò corporaliter non compareat post omnes citationes factas: sed per amicos delatores coram duobus senatoribus sese homicidii alliget ante tertium diem, iuridicè contra eum absentem proceditur: isq; interim proscribitur tota Flandria, & Comitis protectione priuatur, donec ipsius clemẽtiam & remissionem super homicidio impetrauerit. Sin nec corporaliter per se, nec per alios sese magistratui notificauerit, vt dictum est, ipsius homicidium sua culpa, silentio, & significandi negligentia fit latrocinium, ob quod totus eiicitur, & Comitis benignitate impetranda indignus efficitur.

CAPVT LXXVII.

Cui permissum occidere.

Summæ rerum tractatarum in Commentariis CAP. 76.

1 *Occidere quatuor modis permittitur. Ob defensionem* { *Sui. / Bonorum suorum. / Nominis ac famæ. / Amicorum suorum.* }

Inuasi

2 *Inuaso permittitur sui defensio, etiam vsque ad internecionem alterius.*
3 *Quot sint necessaria, vt quis sui defensionem legitimè praestruxerit.*
4 *Inuasorem interimens defendendi sui gratia, puniendus non est.*
5 *Quando quis in vitae discrimine constituitur.*
6 *Quando propria defensio approbanda.*
7 *An is qui inuaditur, fugere cogatur.*
8 *Inuaso quando fugiendum.*
9 *Inuaso quando non fugiendum.*
10 *Homicidium tempore meditatũ, negat defensionem sui.*
11 *Homicidium quando non est tempore praemeditatum.*
12 *Pauper potentiorem prior adortus, occidens quando excusabilis.*
13 *In sui defensione modum excedens, non excusatur.*
14 *In moderata defensione requiruntur* { *Factorum paritas.*
15 *Temporis aequalitas.*
16 *Facti cum defensione iusta collatio.*
17 *Defensio praeuiam laesionem arguit.*
18 *Prior pugnam mouens, prior quoque offendit, non defendit.*
19 *Minarum caussa, quando mouenda pugna?*
20 *Prior inuasus, ac postea inuadentem in fugam conuersum occidens, homicidii reus efficitur.*
21 *Pugnam prior iterans, inuadens, & occidens, reus est homicidii.*
22 *In pugna dubia de priori inuasore, vterque ex aequo puniendus.*
23 *In pugna dubia, vtri adiudicanda defensio sui.*
24 *In tumultuaria pugna aliquo dubiè occiso, quomodo damnandi pugnantes.*
25 *Nemo morte condemnandus ob suspiciones.*
26 *In tumultuaria pugna, solus letalis vulneris author capite plectendus.*
27 *Homicidii coadiutores quomodo puniendi?*
28 *In pugna tumultuaria homicidii dubia, inceptores puniendi.*
29 *Si duo è populi conflictu pugnarint, bene famati verbis potius credendũ.*
30 *Vt bona fama patrocinetur, diligens seruanda cautela.*
31 *Qua poena suos homicidas iura Canonica afficiant.*
32 *Homicidae spirituales praeter debitam poenam etiam irregularitatem incurrunt.*
33 *Homicidiorum materia quanta difficultas.*
34 *Iniqui Iudices, Rei damnis omnibus reparandis obnoxii fiunt.*
35 *Indoctis Iudicibus à doctioribus consilium petendum est.*

1 MAteriam praesentem † continuaturus, nulli non compertissimum esse volo, iuxta sacratissimas leges ciuiles permitti quatuor modis quempiam occidere: nempe, in defensionem sui, alioqui perituri aut periclitaturi: Ob defensionem bonorum suorum: Nominis ac famae suae defendendae gratia: Postremo, amicorum suorum de vita periclitantium liberandorum caussa. Qui omnes modi pro excusatione Rei communi appellatione dicuntur necessaria seu coacta defensio. Hos igitur 4. modos capitulatim explicari decreuimus. Quisquis itaque (vt à primo modo incipiamus)
2 ab † altero inuaditur, huic profectò permittitur sui defensio: adeo vt si alterum ipse in hac defensione interemerit, crimine apud omnem Iudicem vacabit, & extra damnum erit, l. Is qui aggresso rem, & ibi Bart. Bald. & Hippo. de Marsil. Cod. ad l. Cornel.

de sicariis: cui concinens est l. Scientiam, §.
Qui cum aliter, ff. ad l. Aquil. l. Vt vim, ff.
de iustitia & iure, l. Sed vt partus, §. fin. ff.
Quod met. caus. Clementi. vnica, de ho-
micidio, necnon l. 1. C. vnde vi. Verum hîc
3 sciendum est, † quòd qui coactam necessa-
riamque huiusmodi defensionem suo fa-
cto præstruere voluerit, is prius inuasionis
ab altero certitudinem per articulos propo-
nat, & probet, oportet. Primò quod ab illo
prius inuasus fuerit, nam si hic prior inua-
4 sisset, nulla haberetur coacta defensio. † De-
inde doceat, oportet, articulatim, se in ea
inuasione adeò fuisse in angustia constri-
ctum, vt sine summo vitæ suæ periculo, i-
mò nec vllo alio modo potuisset ex ea affli-
ctione effugere, nisi semet defendendo, ac
aduersarium cædendo, d. l. Is qui aggresso-
rem, & ibi abundè D. Hipp. de Mar. & d. l.
Scientia, §. Qui cum aliter. Lud. Ro. in suis
singularib. singulari 28 Incipien. Accusatus
de homicidio, cum additionib. ibidem. Ad
hæc ex nostris legum interpretibus Iasonis
iurisconsultorum nostræ ætatis facilè prin-
cipis commẽtaria ruminabitis in l. Vt vim,
ff. de iustitia & iure, vbi nonnullorum opi-
niones & sententias non incelebres refert &
examinat, quas (breuitatis gratia) præter-
5 ire censuimus. Iura † autem sum præsu-
munt & censent eum fuisse in extrema vitæ
angustia constrictum, quoties martialibus
armis, vt machæris seu gladiis, spathis eua-
ginatis, aut similib. armis seu instrumẽtis
cominus, arteque assilitur, quorum pluri-
ma meminimus cap. 69. de homicidio ma-
nuali: Huic consonant scripta præfati D.
Hipp. in d. l. Is qui aggressorẽ, & in l. Idẽ, §.
Qui armati, ff. de vi & vi arma. & in l. Sed
& si quemcunq;, in princ. ff. ad l. Aquil. vbi
hoc voluit gloss. atq; Ang. Aret. in tractat.
suo maleficiorũ, in verb. Et dictus Titius se
defendẽdo, in verb. Aduertas quod, &c. quẽ
Aretin. plurima conducibilia suo laudabili
more citãtem consulite. In hac enim expur-
gatione Rei legitimus requiritur ordo, nẽ-
pe, vt dicat se passum ingentem terrorem
ob illius minas & inuasionem, antequam
se defenderet: necesse est enim talem terri-
tationem præcessisse, vt tuam cædẽ expur-
gare posses ab immunitate pœnæ: nõ tamẽ
requiritur, vt expectes aduersarium prius
cedentẽ. vt dicit gl. in l. 3. ver. Qui armati,
ff. de vi & vi armat. Præstat enim tempori
aduersarii assultũ præuenire, quam à plaga
accepta postea tandem vindicare, l. vnica,
C. quando liceat vnicui. sine iudic. se vind.
Vnde dicebat Bart. in l. Sed & si quemcun-
6 que, ff. ad l. Aquil. Aduersarii vis † & terri-
culamenta priora satis probata fuerint, si ꝓ-
bare quiueris ipsum districto gladio tibi oc-
currisse, teq; inuasisse conatum esse: id si fe-
cerit, tuq; vicissim illum adortus occideris,
probata est tua defensio, vbi refert Ioan. de
Anan. in c. Si perfodiens, in vlt. col. ext. de
homicid. & illud dictũ Bart. refert Barthol.
Cepolla in suo consilio 29. Hic obiter mo-
uenda est non ociosa quæstio: An is quem
7 alius † aggreditur, cedere cogatur & fugere?
Quod autẽ nõ teneatur fugere, videtur te-
mere Bald. in l. Vt vim, col. fin. ff. de iusti. &
iure: hac ratione sc. motus, quod inuadẽs,
ac fugans alium seu terrens, illicitum com-
mittit: vnde tenetur actione iniuriarum, l.
item apud Labeonem, §. 1. ff. de iniuriis, er-
go alter non fugiendo facit licitum. Verum
hæc ipsius Baldi opinio parum tuta est ac
Christiana. Quocirca præfata venia, ego ita
potius statuendum puto, vt is qui commo-
de aufugere potest, teneatur fugere, ita vt si
non aufugiat, homicidium punibile com-
mittat: hæc sententia probatur in l. Scien-
tiam, §. Qui cum aliter, ff. ad l. Aquil. vbi
8 † tum demum quis impune homicidium
facit, quum se defendendo, hominem occi-
dit, si aliter euadere non potuisset: ad idem
text. in Clement. vnica, de homicid. vbi ita
concludunt Zenzelinus & Petrus de An-
cha. Huic consentit text. in c. 1. 23. q. 3. vbi
dicitur, Christum profugisse in Ægyptum
à facie Herodis, etiam si potuisset se defen-
dere.

ſtere, & occulto inſtinctu manus Iudæorum in Herodem conuertere: ita gloſ. in c. Suſcepimus, de homicid. Hæc eſt concluſio Bart. in effectu, in l. Vt vim, col. fi. ff. de iuſti. & iure: Ita idem Bart. Ang & Salice. in l 1. C vnde vi. Anto. de Butrio in c Olim, de reſtit. ſpoliato. Abb in c. Significaſti, 2. de homicid. in antiq Alex. de Imo. in conſilio 109. col. 3. primo volum. conſiliorum: Ioan. Faber in §. Ius autem gentium, Inſtit. de iure nat. gent. & ciu. Ex his dictis inferūt Pet. de Ancha & Zenzel. in Clementina vnica, de homicidio: quod † ſi veriſimiliter

9 fugienti immineret fugiendo periculum, ſc. cadendi: aut quod fugiens ab aduerſario inſequente poſſet citius comprehendi, & à tergo accepto vulnere necari, ob velociorē inſequentis curſum, quem fugiens metuit, tunc volunt iidem autores, fugientem in eo caſu non debere fugere, quia tum non niſi periculosè fugere poſſet, Alex. in ſuis conſiliis, conſilio 109. n. 8. Idem dicit Zenzelinus, ſi fuga eſſet vituperium aggreſſo allatura: puta. ſi ruſticus aggrediatur militem: tunc miles non tenetur fugere: Ratione hac mouetur Zenzel. quod hæc æquiparentur, non poſſe abſolutè recedere: & poſſe, ſed nō niſi cum dedecore recedere, l. In eadem, ff. ex quibus cauſ. maio. vbi dicitur eſſe in vinculis, qui à loco in quo eſt, non poteſt recedere ſine dedecore. Nam conſeruatio perſonæ & famæ æquiparantur, l. Iuſta, ff. de manu. vindi. & honor cuilibet pecuniario cōmodo præferendus eſt, l. Iulianus, ff. ſi quis omiſ. cauſ. teſtam. d. l. Vt vim ff. de iuſti. & iure, colum. fin. Quod ſi tu es Peruſinus, famam ac dedecus metuens, ad actum occiſionis vſque procedere potes, quod ſummum ſit dedecus Peruſino magnanimo & generoſo, turpiter aduerſario inuadenti cedere. Sed ille, cui nulla eſt gloriæ, nominis, ac honoris ratio (qualis eſt Florentinus) & commodè fugere poteſt neglecta nominis gloria, certè modis omnibus fugere tenetur: &, ſi non fugit, punitionis crimē incurrit. Iſtud autem verum eſt, quantum ad pœnam legalem euitandam, non quantum ad irregularitatem, quam quis vitat ſolùm tunc, cùm aliter vitare non poteſt: ita Petrus de Ancha. in d. Clement. vnica, de homicidio. Tertiò doceat oportet, ſe eam †

10 cædem commiſiſſe, non poſt diutina inuaſionis interualla, ſed ilicò & penè è veſtigio, atq; in ipſo primo aggreſſionis furore. Nam ſi poſt ſpacia aliquot, aut interualla temporis id homicidium contigiſſet, vindicta eſſet æſtimanda, (quæ proculdubio prohibita) non defenſio, l. Nullus, C. de Iudæ. & cælico. cui concordat c. Porrò, iuncta gloſſ. 2. extr. de diuort. l. 3 §. Eum qui, ff. de vi & vi arma. Tum † autem intelligendum eſt

11 ilico ſeu è veſtigio, & ſine interuallo crimen fieri, quando in aggreſſu ipſo, atque in pugnæ continuatione, cædes ipſa committitur, hoc eſt, in flagranti crimine ſeu animo priuſquam diuulſi ſint ab inuicem, & antequam ſedatis animis ſe ad alia conuerterint negotia, vt probatur in l. Quod ait lex, § fin. ff ad l. Iul. de adult. Dicebat tamen notabiliter Ioan Fab. in § Ius autem gentium, verſic. Sed quid dices potens, &c. Inſtitut. de iure naturali, gent. & ciuili. Quod ſi præpotens quiſpiam magno † cōſtipatus

12 ſatellitio, interminatus fuerit necem alicui pauperi, nullo comitatu munito, queq; forſan deſidauerit: ideoq; pauper hunc diuitē metuens, non auſus expectare ipſius inuaſionem, vtpote conſcius ſeſe interemtū iri, ſi aduerſarius diues aſſiliat, cuius potētiæ ac multitudini reſiſtere nequiret ipſe impotēs, & nullo comitatu armatus: ſi (inquam) tali loco, & hora à diuite captatis, pauper diuitem prior adortus occiderit, non tenebitur homicidii crimine, potiſſimum ſi aliter effugere non potuiſſet quin aut occideret diuitem, aut ipſe à diuite occidendus fuiſſet. Erat. n. pauper ita ſemper in periculo mortis quā diues interminabatur, quā actu explere per ſe aut per aliū potuiſſet, ſi quādo ipſi libuiſſet. Itaq; tale pauperis homicidiū cēſen-

dum est fieri ob iustã defensionem sui, quod
metu mortis id commiserit, d. l. Sed & si
quemcunq;, in princ ff. ad l. Aquil. Odium
enim & minæ potentis, mortis periculum
indicant imminere, c. Pastoralis, de sent. et.
& re iudica. in Clementi. & per hoc videtur
secundum eundem, quod si intoxicet eum
in casu præfato, non teneatur in conscientia
aut foro iudiciali, quem per legite oportu-
nitatem nacti. Itaque vt defensionem dica-
mus impunitam, opus est temporis ratio-
nem ac necessitatem diligenter expendere.
Quartò probet, necesse est, se eam cædem
admisisse omni cum moderamine, citra o-
mnem excessus enormitatem. Quando-
13 quidem si † in facto grauiter excessisset, pu-
niẽdus esset ad arbitrium seu discretionem
Iudicis: potissimum si excessum hũc ex de-
liberato animo & ꝓposito cõmisisset Porrò
moderamen hic in coacta necessariaque de-
fensione tribus modis fieri debere intellige.
14 Primò, vt sit factorum paritas, † hoc est, de-
fensionis ad offensionem proportio: verbi
gratia, Si me quispiam inuadat inermis, sed
pugnis tantum bellaturus: inermis quo-
que me defendam, ac illi pugnis tantum re-
sistam oportet, id est, non est mihi licitum
illum percutere gladio, nisi sit ille me mul-
tò maior & fortior, vt notat glossa in l. 1. C.
15 vnde vi. † Secundò, vt temporis seruetur
æqualitas, hoc est, si subitò adortus, me su-
bitò item defendam, sicuti antè declaratum
16 est. † Tertiò requiritur, ne amplius admit-
tat, quàm ea defensio requirebat, aut quàm
ad defensionem sui opus fuerat: attamen
sanè isthæc intelligas, velim. Nam si quis-
piam baculo ab aliquo subitò sit inuasus,
nec aliud sit in promptu ad defendendum
instrumentum, quam gladius, gladio se
tueri potest: in qua defensione dictam mo-
derationem non excedit, nec vt excessor pu-
niendus est. Nam armis, scilicet baculo in-
17 uasus, armis sese vicissim defenderat. † Hic
notandum est, priusquam defensor sese de-
fendere dicatur, oportet prius vllam offen-
sionem, læsionem, aut inuasionem ab al-
tero præcessisse. Itaque priusquam se de-
fendere permittatur, oportet offensionem
alterius prius expectet: quæ fit, aut armis,
aut armorum metu, ac inuasionibus, aut
18 simili ex causa. Quisquis † autem primus
pugnam mouet aut inuasionem tentat, is
19 primus etiam offendere dicitur. Solę † au-
tem minæ non tam grauem habent offen-
sionem, vt ob eas solas, alterum cædere li-
ceat: nisi certè minitator iamiam sese para-
ret ad minarum executionem; aut consue-
tus esset suas minas ilico executioni man-
dare, vt multi autumant: vide Cynum in
d. l. 1. C. vnde vi. Bald. in l. Ad inuidiam,
C. quod metus caus. Ang. Aretin. in §. Ius
autem gentium, Institut. de iure nat. gent.
& ciuili: D. Iasonem in l. Vt vim, num. 14.
ff. de iust. & iure. Aliis verò secus videtur,
ob nullas quamlibet atroces minas cuiquã
permissum esse alterum cædere. Sunt enim
(inquiunt) minæ verba tantum: & verba
verbis repellas oportet, non factis. Si tamen
ex minis ob moram minato immineret pe-
riculum, veluti, si minitator misisset pro
subsidiariis, pro adiutorio: aut misisset ad-
ferri sua arma: aut expectaret adiutorium,
quo fortior minitatum cæderet & oppri-
meret, eo in casu non cogitur minatus mi-
nantis inuasionem expectare: sed illi per-
mittitur minantem adoriri, sese defendere,
& minantis vim præuertere, si quidem ali-
20 ter effugere non potuisset. Aliud † esset si
me adoriretur quispiam, aut prior cæderet,
moxque arrepta fuga, sese in pedes profu-
giendo conijceret: ego verò ipsum fugien-
tem celeri cursu consequerer, assecutum con-
tunderem, læderem, atque interficerem:
cędis enim & homicidii in eo casu [illegible] essem: verum non imputaretur cædes illa
mihi ex dolo, aut malitia facta, quod in ipso
furore ab altero excitata contigerit, cui neq;
facilè temperari conspicimus. His [illegible]
quod scribit Baldus in l. Vt vim, ff. de iu-
stit. & iur. quem insequi nec erubuit Ioan.
Fra.

Fab. in d. §. Ius autem gentium, Institut.
de iur. natur. gent. & ciui. Si aggressus non
obseruet inculpatæ tutelæ moderamen, nõ
poterit puniri à Iudice tanquam dolosus,
sed veluti errans culpæ obnoxius: quia in-
consultus calor caret vitio calumniæ, l. 1.
ff. ad S. C. Turpil. C. Si quem, §. Notãdum,
2. q. 3. quod refert & sequitur Felinus in c.
Dilecti filii, de except. Difficillimum enim
est iustum temperare dolorem, l. Si adulte-
rium cum incestu, §. Imperatores, ff. Ad leg.
Iul. de adulter. vixque potest vir iustus ha-
bere stateram in manibus suis, & dare ictus,
percussiones, seu verbera cum mensura, pro
quo est text. notabilis in c. fin. de homici-
dio. lib. 6. cuius etiam meminit Cepolla,
consilio 1. colum. 3. homo enim vehemen-
ti affectu, dolore, vel tremore percitus, ra-
rò suæ mentis compos est testi. Bald. in c. 1.
§. 1. in fin. de pace iur. fir. Hipp. de Marsil.
in d. l. Is qui aggressorem, nu. 15. 16. 17. 18.
21 19. 20. 21. 22. 23. Si quando † duos pugnã,
seu rixam committere contigerit, qui aut
sponte aut intercessione aliorum ab inui-
cem diuulsi, aliquandiu fuerunt diuulsi, &
vtcunque (si ita fari liceat) frigefacti seu pa-
cati: postea verò iracundia perciti, alter al-
terum inuadat, lædat, aut interimat: is pro-
fecto adoriens, lædens, aut occidens in cri-
mine est læsionis aut homicidii, ob inter-
22 uallum temporis. Quoties in seditione, †
pugna, seu rixa, alter alterum grauiter cæci-
derit & læserit, atque vterq; constanter af-
firmat, se alterum cæcidisse inuasum, & nõ
nisi ad defensionem sui, ita vt ex alterutrius
mendaciis veritas constare non posset, vter
alterum prior inuaserit: eo in casu vterque
ex æquo puniendus est: quandoquidem
Iudici de corporali defensione necessaria
23 certò constare non potest. Quòd † si duo
reperiantur atrociter vulnerati, & non ap-
pareat vter eorum fecerit ad defensionem:
tum oritur dubium, vter ipsorum ad sui de-
fensionem fecisse iudicandus sit. Ad quod
respondet Vber. de Vrbi. quòd ille qui for-
tius est vulneratus, præsumitur inchoasse,
& alius ad defensionem fecisse, arg. l. Sci-
entiam, §. Cum stramenta, ff. Ad l. Aquil.
Albericus autem in l. Vt vim, ff. de iustit.
& iur. 3. colum. dicit posse distingui: Vter
eorum esset magis rixosus: vt ille præsuma-
tur incepisse, & alius ad defensionem fecis-
se: Nam consuetudo rixosi attenditur, l.
Vel vniuersorum, ff. de pigno. actio. l. Qui
semisses, ff. de vsur. facit l. fin. ff. de actio. &
obligat. vbi variè ex personis hominum iu-
24 ra constituunt. Quando † in multorum
tumultuaria pugna, seu conflictu, quispiam
è numero multis affectus vulneribus occi-
ditur, quorum quidem vulnerum vnũ tan-
tum letale est, neque certò sciri potest, quis
omnium idipsum inflixerit: nemo certè ex
toto numero puniendus est, vt homicidii
Reus: sed omnes quotquot pugnarunt, si-
mul puniendi sunt de læsione, non amplius
quàm ciuiliter, aut arbitrariè ad reparatio-
nem seu emendam pecuniariam, ad discre-
tionem Iudicis, tanquam adiutores, auxi-
liatores, ac complices: ita tenet gloss. in l.
Item Mela, § Sed etsi seruum plures, ver.
Sed si, ff. ad l. Aquil. Preclarè Vlpianus I. C. in
vulgata l. Absentem, ff. de pœnis: Ita susti-
net expresse Bart. in l. Qua actione, § Si plu-
res, ff. Ad l. Aquil. Eiusdẽ opinionis ac sen-
tentiæ est Philippus Decius in regula, Fauo-
rabiliores, numero 6. ff. de reg. iur. Nec ab-
similis sententiæ legitur D. Nicolaus Eue-
rardi à Middelburgo in loco à ciuilibus ad
criminalia, ad fin. 2. colum. in suo Topico-
rum lib. quia melius est nocentem absolue-
re, quàm innocentem condemnare, d. l. Ab-
sentem, & illud dictum sequitur Specul. in
tit. de homicidio, §. 1. versic. Pone quòd
quatuor homines: Ioann. de Anania, in c.
Significasti, in 13. colum. extr. de homicid.
vide ibi eum. Ratio est, quod Iudici con-
stare non potest, quis vulnus letale inflixe-
rit, atq; in criminalibus causis oportet pro-
bationes luce esse clariores, l. Qui sententiã,
C. de pœnis, & trita l. Sciant cuncti. C. de

probat. vnde teste Bald. ibidem inferente,
in maleficiis probandis, Lex requirit clari-
tatem probationis in quadam excellentia,
hoc est, per amplius quàm in causis ciuilib.
itaq; si ageretur contra omnes percussores
criminaliter, nemo eorum posset cōdemna-
ri vel capitaliter puniri, sed omnes deberēt
absolui ob prædicta, & sic alia est ratio cum
agitur ciuiliter, & alia cū agitur criminali-
ter: de quo vide plenissimè Gandinū in tit.
de homicidiariis, in versic. Pone quæstionē
quā ego multoties vidi de facto cōtingere,
ac per Salice. in l. Quoniā multa facinora,
C. ad le. Iul. de vi publ. vel priuat. & per Pe-
trum de Ancha. in cōsilio suo 216. incip. In
Christi, &c. Nos Bartholomæus de Saliceto,
&c. & per Alexand. de Imol. in consilio 15.
primi voluminis, incip. Redemptorem, &c.
& per Feli. in c. 2. de homicid. atq; in locis
per eos commemoratis, quos istic de hac
re plura disputantes videte. In criminali-
bus, nec debemus vti mendicatis suffragiis,
l. Singuli, C. de accusat. & pœna non debet
egredi vltra quàm reperiatur delictum esse
commissum, l. Sancimus, C. de pœnis, &
principaliter per l. Si in rixa, vbi dicitur: i-
25 ctus vniuscuiusque contemplari oportet †
Nec quispiam condemnandus est morte ex
præsumptionibus, d. l. Absentem, iuncta
gloss. in verb. damnari, allegante multas
26 concordantias, ff. de pœnis. Verum † si cō-
staret ac appareret de letalis vulneris autho-
re seu inflictore: is solus nimirum gladio
veluti homicida ad mortem iure punire-
tur, l. Item Mela, Sed si seruū plures percus-
serint, & l. Huic scripturæ, §. Si seruus vul-
27 neratus, ff. ad le. Aquil. Cæteri † autē tantū
de læsionibus: nisi isthæc pugna tumultua-
ria, atq; huiusmodi conflictus contigisset
data opera, studio, & ex deliberato animo
omnium simul ad aliquē occidendū: ita vt
omnes simul cōiunctis animis, sese aliquò
cōferrent, vt aliquem occiderent, ac postea
conclamatū esset in eo cōflictu: Interfici-
te, interficite. Nā in hoc casu, omnes esse e-
ius homicidii culpabiles, indubitati iuris
est, Bart. in d. l. Qua actione, §. Si plures: nec
dissimile notatur per Cynum in d. l. Quo-
niam multa facinora, atque Bartolus in l.
Si in rixa, iuncta glossa in verb. vniuscuius-
que, ad finem, ff. ad leg. Corne. de sicariis, &
D. Hippolytus de Marsil. in suis consiliis,
consilio 67. numero 46 & Gandin. in tra-
ctat. maleficiorum, sub rubrica de homici-
diariis & eorum pœnis, 3. colum. versic. Po-
ne quæstionem, quam ego multoties vidi
28 de facto contingere, circa medium. Sunt †
his in casibus qui contendant in huiusmo-
di conflictibus tumultuariis, in quibus ne-
scitur quis ferientium letaliter vulnerauer-
rit, eos primo esse capitaliter puniendos,
quos primos constat fuisse inceptores, qui-
que primi pugnam inuasione inceptarunt,
deinde reliquos omnes tanquā coadiuto-
res, ne tamdiu mors inulta remaneret: Alii
tamen contrariam sententiam sustinent,
29 ex caussa prius enarrata. Quoties † duo in-
ter se pugna cōflictantur, seorsum, ac semo-
ti ab omnib. testibus, nempe, nemine vi-
dente, quorum alter incontaminatæ est fa-
mæ, alter verò minimè: Benè famatus au-
tem dicat, quicquid actum est, id à se factū
esse ob necessariā defensionem sui: quod a-
liter docere nequit, nisi suo iuramēto, quod
pro veritatis certitudine præstare offert:
profecto iuramentum hoc ipsius bene fa-
mati acceptabile est Iudici, cuius gratia, &
illibati nominis caussa, à Iudice absoluetur
30 indemnis. Æquum enim est, vt † boni no-
minis synceritas, bono sit patrocinio: & vt
nigri nominis macula, famoso sit detrimē-
to. Vnde caueat sibi vnusquisque ab infa-
mia, quæratq; bonam famam: quia teste
Baldo in l. vnica, C. de confess. Bona fama,
quam multi populi amāt, est thesaurus ho-
minis inæstimabilis & iucundus, & sicut li-
liū dat suauitatem odoris. Infamis .n. non
solum in eo, in quo est infamatus, sed etiam
in aliis grauatur, c. Defleat peccator, ext. de
regulis iur. not. in l. 2. C. qui testa. face. poss.

Sed

Sed hîc diligenter imo prudenter Iudici cõsideranda est vtriusque personæ conditio, cum omnibus circũstantiis, & pertinentiis, ne sit iniquus personarum acceptor: atq; tãdem his omnibus ritè consideratis, exequatur quod iustum est. Atq; ita hactenus de homicidii materia, & de homicidarum punitione iuxta iura ciuilia. Prius autem,
31 † quàm hanc materiam planè deseramus, paucissimis discutiendã assumpsimus quęstiunculã huic materiæ minimè extraneã: nempe, qua pœna homicida ex iure canonico puniendus sit (Ad quã quidem quæstionem paucis respõdendum fuerit: quod quoties talis homicida à Curia spirituali cõprehensus fuerit, & legitimè conuictus, damnãdus est ilico, vt detrudatur in arctum monasteriũ ad agendã pœnitentiam, tex. est in c. Tuæ, de pœnis, in antiquis: vel vt cõiiciatur in perpetuũ vel temporalem carcerem pro qualitate personæ, & delicti, & (vt textus habet) eius excessu, & persona, cæterisq; circũstãtiis prouida deliberatione pensatis: vt in ea carceris angustia constitutus, pane doloris vescatur, & aquã bibat tristitiæ, c. Quamuis, de pœnis, in 6. & si post hæc monitus non resipiscat, declarabitur incorrigibilis, c. Nouimus, de verb. signifi. c. Cum non ab homine, De iudiciis: & vt in illis textibus dicitur, tradetur Curiæ seculari: hac ratione plerunq; puniuntur homi-
32 cidæ per Curiam spiritualem. Pręter † quam tamen punitionem etiam remanet crimen irregularitatis, quod ipso facto prius incurrebant, ob quod inhabiles sunt ad quæuis munia ecclesiastica peragenda, etiamsi pœnitentiam iniunctam plenè peregissent, vt tenet gloss. in c. fin. de temporibus ordinat. Vnde Dominus dixit Dauid Prophetæ post pœnitentiam: non ędificabis mihi templũ, quia vir sanguinum es, c. Si quis omnem, 1. q. 7. Paralipom. 28. Ex hactenus in hoc capite, pie lector, enumeratis, manifesto cernis negotii huius difficultatem ac perplexitatem in iudicando, quamque temerè multi imperiti & arrogantes Iudices, indocti tamen, in homicidii materia iniquas censuras ferant, minimè personarum, rerum ac delictorũ circunstantias expendentes: sed ilico ex caussa apparente, citra cæterorũ obseruationem, sese ad sententiæ pro-
33 mulgationem accingentes. Quocirca † vt in hoc negotio; multo omnium difficillimo, & matura consultatione maximè indigente, à rudioribus Iudicibus minus peccaretur, suaserim vt à iurisperitis aliisq; in locis consilium capiant: nec ipsi sibi singulares aut proprias nullius legitimæ rationis regulas seu constitutiones in his decernendis statuant iuri aduersantes, veluti nõnunquam in publicis iudiciis stultissimè, imò perniciosissime hucusq; factum esse conspeximus. Magna enim & insignis stultitia cõmittitur, quũ Iudices discrimina distinctionesq; cuiuslibet caussæ non animaduertũt, audiunt vel expendunt: Atque ob hoc plurimum ab æquitate iustitiæ aberrant, & aliis grauem indè iniuriam inferunt, gratia cuius ipsimet Rei & obnoxii sanguinis illorum constituuntur. Aliàs vero vsuuenit ex hoc errore, vt Prætor ac Iudices malefactoribus faueanti eoque ius & caussam diutius protrahant ac differant, manifestos quidem facinorosos, hoc modo inique liberantes, quum tamẽ ipsi nimium simplices, ac iustitiæ rudes arbitrentur sese hac liberatione bellè pieque suo perfunctos esse officio, si maleficos hac protractione à suppli-
34 cio redimant ac liberent. At † isti contra sciant, se in hoc grauiter peccare atque delinquere, vt qui certissime ob hanc liberationem deuincti sint actoribus siue accusatoribus ad damni restitutionem. Quandoquidem Prætor omnis, & Iudex ob iuramenti Sacramentum præstitum, & ob animæ suæ salutem, tenetur pro virili sua æquè
35 iusteque iudicare. Et si † quæ res causaque esset forte suo ingenio prudentiave maior aut sublimior, à iureperitis consilium requirant. In arduis enim & grauibus causis,

qualis certè homicidium est (quo non minus priuata persona effusione sanguinis quàm Respub. læditur) summa cautela, & diligenti prudentia opus est.

CAPUT LXXVII.

De Inuasione.

Summæ rerum tractatarum in Commentariis CAP. 77.

1 *Inuadere quid sit.*
2 *Inuasionis iniuria, quomodo punienda.*
3 *Inuadens armis (etiam citra vsum) mulctam statuti incidit.*
4 *Simul & { Arma gestans vetita, / Armis alterum inuadens, / Armis alterum vulnerans, } grauissima tantum mulcta damnandus.*
5 *Vno verbere plura infligans vulnera, quomodo puniendus?*
6 *Inuadere in domo, & in domus vestibulo* }
7 *Petere aliquem gladio in domo, & præ foribus* } *crimine sunt paria.*
8 *Qui aliquem aut lædendum, aut interimendum vi retinet, eodem crimine cum lædente, aut interimente inuoluitur.*
9 *In homicidio ex multorum vulneratione orto, singuli contra famam sibi aduersam in probationibus audiendi sunt*
10 *Certa probatio { Homicidii / & / Non homicidii } fieri debet per { Medicos / & / Chirurgos } peritos.*
11 *Medicina ars est longè certissima.*
12 *Medicinæ regulis fidunt vel sacri canones.*
13 *{ Medici / & / Chirurgi } in probatione { Letalitatis / vel / Non letalitatis } à quibus eligendi sunt.*
14 *Vni medico, vel chirurgo, in probatione non semper fidendum.*
15 *In censuris { Nullum adhibere medicum / & / Quemlibet & imperitum adhibere } paria sunt.*
16 *Quando vni medico aut chirurgo credendum.*
17 *Medicis aut testibus ratione probantibus potius credendum, quàm aliis ratione nil probantibus.*
18 *Qui alterum inuaserit, aut letali vulnere confixerit (etiam si læsus semel è lecto ægritudinis leuatus plateatim inambulauerit) tenetur crimine homicidii, non læsionis.*
19 *Letaliter vulneratus, & moriens vel { Sua negligentia, / Malo regimine, / Concubitu venereo, / Larga potatione, / Mala custodia, / Medicorum aut chirurgorum inobedientia, / Noxio cibo, aut potu, } sui ipsius homicida est, & vulneratorem ab homicidii crimine liberat.*

Sese

LXXVII. De invasione

20 *Sese interimit, qui medicorum præcepta negligit.*

21 *Vulnerum quæ* { *Letalia.* / *Non letalia.* }

22 *Medicorum laus à certitudine & necessitate.*

23 *Moriens imperitia* { *Medicorum* / *aut* / *Chirurgorum* } *vulneratorem, non mortis, sed læsionis tantum reum efficit.*

24 *Euentus mortis nunquam imputandus docto, diligentiq; medico, aut chirurgo.*

25 *Medicus etiam doctus, studio ac negligentia mortis caussam præbens, morti item fit obnoxius.*

26 *Pharmacopolæ indiligentes, stupidaq; medicamina, contra præscripta medicorum, pro efficacibus præbentes, quorum caussa ægrotus moritur, morti sunt obnoxii.*

27 *Medicorum quinque qualitates necessariæ.*

28 { *Medici* / *&* / *Chirurgi* } *peccantes lata culpa, puniendi arbitrariè.*

29 *Multis vnum adorientibus, singuli statuti violati Rei constituuntur.*

30 *Vnus plures inuadens, vna quoque mulcta damnabitur.*

31 *33.34. Vno tempore simul multa committens grauioris peccati mulcta damnabitur.*

32 *35. Diuersis vero temporibus interceptis plura delicta committens, plurimarum etiam mulctarum reus efficitur.*

36 *Criminales pœnas homicidii, quidam volunt posse conuerti in pœnas ciuiles: sed perniciose.*

37 *Contra plura distincta peccans statuta, plurium item statutorum mulctam incurrit.*

38 *In statutis nihil cõmutandum, quæ ad literam intelligenda sunt.*

39 *Qui aliquem vulnerauerit, læsionis mulcta damnabitur: qui vero eundem occiderit, is homicidii crimine tenebitur.*

40 *Infirmum vulnerans etiam non letaliter, homicidio (si moriatur) fit obnoxius.*

1 INuadere nihil † aliud est, quàm irato a-
nimo quempiam adoriri hoc modo, si te
quispiam adoriatur inermis sine vllo cor-
poris tui contactu, is profecto tibi iniuriam
intulit. Si verò te contigerit citra omnem
læsionem grauiorem iniuriam dedit, l. 1. §.
Iniuriam autem, ff. de iniur. eoque punien-
2 dus is † est per Iudicem, iuxta qualitatem
facti, & personæ, l. Atrocem, & ibi Salice. C.
de iniur. quorum forsitan per ocium in se-
quentibus capitibus meminerimus. Si sta-
tutum esset, vt quisquis alterum inuaderet
armis, is mulctam incurreret decem lib.
3 Pariensium: Deinde † si te quispiã adori-
retur accinctus gladio, is haud dubiè in sta-
tutam mulctam decem lib. Parisi. incidit,
etiam si gladiũ non exemerit. Armis enim
facta fuit illa inuasio: ad quam probandam sufficit eum armis fuisse in inuasione munitum & accinctum, nec requiritur ipsa euaginatio, aut armorum violenta illatio: quandoquidem is inuasor ita armis paratissimis instructus, multo est se inermi audacior & violentior, & inuasum reddit multo etiam timidiorẽ: quocirca censent Doct. eum ceu violentum inuasorem etiam esse puniendum, quum per arma parata, illi in manu sit violentam aduersario vim inferre cum voluerit: ita singulariter Bar. in l. 3. §. 1. ff. de vi & vi armat. huic assentit Angel. Aret. vir doctissimus, & practicorum criminalium profecto decus, in suo insigni tracta. maleficiorum, sub gloss. dictus Andreas armatus, &c. Cui etiam suffragantur

annotationes ibidem, quæ diligenti Lectori ibidem manifesto aperiuntur. Dictis prætereà † non abs re adiungenda videtur quęstio illa frequentissima, cuius meminit excellentissimus vtriusq; iuris interpres, Dominus Hippolyt. de Marsil. in suis Comment. super tit. ff. ad l. Cornel. de sicar. sub l. Si in rixa, videlicet: Statuto cauetur, vt arma gestans puniatur pœna centum. Altero statuto cauetur, vt inuadens alterum, puniatur item pœna centum. Tertio statuto cauetur, vt vulnerans aliquem puniatur similiter pœna centum. Ex his tribus statutis nunc exoritur quæstio: An is qui Titium vulnerauerit, trium statutorum mulcta, scilicet trecentarum librarum, simul puniendus sit, quum aduersus tria enarrata statuta simul peccauerit: Nam arma gestauit, armis inuasit, armis item & læsit: An verò ob illam læsionem tantum puniendus sit semel pœna centum? Cui quæstioni (potius quàm quorundam Prætorum inexhaustæ habendi libidini) præfatus D. Hippolyt. in loco præcitato satisfaciens, asserit eum solum puniendum esse, pro vulneratione, vna pœna centum: nempe, quod infractio duorum primorum statutorum, scilicet de gestatione armorum & de inuasione, simul confundatur cum violatione tertii statuti & vulneris illatione: ita singulariter habet glossa in verb. Plurima, in l. Qui de crimine, C. de accusat. quam ibi sequuntur omnes scribentes. argum. l. Quoniam, C. Ad l. Iulia. de vi. Idem tenet Bart. in l. Quemadmodum, § Illud, ff. ad l. Aquil. & in l. Inficiando, in §. Infans. in final. ff. de furt. Baldus in l. Aduersus, in fine, C. eod. titul. de furt. atque idem Baldus in l. Quicunque, in 1. columm. Cod. de seruis fugiti. & in l. Diuortio, ad fin. 2. colum. ff. solut. matrimon. Gandi in suo tractatu maleficiorum sub titul. de pœnis Reorum, in 19. colum. versic. Pone insuper, &c. & Ioann. Andr. in additione Speculi, in titulo de homicidio, super rubric. ibi, vulgata est quæstio, &c. Albericus de Rosate, in secunda parte statutorum, quæstione 29. incipient. Tertia quęst. est, cuius etiam recordati sunt Bald. in l. Cum ancillis. Cod. de incest. nupt. in vltim. column. & Bartolus in l. Nunquam plura, ff. de priuat. delict. necnon D. Abb. ac alii in ca. 1. extra de pœnis, atque Angel. Aretin. in suo tractatu maleficiorum, in verb. Fecit insultum, in prima charta, in verb. Aduertas tu Iudex, & ibi in additionibus, & in eodem tractatu in verb.
5 Admenauit, in princip. Possent † ex dictorum occasione in hac materia item plures proponi quæstiones: nempe, quoties vno verbere simul concurrunt plura delicta, verbi gratia, Si statutum esset, vt si quis læserit alium, puniatur decem: Quidam verò contra hoc statutum alterum vno ictu bidentis aut tridentis simul infligit duo aut tria vulnera: quæstio nascitur, an lædens sit puniendus pro singulis vulneribus iuxta statuti tenorem pœna decem? an solū cen pro vna inflictione semel pœna decem? Atque aliæ similes quęstiones hìc moueri possent. Sed omnibus his & similibus quæstionibus per primam solutionem præcedentem respondendum erit, omnia huiusmodi plura delicta cōcurrentia similiter pro vno delicto esse iudicanda: ideoque tantum vnam mulctam decem esse pendendam: Ita dixit Bartolus in l. Si gemina arbor, ff. arbor. furt. cæsa. & Gandi. in tractatu suo maleficiorum, sub rubr. de pœnis Reorum, in 10. colum. versic. Sed pone, & Angel. Aretin. in tractat. etiam suo maleficiorum, in verb. Et ipsum Titium percussit. Præsentis quęstionis etiam meminit Albericus de Rosa. in 2. parte statuto. q. 23. & ibi in q. 38. incip. Septima q. est, &c. & ibi in q. 29. incip. Statuto cauetur, quod si aliquis ali-
6 quem percusserit. † Si præterea constitutum esset, vt quisquis alterum inuaderet in domo sua, is duplo puniretur: teque deinde aliquis assiliret in domus tuæ vestibulo seu porticu, is certè eiusdem mulctæ statim

Reus

Reus fieret, quod vestibulum seu porticus
pars domus tuæ sit, c. Si quis contumax, 17.
q. 4. Bart. Bald. & Doct. in l. Cætera, §. Hoc
senatus, 2. ff. de legat. 1. argum. l. Qui ædes,
in fin. ff. de incend. rui. naufra. neque hoc
in facto vlla est facienda distinctio, an do-
mus sit conductitia, vel gratis data seu con-
cessa: an emptione, vel hæreditate propria.
Huic seruiunt, l. Lex Cornelia, §. Domum,
& ibi scrib. ff. de iniuriis, l. 1. §. 1. ff. de liber.
agnoscend. l. 1. §. Habitare, ff. de his qui de-
iece. vel effud. Bart. in l. Qui domum, & in
l. Nec in ea. ff. ad l. Iul. de adulter. Bart. Al-
be. Bald. Paul. Castr. Iason ac reliqui in vul-
gata l. Plerique, ff. de in ius vocand. Si etiã
7 † statutis ordinatum esset, vt qui alterum in
domo sua inuaderet, is duplo damnaretur;
ac deinde quispiam te sedentem pro forib.
peteret gladio, aut baculo, is similiter eius-
dem latæ pœnæ Reus teneretur, non secus
quam si te in domo tali modo fuisset ador-
tus. Nam is maleuolum atque lædendi cu-
pidum animum, hoc modo foris per facta
edocuit: atque is in domo fuisse censendus
est, qui domus suæ pro foribus fuisse cogno-
8 scitur. Si † te quispiam dolosè prehensis ve-
stibus tam diu remoraretur, donec alter ad-
ueniens te inuasum aut læderet, aut interi-
meret: vterque & factor & facti causam præ-
bens, pœnæ læsionis aut mortis obnoxius
haberetur: huic congruit l. Qui occidit, §.
In hac, ff. ad l. Aquil. §. Cæterum, iuncta
9 gloss. Institut. de l. Aquil. Socrates † inua-
sus à multis, atque ab iis omnibus læsus, at-
que affectus multis vulneribus, tandẽ mo-
ritur: & fertur mortuus ex vulnere inflicto
à Platone: qui Plato probare vult contra-
rium, vulnus à se inflictum nunquam fuis-
se letale: sed vulnus illud, quod à Diogene
inflictum fuerat, verè fuisse letale: quod si
probare velit, audiendus est haud dubiè in
sua probatione, ita vt si eam comprobare
posset, nulla pœna damnandus sit, quã pœ-
na læsionis & vulneris: mortis verò minimè,
d. l. Qui occidit, §. fin. & l. Si ex plagis, in
princ. ff. ad l. Aquil. per glossam §. Cæterum
10 Institut. eod. titul. Istiuscemodi † autem
probatio potissimum confirmanda est, non
per quoslibet, nec per insipidos & imperi-
tos, sed tantum per peritos ac doctos medi-
cos aut chirurgos, quibus potissimum ob
nobilium artium suarum certitudinẽ, hac
in re credendum, & ipsorum medicinæ re-
gulis inhærendum fuerit, non secus quam
Bononienses adhæserunt Carocio, vt not.
gloss. in l. Omnis diffinitio, ff. de reg. iur.
11 Quandoquidem † ars medicinæ, ars est lõ-
gè certissima & verissima, cuius regulæ ab
experientia & longo rerum vsu, & obserua-
tione exortæ sunt, veluti ait quidam magni
nominis philosophus in procemio Meta-
12 physicæ. Cuius item † regulas ceu verissi-
mas ac certissimas, non verentur imitari sa-
cræ leges, l. Septimo mense, ff. de statu ho-
min. & in Authent. de restit. & ea quæ pa-
rit in 11. mense. §. Vnum. Hi tamen medi-
13 ci ac † chirurgi ad probationem eligendi
fuerint vtrinque & per proximos consan-
guineos, aut affines interfecti, & simul per
ipsius factoris putatitii consanguineos &
affines, vel ad arbitrium & ordinationem
Iudicis, siquidem in hac electione facienda,
minime inter sese concordare poterunt. Cæ-
14 terum † vnus medicus solus, aut vnus chi-
rurgus solus, etiam doctus & suæ artis ex-
pertus, non sufficit ad talem probationem
confirmandam: sed oportet ad minimum
esse duos: nisi ob raritatem vnus tantum
haberi potuisset: tunc huic vni medico et-
iam credi poterit, si eo in loco plures habe-
ri nequeant, per text. in Authentic. de non
alienand. §. Quod autem, vers. vt neque
vlla, ibi, aut etiam vno, si vnum solum ci-
uitas habeat, vel reperiatur ibi, & in l. Quod
si nolit, §. Si mancipium, versic. Culpam,
ibi non adhibuerit medicum vel malum
adhibuit, & sic tenent Bald. Angel. & am-
15 plè Cepol. ff. de ædili. edict. Ex habitis †
nunc facilè collegeris, paria esse, nullum ad-
hibere medicũ, & quoslibet adhibere medi-

cos vel chirurgos indoctos & imperitos: quando ne doctissimo quidem satis tutò credendum fuisse monstrauimus, nisi plures haberi nequissent: aut certè nisi is vnus è multis esset celeberrimi nominis & medicorum penè præcipuus habitus in republica iuratus, ac præclaro stipendio quopiam remuneratus, cui certè vni tunc credendum fuerit, vt voluit Bart. in l. 1. per illum text. C. de pondera. & auri illatio. lib. 10. Vni et-
16 iam credendum fuerit, si partes † vtrinque huius vnius arti confiderent, adeò vt eo solo se contentos declararent, per l. 1. §. fin. ff. de verb. obligat. & ibi Ludou Rom & And. Barb. Hic autem notandum, plus fidei adhibendum duobus medicis affirmantibus non esse mortale vulnus, quam vni dicenti contrarium, l. 1. §. 1. in exordio, ff. de vent. inspic. & ibi hoc not. Bart. in verb. vlterius hæc lex facit in argum. cum aliis, per eum
17 allegatis. Postremò † tutius credendū fuerit duobus testibus allegantibus legitimam caussam vel rationem dicti sui, quam aliis duobus, nullam dictorum suorum rationem reddentibus, vt notat Bald. in l. Presbyteri, colum. vlt. C. de episcop. & cleric. & Ludou. Rom. in l. 1. in princ. ff. de noui oper. nunciat. Horū latè itē meminit D. Nicolaus Boerius in suis decisionib. aureis q. 323. quem casu emergente consulito. Aliud,
18 † quando quispiam inuasus aut læsus, diu lecto ex vulnere aut inuasionis terrore decubuit: postea verò è strato sese erigere, templa adeat, fora, plateas, aliaq; loca frequenter, putans se à morbi ac vulneris periculo liberatum: ac deinde mox subitò in debilitatem recidit ac moritur: factor, inuasor, aut vulnerator eo casu reus erit homicidii, & de morte damnandus, non de læsione, siquidem apertè cōstiterit, vulnus inflictū prius fuisse letale, & mortuum ex eo vulnere tantum, & per se obiisse, non aliunde. Nam si
19 sua negligentia, † ac aliunde vulnus postea redditum fuisset letale (nempe suo malo regimine: si vxori aut iuuenculæ concubuisset: si liberaliùs æquò ad ebrietatem ferè bibisset, tabernasq; frequentasset: si male se custodiuisset: si medicis aut chirurgis non paruisset vel cōtra salutares medicorum regulas aliquid peccasset, &c.) liber esset ab homicidio, Ludou. Bolog. in consilio 5. colum. 3. verb. Primus, & ver. Alius: tūc enim suæ negligentiæ, & sibi imputandum esset, & non vulneratori: quia dictis casibus seipsum necare videtur, non necari ab alio: Idem dicit D. Augustinus in homilia, quę in
20 sancto die Pentecostes cantatur: Quòd ille † se interimit, qui præcepta medici obseruare negligit: Et idem præstant leges negotiis, quod medicamenta morbosis, Authentic. quibus modis natura. effic. sui, post princ. Et si curam medicantis expectas, oportet & vulnus detegas: vnde bona custodia requiritur, per quam sæpe curari solent ea quæ mortalia videntur, l. 1. §. fin. ff ad Syllan. Etècontra, mala custodia vulnerati, non mortalia vulnera sępe reddit mortalia, mortemque inducit, d. l. Quod si nolit, §. Si mancipium, verfic. culpam omnem, de ædil. edict. quo casu Lex aperte determinat, percussorem de homicidio non teneri, d. l. Qui
21 occidit, §. fin. Quum hìc de letalitate, † ac nō letalitate vulnerum sępe meminerimus, ea vulnera potissimum letalia cēsenda sunt, quæ in locis periculosis, & certæ morti obnoxiis inflicta sunt, vbi præcipuè medicorum censuræ confidendum fuerit: Ea similiter per se nō fuisse letalia, quæ in locis fuere inflicta non periculosis, nec morti obnoxiis. Quocirca quisquis in huiusmodi locis non letalibus alterum vulnerauerit, ab homicidio liber iudicandus erit: potissimum si medici iuramento adstruant, eum vulneratum ex accepto vulnere nūquam obiisse, quod in tali loco nunquam potuisset esse letale, sed ex alio morbo aut alio accidente, aut latente malo, non ex vulnere, nato. Nam si malum aliquod ex læsione illa, tanquam ex ipsa caussa fuisset exortum (veluti si ex vulneris malo accidissent ardentes febres,

bres, aut alius quispiã morbus, ex quo mo-
reretur) in eo casu suspicio mortis esset cõtra
factorem, qui ob id de mortis crimine da-
mnandus esset. Parui enim refert an re &
morte ipsum occiderit, an mortis caussam
dederit, l. Item Mela, §. Si alius tenuit. & l.
Qui occidit, §. fin ff. ad l. Aquil. & l. Ni-
hil interest, ff. Ad l. Corn. de sicar. Angel. in
§. Cæterùm, Instit. de leg. Aquil. Porrò in
dictis rerum euentis, & factis potissimum
(vt dixi) standum erit iudicio medicorum
aut chirurgorum, vt qui certius hac in re iu-
dicare poterunt: Nempe, an verè ex vulne-
re mortem obierit; an forsan ex vulneris a-
liqua exorta occasione; quapropter ipsi me-
dici (vt hoc obiter inseram) & docti chirur-
22 gi ob artium suarum nobilitatem vel † in
hoc periculosissimo negotio honore omni
persequendi sunt, teste etiã Eccles. 28 Ho-
nora (inquit) medicum propter necessita-
tem: nam & illum creauit altissimus. Ve-
23 luti si contingeret † vulneratum mortem
occumbere ipsius medici aut chirurgi im-
peritia, vulnerator non esset Reus mortis,
sed tantum læsionis, l. Qua actione, §. fin.
ff. ad l. Aquil. §. Prætereà, & ibi Angel. In-
stit. eod. tit. de l. Aquil. l. Illicitas, §. Sicu-
ti. ff. de officio præsi. l. Si quis fundum, §.
Celsus, ff. loca. & l. Imperitia. ff. de reg. iur.
Atq; in hoc casu ipse medicus & chirurgus
arbitraria pœna damnandi per Iudicem es-
sent. Verum si medicus aut chirurgus artis
suę peritia diligenter & ad regulas suas ope-
ratus fuisset, & vulnere affectus ille nihilo-
minùs moreretur, nihil imputandum esset
medicis aut chirurgis istis, qui ab omni cul-
pa essent liberi, etiam in foro conscientiæ,
Abb. in c. Tua nos. §. Ad vltimum. ext. de
24 homicid. Euentus † enim mortis, docto ac
diligenti medico aut chirurgo nunquam
imputandus est, quandoquidem non est in
medico, semper releuetur vt æger, d. l. Illi-
citas, §. Sicuti, gloss. in c. Ad aures, extr. de
ætat. & quali. Si vero medicus & chirurgus
indocti reperiantur esse in culpa, nempe ob
crassam artis imperitiam, aut non adhibi-
tam strenuam diligentiam, tunc (vt præ-
dictum est) tenentur l. Aquil. Angel. in §.
Prætereà si medicus, Institut. de l. Aquil. &
25 Feli. in d. c. Tua nos. Si vero studio & ex †
conscientia (licet doctus fuerit & peritus)
mortem procurauerit, præbendo aut præ-
scribendo medicamina noxia, aut stupida,
& emortua: aut ad curam assumptum data
opera reliquerit, vt vel his malis & mediis
tandem mortem oppeteret, is haud dubie
mortis obnoxius fieret, & de morte damnã-
dus esset, l. 1. §. Diuus, ff. ad l. Cornel. de
sicar. & l. 1. C. eod. tit. Isthæc autem maxi-
26 me notanda sint pharmacopolis: Nam † si
medicus culpam incidit pręscribendo noxia
& stupida medicamina, multò magis ipsi
pharmacopolæ in culpa erunt, & execrabi-
les, qui ex auaritia & lucri inexhausta libi-
dine, etiam contra medicorum præscripta,
vel ex propria temeraria audacia, quasvis
medicinas conficiũt ex corruptis speciebus,
& herbis aut radicibus planè emortuis, qui-
bus lãguidis nihil opis præstant, imò ipsius
mortis sæpe etiam causam præbent: cuius
quidem mortis non solùm in foro cõscien-
tiæ, verùm etiã in foro fori (quòd per con-
scientiam & industriam fecerint) sunt ob-
noxii, Ang. & in d. §. Præterea si medicus.
Quoniam autem superius medicorum pe-
riculum nonnihil attigimus, non abs re fu-
turum arbitrabar, si quibusdam triuialibus
medicis & chirurgis hîc paucul as conditio-
nes explicarem, quibus præditos esse con-
ueniat bonos & cordatos medicos, & qui o-
mne periculum euitare student. Quinque
27 † igitur conditiones, siue qualitates medi-
co conueniant, oportet; de quibus Panor-
mi. in d. c. Tua nos. Primo enim requiri-
tur, medicum & chirurgum esse laicum,
non clericum; quandoquidem cuiuis cleri-
co medicinæ & chirurgiæ exercitium de iu-
re prohibitum est in c. Scientiam, in c. Non
magno, & in c. fin. ne cleric. vel monachi.
Vnde clericus chirurgiam exercens, si ex ea

mors sequatur, etiam si sit peritus & dili-
gens, efficitur irregularis, d. c. Tua nos. Se-
cundo requiritur, vt suæ artis & professio-
nis sit peritus. Tertio requiritur, vt adhibe-
at omnem diligentiam secundum artem.
Quarto, vt ægrum informet, & doceat de
his, quæ sunt suo morbo perniciosa & con-
traria. Quinto, ne in dubiis sit nimium au
dax & temerarius, veluti si dubitet an præ-
scripta aut præscribenda medicamina sint
ægrotanti profutura, & salutaria, an non: in
hoc casu potius reseruanda sunt præscri-
pta: & vt languidus abstineat consulendum
potius, quam vt sumat, Innoc. in c. Tua
nos, sæpe allegato. Præstat enim tunc ægro-
tantem summo committere medico Deo,
quam temere quippiam per imperitiam, &
ambiguitatem in eo curando tentare, & du-
biæ suæ sententiæ committere velle. In his
28 autem † omnibus casibus, in quibus medi-
cus aut chirurgus peccat culpa lata, puni-
endus est, non ex aliquo senatusconsulto
(quod iura nusquam quorundam testimo-
nio exprimunt) sed potius pœna aliqua
mitiori, & pecuniaria: aut certè extraordi-
naria ad arbitrium ipsius Iudicis, vt dicunt
Bartol. & Angel. in l. In lege, ff ad leg. Cor.
de sicar. quia vbi non est pœna expressa à
lege vel statuto, illa est imponenda Iudicis
arbitrio, l. 1. §. Expilatores, ff. de effract. & ex-
pila. l. Hodie, ff. de pœnis, l. 3. versic. Stellio-
natum, ff. de crim. stelli. c. Felicis, §. Cæte-
rum, de pœnis, libro decimosexto, l. 1. ff. de
iure deliber. l. fin. ff de actionibus empt. l.
Mora, ff. de vsur. l. Continuus, §. Cum ita,
ff. de verb. obligat. & Felinus in d. c. Tua
nos, extr. de homicid. Hactenus de medi-
corum & chirurgorum officiis prædicto sta-
tuto conuenientibus, satis superq; dictum
29 esto, reliqua persequamur. Si legibus † cō-
stitutum esset, vt quisquis alterum inuase-
rit, dependat lib. decem, & per occasionem
vsuueniret multos simul coniunctim vnū
adoriri: omnes & singuli inuasores dictarū
decē lib. Rei cōstituerētur. Quandoquidem
tot sunt iniuriæ, quot sunt iniuriarū illato-
30 res: & cōtra; Hinc fit, vt si † vnus plures in-
uadat, vnius mulctæ punitionē tantum in-
currat. Singulæ tamen personæ inuasæ exi-
gere possent passi dispendii & iniuriæ repa-
rationē, quā certè singulis exoluere tenere-
31 tur. Si † statutum esset, quisquis alterū in-
uaserit, mulctabitur decem lib. Paris. Et
quisquis vulnerauerit alterū, damnabitur
20. lib. Paris. deinde si contingeret Demo-
sthenē inuadere Socratem, eumq; ita vul-
nerare, tum Demosthenes posteriori mul-
cta 20. lib. Paris. tantum damnabitur, scili-
cet de læsione. Nam à priori mulcta inua-
sionis liberandus erit secundū Bart. in d. l.
Illud, §. Si idem, ff. ad l. Aquil. Verum si is
32 † Demosthenes Socratem vno tempore in-
uasisset, deinde alio tempore intercepto
vulnerasset, vtriusq; mulctæ certè Reus ef-
ficeretur, d. l. Illud, §. Si idem, & ibi Bar. Si
ex duobus alter alterum inuasisset, è quib.
non constaret, vter prior inuasisset alterum,
suspicio vehementior esset contra ipsorum
alterutrum, qui huiuscemodi facinoribus
infamis esset, & publica fama ad similia per-
petranda delicta ex consuetudine habere-
tur addictus & propensus, l. Vel vniuersorū,
ff. de pignora. actio. l. Qui semisses, ff. de v-
33 sur. Si statutū esset. † vt quisquis alterum
cædat in faciem, mulctetur quinquaginta
lib. Paris. cuius meminit Angel. Aret. in §.
Atrox, Institut. de iniur. Deinde si alio edi-
cto cautum esset, vt qui alterū cædat in pla-
teis, mulctetur duplo. Tertio statuto præ-
terea edictū esset, vt omnes eiusmodi mul-
ctæ de nocte incursæ, duplo dependendæ
essent, atq; tunc contingeret Martinum cæ-
dere Egidium in faciem, in plateis, atq; de
nocte, ita vt cōtra illa tria Statuta simul v-
no delicto committeret: in his casib. volūt
iura mulctam centum lib. Paris. tantum
duplicari, hoc est, summam nouissimā, &
non amplius: atque vt in eam summā Mar-
tinus perpetrator cōdemnetur. Nam prin-
cipale factum expendendum: vtpote, quod
præ-

præcipuè executioni obnoxium est, eoque
mulcta potior condemnanda, non quæ ac-
34 cessoriæ sunt, aut indè manantes. Si † sta-
tutum haberetur tale, vt qui alterum inua-
dat, mulctam exoluat quinquaginta lib. Pa-
risf. & qui alterum lædat, soluat emendam
centum lib. Parisf. & qui alterum occiderit,
dependat mille lib. Parisf. deinde continge-
ret, vt Demosthenes inuaderet Socratem,
atque post inuasionem, ipsum tam graui-
ter læderet, vt eam lęsionem mors sequere-
tur, nō teneretur exoluere omnes mulctas:
sed per solutionem mulctæ mille lib. Pa-
risf. absoluendus esset, quoniam factum ta-
le propter continuationem æstimatur pro
delicto vnico, Bart. in d. l. Si gemina arbor,
Gandi. & Angel. in dictis suis tractatibus
maleficiorum, in locis sup. allegatis: Idem
Bar. in l. Illud, §. Si idem, ff. ad l. Aquil. vbi
inquit: quòd quando plura delicta ten-
dunt ad eundem finem, pro vno tantùm
puniuntur, si fiant eodem impetu, eodem-
35 que durante affectu. Nam † si huiusmodi
facta contigissent diuersis temporibus, at-
que post interualla temporis, Reus tunc fie-
ret omnium illarum mulctarum, d. l. Illud,
§. Si idem: & ibi Bartol. infert, Si te adoriar
& vulnerem, me non esse puniendum, nisi
de vulnere tantum: quia assultus fit ad fi-
nem vulnerandi, vt notatur in l. Qui de cri-
mine, C. de accusat. Bartol. in l. Nunquam
plura, ff. de priuat. delict. Non mirum tibi
pie Lector hìc videatur, quod in hoc statu-
to dixerim illum, qui ad mortem sequen-
tem vulnerasset, damnari posse pœna pe-
cuniaria mille lib. Parisf. quum sit crimen
homicidii, & non nisi gladio plectendum.
36 Quandoquidem sunt nonnulli † Doct. qui
contendunt criminales pœnas homicidii
posse conuerti in ciuiles punitiones & pe-
cuniarias, argu. eorum quæ pro constanti
tenent Bart. eiusq; sequaces in l. 1. ver. vlti-
mò quæro, ff. de Publicia. in l. 1. ff. vi bono.
rapto. in d. l. Nunquā plura, & Bald. in l. Nō
ideo minus, C. de accusat. Alii verò contra-
rium adstruunt, nempe Archid. in c. Dño i-
sta nomina, 23. q. 4. & in c. fin. ne cler. vel
mona. lib. 6. Hostien. & Ioan. And. in c. fin.
de cōsuetu. Nam si (inquiunt) illorū sentē-
tiæ iura subscriberent, daretur populo aper-
ta peccādi occasio, & liberius occidēdi quos-
libet nefaria licentia, Panor. in c. Ex parte,
de consuetud. in antiq. iunctis additionib.
ibidem, Felinus in Rub. extr. de homicid. &
Ludo. Rō. in suis singularib. singulari 756.
37 incip. Iudex potestatis. Porro, † si statuto
cautū esset, vt qui alterum vulneraret, mul-
ctā incurreret decem lib. Parisf. Et si in pla-
tea vulneraret, duplū depēderet: deinde ve-
rò contingeret, vt Demosthenes Socratem
vulneraret in platea: is Demosthenes pro-
fecto depēdet vtramq; mulctam, quod duo
distincta sint delicta: alterum ex causa vul-
neris: alterum ratione loci: cuius gratia de-
lictum est enormius (vt quidā autumāt.)
Alii volunt esse absoluendum dupla puni-
tione: alii verò minima mulcta eū esse ab-
38 soluendum. Atq; † in his omnibus statutis,
ipsa statutorū verba, textus, & forma ad li-
teram sunt seruanda, quod omnia stricti iu-
ris sint, vulgatiss. l. 3. §. Hæc verba, & ibi.
Bart. ff. de negot. gest. & l. Quicquid adstrin-
gendæ, & ibi Scribent. ff. de verb. oblig. cū
39 infinitis nec dissimilib. Si postremò † cōsti-
tutum esset legib. municipalib. vt quisquis
inuaserit, cæciderit, vulnerauerit alterum,
mulctetur decē lib. Parisf. & qui alterū oc-
ciderit, vicissim iustitia occidendus sit. Post-
ea vero Demosthenes adoriretur & vul-
neraret Socratem: & deinde accederet Pla-
to, qui Socratem occideret: Demosthenes
tantum mulctaretur decem libr. Parisf. ra-
tione vulneris: Plato vero criminaliter ve-
40 niret exequendus vltore gladio. Si denique
quispiam vulneraret infirmum etiam citra
læsionem letalem, vulnerator Reus esset (si
moreretur) homicidii, non secus quam si
validum aliquem vulnerasset, l. Qua actio-
ne, §. Sed & si quis seruum ægrotum, ff. ad
l. Aquil. De his satis superque.

CAPVT LXXVIII.

De necessaria suorum bonorum defensione.

Summæ rerum tractatarum in Commentariis CAP. 78.

1 *Furem nocturnum an occidere fas sit?*
2 *Furē nocturnū ad hoc vt occidere liceat, plura requisita.*
3 *Furem diurnum an occidere permissum sit?*
4 *Fures ob leuiuscula bona non sunt occidendi.*
5 *Minima non sunt in consideratione.*
6 *Ab altero inuasus & citra periculum euadere campos, tenetur effugere.*
7 *Inuasus & sine magno periculo suorum bonorum effugere nequiens, non tenetur effugere.*
8 *Inuasus ad arctum vsq; & præsentissimum periculum, ilico tantùm sese defendere tenetur.*
9 *Vim patiens ab altero bonorum caussa, se defendere potest subito ipso momento, & quouis etiam tempore futuro.*
10 *Volenti capere debitorem, licet telo resistentem occidere, & eius procuratori.*

1 PErmissum est † mihi (ex necessariæ defensionis titulo) furem aut alium quēpiam qui de nocte ædes meas, villam, aut septa mea latenter ingressus, mea suffurari conatur, aut vim vllam mihi aut meis, tum familiaribus, tum aliis rebus inferre satagit occidere sine vllo metu pœnæ iuridicæ, text. est in l. Furem nocturnum, ff. ad l. Cor. de sica l. Itaque, § Lex, ff ad l. Aquil. &c. Si perfodiens, extr. de homicid. Huic etiam quadrat insignis text. in l. Sed & si quemcunque, ff. ad l. Aquil. vbi dicit, Si occidisti furem, quem capere poteras: ergo à contrario, si capere non poteras, poteris impunè occidere: Cui præterea seruit text. notab. Exodi 22. vbi dicit: Quod si fur perfodiens domum occidatur, occidens non est Reus sanguinis, illumque textum allegauit S. Tho. secunda, 2. q. 64. art. 7 volens probare, quòd longè magis licet occidere pro defensione vitæ: & arguit, si pro rebus longè magis pro vita: his itē subseruit l. 1. & ibi gloss. & Doct. C. vnde vi: Bart. atque eius sequaces in l. Vt vim, ff. de iustit. & iure, Ang. Aret. in suo celebri tracta. maleficiorum, in
2 gloss. Et dictus Titius se defendendo. † Vt autem furem nocturnum occidere liceat, secundum opinionem communem, plura requiruntur: Primò, vt istud fiat pro defensione suiipsius, vel rerum suarum, alioqui enim nulli fas esset occidere furē, maximè si illinc absque vlla rerum ablatione recedat, textus est in d. l. Furem, cū supplemento gloss. & Bartoli: Defensionem autem illam intellige non rerum quarumlibet, sed magnarum duntaxat: nam de paruis rebus nullū haberet locū illa violenta ad alterius internecionem defensio, l. Si ex plagis, §. Tabernarius, ff. Ad l. Aquil. Secundo requiritur, vt clamando inuocet aliorum subsidia, l. Itaque, ff. ad l. Aquil. Talis enim præcedens clamor à factore, tollit omnem clandestini homicidii, aut læsionis suspicionem, vt inquit Hippol. Marsilius in d. l. Furem. Tertiò requiritur, vt furem nec ipse ante occisionem agnoscat, nec vllus testium præsentium, quorum operam inclamauerat. Nam si fur ille notus fuisset aut domus domino aut testibus præsentibus, non ita impune fas esset tunc eum furem occidere, quum testimonio multorum cum fure de furto iuridicè agere posset, Bart. in d. l. Furem. Quartò requiritur, ne eum apprehendere potuisset, l. Sed & si quemcunque, ff. Ad l. Aquil. Pari † ratione cum su-
3 periorib. permittitur mihi occidere furem, qui

qui etiam interdiu domũ meã ingreditur, aut septa mea, præcipuè si baculis, lapidib. telis, aut armis aliis munitus ingreditur, meq; ita petat, vt mea mihi violenter abripiat: & si ego eundem furem aliter à meis nec arcere, nec abigere possim citra summũ corporis mei aut bonorũ meorum periculum, l. Itaq;, & l. Sed & si quemcunque, ff. Ad l. Aquil. præallegatis. Isthæc autẽ intelligas oportet, si eum furem violentũ non cognoscas, teste Bart. in l. Furem. Nam si eũ personaliter cognosceres, non tã tutò eum occidere licet. Similiter si fur quispiam alterius domum aut septa interdiu & clara luce ingreditur, nullis prædictis armis munitus, nec vllam domino vim inferens, sed tantum furandi malo studio exagitatus, in eo casu non licet tunc furem diurnũ occidere, quũ eum etiã cognoscere posset, & cum eo agere iustitia: atq; hæ sunt cõmunes omnium de furibus nocturnis & diurnis opiniones. Ego verò præfata ab omnibus venia, ab his opinionibus in parte dissentire me fateor: volens nulli licitũ esse, vt furem nocturnum pro rebus tãtùm occidat, nisi accedat graue corporis sui periculũ: & fur aut actu, aut præsumtiue tibi armis vim inferat, d. c. Si perfodiens, ext. de homicid. vbi textus apertè etiam caussam reddit, cur magis liceat nocturnum occidere furem, quam diurnum: nempe, quòd de nocte nulli certò constet, an is furandi, an occidendi gratia eò venerit, quod luce magis est perspicuũ. Et in dubio periculo, peius semper malum suspicatur, quod vt quis repellat, ad alterius interemptionem etiam se defendit & vlciscitur. Si enim constaret, furem tantum furandi studio domũ tuam fuisse ingressum (quod euidentius fit clara luce, ideoq; non tam temerè licet furem interdiu occidere) nec tuæ personæ vim vllã armis inferat: dico tibi nõ concessum esse, vt ei furunculo, bonorũ tuorũ solum gratia, vitam eripias. Porro an furandi, an occidendi gratia venerit, vel hoc indicio (quod iura volũt esse necessarium) cognosces, si magno clamore aliorũ suppetias imploraueris. Nam si hoc clamore territus aufugerit, argumentũ est eum nõ te, sed tua petere: atq; hoc casu, non licet tibi furem insequi & occidere. Si verò post clamorem nõ terrefactus permãserit, suspicio est eũ occidendi tui gratia vsquã delitescere. Atq; eo casu fas est eum tibi talem furem occidere, etiam si actualiter non videas eum te telo, aut aliis similib. armis, petentem. Ratio igitur furis occidendi, aut nõ occidendi, tota consurgit ex suspicione homicidii tibi inferendi: aut non inferendi: adeo vt si vim inferat vel inferre præsumatur, occidere possis. Si vero nullã vim tuæ personæ inferre constiterit, sed tãtum rebus tuis, nulla ratione puto tibi permissum esse, vt eum occidas: atque ita intelligo l. Itaque, § Lex, ff. ad l. Aquil. ponderando aduersatiuam (autem) positam in versic. Interdiu Non tamen per illum textum probatur id, ad quod adducit eum dominus Iason (salua interim pace tanti) in præcitata l. Vt vim, ff. de iusti. & iure: qui vult, quod pro sola rerum defensione liceat occidere, quia ibi non occiderat, aut non probatur occisio facta pro sola rerum defensione: imo etiam pro defensione personæ. Nam cum non aufugit post clamorem, latro potius, quam fur esse præsumitur: & ita non malè concordat cum l. Furem, ff. ad l. Cor. de sica. licèt D. Iason in d. l. Vt vim, dicat contrarium: dum inquit illos textus vix posse ad concordiam reduci; & in hoc differt à diurno, quem occidere solum potero, si actualiter telo aut similibus armis me lædere tentet. Ex his nunc clarè colligitur, quod non est licitum occidere furem diurnum aut nocturnum: nisi is plus sit, quam fur: aut plus quam fur esse præsumatur. Nam si se telo, aut aliis non dissimilibus armis defendat, plus est quam fur: si vero post clamorem non aufugerit, præsumitur eum plus esse quàm furem, & ideo his casib. occidere licet, aliàs vero minimè.

Ad quae hanc opinionem meam, tametsi
pace omnium protulerim , cuiuis tamen
communibus opinionibus adhærere per-
4 mittitur. Cæterum † prædicta intelligas
velim, non de minutiis , rebusq; parui pre-
cii,veluti pomis,pyris atque his similibus:
ob hæc enim nulli licet furem occidere , i-
mo ne lædere quidem,etiam si armis sese
defendere conaretur : sed de magnis bonis
hoc oportet,intelligas,quæque magni pre-
cii sunt(vt ante memini)d.l Si ex plagis §.
Tanarius:huic seruit quod voluit Alexand.
in d.l.Furem:Quod si parcitur famę homi-
nis pro re vili ac modica , vt in l. Si oleum,
§.finali, cum l seq. ff de dolo. ergo multo
magis parcendum est vitæ: ad quod alle-
gat l. Si adulterium , §. Liberto. ff. de adul.
huic consonat regula illa notissima : Quod
5 † minima non sunt in consideratione, vt
habetur in l. Seio, ff de in integ. restitut. in
l.Omnino, ff.de impen. in reb. dotali. fact.
& in c.Licet causam, in verb. Nulla vel mo-
dica, ext. de proba. D. Hippo. à Marsil. in l.
Si vt allegas,Cod.ad l.Cor. de sicar. vbi nō-
6 nullorum similium meminit. † Si meam
personam quispiam inuaderet, egoque ci-
tra periculum inuadentem possem effuge-
re,profecto eo in casu planè tenerer effuge-
re(vti & supra dictum est) Si vero quispiā
7 † mea peteret inuadere bona , non tenerer
hoc casu inuasorem effugere: quandoqui-
dem mea fuga graue mihi posset bonorum
8 meorum inferri dispendium. Si † prætere
me quispiam adoriretur , ita vt in arctā me
cōstringeret periculi angustiam: in hoc ca-
su è vestigio tenerer meipsum fortiter ad
alterius etiam internecionem (si effugere
non detur) defendere, & non per interualla
9 temporis, vti dictum est suprà. Verum † si
quispiam bona mea violenter surripere co-
naretur,aut me extrudere possessione mea:
in eo casu possem me defendere contra ad-
uersarium , non solum tempore præsenti,
atque in ipsa animi concitatione,sed etiam
quocunque alio tempore oportuno sequē-
ti, assumendo plures viros subsidiarios ex
meis fautoribus, potissimum , si damnum
illud quod mihi aduersarius inferre vellet,
graue esset & irreparabile. Superioribus au-
tem annectere necomnino extraneum fue-
rit insigne illud verbum Baldi in l. Si vt al-
10 legas,C. Ad l. Corne. de sicar. Quod sicut †
licet occidere furem se telo aut similibus
armis defendentem: ita etiā licitum est cre-
ditori volenti capere debitorem fugientē,
se telo, aut aliis similibus armis defenden-
tem & resistentem eum occidere : Quod
D. Hippol. ibidem extendit etiam ad pro-
curatorem creditoris,cui etiam licet capere
debitorem domini fugientem , secundum
glos in l. 1. Cod. vbi quis decuri. vel cohor.
quam ad hoc refert & sequitur Iason Instit.
de actionib. in princip.

CAPVT LXXIX.

De necessaria proprii honoris defensione.

Summæ rerum tractatarum in Commentariis CAP. 79.

1 *Alapam impingentem licet repellere gladio.*
2 *Prius infamiam inferentē interimens, excusatur defensione necessaria.*
3 *Nobilibus maior suæ gloriæ defendendæ ratio.*
4 *Omnibus permissā sui honoris defensio.*
5 *Conseruatio personæ & famæ æquiparantur.*
6 *Forti potior sui defendēdi ratio, quàm inualido.*
7 *Sunt causæ, quibus fugere non est ignobile.*

Si ad-

1 SI adoriretur me quispiam, † alapam in faciem mihi impacturus, bono iure mihi permittitur eam iniuriam impedire gladio meo, si aliter eam à me propellere nequeã.
2 Et † si ea in defensione eum interfecerim, ea quidem interfectio censenda est necessaria defensio, nam illam infamiæ labem nõ
3 cogebar perpeti. Nobilibus, seu † claris item permittitur, sese grauius defendere contra ignobiles, seu obscuros, adeo vt si ea in defensione ignobilẽ interemerint, excusentur de necessaria defensione admissa. Hippol. Marsil. in l. 1. num. 44 ff. ad l. Cor. de sica.
4 Omnibus † enim iure permittitur honoris sui defensio & ignominiæ violenta repulsio: imo tam infamiam, quam corporis proprii pericula, aut rerum nostrarum damna,
5 à nobis propellere cogimur. Nempe † quod personæ, & famæ conseruationem iura æquiparẽt, l. Iusta, ff. de manumiss. vindict. Et quod honor & fama cuilibet pecuniario cõmodo præferantur, l. Iulianus, ff. Si quis omiss. caus. testam, Cy. in l. 1. C. vnde vi: eam autem iniuriam si non vlciscatur, perpetuo infamis sit & repellibilis. Similis infamiæ
6 nota † viro forti quoque permittitur excusabilis, contra infirmum quempiam & debilem, cuius vim si perferat, fortitudinis suæ iacturam facit, & infamiam impingit, quod in tali statu rerum, ob dedecus & infamiam profugere non tenebatur: fuga enim talem viliorem redderet, & magis contemptibilem, & crudelis est, qui suam famam negligit, teste Cyno in l. Si ex plagis, in §. Tabernarius, & in l. Scientiam, §. Qui cum aliter, ff Ad l. Aquil. cuius etiam me-
7 minit Hippol. in d. l. 1. tametsi † occasiones incidant, quibus fugere non sit indecorum & ignobile, potissimum si per eam fugam grauiora impediantur mala.

CAPVT LXXX.

De necessaria defensione amicorum.

Summæ rerum tractatarum in Commentar. CAP. 80.

1 *Defensio oppressi proximi cuiuis licita.*
2 *Defensionem implorantem qui defendit, ad alterius etiam (si res vrgeat) internecionem, excusatur ab homicidio.*
3 *Ignoto, suppetias ferre licet ciuibus, non tamen tenetur.*
4 *Oppressum recusans defendere, ab omni pœna liber manet.*
5 *Iura ciuilia neminem ligant ad obsistendum malo.*
6 *Pro altero defendendo licet pecuniam accipere.*
7 *Malum secretum nemo alteri detegere cogitur.*
8–10 *Fallit hoc in* { 8 *Seruo.* 9 *Crimine læsæ Maiestatis.* 10 *Crimine parricidii.* }
11 *Iura pontificia quemuis ligant ad prohibitionem mali.*
12 *Non resistens malo punitur, sed non pari pœna cum factore, nisi, &c.*
13–21 *Permittitur* {
13 *Patri* } *defendere* { *Filium oppressum.*
14 *Patri* } *defendere* { *Filiam contra stupratorem famulum.*
21 *Parentib.*
21 *Consanguineis*, 21 *Affinibus*, 21 *Tutoribus*, 21 *Amicis* } *defendere aut* { *Filiam, Virginem pupillam, Matronam honestã* } *contra raptores.* }

15		*Patri,*		*Mœchum filiæ, vnà cum filia.*
18		*Patri,*		*Filiam mœchantem domi suæ vel generi tantum,*
19		*Genero,*		*Adulterum solum.*
22 28		*Marito,*		*Adulterantem cum vxore sua, non vxorem.*
23 28		*Vxori,*		*Adulteram mariti in actu, non maritum.*
25		*Marito,*		*Seruum,*
25		*Patri,*		*iocantem impudicè cum* (*Vxore,* / *Filiæ.*)
26				*Seruum.*
29	*Permittitur*	*Marito,*	*occidere*	*Riualem suum, sæpe prohibitum.*
29		*Concubinario,*		*Mœchantem cum concubina sua.*
30		*Concubinæ,*		*Mœcham amasii sui.*
31		*Sponso,*		*Mœchantem cum sponsa sua.*
32		*Filio,*		*Oppressorem patris aut matris.*
34		*Nepoti,*		*Oppressorem aui aut auiæ.*
35		*Fratri,*		*Oppressorem fratris sui.*
42		*Conuiatori,*		*Oppressorem consocii itineris.*
		Filio		*Adulterantem cum matre vel nouerca.*

29 *Patri non licet occidere filiam in domo aliena, sed in domo propria vel generi.*

36		*Dominus*		*Seruum conductum.*
37	*Tenetur*	*Seruus*	*defendere*	*Dominum suum.*
38		*Quilibet*		*Eum cui defensionem addixit.*
39		*Feudator*		*Feudatarium vasallum, & contra.*

16 *Patri* — *occidere licet* — *adulterum, & filiam simul.*

17 *Marito* — *occidere licet* — *adulterum tantum, non vxorem.*

24 *Vxor propter adulterium priuanda est dote & bonis paraphernalibus.*

27 *Clericus post frequentem admonitionem non abstinens à colloquio meretricum, excommunicandus est.*

32 *Filius* — *Non defendens* — *Parentes* — *puniendus est.*

33 *Nepos* — *Non defendens* — *Auum, Auiam.* — *puniendus est.*

1 CViuis homini iura † permittunt defendere, ac citra crimen omne protegere confratrem suum, etiam ignotissimum, ab altero grauiter oppressum: potissimum si is oppressus de vi illata clamitet, & patrocinium inuocet: vt eleganter notat Bart. in l. Si quis in seruitute, in fin. ff. de furt. In l. Vt vim, in vers. Quærit gloss. quid, &c. & ibi gloss. ff. de iustit. & iure. Cyn & Petr. in l. 1. C. vnde vi. Elegans text. in c. Dilecto, de sentent. excomm. lib. 6. versi. & quidem cum liceat, c. Non inferenda, 23. q. 3. c. Error, 83. dist. prædicta tamen consuluit sano iudicio esse intelligēda Bart. in d. l. Vt vim, in versic. Quærit gloss. quid, &c. quem in eadem opinione sequitur Ang. Aret. in suo tract. maleficiorum, in gloss. Et dictus Titius se defendendo: nempe hac caussa moti, vt vitetur opinionum multarum varietas.
2 In hoc † tamen ferè consentiunt & dicunt, si ille tertius interueniens videat confratrem suum grauiter oppressum, eiusque periculo metuens, iubeat oppresso, vt suum imploret auxilium: quod si oppressus id faciat, & tertius interueniens ob implorationem oppressum defendat, oppressorem lędat,

dat, aut etiam interimat: in eo casu volunt occisorem non teneri, vt notat Bald. in d. l. 1. C. vnde vi. cuius sententiam sequuntur plerique omnes, argum. l. Gracchus, C. ad l. Iul. de adult. quod ait Bart. esse notandũ in praxi, & hanc opinionem sequũtur Petr. & Iacob. in d. l. 1. C. vnde vi. Alienigenæ
3 atque † ignoto licitum est (si velit) ciui alicui aut viro vrbico, ab altero periculose oppresso, ferre suppetias: verum ad eam defensionem humano iure non obligatur, nec ad eam cogi potest, Bart. & Doct. in d. l. Vt vim, pro quo allegant glos. in c. Quantæ, in ver. Interpretamur, ext. de sentent. excõm. & est casus etiam, & ibi doct. in l. Metum, §. Sed licet, ff. de eo quod met. caus. Nam & si is alienigena cernat quempiam opprimi, quem tamen defendere potuit, & protegere, humano iure nihil damni incurrit, nec oppresso vllam iniuriam inferre dicitur, tametsi defendere potuit & non fecit: quia in illius voluntate totum situm est, vt oppressum defendat, aut non defendat, vt est textus & ibi Bald. & Raph. in l. Filio pater, ff. de legat. 1. Nicolaus Boërius in suis decisio-
4 nibus aureis, q. 83. num. 6. Quocirca † nullum crimen non defendendo, cum possit committit, quanquam non ferendo auxilium, si quando potuerat, & oppressum ita negligẽdo, videatur oppressori fauere, ac esse particeps propterea culpæ: ita dicit ad literam text. in d. c. Dilecto. versic. Et quidẽ cum liceat. Huic loco non inconcinne adiicientur tres conclusiones. Prima, Consenti-
5 ens † per negligentiam, de iure ciuili non tenetur, quia nemo tenetur obuiare delicto, & malum alteri illatum perpetuo defendendo propellere. ita dicit gl. in l. Culpa caret, ff. de reg. iuris: Bartolus in l. 2. §. Sed in eo, ff. ad S. C. Sylla. Bart. in d. l. Metum, §. Sed licet, per illum text. in quo dicitur,
6 Quod † liceat pecuniam pro altero defendendo accipere: ex quo colligitur, quod iure ad defensionem alterius nemo teneatur. Nã si quis iure ad alterius obligatus esset defensionem, nulla ratione pecuniam accipere posset, per text. in l. Iurisgentium, § Si ob maleficium, ff. de pact. vbi quis non debet accipere pecuniam pro eo faciẽdo, quod de iure communi facere tenetur: Et hanc opinionem videtur tenere gloss. in c. Quantæ, ext. de sentent. excommun. & sequitur Salic. in l. Quisquis, §. Id quod, C. ad l. Iuliam Maiest. Abbas in c. 1. de offic. delegat. Et hæc est communis omnium opinio: licèt quidam respondeant ad text. præalleg. vt Philippus Decius in d. c. 1. de offic. delegat. Ex his infert Bald. in d. l. Vt vim: Quod
7 † si potui iuuare aliquem oppressum clamando, & non feci, de iure ciuili ad hoc nõ teneor: similiter si sciebam, quòd Mæuius velit occidere Sempronium, idque illi non significauerim, nec dixerim, illud similiter dicere non teneor. Verum ista prima con-
8 clusio limitanda est. Primò † in seruo, qui cum potest, non defendit dominum, quia punitur pœna vltimi supplicii, l. fin. C. de his quib. vt indig. l. 1. ff. ad S. C. Sylla. Ita intelligitur l. Culpa caret, prius citata, si in ea sumas argumentum à contrario sensu.
9 Secundo † locum non habet in crimine læsæ Maiestatis cui defendendæ omnes ex iure obligati sunt, si possint. l. Quisquis §. Id quod, Cod. ad l. Iuliam Maiestatis. Ex quo infert Bartolus in l. 1. §. Occisorum, ff. ad S. C. Syllanianum. quod sciens coniurationem contra Principem, punietur, si non reuelet, quia ita celando, illius Maiestatem quum posset, non defendit, quam opinionem sequuntur Abbas, & Philippus Decius in c. 1. extra de officio & potestate iudic. de-
10 legat. Tertio † non habent locum, quę prędicta sunt in crimine parricidii: quia sciens aliquem velle occidere patrem aut filium, grauissime tacendo peccat, & ideo ob non denuntiationem punitur, textus est in l. Vtrum, in verb. Cõscii criminis, ff. ad l. Pomp. de parricid. Quãquam sint qui dicant, quod debemus supplere, de consciis participibus, quam solutionem etiam habet Bald. in d. l.

Quisquis, cuius magna (haud dubie) est auctoritas. Posset tamen aliquis acutioris ingenii, Conscios illos dicere esse eos, qui cum conscientia delicto fauebant. Ad hunc sensum quanquam ita conscios intelligere possis: priori tamen opinioni magis, vt adhæreas, suaserim: atque hactenus ita in hac cõclusione habita de iure sunt ciuili. Secun-
11 da † aũt conclusio est: de iure Canonico omnes tenentur obuiare delicto: Si enim (cũ possent) malo non occurrerent, grauiter ipsi, non præstando Christianum officium delinquerent, text. est in d. c. Quantæ, vbi dicitur illos fauere alterius maleficio, qui cùm possint resistere, non resistunt, textus in can. Sicut dignum, §. Illi etiam, extra de homicid. In d. c. Dilecto, in d. c. Non inferenda, 23. quæstio. 3. c. final. & c. Qui potest, eadem caussa & quæstione. Et hanc opinionem tenet gloss. in d. l. Culpa caret. licet Andreas Siculus, in d. c. 1. extra de officio & potestate iudic. delega. dicat hoc locum habere solùm in foro conscientiæ, & Anton. de Butrio in d. c. Quantæ, & Abbas in c. 1. de restitut. spoliato. Philippus Decius tamen adhæret priori opinioni cum text. preallegati loquantur simpliciter: & ideo intelligendos esse de foro contentioso. Quum enim iura canonica aliter obtinere volunt in foro conscientiæ, quam in foro contentioso, hoc clarè & separatim exprimere solent, c. Quicunque vult. 17. quæst. 4. vnde cum hoc aperte non exprimunt, tutior est
12 opinio gloss. Tertia † conclusio hæc sit: Negligens obuiare manifesto facinori, nõ punitur etiam de iure Canonico tanta pœna, quanta faciens, nisi esset prælatus, vel superior, qui vitiis obuiare tenetur: Ita tenet gloss. in c. 1. de officio & potestat. iudic. delegat. per text in c. Nihil, & c. Error, 83. distinct. c. Quamuis, de regulis iuris, libr. 6.
13 Patri, iura † permittunt defendere filium oppressum, atque adeò, si tum oppressorem interficiat, culpa vacabit: Nam ea interemptio, coacta defensione excusabitur. Filius enim parentum suorum substantialis pars est, ex ipsorum visceribus genitus, & commune bonum coniugatorum, l. Isti quidẽ, ff. de eo quod met. caus. in eo saluatur pater, & paterni nominis diuturnitas conseruatur, l. Liberorum, & l. Pronuntiatio, §. fin. ff. de verborum significatione. Quod intelligas tam de naturalibus ac illegitimis, quam legitimis filiis, oportet: quia natura communis est, l. Hos accusare, §. final. ff. de accusationibus. Nec potest constitutio naturam immutare, nec coarctare naturales stimulos, l. Amicissimos, §. Lucius, ff. de excusat. tuto. facit l. 2. & 3. ff de libera. caus. Neque ista solum de iuris ciuilis intentione, sed de ipsa etiam rerum omnium probantur natura, quum vel animantia bruta, catulorum suorum ac partus sui salutem naturali quadam iustitia insita tueantur, quã omnibus animantibus naturæ sagacitas in-
14 sæuit mirificè. † Patri similiter permittitur necessaria defensio filiæ, contra famulum, aut filiam constuprantem, aut filiam moribus, indiciisque apertis constuprare conantem: adeo vt si hunc oppressorem in fu-
15 rore interimat, culpa vacat. Patri † item concedunt iura, interficere quemcunque mœchum filiæ suæ, si quando ambos in opere mœchantes cõpererit, vel ad opus paratos domi suæ, aut domi filiæ suæ seu generi sui, l. Quod ait lex, & l. Marito, ff. ad l. Iuliam de adulteriis. Sed si mœchum occidere velit, etiam filiam mœcham occidat, oportet: aut saltem ita grauiter vulneret, vt foris è vulneribus declarare posset, se animum habuisse vtrumque occidendi cupidum, & ita si malum vlciscatur, nullo modo punitur, l. Nihil interest, ff. ad l. Iuliam de adulteriis, sicuti postea declarabitur in cap. de adulterio. In hoc tamen nouissimo
16 casu notanda sunt duo. † Primo, quod pater potest occidere adulterum & filiam. Ma-
17 ritus † autem vxorem impunè occidere non potest, sed solum adulterum, l. Nec in ea, l. Patri, & l. Nihil, ff. ad l. Iuliã de adulteriis, d. l.

18 d. l Marito, sicuti mox probabitur. † Item potest pater occidere filiam deprehensam, siue in domo sua, siue in domo generi: &
19 tamen gener † potest solum adulterum interficere, quem deprehendit in domo sua, non soceri, dicta l. Marito. Si quis autem roget, quænam sit ratio quod patri dentur laxiores habenæ, quantum ad occisionem adulterantium, quam marito? Breuiter in hoc iurisconsultus assignat rationem in l. Nec in ea, ff ad l. Iuliam de adulteriis, versiculo, Ideo quod plerunque pietas paterni nominis consilium pro liberis capit: cæterum mariti & calor & impetus facilè sæui-
20 entis fuit refrenandus. Secundo, † est aduertendum, quod pater non potest occidere filiam in aliena domo repertam: licèt possit occidere inuentam in domo propria vel generi, l. Quod ait lex, ff. ad l. Iuliam de adulteriis, qui text. causam addit, quod maiorem ac dedecorosam magis iniuriam putauit legislator, quod in domum patris aut mariti ausa fuerit filia adulterum inducere.
21 † Permittunt item iura parentibus, consanguineis, affinibus, tutoribus, curatoribus, vel amicis alicuius virginis, iuuenculæ, aut honestæ viduæ, defendere suam filiam virginem, aut honestam viduam contra violentum raptorem, & eas vi abducere conantem: ita vt si eum raptorem cum omnibus etiam cooperatoribus interimant, culpa vacent & crimine, l. vnica, C. de raptu virg. & ibi Salicetus, l. Raptores, C. de Episcop. & cleric. huic seruiunt. l. Lex Cornel. in princip. ff. de iniuriis, & ibi gloss. & Bart. in d. l.
22 Vt vim, & doctores, in d. l. 1. C. vnde vi. † Permittitur item marito occidere eum, quē comperit adulterantem cum vxore sua, d. l. Marito, ff. ad l. Iuliam de adulteriis, & leg. Gracchus, C. eod. tit. Sed quid † si occidat
23 vxorem maritus? certè propter iustum animi dolorem, excusatur à pœna, l. Corneliæ, & mitius punitur, l. 1. §. Item Diuus, ff. ad l. Corneliam de sicariis, & l. Si adulterium cum incestu, §. Imperatores, ff. ad l. Iulia, de adulteriis. Istud limitationem recipit, vt non procedat de iure Canon. quia non est licitum occidere vxorem: nec eam occidens releuatur à peccato, neque etiam minuitur peccatum, text. est in c. Inter hęc, 33. q. 2. vbi dicit text. Quod est licitum de iure canonico marito propriam vxorem interficere, etiam, quemadmodum licet secundum legem mundanam: modò non licet occidere vxorem secundum legem mūdanam, nisi quantum ad mitigationem pœnæ: ergo de iure canonico per illum textum, etiam quātum ad mitigationem pœnalem, non licet occidere vxorem. Et rationem istius assignat textus in c. Admonere eadem caussa & quæstione, quia Deus non vult mortem peccatoris, sed vt potius conuertatur ad pœnitentiam, & viuat: iste autem maritus est caussa perditionis animę
24 eius. Et est notandum † singulariter vnum circa hoc, quòd licèt regulariter vxor propter adulterium priuetur dote, vt probatur in c. Plerunque, de donat. inter vir. & vxor. & in singulari c. penult. extra de consuetu. & nedum dotem perdit, sed etiam bona paraphernalia, vt voluit gloss. singularis in d. c. Plerunque, quam ad hoc dicit mirabilem Ludou. Roman. in singul. 311. incipient. Propter adulterium, tamen in hoc casu maritus vxorem interficiens, non lucrabitur dotem, gloss. est in d. c. Inter hæc. Ma-
25 rito † & patri etiam licitum est occidere seruum quē reperit inhonestè ac impudicè io-
26 cantem cum vxore aut filia. Licitum † quoque marito est riualem suum occidere, aut eum quem adulterii cum vxore suspectum habet, quiq; non cessat vxorem ad Venerem solicitare, & cum ea colloqui non desinit, præcipuè si hoc ei tertiò coram tribus fide dignis prohibuerit, text. est apertus in Authent. Si quis ei quē. C. ad l. Iul. de adult. & in Auth. vt liceat matri & auiæ, §. His quoque, pro quo facit text. notab. in c. 2. de cohabit. cleric. & mulier. in antiq. vbi proba-
27 tur: Quod † excōmunicari debet clericus, qui

monitus non abstinet à colloquio inhone-
28 starum mulierum. † Sicut marito permit-
titur occidere mœchum: in opere, pro de-
fensione vxoris, d. l. Gracchus, & d. l. Mari-
to, ita vxori permissum est occidere mœchā
in opere pro defensione mariti, quia spiri-
tualiter sunt vniti vinculo fœderis, vniti
(inquam) in carne vna, & vnum corpus es-
se censentur, c. Admonere 33. q. 2. l. 3. ff. de
libe. caus. tametsi sint qui secus arbitrentur,
vxorem non posse defendere maritum, si-
cut nec agere pro eo caussam, sed horum o-
pinio certè nō minùs est ridicula, quam na-
turali ratione cassa. Nam si concubinis (vt
mox infrà) permittitur iusta sui amasii de
fensio, ne perdat ipsum: multò magis ea de-
fensio concedenda est vxoribus pro salute
maritorum, vt eos scilicet iusta ratione de-
fendant, à quibus ipsarū pendet salus, glo-
ria, & plerunque vitæ necessitas, teste Bald.
29 in repet. l. 1. C. vnde vi. Pari † item ratione
permittitur concubinario occidere mœ-
chantem cum sua concubina. & cōtrà; pro-
pter immensam inter ipsos initam amici-
tiam ac domesticam inter eos consuetudi-
nem, & carnalem societatem, non minori
sæpe amore flagrantem quàm in legitimo
coniugio, l. Si vxor, versic. Quod & in con-
cubina, ff. ad l. Iuli. de adulter. l. Quod ait
30 Lex, ff. de diuort. & repudi. Sponso † præ-
terea fas est mœchantem cum sponsa sua
occidere, propter zeli & amoris inter ipsos
magnitudinem, quo alter alteri sic conne-
ctitur, non secus, quàm si matrimoniali iu-
re completo, mutuò iam essent coniuncti:
atque ob hoc, idem de sponsis & coniuga-
tis hac in re semper est iudicium, l. Oratio,
ff. de sponsalibus, l. Si vxor, § Si minor, ff. ad
l. Iul. de adulter. l. Non sine, C. de bon. quæ
liber & Bald. in præallegata sua repetit. l. 1.
31 C. Vnde vi. Permittunt † iura filio occidere
oppressorem aliquem pro defensione pa-
32 tris aut matris. Idem † nepoti fas est occi-
dere oppressorem pro defensione aui aut a-
uiæ, adeo vt si ipsos non defenderent, scili-
33 cet † Parentes, Auum, aut Auiam contra
oppressorem: tum filius, tum nepos in cul-
pa essent & crimine, cuius gratia, ceu fauto-
res, condemnandi forent, argum. l. Vtrum,
ff. ad l. Pompe. de parricid. & §. Aliud quoq;
capitulum, in Authent. vt cum de appella-
34 tione cognoscit. collat. 8. Fratri † similiter
occidere quempiam permittitur pro defen-
35 sione fratris sui. † Et vni consocio viatori
in itinere, permittitur occidere inuasorem
pro defensione alterius consocii sui in eo-
dem itinere; quod qui vnum inuadit, o-
mnes inuadere censetur, & singulis cōmu-
nem inferre iniuriam, vt notatur in l. Item
apud Labeonem, §. Tenetur, ff. de iniuriis.
36 † Dominus tenetur defendere conductum
37 seruum seu famulum. Et seruus † tene-
tur ad alterius etiam internecionem defen-
dere ac iuuare dominum suum, armis, cla-
moribus, aliisve iuuandi rationibus, quas
cōminisci poterit, citra p̄sonæ suę periculū:
licèt serui teneantur mori pro dominis, l.
Cum dominus, ff. ad S. C. Syll. sed liberis li-
cet se exponere morti pro domino, non ta-
men coguntur: huius meminit Bald. in d.
repetit. l. 1. Cod. vnde vi, qui nonnulla ibi-
dem adducit præsenti materiæ admodum
38 conuenientia, quem videte. † Tenetur itē
omnis defendere eum, cui defensionem
39 promisit & addixit. Feudator † similiter de-
fendere tenetur vasallum, seu feudatarium
suum: & contra, feudatarius dominum seu
feudatorem suum, Bald. in repetit. l. 1. C.
40 vnde vi. Licet quoque † filio occidere eum,
quem reperit actu adulterantem vel ince-
stuantem cum matre sua, aut cum vxore pa
tris sui, id est, nouerca, gloss. in l. Quod ait
lex, ff. ad l. Iul. de adulter. Angelus tamen
in suo tractatu maleficiorum, in gloss. su-
per verb. *Che me hai adulterato la mia don-
na*: Cynus & Salicetus in d. l. Gracchus, cō-
trariam ac negatiuam opinionem sustinēt,
quos ibidem videte. Glossę tamen multi eo
libentius assentiuntur, quod filio acerbum
sit conspicere matrem suam meretricari: at-
que

que adeo vix animo suo moderari posse, quoties conspicit tantū scelus offerri à mœcho matri, quod ad ipsum vsq; ignominiose & cum summo dedecore deriuetur. Verum omnia quæ hactenus iure permissa diximus, si excusationem mereantur, oportet facta fuisse, & fieri in ipsa animi impotentia, & in ardenti ob nefarii operis compertum actum furore, non post interualla temporis: atque adeò etiam cum moderatione ad talem defensionem requisita: non autem ex vindicta & vltione, l. Quod ait lex. ff. ad l. Iuli. de adulter. quia nulli vnquā permissa fuit vindicta, quàm soli Deo, & Iudici in iustitia Dei ministro, & ad mala punienda ex officio Dei vicario, & ad hoc constituto. De his satis.

CAPVT LXXXI.

De aliis Homicidiis licitis.

Summæ rerum tractatarum in Commentariis CAP. 81.

Occidere licet
- *Omnibus*
  - 1 *Hostes in bello.*
  - 2 *Exules quosuis* } *ad* { *occidendum* / *mortem* } *Damnatos.*
  - 3, 8 *Hostes patriæ* } *ad* { *occidendum* / *mortem* } *Damnatos.*
  - 9 *Turcas, & fidei Christianæ inimicos.*
  - *Hostes pro defensione patriæ tuæ.*
- 10 *Tortoribus, maleficos ex officio.*

3 *An occisor exulis, habilis sit publ. dignitatibus.*
4 *Homicidium quoduis, suo facto infames reddit.*
5 *Homicidia, sæpius ex vindicta, quàm ex amore iustitiæ.*
6 *An occidens bannitum impunè, peccet in foro conscientiæ.*
7 *Iudex iusta occisione malefici, non peccat, sed meretur.*
11 *Iudici tortore carenti permittitur viles personas ad iustitiæ executionem cogere.*
12 *Eidem permittitur rusticorum currus ad eosdem actus sistere.*
13 *Priuatus à iudice cogi potest, ad vendendum fundum iustitiæ executioni idoneum.*
14 *Consilium de propriis aurigis habendis pro executionibus iustitiæ.*

1 CONcessum est iure † hostes vel transfugas occidere in bello in subsidiū Principis, sub iuramento & ductu capitanei, l. 3. § fi. ff. Ad l. Corn. de sica. c. Cùm homo, 23. q. 5. l. Proditores, ff de re milita. Et si bellum (vt ferunt) iustum sit, occidens in eo hostem, contra leges non peccat, de quo latius sumus tractaturi c. proximè sequente.
2 Concessum est item † interficere exules, atque hostes quoscunque patriæ, qui per latā sententiam ad interficiendū damnati sunt. Quoniam autem hic nobis sermo fuit de interfectione exulum aut bannitorum, obiter hîc mihi subiit non indigna quæstio:
3 † An talis occisor exulis, post homicidium habilis sit ad publicas dignitates gerendū: potissimum, quum ius municipale omnes homicidas ab eis arceat & excludat. Ad quā quæstionem breuiter respōdendū mihi videtur:
4 Tales homicidas † omnibus dignitatibus publicis esse indignos: quòd homicidio ipso licet tolerabili, non tamē laudabili, facti sint infames: & talia homicidia sæpe etiā ex vlciscendi libidine, & ex inimicitia cōmittant potius, quàm ex amore iustitiæ:
5 quod Iudex ipse nō eo animo † facit, sed pro executione iustitiæ, & ex necessitate officii: & ideo verba odii non debent ad illū

trahi,arg.l Quamuis, & quod ibi per Doct.
in q.de barbitonsore, ff. de in ius vocando.
Si autē ius municipale ita esset constitutū,
vt exules quibusuis licitè & impunè occi-
dere liceret:in eo casu homicidiū nullomo-
do maleficium esset, propter illud aduer-
bium (licitè) adiunctum: Ita pulchrè Bald.
in l Decuriones,in fin.in ver.Et hoc est vti-
le scire,C. ex quibus caus. alicui infamia ir-
rogatur,l.3.§. Transfugas, ff. ad l. Corn. de
sicar & l.1 & 2 C. quando liceat vnicuique
sine iudi. se vindic. Sed hinc rursus alia se
6 profert quæstio: An occidens † bannitum,
impunè ad prędictā formā statuti, peccet in
foro conscientiæ? vbi reperias, qui affirma-
tiuā partē amplectantur, allegantes c. Inter
hæc,32.q 2 Mihi tamen apparet contrariū:
(salua interim pace rectius sentientiū) Ta-
lis enim occidens, quicquid facit, authori-
tate legis facit, & ita vt minister & executor
7 legis habendus est: Vnde sicut Iudex † pu-
niendo & occidendo malefactorem secun-
dum formam legis non peccat, imò mere-
tur, vt 23 q.5. quasi per totā q & maximè c.
Reos: ita & iste, qui hoc facit authoritate le-
gis, & ob vindictā & vtilitatem publicam.
Atque tanto apparebit hęc opinio verior, si
solo vindictæ zelo & publicæ vtilitatis ra-
tione se motum fuisse cōfirmet ac testetur:
secus verò atque inexcusabilior, si liuore &
delectatione effundendi sanguinēhumanū
percitum, id tantùm fecisse constiterit: tūc
enim peccaret mortaliter. Possent hîc plu-
res aliæ oriri quæstiones, nempe, an pater
bānitus possit occidi à filio, dominus à ser-
uo, vasallo, vel liberto? & his non dissimiles,
quas cōpendii gratia omitto, & studioso in-
8 dagandas relinquo. Omnib.† ītē iure con-
ceditur interficere Turcas, Sarracenos, & fi-
dei Christianæ inimicos, pro defensione fi-
dei catholicæ, fac.l 1 secundū Bar.C. de pa-
ganis & sacrificiis eorum & l fin. & ibi Bald.
C. de postliminio reue.c Noli 23 q.1.c. dis-
9 plicet, & c Si non, 23 q.4. Interficere † licet
itē hostes tuos, pro defensione ciuitatis aut
10 patriæ tuæ in qua natus es. Occidere † item
licet ei, cui hoc ex Iudicis authoritate com-
missum est, ministro nempe, iustitiæ: ve-
luti tortoribus, lictoribus & carnificibus, c.
Deo occidendis, c Miles, c. Cùm homo & c.
Homicidiū, 23.q.5. Circa hoc postremū au-
tē(vbi de iustitiæ executore agitur) ani-
11 maduertendum est: Quod † Iudex ministrū
iustitiæ seu carnificē non habens, possit pro
exequenda iustitia post sententiam capita-
lē apprehendere quēuis nebulonem, vilem,
aut alioqui simplicē personā, etiā inuitam
& reluctantem, modo ea vilis sit, vt ea (ob
defectum carnificis) carnificis officio in ex-
equenda iustitia fungatur: Ita habet Flo. in
l. Liber homo, in 2. colum. ff. ad l. Aquil vbi
inquit Guilielmū de Cuneo hoc voluisse in
l.final.§ fin. ff. de pignora. actio. & ibi Bar-
tolus expresse illius meminit, subiiciens:
12 Quod † iudici etiam liceat, alterius etiam
inuiti capere currum, & equos, aut iumēta
quib. ad iustitiæ executionem vtatur, nem-
pe vt maleficos, aut instrumenta, aut ma-
terias quasuis ad iustitiam necessarias ve-
hant ad locū supplicii: quod sequitur Flor.
in l. Ita vulneratus, ff ad l. Aquil. Cui admo-
dum seruit dictum Ioan. Andreæ in addit.
ad Specu. titu de execut. senten. in rubr. vbi
(quod maius est) dicit: Quod priuatus à Iu-
13 dice † potest cogi, vt fundum iustitiæ ido-
neum & commodum vendat, ad erigendas
ibidem furcas: cuius latius meminit Alex.
in addit. ad Bart. in d l. fin. ff. de pigno. actio.
Hæc autem tametsi ita iure habeantur, vt
superiori modo inuiti cogi possint, ne ta-
14 men † multa hinc emergant incommoda,
& pericula, pugnę aut homicidia: neve sim-
plices rustici ad inuitas cogantur operas,
quas infames putant, & superstitionibus a-
liquanto addictiores quam par est, credunt
hinc alterutrum equorum suorum, aut am-
bos mortę mox perituros, si maleficos ad
crucem vehant: ne (inquam) huiusmodi
mala contingant, sed vt omnia dissidia vi-
tentur, & omnium animis & rationabilib.
volun-

Voluntatibus obſequatur, non abs re factu-ros Magiſtratus putarem, ſi ſingulæ ciuitates ſuos in hunc vſum proprios haberent currus, aut proprios aurigas ſtipendiarios ad eas operas inſtructos.

CAPVT LXXXII.

De Bello.

Summæ rerum tractatarum in Commentariis Cap. 82.

1 *Bellorum mala potiſsima.*

2 *Non ex leui cauſſa bella ſuſcipienda.*

3 *Non ſatis tutum de bellis multa conſcribere.*

4 *Iuſta bella permiſſa ſunt iure*
- *Gentium.*
- *Naturali.*
- *Canonum.*
- *Diuino.*

5 *In iuſtis bellis, qui hoſtem occidit, non tenetur de homicidio.*

6 *In iuſtis bellis, omnis deprædatio vt iuſta permittitur.*

7 *In Christianorum bellis capti, non fiunt capientium.*

8 *Captiuitas Chriſtianorum, redemptione pecuniaria commutatur.*

9 *Præda nobilium in bello, per duces prædatoribus diſtribuenda.*

10 *Vſus prædas ſingulas, ſingulis permittit.*

11 *Occupatio rerum immobilium ad Principem pertinet.*

12 *Vt bella iuſta habeantur, requiritur*
- *Perſonarum idoneitas.*
- *Iuſta cauſſa.*
- *Recta intentio.*
- *Authoritas Principis.*

13 *Viri eccleſiaſtici bellis gerendis inidonei.*

14 *Eccleſiaſticis permittitur in iuſtis bellis, vt opem conferant opibus.*

15 *Iuſta belli ratio eſt*
- *Defenſio ſui.*
- *Defenſio ſuorum.*
- *Defenſio gloriæ & dignitatis ſuæ.*
- *Recuperatio rerum iniquè ablatarum.*
- *Defenſio libertatis Reipub & fidei Catholicæ.*

16 *Recta belli intentio eſt, quæ aſſumitur*
- *Non ex prædominandi libidine.*
- *Non ex odio.*
- *Non ex inuidia.*
- *Non vt aliis ſua eripiat.*
- *Ex legitimis & vrgentibus cauſsis.*

17 *Authoritas belli eſt, cum ſit ex mandato Principis.*

18 *Soli Pontifici, & Imperatori iura permittunt bella indicere.*

19 *Reges citra decretum Imperatoris bella gerentes, ſua propria authoritate vtuntur, Iure abutuntur.*

20 *Bellum gerens citra authoritatem ſui ſuperioris, crimen læſæ Maieſt. committit.*

Princeps

64 subditorum incolumitatem procurat, si bonus.
65 si magis attendat ad utilitatem propriam quam communem, Tyrannus est.
66 in dubio præsumitur bonus & iustus.
67 Princeps ex iustitia bonum inseparabile consequitur.
68 iustitiam non tollit.
69 Principes toto animo debent curare, ut in suis terris Iustitia obtineat principatum.
70 neminem fallit.
71 ius priuati auferre potest, pro bono pacis.
72 solus bona ciuitatis alienare potest.
73 Princeps an ne tollat ius naturale?
74 cum causa præsumitur auferre ius Gentium.
75 potest priuato auferre dominium rei suæ fauore Reipub. vel communis utilitatis.
76 malè à Iudæis Tributa accipit, pro licentia mutuandi ad usuras.
77 Principis potestas circa subditorum bona.
78 Principis omnia esse quomodo intelligendum?
79 Quæ principi reseruantur?
80 indulgere potest multitudini.
81 non tenetur ordinem iudiciorum seruare.
82 potest iudicare secundum veram & iustam conscientiam suam, licet alii inferiores secundum allegata, & probata.
83 Princeps potest iudicare inspecta veritate.
84 nemini gratiam concedere debet cum iniuria tertii.
85 quando non dispensat?
86 sine causa dispensans peccat.
87 An peccet cum dat licentiam duobus intrandi duellum.
88 Principibus seculi datus est gladius ad vindictam malorum, laudem vero bonorum.
89 Princeps ad vindictam non sit facilis.
90 Princeps in puniendis delictis sit prudens ac diligens.
91 Principes & Reges delinquentes, Deum habent vindicem.
92 Principem summe decet prudentia.
93 debet habere omnia in scrinio pectoris.
94 bonus Boni Senatus.
95 non magis debet consiliariis carere, quam membris sui corporis.
96 Princeps potest fingere expressum, quod non est expressum.
97 habet voluntatem pro ratione.
98 authoritate tacitè præstat tametsi inferiores non possint.
99 an pupillo causam deleget?
100 Principibus, & ab eo missis, obediendum est.
101 Principe diffidato, censentur diffidati omnes eius complices.
102 in dubiis, & arduis est consulendus si commode potest, quod si non potest consuli commode, eligenda est sententia absolutoria pro reo.
103 Princeps in præiudicium successoris nihil facit.
104 ubi, ibi Curia. Ubi Romanus pontifex, ibi dicitur esse Roma.
105 Unus.
106 Non principant duo principes in eodem loco.

AGgressurus proximum caput de bellis, prius conceperam multa de bellorum ratione conscribere, vnde & ex quibus causis ea oriri conueniat: quæ bella censenda sint

LXXXII. De bello

sint iusta quæ iniusta: quid in illis, quidq; in istis aut iuste aut iniquè fieri soleat: quæ commoda ex iustis bellis: quæ contra incommoda ex iniquis bellis proficisci soleat: postremò quam horrenda, ac deploranda sint pleraque Christianorum bella, vt à pio quouis viro latrocinia, ac omnium malorũ Lerna dici possint potius quã bella. In quibus atrocissima (proh dolor) comperimus regnare facinora, non quod ea Principes velint, aut tolerent: sed quod ea omnia, bellorum tumultus non secus quã vmbra corpus
1 cõsequi soleant: nempe, † blasphemię, sortilegia, diuinationes, cum dæmonibus inita fœdera, simoniæ, hæreses, apostasiæ, furta, sacrilegia, adulteria, incestus, homicidia, latrocinia, rapinæ, incendia, monetarũ adulterationes, monopolia, falsa quęlibet, deflorationes, stupra, sodomitica, mutilationes, iniuriæ, assassinationes, atque his similia innumera, quæ bellorũ experti, tibi certiori fide retulerint. Quamobrẽ
2 † non leui ex causa nemo non videt esse bella suscipienda: quum isthæc mala omnia in caput recidant illorum, qui præter rationis æquitatem, & ex caussis leuibus, bellorum Camerinam mouent. Verum quum de bellorum malitia, ac pacis commodis multi, & potissimum magnus ille D. Erasmus, nostrę ætatis ac totius Europæ decus incomparabile, abundè multa conscripserint: perpendi tandem non esse mearũ virium, amplius ac absolutius quiddam ea de re proferre pos-
3 se: deinde † cognoui non satis tutum esse ea de re multa asserere, & os meum in cœlum (vt dicunt) ponere & Principum animos, consilia, & gesta, meis scriptis probare aut improbare, malens hîc prudenter tacere, quam imprudenter sine fructu multa effutire. Et quanquam multa sint nostratium bella prorsus execranda, vt in quibus regnẽt (iuxta decreta in c. Noli, 23. q. 1.) nocendi cupiditas, vlciscendi crudelitas, impacatus atque implacabilis animus, feritas rebellãdi, libido dominandi, & his similia: sunt tamen alia bella iusta & laudanda: eoq; concessa, non tãtum iure gentium, sed iure na-
4 turali, canonum, & iure diuino. † Primò siquidem iure, scilicet iure gentium, introducta bella sunt, l. Ex hoc iure gentium, ff de iusti. & iure. quæ nõ nisi pro rerum aut personarum iustitia prosequenda permittuntur, c. Iustum, 23. q. 2. Secundo quidem iure, animalia bruta, instinctu naturali mouentur ad iniuriam propulsandam, l. 1. §. Cum arietes, ff. Si quadru. paup feciss. dicat. Tertio itẽ iure canon. c. Dominus noster, 23. q. 2. per Innoc. in c. Olim, de restit. spoliato. ad hoc facit, quod idem no. in c. Postulasti, de foro cõpeten. Quarto similiter diuino iure filii Israël contra Amorrhęos terram ipsorum patribus repromissam adepti sunt, c. Notandũ, 23. q. 2. hoc eodem iure, Iudith vt liberaret populum, sua priuata manu Olofernẽ occidit, quia nullus erat in terris, qui de prædictis iustitiã ministraret. De huiusmodi quoq; carnalibus bellis iure diuino permissis pro iustitia consequẽda, tota veteris testamenti pagina plena est, c. Nisi bella, 23. q. 1. Qui igitur plura desideret de bellis, alios authores lecturus consulat. Ego hîc nihil agere tandem statui, quã quæ hoc libro atque hac materia nostra de criminibus digna videbuntur. Quum igitur in homicidiorum mentionem iusto ordine incidimus, ea quoq; priuatim homicidia nobis tractanda sunt, quæ in bello cõ-
5 tingunt. Quoscunque † igitur in iustis bellis aliquis occiderit, is iusto homicidio occidere dicitur, cum Lex permittat eos occidere, l. 3. § final. ff ad l. Cornel de sicariis, l. Proditores, ff de re militari, c. Cum hõmo. 23. quæst. 5. Ideoque nonnulli doctores autumant, eos de occisionibus non teneri neque apud mundum, neque in conscientia apud Deum, potissimum si ad bellum tale non vltro procurrant auaritiæ, homicidii, gloriæ, aut lucri, sed tantum obedientiæ Principum suorum gratia: Et ad tale bellum non nisi inuiti, & coacti compel-

lantur,vbi velint,nolint, Principum placi-
tis post iuramenti Sacramentum parere co-
gantur,c. Quid culpatur,23.q.1.Etquicquid
6 † in iisdem bellis aut capitur aut furto vel
prædatione tollitur,id bene & iustè præda-
tum, aut captum volunt, adeò vt ad pro-
prios vsus iure, & in foro conscientiæ illud
pertinere debeat, Innoc.in c. Sicut, & infrà
ext.de iureiuran. Bart. in l. Hostes, ff. de ca-
pti.& postlim.reuers.l.Hostes, ff. de verbo-
rum significat. § Item ea quæ ex hostibus,
Institut.de rerum diuisi. l. Si quid in bello,
ff.de capt.& postlim. reuers.& ibi Barto. Al-
beri.de Rosa & Alexād.notatur,in c.Olim,
extra,de restitut. spoliato. Car. in Cle. 2 q.
3.de re iudica. & idem Cardi. in Cle. Dudū,
§ finali. de sepultur. Animaduertendum
7 † tamen, quod hodie ex communi obser-
uantia,& ex laudabili inter Christianos re-
cepta consuetudine,quod (inquam) homi-
nes capti non efficiuntur capientium, nec
captori cedunt in possessionem propriam,
vt olim in bellis gentium, vbi capti capto-
rum perpetua manebant mancipia: apud
Christianos verò, mitius capiuntur. Nam
8 illa † captiuorum proprietas commutata
est redemptionis precio, quo sese è captoris
potestate liberant,de quo Scribent.in l.Ma-
numissiones,ff.de iustit.& iur. Ita habet D.
Nicolaus Boerius vir omnibus numeris ab-
solutissimus.in decisionibus suis aureis, q.
178.hanc autem redemptionē,barbari Ran-
sonem siue financiam vocant. Qui Ranson,
siue deditionis precium, aliàs capientis est,
aliàs ipsius,Principis aut superioris, vti cō-
monstrat D. Nicolaus Boerius in suis deci-
sionib. aureis,quæst.178. Præda vero rerum
mobilium,quam Butinum vocant, an du-
9 cibus, † an captoribus tradi debeat. Doct.
disputant.In hoc tamen consentiunt, eam
esse capientium: Sed allatam, ilico ducibus
aut superioribus tradendam:non vt eam si-
bi propriam seruent, sed vti eam militibus
omnibus,qui communi periculo in eadem
deprædatione fuerint, ex æquo secundum
qualitatem personarum distribuant. Ego
10 tamen † cum recepta consuetudine censeo,
captam eam prædam non esse pro distribu-
tione superioribus tradendam, sed relin-
quendam singulis suis captoribus, vt hac
spe militum animos ad diligentiorem de-
prædationem erigerent, & vt quisque ca-
11 piat,quod capere potest, Cæterum † prædę
vel occupatio rerum immobilium, quando
ipsorum sint Principum hîc nihil dicen-
dum esse putaui: de his item D. Nicolaus
12 Boerius, quæstione vt supra. Iusta autem †
bella ea volunt, in quibus quatuor simul
concurrunt, videlicet Personæ bellis ido-
neæ: Iusta suscipiendi belli caussa: Recta in-
tentio: Authoritas & mandatum Principis
13 aut superioris. De primo † sciendum est, sa-
cerdotes,& viros ecclesiasticos,in ordinibus
sacris constitutos, inidoneos & inhabi-
les esse ad bella gerenda, & ad bellorum of-
ficia: neque iis concessum esse alios occide-
re, seu aliorum effundere sanguinem, c. Si
quis vult, 26. distinct. c. 1. c. Si quis Episco-
14 pus, & c Si vobis, 23. q. 8. Verum † hoc i-
psis iura permittunt, vt in iustis bellis, aliis
militantibus, opibus, consiliis, adhorta-
tionib. suppetias ferant, vt alacrius pugnēt
pro defensione fidei catholicæ, vt bona ec-
clesiæ & libertatem Ecclesiasticam fortiùs
defendant patriamque & rempublicam tu-
tentur, pugnantes pro focis & aris: verum
negatur ipsis ne proclament: occidite, occi-
15 dite, d.c Si vobis, 23 q. 8. Iustæ autem †
belli assumendi rationes sunt, propria de-
fensio, sui ipsius, defensio suorum bonorū,
amicorum, cognatorum, & affinium. De-
inde Maiestatis,ditionis, ac celsitudinis suæ
defensio, ad resarcienda ea omnia, quæ sibi
vi ab hoste, aut ablata sunt, aut retenta, si-
quidem aliter recuperari non possint. Iusta
præterea assumendi caussa est,qua quis bel-
lum indicit alteri, qui ex contemptu non
vult iniqua bona aut feuda inique erepta &
occupata reddere Nam si iniquus possessor
ratione, & consiliis se ab iniquis liberare de-
trectat,

trectat, vi & armis ad restitutionem cogen-
dus est. In summa, eæ iustæ belli assumen-
di rationes habentur, quæ pacis ac tran-
quillitatis reipubl. gratia, verè excusantur,
16 non ob alias caussas. Recta † verò inten-
tione bella indicuntur, quoties non ex do-
minandi furiosa libidine, non ex odio, aut
inuidia alterius, non ob vindictæ caussam,
c. Quid culpatur, 23.q.1. neque vt cuiquam
sua iniustè quis eripiat, sed ex caussis tãtum
superius enarratis suscipiuntur. Autho-
17 ritate postremò bella † permittuntur, quã-
do ex mandato & iussu Principis indicun-
tur, & incipiantur, & peraguntur: nulli e-
nim alii fas est bellũ alicui indicere, & sus-
cipere, nisi solis Principibus qui non agno-
scunt sibi superiores, quales sunt Summus
18 Pontifex, & Imperator. Cæteri † enim
Reges, quales sunt Rex Franciæ, Angliæ,
Hispaniæ, Scotiæ, Hungariæ, Bohemiæ,
Daniæ, & similes: Ad hæc Comites, Duces,
& reliqui subsidiarii Principes, bella gerere
iure non debent: quod si faciant, non ex iu-
re, sed ex sua authoritate propria faciunt,
quam contra veritatem, & iustitiam, con-
tendunt nulli esse subiectam. Atque ob
19 hanc † ementitam & falsam persuasionem
sæpenumero contra iuris æquitatem (qua
omnes Reges vni capiti subsunt) aliis Prin-
cipibus, citra Imperatoris authoritatem
bella mouent: imò caput authoritatis, Im
peratorem ipsum oppugnare non metu-
20 unt. Quisquis autem bellum citra † sui su-
perioris authoritatem indicit, is crimini
læsæ Maiestatis fit obnoxius, nisi illud bel-
lum indicendum subitò cooriretur, ita vt
ilico ob subitum periculum imminens sus-
cipiendum foret ob salutem propriam, aut
21 patriæ. Bellum † quod summus Pontifex,
aut Imperator suscipit pro defensione fidei
Catholicæ, ad arcendos & fugandos Tur-
cas, Sarracenos, aut similes fidei nostræ ini
micos: aut quod contra Hæreticos suscipi-
tur ob rectam & religiosam illam & piam
intentionem, iustum bellum vocatur: atq;
adeo bellum Romanum, quod Roma ceu
caput nostræ religionis, & fidei, huiusmo-
di bella per Romanum Pontificem, præci-
puè per exhortationem Imperatoris, ac im-
perii Principum, mouere soleat, & propriè
debeat, c. Excommunicamus, 2. ext de hæ-
ret. c. Hæc est fides, &c. Quoniam, 24. q. 1.
& c. 2 §. pen. ext. de sum. Trinit. & fid. catho.
Atq; ob hãc iustissimi belli gesti rationem,
Imperatores Aquila Romana pro insigni-
bus & gloria donantur, quam in omnibus
bellis, etiamnum pro insignibus gloriosis
22 ostentant. Bellum † quod Princeps quis-
piam suscipit contra suos subditos rebelles,
vt subseruiant, vel coacti suis legibus & iu-
risdictionibus, & statutis pareant & obedi-
ant, similiter iustum bellum dicendum est:
vocatur enim ob id bellum iudiciale, l. Cõ-
tinet, §. 1. ff. de eo quod met. cau. l. 3. & 4. ff.
de iurisdict. omnium iudic. c. Dilecto, de
23 senten. excommuni. lib. 6. † Cõtra, bellum
quod subditi mouent contra suum Princi-
pem, bellum est iniustum, & vocatur bel-
lum præsumptuosum, argu. de pe. dis. 5. §. 1.
ad fin. c. Si quis. ext. de maiori. & obedien.
l. Qui restituere, ff. de rei vendica. lege 3. ff.
ne vis fiat ei, qui in possess. mis. est. Quod
intelligendum est, nisi Princeps ipsis de-
negaret iustitiæ administrationem, quam
aliunde sibi recipere non possent. Bellum
24 † quod assumitur pro defensione propria,
aut rerum suarum, aut pro recuperandis su-
is vi ablatis, etiam iustum bellum vocan-
dum est: modo id bellum quis instituat su-
bitò, & in ipso furore, sine temporis inter-
uallo: vocatur autem hoc bellum, bellum
licitum, c. Si vero, 1. §. Nec ille, ext. de sen-
ten. excommunic. l. 1. & 2. C. quando liceat
vnic. sine iudic. se vindic. Verum si superio-
ris deesset copia, à quo impetrandus esset
consensus belligerandi, in eo casu licitum
esset bellum cum interuallo temporis ex
25 caussis dictis suscipere. Bellum † vero quod
suscipitur, aut geritur, aut defenditur cõtra
authoritatem iuris, & cõtra eos, quibus sese

iustè defendere licet, planè iniquum est, & iniustum: quod iura vocant bellum temerarium: nam & is qui defendit se contra authoritatem iuris, temerariè se defendit: prudentius autem faceret, si maturè resipiscens vitam suam corrigeret, canone, Cum non ab homine, Extrauagante, de iudiciis. canone, Perpendimus, & canone Contingit, 2. Extrauagante, de sententia excommunicationis. In-
26 iusta † quoque bella sunt, quæ Principes ex ambitione & ex prædominandi libidine suscipiunt, vt vicinis Principibus noceant, vt potestatem ipsorum diminuant, vt ex auaritiæ ratione (quæ tamen est charitatis toxicum, teste sancto Augustino) latius contra æquitatem per vim suam ditionem proferant, sibi aliorum finibus per vim adiectis, ob quam iniquitatem huiuscemodi bella, vocant bella voluntaria, quibus Principes nostri temporis nimis quàm libenter, & æ-
27 quò vtuntur frequentius. † Bellum autem quod suscipitur coactè pro defensione vxoris, liberorum, agrorum, patriæ aut ciuitatis suæ, prorsus est licitum, & iustum: adeo vt tale vocari velint bellum necessarium, canone, Dilecto, de sententia excommunicationis libro sexto, canone Sicut, 3. paragrapho vltimo, Extrauagante, de iureiurando. canone Olim, in fine, extrauagante, de restitutione spoliator. canon. Si vero, §. primo, Extrauagante, de sententia excommunicationis. Ex iam dictis hoc præsenti capite satis perspicuum esse puto, an licitum sit bella gerere, & quibus ex caussis potissimum fiant licita vel illicita, iusta aut iniusta. Qui ta-
28 men † plura de bellis desideret, is legat sanctum Thomam secunda, 2. quæstione quadragesima, articulo primo, Hostiensem & Geminianum in canone primo, de homicidio, libro sexto, Dominum Ioannem Lupi, in Dialogo de confœderatione Principum. Atque eundem in suo insigni tractatu, de bello & bellatoribus. Item clarissimum Iurisconsultum Dominum Martinum Garritum Laudensem, in suo tractatu de bello, Dominum Antonium Corsetum in quinta & vltima parte tractatus, de potestate & excellentia regia. Item & his similes, qui magis arridebunt animo. Apud quos authores, imo re ipsa comperimus, bellum esse omnium malorum Lernam, ex quo tam infinita pullulent mala, tot consurgant maleficia, vt etiam post confectum bellum maleficia sedari nequeant. Tempore namque belli tum rusticis, tum bonis ciuibus, passim nefanda inferuntur incommoda, tam ab amicis, quam ab hostibus (excepto vno incendio) præcipuè in regionum finibus. Confecto vero bello non minora incommoda perferenda sunt à nostratibus militibus, qui passim, vel ob propriam inertiam, vel ob Principum seram solutionem peragrare, & ex rapinis viuere coguntur. Vnde fit vt vbique audiatur ingens oppressorum clamor, opprimentium necessitate coactorum (ob non solutionem) iustæ interdum querimoniæ, & ob Principum seuera edicta, talium militum indebita suspendia. Quid plura? Tum in bello, tum post bellum vbique indigna audiuntur, miserandaque rerum fa-
29 cies cernitur. † Si quis plura huius materiæ conuenientia desideret, conuolet ad aureum singulareque opus Domini Ioannis de Terra Rubea, Iuris vtriusque Doctoris celeberrimi, contra rebelles suorum Regum, pluribus in locis, articuli decimi, tertii Tractatus, tam in textu, quàm in Glossis, foliis nonagesimo tertio, nonagesimo quarto, nonagesimo quinto, nonagesimo sexto, nonagesimo octauo, centesimo vndecimo, centesimo decimo octauo. Bellum & Guerra specie differunt. Similiter Bellum & Prælium differunt.

Tum

Tum quod bellum iustum & iniustum, & quod iustum Bellum præcedat diffidamentum, sic caussans iniustum bellum ad quæ teneatur. Notari potest primus belli effectus, tum alter, denique tertius. Et bellum sine spiritu quod sit, & quæ potissimum in bello culpantur, bellum antiquum etiam in paradiso cælesti, tum in paradiso terrestri, ad hæc bellum patriam potestatem præcedit, & eiusdem foliis decimo tertio, nonagesimo quarto, nonagesimo quinto. Nec omittenda est quæstio, De fide hosti seruanda in bello, sicut determinat præfatus author, Articulo primo, tertii tractatus, in glossa, super verbo, Imperio, folio nonagesimo octauo. Quia Principis Imperio bella non solum geruntur, sed etiam respublicæ administrantur, & plurima ex eius Imperio dependent, sicut in corpore humano à capite ipsius corporis gubernationes & variæ mutationes perficiuntur, & cæt. Non alienum à proposito videbitur, si quæ non peregrinæ, nec insolentes quæstiones, sed cognitu pernecesse, huic materiæ saltem remissiue inserantur, quarum determinationes ex diuersis authoribus collectas, sparsim adiunximus, sequuti vulgares tractatus, tum etiam quæ abundè tractat clarissimus doctissimusq; Iurisconsultus Dominus Ioannes de Terra Rubea, in insigni suo Tractatu, contra rebelles suorum Regum, quem videre tempore & loco, prout oportunius fuerit, ex vsu lectori reliquimus. Quæ vero varia argumenta occurrunt personam Principis, eiusque officium respicientia, ea placet ordine conuenienti conscripta hìc annotare, vt volenti plura sparsim coniungere, via aperta sit. Itaque hoc modo auspicamur præfixo titulo PRINCIPIS semel, ne sæpius opus sit repetere:

PRINCEPS

50 Vnde dictus, Princeps, id est primum caput, iuxta Dominum Isidorum in Etymologicis. Principes dicuntur, qui principantur cogitationibus, iuxta Gregorium super Iobum, capite duodecimo. Effundet despectiones super principes. Et princeps etiam dicitur, quasi primum locum capiens, secundum glossam in canone, Fundamenta, §. proinde, de electione, libro sexto. & Dominum Lucam de Penna, Iurisconsultum clarissimum, Cod. de principibus agentium in rebus, libro duodecimo, & glossam in Clementina, Præsenti, de Baptismo, & eius effectu, in verb. Regum, circa medium.

51 Deus Terrenus siue Deus in terris appellatur, habetur, & est, Psal. octuagesimo primo. Ego dixi, Vos dii estis, & filii vestri filii excelsi omnes: facit textus in Authentica, de consulibus, collatione quarta. Clarissimus vtriusque Doctor, Dominus Ioannes de terra Rubea, in suo insigni opere, contra rebelles suorum Regum, in textu articulo tertio, tertii tractatus, folio nonagesimo tertio, minister Dei in terris, secundum Doctores, in canon. licet, de foro competenti.

52 Iudex delegatus Dei est, & ordinarius hominum & veritatis, Baldus in titulo de pace Constantiæ, in principio. Huius etiam meminit Dominus Nicolaus Boërius in suo insigni tractatu de ordine graduum vtriusque fori, folio 77. numero 15.

33 Principes ministri Dei in terris sunt, Paul. 13. ad Rom. est enim minister Dei.

34 Post Deum est, c. Si papa. 40. distinct. Salus enim subiectorum post Deum ex principis incolumitate propensius pendet. Ioannes de terra Rubea contra rebel. suorum regum. in gloss. super verbo, deserere.

35 Verus imago Dei, iactatus est vulgo Græcis vsitatissimus versiculus sic interpretatus, Princeps est viuum Simulachrum Dei. Ioan de terra Rubea in suo opere contra rebel. suor. regum, art. 3. 2. tractat. in gloss. in verb. Tyrannus crudelis.

36 Tyrannus, imago diaboli. Huius meminit & scribit Aristot. Politic. lib. 7. c. 17. & Luc. de Penna, in l. militaribus, colum. 1. & 2. de decur. lib. 10. C. vbi dicũt: quod Tyrannus est, qui violenta dominatione populum premit: qui nihil actum putat: nisi leges euacuet: & populum deuoret in seruitute: verus autem princeps pro legibus & libertate populi pugnat. Est enim Princeps verus, imago Dei, Tyrannus est aduersariæ fortitudinis: & luciferariæ prauitatis imago. Origo Tyranni iniquitas est: & de radice mala, pestifera pullulat arbor, securi qualibet incidenda: caput Tyranni est imago diaboli, &c. Ioannes de terra Rubea, articulo, tract. & gloss. præallegatis.

37 Legatus. Vicarius, locum tenens Dei est, omnis potestas à Deo est. Paul. 13. Rom. & consequenter dicitur missus à Deo, iuxta illud 1. Petri 2 cap. Estote subiecti, &c. tanquam ab eo missis, debent enim dominum suum superiorem diligere quilibet, tanquam vicarium siue legatum Dei, sicut dicitur: quod quilibet subditus debet amare suum episcopum: tanquam Dei legatum, vt habetur c. Sint pariter 6. d. 1. Et superiorem suum dominum in temporalibus: qui est Deus in terris: vt notatur glossa in l. Iubemus. C. de sacrosanct. eccles. id est & locum tenens Dei in terris: quia omnis potestas à Deo est vti diximus. Ita Ioan. de terra Rubea in d. suo tract. in text. art. 3. tertii tract. fol 53.

Princeps

38 Illiteratus, imago Leonis, attestante glossa, Super verb. Consilio scientium leges, circa medium, ad articulum tertium, primi tractatus, D. Ioann. de terra Rubea contra rebel. suor. Regum. Quid enim (ait) aliud est princeps illiteratus: quam imago leonis ceteris feris imperantis? &c. quem lector per ocium videbit.

39 Lex animata est in terris: text. in Authent. colla. 4. de consulibus, in fine iuncta gloss. in verb. legem animatam, huic seruit vulgata lex, Digna vox. C. de legib. & constitut. princip. & l. Ex imperfecto, C. de testament. & l. Princeps, ff. de legib. & senatuscons. & l. Ex imperfecto, ff. de legat. 3.

40 Bonus, & Rex bonus melior est, quã lex bona, l. Præsenti, C. de his qui ad eccles. confug. vbi Bartol. notat illam l. ad quæst. de qua consueuerunt disputare theologi: Quid sit melius: vel regi iusto rege: vel iusta l. scripta: & ibi videtur casus: secundum eum in principio illius l. quod est longe melius regi iusto rege: qui in singulis causis iudicet secundum æquitatem: quæ sibi videbitur, & sequitur eum Paul. de Cast. ibi in 1. not. & Anton. Corf. in tractat. de potest. & excell. regia. quæst. 67. Ioann. de terra Rub. contra rebel. suor. reg. articulo 3. tertii tractat. in gloss. incip. Bonus Rex, quam videte. Non omittenda est ratio, qua inductus Augustus Cæsar cogitans Imperium deponere, illud consilio Maronis retinuit. Rogauit enim Maronem an conferret priuato homini se in sua Republ. principem facere, tunc ille, omnibus ferme (inquit) rempublicam occupantibus

tibus molestus fuit ipse principatus, sicut & ciuibus, quia necesse est propter odia multorum, aut iustitiam eorum magna suspicione magnoque timore viuere, sed si ciues iustum aliquem scirent quem amarent plurimum, ciuitati id vtile foret, si in eo vno omnis potestas esset: quare si iustitiam, quod modo facis, omnibus in futurum, nulla hominum facta compositione, distribues: dominari te & tibi, & orbi conducet, beneuolentiam enim omnium, ita habes, vt Deum te, & adorent, & credant. Eius sententiam secutus Cæsar, Principatum tenuit.

41 Cur dictus Angelus magni consilii, quia secũdum gloss. ordinariam est Deus contra quem nullum est concilium, vnde contra Dominum nostrum Regem & eius magnum concilium, nullum parlamentum potest prætendere parem & æqualem authoritatem, aut potestatem: nisi quam eis nomine in loco sui ministrandam dedit. Huius latius meminit, D. Nicolaus Boerius in suo tractatu, de ordine graduum vtriusque fori, folio 77. 3. colum num. 16. & secundum gloss. singular. & ibi Abb. in Clem. 1. in verb. Regum. de Bap. & eius effectu.

42 Sacri dicuntur principes. Iustinianus & sacerdotes vocat, quia sacra iura seruant, §. Sacrę. Instit. de rerum diuis. & ibi Angel. Aretin. num. 2. & l. Sacra, §. 1. iuncta ibidem glossa, ff. eod. tit. de rer. diuis. pro qua seruit text. in l. finali, ff. vt in possess. lega. facit quod notatur in c. Valentinianus, in glossa finali, in verbo, ordinem, 63. distinct.

43 Deum imitetur, iuxta illud quod scribitur in Authent. vt omnes obediãt iudic. prouinc. §. Arripiat. ad finem, & l. finali: C. de donat. inter vir. & vxor. vbi expresse in fine dicitur, Quod principes Deum imitari tenentur, & l. Imperialis circa princip. C. de nupt.

Princeps

44 Per os Dei loquitur, glossa singularis in Authent. de hæredi. & falcid. in rubro, quæ dicit: Quod Princeps loquitur per os Dei, quicquid enim facit, illud Deo inspirante facit, ita dicit Bald. in c. 1. De no. foro fidel. vbi etiam dicit quod non fallitur, neq; fallit, l. Vltima, C. de ponderato, & auri illati. lib. 10. & idem Bald. in c. 1. colu. 2. Si de inuest. inter domi. & vasall. lis oriatur. Si leges diuinas vel dictamen rationis, fide illuminata sequatur. Latius apud Dominum Nicolaum Boerium in suo tractatu, de ordine graduum vtriusque fori, folio 77. verso, numero 15.

45 Est ligatus dictamine rationis, quia est animal rationale politicum, hoc modo loquendi vtitur Bald. in l. secunda, C. de seruit, & aqua. Huius latius meminit D. Andr Barbat. in suo tract. de præstantia Cardinalium 4. q. Basilica, secundæ partis, num. 5. in fine.

46 Bono administratori similis existat. Huius abunde meminit, D. Ioann. de terra Rubea in glossa, super verbo, Donatio, articul. 1. 1. tract. folio 14.

47 Non est solutus lege diuina. Ita tenet D. Martinus Laudensis in suo quotidiano ac practicabili tractatu de Principibus, q. centesima sexta, vbi ait, licèt Princeps sit solutus legibus, l. Princeps, ff. de legibus, viuere tamen debet secundum leges, l Digna vox, C. de legibus: non tamen est, solutus à lege diuina, neque à lege naturæ, neque à dictamine rationis, secundum Baldum in Repetitione leg. Si aquam, Cod. de seruit. & aqua. neque à l. Contractus, c. 1. & ibi Baldus de natura feudo.

48 Est ligatus, & ligatur lege quam condidit, & debet seruare legem quam fecit.

Vide Alberi. plene disputantem secundum theologos & philosophos, in l. Princeps, ff. de legib.

49 Non ligatur sua lege, l. digna vox, C. de legibus, D. Anto. de Rosellis in suo tractatu de Conciliis, colum. 4. numero 9. folio 97.

50 Sua lege non astringi Principem quomodo intelligatur? Beatus Thomas, prima secundę, quæst. 96. dicit debere intelligi, scilicet quo ad vim coactiuam legis: non quo ad vim directiuam, vt in c. Non liceat 12. q. 2. iuncta glossa. Nam quo ad vim directiuam legis, ita debent dirigi actiones principis, sicut aliorum, vnde textus, in c. Iustum, 10. distinct. dicit quod iustum est principem legibus obtemperare suis, & legibus suis teneri: non quidem necessitate coactionis: quia agit mere libere: sed necessitate immutabilitatis, & inuariabilitatis ordinis iustitiæ Dei. Vide D. Ioan. Bap. Caccialupi, in suo tractatu de Pensionibus. 30. q. numero 46. colum. 2. post medium, folio 208.

51 Legem seruare non tenetur, Ioannes de terra Rubea, contra Rebell. suo. regum. in glossa, Super verbo. Donatio. colum. 4. post medium, folio 15. §. Sed & quod principi placuit. Institu. de iure natu. gent & ciuili, & l. Princeps, Digest. de legibus.

52 Non subest statutis, & consuetudinibus subditorum, nisi ratione naturali innitantur. Videte D. And. Tyraquellum de legibus Connubialibus, glossa sexta. char. 190 numeris 172. & 173. qui distinctè eã materiam ad sufficientiam examinat.

53 Non est subiectus legibus positiuis, tanquam positus super legem, l. Princeps, Digestis, de legibus. D. Anto. de Rosellis in suo tractat. de consil. 1. colum. num. 3. folio 115. l. digna vox. C. eod. titu. de legibus, facit l. Si quis in principio testamenti, ff. de lega. 3. D. Troilus Maluetius in suo tracta. de Sortibus, 2. colum. num. 26. folio 144.

Princeps

54 Solus est legibus solutus d. l. Princeps & d. l. digna vox, & d. l. Si quis in principio testam. & l. Ex imperfecto, ff. de legat. 3. & ipse solus mundi dominus dicitur, l. deprecatio, ff. ad l. Rhodiam de iac. & l. Bene à Zenone, C. de quadrien. prę. script. concor. textus, in c. In apibus. 7. quæstio. 1. Reliqua hic seruientia vide apud Dominum Petrum Antibolum in suo tractatu de muneribus, columm. 1. num. 30. folio 16.

55 Cum se profitetur legibus ligatum, debet formam processus à iure introductam obseruare, l. digna vox, Cod. de legibus. dum dicit, Digna vox est maiestatem regnantis legibus alligatum se principem profiteri, si ergo profitetur se legibus ligatum, formam processus à iure introductam obseruare debet, & hoc videntur tenere nonnulli Doctores in l. Principe legibus, ff. de legibus, si igitur hæc obseruantia est in papa, qui est supremus omnium, est super omnia concilia, vt in c. Significasti. de elect. & in Cæsare: vt in Clement. Pastoralis, de re iudica. multo magis in conciliis, & in quocunque alio inferiore iudicante. Huius prolixius meminit D. Anto. de Rosellis, in suo tractatu de Conciliis, colum. 4. ad medium, nu. 2. folio 82.

56 De absoluta potestate est legibus solutus. vt notant Doct. in l digna vox. C. de legibus, & in l Princeps, Digestis, eod. de legibus, notatur in c. nulli, de senten. excom. quia ipse est supra iura, & nemo sibiipsi imperare potest, l. Penultima,

ma,ff.de arbi.Plura de his videte apud D. Anto. de Rosellis in tract. de Conciliis, colum.1.nu.9.folio 86.

57 In dubio non videtur velle vti plenitudine potestatis: quomodo intelligitur? Quod sane intelligite nisi exprimat. Innoc. in c. Innotuit, in 2. colum. de elect. quod verum nisi cum clausula ex certa scientia, gloss. in verb. elegerint, in fine, in c. Ad hæc, de rescript. Huius meminit D. Ioan. Bertachin. in suo repertorio tertiæ partis, de litera P.1.colum. Sub verb. Princeps, folio 74.

58 Principum materia, & quid possint, & quales esse debeant. Hæc habentur ad satietatem, causa hic euitandæ prolixitatis, apud clarissimum iureconsultum, D. Martinum Laudensem in suo solenni, quotidiano ac practicabili tractatu, De principibus foliis 104 & 105.& seq.

59 Principum conditio miserrima, & quodammodo seruilis, vt scribit Corse. de potesta.& excel.reg.q.3.& 75. Ioan. de ter. Rub. contra rebell. suo. reg. in gloss. super verb. donatio, folio 16.

60 Principum mores quales esse debeant: vide D. Anto. de Rosellis in suo tractatu legitimationum, folio 91.nu.31.& post.

61 Non est dominus morum, licèt sit dominus legum. Ita ponit D. And. Barbat. in suo tracta. De præstant. Cardinal. folio 68.colum.3.post num.8.

62 A liberali, & ab auaro Principe quid speretur? Operæ pretium est hunc locum non præterire, cuius Ioannes de terra Rubea quoque meminit in suo opere, contra Rebelles suorum Regum, in glossa, Super verbo; Incapácem. co-
Princeps lumn.3.& 4.folio 39. Ille siquidem princeps qui vult præesse, omnibus viribus studebit, vt quantum fieri potest, careat vitiis quam maxime prodigalitatis; & abundet qualificatis virtutibus: vt pulchre docet Domi. de sanct. Gemi. in can. Grandi. de sup. neg. prælat. lib. 6 dicens: quod in Rege, Principe: seu eius locum tenente debet esse probitas: & secundum Archid. ibi. debet esse modestus, tenetur etiam esse circunspectus erga subditos: quasi debeat oculis plenus esse. Et hinc inde facta considerare, & insistere circa subditorum vtilitatem: huic seruit c. Scriptum, de elect. Item deuotio & dilectio subditorum (secundum Pet. de Ancha.) debet esse iustus: neminem opprimendo: reddere vnicuique, quod suum est: Regna enim regentium est proprium facere iudicium & iustitiam: c. Rex. 23 quęstio.5. Cuius contrarium multi omnino fecerunt: multos suis expoliando rebus, & hoc quidem iniustè. Item, princeps debet esse humanus; & non superbus (quales nonnulli fuere) l. finali, C. de donat. inter vir. & vxor. Non etiam auarus; sed largus esse; beneficus, & liberalis Princeps; aut principatus administrator esse debet. Ad quod adducit Cicero. de offic. D. Nil tetrius auaritia; præsertim in principibus; & rempublicam gubernantibus, est enim auaritia cũctorum radix malorum, & mater, c. his ergo, 23. distinct. Audet quoque illa auaritia detentus; omnia perpetrare scelera, furta, rapinas; & hominum cędes turpissimas; ad quod alludit illud Virg. in Æneid.

—Quid non mortalia pectora cogis:

Auri sacra fames. I. detestabilis fames I. auaritia q. d. (secundum Seruium ibi) ad omne malum, & alibi appellatur auaritiæ cęcitas, de electione libro 6.

nam hominis mentem excęcat: vt agenda non videant, c. Quorundam, de elect. eodem lib. 6. Ex his supranarratis constat quid à liberali, & ab auaro principe speretur.

63 Verus bonum publicum priuato antefert, & princeps est imago diuinæ maiestatis, qui non debet sęuire in subditos & finitimos. Vide pulchra verba Alber. in l. decernimus, in principio C. de sacros. eccles. Et princeps debet iuste regere, aliàs Deus faciet amittere regnum suum. Nam scriptum est, transferetur regnum de gente in gentem propter iniustitias, c. Si de rebus, 27. q. 7. Nam legitur quod tota prouincia Hispaniæ fuit Christianorum, sed propter peccata fuit occupata à Saracenis, c. Si rex 56. dist. licet pro maiori parte recuperata, c. Adrianus 63. dist. & Albe. in Rub. C. de sacr. pag. Ita tenet D. Marti. Laudensis in suo tract. de principib. 155. q. colum. 1. in fine, folio 107.

64 Subditorum incolumitatem procurat, si bonus, vt Alciatus hoc emblemate testatur:

Titanii quoties conturbant æquora fratres,
Tum miseros nautas anchora iacta iuuat:
Hanc pius erga homines delphin complectitur imis,
Tutius vt possit figier illa vadis.
Quam decet hæc memores gestare insignia Reges
Anchora, quod nautis se populo esse suo.

65 Si magis attendat ad vtilitatem propriam quam communem, Tyrannus est, vt notat Barto. in tractatu de Tyranno q. 8. Et hoc vult Tullius in lib. de officiis, recitans Platonis sententiam atque dicens: Omnino qui reipublicæ præfuturi sunt, duo Platonis præcepta teneant: vnum, vt vtilitatem ciuium sic tueantur, vt quęcunque agunt ad eam referant, suorum commodorum obliti, & hoc vult textus in proœmio sexti, & in c. 1. de offi. legat. lib. 6. Alterum: vt totum corpus reipublicæ procurent, ne dum partem aliquam tueantur, reliquas deserant. Et ideo princeps debet omnia deducere ad vtilitatē reipublicæ, vt in Authen. cōstitutio quæ de digni. in principio, col. 6. & adeo præponere publicam vtilitatem suæ priuatæ, vt si opus est, morti pro suo populo & communi vtilitate se subiiciat, vt est text. in c. disciplina, 45. distinct. & probatur c. 1. de homicid. l. 6. vbi est textus. Quod Christus se exposuit morti temporali, vt redimeret gregē suum perditum: horum meminit D. Anto. de Rosellis in suo tractatu, de potestate Imper. & Papæ, colum. 1 num. 3. fol. 50.

Princeps

66 In dubio præsumitur bonus, & iustus, proinde scripta eius secundū iustitiam sunt intelligenda, Bald. in l. 1. ff de constitut. princip. neque mandare inhonestum, vel impossibile præsumitur, vt ibi per Bald.

67 Ex Iustitia bonum inseparabile consequitur, vide Ioannem de terra Rubea, in suo opere contra rebel. suor. regum, in glossa, super verbo, per neglgentiam, articulo 10. tertii tractatus, colum. 1. circa principium fol 101.

68 Iustitiam non tollit, ita declarat Ioann. de terra Rubea in suo opere, contra rebel. suorum regum, in glossa super verb. Ad interesse, colum. 1. articu. 10. tertii tractatus folio 99. & ideo eleganter Card. de Zaba. in Cle. Pastoralis in primo, notab. de re iudic. dicit quod princeps compellitur facere iustitiam: compulsione tamen non præcisa: scilicet causatiua, scilicet ex debito officii, &c.

Princi-

69 Principes toto animo debent curare, vt in suis terris Iustitia obtineat principatum. Adeo vt qui in suis officiis exercendis à via recta discedere videantur, à vero iustitiæ tramite, aut virtutis amore, aut pœnæ formidine, deuiare non audeant, de quibus in medium adduci potest illud ex versibus Horatij triuialiter iactatum,

Oderunt peccare boni virtutis amore,
Oderunt peccare mali formidine pœnæ.

Virtutem enim quæ iustitiæ mater est, vt habetur ex Bald. in l. libertimum, ff. de sta. homi. principes pedibus non conculcent, iudices solliciti erunt, l. Iudices, C. de digni. lib. 12. ad vnguem obseruari, quæ exclamat: Iudices in suo officio delinquentes, tanquam inter pessimos habitos remoueri debere. Audiant philosophum dicentem: Amor, odium, & proprium commodum faciunt iudicem non cognoscere verum. Memoriæ figant iudices auaritiæ dediti: quod Iudas accepta pecunia à Iudæis, ipsum Christum tradidit: horum meminit latius D. M. Rauaudus in suo tractatu qui inscribitur, Speculum Iudicum, columm. 2. versus medium. numero 4. folio 88.

70 Neminem fallit, ita dicit Bald. in c. 1. de no. for. fideli. per l. Vltimam, C. de pōde. aur. lib. 10. & idem Bald. in c. 1. colum. 2. si de inuest. inter Do. & vasal. lis oriat. & l. Inter claras, C. de sum. tri. & fid. cathol. quæ dicit inter alia: Nihil est enim quod lumine clariore præfulgeat, quam recta fides in principe, &c.

71 Ius priuati auferre potest pro bono pacis, exempli gratia, Princeps pro pace territorii sui habenda, potest castrum sui subditi alteri concedere, quia in pace vertitur publica vtilitas, propter quam potest auferre ius priuati. ita consuluit Alexand. consil. 93. in principio penult. colum. in 5. parte consiliorum, & voluit Bart. in l. Quęcunque, in fine. C. de fid. iustru. & iur. hastæ fiscalis, lib. 10. Innoc & Io. And. in ca. in nostra, de iniur. per illum text. Et expressius Angel. in l. Bene à Zenone, C. de quadri. præscrip. & in l. Antiochensium, ff. de priuil. credi. & notat Bald. in l. Conuentionum, ff. de pact & in l. Quicunque, in vltima colum. C. de ser. fugi. & per eundem post Antiquos, in titulo De pace Constant, in verbo, Priuilegia. Horum & meminit D. Corsetus Siculus, in suo tractatu de Priuilegiis pacis, colum. 2 folio 100. numero 24.

Princeps

72 Solus bona ciuitatis alienare potest, & non alius inferior, l. Prohibere, § Plane, Digestis, quod vi aut clam. & vide gloss in l. Prima, Cod. de prædi. curia. libro 10 & donata ecclesiæ à principe eo pacto vt non possint alienare in caussa necessitatis, possunt tamen alienari, secundum Cynum, in Authentica, Hoc ius porrectum, Cod. de sacrosanct. eccles. & vide gloss. & Doct. in c. Verum. de condit. appos.

73 An ne tollat ius naturale, Respondetur quod Princeps non potest super his quæ sunt de iure naturali aliquid tollere, vt quæ immutabilia manent. § Sed iura naturalia immutabilia, in principio Institut. de iure nat. gent. & ciuili, ita vult glossa in c. cum vigesimum, de offic. deleg. & in l. Cum prætor. ff. de indi. & si princeps mandat contrariū iuri naturali, non est ei parendum, c. Non licet. 10. distinct. secus si iuri positiuo, secundum Baldum in c. Cum adeo, de rescript. Sed quomodo Princeps tollat quandoque ius naturale? Videte apud D. Ioannem de terra Rubea, in suo opere, contra Rebelles suorum Regum, articulo 4. primi

74 tractatus in glossa. Super verbo, de ætate, columna. tertia, in fine folio 28.

Cum causa præsumitur auferre ius gentium, l. libertas, ff. de sta. ho. quod ample examinat D. Anto. de Rosellis in suo tractat. de conciliis, columna. 2. & 3. numeris 31. 32. 33. folio 96.

75 Potest priuato auferre dominium Rei suæ fauore Reipublicæ vel communis vtilitatis, l. Lucius, ff. de euict. & lege. Item si verberatum, in fine, Digestis, ad legem Aquil. tamen illud est verum, dummodo soluat precium rei aut satisfaciat illi, cui eam aufert. Feli. in can. Quæ in ecclesiarum, column. 23. de constitu. per textu. in l. venditor. §. constat, ff. contra pred. ibi satisfaciat domino, hæc tractat D. Anto de Rosellis in suo tractatu de Conciliis, columna. 1. num. 15. folio 98.

76 Male à Iudæis tributa accipit, pro licentia mutuādi ad vsuras, & si ea de caussa concedit eis pruilegium in ciuitabus suis, quia incidit in pœnas, Clem. 1. de vsur. secundum Ioan. de Lig. in d. Clem. 1. Hoc modo sustinet D. Martinus Laudens. in suo disertissimo tractat. de Fisco, columna. 4. in fine quæstio. 59. folio 129. Et D. Ambrosius de Vignate in suo tract de Vsuris, super can. Salubriter. colum. 4. num. 237. folio 173.

77 Et huius potestas circa subditorum bona; hanc materiam late disputat & examinat Ioan de terra Rub. contra rebel. suorum regum, artic. 10. tertii tractatus, in gloss. Super verb. Ad interesse, colum. 1. & 2. folio 99.

78 Principis omnia esse quomodo intelligendum? vide l. Bene à Zenone, C de quadrien. præscript. & ibi glossa in verb. Omnia principis, concordat text. in c. In apibus, 7. q. 1. & Ioan. de terra Rubea in suo opere contra rebel. suorum Regum, articu 10. tertii tractatus, column. 2. folio 99. Vbi dicit, quod omnia sunt principis non quo ad proprietatem, sed ad maius dominium, imo dicit Arch. in § Quamuis, 23 q. 8. solum quo ad iurisdictionem generalem, & alleg. Specu. in titu. de fer. § quoniam versic. 23. queritur, vbi idem tenet, & D. Ioan. le Cirier. in tractat de primogenitura, colum. 3. folio 189. num. 5. Reliqua videnda prolixius locis præallegatis.

Princeps

79 Quæ Principi reseruantur? Videbitis abunde Ioan. de terra Rubea contra rebel. suor. regum, in glossa proœ. super verbo, Sepiuit, colum 1. & 2. folio 2.

80 Indulgere potest multitudini. Ita tenet D. Marti. Laudensis in suo tractatu de Principibus, colum 3. quæstio. 112. folio 10. & propter multitudinem delinquentium princeps facilius indulget, c. Vt constitueretur, 50. distinct. Alberi in l. d. procedente, C de dilat. Ideo si populus est excommunicatus, debet facilius absolui à papa, quam si vnus esset excommunicatus, vide not. in l. Aut facta, ff. de pœnis.

81 Non tenetur ordinem iudiciorum seruare, per Innoc. in c. de causis de re iudic. & per Bald. in l. finali, Cod. de legib. quod intellige in summo pontifice seu papa, vel Imperatore, secus si in alio inferiore, nisi haberet ius regale, vel ex priuilegio, vel ex consuetudine, cuius initii non sit memoria. Abb. in Clem. Sæpe, de verbo. signif. & in can. finali, de hære. lib. 6 facit quod no. Bald. & Ang. in l. 1. ff. de feriis, facit etiam l. Hoc iure, § ductus aquæ, ff de aqua quoti. & æsti & c. Super quibusdam, § præterea, de verbo. signif. facit finaliter quod notat Alber. in l Princeps, ff. de legibus, & D. Mart. Laudens. in suo tracta. de principibus. colum. 2. q. 92 folio 196

Potest

83 Poteſt iudicare inſpecta veritate. Eſto quod alias ordo iudiciarius ſeruatus non ſit c. Ad petitionem, in fine, de accuſatio. Adde quod non valet ſtatutum tollens facultatem veritatis, de hac clauſula vide per D. Angel. in §. In bonæ fidei, circa finem, Inſtitut. de actionibus; hæc & alia ſimilia declarat D. Catal. de Boncompagnis in ſuo tracta de Syndicatu, colum. 2. nu. 63. folio 128.

84 Poteſt iudicare ſecundum veram & iuſtam conſcientiam ſuam, licèt alii inferiores ſecundum allegata, & probata. Barto. in l. 1. C. vt quæ de aduo. caueat tamen Princeps ne ſua conſcientia ſit male informata, c. 1. de re iudic. lib 6. Ita declarat D. Marti. Laudenſ. in ſuo tract. de principibus, colum. 2. q. 41. folio 105.

85 Nemini gratiam concedere debet cum iniuria tertii, ita annotat D. Paul. Gril. in ſuo tractat. de relaxat Carceratorum, colum. 1. num 2. folio 231. dicens quod princeps faciens gratiam alicui, cenſetur illam impartiri ſine iniuria, & præiudicio tertii: non enim videtur eſſe æquum. quod faciendo gratiam, vni velit inferre præiudicium alteri: quia ſemper iſta conditio ſubintelligitur, ſine præiudicio iuris alieni, l. Et ſi ſine §. ſed quod Papinianus, ff. de mino. l. Quod ſi minor. §. Scæuola, eo. titu.

Princeps

86 Quando non diſpenſat? Vide Ioan. de terra Rubea, contra rebel ſuorum regum, Articu. 10. tertii tractatus 3. colum. circa medium 119. vbi ait, Porro Papa, Rex, aut Monarcha alius (quominus infideles, & impii huiuſmodi pœnitentiam peragant, & læſis damna & intereſſe, &c. reſtituant) nullo modo poterit diſpenſare, vt c. Cum tu, de vſur. c. Si quid inueniſti, 14. q. 5. & c. multi, &c. Si res 2. quæſtio. 6. Quia non dimittitur peccatum, niſi reſtituatur ablatum, &c. ſecundum Aug.

87 Sine cauſa diſpenſans peccat. Panorm. in c. quum in cunctis. in princip. columna. 1. in 4. notabili: de elect. & in can de multa, column. 4. ordine meo. Vbi dicit: Quod vbi non ſubeſt cauſa legitima diſpenſandi contra iuris communis regulas, non dicitur diſpenſatio, ſed potius diſſipatio. allegat gloſſam notabilem, quam ſuadet tenendam mente: quia tangit multa neceſſaria in materia diſpenſationis, in can. Requiritis 1. q. 7. in §. Niſi rigor. Et quod male facere videatur princeps diſpenſando cum ſubdito, & potius diſſipet, quam diſpenſet, niſi interueniente vtilitate, neceſſitate. aut perſonæ cum qua diſpenſatur prerogatiua; quarum alteram neceſſe eſt in diſpenſatione legitima interuenire ad tutandum vtrumque, videlicet diſpenſatum, & diſpenſantem: ample idem Panor. & Doct. in d. c. de multa colum. 4. Ita ſuſtinet etiam D. Ioan. de terra Rubea in ſuo opere, contra rebel. ſuorum regum, articul. 10 tertii tracta. in gloſſ. Super verbo, diſſipatio, colum. 1. in fi. folio 105.

88 An peccet cum dat licentiam duobus intrandi duellum? Maxime, vt ſatis demonſtrauimus ſupra, Cap. 42. *de purgatione vulgar*, & *principio, De monomachia, ſiue duello* 100. & 101. paginis 8. & 11. numeris. Quare hoc loco omitto eadem aut ſimilia repetere; videre latius per D. Ioan. de Lignano, in ſuo tractat. de duello, c. 7. folio 291. per totum Capitulum.

89 Principibus ſæculi datus eſt gladius ad vindictam malorum, laudē vero bonorum, c. Solite, de maiori, & obed §. Item cum Dauid 2. q. 7. Et D. Anto. de Roſellis in ſuo tractatu, De poteſtate Imperato. ac Papæ, colum. 1. circa principium, folio 36. numero 1. §. Quod Chriſtus, & eſſe ſpiritualibus gloſſ. in c. omnes principes, de maior. & obed.

90 Ad vindictam non sit facilis, vt demonstrat Ioan. de terra Rubea, contra rebel. suorum regum, in glossa, Super verbo, Intromittere, folio 42. Adde Ouidium in Ponto, si recte memini.

Sit piger ad pœnas Princeps, ad præmia velox,
Quique dolet quoties cogitur esse ferox.

91 In puniendis delictis sit prudens ac diligens, vt etiam testatur idem Ioannes de terra Rubea contra rebelles suorum regum, artic. 10. tertii tractatus colum. 3. folio 100. in glossa super verbo, per negligentiam.

92 Principes & reges delinquentes, Deum habent vindicem, seu vltorem, postquam non habent, quem timeant, glossa in c. Agite pœnitentiam, de pœnitent. distinct. 1. & D. Martinus Laudens. in suo tractat. de principibus, colum. 4. q. 268. folio 108.

93 Principem summè decet prudentia. Prudentia est propria virtus principis, Aristol. 4. Polit. & Veget. in lib. de re militari ait: Nullus est cui sapientia magis conueniat quam Principi, & Philosophus in lib. Ethic. scribit, Rex erga subditos se habere debet, sicut pastor ad oues. & alibi idem Philosophus, homo maximè sapiens, maximè felix est. Ad quod alludit Iuuenalis dicens Nemo malus felix his adde quod D. Ambrosius præclare dicit, malorum regnum magis nocet regnantibus, quam prosit: latius hanc materiam examinat, D. M. Rauaudi in tractatu suo, appellato Speculum iudicum, colum. 1. & 2. numero 64. fol. 90.

94 Debet habere omnia in scrinio pectoris, l. Olim, cum ibi notat. per Paul. de Castro C. de testament. Canonistæ in c. 1. de constitut. in 6. Intellige sane quod princeps debet habere omnia in scrinio pectoris, quo ad interpraetationē, Glossa notabilis in c. præterea, 23. distinct. non autem quod sciat omnia iura propter sapientes quos habet ad latus, d. c. 1. de constitut. lib. 6. Cynus in d. l. Omnium, C. de testament. Sic summus pontifex dicitur etiam habere omnia iura in scrinio pectoris sui, c. 1. de constit. in 6. facit text. in Authent. collat. 4. in fine.

Princeps

95 Bonus boni Senatus. Huius simulachrum Thebani erexerant, vt constat Dialogismo hoc:

Effigies manibus truncæ ante altaria diuûm
Hic resident, quarum lumine capta prior.
Signa potestatis summæ, sanctique senatus
Thebanis fuerant ista reperta viris.
Cur resident? quod mente graues decet esse quietæ
Iuridicos: animo nec variare leui.
Cur sine sint manibus? capiant ne præmia, nec se
Pollicitis flecti, muneribus ve sinant.
Cæcus at est princeps, quod solis auribus absque
Affectu constans iussa Senatus agit.

96 Non magis debet consiliariis carere, quam membris sui corporis, sunt enim consiliarii portiones suiipsius, l. Quisque, C. Ad l. Iul. Maiestat. & dicuntur cōsiliarii ibi ad cuncta regni negotia lumen præbere Principi: adhærent enim Principi, sicut stellæ firmamento cæli, secundum Bald. in l. Quum multa, C. de bo. quæ liber & velut splendor firmamenti fulgent, argum. c. Super specula, de Magist. Et solis radii dicuntur, c. multi, de pœnit. distinct. 2. Rex profecto sibi persuadere

suadere debet quantumcunque genuina fulgeat prudentia, adhuc seipsum sibi satis non esse iuxta illud Platonicum. Nemo sibi satis: eget omnis homo homine: nam si princeps ex vna consiliarii parte aut ex altera (quod in regno gerendum occurrerit) præcogitauerit: cuiuslibet negotii dexter erit proculdubio exitus, iuxta illud Herodo. Fac omnia cum consilio, & non pœnitebit: rei namque consilio gestæ, plerunque lætus est exitus. Quod enim à pluribus quæritur sapientibus, facilius inuenitur, c. de quibus, 20. distinct. Et per ampliores homines perfectissima veritas reuelatur, l. vltima ad fin. C. de fideicommiss. c. Extra conscientiam 63. distinct. integrum quippe est consilium quod plurimorum: non vnius sententia confirmatur, per text. in c. Prudentiam, §. 1. de officio deleg. Decere quippe Regem consiliis omnia prouidere, firmat Guiliel. Quadriga. Parrisianus præsul in oratione, quam habuit ad Ludou. xi. Francorum Regem. Et debent principes suos habere consiliarios non pro forma tantum, & ad ostentationem, verum eorum consilio præmaturo obtemperare: sunt multi quippe Reges & Barones: (dicit D. Nicolaus Boerius in addit. ad Ioann. Montai. in tractat. de authori. & præemi. fac. Magist. concilii) qui conuocant cõsiliarios: quorum consilium nolunt sequi: vt no. gloss in c. 1 & c. peruenit. distinct. 84. quemadmodum fecit Roboam: qui perdidit regnum suum: quia noluit audire consiliarios suos sapientes (Regum interest vti consilio,) sed consilium iuuenum: & male sibi contigit. iuxta illud, Consilium iuuenum fecit Roboam egenum, de quo per glossam in d. c. peruenit. Horam recordatus est D. Ioannes de terra Rubea, in suo opere, contra rebell. suorum regum, artic. . primi tractatus, in glossa. Super verbo, Consilio scientium leges, colum. 3. & 4 folio 25.

Princeps

97 Potest fingere expressum, quod non est expressum, vide D. Andr. Tiraquellum, de legib. connubial. glossa quinta, char. 176 num. 196 per c. Illa, de elect. & c. 1. de transactionibus.

98 Habet voluntatem pro ratione, l. 1. ff. de constitut. princip. D. Ioan. le Cirier in suo tractat. de primogenitura colum. 1. ad finem fol. 177. num. 12.

99 Authoritatem tacite præstat, tametsi inferiores non possint vti magna authoritate, expressim voluit Innoc. in c. cum P. Tabellio. & ibi post eum Baldus colum. vltima. versic. Quæro dictum est, extra de fide instrum. per text. in l. prima §. omnia, C. de veter. enucle.

100 An pupillo causam deleget? Vide D. Ioan. de terra Rubea, contra rebel. suorum regum, artic. 4. primi tractatus, in glossa Super verbo. decimumseptimũ, qui hanc materiam ibidem late examinat, folio 28.

101 Principibus, & ab eo missis, obediendum est, teste D. Hugone in suo tractatu de officio quatuor Prælatorum colum. 1. num. folio 34. & eis certe obediendum est ex præcepto Domini, sicut ecclesiasticis, c. Solite, & c. Omnes, extra de maior. & obedi. & c. Omnis anima, de censi & procu. vide Hostiens. in summa, de offic. ordina. § quis possit constituere, sub verbo, Principes.

102 Principe diffidato censentur diffidati omnes eius complices, Baldus in Repet. l. Si aquam, C. de seruit. & aqua. Ita tenet D. Martinus Laudens. in suo tractatu de confœderatione, pace & conuentionibus principum, q. 51. columnn. 2. folio 123.

103 In dubiis, & arduis, est consulendus, si commode potest: quod si non potest

consuli commode, eligenda est sententia absolutoria pro reo, vti declarat, D. Ioann. Baptista Caccialupus, in suo solenni & vtili tractat. de Transactionib. col. 2. num. 9. folio 192.

104 In præiudicium successoris nihil facit. Ita sustinet D. Ioan. de terra Rubea, contra rebel. suor. Regum, in gloss. Super verbo, donatio facta, folio 14. quem prolixitatis euitandæ causa videbitis in vtramque partem disputantem, ac tandem concludentem.

105 Vbi, ibi Curia. Vbicunque est Romanus Pontifex, ibi dicitur esse Roma. Innoc. in c. Cum ecclesiasticæ, de except. & c. Accusatum, de Simo. Etidem dicit Bald. d. l. Sed & milites. §. Sed ignominia, ff. de excusat. tuto.

106 Vnus, Præsentem materiam amplissime examinat D. Ioan. de terra Rubea, in suo opusculo contra rebelles suorum regum, in glos. Super verbo. Vnus Rex, folio 50. Regi autem commodius potest per vnum, quam per plures: & negotia expediri per vnum, quam per plures. Alberic. post glossam in §. Nouissime, in l. 2. ff. de orig. iur. & ibi Baldus. multitudo enim dissentiens sibiipsi onerosa est: & nihil habens honesti, in Authent. de referen. §. penultimo, & in toto vniuerso. Vnus Deus omnium factor, & rector solus, teste Philosopho 12. Metaphysicorũ, & in diuina scriptura Dominus per Ezechiel. capite 37. dicit: Seruus meus Dauid Rex erit super eos: & pastor erit vnus omnium illorum, & Ioann. decimo capite.

Erit vnus pastor, & vnum ouile. Nec bona est pluralitas principum: vnus est ergo princeps: teste Philosopho 2. Polit. Politia (inquit) vnius optima est: paucorum etiam satis bona, sed plurimorum perdifficile est, vt sit bona: quia plures ad virtutis meritum peruenire difficile est, facit c. in apibus, 7. quæst. 1. in c. penult. 21. q. 2. in originale subdit Hieron. in naui vnus gubernator, in domo priuata dominus, id est, domi vnus: in quouis grandi exercitu signum expectatur vnum, vide D. Lucam de Penna, in l. Seruum domini, colum. 1 de delato. libr. 10. C.

Princeps

107 Non principant duo principes in eodem loco, teste Aristot. 5. Polit. dicente: quod non principant alicubi pater & filius: nec maior & minor, illum allegant & sequuntur Bald. & D. Iason de Mayno in l. in suis, ff. de lib. & posthum. & ibi Raphael Cumanus tenet: quod imo filius Regis viuo patre non est propriè Rex. Latius D. Ioann. de terra Rubea, contra Rebell. suorum regum, in gloss. Super verbo, rex iuuenis, art. 2. primi tractatus, colum. 1. folio 24. & D. Martin. Laudens. in suo tractatu, de principibus, q. 18. 1. colum. folio 105. dicens: Sicut ponere duos principes est hæreticum: Ita ponere duos vicarios generales æqualis potestatis in terris, hæreticum videtur, vt per Host. & Ioan. Andr. in c. per venerabilem. & in c. Causamque, qui filii sint legitimi.

108 Pluralitas principum mala. Aristoteles 12. Metaphysicorum, vbi concluditur, vnus ergo princeps. Ioann. de terra Rubea, in suo opere contra rebel. suor. regum, articul. primo, primi tractatus, folio 14. column. 3. vers. circa medium. Melius est rem publicam regi per vnum principem, quam per plures, sicut vnus est Deus, & vnum est caput, inter cætera membra: & quia homines sunt faciles ad dissentiendum, vide Alberic. in prima constitut. Digestorum vet. vbi plene ponit.

Princi-

109 Principum donare proprium, c. 1. & ibi docto. de donat Ioan And. in c. Grandi, de sup. neg. prælat. lib. 6. Vnde dixit Dominus: Beatius est dare, quàm accipere, c. Prædicator. 16. q. 1. & c. Cum Marthæ, extra, de celebrat. missar. Vnde Martial. Coquus repræhendebat quendam qui toto die discurrebat per hospitia aliorum: *Scæuola tu comedis apud omnes, nullus apud te. Alterius siccas pocula, nemo tua. Aut tu redde vices, aut desine velle vocari: Dedecus est semper sumere, nilque dare.* Glossa in verbo, Vt debere, in c. 1. extra, de donat. Sed posset hîc interrogari, Vtrum donationes principum maxime remuneratoriæ, possint postea reuocari aut modificari, quum diximus Principum donare proprium: huic quęstioni negatiue respondendum est, quod non, per Bald. in l. Qui se patris, C. Vnde liberi. Abbas, & alii scrib. in c. 1. extra de probat. & iterum Bald. consil. 327. Incip. Pridie consului, 1. parte, vbi dicit, quod l. Perfecta donatio, C. de donat. quæ sub modo, habet locum tam in principe, quam in aliis; tum quod firmior debet esse veritas in ore Principum, quodque turpe sit principem vacillare, iuxta illud Psalmistæ. Quæ procedunt de ore meo, non faciam irrita, cum similibus; de quibus Baldus dicto consilio, & item Matthæus de Afflictis in c. Vnico, de natur. feud.

110 Nedum, sed etiam summus Pontifex ligatur quo ad Deum, Constitutione c. Omnis vtriusque sexus, de pœniten. & remiss. Ioannes Andr. in c. Significasti de foro competen.

Princeps

111 Non est Dominus rerũ singulariũ personarũ, nisi quo ad protectionẽ, & iurisdictionẽ, glossa approbata in l. Bene à Zenone, C. de quadr. præscri. nec princeps sine iusta causa potest priuare aliquem dominio rerum suarum, Innoc. & Ioan. Andr. in c. Quæ in ecclesiarum, de constitut. & notatur in l. finali, Cod. si contra iũs vel vtili. public. & in prima Rubrica, ff. de vete. & in l. 1. §. per hanc, ff de rei vendic. per Bart. Ita tenet etiam D Martin. Laudens. in suo tract. de principib. colum. 2. in fine, q. 47. fol. 105.

112 Non debet dare officium ei, qui semel deliquit in officio, l. Si aliquid, C. de suscep. Ita tenet D. Martin. Laudens. in suo tract. de Princip. column. 3. quæst. 331. folio 109.

113 Regulariter vtitur iure communi, nisi in casibus à iure expressis. Bald. in l. Et in legatis. C. Ad l. falcid. nam licèt princeps sit solutus legibus, tamen vult viuere secundum leges, l. digna vox, Cod. de legibus, quod tene fixum. Ita voluit Dominus Martin. Laudens. in suo tractat. de principib. colum. 4. quæstio. 344. folio 109.

114 Debet permittere, vt damnati ad mortem suscipiant pœnitentiam, & eucharistiam, Clement. 1. de pœnitent. ita dicit D. Martin. Laudens. in suo tractat. de principib. colum. 1. q. 370. folio 110. Itaque satis patere arbitror, quid dicendum sit de Iudicibus illis, qui olim (sicut & mea ætate fieri vidi, quod tamen mox mutatum est) solebant damnatis ad mortem recusare eucharistiæ exhibitionem, sed tantum permittebant vt loco eucharistiæ publice vbi sumeretur supplicium, à carnifice panis daretur in signum eucharistiæ, & deinde præbebatur haustus vini pro refocillatione, his factis executionem pœnæ fieri obseruabant.

115 Qui pandit literas principis tenetur crimine falsi, l. Titio, & ibi Bartolus, ff. ad municipales quod etiam D. Martino Laudensi placuit in suo tractatu, De principibus, colum. 3. ad initium q. 392. folio 110.

116 A sententia lata secundum consilium Principis potest appellari. Vide Bartol. in l. 1. ff. de appel quemadmodum etiam ponit D. Martin. Laudensis in præallegato suo tractatu de principibus, colum. 4. q. 415. fol. 110.

117 Ad principem etiam de iure ciuili potest appellare scholaris, omisso medio, Baldus in Authent. Habita, C. ne filius pro patre, cui etiam assentit D. Martin. Laudensis in suo frequenter per me citato tractatu, de Principibus, columm. 4. folio 110.

118 Talis præsumitur intentio principis, qualis legis scriptæ, & naturalis rationis, teste Baldo in c. primo. Apud quem cautio fienda est, huius meminit Dominus Martinus Laudensis in suo ante allegato tractatu, de principibus, colum. 4. quæst. 489.

119 Non valet Principis constitutio, quod Iustitia denegetur, secundum Angel. in l. Si non speciali, C. de Testament. quia est contra ius naturale, attestante Innoc. in c. Quæ in ecclesiarum, de constit. & D. Martin. Laudens. in suo tractatu de Principibus, colum. 4. fol. 111. q. 495. Sub iusto principe, aut Domino viuere summa libertas est, Angel. ita sentiente, in l. 1. ad finem, ff. de seruitut. vrbano. prædio. huic nec dissentit D. Martin. Laudens. in d. suo tractatu, de principibus, colum. 1. q. 510 fol. 112.

120 Princeps Qui non seruant mandata principis, debent excommunicari, aut aliter extraordinarie puniri, glossa, & doctor. in proœ. decretalis, & D. Martin. Laudensis, in præcitato tract. de principibus, colum. 1. in fine quæst. 525 fol. 112.

121 Non omne quod licet principi, aut summo pontifici decet eum facere, quia omni in re ponderandum est, quid deceat & expediat, c. Magnæ, de voto & voti redempt. & ibi Doctor. & D. Martin. Laudens. in præallegato tract. de principibus, colum. 3. q. 547. folio 112.

122 Imo nec Summus pontifex potest sine causa mandare alicui, aut etiam laico, vt det rem alteri, videte Innocent. in c. 1 Inquisitioni, de sentent. excommunicat. D. Martin. Laudens. in prædicto tractatu, de Principibus, colum. 3. quest. 549. folio 112.

123 Proditorem principis tenemur, & debemus manifestare, l. Metrodorum, ff. de pœnis, & Andr. de Isernia. in c. 1. §. 1. quæ fuit prima causa benefic. amittere.

124 Si iracundia motus sine causæ cognitione, aliquid rationabile, vel crudeles vindictas mandauerit contra subditos, debet deferri executio vsque ad triginta dies, vt interim cesset iracundia principis, text. notat. in l. Si vendicari: C. de pœnis, qui textus est aureis literis pingendus, teste Catone idem clarius patet.

Iratus de re quauis discernere noli.
Impedit ira animum ne possit cernere verum.

Addi potest illud Horatianum.

Ira furor breuis est; animum rege, qui nisi paret,
Imperat, hunc frænis, hunc tu compesce catena.

Neque expedit quod Princeps solito & vsurpato more dicat, *Ita volumus: quia Volumus*, totum destruit, & ad præcipitium ducit.

125 EPI-

125 EPITHETA BONI PRINCIPIS EX Iulio Polluce desumpta:

Rex pater esse suis debet placidusque, benignus,
Mitis, & humanus, mansuetus: prouidus: æquus:
Magnanimus: liber, nec lucri turpis auarus.
Non sinet affectus dominari, sed rationis.
Omnia consilio peraget. nec spurca voluptas
Principis egregium pectus violabit honesti.
Præterea iustus: prudens, fortisque: modestus.
Iudicii exacti contemplatorque futuri.
Sollicitè populi commissa negotia curet.
Vindictæ fugiens, & plurima dissimulabit.
Qui tenet Imperium leuis: bellator, & audax.
Sed qui bellandi causam non præbeat vlli.
Pacis amans semper, pacis defensor, & author,
Defendet miseros, castigabitque rebelles.
Corriget, & mores populi, vitiique recidet.
Semina constituens legum monumenta bonarum.
Principis hæc quæ refert meminisse vocabula semper,
Vt sciat Imperium cum maiestate tueri.

Antequam huic capiti finem imponam,
addam sequentes adhuc quæstiones; nem-
126 pe, An † belli authores ad interesse tene-
antur? Hanc q. non exiguam tractat D. Io-
han. de terra Rubea contra rebelles suorum
regum, articulo decimo, tertii tractatus, in
gloss. super verbo, ad interesse, folio 98. al-
legans Ioan de Anan. in c. præsentium, de
cleric. percuss. & Doctores, vbi dicunt: Quod
127 authores † belli tenentur de homicidiis ac
aliis damnis in bello occurrentibus, damna
& interesse passis: Panor. in c. Sicut, colum.
penul. de iureiuran. & colum. vltima, ibi-
dem post Innoc. vt Bald. in 6. q. dicit: Quod
128 singuli † armigeri spoliati per hostes iniustè
bellantes, contra ipsos vi bonorum rapto-
rum agere possunt; aut princeps eos vocās,
ante tamen satisfactionem eidem per spo-
liatos cessione facta, l. penultima & finali,
C. mandati. Assumptum præmissum be-
ne adiuuare: in argumentum videtur sin-
gulare dictum Innoc. in c. Sicut dignum,
129 extra, de homicidio: vbi dicit, Quod si † a-
liquis testis dicit falsum testimonium, non
solum tenetur de falso testimonio in foro
contentioso, verum etiam de omni damno
contingente ex illo: & per consequens, de
delicto & omni exitu ipsius delicti, vt vo-
luit glos. in c Presbyterum, ext. de homicid.
& in c. Imputari, de regul. iuris, lib. 6. Reli-
qua videat locis præallegatis diligens le-
ctor. Videat præterea tractatū exquisitissi-
mū doctoris D. Martini Garrati Laudensis
de bello & eius effectu, Item tractatum de
Bello & bellatoribus, D. Ioan. Lupi Segobi-
ensis Hispani. Ad quos recurrat pius lector
pro decisione quæstionum in bello occur-
rentium, quæ infinitæ sunt, & mirū in mo-
dū animaduertendæ ac ponderandæ, tā in
foro fori, quam in foro poli, seu cōscientiæ.

130 Hieremiæ 46. { Diuitiæ, Corpora & Animæ } perdūtur bellorū tempore.

131 Belli † euentus dubius est ac varius, & nunc
hunc, nunc illum consumit gladius, 1. Re-
132 gum 2. Bellum † reipublicæ pernicies. Dis-
133 sipa, † qui bella volunt.

134 Remissio an facienda propter { Bellum, Pestem, & Sterilitatem } { Huic materiæ conuenientia, multa ponunt D. Bartholom. Chassan. super Consuetudines Burgundiæ tit. *De Gabellis*: Nec non D. Nicolaus Boerius in suis decisionibus aureis, q. 240. folio 86. parte 2. quos Doct. tempore oportuno videre lector poterit. }

135 Nec obliuiscendum † censui, an bellum numeretur inter casus fortuitos? respondendum maxime, vt ad amussim declarat & decidit Dominus Nicolaus Boerius in suis decisionibus aureis, quæstione 249. numero 3. folio 86. parte 2. quem ad longum videre lector nequaquam grauabitur.

136 Plures termini synonymi in iure reperiuntur: { Bellum, Pugna, Prælium, atq; Guerra: qui (quamuis voce differant) idem tamen reipsa significant: licèt sint nonnulli qui differre dicant & sustineant. } { Quemadmodum horum meminit D. Ioannes de terra Rubea, vir ingentis memoriæ, in suo insigni atque singulari opere, contra rebelles suorũ regũ, art. 10. tertii tract. fol. 96. 1. col. post medium, quem vide. }

Tanta immanitate peccandi defecerunt
homines, vt tutius atque pacatius inter se
bestiæ viuerent: neque enim vnquam inter
se leones aut inter se dracones, qualia homi-
137 nes bella gesserunt. Vinculum † concordiæ
diligit Deus. Augustin. 13. De ciuitate Dei.
138 Capitaneus belli † siue guerræ, an potest
dare securitatem seu saluum cõductum exbannito? Huius q. meminit eximius D. Bartol. in l. Conuentionum, ff. de pact. qui affirmatiuam amplectitur partem, quod Capitaneus potest dare securitatem & saluum conductum exbannito, vel alii hosti. Quærit præterea præfatus D. Barto. in commentariis suis ad dictam l. Conuentionum, V-
139 trum Capitaneus † belli, siue guerræ possit facere pacem? & breuiter putat, quod Capitaneus potest facere seu inducias indicere, iuxta gloss. ibi in verbo, paciscũtur. Item quod etiam posset facere pacem, si esset dominus belli seu exercitus, vt Princeps, rex, & similes. &c. Sed Capitaneus cui est simpliciter commissum ducere bellum seu ex-
ercitum, non potest facere pacem, nisi sit ei
specialiter commissum, vt l. mandato ge-
140 nerali, ff. de procura: † Guerra seu bellum,
an probetur per instrumentũ treugæ? Huius q. mentionẽ facit præfatus D. Bart. in l. Legata, ff. de adimend. legat. n. 3. vbi hanc q. mouet & decidit, affirmatiuam partem sustinens, quem loco & tempore congruis lector videre & latius examinare poterit, causa hîc prolixitatis vitandæ. Si quis cõparet, & cõferat omnia bona belli cum malis ipsius belli: is verè inueniet, quod mala ex ipso bello prouenientia, & in bello commissa, longe superiorem locum obtinent, vt idem fatebitur, qui mala belli ordine recensere velit, sicut hôc melior sequenti tabula, maxime vt enumeratione eorum malorum vnumquemque à bello dehorter, vt ad pacem perducam, cuius bona ineffabilia sunt: vnde vere Virgilius scribit:

Nulla salus bello: pacem te poscimus omnes.

quasi dicat, belli mala infinita: sic rursus pacis bona immẽsa, propter q̃ hęc expeti debet.

Mala

Mala ex bello prouenientia (vt nos longa experimenta malo nostro docuerunt) hæc in genere recensentur: vtpote sine quib. bella neque inchoari, neque geri, neque perpetrari possunt; quamuis ea sint vera incōmoda, clades, calamitates, pestes & ruinæ, in perniciē nō solum Christianorum, sed etiam omnium mortalium: vt

- Blasphemiæ,
- Sortilegia,
- Diuinationes,
- Cum dæmonibus inita fœdera,
- Simoniæ,
- Hæreses,
- Apostasia,
- Furta,
- Sacrilegia,
- Adulteria,
- Incestus,
- Homicidia,
- Latrocinia,
- Rapinæ,
- Incendia,
- Monetarum adulterationes,
- Monopolia,
- Falsa quęlibet,
- Deflorationes,
- Stupra,
- Sodomitica,
- Mutilationes,
- Iniuriæ,
- Assasinationes,
- Agrorum populationes,
- Villarum deuastationes,
- Oppidorum & vrbium desolationes,
- Innocentium strages,
- Filii patribus orbati,
- Viris matres orbatæ,
- Euersiones ararum, templorum, & ædium,
- Sacra prophanaque omnia diruta.
- Clades,
- Pestes;

Aliaq; id genus violata iura sileamus, quę fari horret animus, nullū post se bellū, vbi gestū est, virtutis, pietatisve, aut Christianæ religionis vestigiū relinquit; sed siluescere illic videas, efferariq; protinus humanos animos &c. Nōnullorū prædictorum malorū meminit Frater Dominicus Soto Segobiensis Theologus, ordinis prędicatorū, Cæsar. Maiest. quondā à sacris confessionib. in suis commētariis, in epist. Diui Pauli ad Rom. c. 12. pag. 143. col. 1. vnde vere quidam poeta sic cecinit:

Bella necant homines, faciunt sine honoribus aras;
Vrbis & agrorum depopulantur opes.
Ah pereat tanti fuerit qui criminis author,
Tristiaq; humanas misit ad arma manus.

EPITOME DE BELLO.

IN vltimę editionis perfectæ Anno Domini 1570. cap. 82. de Bello, pag. 213. verſ. 3. col. 2. ſcripſi, quod de bello melius eſſet pauca dicere quã imprudenter ſine fructu multa effutire, quod quidem verum eſt, & maxime tempore pacis. Quis enim deſiderat mala bellorum audire, quum bonis pacis gaudere, vti, & frui liceat? Equidem fore ſperabã, quando hos commentarios ab initio meditabar, quod tempora pacata nobis, naturęque poſteritati Deus largiretur quare de bello & huius Lernęis facibus, quã pauciſſima attingere propoſueram. Quoniam autem longe prçter ſpẽ accidit, quod apud nos proh dolor, bellũ bello aptiſſimum fuit, & vt anſa anſam (quod dicitur vulgo) trahit, ita vnum bellum protraxit alterum per ſpacium 10. annorum, vt necdũ finis ſit. Idcirco hoc caput multis locis auxi, & in calce addere deliberaui hanc breuem de bello Epitomen, in qua quaſi in ſpeculo benignus lector paucis cernere, citoq; perluſtrare poſſit, quid bellum, quæ habeat genera, ſpecies, differẽtias, adiacentia, tum cauſas varias, à quibus fiat, & quibus verè geratur, vt illis omnib. cognitis facilius iura belli intelligantur, quæ in hoc capite potiſſimũ explicaui, ſeruans inſtitutum. Eſt autem bellum fortis & violenta impulſio, vel inuaſio armis, & inſtrumẽtis machinata cũ integro, ac increſcente animi ardore, ac furore ſpeciem nobilitatis habente, cauſa victoriæ & ſuperandi partẽ aduerſam: ſic bellum dictũ videtur à *Belo* Rege, qui primus amicos tãquam aduerſarios violenter, & armis non ſine furore inuaſit: vel à *duello*, qđ eſt in Adamica lingua **Duen enden hellen**/ hoc eſt, fortiter impellere, & cũ furore agitare, ac malis plurimis vexare: fit autem illud bifariam, ratione animæ, & corporis. Anima namq; ſibi aduerſariũ habet malum ſpiritum, à quo valde in ſtatu ſuo impellitur, & violenter truditur, & ſine ratione agitatur: imo pluribus malis torquetur, & hoc eſt ſpirituale bellum, de quo in vita S. Iob manifeſtum exemplũ habemus. Inde in ipſis Anachoritis, vt vitæ patrũ teſtantur. De hoc bello licet videre librũ Eraſmi de milite Chriſtiano enchiridion. Hoc thema pertinet ad Theologos: quorum tractationi rem præſentem relinquo. Corpus quidem animatũ etiam ſentit ſibi aduerſarium aliud corpus animatum, vt homo hominẽ offendit, à quo impetitur, inuaditur, agitatur & multifariam cruciatur, imo & necatur. Hoc eſt autem bellum corporale, quod aliàs ſeculare dicitur, de quo in prçſenti agimus, quũ autem habet vnum aliquis aduerſarium, cum quo contendat, pugnet, & armis certet, eſt duellum, vel monomachia, vel pugna inter duos tale fuit bellum geſtum inter Cain & Abel, niſi quod Abel ceſſiſſe fratri proditione agenti videtur: de hoc duello licito & illicito Alciatus, & multi alii I. C. & ego ſupra in capite 42. *De purgatione vulgari*, & principio De monomachia, ſiue de duello ſcripſi. Rurſus vnus aliquis habet duos, tres, pluresve aduerſarios, contra quos ferro & armis decertat, quale bellum fuit Sampſonis contra Philiſtæos: Herculis contra cohortes Pygmæorum: & is, de quo Dauid ait: *Numquid vnus mille, & duo decem millia fugauerunt.* Huius belli non eſt certa alia appellatio ſiue nomenclatura, quam communis. Inde eſt, quum plures contẽdunt ferro, & armis contra plures, vt aduerſarios, & hoſtes, ac hos æquales, vel inæquales: tale certamen quoq; bellum cõmuniter, & vulgo vocatur, in hoc bello primo eſt impetus, nec hic ſolũmodo, ſed etiam violentia, ac mox ira, vel iræ exacerbatio, non cõtra quoſuis, niſi cõtra hoſtes cũ impreſſione furioſa cauſa vincendi: qua de cauſa bellũ habet impetũ, & hũc contrarium, nempe vnius cõtra alterum: vel cõtra plures: aut plurium cõtra vnum, aut plures, quos hoſtes dicimus. Vnde patet varietas belli

belli prima. Mox altera varietas consistit in modo belli, nã impetus fit vel in terra, vel in mari, vel aquis: in terra aũt geritur vel peditibus, vnde pedestre bellũ; vel equitibus, vnde equestre bellũ: in mari vero vel aquis geritur classe & nauibus, vnde nauale bellũ: sic sunt tria genera bellorum; vnũ pedestre bellum, alterum equestre, tertium nauale. Pedestre bellum requirit notitiam peditũ, vt pugnatorum, tum armorũ & instrumentorum deditib. vtilium, & necessariorum: tum terræ & locorũ omnium, in quibus pedites sunt, per quæ proficisci debẽt in quib. morari, castra metari, & in quibus pugnare opus erit; idq; tam ratione, & respectu peditum amicorũ, quam hostiliũ: ea de causa in sequenti capite late exponimus, quę huc faciunt. Equestre bellũ parem, vel maiorẽ adhuc noticiã virorũ equestriũ, equorũ, curruum, armorum, & instrumẽtorum equestrium, idq; locorũ ratione vtriusq; partis bellantis. Nauale bellum requirit noticiam militũ maritimorum, nautarum, nauium, armorum, & instrumentorũ naualiũ, maris, & aquarum omnis generis, littorũ, riparum, ararum, insularum, scopulorũ & similium. Tertio, Impetus belli primus impulsus fit vel à causa interna in militibus, vt voluntate vires ostentandi, vlciscendi, hostes superãdi, vel cupiditati gloriæ, vel simili affectu satisfaciendi. Vnde fit bellum voluntarium: aut à causa externa impetus ꝓcedit vt stipẽdio, muneribus, cõmercio, aut simili obligatione, sic fit bellum mercenarium. Quemadmodum de impetu, nimirum prima forma belli diximus: ita nũc de forti violentia altera belli parte dicendum est. Consistit aũt fortis violentia in bona dispositione animorũ, corporum, armorũ, instrumẽtorum, locorũ: in numero militũ æquipollentium hosti, vel superiorum, vel inferiorũ. Porro bona dispositio animorum est in concordia pugnandi, hoc est concordi volũtate tam imperantium, quam parentiũ pugnãdi contra hostes. Hac de causa imperator, rex, legatus, tribuni, centuriones, decuriones, ac milites nihil diuersum, & de quo non prius bene consenserint, aut in tempore non bene cõuenire queant, edictis, signis, impetu, aut alio modo pręcipient. Disparib. bobus nunquã bene trahitur currus. Inde animorũ bona dispositio in scientia pugnandi versatur, in qua officiarii pręibunt, & milites ad signa obsequentur edocti arte, vsu, inspectione, & imitationis promtitudine: Scientia .n. rei nutrit animi fortitudinẽ. Tertio: bona animorũ dispositio versatur in potentia pugnãdi, quod Dux & miles non est animo timidus, nõ pusillanimus, non languidus, nõ delirus aut demens, non sollicitus de vxore, de liberis, de sarcinis, & similibus, non ad alia animo occupatus quã ad hostis inuasionẽ, & superationem. Nam qui talis non est, vt ineptus rei militari abdicetur: sit igitur animo potenti, magno, circũspecto, & audacissimo, nõ tamen temerario, nõ stupido: imitetur Bellerophontem, qui vectus Pegaso monstra Libyæ & Chimæram superat. De sarcinis ea ratio habeatur, ne quid impedimẽti, aut sollicitudinis addat militi, sed potius ad pugnãdum incitet. Bona dispositio corporũ consideratur in militib. & horũ auxiliariis, ac equis, si habeant sanitatẽ, robur, & agilitatem. Sanitas militaris procuratur si aer, & loca morę, castrorũ, & similium ac hospitia salubria procurẽtur: tũ cibus, & potus salubris, per pręfectũ annonæ, nõ nimius, nõ parcꝰ, sed moderatus: deinde somnus etiã sufficiens præstetur, ne vigiliis maceratus deficiat in excubiis, lucubrationib. custodiis, stationib. vigiliis, pręsidiis, explorationib. atq; expeditionib. Quarto; exercitia diurna tẽpestiua iniungãtur præliãdi, arma & vestes reficiẽdi, itinera moderatè faciendi cũ armis vel sine eis, luctãdi, gladiandi, natãdi, &c. His quies tribuatur cõueniẽs; postea corporis purgandi spacia concedãtur ad vacuãdas fæces, vrinas, sudores, sordes & similia, nec Veneri, aut amoribus nec ventri aut concupiscentiis, nec gulæ, aut potibus:

nec desidiæ, aut contentiosę ambitioni locus esse permittatur. Equi requirunt stabulationem, pastionem, aquationem, strigilationem, exercitationē varii generis. Armorum bona dispositio respicit arma proportionata, arma sufficiētia numero, arma valida. Catalogus armorū instrumentorūque bellicorū paratus esse debet præcipuis officiariis militū, ne tempore necessitatis sit defectus. Locorū bona dispositio consistit in profectu vel viis tritis; in prospero aspectu aeris & lucis cæli, solis, & planetarum, venti, pluuiarū, pulueris, in occurrētiū prospectu: in munitionū, vel locorum defensorum cōspectu: in quæ ipse, vel hostis se recipiat tēpore aduersitatis, vt sunt castra, castella, arces, turres, speculæ, antra, cuniculi, & oppida. Profectus vel expeditio fit per solida itinera, per æquabilia, per curta, per tuta. Solida excludunt paludes, fossas, riuos, lacus, &c. Æquabilia itinera excludunt rupes, scopulos, saxa, montosa, præcipitia, specus, &c. Curta excludunt ambages, labyrinthos, ne miles labore deficiat: tuta exlcudūt insidias, vim ferarū, arenas, puluerē, inundationem, impedimēta aduehendi cōmeatus, & potū & similia. Aspectus cōsistit prosper in aere sereno: in vēto cōtrario hostib. in radiis solis ferientib. oculos hostis. Prospectus versatur in cāpestrib. in locis vbi syluæ, mōtes, oppida, villæ, turres visum nō impediūt: in luce diurna ne tenebræ vel fumus ab hostili igne cōcitatus, ne puluis viarū vel similia lædant oculos. Numerus militū debet ad amussim cognosci, vt cōstet an sit par, vel superior, vel inferior hostili. Hic aūt numerus certo debet cognosci, aut nunquā res pugnę cōmittitur: talis esse cognoscitur ex diurna perlustratione suorum: exploratione certissima corporum hostis, & armorū, instrumentorū auxiliorum, præparationum, technarum ac stratagematum eius. Hęc exploratio fit per speculatores, cursores, tabelliones captiuos, mercatores, agricolas, tabernarios, agasones veredarios, circūforaneos, & similes: deinde per leuia prelia, quib. hostis copię in prospectum fortunā belli, & vires prouocātur, idq; ita, vt super excursorib. sit regressus in tuta & defensa loca, si forte hostis esset su- perior. Deniq; exploratio fit perspiciendo volūtatem hostis: nam si promptus est ad pugnam, & proditione potest vinci, hæc attētetur: & vbi certa est exploratio, quod maxima pars hostis stet pro nobis, & tempore pugnę tumultuetur cōtra proprios, tum pugna fiat. Tādem exploratio fit cognoscendo certitudinem capiendi hostem, & vincendi, vel ex insidiis, vel natura loci, vel stratagematibus. Proditionū varię sunt species, quas victoriæ cupidus tenere debet, non tam vt proditione agat, quam vt sibi, suis, & exercitui bene consulat. Stratagema capiendi hostē fit vel per insidias, proditionē, caritatem annonæ, per conclusionē in angustiis, per intestinam rebellionem, & internam confusionem, per malam gubernationem hostiū: per bonam scientiam necandi hostem, per interceptionem stipendiorū; vel per maioris stipendii persolutionem, quā fiat ab hoste. Insidiarū varia sunt genera, vt vestiaria, vel camisialis, vulgo *camisada*: syluatica, vulgo *embuscada*: tecta vel speluncales, vulgo *coperta*: cunicularia, vulgo *minera*: Troiana, quę fit per equum Troianum, vel per currus: Romana, quæ fit ludis, conuiuiis, spectaculis: sic Romani rapuerunt fęminas Sabinorum: Tyburtina, quæ fit inebriādo, sicut inebriatos tibicines Romam remisere in curru: Punica, qua Pœni vsi sunt contra Romanos, & qua Hannibal sæpe vicit. Neroniana, qua Nero vsus est contra Asdrubalem: Iugurtina, qua Iugurta vsus contra fratres suos: Ægyptiaca, qua Ptolomæus Pompeium necat. Proditionis vero species variant; vna, aperta, qua Iudas Christum osculo prodit Iudæis 30. numis: altera tecta, qua Dauid Vriam prodidit, datis literis ad Ioab: Tertia. Dalidica, qua Dalitea Sampsonem prodidit, & Eua Adam. Quarta Solonica, qua Solon Æginam, & insulas recipit: Quinta, Artemisiaca, qua Artemisia plurimas insulas subegit. Caritas annonæ procuratur, si

quę

quę adſunt, abſumātur numero militum, vel igni, vel putredine, vel depaſtione ꝑ homines, aut alia animalia, ſi plura & noua alimenta nō aduehantur: ſi mole omnes infringantur; ſi pecora vicina omnia abigantur; ſi nihil importari concludatur. Cōcluſio in anguſtiis fit ratione loci, vt montoſi vel paluſtris, vel maritimi: vel ratione oppidi aut arcis, vnde exire nequeant, niſi cum clade ſuorum. Inteſtinæ rebelliones fiunt multis modis: Vna Germanico, qua Germanus inæqualitatis impatiēs inſurgit cōtra ſuos officiarios, ſibi plura æquo vendicantes; vel qua tempore futuræ pugnæ nihil clamat præter daleros, & ſtipendium; quinimo arma abiicit, aufugit, ordines deſerit. Altera Gallica, quum Gallus miles nō vult ab externo regi, ſed contra ſuum officiarium citius pugnat, quā hoſtem. Tertia Hungarica, quū Hungarus miles ductum ſuperioris non vult ſequi; imo citius furioſe aget cōtra ſuos ductores quā alios. Quarta, Iſraelitica, quū difficultatib. inaſſuetis milites obruūtur, & murmurare incipiūt. Mala gubernatio fit, vel ab imperitia officiariorū, vel à peruicacitate, & obſtinacia militū, vnde diſcordiæ, ſocordiæ, contemptus officiariorū, cōpotatio, cōuiuatio, luxus & luxuria, aleatio vel digladiatio, & ſimilia mala ob neglectā diſciplinā militarē cōtingunt. Scientia & prōptitudo necādi hoſtē cōſiſtit in habitu iaculādi, ſagittādi, fundapetendi, bōbardas explodendi, cædendi, pungendi, oculos & faciē perſtringendi, gladiendi, tribulādi, tragulā iniiciendi, cōburēdi, & martyrizandi. Nunc reſtat de 3. parte belli, quæ habet furorē, & hūc nobilem perfectū, qualis conſiſtit in acutiſſimo & calidiſs. cōſilio; in continuata ira exardeſcente cauſa vindicandi ſeſe vel vincendi in omnib. numeris pugnandi, deſęuiendi, graſſandi armis per iram, & furorē in hoſtes, donec vis ſuppetat, & corpori, & animo vsq; dū ſatisfiat volūtati, aut cupiditati. Dicitur aūt nobilis furor, qui concipitur animo magno, ꝓpter res præclaras, & laude dignas in finem rei præclaræ obtinendæ. Sic Ferdinand. Rex Arragonię Mauros Hiſpania prætextu religionis expulit, & prætextu defendēdæ religionis Regnū Neapolitanū & inſulas occupauit. Turcę ob beatitudinis mundanę, & cæleſtis gloriam procurandā, omnia occupant, Carol. Magn⁹ ob infideles vndiq; expellendos & hęreticos comprimendos, rerum potitus eſt. Iulius II. & multi Pontifices titulo vincendi Turcam maxima bella geſſerunt, cauſa libertatis euangelicæ, & ſecularis Hugonottæ in Gallia hactenus bella geſſerunt. Acutiſs. & calidiſs. conſilium eſt cholericū & verſatilis ingenii derepente ex quauis cauſa capientis deliberationē, ratiocinationem, & cōcluſionem, ac reſolutionem faciendi id, quod res poſtulat, aut omittendi quod ex vſu nō eſt, in acie inſtruenda, ducenda, mutanda: in claſſicum ſonando, prœlium inchoando, pugnando, receptui ſignū dando, aut victoriam perſequendo. Quicunque mortalium corpore robuſti, complexione cholerica, & ingenio verſatili facile de omnib. argumentātur, aptiſſima, & optima præſtāt, hi acutiſſimi, ac virtutib. heroïcis præditi nobiles mores, & actus faciunt. Tales ſunt adoleſcentes bene nati, educati, & inſtituti; tales iuuenes eximia abſolutaque natura, creati fortibus, exercitati in reb. gerendis: tales viuaciſs. viri, nondum ſenes. Quare adoleſcentia, & iuuenilis ætas bello aptiſſima eſt, vnde Ouidius:

Quæ bello eſt habilis, Veneri quia cōuenit ætas.
Turpe ſenex miles, turpe ſenilis amor.

In claſſe bello aptiſſimorū virorum multa exempla referri poſſunt, tales ſunt Abrahamus, cū trecentis vernaculis, pro Loth pugnās, Moyſes, Ioſue, Gedion, Sāpſon, Dauid, Iudith, Mardochęus Machabei, Membroth, Belus, Ninus, Semiramis apud Aſſyrios, Cyrus apud Perſas, Philippus, & huius filius Alexander, apud Macedones, Pyrrhus apud Epirotas; Hector apud Troianos; Achilles & Agamēnon apud Gręcos; Themiſtocles apud Athenięſes; Romulus, Brutus, Scipiones, Lucullus, Sylla, Cæſar, apud Romanos. Maſiniſſa, Hannibal, Iugurtha apud

Africanos: Constantinus & Leones apud Constãtinopolitanos: Balduinus & Robertus Frisius apud Flandros: Otto, Henricus, Federicus, Rodolphus, Sigismundus, Albertus apud Germanos; Carolus, Ludouicus, Lotharius apud Francos; Merouçus apud Gallos; Henricus, Edoardus apud Anglos; talis nostra ætate Carolus quintus apud Hispanos, & Germanos. Cõtinuata ira excandescens, vel furor, vel rabies præcipuum calcar est belli; sæpe etiam ira ideo pro bello ponitur, vt apud Ouidium:

Candida pax homines; trux decet ira feras.

Aristoteles, & Peripatetici iram non improbant tanquam calcar ad fortitudinem, & instrumentum animæ ad vindictã, ad bellum pro bonis contra malos. Angelus Politianus in opusculo de ira, varias laudes cõmemorat, & ait iram esse causam heroicarum virtutũ. Sic de Ænea Virgilius scribit:

—Irarumque omnes effundit habenas.

Et Dauid in Psal. *Irascimini & nolite peccare.* Et Paulus ad Romanos: *Sol super irã vestram non occidat.* Virgilius causam belli Æneæ enarraturus, sic infert;

—Tantane animis cælestibus ira? Homerus etiam ab ira causam belli Troiani orditur. Lucanus causam ciuilis belli refert ad intensam iram, hoc est furorem:

Quis, (ait,) *furor, ô ciues, quæ tanta licentia ferri,*
Gentibus inuisis Latium prabere cruorem?

Vbi furori populi Romani, mutuæ iræ bellum ciuile imputat. Hinc Horatius ait:

—qui non moderabitur iræ,
Infectũ volet esse, dolor quod suaserit, aut mens.
Dum pœnas odio per vim festinat inulto.

Ira furor breuis est. Hinc dicitur etiam *Patientia læsa fit furor:* & Alciatus de ira in Emblemate rem hanc satis luculenter expressit:

Alcaam veteres caudam dixere leonis,
Qua stimulante iras suscipit ille graues;
Lutea cum surgit bilis, turgescit & atro,
Felle dolor, furias concipit indomitas.

In signum, quod præcipua causa belli impulsiua consistit in ira, hac de causa in clypeis magni semper Duces, & in bellis potentes pinxerunt aut sculpserunt animalia iracunda, & furiosa, vt leonem vnum vel plures, tigrim, vrsum, aquilam, miluum, canem, rubetam, harpyas, scorpiones, viperas, dracones, crocodilos, & similia: de leone cõstat illud insigne Agamemnonis, quod & Alciatus expressit:

Ora gerit clypeus rabiosi picta leonis,
Et scriptum in summo margine carmẽ habet.
Hic hominũ terror cuius est possessor Atrides.
Talia magnanimus signa Agamemno tulit.

Et Franci leonem in clypeis hac de caussa vt plurimum gestant. Aquila auium rapacissima ac maximè iracunda, intrepidis Imperatoribus Romanis, Græcis, & Germanis hactenus permansit. Sed de cæteris longe maior enarratio restat, quam præsenti operi conueniat. Quare sat sit monuisse, quod ira, & hinc furor præcipui sunt stimuli bellorum & pugnæ. Vnde patet, quod mites, & ab ira & iracundia alieni, raro aut nunquam sunt boni milites, sed vt omni tempore iracundi, tanquam furiosi, & insani in bello improbantur; quod patet in furioso Aiace, porcos pro hominibus occidente; in Goliade Dauidem contemnente, & multis aliis; ita nimis placidi, & qui semper iram vitant, nunquam aliquid præclari in re militari præstant. Verum cum res poscit irasci, & vires animo addere, incitatione haud remota a furore, Heroicum est: ira enim continuata exardescens, verè furor est & robur ad præclare agendum multis facit. Sic legimus de Scanderbechio, quod pugnam initurus, iram animo concipiebat, adeo vehementer, vt in adhortando, instruendoque suos sanguis sponte proflueret ore, & naribus, & os spumans sanguine plenum in signum furoris haberet. Quid

Quid enim est furor, nisi ira continuata exardescens & ebulliens? quæ ira, vt Aristoteles ait, est ebullitio sanguinis circa cor, calefaciens & impellens illud cum omnibus membris ad pugnandum pro se, ad fortiter repellendam iniuriam vel vindicādam iniquitatem. Vnde sanguis ab ebullitione omnes petit venas, & inflat, faciem rubore tingit, & membra incalefacit, ac roborat, sæpe etiam venas perrumpit: vnde multis irâ excandescentib. oculi rubent, & sanguinem exsudant, nares, gingiuæ, hæmorrhoides sanguine manant. Sanguis tali modo ebulliens, mentem quoque ipsam calefacit, spiritu replet, acumine auget, & varia exempla, modosque ad viriliter agendum ob oculos infert, & variis stimulis instigat ad incompositos & compositos motus, ad Bacchicos mores, ad furiarum irritamēta, blandimenta, & instrumenta: vt verè phrenetici & furiosi esse videantur. Hi nihili vitam curant, non formidāt vlla arma aut instrumenta sæuitiæ, ne mortem quidem ipsam: tales in id vnum impelluntur, vt alios occidāt, vt carnifices in humana corpora grassentur, vt hostem quasi porcum mactent, sicut poëta in furioso Aiace, Oreste, Hercule, Sampsone, Orlando, & aliis declarant. Porro ira hæc continuata exardescens, vel furor impulsus vera est caussa efficiens & fomes simul, ac materia belli. Est autem ea vel naturalis, quæ sua sponte prouenit, aut ab animi affectu, vel à corporis dispositione: altera est artificialis, quæ fit commotione animi ab externa causa vel alterando corpus per materiam phreneticam ad furorem, & verbera: vel impellendo corpus verbis, armis, instrumentis, vt tubis, tympanis, cornibus, lituis, sistris, & similibus. Quicunque igitur Imperatores & Duces bello potentes & victoriosi esse voluerunt, hi id imprimis egerunt omni conatu, vt milites iracunda natura præditos haberent, tum vt tempore pugnæ his militibus ingenerarent & procurarent iram ac furorē, vel impetu naturæ per animi affectus, aut per corporis motum, vel re, & verbis adhortando, alterandoque ad furorem, & bellicum impetum, dando potui vina fumosa, vina opiata cum bolo Armeno, vel terra sigillata, (vt Turcæ faciunt) aut vina, in quibus infusum est solanum manicum, vel semen hyoscyami albi, aut papaueris spumosi; aut optima vina dando vsque ad furores, hoc est, adebrietatem furiosam. Sic multi Duces tempestiue sub tempore pugnæ largè præbuerunt optima vina Germanis, quibus hinc sponte ad pugnam incitatis mirabiles victoriæ contigerunt. Ab hoc furore oritur ille furor, qui *nobilis perfectus* dici potest, quoniam animi fortitudine, & magnanimitate confirmatur, & nihil omittit suggerente mente omneis rei bene gerendæ modos ad explendam & habendam victoriam. Talis furor est Martis, Martius appellari potest, & à Planeta Marte originationem habet, sit absolutus maximè, cum gnato Mars in Ariete fortunatum aspectum præbet, vt & in quibusdam aliis signis, in quibus exaltationem & proprietatē habet. Mūdi primus aspectus fuit Martis in Ariete. Hinc statim furor bellicus exarsit, vt antiqui serpentis contra Deum: Euæ contra Adamum exprobrantem, quod pomum dedisset & accusantem eam corā Deo: Caini contra Abelem iustum, & quem occidit: Caini contra reliquos fratres & nepotes, similiter nepotum Caini inter ipsos & contra cognatos; Lamechi contra Cainum; posteritatis Lamechi contra ipsos affines, & consanguineos, vsque ad diluuium, propter amores fæminarum, quæ ipsis causæ furoris fuerunt. Inde in diluuio Dei contra homines; mox à diluuio Noæ contra Chamum filium; Chami contra fratres Semum, & Iapetum, & horū nepotes. Quum vero aspectus Martis in Ariete secundus, & prosper esset Assyriis, non mirum fuit, quod hi Martio furore instincti sibi præfecerint Martium hominem, sic Nembrothum venerantes, bellis auspicium fecerunt. Mox Belus, successorq; Ninus Monarchiam confirmauerũt. quæ durauit, donec Mars Medos suo aspectu præferret aliis. Vnde hi Assyriorum Monarchiam euerterunt & suam inchoauerunt priore asperiorem, vsq; dum & hæc degeneraret ipso Cambyse effœminato, nihil irarum, nihil heroicæ magnificentiæ, nihil bellicarum virtutum repræsentãte. sic ad Persas Medorum deuoluta est Monarchia, Cyro, homine Martio à cane enutrito. eam capessente. Huius posteri & successores minus Martii fuere, & sensim degenerauere, donec vltimus Darius, vir potius fœminarum quam militum esset: quo tempore cælitus secundo aspectu Martis nati Macedones maxime bellicosi forent, Regesque bellicosos statuerent, qui Græcis propemodum deuictis per mutua bella, & ad se traductis monarchiam Persarum Duce & Rege Alexandro Magno inuaserunt, & ad Græcos pertraxerunt bellorum serie. Deinde Romani fortunati radiis Martis bellis omnia miscuerunt, & superauerunt. Sic Macedonum & Græcorum monarchia ad Romanos vi fatorum deuoluta est. Quemadmodum Romani cæli fauore, & inclinatione ad bella nati & in bellis potentes, ac monarchæ longo tempore fuere: ita post hos Franci, & deinde Germani eminentes sceptra rerum bellis moderati sunt, tũ Turcæ ex vna parte, & Hispani ex altera demum parte, cælum propitium, bellicis virtutibus experiũtur: qua de causa etiamnum ad ipsos tales summa rerum potentia occulta vi fatorum deriuatur. Porro omnes illi qui nati sunt Horoscopo similis aspectus, hi Martii fuere, viri bellicosi, potentes in orbe, strenui in armis, in catalogum famæ illustrium referri possunt; vt Nembroth, Belus, Ninus, multiq; huius successores: Cyrus, Xerxes, & aliquot Darii, Philippus Macedo & huius filius Alexãder Magnus, Bruti, Scæuolæ, Scipiones, Lucullus, Marius, Mutius, Cinna, Catulus, Scylla, Sertorius, Pompeius, Metellus, Iulius Cæsar, Constantinus Cæsar; ante hunc Seuerus, Carolus Magnus, Mahometus, Ottomannus, Solimannus, Amurates, Zelimus, & Godefredus Bulionensis; hi naturæ quodam ductu mirabili in bellis victoriosi fuisse leguntur, etiã contra spem & opinionem suorum: simul fuerunt iracundi, furiosi, obnoxii exstasibus, morbo comitiali, à multis *sacro* dicto, & similibus. vnde nemo negare potest rationabiliter ipsos numine quodam afflatos, cęli aspectu ad bellandum formatos, naturæ ductu promotos ad victorias fuisse, & cæteris Imperatoribus præclariores dotes obtinuisse. Post hos fuere minus potentes in administratione, sed tamen in bellis summi propter bonitatem aspectus Martis in quibusdam signis, vt Harpago, Mancinus, Curtius, Decius Fabius, Papirius, Agathocles Rex Siciliæ, Pyrrhus rex Epirotarum, Dionysius tyrannus Syracusanorum, Hannibal Antiochus rex Syriæ, Ptolomæus rex Ægypti; & olim Amasis. Inde fuere Rolandus, Attila, Totila, Gensericus, Beringarius, Amalasuntes, Desyderius rex Longobardorum, & his similes. Deinde quarto loco statuuntur Bellisarius, Narses, Eutropius, quibus annumerari possent Duces nostra memoria insignes, vt Antonius Lęua, Antonius Columna, Bartholomæus Culioneus, Marchio Marinianus, Dux Burbonẽsis, Carolus de Lanoia, Egmundus à Bura, Comes, Petrus de Toledo, Lottrichius, Renatus Auraniæ Princeps, & similes. Si inuidia abesset, verbis non omitterẽ eos, qui etiã nunc supersunt. Multi ex humili loco per hunc secundum aspectũ & natiuitatem ad summam potentiam & famam peruenere. Cicero in oratione pro lege Manilia statuit in Imperatore eligẽdo spectanda esse quatuor; vt prudentiam in bellis gerendis, auctoritatem, fortitudinem & deniq; felicitatem, siue bonam fortunam. Nec immerito multis verbis disputat de felicitate Imperatoris vel Ducis belli. ab hac enim plurimæ virtutes, & maxima bona dependent: sicut hæc à cæli propitia & adiuuante facie suam originem

nem & successum habet. Nec est omittendum, quod Deus in suis fidelibus, aut etiã propter fideles in infidelibus hanc felicitatem mirabiliter operatur. Sic victoriam insperatam Moysi dedit, contra Pharaonem, Iosueo contra reges terræ; Dauidi contra Philistæos; Machabęis contra Syrios; Oniæ pontifici inuocanti contra Heliodorum; sed hæc exempli causa sufficiant, ne materiam nimis producam. Constat enim nunc quod belli ratio non fit sine aliqua iræ magnę commotionis animi perturbatione, furore, aut sæpe inspiratione & afflatu numinis, sic & cæli syderumq; aspectu benigno. vnde dicitur quod alea belli anceps est, & victoria à Domino datur. Nec Iulius Cæsar Rubiconem transiuisset, dubitans ne impar Pompeianis foret, nisi numen arrepta tuba, classicum cecinisset, & vadum monstrasset transituris. vnde ille: *Alea*, inquit, *iacta est, eamus quò nos fata vocant*. Restat modo quarta pars belli, quę continet victoriam aut quod victoriæ simile est, ius victoris in victum: Ouationem & Triumphum, qui est publica victoriæ gratulatio, & solennitas. Sed de his non pertinet ad pręsentem commentarium prolixius scribere. Proinde hîc finem facio, & rogo lectorem, si plura scire cupit, vt euoluat Vegetium de re militari, Frontinum de Stratagematibus, Ælianum de instruendis aciebus, Modestum de nominibus rei militaris apud Latinos; Iulium Pollucem & Cyrillum de nominibus rei militaris apud Græcos, Plutarchum in Parallelis, Valerium Maximum in libris exemplorum, & ex Neotericis Iouianum Pontanum in libr. de fortitudine, & in alio de prudentia, Nicolaum Machiauellum secretarium Florentinum, in 4. libris de Bello, Alberti Dureri nobilis Germani icones, & figuras rei militaris, cum expositionibus, Wolfangum Lazium Viennensem, Conradum Lycosthenem, Antonium Sabellicum in libris exemplorum. Hi enim in genere quæ ad bella pertinent ex professo tractauerunt. Cæterum qui desideret cognoscere in specie particularia quæque bella, is legat historiographos, vt Trogum Pompeium, & huius abbreuiatorem Iustinum de bellis Assyriorum, Medorum, Persarum & Græcorum, Titum Liuium, & huius abbreuiatorem, Iulium Florum, & Salustium, qui etiam bellum Iugurthinũ & Catilinarium seorsim conscripsit; Suetonium, Cornelium Tacitum, Herodianum de bellis Imperatorum: Thucydidem de bello Peloponesiaco, Xenophontem de bello Cyri, & de bello Græcorum contra Persas: Homerũ de bello Troiano, Apollonium Rhodium, & Valerium Flaccum de Bello Argonautarum, Moysem, & Esdram, & similes de bello Israelitarum, Diodorum Siculum in Bibliotheca de bello Ægyptiorum, Indorum, Assyriorum, & sequentium monarcharum: Iosephum, & Egesippum de bello Iudaico, Iuliũ Cæsarem in cõmentariis de bello ciuili, Gallico, Hispanico, & Alexandrino, Appianum, Valerium Antiatem de iisdẽ bellis, Virgilium de bello Æneæ Latino: Rheginum, & Abbatem Vrspergensem, de bellis Caroli Magni, Paulum Diaconum de bellis Longobardorum, Blondũ de bellis Romanorum triumphantiũ, & lamentantiũ: Fredericũ Ritium & Pandulphũ Collinutium de bellis Neapolitanorũ: Iouianũ Pontanum de bello Arragonũ, & Neapolitanorũ, Antonium Sabellicũ, & Egnatiũ Baptistã de bellis Venetorum, Polydorum Virgiliũ de bellis Anglorum: Philippum Commandinum de bellis Gallorum, Albertũ Crantzium, & Saxonem Grammaticum ac similes de bellis Saxonũ, Wandalorũ, Gottorũ, Hunorũ, & similiũ, Platinã de bellis Pontificũ: hi.n. in suis historiis quę sunt vitæ exempla, satis abunde omnia quę ad rem bellicã pertinẽt, scriptis cõprehenderunt. quare reliquorum historiographorũ catalogũ omitto: ad quos tamen accedere non veto, si cui ociũ suppetat. Hæc delibare placuit, vt studiosis iuris viam sternerẽ ad facilius intelligendũ qualecunque belli ius, & diuersitatem, de quo mentio, & controuersia fieri potest.

CAPVT LXXXIII.

De armigeris, militibus, ac stipendiariis.

Summæ rerum tractatarum in Commentariis CAP. 83.

1 Sine Armigeris, militibus ac stipendiariis bellum exerceri nequit.
2 Bellum à Belo, homine rege denominatur.
3 Belus fuit primus rex Assyriorum, filius Nembroth: qui condidit Babylonem.
4 Miles quis sit?
5 Stipendiarius aut miles, cuius ætatis esse debet?
6 Vt quis censeatur idoneus ad pugnã, requiritur ætas octodecim annorũ.
7 Sex sunt necessaria, vt quis sit miles.
8 Miles efficitur ciuis illius loci, vbi stipendium meretur.
9 Stipendiarii sunt ciues illius ciuitatis, donec hîc merentur stipendia.
10 Idem in Doctore, qui est miles legalis militiæ, efficitur ciuis illius ciuitatis, vbi stipendium meretur.
11 Idem in Rectore, & Ecclesiæ prælatis.
12 Infans expositus, cuius origo ignoratur, efficitur ciues illius ciuitatis, vbi est expositus, & nutritus.
13 Officiales possunt pecuniam deputatam, pro stipẽdio mutuare stipendiariis aut militibus, vt se arment, vel pistoribus vt præparent ad decoquendum panem pro exercitus & cãpi sustentatione.
14 Ciuitas quæ concessit suo stipendiario licentiam, vt iret ad Alemanniam, vel alibi ad bellandum, fuitque absens certo tempore, an toto illo tempore absentiæ debeat habere stipendium, ac si principaliter seruiuisset?
15 Idem, in potestate vel capitaneo.
16 Idem, in clerico, qui toto absentiæ tempore, debet habere præbendam, si fuit absens de licentia Papæ.
17 Potestas non tenens officiales & equos in numero competenti suo officio, pendet Salarium pro illo tempore, quo non tenuit.
18 Qualiter probabitur officiales & equos tenuisse.
19 Stipendiarius aut miles, si desiderat deseruire per substitutum, an possit, & per quem?
20 Quando videatur electa personæ industria?
21 Nunquid, vbi est electa personæ industria, quis per filium seruire possit?
22 Volens seruire per substitutum, semper debet seruire, per eiusdem conditionis hominem.
23 Doctor seruire volens per substitutum, debet seruire per doctorem, nequaquam per scholarem, licèt sufficientem.
24 Miles volens seruire per substitutum, debet seruire per alium militem, non per domicellum.
25 Substitutus debet esse moribus præditus, scientia, & peritia eruditus.
26 Miles stipendiarius captus ab hostibus, an gaudeat stipendio, durante captiuitatis tempore.
27 Miles stipendiarius diuidens prædam cum hostibus, viuus comburitur.
28 Stipendiarius aut miles si inuentus fuerit vagare per prouinciam, per quẽ, & quomodo puniatur?
29 Miles deputatus ad principis custodiam, sine illius scientia vacare non debet, aut aliena negocia peragere, & contra faciens, quinque libris auri multæ nomine feritur.
30 Miles ad principem pro ambasiatore missus, incontinenti se offerat viris illustribus, sub quorum regimine est, vt statim commeatum accipiat.

31 Mili-

31 Milites reperti vagari per prouinciam, per præsidem puniuntur.
32 Stipendiarii & milites non possunt grauare rusticos, vt dent eis ad comedendum.
33 Stipendiarius aut miles si noluerit accipere solutionem, vulgo pagam, tempore debito, fisci commodis applicantur.
34 Qui fertilitatis tempore annonam recipere de publico neglexerit, tempore caristiæ precium ipsius, aut annonam non petit.
35 An officialis publicus possit stipendiariis mutuare pecuniam sub vsuris?
36 Qui mutuauit pecuniam stipendiariis, si sibi non satisfit, potest eorum stipendium sequestrari.
37 An à creditoribus stipendiariorum, aut militum stipendium sequestrari possit?
38 Miles mihi debet decem, ea petii, & condemnatus est, nec iudicatum soluit; an stipendia sua pignori sint capienda?
39 Stipendiarius aut miles potest procuratorem ad stipendium constituere.
40 Thesaurarius belli habens pecuniam ad soluendum stipendiariis, & non soluit, & ob hoc stipendiarii accipiant pecuniam sub vsuris, obligatur omnes vsuras, ac omnia damna, quæ incurrũt, occasione illius negligentiæ, restituere.
41 Stipendiarii si ad custodiam alicuius ciuitatis aut castri mittantur, à quo debeant habere stipendium?
42 Inconsulto communi, vel domino non potest stipendiarius ad custodiam alicuius ciuitatis ire, &c.
43 De pane, vino, aceto & carnibus, stipendiariis dandis. remissiue.
44 An domus priuatorum militibus, siue stipendiariis assignari debeant, & quæ pars?
45 Qui à stipendiariorum receptione excusantur, remissiue?
46 Stipendium potest, pro parte solui militibus in pecunia, & pro alia parte in panno. &c.
47 Praxis fraudulenta nonnullorum in traditione & venditione pannorum & similium, quando soluendi sunt stipendiarii aut milites.
48 Milites non stipendiati omnia populantur.
49 Milites propriis sumptibus non tenentur militare.
50 Officium suum nemini debet esse damnosum: ergo nec etiam militi.
51 Miles pariter & alius quilibet spe pecuniæ & præmii certat.
52 Militare de se non est delictum.
53 Militare propter prædam, peccatum est.
54 Gerere rempublicam criminosum non est, sed ideo gerere rempublicam, vt diuitias augeas, videtur esse damnabile.
55 Milites seculi cum cælestibus æquiparantur militibus.
56 Miles etiam vulneratus non debet discedere à signis sine licentia.
57 Miles curatus ab infirmitate debet adimplere stipendium, aliàs non habebit stipendium tempore infirmitatis, &c.
58 Militia est duplex: Secularis { equestris. pedestris. naualis. } & Spiritualis
59 Militia secularis non culpatur, sed abusus.
60 Militia instituta est propter duo: videlicet ad iniuriam propulsandã, & vindictam inferendam.
61 Ius militare in multis consistit.
62 In militia seculari, reprehenditur libido dominandi, crudelitas vlciscendi, & cupiditas nocendi.
63 Hac intentione militia debet exerceri, vt mali coerceantur, & boni subleuentur.
64 Plerique sancti Patres, secularem militiam laudabiliter exercuerunt.

65 *Summa laus est militiæ, communi vtilitati intendere.*
66 *Boni milites vltra stipendia sua nil debent vsurpare.*
67 *Miles non est reus homicidii, qui legitima authoritate superioris, hominem occidit.*
68 *Miles secularis grauius peccat symoniam committendo, quam clericus.*
69 *Miles sæcularis propter periculosum statum, quem habet, absque dispensatione papæ, ad sacros ordines non debet promoueri.*
70 *Si in militia seculari gradatim quis promouetur ad honores; multo fortius in militia spirituali.*
71 *Non debet esse ligatus aliis, qui spirituali militia est aggregandus.*
72 *Episcopus ad seruiendum Christo voluntarium militem habere vult.*
73 *Nil beatius, quam vt quomodo Imperator noster Christus iussit, militetur.*
74 *Militum Christi arma sunt orationes, eleemosyna & ieiunia; quorum partes sunt lachrymæ.*
75 *Miles an, & quando ad munera contribuenda teneatur?*
76 *Milites à muneribus suæ ciuitatis eximuntur.*
77 *Militem se effici procurans, vt munerum contributionem euitet, an potiatur immunitate?*
78 *An miles teneatur soluere gabellas?*
79 *Milites an sint a vectigalibus exempti?*
80 *Milites an sint exempti a collectis?*
81 *Milites nostri temporis cum violentia tallias imponentes, prædones sunt, & raptores.*
82 *Milites armatæ militiæ pro debito ciuili an possint personaliter capi, & carceri mancipari?*
83 *Ludus alearum siue taxillorum antiquissimus, & a Troiano milite,* Alea *vocatus.*
84 *Philosophus 4. Ethicorum affirmat lusores esse deterioris conditionis, quam latrones.*
85 *Ludi, qui non fiunt causa recreationis, sed potius auaritiæ, prohibentur.*
86 *Mala & peccata prouenientia ex ludis, secundum Hostiens. in summa de excess. prælator.*
87 *Ecclesia spretus fit ex ludis.*
88 *Vsura committitur ex ludis.*
89 *Rapina committitur in ludis.*
90 *Scandalum insurgit ex ludo.*
91 *Nugæ descendunt ex ludo.*
92 *Blasphemia etiam in ludo perpetratur.*
93 *Quædam miranda contra lusores.*
94 *Furtum etiam committitur in ludo.*
95 *Violentia etiam adhibetur quandoque in ludo.*
96 *Falsum etiam committitur in ludo.*
97 *Ludus aliquando est causa mortis.*
98 *Deceptiones etiam, & fraudes fiunt in ludo.*
99 *Qui melius scit decipere, melius dicitur ludere.*
100 *Perditio temporis ex ludo resultat.*
101 *Cum aliena sint omnia, tempus autem nostrum est.*
102 *Estque apud me ludus scachorum etiam pestilens scholaribus.*
103 *Desiderium etiam nascitur ex ludo, quoniam oritur maxima cupiditas lucrandi, quæ est radix omnium malorum.*
104 *Corruptio etiam multiplex nascitur, scilicet eorum, quos malo exemplo corrumpunt.*
105 *Adulationes etiam fiunt in ludo, & adulatoriis verbis commendatur cautus ludens.*
106 *Vita turpis agitur propter ludum.*

107 *Senatus Romanus (vbi erat Synodus moralitatis) ludum tanquam causam malorum prohibuit.*

108 *Alearum vsus antiqua res est.*

109 *Lusores seipsos interimunt propter ludum.*

110 *Lusores venenum sumunt propter ludum.*

111 *Lusores Diabolo se viuum proprio chirographo tradidisse audiui propter ludum.*

112 *Tabulæ criminum emanantium ex alearum, siue taxillorum ludo.*

113 *Quotidiana inconuenientia, quæ cernuntur inter capitaneos ac eorum vicarios, quando fit militum præmonstratio.*

114 *Ad illas similesque fraudes euitandas, vnicum & singulare est remedium, quo olim vti iubebant Imperatores, Reges, Principes ac similes.*

115 *Nonnulli præcipui capitanei exercitus infinita nonnunquam mala proponunt, & seminant, vt pax impediatur, & postponatur, & bellum continuetur, non tamen propter Deum, sed propter meram auaritiam, & prædam, &c.*

116 *Male partum, male disperit.*

117 *Non habet euentus sordida præda bonos.*

118 *Nulli, cui rapina feliciter cessit, gaudium rapti durauit in posterum.*

119 *Rapinam emere non licet, nisi intentione, vt cui est ablata, restituatur.*

120 *Nemo qui rapit moriens, si habet vnde reddat, saluabitur: si eos, quorum fuerit, inuenire non poterit, ecclesiæ vel pauperibus tribuat.*

121 *Si quis inuenta non reddit, peccatum est simile rapinæ.*

122 *Pax margarita Christianis preciosissima.*

123 *Pax sectanda etiam cum labore nostro, damno, & opprobrio.*

124 *Pax vera est, cum vnusquisque ius suum tranquille possidet.*

125 *Pacis præparatio, bellum.*

126 *Pax vt seruetur, moderamen iuris habetur.*

127 *Tempore belli in exercitu, docti ac deuoti concionatores singulis diebus dominicis, ac aliis festis principalibus, sunt vtiles vt doceant, quid facere, & euitare debeant militantes.*

128 *Milites nostri temporis potissimum ab anno 1566. vsque ad annum 1577. tam publice, quam secreto perpetrarunt talia & similia delicta, maleficia ac facinora, qualia commissa legimus à tempore Adami vsque ad prædictum annum 1566.*

129 *Causa præfatorum delictorum est, quod militaris disciplina vilipēsa, neglecta, & contempta, imo prorsus quasi sepulta iacet.*

130 *Capitanei & officiarii exercitus malorum perpetratorum potissimum causa & occasio esse videntur: quia iustitiam raro aut nunquam (vt par est) faciunt; ideo non mirandum, quod bella tot annis continuentur.*

131 *Rei militaris materiæ cognoscendæ, quæ congruunt & earum materiarum diuisiones.*

132 *Nomina militum pedestrium, in generali diuisione ponuntur.*

133 *Enarrantur nomina præfectorum peditum.*

134 *Enarrantur nomina militum inseruientium rei tormentariæ.*

135 *Enarrantur nomina militum vulgarium omnis generis.*

136 *Enarrantur nomina auxiliantium militum, fossorum & similium.*

137 *Nomina militum equestrium.*

138 *Nomina militum equestrium obedientium.*

139 *Nomina militum maris classiariorum, nauiculariorumque.*

PRÆ-

PRÆFATIO.

SIc omnia fato in peius ruere ac retro sublapsa referri, Virgilius in Georgicis exclamat, dum rerum naturalium mutationē ac degenerationem cōsiderat: Atqui ego, cum mecum hodie perpendo moralem mortalium disciplinam & hanc confero cum veterum institutis, consuetudinibus atque legibus, ethicam partē philosophiæ respicientibus in priuatis moribus, imo œconomicis & politicis, haud iniuria exclamare possum, Fuimus Troes, fuit Ilium, fuit ingēs Gloria Teucrorum, ferus omnia Iupiter Argos transtulit, &c. *Cur tot mala agricolis, tot ciuibus, tot nobilibus vbique & vndiq; ingruunt; cur quæso? ob malam morum disciplinam, ob neglectam, conculcatam & penè sepultam iusticiam ciuilem & militarem. Ouidius ferrea secula describens innuit, quod in his viuitur rapto,* non hospes ab hospite tutus; *& subdit;* Victa iacet pietas, & virgo cęde madentes, Vltima cælestum terras Astræa reliquit. *Et Iuuenalis Satyra 6. huc collimat:*

Multa pudicitiæ veteris vestigia forsan,
Aut aliqua extiterant, & sub Ioue, sed Ioue nondum
Barbato, nondum Græcis iurare paratis
Per caput alterius, cum furem nemo timeret
Caulibus aut pomis, & aperto viueret horto.
Paulatim deinde ad superos Astræa recessit.
Hac comite atque duæ pariter fugere sorores.

Quæ vero ipse Cicero Officiorū primo docet de iustitia, aurea sunt præcepta, & obseruatu dignissima, magis adhuc illa, quæ D. Ambrosius in Officiis, ante omnia quæ Diuus Ioannes Lucæ 3 illa vero iure canonico latissimè explicantur, & simul etiam iure ciuili; vnde nos potissimum ea desumpsimus, quæ in medium adferimus de armigeris, stipēdiariis, militib. & similibus, id vero nulla alia de causa fecimus, quam vt aliquā saltem formam iustitiæ reuocemus, sine qua salus Reipubl. ædiū seu familiæ cuiusuis, etiam particularis hominis constare nequit. Romæ defuncto Pontifice, iusticia etiam defuncta iacet, donec magistratus præceptis, vi, & armis, qualibuscunque modis potest, defendat: interea tamen miserabilis est facies vrbis; vbiq; prælia, pugnæ, homicidia fiunt. Palatia, ædes, & cubilia spoliantur; res lōgo labore & industria parta destruuntur, incendia summis vigiliis & armis vix arcentur, sacra prophanātur, varia tormentorū genera in bonos exercentur, malorum sæuissimi passim conflictus videntur, fœminis & innocentibus manus iniiciuntur, virginū honori mille fiunt insidiæ; tū Roma videtur spelunca latronū, nebulonum, furum, mœchorum, adulterorum, raptorum, incendiariorum, falsariorū, plagiariorum, abactorū, calumniatorum, blasphemorum, hominū corruptorum, Dei contemptorum: atq; id durat donec nouus Pontifex est creatus, iusticiæ seruans ac defensor: quis pius non deplorat illum statũ? quis bonus non omnibus votis expetit Iusticiæ restitutionem? Variæ vrbes, vicinæ ciuitates, Principes, Regesque omnes Christiani solliciti sunt & supplicationes celebrant ad Deum pro iustitiæ reuocatore; imo omnes ecclesiastici & fideles summis conatibus id promouent, vt nouus Pontifex creetur, qui iustitiam obseruet: quemadmodum mox apparet. Nam Pontifex electus protenso signo crucis ante omnia iusticiam promouet, & mox ipsam pacem inducit: tum illud proclamatur: Fiat pax in virtute tua & iusticia tua, ac abundãtia in turribus nostris. Imperatore Turca defuncto IaniZari, stipendiarii, prætoriani milites omnia passim vastant & iustitiam pessundant: vnde omnes ciues oppidorum, incolæ, omnes agricolæ, omnes nobiles id vnanimiter maximis operibus, muneribus, precibus, curis, & industriis procurant, vt demortuo Turcæ alius quam citissimè subrogetur, qui militarem & politicam iustitiam reducat ac obseruet, obseruarique faciat. Quod si quis ob oculos ponat statum calamitosum, lamentabilem conditionem, periculosissimamq; sortem Turcici illius interregni, quo iusticia non exercetur, non lachrymis abstinebit, qui funus, vel sepulturam, aut contemptum iusticiæ defleat. Hinc ipsi etiam Barbari, & immanes homines illud curiose perficiunt, vt Imperatorem habeant qualemcunque, qui si non veram, tamen aliquam iusticiam & disciplinã exerceat, præsertim militarem. Ex quo facile apparet omnibus, quam res sit salubris, necessaria, atq; vtilis, virtutum honestissima ipsa iusticia, quæ vnicuiq; suum tribuit, quæ pietatẽ ac liberalitatem exerceat, quæ morũ disciplinam & integritatem continet, quæ bono & æquo iure omnia dispensa & gubernat. Subinde in Romano exercitu militaris disciplina remissa fuit, & iniustitia creuit, protinus vt id accidit Romani cladem senserunt, vt in Hispaniis contra Carthaginenses, in Campania contra Hannibalem, & ad Cannas, item in Aphrica contra Iugurtham primis bellis contigit. Contra reuocantes iustitiam in pristinum statũ confestim fuere victores, Pœnos, Sardos, Siculos, Hispanos, Gallos, Iugurtham & Aphricanos, atque Asiaticos domuere, nec finis prius victoriæ, quam ipsi domi forisq; iusticiæ fuere negligentiores, nimia rerum cupiditate & ambitione seducti, tum ciuilia bella exarserunt, & hinc tandem dictatura perpetua in perniciem ciuium & orbis, mox imperia & regna orta sunt. Exercitus Mosaicus ex Ægypto, versus terram promissionis proficiscens semper victoriosus fuit, quum iustitiam coluit, quotiescunque iustitiã trãsgressus est, præsentissimas calamitates sensit, sic Datan, Abiron, Core periere: sic Iosue curauit puniri trãsgressorẽ legis & mãdati; sic Dauidicus exercitus afflictus est ob iniusticiã regis & propriã: sic Saul ob iniustitiã, quod Deo prædã debitã non immolauit, è regno eiectus est. Sed nimis lõgũ ac tædiosum est si omnia hæc exẽpla in mediũ adducã: antũ mõstro syluam aliis: Illud paucis addo, quod vt Varrone teste, anima porci est pro sale: &, vt anima est vita corporis humani: ita ipsa iustitia est

vita

vita & præcipua salus Reipublicæ atque mortalium animatorum. Aufer animam corpori, quid restat præter mortem? deme iustitiam congregationi hominum, quid reliquum est præter interitum Reipublicæ, & tranquillitatis hominum? Humanum genus iustum fuit in paradyso: postquam iniustitiam fecit, & contra mandata Dei edit de ligno vitæ, de arbore scientiæ boni & mali, quæ erat in medio paradysi, eiectum est extra paradysum, & in Barathrum malorum, in extremam grauissimarum pœnarum sentinam, & periisset, nisi gratia diuina promissionem nouæ iustitiæ impressisset, & hæc iustitia nostra Christus est. Rursus ab hac iustitia homines recesserunt, & puniti fuere maximo diluuio seruatus est autem Noe cum suis, ideo quod vir iustus fuit inuentus: Nembroth cum suis iram Dei sensit, Babylonii turris & linguæ confusionem retulere. qua de causa? ob iniustitiam nimirum; Abraham & Loth viri iusti seruati sunt ab igne Chaldæorum, & ditati ineffabiliter in terra, seruatique à Deo etiam in terris inimicorum. Sic Isaac, Iacob, Ioseph amatores Dei, tenacissimi iustitiæ cultores æternam memoriam laudis consequuti sunt: quotquot in veteri Testamento leguntur iustitiæ obseruatores, iis semper bene fuit. Iob a iustitia non recessit & obtinuit ingentem triumphum, post tentationem felicitatem terrenam immensam: Achab iniustus cum vxore Izabele grauiter punitus fuit. Moises iustus & Aaron cum exercitu mare rubrum incolumes transeunt: Pharo iniustus Israelitarum bona sibi vendicans submergitur cum maximo exercitu & auxiliis. Mardochæus iustus ad dignitatem promouetur, & Anian iniustus suspenditur in patibulo, quod illi parauerat. Quin etiam in nouo testamento Magi ab oriente stella duce Christum adorant, & munera iustitiæ signa offerunt: Herodes Christo infestus & iniustus, vitam ad mere paratus, horribilissimo genere supplicii regno excidit, & teterrima morte periit. Zachæus iustus quadruplum restituens, destinatur regno Dei, & fit discipulus Christi: Diues ille iniustus Lazaro non dans alimenta, præcipitatur in miserias gehennam, vltimaque supplicia flammarum. Latro in cruce dum Christi innocentiam defendit, iustitiamque docet, meretur audire illam saluberrimam vocem, Hodie eris mecum in paradyso: *alter iniustus laudē Christi detrectans, sine honore, sine spe, sine consolatione perit. Hinc Psalmista recte proclamat;* Iustus Dominus iusticiam dilexit, æquitatem vel veritatem vidit oculus eius; *& Christus ipse clare dicit:* Ite benedicti iusti in vitam æternam, iniusti maledicti in ignem æternum. *Qui enim opera misericordiæ non exercuerunt, vere sunt iniusti. Rursus Psalmista idem attestatur, vbi initio statim, sic,* Quoniam, *inquit,* non resurgent impii in iudicio, neque peccatores in consilio iustorum; quoniam Dominus nouit viam iustorum, iter impiorum peribit. *Quamobrem omissis infinitis locis, huic themati inseruientibus, illud Iuuenalis subiungam:*

——Nobilitas ſola eſt atque vnica virtus.
Paulus, vel Druſus vel Coſſus moribus eſto.
Hos ante effigies maiorum pone tuorum:
Præcedant ipſas illi te conſule virgas.
Prima mihi debes animi bona, ſanctus haberi,
Iuſtitiæque tenax dictis factisq; mereris.

Quæret aliquis cauſam, cur adeo iuſtitia cõmendetur? Reſpondeo certe illud, quod verum eſt prouerbium, Malè parta, malè dilabuntur: *Sicut etiam quod cito fit, cito perit: quare igitur, quæ bene ſunt parta, non etiam bene perdurabunt? firmata enim ſunt ſolidis radicibus, & iacta ſunt fundamenta firmiſſima in ſolidis petris. Pergamus quærere quæ ſint parta bene? Reſpondeo, quæ iuſtè vel per iuſtitiam acquiſita ſunt: animaduertimus ergo ſi quid firmum, ſolidum, ac durabile quærimus, quod iuſtitiam neceſſario colere debemus, ſiue magiſtratus ciuiles, ſiue milites, ſiue priuati fuerimus: contra ſi quid caducum, inane, fragile, ac noxium volumus, quod tum ab iuſtitia declinare poterimus, ſed hîc pro foribus ſtatim periculum eſt: nam cum vel latum vnguem ab Iuſtitia quis incipit decedere, protinus præſens eſt pernicies. Itaque regia via ingrediendum, non deflectendum ad dextram neque ſiniſtram. Hodie (malum) non ſolum ab ipſa iuſtitia fit diuaricatio, vel deliratio, ſed prorſus præuaricatio aut tergiuerſatio, etiam apud Turcas ignominioſiſſima. Quare varias calamitates, & pœnarum genera infinita hominibus contingere non eſt mirum. Virgilius 6. Æneidos pulchre in hanc ſententiam ſic canit:*

——ſedet, æternúmque ſedebit
Infelix Theſeus Phlegiasq; miſerrimus omnes
Admonet & magna teſtatur voce per vmbras,
Diſcite iuſtitiam moniti; & non temnere diuos.

Vnde paulo poſt ſubiungit:

Et dubitamus adhuc virtutem extendere factis?

Sed me tempus deficeret ſi de hac materia tractare vellem ea, quæ huic generi annexa occurrunt: quum me conuerto ad inſpectionem rei militaris noſtri temporis & eorum, quæ in illa contingunt, tum iterum exclamare non ceſſo: O Iuſtitia languida! ô Iuſtitia agonizans! ô Iuſtitia mortua! ô Iuſtitia ſepulta! Dico iterum quod olim, vt ſupra enarraui, Iuſtitia in cælum euolauit, & adhuc ſui venerationẽ mortalibus reliquit, & vt Dea culta fuit à nonnullis; cæterum hodie in caſtris & re militari nulla fere iuſtitiæ eſt memoria, nullus locus, nullus honos, vt vix in cælis eſſe credatur; quare vt peſſundata, ſepulta, & mortua videtur. Atqui præſtaret ipſam militiam ſepultam eſſe & iuſtitiam inter homines viuificatam: ipſum bellum in exilium, & funera miſſum, ac iuſtitiam reſtitutam in priſtinum ſuum locum, quo erat aureo ſeculo. Nam fiat iuſtitia, & colatur ea, non ſolum omnibus templis & aris,

ſed

ſed etiã votis, animis & omnib. actionib. ne pereat mundus. Regna maxima euerſa legimus ob defectum iuſticiæ. Cambyſes improbus rex, tamen eo nomine regnum tenuit & ſtabiliuit, quod iudici muneribus corrupto ac iniuſto pellem detraxit, qua ſedem texit iudicialem, & in ea filium excoriati ius dicere iuſſit; ac inter omnia illud maxime iniũxit, vt iuſticiam obſeruaret, pœna patris ante oculos poſita. Vtinam id omnes reges & magiſtratus imitarentur, haud dubiè melius nobiſcum ageretur. Poſtquam Sardanapalus iuſticiæ partes, & officia transgreſſus eſt, deditus luxui, ſuum regnum Aſſyriæ perdidit: Aſtyages iniuſtus & impius cum Cyrum ſuum nepotem occidere vellet ſine cauſa, id conſequutus eſt, vt regnum Medorum ad Perſas tranſiret, & ipſe honoribus deſtitutus eſt. Darius Perſarum monarcha corruptus moribus, & iuſticia ſpernens, ab Alexandro Macedone victus eſt, & florentiſſimum regnum, ac ditiſſimũ amiſit. Inde Macedones ipſi à Romanis ſuperati prædæ fuere militibus ob Perſei regis ipſorum iniuſticiam. Reſpublicæ etiam periere ob iniuſticiam, vt Lacedæmoniorum, Athenienſium, Thebanorum, Chalcedonenſium, Corinthiorum, Marſilienſium, Byzantinorum, & cæterarũ vrbium ampliſſimarũ ac celeberrimarum orbis, quarum nunc nulla, aut vix exigua veſtigia extãt. Quod etiam in Hieroſolymitana vrbe contigit propter Chriſti ſummi regis iuſticiæ, Apoſtolorum, diſcipulorumque, & virorum iuſtorum perſecutionem. Sic perit mundus, hoc eſt, ſic maximæ reſpublicæ & regna periunt propter iniuſticiã: Quã ob rem, vt tandem vela colligam, opus eſt ſi velimus noſtras Reſpublicas eſſe ſaluas, vt iuſticiam colamus, idque inprimis in re militari, in qua non modo laxa & diſſoluta, ſed nunc etiam mortua, ſepulta, & ad inferos detruſa eſſe iuſticia videri poteſt: Quum expediret potius bellum eſſe ſepultum, quam iuſticiam. Ego magnum dolorem animi propter immenſam in multis operibus militaribus iniuſticiam ſæpiſſimè concepi, neque diutius continere me potui, quin omnem lapidem mouerem opitulandi huic incõmodo, præſertim in continuatis bellis per multos annos. Itaq; præſentè materiam de armigeris, militibus, & ſtipendiariis excuſſi, & in publicum emittere deliberaui, vt rebus in peius ruentibus, quantam poſſem medelam & correctionem adhiberem. Nunc ad ipſam rem accedo.

QVandoquidẽ capite immediatè præ-
cedẽte tractatũ ſit de bello, viſum fuit
etiam ſtatim tractare de armigeris, mili-
1 bus † ac ſtipendiariis, ſine quibus bellum
2 fieri & exerceri nequit; quod quidem † bel-
lum à Belo, homine rege denominatur, qui
3 † Belus fuit primus rex Aſſyriorum, filius
Nembroth; qui condidit Babylonem, vt
ſcribit D. Iohannes de terra Rubea, in ſuo
ſingulari opere contra rebelles ſuorum re-
gum, in gloſ. ſuper verbo, Sufficiant, articu-
lo decimo, tertii tractatus, & vt à diffinitio-
ne ſeu verius à deſcriptione incipiatur, Mi-
4 les † eſt, qui iurat ſe non euitaturum mor-
tem propter reipublicæ ſalutem. Vel, qui
iurauit à ſignis non recedere. l. Milites o-
mnes. ff. ex quib. cauſ. maiores 25 annis in
integ. reſtituantur, & ſcriptus in matricula
vbi alii milites ſcripti ſunt. l. prima, ff. eodẽ
tit. per totum. Etiam miles dicitur à malo,
quod ſuſtinet pro aliis. vnde ſecundum A-
zonem, miles dicitur à malitia, id eſt, duri-

tia. Velà mille: quia de mille forte ſolum
vnus eligebatur in militem, & ſic dicitur
quaſi milleſimus. Et antequã vlterius pro-
5 cedatur, quærendum eſt, cuius † ætatis ſti-
pendiarius aut miles eſſe debeat? vt ſtipen-
dium aut præmium recipere poſſit. Hanc
q. diſputat & examinat D. Ioann. de terra
Rubea I. V. D. celeberrimus in ſuo inſigni
opere, contra rebell. ſuorum regum, in gloſ.
ſuper verb. decimumſeptimum, folio 30.
vbi ſuadet videndum D. Ludou. Roman.
in ſuis ſingularibus, ſingulari 122. quibus
6 præallegatis locis dicunt, vt quis † cenſea-
tur idoneus ad pugnam, quod requiratur
ætas octodecim annorum, pro quo allegant
gloſſam vnicam, & ſingularem in c. 1. circa
exordium, in verb ab anno 18. de pace te-
nenda & iuramento firmanda. in vſib. feu-
dor. quam gloſſ. præallegat. quærere poſſes
ſi vis ſecuritatis cauſa, quam hîc omiſi inſe-
rere prolixitatis euitandæ cauſa. Et ani-
7 maduerte ſex eſſe † neceſſaria, vt quis ſit, vel
dicatur miles. Primo, Vt miles non ſit ne-
gociator: quia negociatoribus eſt omnis
militaris dignitas interdicta, l. 1. Cod. nego-
ciatores ne militent lib. 12. Secundo, quod
examinetur, l. 1. C. Qui milit. poſſunt vel
non, lib 12. Tertio quod præſtet ſacramen-
tũ per genium principis, vel Deũ omnipo-
tentem, quod mortem reipublicæ cauſa nõ
euitabit, vt d. l. Milites omnes, ff ex quib.
cauſ. maior. 25 annis in integ reſtituuntur.
Et in lib. Vegetii de re militar. Quarto, Sti-
gma, id eſt, nota publica debet eius brachiis
inſcribi vel imponi, l. 3. C de fabricen. libr.
11. Quinto, Quod ei enſis cingatur, arg. l.
Filiusfamilias, ff. de teſtam. milita. Sexto,
Quod in numero aliorũ debet poni & ſcri-
bi, l. Ex eo, ff. de teſtam. militar. & talis ha-
bet priuilegium legis conceſſæ militibus.
vnde

Stigma, mucro, ſcriptum,
Genus, examen, ſacramentum,

Hæc ſex, quæ dixi, poſſunt in milite quæ-
ri, vt notatur Inſtit. de militari teſtamento.

His aliquot quæſtiones nequaquam inuti-
les adiungere decreui. Prima: Stipendiarii
& milites an habeantur pro ciuibus vbi mi-
litant? Bart. in l. Municeps, § Miles. cum
gloſ. intelligit illam l. Quod efficiantur ci-
8 ues illius † loci, vbi merentur ſtipendia: ita
notatur in l. Ciues, C. de incolis, lib. 10. quod
9 eſt notandum. Quod ſtipendiarii ſunt ci-
ues illius ciuitatis, donec hic meretur ſtipẽ-
10 dia. Idem, in Doctore, † qui eſt miles lega-
lis militiæ, idem ſequitur D. Flor. in c. Fi-
11 nali, de parochi. Idem in Rectore, & eccle-
ſiæ prælatis, vt dixit D. Bartolus in l. 1. ff.
ad municipal. & de incolis, inter multa a-
12 lia ibi etiam ſuſtinet: Quod † infans ex-
poſitus cuius origo ignoratur, efficitur ci-
uis illius ciuitatis, vbi eſt expoſitus & nu-
tritus. Secunda q. An officiales poſſunt pe-
cuniam deputatam pro ſtipendio mutua-
re ſtipendiariis, vt ſe armant? Bartol. alle-
gat l. finalem, Cod. de frumento vrbis
Conſtantinopolitanæ. lib. 11. & negatiuam
ſuſtinet partem in ſuo primo notabili: Di-
cens, Quod ſi in aliqua ciuitate eſt ſtatuta
certa quantitas pecuniæ, pro habenda ab-
undantia, quod officialibus publicis non
competit arbitrium minuendi illam, vel
conuertendi in aliam cauſam, per d. l. fina-
lem. vide Bart. breuitatis cauſa qui vnã aut
alteram limitationẽ ibidem ponit in ſecun-
13 do notabili. In † piſtoribus quib. ſi mutua-
tur & tendat ad expeditionem negocii pro-
pter quod erat ordinata pecunia poteſt fieri,
vt ſe arment, aut vt præparẽt ad decoquen-
dum panem, & ad alia neceſſaria facienda,
l. 1. & 2. Cod. de his qui ad publ. Et propter-
ea pro ſolutione dicendum, & intelligen-
dum eſt quod non licet mutuare extraneæ
perſonæ, ſed bene caſibus præſcriptis. Ter-
14 tia quæſt. Si ciuitas † aliqua conceſſit alicui
ſuo ſtipendiario licentiam, vt iret ad Alema-
niam, vel vt iret ad bellandum, & ſtaret ab-
ſens certo tempore, vtrum toto illo abſentiæ
tempore debeat habere ſtipendium, ac ſi
principaliter ſeruiuiſſet? Huic quæſtioni
ſatis-

ſatisfacit D. Bartolus affirmatiue in l. Hac lege, C. de proxim. ſacror. ſcrin. lib. 12. in ſuo vltimo notabili, & ſubnectit ibidem. Et
15 eodem modo ſi concederetur licentia poteſtati, vel capitaneo. Et hoc inducit gloſ.
16 in arg. ad quæſtionem de clerico, qui toto abſentię tempore debet habere pręb endam, ſi fuit abſens de licentia papę. Ne comit-
17 tenda eſt ſequens quæſtio haud aſpernanda: Nempe, Poteſtas non tenens † officiales & equos in numero competenti ſuo officio, an debeat frui ſalaria pro tempore quo non tenuit? Negatiue haud dubiè reſpondendum eſt, quod pendet ſalarium pro illo tempore, quo non tenuit. Vel, hoc modo: Si poteſtas non retinet officiales & equos, quos debet tenere ſecundum formam ſuæ electionis & ſtatuti, debet pendere ſalarium illius menſis aut temporis quo non retinuit, vt notat gloſſ. in verbo numerari, & ibi Dyn. in l. ſi quis, C. de domeſtic. & protectorib.
18 lib. 12. Qualiter autem † probabitur officiales & equos tenuiſſe aut retinuiſſe? Dicendum quod ſufficit, quod teſtes dicant continuo retinuiſſe: quia viderunt vos in prandio & in cæna; nec eſt opus quod dicant vidiſſe quolibet momento: ſecundum Bart. in l. ſi quis ita. ff. de condit. & demonſtrat Facit quod notant gloſſ. Dyn. & Bart. in l. 1. ff. ſolut. mat. ad ſaluandum dictum teſtis, qui dicit vidiſſe Titium poſſidere per decem annos continuos: quia non requiritur quod viderit quolibet momēto, ſed ſufficit quod viderit quolibet anno colligere fructus, pro quo facit quod not. Bart. in l. Celſus, ff. de vſucap. & in d. l. Si quis ita: vbi dixit, quod ad probandam habitationem ſeu poſſeſſionem continuam, non eſt neceſſe probare ſingula momenta; ſed ſufficit probare de maiori parte temporis probando de extremitatibus & de aliquibus modis. Facit quod notatur in l. Menia, ff. ad S. C. Maced. vnde dicitur continuo lucernam ad monumentū accenſam tenere & ſacra facere, qui alternis menſibus retinet, dicta l. Menia. & ibi per Bald. & dicitur continuo fieri, quod fit diebus non continuatis, l. certi condictio, §. ſi tibi numos, ff. ſi certum petatur. Similiter dicitur aſſiduè fieri, quod fit congruis horis: & dicitur doctor continuo legere, & ſcholaris continuo ſtudere, qui legit & ſtudet congruis horis & conſuetis: vt dicit textus, iuncta gloſſa, de conſecr. diſtinct. vltim. canone, nunquam de manu aut oculis tuis diſcedat liber gloſſa dicit ibi: nunquam, horis conſuetis, verum quia difficile eſſet poteſtati probare tenuiſſe familiam per teſtes qui non ſunt domeſtici, inducta eſt practica, quod fiat monſtra ſingulis, & per ſcripturam Notarii monſtræ probatur tenuiſſe officiales & familiam: quia probatis extremis præſumitur medio tempore tenuiſſe, ſecundum Doctor. in dicta l. Celſus: & notat Cynus in l. Super longi. Cod. de præſcript. long. temp. & ſi tempore monſtrę pręſeruaret vnum pro alio debet pendere ſalarium, argum. text. & gloſſ. Inſtitut. de his qui ſunt ſui vel alieni iuris, §. final. & incurrant pœnam falſi poteſtas & famulus, qui mutato ſuo nomine pro alio reſpondet, l. 1. & ibi notat. C. de mutat. nominis. Huius materiæ prolixè meminit Dominus Amedeus de Caſtello in ſuo tractat. de Syndicatu in decimo volum. tractatuum Oceani, folio 113. numero 86.
19 Quarta quæſtio, Si † ſtipendiarius aut miles vult deſeruire per ſubſtitutum, an poſſit? & per quem? Dominus Bartolus hanc quæſtionem ponit & decidit in l. 1. C. De præpoſi. agent. in rebus, libro duodecimo, dicitque per textum ibi in verbo, per ſubſtitutum, quem deſeruire poſſe per ſubſtitutum: quod eſt verum ait, niſi ad officium requiratur perſonæ induſtria. Concordat lex, Si quis, de epiſcop. & cleric. & lex Ad ſimilitudinem, de adminiſtrat. tutor. l. Decreto, ad municipales, Felinus in canone finali, de offic. delegat. Et an, &
20 quando † videatur electa induſtria perſonæ, vide per eundem in canone licet

ex quadam, in 2. colum. circa medium, ver
& rario prædictorum, extra de teſti. Et nũ-
21 quid, vbi eſt electa † induſtria perſonæ, quis
per filium ſeruire poſſit? vide per eum in
c. Afferte, in 1. colu. ante medium de præ-
ſumptionibus. Et Bartolus in d. l. 1. C. de
præpo. agen in rebus. notat circa finem.
22 Quod volẽs ſeruire † per ſubſtitutum, ſem-
per debet ſeruire per hominem eiuſdem
conditionis, vt ibi: dum dicit chartularium
23 eiuſdem † ſcrinii, &c. ſi ergo doctor vult
ſeruire per ſubſtitutum, debet ſeruire per
doctorem, non per ſcholarem, licèt ſuffici-
24 entem. Item, ſi miles † vult ſeruire per ſub-
ſtitutum, debet ſeruire per alium militem,
non per domicillum: & ſemper ſubſtitutus
25 † debet eſſe morib. præditus, & ſcientia, &
peritia eruditus. Quinta quæſt. Stipendia-
26 rius † aut miles ſi ſit captus ab inimicis ſi-
ue hoſtibus an debeat habere ſtipendium,
vel ſalarium? Bart. huius meminit in l. 1.
C. de re militar. vbi expreſſe negatiuam am-
plectitur partem. Militem captum ab ho-
ſtibus, dum ibi eſt, ſtipendium vel ſalarium
habere non debere. Adde D. Bald. in l. fin.
in fine, C. de condit. inſert. vt l. 1. C. de re
militar. lib. 12 quos doctores lector videre
27 poterit. Sexta quæſt. Stipendiarius, aut †
miles ſi diuidat res, vel bona, ſeu prædam
cum hoſtibus. qua pœna puniatur? l. Si
quis barbaris, C. de re militar. libr. 12. ex-
preſſe dicit, viuus comburatur. Septima
28 q. Stipendiarius, aut † miles ſi inuentus
fuerit vagare per prouinciam, an puniatur,
& per quem, & quo modo? Expreſſe l. Ne-
mo miles, & ibi Bart. & ſcrib. C. de re mili-
29 tar. lib. 12. aiunt; Quod miles deputatus †
ad Principis cuſtodiam, vel de alio numero
ſine ſcientia principis vagare non debet, aut
aliena negotia peragere, contrafacientibus
pœna imminente. & in tali obſequio mili-
tes retinens, quinque libris auri mulctæ no-
30 mine feriatur. Item, miles † ad Principem
in ambaſiatorem miſſus, incontinenti ſe
offerat viris illuſtribus, ſub quorum regi-
mine eſt, vt ſtatim commeatum accipiat.
31 Item, Milites † reperti vagari per prouin-
ciam, per præſidem puniuntur. Octaua q.
32 Stipendiarii. & † milites an poſſunt graua-
re ruſticos vt dent eis ad comedendum? ne-
gatiue haud dubie eſt reſpondendum, per l.
Cenaticorum nomine, C. de erogat. mili-
tar. annonæ, & ibi Bart. Milites vt aliquid
in cœna habeant. à prouincialib. nihil poſ-
ſunt accipere. Et no. argum. contra milites
noſtri temporis, qui non poſſunt grauare
comitatenſes, vt eis præparent ad comedẽ-
33 dum, & bibendum. Nona q. Quid ſi † Sti-
pendiarius, aut miles noluerit accipere ſo-
lutionem, vulgo pagam, tempore debito.
Bartol. in l. Fortiſſimi, C. de erogat. mili-
tar. anno. lib. 12. Dicit ſi eam noluerit acci-
pere, fiſci commodis applicatur. qui textus
ſecundum eum eſt notandus contra docto-
res & ſtipendiarios communis Peruſii, qui
nolunt recipere pagam tempore debito: nã
lapſo tempore non poſſunt eam petere, &
eſt ſpeciale in republica, ſecus in priuata.
concor. l. Proxima eiuſdem tituli. De ero-
gat. militar. annonæ, quæ dicit: Qui tem-
34 pore † fertilitatis annonam neglexerit re-
cipere de publico, tempore cariſtiæ preciũ
ipſius, aut annonam non petit. Decima q.
35 An officialis † publicus poſſit ſtipendiariis
mutuare pecuniam ſub vſuris? Bart. in l.
Iubemus 2. C. de erogat. milit. anno. libr.
12. tenet affirmatiuam partem. Quod of-
ficiales publici poſſunt mutuare pecuniam
ſtipendiariis ſub vſuris: tamen vſuræ non
poſſunt tranſcendere tertiam partem eius,
quod mutuatur. quod eſt notandum. No-
36 ta etiam, quod ille, qui † mutuauit pecu-
niam ſtipendiariis, ſi ſibi non ſatisfit, poteſt
eorum ſtipendium ſequeſtrari. vide reliqua
per Bart. in d. l. Iubemus 2. breuitatis cau-
37 ſa. Vndecima q. An † poſſit à creditorib.
ſequeſtrari ſtipendiariorum, aut militum
ſtipendium? Bartol. in d. l. Iubemus 2. C.
de erog. milit. anno. numer. 4. lib. 12. af-
firmatiuam ſuſtinet partem, ibi not. quod
ille

illequi mutuauit pecuniam ſtipendiariis, ſi
ſibi non ſatisfit eorum ſtipendium poteſt
ſequeſtrari. argum. tamen contra in l. Sti-
pendia, C. de execut. rei iudicat. ſed eadem
ex lege poteſt argumenti ſolutio haberi, quã
38 vide vbi eſt caſus. Miles † mihi debet decem,
ea petii, & condemnatus eſt, nec iudicatum
ſoluit: an ſtipendia ſua pignori ſint capien-
da quæritur? Dicitur quod non, ſi aliàs ha-
beat res, in quib. poſsit fieri iudicati execu-
39 tio, &c. Duodecima q. Stipendiarius † aut
miles an poſſit procuratorem ad ſtipendiũ
recipiendum conſtituere? Bart. affirmatiuã
tenet partem; in l. Iubemus 2. C. de erogat.
milit. anno. num. 3. lib. 12. quem vide. De-
40 cimatertia q. Si theſaurarius belli, vel alius
habens pecuniam ad ſoluendum ſtipendia-
riis, & non ſoluit, ad quid tenetur ſtipen-
diariis, Bart. in ſæpe allegata l. Iubemus 2.
C. de erogat. mili. anno. n. 9 lib. 12. notat,
Quod ille, qui tenetur ſoluere ſtipendium
ſtipendiariis, ſi habet pecuniam & negligit
ſoluere eis, & ob hoc ſtipendiarii accipiant
pecuniam ſub vſuris, quod ille tenetur, &
obligatur reſtituere omnes vſuras ac omnia
damna, quæ incurrunt occaſione illius ne-
41 gligentiæ. Decimaquarta q. Stipendiarii †
ſi ad cuſtodiam alicuius loci, ciuitatis, aut
caſtri mittantur, à quo debeant habere ſti-
pendium? Huius q. meminit eximius D.
Bart. in l. finali, C. de erog. militar. anno.
lib. 12. vbi notat ex principio: Quod ſi mi-
lites ciuitatis Peruſii deſtinantur ad cu-
ſtodiam ciuitatis Caſtelli, quod ſtipendium
debet habere à ciuitate Peruſii non à ciuita-
te Caſtelli, ſed ab alia ciuitate recipient an-
nonam pro ipſis & pro equis: quem videre
lector tempore atq; loco oportunis poterit.
42 Decimaquinta q. An inconſulto † commu-
ni, vel domino poſſit ſtipẽdiarius ad cuſto-
diam alicuius ciuitatis ire, vel ad cuſto-
diam alicuius caſtri illi ſubiectæ? Bart. in l.
finali, C. de erogat. militar. annonæ, lib. 12.
in ſuo vltimo notabili; tenet, Quod mili-
tes ciuitatis Peruſii non poſſunt inconſulto
communi ire ad cuſtodiam alicuius caſtri
ciuitatis Peruſii ſine licentia communis in
ſcriptis data: ideoque ſint cauti, vt per li-
centiã in ſcriptis faciant regiſtrari. Decima
43 ſexta q. poſſet † ſic moueri de pane ſemel aut
biſcocto, vino veteri aut nouo, aceto & car-
nibus dandis ſtipendiariis, quam prolixita-
tis euitandæ cauſa, hîc prætereo, atque illa
ſcire deſiderantem & ambientem, remitto
ad D. Bart. per vniuerſum titulum, C. de e-
rogat. militar. annonæ, lib. 12. & per eundẽ
Bart. per totũ tit. C. de excoctione & trans-
latione militarium annonarum, lib. 12. De-
44 cimaſeptima q. An domus † priuatorũ mi-
litibus, ſiue ſtipendiariis aſſignari debeant,
& quæ pars? Huic q. facit ſatis pater verita-
tis Bart. in l. 1. & 2. C. de metatis & epide-
meticis, libr. 12. hunc in modum: Menſor
deputatus ad hoſpitia menſuranda per epi-
demeticos & militibus danda ſeu aſſignan-
da: ſi in hoſpitis domo aut ante ianuam, aut
portam ſcripſerit nomen militis, cui ſit ho-
ſpitium aſſignatum, poſtea aboleuerit, pu-
nitur pœna falſi. Et vbicunq; princeps eſt,
vel milites ſub principe militantes, pro ho-
ſpitandis dictis militibus, domini domus
debẽt domus eorum diuidere in tres partes:
Vnam partem pro ſe retinere debent: aliam
militibus quam optauerint eis tradere: ter-
tiam vero partẽ dominis domus relinque-
re, ſed ab hac inquietatione ergaſteria mer-
cimoniis deputata ſunt immunia. Si tamen
parte domus militibus aſſignata ſtabulum
deficiat in ergaſterio, partẽ pro ſtabulo ha-
bere debent. Item: Illuſtribus militibus aſ-
ſignabunt dimidiam domum eorum, eis
tamen electione ſeruata; contra faciens pu-
nitur pœna in d. l. 2. inſerta, nempe 30. li-
brarum auri fiſco applicanda, &c. Decima-
45 octaua q. Qui à ſtipendiariorum receptione
excuſantur? Pro huius interrogationis ſatiſ-
factione videbit lector titulum de metat. &
epidemet. C. lib. 12. per totum. vbi omnes
narrantur, qui à ſtipendiariorum receptio-
ne excuſabantur. Decima nona q. Stipen-

dium an possit pro parte solui in pecunia,
& pro alia parte seu quantitate in aliis re-
bus, nempe, panno serico vel similibus? V-
detur sustinenda affirmatiua pars, l. milita-
ris, C. de militari veste. lib. 12. vbi dicitur
Quod fortissimis militibus quinque dan-
tur partes in pecunia, inferioribus seu debi-
libus verò sexta pars in panno, sicut volunt
eligere, ita notat glossa in verbo Gregariis.
in d. l. Militaris: quam lector examinare po-
terit. Hæc omnia sunt admodum sane in-
telligenda: sic vt pannus detur iuxta com-
munem valorem eius temporis, quo datur,
47 aliàs huiusmodi † datio, aut solutio in pan-
no, esset multis fraudibus subiecta, & ob-
noxia: à quibus summè abstinendum, & ca-
uendum est, ne boni milites, siue stipendia-
rii insigne damnum patiantur & mercato-
res illos pannos Principibus, aut eorum of-
ficiariis vendentes, aut per finācias traden-
tes ad milites siue stipendiarios soluendos
ditentur, & lucentur quinquaginta pro cē-
tum & amplius: quia vnamquamque pan-
ni vlnam vendiderant quatuor, aut quatu-
or cum semis, florenis, vsque ad summam
ducentorum, trecentorum, quadringento-
rum florenorum, aut ducatorū, quū com-
muni precio cōstiterat vnaqueq; vlna dun-
taxat 35. aut 40 stupheris. Et quum dicti
stipendiarii, aut milites suis capitaneis cō-
quererentur de fraude ipsis per mercatores
financiarios facta, ilico ad dominos capita-
neos miserūt munera, nēpe summā vigin-
ti, decem, aut sex milium ducatorū, vt eos
inducerent ad illos pannos acceptādos pro
tali precio in solutionem, qui parati statim
fuerāt ad financiariis complacendos, occa-
sione munerum, nec fuerunt à muneribus
similib. immunes principis officiarii, quib.
erat iniunctum, vt practicarent huiusmodi
financias, vt ipsemet propriis oculis vidi, &
auribus audiui, quod summe haud dubie
dolendum censeo. Imo huiusmodi dolosas
ac fraudulosas financias practicantes vidē-
tur præstare obsequium Deo, & communi-
tati, ac mercede dignos esse, licet D. Deus
illud aliter haud dubie interpretaturus sit.
48 Vigesima q. milites non † stipendiati an o-
mnia populentur? Huius meminit D. Ioan.
de terra Rubea in suo singulari opere, cōtra
rebelles suorum regum, in glos. super verbo
pecunias, folio 82. quem vide. milites enim
49 † de suo, & propriis sumptibus nō tenentur
militare, per iura vulgaria. Nec pariter de-
50 cet † alicui etiā militi, suū esse dānosum of-
ficium, c. Cum nō deceat, de elect. in 6. §. I-
tem in criminali. 4 q 3. c. Statutum, in si de
rescript. lib. 6. l. Seruus cōmunis, ff. de furt.
& l Cum quidā C. de administrat. tuto. &
curat. Et quū supradictum sit officiū in d. c.
Cum non deceat, intellige siue sit publicū,
siue sit priuatū, ita exponit D. Ioan. Andr. in
nouella. & D. Dominicus de sancto Gemi-
51 niano, ibi: Miles pariter, & alius † quilibet
spe pecuniæ, & præmii certat. D. Bald. in
præludio tituli, de iudiciis; quo si videat se
priuatum, omnia populatur. Ecce quid &
ad propositum. D. Robert Gaguin. in chro-
nica Caroli sexti, fol. 1. facie secunda, de mi-
litib. (quib. per regē de pecunia stipēdiaria
minime satisfactū erat) eleganter scribat.
Quietis (inquit) cōpositisq; regni primori-
bus, quū stipendia militib. nulla soluerētur:
nō secus ac hostis prædiis stuprisq; populū
milites vexabāt; quãobrem rura, vicosq; a-
gricolę deserētes in oppida arcesq; fortunas
suas cōtrahebāt. His satis. & si quis amplio-
ra desiderat, videre poterit præallegatos do-
ctores, locis præscriptis. Vigesima prima q.
52 militare † de se, an sit delictū? dicendū quod
non; quemadmodū videre poteris, apud D.
Ioan. de terra Rubea in suo singulari tracta-
tu, in glos. super verbo, sufficiāt, cōtra rebel-
53 les suorū regū, fol. 94. Sed propter prædā †
militare peccatū est. c. militare. 23 q. 1. quē-
54 admodū nec gerere † Rempublicam crimi-
nosum est: sed ideo gerere Rēpublicam, vt
diuitias augeas, videtur esse dānabile. Mul-
ta alia huic materiæ cōuenientia, vide loco
precitato, causa breuitatis, hic omissa. Vi-
gesima

55 gesima secũda q. milites seculi † an cũ cæle-
stib equipare͂tur militib. Videtur quod sic,
l. Miles, ff. de re iudica. l. 2. §. Miles, ff. de his
qui not. infamia. l. Milites, C. locati, l. Stipē-
dia, C. de exec. rei iudicat. c. studeat, 50. dist.
& quod notatur. in c. Odoard⁹ de solut. Vide
And. Barbatiam in suo tract. de præstantia
Cardinalium, in 3. q. basilica. 1. partis. Miles
56 etiam † vulneratus nõ debet discedere à si-
gnis sine licentia, per text. & ibi Ang. in l.
1. C. Quibus nõ obiic. long. temp. præscri-
57 ptio. Miles curatus ab infirmitate † debet
adimplere stipendiũ, aliàs non habebit sa-
larium, aut stipendiũ tempore infirmitatis,
sed captus ab hostib. non habet, vt supra et-
iam memini in parte. Bald. in l. finali, ad fi-
nem C. de cõdit. insert. Hîc paucis sciendũ,
58 quod militia † est duplex: videl. secularis &
spiritualis 59. dist. c. si officia. 23. q. 8. c. Repre
hensibile. Et secularis est triplex; equestris,
59 pedestris, & naualis. Militia secularis † non
culpatur, sed abusus. 23. q. 1. per totũ. Quod
60 militia instituta † est propter duo, videlicet
ad iniuriam propulsandã, & vindictam in-
61 ferendã, c. 1 in fi. 23. q. 1. Quod ius † militare
in multis cõsistit. 1 dist. c. ius militare. Quod
62 in militia † seculari reprehēditur libido do-
minandi; crudelitas vlciscendi; & cupiditas
nocendi. c. Quid culpatur in bello, 23. q. 1.
63 Quod in hac intētione † militia debet exer-
ceri, vt mali coerceãtur, & boni subleuētur.
c. apud & c. seq. 32 q. 1. Quod pleriq; sancti
64 † patres secularē militiã laudabiliter exer-
cuerũt. c. Noli existimare, 33. q. 1 Quod sum-
65 ma laus est militiæ † cõmuni vtilitati intē-
66 dere. c. Summa. 23. q. 1. Quod boni † milites
vltra stipendia sua nil debent vsurpare, c.
67 militare. 23. q. 1. Quod miles † non est reus
homicidii, qui legitima authoritate supe-
rioris hominē occidit. c. Miles. 23. q. 5. Quod
68 miles † sæcularis grauius peccat symoniam
committendo, quam clericus, c. Saluator.
circa medium 1. q. 2. Quod miles sæcularis
69 † propter periculosum statũ quē habet abs-
que papæ dispensatione ad sacros ordines
nõ debet promoueri, c. Si quis post. 50. dist.

70 Quod si in militia seculari † gradatim quis
promouetur ad honores, multo fortius in
militia spirituali, c. Si officia, & c. seq. 59. dist.
71 Quod non debet esse † ligatus aliis, qui spi-
rituali militiȩ est aggregãdus, c. Nullus 54.
72 dist. Quod episcop⁹ ad seruiendũ † Christo
voluntariũ militē habere vult, c. Non est, 15.
73 q. 1. Quod nil beatius † quam vt quo modo
Imperat. noster Christ⁹ iussit, & imperauit,
militetur, c. ante omnia, 40. dist. Quod mi-
74 litũ Christi † arma sunt orationes, eleemosy-
nȩ & ieiunia, quorũ partes sunt lachrimæ, c.
Reprehēsibile, 23. q. 8. & c. Conuenior, circa
med. ibid. 23. q. 8. Miles an, & quãdo ad mu-
75 nera † cõtribuēda teneatur? hui⁹ q. meminit
D. Pet. Antib. in suo tract. de munerib. inter-
dũ quis excusatur à munerib⁹, ratione mili-
tiȩ (inqt) qui vna vel altera distinct. & sub-
distinctione satisfacit hoc modo, qa aut lo-
queris in milite militãte, aut in nõ militãte:
primo casu subdistingue: quia aut loqueris,
nunquid excusentur à mere patrimonialib.
& dicit quod non; l. Sunt munera, ff. de vac.
mun. & l. fin. §. ab huiusmodi, & §. fin. ff. de
mun. & hon. aut quæris de mixto & dicit
qd' excusatur, l. Et qui orig. § decaprotos, ff.
de mun. & honor. aut quæris an excusetur à
personalib. & dicit quod sic l. Et qui orig. in
princ. ff. de mu. & ho. aut quȩris in nõ mili-
tante, & tũc aut est remissus ignominiose, &
à nullo munere excusatur: sed ab honoribus.
sic in eius odiũ, l. Secunda, C. de his qui non
implent stipen. iuncta l. Sed & milites, ff. de
excus. tut. aut ex causa honesta, puta qa sunt
impleta stipendia, & tunc si in cohorte mili-
tauit, nõ gaudet immunitate, l. fi. in fi. C. de
his qui non imple. stipendia: aut militauit
in legione, seu vexillatione, & tunc gaudet
immunitate, in quo tractatu de muneribus
multa alia non contemnenda videre lector
poterit, in verbo, Interdum, fol. 18. n. 78 Mi-
76 lites sunt exempti † à munerib suȩ ciuitatis,
nõ autem eius cognati, vel affines, l. 3. § 1. ff.
de mun. & hon. Militem se effici procurans,
77 vt munerum † contributionē euitet, an po-
tiatur immunitate? Dicendum quod nõ, l.

Cura, §. Qui obnoxius, ff. de munerib. & honor. & l. Semper, §. Diuus quoque. ff. de iure immunitat. Ita sustinet D. Petrus Antibolus in suo tractatu, de munerib. vbi videat lector latius, quo modo probabitur, &c. Ita in fraudem creditorum non possunt effici milites, ne conueniantur, quemadmodum quotidie videmus practicari, &
78 male. An miles † teneatur soluere gabellas. Respondetur quod sic: si tamen nō soluat, res eius non incidunt in commissum, l. Omnibus, & ibi doctor. Bald. & Salic. C. de vecti. & commis. Vel sic paucis: Quod secus est in militibus armis vacantibus, & reipublicæ, secundum Bald. ibi. Hinc dicitur, quod milites non militantes, non gaudent priuilegiis. Secundum Pet. & Bald. C. de testamento milit. l. Si duas, §. Grammatici. ver. & Philosophos, & ibi Bart. ff. de excus. tuto & l finali, C. de testam. milit. hanc q. latius examinat & decidit D. Iohannes Bertachinus de Firmo, I. V. Doctor in suo tractatu singularissimo Gabellarū, Tributorum atque vectigalium, septima parte, num. 58. fo. 68. versu 4. colum quem vide.
79 Milites an sint † à vectigalibus exempti, vel non. Respondendum negatiuè, quod milites non sunt exempti à præstatione vectigalium, l. ex præstatione, in fi. C. de vectigal.
80 Milites an sint † exempti à collectis? Certe non, quia omnes milites, etiam vacantes reipub. & militiæ obligantur ad collectas, secundum Bald. in d. l. pen. per l. Cura, §. finali, ff. de mun. & honorib. vide etiam per Bald in l. Placet, C. de sac. sanct. eccles. Mi-
81 lites nostri temporis cum violentia † tallias imponentes, prædones sunt, & raptores, & ad restitutionem tenentur, nec aliquem cōsuetudo, siue abusus excusat. vt prolixius declarat D. Petrus Antibolus iuris vtriusq; peritus in suo tractatu de muneribus. num. 83 quem per ocium videre poteris. Milites
82 armatæ militiæ pro debito † ciuili, an possint personaliter capi, & carceri mancipari? pro huius q. solutione hoc pacto distingue: quidam sunt milites armatæ militiæ: quidam inermis militiæ: quidam cælestis militiæ. Milites armatæ militiæ personaliter capi non possunt pro debito ciuili: vt l. Miles, ff. de re iudic. si tamen illud debitum contraxerint in castris; secus si vagando per mundum vel etiam domi. vt ibi dicit glos. cum qua doctores transeunt. Sed idem est certe dicendum de debito contracto extra castra, ob caussam tamen militiam concernentem: puta pro armis & equis emendis, secundum Odofred. ibi: & Doctor. Hanc materiam repetietis latius tractatam per D. Ioannem Baptistam, Caccialupum in suo tractatu de debitore suspecto, & fugitiuo, q. 5. post numerum 12. Quādoquidem hoc loco nonnulla de armigeris, militibus, & stipendiariis ac aliis inde dependentib. tractauimus, operæ precium visum est nobis adiungere nonnulla ipsis conuenientia nedum, sed admodum eorum animabus, ac corporibus perutilia, & ideo scitu necessa-
83 ria. quoniam ad illa & similia miris modis sunt inclinati, nempe † de ludo, & maxime de alearum siue taxillorum ludo antiquissimo, vt testatur constitutio Græca, & à Troiano milite, *Alea* vocato, nomen assumpsit: qui ante Romam conditam fuisse traditur, imo vt refert Vgutio, fuit tempore belli Troiani. Et de hac sorte ludi habetur Exodi 34. vbi dicitur; Sedit populus manducare, & bibere, & surrexerunt ludere. de qua etiam potest intelligi, quod habetur Genesis 16. Vidit Sarra Ismaelem ludentem cum Isaac, & eum decipientem, de quibus verbis in c. Reuocet, in versicu. Sequitur 32. q. 1. Et de ea etiam potest intelligi, quod dicit
84 Philosophus in 4. Ethicorum, † vbi affirmat lusores esse deterioris conditionis, quā latrones, & prædicta etiam procedunt in ludo chartarum: & maxime quando luditur ad Bassettam, vel ad tertiam, & quar-
85 tam, iuxta vulgares Nam huiusmodi † ludi non fiunt causa recreationis, sed potius auaritiæ. Idem dicendum in aliis ludis chartarum,

tarum, quando finis est auaritia, vel interuenit dolus, vel blasphemia, vel aliud accidens. Sed audi Hostiens. in summa, de excess. prælator. dicentem, paucis versib. mala
86 † & peccata quæ surgent ex ludis:

Hæc cũ taxillis ludendo crimina fiunt.
Ecclesiæ spretus, vsuraq; rixa, rapina.
Scandala, tũ nuga, blasphemia, tũ faciendi
Furti doctrina, violentia, copia falsi.
Et mortis causa, deceptio, perditioque
Temporis, & desideriũ, corruptioq; ingens.
Istis prædictis adulatio, vitaque turpis.

87 Quorum etiam memini infra, c. 126. de falsis aleis. Ecclesiæ spretus fit: † quia contemnitur prohibitio ecclesiæ ludum prohibentis; vnde tales vsurpantes quodammodo arioli, & pagani propter transgressum cano. c. Si quis presbyteri 81. distinct. & per talem inobedientiam quis videtur incidere in crimen, & punitur c. Quorundam, 33. di-
88 stinct. Vsura committitur: quia † minimo, & quasi eodem instanti æquiparatur sorti, & etiam illam longe excedit, cum in l. ciuili vsura centesima dicatur maxima, quæ solum in anno sorti æquiparatur. Prouenit
89 etiam rapina, eo quod ludens intẽdit † spoliare proximum, & quandoque spoliat, & licet quandoq; non contingat, tamen Deus respicit cor, non manum. c. Si quid inueni-
90 sti. 14. q. 1. Scandalũ † quomodo insurgit ex ludo: quoniam boni scandalizantur, nihil autem agendum est cum scandalo. vt in c. nisi, extra. de renuntia. † Nugæ etiam descẽ-
91 dunt ex ludo. quoniam in ludo multiplicantur mendacia, & verba ociosa: quoniam quilibet tenetur de eis reddere rationem: ideo vitanda sunt. c. Conuiuia 46. distinct.
92 Blasphemia † etiam perpetratur, quod est detestabilius: & ista fuit potissima prohibitionis ratio. vt dicit textus in l. Alearum v. sus. C. de religios. & sumptib. funer. per quã blasphemiam frustratim sæpe inciduntur redemptoris membra, & talis videtur peior Iudæis: quia saltẽ integrũ corpus reseruauerunt, vt habetur in c. 2. de maledi. per Doct.

Nunc audies quęda miranda cõtra lusores,
93 † legitur in epistola quadam diui Cyrilli Episcopi Hierosolymitani, quod in Samaria quidam lusor, qui bona consumpserat, dũ beatũ Hieronymum blasphemaret, fuit statim fulmine interemptus. Præterea audi quid accidit in Tyro splẽdidissima ciuitate tribus ludentib. quia dum in ludi principio dicerent se contra omnẽ vim, & potestatem Hieronymi ludum, quem inceperant, prospere finituros, paulo post principium ludi terra seipsam aperiens, illos solos absorbuit, & nunquam illi amplius visi sunt. & hæc dicit idem Cyrillus se habuisse à præsentib. & videntibus. sed quod statim subdit, asserit se vidisse, & accidisse in Hierusalem iuxta ædem quam habitabat. Quidam miles nobilissimus, & locuples, vnicum habebat filium, illius amore excęcatus, eum non corrigebat, imo instruebat in prauis; ille bonis moribus destitutus, in ludis, blasphemiis & immunditiis annum attigit 12. die quadam iam aduesperante ipse perdens in ludo, prorumpit in hęc verba: *Faciat quicquid potest ille Hieronymus qui ludos prohibet; nam eo inuito hinc non nisi victor surgam.* Dum autem hoc repeteret, ecce spiritus nequam in specie hominis horribilis cunctis videntibus, ludi locum velociter adiens, eundem infelicem puerum rapuit, & quô eum detulerit nunquam hactenus est compertum. Dicit autẽ Cyrillus, quod quidam ea hora in domus suæ fenestra manebat, qui ludi loco erat opposita hoc vidit. Monet ergo sanctus vir ille Cyrillus iuuenes vt bonis morib. se informent, abstinentes à prauis maxime ludis: quia quod nouæ chartæ scribitur, de facili non deletur: monet etiam parentes ad eruditionem & verbera filiorũ, ne flendi eis succedat euentus. Hæc aurea verba tene perpetuo, & bene audies, quæ refert illustris Doct. Iohan. And. dicere in suo opere Hieronymum: nec inconueniens est legere Satyram Iuuenalis, in qua detestatur omnis generis ludos. Furtum et-

iam committitur: quia† cum lusor ad in-
94 opiam deuenerit propter rerum suarũ per-
ditionem ad furta se conuertit, vt experien-
tia teste didicimus. Violentia etiã adhibe-
95 tur quandoq; : quia † se inuicem aliquan-
do spoliant. Item volens discedere à ludo,
quandoq, per violentiam sibi illatam deti
netur in ludo. vt dicit text. in l. 1. §. fin. ff de
aleæ lusu, & aleator. Falsum etiam com-
96 mittitur† imponendo falsos taxillos, aut fa
ciendo alias similes falsitates. Est etiam lu-
97 dus † aliquando causa mortis : quia luden-
do venitur de verbis ad verbera, de verberi-
bus ad vulnera, de vulnerib. ad occisionem,
vt sæpius experientia docuit. Deceptiones
98 etiã & fraudes fiũt† & qui melius scit decipe
99 re, melius dicitur ludere propter hominũ †
corruptelã: canones autẽ & leges neminẽ vo-
lunt illaqueare, 27. distinct. c. 2. de iudic.
100 Perditio etiam temporis† inde resultat ma-
xima, vnde infiniti scholares, qui si non lu-
sissent, doctissimi euasissent: propter ludum
& tempus in ludo damnabiliter amissum
recessere exhausti pecuniis, & secretarii, id
est, nunquam leges allegantes. Pro dolore
inæstimabili dolendum de amissione sub-
stantiæ, sed longe magis de amissione tem-
poris, secundum Hostiens. vnde dici solet:
Damna ploro rerum, sed plus fleo damna
dierum. Rebus quis poterit succurrere, ne-
101 mo diebus. Item, cum aliena sint † omnia,
tẽpus autẽ nostrũ est, teste Seneca epistola
1. ad Lucillũ. Vnde propter ea ludus est ma-
xime prohibitus scholarib & doctorib. vt in
procemio Digest. §. illud, & ibi per doctores.
102 Estq; apud me ludus scachorũ etiã † pesti-
lens scholarib nã inebriãtur ludo, & perdũt
tẽpus, quo nihil carius eis. Cogitent amore
Dei, quod ipsi perperditionẽ tẽporis in ludo
parẽtes fraudãt dulci spe, seipsos illaqueãt,
torquẽt inanib. sumtib. viaticulũ cõsumũt,
& tandẽ castronisant; adeo quod redeuntes
ad rectum iudicium, mallent aliquãdo esse
cerdones, quã legum, aut canonũ aut artiũ
doctores. qui habet aures audiẽdi audiat. O
tu qui improuide tempus conteris in ludo
cuiuscunq; generis, reforma teipsum, & vt
reformes, lege auream epistolã, quam Plin.
minor scribit ad Marcum, De vita, & morib.
Plinii maioris auunculi sui, incipit dicta e-
pistola, Pergratũ est. in 3 lib. epistolarum,
epistola 5. Desiderium etiam nascitur ex lu-
103 do, quoniam† oritur maxima cupiditas lu-
crandi, quæ est radix omniũ malorũ, vt in
Auth. vt iudices sine quoquo suffrag. §. 1.
104 Corruptio† etiam multiplex nascitur, sc. eo-
rum, quos malo exemplo corrumpũt, c. In
cunctis, cum si. 7. q. 3. vnde subdit Hostiens.
quod tales corruptores tenentur Iesu Chri-
sto de seruo corrupto, arg. l. 1. & l. vt tantum,
§. fin. cum seq. ff de seruo corrupt. Adula-
105 tiones etiam fiunt, † & adulatoriis verbis
cõmendatur cautus ludens, etiã si est in pec-
cato, exaltatur, quod damnabile est, c. dona-
re 86. dist. & ista adulatio est crimen capita-
le in cleric. c. Ecce 46. dist bene facit d l. 1. ff.
de seruo corrupto quæ vult, quod non de-
bet quis laudando augere malitiam. Vita
106 turpis agitur propter† ludum, secundũ Do-
ctor. in dictis locis, & cõmuniter ludendo
transgredimur tria præcepta iustitiæ: quia
honestè non viuimus, ius suum alteri non
tribuimus, imo honoris & ambitionis cau-
sa, seu auaritię per omnem vitã ludens quę-
rit victoriam, & hac potissima ratione cleri-
ci prohibentur ludere, vt in c. clerici officia,
ext. de vita & honest. cler. Vltimo videmus,
107 quod senatus Roman (vbi erat Synodus †
moralitatis) ludum tanquam causam ma-
lorum prohibuit, vt l. 1. §. 1. ff. de aleæ lusu
& aleat. Imperator etiam expresse dicit in l.
108 Alearũ vsus antiqua res † est, C. de relig. &
sumptib. funer. verũ pro tempore prodiit in
lachrymas, intellige propter substantiæ ex-
inanitionẽ, blasphemias, & mala prædicta,
109 ideo prohibuit. Audiui lusores † seipsos in-
teremisse propter ludũ, venenum sumpsisse
110 propter ludum, diabolo se viuum proprio
111 chirographo† tradidisse propter ludũ. vnde
abstinendum ab omni ludo prohibito, tan-
quã arte pnitiosa, & prona ad omnia mala.
Principiis obsta, sero medicina paratur.

112 *Tabula criminum emanantium seuprocedentium ex alearum siuetaxillorum ludo, pro faciliori intellectu, licèt supra carmine posita.*

Crimina ex alearum seu taxillorum ludo prouenientia.

1. Ecclesiæ spretus,
2. Vsura,
3. Rixa,
4. Rapina,
5. Scandalum,
6. Nugæ,
7. Blasphemia,
8. Furti doctrina,
9. Violentia,
10. Copia falsi,
11. Causa mortis,
12. Deceptio,
13. Perditio temporis,
14. Desiderium,
15. Corruptio ingens,
16. Adulatio,
17. Vita turpis.

Supradictis nequaquā obscurū erit addere sequentes euangelistas. Primo Ioh. 19. in fine passionis Iesu Christi, sic scribentē: Milites ergo cū crucifixissent eū, acceperūt vestimenta eius, & fecerunt 4. partes, vnicuiq; militi partē, & tunicam. Erat aūt tunica incōsutilis, desuper cōtexta per totū: Dixerunt ergo adinuicē, non scindamus eam, sed sortiamur de illa, cuius sit. Secundo, Matth. 27. Diuiserunt vestimēta eius, sortem mittentes. Tertio, Marcum 15. Et crucifigētes eum, diuiserūt vestimenta eius, mittētes sortem super eis, quis quid tolleret. Quarto, Lucā: Diuidentes vero vestimenta eius, miserunt sortes. Quinto, Psalmist. 21. c. Ipsi vero considerauerunt, & inspexerunt me: Diuiserunt sibi vestimenta mea, & super vestem meam miserunt sortē: ex quib. sole clarius est, quod ab illo tēpore, armigeri, milites & stipēdiarii pauci fuerant valoris, aleatores & lusores, quemadmodū in centuplo hac tempestate sunt ad aleas & ludos proniores, stipendia pluriū mensium aut annorū vna semihora, aut semihorula aleis siue taxillis aut simili ludo perdētes, ita vt postea cogātur concussione, aut alio haud dissimili indebito modo aut medio viuere. Ex his patet expresse, quod alearū siue taxillorū vsus, seu ludus sit in exercitu ac inter armigeros milites & stipēdiarios pręcipua & maxima pestis; ex quo
113 quidē ludo infinita oriūtur mala, quorum malorū supra vtcunq; meminimus. Aliud quotidianū inconueniens † cernitur inter capitaneos, ac eorū vicarios, vulgo locū tenētes, aut alios nequaquā dissimiles, & male versantes, aliquādo armigerorū militū aut stipēdiariorū declarationē, demōstrationē & pręmōstrationē per cōmissariū aut commissarios facere permittētes, pertransire sinūt, & permittūt nōnullos equites, aut pedites accōmodatos siue conductos, qui nequaquam sub eorum vexillis seu insigniis seruiuerunt, & etiā aliquando sub aliis nominibus, quam sub illis, qui transire illos faciunt, & sic faciendo solutiones, seu stipendia soluendo, ex illorum stipendiis proficiunt, ac ditantur, dando ipsis aliquod honorariū. ꝙ publico cēsui siue præmonstrationi interfuerint, ac ita trāsierūt sub ipsorū nomine, aut sub illius nomine qui ipsis visus fuit, & hoc modo soluūtur qui nō seruiuerūt, quorū stipendia capitaneus furatur.

Similiter nonnulli capitanei tenent loca aperta, aut vacua inter duas demonstrationes, aut præmonstrationes, faciuntq; longiori tempore aut pluribus mensibus computare quam ipsi seruiuerũt. Et etiam mortuorum stipẽdia accipiunt, veriusq; furantur. Nec dissimiliter de licentiatis, vulgo cassatis, dicendum, qui inter duas præmonstrationes tenent illorum loca aperta, dicũtque quod sit militum vsus, certe verius abusus. infinitas alias practicas, seu fraudes quotidie in militia, ac inter equites ac pedites cernimus contingere & euenire. Item: nolunt etiam capitanei, quod thesaurarius belli soluat singulis (vt olim fieri solebat) armigeris, militibus ac stipendiariis stipendia, (vulgo pagas) sed petunt, imo volunt ipsimet stipendium aut debitum illorum recipere ad ipsis soluendis, & sic ad ipsos corradendum ac furandum, quod ipsis videtur licitum & permissum seu admissum, contra tamen omnem rationem: quia Imperator, Rex, Princeps, Respublica, & similes, priuantur, spoliantur & fraudantur eorum pecuniis, per præfata & indebita media: Imo nunc eò peruentum est, quando quis vult conscribere aut colligere armigeros, milites, ac stipendiarios ad seruiendum aut militandum, maxime extraneos, non vult seruire, nec militare, nisi cum conditione, quod sibi soluetur singulis mensibus, aut tribus mensibus secundum armigerorum, militum ac stipendiariorum conuentionem, sine aliqua præmonstratione illorum, & quod dabuntur & soluentur omniũ illorum stipẽdia in ipsius capitanei manus, & nequaquam capitatim siue per capita, vt ipsemet ad libitum soluat & distribuat, & ne desalquentur mortui, aut alii absentes, & etiam nunquam accepti, vel licentiati, ne sciatur vexilli aut vexillorum siue insignium numerus, quia aliquãdo accipiũtur tot vexilla, quorum quodlibet debet continere ducentos & viginti milites, aut alium numerum præloquutum, & quum seruiũt, deest dimidia, aut tertia aliquando pars. tunc quando huiusmodi dimidia aut tertia pars deest, & soluitur integro (vt dicitur) vexillo, tũc Imperator, Rex, Princeps, Respublica aut alius superior, debens inuenire & dare pecuniã, perdit & amittit dimidiam aut tertiam partem (quæ abest aut nõ fuit) qua fraudatur & capitanei eam tali medio furantur, qui ea de causa omnes & similes capitanei in æternum damnabuntur, si habeant vnde restituant cum moriuntur, & non restituunt; secus si non haberent tempore mortis, tunc facta pœnitentia, & habita displicentia, quod non habeant, & si haberent, quod absque dubio libentissime redderent, & restituerent, tunc est diuinæ voluntati relinquendum. Huic non malè seruit ac quadrat, quod dicit D. Rabanus in illud Matthæi: *Esuriui & non dedisti mihi manducare*, &c. Quid recipiet? qui aliena tulit. Si semper ardebit, qui sua non dedit. Durum certe verbum, maxime pro nostri temporib. armigeris, militibus ac stipendiariis, aliisque similibus. Ad istas, †similesque fraudes euitandas vnicum & singulare est remedium, quo olim ad amussim vti iubebant Imperatores, Reges, Principes ac similes, quando illis stipendia, (vulgo pagas) soluere volebant, ac decreuerant, trium aut plurium mensium, quod omnium primo commissarii mittebantur cum inscriptione siue rotulis armigerorum militum, siue stipendiariorum ad certa loca, certo die decem aut duodecim miliaria ab inuicem distantia, vbi de vno ad alium per commissarium iuratum proprio nomine ac cognomine alta voce vocabantur, & absentes in margine notabantur, & tum omnes præsentes per belli thesaurarium aut eius substitutum capitatim siue per capita singuli solutionem accipiebant, absentes vero postea volentes habere, ac recipere eorum solutionem, prius obligabantur ostẽdere eorum iustã causam absentiæ; qua ostensa atque sufficienter verificata, soluebantur eorum stipendia; aliàs

114

non

non quo medio omnes ac singulæ fraudes
præscriptę aut pręallegatę euitabātur, quia
tunc non sunt tā faciliter, imo admodū dif-
ficulter præscriptæ fraudes practicandæ si-
ue practicabiles. Alias ob prædictas ac si-
miles fraudes, quum daretur pugnandi oc-
casio, putabāt habere exercitum 30. 40. aut
50. milium armigerorum, militum & sti
pēdiariorum, peditum ac equitum; deerat
nonnunquam semi aut dimidia vel tertia
pars. vnde frequenter innumera ac infinita
inconuenientia ac mala oriebantur, ac pro-
manarunt: quod sane perpetuo cauendum
est, ne similia amplius contingant. Occur-
rit adhuc vnum grande malum inter pręci-
puos exercitus siue belli, nempe Ducem ge-
neralem, Nobiles, militiæ prætorem, exer-
citui præpositum, Excubiorum pręfectum,
primum exploratorum, Auditores exerci-
tus, Ingeniarios, Commissarios generales
& particulares, tam equitum quam pedi-
tum, Substitutos ac vicarios, vulgo locum
tenentes, Vexilliferos, itinerū peritos, Cen-
turiones, Decuriones, Thesaurarios mili-
tiæ, præfectos & præpositos tormentorum
bellicorum, eorum vicarios, Receptores ex-
ercitus, Superintendentes fossorum, eorum
vicarios, Minorum magistros Commissa-
rios commeatus, & rei frumentariæ, & Ve-
hiculorum, receptorem nummorum, com-
missarium rationalis com-
meatus, & finaliter consilium bellicum, cō-
stans ex præcipuis belli ducibus; quod in-
ter præscriptos nonnulli, imo plurimi sint,
115 qui magis bello, quam paci studeant, †imo
infinita mala proponunt & seminant, vt
pax impediatur, & postponatur, & bellum
continuetur, non tamen propter Deum,
sed propter veram & meram auaritiam, &
prædam, vt possint implere marsupia & ar-
cas. ii certe non legerunt Plautum in Pe-
nulo, hoc modo scribentem: *Male partum,*
116 *male† disperit.* Nec non Ouidium, Amor.
117 lib. 1. Elegia 10. *Non habet † euentus sordi-*
118 *da præda bonos.* Et nec Senecam: *Nulli † cui*
rapina feliciter cessit, gaudium rapti durauit
in posterum. His seruit etiam illud S. Am-
119 brosii: Rapinam emere † non licet, nisi in-
tentione, vt cui est ablata, restituatur. Ac-
cedat his insignis diui Hieronymi senten-
120 tia: Nemo † qui rapit moriens, si habet vn-
de reddat, saluabitur, si eos quorum fuerit,
inuenire non poterit, ecclesiæ vel pauperi-
121 bus tribuat. Si quis † inuenta non reddit,
peccatum est simile rapinæ. Nec obliuiscē-
dum seu omittendum censui D. Rabanum
in illud Matthæi; quod supra allegaui: *Esu-*
riui & non dedisti mihi manducare, &c. In-
tellectori verbum vnum sufficit acri. Sed
bonis, & veris armigeris, militibus & sti-
pendiariis ad veram pacem, & concordiam
aspirantibus & anhelantibus, seruiunt se-
quentes aureæ sententiæ Fratris Dominici
Soto Theologi, ordinis prædicatorum, Cę-
sareæ maiestati à sacris confessionibus in
Epistolam Diui Pauli ad Romanos: Pax
122 margarita † Christianis preciosissima. Pa-
123 gina 378. Pax sectanda † etiam cum labo-
re nostro, damno & opprobrio. Pagina ea-
124 dem, 378. Pax vera est, cum † vnusquisque
ius suum tranquillè possidet. Pagina 376.
125 Pacis † præparatio: Bellum. Vnde versus:
126 *Pax † vt seruetur, moderamen iuris habetur.*
Quæ sententiæ sunt certè memoriæ scri-
127 nio commendandæ. Tempore ergo belli
res esset admodum laudabilis, quod Impe-
ratores, Reges, Principes, & similes in exer-
citu haberent & statuerent bonos, doctos ac
deuotos concionatores, qui singulis diebus
dominicis, ac aliis festis principalibus con-
cionarentur coram militib. in quibusdam
locis sacris, vtpote in ecclesiis parochialibus
aut aliis non parochialibus, aut monaste-
riis, tum quod armigeri, milites ac stipen-
diarii ad illas conciones comparere coge-
rentur, & compellerentur, quemadmodum
compelluntur ad præmonstrationes faci-
endas, aut ad pecunias recipiendas, aut a-
liās ad stipendia referenda, sub certa pœna
siue emend[illegible]rum concionum vna pars

secundum consuetudinem sit euangelium diei cum eius declaratione ac expositione, & altera pars duntaxat, quid agendum bonis ac synceris armigeris, militibus & stipendiariis ad illos bene instruendos, quæ facere debeant & quæ non facere, aut euitare: quia quotidie nil nisi malum faciunt & perpetrant, nunquam aut raro aliquid boni per illos actum auditur: quotidie enim videmus illos omnes malorum species perpetrare, quæ perpetratæ fuere à tempore Adę vsque in hodiernum diem; quas hic exprimere euitandæ prolixitatis causa, omisi. Per huiusmodi conciones multa, imo infinita mala euitarentur, & nequaquam fierent, sed obliuiscerentur, & omitterentur, quin potius multa bona per illos fierent, concionatores nequaquam carebunt materiis huic negocio quãoptime cõgruentib. quia sacra Scriptura repleta & abundans est, similiter & ius canonicũ ac ciuile, vt aliquando quibusdam locis ostendimus & demonstrauimus. Si quis plura huic ma- 129
teriæ seruientia ac conuenientia desideret ex iure ciuili, perlegat tres vltimos libros Codicis cum titulis, legibus & glossis eorundem librorum, & signanter duodecimum librum, vbi multa de milite & de re militari tractantur, & ibi Bartolus princeps legistarũ. Ex iure Canonico legat canon. 130
lus militare. & per totũ, prima distinct. & 23. quæstion. 1. & 2. per totum cum glossis. Nec non tractatum de milite nominatissimi Doctoris, Domini Martini Laudensis, in quo omnium militum materiam abundę examinat: Et etiam plures alios Doctores, quos hîc causa breuitatis repetere omitto: quorum nomina colligere diligens lector poterit ex supra allegatis, apud quos, milites illorum temporum, propter illorũ insignia vitia & abusus admodum taxantur. Sed quid dicemus de
128 militibus † nostri temporis potissimum ab anno millesimo quingentesimo sexagesimo sexto, vsque ad annum millesimum quingẽtesimum septuagesimũ septimum, qui tam publicè quam secretò quotidie perpetrarunt & commiserunt omnia talia & nequaquaquam dissimilia delicta ac maleficia, quæ commissa & perpetrata sunt vel fuerunt à tempore Adæ vsque ad annum prædictum 1566. quæ hîc enarrare prætereò; & si quis illa scire cupit, percurrat hanc nostram praxim criminalem, in qua maiorem delictorum partem lector reperiet. Causa enim omnium delictorum ab hinc
129 duodecim † annis perpetratorum est, quod disciplina militaris (& si legi maxime congruat) fuit quasi vbique per capitaneos generales exercitus ac illorum nobiles sub illo seruientes, mareschallos, iustitiæ præpositos & similes officiarios, ne dum vilipensa, & neglecta, imo prorsus sepulta. qui pro-
130 pterea † fuerunt omnium malorum perpetratorum causa & occasio; ideoque nec mirandum, quod bella tot annis durauerc.

Rei mi-

131 Rei militaris materiæ hæc congruunt cognoſcẽda:

- Nomina: & hæc rurſus militum
  - Pedeſtrium,
  - Equeſtrium,
  - Claſſiariorum.
- Munimenta militaria;
  - Arma; & hæc rurſus
    - Peditum,
    - Equitum,
    - Claſſiariorum.
  - Inſtrumenta; & hęc rurſus
    - Pedeſtrium.
    - Equeſtrium.
    - Naualium.
  - Propugnacula, vel loca defenſionis: vt
    - Caſtellum.
    - Caſtrum vel arx:
    - Caſtra cũ vallo & foſſis, &c.
    - Mœnia,
    - Muri.
    - Oppida & quæ ſunt huius generis.
- Stipendia
  - Pedeſtrium,
  - Equeſtrium.
  - Naualium vel Claſſiariorum.

132 Nomina militum pedeſtrium, vel in terra pedibus bella gerẽtiũ, vel bellis inſeruientium:

- Pugnantium
  - Imperãtiũ vel aliquod officium imperandi habentium; vt in
    - Acie & exercitu bellante, quorum militũ nomina hæc ſunt:
      - Proces, Summates, Primates, Optimates, Principes, Primarii belli; & hi olim vt & nũc variant, prout bello pręfecti ipſum bellum gerunt.
        - 1 Tyrannus, qualis is qui primo omniũ bellũ geſſit cupiditate & ambitione, ſicut Trogus Pompeius & Iuſtinus de Nino, Biblia de Nembroth teſtantur.
        - 2 Rex qualis qui ſui ſuorumq; defendendorũ & iuſtitiæ ergô bellum gerit. Hic etiam Cæſar Imperator, Auguſtus, regulus, Monarcha dicitur.
        - 3 Interrex, qui inter reges conſtituitur.
        - 4 Prorex, qui loco regis abſentis vices gerit.
        - 5 Conſul, qui conſilio multorum belli curam gerit.
        - 6 Proconſul qui ſicut conſul prope, procul quæ bella gerit.
        - 7 Legatus, qui loco regis vel conſulis, vel proconſulis vel tyranni cũ poteſtate mittitur & fiduciariam operam obtinet. Hic legatus variat, de quo vide paginam verſam.
      - [illegible] militum, vt in ſequenti numero 131.
    - Re tormentaria, vel bombardaria, de qua latius, num. 132.
  - Parentiũ pręcepto & imperio ſuperioris alicuius, officiarii dicti: de quo nu. 133.
- Auxiliantium, & ſubſidia pugnis præſtantium:

Et hic legatus variat:

Ordinatus & electus: & hic

1 Dux primarius, vulgo: *capitaneus generalis belli*, vel, *gubernator magnus.* vt subdelegatus, officiarius regis vel consulis, cui omnes obediie necessario debent. Hic secundum nonnullos etiam *magister militum* vel *Princeps militum* dicitur, vt Regum 10. cap. & est propè is, cui totius rei gubernatio cōmissa est: vel dicitur *magister*, à monendo, vt scribit spectabilis D. Bartholomeus Chassan. in suo catalogo Gloriæ mundi, in 9. parte, folio 3. 1. column. ad quem lectorem remitto.

Hereditarius:

2 Dux vel Capitaneus magnus vulgo, vt qui Ducis primarii gubernatoris generalis mandata & iussa sequitur, & certam partem exercitus certasque prouincias gubernat, qualis hodie *capitaneus magnus* verè dicitur.

Hereditarius legatus:

1 Dux summus, vulgo *archidux*, vel *princeps ducū* dicitur, & proximam à rege dignitatem ac authoritatem obtinet.

2 Dux hereditarius vel legitimus, vt cui prouinciæ & exercitus præcipua cura incumbit, ac subest archiduci vel regi; imperat autem suis prouincialibus & militibus tam præsidiariis quam castrensibus, tempore belli & pacis.

3 Dux secundarius, vel vice Dux, vel locum tenens ducis dicitur, vulgo *capitaneus Ducis*, vt qui in bello fiduciariā & vicariā operam Ducis præstat.

4 Vice dux minor, vel vicarius ducis, aliàs prouinciæ defensor, vt qui tempore pacis ac belli pro duce iura dat, sine onere tamen bella gerendi.

133 Præfecti militum; vt est

1 Tribunus militum, qui duci vel capitaneo magno subest, & princeps certarum cohortium constitutus tribuit singulis ordinibus cohortium officia debita, vulgo hic dicitur *coronellus*. Italis *Colonello*; Germanis **ein oberste Hauptmann.** alibi etiam dux primarius peditum, Gallice *Coronel des gens de pied.*

2 Tribunus militum minor, vulgo *locum tenens coronelli*. Gallice, **Lieutenant coronell.**

3 Centutio, qui centum militibus vel centenariis aliquot militibus, etiam vsque ad quingentos imperat & præest. Germanis **ein Hauptmann**; Belgis **een Hoftman oft Hopman.** Gallice, *vng Capitaine.* Italice, *vng Capitane*. alibi etiam *Dux particularis peditum*, dicitur. vulgo *Capitainne particulier des gens de pied.*

4 Decurio cohortis, Gallice, *Sergeant.*

5 Decurio, qui decem militibus præest, vel denariis aliquot militibus, vt vni pluribusve manipulis, & est decurio manipularis. Gallice, *corporal*; Belgicè **Rotmeester** / aliàs etiam Latine *Decanus* dicitur.

6 Decu-

6 Decurio cubiculariorum, qui cubiculis principis præest, vulgo Belgice opperste camerlynck.

7 Prefectus vigilum, vulgo Gallice *Sergeant maior*: Germanicè Wachtmeester; hic etiam *tesserarius* dicitur, & præfectus excubiis exercitus.

8 Præfectus prætorii augustalis; vel prætor augustalis. Hodie *marscalcus*; hic alibi etiam *prætor militiæ* dicitur.

9 Præfectus prætorii, vel prætorio præfectus, vel prætor belli, est is qui *præpositus curialium disciplinæ* dicitur.

10 Præfectus arcis vnius, vulgo *Castellanus*.

11 Præfectus plurium arcium, Satrapa, Satrapes, vulgo *drossardus* dicitur.

12 Præfectus limitum, præses limitaneus, vulgo *Marchio* aut *Marchgrauius* appellatur.

13 Præfectus comitatus Augustalis, vel prætor comitatus Augustalis. Hodie *Palatinus* vel *Psalsgrauius*, quasi palatii Comes dicitur.

14 Præfectus expeditionum, vel itinerũ exercitus, Comes principis, vulgo *Grauius*, Belgice een Graue dicitur.

15 Præfectus castrorum, qui exercitui in castris degenti præpositus est, & vulgo *magister campi* dicitur, Belgice een velt Heer/ Gallicè, *le prouost du camp*. Italicè, *Il maestro del campo*.

Prefecti militum, vt est

16 Præfectus fossorum, vulgo *Superintendens* vel *coronellus fossorum* dicitur, Gallicè *coronel des pioniers*.

17 Præfectus cunicularíorum, vel minerarum vel fodinarũ, vulgo *magister mineræ*, Gallice *maistre des mineris* dicitur.

18 Præfectus fabrorum, qui ferramenta, vehicula, machinas, arma & similia curat; hic *commissarius operarum* & *bellicorum instrumentorum* dicitur, de ouerste Baumeester.

19 Præfectus vehiculorum, vulgo *commissarius curruum*.

20 Castrensiarius in iure dicitur, qui habet castrorum curam, & hodie etiam *miles castelli*, vel *castellanus*, vel *castrensis* dicitur, quod castrum vel castra defendit.

21 Præfectus rerum capitalium, quæsitor, prætor rerum capitalium, latrunculator, vulgo de prouost; Gallice *le prouost des marischaux, marischallus* vulgo dictus, habet iudices qui dicuntur *præpositi marischallorum*, vulgari eloquio, qui crimina belligerorum coercent, à quibus non appellatur.

22 Præfectus annonæ, structor annonæ, alibi *commissarius commeatus*, & *rei frumentariæ*, vulgo prouandmeester dicitur.

23 Præfectus exploratorum, Gallice *maistre des espies*, qui debet exploratores mittere ad inuestigandum de viribus aduersariorum, & de dispositione ciuitatis & terræ expugnandæ.

24 Præfectus mansionum, vulgo *commissarius hospitiorum*, vel *hospitationis militum*.

Præfecti militum: vt est

25 Mensor, vulgo *marischallus hospitiorum* & *epidimeticus*, Belgice, quartier meester.

26 Designator hospitiorum, qui mansionum positum & tentoria militi designat & annotat, vulgo forriers.

27 Metator, qui castris locum eligit, vulgo ordinator castrorum, Belgice, een ordineerder van het velt legher.

28 Centurio fossorum, Dux fossorum, Capitaneus fossorum, Gallice *capitaine des pioniers*.

29 Vicarius, centurio fossorum, Gallice *lieutenant des pioniers*.

30 Conquisitor, commissarius delectuum, qui militum delectum agit; & est generalis & particularis. Generalis commissarius alius est, qui conducit peditatum vel equitatum; alius delectum agit conscripti exercitus; alius vtrunq; præstat, vulgo general monster heere / particularis conquisitor, vulgo *commissarius monstratorius* vocatur.

31 Conquisitor, vel inquisitor fossorum, vulgo *commissarius monstrationis fossorum*.

32 Choragus, qui primus in acie exercitum vel centurias vel cohortes ducit, siue sit tribunus, siue centurio, siue decurio, siue optio, aliàs *ordinum ductor primus*, vel *dux militum* dicitur.

33 Vragus, ductor postremi agminis, vel ductor postremus, vel dux vltimus dicitur.

34 Primipilus, ductor signi primi ordinis, vel ductor primi ordinis, vulgo Hopman van het eerste rot.

35 Primipilarius: primipilarii in iure vocantur hi, qui primum vexillum portant ante regem, vel similem principem belli; Gallice vulgo *porteurs de inseignes & des guidons*.

36 Signifer, vexillifer, vexillarius, qui signum vel vexillum gerit; vt, Aquilifer, qui aquilæ vexillum gestat, vulgo *porteurs de inseignes*.

37 Fæcialis, internuncius pacis vel pugnæ faciendę, vulgo *Heraldus*; Belgice een Heraud; Gallice *vn herault*.

38 Caduceator, internuncius pacis vel induciarum, vulgo Belgice, vrede bode.

39 Circuitor, Circitor, Vigiliarum recognitor, vulgo de scharewacht. Circitores itaque sunt qui in militia noctu castra circumeunt, à capitaneis electi ad cauenda vel extinguenda incendia, vt secundæ quædam excubiæ, quos *subuigiles* appellamus.

40 Megistanes purpuratus, qui pluribus vulgaribus militibus imperat; qui sunt ipsius famuli, & quos suis stipendiis alit.

41 Dynasta vel dynastes, princeps potens qui veteranos & vulgares milites in bello suis impensis alit, vulgo *baro* dicitur. Belgice Banderheer.

42 He-

Præfecti militum; vt est.

42 Heros, vir illustris qui liberis hominibus virtute præest, præit, & præcipit, & bellicis exemplis ad virtutem excitat & instigat.

43 Dominus, qui seruos habet quibus imperat, tam domi quam foris, idque pace vel in bello.

44 Nobilis, qui militem ingenuum tanquam famulum vnum vel plures habet, pluriumque vulgarium loca solus supplet, & tamen paret imperio legati vel tribuni vel centurionis.

45 Consiliarius, qui est vnus de consilio belli, Consilium autem belli est senatus & congregatio ex præcipuis belli ducibus.

46 Auditor exercitus, vulgo est is, qui *auditor campi* dicitur, Gallice *auditeur du camp*.

47 Receptor nummorum commeatus, vulgo **ontfangher van de prouande peñynghen.**

48 Præfectus rationum annonæ, vulgo *commissarius rationalis commeatus.*

134 **Vt in re tormentaria; & sic est.**

1 Tribunus armamentarius, vulgo *magister tormentorum*, qui etiam præfectus tormentorum belli & machinarum dicitur, hic exactam noticiam, numerũ & curam in scriptis & vsum de omnib. tormentis belli habet, vulgo **general artillerie meester.**

2 Præpositus tormentorum & mahinarum, vulgo, **prouast d'artillerie.**

3 Censor aut lustrator rei tormentariæ, vulgo *commissarius monstrationum tormentorum.*

4 Vicarius præfecti tormentorum, vulgo *locum tenens*, vel, *vice magister rei bombardariæ*, vulgo **lieutenant d'artillerie.**

5 Receptor tormentorum, vulgo *recepueur d'artillerie.*

6 Nobilis adiutor præfecti tormentorum vel adiunctus, **edel lieden vande artillerie.**

7 Architectus, indagator, inuentor, constructor rei tormentariæ, & nouarum rerum huc pertinentium, vulgo *ingeniaire*, hoc est, ingeniarius & machinator nouorum dicitur.

135 **Parentium precepto & imperio superioris alicuius, vulgo *officiarii* dicti, quorũ nomina hæc sunt:**

1 Miles leuis armaturæ; miles expeditus vulgo, **een geringhe waechals.**

2 Velites, vel rorarii, vulgo **waechals of auenturiers.**

3 Ferentarius, miles leuis armaturæ, suggerens & adferens saxa, lapides, iacula. vulgo **een andragher of toeuuerer.**

4 Funditores vel libratores, qui fundis librant & vibrant saxa & pondera, vulgo, **slynghers ofte slyngher werpers.**

5 Balistarii, vt nunc dicuntur tormentarii, vulgo **groote archiers.**

6 Sagittarii vel iaculatores, vulgo simpliciter **archiers.**

7 Sclopetarii, vulgo **busse schieters.**

8 Bombardarii, vulgo etiam **busse schieters.**

9. Chirobombardarii, **hant busse schieters.**

10. Monabarduli; vulgo, **groote bussen schieters.**

11. Rumigestarii vel *bipenniferi*, vulgo **hallebardiers.**

12. Antesignanus, qui defensor signorum, ante signa stat, vulgo **Slachzwert dragher voor het vendel.**

13. Hastatus, vulgo **een spiesse draegher.**

14. Lancearius, vulgo **een lancie voerdere.**

15. Scutatus, Scuterius, Scutiger vel Scutifer, qui fert scutum ante Regem, Principem, Ducem, Comitem aut Capitaneum, quocunque proficiscatur aut procedat. vulgo, **schilt voerder / of dragher.**

16. Armiger, vulgo, **een wapendragher.**

17. Tympanista, vulgo, **trommelschlagher** / Gallice, *tambouryn.*

18. Tubicen, vulgo, Belgice, **een trompetslager**: Gallice, *trompette.*

19. Cornicen, vulgo, **hoorenblaseren.**

20. Æneator, vulgo **ketteltrommelslagher.**

21. Tibicen, vel fistularius, vel fistulator, vulgo, **piper** / hic etiam *auletes* dicitur.

Parentium precepto & imperio superioris alicuius, vulgo officiarii dicti, quorum nomina hæc sunt:

22. Tyro vel miles nouitius, recens matriculæ militiæ inscriptus, vulgo, **een ionck krysman/**

23. Veteranus miles, **een out krijsman.**

24. Gregarius miles, vulgo **inspaenner.**

25. Euocatus miles, vulgo, **ghedwonghen krijsman.**

26. Voluntarius miles, aliàs *volonis* voce notatus: vulgo, **een ghewillich sauldaet.**

27. Tumultuarius miles, vel subitarius, vulgo **een haestich krijsman.**

28. Triarius miles, vulgo, **een dapper krijsman**

29. Princeps pugnans miles, vulgo **een voorvechtende krijsman.**

30. Stationarius miles, vulgo, **een krijsman op de wachte.**

31. Procubitor, vulgo **een vntwachte.**

32. Excubitor, vulgo **wachter**: & hic est vigil terrestris, vel castrēsis, vel specularius, qui ex speculis & turribus remotè quæ fiunt cernens, denunciat, vulgo **torrenwachters.**

33. Speculator, explorator, coriceus vel emerodromus, vulgo, **verspieder ost bespieder.**

34. Limitaneus miles, vulgo **een krijsman in garnisoen op de frontieren.**

35. Præsidiarius miles, **een krijsman in garnisoen.**

36. Emissarius miles, vulgo Belgice, **dauan guardie/** Gallice, *lauant guarde.*

37. Aduenticius miles, vel externus vel extraordinarius, vulgo, **vutlans krijsman**: Gallice, *sauldat estrangier.*

38. Auctoratus miles, vel delectus, vulgo, **ghemonsterde krijsknecht.**

39. Sup-

39 Supplementum militum, vulgo een knecht daer men het vol mede voult.

40 Commilito vel commiles, vel commanipulo, vel contubernalis, vulgo rot gheselle oft stalbroeder.

41 Grauis armaturæ miles, vulgo, een Krijsman mit vullen arnasch.

Parentium pręcepto & imperio superioris alicuius, vulgo officiarii dicti, quorum nomina hæc sunt:

42 Ære dirutus miles, vel exauctoratus, vel expūctus stipendiis, vulgo, vut ghemonstert knecht/ Gallicè, *sauldat cassé*

43 Emeritus miles, rudiarius, rude donatus, vulgo een out veroorlofde Krijsman.

44 Causarius vel valetudinarius, qui iustè à militiæ laboribus excusatur, vulgo een verorlofde Krijsman met paspoort.

45 Emansor miles, qui vltra tempus commeatus castris vel præsidio abest; vulgo, een krijsman die langher vut blijft dan zijn paespoort inhout.

46 Desertor miles, qui stationem deserit, vulgo, een krijsman die zijn ghesellen verlopt.

47 Obses miles, vulgo, een pandtman; Gallice, *hostaige*.

48 Transfuga, perfuga vel desertor miles, vulgo, een ouerlooper.

49 Viator vel itinerum peritus, vel stator, vel apparitor publicus, vulgo, een corte roede.

50. Satelles vel stipator, vel spiculator, vel latero, vel prætorianus miles, vulgo, Belgicè, een trawant oft artsier/ heeten dieneroft hallebardier.

136 Auxiliātium, & subsidia pugnis pręstātium militum nomina, hæc sunt:

- In fodendo:
  1. Fossores, vulgo Grauers of pionniers.
  2. Cunicularii, vulgo Schansgrauers/ hi etiam *cuniculares* dicuntur.
- In onera portando:
  1. Lignatores, vulgo hout hauwers.
  2. Calones, vulgo trosbouuen.
  3. Calatores vulgo ruters ionghers.
  4. Varones vel caculæ serui militum, vulgo, Lansknecht ionghen.
  5. Lixæ, vulgo scommelcocks.
  6. Mediastini, vulgo slauernie knecht.
- In seruendo, vide signum **
- In fabrilia tractando: vt sunt
  1. Fabri ferrarii, vulgo smeen.
  2. Faber ęrarius, vulgo ketelbouter.
  3. Faber arcuarius, vulgo boghemacker.
  4. Faber armamentarius, vulgo een arnachsmaker.
  5. Faber lignarius, vulgo een timmerman.
  6. Faber materiarius, vulgo een hout breker.

In seruiendo: vide signum **

1 Seruus vel mancipium, vel verna, vulgo een hundsknecht. Seruorum sunt varia nomina, vt & officia: sic est seruus Brutianus, seruus supellecticarius, flagro, aquariolus, atriensis, vestispicus, lecticarius, ergastulus, ergastularius, insularius, tabularius, tensarius, proriga, agaso mulio, strator, samiarius, capsarius, &c.

2 Famulus vel minister, vulgo een dienaer ofte vry knecht. Hic etiam variat; nam alius est ab epistolis, alius à commentariis, alius ab aure, alius a poculis, alius à memoria, alius à rationibus, alius à manibus, alius à pedibus, alius à secretis, alius à libellis, &c.

3 Assecla vel assectator vel pedissequus, vulgo, een page.

4 Tabellarius vel Tabellio, vulgo een bode ofte brief dragher.

5 Antigrapheus, vulgo een rolle scriuer.

6 Internuncius vel emissarius vulgo, een lackey.

7 Librariolus vulgo een register clerck.

8 Formularius, vulgo een copist.

9 Actuarius vel notarius, vulgo een notaris scriuer.

10 Thesaurarius, vulgo tresorier.

Prægustator, vulgo prouuer.

11 Accensus vel hostiarius, vulgo portier of duerwarder.

12 Apparitor, vulgo een stadt knecht of dienaer.

13 Cubicularius, vulgo een kamerlynck.

14 Silentiarius vel secretarius, à secretis, vulgo, secretaris.

15 Tonsor vulgo een barbier.

16 Lictor, vulgo, een sergeant of dief leeder.

17 Commentariensis vel carcerarius, vulgo, stockmeester fo cypier.

18 Præco, vulgo, een uutrouper.

19 Curio, vulgo, een hooman.

20 Libripens, qui stipem, hoc est, militare stipendium ponderat, vulgo, een ghelt wegher.

357 Nomina militum equestrium;

Imperantium:

1 Dictator, perpetuus dictator, & hic Cæsar ac Imperator est dictus, archistrategus, vulgo, opperste velt heere ofte capitain ouer ruttere ende knechten: Gallice, *chef de guerre.*

2 Magister equitum, Hipparchus, vulgo opperste rytmeester.

3 Legatus equestris, qui magistri equitum fiduciariam obtinet, vulgo *locum tenens*, Belgice luitenant des hochste ritmeester.

Obedientium: vide signum ***

4 Tribunus celerum, qui aliquot turmis equitum præest, vulgo, ritmeester: hic variat; nam est vnus Dux primarius leuis armaturæ, vulgo Gallice, *chief des cheuaulx legiers:* alter dux primarius, grauis armaturæ.

5 Præ-

5 Prȩfectus turmarum, qui etiam decurio dicitur, vulgo d'ouerste van een bende rutters.

6 Conquisitor, vel inquisitor equestris, vulgo *commissarius ad conducendos equites*: vulgo, monster heere/ of *commissarius* vande ruteren.

7 Tribunus ærarius, vulgo ontfanger oft pennynck meester.

8 Quȩstor, vulgo Rentmeester.

9 Præfectus veredariorum, vulgo Postmeester.

10 Prȩfectus aurigarū, vulgo, de ouerste vande waghen driuers.

11 Cætera multa nomina quæ præfectorum voce efferuntur, & ex præcedentibus tabulis peti possunt, omitto, quoniam cum his reciprocant.

138 Obedictium equestrium, nomina hȩc sunt: ***

1 Celeres, equites exercitati in re equestri ordinarii, quibus cōparari possunt nostri equites, vulgo *carabins* dicti, hi aderant prætorio imperatoris, regis, vel consulis aut legati.

2 Desultores, equites metabatæ, qui alterum equitem secum attrahunt cum equo, in quem, vbi res postulat, transiliant, vulgo Belgice, lichte ruters.

3 Equites leuis armaturæ, Belgice reisighe ruters.

4 Cataphracti, vel cataphractarii, vel equites grauis armaturæ, vulgo Belgice, ruters int vulle arnasch / Gallice *les hommes d'armes*.

5 Turmarii equites, vulgo bende ruters vande ordonancien.

6 Bombardarii equites, vulgo ruters met langhe bussen of roers.

7 Chirobombardarii equites, vulgo, ruters met sint roers.

8 Aurigæ, vulgo, waghenaers.

9 Cisiarii, bigarii, carrucarii, vulgo carremans.

10 Tensarii, vulgo perde bereyers.

11 Stratores, vulgo peerde knechten.

12 Veredarii, pegasi, vulgo, post peerden.

13 Agasones, muliones, vulgo ezel driuers/muldriuers.

14 Equisones, vulgo, peerde berijders.

15 Equarii, vulgo marschalchs.

16 Mangones equorum, vulgo, ros of perde vertusschers.

17 Stabularii, vulgo roscammers of stalknechten.

139 Nominamilitum maris classiarioru̅, nauiculariorumque, vt sunt:

- Præfecti & præcipientes
  - Pugnantes, & in armis versantes ad bellandum, vulgo *præfecti pugnantes maritimi*, de his mox.
  - Administrantes nauem, & naualia opera ad nauigandum, vulgo *præfecti nauales*, de his infra.
- Obtemperantes
  - Pugnantes, vel ad classicum parati pugnare, vulgo *milites maritimi*, de quibus infra.
  - Administrantes & tractantes nauem & naualia opera ad nauigandum & similia, vulgo *nautici*, de quibus etiam infra.

140 Præfecti pugnantes maritimi.

1. Architalassus, præfectus classis, stolarchus, naucrator, vulgo *admiraldus*, vel comes maris, qui præest classi maritimæ vniuersæ; subest aūt magno duci; Belgicè, **een admiral vā der zee.**
2. Præfectus nauis, Nauarchus vel capitaneus nauis, vulgo Belgicè **een capitain von een scip.**
3. Præfectus militum nauis, vel connestabilis nauis, qui est primus magister militum in naui.
4. Legatus classis, vel locum tenens admiralli, vel admiraldi, vulgo Belgicè, **onder admiral.**
5. Socius præfecti militum classis.
6. Secretarius admiralli.
7. Sacellanus admiralli.
8. Rumigestarii admirali.
9. Voluntarius præpositus.
10. Nobilis capitanei.
11. Scriba capitanei, qui omnia scribenda debet scribere, & annotare, vulgo **een scriuere.**
12. Assecla capitanei, vulgo Belgicè, **een page.**
13. Carcerarius, vel Commentariensis classis, vulgo Belgicè, **een stocknecht te scepe.**

Præfecti administrantes nauem & naualia:

1. Nauclerus, nauicularius, nauiculator, Patronus vel magister nauis Vlpiano, vulgo Belgicè, **de scip voerder.** Gallicè, *le patron de la nauiere*: hic summus nauta nauem, nauis instrumenta & commeatum seruat in vsus requisitos.
2. Nauclerus minor, Belgicè **hochbootsman**: hic curat arbores, remos, vela, &c.
3. Gubernator, Belgicè, **de stuerman**: hic nauem clauo gubernat, dirigit ad loca ordinata & portus sine incommodo.
4. Celeustes, Belgicè **opperste bootsman**: Gallicè, *le comite, ex hourteur de rameurs.*
5. Pausarius, Gallicè, *le subs comete.*
6. Magistri laterum, vulgo **quartiermeesters**, qui superiores sunt præfecti, vt milites & alios in naui existētes ordinēt & collocēt.

Obtem-

141 Obtemperantes, pugnantes, vulgo, milites maritimi:

1 Epibatæ, claſſiarii milites, qui naualibus operis æs merent, non aliter quam ſi in caſtris militent; & ſunt ſtipendiarii maritimi ac armigeri, multi vel pauci pro magnitudine nauis, Belgicè, criſtie-den ter zee/Gallice, *gens de guerre ſur la mer*.

2 Syphoniaci, qui in claſſe bellica canunt, Belgicè, trompetters op een oorlochſcip.

3 Tympaniſtæ, qui tympana pulſant, Belgicè, Trommelſlagers.

4 Fiſtulari vel tibicines, Belgicè vulgo, die pippers.

5 Bombardarii, qui diſplodunt Bombardas æneas, vel metallicas vel ferreas magnas, vulgo Belgicè, buſſe ſchieters / van grof gheſcot.

6 Chirobombardarii, qui diſplodunt ferreas bombardas minores, vulgo Belgicè hackſcutters.

7 Sclopetarii, qui paruas bombardas habent, vulgo Belgicè roeurſchieters.

8 Sagittarii & ſimiles in hanc claſſem ex præcedentibus tabulis transferri poſſunt, quatenus in nauibus militant.

Obtemperantes, adminiſtrantes nauem, vulgo nautici:

1 Nautæ, nauitæ, nauiculatores, Belgicè vulgo ſcippers / of boot gheſellen/Gallicè, *maroniers*, qui curam gerunt nauis promouendæ & ſeruandæ ſimul populi militumque vehendorum.

2 Remiges, qui remis nauem impellũt vulgo Belgicè, Royers.

3 Maliſcanduli, vulgo Belgicè, maſtclemmers.

4 Inſularii vulgo Belgicè Galey bouuen.

5 Proretæ, qui in prora præſident naui & huius tutelæ, vulgo Belgicè een ſcipman int voorſcip.

6 Helciarii, qui ductariis funibus aduerſo amne naues trahunt. vulgo Belgicè, een ſcute trecker.

7 Focarii qui foco & ignibus in naui præſunt, vulgo *coqui nauis*, Belgicè ſcipcockers dicuntur.

8 Socii coqui, vulgo Belgice donderkock.

9 Meſonautæ qui viles labores in naui faciũt, viles miniſtri, vulgo Belgicè de ionghe in int ſcip of putghers. Italicè, *raghazzo*.

10 Plumbarii, vulgo de lootmannen. qui profunditatem maris explorãt & pronunciant, ex plumbi in mare deiecti filo, vel pertica, vt certius & citius & ſecurius, intra extrave portum nauigare liceat.

11 Portitores, vectores lintrarii, qui traiiciunt homines vel onera, vulgo Belgicè, veremeeſters ofte ſcute voerders.

12 Liminarchæ, portitores ad limina, vulgo Belgicè boomſluiters/ofte hauewachters.

13 Vrinatores, nautæ aquam intrantes vt merces anchoras, & ſimilia aquis extrahant. Belgicè, vulgo ſwemmers ofte duckers.

14 Piſcatores, hamiotæ, conchytæ, vulgo Belgicè, viſchers Harynck vanghers/&c.

15 Aquarioli, vulgo Belgicè, Waterputers.

16 Velifices, vulgo *factores velorum*, Belgicè Seilmackers.

17 Naupegi, fabri nauium, qui naues faciunt, & horum officium est nauem sartam seruare, reparare, dolare & sine ruinis, fissuris & incommodis præstare, Belgicè vulgo, Scipmakers oft Scipwerkers.

18 Ministri naupegi vel ministri fabri lignarii nauis, inseruientes architecturæ & reparationi, vulgo Belgicè, de timmerlieden vande Scipmaker.

19 Cellarius, vulgo *custos victualium*, vel promus, œconomus vel dispensator, qui cibos, potus, in cellis & aptis locis collocat, & à corruptione conseruat, & suo tempore promit, vulgo Belgicè, Kelder weerder. Gallicè, *boutellier ou dispensier*.

20 Socii cellarii, vulgo Belgicè, de Kelder knechten.

21 Tonsor, vulgo, Barbier.

22 Chirurgus, medicus vulnerarius nauis, vulgo Wontmeester opt Scip / qui vulnera, vlcera, & mala corporis nautarum & militum in naui curant.

23 Exantlator, qui haurit aquam è sentina, vt nauem siccam seruet, Belgicè vulgo, vut puthghers

24 Famuli à mensa, vulgo, Spise draghers.

142 Arma militum pedestriũ, armaturæ, quibus corpus munitur, vel partes corporis, vt in hostẽ tutiores sint. Belgicè vulgo Wapenen: & hæc

Corporis totius fere; vt

1 Clypei vel clypea quę corpus clepant, hoc est, celant, vulgo Belgicè, een terghe of langhe Scilt.

2 Clypei Argolici, qui sunt magni rotundi orbes, totum corpus tegentes, pinnis & turriculis assurgentibus ornati.

3 Parmæ sunt caui orbes & breues, Belgicè Boukelar.

4 Peltæ, sunt orbes quadrati, ad speciem lunæ incuruati.

5 Peltæ Amazonicæ, sunt orbes formâ foliorum hederæ; hæ sunt magnæ paruę, minimæ, quę etiam *breuissima scuta* dicuntur.

6 Peltæ Thraciæ, sunt orbes virgulati in arctiora latera compressi, similes lunæ, semiplenæ, virgulatæ, vulgo Belgicè, halfronde scilt.

7 Vmbones, sunt orbes medii in clypeo eminentes, & sic sæpe pro rotundis eminentibus clypeolis ponuntur, Belgice, den houuel van een bouckelet.

8 Ancilia, sunt orbes ouales, Belgice, langhachtege Scilden.

Partium corporis

9 Militares clauiculi, sunt parmæ emblemata clauos habentia.

Ansa

10 Ansa, vel capulus clypei id quo tenetur, Belgice vulgo, het vatsel van een Scilt.
11 Scutum commune, est orbis rotundus ad defensionem corporis, Belgice, een ronde Scilt ofte rondeele.
12 Scutũ erat equitũ, vt clypeus peditũ, teste Seruio.
13 Scutum breue, est orbis breuis & leuis forma scutellata, vulgo Belgice ; een cleyn Scilt oft een rondeelkin.
14 Cetra est orbis subquadratus peltiformis, oblongior peltis.

Partium corporis arma; vt
- Capitis
  1 Galea communis, vel cassis, Belgice vulgo, helmet: in qua partes sunt conus & crista.
  2 Conus est galeæ apex, curuatura in apice galeæ, cui cristæ imponuntur, vulgo Belgice, backenelstopken.
  3 Crista galeæ, Belgice, plumage/ ofte veederbosch.
  4 Galea exploratoria, hęc est absque cono humilis.
  5 Galea bellatoria, hæc est insignis cono cristis, & subinde dentata.
  6 Galea oppugnatoria vulgo Belgicè, een stormhout.
  7 Buccula, tegmen buccarum, vulgo Belgice twister.
  8 Cudo, galea, ferarum tergoribus inducta cuiusmodi priscis seculis in vsu fuit, & nunc etiam durat apud feras gentes, & Hybernos, Belgice, een leder beckenel.
- Pectoris
- Extremitatũ

Pectoris arma:
1 Thorax ferreus, vulgo Belgicè, een yser borst Harnas.
2 Thorax æneus; hic olim tantum tegebat pectus, quod nullus tergo esset metus, teste Statio & aliis, Belgicè, Borstharnas.
3 Lorica prisca, est lorica è corio crudo, vulgo Belgicè, leren culder.
4 Lorica prisca communis, è denso corio qualicunque fiebat, & alibi nostratibus è ceruinis tergoribus, vel bubalinis fit, & *pectoralia* vocamus, vulgo Hert leer culder.
5 Lorica squãmea, quæ ex ferreis lamellis fit, vulgo Belgicè een pantsyser.
6 Lorica annularis, quæ fit consertis annulis in formam tunicæ, vnde etiam Virgilio *tunica* dicitur, alias *cricotus*, vulgo Belgice, ryng craghe.
7 Lorica hamata, hamis commissa, vulgo Belgicè, een Hackpansyser.
8 Pectorale vulgo Belgice, crisculder ofte een voorborst Harnas.

Extremitatum arma: vt

1 Ocreę ferreę; hę etiam Vegetio *tibi alia*, aliis *crurum ferrea munimenta* dicuntur, Belgicè, **scheen platen/of scheen yseren.**
2 Ocreæ coriaceæ, vulgo Belgicè **leersen.**
3 Fœmoralia vulgo **yseren scheenplaten.**
4 Chirothecæ ferreæ, vulgo Belgice, **yseren handschoen.**
5 Chirothecæ communes, vulgo, **leren handschoen**: quæ etiam *manualia munimenta* dicuntur.
6 Brachialia, quæ sunt tegumenta brachiorum, vulgo Belgice, **Aerm gheweer of wapene.**
7 Balteus vulgo *militare cingulum*, Belgice, **een ridders gordel.**
8 Cingulum, Zona, ex qua gladius dependet, vulgo Belgice, **een rieme.**
9 Strophus, est vinculum contortum, vnde clypeus, gladius, & similia dependent.
10 Fibula, vulgo Belgice, **een ghispe**, Gallice, *boucلet ou crampon*,

143 **Instrumenta bellica militum pedestrium ad cædendum & pũgendum. vt sunt**

1 Gladii, vulgo Belgicè **zweert.**
2 Gladioli, vulgo Belgicè **zweerdekens.**
3 Enses, sunt gladii lati, vulgo **breemessen.**
4 Ensiculi, Belgice, **cleyne bree messkens.**
5 Pugiones, Belgice **poingnart ofte dagghe.**
6 Clunaculum, vel clunabulum, quod ad clunes religatur, Belgice, **een bre dagghe.**
7 Parazonium, pugio pendens ex zona, Belgicè, **by hanghende dagghe.**
8 Sica, occultus pugio, Belgice, **moortpriem.**
9 Culter Belgicè vulgo **een mesz.** Gallice, *vn couteau.*
10 Cultellus, Belgice, **een cleyn mesken.**
11 Dolo est gladius in baculo occultus, vulgo Belgice, **een zwert priem/of palters mes.**
12 Framea, gladius Germanicus, triangularis, vulgo Belgicè, **een langhe priem.**
13 Spatha gladius anceps Belgicè vulgo **een rappier.**
14 Semispatha, vulgo Belgicè **een cleyn rappier**
15 Harpe, vel ensis falcatus, vulgo Belgice, **een crom hauwer.**
16 Acinaces, gladius Persicus Turcicę genti familiaris & eis vulgo **tzabel** dicitur; hinc similis est gladius Schyticus incuruus.
17 Machæra gladius longus ab altera parte acutus, Belgice vulgo, **een ruttingh.**
18 Xiphomachęra vulgo Belgicè **een cleen Slachzwert.**
19 Romphæa gladius latus magnus, vulgo Belgice, **een bredt Slachzwert met twee handen.**
20 Verutum, veru veruina, gladius teliformis præpilatus ferro angusto, instar veru, Belgice vulgo **een rytszwert.**
21 Cæsum, vel gęsum gladiforme telum frequens Gallis: vulgo, **een**

een zweerts codde: Hoc olim Belgæ se defendebant, vt Romani pilo; Macedones sarissa; Germani, framea.

22 Falces, vulgo Belgice, sickels.

23 Ansaculæ, vulgo Belgice, crom messen.

24 Vagina, est theca gladii, Belgicè, een scee.

25 Partes gladii etiam sæpe pro gladio ponuntur: vt mucro, acies, cuspis, manubrium vel capulus, manubrium apiatum.

Instrumenta bellica militum pedestrium ad impetēdum & feriendum: vt sunt

1 Hasta pura, baculus longus teres, sine ferro, Belgicè vulgo, een nieu spise/sonder yser.

2 Hasta præpilata quæ ferream habet cuspidem, vulgo Belgicè, een spise met ysere an het eynde beleit.

3 Hasta amentata, quæ amento excussa vibratur, vulgo Belgicè, een iauelynghe.

4 Hastile, Belgicè, de schacht van en spise.

5 Hasta volitans, vulgo Belgicè, een tournoy spise oft lance.

6 Sarissa vulgo Belgicè, een langhe scerpe spise of pycke.

7 Lancea est hastæ mediocris latiformis, vulgo Belgice, een lance.

8 Iaculum, missile, quod in altum iacitur, vulgo Belgice, een Werpyyl

9 Missile est iaculū crassum, vulgo een clippele stock om werpen.

10 Amentum, est lorum obductum mediæ hastæ, quo iacitur, vulgo, een pylbanck.

11 Sparus instrumentum putatur esse recuruum, instar pedis telum, vulgo, een Inghelsche byle.

12 Securis Romana, quæ & *Quiris* dicitur, est hasta cum lato ferro peltato, vulgo Belgice, een langhe breebyle.

13 Securis Amazonica, vulgo Belgice een hallebarde. Huius generis est quod *rumgestum* dicitur, vulgo een cleyne hallebaerde.

14 Bipennis est securis vtrimque anceps, vulgo, een groote breede hallebaerde.

15 Pilum, hastile quinque pedum & semis & ferreum, trigonali figura, nouem vnciarum, proprium Romanorum telum.

16 Venabulum, telum venatorium, quo venantes vtuntur, vulgo Belgicè, een huevelspit.

17 Phalarica, securis densa & grauis.

18 Semiphalarica, parua securis & leuis ad defensionē turrium, à Phaleri tyranno denominata.

19 Malleolus, vulgo Belgicè, een cleen vusthamer.

20 Malleus & hic ligneus vel ferreus, vulgo Belgicè, een vusthamer.

21 Cestra, est armatura lunata similis.

22 Amazonica securis peculiaris equitibus maxime, vt & peditibus ad perfringenda arma hostium, Belgicè vulgo, een Heerhamer/ of breusthamer.

23 Aclides, genus teli quo longo amento iaci possunt, & peracto vulnere reuocari, vulgo Belgice, Werpcloten met banden of ketenen.

24 Tragula, iaculum oblongum subtile, vulgo Belgicè, iauelynken met vooren bree ysere scerp.

25 Claua, vulgo Belgice, een colue of kodde.

26 Corici vel Corisćii, missilia leuia in modum sagittarum, vulgo Belgice, lichte pylen of bouten,

27 Soliferreum, teli genus longissimum & ferreum, vulgo, een yseren byl of bree bylen.

28 Cateiæ scibones.

29 Sudes, sunt bacilli igne præusti & prætorridi, vulgo Belgice, voor afghebrande stocken.

30 Ligulæ vel furcæ, vulgo Belgice, vorken. & sunt bidentes, tridentes, &c.

31 Cucumæ, genus baculi ferrati teste Budeo, ad l. Iul. de sicar.

Instrumenta bellica militum pedestrium, ad impetendū & penetrandum volatica: vt sunt.

1 Sagitta, iaculum tenue longum, ligneum, ad eiiciendum arcu. vulgo Belgice, een pyl ofte fliets bout of schiet pyl.

2 Calamus, est iaculum ex minoribus arundinibus ad arcus, vulgo Belgice, een ryetbout.

3 Arundo, est iaculum ex maioribus arundinibus ad arcus: vulgo Belgicè, een groot ryetbout.

4 Spiculum, est iaculum crassius, firmius ad arcus, Belgice vulgo, een groot pyl.

5 Alæ sagittæ latera sunt ex pennis, vulgo Belgice, de vederen an de bouten.

6 Vncinus, hamus, mucro sagittæ, vulgo Belgice, doppe met stralen.

7 Vncinus ligneus, est baculus recuruo nodo armatus, similis clauę Herculis trinodis.

8 Arcus, vulgo Belgicè, een hantboghe.

9 Cornu, est arcus ex cornibus, vel ossibus factus, vulgo Belgice, een hantboghe van hooren of staleboghe. & si cornu etiam dicitur extremitas arcus, cuius crenis neruus immittitur, vt in fibula vel vnco, vulgo micula firmius tendatur.

10 Pharetra, est theca sagittarum, vulgo Belgice, een pyl coker.

11 Corytus, est theca vel repositorium ipsius arcus, vulgo Belgicè, de boghecoker.

12 Funda maior vel balearis, vulgo Belgice, een groote slynghere of stock slynghere.

13 Funda minor, vulgo Belgice, een slynghere van leder.

14 Scutale est corium fundæ, in quo lapis eiiciendus ponitur, vulgo Belgicè, het slyngher ledere.

15 Balista, genus bellici tormenti quo lapides, & iacula emittebantur, Belgice, een muerbreeker of een boghe om mueren te breken.

16 Arcu-

16 Arcubalista, à nonnullis scorpio vocatur.

17 Catapulta, machina bellica, omnis generis iacula emittens sparsim.

Instrumenta bellica militum pedestrium, oppugnatoria; vt sunt

1 Aries, tormentum murale, trabs funibus tensis suspensa, quæ retro ducitur, vt impetuosius feriat muros, vulgo Belgicè een stootbalcken.

2 Testudo, Liuio dicitur crates scutorum continuata, qua sublatis supra capita scutis protecti pedites sagittarum aut saxorum nubem euitabant, vulgo Belgicè, schildack.

3 Testudo Cæsari est tabulatum è materia, ciliciis, coriis contectum aduersus flammam & incurrentia saxa, sub quo miles tutus muros diruere tentabat.

4 Onager, est aries maior, forma asini, ex pluribus trabibus, vulgo Belgicè, groote stootbalcken.

5 Plutei, tabulata sunt militum ad protectionem.

6 Vineæ, oppugnatoria contabulatio displuuiato tecto vineaq; contabulata, sub qua tecti milites contra missilia oppidanorum muros aggrediebantur & demoliebantur, vulgo barbara voce, catte dicuntur.

7 Ericius, est machina militaris vndiq; præpilata, horrens clauis ferreis, vulgo Belgice, yseren vercken.

8 Murices, tribuli vel triboli, machinæ tetragonæ, vulgo Belgicè, voetangels of mynckysers: Gallicè *chausse trapes*.

9 Agger, congeries terræ contra opposita, vulgo Belgice, dycken of hoghe Wallen.

10 Musculi, vulgo Belgice, cleyne hutten of hunstrens.

11 Turres ambulatoriæ propugnacula mobilia turriformia.

12 Telones, vel *tolones* vel *tollones*, sunt longi baculi ad exhauriendam aquam, vulgo Belgicè, puthanghers of Wippen, dicuntur & *tollenones* & *ciconiæ*.

13 Centones, Belgicè vulgo, *lapperie*.

14 Saxa vel lapides.

15 Glandes, pilæ plumbeæ, vulgo Belgicè, loot, globi, sphæræ, sphærulæ, & hæ variant iuxta materiam.

16 Pyroboli, missilia, tela ignita, vulgo Belgicè, vierpylen.

17 Malleoli, manipuli, vel globi igniti, Belgice, vierclooten.

18 Helepolis machina obsidionalis vel scalæ, Belg. clein leederen.

19 Hamæ, instrumenta diuertendi ignem in hostes.

20 Incendiarii siphones, vulgo Belgicè, Brant eemers.

21 Trullæ ferreæ in quib. funalia pendent, Belgicè vierpannen.

22 Igniarium, vulgo de lonte.

23 Puluis tormentarius vel bombardarius Belgice buspoyer.

24 Tormenta bellica, vel bombardæ; de his in sua tabula plene edisseremus.

Instrumenta bellica militum pedestrium, ad incitandam pugnam, sunt hæc:

1 Tympana, vulgo Belgicè, **trommel.**
2 Fistula, vulgo Belgice, *pipe.*
3 Calamus, Belgice, **duers fleute.**
4 Tibiæ, Belgicè, *cop fleute.*
5 Tubæ, Belgice, *trompetten.*
6 Cornua, Belgice, *hoornen.*
7 Cornua inflexa vel recurua. vulgo Belgice, *achtshornen.*
8 Litui, sunt de genere Buccinæ, curuæ, vnde vox gracilior exit, vulgo Belgice, *claroenen.*
9 Buccinæ, sunt genera cornuum curuorum, quæ plenis buccis inflantur, vulgo Belgicè. *scalmeyen/ of zyncken.*
10 Sistrum est cornu recuruum, peculiare Ægyptiis, & aliàs *tuba* Ægyptiaca dicitur.
11 Siphũculus, est exigua fistula ex ære vel marmore vel simili materia: vnde effluxu aquæ vel venti sonus redditur; quali sæpe tibicines in bello vtuntur, & illum ex collo suspensum gestant: vulgo Belgice, *een cleyn pypken.*

144 Arma & instrumenta bellica militũ equestrium: vt sunt

- Ratione corporis ipsorum equitum, & sic fere eadem habent arma quæ pedites armati, vt galeam, loricam, cataphracta, vel thoraces ferreos, scuta, & alia, quæ supra enumerauimus in tabula, &c. *de armis militum pedestrium*; quare cô lector recurrat.
- Ratione equorum; & sic sunt arma ac instrumenta equestri peculiaria: hæc, vt
  - Verè equiti, ac equo in belli vtenti.
  - Aurigę, vel cisiario quadrigis vel bigis vtenti.

145 Arma & instrumenta vere equitis ac equo in bello vtẽtis: vt sunt

1 Frenum, vulgo Belgice, *een thoem of breidele.*
2 Habena vel retinaculum vel frenũ manuale, *een leren thoem.*
3 Lupatum, lupus, mures, frenum asperrimum, vulgo Belgice, *scerpghebet.*
4 Orea, frenum, quod ori inditur, Belgice vulgo, *het ghebet.*
5 Capistrum, vulgo Belgice *een muulbant oft stalbant.*
6 Posthomis, frenum quod equinum rictum contegit, domandæ duriciei eius causa, vulgo Belgicè, *Muulyser oft Kinyser.*
7 Aurea, frenum retro aures, vulgo Belgicè, *een hoorbant.*
8 Cingulum, lorum canabinum succingens equi ventrem, vulgo Belgicè, *een cingel of ondergordel,*
9 Antilena, lorum ante pectus equi, vulgo Belgicè, *het voorghetuch.*

10 Posti-

Arma & instrumẽta vere equitis ac equo in bello vtentis: vt sunt

10 Postilena, lorum sub cauda equi crassum, cuius loco aliqui lignum incuruum intelligunt, Belgicè vulgo, dachter croppier.

11 Subiugium, lorum quo colla equorum iugo alligãtur, vulgo Belgice, jockgordel.

12 Fiscella, instrumentum, quo ora equorum, iumentorum capistrantur, ne germina tenera præcerpent, vulgo Belgice, een muulkorf.

13 Frontale, quo caput equi hinc inde reuincitur & in fronte ornamentum præstat. vulgo Belgice chiragie ant voorhooft.

14 Clitellæ, sellæ, dossuariæ, vulgo Belgice, een scheen sadel, Gallice *le bast*.

15 Bulla, ornamentum ad cingula equi, vulgo Belgice, spannen.

16 Dorsuale, stratum, instratum dorso equi, tegmen dorsi, vulgo Belgicè, rugghedeckel.

17 Ephippium, sella equi, vulgo Belgice, een zale of zadele; Gallice *la selle*.

18 Stapia subex pedaneus, stapes, staticulum, Belgice vulgo, steghel reepe.

19 Calcar, calx ferratus, Belgice vulgo, een spore.

20 Vestigium, solea ferrea, calceus equi, vulgo Belgice, hoefyser.

21 Ferramentum concisorium apud Vegetium, vulgo Belgice, besnytyser.

22 Strigil, instrumentum dentatum, quo cutis exteritur in equis & iumentis, sordesque exterguntur, vulgo Belgice een roscam.

23 Pecten iubalis, vulgo Belgice, een mane cam.

24 Phaleræ, ornamenta equorum fere coreacia, vulgo Belgice, peerde chirage.

25 Scutica, flagellum, lorum. Belgice, een wepe of gheessele.

26 Thomices, puluilli molles, vulgo Belgice, gorreelen.

27 Thomices vulgares, funes è rudi canabe vel sparto, vel simili materia, vulgo Belgice reepen.

28 Equi & varia genera equorum huc referri possunt, vt caballi, veredarii, sonipedes, gradarii, cursorii, pegasei, celeres, & cæteri, de quibus suo loco.

146 Arma & instrumenta aurigæ & cisiarii:

1 Cisium, vehiculum duabus rotis nitens, Belgice, vulgo een cotsie.

2 Biga, carrus, carruca, biiugæ curriculum, Belgice vulgo, een carre met twee peerden.

3 Sarracum, vehiculum trusatile, vulgo Belgice, een cordewaghen of cruwaghen of lastwaghen.

4 Plaustrum vel plostrum, vulgo Belgice een groote [illegible] of mest waghen.

5 Carpentum vel Pilentum, vehiculum pensile, vulgo Belgice, een hanghende waghene of staet waghen.

Arma & instrumenta aurigæ & cisiarii:

6 Vehiculum cameratũ, arcera, lectica, gestatorium, vulgo Belgice, een rosbaer.

7 Couinus, currus falcifer contectus.

8 Vehiculum, vectabulum, currus vulgo, Belgice, karre of waghene.

9 Vehiculum meritorium, vulgo Belgice, een huer waghen.

10 Quadriga, vulgo Belgice, een waghen met vier peerden.

11 Petorritum, essedum vehiculum Belgicum, vulgo Belgice een bedeckte waghen.

12 Rheda, leue curriculum, vulgo Belgice reysewaghen.

13 Traha vel trahea, vulgo Belgicè, een sle of slede.

14 Staticulum, pensilis curriculus, vulgo Belgicè, een cleyn hangwaghen.

15 Tribulum, vehiculum quo maturæ fruges in area teruntur, vulgo Belgice, een dorschwaeghen.

16 Tympanum currus, vulgo Belgice, de huue of wyte vande waghene.

17 Partes currus huc etiam referri possunt, quia satis notæ sunt, explicatione non egent. vt sunt capsus rhedæ vel currus axis, temo, iugum, protelum, rota, radius rotæ, absis vel curuatura rotæ, modiolus rotæ, tubus rotæ, canthus, paxillus, vel embolium vel obex currus, annulus, auræ, sufflamen, axsugia, & cætera.

247 Arma & instrumenta classiariorum naualia vel maritima: hæc sunt

1 Arma & instrumenta militum in nauibus pugnãtium quantum ad corpus, eadem sunt quæ peditum; quare de his recurre ad *tabulam Peditum*.

2 Arma & instrumenta hominum & militum in nauibus pugnantium, quantum ad mare & maritimas pugnas pertinet, hęc sunt nauium genera & naues, quas vulgo Belgice, scepen vocamus.

3 Nauigia, naues minores, vulgo Belgice, cleene scepen.

4 Nauiculæ, nauigiola, paruæ naues, Belgice vulgo, scipkens.

5 Nauis oneraria, nauis grauis, nauis frumentaria, vulgo Belgice, coopvaerders scip ofte hulck: Huius species sunt variæ: nã aliæ onerariæ vehunt põdus vasorum (vulgo lasten) mille: aliæ nongentorum, vel octingentorum, vel septingentorum, vel sexcentorum, vel quingentorum vel quadringentorum, vel trecentorum vel ducentorum centum vel quinquaginta.

6 Nauis constrata Belgice vulgo, een scip mett een ouerloop: Huius generis est quæ vulgo *nauis thalamus*, vel nauis *compatica*, dicitur, qua potentiores vtuntur causa oblectandi animi, quod in ea thalamus ad quiescendum & mensa ad edendum posita sunt.

7. Nauis prætoria, vulgo Belgice het admirals scip.

8 Nauis

8 Nauis præsidiaria, Belgice vulgo, een orlochs scip.

9 Nauis militaris, vulgo Belgice, crichsliedeu scip. hac milites vehuntur & transportantur.

10 Nauis oraria, nauicula, qua oram littoris legimus, quæ & *actuariola* & *oria* dicitur, vulgo Belgice, een ouuerf bot.

11 Nauis vectoria, vulgo Belgice, een hoie ofte heu ofte vracht of veerscip.

12 Nauis prædatoria, pyratica, vulgo Belgice, een zeeroouiers scip.

13 Nauis speculatoria, catascopium, exploratoria nauis, vulgo Belgice, een lootsman boot of een bespiers scip.

14 Paro, est parua pyratica nauis, vulgo Belgice, een iacht ofte barcken.

15 Myoparo, pyratica oblonga nauis, vulgo Belgice, een brigantin.

16 Nauis rostrata, vulgo Belgice, een crisscip met voorsnuten of becken die vutsteken.

17 Nauis longa, triremis, vulgo Belgice, een galeye.

18 Nauis actuaria, nauigium actuarium simul remis & velis aptum, vulgo Belgice, een riemscip ofte barseie.

19 Biremis vel dicroton apud Hirtium, Italicè, *fusta*. Habens ordines duorum remorum, vulgo Belgice. een kleyne galeye.

Arma & instrumenta classiariorum naualia vel maritima: hæc sunt

20 Lyburnica, similis triremi nauis celerrima, vulgo Belgice, een scerpe jacht.

21 Phaselus vel phasellus, nauigium velox oblongum, vulgo Belgice een scutken/ofte baryken.

22 Celox, genus nauigii breue & velox, dicitur & *oxia*, vulgo Belgice, barghentine.

23 Dromas, dromon, vulgo Belgice een karneel/ofte boyer.

24 Gauli, naues aquaticæ, vulgo, Belgice cleen boyer.

25 Acatium, vulgo Belgice, boot.

26 Lembus, lemunculus, nauis piscatoria parua, vulgo Belgice, een vischers scute.

27 Cymba, nauis piscatoria conuexa, vel conuexioribus lateribus, vulgo Belgice, een buisse/ofte een pinck.

28 Scapha, nauicula onerariis subseruiens, vulgo Belgice, een lichter of lichterboot.

29 Linter, alueus, vulgo Belgice, een jolleken. fit ex cauatis arboribus.

30 Hippago, nauis qua equi, boues, & similia vehuntur, vulgo Belgicé, een euer/ofte peerde scute.

31 Corbita, nauis oneraria grandis, vulgo Belgice, een meerscip.

32 Ponto, nauigium crassum quo amnes loco pontium traiiciuntur. Belgice vulgo, een veerscute.

147 Arma & instrumenta classiariorum naualia vel maritima: hæc sunt

33 Pristis vel pistrix, nauigium oblongum & angustum, vulgo Belgice, een beytel.
34 Ratis, vulgo Belgice, een vlote ofte sater. hinc *naues rataria*.
35 Schedia, nauis è tabulis rati similis, vulgo Belgice, een rynscip ofte breescip van plancken.
36 Ratiscirpea, vulgo Belgice een dobber.
37 Classis, Belgice vulgo, een vlote von crijsscepen.
38 Classis procincta, vulgo Belgice, ghewapende scepen.
39 Caudicæ, cistellæ factę ad similitudinem caudæ equi ex iuncis: caudicariæ naues ex caudice factæ.
40 Cercuri, naues Asiaticæ prægrandes.
41 Prosumiæ vel gesseoratæ.
42 Mareplacidæ.
43 Nucturciæ.
44 Cattæ.
45 Mediæ.
46 Capulica vel caupulica.
47 Cidarum.

148 *His subiungi possunt partes nauium: vt sunt*

1 Carina, Belgice scipsboom.
2 Aluus nauis, Belgice het hol van tscip.
3 Saburra, Belgice, ballast.
4 Cinctus vel subligaculum, Belgice, die reben van scip.
5 Stamina, costæ, statumina, Belgice het binnen hout.
6 Pergula agea, Belgice, de ganck int scip daer iñen men gaet wādelen.
7 Tabulata Belgice, de buenen of deylen.
8 Prora, Belgice, het voor steuen.
9 Puppis, Belgice, het achter Casteel.
10 Acroteria, plutei nauales, Belgice het opbonsel.
11 Tutela, signum nauis in prora, vulgo Belgice, het scips tocname.
12 Oculus nauis, parsima, locus cui nomen nauis inscribitur, vulgo Belgice, het velt van tscip.
13 Fori, Belgice vulgo de ouerloop.
14 Pons, vulgo Belgice, scipbrugghe.
15 Rostra, vulgo Belgice de snuyte.
16 Modius, vulgo Belgice, de mast coker.
17 Transtra, sedilia remigum, vulgo Belgice, royers bancken.
18 Columbaria, vulgo Belgice, riem gaten.
19 Scalmus, lignum teres cui remi alligantur; Victruuio *stropha* dicitur. Isidoro *struppus*.
20 Interscalmium, locus inter scalmos.
21 Promptuarium, Belgicè. de combuys.
22 Sentina, Belgice vulgo, de durck.
23 Antlia, Belgice vulgo, de pompe.

24 Nau-

24 Nautea, Belgice de vullenesse van tscip.
25 Corbis, Galea, Belgice vulgo, de meerse.
26 Malus vel arbor nauis, Belgice, de mast,
27 Mala lignea, orbiculi volubiles, vulgo Belgice, rackeloo-ten/ofte pater nosters.
28 Calix mali, imum mali, Belgice vulgo, de voet van de mast.
29 Carchesium, summa pars mali. Belgicè vulgo, de ton.
30 Antenna, lignum transuersum in malo, vulgo Belgice, de spriet van tscip.
31 Cornua, ceruchi, extremitates antennæ. Belgice vulgo, de horne van tspriet.
32 Commissuræ nauium, vulgo Belgice, de voeghen van tscip.

149 Instrumenta nauium.

1 Armamenta nauis, vulgo Belgice, de rustynghe deß scips.
2 Remi, vulgo Belgice, de riemen/ofte royen.
3 Remi manubrium, vulgo Belgice, de handtane van de riemen.
4 Palmula vel tonsa, vulgo Belgice, het blat van de riemen.
5 Haustrum, vulgo Belgice, een ghieter.
6 Contus, hasta nautica. vulgo Belgice, een floet/of een boom.
7 Trudes, pertica robusta, vulgo Belgice, een scipboom.
8 Harpago, pertica ferro adunco præpilata, quâ nauis tenetur, Belgice, vulgo, een scip haeck.
9 Manus, ferrea harpago, vulgo Belgice, een dregghe.
10 Clauus, gubernaculum, vulgo Belgice, het roer / ofte het steur.
11 Ansa gubernaculi, summa pars claui, vulgo Belgice, den helmstock.
12 Bolis, linea, vulgo Belgice, het grond loot.
13 Spira, inuolutus funium circulus, vulgo Belgice, een lage tauwen of cabelen.
14 Funis, restis, vulgo Belgice, tauuen/riep/ofte zeel.
15 Funiculus, vulgo, een coordeken of tauken.
16 Torus, funis è loris contortus, qui toro, id est, lecto, subtenditur, vulgo Belgice roop.
17 Rudentes, vulgo Belgice, takelen.
18 Chamulci, machinæ tractoriæ, quibus in littus trahuntur naues, vulgo Belgice, wynden.
19 Funis anchorarius, prymnesium, anchorale, retinaculum nauis, vulgo het ancker tau.
20 Tonsilla, palus est ad quem stat nauis alligata. vulgo Belgice, een stake daer het scip an ghebonden wort.
21 Anchora, vncus, vulgo Belgice, den ancker.
22 Anchoræ dens, vel cornu, vel vncus, vel hamus, vulgo Belgice, de haut.
23 Anchora sacra, vulgo Belgice, het plecht ancker.

24 Phalanges vel phalangæ, vel puluini, quibus nauis in littus vel portum subducitur, vulgo Belgice roolstocken.

25 Aplustre, amplustre, amplustrum, ornamentum nauis, quod summo malo imponitur, vulgo Belgice, het vaenken ofte vendel ofte fluer.

26 Velum, linteum, carbason, carbasius sinus, supparum, vulgo Belgice, een seil.

27 Acatium, artemon, nauis maius velum, vulgo Belgice, het groot raeyseiller.

28 Epidromus, epidromon, velum ad puppim. vulgo Belgice de besaue.

29 Dolon, minimum velum ad prorã, vulgo Belgice, de fockee.

30 Thoracium, velum in mali fastigio, vulgo Belgice, het topseil/ofte merseil.

31 Syparium, vel siparium, velum quo cursus nauis iuuatur, vulgo Belgice, de lolle ofte de breefocke.

32 Orthiax, appendix infimę partis veli, vulgo Belgice, de bouet.

32 Pes funis, quo velum transfertur, vulgo Belgice, de garde.

34 Remulcus, funis, quo religata maior nauis minorem sequitur remis actam; vulgo Belgice de voor cabel.

35 Transenna, funis extentus in naui per plicas, vulgo Belgice, het bouuenet.

36 Pyxis vel pyxidicula nautica, instrumentum directoriũ, quo poli situ itinera maris explorãtur, vulgo Belgice, een scippers cõpas.

350 Instrumenta propugnatorum in nauib. quę etiam in pedestri militia locum habẽt: vt

- Pyxides
  - Communes, vsuales, domesticæ ex diuersa materia, vulgo Belgice, bussen.
  - Bellicè, de quibus vide paginam sequentem.
- Clysteres
  - Impulsorii, vulgo, stempels speuten.
  - Sufflatorii, vulgo montspeuten of wyn speuten. & sunt magni, parui, longi, breues.
- Missoria quę bombardis eiiciuntur;
  - Glandes, globi, globuli, sphęræ, spęrulæ, vulgo, clooten, vt sunt ferreæ, plumbeæ, saxeæ, luteæ, & similes.
  - Grandines, vulgo haghelscot / & sunt plumbeæ, ferreæ, ac mixti generis ex catenis, &c.
- Materię bõbardicæ, de quibus vide infra signo†
  - Saxa, vel lapides, stuppe.
  - Tela ignaria, quæ ignem faciunt & immittunt.
- Impulsoriæ & ex ligno fiunt: vt
  - Sclopeta, vulgo houte bussen.
  - Sclopi, vel stlopi, vulgo Belgice, groote stempelbussen, ofte pompe bussen.
  - Catapultæ, vulgo groote driefbussen / ende boghen.

Conser-

Bellicę pyxides

- Conseruatoriæ ligneæ, vt sunt ligulæ, vel modioli Bombardici vulgo flaken van bußcruit/ & sunt magnæ, paruæ,
- Ignariæ vel flamigenæ; vt sunt bō bardę vel *bo-arda* à sono ardendoque dictæ: & hæ
  - Ferreæ, vulgares, & portatiles, quæ hodie in communi vsu sunt, nonnullis *tormenta bellica*, vel *Bombarda* vocantur; nonnullis *sclopi* vel *sclopeti*, de quibus mox versa pagina.
  - Metallicæ, quæ sunt grandiores Bombardæ, & plaustris vel nauibus, vel certis locis firmantur, vt inde explodantur. de his vide signum ***

Ferreæ bombardę vel tormenta ferrea ignaria:

1 Clauales bombardæ, vulgo Belgice sluetel bussen.
2 Fistulares bombardæ, vulgo cleyn yser bussen / of cleyn pistoletten.
3 Communes bombardæ, vulgo Belgice rooren/
4 Scintillariæ bombardæ, vulgo Belgice, finckroeren of vier roeden of pistoletten.
5 Semiūcosæ vel semiamosæ bombardæ, vulgo Belgice halue haken, ofte halue hakebusse.
6 Vncosæ bombardæ, vel Hamosæ bombardæ, vulgo Belgice haken ofte hakebussen; Gallice *harckebuses*.
7 Passerinæ bombardæ paruæ, vulgo Belgice, cleine moschetten.
8 Passerinæ bombardæ magnæ, vulgo muschetten die groot zyn met stocken of gaffels.
9 Mobiles communes bombardæ fusæ, vulgo Belgice, gotelynghen.
10 Partiles bombardæ, vulgo Belgice, bassen/ ofte barsen met cameren/& sunt magnæ, paruæ, mediæ.

***** Metallicæ bombardæ: vt sunt**

1 Accipitrinæ, vel falconettæ bombardæ, vulgo Belgicè, fauconetten of velt gheschot.
2 Hieraciæ bombardæ, vel falcones, vulgo *faucaunes*
3 Viperinæ bombardæ, vulgo serpentinen.
4 Serpentinæ paruæ, vulgo Belgicè, cleine Slanghen.
5 Serpentinæ maiores, Belgicè, halfue Slanghen.
6 Serpentinæ maximæ, colubrinæ, vulgo, groote Slanghen.
7 Murariæ communes, murifragę bombardæ, Belgicè, cortauwen/muerbreeckers. Hæ aliis etiam *cartunæ* dicuntur. Gallicè, *canons*.
8 Murariæ grandes, vulgo Belgice, dobbel cortauwen/ quasi duplices cartunæ, Gallicè, *double canons*.
9 Præteruolantes, vel transuolantes, Belgicè, ouervlieghers.
10 Tumultuariæ bombardæ, quæ etiam *mortaria* dicuntur, Belgicè tumulaers / & sunt bombardæ crassæ, amplissimæ, breues, quibus ignis vel saxa murifraga in oppida vel similia in naues & hostem eiiciuntur.

Materiæ bombardicæ, ignis, vel puluis bombardicus, vel puluis nitrarius, vel puluis sulphurarius dicitur, qui fit ex certa mixtura sulphuris, salispetræ, (quam aliqui *nitrum*, aliqui *aphronitrum* vocant) & carbonum vel salicis, vel tiliæ, vel nucis auellani, hic puluis vulgo Belgicè, **buspoer of busCruit** vocatur.

Horum tormentorum bellicorum vsus est,

1 Oppida subruere, vel machinis mœnia oppidorum euertere, muros tormentis concutere, bombardis iacere dira fulmina, dira tonitrua moliri, bombardarum fulminatione oppidi mœnia longo tractu prosternere, machinis bellicis muros contundere, perfodere, vt olim mœnia ariete quatere, vel crebris arietibus muros impetere & deiicere; Hæc vulgo dicimus **de Stadt beschieten/ ofte de Stadt mueren omme schieten.**

2 Globos in opposita hostilia emittere, quod aliqui etiã exonerare vel laxare, vel eiaculari dicunt, vt olim displodere, vulgo **af schieten** / sic dicimus eiaculari acerrimè continuos dies & noctes.

3 Flammam euomere in ædes, turres, naues, muros, oppida, &c. vulgo **vier schieten.**

131 Militum pedestrium stipẽdia: & primo officiariorum:

	Officium	Vnusquisq; pro se singulis mensibus habet
1	Tyranni regis	FLORENOS vel Libras.
2	Interregis.	secundum locum & emolumenta appertinentia.
3	Proregis, Gallice, *Viceroy*.	
4	Consulis.	
5	Proconsulis. *Lieutenant*, Gallicè.	
6	Legati vel capitanei generalis.	2000. libras, aut 3000. lib.
7	Vicarii legati; vulgo *locũ tenentis sũmi ducis*. Hoc tempore non est.	
8	Tribuni militũ maioris.	400. lib.
9	Tribuni militũ minoris.	100. lib.
10	Centurionis vel capitanei.	70. lib.
11	Decurionis cohortis.	15. lib.
12	Decurionis manipularis.	15. lib.
13	Decurionis cubicularii.	15. lib.
14	Præfecti prætorii augustalis.	40. lib.
15	Præfecti vigilum.	40. lib.
16	Præfecti prætorii belli.	40. lib.
17	Præfecti arcis, seu castellani, vulgo, *le Chasteleri, ou le Capitaine du Chasteau*.	
18	Præfecti artium satrapæ.	
19	Præfecti limitum.	

20 Præ-

	Item		FLORENOS vel libras.
	20 Prǽfecti comitatus vel palatini.		
	21 Præfecti castrorum.		
	22 Præfecti capitalium.		37. l. & dimid.
	23 Præfecti mansionum.		60. lib.
	24 Mensoris.		37. li. & dimid.
	25 Metatoris.		37. li. & dimid.
	26 Designatoris, vel forerii.		15. lib.
	27 Præfecti annonæ.		37. l. cũ dimid.
	28 Receptoris nummorum annonæ.		pro quantitate & onere victualium, plus minusve.
	29 Præfecti rationum annonæ. vulgo, *qui met le prys aux viuers au camp.*		
	30 Præfecti itinerum : vulgo, *Guides.*		90. lib.
	31 Præfecti exploratorum. vulgo *Capitaine des espies.*		90. lib.
	32 Tribuni armamentarii. vulgo, *Guides des munitiõs de guerre quã il en vile, 30. an cãp 54. l.*		
Militũ pedestrium stipẽdia; & primo officiariorum:	33 Præpositi tormentorum.	Vnusquisque pro se singulis mensibus habet,	22. libr & dimidiam.
	34 Lustratoris rei tormentariæ. vulgo *general de l'artillerie, cõmuniter mille libras : aliquando plus, secundum amicos.*		
	Vicarii præfecti tormentorum, Gallice *son lieutenant.*		300. lib.
	35 Architecti.		301. libr. & 10. stuferos.
	36 Vicarii præfecti tormentorum, vulgo *son lieutenant.*		300. lib.
	37 Præfecti fabrorum.		60. lib.
	38 Nobilis tormentarii.		40. lib. tẽpore belli, tempore pacis, habet 18.
	39 Receptoris tormentorum	90 lib.	
	40 Præfecti fossorum.	100. libras & currum cum 4. equis.	
	41 Centurionis fossorum. vulgo *cẽtenier des pioniers.* 50. lib.		
	42 Vice centurionis fossorum, vulgo, *le lieutenant des pionniers.*		25 lib.
	43 Inquisitoris fossorum. vulgo, *auditeur des pionniers.* non est hodie.		
	44 Præfecti fodinarum. non est hodie.		

			FLORENOS vel Libras.
Militum pedestrium stipendia ; & primo officiariorum :	45 Præfecti vehiculorum, vulgo *le general du charron.*	Vnusquisq; pro se singulis mensibus habet	90. lib.
	46 Conquisitoris militum.		90. lib.
	47 Conquisitoris militum particularis.		90. lib.
	48 Signiferi seu Vexilliferi, vulgo *porteur d'enseigne.*		40. lib.
	49 Choragi.		15. lib.
	50 Vragi.		15. lib.
	51 Fecialis.		15. lib.
	52 Caduceatoris.		15. lib.
	53 Circuitores.		15. lib.
	54 Purpurati megisthanis.		15. lib.
	55 Dynastæ.		15. lib.
	56 Heri.		15. lib.
	57 Domini.		15. lib.
	58 Nobilis.		15. lib.
	59 Castrensiarii.		15. lib.
	60 Consiliarii.		15. lib.
	61 Auditoris campi.		90. libras cum curru trium equorum.
	62 Antigraphei vulgo *controlleur.*		30 lib.
	63 Notarii vel actuarii, vulgo *notaire ou griffier.*		30. lib.
	64 Thesaurarii *generalis belli, centesimum denarium.*		
	65 Accensi, vulgo *soldart qui succede en la place du mort.*		
	66 Secretarii, hodie non est.		
	67 Calculatorii, vulgo *receptueur,* hodie non est.		
	1 Capitanei.		70. lib.
	Vicarii capitanei.		42. lib.
	2 Tyronis.		7. lib.
	3 Veterani, vulgo *Viel soldart.*		10. lib.
	4 Tympanistæ.		8. lib.
	5 Tubicinis.		8. lib.
	6 Tibicinis.		8. lib.

152 Mili-

152 Militum pedestrium famulantium stipendia:

		FLOREN. vel Libras.
6 Cornicinis, vulgo *corneur ou trompette.*		10 lib.
7 Gregarii, vulgo *commun soldart.*		7. lib.
8 Volonis,	vulgo *vieux soldart d'estule selon quilz meretent.*	
9 Velitis		
10 Triarii		
11 Hastati.		15. lib.
12 Bipenniferi vel hallebardarii.		8. lib. aut 7. lib. 10. *ſs.*
13 Lãcearii, vulgo *piequieur.*		10. lib.
Nobilium militum.		16. aut 12. aut 10. lib.
14 Scutigeri, vulgo *porteur du rondelle ou bouclier.*		20. lib.
15 Funditores: pro his nunc bombardarii.		7. lib.
16 Balistarii: pro his nunc muscattarii.		10.
17 Sagittarii, nunc archiarii:		15. lib.
	Vnusquisq; habet pro se singulis mensibus	
18 Catapultarii, pro his bombardarii magni, vulgo *Canonnier ou musquetier.*		15. lib.
19 Ferẽtarii olim pro his sclopetarii, vulgo *pistoliers.*		7. 8. 9. & 10. lib.
20 Rorarii, pro quibus nunc chirobombardarii, vulgo *Arcabusiers.*		7. 8. 9. aut 10. lib.
21 Cunicularii: vulgo *Ponnier.*		7. lib.
22 Fossoris		
23 Exploratoris, vulgo, *espie.*		pro arbitr[illegible] & ad discretionem.
24 Excubitoris, vulgo *le Chief duguet.*		180. lib. & currum.

Vnusquisq; habet pro se singulis mensibus

No.		FLORENOS vel Libras.
25	Emansoris.	
26	Præsidiarii, vulgo *soldart dugarison.*	5. lib.
27	Assecle, vulgo *page.*	12. lib.
28	Apparitoris, vulgo *sergeãt.*	20. lib.
29	Tabularii, vulgo *notaire.*	10. lib.
30	Fabricensis.	10. lib.
31	Fabri materiarii, non sunt in vsu.	
32	Fabri ferrarii, vulgo *marischal.*	22. lib. & 10. stuf.
33	Lignatorũ, *qui vont coupper du boys ou de arbres.* — secundum conuentionem soluuntur.	
34	Calonum & lixarum, vulgo, *cuisinieres du cãp, ou garsons, ou femmes, qui lauent le linge au camp.* secundum conuentionem soluuntur.	

153 Militũ equestrium stipendia: vt primo

Imperantium: vt — Obedientium, famulantium: vt vide pag. sequentẽ.

Vnusquisque horum habet in mensibus

No.		
1	Dictatoris vel Imperatoris. *Capitein general de tout le camp.*	M. lib. aut 150. lib.
2	Magistri equitũ, vel principis militiæ equestris, *le grand marischal du camp.*	500. 18. libr.
3	Legati equestris, vel locũ tenentis equitum.	M. aut 1120. lib.
4	Tribuni celerum, vulgo *capitaine des cheuaulx legiers.*	100. lib.
5	locum tenentis.	50. lib.
6	Locum sub illo tenentis.	25. lib.
7	Præfecti turmarum.	60. 90. & 100. &
8	Conquisitoris vel cõmissarii, delectus equitum.	20. lib.
9	Signiferi equestris, vulgo *le staudart.*	40. lib.
10	Designatoris hospitiorum equitum, vulgo *fourier des gens de cheuaulx.*	20. lib.
		20. lib.
11	Præfecti capitaliũ vel criminalium equitum.	2. vel 3. lib. per *iour.*
12	Cõmentariẽsis equitum.	9. lib.

13 No-

	No.			Florenos vel Libras.
	13	Notarii equitum, vulgo *de la Cauallerie*.	10. vel 15. lib.	
	14	Consiliarii equitum.	4. aut 6. lib. singulis dieb. singulis verò mensibus 100. & 20. aut 100. 80. libr.	
	15	Tribuni ærarii equitũ, vulgo, *tresorier de la cauallerie*.	20. lib. & 10. stuf.	
Obedientium, vel famulantium: vt	1	Equitis celeris, pro his nunc Carabini.	Vnusquisq; habet pro se singulis mensibus	15. lib.
	2	Desultoris, duos equo vel tres ducentis, vulgo *hõme d'armes a deux ou trois cheuaulx*.		45. lib.
	3	Equitis leuis armaturæ, vel lãcearii, *hõme d'arme ou lãcier*.		15. lib.
	4	Cataphracti equitis, vulgo, *home d'arme bardez*.		45. lib.
	5	Turmarii equitis, vulgo *hõmes d'armes a cheual*.		15. lib.
	6	Bombardarii cum lõgis bõbardis, *Acabusiers a cheual*		13. vel 15. lib.
	7	Chirobõbardarii cum paruis bombardis, vulgo, *pistoliers a cheual*.		13. vel 15. lib.
	8	Cursorii vel veredarii, vulgo *auant coureurs*.		pro ratione dispositionis vel expeditionis.
	9	Exploratoris equitis, vulgo *espie a cheual*.		
	10	Æneatoris, vulgo *trompeteur a cheual*.		15. lib.
135 Militum classiariorum vel naualium in mari pugnantiũ stipendia, vltra omnis expensas: vt	1	Archithalassi admiraldi, vulgo *admiral*.		600. lib.
	2	Præfecti nauis, vel capitanei nauis.		30. lib.
	3	Præfecti militum nauis, vel conestabilis.		9. libr.
	4	Socii præfecti militũ classis.		8. lib.
	5	Legati classis vel locum tenentis admiraldi.		20. lib.
	6	Secretarii admiralli:		20. lib.
	7	Sacellani admiralli.		20. lib.
	8	Voluntarii præpositi.		20. lib.
	9	Nobilis capitanei.		10. lib.
	10	Secretarii vel scribæ centurionis vel capitanei.		8. lib.
	11	Rumigestarii capitanei, vel hallebardarii.		6. lib.
	12	Assecle Capitanei.		30. stupheros.

Militum classiariorum vel naualium in mari pugnantiū stipendia, vltra oris expensas: vt

Vnusquisq; habet pro se singulis mensibus

No.		FLOREN. vel Libr.
13	Commentariensis, Carcerarii.	5. lib.
14	Naucleri, patroni nauis.	24. lib.
15	Naucleri minoris.	9. lib.
16	Gubernatoris.	20. lib.
17	Celeustis.	20. lib.
18	Pausarii.	—
19	Magistri laterum.	8. lib.
20	Classiarii militis.	4. lib.
21	Symphoniaci, vel tubicinis.	8. lib.
22	Tympanistæ.	6. libr.
23	Tibicinis vel fistularii.	6 lib.
24	Bombardarii maioris.	7. lib.
25	Bombardarii minoris.	6. lib.
26	Tonsoris pilicupi.	6. lib.
27	Chirurgi.	12 lib.
	Apotecarii.	30. lib.
	Medici	60. lib.
28	Cellarii aut promptuarii.	8. lib.
29	Socii cellarii.	6. lib.
30	Famuli à mensa.	30. stupheros
31	Plombarii.	12. lib.
32	Maliscanduli.	2. lib.
33	Nauiculatoris communis.	4. lib.
34	Mesonautæ.	
35	Coqui & focarii.	8. lib.
	Socii coqui.	6. lib.
36	Proretę, vulgo *gouuerneur d'vne nauire.*	4. lib.
37	Remigis.	
38	Portitoris, vulgo *Capitaine du port de mer.*	
39	Helciarii, vulgo *gaigne deniers qui tirent fardeaux hors du nauiere auecq des cordes.*	
40	Liminarchę, vulgo *Gouuerneur ou capitaine du port.*	
41	Naupegi vel fabri nauis.	9. lib.
42	Vrinatoris, vulgo, *qui vagent souz les eaues.*	
43	Piscatoris, hamiotę, conchytę vulgo *Pescheurs auec le hamisson ou pescheurs du moules.*	
44	Ministri fabri.	6. lib.
45	Velifici.	8. lib.
46	Exantlatoris.	2. lib.

Reges

Reges & principes, qui bellum consilio gesserunt, vt & Nationes, Gentes ac populos ratione & consilio vtentes in bellis, legimus sibi semper milites conciliasse & obligasse sacramento militari, mercede & premiis. Mercedem autem rursus multiplicem fuisse cognoscimus, sed ad tria tamen potissima referimus, vt stipem, vel æs militare: Donatiuum, Honorarium. Stips, vel obligatoria firmans tessera ære, vel ferro, vel corio pecorum, deinde argento & auro confecta fuit. Hæc appendebatur certo pondere militibus, vnde à *pendendo* vel *pensione* dictum est stipendium, quasi *stipis appendium*; quia primum & maxime *ære* signabatur Regis vel Reipubl. tessera vel nota, ideo æs militare etiam fuit denominatum. Sed corio etiam olim signari solet, & pecunia vel peculium Castrense tum vocabatur, qua ratione hodie etiam nostri principes & reges subinde ipsam stipem persoluunt militibus in pannis diuersi generis, qui ex lanis pecorum fiunt, vel in sericis, aut holosericis, aut damascenis telis, vel in linteis aut lineis contextis, vel similibus. Erat autē apud Romanos militi ordinario in singulos dies denarius vnus pensionis nomine à repub. constitutus, vt Plinius testatur. Aliæ gentes & Principes etiam varii diuersas cōsuetudines habent in hac re, quod legibus nusquam determinata est certa & statuta stipendii quantitas, vt nec qualitas: nos hodie apud Belgas consuetudinem retinemus, vt militibus soluamus stipendium, idq; singulis mensibus vel pro mensiū tempore, in florenis, nummis vel libris, vel precio eorum nummorum: sic itaq; computamus florenum, nummum vel aureum, vt & libram simpliciter dictam numero viginti Brabanticorum aut Flandrorum stupherorum communium. Pedites & equites præter ordinarium stipendium per mensem etiam in præsidiis sæpæ gratuitam alimentationem habent, sæpe partem, sæpe solo sti-

156 pendio viuere & contenti esse coguntur: sed qui in nauibus militant, vt & qui obsessi sunt, gratuitam habent alimentationem, quæ sæpe æquat vel superat ipsius stipendii sortem vel valorem. Ego in stipendiorum deductione & persolutione obseruo limitationem, ac decisionem à patribus ordinum Belgii factam, anno Domini, Millesimo quingētesimo septuagesimo septimo. Olim cum ratio annonæ benignior constaret, minus persoluebatur, sicut fieri potest, si melior annona redierit, etiam hodie: tametsi à semel recepto augmento difficilis sit regressus. Præterea non omnibus nominibus officiariorum stipendia subiunxi, quod ea incerta sunt, & pendent ex arbitrio, dispensatione, vel fauore Imperatoris, aut legatorum eius, aut Principum belli curam gerentium. Nam vel certa stipe per mensem obligātur, vel certam summam pecuniæ aut sortes pro omni officio, ac ministerio recipiunt, vel certa habent nomina, vulgo *bagas* vocant. Deinde etiam sæpe officiarii illi omittuntur, quod pro ratione belli non sunt necessarii. Si quando contingat illos officiarios ordinari, ac stipendiis inauctorari, quiuis poterit loco vacuo è regione nominis annotare pro tempore constitutum stipendium, sicut feci, vbi certitudo huius mihi constitit.

157 Sententiæ aliquot, tam ex catholicis quā ethnicis doctoribus excerptæ, ac memoriæ scrinio commendandæ, & omni ex parte bene ac diligenter masticandæ, atque examinandæ per armigeros, milites, & stipendiarios nostri temporis, inter quas nonnullæ ipsis mirum in modum seruient ad eas insequendas, & aliæ ad eas euitandas: si voluissem plures alias subiectæ materiæ congruentes sententias hoc loco in medium adferre, tempus vix sufficiens fuisset, ideo eæ hac vice sufficient, potissimum prolixitatis euitandæ gratia.

D. Hieronymi:

1 Vexilla militum, crucis insignia sunt.

Lucæ 3.

2 Milites estote contenti stipendiis vestris, & neminem concutiatis, neque calumniam faciatis.

D. Hieronymi.

3 Nemo miles cum vxore sua pergit ad prælium.

D. M. Renault iuris licentiati, in suo insigni tractatu, dicto Speculum iudicum, num. 26. folio verso, colum. 2. ad finem.

4 Milites expeditionis tempore, vti debent sobrietate.

L. Scimus, in princip. ibi, arma etenim. C. de iure deliberandi.

5 Arma magis, quam iura, milites scire debent.

Cicero Offic. lib. 1.

6 Parum sunt foris arma, nisi consilium sit domi.

7 Bono consilio nullum est munus preciosius.

8 Malo consilio nulla pestis pernitiosior.

Vegetii de re militari.

9 Plus valet in armis paucitas docta, quã multitudo indocta.

D. Hieronymi.

10 Milites quibus cum benefeceris, peiores fiunt.

Plauti in Penulo.

11 Male partum, malè disperit.

Ouidii Amor. lib. 1. Elegia 10.

12 Nõ habet euẽtus sordida præda bonos.

Seneca.

13 Nulli cui rapina feliciter cessit, gaudii rapti durauit in posterum.

S. Ambrosii.

14 Rapinam emere non licet, nisi intentione, vt cui est ablata, restituatur.

D. Hieronymi.

15 Nemo qui rapit, moriens, si habet vnde reddat, saluabitur. Si eos quorum fuerit inuenire non poterit, ecclesiæ vel pauperibus tribuat.

16 Si quis inuenta non reddit, peccatum est simile rapinæ.

D. Rabani in illud Matthæi, Esuriui & non dedisti mihi manducare, &c.

17 Quid recipiet? qui aliena tulit.
Si semper ardebit qui sua non dedit.

Verbum maximè durũ, pro nostri temporis armigeris, militibus ac stipendiariis. Intellectori verbum vnum sufficit acri.

18 D. Ignatius, sui temporis milites tam sensit crudeles, vt eos bestiis compararit. in epistola ad Smyrnenses inquiens; *Frumentum Christi sum, bestiarum dentib. molar.*

19 Disciplina militaris legi maximè congruit, sed vbi fuit ab hinc decennio? certe sepulta aut ad minus inusitata; viderint illi qui causa fuere.

De militibus exercitatis dicitur:

20 Artem non exerceat, qui illam ignorat.
Et qui miles non est, nec militet.

Et propterea Capitanei inscribentes indifferenter omnes occurrentes, tam inexercitatos, quam exercitatos, nequaquam funguntur suo officio; cum protestatione sit dictum & scriptum hoc; nec ignoro illud Terentii, Veritas odium parit: tamen euangelica charitas me cogit insignes errores, & vitia detegere.

Cassiodorus lib. 1 epist. 39.

21 Discat miles ocio, quid proficere possit in bello.

Ibidem.

22 Ars bellandi si non præluditur, cũ fuerit necessaria, non habetur.

Ibidem.

23 Animos subito ad arma non erigunt, nisi qui se ad ipsa idoneos, præmissa exercitatione, disponunt.

Cassiodorus lib. 5. epist. 3.

24 Iustitiam minus diligunt, qui frequẽter prælia tractauerunt.

Vegetius de re militari lib. 1. cap. 2.

25 Sciẽtia rei bellicæ, dimicandi nutrit audaciam.

Ibidem

Ibidem, cap. 5.

26 Non parum prodest in dimicationibus vti consiliis.

Ibidem cap. 6.

27 Vtilius est enim fortes milites esse, quã grandes.

F. Petrarcha.

28 Plus valet ad ictum hostis esse sapiens, quam fortis.

Terent. in Eunuch.

29 Omnia prius experiri consilio, quam armis sapientem decet.

30 Nemo suum hostem floccipendat.

31 Hostem simulantem vires deficere, summopere fugiendum esse.

Vegetius de re militari. cap 26.

32 Nihil magis prodesse constat in pugna, quam vt assiduo exercitio milites in acie dispositos ordines seruent.

Idem de re militari lib. 2. cap. 22.

33 In pugna solet vsus amplius prodesse quam vires.

Ibidem.

34 Magna dispositio est hostem famę magis vrgere, quam ferro.

Idem lib. 3. cap. 5.

35 Diuitiarum non est secura possessio, nisi armorum defensione seruatur.

Idem lib. 3. cap. 10.

36 Inter hostes discordiarum procurare causas, sapientis est ducis.

Ibidem cap. 14.

37 Ordinaturus aciem tria debet ante prospicere; solem, puluerem, ventum. Nam sol ante faciem eripit visum; Ventus contrarius tua flectit ac deprimit, hostium adiuuat tela; Puluis fronte congestus oculos implet & claudit. Hæc momento eo quo acies ordinantur etiam imperiti vitare solent.

Seneca in Hercule furente Trag. 1.

38 Omnis in ferro est salus.

Ibidem.

39 Quęritur belli exitus, non causa.

Idem in Tantalo. Trag. 2.

40 Peior est bello, timor ipse belli.

Idem Trag. 6.

41 Felix quisquis bello moriens, omnia secum consumpta videt.

Ibidem.

42 Quodcunque libet facere, victori licet.

Ibidem.

43 Victor feroces impetus primus habet.

Ibidem.

44 Profuit multis capi.

Aristoteles Ethicorum 10.

45 Bellamus vt pacem ducamus.

Dioge. Laert. de vita & moribus Philosophorum.

46 Eas optimas victorias, quę sine sanguine fiunt dicebat Pittacus.

Cicero lib. Officiorum.

47 Bellum autem ita suscipiatur, vt nihil aliud quam pax quæsita videatur.

Cicero Rhet. veterum lib. 1.

48 Nihil est crudelius quam vrbes diruere.

Idem in Philippicis.

49 Concedo incertos exitus esse belli, Martemque communem.

Cicero in oratione pro lege Manilia de laudibus magni Pompeii.

50 Ego enim existimo in summo Imperatore quatuor has res esse oportere, scilicet sciẽtiam rei militaris, virtutem, authoritatem, & felicitatem.

Cæsar lib. 6. de bello Gallico.

51 Imperatori res aduersæ minuunt authoritatem.

Salustius in Catilinario.

52 In prælio qui maxime timent, maximum periculum est.

Ibidem.

55 Imperii & diuitiarum causa bella fiunt.

Ibidem.

54 Audacia pro muro habetur, necessitudo etiam timidos fortes facit.

Ibidem.

55 Diu magnum inter mortales certamen fuit, vi ne corporis, an virtute animi res magis militaris procederet.

Salustius in Iugurtha.

56 In prœlio quanto sibi quisque minus parcit, tanto magis tutus.

Ibidem.

57 Omne bellum sumitur facile, cæterum ęgerrime desinit; non potestate initium eius, & finis est.

Macrobius lib. 1. Saturnal.

58 Vinculo quodam patientiæ obligandi sunt impetus belli.

Idem Saturnalium lib. 2.

59 Nihil magis magno duci conuenit, quā pro omnibus cogitare.

Liuius lib 4. ab vrbe condita.

60 Bellorum necessitates non expectant humana consilia.

Idem.

61 Bella, perseuerantia, non impetu sunt gerenda.

Liuius lib. 5. Decad. 3.

62 In bello nihil tam leue est quod non magnæ interdum rei momentum faciat.

Idem lib. 6. deca. 3.

63 Vetus atque vsitata res est, in oppugnanda hostium vrbe, labores ac pericula pati.

Idem lib. 4. deca. 4.

64 Bellum seipsum alit.

Ibidem.

65 Sæpe vana pro veris maxime in bellis valent.

Idem lib. 10. deca. 3.

66 Mars belli cōmunis. Et nusquam minus, quam in bello euentus respondet.

Cornelius Tacitus lib. 1.

67 Vbi bellum ingruit, innocentes & noxii iuxta cadunt.

Idem lib. 12.

68 Plura in summa fortuna auspiciis & consiliis, quam telis & manibus geruntur.

Polybius lib. 3.

69 Errat si quis putat aliquod magis proprium optimi ducis officium esse, quam consilia, & naturam hostis intelligere.

Quintus Curtius de gestis Alexandri lib. 8.

70 Rationem belli necessitas mutat.

Idem lib. 10.

71 Illud scire debetis, militarem sine duce turbam, corpus esse sine spiritu.

Iulius Celsus de gestis Cæsaris lib. 6.

72 Expectare vero dum hostium copiæ augeantur, summa dementia est.

Idem de gestis Cæsaris lib. 6.

73 Multum tum in cæteris rebus, tum in re militari potest fortuna.

Idem lib. 7.

74 Errant qui in bello omnes secūdos rerum euentus expectant.

Ibidem.

75 Non minus in milite modestia, quam virtus atque animi magnitudo desideranda est.

Idem lib. 8.

76 Nocturna bella sunt vitanda.

Idem lib. 9.

77 Ocium consiliis militum maximè cōtrarium est.

Homerus in 1. Iliades.

78 Insociabilis, scelestus, priuatus domo est ille, Qui bellum amat in populo mortiferum.

Homerus 2. Iliados.

79 In manibus enim finis belli, verborum autem in consilio.

Idem in 1. Iliados.

80 Communis Mars est, & interfectorem interficit.

Virgilius lib. 2. Æneidos.

81 —*Pulchrumque mori succurrit in armis.*

Dolus an virtus quis in hoste requirat?

Ibidem.

82 —*Vocat lux vltima victos.*

Idem Æneidos 12.

83 Re-

83 *Respice res belli varias.*
Ouidius Metamorph. libro 5. fabu. 4.

84 *Turpe quidem contendere erat, sed cedere visum*
Turpius.——
Ibidem lib. 9. fabu. I.

85 ——*Quis enim sua prœlia victus*
Commemorare velit.——
Ibidem.

86 ——*Melior mihi dextera lingua*
Dummodo pugnando superem, tum vince loquendo.
Idem lib. 13.

87 *Tutius est igitur fictis contendere verbis:*
Quam pugnare manu——
Ouidius epistola Paridis ad Helenam.

88 *Certamen præmia magna mouent.*
Tibullus lib. I. Elegia 10.

89 *Quis fuit horrendos primus qui protulit enses?*
Quam ferus, & vere ferreus ille fuit.
Lucanus lib. 2. Pharsaliæ.

90 *Summum, Brute, nephas ciuilia bella fatemur.*
Ibidem.

91 *Nulla fides pietasque viris, qui castra sequuntur.*
Lucanus lib. 4. Pharsaliæ.

92 ——*Heu m feri qui bella gerunt.*
I. *Machabæorum* 3.

93 Non enim in multitudine exercitus victoria, sed de cælo fortitudo est.
Prouerbiorum 3.

94 Cogitationes consiliis roborantur, & gubernaculis tractanda sunt bella.
Cato posterior prioris Catonis pronepos.

95 Docebat rempublicam magis virtutibus quam armis esse tuendam.
D. Bartholo. Chassanaus in 9. parte numero 39. in suo catalogo gloria mundi.

96 Milites appetunt laudari, & prodest laus à duce prolata de eis.
Ibidem num. 25.

97 Gloria militibus est exhortanda.

98 Frustra niti, odium quærere, extremæ dementiæ est.

99 Amor populi custos regni.
Furor populi perditio regni.

100 Rex & populus corpus vnum.

101 Omnium rerum nec aptius est quicquam ad opes tuendas, ac tenendas, quam diligi, nec alienius, quam timeri.

102 Quem metuunt, oderunt; quē quisq; odit, perisse expetit.

103 Multorum odiis nullæ opes possunt obsistere.

104 Qui in libera ciuitate ita se instruunt, vt metuantur, his nihil potest esse dementius.

105 Qui se metui volent, a quibus metuentur, eosdem metuant ipsi necesse est.

106 Officium regis est, Parcere subiectis & debellare superbos.

107 Iustitia absente, fortitudo non prodest.
D. Laurentius de Rudolphis in suo tractatu de vsuris celeberrimo.

108 Illius regimen tutum est, & qui suorū subditorū corda possidet, & plus facit pro Republica amorem ciuium habere, quam solam pecuniam.
Cicero lib. Officiorum 2.

109 Vtinam Respublica staret eo quo cœperat loco, nec in homines non tam commutandarum quam euertendarum rerum cupidos incidisset.

110 O tempora infortunata! O inaudita secula, quibus deplorandis, digneq; deflendis vix mille sufficiant Heracliti!

111 Deuotus miles non sentit sua, cum benigni ducis intuetur vulnera.

112 Digna merces siue recompensa nunquam defuit ritè militanti, aut famulanti.

113 Expensæ militares, & hostium insecutiones magna egent diligentia, & hæc sine pecunia agi non possunt.

114 Vitam qui prorogat hosti, derogat ille suæ.

115 Qui cuncta agunt consilio, reguntur sapientia; & quicquid ordine & regimine caret, lætos non habet exitus.

116 Non sunt inspicienda, quæ fiunt, sed quæ fieri debent.

117 Negligentia omnia lædit.

118 Negligentes ipsos, velocibus alis, fugit scientia.

119 Discretionis medium debet obseruari.

120 Omnia facienda sunt ordine & mensurâ.

121 Militantes cum omni festinatione, reuerti debent ad suos commilitones, & sic commendatur festinatio.

122 *Concilio pollet, cui vim natura negauit.*

123 Nemo peccat in eo, quod vitare non potest.

124 Superiora regunt inferiora.

125 Minor cedit maiori.

126 Difficile est consueta relinquere.

127 Consuetudo non valet, qua quis inuitatur ad delinquendum.

128 Volenti & inuestiganti nihil est difficile.

129 Nullus debet sibi onus assumere, cui se imparem cognoscit, vel cognoscere debet, aliàs enim damnum subsequens sibi imputatur, §. Sed propter paupertatem, Instit. de excusat. tuto.

130 Qui nostra tollit, inimicus noster est.

131 Pro suo interesse quilibet admitti debet.

132 Circa diuersa & aduersa nunquam quis locum duorum tenere potest.

133 Quanto gradus altior, tanto casus grauior.

134 Stabilitas summè probanda est.

135 In dubiis deliberatione opus est.

136 Ibi magis est consulendum, vbi maius periculum vertitur, l. 1. ff. ad Carbo.

137 Sola vexatio dat intellectum.

138 Iacula præuisa minus lędunt.

139 Quod iustum est, petito.

140 Pietas ad omnia valet.

141 Mundi sunt pauci.

142 Rex sine literis, nauis est sine remige, & volucris sine pennis.

143 A duce prolatum stabit irreuocabile verbum.

144 Accepti beneficii memoria debet haberi; nos ergo memores salis, quod in palatio comedimus.

145 Princeps erit liberalis ad expensas militares.

146 Conuentiones & pacta sunt seruanda.

147 Culpas dimittere, cæleste est; vindicare vero terrenum.

148 Honora præsentiam senis. Et istis antiquis & expertis standum est, tam in consiliis, quam necessariis ordinandis.

149 Imperatorum & Regum proprium est donare.

150 Tanto quid dignius est, quo à digniori procedit.

151 Beatius est dare, quam accipere.

152 Dedecus est semper sumere, nilque dare.

153 Plus diligit, cui plus donatur.

154 Dux indigens prudentia, multos opprimet per calumniam.

155 Sua cuique iura seruanda sunt.

156 Pœna vnius est metus multorum.

157 Conserua tempus & declina à malo.

158 Timentibus Deum nihil deest.

Milites laudantur ex
1 Cingulo eis imposito, per ducem exercitus.
2 Corpore bene disposito.
3 Formositate, & pulchritudine.
4 Audacia, & terribilitate.
5 Latitudine pectoris.
6 Sobrietate.
7 Paupertate.
8 Castitate.
9 Obedientia.
10 Scientia rei militaris.
11 Vigilantia.
12 Patientia.
13 Fortitudine.
14 Strenuitate.
15 Deuotione.
16 Fidelitate.
17 Perseuerantia.
18 Charitate.
19 Sapientia & consilio.
20 Felicitate.
21 Vulnerum cicatricibus in prœlio susceptis.

1 QVorum declaratio sequitur. Primo, Miles laudatur, & honorem consequitur ex cingulo. Cum in signum dignitatis à principe cingi debet, hinc cingulum militare dicitur, quo cingitur: & gladius quo cingitur miles, debet esse aureus, id est, deauratus: prout probatur 2. Machab. vltimo. vbi etiam probatur quid debeat dici, quando cingitur miles. quoniam vt ibi habetur, dici debet, Accipe sanctum gladium, in quo deiicies aduersarios populi mei, &c. Et si hoc cingulo spoliantur, omne perdunt militiæ priuilegium, quemadmodum videmus in capitaneo, cuius vexillum amittatur; in bello nunquam portabit vexillum, donec aliud recuperauerit. Aduerte etiam, quoniam milites dicuntur habere characterem, quod debent portare in corpore: vt dicit textus in can. quod quidam, versic. & si forte 1. quæstio. 1. vel aliàs habere debet symbolum, vt cognoscatur, ne aufugiant. de quo fit mentio per Calepinum in litera S. ante 2. in verbo, symbolum. Et proprie dicitur *la liuree*, quæ datur eis: & aliquando dicitur tessera, vt idem Calepinus, in verbo *tessera*. & laudantur, si non dimittāt signum eorum: quoniam si dimittunt, est præsumptio, quod habent voluntatem fugiendi: & hoc faciunt ne cognoscantur. Et aduerte, quod cingulo militari prouida maiorum institutione gladius insertus est, & hoc vt collato honore cinguli, potestas quoque ipsius gladii aliqualiter intelligatur esse collata: & recte cingulo decoratur ad militiam, quisquis accedit. quia eum expeditum esse ad munera reipublicæ officii sui necessitas exigit. Accingi namque solet, cui gerenda imminent & cui vacatio datur, licet esse discinctum. Vnde illud in libro Regum: Non æquè gloriabitur accinctus, & discinctus: quia sollicitudo laboris imminentis gloriam diligentiam non amittit, vt ait Policratus, lib. 6. cap 13. vbi habetur ample de cingulo: quem allegat prædicta dicendo Lucas de Penna in l. his quidem, in 4. column. C qui militare possunt vel non, lib 12. Et tales milites hodie quandam præeminentiā ha-

bent vltra simplices milites. Et ista militia collata à principe confert dignitatem. Et præstant in huiusmodi cinguli collatione sacramentum, quod nunquam aufugiant, nec timebunt mortem, nec dimittant capitaneum, sub quo militabunt, nunquam faciant concussiones (quod vulgo *pilarias* vocant) viuendo super & expensis populi. Si sciant aliquem machinari contra principem & regni commodum, reuelabunt, nunquam induant arma contra illum principẽ qui eis cingulum dedit, pluraque alia iurant, & promittunt, quę pro certo non obseruant: & de huiusmodi sacramentis militiæ meminit Vegetius lib. 2. de re militari, c. 5.

2 Secundo, milites sunt laudandi ex corpore bene disposito, proportionato, & complexionato, & ex duritia mẽbrorum. Cum militia *duritia* appelletur, vnde ad pugnandum fortes sunt fabri, & cæteri, qui laboribus continuis viuunt. Hi autem qui debiles, parum valẽt ad corporalem pugnam: quoniam licèt in studio sapientiæ, & scientiæ molles carne aptos mente dicamus, vt Philosophus dicit in 2. De anima: tamen in armis est oppositum, secundum Vegetiũ de re militari. Non est (inquit) dubitandũ, aptiorẽ armis esse rusticam plebẽ, quæ sub dio, & in labore nutritur solis ardorẽ patiens, vmbræ negligens, balneorũ nescia, deliciarum ignara, simplici animo, paruo cõtenta, duratis ad omnium malorũ tolerantiãm membris, cui gestare ferrum, fossam ducere & quodcunq; onus ferre cõsuetudo est: vt per exempla infra videri poterit. Piscatores autẽ, aucupes, & cæteri omnes, qui tractare videntur ad muliebria pertinens, longe arbitror pellendos à castris: sed fabros ferrarios, carpentarios, aprorumque venatores sociare conuenit militiæ; quoniam, vt ad Lucillum dicit Seneca, nullum laborem recusant manus, quæ ad arma ab aratro transferuntur. Ex quo sequi videtur, quod de essentia militiæ non est nobilitas, nec requiritur milites de genere nobilium esse, secundum Ioannem de Platea, in l. 1. C. negociatores ne militent, lib. 12. Huius meminit Gregorius Benedict. in sua repetitione, c. Raynutius, in verbo testamentum, 1. numero 25. & 26. De testamentis. Et ex prædictis constat, quomodo capitanei maxime pedestrium debent aduertere ad elegendum illos, quos corpore bene cõplexionatos & robustos viderint.

3 Tertio, laudandi sunt milites ex formositate, & pulchritudine, vt dicit Cepolla Veronẽs. in suo tractatu de Imperatore militum eligendo, in verbo, pro Imperatore, in versic. Potuit etiam esse tertia ratio. Cum, vt dicit, in dubio formosior sit eligendus: dicit enim Philosophus 1. Politicorum, vbi si tantum fuerint differentes corpore solumque deorum imagines seu defectuositatis homines dicent dignos seruire aliis, quasi diceret quod deformes debẽt aliis seruire. Item dicit Porphyrius, quod Priamus propter sui formositatem fuit dignus imperio, vnde de eo dicitur. *Facies Priami digna est imperio.* Vnde Virgilius: *Gratior, & pulchro veniens in corpore virtus Adiuuat.*

Et F. Barbarus in libello, quem de re vxoria scripsit, sic ait; Formosos cuncti diligunt; dignos credunt imperio, eis facilius obsequuntur, imo quandoq; dignitas capitur pro pulchritudine; cũ, vt ait Tullius lib. 1. Officiorũ, Pulchritudinis duo sunt genera, vnũ muliebre, quã *venustatem* appellamus, alterũ virile, quam *dignitatẽ* dicimus. Et facit quod presumendum est pro formosiore: eo, quia, vt dicit Bald. in 1. cõstitutione ff. in §. Itaque, in fin. 2. column. si sint duo nati simul, nec iudicari possit, quis esse debeat, iudicandum est pro formosiore. Et plures laudati fuerunt propter formositatem, vt de Adone filio Myrrhæ: de quo Virgilius Ecloga 10.

Et formosus oues ad flumina pauit Adonis.

Et Oui-

Et Ouidius lib. 10.

Laudaret faciem liuor, quoque qualia namque
Corpora nudorũ pabula pinguntur amorũ.
Talis erat.—

Et Propertius lib. 2.

Testis qui niueum quondã percussit Adonim
Venantem Idalio vertice durus aper:
Illis formosum lauisse paludibus illuc
Diceris effusa tum Venus isse coma.

Et de Auentino, de quo Virgilius;

Victoresq; ostẽtat equos satus Hercule pulchro
Pulcher Auentinus.—

Subtilissimus ille, & acutissimus Papinianus iurecõsultus laudatus fuit de pulchritudine. vt text. in procem. ff. in §. & hos tres libros, &c. ibi: vobis autẽ ipse pulcerrimus Papinianus, & ibi Albericus.

4 Quarto, miles laudatur si fuerit audax, & terribilis; vt dicit Vegetius. nam vt plurimum, si leonis aut vrsi (vt fuit Alexander Magnus in bello valentissimus; vt dicit G. Benedict. in sua repetitione c. Raynutius, in verbo quæ ex eo filium suscipiens. de testamentis) effigiem habeat, ferox vt plurimũ, & audax erit in bello, quia *Audaces* (vt lib. 10. Æneid. Virg. habet) *Fortuna iuuat, timidosque repellit.* quoniam vt dicitur in libro Principiorũ: Anima coniuncta corpori imitatur passiones corporis; sicut per experientiã videmus, quod masculi habẽtes effigiẽ mulieris sunt cõmuniter quasi femina mollis, ocii, & delitiarũ amatores quæ multum cõtrariãtur militiæ: quæ omnia mala sustinere hãbet, ꝑ aliis, & republica vsq; ad mortẽ inclusiue & ita iurãt milites. Inst. de test. milit. super rub & in l. fin. ff. ex quibus caus. maior. in integrũ restituãtur. Timere enim nõ debet miles hostes quãtũcũq; superbos, nec eos fugere, vel ab eis accedi permittere, sed in faciẽ eorũ occurrere, & qui contrariũ apud Romanos faciebant ignominiose puniebãtur: vt de Lucio Minutio cõsule l. 2. tit. de disciplina militari, refert Valerius. Decet ergo militẽ esse audacem, & strenuũ, ꝓmptum ad omnes labores absq; timore mortis iuxta illud Senecæ ad Lucillũ: *Generosos animos labor nutrit.* nec est viri timere sudorem. quinimo dicit Philosophus 3. Ethic. Molliciem esse fugere laboriosa. Ideo milites exercitio frequenti debent habilitari. tex. in l. milites, C. de re militar. lib. 12. vt laborib. subesse non timeant l. 1. ff. de militar. testam. Cum ars tritos, vsus promtos, imitatio artifices aptos, tria concurrentia summos. Nec habent contrariũ plusquam ociũ, de quo Valerius vbi supra: Hæc G. Benedicti in d. repetitione, cap. Raynutius. in verbo Testamentum, 1. numero 27. De testamentis.

5 Quinto, milites etiam laudantur ex latitudine pectoris, & ex longitudine brachiorum, & ex pluribus aliis, quæ dicit Vegetius de re militari, lib. 1. cap. 6. vbi dicit: Sit ergo adolescens Martio operi deputandus vigilantibus oculis, erecta ceruice, lato pectore, humeris musculosis, valentibus digitis, longioribus brachiis, ventre modicus, exilior cruribus, suris & pedibus non superflua carne distentis; sed neruorum duritia collectis. Cum hæc in tyrone deprehenderis proceritatem non magnopere desideres; vtilius est milites fortes esse quam grandes, iuxta illud Catonis:

Corporis exigui vires contemnere noli.

Et illud Papinii:

Maior in exiguo regnabat corpore virtus.

Scribit Homerus Tideum paruo fuisse corpore decoratum, in quo tamẽ anima esset maxima, & vires amplissimæ. vnde in Priapeis à poeta decenter scriptum est;

Vtilior Tideus, qui, si quid credis Homero:
Ingenio pugnax, corpore paruus erat.

Et Xantippus Lacedæmonius, qui breui statura erat, ita laudatur à Silio:

—Exiguis vigor admirabilis membris
Viuidus & magnos nisu, qui vinceret artus.

Idem Vegetius lib. 1. scribit corporaturã boni tyronis implere sex pedũ lõgitudinẽ,

Præterea in amplitudine & latitudine plusquam in longitudine sapientia consistit, secundũ Petrum de bella Pertica, quod summè displicuit Cyno, qui vltra modum longus erat: vt dicit Bart. in l. 1. ff. de iurisdict. omnium iudic. nec sunt communiter audaces, nec valentes, velut cor multum distans à cerebro habentes.

6 Sexto. Milites laudãtur & in sobrietate: quoniam miles sobrius esse debet in cibo & potu, de quibus non multum curet, nec de lecto. Non enim assuesci debet sensualibus delitiis: quoniam vt ait facetus poeta,

Nil valet in bello, qui delitiose viuit:
Nec sine duritia bellica palma datur.

Eo etiã, quia miles dicitur à *malo*, quod sustinere debet pro republica, l. 1. § miles autem, ff. de testam. militis, vbi miles dicitur à *militia*, id est, duritia quam sustinet. Ideo cum in expeditione degunt, tradi eis debet panis bucellatus ad comedendum per biduum, id est, panis bis coctus, qui siccitate sui grossos, & ponderosos humores attrahit, & bibit, quos cum superfluo digestionis expellit per secessum: quibus eiectis sunt milites agiliores ad pugnandum, & præseruati à multis infirmitatibus, quas dicti mali humores ad putrefactionem facile gignunt. Et tertia die panis integer, non bis coctus eis ministratur. Et vna die datur eis vinũ; altera die acetum ad bibendum. Et vna die lardum: alia die habent carnem veruecinam: vt de hoc est textus in l. 1. C. de erogatione militaris annonæ, lib. 12. vbi hæc officia ample declarat Lucas de Penna, quare ista fiant, etiam G. Bened. in sua repetitione c. Raynutius, in verbo, testamentum, 1. numero 30. extra de testam.

7 Septimo, Miles laudatur ex paupertate. Nam olim milites solis stipendiis contentabantur: de quibus viuere debent, & non super agros: vt habetur Lucæ 3. Nec debent subditos regis ad eis præbendum victualia cogere, nec illorum prædia inquietare, nec victualia, aut cætera bona tangere. Quibus contrarium facientibus, licitum est cuilibet de plebe eos, aut eorum ministros expellere & propria authoritate resistere, amicis & vicinis in auxilium conuocatis ad expellendum inuasores. Capitaneo, qui eos delegauit, temporali exilio puniendo: quia militibus transeuntib. solũ permittitur hospitari in domibus, & nihil pro victu, aut eorũ pabulo à prouincialibus, etiam spõte offerentibus, recipere, non soluto valore, l. cænaticorum, C. de erogat. milit. annonæ, & l. Deuotum, C. de metatis & epidimeticis, lib. 12. vbi Ioannes de Platea dicit æqualitatem debere esse in eo, qui gratis hospitatur, vt nihil petat ab hospite vltra hospitalitatem. facit text. in l. Vnica, & quę ibi dicit Ioann. de Platea, C. de salgamo hospitibus nõ pręstando, eodem libr. 12. Nec possunt milites tempore pacis faciendo monstras personarum suarum, equorum, armorum, & cæterorum militibus stipendiariis necessariorũ, viuere de bonis rusticorum, & aliorum subditorum, nec conuocari in magna multitudine, l. fin. §. erit autem, C. de re milit. lib. 12. ne grauent subditos. O Deus, cum videamus hodie modum eorum viuendi esse omnino in contrarium: ita quod excruciãt pauperes ruricolas quotidie, & tempore pacis, & alio modo viuendo super populo; quid fiet de anima eorum: vnde non debet dici, quô ibit anima mercatoris (vt dicit Baldus in c. Cum caussam, extra de testib. & in Auth. ad hoc, collat. 8. C. de vsuris) sed quô ibit anima armigeri, seu militis, qui nõ contentatur de victu: sed etiam in domibus suorũ hospitum rapiunt, quicquid possunt, more prædatorum, & vt plurimum eos verberant, & cogunt soluere, & dare certam summam, vt à domibus eorum exeãt; vnde deberent in simplicitate viuere, qui magis cupiũt arma, quã leges, l. fin. in principio, C. de iure deliber. vnde refert Valerius lib. 3. de Fiducia sui, Scipionem Aphricanum in contentione publica dixisse, quod cum totam Aphricã Romanæ ditioni subiecisset;

ieciſſet; non tamen aliud ex ea, quod ſuum diceretur, præter cognomen tuliſſe. Et Publius Scipio de ſe & Lucio Scipione eius fratre loquens: *Non* (inquit) *me Punica, non fratrem meum Aſiatica gaza auarum reddiderunt; ſed vterq; noſtrum inuidia magis, quam pecunia locupletior eſt.* Quam Scipionis accuſati conſtantẽ defenſionẽ Romanus vniuerſus ſenatus comprobauit: vt ibi refert Valerius. Et idem lib. 4. de Valerio Publicola poſt Tarquinium eiectum primo conſule dicit, quod poſt tres conſulatus acceptiſſime peractos tantæ paupertatis fuit, quod patrimonium eius ad expẽſam exequiarum ſuarum defecit. Ex quo patet, quid viuus poſſedit, cui mortuo lectus funebris & rogus defuit. Fabricius, quoque pluries conſul, & Imperator Romanus (vt idem refert) filias proprias paupertate dotare nequiuit: Marcus etiam Curius contra Samnites bellum gerens, legatis eorũ ſe in ſcamno aſſidentem, & in catino ligneo cænantem ſpectamentum præbuit. Cumq; magnum auri pondus ei pòſt attuliſſent, riſit, dicens: *Referte & dicite Samnitibus, Marcum Curium magis locupletib. imperare, quã ipſum locupletẽ fieri, & mementote me non acie vinci, nec pecunia poſſe corrũpi.* Attilius vero ab aratro ad imperium Romanum vocatus, poſtquã rempublicã ſtabiliuit, & ingentes hoſtium vires cõfregit, multoſq; triumphos conſecutus, depoſito imperiali ſceptro ad aratrũ redire non erubuit. Textus tamen in d. l. fi. in principio C. de re militari, vocat eos ditiſſimos, & contra iſtos imperatores, ſeu duces belli, de quib. hic ante, qui fuerunt pauperes, multũ faciunt ea, quæ dicit Cepolla in ſuo tractatu de imperatore militũ eligendo, in verbo, diuitiis. vbi imperator ſeu dux exercitus & militũ plurimũ cõmendatur in diuitiis: quod probat 12. rationib. & ibi ſcribit 31. priuilegia diuitiarum, quæ ſunt multũ laudanda: quæ ibi videre poteris. & ſatis declarantur per Alberic. in l. Si quis ad declinandã, C. de epiſco. & cleric. Phocion Athenienſis, vir nõ minus virtute, quã rei militaris gloria clarus; cognomento Bonus, pauper: fuit enim ſemper pauper, cũ ditiſſimus eſſe potuiſſet ob frequentes ei delatos honores: Huic cũ legati Philippi Macedonum regis ingentia munera offerrent hortarenturq; vt ea acciperet: quãuis enim facile iis careret, liberis tamen eius eſſent neceſſaria; quib. difficile foret in ſumma paupertate ad paternã gloriam peruenire: *Si mei* (inquit) *ſimiles erunt, idem hic agellus alet illos, qui me ad hanc dignitatem perduxit: Si diſsimiles, nolo meis impenſis illorum ali, augerique luxuriam:*

8 Octauo: Laudantur milites in caſtitate: quoniã caſti eſſe debent: inde ſtationes militum dicuntur caſtra: a *caſtrando*, quaſi *caſtrata*, vel *caſta*; quod ibi caſtrari debet libido, & caſte ibi viuebant milites antiqui, cõſiderãtes caſtitatẽ ſecum habere fortitudinem annexã, quam ſeruarũt ſemper, vt pupillã oculi. Iuxta illud poeticũ in Georgicis:

Sed non vlla magis vires induſtria firmat,
Quam Venerem, & cæci ſtimulos auertere amoris.

Luxuria .n. vires eneruat. Vnde Quintilianus in milite Mariano: Ideo meretrices ab exercitu ſubmouentur. Intrare caſtra fœminis non licet. Deut. 23. Quando egreſſus fueris contra hoſtes tuos in pugnã, cuſtodies te ab omni re mala: ſi fuerit inter vos homo qui nocturno pollutus ſit ſomno, egredietur extra caſtra, & nõ reuertetur priuſquam ad veſperã lauetur aqua. & infra; Dominus Deus tuus ambulat in medio caſtrorũ, vt eruat te, & tradat tibi inimicos tuos, vt ſint caſtra tua ſancta, & nihil in eis fœditatis appareat, nec derelinquat te; Propterea imperator amatorẽ caſtitatis ſe dicit in Auth. quib. mod. natura. efficiuntur legiti. collat. 6. vnde non ſine cauſa eã tantũ dilexerunt armigeri veteres, & gẽtiles. Nam de Cornelio Scipione refert Valerius lib. 2, titu. de milit. diſcipl. quod contra Numantinos imperator miſſus eo momento, quo castra intrauit, duo mille scorta de ipsis expulit, qua peste vacuefactus exercitus (qui paulo ante metu mortis deformi se foederis ictu maculauerat) erecta ac recreata virtute aciem illam fortem & animosam Numantiam superauit, & incẽdiis exustam, ruinisq; prostratam Numantiã solo æquauit. Scipio quoq; Africanus summis etiã effertur laudibus, qui Carthaginem obsidens, oblatam sibi ex hostibus virginem eximiæ formæ, & nobilitatis intactam & dotatã restituit. Hęc G.Bened. in sua repetitione, c. Raynutius, in verbo testamentum primo: n. 37. ext. de testam. Idcirco non est mirãdum hodie apud nos, si gentes armorum in bellis, & exercitu non se bene habeant, cum in eis nulla sit castitas, imo si fiat exercitus 20000. hominũ, tertia pars illius erit scortorum, & meretricũ, quæ exercitum sequuntur, & ducuntur per armigeros. Maxime per pedites, quorum quisq; frequentius suam sibi cõsociat: quod contingit culpa capitaneorum, & ducũ exercituũ, qui talia pati non deberent, ideo facilius & frequentius Thaidis castra, quam Hannibalis videmus euerti, vt ait Lucas de Penna, in l. Vnica, C. de castrensi omniũ Palatinorum pecul. col. 5 in princ. lib. 12.

9 Nono: Milites multũ & summè laudãtur ex obediẽtia, quoniam vt ait tex. in c. Summa, 24. q. 1. summa militiæ laus est obediẽtia & quicquid sibi vtiliter imperatum est, obtẽperare. ita dicit Barth. Cepolla, in tract. de imperatore eligendo, in verbo diuitiis, vers. 10. diuites, &c. Imo præcepto ducis omnino parendum, c. Quid culpatur, in fi. cũ c. seq. ibi, igitur quod Cæsar præcipit, ferendũ est, quod imperator, tolerandum est, eadem causa & quæst. Ex tali enim obedientia victoria sequitur; & satis imperii gloria parta est, dicit Luc. de Penn. in l. tam collatores, coll. 3. C. de re milit. lib. 12. & iussionib. gubernatoris exercitus, quæ ad bellũ, vel pugnã spectant omnino parẽdum est: & si quis contemnat eas, etiam si rem prospere gesserit, capite puniẽdus est, l. 3. §. in bello, ff. de re milit. historiæ sunt nobis in promtu ad hoc per Valer. in lib. de disciplina militari descriptæ, vt de Mãlio Torquato, qui filium proprium, licèt victorẽ, occidi fecit ob violatam disciplinã militarẽ. Et de Papirio dictatore, qui Fab. Rutiliũ magistrum equitũ, qui aduersus edictum eius quã prospere pugnauerat, virgis iussit cędi, securi percussurus; nec contemni, aut precib. militũ concessit animaduersionem eũq; profugientẽ Romã persecutus est, nec ibi quidẽ remissio prius supplicii metu, quam ad genua eius & Fabius cum patre prouolueretur, & pariter senatus & populus rogarent. Hęc tamẽ seueritas nõ intantũ est exercenda, vt animũ militum ab imperatore exercitus auertat: quia tempore belli rigor non debet omnino seruari c. si de transact. & c. Sciendum, 29. dist. secundum Io. Fabri, in procem. Instit. super verbo, gubernari, vbi etiam dicit, quod tempore belli iura non seruantur de facto, licet sanctius esset quod iustitia illo tempore fieret, quam alio: quia, vt dicit Cic. primo Officiorum; *Nullũ est tempus, quod iustitiã vacare debeat.*

10 Decimo, Milites etiam multum laudantur ex scientia militari, quã habere debent, vt habetur in l. vnica, C. de castrensi omniũ palatinorum peculio, lib. 12. ibi: qui præsto sunt super actibus, quos intẽtos & eruditos studiis itinerum prolixitas & expositionum difficultas exercet, & probatur in l. 1. ff de decretis ab ordine faciendis, ibi & peritia artis, & Io. de Platea, in l 1. C de condit. in horreis public lib 10. Et hoc est, quoniam turpe est ignorare sciẽtiam & artem, in qua quis versatur, l. 2. §. Seruius aũt Sulpitius, ff. de origi. iuris. Vnde dicit Vegetius lib. 1. c. 1. de re milit. Scientia rei bellicæ dimicandi nutrit audaciam: nemo facere metuit, quod se bene didicisse confidit. Etenim in certamine bellorum exercitata paucitas ad victoriam promtior est. Rudis & indocta multitudo exposita semper ad cædẽ. Ideq; 24. c. secundi libri scribit. Cuius manib. est seruãda respublica, studiosius oportet scientiam dimicandi,

endi, vſumque reipublicæ iugis exercitiis cuſtodire. Et dicit idem Vegetius c. 13. ſecũdi libri, in pugna vſum prodeſſe amplius, quã vires. Nam ſi doctrina armorũ ceſſet; nihil pagan⁹ diſtat à milite, quę quidẽ ſcientia neceſſario requiritur in duce exercitus; & in capitaneis ad guerram aut aliis habentibus adminiſtrationem ſeu authoritatẽ in exercitu, vt ample demonſtrat Cepolla, in tract. de imperatore eligendo, in verbo ſcientiam, vbi ait, quod hæc ſciẽtia militaris per armorum exercitationem acquiritur, vt eſt caſus in l. In nomine Domini, verſ. Hęc aũt. ibi, Iubemus vt ſemper milites ad exercitationem armorum teneant, C de officio pręfecti pretorio Africæ, & ibi Alberic. qui dicit per illũ text. quod milites armorũ vſu quotidiano ad bella ſe præparare debent, allegat l. Milites, C. locat. & eſt caſus in l. Milites 2. ibi, vt armorum quotidiano exercitio ad bella ſe pręparent, C. de re milit. li. 12. vnde exercitus nomẽ ab opere exercitii, & exercitatione traxit, text. eſt in l. 1. in fi. ff. de milit. teſtam. Veget. lib 2. de re milit. c. 1 ideo dicit, quod omne artificium ſeu ſcientia exercitio creſcit, & per illud ſuſcipit incrementum. text. in l. Legatis ſeruis, § ornatricib & ibi gl. in verbo, incrementũ, ff. de legat. 3. not. gl. in verbo, poſſit, in c. Peruenit, 84. diſt. & dicit Policrat. in ſuo VI. lib. Quod tria fecerunt Romanos eſſe triumphantes & victores. ſcientia rei militaris, exercitatio. & fides Pro quo facit text. in §. cumq;, in procem. Inſtit. ibi, quorum omnium ſolertiam, & legũ ſcientiã & circa noſtras iuſſiones fidem, & text. in 2. conſtitut. C. in princ. dicit arma & leges Roman. omnib. anteponi gentib. & nationibus ſcientia & dignitate etiam dominari præteritis effecit temporib. quoquidem ſcientia rei militaris optime cognoſcitur ex experientia, vt per plura oſtendit Cepolla, in loco ſupra citato. Ex quo infero milites expertos plurimũ eſſe laudandos; quoniã experientia eſt rerũ magiſtra, c. quam ſit, de elect. in 6 in princ. cũ aliis per eundẽ Cepollam allegat. & dicit Philoſoph⁹, Natura potentem, ars facilẽ, vſus promtũ reddit artificem. & in 2. conſtitut. C ſed cum ſit iuris periti, commendantur experiẽtia rerum, & in l. Certi, C. de iud. vbi cauſarũ experti iudices dari poſſunt. Et dicit, Bernar. ad fratres de monte Dei: Ruſticus habet duros neruos, fortes lacertos, exercitatio hoc facit: in ocio ſimul cum corpore molleſcit voluntas: facit vſus vsũ exercitiũ vires in omni laborę miniſtrat. Et de huiuſmodi exercitatione, quomodo à ducibus, & tribunis militũ docenda eſt, facit text. in l. Officium, in princip. ff. de re milit. & in l vnica, §. 1. C. de offic. prætor. Africæ, & quæ ample ponit Luc. de Penna, in l. milites, 2. col. 2. C de re militari, lib. 12.

11 Vndecimo: Milites ex vigilantia laudantur; quoniam miles debet eſſe vigilans ad cuſtodiam eorum, quibus præpoſitus exiſtit, ne dormiens inuadatur ab hoſtibus. Et inde dicitur præfectus vigilum, quod tota nocte vigilare debet: armatusque diſcurrere, & inquilinos admonere, ne culpa eorum aut negligentia incendium oriatur, text. in l. pen §. pen ff. de officio præfecti vigilum. Vigilare etenim debent milites præcepto diuino excitati per Chriſtum in euangelio, vt habetur Matthæi 24. Marc. 13. & Lucæ 12. *Vigilate*, inquit, *& parati eſtote: quia neſcitis qua hora fur veniet.* Nam hoſtes dicuntur fures, quos per dolum & inſidias licet vincere, ſi eis aliter fides promiſſa non fuerit. Sicut fecit Macrobius Carthaginenſium dux contra Aſſyrios miſſus, quos vincere dubitans, vino & mandragoris doloſe inebriatos dormientes interemit. Nam, vt ait Hieronym. libr. vigiliarum: Vigilando timor omnis excluditur, fiducia naſcitur: quæ multum proſunt in exercitu militari. Et de vtilitate vigiliarum, ſcribit Lucas de Penna, in l. vnica, C. de ſtudiis liberalibus vrbis Romæ, col. 11 lib. 11. imo ita in eis laudatur, & eſt neceſſaria vigilantia, quod ſi excubias ſibi ordinatas dimiſerint, capite puniuntur, textus in l. Qui excubias, & ibi gloſſ. ff de re militari. facit l, 3. §. Si præſidiis, cod. titul,

12 Duodecimo. Etiā milites laudādi sunt ex patiētia in aduersitatibus,&belli sudoribus: quoniam patientes esse debent in aduersitatibus & belli laboribus sustinendis: fame, siti, frigore, ac cæteris calamitatibus, quæ innumerabiles existunt, l. vnica, §. 1. C. de cadu. tollen. & ad istud comprobandum G. Benedicti in sua repetitione, c. Raynutius, in verbo, testamentum, primo: nu. 39 versi. 8. miles, de testamentis, adducit plura dicta & historias antiquorum. Primo enim in testem adducit Senecam lib. 3 de ira, scribentem historiam de Timagine historiarū scriptore, qui cum quædam contra Augustum Cæsarem scripsisset, monuit eum Cęsar vt sermone moderatiori vteretur, quod facere renuit, nec tamen Cæsar se vindicauit, sed solum ei domum suam interdicit. Adducit pariter Policrat. libr. 3. c. 14. (qui plura exempla ibi de patientia scribit) de ipso Octauiano Cæsare Augusto, quod miræ patientiæ fuit, & quædam alia de patientia aliquorum, quæ cum non multum faciant ad propositum, aliter non insisto. De huiusmodi patientia melius faciunt dicta Æneæ in 1. & 2. Æneidos, cum dicat:

Durate, & vosmet rebus seruate secundis.

Et sequitur:

Lætitiam vultu simulat: premit altum corde dolorem.

Et lib. 4. de eo dicitur:

Mens immota manet, lachrymæ voluuntur inanes.

Et in primo:

O passi grauiora, dabit Deus his quoque finem.

Sed vt dicit Lucas de Penna in l. Milites, 2. C. de re militari, lib. 12. allegando Tullium in 2. de Tusculanis quæstion. nostri exercitus primum vnde nomen habeant, nisi ab exercitatione, vt facit text. in l. 1. in fine, ff. de militar. testam. Deinde quis labor, quātum agminis ferre plusquā dimidiati mensis cibaria ferre, si quid ad vsum velint ferre vallum. Nam scutum, gladium, galeam, in onere nostri milites non plus numerant, quam humeros, lacertos, manus. Arma enim membra militis esse dicunt: quæ quidem ita geruntur aptè, vt si vsus foret abiectis oneribus, expeditis armis, vt membris pugnare possent. Quid exercitatio legionum? quid ille cursus, concursus, clamor, quanti laboris est? Ex hoc ille animo in pręliis paratus ad vulnera: ad hunc comparato animo inexercitatus miles, mulier videbitur. Cur tantū interest inter nouum & veterem exercitum? quantum experti sumus, ætas Tyronum plerunque melior est, sed ferre laborem, contemnere vulnus, consuetudo docet. Quinetiam videmus ex acie afferri sæpe saucios, & quidem rudem illum, & inexercitatum, quāuis læui ictu ploratus turpissimos edere, at vero ille exercitatus & vetus, ob eamque rem fortior, medicum modo requirens, a quo obligetur.

13 Decimotertio: Milites laudātur in fortitudine: & in pluribus locis Imperator vocat milites *fortissimos*, eis dando prædictum titulum, cum ex illo decorentur & honorentur, vt de hoc est textus, in l. Tam collatores, in principio, & duobus aliis locis, C. de re militar. & in l. Fortissimi ac deuotissimi milites, C. de erogat. militaris annonæ, lib. 12. Et in milite fortitudo est virtus, qua cæteræ solidantur, & sine qua in bono non perseueratur, & qua omnia roborantur, & moderantur. de qua ait Philosophus 2. Ethicorum: Fortitudo tenet medium inter timores & audacias. & Cicero Rhetoricorum 1. Fortitudo est conceptio, considerata paruulorum laborumque perpessio, & in Tusculanis quæstionib. libr. 4. Fortitudo, inquit, est affectio animi lege summæ perpetiendis rebus obtemperans: vel, est conseruatio stabilis iudicii in eis rebus, quæ formidolose videntur subeundis, vel repellendis; vel, est scientia rerum formidolosarum, contrariarumque, aut omnino negligendarum, conseruans earum stabile iudicium. Ex quibus infertur, fortitudinem lo-

cum habere in arduis, & in grandibus probatur, cum sit illa de qua dicitur, *Tendit ad ardua virtus*. Hanc siquidem virtutem si miles habuerit, minas non timebit, imo nec mortem pauebit: cum viro forti nequaquam turpis mors accidere possit. Fortitudo certe sui natura & effectu fortunam superat, vnde Valerius: Fortiter, inquit, se in aduersis gerere, quid aliud est, quam fortunam sæuientem in adiutorium sui pudore victam vertere, vt dicit G. Benedicti in loco allegato in præcedentibus, qui, vt ait, non sunt optanda pericula, vt fortem quis se ostendat, sed sufficit, pericula si contingant valide tolerare. Non sum (vt ait Seneca ad Lucillum) tam demens, vt ægrotare cupiam: tamen si ægrotandum fuerit, sufficit vt nihil effeminate faciam. Non enim pati tormenta optabile est, sed pati fortiter: nec debet vlla rei nouitas fortia vertere pectora. Cum non possit athleta magnos spiritus habere, donec suum viderit sanguinem: Iuxta illud;

Sanguis fusus humi vires accenso roborat igne. Tunc enim proiectus animum nō proiicit: sed cum magna spe ad pugnam descēdit, eaque virtute mala fortuna vincitur, & bona ornatur. Oportet ergo milites esse fortissimos, nulla vi nulloque terrore à proposito recedentes, & considerare, vt ait Valerius, titu de cōstantia, in principio, quod natura sic comparatum est: vt quisquis se aliquo ordine, ac recta mente complexum confidit, vel iam gestū si obtrectetur acriter tueatur; vel nondum editum si interpelletur sine vlla cunctatione ad effectum perducat. Vnde refert Salustius bellum Catilinarium narrans prope finem Catilinam Romanum potentia nimium obsessum die sui interitus milites suos sic obsecrasse: Nemo, inquit, nisi victor pro pace bellum mutaret. Nam in fuga, salutem sperare, cum arma quibus corpus tegitur ab hoste auerteris; ea vero dementia est semper in prœlio, his est maximum periculum qui maxime timent, audacia pro muro habetur. Cum vos consydero milites, & cum facta vestra æstimo, Magna me spes victoriæ tenet, animus, ætas, virtus vestra me hortatur; præterea necessitudo, quæ etiam timidos fortes facit. Hæc ille: Nam eiusdem nationis homines fortiores sunt ad se mutuo auxiliādum. historiographi profecto laudant, & ad cælos vsque tollunt eos, qui fortes & constantes fuerūt in prœlio. Multa & terribilia Piso Romanus contempsit dum speciosum mentis suæ flecti noluit rigorem. Laudatur pariter ille Iudas Machabæus primo Machabæorum 3. ibi: Et surrexit Iudas qui vocabatur Machabæus: & induit loricam sicut gigas & succinxit se arma sua bellica in prœliis, & protegebat castra gladio suo; similis factus est leoni in operibus suis, & sicut catulus leonis rugiens in venatione, & de prœliis inde narrabant omnes gentes.

De Catone Maiore refert etiam Valerius Maximus libro tertio, titulo, de fortitudine: Felicior, inquit, progenie sua superior Cato, à quo Portiæ familiæ principia manarunt: qui cum ab hoste in acie vehementi periculo peteretur, vagina gladius eius elapsus decidit, quem subiectum prœliantium globo, atque vndique hostilibus pedibus circumdatum, postquam abesse sibi animaduertit, adeo constanti animo in suam potestatem redegit, vt illum non periculo oppressus rapere, sed metu vacuus sumere videretur. Quo spectaculo attoniti hostes, postera die ad eum supplicem pacem petentes venerunt.

Cneus Pompilius à Senatu Romano ad Syriæ regem missus, sua fortitudine, & audacia ac si totus senatus adfuisset regē terruit, de quo idem Valerius, lib. 6. titulo de grauiter dictis aut factis.

Iulius quoque Cæsar, vt idem Valerius Maximus titulo de fortitudine refert: Cum in gladiis innumerabili multitudine & feroci impetu Neruiorum inclinari aciem suam videret, timidius pugnāti militi scutum detraxit: eoque tectus acerrime proeliari coepit. Quo facto, fortitudinem, & constantiam per totum exercitum diffudit, labentemque belli fortunam diuino animi ardore restituit. Hæc sunt exempla & historiæ, quæ Guilielmus Benedicti in dicto loco pro huiusmodi fortitudine in militibus requisita adduxit. Si tamen velis videre ad saturitatem exempla bellicosorum virorum cum illustribus victoriis, & fortissimorum fortitudine corporea, vide Ioannem Rauisium Textorem in sua Officina, vbi amplissime. Adde etiam de Parmenione duce fortissimo bellicoso & strenuo per Franciscum Patritium libr. nono, de Institutione reipublicę, titulo secundo. Dicit etiam Lucas de Penna in dicta lege fortissimi, Cod. de erogatione militar. annonæ, libr. duodecimo, quod ad militiam (quæ etiam à malo dicitur) non debent assumi debiles) sed fortissimi, bello idonei, præparati ad pericula, & præstantis animi: & ibi ample. vbi etiam accumulat quindecim, quæ fortitudinem & corporis & animi iuuant, vbi sunt plura pulchra dicta pro militibus; sed cum hęc materia iam sit satis onerata extra suam materiam, hîc non repeto.

14 Decimoquarto: Milites appetunt laudari, & prodest laus à duce eorum exercitus, cum de strennuitate laudantur. Titus Liuius 11. ab vrbe condita, addebantur & laudes, quibus haud minus quam præmio gaudent militum animi. Vnde ex laudibus etiam malitia interdum augetur, leg. 1. §. Sed vtrum, ff. de seruo corrupto, & c. Sunt nonnulli, 68. distinctione. vir quippe ad gloriam eruditus nullam partem animi tam mollem habebit, quam non meditatione, & ratione corroboret. vt ait Cicero 2. de Tusculanis quæstionibus; ita dicit Lucas de Penna in l. fortissimi, columna vltima: ibi, quartum decimum. C. de erogatione militaris annonæ, libro duodecimo. Hinc est quod vt videmus milites, attribuunt gloriæ & honori mori in bello, cum de talibus ibi mortuis dicant eos esse mortuos in lecto honoris, pro quo text. in §. 1. in fine, ibi. Hi enim qui pro republica ceciderunt, in perpetuum per gloriam viuere intelliguntur. Institut. de excusatione tutorum, facit textus in l. Qua actione, § Si quis in colluctatione, Digestis, ad legem Aquiliam, nihil timent propter laudem consequendam.

15 Decimoquinto: Milites laudantur ex deuotione; quoniam imperator eos etiam vocat *deuotissimos*, lege, Tam collatores, Cod. de re militari, & leg. fortissimi, ac deuotissimi milites, C. de erogatione militaris annonæ, libro duodecimo. Et hoc est, quoniam deuota oratio multum valet ad fortitudinem: de cælo enim est fortitudo 1. Machabæorum, cap. 3. & capite vndecimo: Scidit Ionathas vestimenta sua, & posuit terram in capite suo & orauit, & reuersus est ad eos in proelium, & conuertit illos in fugam, & pugnauerunt, & Exodi vigesimo septimo: Cum leuaret manus Moyses & oraret, vincebat Israel. ita tenet Lucas de Penna in d. l. fortissimi, ibi. Octauum deuota oratio, &c.

16 Decimosexto: Milites laudantur ex fide, seu fidelitate: quæ licèt in quocunque necessaria sit, maxime tamen militibus congruit, vt sint fideles, in hoc militia fundata est, vt nulla fraude vituperetur, quia, vt Cicero ait libro primo de Officiis, fundamentum primum iustitiæ est fides, & Seneca ad Lucillum, Fides (inquit) est sanctissimum humani pectoris bonum, nulla necessitate ad fallendum cogitur; nullo præmio corrumpitur, immo

& hosti

& hosti congruit tenere fidem. Nam qui fidem perdidit, nihil habet quod possit amplius perdere. Vnde nobiles dici non possunt, qui fraudibus & infidelitatibus sua prœlia exercent, & quod promittunt, minime obseruant. Occultum profecto & insidiosum malum est perfidia: cuius efficacissimæ vires sunt mentiri & fallere, quæ tantum incommodi affert humano generi, quantum salutis bona fides præstat. Omnes enim fideles esse honestum est; illos præcipue quorum status militaris, quorumque vocatio est rempublicam defensare. militia autem dedecus patitur, nisi fideliter exerceatur, & in milite nil pulchrius quam fides, teste Vegetio de re militari, capite secundo, vbi dicit quod totius reipublicæ salus in hoc consistit, vt tyrones id est, milites non solum corpore, sed animo præstantissimi deligantur: atque iuramenta suis principibus facta obseruet. Cui assentit Policraticus libro sexto, capite quinto, dicens, duo esse præcipua in milite, scilicet electio seu delectus, & sacramentum: vt scilicet, fides promissum teneat. Et de hac fide seruata ponit Guilielmus Benedicti in sua repetitione, capite Raynutius, in verbo, testamentum, primo, numero quadragesimo secundo: ibi, decimo requiritur, de testament. & Ioannes Rauisius Textor in sua Officina, capite fidelissimi, scribit de Attilio Regulo, qui maluit ad supplicium redire, quam datam Carthaginensibus fidem violare: pro quo facit lex, nihil interest, Digestis, de captiuis, l. Conuentionum, Digestis, de pactis, & in canone Noli, ibi, fides enim quando promittitur, etiam hosti seruanda est, contra quem bellum geritur; quanto magis amico pro quo pugnatur, vigesima tertia, quæstione prima, & canon. Innocens, vigesima secunda, quæstione quarta. Et armigeri qui iuxta vulgare se reddunt ad fidem, illud obseruare debent, cum tantum sit ac si promitterent sub fide, vel iurarent per Deum, aut per sacra euangelia, vt dicunt Angelus, Ludouicus, & Alexander, & post eos Dominus Iason. in l. tertia, §. iurari, column. 2. Digestis, de iureiurando. Et de commendatione fidei, & fidelitatis in milite, vide Dominum Cepollam in tractatu de imperatore eligendo, versiculo pro imperatore.

17 Decimo septimo: Milites etiam laudantur ex perseuerantia: nisi enim in prædictis virtutibus bellando perseuerauerit, nunquam reportabit victoriæ triumphum: imo deficiens in vno, factus est omnium reus. canon. defleat peccator, de regulis iuris. Nec meretur dici athleta, qui saltem non vicerit, lege prima, Cod. de athletis, libro decimo. vnde Romani, quia contra Carthaginenses in bello perseuerauerunt, funditus eos deleuerunt. Hæc est vnica virtus perseuerantia, quæ milites coronat. Bene enim agere parum prodest, si mens labilis existat. Nec ex actibus generatur habitus, nisi fuerit operis perseuerantia: quia secundum Ciceronem Rhetoricorum primo, perseuerantia est in ratione bene considerata stabilis perpetuaque permansio. Nam talia continuata vigent; imo gutta aquæ mollis durissimum cauat lapidem perseueranter cadendo, secundum Alanum dicentem:

Gutta cauat lapidem, non vi, sed sæpe cadendo,
Sic tu proficias, non vi, sed sæpe studendo.

Tali certe medio extolluntur veteres Romani milites in oratione ad Cæsarem senem de republica; simili laude adhuc referuntur Cymbrorum antiqui milites, qui nisi morerentur in bello, non reputabant se felices ad finem vsque non perseuerantes.

de quibus Valerius lib. 2. de institutis. Mortui enim morbo, vel senio, vere mortui sunt mundo, nec computantur in numero liberorum viuentium: sed qui in acie principis pro republ. ceciderunt, adhuc post per gloriam viuere dicuntur, §. 1. Instit. de excusat. tutorum; quia vt Cicero ait, qui per virtutem perit, non omnino interit. Hinc est, quod milites nostri dicunt se mori in lecto honoris, cum in acie mortem obeunt, vt ante dixi. De Ænea legitur lib. 2. Æneidos, quod per medios ignes, tela, & hostes perseueranter se habuit, ex quo magnifica peregit. Qui licèt multas in parte sensitiua pateretur tribulationes tamen vsum rationis in mente nunquam perdidit: imo suos cõsolãdo, fortius perseuerauit, vt pulchre habetur lib. 1. Æneidos, vbi ad suos milites,

Reuocate (inquit) *animos mœstumque timorem*
Mittite, & hæc olim forsan meminisse iuuabit.
Per varios casus, per tot discrimina rerum
Tendimus in Latiũ, sedes vbi fata quietas
Ostendunt; illic fas regna resurgere Troiæ.
Durate, & vosmet rebus seruate secundis.

Et sequitur:

Spem vultu simulat, premit altum corde dolorem.

Et libro 4. de eo sic dicitur:

Mens immota manet, lachrymæ voluũtur inanes.

Et Valerius lib. 3. cap. 250. De fortitudine, ponit de perseuerantia cuiusdam militis, & lib. 3. tit. De fiducia, scribit de perseuerantia vtriusq; Spartani. Cęsar etiam ad cælos vsq; summos perseuerantiam militarẽ, lib. 7. suorum commentariorum de bello Gallico extollit. Et intantum est laudanda in militibus, quod ex contrario desertio militiæ est grauiter, etiam vsq; ad mortem punienda: vt per plura satis comprobat G. Benedicti in repetitione c. Raynutius, in verbo testamentum, 1. num. 43. de testamẽtis, quæ non tango, cum sit extra fines laudis,

18 & propositi nostri. Decimooctauo: Milites etiam laudãtur ex caritate inter eos, cum in militibus debeat esse caritas & mutua dilectio, qua deficiente ex sententia veritatis diuinæ desolabuntur. Immo videtur quod maior debet esse dilectio inter milites, quã inter parentes; cum, vt facit tex. in l. militem, Cod. de procurat. Miles admittitur ad comparẽdum tanquã procurator pro commilitone, & tamen non admittitur pro parentibus. Præterea pactum de succedendo velut mortis captandę inductiuum, nõ valet. l. fin. C. de pact. Et tamen inter milites valet, l. licet inter priuatos, Cod. eodem, de pactis, eo quia abundantia mutuæ dilectionis facit cessare præsumptionem captandæ mortis, cum non sit verisimile vnum militem alteri insidiaturum: & sicut sunt socii passionum, ita esse debent & consolationum: iuxta dictum Apostoli ad Corinth. 1. & cum socii sint, & vnius societatis, debent se adinuicem diligere tanquam fratres: cum vt habeatur Prouerb. 18. Vir amicabilis ad societatem magis amicus erit, quam frater, facit text. in l. Verum, in principio, ff. pro socio, vbi societas dicitur ius seu species fraternitatis, & ibi glos. in verbo, fraternitatis, & vt dicit G. Benedicti in loco præallegato, si se non adiuuarent in prælio, essent peiores dæmonibus: dæmones enim si se nõ diligant, tamen mutuo auxilio coadiuuãtur contra nos in prælio. Sic faciunt milites & armigeri: quoniam si vni fit iniuria, omnibus etiam fit iniuria. Si obsequium & placitum, nec illi nec cæteris. Et ista caritas consistit in duobus: sc. vno modo adiutorium proximi habendo; alio modo veritati adhærendo, vt dicit Luc. de Penna, in l. fortissimi, col. 1. ibi: quartum, C. de erogatione militaris annonæ, lib. 12. Decimonono:

19 † Etiam milites laudãtur ex sapientia: quoniam vt habetur Prouerb. 24. Vir sapiens fortis est, & vir doctus robustus est. & Gregorius in Moralibus: Valde fortitudo destituitur, nisi per consilium fulciatur. Et Titus

tus Liuius lib. 2. de bello Punica: Malo te ſapiens hoſtis metuat, quã ſtulti ciues laudent. Omnia audentem contemnet Hannibal; nil temere agentem metuet. Non .n. tantũ viribus corporis & lacertis fortitudinis gloria eſt, ſed magis in virtute animi, dicit Ambroſ. 1. de Offic. & Cic. 1. de Officiis: Parua ſunt foris arma, ſi non eſt conſiliũ domi: quod citat Panor. in c. Ex multa, col. 2. verſic. nota quod pollens conſilio, extr. De voto. & perierunt gigantes, quos Dominus non elegit: quia non habuerunt ſapiẽtiam. Baruth. 3. Non ſic dicitur de filio ſenſato, propter quem Dominus deiecit potentiam inimicorum. Eccleſiaſt. 47. Expedit enim interdum aſtutia, inſidiiſque pugnare, maxime in bello iuſto & cõtra eos, qui nequeunt aperte deuinci, c. Dominus noſter, 23. q. 2. & ibi plures concordantias, l. 1. §. non fuit ff. de dolo, vnde Gregor. in Regiſtro, lib. 3. c. vltim. Terrenus hoſtis, qui munita loca cupit inuadere pugnãdi arte ſic vtitur: latenter quidam ponit inſidias, & ad vnius loci expugnationem totum oſtẽdit, vt dum ad defenſionem loci illius vbi inſtat periculum, conuenitur, loca alia, de quibus nulla eſt ſuſpicio, capiantur, & euenit, vt qui cognitus reſiſtentis virtute expulſus eſt, latens obtineat, quod certando non potuit obtinere. Nam dum aliud attenditur, aliud non cauetur. Ita dicit Lucas de Penna, in l. fortiſſimi, ibi: quintum ſapientia, C. de erogat. militar. annonæ, lib. 12. Et quod in militibus requiratur ſapientia, probatur in l. poſtliminium, §. fin. ff. de capti. & poſtliminio reuerſ. not. Angelus in l. quod conſtitutũ, ff. de militar. teſtam. & in l. vnica, Cod. de conditis in publicis horreis, lib. 10. Et ibi per Ioan. de Platea. facit etiam quod notat Bald. in l. Ex diui, C. de locato, in fi. per d. l. vnicam. Et ad hæc vide Valerium tit. de ſapienter dictis, qui de Scipione ſcribendo, ſic ait: Turpe eſt viro militari dicere, non putaram, ex explorato & excuſſo conſilio quæ foro aguntur adminiſtrari oportere, arbitrabatur ſumma ratione: irreuocabilis eſt enim error, qui violentiæ Martis committitur. vnde Cicero lib. 1. De ſenectute: Non viribus aut velocitate corporis res magnæ geruntur, ſed conſilio, authoritate, & ſcientia. Dantes enim conſilia plus agunt aliis; & philoſophi conſilia plus valuerunt in bellis quam principes aliunde, vt idem ait lib. 1. Officiorum: & ſalus eſt vbi conſilia multa, Prouerb. 11. Vnde Trogus Pompeius lib. 11. ait: Alexander victoriam obtinuit, qui conſilio gubernauit exercitum. Ita Cepolla in tract. de imperatore militum eligendo, in verbo, virtus, vbi apprime comprobat, quomodo ſapientia & induſtria etiam eſt militibus neceſſaria. Adduco dictum Horatii in Odis, lib. 3. ode 4.

Vis conſilii expers mole ruit ſua.
Vim temperatam dii quoq; prouehunt,
In maius; iidem odere viros
Omne nephas animo mouentes.
Teſtis mearum centimanus Gygas.
Sententiarum notus & integra,
Tentator Orion Dianæ,
Virginea domitus ſagitta.

Item Valerius Flaccus libr. 4. Argonauticôn, ita ſcribit: *Sæpe agri potior prudentia dextra.* Et habetur Eccleſiaſt. 9. Dicebam meliorem eſſe ſapientiam fortitudine: & paulo poſt: Melior eſt ſapientia, quam arma bellica, & Sapient. 6. Melior eſt ſapientia quam vires, & vir prudens quam fortis: & melior forti eſt ſapiens vir, & prudens vnũ conſilium multas manus vincit. Vnde apud Homerum lib. 2. Iliad. Agamemnon aſſerit facile ſe Troia potiturum, ſi decem ſibi adeſſent Neſtori ſimiles, tanquam pluris faceret decem Neſtorum conſilium, quã magnam militum manum: teſtis eſt Cælius libro antiquarum lect. 6. c. 31. Facit optime poetica hiſtoria ab ipſo Homero Odyſſeæ 8. deſcripta: dum ait, Vulcanus claudus cum ſuſpectam haberet vxorem Venerem, quod furtim cum Marte concũberet, nec vires ſuppeterent: quibus adulterantes deprehenderet, ad artes ingeniumq; confugit: lectum suum catenulis inuisibilib. circumuinxit, quod vbi fecisset, foras abire se simulat: deinde cum in arctissimis essent complexibus Mars & Venus vinculis illis hoc magis irretiti, quo magis se circumagerent, vnde in adulterio manifesto deprehensi sunt. vnde Homerus ibi dicit:

Nonnunquam assequitur tardus celeremque citumq;
Sic vti nunc Vulcanus, vt est vestigia tardus
Mauortem cepit, qui percutissimus vnus
Cunctorum, quicunq; tenent supra astra deorum.
Et quanquã est claudus pede, rem tamen arte peregit,
Proinde etiam debet pœnas deprehensus adulter.

Cui sententiæ conformat illa Menedemi philosophi, teste Laertio. Capitur ergo & ab infirmis celer, Aquilamq; breui testudo vincit. Ad hæc accedit alia, & vera historia, quam recenset Plutarchus in vita Sertorii, & Valerius Maximus libro 7. cap. 3. & Sextus Iul. Frontinus libr. Stratagematum vltimo, cap. fin. de qua etiam meminit Ioann. Andr. in cap. 1. in verbo, difficile, extra, de treuga & pace, quod cum Sertorius ipse dux strẽnuus suis copiis ex Barbara turba conflatis rationibus persuadere non posset in re militari plus habere ponderis, & momenti consilium, quam vires temerarias: postea quam illi interdum parum feliciter certassent; hoc commento vsus est: Conuocata totius exercitus turba, duos equos prope adduci iubet: alterum macie senioque confractum, alterum vegetum cauda pilosa; atque macilento illi iuuenem adhibet prægrandi statura, & viribus admirandis. Contra valenti & forti pusillum imbecillum & debilem admouet hominem. Hic vt illi præceptum erat singulos pilos robusti equi paulatim vellens, breui tempore totam depilauit caudam: iuuenis è diuerso caudam omnem gracilis equi simul manibus vtrisq; deprehensam vi atque impetu conatur euellere. Qui cum incassum niteretur, risum circumspectantib. præbuit. Sub hæc assurgens Sertorius, cuius consilio præceptoque hæc acta fuerant: Videtis (inquit) cõmilitones quanto plus possit ingenium quam vires: cui historiæ concordat dictum Horatii, libro 2. Epistolarum ad Augustum cum ait:

Vxor promisse, caudæq; pilos vt equinæ.
Paulatim vello. demo vnum, demo etiam vnum
Dum cadat elusus ratione ruentis acerni.
Qui redit ad fastos, & virtutẽ æstimat annis.

Hæc recitat Tiraquellus in suis legibus
20 connubialibus in prima lege. Vigesimo: Etiam milites plus laudantur, & inter eos extolluntur felices, quam alii. Vnde Vegetius libr. 3. de re militar. in principio dicit: Rem militarem virtute sola, vel certe felicitate contineri. Et Cepolla in tractatu ante allegato. in versic. ob felicitatem. amplè commendat felicitatem in militia: maxime in Duce exercitus, adducendo plura exempla de multis, qui laudem meruerunt ob felicitatem. Et felix dicitur prosper, quia cuncta ad votum sibi succedunt: vt habetur in prooemio Institut. in verbo, Felix. Textor vero in sua Officina, in c. Fortunati & felices, annumerat plures, qui fuerunt multũ fortunati & felices. Et istud interdum prouenit à virtute animi, vel propter multas diuitias. vel cognitionem rerum mundi. vt per gloss. in d. verbo, Felix. in prooemio ff. vel ex custodia & administratione bonorũ angelorum cuiuslibet, qui iuuant personas quibus sunt cõmissi: ita quod vnus angelus deputatus vni est fortior, & maior altero, sicuti supra dictũ est q^d quandoq; vnus Angelus vnius patriæ seu gentis resistit alteri, vt habetur Daniel. 10. Sic etiam vnus angelus vnius hominis particularis resistit alteri; prout in casu simili recitat Plutarch. lib. de Romanorum fortuna, allegatus per Celium libro antiquarum Lectionum primo, cap.

cap. 31. in fine. vbi dicit, Marcū Antonium & Augustum singulari amicitia & beneuolentia iunctos, cum suppeteret ocium, sæpe lusibus inter se diuersis transmittere solitos, verum in his cum semper victus abiret Antonius, quidam apud eum diuinādi peritia clarus, audacter ita admonuit; Antoni, quidnā tibi cum adolescente isto? refuge istū & vita. Tu quidem illustrior es natu itē grandior, sed plurium quia imperator, bella multa exantlasti, peritia rerum pręstātior es. At nescis quo pacto huius ipsius Dæmonem Dæmon reformidat tuus. Quin tua quidem fortuna ex se ampla est, sed fortunæ adolescentis subblanditur. Quod ni abieris procul, ad illum defecturam apparet.

21 Vigesimo primo: Miles habens cicatrices ex vulneribus sibi illatis in prælio, laudandus est. vnde legitur in historia Scholastica, quod Antipater Idumæus pater Magni Herodis in quodam seruitio imperatoris fuit multis vulneribus confossus. Qui tandem ab æmulis accusatus apud imperatorem, reiectis vestibus totus denudatus, dicit; *Ego Cæsar nolo me verbis apud te excusare: sed ista vulnera quæ suscepi pro te, loquantur pro me, si ego dil go te:* & ob id Cæsar illum in gratiam recepit & inculpatus remansit. Exemplum est nobis cicatricum repręsentatio in corpore saluatoris nostri Iesu Christi, & stigmata perpetua, quæ sunt quoddam sigillum irrefragabile, & supra omnia alia sigilla authenticū, ostendens veritatem suæ victorię & gloriosæ resurrectionis. Immo etiam in corporibus martyrum. Nam, vt inquit Augustinus in vlt. de ciuitate Dei: In corporibus martyrum remanebūt post resurrectionem citatrices in signū victoriæ præteritæ. Et in eodem libro etiam dicit: Videbimus in corporibus martyrū cicatrices, quas pro Christi nomine pertulerunt, nec erit in eis deformitas, sed dignitas, & in eorū corpore quædam singularis pulcritudo fulgebit. Ideo à simili alacres pugiles ob vulnerū cicatrices à suis duribus laudari debent. Horum meminit spectabilis vir Bartholomæus Chassanæus, humanorum iurium Doctor, suo in Catalogo Gloriæ mundi, in nona parte eiusdē, quem tempore ac loco Lector videre nequaquam grauabitur. Quod debetur stipendiariis, an
159 † possit peti per eorum creditores? Huius q. meminit eximius Dom. Bald. in l. Spem, num. 2. Cod. Quæ res pignor. obligar. possunt vel non. Dicens, stipendium, quod debetur stipendiariis, per eorum creditores licite petitur, in subsidium, si aliud non habent, quod credit verum, si non detrahatur à seruitio Reipublicæ, cuius commodum præferendum est commodo priuatorum. Quemadmodū etiam dicitur, Quod stipendia publica non venduntur, nec adiudicantur, in subsidium. Baldus in l. Stipendia, numero primo, De except. rei iudicat. Et quid censendum in præbendis clericorum? vide causa breuitatis D. Baldum, in dicta lege Spem, numero primo.

160 An omnis † militia faciat quem nobilem? Paucis respondendum, quod non:
161 quia militia † simplex non facit quem no-
162 bilem. Militia † enim simplex de per se non est dignitas. Gloss. in verbo, Equites. in l. Vnica, Cod. de equestri dignitate, libro duodecimo, & Bartolus in l. Ex eo tempore, ff. de militar. testamen. ergo non omnis militia facit quem nobilem. Bartolus in l. prima, C. de dignitat. libro duodecimo. vt etiam dicunt Cynus Bartolus, Baldus, & Salicetus, in l. 1. Cod. de iur. & facti ignorant. Baldus & Angelus in lege Filiusfamilias, §. veterani, ff. de procurator. Ioannes de Imola, & Panorm. in cap. In nostra, de procuratoribus. & Dominus Iason in l. finali, Cod. de testament. & in l. Si quis in conscribendo. column. prima, Codice, de pact. vbi plus dicit quod militia nedum est dignitas, sed nec nobilitas, tamen hoc tempore ex communi reputatione milites saltem equestres habentur pro nobilibus, & gaudent priui-

legiis nobilium, ita quod non cothisantur in tallus & collectis ordinariis, D. tamen Alciatus, de pact. pag. 268 & 269. dicit quod
163 militia sit dignitas, & miles sit † pagano dignior, sed ipse non tenet hoc verum in omni militia; quia hoc fallit in militia simplici de per se, vt immediate supra memini-
164 mus. Militis arma † in executione rei iudicatæ, an sint auferenda, D. Iason in §. Item Seruiana. Instit. de actionib. describit quod
165 non, & dicit ibidem, Militibus † arma sunt relinquenda, sicut etiam libri scholaribus,
166 breuiarium clerico. Militibus † an liceat capere res rusticorum ad comedendum, aut ad aliud faciendum? puta equos, boues, vaccas, vitulos, porcos, pauones, capones, gallos vel gallos gallinaceos, gallinas, gallinulas, pullos, anseres, grues, gallopauos, columbas, phasianos, perdices, palumbes, turtures, alaudas coturnices, ciconias, capras, querquedulas, picas, cycnos, olores, cuniculos, lepores, & alia animalia hîc causâ breuitatis omissa: Item, panem, butyrũ, lac, cremam, vinum, cereuisiam. Item frumentum, triticum, hordeum, auenam, fenum, & similia. Nec etiam alia nequaquam comestibilia; nempe pecunias, vestimenta, supellectilia, atq; huiusmodi alia. Huius quæstionis meminit eximius D. Carolus Ruinus, suis in consiliis, consilio 107. quinti voluminis, num 6 & 7 & determi-
167 nat ibi quod non, quia debent illi † de exercitu se permunire, & si quid deest, debent ex communitatibus terrarum exigere, hoc est, secundum Salicet. quod à communitatibus terrarum debent exigere, antequam perueniatur ad grauamen singulorum, l. 1. §. Quod si nemo, ff. Quod cuiusq; vniuersit. nomine, vel contra eam agatur, sed vbi nihil esset in communi, debet collecta imponi, vel si tempus nõ patitur, debet ab habentibus recipi, & postea collecta imponi, vt eis satisfiat, à quibus receptũ est, argum. l. Omnes 2. Cod de operib public. Reliqua lector videre poterit loco præallegato. Hanc quæstionem supra pauciorib. verbis etiam
168 tetigi. Quæstio an mareschalli hospitiorũ plusquam ordinarium stipendium exigere possunt. Nam hodie etiam ordinariũ habent stipẽdium, & præter illud varias fraudes committunt, vt paulo latius repetendo explicare possum: nempe mareschalli hospitiorum vel epidimetici quatuor generũ esse hodie videntur, vt primo præfecti hospitiorum, qui vulgo *commissarii distributionis & hospitiorum* vocantur; tum sunt designatores, quos vulgo *quartarum magistros*: deinde metatores castrorum, denique metatores hospitiorum, qui etiam mensores vel *foreriis* vel *forerarii*, vulgo *f[illegible]riers* Gallice dicuntur. Hi variis manticulationibus & conspirationibus id sæpe simul, sæpe seorsim agunt vt ciues, vel agricolas, vel incolas pecuniis emungant, & se locupletent. quũ vero id hodie cum magna fiat pernicie Reipub. & simul cum maximis tribulationib. hominum innocentium, detestari non desino tales imposturas. Inprimis illud silere nequeo, quod iam receptũ est, sed prorsus contrarium legibus & bonis moribus, ac ad infamiam falsariorum pertinet. Illud nimirum dico, quod quum in hospitandis militibus nomen militis hospitandi de iure & prisco more solet inscribi ianuæ aut portę hospitii assignati, vel loco nominis ponebatur scutum, vel signum, vel (vt vulgo dicitur) ipsa marca: nunc illud non faciunt ipsi mensores hospitiorum vel forerii dicti, sed paruæ schedulæ nomen militis hospitandi cum nomine patrisfamilias hospitii vel solum nomẽ patrisfamilias vel solũ nomen militis aut militum inscribunt, & illam schedulam non vnam sed plures diuersorum hospitiorum dant militi in hac arte instructo & subornato, qui mox cum schedulis pergit ad ditissimi vel ab ipsis designati ædes, dicit, & schedula vna monstrat sibi assignatum esse ibi hospitium. Sed si velit dare viginti, vel triginta, vel amplius pro placito, daleros, vel similem copiam pecu-

niæ,

niç, se non venturum & liberaturum ipsum ab onere hospitandi. Itaq; vbi hanc pecuniam emũxit, & rem composuit, pergit ad ædes alterius, tertii, quarti & cęterorum, de quibus schedulas habet: sic maximas pecunias breui spatio, magno compendio acquirit, sed dispendio subditorũ & principis. Nam in vrbe ea, quæ solet hospitia sufficientia præbere viginti millibus militum, & amplius, nunc vix possunt propter talem fraudem quatuor millia militum hospitari, & adhuc vix, nec nisi cum summis querelis & altercationibus: sicut multis experimentis compertum est, & vnde multæ tragœdiæ fuere nostris temporibus concitatæ cum pessimo rerum successu. Vt verè dici nunc liceat confiteri, quod in locum bonorum morum, & bonarum consuetudinum irrumpunt mali mores, malæ consuetudines, perniciosæ fraudes, & pessima facinora, quibus nos obuiare volumus & semper restitimus vt ipsam iusticiam defenderemus. Nam sciant ipsi forrerii, quod talia & similia faciendo, committunt manifesta furta, rapinas, & falsaria, insignia crimina digna emendationibus, & suppliciis tum propter facti acerbitatem, tũ propter multorum pericula & varia rerum publicarum incommoda. Nec ipsi solum forrerii huius criminis rei sunt, sed etiam omnes illi milites qui hãc impertinentem & inusitatam veris moribus receptionem vel designationem exequuntur, & hinc pecunias piscantur. Quum longe præstantius esset, quod amicitiam & defensionem vbicunque possent præstarent, quam hanc violentam & astutam ac fraudulentam exactionem, legibus & iustitiæ contrariam: falsarii enim non minus sunt hi milites, quam ipsi forerii, l. Prima, cum sua glossa. Cod. de metatis & epidimeticis, libro duodecimo, & ibi Lucas de Penna, & Ioannes Surgetes in suo libello (qui Enchiridion militaris disciplinę dicitur) in prima parte. Plura, imo innumerabilia dicenda adhuc forent, de armigeris, militibus ac stipendiariis, vt primo de eorum bonis & malis moribus, vel criminibus, quæ omnia, ne tædii arguar, omitto. quia voluminis modũ etiam excederent. Secundo, de commodis & incommodis militum; sed quia quæ sint commoda militum, ea latissime exponit Iuuenalis in Satyra, quæ incipit;

Quis numerare queat felicis præmia Galle
Militiæ, nam si subeantur prospera castra, &c.

Hæc etiam latius in legibus nostris exponuntur, & vbi priuilegia tractantur, ideo de his in præsens supersedeo.

169 Non debet omitti illud impertinens nunc nimis crebrum, quod sibi † subinde tribuni militum, centuriones vel capitanei, horumque officiarii arrogant in liberandis impostoribus, vorsuram bonorum aut bancumruptum (vulgo dictum) facientib. qui vt suos creditores ludificent, ipsorum auxilio potissimum euadunt. Olim variæ erant artes (vulgo praxes dicimus) diuitias acquirendi, sicut Horatius satis clarè exprimit & demõstrat in quinta Satyra, Sermonum secundo, in qua sic incipit:

Hoc quoq; Tyresia præter narrata petenti
Responde: quibus amissas reparare queam res
Artibus atq; modis. quid rides?

Hodie lõge maioribus subtilitatibus fraudulenti homines vtuntur quas multiplices excogitant: sed inter eas vnum duntaxat exemplum vulgo casum attingam hoc loco, vt simpliciores erudiam cauendi sibi præsertim tempore belli. Etenim si quis vel mercaturam faciens, aut proxenetam professus, iacturam suarum rerum semel vel sæpius patiatur, vel pati se fingat, & hinc vorsuram faciat (vulgo *banqueroute*) tunc is se monasteriis abdit, vel propriis aut amicorum ædibus includit, ita vt nusquam prodeat, nullam aliam ob caussam, quam ne à creditoribus compelletur néve incarceretur; quod si ne hac quidem arte satis tutus est, vt possit creditorum molestationes euitare, proximam fallaciam aggreditur, protectam præfectorum militiæ socordia vel malitia. Nimirum ipse tribunum militarem vel cẽturionem aut Capitaneum huiusve officiarium accedit, & facta recommendatione, vel aliquo dato vel saltem promisso symbolo tantum hoc procurat vt in numerum vel matriculam (vulgo *rotulam*) militum inscribatur, militum, inquam pedestrium vel equestrium, vel classiariorum; prout ipsi visum fuerit commodum; quo impetrato ac relato in catalogum nomine sine impedimento, citatione, & executione libere in publicum prodit, & ipsos creditores egregie deludit. Nam si quis ex creditoribus ipsum citare aut ad soluendum cogere velit, mox Tribunum vel Centurionem aut similem Capitaneum, cuius catalogo inscriptus est, conuenit & rem edocet, petitque à creditoribus liberari. Nec mora longa fit, quin tribunus, centurio vel similis capitaneus ipsum defendere incipit, contra creditores tuetur, & iuris cognitione eximit, idque per vim & arma potius, quam per formam iuris & æqui: idcirco debeo omnes Tribunos, Centuriones, Capitaneos, Magistros militiæ monere, ne iniustitiæ patrocinium suscipiant, neque à fraudulentis hominibus patiantur iniuriam fieri bonis creditoribus. Nam omne malum quod hinc committitur, in ipsos propemodum redundat, & Deus vindicabit. Vnde videmus quod tales Tribuni, Centuriones, Capitanei aut similes in bellis infelices sunt. Nec mirum est, quia pro militibus non milites, sed ignauum pecus, pro bonis malos, pro fidelibus impostores, pro latrantibus canibus muta pecora circumducunt, Deum offendunt, Principes & Rempublicam fallunt, seipsos infamant, malisque peccandi ausam præbent, prorsus contra quam ipsorum officium postulat. Hoc volui, ne Tribuni, Centuriones, horumque officiarii ignorarent. Nam nemo litis declinandæ, vel euitandæ captiuitatis vel effugiendæ solutionis vel similis fallaciæ causa volens fieri miles, debet inscribi vel recipi in ordinẽ militarem. Nam qui talis est, non dat nomen militiæ, ideo vt militet, sed vt alios fallat. l. Prima. & ibi Bartol. & alii scribentes, Cod. Qui militare possunt vel non. lib. 12. Facit etiam l. Non tantum. Cod. eodem titul.

Visum fuit mihi adiungere carmen in laudem bonorum militum; rursus aliud in vituperium malorum, pluribus de causis. Primo, vt illos ad virtutem promoueam, & currentibus calcar addam: hos à malo vitæ instituto dehorter, & labentibus in præceps manus supponam, ne penitus pereant, nec alios secum in perniciem trahant. Secundo, vt contrariis iuxta se positis rem reddam clariorem; idque consequar, vt ex duabus viis demonstratis in re militari, ambulantes meliorem eligant. Denique quod ipsi versus facilius memoriæ hærent, & Lectorem paucis rem plenè erudire possunt. Nec quis hoc improbet, si consideret plurimos bonos authores simili pacto populum docuisse: vnde extant veterum poetarum Satyræ, quas hic plurima ex parte imitor.

170 De bonis militibus omnis generis encomium.

Et populum latè regem, belloque potentem
Militiæ cœtus hilares pro nomine Christi,
Quis laudare potest sat dignis laudibus vnquam?
Vna boni belli commixtio continet omnes
Virtutes hominum: sequitur victoria læta.
Et lauri atque auri pia pax redimita coronis.
Hinc rerum terræ gratissima copia prostat.
Quæ vitam viuis, quæ famam terminat astris.
Quicquid habent Musæ, quidquid Venus atque Diana,

Quic-

Quicquid Apollo potens, & cæli Iupiter ampli
Cum Iunone sua, cũ Baccho possidet vsquam.
Omne tenet Pallas de patris vertice nata:
Quæ dea bellorum, quæ Martis temperat acta,
Condidit hinc arces, & sceptris oppida seruat.
Quidquid agunt ciues, & quidquid rustica turba,
Adde quod insignis sacer ordo rogare valebit:
Id iusti belli rex præstant atq; ministri,
Ordoque militiæ virtutes aggregat omnes.
Militibus veris ergo laus summa debetur.
Nec mea lingua potest castrensia dicere dona,
Quæ pro laude sua referunt monumenta laborum.
Stips venit insignis artis de munere prisco,
Argentumque nitens, auri quoque splendida massa,
Cum philyris variæ species, & forma coronæ,
Moxq; coronarum census, patrimonia lauta:
Nobilitatis honos, tituli per nomina vulgi.
Tum statuæ, statuarum templa, columnæ,
Æternum chartis signatum, & marmore nomen.
Quin taceo gemmas, phaleras, insignia mille,
Armillas, Bullas, Zonas, cum torquibus arma.
Vt qui fortis erit, sit felicissimus idem.
Hæc Ducis, hæc Equitum referunt, hæc militis omnis,
Vt Castrense bonum castrensia iura coronet.
Qui verus miles? qui fortis pectore & armis,
More leonis agit, defendens optima iura.
Iustitiamque docet, nec gestis temnere diuos.
Quique malos punit, qui iustos protegit ense:
Contentus paruo, qui spernit viuere rapto.
Principis hic solers nutus, & iussa capessit.
Obsequio promtus poterit superare Chimæram,
Et charæ patriæ gladio pessundare monstra.
Hic qui sanguinei iuuenilia munera Martis
Suscipit, integrior vitæ, sceleris q; recedens,
Delitias pellit flammasq; libidinis aufert.
Virtutis studio, turpes extinguit amores.
Assiduoq; volens validus fit membra labore.
Præclare gestis rebus splendescere certat.
Qui spaciũ vitæ extremũ inter munera ponit
Naturæ, qui ferre queat quoscunq; labores.
Nesciat irasci, cupiat nihil & potiores
Herculis ærumnas credat sæuosq; labores.
Et Venere, & canis, & plumis Sardanapali.
Vim sine consilio prudens non incipit vllam.
Vtq; mole sua ruat, atqui vim moderatam
Auxilio Diuûm semper sic prouehit arte
In maius, lætis vt sit successibus auctus,
Mente Deum, factisq; colit, viresq; mouentes
Omne nephas animo improbat aptans atque repellit.
Hic qui talis erit, num vincit passib. omnes,
Claustrorum monachos, quos stringit regula vitæ
Pro libito deuota viro re & nomine sunto?
Respice castrenses sudores, mille pericla,
Confer cum vita monachorum lancib. æquis,
Nunquid iurabis per numina cuncta Deorum,
Quod castri miles grauiori fasce laborat.
Ingrediturq; viam vitæ, quã præcipit author
Aeternæ pacis Christus, milesq; quietus.
Armigeri ergo omnes gaudete & credite Christo,
Et Christi verbum defendite pectore forti.
Vobis æternæ laudes, & gaudia restant,
Dæmone deuicto lætissima regna supersunt,
Atq; triumphandi cum sanctis summa voluptas.

171 De malis militibus omnis generis vituperium.

Militiæ mollem turbã, numerosq; malorum
Si versu insector, Musæ concedite quæso.
Credo, malos mores sectantis castra popelli
Idcirco nullus scripsit, quod tangere nollet
Vlcera feruentis stomacho, bellumq; parantis.
Hoc ergo vitium grauiter resecabitur vnquã?
Primum quod nolit miles nunc discere pulcra,
In cœtu prauo forsan si corrigis vnum,

Tota cohors inimica venit, omnesq; manipli
Consensu magno officiunt. Sic dignũ erit ergo
Declamatoris Mutinensis corde Vagelli,
Herculeis manibus, vel casus fuste peribis,
Ecquis inermis adest audens attingere verbis
Armatos ferro, pungentes cuspide teli.
Inq; illos versum conscribere grande periclum;
Qui mox cum cupiunt, ferro proscribere possunt.
Moribus hi praui citra discrimina cadunt
Iustos, iniustos: grassantur more ferarum.
In scelus omne ruunt: inprimis viuere cæde
Sanguinibusque volunt, iustorum tormine gaudent.
Qui tales degunt, quis illos laudibus ornet?
Nemo bonus certe; tacitus quin despuat illos.
Altera colluuies vitiorum possidet ipsos
Armigeros multos, quod turbant commoda pacis,
Immensis technis, mendacibus atque susurris,
Inter priuatos gignunt mala semina belli:
Charos dissidiis separant; in vulnera cogunt
Mutua deferri; sic cædes cædibus addunt:
Nulla fides pietasq; viris qui castra sequuntur:
Ergo malus Dæmon vitiosos torqueat illos
Hydrarum afflatu, serpentis & aspidis ictu.
Infestus iustis miles per Tartara tendat.
Tertia congeries conturbat castra malorũ:
Quod veros dominos proprio de limine pellunt,
Et spoliant rebus, flammas mox ædibus indũt.
Vnde fuit verum, quod dixit musa Maronis;
Impius hæc tam culta noualia miles habebit?
Barbarus has segetes? nam miles Barbarus omnis,
Quisquis erit prauus rapiens per fasque nefasque.
Cerberus hunc rapiet tandem crudelibus vmbris:
Tantalus & pœna socium coniungere speret.
Quarta carina malos pedites vehit, atq; superbos,
Qui nullum dominum, nullum cognoscere regem
Pro fastu possunt. sed certant vincere cultu
Ipsam luxuriam: sic se nunc vestibus ornant,
Miles diuitias Tyrio consumit amictu,
Mox armis auro pressis, numeroq; clientum,
Elataq; tumet thalami consorte puella.
Quæ sibi nobilior Latona gente videtur,
Et tandem scropha est Niobe fœcundior alba.
Nescia natorum cultus includere fine,
Luxuriansq; magis ingentia dona maritum
Postulat: & cunctis torquet crudelior armis.
Prodiga nec sentit pereuntem fœmina censu.
Magnificas habitare casas vult, quolibet anno
Migrãs, sat nunquã placet illi magna supellex,
Immensaq; virum rabie vexare laborat,
Donec & hic miles perfricta fronte superbus,
Fur, raptor, latro, tortor sic quidlibet audet,
Vt queat vxoris pompas nutrire diurnas.
Mox perit vt Phaethon, vel ceu Sulmonius ingens,
Vel procul extorris peregrinis ædibus errat,
Iro pauperior, donec tabescat in horas.
Militibus priscis contempta superbia mansit,
Quæ nũc increuit sumptus sine fine modoque,
Hinc nũmos posit patriam sic vẽdit & auro.
Atq; Duces veros captiuos carcere claudit
Per ludum: ludus non cognitus ante per orbem.
Quinta subest classis, modo cœtus ara merentis
Qui propter nũmos dicit tantũ omnia facta.
Ecquando vberior vitiorũ copia? quando
Maior auaritia patuit sinus? alea quando
Hos animos? neq; enim loculis comitantib. itur
Ad casum tabulæ: posita sed luditur arca.
Prœlia quanta illic dispensatore videbis
Armigero: simplex ne furor sestertia centum
Perdere, & horrenti tunicã non reddere seruo?
Quis furor ô miles, quæ tanta licentia vobis
Gentibus immeritis propriũ defendere succum
Nũmorũ causa? sed quis furor, omnia Christi
Dogmata ceu lusum cõuertere, ob æris honorẽ.
Hinc miras, multasq; simul compingere sectas,
Hinc violare sacros homines, perrũpere claustra,
Nullũ aliud numẽ terris, quã credere nũmum
Nil erit vlterius, quod sic nunc morib. addat
Posteritas. nullo prius æuo talia facta

Omne

Omne in præcipiti vitium præsens videt ætas,
Si totis velis vtar, si pandere sinus
Nunc omnes cupiã, mea me nunc deseret aura.
Hæc tantũ satis est facili perstringere penna.
Sexta cohors sequitur, vita sed plena maligna
Quæ ventrem farcit, ventrem pro numine credit.
Nam de tot pulcris, & latis orbibus, & tam
Antiquis vna comedunt patrimonia mensa,
His gurges venter, gula maxima, quæ sibi totos
Ponit apros, animal propter conuiuia natum,
Quæ canat totos pauones, fercula septem.
Mox venit, & rursus, tanquam canis, ingerit offas.
Vel bibit vt piscis, vino sua guttura multo,
Aut simili potu perfundit, & ebrius inde
Inguinis & capitis quæ sunt discrimina nescit.
Hinc turpis vomitus, languor præsensque dolorum
Pœna subit corpus, nox anxia somnia dira.
Hinc subita mortes, atq; intestata senectus,
It noua, nec tristis per cunctas fabula cœnas.
Ducitur iratis plangendum funus amicis.
Sic plenis membris descenditur vsq; Gehẽnam.
Septima turba mali modo militis arma gerentis
Restat, quæ Venerem fœdis nõ sordidus ornat,
In Venerem putris, Venerisq; altaria sectans
Armatum in Venerem bellum sine fine capessit,
Omnia, quæ seruat, luxu hoc disperdit, & inde
Prædatum pergit, quo scortis munera donet.
Sic cadit in cippos, laqueo vel guttura claudit,
Vel simili casu: vel si lapidosa chiragra
Fregerit articulos veteris ramalia fagi,
Tum crassos transisse dies, lucemq; palustrem,
Et sibi iam seri vitam gemit esse relictam.
Quondam Germanis probrum fuit ante triginta
Annorum ætatem connubia iungere certa.
At nunc cæsaries vix cernitur, & tamẽ vxor
Quæritur aut scortum. sic nunc Venus alma vagatur.
Priscis vxores bello deducere turpe,
At nunc militibus vix vxor sufficit vna,
Natorum numerus nunc circumducitur ingẽs,
Qui plus quam miles vigili dat damna colono,
Quis non militiam diris deuoueat illam,
Pestiferis plenam, complẽtemq; oppida peste?
Quæ casta vita debeat sua castra tueri,
Nunc morbo Veneris languens, contagia linquit,
Quæ totas vrbes populantur tetrius armis.

Quia vero ætas nostra in bella incidit, &
hæc non leuia, sed valde cruenta, proh do-
lor! tum apud Gallos, mox etiã apud nos,
idq; multo magis, quã maiorum nostrorũ
172 temporibus: tum quia in † re bellica nunc
multa sunt innouata, q̃ olim ignorata fue-
re, vt multorum testimonio probari potest:
Deinde cum summa difficultate nostra mi-
litaris disciplina cum veteribus conferri po-
test, vnde nec veterũ ordo bene intelligitur,
& errores in nostris exercitibus, castrensibus
& armigeris nõ facile corrigũtur; idcirco ego
in hũc campũ rei militaris paulo lati⁹ expa-
tiatus sum, quam ipse animo primũ conce-
peram; sic multa hactenus ignorata, ordine
digessi; varias difficultates obscuritatesque
explicui, & plurima peccata in hac parte co-
tidiana correctionis ergô detexi: vt euidẽ-
ter apparebit illi, qui hęc à nobis addita per-
legere nõ grauabitur. res digna proprio cõ-
mentario est. Cum autem praxin crimina-
lium forte relegerem, visum fuit eodem li-
bro meo hoc thema pertractare, sicut &
multa alia annotata, quæ auctuarii loco ac-
cessere. Quod si interea aliquid Lectori oc-
currat, non satisfaciens stomacho aut naso
ipsius, id petimus, vt in bonam partem in-
terpretetur, & corrigat. Sic meo exemplo
res mortalium adiuuerit, & à me magnas
gratias inierit: fateor namq; libenter, quod
rei militaris scientiam obiter attingo. Neq;
enim illa meę est professionis, nisi quatenus
iura nostra illam pertractare inducunt, &
hæc tempora ac vsus multus cum rei mili-

taris peritis me erudiuerunt. Quamobrem etiam modo quæ multis incomperta sunt, in medium attuli. nec minus ignorandum est, quod vnus omnia perficere & expolire nequit. quare animo candido has pręsentes de Armigeris, militibus, & stipendiariis enarrationes superioribus rerum criminaliũ commentariis loco, vbi in illis de bello tracto, adiungere operę precium duxi. Cõfido aũt eas lectori gratas, iucundas & vtiles futuras esse, propter variam rerum difficillimarum, & obscurarum expositionẽ ac methodum. Quare perlegat eo animo quo damus & studiosos iuuare cupimus.

SERIES ARTICVLORVM QVOS vniuersi Milites, cuiuscunq; fuerint conditionis, Regi tanquam supremo harum inferiorum Regionum Domino, & Statibus generalibus seruaturos iurabunt, quatenus in officio iuxta normam æquitatis retineantur.

VNiuersi Milites ac Stipendiarii, cuiuscunq; conditionis extiterint, promittent ac iurabunt fideliter inseruituros Regi, tanquam supremo harum prouinciarum Domino, & prædictis Statibus generalibus, pro cõseruatione regionum inferioris Germaniæ, omniumq; eius negociorũ, aduersus quoscunq; eius hostes, illarum socios & confœderatos absq; vlla exceptione, donec & quousq; libuerit eidem Regiæ Maiest. tã quam supremo earundem Prouinciarũ Domino, & Statibus prædictis. Quod promouebunt earundem Regionum vtilitatem & commoda, & quoad eius poterunt, damna & interesse impedient. Præcipuè vero strictè ac seuere obseruaturos Capita & Articulos infra scriptos absq; vlla contradictione, neq; admissuros, vt iisdem aliquod impedimentum, quacunq; forma aut modo, sub pœnis præuaricatoribus constitutis, iniiciatur.

Præ cæteris vero quibuscunq; rebus Miles sedulo curã geret; ne sanctũ Dei nomen, eiusq; Sanctorum in vanum assumat, neq; de Religione disceptationem ineat, sub pœna carceris; vnde nõ sit euasurus, donec nudo capite à Deo & Iustitia veniam deprecetur, præter correptionem quæ illi iuxta criminis meritũ. pro arbitrio Colonelli, Capitaneorũ, Officiariorũ & Iudicũ irrogabitur.

Vniuersi Milites tenebuntur obtẽperare iis omnibus quæ præcipientur nomine Regiæ Maiest. tãquam supremi Domini, eiusque Statuum à Colonellis, Capitaneis, Signiferis, Satellitibus, aliisq; Officiariis cohortis, in rebus quibuscunq;, siue per integram cohortem, siue per turmã, decuriam aut semidecuriam constitutis, sub pœna capitis.

Quod si contingat Capitaneum, Satellitem maiorem, vel Officiarium cohortis per absentiam supremi Ducis, vel eius Cõmissarii aliquid statuere, quod sit ex vtilitate Regię Maiestatis, tanquam supremi Domini, eiusq; Statuum, Militib. alterius cohortis quam suæ, erunt eidẽ morigeri. ceu proprio suo Præfecto & Capitaneo, absque vlla contradictione.

Capitanei, Signiferi, & alii cohortis Officiarii ad iudicium conuocati, iurabũt sententiam se laturos aduersus delinquentes, iuxta normam præsentium articulorum.

Miles contentus erit stipendio & tractatione iuxta modum à Statibus præscriptũ.

Satelliti maiori obedient Capitanei, Officiarii, & Milites, iis in reb quas ex officio iubebit pro seruitio Regis, idq; sub pœnis ex arbitrio Colonelli, si Capitaneus aut Officiarius fuerit, illi irrogãdis. Quod si Miles pręuaricatus fuerit, afficietur extremo supplicio, vel ex arbitrio Colonelli, Capitaneorũ, Officiariorum & Iudicum mulctabitur.

Nulli militum liceat nomen in tabulas referre apud duos Pręfectos aut Capitaneos, vel iterata vice, sub alio, quam suo proprio nomine se ad militiam dare, sub pœna supplicii capitalis.

Miles qui in pecuniam, vel quãcunq; rem aliam semel arma lusit, quiq; eadem per lusum

sum lucratus fuerit, vterq; carcere plectitur: si altera vice, exauctorator, & sacramento soluitor.

Quicunq; militum arma sua vendiderit, vel oppignerauerit, carcere prima vice punitor; si altera, exauctorator & sacramento soluitor.

Miles qui profugerit aut secesserit absq; facultate libello Colonelli, vel eius vicarii aut locũ tenẽtis, extremo supplicio afficitor.

Cum cohortes aliquô progredientur, nemo extra ordinem prorumpet, vel absque causa legitima, veluti propter afflictam valetudinẽ nisi ex facultate Capitanei, vel cuiuspiã Officiarii præcipui inter impedimenta reperiatur, nisi volet à latrunculatore capturæ periculum incurrere, vel ab alterius à quo deprehensus fuerit extra ordinem.

Milites vniuersum armorum apparatum tam accurate instructum habebunt, quam rei militaris dignitati conuenit, vt ritè possint, quod illis muneris incumbit, exsequi. Ad excubias vero & quascunq; alias bellicas actiones ex mandato Ducis peragendas cum iisdem armis procedent, quibus cum militiæ nomen darẽt, recensiti fuerunt, sub pœna carceris, & correptionis acrioris, pro arbitrio Colonelli, vel eius vicarii aut Locum tenentis.

Ex sclopetariis nullus ad excubias progredi audeat quin sit instruct⁹ puluere tormẽtario, globulis, funibus, quãtum oportebit: nec eo modo, quin vrgente necessitate, sclopo suo vel bõbarda dextrè vti nõ possit, sub pœna exauctorationis, armorũq; priuationis ad vsum tenuioris fortunæ Militum eiusdem cohortis pro Colonelli arbitrio. Nec erunt Regia Maiestas, tanquam supremus harum regionum Dominus, eiusque Status obligati, vt illos puluere tormentario, vel plumbo instruant, præterquam ad facinus aliquod aggrediendum. Sin vero eadem Militibus suppeditari contingat, decidetur illorum stipendiis.

Nemo cuiuscunq; sit conditionis audeat incendia redimere, cuiquam vim inferre, vel exactiones imperare, præcipuè suo hospiti, sub pœna supplicii capitalis. Cum vero illi persolutum fuerit, debebit portione sui hospitis esse contentus, nec immodeste exiget vinum, carnes, aliaq; obsonia, quę emere conueniret, sub pœna capitali.

Si Miles quidpiam intellexerit quod Regiæ Maiestati tanquam inferiorum Regionum Domino, eiusq; Statibus, Colonello, Capitaneo & Officiario damnosum aut detrimentosum foret, debebit hoc ipsum immediatè absq; vllo fauore aut dissimulatione Colonello patefacere, sub pœna extremi supplicii velut præcipui auctoris.

Nulli conuentus aut congregationes agitabuntur à Capitaneis, Officiariis aut Militibus, siue per tympani sonum, sclopi iactũ siue per clamores aliaq; indicia pro re qualibet, absq; mãdato Colon. sub pœna capitis.

Miles qui per noctẽ à signo aberit, aut sese subduxerit absq; facultate Colonelli vel Officiarii, suspendio plectitor, nisi causam habuerit legitimã qua se apud Colon. excuset.

Idem supplicium decernetur ei, qui absque causa legitima vel facultate sui Colonelli neglexerit progredi ad excubias.

Eadẽ pœna capitali plectetur quicunq; repertus fuerit dormiens ad primas excubias.

Quicunq; tesseram oblitus fuerit, ex arbitrio Colonelli plectetur.

Caueat Miles ne gladium educat in caterua, ante vel post excubias, neq; frustra sclopum laxet sub pœna capitali.

Eadem pœna plectitor qui gladium in Ciuitate vel loco præsidiario exeruerit.

Miles qui absq; causa legitima & excusatione digna abfuerit à loco designato ad cõclamandum ad arma, cum fiet ipsa conclamatio, pœna capitali punitor.

Tantisper donec Miles stipendia meruerit, à vindicta de quopiam sumenda abstineat, neque veteres simultates excitet, sub pœna capitis.

Quæcunq; contẽtiones inter milites exorientur, referendæ erunt ad Colonellos, Capitaneos & Officiarios, vt ex æquo & bono reis ius dicatur; qui secus faxit, correctione arbitraria plectitor.

Quod si peculiaris inter aliquos exorta fuisset controuersia, quæ hoc modo relata non esset ad Colonellos, Capitaneos & Officiarios, interdicitur omnibus cuiuscunq; conditionis Militibus, ne alterutram factionem sustineant, sub pœna suspendii iis omnibus inferendi, qui alterutrę voluerint esse factionis, sub mali, bonive prætextu.

Si quis in Regimento comperiatur, qui ob ætatis præteritæ vitia honore spoliatus fuisset, is ad cuius notitiam hoc peruenit, tenebitur denuntiare Capitaneo, quatenus iuxta merita condigna in illum fiat animaduersio.

Quicunq; seditionis auctor extiterit, atque Remissione capitali supplicio plectitor.

Mercatoribus, & iis omnibus qui annonam ad Oppida & Castra inuehunt, liber sit vbiq; transitus, neque vlla ratione vis inferatur, sub pœna capitis.

Nemini pabulatum ire liceat, neque rusticis annonam adimere, aut signum deserere absque voluntate sui præfecti sub pœna suspendii aut laquei.

Quicunq; in alearum aut chartarum ludo, suis commilitonibus imposturam struxerit, aut falsum commiserit, pugni abscissione plectitor.

Commilitoni suo in pecuniam ludenti, nemo teneatur præsente ludo plus dissoluere, quam habuerit paratæ pecuniæ.

Miles ab ebrietate sibi caueat; quod si per ebrietatem quempiam læserit, aut vulnus inflixerit, vel contumeliam intulerit, non habetur excusatus, sed pro meritis castigator. Quod si in procinctu armorũ eum officium exequi oportet, vel in excubiis, ebrius deprehendatur, exauctorator, & pro arbitrio Colonelli, Capitaneorum, maiorum Officiariorum & Iudicum plectitor.

Quicunq; prætori, vel eius Officiariis intulerit aut dixerit contumeliam, aut eidem captiuos sustollere conabitur, vel aliud quoduis impedimentum attulerit, vt suo officio defungi nequeat, quocunq; modo id fiat, vita priuator.

Quicunq; vim intulerit Carnifici vel eius Ministris eandem pœnam luat.

Quæcunq; vero contumelia à quopiam præter æquitatem prolata fuerit, qua alterius honor vel existimatio lædatur, eadem in eius auctorem redundet; quam si probare nequiuerit, ex arbitrio Iudicum puniatur.

Qui legum istarum & articulorum præuaricatorem occultauerit, vel vt fuga sibi prospiceret consilium dederit, loco pręuaricatoris fugitiui, talionis pœnam incurrat.

Cum ad castra, vel loca præsidio constituta eundum fuerit, in dies singulos ad minimum tria vel quatuor milliaria progredientur, neque hærebunt in pagis, aliisve locis rusticorum dispendio.

Morigeri erunt suis Cõmissariis, omnibus in rebus quas pro sua cõmissione mandaturus est.

Leges prænominatas & omnes articulos Regia Maiestas tanquam supremus inferiorum Regionum Dominus, & prædicti Status volunt & mandant seuere, inuiolate generaliter & particulariter obseruari à Capitaneis, Signiferis, Vicariis, Satellitibus, & aliis cohortium Officiariis, aliisque militib. gregariis, tam iis quorum nomina recensebuntur, quam absentibus qui in posterum nomina ad militiam dabunt, & iurabunt in easdem leges & articulos. Vult insuper eadem Regia Maiestas tãquam supremus harum Regionum Dominus, & earum Status, vt quidquid hisce in legib. vel articulis prætermissum fuit, expediret tamen ad politiam & continendos in officio Milites hîc inseri, referatur ad discretionem Colonelli; habeantque omnes ratas easdem pœnas & punitiones, earumque executiones; possintq; iidem Status huic formulę addere & minu-

minuere, quidquid ex officio militiæ istuc spectare videbitur: ea tamen conditione, vt præfecti & Capitanei omnem curam adhibeant quatenus prænominatæ leges articulatim obseruentur, sub pœna eiusdem in præuaricatores animaduersionis & correctionis.

Ita resolutum & deliberatum à consilio Militiæ & ratificatum à Statibus generalib. Bruxellæ congregatis XI. Octobris, 1577.

FORMVLA A SERENISSSIMO AVSTRIAE ARCHIDVCE BELGII *gubernatore, ex ordinum & sanctioris consilii relatione, data Frederico Perrenot Baroni Rotnarensi, Domino de Champagny, recognoscendis militibus præposito, & commissario generali, qua quid ei in hoc munere obeundo curandum aut faciendum sit præscribitur.*

INprimis necessarium estquoties militum fit recognitio, & maximę quando stipendium iis numeratur, vt serio inspiciat an equites armis equisque idoneis instructi, & pedites militię apti sint, vt iusiurãdum eorum recipiat, matriculas militum sub vnoquoque merentium habeat, quantum cuique debeatur, & quid vltimo iis solutũ sit, exactè sciat.

Nemini scribẽdorum militum potestas dabitur, quin id gubernatoris literis commissario significetur, vt eo generali matriculæ adscripto, sumptuũ totius belli ratio certior iniri possit.

Illi quoque significandum est quoties militi stipendium datur aut pecuniæ aliquid pręrogatur, quo in rationes sub nomine capitanei accipientis, referatur.

Vnicuiq; peditum legioni, aut equitum turmæ commissarius aderit specialis, qui milites ad excubandum deductos diligẽter obseruet, vt quando militum fit recognitio ab eo melius agnosci possint.

Capitaneo & duci permissum est militibus commeatum dare, aut eos emittere, & in eorum aut demortuorum locum alios sublegere, ita tamẽ, vt antequam in numerum referantur, eorum nomina edantur cõmissario generali, aut speciali, adiecta die qua commeatum dederit, militem dimiserunt aut receperunt.

Et quoniam eiusdem legionis cohortes omnes non semper simul sunt, sed pro necessitatum exigentia diuersis locis retinentur, ita vt illius legionis cõmissarius omnibus adesse nequeat, eo casu dabitur opera vt qui recognoscendis singulis cohortibus præficitur, milites quos in matricula præcedentis recognitionis nõ inuenerit, quosque postea assumptos comperit, diligenter percontetur quando, & quo militiæ gradu aut loco assumpti sint, quantum stipendii mereantur, quibus de rebus etiam iusiurãdum exigent, si id expedire videant.

Attamen si commissarius alius haberi posset, consultius videtur sequi id quod à serenis. gubernatore articulo quarto propositum est.

Quod ad commeatus concedendi aut milites dimittẽdi facultatem pertinet, iam antea cõstitutum est, ne cui id permitteretur, præter cuiusque legionis præfectis & summis ducibus, aliisq; speciatim ad id nominatis, vtque id prouinciis significetur, curabitur.

Inquiret etiam commissarius, & capitaneos interrogabit de militibus à postrema recognitione defunctis aut dimissis, & maxime de causa & tempore, vt commoda stipendiorum medii temporis in ordinum vtilitatem redire possint.

Simili modo si quos in dimissorum aut mortuorum locum inuenerit substitutos, ab iis iurisiurandum exiget, vt declarent quando recepti sunt, & quantum stipendii mereantur, quo medii temporis commodum, si quod sit, ordinibus cedat.

Commissarii particulares certiorem faciant generalem stipendii quod ducibus & capitaneis datum est, & aliorum quæ ab se in suo munere obeundo facta sunt.

Nullam commiſſarii in recognoſcendo milite rationem habebunt abſentiũ captiuorum aut ægrotorum, niſi magna & probabili de cauſa, quinimo ægrotos adibunt qui decumbere dicuntur.

Commiſſarii in matriculam referãt ſingulorum militum nomen, addito patris, matris patrieq; nomine, cuius artificii ſint, notas ſi quas aut facie aut alia corporis parte præferãt, & ſub quib. antea militauerint.

In rationibus conficiendis quid militib. debeatur, excedere non poterunt commiſſarii modum ſtipendii ab ordinibus conſtitutũ, qui vſq; ad Septembrem Anno 1577. librarum eſt XVI^C LIII. in ſingulos menſes, & ab eo tẽpore librarum XVI^C XXVI. iniungentq; ducibus vt matriculis ſuis adſcribant cuiuſq; capitanei & militis ſtipendium, quô quid cuiq; debeatur ſciri poſſet, & ſi qua in re fraudatũ ſe quis opinetur, ad illius rationẽ ſatisfieri ſibi poſtulare queat.

Obſeruet Commiſſarius diligenter an ſingulis cohortibus adſit numerus ſclopetariorum maiorum, & thoracibus ferreis armatorum, qui ab ordinib. pręſcriptus eſt.

Significabitur præterea equitum, peditumq; ducib. capitaneis eorumq; vicariis, vt cõmiſſario generali aliiſq; in militib. recognoſcendis obediant, eiſque auxilium omnemq; fauorem exhibeant, quôquod ſui muneris eſt exequi poſſint, alioquin indignationem ordinum incurſuros.

In recognitione facienda habeat cõmiſſarius huius formulę exemplar, vt oſtendat iis qui quidquam illiciti poſtulabunt, id ſibi denegatum eſſe.

Nemo huic muneri præficiatur niſi idoneus ſit, & in iis quę huc ſpectant bene verſatus, ne per eius imperitiam rationes & id genus alia confundantur.

Recognoſcendis equitibus iuſiurandum exigetur, an equi & arma ad eos pertineãt, an vero cõmodato acceperint, obſeruãtes an equi bello ſint vtiles, & ſi quid deſiderari viderint, matriculę aſſcribant, vt recognitione proxima ſubpœna dimiſſionis id emendetur.

Obſeruabit etiam an duri & contumacis oris equos habeant, & vt decet inſtructos; an equites ad eam militiam idonei ſint. Idque etiam notabũt, quo recognitione proxima defectui aut admonitione, aut ſi id expedire videant, dimiſſione proſpiciatur.

Periculum faciet an equites exercitati ſint, à ſingulis exigens haſta ad feriendum porrecta, decurſa eaque abiecta, vt equo incitato aut in gyrum acto, gladium euaginent, quo rei gerendæ ſint promptiores & de peritia ſua fidem faciant.

Perſuadere conabitur iis, qui vnico tantum mæret equo, vt tegumẽto capitis Burgundico vti velint.

Quoties gubernatori expedire videbitur, vt vnius cohortis aut plurium fiat recognitio, à capitaneis id impediri aut recuſari nõ poterit.

Obſeruabũt etiam commiſſarii an arma peditum vti haſtæ, galeæ & quæ ſunt eius generis, eorum propria ſint, aut cõmodato ſumpta, qua de re iuſiurandum ab iis exigetur.

Diſpicient etiam an arma tractare rectè ſciant, haſtam nempe torquere, ſclopetis iaculari, & iis inſtructi ſint, quæ ad eam rem ſunt neceſſaria.

Omittendum non videtur quod tam in recognitione, quam cum primum milites aſſumuntur iurare debeãt obſeruaturos ſe, quæ de eorum diſciplina conſtituta ſunt, iniungendo ducibus, capitaneis, eorumq; vicariis & ſigniferis, operam dent, vt hæc à ſuis obſeruentur, futurum alioquin vt militum culpa ab iis exigatur. Quoque hæc manifeſtiora ſint militibus, altè recitabuntur & ſubſequuto militum iuramento confirmabuntur.

Quibus peractis, commiſſarii particularis aut generalis militibus recognoſcendis operam dabunt capiti matriculæ adnotantes, quo die & loco id factum ſit, & ad marginem gnem nominis cuiusq; equitis aut peditis, quid in eorum armis desideretur, vt sequẽti recognitione menstrui stipendii priuatione corrigantur, &, nisi paruerint, militia priuentur.

Quæ omnia mutari, augeri, aut minui poterũt à gubernatore quoties aut temporis aut negociorum ratio id postulare videbitur.

Datum Antuerpiæ, sub sigillo Regio & gubernatoris subscriptione, 14 Aprilis, Anno MDLXXVIII.

Sat mandatorum, si sat disciplina & morum.

CAPVT LXXXIV.

De Pace.

Summæ rerum tractatarum in Commentariis, Cap. 84.

1 *Pacis descriptiones siue definitiones.*
2 *Pax qua bona inducat?*
3 *Pacis confirmatio est vera iusticia.*
4 *Pacem cuncta bona sequuntur.*
5 *Plures sunt causa belli, propter quas pax exbannitur.*
6 *Pacis commoda, & qui eam colere debeant.*
7 *Pacis priuilegia qua sint? remissiue.*
8 *Pacis & dilectionis commendatio. remissiue.*
9 *Pax verè est laudabilis & omnibus desiderabilis.*
10 *Pax est vinculum charitatis.*
11 *Pax quibus modis soleat fieri?*
12 *Pacis lenitas soluit, quod belli calamitas induxit.*
13 *Pacis tempore omnia in pristinum statum restitui debent.*
14 *Pacis fractor potest à quolibet de populo accusari.*
15 *Pacis violatorum pœna.*
16 *Pacem facientes an teneantur in solidum, si vnus ex illis pacem frangat?*
17 *Pace semota, vita facile perit vtilitas*
18 *Pax in dubio dicitur esse perpetua.*
19 *Tempora tria sunt, scilicet, pacis, belli, & induciarum, secundum qua vita hominis regulatur.*
20 *Bona ex pace prouenientia qua sint, enumerantur.*

Multo vtilius est, pauca idonea inserere, quam multis inutilibus homines prægrauari, l. 2. §. Contrarium autem, C. de vetet. iure enucle.

PEÆFATIO.

IN hoc opere id vnum vbique obseruare proposui, vt veritati iuris consonam praxim, & hanc, quam breuiter l ceret, præsertim cum clara methodo pertractarem; dico me studiosorum gratia claram doctrinam iuris omnibus velle aperire. Nam ex tam immensis & multis voluminibus iuris non omnibus contingit idonea, & in praxi vsitata seligere. neq; omnium literis incumbentium ingenia vel opes, vel dispositiones ferunt laboriosas lucubrationes, imprimis pauci iureconsulti in hunc campum ingressi sunt hac ætate, in quo nos desudamus, vt nostris scriptis aliorum operas iuuemus, idcirco quantum potui, egi vt claram doctrinam variorum thematum promulgarem. Cæterum nulla est clarior doctrina, quam cum contraria iuxta se posita exponuntur. vnde Philosophus verissime scribit, quod contraria iuxta se posita magis elucescunt, & contraria contrariorum sunt doctrinæ. equidem de bello olim strictius disserui. postea pluribus de causis caput illud vberius explicaui: inde etiam addidi sequens caput De armigeris, militibus ac stipendiariis, *propter redditas suo loco causas. Nunc necesse videtur de Pace seorsim caput addere, in quo multa enodantur, quæ superioribus sectionibus inseri non potuerunt: præsertim cum pax sit res contraria bello in publicis, sicut amicitia contraria inimicitiæ in priuatis; & sicut frigidum contrarium calido in tactu. neq; ex vsu est, hanc contrarietatis rationem hic copiosius demonstrare. Dialectici omnes ex confesso ponunt ipsam pacem bello esse contrariam: idem Philosophi fere omnes probant: neq; Iustinianus dissentit in principio statim suarum Institutionum scribens,* quod Imperatoriam maiestatem non solum armis decoratam, sed etiam legibus oportet esse ornatam, vt vtrũque tempus & bellorum & pacis recte possit gubernari. *vbi satis patet, quod contrarietas in tempore, quantum ad gubernationem Reipublicæ pertinet, modo habet pacem, modo bellum. Sic de bello & bellorum iure tractanti necessarium est scire ea etiam, quæ ad pacem, & pacis iura spectant. Tractaui nuper de bello: dedi huic materiæ duo capita, & opinor me plenius quam breuitas huius operis postulat, rem omnem exposuisse. Proinde restat vt de pace etiam agam, & hanc materiam vno capite saltem explicem: quod hic mox subiungo, vt prioribus duobus capitibus cognatum. multa etiam occurrebant dum hoc conscriberem, quæ cognitu necessaria, & proficua existunt, nauanti operam iuris, sed omnia infarcire non res ipsa patitur, neq; lectorum tempus postulat. Quamobrem resecui syluam: neq; enim commentarium de vno hoc themate condere volo: sed adfero in medium, quæ ignorari non debent, & quæ in communi vsu versantur, simul etiam quæ adiuuare versantem in foro possunt. ante omnia cognitio & frequens lectio huius thematis de pace excitabit & inflammabit animos plurimorum ad pacem, vt spero. Cuius ergo hunc laborem nunquam recusare potui, quin etiam dulcissimum & mihi & multis bonis suscipiendum duxi. & mox ad rem accedo.*

De-

1 DEscriptiones † pacis vel definitiones. Primo Pax (teste Fratre Dominico Soto Segobiensi Theologo, ordinis prædicatorum, Cæsareæ Maiestati à sacris confessionibus in epistolam Diui Pauli ad Romanos) est margarita Christianis preciosissima, quæ sectanda etiam est cum labore nostro, damno & opprobrio. Pax vera est, cum vnusquisque ius suum trãquille possidet, &c. Pax enim (vt 19. De ciuitate Dei, author est Augustinus) est tranquillitas ordinis, vel ordinata concordia. & sic definitionem, siue potius pacis descriptionẽ perfectam ponimus, sicut hoc. Est autem pax tranquilla libertas. vt not. per Archid. in c. Noli. 23. q. 1. Vel, est animi tranquillitas naturam seruans & temperantiam non relinquens. Vel pax est persuadibile bonum non compulsibile : Vel dic: quod si potest fieri sine damno vel scãdalo alicuius partis; tunc debent inimici ad pacem compelli: quia rex pacificus ita decreuit : vt in procemio Gregor. & ibi Bald. in 4 & 5. columnn. & arg. l. Iure communi, ff. de seruit. vrban. prædio. Adduco Bartolum in consilio, incipiente ad declarationem quæstionis, num. 200. vbi dicit quod Pax per Gof. definitur in summa de treuga & pace. si pax est discordiæ finis: sed quia discordiæ finis posset accidere multis modis vel decedẽtibus ambobus his qui habuerunt discordiam vel guerram: vel altero ficto, ideo putat Bartol. pacem potius sic definiendam esse. Pax est pactum, quo fit finis discordiç seu guerrç introductæ per pactum, l. 1. ff. de pact. l. in bello, in principio ff. de cap. l. 1. C. de caduc. tollen. & C. publicæ lætitiæ, quæ est vlt. Rubric. C. lib. 12. & l. vnica. & de pace tenenda, & de pace iuram. firman. Latius per D. Antoniũ Corsetum in suo singulari tractatu priuilegiorum pacis, post numerum primum, & numero 9. Breuiter his versibus pax & eius bonitas describitur.

Pax plenum virtutis opus, pax summa laborum,
Pax belli exacti precium, preciũq; pericli est.
Nil sine pace Deo placidum est, nec munus adaras.
Sydéra pace vigent, subsistunt terrea pace.

2 Pax † quæ bona inducat. Pax enim multa bona inducit, discordias enim remouet & tranquillam quietem inducit; statum personarum ac ciuitatum augmentat; honestatem affert; diuitias præparat; Dei ac regum gratiam tribuit; superbiam vniuscuiusq; recludit; auaritiam cuiusq; repellit; honorem honoratis adiungit; nondum honoratis præparat; Deo seruiendum animũ cuiusq; incitat; fructum affectat; expostulatum vel affectum facit acquirere seu nancisci, arg. C. de cadu. tollen. in principio, C. de offic. præfect. prætor. Afric. l. in nomine, in princip. 2 column. & C. de veter. iure enuclea. l. 2. § quantumcunq;. quæ numerantur in tit. de pace Constant. per glos. finalem.

3 Est enim pacis † confirmatio ipsa vera iustitia. vt loco immediate præallegato videre lector poterit. Vnde ex pace vbertas. vt Alciatus Iureconsultus etiã suo emblemate pulchre delineat.

Grandibus ex spicis tenues contexe corollas,
Queis circum alterno tramite vitis eat.
His compte Alcyones tranquilli in marmoris vnda
Nidificant, pullos pignora grata fouent.
Lætus erit Cereri, Baccho quoq; fertilis annis
Aequorei si rex alitis instar erit.

Sicut ex bello rerum propriarum alienatio & perditio prouenit, teste Virgilio in Bucolicis:

Impius hæc tam culta noualia miles habebit?
Barbarus has segetes: en quo discordia ciues
Perduxit miseros? en queis consæuimus agros?

Ita ex ipsa pace rursus rerum propriarum & quæ fuerunt bello amissæ, redit restitutio vel saltem recuperatio: deinde mox variarum possessionum locupletatio & ædium

destructarum reparatio, nouarumq; molitio
4 Pacem † cuncta bona sequuntur. Ex pace tandem nil aliud sequitur nisi bonũ. vt probat text. in c Quod sicut, circa medium. vbi propter bonum pacis, ext. de elect. facit text. in l. Creditor. §. 1. ff. mandati, qui text. secundum vnum intellectum potest probare: quod facere pacem est quædam necessitas, & propter hoc ibi non datur actio negotiorum gestorũ, quæ in gestis voluntatibus solet dari, l. Si communes, ff de negot. gestis habetur in l. 3. eod. tit. Bartol. in l. 2. §. Ex his, ff. de verbor. obligat. Item, pro bono pacis aliquid conceditur, quod aliàs non concederetur, textus est ibi. Gloss. & Panorm. in c. 2. de desponsatione impuberum. Deinde ad vtilitatem pacis facit; nam ex eius contrario, vt est bellum, multa mala sequuntur. vt habetur in textu, & ibi gloss. in Authentic. de armis, in principio, vt infra
5 declarabitur. Nam plures † sunt causæ belli, propter quas pax exbannitur. Prima quia non puniuntur maleficia, vt patet Ecclesiastes 8. ibi quia non profertur contra malos sententia. facit text. in c. 1. de offic. lega. in 6. dicit textus Officii nostri debitum remediis inuigilat subditorum: quia dum eorũ excutimus onera, dũ scandala remouemus; nos in eorũ quiete quiescimus, & fouemur in pace. Secunda causa est abundantia temporalium, vt patet Genes. 13. ibi facta est rixa inter pastores, Abraham & Loth. Tertia causa est, quia non occupamur in pugna contra Dæmones. 5. ad Ephesios. Non est nobis colluctatio aduersum carnem. & Esaię 28. Percussimus fœdus cum morte & cum inferno. Quarta causa est: quia non consideramus damna belli in quo diuitias, animas, & corpora perdimus. Hieronym. 46. ibi fortis incidit in fortem. Quinta causa est, quia non consideramus dubium euentum belli. Regum 12. Vbi varius est euentus belli. Sexta & vltima causa fere in hac omnia supradicta concluduntur; quia non seruamus Dei præcepta, Hieronym. 3. ibi vtinam attendissent mandata mea. facit textus in can. Reuertimini, 16. quæst. 1. Et propterea cum nolumus soluere decimas, mandato Dei veniũt bella, & quod non accipit Christus, rapit fiscus, in c. Maiores. 16. q. 6. Ista fuerunt dicta per Archidia. in can. Noli 22. q. 1. per gloss. in c. Ad apostolicæ, de re iudica. in 6. Panorm. in c. finali, in 2. columna. de restitut. spolia. Et hæ causæ præcedentes pacem dicuntur impedire. Pa-
6 cis † commoda, & qui eam colere debeant? Qui ineunt consilia pacis, sequetur eis gaudium, Prouerb. 12. & quod verius est fundamentum pacis, quam ipsa iustitia certe nihil. Et Esaię 32. dicitur opus iustitiæ pax: & istud Virgilii 6. Æneid.

——Pacis componere morem,
Parcere subiectis & debellare superbos.

Vnde Cassiodo. 3. Variarum 20. Cordi est nostro leuamen humilium, vt contra potentiam superborum nostræ pietatis exigatur obstaculum, ne liceat cuiquam apud nos audaciæ, quorum est propositi superba calcare, pro quo facit text. in l. 1. Cod de comitibus consistorianis, lib. duodecimo. Vbi in consistorio principis debet esse tranquillitas tam mentis, quam omnium sensuum. secundum Dominũ Lucam de Penna ibi, in verbo tranquillitatis. Et ideo optimus dicebat Psalm. Qui posuit fines tuos pacem. Et vates dicebat egregius, Interea pax, arua colat. Et dominica veritas suo sacro euangelio: Pacem meam do vobis. & alibi dicebat Propheta: Ego cogito cogitationes pacis & non afflictionis. Et possumus dicere, quod optimus dicebat vates, Veniat dux longa pace solutus, didicit iam pace ducem, & per D. Lucam de Penna in Rubric. & in l. 1. publicæ lætitiæ, libro duodecimo. vbi plene reperies qui dicuntur reges felices, & de multiplici specie pacis. Huc addi potest illud Alciati emblema:

En galea intrepidus miles quã gesserat, & qua
Sæpius hostili sparsa cruore fuit.:

Parta

Parta pace apibus tenuis concessit in vsum
Alueoli, & fauos, grataq; mella gerit.
Arma procul iaceant: fas sit tum sumere bella,
Quando aliter pacis non licet arte frui.

7 Pacis † Priuilegia quæ sint? Vide (causa breuitatis) tractatum priuilegiorum pacis, editum ab excelso Doctore Antonio Corseto Neptino Siculo, folio, libro meo,
8 98. verso, per totum tractatum. Pacis † & dilectionis commendatio. Vide multa apud D. Ioann. Lupum, prolixitatis euitandæ causa, in suo tractatu, De confœderatio-
9 ne principum, num. 9. & 10. Pax † vere est laudabilis & omnibus desiderabilis, textus est in cap. 1. de pace tenenda. Nec male consuetudo hinc manauit, quod in coronatione nuper electi Pontificis populus ore læto acclamare solet, *Fiat pax in virtute tua & abundantia in turribus nostris.* iuxta dictum Prophetæ facile patet, quod olim pacis cōmendatio gratissima omnib. fuit. Et Christus discipulis subinde ait: *Pacem meam do vobis, Pacem meam relinquo vobis.* nec minus ad ipsos ingressus imprecatur, *Pax vobis.* certe pacis vox in ore eius commendatissima fuit, qui etiam beatos *pacificos* vocat, quoniam ipsi Deum videbunt. Pacis bona Rauisius Textor paucis versib. expressit, propter quæ maxime sit desiderabilis, sic infit:

Pax cæleste bonum sacris altaria flammis,
Atq; tepescentes suscitat igne focos.
Pax hominum genitrix, pax est custodia rerū,
Pax aperit iuris, iustitiaq; forum.
Nulla dies homini, nulla est sine pace voluptas,
Nullus amor, nullum religionis opus.
Pax vrbes, pax regna ligat, pax congregat orbem:
Fiat vt ex multis vrbibus vna domus.
Sæcula pax renouat, pax aurea tempora cōfert,
Et mores priscæ simplicitatis habet.
Ingenuæ redeunt artes, academica florent:
Ocia Castalia sollicitantur aqua.
Pax facit innocuos saltus nemorūq; recessus,
Tutus it & tutas aduena portat opes.
Pax Cererem campis, & mittere collib. vuas
Efficit, armoso diuidit arua boue.
Gramina pace virēt, præpinguia pascua latū,
Luxuriat multa fertilitate pecus:
Pax vehit auratas peregrina p̄ æquora merces,
Et steriles ponti non sinit esse vias.
Pax hilares mensas facit, & conuiuia passim,
Et recreat molli tristia corda mero.
Pax aperit thalamos, hymenæaq; carmina cantat,
Excitat & resides non sinit esse lyras.
Pro gladiis lances gerit, & pro cassi de scuta,
Et sua Palladia tempora fronde ligat.
Gestit & ad superos agili volat ardua saltu.
Et vocat ad festos agmina longa dies.

10 Pax † est vinculum caritatis, c. Nouit, ad finem. extra de iudic. Hinc Diuus Paulus in epistola ad Romanos, Salutate inuicem in osculo sancto, vt quod est osculum pacis. vnde subiungit, Deus autem pacis conterat Sathanam sub pedibus vestris velociter. In ecclesia hodie permanet consuetudo circumferendi osculum pacis, in signum vinculi caritatis, & ecclesia cantat, *Da pacem Domine in diebus nostris.* & quæ huc faciunt, nec minus orationes fiunt causa pacis in vinculum caritatis conseruandæ. Iudas vt declararet quem traditurus esset, hoc vinculum caritatis osculo prodidit. vnde à Christo reprehensus est; & pacem quam non dilexit, nunquam obtinuit, quin seipsum suspendit.
11 Pax † quibus modis soleat fieri? Pax fit per tactum manuum, per risum reciprocum, per potum, per osculum & similia. not. in l. in ipsius, C. famili. herciscun. gloss. in §. In summa. Instit. de iniuriis. Docto. & Paul. de Castrens. in l. prima, ff. de pactis, Baldus in l. Et in epistola, Cod. de fideicommiss. Et quod dixit de osculo, nō habet locum in domino feudi. vt per Firmian. in Reperto suo, in vers. 1. in verb. Pax. Videmus hodie eos qui pacē colūt vel etiā firmāt, sibi mutuo dexteras dare,

quæ consuetudo antiquissima est. teste D.
Alciato in suis Emblematibus.

Mos fuit in partes turmis coeuntib. easdem,
Coniunctis dextris mutua dona dari.
Fœderis hæc species hoc habet concordia signum,
Vt quos iungit amor, iungat & ipsa manus.

12 Pacis † lenitas soluit, quod belli calamitas
induxit, l. 1. in principio, C. de caduc. tol-
13 len. Pacis tempore † omnia in pristinum
statum restitui debent, argum. eius quod
de redhibitione dicitur in l. Redhibere, ff. de
14 ædil edic. & l. facta, eodem tit. Pacis † fra-
ctor potest à quolibet de populo accusari,
inquantũ dimidia pœna fisco debetur, Bar-
tol. in l. 1. in fine, ff. de iure fisc. & in l. Arbi-
15 ter secunda, ff. de recept. arbit. Pacis † vio-
latorum pœna. Vide de hac materia etiam
(euitandæ prolixitatis causa) D Hugonem
in suo tractatu, de officio quatuor prælato-
rum, De obseruatione pacis, fol 37, num. 1.
Et propheta Dauid huc respexit, cum dicit;
*Ecce parturiit iniustitiam, & concepit dolo-
rem, & peperit iniquitatem. & conuertetur
dolor in caput ipsius, & nequitia in verticem
eius descendat. Lacum aperuit & effodit eum.
& incidit in foueam, quam fecit.* Sic fere fit
quod violatores pacis primo puniuntur o-
mni genere mali, quod aliis construunt: de-
inde etiam multis aliis malis affliguntur;
quare Dauid pręcipit, Inquire pacem, & per-
sequere eam. Atq; hoc primum est genus
pœnæ. Alterum quod Deum infestum fa-
ciunt, qui pacem violant, & à bonis omni-
bus exulare cogũtur, vt patet in Caim, post
16 quam fratrem Abelem occidit. Pacem †
plures facientes cum pluribus, & si vna pars
promisit alteri non contrauenire, sub pœna
mille ducatorum, & vnus fuit occisus ab a-
liquibus de alia parte, an pœna committa-
tur insolidum. & quibus acquiratur, & pro
quibus portionibus, an insolidum, & in to-
tum contra quemlibet. Vide pulcrum con-
silium Alexand. in ordine 120. incip. Viso
instrumento pacis, in 4. parte. & Bartol. in
l. final. ff. de duobus reis, in ver. Secundo
quæro, cum quo ibi transit Ang. & moder-
ni, & Bartol. in repetit. Authent. Hoc ita, in
13 quæst. C. de duob. reis, & in l. opere, ff. de
oper. liber. & per modernos in l. Si id quod,
ff. de duob reis, in quibus locis concluditur,
quod si plures fecerunt pacem cum plurib.
& promiserunt se non offendere sub pœna
mille ducatorum, postea contingit vnũ esse
offensum, omnes ex illa parte offensa non
possunt agere insolidum, nec etiam insoli-
dum possunt conueniri illi, qui sunt de par-
te offendente. vt probant ipsi per d. l. Si id
quod, & per d. l. opere. Vnde quilibet de
parte offensa potest petere virilem portio-
nem: & quilibet, qui sit de parte offendente,
17 potest conueniri pro parte virili. Pace †
semota, vitæ facile perit vtilitas. Oldra. suis
in consiliis, consilio 94. in 6. colum. Et di-
cit Imperator in tit. de pace tenenda, in vsi-
bus feud. hæc verba in laudem pacis: Pacem
desyderatam, & toti terræ necessariam per
vniuersas regni partes habendam, regia in-
18 ducimus autoritate. Pax † in dubio dici-
tur esse perpetua. Casus est elegans, in cap.
1. de pace Constantiæ; & ideo si in capitulis
pacis non est præfixum certũ tempus, præ-
19 sumitur pax facta in perpetuum Tempora
tria sunt, sc. pacis, belli & induciarum. Pet.
de Ancha. in suis consiliis, consilio 87. incip.
Præmissa facti serie. Latius videat lector per
D. Antonium Corsetũ Siculum in suo tra-
ctatu priuilegiorum pacis, num. 35. & sunt
tres modi quibus vita hominis regulatur,
Ita tenet D. Nicolaus Boerius in suis decisi.
quæst. 40. num. 1. fol. 52. 1 parte. quia aut
in pace, aut in treuga. l. postliminium, §. in-
duciæ, ff. de capt. & postlimi. reuers. & in c.
1. & 2. & ibi per Hostiens. de treug. & pac. &
tempus guerrę consistit in calamitate, quo-
niam homines inuicem se lacessunt & de-
prædantur, quod est proprium guerræ seu
belli, d. §. Induciæ. Proprium autem pacis
in lenitate, & libertatis tranquillitate ac re-
rum, & personæ securitate consistit, c. finali,
de treu-

de treug.& pace.& Archidiac.in c. Noli. 23. q. 1. Vide plura huic materiæ conuenientia apud D. Nicolaum Boerium, suis in decisionib. aureis. Quæstione 40. primæ partis. folio 51. verso. column. 4.

20 Bona † ex pace prouenientia; Pax enim multa bona inducit. Nempe,

- Discordias remouet,
- Tranquillam quietem inducit,
- Statum personarum ac ciuitatum augmentat,
- Honestatem affert,
- Diuitias præparat,
- Dei ac regum gratiam tribuit,
- Superbiam vniuscuiusque recludit,
- Auaritiam cuiusque repellit,
- Honorem honoratis adiungit,
- Nondum honoratis præparat.
- Deo seruiendum animum cuiusque incitat,
- Fructum affectat,
- Expostulatum vel affectum facit acquirere seu nancisci bonum finem,
- Quę numerantur in titulo de pace Cõstantię, per glossam finalem.

Ex pace tandem nil aliud sequitur nisi bonum. Et omnia mala, aut ad minus pręcipua malorum pars ex bello prouenientiũ, statim cessant, & impediuntur, bona ac diligenti iustitiæ administratione, quæ melius pacis, quã belli tẽpore exerceri potest, vt his nostris infelicibus temporibus plus satis conspeximus, quorum malorum præcipuorum ex bello prouenientium meminimus sub titulo, de bello. vbi latius pius lector (si lubet) rem ipsam legere poterit.

CAPVT LXXXV.

De assasinis, & assasiniis.

Summæ rerum tractatarum in Commentariis, Cap. 85.

1 *Assasini qui dicantur.*
2 *Assasinorum crimen, & pœna debita.*
3 *Assasinatus consummatus, simplici homicidio maior est.*
4 *Delictum mercede interueniente, fit intensius.*
5 *Assasinos conuictos, omnibus impunè occidere licet.*
6 *Assasinator, id est, mandans, Assasinus, id est, sese locans, Assasinorum hospes, Assasinus subsidium ferens,* — *pœna pari plectendi.*
7 *Assasinorum / Assasinis fauentium* — *bona, post factum adiicienda fisco.*
8 *Assasinator pœnitens*
9 *& Assasinus pœnitens* — *ante factum, leniùs puniendi.*

10 *Assasinatus in muliere pregnante committitur.*
11 *Assasinatus enormitas.*
12 *Assasinatorum pœnitentia & reuocatio, quando pœnam mitigent.*
13 *Assasinatus vocabulum barbarum.*
14 *Pecuniæ data Assasino pro homicidio aut alio delicto committendo cui applicetur.*

1 ASsasini sunt occisores † conductitii, hoc est scelerati, sicarii, milites aut emeriti, aut exauthorati, adhoc ab aliis mercede conducti, precib. aut præmio, vt alios (in quorum necem coniurarunt) incautos opprimãt: oppressos miserè & subdole, vbi & quando sese commoda præbebit occasio, necent, & interimant. Tales item sunt, qui idem præstant sub alicuius ducis iuramento adhuc militantes. Huiusmodi igitur
2 † assasini simulatque suam operam ad alicuius occisionem alteri addixerunt, ob pollicitum præmium, & ob pactam pecuniam, homicidii criminis rei ilicò fiunt, & vltimo supplicio plectendi sunt: etiam si facto, & re nunquam tale homicidium committãt, capite primo & ibi glos. in ver. mandauerit, de homicid lib. 6. Bart. in l. Cicero. ff. de pœnis. Et in l. Non solum, §. Si mandato
3 meo, ff. de iniuriis. Si verò † scelus tandem ex pacto perpetrarint, tũ grauiùs illi, quàm pro simplici homicidio puniendi sunt, quãdo ipsum etiam delictum, quod pecuniæ
4 gratia † committitur, enormiùs fit, quàm quod citra pecuniæ mercedem perficitur, ideoque pœna debita grauius etiam intenditur, Bal. in l. Non ideo, in princip. de accusat. faciunt quæ habentur in l. 2. § final. ff. de eo per quem fact. erit. Panorm. in c. At si clerici, extr. de iudic. D. Fredericus Schenk in triade sua, Cap. 3. de his quæ iudicibus
5 obiici & opponi possunt. Huiusmodi † præterea assasinos, & homicidas conductitios omnibus & passim iura (citra hoc vt vllam humanam pœnam incurrant) interimere permittunt: potissimum autẽ quando talis criminis rei defamantur, & per Iudicem conuicti fuerint, Angel. in consilio incipiente, Nos Carolus, Alex. in l. 3. §. 1. ff.
6 ad l. Cornel. de sicar. Quisquis autem † huiusmodi nefarios assasinos conducit, ipsisque præmium & mercedem statuit aut numerat, assasinatorem vocamus, qui non secus puniendus est per iustitiam, quàm ipse principalis perpetrator, d. c. 1. iũcta glos. in verb. Mãdauerit, de homicid. lib. 6 Quia & eadem parique pœna mulctandus est, quisquis dictos assasinos hospitio recipit, defendit, abscondit, aut ex simili fauore vllum subsidium confert. Hoc pręterea ne-
7 farium † malum, id est, assasinatum, iura ideò habent exosum, vt præter corporalem mortem, tum assasinatorum, tum assasinorum bona omnia, (præcipuè post factum) deinde etiam ipsorum fautorum bona fisco adiicienda statuerint, l. 1. & 2. C. de his qui latro. occulta. iuncta glos. in verb. Eos, multas concordantias allegante: pessimum enim genus est receptatorum, sine quibus latere nemo diu potest, l. 1. ff. de receptatoribus, nisi ii assasini aut assasinatores ciues essent talium ciuitatum, quæ per priuilegiũ, longam consuetudinem aut possessionem, aut aliis ex caussis, liberæ essent, & priuilegiatæ ab omni bonorũ confiscatione: qualis est ciuitas nostra Brugensis, & aliæ huic similes. Verum non inutilis hic moueri
8 posset quæstio, nempe, Si conductor † ille pœnitentia tandem ductus adeat conductitium suum militem, dicens, sese pœnitere pacti, nec vllo modo velle, vt ex statuto pacto, aut ex conducta mercede & mandato, facinus committat, sed potius hortetur & mandet, ne tale homicidium conspiratum vlla ratione tentet aut perficiat: An talis conductor pœnitens pari & tã graui pœna plectendus sit, ac si nunquam pœnituisset, & sententiã non reuocasset? Hanc quæstionem luculenter resoluit D. Hippo. de Marsil. in suis consiliis, consi. 105. incip. Cordi meo.

LXXXV. De assasinis

si meo: vbi apertè vult eum post pœniten-
tiam & per reuocationem mitius punien-
dum esse,& citra mortem, præcipuè si pœ-
nitens eam reuocationem fecerit re adhuc
integra & infecta, hoc est, si ille conductus
nihil apparatus, nihil violentiæ adhuc fe-
cisset, & si ad perpetrationem necdum se
armasset, aut ad locum committendi cri-
minis nondum iuisset: atque hæc Hippo.
sententia (mea quidem opinione) videtur
certissima, & æquissima: tametsi sint qui
contra rationem, ipsius sententiæ refragari
videantur. Plura enim (vt idem Hippol
eodem loco narrat) iura sunt & rationes æ-
quiores, tam diuinæ quàm humanæ, quæ
faciunt pro istius pœnitentis, adeoque re-
uocantis absolutione, quàm pro ipsius con-
demnatione: atque hinc non est puniẽdus
pœna ordinaria, sed extraordinaria. Adhæc
eodem cons. in fin. numer. 39. & 40 clarius
confirmat pœnitentiam & affectum resipi-
scentis, in quibusuis criminibus etiam e-
normibus, prodesse debere, iuxta textum,
in l. Qui falsam, ff. de fals. & iuxta Bald. in l.
5. colum 1. C. de ser. fugiti vbi vult affectum
leuius puniendum, quàm delictum: deinde
multum esse differentiæ inter delictum or-
dinatum, & delictum consummatũ & per-
fectũ, eoq; alterum altero leuius puniendũ.
Quare si delictum consummatum punia-
tur pœna mortis, tantum delictum ordina-
tum, id est, non consummatum, nõ est tam
graui pœna, scilicet mortis, puniendum,
sed pœna mitiori, & citra mortem. Ex hac
9 enarrata † quæstione correlatiuè nascitur
alia similis quæstio, de milite conducto &
pœnitente: veluti si miles ille conductitius
post pactum, post mercedẽ acceptam, tan-
dem pœnitẽtia motus factum promissum
perpetrare noluerit, sed ad conductorem
suum redeat dicẽs: se iniquè egisse & pœni-
tentia ductũ, nulla ratione tale crimẽ com-
mittere velle: An is cõductus miles pœni-
tens æquali pœna puniendus sit, ac si nulla
pœnitentia permotus facinus suum perpe-
trasset? Ad quam quæstionem pari ratione
conuenit illa superior Hippol. sentẽtia: quia
correlatiuorum criminũ idem semper cen-
sendum est iudicium, teste D. Nicolao Eue-
rardi in suo Topicorum lib. de correlatiuis.
Si igitur re adhuc integra, & ante aliqua
præparata, & ante vllã vim illatam ita pœ-
niteat, malum animum reuocet & factum
renunciet, mitius quidem, & citra mor-
tem, extra ordinem etiam puniendus est,
vti conductor ille pœnitens superior. Si
quęratur an clericus aut sacerdos hoc cri-
mine assasinatus grauatus, per laicum iu-
dicem capi poss. & citra degradationem,
morte puniri? Hanc quæst. nõ nihil attigi-
mus in superiori cap. 37 de quæst. vbi de ea
egimus, ideo te lectorem huius quæstionis
percupidum ad idem caput legendum re-
10 mittimus. Enarratis † assasinatus crimini-
bus, non admodũ absimile videtur illud
scelus quod vsuuenit mulieribus pręgnan-
tibus, veluti si mulier fœtu grauida, suique
pertæsa ponderis, & fructus ventris, aliam
mulierem aut virum adeat, consiliũq; pe-
tat, quomodo fœtum in vtero aut viuũ e-
necet, aut nõ viuum abortiat & eiiciat. Si
enim accepto consilio consulentis operam
precib. præmio ac mercede conducat, vt o-
ptatũ præstet, hoc est, vt abortiuũ fœtũ pa-
riat: tunc post tale pactũ initũ, & ipsa cõdu-
cens alterius operã, & ipsa vel ipse locãs suã
operam, ambo simul assasinii rei fiunt:
quod intelligendũ est, tam de fœtu non a-
11 nimato, quàm animato: † quandoquidem
à tali crimine propter ipsius turpitudinem
& enormitatem (quam merces parit & ma-
li patrandi promissum precium) nõ solum
iura, sed ipsa quoque natura prorsus ab-
horreat, l. Cicero, ff. de pœnis, suprà allegata
Barr. in l. Diuus ff. de extraord. criminib. D.
Paul. Grillandus in suo tract. de sortilegiis,
12 13. q. nu. 2. Quod autẽ † de assasinatoris &
assasini pœnitentia, crimen & pœnam mi-
tigãte dictum est, de pœnitentia intellexi-
mus, quæ ante factũ contigit; vti hactenus:

deinde de ea pœnitentia, quæ ante captu-
ram, citationem, aut delationem contin-
git, pariter intelligendum est. Nam si assa-
sinator & assasinus ea pœnitentia peragan-
tur, post factum semel tentatum, aut post
præparatum, aut postquam senserint sese
apud Iudicem defamatos, aut delatos. aut
si eius criminis gratia citati fuerint, aut cō-
prehensi, tunc ea pœnitentia sera foret: nam
ea de ordinata pœna nihil remittere posset,
sed essent ambo tunc plectendi, non secus
quam si crimen perpetratum fuisset, scilicet
13 vltimo supplicio, vt ante. Cæterum † hic
te rogatum velim candide Lector, ne doctas
tuas offendant aures, hæc vocabula (quib.
vsi sumus) assasinium, assasinatus, assasi-
nator, & assasinus: quum enim proprio de-
stitueremur vocabulo rem ipsam explicare
oportebat vocabulo (licet incondito) re-
pertu commodissimo: & quo doctores & i-
psi practici vti non verentur, teste etiā Bald.
in l. Si accusatoribus, C de accusat. Hacte-
nus non memini in superioribus editionib.
sub hoc cap. quæstionis alioqui non inuti-
lis aut aspernandę. Nimirum. Pecunia data
14 assasino † pro homicidio aut alio delicto
cōmittendo cui applicetur? Omissis mul-
tis hic ambagibus & argumentis, videtur
mihi (saluo semper saniore iudicio) Quod
pecunia data assasino pro homicidio aut a-
lio delicto committendo applicatur ei qui
erat assasinandus, l. Et generaliter, § Illud,
ff. de calumniatorib. & ibi Bartol hunc §.
summat Si turpitudo versatur etiā ex parte
dantis, ei non competit repetitio, sed solum
ei in cuius præiudicium datum est. huius e-
tiam recordatus est D. Ioan. Bertachinus in
suo Repertorio, sub litera P. in verbo, Pe-
cunia. Sed D. Ludouicus Romanus in suis
singularibus, singulari 329 ait glossam va-
riare: quia aliquando fisco, vt l Lucius, ff.
de iure fisci, & l. Claudius, ff. de his quibus
vt indig. aliquando parti. Sed quæ est ve-
rior (inquit) dic quod secunda sol. quod
applicetur parti regulariter text. est in di-
cta lege, Et generaliter, §. Illud, & l. Si quis
ab alio, §. Si vt filiofamil. ff. de calumniato-
ribus,

CAPVT LXXXVI.

Qui excusandi ab homicidio.

Summæ rerum tractatarum in Commentariis. CAP. 86.

Ab homicidio commisso excusantur — *Qui in facto dolo carent, intentione, & voluntate.*

1 *Pueri vel infantes* — *Septennio minores & Doli nondum capaces.*
6 *Furiosi vel phrenetici, scilicet in ipso facto.*
9 *Dormientes, de facto euenturo non præscii.*
15 *Immodicè ebrii.*
22 *Occidentes casu fortuito.*
27 *Qui instinctu diuino occidunt. Exempla varia.*
30 *Occidentes partus monstruosos, & humanæ speciei non participes.*
31 *Occidens æmulum suum colluctatorem in certamine gladiatorio.*
32 *Maior septennio, & adhuc impubes.*
33 *Senex, alioqui vita moribusque puris spectabilis.*

Qui.

34 Qui homicidiũ commisit. { a 10. annis: accusari tamen potest. a 20. annis: qui nullo modo accusari potest.

35 Satellites in violenta periculosaq; malefici captura.

36 Filius homicida per patrem delatus, oblatus Iudici.

37 Delatores aliorum homicidarum, si Iudici ita visum fuerit.

2 *Infantes ad septimum usq; annum censendi sunt.*
3 *Pueri doli capaces puniendi.*
4 *Minores septennio aliquando doli capaces esse, exemplo probatur.*
5 *Nostræ ætatis infantia, prisca infantia deterior.*
7 *Furiosi iniuriam patiuntur, nullam inferunt.*
8 *Furiosis pun t o sufficiens est, interna furoris vexatio.*
10 *Dormientes quadantenus furiosis similes.*
11 *Furiosus ad possessionem capiendam inhabilis.*
12 *Dormientes s ibinde alios occidunt: Exempla.*
13. *Dormiens, de consueto, ac futuro malo præscius non excusatur.*
14. *Putando arbores viatorem occidens, non excusatur, si non præmonuerit.*
16. *Ebrietas ad malum patrandum captata, non excusat.*
17 *Ebrietas de iure excusat à tanto, non à toto.*
18 *Ebrietas Loth incestum excusabat.*
19 *Ebrietas lenis ab homicidio non excusabat.*
20 *Ebriosorum licentiam compescuit Constitutio Cæsarea.*
21 *Ebrietas ante diluuium incognita.*
23 *Casus fortuitus, nullius consilium præuidet.*
24 *Homicidium casuale non ligat ad irregularitatem: Exempla.*
25 *Homicidium casuale committens per negligentiam, fit irregularis.*
26 *Ab irregularitate homicidii casualis, facile absoluit S. Pontifex.*
28 *Partus monstruosi vnde procedant.*
29 *Adultera plerunq; producit partus marito similes.*

QVum ante multa de homicidiis egerimus, cõgruum fuerit hîc pauculos referre, qui ab homicidii crimine excusentur.
1 Ab homicidio † igitur excusantur pueri ac infantes, necdum doli aut malitiæ capaces, quod in homicidio vero, malitiam & maleuolum animum adesse oporteat, qui in pueris nondum apparet. Ideoq; si tales occidant hominẽ, nullo modo puniendi sunt, text. est in l. Infans, & ibi latè D. Hippol. de Marsil. ad l. Corn. de sicar. nec efficiuntur irregulares. Clem. vnica de homicid. in Clementi. Rationem ponit text. in d. l. Infans. Nam infantes excusat & tuetur consilii innocentia & ætatis imbecillitas, ob quã necdum satis, quid agant, cognoscunt, l. 1. versus finem, C. de fals. monet. Infantes autẽ
2 eos iudica, † qui septennium nondum excesserunt, l. Si infanti, C. de iure deliberan. vbi doctores meminerunt differentiæ inter infantem, puerum, pupillum adolescentẽ, puberem, iuuenem, senẽ, & similes. Quod autem de infantium excusatione dictũ est, id cum limitatione & distinctione intelli-
3 gendum est: nempe, si cum infantiæ † ætate, doli non sint participes. Nam si infans doli capax fuerit, tunc plane puniendus est, non tamẽ tam rigorose, sed mitius propter

ætatem, factum nõnihil excusantem, l. Auxilium, §. In delictis, ff. de minor. & text. in
c. fi. de sentent. excom. vbi gl. in verb. Pue-
ris, tenet infantes posse doli esse capaces. pro
his facit text. in l. Si alterius, C. Si minor se
4 maior. dixerit: vbi dicitur, quod † malitia
ætatem suppleat: Et ita tenent Panorm. &
Ioan. Andr. in c. 1. de delict. puero. qui mo-
uentur per illud quod refert beatus Grego-
rius in quodam dialogo, diabolum scilicet
eripuisse puerum quendam quinq; annorũ
è manibus patris, iurantem & blasphemantem Deum: quod Deus non permisisset, nisi
ille infans fuisset doli capax. & huic opinioni adhæret Hippo. in d. l. Infans, dicens. hodie infantes sexto ætatis suæ anno callidiores esse, & mali capaciores, quam olim fuerant anno quintodecimo. Quod nos† quoque nostris comperimus temporib. in quibus pueri nequiores sunt & vitiis magis debiti, quam priscis fuerant temporibus. Atq;
hæc opinionum distinctio mihi videtur verisimilior, licèt Barbat. in addi. ad Panorm.
in d. c. 1. de delict. puero. reclamare videatur per l. Impuberẽ, ff. de furt. vbi dicit textum dicere, infantem non posse esse doli capacem. Ego vero nego hoc textum absolute
& firmiter velle asserere, quum dubie tãtum
id opinetur, sicut facilè indicat hoc verbum
(putamus.) Quod igitur textus iuris præsumptione verum putauit, id Barbat. simpliciter & certum & absolutum esse asseruit,
hoc est, minorem septennio non posse esse
6 doli capacem. † Excusantur item hac ratione furiosi & phrenetici, qui ob animi impotentiam, mentis suæ non sunt cõpotes, eoque ex deliberato animo nihil facientes, nec
quid faciant, scientes: Nam tales nullo modo puniuntur, d. l. Infans ff. ad l. Corn. de
sicar. cum eos fati infelicitas excuset, & mẽtis inopia; Ideoque nec irregulares per factum efficiuntur, d. Clement. vnica, de homicid. Etiam si matrem occidissent, l. Pœnæ, § fin. ff. ad l. Pompei. de parri. Ratio
est, quia delicta nõ committuntur sine consensu, l. 1 ff si quadru. paupe. fecis. dicatur
furiosorum autem nullus est mentis ac voluntatis consensus, l. 2. C de contrahend.
7 emption. & vendit. Quocirca tales † furiosi ab aliis vim & iniuriam sæpe patiuntur:
aliis vero iniuriam nullam inferre possunt,
ob quam per iustitiam plectendi forent, l.
Illud, § Sane, ff. de iniuriis. Ideoque eorum facta, leges, vt fortuita, & pro casibus,
& euentis accidentalibus, & sine facto personæ recipiunt, eoque impunita excusant,
l. fin ad finem ff. de administrat. tuto. Vnde si damnum det furiosus, non tenetur lege Aquilia, l. Sed & si quemcunque, §. Igitur iniuriam, ff. ad l. Aquil. Alia præterea
8 † est ratio naturalis magis, quod furiosus
satis suo furore torquetur ac punitur, l. Diuus, ff. de officio præsid. l. Pœna, § Sane, ff.
ad l. Pomp de parricid. Nec afflicto addenda est afflictio, l. Nauis, ff. ad l. Rho. de iact.
Istud tamen limitandum est, vt non stet excusatio, si deliquisset ante furorem: Nam si
ante furorem deliquisset, tum vel in ipso etiam furore puniri posset, d. l. Diuus, (vbi
additur, morbo ipsius nullam tunc dãdam
esse veniam) Hippol. in l. 1. ff. ad l. Cornel.
9 de sicar. Pari † item caussa excusandi sunt
dormientes, vt probatur in Clem. vnica, de
homicid. in Clementi. ita tenet Bartolus in
l. Pœna, ff. ad l. Pompe. de parricid. volens
illa commissa, quæ fiunt in tali hominis operatione naturali, quæ sensu vacat & volũtate, excusanda esse, sicut ea quæ à furiosis
& nihil intelligentibus committuntur, l.
Fluminum, §. Vitium, ff de damn. infe. &
l. Si seruus seruũ, § Si fornicarius, & l. Qui
10 occidit, ff. ad l. Aquil. comparantur † enim
dormientes furiosis, text. optimus in can.
Maiores, §. fi. ext. de Baptis. Vnde tales dormientes facto alioqui nefario, fortuito tamen & inscio, peccare non dicuntur, teste
gloss. in c. Testamentum, 6. distinctione.
11 Vnde † quemadmodum furiosus alicuius
rei possessionem non potest adipisci, ita nec
dormiens, l. 1. §. Adipiscimur, ff. de acqui-
renda

LXXXVI. Qui excusandi ab homicidio

11 renda vel amittend. poſſeſſ. Si quis† autem
mirabundus roget, quomodo dormiens
delinquere poſſet, & aliquem cædere vel oc-
cidere? huic reſponderi poſſet, quod Bart.
refert in l. Vt vim, ff. de iuſtitia & iure, quod
ſunt qui de nocte dormientes è lectis ſur-
gant; Et quod viderit Piſanum quendam,
qui alto ſopore preſſus ſe è lecto erexit, ſeſe-
que totum armabat, deinde per totam ci-
uitatem cantando curſitabat. Ad hæc re-
fert, Laurent. & poſt eum Cardin. Zabarel.
in Clem. vnica, de homicid. ſe quendam
habuiſſe ſocium Anglicum, qui dormiens
Pariſiis de nocte exiuerat monaſterium D.
Benedicti, vſque ad flumen Sequanæ, vbi
puerum repertum interfecerat, atque idem
domum reuerſus adhuc dormiens colloca-
uit ſe in lecto. Intelligendum eſt autē dor-
mientem in ſuo commiſſo excuſandum eſ-
ſe, ſi id ipſi dormienti nūquam contigiſſet,
13 & ſibi euenturum non prænouiſſet. Nam†
ſi ſe talē cognoſceret, & ſciret ſe in ſomnis,
aliis ſolere perniciosum eſſe, teneretur tunc
ex culpa: quia ſi talis eſſet naturæ, deberet
curare, vt ſolus in cubiculo dormiret, & cu-
biculum ante ſomnum fortiter obſerare, ne
ipſi facilis daretur exitus, Bart. in l. Pœna, ff.
14 ad l. Pompe de parricid. † Vbi Bartolus ta-
lem dormientem confert cum eo, qui ar-
borem putando, aliquem lædit, & prius e-
undem prætereuntem nō præmonuit, vt ſi-
bi caueret; qui ob ſilentium ſuum, & ob nō
præcautionem tenetur ex culpa, l. Si puta-
tor, ff. ad l. Aquiliam. Atque hæc compara-
tio dormientis cum arborum putatore ve-
rior eſt, quam ſi dormiens conferatur cum
furioſo; quia dormienti (vt illi putatori)
impingitur, & aſſignatur culpa: furioſo ve-
ro minime, vt & ſuperiora tibi facile mon-
15 ſtrauerint. Nec ab ſimili† item cauſſa ex-
cuſandi ſunt illi potores, qui ita potu & e-
brietate ſepulti ſunt, vt quid faciant, neſci-
ant, textus eſt clarus & apertus in c. Sane, cū
duobus capitulis ibi ſequentibus, 15 quæſt.
1. Salicet. in l. 1. C. ad l. Cornel. de ſicar. A-
lexand. poſt Bart. in l. Reſpiciendum, §. De-
linquunt, ff de pœnis; & Hippol. de Marſ.
16 in l. 1. ff. ad l Corn. de ſicar. Ebrius† enim
non conſentit, c. Si concupiſcentia, 15. q. 1.
hoc intellige, ſi eam ebrietatem non prius
doloſe captauerint, nec ad hoc compotaue-
rint, vt malum illud homicidium excuſa-
17 bilius perpetrare poſſint. †In ebrietate quo-
que hoc obſeruandum & notandū eſt, quod
licet ea ebrietas qualiſcunque non excuſet
à toto (ne ſua turpitudo eis plenariam ex-
cuſationem præbeat) eos tamen excuſat à
tanto, l. Omne delictum, § Per vinum, ff.
de re militar. textus eſt in c. Inebriauerunt
Loth. 15. q. 1. vbi dicit text. Quod cum filię
18 † Loth inebriaſſent patrem, & poſtea pater
ebrius eas cognouiſſet, non tenebatur pater
de inceſtu, ſed de ebrietate: Ita decidit Sali-
cet in l. 1. C. ad l. Corn. de ſicar. ita Bart. in
l. Reſpiciendum, §. Delinquūt, ff. de pœnis,
Idem Bart. in l. Aut facta, ff. eod. tit. de pœ-
nis. Ang. Aret. in ſuo tract. maleficiorum,
19 in gloſ Scienter & doloſe. Hæc autem† quę
de ebrietate excuſante diximus, vera eſſe
intellige de sūma & enormi ebrietate, quæ-
que tam vehemens eſt, vt homini mentem
& rationis vſum adimat: non de ebrietate
leui & modica, quæ nō excuſat à pœna, Bal-
dus in l. Data opera, Cod. Qui accuſare non
poſſ. facit d. l. Ob delictum, § penult. An-
gel. in d. ſuo tractat. maleficiorum, in verb.
Et ad colloquium, verſ. Sed quid ſiquis pro-
pter ebrietatem deliquerit, &c. Rurſus e-
20 brietas illa† enormis, licèt facinoris partem
ex iure eluat & excuſet, Imperator tamen
noſter prudentiſſimus Carolus Quintus,
vt immodicam & nimiam homicidiorum
committendorum ex ebrietate freqüētiam
& licentiam minueret, & ad hoc malum fa-
cilem aditum præcluderet, ſuis edictis &
diplomatibus anni 31. cauit & iuſſit, ne tam
facile iſtis ebrioſis homicidis largiretur re-
miſſio. Sed ſi quando tales comprehendi
poſſint, voluit vt non leuiter punirentur,
ſed vt prius ſupplicium ferrent ob turpem

ebrietatem: mox pro homicidio, aut pro alijs criminibus ex ebrietate commissis, puniuntur. Isthæc autem (de qua agimus)
21 ebrietas † ante diluuiū ignorabatur, vt quæ à Noe tantum initium sumpsit, qui primus vineam plantauit: Et Loth, quē Sodomia non vicit, vina vicerunt, c. Sexto die, 35 distinct. eoque ea ebrietas omnium vitiorum fomes ac nutrix est, c. Ante omnia, ead. di-
22 stinct. † Excusandi sunt præterea ab homicidio) sicut & nōnihil ante attigimus) qui illud per accidens committunt, non studio & volūtate, & exquisita malitia, sed per casum & infelix infortunium, ludendo, iocādo in lusibus permissis, & omni cum moderamine alterum incauti, aut cædentes aut lædentes, sic vt ex ea læsione violenta, tandem mors consequatur, text. est in l. 1 C. ad l. Cornel. de sicar. Vbi dicitur, quæ ex improuiso casu potius quam fraude accidunt, fato plerunq;, non noxæ imputantur: Pro his facit text. in l. Si fortuito, ff. de incend. rui. & naufra vbi patet: Quod licet puniantur pœna grauissima immittētes ignem in certum locum: prout notatur in l. . ff. ad l. Cornel. de sicar. l. Data opera. C. de his qui accusa. non possunt, per Bart. in l. Nam & salutem, ff. de offic. præfect. vigil. tamen si incendium sit casu fortuito cōmissum, ve-
23 nia indiget. Ratio prædictorum est, † quia casum fortuitum nullum hominum consilium præuidere potest. l. 2. §. Si eo tempore. ff de administra. rerum ad ciuita. pertinent. l. Fluminum, § Vitium, ff de dam.
24 infect Huc adde, quod homicidium † casuale nō imputatur homicidæ, etiam ad irregularitatem, tex est in c. Dilectus, de homicid. cum duobus sequentibus, vbi narratur: Quidā sacerdos, qui cum fuisset quadam valetudine prægrauatus, & iā per diutinum tempus extenuatus, vel deperditam morbo esuriem tandem reuocaret, equum suum valetudinis resarciendæ gratia conscendit: quem cum supra modum lasciuientem sentiret, adeo vt frenum alioqui forte & incorruptum excuteret & confringeret, non potuit tum habenis destitutus regere, sed equus proteruiens, & procursans præter voluntatem sessoris, infantulum in vlnis mulierculę interfecit seu occidit, decidit ibi text. quod non tenebatur ille sacerdos, nec irregularis fuit: tum quia dabat operam rei licitæ: tum quia non erat in aliqua culpa: Ad idem est text. in c. Significasti, & c. Lator, de homicidio, vbi habetur casus de quodam clerico, qui alium clericū habentem cultellū ad latus, proiecit in terram ludendo: cuius cultellus clericum qui alium proiecerat, fortuito casu occidit: ille ad terram proiectus non efficitur irregularis. Ratio autem, quare homicida casualis non sit irregularis (licèt Iudex etiam iustè iudicans irregularitatem incurrat, c 1. 51. distinct. Quia Iudex per executionem officii condemnando hominem, incurrit irregularitatem: eo quod ipse intendat delinquētis cōmissum, aut sanguine, aut morte punire: quocirca etiam minus aptus est sacris initiari ordinibus) est quod is committēs casuale homicidium, nunquam in facto cō-
25 sensit Limitanda † sunt autem prædicta in homicida casuali, si dedit operam rei illicitæ, vel non adhibuit omnem diligentiam, c. Presbyterum, & c Continebatur, de homicid. in antiquis, tunc enim esset irregularis Et licèt non dispensetur facile cum homicida voluntario, c. Miror, 5. distinct.
26 Tamen † dispensat summus Pontifex solus facile cum eo, qui commisit casuale homicidium: & episcopus etiam in minoribus, vt notat Panorm. in d. c. Continebatur, per illum text. & c. Ad audientiam, de homicid. dicendo, quod Archiepiscopus in d. c. Continebatur, non dispensat iure suo, sed ex commissione Papali. Superioribus seruiunt text in d. l. Omne delictum, §. Per vinum aut lasciuiam lapsis, ff. de re militar. glos. in l. 1. C Si quis impera. maled. Et l. Si ex plagis, §. Cum pila plures luderent, ff. ad l. Aquil. Qui text. loquitur in pluribus pila

pila ludentibus,quorum vnus alterum volentē pilam præripere impulit, non tamen extra naturam ludi:quipropter hoc cecidit, & crus fregit,aut mortuus est:nam talis impellens secundum naturam ludi,non punitur:& de similibus ludis puerilib. vide pulchrè Petrum de Anchara,consilio 283. Ex-
27 cusantur † prętereà ii,qui ex instinctu diuino homicidia committunt, adeò vt sacræ literæ eos subinde laudent:veluti Helias,ad cuius preces ignis descendit de cælo, per quem duos quinquagenarios occidit & cōsumpsit:ita excusatur filius Eleazari sacerdo is,qui & Iudæum coeūtem cum Madianita,& ipsam Madianitā simul gladio transfixit, Nu. 25. Et expurgatur S. Petrus, qui Ananiam & Saphiram increpans morti tradidit, Actuum 5. Item occidit Phinees hominem (inquit Chrysostomus in c. Occidit 23.q. 8.) & reputatum est illi ad iustitiā. Abraham quoque non tantum homicida, verùm etiā filicida, aut (si mauis) parricida voluntate fuit: In hoc tamen facto Deo ita placuit,vt nō crudelitatis ea caussa culparetur, sed pietatis potiùs & iustitiæ laudaretur, quòd ex obedientia tantùm filium occidere voluerit, d.c. Occidit, 2 . quęst. 8. Plures item qui ab homicidio ob iustitiam diuinam excusantur, decretorū liber pleniùs commemorat in c. Si illic.23.q. 4.c. Legi,c.
28 Occidit,c. Petrus,23. quæst. 8. Item † excusantur occidentes mulierum partus monstrosos,prodigiosos,hoc est,ab omni humana forma & specie alienos: sed bruti cuiuspiam formam referentes: Tales enim partus neutiquā baptizandi sunt, sed ilico suffocandi aut alio quocunq; modo perdendi, vt pulchrè inquit Bald. in l. Non sunt liberi,
29 ff. de statu hom. De † his autem partubus, hoc obiter candide Lector obserues velim, eos ferè ita mōstrose concipi,aut in vtero ita figurari ex ipsius matris apprehensa imaginatione in ipso cōceptionis momēto,quod testatur glo. in l. Quęritur. ff. de statu homi. Idem cōfirmatur per illud Genesis cap. 30, vbi Iacob. nouam naturæ artem dicitur inuenisse: qui vt ex vnicoloribus gregib. oues varii coloris nascerentur, posuit varii coloris virgas in canalibus, in quos effundebatur potanda mox ab ouibus aqua: vt cùm venissent greges ad bibendum,ante oculos easdē haberent virgas varicolores, ob quarum conspectarum imaginationem impressam ita conciperent: quod ita ex hac caussa factum est. Nam dum in ipso calore coitus oues intuerentur virgas maculosas, pepererunt vario & diuerso colore respersas oues. Hunc dicebat simili ex caussa Iacobus Butrigarius in l. fin. C. de Carb. edicto:
30 Quòd mulier † committens adulterium (quia in illo instanti ac puncto solet cogitare de marito) plerunq; producit partum marito similē. Quintilianus quoq; simili expurgatione defendit honestam matronā, quæ pepererat Æthiopem: nempe, non ex adulterio conceptum, sed ob nigram Æthiopis imaginē in cubiculo matronæ post partum repertam, in quā sæpe ferebatur intuita: atq; hinc illius imaginis nigredinem coniicit matronā percrebram imaginationē suo impressisse fœtui: non ex alicuius Æthiopis naturali concubitu. Plura ad hanc rem videas in farragine D. Iasonis in l. Gallus, ff. de liber. & posthumis, ad finem. Item
31 † excusatur is, qui inimicū interficit in colluctatione cum pugiles exercētur: nam talis non tenetur etiā lege Aquilia, cùm illud non inferendæ iniuriæ gratia, sed honoris, virtutis, & gloriæ causā fiat, l. Qua actione, § Si quis in colluctatione, ff. ad l. Aquil. Sed Ioan. de Lignano in tract. de bello iusto. & Ioan. de Ana. in Rubri. de cleri. pugnantib. in duello, dicūt illum text. esse correctū, etiam de iure ciuili, per text. in l. 1. de gladiatorib. lib. 11. C. vbi etiam gladiatorum spectacula cruēta sunt à iure ciuili inhibita. Et de iure Canonico hoc est correctū, per tex. in c. 1. de torneamen. Posset tamen quis & forsitan non improbabiliter dicere, quòd hodie ille tex. (in quātum de colluctatione

loquitur) remaneat incorrectus; nã & si torneamenta & similia cruẽta spectacula prohibeantur, eò quòd ex illis sæpe mors hominis suboriatur, & exinde comitetur animæ periculum; colluctatio tamen non ita facilè videtur prohibẽda, quod in ipsa non eueniat similis semper ratio, nec in ea tam sæpe homicidia committantur, minusque in ea propterea animæ periclitentur. Conuenisset hoc loco pie Lector plura de pugilibus & de ipsorum conflictu explicare; sed quia de his in superioribus meminimus, ad ea vnumquemq; istorum auidum (vt breuitati studeamus) remittimus. Item maior

32 † septennio impubes occidens hominem, ob ætatem excusatur ab homicidio; Poterit enim eum Iudex releuare à pœna mortis, si ipsum vllo modo moueat ætatis commiseratio. Et licet ætas ipsum impuberẽ non releuat à toto, l. Impuberem, ff de fur. l. 1. C. aduersus delict. vbi dicit tex. Quod in delictis prætextu ætatis non restituitur minor: minor tamen ætas ipsum releuat à tanto, l. Auxilium, §. in delictis, ff de minorib. c. 1.

33 de delict. puero. c. 1. ext. de apostat. Item † excusat textus eos senes, homicidium committẽtes, qui per omnẽ vitam suam habiti sunt fuisse inculpatis moribus, & integritate vitæ probi, quiq; ob id perpetuò cum probis & viris grauibus conuersati sunt: his enim similis ætas & vita eatenus immaculata suffragatur, vt à pœna mortis excusentur l. penul. ff. de termino moto, & text. in l. 3. C. de Episco. audien. ad fin. Itẽ, excusant

34 leges eos † homicidas, qui post commissum homicidiũ perstiterũt decẽ annos, hoc est, quorũ homicidiũ à decem annis transactis patratum est: eos enim leges à pœna mortis relaxant, l. Si diuino, ff. de pœnis, vbi si diutino tẽpore, hoc est, si per decem annos quis steterit post delictũ cõmissum, ipsius pœna subleuanda seu relaxanda est. Quin ex isto admisso maius ac vehemẽtius quiddã leges dicunt: nempe si is homicida per 20. annos stetisset, & alioqui ab omni crimine iudiciali permãsisset immunis: tunc nullo modo dicunt eum accusari posse de crimine, vti insignis textus probat in l. Querela. C. ad l. Cor. de fals. vbi apertè probatur: Si quis per 20 annos stetisset post delictum cõmissum, quòd amplius non posset accusari. Id etiã probat tex. in l. 2. C. de vectigalib. commissis, tex. in l. Adulter, C. ad l. Iul. de adulter. gloss. in verb. Subire, in l. Manichæos C. de hæreti. Porrò has duas nouissimas excusationes ponit Rochus Curtius, instar duarum limitationum, in c. fin. de consuetud. vbi ait, has dictas duas excusationes semper in memoria arctissimè seruandas, vt quę tutissima sint suffragia & patrocinia pro seruandis amicis. Huic tamen textui non aduersatur ille tex. in c. fin. de consuetud. qui dicit; Quòd tãtò grauiora sunt delicta, quantò diutiùs infelicem animã detinent alligatã. Nam ibi Rochus Curtius hũc tex. soluit tribus solutionib. quarum optima est, quòd hic tex. tantũ loquitur in foro animæ: vbi hoc dictum verissimũ est: Delictum grauari, augeri, & intendi longinquitate & mora temporis, propterea quòd ob diutinã morã impœnitentię delinquentis, paulatim in anima euanescit & intermoritur pœnitentia, & dolor, & peccatum, quod per pœnitentiam non mox eluitur, statim suo pondere ad aliud trahit: Adeò vt qui in vno delicto diu sine assumpta aut illata pœnitentia permaneat, negligens criminis efficiatur & parui pendens: eoque tandem deuenit in contemptum iudiciorum Dei, & clauium Ecclesiæ, c. Omnis vtriusq; sexus, de pœniten. & remissio. tex. autem in d. l. Si diutino, loquitur in foro iudiciali: & ita soluit Panorm. in c. Cum haberet, De eo qui duxit in matri. quam polluit per adul-

34 ter. Excusantur † prætereà ab homicidio satellites Iudicis, qui maleficum in captura necessario occidunt. Nam si maleficus quispiam in captura tam violentè & acriter se defendit, vt vel ipsis satellitibus vim inferat, ideoque sit in reluctando & repugnan-

quando violentus & vehemens, vt ipsis satellitibus ab eo potiùs periculum immineat, aut certè si ob ipsius immodicam in resistendo violentiam, capi nullo modo posset: in hoc casu iura permittunt, vt eundem maleficum satellites impunè occidere possint, potiùs quam illius delictum maneat impunitum, text. est in l. Si seruus C. de his qui ad Eccles. confug. text. in l. Quemadmodũ, §. Magistratus, ad fin. ff. ad l. Aquil.

36 Postremo † excusatur filius homicida à patre oblatus Iudici: quia Iudex non potest filium talem ad mortem condemnare, text. est in l. M. lites agrum, § Desertorem, ff. de re milita. vbi dicitur: Quòd si pater obtulerit Iudici filium militiæ desertorem, qui alioqui citra patris delationem decapitandus esset propter delictum, hoc est qui militiam contra iuramentum suum deseruit, vt probatur in l. Non omnes, §. Desertor, ff. de re milit. quia tamen ipsum pater Iudici obtulit, idcirco nulla ratione decapitandus erit. Atque idem de quocunque alio crimine dicendum est, ratione cuius alicui irroganda foret pœna mortis. Rationem autem istorum assignant hanc, quòd ius patriæ potestatis in pietate humana consistat, non in ferina atrocitate: ferinum autem & plusquam beluinum esset, si pater filium Iudici in mortem, atque adeò ad decapitandum vltro traderet. Quare iura humanæ pietati & misericordiæ potiùs, quam istius patris immitis crudelitati subseruire maluerunt, l. Diuus Adrianus, ff. ad

37 l. Pompeiam, de parricid Sunt † qui etiam volunt excusari eum homicidam, qui ipse de crimine homicidii accusatus, multos alios insuper latrones seu homicidas prodendo detulerit, demonstrauerit, & apprehendi fecerit: quia ob hoc qualecunque iustitiæ beneficium, tunc Iudex ipsi parcere quidem poterit: non autem parcere debet: etiam si id ipsi malefico prodenti antè promisisset, text. est in l. Non omnes, §. fin. ff. de re milita. textus in l. Si quis fortè, ff. de pœnis, vbi probatur & illud esse verum: etiam si dicat se dicturum aliquid, quod ad Principis pertinebit salutem.

CAPVT LXXXVII.

De Homicidiis casualibus.

Summæ rerum tractatarum in Commentariis, Cap. 87.

Quid faciendum { *Tegulariis, Balistariis, Sagittariis, Putatoribus, Equitibus, Aurigis, Omnibus,* } *vt ab aliis periculum arceant, & ipsi crimine vacent.*

1 *Tegulariis,*
2 *Balistariis,*
2 3 *Sagittariis,*
2 *Quid faciendum* — *Putatoribus,*
4 *Equitibus,*
5 *Aurigis,*
6 *Omnibus,*

7 *Per errorem vnum occidens pro alio, quomodo puniendus.*

8 *Differentia inter* { *Dolum malum, & culpam latam. Culpam leuem, & leuissimam. Casum & infortunium.* }

9 *Dolus*
10 *Lata culpa*
11 *Leuis culpa*
12 *Leuissima culpa*
13 *Infortunium*
} *quid sit, & quando contingit.*

QVoniam proxime præcedente capitu-
lo nõnulla egerimus de homicidio ca-
ſuali, libuit hic ſeorſum exempla aliquot &
caſus enarrare, quibus ferè talia homicidia
committantur, & quando in iis caſibus ho-
micidium eſt excuſabile, quando vero mi-
1 nime. Tegularius igitur† qui de opere ſuas
dimittit tegulas, quibus aliquem prætere-
untem aut lædit aut occidit, non tenetur de
læſione, neque de homicidio, ſi prius ſigna
præmonitoria conſtituerit argum. l. Cum
quid, ff. Si certum petatur, aut viua voce a-
liiſque modis debitis periculum præcauerit
& indixerit. Quod Azo intelligit, ſi loco
ac tempore congruis, acclamatio aut denũ-
ciatio fiat, quo periculum euitari poſſit: fa-
cit l. Si ſoluturus, ff. de ſolut. l. 1. in princip.
& l. De pupillo, §. In plurium, ff. de nou. o-
per. nunciat. facit item in ſimili l. Si rem, §.
fin. cum ibidẽ notat. per gloſſ. Bart. & Do-
ctor. ff. de euictionibus. Iſta item confirmat
Angel. in §. Item ſi putator. Inſtitu. de l. A-
quilia. In quo §. regulam ſtatuit & legem
omnibus domorum tegulariis, & opificib.
ſimilibus, volens, vt quoties ex alto quippiã
deiicere neceſſum fuerit, vt ante demiſſio-
nem illius, maturè & tempori ſatis, per pro-
clamationẽ aut alia edita ſigna, incautis vi-
atoribus & tranſeuntibus periculum denũ-
tient, vt per talem tempeſtiuam denuncia-
tionem commodius trãſeuntes periculum
forſan euenturum, fuga, aut mora præcaue-
re poſſint. Porro ſi æquo frequentius de vi-
tando periculo, operario inclamandum fo-
ret, ſufficiet illi pro excuſatione, vt in via
ante periculi locum ſignum aliquod, non
quidem paruum & incõſiderabile, ſed ma-
gnum, euidens & manifeſtum, euitandi pe-
riculi ponat: & præterea tale ſignum, quod
ab omnibus huiuſmodi contectorib. in ſi-
milibus operibus & tali ciuitate poni con-
ſuetum eſt: & ob cuius indiciũ iure ſibi præ-
cauere quis poſſet. Eo enim ſigno poſito,
operarius excuſabitur, etiamſi voce & cla-
more nullum aliud ſignum cauẽdi periculi
prius dediſſet, arg. d. l. Cum quid, ff. Si cert.
petat. Quæ quidem ratio & ſi non ſatis ſuf-
fragaretur operario non clamanti: ipſi tamẽ
abunde ſatis patrocinaretur diutina recepta
conſuetudo, quæ etiamnum paſſim durat
& ſeruatur, & ob quam ſatis eſſe volunt
talibus ſignis indicibus, omnibus periculũ
præmonſtraſſe. Deinde non tenetur de læ-
ſione aut homicidio, ſi in eo facto conſtite-
rit nullam interceſſiſſe malitiam, dolum,
aut odium, aut malitioſam incuriam. Si-
2 militer dicendum † eſt de baliſtariis, de ſa-
gittariis, de putatorib. ramorum, aut ſucci-
ſoribus arborum, & de omnibus deniq; o-
peratoribus ad vias publicas, quorum ope-
ra & officia non ſine pertranſeuntium peri-
culo peragũtur, qui omnes, vt in primo ca-
ſu, ab homicidio caſuali excuſantur per di-
ctos modos debitos, l. Si putator, ff. ad l. A-
quil. §. Item ſi putator, Inſtit. de l. Aquil. &
ibi Angel. Aretin. Pari ratione excuſantur
3 † ſagittarii ad ſcopum in conſtitutis hortis
iaculantes, ſi poſt vocem prænuntiam (ſi-
ſtite vel quieſcite) contingat eos quẽpiam
aut lædere aut occidere. Aut ſi is hortus ad
ſagittandum priuilegiatus, & ab omni ho-
micidii crimine per priuilegia liber fuerit.
4 Item excuſantur † equites & equorum ex-
ploratores in curſu alios lædentes aut inter-
imentes, poſtquam clare vocauerint (ca-
uete aut cedite) & ſi id factum fraude vacet
5 & malitia. Idem † cenſendum eſt de auri-
gis, currus ſuos per plateam & populum a-
6 gentibus. Poſtremo & in genere, † quiſquis
permiſſis ac licitis perfungitur officiis, & o-
pera peragit licita, in quibus aliquis caſu &
infeliciter aut læditur, aut occiditur: quam
læſionem & occiſionem non ante captaue-
rat (vt quæ caſu, & inexpectatò acciderunt)
non tenetur nec de læſione, nec de homici-
dio: verum puniri arbitrariè poterit de cul-
pa, ſi qua in facto iudici appareat, aut ſuſpe-
7 cta ſit, aut realiter in facto conſiſtat. Ad †
hunc modum ſi quiſpiam Ioannem percuſ-
ſurus petat, caſuq; intercedente, non Ioan-
nem

LXXXVII. De homicidiis casualibus

nem petitum, sed Petrum feriat & occidat: is feriens non est puniendus de homicidio, quod Petrũ aut feriendi, aut occidẽdi nullũ animũ nullamq; voluntatẽ habuit: sed damnãdus est ad detrimẽtorũ restitutionem, & reparationẽ, quod hoc ipsum factum culpa non vacet, sed culpæ sit obnoxium: quia ne Ioannem quidem petitum ipsi vllo iure concessum fuit cædere, aut ad cædendũ petere, vt probatur in l. Si cum seruo meo, ff. de iniuriis, vbi maius quiddam & apparentius dicitur: Si seruum meum percutere volens, casu Ioannem cædam, lædam aut interimam: in eo casu non tenebor crimine læsionis vel homicidii, vel actione iniuriarum, quod nullum maleuolum animum contra Ioannem gesserim, nec eum cædere putauerim: sed tantum tenebor lege Aquilia scilicet ad resarciendum damnum & detrimentorum restitutionem, textus est in l. Scientiam, §. Qui cum aliter, ff. ad l. Aquil. Similiter iudicandum est de iis qui lapidib. aut baculis canem aut felem petunt & eò iactum dirigunt: aut de iis qui sagittis aut iaculis auem petunt: interim tamen hominẽ quempiam vel lædunt vel occidunt: qui omnes quidem à læsione, & homicidio purgãdi sunt: Verum (quod in culpa facti sint) ad reparationem damni tenentur ciuiliter.

8 Porro † quum hic de dolo, & culpa agimus, velim hic obserues, iura differentiam constituere inter dolum malum, & culpam latam: & inter culpam leuem, & culpam leuissimam: & inter casum, vel euentum fortuitum.

9 † Nam dolum malum intelligunt Vlpianus & Labeo Iurisconsulti esse omnẽ calliditatem, fallaciam, machinationem ad circumueniendum, fallendum, decipiendũ alterum, adhibitam, l. 1. §. 1. ff. de dolo malo: quam definitionem seu descriptionem alii, vt Hostiens. eo. tit. in summa, & Goffre. sequuntur, verbi gratia: Si vir quispiam in fugam adactus, in domum quampiam (vt ibi tutus hæreat seu tutaretur) confugeret: Vbi paterfamilias, aut alius se fugati amicũ simulans, tanquam defensurus eum fugatum, ostium domus occludit fugantibus hostibus, fenestram verò minimè, idq; malitiosè & subdolè, vt per eam fugãtes hostes irrumperent, fugatum caperent & occiderent: Quis huius impostoris factum non ilico dolum malum, imo dolum pessimum

10 censuerit? † Grandis autem vel lata culpa est, non intelligere, quod omnes intelligũt: non facere quod omnes faciunt, aut maior pars: vel id facere, quod nulli vel pauci faciunt, id est, quum quis astute & ex simulatione peccat, vt quum suis commissis peccatis præstruit, non esse moris, non se sciuisse, non intellexisse aliquid, quod tamen vsu est receptissimũ, quodq; sciuerat certissimè, & omnium optime cognouit & intellexit, aut saltem scire & intelligere debuerat, l. Latæ culpæ, ff. de verbo. signifi. l. Regula, §. Si filius, ff. de iuris & fact. igno. notat gloss. in l. Quod Nerua, ff. deposit. veluti omnib. est in propatulo Tegularios solere & debere vocare antequam tegulas dimittant: Tegularius verò contra dicat, se nõ sciuisse eas leges nec consuetudines, ideoq; nullum cõstituisse signum nec clamasse; eo in casu, tegularius non excusatur, sed per latam culpã reus fit omnium malorum, & infelicium euentorum, quæ per suam negligentiam eueniunt. Quandoquidem eas leges & consuetudines certo cognouisse debuerat, quas fere norunt omnes. Ideoque hanc latã culpam, malum dolum æstimant, quod dolo malo pene in omnibus sit consimilis, l. 1. §. Hæc actio, ff. Si mens. fals. mod. dixer. lege Quæsitum, §. Eum quoque, ff. de precar. & vulgata l. Quod Nerua, ff. deposit. & ibi Bar. ac eius sequaces. Fallit hæc similitudo in trib. casib. Primo in criminibus publicis, l. In lege, ff. ad l. Corn. de sicar. Secundo, in iuramentis præstandis in caussa, l. In actionibus, §. Sed Iudex, in fin. ff. de in litem iurand. & ibi gloss. in verb. non etiam. Tertio, in delatione iuramenti seu sacramenti in litem; & de his videte bonã gloss. in ver-

bo, ob culpam in § Suspectus autem remotus, Instit. de suspect. tutorib. vel curato.
11 Leuis† verò culpa, est negligentia & incuria in rebus dubiis, & vbi quis non præter rationem ambigere posset, an vllum periculum subesset, aut inde consequi posset, an non: vel succinctius: Leuis culpa est, desidia & neglig ētia in rebus in quib. dubitare licet, §. Preterea, iuncta glos. in verb. debet, Instit. Quib. mod. re cōtrahitur obligat. verbi gratia: Si tegularius vspiam domum tegat in platea aliqua remota, abdita & secreta, quā non satis sciuit fuisse viam vel plateam publicam, an priuatam: in hoc casu, si quod euenirет malum, leui culpa excusandum esset.
12 Leuior † culpa est (quam nonnulli vocant leuissimam) qua quis malum aliquo modo præuidere seu ab alio arcere & præcauere potuisset, sed non præcauit, nec præuidit, d. §. Præterea, cum gloss. in ver. debet, iamiam præall. Veluti si domus mea caduca foret, ruinā sua dispositione minitās, quā ruinam impedire potuissem, imo impediendam esse ob imminens periculum certo nouissem: quam tamen per oscitantem incuriam non impediui: eo in casu, si domus ruat, vlli ve vicinorum detrimentum inferat ob meam incuriam, ad omnium detrimentorum reparationē deuinctus sum, vt
13 qui omissione in culpa fuerim. † Verum omnis casualis euentus est, qui plane fortuito accidit, & de quo nem[illegible]liquid mali euē turum suspicari certa ratione posset: hunc dolendum vocant infortunium, quod propterea neminem trahere ad culpam, nec ad detrimēti reparationem ligare licet. l. Quæ fortuitis, C. de pign. acti. & §. Item is cui, Institut. Quibus mod. re contrah. obligat. veluti, si pueri parum cauti, sub equos aut sub aliquorum currentes currus lędātur aut occidantur: illius enim infortunii ratione nemo culpandus, aut condemnādus venit.

CAPVT LXXXIIX.

De Latrociniis.

Summæ rerum tractatarum in Commentariis CAP. 88.

1 *Latrocinii definitiones, & diuersitates.*
2 *Furum & latronum differentia.*
3 *Textus varii de latronibus.*
4 *Latrones non tuentur loca sacra.*
5 *Latronibus non permittitur* { *Purgatio.* *Appellatio.* *Remissio.* }
6 *Latrones à Prinsipe remissionem non impetrant.*
7 *Latronum supplicia ex consuetudine.*
8 *Latronum supplicia ex Iure.*
9 *Pascha, & feriatis diebus non proceditur in caussa criminali.*
10 *Latrones insignes, etiam die Pascha, fas est ad furcam rapere.*
11 *Latrones bannitos, quibusuis fas est occidere.*

SPecies item homicidii est latrocinium, homicidio tamen multo nocentius, grauius, & multo quidem dictis homicidiis
1 scelere differentius. Quandoquidem † latrocinium vocamus illud homicidiū, quo aliquem latenter & furtim per vim spoliant: & spoliis nequaquam contenti, insuper occidunt, aut saltem animo occidendi aggrediuntur

LXXXVIII. De latrociniis

diuntur extra viam publicam, in syluis aliisque locis semotis à conspectu populi: vel latrocinium est aliquem subdole, occulte, & non aperto Marte, à tergo occidere, vel aliquem occidere in noctis silentio tacite, & non loquendo, vel indicando vt sese defenderet. Aut certe latrocinium habetur illud homicidium suum, quod aliquis iuxta leges patriæ consuetas, certo tempore constituto non defert ad notitiam Iudicis, de quo in superioribus etiam meminimus. †
2 In hoc capite autem non est animus perplexas illas, atque dissidiosas Doctorum opiniones exactè discutere, quas de differentiis furum & latronum disputant, & de furto & latrocinio, quum ista ad infra sequentia capita de furtis, iustius spectare videantur. Hoc enim loco de eo latrocinio tantum agere statui, quod cum homicidio coniunctum sit, quodque vel re, vel expressa voluntate sit veri homicidii species: atque ita tali latrocinio competunt suprascriptæ definitiones: ad quas mihi suffragatur Angelus Perusinus in Authent. Sed nouo iure, C. de seru. fugit. Cuius dicto ibidem subscribunt Paul. Castrens. & Franciscus Aretin. qui aiunt, Latrones scilicet insignes & famosos esse eos, qui homines per vim in domibus vel viis publicis aut priuatis, suis rebus spoliant, quibus spoliis non contenti, eos præterea aut occidunt, aut animo occidendi promptissimo (vti ex inuasionis specie constabit) adoriuntur. Fures vero (vt hoc obiter interiiciam) eos tantum appellant, qui clam quocunque tempore, siue diurno, siue nocturno tempore surripiunt: cætera infra de furibus. Porro di-
3 cta,† nostra etiam confirmant præfati Doctor. plurimum æstimantes textus §. Famosos, in l. Capitalium. ff. de pœnis, in duobus locis: Primo ibi, Cognatis & affinibus interemptorum. Secundo ibi, Quomodo latrones homicidia fecissent: & ita ad hoc põderat illum textum Raphael Fulgosius in consiliis suis, consilio 157. in secunda colum. vbi dicit, sui temporis tunc neotericos hoc modo intelligere dictum text. quin & ita eum intelligit Iacobus Butrigarius in d. Authent. Sed nouo iure. Et Azo in summa in fin. C. eod. tit. de seruis fugiti. Pro maiore item dictorum meorum corroboratione, ipse sequentes omnes textus nõ ab re collectos adiicere volui, ex quibus liquido confirmari videbis, quæ ante de latrocinio (vt hic accipimus) definiuimus, & quod tales latrones iure occidendi sint: imo plerosque textus citabo qui de latronibus, & eorum latrociniis puniendis loquuntur. Principiò igitur nobis seruit text. in l. Prouinciarum, C. de feriis, vbi dicitur: quod per mortem latronum, multorum salus & incolumitas procuratur. Secundo textus in c. Suscepimus. ext. de homicid. vbi latrones dicuntur homines affligere, nõ solum in bonis, sed etiam in personis. Tertio textus in l. Si vt allegas, Cod. ad l. Cornel. de sicar. dum ibi dicitur: Si, vt allegas latrocinantem peremisti, dubium non est, eum qui inferendæ cædis voluntate præcesserat, iure cæsum videri, ponderando text. ibi, latrocinantem, & ibi, inferendæ cædis voluntate. Quarto text. in c. Cum homo, 23. quæst. 5. vbi dicit text. latronem homines occidere nocendi cupiditate vel iniuste aliquid auferendi. Quinto text. in l. Diuus, ff. ad l. Pompe. de parricid. vbi dicitur: Quod si quis filium cum nouerca adulterantem occiderit, magis latronis quam patris iure interfecisse videtur: nam patria potestas in pietate debet, non in atrocitate consistere. Sexto facit text. in l. Per omnes, C. de defensorib. ciuitat. ibi, fera & periculi sui nescia latronum feruet insania. Septimo text. in c. Non est crudelis, 23. quæst. 5. ibi, latro suspendendus crudelem Iudicem putat, non tamẽ est crudelis, qui crudelem iugulat. Hoc obserua in proxime adductis testibus: Quod latrones feri & crudeles dicuntur: nam hoc nomen Doctores & iura non attribuerent, nisi homines perso-

naliter affligeretur. Octauo pro his est text. in c. Est iniust. 23. q. 4. dum ibi dicitur: Si quis latronem absoluendum putat, innocentes tradit exitio, qui liberat multorum exitia cogitantem. Nono facit, quod scribitur Marci 15. vbi probatur, quod Barrabas homicidium commiserat. Et Lucæ 23. dicitur, quod propter seditionem & homicidiũ missus fuerat in carcerem. Et Ioan. 18. dicitur, quod erat latro. Decimo facit quod scribitur Actuum 3. Vos sanctum & iustum negastis, & petistis virum homicidam donari vobis. Vndecimo non omitto quod legitur Lucæ 10. Homo quidam descendebat ab Hierusalem in Hiericho, & incidit in latrones: qui spoliauerunt eum, & plagis impositis abiuerunt semiuiuo relicto. Duodecimo facit text. in l. Diuus, ff de Senatuscõsult. Syl. ibi. Conterritus aduentu latronũ, & ibi vulneratum. Decimotertio text. est ad hoc in c. Admonere, 33. q. 2. vbi inquit notabiliter litera, eum qui occidit vxorẽ, eam occidisse more latronum. Decimoquarto est text. in l. Itaque. ff ad l. Aquil. ibi, Seruum tuum latronem insidiantem mihi: & in illis verbis, aduersus periculũ. Decimoquinto tex. est in l. Etiam, ff. de manu. vindict. ibi, dominum contra latrones tuitus sit. Decimosexto facit quod scribitur Ezechielis 18. ibi. Quod si genuerit filiũ latronem effundentem sanguinem non viuet; cum vniuersa hæc detestanda fecerit, morte morietur, sanguis eius in ipso erit. Decimoseptimo pro hoc cito l. Qui a latronibus, ff. de testa. & l. Hostes, ff de capti. & postlimi. reuers. vbi patet latrones redigere velle homines in seruitutem, licèt obstent iura; & sic saltem volunt homines morte ciuili opprimere: Nam seruitutem mortalitati ferè comparamus, l. Seruitutem, ff. de reg iuris. Et mors seruituti turpitudiniq; anteponenda est auctore Tullio. Decimooctauo ad id adduco illud Horatianum in Epistolis; Vt iugulent homines, surgunt de nocte latrones; quod in medium adfert gloss. in verb. Qui male agit, in c. Cõsuluit. de offic. & potest. iud. delega. qui text. ad hoc potest non insipidè citari per doctrinam Bart. in l. 1. in 5. colum. ff. Si cert. peta. vbi inquit Bartol. Quod scripturis quæ in studiis tanquã authenticæ reputantur, quãtum ad artẽ suam, est standum, vt Aristotelis, Hippocratis, Ciceronis, & aliorum in scholis receptorum, pro qua doctrina est text. in l. Si pater, ff. de solut. l. Septimo mense, ff de statu homin. l. Fulcinius, ver. Quid sit autem latitare, ff. quib. ex caus. in possess. eatur. Huiusmodi
4 itaq; omnia † latrocinia, iura ipsa tãto prosequuntur odio, & indignatione, vt eos latrones præcipuè in nemoribus grassantes, ne sacras quidem ædes ac cœmeteria tutari velint, c. Inter alia, & Scrib. extr. de immu Eccles. & eos indignos censeant, qui sese homicidio titulo ad purgationem offerãt: aut ad aliud tribunal remissionem exposcant:
5 aut † qui vllum priuilegium exceptionis pro expurgatione proponant; aut etiam appellent (quia appellationi latronis Iudex non debet deferre) d. c. Inter alia. Facta quoq;
6 latronum, hoc est, † dicta ipsa latrocinia tam ingrata sint Principibus, vt ne ipsi quidem Principes ipsa potestate sua ordinaria remittere possint, aut velint. licet extraordinaria hoc aliquando ex caussa fieri videamus. Sed
7 latronum † causa & processus peragitur eodem loco, vbi captus fuit & captiuus detinetur, & tandẽ de scelere conuictus damnatur puniendus, vt crati vimineæ insidẽs publice pertrahatur ad locum supplicii, vbi vltore gladio decollatus vitam suam finiat, & corpus detruncatũ rotæ insideat, caput vero aut palo infixum suffigatur in altum, aut in puteum, cui stipes rotæ inseritur, inhumandum coniiciatur. Deinde apud multos inoleuit, vt post executionem peractam, ad maiorem latrocinii detestationem, appendere soleant rotæ eadem instrumenta, quibus latrocinia commiserunt, aut similia indicia (veluti ramos, baculos, &c.) quibus populo pertranseunti commonstraretur latroci-

trocinium,aut commissa homicidia, iuxta
numerum baculorum. Atque hæc omnia
iuxta variam consuetudinem ciuitatum,
regionis & patriæ dicta sunto: quandoqui-
dem in his omnibus consuetudines regio-
num plurimum variare videmus: atque
adeò hæc ita ex consuetudine omnia. Iura
8 † tamen, & legalis authoritas famosos la-
trones furcis affigendos esse constituunt, l.
Capitalium, §. Famosos, ff. de pœnis: vbi
expresse text. famosos latrones in his locis,
vbi grassati sunt, furca figendos, quàm plu-
ribus placuit: vt & conspectu deterreantur
alii ab iisdem facinoribus, & solatio sit co-
gnatis & affinibus interemptorum, eodem
loco pœna reddita, quo latrones homici-
dia fecissent. Ad idem text. in l. Ne quid,
ff. de incend rui. naufrag. vbi dicitur: Gra-
uem præsidi sententiam de latronibus di-
cere permissum: text. est iuncta gloss. in l.
2. ff. arbo. furt. cæsar. text. est in l. Prætor, §.
Aduersas, ff. de sepul. viola. text. est in l. Di-
ui. §. Si qui ex principalibus, ff. de pœnis,
text. est in d.c. Non est crudelis, ibi, latro.
suspendendus, gloss. in c. Si quis fortitu-
dinem, 23. quæst. 3 facit quod scribitur Lu-
cæ 23. vbi alter latronum cum Christo cru-
cifixorum ait: Et nos quidem digna factis
recepimus. Ita tenet Bart. in d. §. Famosos,
& in d. Authent. Sed nouo iure, vbi idem
tenent & adstruunt Bald. Angel. Paul. Sa-
lice. Bartho. Cepolla, & Franciscus Areti.
Angel. Aretin. & Iason in §. Ex maleficiis,
Institu. de actionibus. Idem Angel. in tra-
cta. maleficiorum, in verb. Et vestem cęle-
stem abstulit: Ita Raphael Fulgosius, con-
siliis suis, consilio 157. in 2. colum. Paris de
Puteo in tractat. de syndicatu, in verb. latro.
Accedat dictum Baldi per text. in d. l. Pro-
9 uinciarum, C. de feriis: vbi inquit, quòd †
licèt diebus feriatis, & maximè in festo Pa-
schæ, non possit procedi in caussa crimi-
nali, l. Quadraginta, & l. Omnes, C. de fe-
10 riis: tamen insignis seu † famosus latro
quocunque die potest mitti ad furcas: Pro
his facit quod dicitur, Eos scilicet latrones
11 à iure per sententiam † condemnatos, siue
(vt loquuntur) diffidatos seu bannitos, à
quolibet priuato & quouis tempore etiam
posse occidi, l. 1. C. quando lice. vnicui. sine
Iudice se vindicare, c. Cum homo, 23. q.
5. Si ergo à quolibet priuato (cui est dene-
gata priuata vltio) occidi possint, l. Extat,
ff. quod metus caus. igitur à fortiori, mul-
tò magis à Iudice (cui lex malefactores pu-
niẽdi necessitatem imposuit) quouis tem-
pore occidi poterunt, lege, Per omnes, C.
de defensoribus, ciuita. l. 3. & l. Congruit, ff.
de offic. præsidis.

CAPVT LXXXIX.

De Parricidio.

Summæ rerum tractatarum in Commentariis, Cap. 89.

1 *Parricidium quando committitur.*

2 *Parricidarum pœna ex* { *Iure ciuili scripto.*
3 *Parricidarum pœna ex* { *Consuetudine, varia.*
10. 12. *Parricidarum pœna ex* { *Iure canonico, bifaria.*

4 *Latronum ac parricidarum pœnis, iudici aliquid adiicere permittitur.*

5 *Filius toxicum parans pro extinguendo parente, parricida censetur.*

6 { *Pharmacopola* / *Chirurgus* / *Medicus* / *Aut quisquis alius* } *filio toxicum pro occidendo parente præbens, parricida est.*

Vn

7 *Pecuniam / Consilium / Vllum subsidium* — *prabens pro occidendo parente, parricida est.*

8 *Pater filium cum vxore sua incestuantem occidens, non punitur, vt filicida.*

9 *Furiosi parricidantes, non vt parricidæ damnantur.*

11 *Pœna iuris Canonici maxima, est degradatio & traditio ad Iudicem secularem.*

1 PArricidia, iura vocant † ea homicidia, quibus aliquis nefariè occidit parentes, patrem scilicet, matrem, auum, auiam, fratrem, sororem, patruelem, auunculum, amitam, materteram, consobrinum, consobrinam, vxorem, nurum, generum, socerum, vitricum, priuignum, priuignam, &c. atque his cognatione, aut affinitate similes, l. 1. ff. ad l. Pompe de parricid. Hæc autem parricidia prorsus execranda sunt, vt quę sunt omnium sceleratissima: cognationibus, & affinitatibus, & peculiariter amicitiæ naturali vinculo maximè aduersa & infesta. Quocirca hosce parricidas omnes, vnà cum ipsorum cooperatoribus & complicibus, iura execrandis pœnis afficiunt.

2 Primò enim † cæduntur acerrimis virgis vsque ad sanguinis effusionem: deinde insuuntur culeo seu tergori bubulo, aut simili vnà cum quatuor viuentibus bestiis, scilicet cum cane, gallo gallinaceo, simia, & vipera: cum quibus ita culeo seu tergori insuti simul præcipitantur in mare, vel in amnem, aut in flumen, si mare proximum seu vicinum sit aut flumen: alioquin huiusmodi parricidæ obiiciuntur discerpendi atque deuorãdi leonibus, vrsis, lupis, canibus, aut his similibus feris animãtibus. Verum isthæc omnia ex iure scripto, l. pœna, & l. Vtrum, ff. ad l. Pompe. de parricid. & l. vnica, Cod. de his qui paren. vel liber. occider.

3 Consuetudine † enim secius multo fieri conspicimus. Nam secundum consuetudines parricidæ ferè damnantur, vt ad caudam equi, aut ad quoduis vehiculorum genus affixi, cratique vimineæ insidentes, aut asseri, ita dedecorosè pertrahantur ad supplicii locum, vbi decollentur, & corpus truncatum rotæ in altum erigendæ affigatur: & tandem simul omnium bonorum proscriptione aut confiscatione plectuntur.

4 Porrò si † res aut ratio ita postulet, vt his pœnis aliquid propter enormitatem adiiciendum foret, hoc totum in Iudicis arbitrio situm est, cui dictis pœnis semper aliquid adiicere permittitur, vt his pœnis & exemplis alii exterriti, à similibus committendis abstineant, & hæc est mens dictæ l. 1. ff. eo. tit. Nec admirandum, consuetudinẽ ius scriptũ mutasse: quandoquidẽ difficile esset vbiq; similes bestias reperire, quarum meminerunt l. Pœna, ff. eod ad l. Põpe. de parricid. & l. vnica, C. de his qui parẽtes vel liberos occiderunt.

5 † Superiorib. quoque parricidiis annectendũ est nefariũ molimẽ filii, qui malè sanus cõparauit sibi toxicum aliquod aut venenũ, quo patrẽ suũ aut matrem extingueret, & perimeret: eòque (etiam si eo veneno vsus non fuerit, aut etiã si vtentem & tentantem non sequatur effectus) puniendus est forma & modo suprascriptis, l. 1. ad fin. l. Vtrum, & l. Si sciente, ff. eod. tit. Ad l. Pompę. de parricid. d. l. vnica, C. de his qui parent vel liber. occider.

6 Quin † & ipse pharmacopola, medicus, chirurgus, aut quisquis eidem filio sciens volensque & dolosè ad eum vsum tale venenum vendiderit & suppeditauerit: is certè pari pœna cum superioribus plectendus fuerit, l. Frater, ff. eo. l. 3. §. 1 ff. ad l Cornel. de sicar.

7 Insuper † vt veri parricidæ puniendi sunt, quicunque dicto filio pecuniam dederint mutuò, quibus tale noxium pharmacum & venenum emeret, & patrem occideret, d. l. Si sciente: Item quisquis ad hunc nefarium ausum filio vllum consilium dederit,

aut

LXXXIX. De parricidio

aut exhortatus fuerit, suaserit, aut vllũ subsidium præbuerit, eadem pœna mulctandus erit. Verum † pater qui reperit filium incestuantem siue adulterantem cum vxore, hoc est, cum nouerca sua, ipsumq; in hoc actu occiderit, parricida aut filicida quidem censebitur: verum non vt parricida puniendus fuerit. Nam extremo supplicio, hoc est, morte nequaquam mulctabitur, sed secundum iura exilio tantum proscribitur, l. Diuus Adrianus, ff. eo. ad l. Pompe. de parricid. Præterea † ne furiosi quidem propter parricidium commissum morte damnantur: imò propter mentis inopiam & impotentiam, planè ab hoc crimine excusantur. Ne tamen incautiùs similia perpetrare valeant, damnandi sunt, vt strictissimè & cathenis, truncis magnis, vel postibus alligentur, aut compedibus ferreis impediantur, aut cellulis clathratis arctissimè includantur, l. Pœna, §. Sanè, ff. eo. & l. Diuus, ff. de off. præsid. De iure autem Canonico siue Pontificio, † pœna parricidia cõmittentium est clericorum depositio, & ad curiam secularem traditio. Nam si pro simplici homicidio tantum fit depositio & detrusio, vt in c. Cum non ab homine, extr. de Iudiciis: iuncto c. Tuæ, extr. de pœnis, & c. Sicut dignum, cum gloss. extr. de homicid. & c. fin. eodem titu. lib. 6 debet certè pro parricidio (quod qualificatũ est, quodque multo enormius homicidium est) imponi grauior aliqua pœna, quàm pro simplici homicidio. Sed grauiorem pœnam Iura † Canonica non habent, quàm depositionem, vt in c. Ad reprimendam, per gloss. extr. de offic. ordin. vbi dicitur: Quod non habet Ecclesia vltrà quod faciat, nisi vt ipsum degradet, tradat, & relinquat iudicio seculari, argument d. c. Cùm non ab homine: vbi Iudici Ecclesiastico ex duabus pœnis statuitur alterutra imponenda pro suo arbitratu: nempe, † vt procedatur ad degradationem: vel vt recurratur ad theoricam c. Nouimus, extr. de verbo. significa. & c. Quamuis, de pœnis, libr. 6. scilicet vt in perpetuos carceres detrudatur seu coniiciatur, vbi pane & aqua tantùm victitans, pœnitentiam agat acerrimam, mortique temporali simillimam, vt suprà sub titulis homicidiorum meminimus. De pœnitentiali autem pœna in foro conscientiæ, quia ad promiscuam multitudinem non pertinet, hoc loco omnino subiicere volui, eam prudentibus relinquens confessariis. In qua imponenda, velim priùs perlegant Rubricam, De his qui parentes vel liberos occiderunt: ibi enim ex aliena cõsideratione comperient, quæ ad pœnitentiæ impositionem salutarem plurimùm conducent.

Margin numbers: 8 (Verum †), 9 (Præterea †), 10 (De iure autem Canonico †), 11 (Iura †), 12 (nempe, †).

CAPVT LXXXX.

De Homicidio suiipsius.

Summæ rerum tractatarum in Commentariis Cap. 90.

1 *Pœna seipsum occidentis ex Iure.*
6 *Pœna seipsum occidentis ex consuetudine.*
2 *Seipsum occidens, & corpus & animam perdit.*
3 *Peccatum Iudæ seipsum suspendentis.*
4 *Nulla ratione excusandi sunt sese occidentes.*
7 *Qui homicidæ sui, furca damnandi, & bonis proscribendi.*
9 *Aliæ consuetudines de propriis homicidiis.*
10 *Seipsum lædens, vt alterum lædens, mulctabitur.*
5 *Homicidis sui neganda Ecclesiastica sepultura.*

11 *Sui castrator,* / *Alterum castrans,* } *gladio punitur.*
12 *Seipsos occidentes, quomodo damnent Philosophi.*
13 *An* { *Seipsum occidentis testamentum valeat.*
14 *Seipsum occidere tentans, puniendus sit morte.*
15 *Seipsos occidentes, Ecclesiastico luctu plangendi.*

1 IN proprii corporis † homicidio hoc ha-
bent iura, & quisquis sui ipsius homicida
fuerit, hoc est, sibiipsi violentam mortem
consciuerit, aut ex desperatione, aut ex me-
ticulosa anxietate perdendæ vitę, glorię, aut
rerum temporalium perdendarum timore,
aut ex alia simili caussa, & malo proposito;
is ex loco sui homicidii equo pertrahitur vs-
que ad locum supplicii, vbi non in patibu-
lo, sed ignominiosius in furca suspenditur,
vt hoc nouo eoq; dedecoroso suspendii ge-
nere, populo spectaculum præbeat & signũ,
quod propria manu sibiipsi prius mortem
consciuerat. Ratio autem cur hic homicida
sui infamius suspendatur, quam alius quis-
quam homicida alterius, est, quod is qui a-
lium occidit, corpus ipsius tantum occidere
dicitur: animam enim ipsius, quantum in
ipso est, neutiquam occidere potest. Qui ve-
2 ro seipsum † interimit, is certe & corpus, &
animam propriam nefarie perdit, si quidem
ex maligno animo id scelus admiserit, vt de
Iuda Iscariote sacra testantur Euangelia, &
l. Liberorum, §. Non solent, iuncta glos. in
verb. Suspendiosi. ff de his qui notan infa-
mia, c. Iudas, de pœnitent. distinct. 3. qui
3 magis † peccauit desperando, & per despe-
rationem seipsum occidendo, quam Chri-
stum nequiter tradendo, c. Si non licet, 23.
q. 5. Ideoque is Iudas (quanquam per vocẽ
(peccaui) qualemcunq; pœnitentiam o-
stenderat, quocunq; pœnitente fuit infe-
licior. Nam ipsius pœnitentia non erat con-
iuncta cum spe veniæ, ideoque ipsum non
reuocauit ad Dominum; sed ipsum despe-
ratio traxit ad laqueum. Et hinc dicitur, in
c. In salicibus, de pœnitẽt. distinct. 3. Quod
Iudas, cum seipsum occidit, sceleratum ho-
minem occidit, adeo vt non solum Christi,
verũ etiam suæ mortis reus efficiatur. Por-
4 ro explodenda † esset ridicula ipsorum ex-
cusatio, qui hoc prætextu alterius propriam
mortem expurgare niterentur, quod ideo
scilicet maturius sibi mortem consciuerit,
vt ab hac ærumnosa vita liberatus, citius fe-
licitate frueretur æterna: vt enim demus sui
occisorem hoc in animo ante crudelem ne-
cem habuisse, vt ob dictam caussam matu-
rius sibi mortem consciseeret: ob hoc non
sequitur ipsum hoc licite & bene fecisse, i-
psiusque homicidium vlla ratione aut iu-
stum, aut rationabile defendi posse. Primũ
enim nusquã sacrę literæ tale homicidium,
tali ex caussa profectum, excusant: sed po-
tius omne homicidium citra vllam exce-
ptionem vetant & damnãt: veluti cum al-
tera præceptorum tabula ait: Non occides:
in genere vetat omne homicidium, negans
vllum homicidium esse iustum, aut com-
mittendum, ne alterius quidem Et si ex
pręcepto vetamur alterum occidere, multo
magis vetamur nos ipsos occidere, quum
maiorem charitatem & iustitiã debeamus
nobisipsis, quam aliis. Quocirca cum quod-
libet homicidium sit iniustum & illicitum,
(hoc tantum excepto, quod lex iusta gene-
raliter, vel ipse fons iustitiæ Deus speciali-
ter præcipit aut admittit) maxime omniũ
illicitum & iniustum erit homicidium sui
5 ipsius, † quod Ecclesiastici ita execrantur,
vt ipsis sui homicidis sepulturam Ecclesia-
sticam denegent, & à communibus Eccle-
siæ precibus & suffragiis excludant: nempe
quod credant eos ob desperationem veniæ,
simul

XC. De homicidio suiipsius

simul cum corpore & anima interiisse, text. not. in d. c. Si non licet, 23. q. 5. & text. in c. Placuit, iūct. gloss. eadem caussa & quęstione. Verum enimvero si quispiam sibi mortē accelerauerit captus vlla phrenesi, furore, insania, melancholia, defectu sensuum, aut graui morbo, aliaque animi impotentia & inopia percitus & subito correptus, is nullo modo in furcam erigendus fuerit: sed ob bonam Ecclesiæ spem de seruata anima, licet corpus perierit, traditur corpus sepulturæ Ecclesiæ, & precum Ecclesiasticarum particeps efficitur. Atque hęc omnia iuxta tenorem iuris l. 3. § Si quis autem, ff. de bon. eor. qui ante sentent. mort. sibi consciuer. & l. 1. §. Ea propter, C. de bon. eor.
6 qui mort. sibi consciuer. Nam † secundum consuetudinem, quisquis seipsum interficit, ex quacunq; occasione & caussa hoc euenerit, is in furca suspenditur, & bonis suis
7 omnibus per fiscum proscribitur. Verum † hanc consuetudinem velim pius Iudex sanius ac restrictius intelligat, non de quibusuis sui homicidis: sed tantum de prioribus, qui ex desperatione, & ex malo proposito sibi mortem consciscunt. Nam illi ob facinoris indignitatem & odium, iure post furcam bonis proscribuntur, nisi ciues sint liberarum ciuitatum, & ab omni confiscatione bonorum immunium: quales sunt ciues Brugenses & similes. Posteriores enim, qui phrenesi, ardentissima febri, aut alia correpti mentis insania, sibi ipsis necem inferūt, non video cur in furcam erigantur, & bonis suis proscribantur, quum eos Ecclesiastica pietas à sacræ terræ inhumatione, & à communibus precibus non arceat, sed in omnibus vt dignos & legitimos filios agnoscat & recipiat: meo igitur iudicio nō sunt huiusmodi cum prioribus pari pœna plectendi, nec ad furcā rapiendi, nec bonis proscribendi: sed vt cæteri quique catholici piè in cœmeterio sepeliendi, & reliquis officiis Ecclesiasticis cum decenti pompa lugubri participandi. Hanc ideo distinctionem diligenter obseruent omnes Iudices, & prętores, ne putent consuetudinem illam esse generalem; sed de prioribus tantum esse intelligendam. Ita enim minus erunt molesti consanguineis defuncti, nec tam iniuste eorum insidiabūtur loculis, quasi ex singulari lenitate & gratia, consuetudinis rigorem remiserint, & corpus ad Ecclesiasticam sepulturam liberum ex sua authoritate tantum permiserint: quum in posterioribus sui homicidis Prætori prorsus nullum ius secundum rationem competat, nec in corpus nec in bona ipsius. De his satis superque. Ad intermissam de proprio homicidio consuetu-
8 dinem redeundum est. Ex † more enim & ex consuetudine prętere a cautū est, ne quisquam hoc corpus damnatum & suspēsum, manibus attrectet & auferat, nisi solus Iudex, aut minister Iudicis, ex Iudicis ac Prætoris mandato & permissu. Consuetudine
9 † item obseruatum est, vt quoties hoc scelus in domibus commissum est, corpus hoc exanime funibus è domo pertrahatur, non per ostium, sed per foramen, & foueam sub limine domus effossam, vtpote quod indignum sit ob proprię vitæ extinctionem, eodem ostio & limine egredi, per quod prius viuum valensque exiuerat. Hactenus de proprio suiipsius homicidio, quod execrandum est, & seuerissime in iure vetitum, non solum autem ipsum homicidium sui prohibetur, sed etiam suiipsius violentia quæuis & nefaria lęsio & vulneratio iure damna-
10 tur, adeo, vt quisquis † seipsum vulnerauerit, aut læserit ex malo proposito, aut ex desperatione: is puniendus sit eadem pœna qua puniretur, si eādem vulnerationem alteri intulisset. Nemo enim membrorū suorum dominus est, l. Liber homo, ff. ad l. Aquil. d. c. Si non licet, & l. Lex Cornelia, §. Constitutum, ff. ad l. Corn. de sicar. quodque non maius in proprium, quam in alterius corpus ius habet, quis enim sui corporis totus dominus constituitur, quum Domini sit terra & plenitudo eius? Deinde,

qui sibi parcere non nouit, aut potuit, multo minus alteri parsurus est; Et qui sibi ipsi nequam, alteri nequior futurus præsumitur, l. 3. § Si quis autem, vers. Qui enim sibi, ff. de bon. eorum qui ante sentent. mor. sibi consci. & l. Sed si damnum § sed si ipse, & ibi glos. notat. ff. de peculio; ad hæc vide Dominum Iasonem in l. 1. C. de ser. fugit. numer. 5. & 6. plurima ad hoc allegantem.

11 † Quia autem in propriæ læsionis mētionem hic incidimus, notandam velim eam læsionem, qua aliquis seipsum realiter castrauerit, aut castrari iusserit; is enim magister castrator, & ipse castratus, simul gladii animaduersione, atque adeo capitali punitione plectendi fiunt, etiam cum publicatione bonorum fisco applicanda, l. Lege Cornelia, §. Constitutum, & §. fin. & ibi D. Hippol. de Marsil. ff. ad l. Cornel. de sicar. præalleg.

12 Baldus in l. 1. C. de eunuch. Quum † igitur nulli fas sit, sibiipsi vllam læsionem ac vulnerationem inferre, multo minus licitum, imo prorsus execrandum est sibiipsi mortem consciscere; Ideoque vel ipsi Philosophi non minus grauiter homicidium sui damnarunt; fortis enim non est (inquit magni nominis Philosophus Aristoteles) sed timidi, mortem sibiipsi incutere; quum carnificis loco habēdus sit, qui sese quoquo modo vulnerasset, vt moreretur, authore Festo. Hinc etiam Æschines inquit; Si quis necauerit seipsum, manum, quæ hoc peregit, abscindimus & separatum à corpore sepelimus; & similia vide apud Aristotelem lib. 3 Ethicorum, vbi de fortitudine disserit; eundem etiam vide lib. 5 quæ compendii ac fastidii euitandi gratia omittimus. Prius quam hoc capitulum de proprio homicidio finiamus, licet non impertinentes hic

13 quæstiones tres subiungere. Primò † enim quæritur; An testamenta seu vltimæ volūtates illorum, qui sibi mortem consciuerūt, sint alicuius momenti & efficaciæ? Ad quā quæstionem teste Bald. respondendum est, ipsorum testamenta esse prorsus inefficacia, in l. 1. C. de bon. eor. qui sibi mort. consciuer. in tex. ibi, ex testamento: hanc Baldi opinionem confirmat etiam Cynus in l. 2. C. qui testa. facere possunt. Atque eorum loco meminit de quæstione nostra altera;

14 nempe, An is † qui mortem sibiipsi conscire voluerit, & ad hoc apparatum confecerit, inque se ipso perdēdo totus occupatus fuerit; sed per alium interuenientem prohibitus fuerit, quo minus nefariū cœptum cōpleuerit; an is (inquam) machinator prohibitus, morte, aut alia punitione damnandus sit? Ad quam quæstionem respondendum est; multos esse, quibus videtur eum puniēdum esse extremo supplicio, vti apud D. Cynum in loco allegato commōstratur, & in l. vlt. §. Si autem, ff. de bon. cor. qui ante sentent. mor. sibi consciuer. Ang. in l. Omne, §. Qui se vulnerauerit, ff. de re militar Aut ad hāc quæstionem responde, eum puniendum citra mortem; vel vt not. in l. Si quis non dicam rapere, C. de Episcop. & cleric. & l 4. C. de ser fugiti. Tertia & po-

15 strema † mouetur quæstio An primi illi homicidæ sui, qui scilicet ex desperatione, & ex nefario proposito seipsos occiderunt, an (inquam) isti cōsueto luctu plangendi, & prosequendi sint? Hanc quæstionem dissoluit Iurisconsultus in l. Liberorum, § Pomponius, in versic. non solent, ff. de his qui notant. infamia, dicens eodem loco, tales homicidas minime consuetis ritibus lugēdos esse.

CAPVT XCI.

De Adulterio.

Summæ rerum tractatarum in Commentariis CAP. 91.

1 *Adulterii enormitas.*
2 *Matrimonium Christus honorauit sua præsentia & miraculo.*
3. 4.
5 *Adulterii pœna ex* { *Lege veteri.* / *Iure ciuili.* / *Iure canonico.* / *Consuetudine.* }
8
9
10 *Adulterium grauius peccatum est furto.*
11 *Furtum grauiori pœna punitur quam adulterium.*
12 *Homicidium grauius est adulterio.*
13 *In luxuria speciebus gradus sunt.*
14 *Adulterium grauius est fornicatione.*
15 *Incestus omnes transcendit libidinum gradus naturales.*
16 *Peccatum contra naturam grauius incestu.*
6 *Cur adulteria neglectius puniantur, rationes.*
7 *Potestas Iudicum ex Deo est.*
17 *Adulterarum punitio ex iure.*
18 *Adulterii punitio* { *Est propria curiæ spirituali,* / *&* / *Ex vsu etiam seculari permissa.* }
19 *Adulter ratione* { *Adulterii,* / *Personæ suæ,* } *subest curiæ* { *Spirituali.* / *Seculari.* }
20 *An per spirituales punitus, etiam puniendus sit per seculares.*
21 *Adulterium, multorum malorum fons est.*
22 *Adulteria non permittunt vllos pacis contractus.*
23 *Adulterum vxoris in actu fas marito occidere.*
24 *Adulterum filiæ, patri in actu ius est occidere.*
25 26 27 28 29 *Vt pater impune occidat mœchum filiæ, requiritur, vt* { *Ambos in actu comperiat.* / *Ambos comperiat domi suæ vel generi.* / *Vtrunque occidat.* / *Filiam habeat in sua potestate.* / *Filia nupta sit marito.* }
30 *Quando adulteri dicantur reperiri in actu.*
31 *Soli patri permissum est occidere adulterum.*
32 *Adulteria cum Principibus aut Reginis quomodo punienda.*
33 *Exemplum horrendum de adulteriis Reginarum Franciæ.*
34 *Adulterii pœna in feudatore, & feudatario.*
35 *Adultera dotem perdit.*

Marito non licet accusare uxorem adulteram, quando
36 *Ipse maritus adulter est.*
37 *Caussam dedit & ad hoc tradidit.*
38 *Coacte adulterio vitiatur.*
39 *Ignoranter adulterata est & malo dolo.*
40 *Eum mortuum credens, alteri nupsit.*
41 *Ad se semel reconciliatam recepit.*
42 *Consilium authoris de vitando adulterio.*
43 32 *Principalis sæpe origo adulterarum, est maritus adulter.*
44 *Adulterium maritorum grauius puniendum, quam vxorum.*
45 *Ante quam adultera damnetur, inspiciatur vita mariti.*
46 *Exemplum furtiui adulterii.*
47 *Ignotis permittitur alterius vxoris de adulterio accusatio.*
48 *Alterius vxorem, ad adulterium solicitans, punitur exilio.*

Copulatores & copulatrices { *Iure* / *Consuetudine* } *plectuntur* { *Capitaliter.* / *Exilio.* }

49 *Copulatorum pœna ex Consuetudine Gandensium.*
50 *Abraham non est reus adulterii propter cognitionem ancillæ Agar.*
51 *Patriarchæ non concupiscentiæ, sed prolium causa plures habebant vxores.*
52 *An clericus in sacris constitutus in flagranti crimine repertus cum alicuius filia aut vxore, possit cædi, scilicet absq; violatione Canonis, &c.*
53 *Discursus de pœnis quæ inferuntur adulteris, & primo de pœnis capitalibus.*

Quæ pœnæ capitales irrogatæ sunt à
54 *Parthis.*
55 *Lydis.*
56 *Arabibus.*
57 *Aromatiferæ Regionis incolis.*
58 *Aegyptiis.*
59 *Tenediis.*
60 *Placentinis.*
61 *Longobardis.*
62 *Atheniensibus.*

63 *Discursus de pœnis leuioribus quæ ex legibus vel consuetudine irrogatæ fuere in adulterio deprehensis, à diuersis.*

Quæ pœnæ leuiores vsurpatæ sunt in adulteros, apud
64 *Romanos.*
65 *Siculos.*
66 *Romanos rursus.*
67 *Eosdem de lege Iulia.*
68 *Locrenses.*
69 *Lepraeos.*
70 *Athenienses.*
71 *Placiadas,*
72 *Armenios.*
73 *Germanos.*
74 *Cortinenses.*
75 *Cumaeos.*

76 *Pisidas.*
77 *Troglodytas.*
78 *Platonem.*
79 *Diogenem.*
80 *Lycurgum Lacedæmoniorum legislato.*
81 *Discursus de pœnis posterioribus temporibus constitutis contra adulteria apud diuersos*

Pœna illata adulteris, apud

82 *Perusinos.*
83 *Bononienses.*
84 *Florentinos.*
85 *Treuisanos,*
86 *Nouarenses*
87 *Italos.*
88 *Catalanos.*
89 *Francos.*
90 *Gratianopolitanos.*
91 *Caturcenses.*
92 *Parisienses olim.*
93 *Parisienses nunc.*
94 *Francos olim ex ll. Boiariorum.*
95 *Francos ex ll. Riboariorum.*
96 *Ecclesiasticos.*
97 *Laicos ex iure canonico.*
98 *Discursus de enormitate adulteriorum, quo docetur quod bruta quoque puniunt adulteria.*

Quæ bruta puniunt adulterium.

99 *Ciconiæ.*
100 *Porphyriones aues.*
101 *Elephantes.*
102 *Leones.*
103 *Columbæ.*
104 *Palumbæ.*
105 *Turtures.*
106 *Cornices.*
107 *Lynces.*
108 *Echeneides.*
109 *Adulterium in maribus ne an in fœminis sit grauius.*
110 *Adulterium Virorum Vxores facit esse impudicas.*
111 *Fœminæ in quouis crimine minus peccant quàm viri, propter imbecillitatem sexus.*
112 *Exempla & authoritates referuntur, quibus docetur fœmineis vitiis semper fuisse condonatum magis quàm viris, ob imbecillitatem sexus.*
113 *Theologi quoque censent minus peccare fœminas quàm viros in eodem genere delicti.*
114 *Adam plus peccauit quam Eua.*
115 *Videtur Vir adulter grauius peccare, quàm adultera.*
116 *Adulterium in viris & fœminis æquè graue delictum habitum fuisse docetur.*
117 *Concluditur adulterium in feminis grauius esse quàm Viris.*

118 *Adulterium & Veneficium proxima, siue cognata cohærentia.*
119 *Adulterium grauius idololatria, remissiue.*
120 *Adulteria impunita.*
121 *Antoninus philosophus Imperator vxoris adulteria dissimulauit.*
122 *De pluralitate Vxorum licita apud nonnullas nationes.*
123 *De Communitate Vxorum apud nonnullas nationes.*
124 *De prostitutione Vxorum licita & recepta apud nonnullas Nationes.*
125 *Formosæ congredi non tam graue peccatum, quàm deformi.*
126 *Fur magis est, qui modica furatur.*
127 *Adulterium grauiter punire debent iudices ecclesiastici.*
128 *Cretonis adulterium, quibus fuerit vindicatum pœnis?*
129 *Pater potest occidere filiam, etiam pragnantē, inuētam in actu venereo.*
130 *Maledictio & miseria annexa adulterio.*
131 *Maximè princeps vitet adulterium.*
132 *Adulterinæ plantationes non dabunt radices altas, nec collocabunt stabile fundamentum.*

1 ADulterium crimen est † inter morta-
les non infimum, & quod ad societa-
tem humanam tuendam pessimum est, &
pestiferum. Etenim inter omnia fœdera
humana, nullum fœdus est rationabilius,
nullum firmius, nullum Deo gratius, nul-
lum denique ad conciliandam amicitiam
& ad societatem hominum tuendam com-
modius, & magis necessarium, quàm fœ-
dus thori connubialis. Ideoque consum-
matum matrimonium (scilicet fidelium)
Deus planè ratum esse voluit, insolubile &
inuiolabile: nempe quod sacratissimam
coniugii fidem referat, quodque vnionem
denotet, & conformitatem illam, quæ est
inter Deum & Ecclesiā per assumptionem
carnis humanæ, vt in c. Debitum, ext. de bi
2 gam. † Quocirca ipse Christus etiam hunc
thorum connubialem, & sanctum matri-
monii fœdus sua cohonestauit præsentia.
& primò omnium insolito & dignissimo di-
gnatus est miraculo, quo insipidam aquam
in dulcissimum conuerterat vinum. Ta-
ceo vel apud quasuis nationes etiam bar
barissimas coniugii fidem perpetuò fuisse
venerandam, firmam & sacram, & insolu-
bilem, donec inciperet cum perfidia inter
mortales grassari tartareum adulterium,
quod contra omnia iura diuina & humana
coniugalem hanc fidem perrumperet, la-
befaceret, violaret, & omnia feliciter con-
stituta peruerteret. Fit enim per adulteriū
iniuria haud mediocris Deo, cuius sacra-
mentū violatur, quod in paradiso instituit,
incarnatus approbauit, & passus sanctifica-
uit. Adulter enim quod Deus coniunxit,
3 separat. † Ideoque hoc adulterium (vt pote
hominibus perniciosissimum) Deus in ve-
teri lege adeò execratus est, vt huiusmodi
adulteros vel adulteras durissima simul &
dedecorosa morte interimi iusserit, videli-
cet lapidatione, Exod. 20. Deut. 22. Ezech.
17. & Diui Ioan. 8 c. Et in decretis canonicis,
§. Hinc apparet, 23. q 5. c. Hæc imago, & c.
4 Satis, 33 q 5. Ex lege etiam † Mosaica vterq;
& adulter & adultera morti adiudicabātur,
vt scribitur Leui. 20. & d. c. 22. Deut & Da-
nielis 13. Hanc quoq; Domini sententiam
postea comprobauit legū authoritas, adeò
vt omnes adulteros & adulteras citra exce-
5 ptionem, gladio † animaduersore puniri
iusserit, non minùs propter infinita mala,
quæ indè suppullulant, quā propter genui-
nū & internum ex sua natura malū, quod in
sese habet perfidum illud adulterium, vt in
titulis ff. & C. ad l. Iuliam de adult. & in An-
tiq.

XCI. De adulterio

tiq. de adulteriis, l. Transigere, C. de trans-
actionibus, & §. Item lex Iulia, Instit. de pu-
blic. iudic. Hoc tamen nostro infelicissimo
seculo apud quosdam Iudices tam parui fi-
unt adulteria, vt quasi parum ipsis insit sce-
leris, & quasi peccata sint leuiuscula ob hoc
quod sint frequentia, & à multis citra con-
scientiæ stimulum perpetrata. Ideoque vel
leuius adulteria puniunt, forsan etiã, quod
ipsi eo aliquando contaminati sunt. Hinc
6 fit, vt † vitia quæ seuerissimam merentur
punitionem, neglecta & quasi impunita re-
linquantur: quum tamen Deus ea seueris-
simè puniat, & punienda potissimũ in vete-
ri lege esse voluit: adeo vt nisi per acerbam
punitionẽ populus ab adulteriis se coerce-
at, Deus sinat nobis euenire discordias, bel-
la, schismata, pestes, aliaq; morborũ genera
infinita. Nã caussæ, propter quas pax inter
homines in terris non coalescat, assignan
tur sex in c. Ad Apostolicæ per glos. super
verb. Pacẽ Christus, & c. de senten. & re iu-
dica lib. 6. Inter quas primam caussam di-
ctorum malorũ ponit illã, quod scilicet ho-
minũ non puniãtur maleficia, Eccl. 8. quia
non profertur cito contra malos sentẽtia, i-
deoq; absq; timore vllo filii hominũ perpe-
trant mala, c. 1 de offic. delega. l. 6. & c. Do-
minus, 23 q. 2. Vltima vero assignatur ra-
tio, quia nõ seruamus præcepta Dei, Hic 3.
Esa. 48. Quocirca si Deo opt. max. ita visum
esset, vt suam vltionem ferret tantũ in sce-
leratos, & ad huiusmodi adulteria dissimu-
lantes Iudices, qui sua negligẽtia dictorum
malorum sunt authores, & nõ in cõmunẽ
& inculpatam plebeculam: æquiùs puto, &
vigilantius per acres punitiones, adulterio-
rum frequentiam compescerent. Conside-
7 rent † igitur ac tota mentis acie perspiciant
Iudices suam potestatem à Domino Deo e-
manasse, qua non licet ipsis temere abuti,
Ioan. 19. Nõ haberes potestatem aduersum
me vllam, nisi datum esset tibi desuper.
Quum igitur à Deo potestatẽ habeant, cu
rent (rogo) quę lex diuina pariter & huma-
na iubent, totis viribus adimplere, neq; sua,
imo diuina potestate abutantur in suã suo-
rumque subditorũ perniciem. Verùm quũ
8 † isthæc legum constitutio, æquo postea o-
mnib. visa est seuerior: Iura Põtificia & Ca-
nonica tandẽ hanc legẽ mitiorem, & remis-
siorem esse voluerũt: eam enim tribus aliis
modis Ius Canonicũ cõmutauit: nempe, vt
adulteros & adulteras lapidationis seu vlti-
mi supplicii loco puniret, vel diuortio, ar-
ctissima monasteriorũ regula, aut excõmu-
nicatione, hoc est, ex Ecclesia & communio-
9 ne fidelium violenta eiectione. Hanc † hu-
maniorem puniendi rationem postea imi-
tata sunt Iura ciuilia, quæ mœchos citra
mortem etiã puniendos esse sanxerunt, vi-
delicet, aut exilio, fame, dura victus ratio-
ne, vti pauperes ipsos: diuites vero mulcta
10 pecuniaria, aut alia simili pœna arbitraria.
Quocirca licet † adulteriũ corã Deo grauius
11 peccatũ sit quam decẽ vel viginti furta, ta-
men † ipsum furtũ grauiori pœna tẽporali
punitur, videlicet capitis vel suspendii, idq;
propter bonũ publicũ, communem conui-
ctum & quietem hominũ. Attamen adul-
terio grauior & multo enormior debetur
pœna, non quidem temporalis, sed æterna
& infernalis. Porro licet furto diximus esse
12 grauius adulterium, nõ est tamen grauius
homicidio, sed † homicidiũ ipsum infinitis
partib. adulterio est grauius & enormius.
Horum & pluriũ similium etiam meminit
S. Augu. libr. 1. De adulterinis coniugiis,
cuius scripta habentur canonizata in can.
13 Quemadmodum, 2. q. 7. vbi inter alia in-
14 quit. Sunt † enim in luxuriæ specieb. sem-
per gradus, vt sicut † grauius peccat adul-
ter, quam fornicator, sic grauius delinquit,
qui nec sua dimissa aliã ducit, eo quod suã
dimittens, aliam cognoscit. Grauius quo-
que qui suã vxorem habẽs ad coniugẽ pro-
ximi sui accedit, quam qui nõ habens vxo-
15 rem thorum alterius violat, vel vxoratus
16 ad solutam accedens: sed hos † omnes ince-
stuosi transcendunt, quos † vincunt contra

naturam delinquentes, quos Iura igne pu-
niunt. Cæterum hanc legum de adulterio
puniendo laxitatem nonnulli correxerunt,
volentes adulterii punitionem capitalem
etiamnum durare debere, potissimum re-
spectu viuorum, ita vt iuxta priores leges,
viri perpetuo capitis detruncatione plectā-
tur: Nam sacrilegos nuptiarum, gladio pu-
niri oportet, l. Quamuis, 2. in fine, C. eod.
17 tit. Punitio † vero adulterarum, quæ iuxta
veteres leges etiam capitalis fuerat, & de la-
pidatione vlciscenda, per posteriores leges
(quia fragilioris sexus est mulier, quam vir)
facta est remissior: Nam per eas constitutū
est, vt adulteræ fœminæ verberatæ ac virgis
cæsæ à iure maritali diuellantur, deinde in
arctum aliquod cōiiciantur monasterium:
vnde tamen maritus eam intra biennium
denuo recipere poterit si quidem voluerit,
& superuixerit. Nam si maritus post bien-
nium vxorem suam mœchā inde ad se non
receperit, aut si interim mortem obierit:
eadem vxor adultera cogitur habitum mo-
nasticum assumere, & ad leges & ritus eius-
dem monasterii reliquum vitæ suæ ibidem
cum aliis sororibus transigere: liberis autē
ex se natis, duas partes suorum bonorū ces-
sura erit: monasterio vero suo, tertiam bo-
norum reliquam partem. Sed si liberos non
habet, parentibus extantibus huiusmodi
iniquitati non consentientibus tertia pars
applicabitur: reliquæ partes duæ monaste-
rio, cum monasteriū sit loco filii, vt in Au-
thent. de sanctiss Episcop. §. Sed & hoc prę-
senti, collat. 9. Quibus prædictis non ex-
tantibus, id est, si nec liberos, nec alios hæ-
redes vllos habeat, omnis ipsius mœchæ
substantia monasterio quæretur, & applica-
bitur, Authent. Sed hodie adultera, C. ad l.
Iul. de adulter. & in Authent. vt nulli iudi-
cum, §. Si vero quando, collat. 9. vnde d.
Authent. deprompta est. Itaq; pœnam hu-
ius criminis variari cernis pro varietate per-
18 sonarum. Porro huius † criminis adulterii
notitiam & punitionem peculiariter sibi
reseruant & vendicant curiæ spirituales &
iura canonica, quia hoc adulterium directe
cōcernit & spectat ad Ecclesiam, aut ad vio-
lationem Sacramenti Matrimonii, quod
quidem Sacramentum sacrum est & spiri-
tuale. Iudices seculares nihilominus sæpe
adulterii examinationem, & punitionem
assumunt: non tanquā curiæ spirituali præ-
iudicantes, quasi de Sacramentis & caussis
spiritualibus quicquam iudicantes: quum
ea tantum faciant, non Sacramenti violati
gratia, sed ipsius personæ caussa, quæ pro-
phana est, & non spiritualis: ideoq; ipsorum
foro habilis est, & subiecta. Hinc sæpenu-
mero fit, vt adulteri aut adulteræ ob cōmis-
sum adulterium gemina punitione plectā-
tur, & à Iudice spirituali & seculari: Curiæ
19 † spirituali subsunt adulterii gratia: Curiæ
vero seculari suæ personæ caussa subesse co-
guntur. Sed de hac materia, An scilicet se-
20 mel punitus in foro † Canonico seu Eccle-
siastico, posset puniri postea de eodem cri-
mine in foro ciuili, ob hoc, quod diximus
delictum esse mixti fori, eleganter discutit
& dissoluit D. Fredericus Schenck Iuriscon-
sultus in triade sua forēsi, quem data, obla-
taque occasione ibidem consulite. Nam i-
psius rationes, argumenta, ac distinctiones
21 & allegationes, breuitatis gratia † omisi-
mus, licet admodum sint conducibilia, fre-
quenter, imo pene quotidie, contingentia.
Hoc autem adulterii crimen in Iure maxi-
me est detestabile, vel certè ideo, quod ex eo
complura alia crimina postea consurgant:
veluti, periurium, falsa testimonia, violen-
tia, iniuria, verorū hæredum subdola frau-
datio, homicidia, perpetuæ inimicitiæ, le-
nocinia, stupra, & illegitimi diabolicíq; cō-
cubitus atq; infinita alia mala hinc nascun-
tur. Quæ plura eaque certius enarrat Eccle-
siasticus cap. 23. ad quem Lectorem bene-
uolum remittimus. Quandoquidem adul-
ter peccat in omnem legem naturalem, Di-
uinam, Ciuilem & Canonicam. Quocirca
22 non permittunt † iura, ob criminis enormi-
tatem,

tatem, vt de commisso adulterio vlla pax componatur, aut contractatio, quod tamen in aliis criminibus sępe fieri videmus, etiam in iis, ob quæ mors iure est inferẽda, l. Codicillis, § Matre, ff. de leg 2. singulari l. Transigere, & quod ibi not. C. de transact. & l. De crimine, C. ad l. Iul de adulter. Præterea
23 adeo execrantur † iura hoc adulterium, vt marito permittant impune posse occidere mœchum, quem cum vxore sua actu adulterãtem comperit, modo ille mœchus plebeius sit, & non nobilis: quem tamen nobilem si ita in actu occiderit, mitius etiam & citra mortem, & non vt homicida puniendus erit, sed tantum per exilium, l. Marito, ff. ad l. Iul. de adulter. & l. Gracchus, C.
24 eod. tit. Patri † ad hæc iura dissimulando permittunt occidere mœchum quem actu reperit in ipsa turpitudine peccantem cum filia, l. Nec in ea, & l. Quod ait lex, ff. ad l. Iul. de adult. Sed vt hoc impune facere possit, multa concurrere necessum est. Primo,
25 vt eos † reperiat actu coniunctos & non separatos: Intelligendi autem sunt illi simul reperiri in actu, quoties reperti sunt simul in lecto concumbere, actumq; venereum simul exercentes, aut in cubiculo sese mutuo indecore & venereè, blandis lasciuisque verbis, vel tactu mamillarum vel pudendorum osculantes, quoniam huiusmodi omnia sunt adulterii præludia, vt notant gl. & Bart. in l. 1 ff. de extraordin. criminib. & est gloss. not. in ver. in ipsis rebus, & ibi Bar. in d. l. Quod ait lex, & in l. cap. 5. ad l. Iuli. de adult. & Salicet. in d. l. Gracchus Secun-
26 do, † vt eos comperiat mœchantes in domo sua, vel in domo generi sui tantũ, d. l. Quod
27 ait, versic. Quare non vbique. Tertio † requiritur, vt pariter occidat vtrunque, neutrique parcat, ne filiæ quidem etiam imprægnatæ l. Patri, l. Nec in ea, l. Quod ait lex, & l. Si maritus, & l. Marito, ff. ad l. Iul. de adulter. Et notat eleganter Bart. in l. Imperator, 2. ff. de stat. homin. Idem post eũ refert & citat Ang. Arct. in suo tractatu maleficiorum, sub glossa, in verb. *Che me hai ad-*
28 *ulterato mia donna.* Quarto † requiritur, vt pater filiam habeat in potestate: alioqui enim si filia à iure paterno esset emancipata, vel in aui potestate existens, nullo modo tunc patri iura permitterẽt filiam suam adulterantem occidere, vt l. Sic eueniet, & d.
29 l. Patri, ff. ad l. Iul. de adult. Quinto, † vt filia nupta sit, & non vidua aut virgo: nam si aut vidua esset aut virgo, nullo modo posset eam contingere, ita Ang. Aret. sub præallegata gl. *Che me hai adulterato mia donna.* Sicut nec filio licet vllo modo occidere citra culpam homicidii, eum, quem reperit actu peccantem & adulterantem cũ matre, vt d. l. Gracchus, & ibi Cynus. Nec matri licet occidere adulterum, quem comperit adulterantem cum filia: nec fratri licet occidere, actu adulterantem cum sorore: nec etiam auo, neptem quam habet in potestate, occidere permittitur: Quando-
30 quidem † huiusmodi adulteros in actu occidere, nulli permissum est, quam ipsi soli patri, modis etiam & conditionibus ante habitis, d. l. Patri, in fine, cum l. seq. Cæ-
31 terum † adulteria cõmissa cum aliqua Principe aut Ducissa, acrius multo & enormius punienda sunt, quam quæ cum aliis mulierculis plebeiis cõmittuntur. Nam, vt hoc vel vno exemplo doceã: Execrandis & maximis interierunt per iustitiã suppliciis duo illi fratres, qui reperti fuerant adulterio cõmaculasse regales toros: nempe duas reginas, scilicet vxorem Regis Ludouici Huustein, & vxorem Regis Caroli de la Marche:
32 Quandoquidẽ † ipsorum adulterorum adhuc viuentium genitalia prius abscindebãtur: Deinde viui fuerant excoriati: Ac nouissimè ita nudi in patibulum subrepti: Ipsę vero Reginæ non mitiorib. tandem absumptæ suppliciis: Eæ enim simul inter duos muros strictissimè cæmentatæ fuerant, vbi tandem miseranda per se, & sua sponte con-
33 sumptæ sunt nece. † Porro si contingeret Dominum feudatorem mœchari cum vxo-

re ſui vaſalli ſiue feudatarii, in eo caſu Do-
minus feudator perderet ius conſuetum in
ſuum vaſallum: Et vaſallus ab ipſius prio-
ris Domini iure exemptus, deueniret in o-
mnibus ad protectionem & ius ſui ſuperio-
ris Domini feudatoris. Si vero contra ipſe
feudatarius ſeu vaſallus concumberet cum
vxore Domini ſui feudatoris, adulteraret-
que eam, vel ad crimen iſtud ſaltem ſolici-
taret, turpiter tentaret, affectaretur: Item
ſi vel filiam, neptem, nurum, ſororem pol-
lueret: is vaſallus perderet totum feudum
ſuum, & eo priuaretur, quod prædicto Do-
mino ſuo ſubſeruiebat. Et hoc textus feu-
dales (barbaro vocabulo) Cucurbitare no-
minant. Ita habet Dominus Vdalricus Za-
ſius ſummi nominis Iuriſconſultus in vſus
feudorũ epitome, de feudi amiſſione, parte
33 decima. Ipſę quoque † vxores adulteræ de
adulterio conuictæ, & ea cauſſa, ſententia
Curiæ ſpiritualis diuortio à maritis diuul-
ſæ, perdunt iuxta rigorem iuris, ſuam do-
tem, l. Conſenſu, § Vir quoque, Cod. de re-
pudi. & in can. Plerunque, extra de donat.
inter virum & vxorẽ: & iuxta conſuetudinẽ
ipſarum Dohariũ conſuetudinariũ: hoc
tamen in mulieribus adulteris ſpecialiter
notandum eſt, eſſe multos caſus, in quibus
marito non licet vxorem accuſare adulte-
rii, neque de eo commiſſo vxorem deferre,
& per iuſtitiam conuincere & damnare Pri-
34 mo, quando † ipſe maritus eodem adul-
terii crimine infamis & commaculatus fue-
rit, can. Intelleximus, extra de adulter. pa-
ria enim delicta mutua compenſatione diſ-
ſoluuntur, l. Viro & vxore, ff. ſoluto matri.
& l. Si ambo, ff. de compenſationib. Quo-
35 circa † ſuaſerim maritis omnibus non te-
mere committant, quo ius ſuum maritale
amittant: hoc eſt, ne vago alienoque toro
ſe commaculent, neve tam imprudentes
ſint in conſectando illicitos cõcubitus. Qui
56 enim † id faciunt, præter hoc, quod Deum
optimum maximum grauiter offendunt,
etiam vxorum amorem maritalem, plerun-
que ſua culpa vertunt in implacabile odium
quo vxores per impatientiam & deſpera-
tionem ſeſe ſępenumero ad exemplum ma-
ritorum, aliis quoque mœchis proſtituunt:
Nam vt vxores pleræque omnes ſummo-
pere gaudent voluptate venerea, nihilque
magis affectant, quam frequentes marito-
rum congreſſus, ita canino odio proſequũ-
tur eas, quæ ſibi eam voluptatem furtiuo
concubitu intercipiunt, & maritales con-
greſſus ſolitos ipſis eripiunt, & ob hoc mi-
ſere ad vindictam ſolicitantur: adeo vt ſi
vindictæ occaſionem reperire non valeant,
tandem exuta fronte, & conſcientiæ ſtimu-
lis neglectis, maritorum adulterantium
exemplum imitari ſtatuant: atque cô de-
ſperationum perductæ, in ſcelere maritis
ſunt multo nequiores, multoque arden-
tiores & improbiores: dum bellè & præ-
clare ſeſe agere arbitrantur, quum retalia-
tis vicibus maritum quoque ſuo iure frau-
dent, & ſeſe aliunde ea voluptate exple-
ant, quam maritus contra legem marita-
lem ipſis nefariè negat & aufert, & alienis
vxoribus impartit. Atque hinc tandem
fit, vt quum gloria domus fœde aliquan-
do his ſceleribus collabaſcat, id totum im-
prudentiæ, imo maritorum prioribus ad-
ulteriis aſſcribendum ſit, qui vxoribus ſæ-
pe mali occaſionem præbeant, vt iactu-
ram paſſam vlciſcantur, & voluptatem
amiſſam aliunde ſibi ſarciant, par pari (vt
putant) præclare referentes. Quando-
quidem nihil vxores præſertim caſtas æ-
que exaſperat, quam maritorum ſuorum
illiciti cõgreſſus cum alienis, iisque impu-
dicis mulieribus, quod ipſe quoque teſta-
tur Imperator in dicta leg. Conſenſu, poſt
principium, vbi Dominus Baldus & Ange-
lus id notant, Cod. de repudi. & in § Mi-
tiores, in Authent. de nuptiis: quem ad
hoc expendit Angelus, vbi ſupra, & in l. Si
vxor, § Iudex, ff. ad l. Iuliam de adulter. &
Iaſon in l. Ex ea parte, § Mulier, in primo
notab. ff. de verbor. obligat. † Quum igi-
tur

tur sæpe vxorum adulteria proueniant ex
culpa, atque adeo ex vagis ac illicitis mari-
torum concubitibus, inique profecto fa-
ciunt tales mariti, qui proprio dissimula-
to vitio, vxorum mala tantum ad censuras
rapiunt, & iudices ad vxores condemnan-
das solicitant, quum ipsi mariti prius cum
38 † omni æquitate grauiter de suis sceleri-
bus sint puniendi: ob quorum scelerum
occasionem datam, vxores vascula fragi-
liora, tandem in peccatum prolapsæ sunt.
Mariti vero per se & sua propria culpa & sua
sponte, & se adulteriis commacularunt, &
vxoribus peccandi occasionem præbuerũt.
Iniquiores quoque sunt ipsi Iudices, qui i-
stis non consideratis, ad primas talium ma-
ritorum delationes & querimonias, vxo-
res ilico ex rigore iustitiæ damnant, & per
hoc infames reddunt. Quòdcirca ne im-
prudentius hac in parte Iudices contra v-
xorum æquiores caussas peccent, velim
prius perlegant Vlpianum, l. Si vxor, §. 2.
39 ff. ad legem Iuliam de adulter. † Iudex (in
quit) crimen adulterii ante oculos habere
debet, & inquirere, an maritus pudice vi-
uens, mulieri quoque bonos mores colen-
di author fuerit. Periniquum enim vide-
tur esse, vt pudicitiam vir ab vxore exigat,
quam ipse non exhibeat. Secundo, quo-
40 ties † ipse maritus, aut per negligentiam,
aut per oblatas occasiones, aut aliis simi-
libus mediis, aliquo modo vxori ansam
præbuit committendi adulterii, sicut &
iam in primo notabili abunde satis memi-
nimus, vel si eam tradidit adulterandam,
canone, Discretionem, extra de eo qui co-
gnouit consanguineam vxoris suæ, Gloss.
singularis in verbo, mutua compensatio-
ne, in canone Intelleximus, extra de adul-
ter. & quando maritus qui sciuit delictum
commissum, silentio quinquennium transf-
egit, tam diu enim huius delicti præscri-
ptioni locus est, vt dicit Dominus Anto-
nius Quasada, in libro suo diuersarum quę-

41 stionum Iuris, capite decimooctauo. † Ter-
tio, quoties vxor non sponte, sed tantum
coacte, & summa cum illata violentia adul
terium commisit, contra animi consensum
& voluntatem, d. l. Si vxor, §. Si quis, ver-
sic. Cæterum, & l. vim, ff. ad l. Iuliam de
42 adulter. Quarto, † cum vxor fraudulento
concubitu, hoc est, in personis decepta, ad-
ulterium qualecunque committit, putans
marito concumbere, & ipsi debitum ma-
ritale reddere, quum tamen adultero con-
dormiat, & adulterium iuxta carnem &
mundum (non secundum mentem & spi-
ritum) committat. Non enim coinqui-
natur corpus nisi de consensu mentis, d. l.
Si vxor, versic. Cæterum, & argument. c.
43 In lectum, 34. quæst. 2. Ex occasione ac † si-
militudine quarti modi, exurgit quæstio
hæc alia, non omnino absimilis: Sempro-
nius amore cuiusdam virgunculæ captus,
rogauit vxorem Mæuii, vt per suam ope-
ram eadem virgine potiri posset: Ea vxor
Mæuii, votis Sempronii acquiescit, & se
hoc pręstituram certo loco, & tempore pro-
mittit: quod tamen non fecit, sed ipsamet
eadem voluptate potiri cupiens, sese con-
stituta nocte & loco in lectum composuit,
& se loco virginis exoptatæ Sempronio
supposuit: eamque tum Sempronius co-
gnouit putans se rem habere cum virgi-
ne prius cupita, & per vxorem Mæuii pro-
missa, quando tamen cum ipsa Mæuii
vxore furtim & per ignorantiam condor-
miuerit. In hoc enim casu nunc quæ-
ritur, an is Sempronius accusari à Mæ-
uio tandem posset de commisso cum v-
xore sua adulterio, putans scilicet se stu-
prasse virginem, non alienam vxorem
commaculasse? huius itaque quæstio-
nis solutio tota ex priori casu enarrato, de-
44 pendet. Quinto, † quando ob diutur-
nam mariti absentiam, quem mortem
obiisse credebat, cum alio marito matri-
monium contrahit & consummat, can,

In præsentia, & ibi duæ glossæ, vna in verb. Viris altera, in verb. Donec certum nuntiũ, ext. de sponsalib. & matrimoniis, & c. Cum
45 per bellicam, 34. q. 2. Sexto denique † priuatur maritus iure accusandi suam vxorem de adulterio quoties post adulteriũ cõmissum, vxorem ad se recepit, reconciliauit, & cum ea concubuit, c. Quemadmodum, ext. de iureiur. & c. Si illic, 33. q. 4. Septimo, quando adulter est absolutus, quo casu & mulier absoluta censebitur, l. denuntiatio, §. quęri-
46 tur, ff de adulteriis. Porro omne † adulteriũ quoties publicum est, adeo iura cõtemnũt, vt omnibus & singulis etiam ignotissimis, & quam maxime alienis permittant accusare, & ad Iudicẽ adulteros & adulteras deferre. Verum quoties in adulterio commisso contingit ignotum aliquem accusare alterius vxorem, pater & maritus vxoris in accusatione omnibus aliis præferendi sunt. Et si ipse maritus vxorẽ accusare detrectet, pater solus accusare potest. Et si ne hic quidem eandẽ accusare velit, tum tandem cuique etiam ignotissimo permittitur alterius vxoris adulteræ accusatio, l. 1. § Si simul, & l. Si maritus, §. Si ante, ff. ad l. Iul. de adul-
47 teriis. Quisquis † præterea alterius vxorem publicè & aperte solicitat ad adulteriũ, aut inhoneste contrectat, adeo vt hac gratia apud Iudicem de illata vi, aut improbitate sollicitantis conqueratur: is puniendus est exilio, aut simili punitione arbitraria Iudicis, etiamsi nullum adulterium, aut nullum aliud malum inde subsecutum fuerit. Por-
48 ro † copulatrices, aut lenones, qui suo studio honestas vxores ad adulteria solicitant, & perducunt (etiam effectu non secuto) secundum iura puniuntur capitaliter, l. fin. C. de spectac. & sceni. & leno. lib. 11. in Authent. de lenonibus, § Præconizamus, in gloss. in verb. Inuitam: Ludouicus Pontanus in singularibus suis, & verbo Pœna, versiculo, Qui donum. Nec hoc loco omittendum lenocinii crimen esse maius adulterio, secundum gloss. Bartoli & Doct. in l. Athletas, §. Ait Prætor, qui lenocinium, ff. de his qui notantur infamia: Secundũ consuetudinem vero, damnantur exilio, aut alia punitione arbitraria, iuxta varietatẽ regionum & ciuitatum. Nam iuxta consuetudinem olim Gandensium, copulatores
49 damnabãtur exilio: copulatrices † nasi pręcisione: tametsi hodie nasi præcisionem commutarunt installatione, theatro iustitiali, aut pellerino. Nouissime hoc de adulterorum punitione adiicere libuit, ipsos secundum iura Ciuilia, nusquam locorum esse liberos, ne in templis quidem, aut cœmeteriis, in Authent. de mandat Principis, § Quod si delinquentes, collatio. 3. vers. Neque gloss. in verb. Publicus latro, in can. Inter alia, ext. de immunitate Ecclesiæ. Sed antequam huic capiti finem imponam, lubet prius hîc aliquot non inutiles quæstio-
50 nes subnectere. An † scilicet Abraham notandus fuerit reus adulterii qui vxore Sara viuente, filios ex ancilla susceperit? Similiter, an Iacob, cui quatuor vxores obiiciũtur, fuerit adulterio obnoxius? His ac similibus quæstionibus faciunt satis S. Ambrosius in lib. de Patriarchis & S. Hieronymus contra Iouinianum lib. 1. Quorum sententiæ approbantur in can. Dixit Sara, & in canone, Obiiciuntur, 32. quæst. 4. Ex quibus perfacilis erit pręfatarum quæstionum decisio. Dixit Sara ad Abraham: Ecce conclusit me Dominus, vt non pariam; intra ergo ad ancillam meam Ægyptiam nomine Agar, vt filium facias ex ea; & ita factum est. In quo quidem facto notanda sunt & temporis, & caussarum ratio. Primum enim Abraham ante legem Moysi, & ante euangelium fuit, quo tempore necdum interdictum adulterium videbatur: nec pœna criminis erat, à tempore legis incœpit, quę crimẽ inhibuit: nec ante legem vlla erat rei damnatio, sed ex lege, non ergo contra legem quicquam commisit Abraham, sed legem pręuenit. Et Deus in paradiso coniugium laudauerat: nõ adulterium damnauerat: habes primam

Abra-

Abrahæ defensionem. Secunda hæc erit,
quod Abraham non ardore aliquo vagæ
succensus libidinis, non petulantia, neque
formæ captus decore, ancillæ contubernio
coniugalem posthabuit thorum: sed studio
quærendæ posteritatis & propagandæ so-
bolis: post diluuium enim raritas erat hu-
mani generis: quo tempore erat etiam reli-
gionis & violentia quædam, si quis non
reddidisse videretur debitum naturæ. Si-
mili causa permotæ filiæ Loth, patris con-
cubitum amauerunt, vt scilicet posteritati
consulerent, & ne genus deficeret huma-
num: ideoque publici muneris gratia
Loth priuatam culpam prætexuit, Genesis
16. Obiiciuntur quoque Iacob quatuor
51 vxores. Sed tum † quia moris erat, crimen
non erat: sicut patriarchæ coniugibus exci-
pientibus semen suum miscebantur, non
concupiscentia perficiendæ voluptatis, sed
prouidentia propagandæ successionis: sic
Apostoli auditoribus admirantibus doctri-
nam suam condelectabantur: non auidi-
tate consequendæ laudis, sed charitate se-
minandæ veritatis. Posset hic moueri
52 quæstio, An clericus † in sacris constitutus
in flagranti crimine repertus cum alicuius
boni viri filia, vel cum alicuius vxore pos-
set impune cædi, lędi, & occidi absque vio
latione Canonis, Si quis suadente. 17. q. 4.
Hæc q. proculdubio affirmatiuam partem
desiderat, nempe quod præfato clerico in
flagranti crimine reperto cum filia vel vxo-
re pater vel maritus potest eum offendere
& occidere sine vllo incursu excommuni-
cationis, cuius meminit dictus Canon. Si
quis suadente. atque hoc sustinuerunt Bald.
Angelus & Raphael in l. quid ergo. §. Si
hæres. ff. de lega. 1. Ang. Aret. in suo non a-
spernando tracta. malefi. versicul. *Che hai
adulterata la mia donna*. in 9. char. versicul.
quid si pater. horum meminit d. Hippo. à
Marsil. in sua insigni repetit. l. vnicæ nu. 89.
C. de Rap. virgi. Quoniam grauissimum
53 est crimen † adulterium, vt constet illud
semper punitum fuisse, ideo subiunximus
ea, in quibus breuiter enarrantur pœnæ à
diuersis gentibus & populis illatæ adulte-
ris: & quod Bruta quoque oderunt ipsa ad-
ulteria. Etenim multæ gentes leguntur
vario suppliciorum genere puniuisse adul-
teria. nec temerè fuerit ea carptim digito
54 indicare. constat enim † Parthos nullum
crimen grauius adulterio mulctasse, vt Iu-
stinus libro. 41. narrat, quamuis supplicii
55 genus nullum exprimat. Lydi verò † mor-
te puniebant adulterii reas, vt ex Herodoto
patet, qui nullam veniam pœnæ adulterii
56 prædicat eis fuisse. Arabes † autem suspi-
cionem adulterii grauiter quoque mulcta-
bant, vt docet Strabo libro decimo sexto.
Bardasanes libr. de fato. Eusebius in libr. de
præparatione Euangelica lib. 6. cap. 8. nam
ipsum adulterium morte puniebatur sta-
tim, sicut apud Palæstinos, vt patet ex 26.
57 Capite Genes. & † in Aromatifera regione
58 Ægyptii † in adulterio deprehensum vir-
gis cędebant ad mille plagas: mulierem na-
so truncabant. nam & ei, qui liberam vio-
lasset, virilia amputabant, quoniam vno
crimine tria non parua scelera commisisset,
iniuriam, corruptelam, liberorum confu-
sionem. Vide Diodorum Siculum primo
59 lib. Bibliothecæ. Tenediis † verò ea lex e-
rat promulgatione Regis contra adulteros,
vt vtriusque corpus concideretur securi. I-
dem ille Rex huius legis exemplum in su-
um filium edidit, qua de re in numismate
excussit vna parte securim, altera duos vul-
tus ex eadem ceruice prominentes. Ste-
phanus de vrbibus author huius est. Pla-
60 centini † ex statuto suo non adulterium
modo, sed nixum quoque adulterii capite
plectunt. Vide Baldi consi. 356. statuto
Placente lib. 1. idem mox quid sit nixus, in-
61 terpretatur. Longobardi † suis legibus ad-
ulterium morte puniunt. Recurrat qui ve-
62 lit ad tit. de adulterio. in Lomb. Porro † A-
thenienses ex lege hoc seruauerunt, vt ad-
ulterum in concubitu vxoris deprehen-

ſum maritus impunè occideret, ſicut oratio Lyſiæ Rhetoris clariſſimi de nece Erateſthenis adulteri declarat. Pauſanias vero huius rei citat Draconis legem. Polybius Megapolitanus libro ſecundo Hiſtoriar. eum inſontem pronuntiat qui adulterum interfecerit, hæc ille vt Græcus ex legibus Græcorum ſcripſit. Hactenus dixi de eis, apud quos adulterii pœna capitalis, lethaliſque fuit: nunc trãſeo ad eas gen-
63 tes, quibus ſolemne fuit † variis aliis pœnis afficere adulterii Reos, ac Reas. Roma-
64 ni † in adulterio deprehenſos caſtratione mulctabant, ſic Bibienus Carbonem Actienum: ſic Publius Ceruius Pontium caſtraſſe ſcribitur à Valerio Max. libr. ſexto, capit. 1. Hinc Horatius ita luſit, libr. 1. Sermo. Sat. 2.

—Quin etiam illud
Accidit, vt quidam teſtes caudamque ſalacem
Demeteret ferro.

65 Apud † Siculos vero mulier adultera naſi truncatione puniebatur. Quanquam Ro-
66 mani variis † modis proceſſerunt contra adulteros: nunquam tamen impunitum voluere adulterium. Tempore Numæ Pompilii hæc Lex lata erat teſte Feſto Pompeio & Aulo Gellio Noct. Att. libr. quarto, capite tertio. Pellex ædem Iunonis ne tangito: ſi tangit, Iunoni crinibus demiſſis agnum fœminam cædito. Q. Fabius Gurges aliquot matronas ſtupri damnatas pecunia mulctauit, ex qua Veneris ædem faciendam curauit, hoc narrat Liuius libr. decimo, ab vrbe condita. L. Iunius Appuleius & M. Fundanus ædiles aliquot matronas apud populum probri accuſauerunt, & damnatas quaſdam in exilium egerunt. eſt & hoc apud T. Liuium libro quinto Belli Punici, mox ex Lege licuit maritis vxores in adulterio deprehenſas ſine iudicio impunè necare, vt licet intelligere ex oratione Catonis de dote, cuius verba extant apud Aul Gellium libro decimo, capit. 23. & hæc mundana Lex & antiquiſſima multis videtur, vt eſt textus in Canone, Inter hæc, 33. quæſt. 2 paulo poſt hoc ius maritis ademptum, & patribus conceſſum fuit, vt habetur in l. Patri, & ſequentibus duabus. Digeſtis, de adulter. vbi huius rei ratio redditur. Marito tamen hoc ſemper tributum eſt, vt adulterum vxoris occidere poſſet, ſed non quemlibet. lege, marito. eodem titulo. Auguſtus Cæſar legem Iuliam tulit, qua pœnas in adulteros ſtatuit, de quibus alibi ſcripſi, ad quam legem Horatius 4. Carm. Ode 5. reſpexit:

Nullis polluitur caſta domus ſtupris:
Mos & Lex, maculoſum edomuit nefas.

De eadem Iuuenalis Satyr. 2.

—Vbi nunc Lex Iulia dormis?

Iuliam legem vſu abolitam reuocauit Domitianus, ideo à Martiale laudatus pluribus locis, & de qua re Iuuenalis ſic prodit:

Qualis erat nuper tragico pollutus adulter
Concubitu, qui tunc leges reuocarat amaras,
Omnibus atque ipſis Veneri Martique timendas.

67 Nam † Lege Iulia pœna capitalis decernebatur adultero. Suetonius refert, quod Auguſtus lata ea lege compulit Proculum mori, compertum adulterare matronas. Huc reſpexit Virgilius: cum ait, *quique ob adulterium caſi.* Quin etiam fœminæ adulteræ ex Lege Iulia capite plectebantur. l. Caſtitati. Cod. ad leg. Iuliam de adulter. quæ quidem Lex Alexandri Seueri Imperatoris eſt; itaque tum eam legem obſeruatam fuiſſe apparet. Porrò Opilius Macrinus Roman. Imperator, reos adulterii ſemper viuos iunctis corporibus incendit. Vide Iulium Capitolinum. Aurelianus Imperator militem, qui cum vxore hoſpitis adulterium cõmiſerat, puniuit ſuſpendio in-

ctio inter duas arbores, quarum relaxatione
ille in duas partes scissus, penderet ex pedibus. Idem ancillam quæ cum seruo suo adulterium fecerat, capite puniuit. Vide Flauium Vopiscum. Constantinus sacrilegos nuptiarum gladio puniuit. l. Quamuis adulterii, in fine Cod ad l. Iul. de adulter. Lex hæc adhuc seruata est tempore D. Hieronymi, vt patet ex Epist. illius ad Innocentium de muliere septies icta, quanquam miles Lege Iulia de adulteriis damnatus ita infamis est, vt etiam ipsa sententia eum sacramento ignominiæ causa soluat. Vnde Traianus Centurionem adulterii conuictum exautorauit & relegauit, teste Plinio Iuniore, libro sexto epistol. ad Cornelianum, & l. Si quis viduam. ff. de quæstio Si quis, inquam, alii nuptam, etiam cognatam, & cum qua nuptias non potest contrahere, corruperit, in insulam deportandus est, quia duplex crimen commisit, incæstum & adulterium. Et adultera etiam in insulam relegabatur, vt patet ex Cornelio Tacito de Victilia vxore Telidii Labeonis conuicta adulterii, in insulam Scriphon abducta. tamen pœna capitis semper fuit statuta in adulteros, vt patet ex d. l. Transigere. C. de transactionibus, & Lex. Iulia temeratores aliarum nuptiarum gladio ferit, vt d. §. Item Lex Iulia. Postremis authenticis constitutionib. pœna mortis adulteris mulieribus remissa est, alia substitura: nimirum vt verberibus cęsæ in monasterium detrudantur. Authen. Sed hodie. canone, de adulter. Cæ-
68 terum † Zeleucus Locrensibus legem tulit, vt adulteris vterque oculus erueretur, qua in re peccatum filii ita luit, vt suum oculum pro oculo filii effunderet. Vide Valerium Maximum, Capit. de Iustitia.
69 Leprei † populi deprehensos in adulterio per triduum vinctos circa ciuitatem ducebant mox perpetuò contemnebant. adulteræ in foro vndecim diebus discinctæ ostentabantur tunica pellucida amictæ. A-
70 thenienses † demissum adulterum & obuium ex lege petebant omni proiectili, quicquid obuium ingerebant præter mortem, vt tanto contemptibiliores essent. hoc liquet ex oratione Demosthenis ad-
71 uersus Neæram. Placidarum † populorum Atticæ regionis, quos aliqui Laciadas vocant, mos & Lex erat, vt adulteri deprehensi ignominiosa nota afficerentur impactis raphanis in pudendas corporis partes, vel ligno ligonis pro raphano. Id
72 in † Armenia obseruatum fuisse Lucianus innuit in vita Peregrini Philosophi.
73 Germani † adulteram nudam marito permittunt, coram amicis, & propinquis expellere domo accisis crinib. & per omnem vicum verbere agere: publicatæ enim pudicitiæ nulla est venia. Alibi is mos remanet hodie, vt adulteris capilli, & vestes antè & retro in ignominiam incidantur, sic tradit glos. in canone de Benedicto, in verbo & caluatos, trigesima secunda, quæstione
74 prima. Cortinenses † vero coronabant adulteros molli lana, exprobrando mollissimam naturam, & ita per ciuitatem ad magistratum pertrahebant, postea omnino ignominiosi habebantur, & indigni of-
75 ficio Reipublicæ. Cumæi mulierem † in adulterio deprehensam in forum deducebant, & impositam saxo spectandam omnibus proponebant. inde asino directam & per totam ciuitatem circunductam in eundem locum restituebant. Plutarchus habet hoc problema capite centesimo decimo
76 quinto. Apud † Pisidas conuictus adulterii per vrbem vnà cum muliere circunducitur super asinos per aliquot dies. Vide
77 Boemum de Moribus Gentium. Si † quis Regis Troglodytarum vxorem vitiasset, certo ouium numero mulctabatur. Vide
78 † Diodorum Siculum libr. tertio. Plato octauo De legibus sic scripsit, ne aliam quam suam quisq; vxorem contingat, ne genitale

ſemen irreligioſe demādet pellicibus, quis-
quis contra fécerit, niſi viros & mulieres o-
mnes lateat, infamis lege, omnibusque ci-
79 uitatis honoribus priuatus ſit. Diogenes †
adulterum ex teſticulis ſuſpēdendum pro-
nunciauit, vt patet ex eius reſponſo de Di-
dymone mœcho comprehenſo & ex nomi-
80 ne ſuſpendendo. Lycurgus † nullam legem
ſanxit contra adulterium, vt qui id grauius
81 omni ſupplicio exiſtimaret. Venio † ad pœ-
nas poſterioribus temporibus inflictas ad-
82 ulterio. Peruſii † deprehenſus adulter ex
lege pro adulterio imponitur pœna ducen-
tarum librarum, vel trecentarum, ſi cogni-
tam mulierem domi per harum detinuerit.
Vide Cornæum cōſil. 114. licet primo aſpe-
ctu, column. 1. ver. pœna autem. Bononiæ
83 † adulterii reus mulctatur, 200. libris, vt re-
fert Barb. conſ. 65. licet in medium, in prin-
84 cipio, lib. 4. Florētinæ † vrbis ſtatuto pœna
mille librarum adulteris ſtatuitur Barbat.
85 conſil. 87. illud referam, col. 5. lib. 3. Ex †
ſtatuto Treuiſii, bona mulieris adulteræ
tantū confiſcantur, vt author eſt Petr. And.
in Repet. c. 1. in 12. q. princip. verſic. ego vi-
86 di ſimilem quæſtionem, de conſtit. Verum
ſtatuto ciuitatis Nouariæ ſi quis adulteriū
commiſit ſine vi, ſoluit 50. libras Imperia-
les: ſi per vim, cōdemnatur in lib. 100. Im-
periales, aut mulier ſi viro placuerit combu-
ritur; alioqui dotem amittet, teſte Signo.
conſil 58. ſtatuto ciuitatis Nouariç, in prin-
cip. Bald. ad hæc conſil. 222. Anton. Com-
miſit, mentionem facit cuiuſdam ſtatuti
punientis adulterium centum libris, addit,
quod communiter ex ſtatutis adulterium
punitur pœna pecuniaria, ideo Angelus in l.
Vulgaris, in principio, ff. de Furt. aſſerit in
multis ciuitatibus pecuniariam mulctam
irrogari adulteris, & Ioan. And. in c. vltim.
col 7. verſ. quærit etiam do extra de collu.
deteg. dicit id ita obſeruari ex ſtatutis Italiç.
87 Rurſus † Angel. in l. Mater. §. mulier. ff de
adulter. ſcribit quod per formam ſtatutorū
Italiæ adulter nullo modo punitur, ſi nupta
more meretricio viuat, etiam ſciente adul-
tero eam eſſe nuptam, quod etiā repetit in l.
Si vxor, §. Sed & in ea. eodem tit. Guiliel-
mus de monte Laud. in Clem. cum ex eo, &
ibi poſt eum Cardin. Flor. in 1. oppoſitione
de ſent. excomm. aſſerit, quod in quibus-
dam partibus viri ex adulterio vxorum pu-
niuntur tanquam authores. In Catalonia,
88 & † multis aliis locis vir, cuius vxor impu-
dica, ſoluit 40. ſolidos domino vxoris. In
89 † Regno Franciæ adulteri ex conſuetudine
non puniuntur, teſt. Ioan. Fab. in l. conſue-
tudinis col. vltima, C. Quæ ſit long. con-
ſuet. nec auditum eſt, quod in Regno Fran-
ciæ adulter puniretur pœna iuris. Guido
Papienſis dicit Deci. Delph. 206. in hac ci-
uitate poſt princip. quod ex ſtatutis Gratia-
90 nopolis † pro crimine adulterii ſtatuitur
pœna 100. ſolidor. D. Guil. Bene. in repet.
C. Raynutius, in verbo, cuidam Petro tra-
diderunt, num. 63. quod ex ſtatutis vrbis
91 Caturci † adulter pœna 60. ſolidorum tan-
tum punitur, aut nudus vnica camiſia per
92 vrbem ſine verbere ducitur. Pariſiis † olim
duci ſolet vir cuius vxor adultera eſt, aſino
inſidens per totam vrbē, facie verſa ad cau-
dam vxore aſinum trahente, & præcone an-
te eos proclamante; Qui ſic faciet, ſic acci-
piet. Videri poſſunt hæc apud Guilielm. de
monte Lau. in Clem. Cum ex eo. & Card.
Florent. in 1. oppo. de ſent. exc. & Benedic.
in c. Raynaldus, in verbo cuidam Petro tra-
diderunt, num. 62. de teſtib. Illud forte il-
lorum temporibus obſeruatum fuit, nunc
93 deſiit, non † tamen in Senatu nunc impu-
niti adulteri, ſed pro qualitate delicti, & per-
ſonarum virgis cæduntur, aut aliter puni-
untur, vt aſſerit Andreas Tiraquellus deci-
94 ma tertia lege connubiali. Porro ex † legi-
bus Boiariorum à Theodorico Francorum
rege editis tit. de vxorib. & adulteris ſi quis
cum vxore alterius concubuerit, componat
maritum eius cū ſuo Veregildo: id eſt, 140.
95 ſolidis, ex legibus † autem Riboariorum ab
eodem Theodorico latis, ſi quis vxorem a-
lie-

lienam tulerit viuo marito 200. solidis mul-
ctatur. Haud iniuria Alciatus in l. probrũ,
ff de verbo. significat. conqueritur fures
strangulari, adulteros pecunia mulctari, vt
sit maior pecuniæ quam morum ratio. Clé-
96 rici † ob adulterium pontificum sanctioni-
bus deponuntur, & in monasterium toto
97 vitæ tempore detruduntur: laici † excom-
municantur, c. Si quis clericus, & c. Roma-
nus 81. distinct. & c. Intelleximus de adult.
& not. Host. in summa. tit. de adult. §. quæ
pœna sit imponenda, in princip. At ex con-
cilio Ancyrano c. 20. Si quis adulteriũ com-
miserit, non nisi septem annis in pœniten-
tia completis ad pristinos gradus recipitur,
& concinit 77. c. capitulorum Græcarũ Sy-
nodorum à Martino Braccarensi Episcopo
98 collectorum. Postquam † compendio enu-
merauimus pœnas, quas adulteris infli-
guntur ab hominibus vel legum vel cõsue-
tudinum ratione apud diuersas gentes, na-
tionesque, subiungemus quod Bruta quo-
que fugiunt ipsa adulteria, quoniam natu-
ra pœnam infligendo in quibusdam brutis
etiam docuit adulteria esse fugienda. Ete-
99 nim † Ciconiæ adulterium morte puniunt.
Guilielmus Parisiensis scribit suo tempore
Ciconiam adulterio coniunctam, per olfa-
ctum masculi cognitam, congregata ab ipso
masculo multitudine ciconiarum, ac dete-
cto crimine, fœmellæ illam ab omni mul-
titudine ceu conuictam damnatamque, de-
plumatam, dilaceratamque fuisse. Porphy-
100 riones † vero aues, vt Athenæus narrat
ex Polemonis cõmentariis ad Antigonum
Regem, manifestum adulterii sensum ha-
bere, illudque etiam in vxore eius, vbi alitur
deprehensum patrifamilias significare, non
voce quidem, sed suspendio, & hinc Thela-
mon dictus esse videtur, tanquam thalami
101 & pudicitiæ custos. Elephantes † adulteria
inter se nulla nouerunt, quinimo detestan-
tur adulteria hominum, illud ex Plinii lib.
8. cap. 5. & ex Solino cap. 38. patet: hoc ex
Æliani lib. 1. de hist. animal. & ex lib. 15. vbi
refert, quod Elephas intelligit facile adulte-
rium vxoris altoris sui, sæpe adulterã & ad-
ulterum interemit: nonnunquã illud ma-
102 rito detexit. Leones † quoque adulteria in
Leæna cognoscunt, & illam occidunt, vel in
aquas detrudũt, vt se abluat, vel fugere pro-
cul cum adultero vel cum Pardo cogunt, te-
stis huius rei est Plinius libro 8. cap. 16. Iam
vero columbæ, Palumbes, Turtures, Cor-
nices, Lynces, & Æcheneides quoq; pisces
fugiunt adulteria, & mortuo vno superstes
103 in viduitate integra permanet. hinc † de co-
lumbis ita Propertius lib. 2. canit:

Exemplo iunctæ tibi sint in amore columbæ,
Masculus & totum fœmina coniugium.

Plura Plinius docet libr. 10. cap. 34. Ælian.
lib. 15. Aristoteles lib. 9. de historia anim. c.
104 7. de Turturibus † & Palumbis iidem testes
105 sunt in locis citatis, de Cornicibus † tradit
106 Plutarchus in dialogo, quod † Bruta ratio-
107 ne vtuntur, de Lyncibus † Seruius annota-
108 uit, & de Æchenei † pisce Ælianus libro 11.
Sed ne nimium exemplis, & similibus na-
turæ operibus recitandis oneremus lectorẽ,
ideo placuit hic desinere, & versiculis ali-
quot pœnas adulteriorum comprehensas
referre, ac totam hanc materiam de pœnis
concludere, sunt enim tales versiculi:

Casibus his quinq; damnabitur omnis adulter.
Aut hic fit pauper, aut debet carcere claudi.
Aut mẽbrũ perdet, aut morte mala morietur.
Aut hunc mundana confundet pessima fama.

109 Adulterium † in marib. ne aut in fœmi-
nis sit grauius? Consideratis pœnis, quæ
adulteris infliguntur partim legib. partim
consuetudine, videtur grauius esse in viris,
quam in fœminis adulterium, nam apud
Ægyptios adulter virgis cædebatur ad mil-
le plagas, vel vt Diodorus Siculus narrat, vi-
rilia ei amputabantur, ad quod Terentiana
Pythias allusit:

Nũc minatur porro sese id, quod mœchis solet.
— Quod ego nunquam vidi fieri neque velim.

Sic Bibienus apud Romanos Carbonem

Actienum, & Pub. Ceruius Pontium in adulterio deprehensos castrasse legũtur, quod innuit Horatius libro primo Sermon. Satyr. 2.

—Quin etiam illud
Accidit vt quidam testes, caudamq; salacem
Demeteret ferro, iure omnes.

Mulier vero adultera vel repudiabatur, vel naso tantum mutilabatur, quod etiam à Siculis obseruatum fuit, vt patet in constitutione, quæ incipit, Legum asperitate. Diuus Augustinus clare docet libr. de ciuitate Dei 3. c. 5. quod antiqui Romani morte non punierunt fœminas adulteras: quũ eam pœnam viris adulteris passim inferrẽt, vt licet videre ex eo loco Virgilii, qui fuit rerum antiquarum peritissimus, vbi sexto Æneid. sic canit:

—quique ob adulterium cæsi.

Etsi ex lege Alexandri Seueri mulier adultera capite puniebatur, vt & adulter, tamen Theodosii tempore mulier in adulterio deprehensa in angusto prostibulo includebatur, mittebanturque qui cum ea palæstram Veneris exercerẽt: interim tintinabula percutiebant, vt eorum sono res hæc cunctis innotesceret. Theodosius vero hoc adhuc durius correxit, aliisque pœnis adulteras puniri statuit, vt author est Constantinopolitanus Socrates apud Cassiodorum in tripartita historia, libro nono, capite vigesimoquatto. Ad hæc altera ratio non inepte
110 assignari potest, cur † videatur adulterium grauius in viris, quam in fœminis: quia nihil æque exasperat, & ad peccandum in hoc crimine perducit fœminas, quam virorum congressus cum externis, impudicisque mulieribus, hoc ipsum attestante Imperatore in l. consensu, post principia. Vbi Dominus Baldus & Angelus id annot. C. de repud. & in §. Mitiores, in Authentic. de nuptiis, quem & ad hoc expendit Angelus, vbi supra, & in l. Si vxor, § Iudex, ff de adulter. & Iason. in l. ex ea parte, §. mulier, in primo notab. ff de verborum obligat. Clytemnęstra cum didicisset Agamemnonem deperire Briseidem & se adulterio cum Ægystho polluit, & maritum ipsum morte mulctauit. Antoninus Verus Imper. Romanus creditur à Lucilla vxore veneno sublatus ob venereum cum Fabia commertiũ,
111 sicut Capitolinus scripto prodidit. † Tum quia fæminæ præcipites à natura factæ sunt & infirmę, vt citius superentur quam viri, minusque resistere queant huiuscemodi flammis naturæ, sicut Seneca in Hippolyto inquit:

Quid sinat inausum fœminæ præceps furor?

Manifestius adhuc Valerius ad Ruffinum inter epistolas Diui Hieronymi: Insani, ait, capitis & præcipitis est fœmina, indeliberata semper voluntate præcipuum arbitratur quod vult, & quod non expedit. Insuper non omittendum est, quod vulgo dici solet, mulieres in eodem genere delicti minus peccare, minusque puniendas esse, quam viros, cæteris tamen per omnia paribus, nempe ob imbecillitatem mentis, & ingenii, l. Sacrilegii pœnam, in princip. ff. ad l. Iuliam peculat. & l. Si adulterium, §. stuprum, & §. Fratres, & §. Incestam, ff. ad l. Iuliam de adulter. & can. Sicut dignum, in princip. extra, de homicid. & can. Indignantur, 32. quęstio. 6 vbi scribitur tantò grauius viros puniri oportere, quanto magis ad eos pertinet & virtute vincere, & exemplo regere fœminas, & facit textus in l. Quisquis, §. ad Filias, Cod. ad l. Iuliam maiestat. ibi, Mitior enim circa eas debet esse sententia, quas pro infirmitate sexus minus ausuras esse confidimus, & quod voluit Baldus in l. Quicunque, columη. 3. versiculo, sed pone statuto, & versic. & in summa, Cod. de seruis fugit. Huc pertinet,
112 quod † Saxo historiæ Danicæ author libro sexto, scripsit de Eritio. hic enim vir multæ prudentiæ cõtendit muliebribus erratis sępius ignoscendum esse, nec pœnam insligendam

gendam nisi correctio culpam corrigere nō potuisset. His consonum illud præclarum de Aureliano Imperatore, qui Zenobiam à militibus ad supplicium vocatam, quod vt mulier indigna imperium sibi vendicasset, vita donauit, & defendit dicens, indignum interimere mulierem, vt Vopiscus narrat. Æneas quoque apud Verg. Æneid. 2. sic hac de re pronunciauit:

— Nullum memorabile nomen
Fœminea in pœna est.

Infirmitatem fœminei sexus Leones etiam agnoscunt, & tuentur. Plinius octauo libro naturalis historię, rem scribit forte nouam multis de leone, quod hic cum sæuit, semper plus in viros quam in fœminas fremere consueuit, tanquam certe natura docuerit leonem, & principes leonis exemplo mulieribus magis, quam viris parcere, hosque durius, illas mitius tractandas.

113 Progrediamur † etiam ad Theologos, qui pluribus de causis iam dictis statuunt virum per omnia omnibus paribus grauius peccare, quam fœminam, causamque assignant imbecillitati muliebri. Quare Diuus Thomas summus Doctor angelicus

114 habitus, 22. quæst. 163. artic. † vltimo autumat Adam plus peccasse quam Euā, considerata conditione peccantium, ille enim hac erat perfectior, licèt aliis circumstantiis, vt ipse loquitur, minus peccauerit, idem Dominus Bonauentura censuit libro secundo Sententiarum, distinct. 22. articul. 1. quæstio. 3. & ibi Scotus, & alii; & è nostris Archid. in canone, Illud, 40. distinct. Hinc

115 est † igitur, quod & virum fornicatorem aut adulterum grauius quoque peccare, quam fœminam existimant, quia ille plus

116 rationis habet. Veruntamen † apud Moysen, & Iudæos æque in viris ac fœminis graue censebatur crimen adulterii, nam ante legem Moysis vt patet Genesis capite 38. comburebantur adulteri: Moyses vero vtrique sexui in hac parte peccanti mortem intulit lapidatione. Vide Leuitic. 20 Deuteronom. 22. Danielis 13. Ezechiel. 16. Ioannis octauo. & in decretis Canonicis, § Hinc apparet 23 quæstio. quinta, & canon. hæc imago, 33. quæstio. 5. Plurimę certe nationes in vtroque sexu æque grande scelus esse adulterium existimauerunt, si idem genus supplicii spectes, de quo prius satis

117 diximus. Cæterum † Theologi nostri plerique asserunt grauius esse adulterium in fœminis, quam in viris, cæteris paribus, quoniam castitas magis decet mulieres quam viros: maiusque dedecus & infamiam inuri domui, familiæ, generi, & toti cognationi per impudicitiam mulieris, quam viri. Hanc quæstionem late determinat, & tradit Martinus, cognomento Magister Parisiensis Doctor, & vir sui temporis insignis ac peritus, in eo libro, quem de temperantia scripsit, præsertim quo loco de luxuria disputat, in nona quæstione, qua sciscitatur, vtrum adulterium sit species luxuriæ ab aliis distincta, in quinta conclusione. Astesanus in summa libro octauo, titul. 11. argument. 3. versic. Quis grauius peccat, eiusdē est opinionis; quamuis alii alias quoque rationes assignant, vt per ipsos Theologos in quarto Sentent. distinct. 35. Theologi namque allatis in medium multis considerationibus, dicunt plus peccare mulierem impudicam quam virum, vt Diuus Thomas in quarta quæstione, & ipse Dominus Bonauentura in expos. textus, & D. Richardus in artic. 1. quæstione 4. & Robertus Hol. in Sapientiam Salomonis lectione 46. & Antonius Flo. in prima parte 3. partic. prim. tit. 1 §. quantum ad primum certum est, versicul. secundo debet esse in operibus, & è nostris idem Archid. in canone primo, de pœnitent. distinct. 1. per textum in d. can. Indignantur. Itaque vt ex omnibus conclusionem aliquam subnectamus, cum multis ita sentimus, quod cum adulterium in vxore sit tam fœdum, tam detestabile, tamque

ignominiosum: non autem adeo fœdum in viro, nec adeò detestabile, nec ignominiosum, verum & æquum est mulieres grauius peccare committẽdo adulterium, quã viros. atque hinc est, quod vir quoq; potestatem habet in vxorem, non vxor in virũ, & vir vxorem adulterii accusare potest, vel in eo deprehensam repudiare, & nonnunquam interimere: Vxor virum nullo modo. Iuxta Apostolum, 1. Corinth. 7. Sunt pares vxor & vir, quantũ attinet ad debitum coniugale, ergo potest vxor etiam maritum adulterii accusare & dimittere, quamuis vxor non possit maritũ facto corrigere, sicut maritus vxorem includere, pleniorem autem rationem Marius Solomonius in l. Gallus, in princ. chart. vlt. versic. hæc eadem causa, ff. de liber. & posthum. & Andr. Tiraquel-
118 lus assignant. An † quæ adulteræ, eædem vt veneficæ sint habendæ? Si nos inspicimus multorum authorum sententias prolatas de adulteris, fere deprehẽdimus, quod adulteræ etiam laborauerũt suspicione veneficii, & sæpe etiam veneficiis sunt conuictæ, vnde est quod dicitur adulteras non vacare suspicione veneficii, fere fit vt quæcunque adultera sit & venefica, teste Cicerone lib. 4. ad Herennium, cui rei Cato quoque astipulatur, vt Fabius Orat. Instit. lib. 5. docet & Chrysostomus in Matth. Homil. 49. Mulieres, inquit, adulteræ ad maritorũ cædem, quibuscunque possunt modis iniuriam inferre meditantur, paratæ sunt, & accinctæ. Leges quoque semper adulteras & veneficas quasi in maleficio eodem versantes & affines coniungunt, l. Consensu, §. vir quoque, ibi nisi adulteram vel veneficam, C. de repud. & in §. mitiores, in Authent. de
119 nupt. Porro † D. Chrysost. in euang. D. Ioann. homil. 62. docet adulteriũ grauius esse idololatria, qui huius rei latiorẽ expositionem desiderat eô recurrat. Quanquam grã-
120 de † flagitium est adulterium, tamen legitur alibi contra id nullam pœnam fuisse legibus constitutam, etenim Lycurgus nullã pœnam statuit in adulteros, vt Tullius ha-
121 bet in oratione pro 6. Roscio. Tum † vere Antoninus Imp. cõsultissimus, prudentissimus, religiosissimus, philosophus summus, adulteria suæ vxoris dissimulauit, vt
122 Iulius Capitolinus refert. De pluralitate † vxorum licita apud nõnullas nationes. Cæsaris Lex erat apud Roman. vt vxores quas & quot quis vellet, ducere liceret liberorum quærendorũ causa, vt Suetonius in vita illius tradit c. 52. Sed id postea abrogatũ fuit l. Nemo, 1. C. de Iudæis, & l. Eum qui duas, C. de adult. vbi in id eadem pœna quæ stupro statuitur, id enim est contra ius naturæ habere duas vxores. Cyrenaici singuli plures vxores habent, vt narrat Pomponius Mela, 1. lib. Euripides duas vxores simul habẽdas esse vbique fere improbat, vt in Andromache: neque enim honestum duarum vxorũ virum vnum gubernacula habere, ipse tamen duas vxores habens pertædere cœpit matrimonii, vt vbique fœminas improbatet. Vide Gell. libr. 15. Noct. Attic. c. 20. consuluit tamen duas vxores ducendas, vt mala expelleretur, & domi retineretur bona. Geloni singuli plures vxores habent. vt patet ex illo Val. Flacci Argonaut. 7. Hei mihi vel sæuo coniunx non vna Gelono. Germani olim vt prodit Cæsar plurimas vxores simul habebant, sic Ariouistus habebat duas vxores, vnam Sueuam, alteram Noricã natione, sororẽ Voccionis regis. Hyberni promiscuè matrimonia ineunt cum matribus, filiabus, & sororibus, vt est apud Strabonẽ, lib. 4. quin etiam non minus alienis adhuc quam suis vxoribus commiscentur, vt idem refert, idque in propatulo. Inde plures vxores simul ducere solent, & mortuo marito inter eas contentio de amore maiore erga maritum orta incendio spontaneo dirimebatur, vt Onesicritus, Cicero 5. Tuscul. Strabo 13. Cosmog. Valerius Maximus de institutis antiquis, Solinus c. 65. Propertius lib. 3. Eleg. nec illud est prætereundũ quod Indorum vxores prima congressus nocte, ipsis

sacrsacerdotibus concedebantur, cum quibus etiam Regum absentium vxores cubitant, vt ex Cardinali Vlyssiponensi retulit Volaterranus Geographię 12. cap. postremo. Lex apud Athenienses fuit, vt in Bello Peloponnesiaco ciuitatem exhaustam iuuentute repararent liberis, qua decreuerunt, vt quisque duas si vellet, duceret vxores, paganam & vrbanam. Hanc secutus legem Socrates duxit Xantippem simul, & Myrtonem Aristidis neptem vxores: & Euripides quoque duas sibi iunxit, sed pœnitentia ductus, omne matrimonium exosus est. Hæc docent Satyrus, Hieronymus Rhodius, & Laertius. Cecrops verò primus Atheniensium Rex vnam viro lege concessit tantum vxorem, vt Athenæus tradit. Lex Valentiniani Imperatoris publicè concessit vni duas ducere vxores. Hoc habet Socrates Constantinopolitanus apud Cassiodorum in Tripartita historia, libro octauo, capite vndecimo. sed & Paulus Diaconus hoc idem de Valente retulit. Lex Cæsaris Iulii permittebat vni vxores quas & quot vellet ducere liberorum quærendorum causa: sic enim narrat Suetonius in vita illius, cap. 52. postea id mox abrogatum fuit, vt & supra notaui. Mauri singuli plures vxores habent, vt Sallustius in Iugurtha commemorat. Medis verò pulcherrimum censetur esse, vt habeant plurimas vxores, vt Strabo libro vndecimo. Et Æneas Syl. in Asiæ descriptione, c.34. Regibus certè minores quam septem vxores habere non licet, ibidem. Nasomones singuli plures habent vxores, vt est apud Herodot. libro quarto. quin etiam hi in propatulo coire solent. Numidæ quoque singuli pluribus gaudebant vxoribus, vt apud Sallustium patet in Iugurtha. Pæones singuli plures ducunt vxores, vt Herodotus in Terpsichore refert. Parthis plures vxores ducendas mos permisit, & vsus obtinuit dulcedine, ac varietate libidinis, vt Bardesanes in libro de fato, Clemens Recogni. 9. cap. 7. multique alii narrant. Persæ vxores plures ducunt, sed caussam sobolis propagandæ prætexunt, vt Ammianus Marcellinus habet libr. 23. & Herodotus libro primo. Syri autem plures habent vxores singuli, vt Tullius 4 actione in Verrem edisseruit. Thraces simul quoque pluribus vxoribus se iungebant, vt Pomponius Mela libro secundo exponit, & Herodotus hoc Thracibus supra Gestroneos incolis tribuit libro quinto.

123 *De communitate † Vxorum apud nonnullas nationes.*

Æthiopes Garamantici vxores communes habent, Mela Pomponius. 1. Plinius libro quinto, c.8. Solinus c.39. vel iuxta alios 43. & hinc degeneres hi ex omnibus habentur. Bragmannes vxoribus communibus vtuntur vt Philostratus, Lemnius, & Arrianus historicus referunt. Britannis pluribus vna vxor est, vt Bardesanes in libr. de Fato refert, & D. Clemens libr. recognitionum 9. c.7. Cæsar quoque Com. belli Gallici simile refert libr. quinto. Gnostici hæretici, vt est apud Epiphanium, 2. lib. contra hæreses tom. & sect. 26. nullas priuatim vxores habent, sed omnibus vt communibus vtuntur. Hyrcani communes vxores habebant, vti Plutarchus in libr. de fortuna Alexandri narrat, ante tempora Alexand. Magni. Ichthyophagi vero communes habent vxores, vt est apud Diod. Siculum, libr. tertio Bibliothecæ. Lex Canadis Regis Persarum de communitate vxorum celebris est, huius Agathias meminit de Bello Gothorum, libro quarto, idem de Ilophagis tradit Diodorus Siculus, libr. tertio, suæ bibliothecæ. Mos fuit Liburniis, vt communes haberent vxores, alii eos Limyrnios vocant, testatur hoc de eis Nicolaus scriptor Græcus de moribus gentium, & Stobæus sermone 42. Aristoteles haud dissimilia narrat de Libyis. Libyi superiores habent communes vxores, liberosque partiuntur secundum similitudines, vt docet Aristoteles, Politic. secundo. Machlies vtuntur communibus vxoribus, hi sunt populi Pœnorum, vt est apud Herodotum libro quarto. Messini vero vxores habent communes, vt Pomponius Mela narrat. Nicolaus Antiochenus hæresim promulgauit de communitate vxorum Vnde Nicolaitæ emanarunt, vt Eusebius ecclesi.historiar.3.capit.23. & Augustinus in catalogo hæres. referunt. Persæ communitatem vxorum alibi non aspernantur, vt Agathias libro quarto de Bello Gothorum percurrit. Scotis communes sunt vxores, vt Diuus Hieronymus in Iouinianum libro secundo testatur. Scythæ vero alibi vxores communes habent, vt legitur apud Strabonem libro septimo. Tyrrheni quoque communes habent vxores, vt Theopompus, & Timeus, & Athenæus narrant pluribus locis. Troglodytæ verò etiam communes habent vxores, vt Strabo 16. prodidit.

124 *De † prostitutione vxorum licita & recepta apud nonnullas nationes.*

Angilarum fœminæ nocte qua nubunt, omnium stupro patent eorum, qui cum munere accedunt, plurimisque concubuisse summum decus erat, vt Pomponius Mela refert libro primo. Solinus c. 44. Balearium Insularum vxores cum amicis & domesticis secundum ętatem primum coeunt, vltimus locus sponso datur, vt refert Diodorus Siculus libro sexto. Canarii quoque non prius vxores accipiunt, quàm à Rege deflorentur, idque decus est illarum vt prodit Archangelus Madrignanus. Getulorum legibus mulieres quibus cum volunt coeunt. Clemens recognit. 9. capite septimo. Gnidarum vxores sibi honori ducunt à pluribus Venerem pati, hincq; fimbrias ornant, vt narrat Herodotus libro quarto. Heliopolitanorum fœminæ antequam nuberent passim prostituebantur, & ex hoc quæstu Veneri dona offerebant. Sed Constantinus Imperator aboleuit id, vt exponitur à Socrate Constantinopolitano apud Cassiodorum libr. histor. 1. capit. 9. & iterum libro sexto, capite duodecimo. Virginibus apud Hispanos quibuscunque libuerat, olim congredi fas erat, eratq; hæc eis passiua Venus, vt è quibus vellent liberos quærerent, vt Cælius libro primo, c. 22. annotauit in antiquis lectionib. Lacedæmonii verò singularē hanc consuetudinē habebant, quod vna vxor duob. collocabatur in matrimonio, vt patet ex testimonio Xenophontis de Rep. Lacedęmoniorū. Lex Gelonum fuit, vt mulieres cum quibuscunque viris vellent, impunè congrederentur, nec ideò à viris reprobarentur, vt Clemens libr. recognit. 9. c. 7. refert, & Bardesanes in libr. de fato, & Eusebius in libr. præparat. Euangel. 6. cap. octauo. Lex apud Babylonios fuit, vt mulieres semel in vita impunè prostituerentur externis viris, idque ad templum Veneris, modo pretium flagitii daretur, vt Curtius libro quinto narrat, & Strabo decimoquinto. Lex fuit apud Volscos ne virgo nuberet ingenuo alicui, nisi prius se seruo alicui prostituisset, à quo delibuta traditaque esset. Vide Valerium Maxim. libro nono, capite primo. Lituanorum matronæ nobiles publice nō eunuchos, sed concubinos habent: Viris pellices habere non licet, vt Æneas Syluius habet in descriptione Europæ. Locrensium Votum memorabile est, quod si victoria potirentur, Virgines suas in die festo Veneris prostituros sanxerunt, hoc narrat Iustinus lib. vigesimo primo. Lydorū vxores passim prostratæ erant amatoribus ante nuptias, sed post initas semel nuptias nulla spes veniæ si deliquissent. hoc docet Athenæus & Herodotus libr. quinto. Massagethæ singuli singulas habent vxores, intereà pluribus aliis vt communibus vtuntur, vt Eudoxus in prima periodo memoriæ prodidit. Nasamonum vxores prima no-

ma nocte singulos conuiuas Veneris gra-
tia obeunt, vt Herodotus in Melpomene
latius prosequitur. Scythæ mirabilem
modum habent: Virgines in littus pro-
ducunt, atque ibi eas nautis prostituunt.
Iustinus id prodit libro decimo octauo. &
Lactant. libr. I. capit. 17. De Cypriis quo-
que hæc narrant, & de Babyloniis Herodo-
tus. Stymphalorum ita demum vxores
honorabantur, si cum pluribus consueuis-
sent, vt Zenodotus testatus est. Susarum
verò mulieres liberè quibus cum vellent
concumbebant, tam cum seruis, quam ho-
spitibus, vt est apud Clementem libro Re-
cognit. 9. capite septimo. Tapyris licebat
suas vxores aliis concedere nuptui, idque
sobolis ait causa, vt Strabo libro vndecimo
refert, quod Cato apud Romanos fecit, qui
Hortensio vxorem suam concessit, vt Plu-
tarchus recenset in Catone. Tarentini ve-
rò nudas fœminas libidini prostituebant,
sed idcirco à fulmine percussi sunt, & ob-
ruti, vt Clearchus apud Athenæum refert
in quarto vitarum commentario. Hæc
strictim ex lectione plurimarum historia-
rum, authorumque scriptis collecta, va-
rios ritus, legesque connubiorum aperi-
unt, & facile declarant quàm profligatis
moribus alibi homines vixerint, pecorum
campi instar: quare placuit ea carptim re-
tulisse, vt sicut Lacedæmonii ebriosorum
pueris ostensorum turpitudine omnes su-
os à tali delicto alienabant, ita nos horum
commemoratione, ac abominatione lecto-
rem ac Christianum hominem deterrea-
mus à talibus flagitiis, vel corruptis mori-
bus, inhonestisque legibus imitandis, aut
admittendis: quisque enim norit plurali-
tatem vxorum, vt ita loqui permittatur
prohibitam esse Christianis, adeò verò et-
iam hoc magnum est, vt Bigamia Chri-
stianum à Sacerdotio excludat. capite pri-
mo. de biga. non ordinan. At longo dete-
stabilius adhuc est vitium, habere vxores
communes, longè execrabilissimum eas
prostituere luxus, quæstus, honoris aut ter-
reni vllius commodi causa. Alibi tetigi-
mus nempe sub cap. de Fornicatione: Quod
Bazianus doctor, & glossator antiquus in
verbo, Fornicatione, in fine in capite vlti-
mo, incip. Furtum autem. decima quarta,
125 quæstio. sexta. tradiderit. † Non tam gra-
uiter peccare, qui cum formosa muliere cō-
greditur, quàm qui cum deformi: cum plu-
ra sint, pulchritudo scilicet & libido, quæ
cum illa persuadent commisceri, quàm
cum ista. Quam glos. ad hoc citant & se-
quuntur Ioannes Andreas in cap. Ea quæ
fiunt, column. 2. de Regulis iuris, libro se-
xto. in Mercuri. & Collecta. extr. de eo qui
dux. in matrim. quam polluit per adulter.
Panorm. in capite Veniens. ext. de eo qui
cognouit consangui. vxoris suæ. Plurimi
omittuntur alii causa breuitatis. Sed & Di-
uus Chrysostomus in epistolam posterio-
rem Pauli ad Timotheum, homilia 3. ex
capite primo paulo antè finem. Illum (in-
quit) magis adulterum dixerim, qui quam-
libet ex vulgo, quam qui reginam violarit:
illic enim plurima irritamenta sunt, puta
opes, elegantia formæ, & huiusmodi cæte-
ra, quorum hic nihil inuenias. Eadem
profecto ratione illum magis ebrium di-
xerim, qui quolibet vino, quàm qui opti-
mo inebriatur. ita & cupidum eum potissi-
mum cēseo, qui ne minima quidem rape-
re omittit. Nam qui maxima diripit, mi-
nima fortasse contemnet: qui autem parua
non despicit, quomodo his maiora non de-
126 spiciet? Fur † igitur hic magis quam ille
est. Nam qui non aspernatur argentum,
nunquam profecto aurum aspernabitur.
Cui admodum in hoc postremo concinit
textus in can. vltimo 14 quæst. 6. Horum
recordatus est Do. Andreas Tiraquellus de
legibus connubialibus, secunda lege con-
127 nubiali, nume. 8, folio 15. Iudices † ecclesia-
stici inter enormia delicta de adulteris pu-
niēdis solliciti esse debent. Ex adulterio nē-
pe mala innumera insurgũt: quādoq; enim

veri heredes & filii non succedunt, adulte-
rinique ad defunctorum successionem ad-
mittuntur. Iura diuina & ciuilia non mi-
tiori pœna, quam capitali & vltimi suppli-
cii adulteros puniri voluere. Si delictũ hoc
pœna condigna non corripitis, eritis in cau-
sa, quod aliqui eligent tales adulteros pro-
pria autoritate punire; quemadmodũ fuit
128 Creto, qui teste Boetio in disciplina schola-
rium, cum adulterium in domo Castoris,
cum eius vxore cõmisisset, capillis tractus,
verbere castigatus, vulnere laceratus, sale
fricatus, vrina seruorum perfusus, vngulis
exsectus: Tandem lassatis tortoribus ge-
nitalibus priuatus, sterquilinio suppositus,
transeuntibus expositus est. Pater † an pos-
129 sit occidere filiam etiam prægnantem, in-
uentam in actu venereo? Tenet Guil. af-
firmatiuam partem, quod sic. quia impe-
tus seu dolor acerrimus patris eum excu-
sat. licèt filia sit prægnans. hic enim so-
lum factum attenditur, & non iuris ordo si-
ue effectus, l. Mæuius, ff. de conditionibus
& demonstr. & l. Quid ergo. §. Cum autem
factum, ff. de his qui notant. infam. & l.
bonæfidei, cum §. pen. ibi, dum dicit ad ef-
fectum illud pertinere, &c. ff. de acquiren.
re. dom. Huic assentit dominus & pater ve-
ritatis Bartol. in l. Imperator secunda, ff. de
stat. homin. num. 2. hæc est ampliatio ad
130 l. Nec in ea, ff. de adult. Et si generaliter †
omnes vitare debebant adulterium, præ-
131 cipue tamen principes populorum † pro-
pter maledictionem & miseriam annexam,
132 de quibus 2. Regum 7. & adulterinæ † plã-
tationes non dabunt radices altas, nec col-
locabunt stabile fundamentum, &c.

CAPVT XCII.

De permissione adulterii.

Summæ rerum tractatarum in Commentariis CAP. 92.

1 *Lenocinium mariti, puniendum exilio.*
2 *Maritus ex vxore quæstum faciens, punitur exilio.*
3 *Clancularium vxoris adulterium, per maritum non est deferendum Iudici.*
4 *Signa { Manifesti, Certi, } & { Occulti Incerti } adulterii.*
5 *Coniectura adulterii elicitur ex { Loci qualitate. Personarum qualitate. Actu, & modo.*
6 *Mariti improba in vxoris adulterio conniuentia, non est ferenda Iudici.*
7 *Francorum frequentia adulteria, vnde nascantur.*
8 *Franci de adulterio nullam ferunt sententiam pœnalem Iuris.*
9 *Exemplum.*
10 *Alterum exemplum.*

Sicut ex superiori capite constat grauiter
esse puniendos, qui turpiter adulteria
committunt; ita non minus puniendi sunt,
qui vxoris adulteria cum illo satyrico dicen-
te (non omnibus dormio) dissimulanter
ferunt, & vxores suas in ea turpitudine qua-
1 si fouent, & alunt. Maritus † igitur qui sci-
ens volensque dissimulat, & permittit vxo-
rem adulterari, ita vt nec verbis, nec re vlla
illi adulteranti obsistat, nec ipsam ab adul-
tero

XCII. De permissione adulterii

tero retrahat, vel nec ipsam à se dimoueat, is ob vxorii adulterii dissimulationem damnandus est exilio, aut alia simili pœna ar-
2 bitraria Iudicis. † Multò igitur magis dictis pœnis, aut acrioribus est condemnandus, quoties ex vxoris adulterio, vllum sibi quæstum parat, aut lucrum: hoc enim faciendo, crimen præterea committit lenocinii, l. 2. §. Lenocinii, ff. ad l. Iul. de adulter.
3 & l. 2. C. eodem tit. & ibi gloss. † Verũ hic sciendum, si adulterium vxoris non fuerit manifestum, nihilq; de eo certi habeatur in ore & notitia vulgi, præter incertam suspicionem, & rumusculum popularem, quem maritus facile sua prudentia, & probitate tueri posset & tegere, in eo casu non est maritus vxori cohabitans, condemnandus de dissimulato vxoris adulterio, l. Sine metu, C. ad l. Iul. de adulter. Nam hoc singulis à naturæ recto dictamine insitum est, vt domesticos omnes, atque adeo vxoris propriç vitia tegant, & probitatem tueantur, sicubi
4 possint & valeant. Sed quando † huiusmodi adulteria cẽsenda sint aut manifesta, aut clancularia, & ex quibus coniecturis adulterii certitudinem potissimum colligere conueniat, vt citra reprehensionem, & cũ omni æquitate, vxoris adulterium maritus accusare possit, aut celare: suaserim, vt maritus de huiusmodi coniecturis Iurisperitos, Doctores, aut ipsum Iudicem cõsulat: ita enim minus peccabit, & tutior erit à permissi adulterii crimine. Coniecturas autem de certitudine vel incertitudine adulterii vxorũ, commemorat gloss. super ver. In ipsis reb. in l. Quod ait lex, ff. ad l. Iul. de adult. Nam ibi gloss. tria potissimum narrat, vnde censuram, & coniecturam quis facere debeat, de adulterii certitudine, aut incertitudine. Nã
5 † obseruanda esse iubet, scilicet locum adulterii, qualitatem personarum, & actum & modum adulterantium. De loco autẽ considerabit, an is opacus fuerit, & tenebrosus, an luculentus: an prophanus, an sacratus: nam in locis claris & sacratis nullum suspicandum est futurum adulterium. De qualitate autem personarũ videbit, an cognati, an affines, an alieni: an Ecclesiastici fuerint, an laici & seculares: nam in cognatione, affinitate & ordine Ecclesiastico, nullum suspicamur intercedere posse adulterium. De actu denique considerabit modos & gestus & signa: nempe, mutua eaque aut aperta, aut secreta oscula, pudendorum liberas & mamillarum faciles contrectationes, & cõtactus, aut mutuos ad collum amplexus. Quandoquidem si hæc signa, simul conspicientibus aliis, contingant, argumentum certum est de commisso adulterio, vti etiã proxime præcedenti capite nonnihil attigi-
6 mus. † In quo certo adulterio, si quispiam maritus ita esset facilis & eò peruenisset impudẽtiæ, vt ad vxoris scelus dissimulare plane vellet, & libenter contra clamores vulgi conniuere, & nullo modo vellet, nec optaret eam deferre ad Iudicem: in eo casu ipse Iudex, non feret ridiculam mariti conniuẽtiam, sed ex officio per rumores populares caussam aget, & litem intentabit contra illum facilem maritum, & permissorem adulterii vxoris, vt honestas venerabilis matrimonii, vel apud alios quosuis tali exemplo & punitione exterritos cõseruetur. Galli
7 & Franci tamen, † quoniam nihil mali de vxoribus suspicantur, sed ipsarum fidem & honestatem semper habent certissimam, & fortiter ex eo tuentur: ideo vxorum suspiciones & susurros fere boni consulunt, excusant, & defendunt: nempe, ex amore coniugali vehementi, credentes semper recta & honesta circa vxores contingere. Et, si quid mali aliquando rumoris de iis audiãt, illud syncere & candide interpretantur. Ideo nõ mirum, si in regno Franciæ (quod tamen dolendum est) adulteri ex consuetudine liberius peccent: Nempe quod de adulteriis committendis rarò suspicentur, idcoque rarius puniantur, vt dicit Ioan. Fab. in l. Cõsuetudinis, colu. vlt. C. quæ sit longa consuet. Et idem alibi dicit in §. Ex non scripto,

columm. penult. verſ. ſed quæritur an con ſuetudo, Inſtitut. de iure natural. gentium
8 & ciuili. Nam in † illo loco aperte teſtatur, in Regno Franciæ nunquam viſum fuiſſe, vt ob adulterium quis puniretur pœna iuris: Idem in d §. Item lex Iulia, Inſtitutio. de public. iudic. Imo ait idem Ioannes Faber, in Francia tam parui æſtimari adulteria, vt ea vix peccata & crimina exiſtiment, ſed potius lepidam & præclaram induſtriã, & audaciam: hinc noſtrorum temporum calamitatem, non præter rationem maximopere deplorat. Non eſt (inquit) ſanitas à vertice vſque ad plantam cedri, lilium confirmatur hyſſopo. Quid enim (inquit) nobiles ſcribunt in hoſpitiorum parietib. iuxta armorum inſignia, quod id non ſapiat? Hactenus ille.
9 † Quod autem ob candidam interpretationem, & ob ſanam ſemper maritorum de vxoriis vitiis opinionem: deinde quod ob iuſtitiæ impunitatem in Francia adulteria ſint frequentia, id norunt qui aliquot annos ibidem commorati ſunt, atque ipſe (non ad gentis diffamationem, ſed ad vitiorum patriæ correctionem) multis exemplis didici, & his duobus ſubiectis conteſtari potero. Ego enim tempore quo Aureliæ ſtudiorum gratia habitarem, noui quendam iuris ſcilicet candidatum (vt putabant parentes) qui Veneris caſtris fuit addictior, quam Bartolo aut Baldo: quique voluptuari, ſcortari, ſuisque malebat obſequi turpibus affectibus, quam ſeſe macerare & conficere ſtudiis. Is (inquam) formoſulus iuris candidatus deperibat virgunculam quandam, cum qua captato tempore ſæpe iocabatur, potitabat, & colludebat, tandem audacior factus cœpit eandem ſolicitare, vt ipſa ſui copiam faceret, ad quod ipſa aſtutula reſpondit, ſeſe ipſam hoc ſatis deſiderare, atque ob id etiam nihil tam candido amico negare velle, ſed metuere parentes, ob quos (etſi maxime vellet) non auderet committere, ſed dabo nobis (inquit) conſilium benignius ac tutius: Vt audiui à parentibus, puto me propediem futuram ſponſam, quum igitur duabus hebdomadibus, aut menſe vno nupta fuero, tum me alloquere, & quod voles pete, nihil tibi denegatum iri ſenties, quod à iuuene tentatum & factum fuit ſæpius. Huiusmodi exempla an non frequentiſſime contingant, norunt qui nobis inde recentes reuertuntur.
10 Aliud exemplum † in eadem celeberrima ciuitate, certo certius contigiſſe cognoui: in qua mihi admodum familiaris fuit quidam Alemanus, iuuenis proceri corporis, cute nitida, facie formoſa & blandula, totoque corpore amabilis. Is (inquam) Alemanus à multis matronis amabatur, quarum vna mercatrix pannorum ſericorum, eundem per pediſſequam ſæpe compellare iuſſit, & ſæpius in templo, atque eundem inuitare ad repotia nocturna: Dicens, ſi ipſi placeret, vt heram ſuam ſubinde inuiſeret, futurus ei gratus, & quod cum ea citra ſuum incommodum voluptuaretur. Ille igitur (vt iuuenilis animus ad huiusmodi per ſe ſatis eſt procliuis) ſe facturum promiſit, & quando cõmodum ipſi videretur, ſibi ſignificari poſtulauit. Eadem itaque pediſſequa poſt pauculos dies eundem in templo ſecreto conuenit, & dixit: *Veſperi erit opportunum: nam herus noſter hodie profectus eſt*, (nam hoc vulgo apud eas eſt in prouerbio) *Pariſios*. Quocirca me eminus ſequere, & vbi me intrantem conſpexeris, ibi veſperi pulſabis, aſtabo ipſa tibi apertura ad oſtium. Hic Alemanus memor huius oblationis, in crepuſculo domum adiit, pulſauit leniter oſtium, actutum intromittitur, in cubiculum tapetis ornatum inducitur, vbi paratum reperit ſympoſium: mox ab ancilla, veſtibus exuitur: monſtratur lectus pene regalis, cui incubuit dicta bellula matronula: cedit ancilla, itur cubitum, ibique ſuam reperit amaſiam. Poſtridie eadem ancilla cubiculum intrat, heram excitat,

tat, surgere iubet, ne herus forsan inexpectatus eos in opere tali opprimat, & comperiat. Surgitur itaque, ientatur splendide, & talis Athleta, pro munere, & pro re bene gesta donarium à sua accipit, holosericam crumenulam, cui ipsa octo inseruit coronatos aureos solares. Hanc rem is (vt plenus erat rimarum) commemorauit vni suorum sodalium, qui tam facetum actum ridens, Eamus (inquit,) ad eandem, & emamus hac pecunia ab eadem aliquot vlnas holoserici: placuit consilium, eunt eodem, reperiunt in taberna mercatoria maritum præsentem, salutant ipsum, salutant vxorem, quæ vultum habebat in manu, & se bellè componere norat, poscunt holosericum pro thorace, proferuntur varia, vxor iubet maritum elegantiora ferre è penitiori cubiculo domus: dum is se ad ea ferenda recipit, vxor 4. vlnas abscindit & pecuniam reddit. Interim maritus redit cum trib. & quatuor sarcinulis, iubet vxor reportare, quod conuentum esset inter ipsos, dicit sibi solutum esse, & se pecuniam in capsulam argẽtariam immisisse. Reportat maritus holoserica: redeunt salutata vxore emptores cum holoserico, & pecunia. Huiusmodi exempla metuo, ne plura fiant quam velim, & quã sit salutiferum, potissimum ob maritorum laxitatem & Iustitiæ nimiam facilitatem. Sed quod iustitia non punit, id plerunque punit vltor scelerum Deus. Nam hic Alemanus post pauculos aliquot menses, stans pro foribus suis, nihil mali suspicans, ab impurissimo inuaditur lenone, & sine vlla verborum controuersia, pugione confoditur. Quocirca metuat quisque iudicium, & vindictam diuinam, tametsi ad sua vitia iustitiam conniuere cognouerit.

CAPVT XCIII.

De Lenocinio.

Summæ rerum tractatarum in Commentariis CAP. 93.

1 *Quando committatur lenocinium.*
2 *Lenocinii cum peccato meritorio collatio.*
3 *Lenocinii apud Ethnicos detestatio.*
4 *Lenocinii pœna ex iure capitalis.*
5 *Tria requiruntur, vt lenones vltimo afficiantur supplicio.*
6 *Duæ vices consuetudinem faciunt.*
7 *Qui lenones { Consiliis, Fauore, Ope, Consensu } iuuant, ii pari pœna plectuntur.*
8 *Lenonum condemnatio mitior.*
9 *Copulatrices Dæmonum sunt instrumenta.*

1 GEneralius adulterio crimen † est lenocinium, hoc est, nefarium illud scelus, quo quis ex publicis scortationibus, ex adulteriis, ex deflorationibus aut ex fornicationibus sibi quæstum facit: non quidem proprio corpore, sed virgines, mulieres, matronas, aliorum vxores aut meretrices, huius quæstus gratia ad actum venereum aut publice aut occulte pellicens, vel etiam ad hoc priuatim domi alens, & ex-

eo meretricio meritorioque quęstu viuens.
2 † Quod quidem peccatum lenocinium, nō est scelere inferius peccato meritorio, hoc est, eo quo quis proprio corpore quæstū facit, teste Vlpiano, in l. Palam, §. Lenocinium, ff. de ritu nuptia. & in l. Athletas, §. 1. ff de his qui notan. infa. Nam vt hoc speciale est, & ex vnius fœminæ libidinoso amore nascitur, ita lenocinium generale est, & plures ad suam libidinem explendam, quęstus gratia, perducit. Quum autem † per sese
3 vel apud Ethnicos, vt puta apud Lucianū in amatoriis, & apud alios complures, lenocinii crimen imprimis sit detestabile & abominādum, multo maiori odio apud Christianos illud haberi debet: ideoque hoc lenocinium communes leges grauissime puniunt, l. 1. §. Qui lenocinii, & l. Athletas, §. Qui lenocinii, ff. de his qui notant. infam. & l. 1. §. Lenocinii, & §. Qui hæc, ad l. Iul. de adulter. l. De crimine, §. fin. & l. Ita nobis pudor, C. ad l. Iuliam de adulter. Authent. de lenonib. per totum, collat. 3. Præterea
4 quicunque † huiusmodi lenocinia cōmittunt, hoc est, qui publice & scelerata & meretricia vitia mulierum, aut propriarum vxorum aut filiarum, aut aliarum etiā quarumcunque, qui (inquam) ex his publice turpem quæstum faciunt, pecuniam merent, & exinde viuunt: ii puniendi sunt vltimo supplicio, aut malæ crucis suspendio, §. Præconizamus, & ibi gloss. & Bart. in Au-
5 thent. de lenonibus, collat. 3. Verum hîc † notandi sunt tres modi quos in lenocinio concurrere oportet, priusquam lenones ad vltimum supplicium, aut patibulum dānari possint. Primo, vt mulierem ad hunc meretricium actum persuasionibus, aut præmiis, aut precib. perduxerint. & hoc ex consuetudine sæpius facere sint soliti, vt vult
6 gloss. in d. §. Præconizamus. Atque † hîc consuetudinem intellige, quoties factū bis contigerit: Nam quum in aliis multis, ad consuetudinem firmandam requiratur frequens & sæpe iterata commissio: in hoc & simili crimine duæ vices, id est, bis cōmissa faciunt & confirmant consuetudinem, l. 3. circa fin. cum ibi not. C. de Episcop. audient. Deinde vt ex ipsius vita nefaria & auaritia, sibi quæstum fecerint, & pecuniam acceperint. Tertio, vt eam sibi ad dictum actum subiectam fecerint, & morigeram, aut promissis, aut præmiis, aut aliis quibusvis
7 modis. Porro hoc vltimo supplicio, † vel patibulo non solum damnantur ipsi lenones publici, sed etiam omnes quicunque aut ad stuprum, aut ad incestum, aut ad adulteriū, aut ad deflorationē, aut ad fornicationem, aut scortationem vllo modo, consiliis, fauore & ope, & consensu, per publica lenocinia coadiuuerunt, & cooperati sunt, vltimo supplicio vel patibuli suspēdio etiā damnādi sunt, l. Aut facta, ff. de pœnis, l. Sæpe, in fin. ff. de verborum signific. l. 1. ff. de seruo corrup. l. 2. §. 2. l. Qui domum suam, l. Is cuius ope, l. Mariti lenocinium, ff. ad l. Iuliam de adult. l. 2. & l. Castitati. C. eod. titul. de
8 adult. Hactenus † ipsa iura dictos lenones enarrato vltimo supplicio puniri iubent. Verum quum aliquando videatur ea sentētia seuerior, ideo hoc peccatū multi mitius puniri malunt. Et ego quoque qui Senatui Brugensi, ac aliis multis annis fuerim à cōsiliis, & lenonum punitionibus sæpe coram adfuerim, nunquam conspexi dictos lenones, aut lenas, aut adulteros, vltimo supplicio damnari aut puniri, sed aut exilio ciuitatis, vel regionis, aut theatrali installatione, aut virgarum flagellationibus aut simi-
9 libus pœnis citra mortem. Sunt † nihilominus huiusmodi copulatrices, & coadiutrices nequissimę in damnabili rerum statu & Dæmonum abiectissima mancipia, imo Dæmonibus multo nocentiores, vtpote per quas non raro honestas puellas, matronas probas, & ecclesiasticos, natura, & moribus continentissimos ad lapsum pertrahunt, quod ipsorum Dæmonum tentamēta præstare non poterant, neque possent, nisi huiusmodi instrumentis adiutarentur. Quocirca

XCIII. De lenocinio

circa& si extremam punitionem temporalem hîc apud Iudicem secularem euadant, punitionẽ tamẽ diuinam nunquam effugient. Hæc habui pie Lector, quę de hoc lenocinio tibi volui communicare: si tamen de hac materia plura desideres, per me interim Iaco. de Bellouisu in sua practica in rub. de lenonibus, perlegas, licet.

CAPVT XCIV.

De Stupro.

Summæ rerum tractatarum in Commentariis Cap. 94.

1.2 *Stuprum quid.*

3 *Stuprum est duplex* { *Voluntarium.* / *Violentum.* }

4 *Stuprum* { *Voluntarium,* / *Violentum,* } *quid: Et quomodo puniendum.*

5

6 *Stuprator cogendus, vt vel* { *Ducat stupratam in vxorem.* / *Stuprata de dote prouideat.* }

7 *Damnum non est stuprata poscendum post alterutrius matrimonium.*

8 *Virginem impuberem stuprare conans, damnatur exilio.*

Pupillam suam, punitur exilio & confiscatione.

9 *Tutor*
10 *Feudator*
11 *Feudatarius* } *stuprãs* { *Filiam vasalli,* / *Filiam feudatoris* } *priuatur* { *iure suo in vasallum.* / *suo feudo.* }

12 *Virginis iuramento statur contra stuprantem, &c.*

DVm hîc in libidinum varias species incidimus, & de earum punitione, congruo ordine hic sese profert Stuprum quod vocabulum, licet subinde generaliter pro
1 quibusuis luxuriæ speciebus capiatur, † specialiter tamen & strictius hic pro virginum defloratione accipiendum est, quòd certè malum est grauissimum & acri animaduersione plectendum. Nam si ob furtum rei temporalis iure aut consuetudine in crucem fures subripimus (sicuti post suo loco declarabimus) quo, quæso, supplicio afficiendi sunt, qui virginum florem & virginitatem, thesaurum incomparabilem, callidè vel violenter eripiunt? & famam & nomen bonum quibusuis diuitiis potiùs auferunt, & sinistrè furantur? Certè non leuiori pœna mihi damnandi videtur, quàm rerum temporalium fures: imò multo a-
2 cerbius. Est † autem stuprum ordinarium crimen, quod in virginem, viduamque honestè viuentem committitur. Istud duplex
3 est, † voluntarium, & violentum. Volun-
4 tarium est, quod † volente & consentiente virgine vel vidua committitur: cuius pœna est publicatio dimidiæ partis bonorum in stupratore honesto: in humili vero, ac persona vilioris qualitatis, pœna erit flagellatio ac corporis coërctio cum relegatione vel exilio, § Item lex Iulia de vi, Institu. de
5 publici. iudic. † Violentum stuprum est, quando virgines vel viduæ per vim opprimuntur vel abducuntur: & dicitur propriè raptus, cuius pœna capitalis est, quã parentes vel cognati ipsi sumere possunt à rapiente, si in actu & flagrãti crimine ipsum deprehẽderint, vt C. per vniuersum tit. de rap. virgi. seu vidua. nec nõ sanctimoni. hoc est,

si virginem aut viduam non diffamatam aduersus eius voluntatem vitiauerit, virginaliq; aut viduali decore seu honore priuauerit, vi expugnata ipsius pudicitia: is facinorosus malefactor capitis discrimẽ ac pœnam incurrit: debetq; ex accusatione compressarum in prosequutione maleficii, quẽadmodum prædo seu raptor, gladio truncari: atq; ita dictis rationibus constupratores plectuntur per iustitiam secularem. Sæpius tamen per Curiam spiritualem puniuntur, quoties stupra fiunt, cum cõstupratarum consensu. Per iustitiam vero (vt diximus) secularem, quoties virginib. aut viduis stuprum offertur per vim & violẽtiam, idq; gladio. Porro de stupro violẽto (quod raptum vocant) latiùs infrà suo loco tractabimus, Capit. de raptu.
6 Hic interim † animaduertẽdum est, Iudicem ecclesiasticum cogere posse stupratorem, vt in vxorem ducat stupratam: aut vt ipsi de digna dote prouideat, per quam alteri tandem posset honestè nubere: atque hæ pœnæ quidem statuendæ sunt, nõ ex arbitrio Iudicis, sed stupratoris, vt is stuprator cogente Iudice alterutrã pro arbitratu eligat.
7 Verùm † ista locum tantùm habent ante alterutrius cõtractum matrimonium, sic vt stuprata, per Iudicem à stupratore, iniuriæ, & damni reparationem postulet, priusquam is Stuprator aliam vxorem ducat: aut antequam ipsa stuprata alteri nupserit & cum alio matrimonium contraxerit, vt in c. 1. & c. Peruenit, ext. de adulter. & ibi D. Abb. Si autem ipsa stuprata differat suæ illatæ iniuriæ reparationem exposcere, vsque ad alterutrius initum & contractum matrimonium: in eo casu negotium censetur inualidum & extinctum. Nam tunc ipsa suo damni repetendi iure planè priuatur, vel ob hanc caussam, quod stuprator eo casu sua careret & destitueretur optione eligendi alterutram pœnam, de qua diximus. Qui autem molitur
8 virgunculam † impuberem decẽ aut vndecim annorum, nondum viri potẽtem, stupro polluere, is certè damnandus est exilio aut alia punitione, seu pœna arbitraria, iuxta qualitatem & conditionem personæ, etiam si actu eam non violasset, aut violare potuisset. Nam qui sunt conditionis humilioris, hi in metallum damnantur: honestiores vero personæ in insulam relegãtur exules, l. Si quis aliquid, §. Nondum, ff. de pœnis: quod proculdubio notandum est, quia hodie hæc pœna non reperitur correcta neque immutata: nam huic consentiunt Docto. in d. §. Item lex Iulia de vi, vbi gloss. eadem etiam confirmat: tametsi Iacobus de Bellouiso in sua solenni practica iudiciaria tit. de lenonibus, numero 33. defendat, violantes virginem immaturam nondùmque viripotentem, non teneri de stupro, l. Iulia de adulter. sed l. Aquilia, de vulnerato, l. Si quis aliquam, §. Quæ nondum, Digest. de pœnis, l. Si seruus seruum, §. Si oliuam, ff. ad l. Aquil. l. Si Stuprum, in fin ff. de iniur.
9 Tutor vero qui † suam pupillam, & suæ tutelæ commissam constuprauerit (etiam si id fiat cum ipsius voluntate) is puniendus est per Iudicem secularem exilio seu deportatione, & bonorum omnium proscriptione, lege prima, C. Si quis eam cuius tutor fuerit, corruperit. Ratio est, quod is tutor, patris loco tali pupillæ datus fuerit: nempe, vt illam curet, defendat, alat, doceat, bonisque moribus eam potiùs instructam curet, quàm vt ipsius bona curet & defendat. Nam hæc secundaria tutorum esse debet cura, illa vero prima & præcipua. Quocirca quasi incestuosè illam stuprat, quam filiæ loco tutandam assumpsit, non vt eam sibi commissam liberiùs stupro contaminet, lege secunda, ff. de administra. tutor. & Institu. eod. lemmate seu titu. in princip. de tute. Similiter dicendum est de puberum iuuencularum
10 curatoribus. † Postremo si dominus feudator circumueniret, seduceret, & condormiret filiæ virgini sui vasalli seu feudatarii: is vasallus omni ex parte exemptus fieret à domi-

XCIV. De stupro

11 domino feudatore. † Contrà vero si vasallus condormiret filiæ virgini sui domini feudatoris, ipse suum feudum, cum omnibus dependentiis perderet, vti etiam supra
12 in capite de adulterio meminimus. Et † virginis iuramento statur, contra stuprantem quod fuerit virgo, Chassanæo teste supra Rub. *Des Iustices & droictz d'icelles*, in verb. *Et droictz d'icelles*, numero trigesimo octauo. Quoniam multa omisi, quæ vtilia sunt, volens huius thematis plura cognoscere legat Ioannem Nider, Professorem sacræ Theologiæ, in tractatu de mortali Lepra, de Luxuria cap. 4. versic. Tertia species est stuprum.

CAPVT XCV.

De Fornicatione.

Summæ rerum tractatarum in Commentariis Cap. 95.

1 *Fornicatio quando committitur.*
2 *Fornicatio prohibetur* { *Iure diuino,* & *Iure canonico.* }
3 *Fornicatio cur à iure ciuili permittatur.*
4 *Fornicationem, qui peccatum mortale negat, errat.*
5 *Fornicatio diuinæ iustitiæ aduersatur.*
6 *Coitus vniuersaliter nocet toti corpori.*
7 *Coitus nocet partibus Animæ, vt Memoriæ & Intellectui.*
8 *Recensentur partes corporis, quibus nocet coitus.*
9 *Qui morbi oriantur ex coitu nimio, percurruntur.*
10 *Nimius coitus vitam abbreuiat, & causa illius adducitur.*
11 *Rarior coitus commendatus, quia iucundior & fecundior.*
12 *Coitus multis causa mortis fuit, sic enarrantur qui periere in coitu.*
13 *Coiens cum deformi grauius quàm cum pulchra peccat.*
14 *Contra mulierum amplexus, remedium.*
15 *Fornicatio viduæ, vel virginis quæ sit grauior?*
16 *Fornicatio mulieris periculosior est, quam viri.*
17 *Luxuria magis detestanda in fœmina, quam in viro, remissiue.*
18 *Fornicatio qualis causetur diuortium; &, an spiritualis etiã causetur diuortium?*
19 *Fornicatio notoria in clericis qualiter puniatur?*
20 *Incontinentia diu latere non potest.*
21 *Nihil vilius quam de carne vinci, nihil gloriosius quam carnes vincere.*
22 *Propter fornicationem vitandam habeat vnusquisque vxorem suam.*
23 *Malitia vnius horæ, obliuionem facit luxuriæ.*

1 INter species † libidinum præterea connumeratur fornicatio. Est autem fornicari, rem veneream exercere cum mulieribus innuptis, cum viduis, & meretricibus, & concubinis, c. Meretrices, 32. quæstione quarta. Quæ quidem fornicatio, tametsi cæterarum sit leuissima & simplicissima, est nihilominus peccatum mortale. & iure diuino prohibita, teste ipso Christo, qui
2 fornicationibus † pœnam iudicii comminatur, & teste ipsius Christi Apostolo Paulo, qui à beatitudine superna vbique

expresse excludit, ad Galatas 5. vbi, premis-
sa fornicatione & aliis vitiis, submittit: Qui
talia agunt regnum Dei nō possidebunt: so-
lum autem mortale excludit à regno Dei,
ergo, &c. & ad Corinth. 6. Fugite fornica-
tionem, & Clement. Ad nostrum, & ibi gl.
in verb. Non est, de hęretic. in Clem. Quo-
circa de iure Canonico & hodie prohibitus
est concubinatus, qui tamen tanquam lici-
tus permittebatur de iure Ciuili. l. In con-
3 cubinatu, ff. de concubin. Ideoque † etiam
per iustitiā secularem nulla fornicatio pu-
nitur, sed eam maioris mali vitandi gratia
prudenter dissimulat, & conniuendo per-
mittit: non quidem vt licitam, & crimine
vacuam: tametsi sint, qui vt suæ libidinis
stimulis patrocinentur, fornicationem na-
turale peccatum dicunt, parumq; per se ha-
bere mali, & à peccato mortali multum esse
4 alienam, misere sese interim decipientes. †
Nam secus testatur ipsa veritas Christus, vt
supra: & Apostolus Paulus, ex verbis Dei:
fornicatoribus regnum Dei negat, à quo so-
lum peccatum mortale excludit. Igitur ve-
lint nolint, fornicatio gratiam Dei excludit,
& cum peccato mortali coniuncta est, vt e-
tiam notat Panorm in c. Inter opera, ad fin.
5 extra de sponsalib. Fornicatio † igitur nul-
lo modo sine peccato fieri potest. Imo iuxta
sententiam Richardi, ne per Dei dispensa-
tionem quidem licite fieri potest, quæ cum
Dei iustitia ex diametro pugnet. Fornica-
tores enim omnes iniustitiā ipso facto com-
mittunt, vtendo re non sua, sed aliena. At-
tendāt hoc fornicatores, adulteri, & omnes
similes, qui aut nullum, aut saltem leuissi-
mum putant fornicationem esse peccatum,
dicentes ex natura nos ad venerea esse incli-
natos, & de his quæ ex natura nobis insita
sunt, nec laudamur, nec vituperamur. Por-
ro si enarrare pergerem singulas astutias
quibus hodie iuuentus lubrica in fornica-
tionibus vtitur, nec tutum esset nec saluta-
re, quare ab illis tempero, ne oleum camino
addere videar. Potius ex vsu fuerit dehor-
tari pronos nimis ad hoc vitium fornicatio-
nis, quoniam ea, quæ in mentem veniunt
mala, ex fornicatione, aut nimio coitu na-
scentia, & ab authorib. annotata, & vsu ob-
seruata vehementer grandia sunt, neque ab
re videbitur compendio ea hic recensendo
6 subtexere. Non † enim exigua sunt incom-
moda, quæ ex coitu etiam simplici inferun-
tur toti corpori. nam Hippocrates ait, quod
coitus nō est nisi parua Epilepsia. sed & An-
dreas Faustelinus hoc eleganti disticho ex-
pressit:

Tristis & est morbi species horrenda caduci.
Quum iacet ex nimiis post sua furta Venus.

Ita cerebro nocet mirum in modum, & toti
hinc corpori quasi per funiculum mala va-
7 ria infligit. Memoriam obtundit. † Intelle-
ctum hebetem & obscurum, quin etiam be-
stialem, facit, vt cætera omittantur. Quo
igitur cautius norint iuuenes vtendum esse
coitu, idcirco ordine haud pigebit varia ma-
la eius enarrare particulariter. Primo nam-
8 que † frequens coitus vt moderatus eius v-
sus non excludatur, his nocet partibus cor-
poris: vt cerebro, oculis, neruis, dentibus,
Spinali medullæ capiti integro, & Auribus:
tum Gurgulioni, Cordi, Pulmoni, Lateri-
bus. Pectori huiusque partibus & Respira-
tioni. Iam vero etiam Stomacho, Epati, In-
testinis, Ventri, Lumbis, Renibus, Vesicæ,
9 Coxendicibus & Pedibus. Quamobrem †
nimio vtentes coitu his plerumque morbis
laborant, vt defluxionibus variis, & conti-
nuis: defluuio pilorum ex capite, palpebris,
mento, aliisque corporis partibus. Deinde
Grauedine, tinnitu aurium, lippitudine o-
culorum, dolore dentium, Tremore, Para-
lysi, Epilepsia, Apoplexia, Podagra, Chira-
gra, Arthritide, Ischiadica passione. Phoca-
licis, item Hectica adurente, causoide, fe-
bribus & peste, nec omittam Hydropem,
Colicam, Pthisin, Tussim, variasque sca-
biei species, lepram, morbos melancholi-
cos, passiones Vesicæ, Gonorrhœā, Satyria-
sim,

XCV. De fornicatione

ſim, Priapiſmum, & Herotica Adde huc Alopeciã, ſputa ſanguinis, & fluxiones ſanguinis, morbum Gallicum, ſeu luem Hiſpanicam, variaque id genus alia, ex quibus nõ mirũ ſi immatura ſenectus proueniat. Vi-
10 res † enim primo debilitantur, & ipſa vita abbreuiatur, quandoquidem ipſum calidũ & humidum, quibus vita maxime conſtat, educit, hominesque pallidos Venus crebra facit: nulla enim euacuatio ita vehemẽs eſt, ac ea quæ fit in coitu, & vitalia æque penetrat. Vnde aliqui Authores tuendæ ſanitatis, hanc omnino excludunt, & aiunt:

Quisquis ad infernas properas accedere ſedes:
Huc iter accelerant Balnea, Vina, Venus

11 Rarior † quoque vſus coitum commendat, vt quæ iuxta Alphæum prætorem interpellantur nomina, nam crebrior coitus & minus delectationis habet & minus frugifer eſt, & ſteriles facit, nec tamen amoris morbum aufert, vocem quoq; lædit coitus, eoq; magis ſtudioſis fugiendus, quo his eſt acerbior morbus: nam vt ſemen infœcundum, ita & ſtudia inepta, inutiliaque facit, & vi-
12 tam brutis ſimilẽ efficit Quin † imo multis ipſa Venus mortem intulit Nam in coitu periere hi, vt Cornelius Balbus, Pindarus poeta, Quintus Eterius eques Romanus, Speuſippus Platonicus, Tarẽtinus Princeps, multique alii, quorum nomina reticentur. Ioannes de terra Rubea latiſſime hanc materiam tractat in libro cõtra rebelles ſui Regis, in gloſſa ſuper verbo, Meretricibus, folio 78. & ſimiliter Andreas Tiraquellus de legibus connubialibus, & iure maritali, variis in locis, vt licet videre in ſua tabula Alphabetica ſub litera C. in verbo Coitus, vbi plura cupienti & deſideranti ſcire facile demonſtrabuntur, necnon Ioannes Nider ſacræ Theologię profeſſor in tractatu de mortali lepra, de Luxuria 4. cap. verſic. Fornicatio ſimplex, &c. Antequam finem huic capiti imponamus, nequaquam huius quęſtionis quotidianæ obliuiſcendum erit. V-
13 trum † coeuntes cum vetula, deformi, & turpi, grauius de iure peccent: quam cum formoſa, & pulcra iuuene. Omiſsis hinc inde argumentis, quæ in vtranque partẽ poſſent adduci, amplectemur affirmatiuã partem tanquam certiſſimam, cum præfatis coeuntes grauius de iure peccare: quã cum formoſa & pulcra iuuene, pro qua quidem affirmatiua parte allegatur bona gloſſa, hoc in ſpecie tenens in verbo fornicatione, in fine per rationes ſuas, quam vide in c. Furtum autem 14. quæſt. 6. in quam allegatur Bazianus doctor antiquus, dicẽs magis peccari cum deformi: quia plura ſunt quæ ſuadent commiſceri pulcræ quam deformi, ſcilicet pulcritudo eius & libido Verũtamen vt ab his & ſimilibus abſtineatur mulieribus: &
14 earum concubitibus, ſummum † tradunt doctores remedium: ne incidamus in earũ viſcoſa retia, quæ vitare etiam ſapientes minime valuerunt. Primo enim fugiẽda ſunt conſortia, colloquia, & quæ vltro citroque ſolent mitti amatoria munera, quibus plurimi inefcantur. Deinde corpori, quæ materiam Veneri præbent ſubtrahenda, veniẽdumque nempe ad alimentorum abſtinentiam, iuxta illud Terentianum:

Sine Cerere & Baccho friget Venus.

Facit ad hoc illud:

Subtrahe ligna focos ſi vis extinguere flammas.
Si carnis motus, ocia, vina, dapes.

Eſt præterea gnauiter ſtudendum: ne ocioſi facile incidamus in amplexus mulierum: iuxta illud Ouidii Naſonis:

Ocia ſi tollas: periere Cupidinis arcus.

Et idem:

Quæritur Aegiſthus quare ſit factus adulter.
In promptu cauſa eſt: deſidioſus erat.

Caueant igitur omnes, & maxime ſcholares à vetulis, deformibus & turpibus, ne vt plurimum tanquam ſtipendiati illas ſubagitent: nam volentes vitare luxurioſorum nomen, in ſua famæ denigrationem, & in auaritiæ crimen turpiter incidũt. Vnde nec luxurioſi, ſed auari dici merẽtur, argumentum optimum in l. Verum est si meretricem secunda, ff. de furt. Plurima remedia ab Ouidio duob. libris pulcre sunt tradita, quib. amor noxius euitari potest, ipse .n. si canit:

Si qs amat qđ amare iuuat, nec turpiter ardet,
Gaudeat, & vento nauiget ille suo.
At si quis male fert indigna regna puella,
Ne pereat nostra sentiat artis opus.

Itaq; si quis velit ea remedia cognoscere, ipsum Nasonem perlegat, qui vt amare docuit, ita fideliter remedia contra inutiles amores tradit. Aliquot quæstiones hic adhuc proposui adiungere, antequam absoluã præsens caput, materiæ quam optime con-
15 gruentes; nẽpe *Fornicatio † vidua, vel virginis quæ sit grauior?* Vel sic: *Quis fornicando magis peccet, vel vidua vel virgo.* Huius q. meminit D. Ioã. Gaufred. in sua 2. parte collectarii, lib 4. in c. de Diacono n. 1 ext. Qui cleric. vel vouentes matrimonium cõtrahere possunt. qui ibidem hanc quæstion. examinat, ad quẽ Lectorem breuitatis cau-
16 sa remitto. Item; Fornicatio † mulieris an periculosior sit quam viri? Hanc q. ponit D. Franc. Mingon in consuetudines Ducatus Andegauens. tit. *Des success. art. 251. n. 5 fol.* 143. sustinens, quod fornicatio mulieris sit periculosior, quam viri, vnde magis peccat mulier coniugata luxuriãdo, quam ancilla. vnde lex Moysi præcipit, mulierem maritatam pro fornicatione lapidari; ancillam fla-
17 gellari. Luxuria † proinde magis detestanda est in fœmina, quã in masculo. Ita tenet D. Carol Ruinus in suis consiliis, consil. 130. in 3. vol. n. 5. fol 215. Et propterea plus fortuna, quam ingenio sumus felices, quem tempore & loco opportunis lector videre poterit.
18 Item: Fornicatio † qualis causetur diuortium? &, an spiritualis etiam causetur diuortium? Præsentẽ q. tractat D. Ioan Gaufredus in suo collectario 2. part. libr. 4. in c. Gaudemus, n. 14 de Diuortiis, dicens, quod multum refert inter fornicationẽ carnalẽ, & corporalem, propter quã semel commissam potest vxor dimitti, sed nõ propter spiritualem, nisi perseueret. vt notatur in c. Idololatria, 28. q 1. & ꝓbatur in c. De illa, de diuort. Reliqua vide apud eundẽ D. Ioã. locis pręal-
19 gatis. Item: Fornicatio † notoria in clericis qualiter puniatur: hanc q. tractat D. Ioan. Gaufr. in c. Vestra, n. 1. ext. de cohabitat. cler. & mulier. & quando quis dicatur notorius fornicator. ibid. n. 3. 5. & 6. & per eundem in fin. n. 1. eod. tit. de cohabitat. cler. & mul. quẽ occasione lector videre, & latius examinare
20 poterit. Incontinentia † diu latere non po-
21 test. Nihil † vilius quã de carne vinci, nihil gloriosius quam carnes vincere. de hac vilitate loquitur l. Quæ adulterium, ibi, vilitas vitę non patitur eam legũ laqueis innodari,
12 C. ad l. Iul. de adult. ergo † ꝓpter fornicationem vitandam habeat vnusquisq; vxorem
23 suam, inquit Apostol⁹. Et malitia vnius horę, obliuionẽ facit luxurię. Plura suppeditabunt euangelica lectio, & sacra consilia.

CAPVT XCVI.

De Incestu.

Summæ rerum tractatarum in Commentariis CAP. 96.

1 *Incestus in libidinis speciebus crimen grauissimum.*

2 *Incestus cum fi* { *Sanguine carnali* / *Toro coniugali* / *Gradu fidei, & spirituali* } *nobis coniunctis.*

3 *Incestus punitio, varie capitalis est.*

4 *Incestus punitio ex* { *Iure ciuili* { *Extra matrimonium.* / *In matrimonio.* } / *Iure Canonico.* }

5

6 *Qui neptem cognoscit citra dispensationem, incestum committit.*

Con-

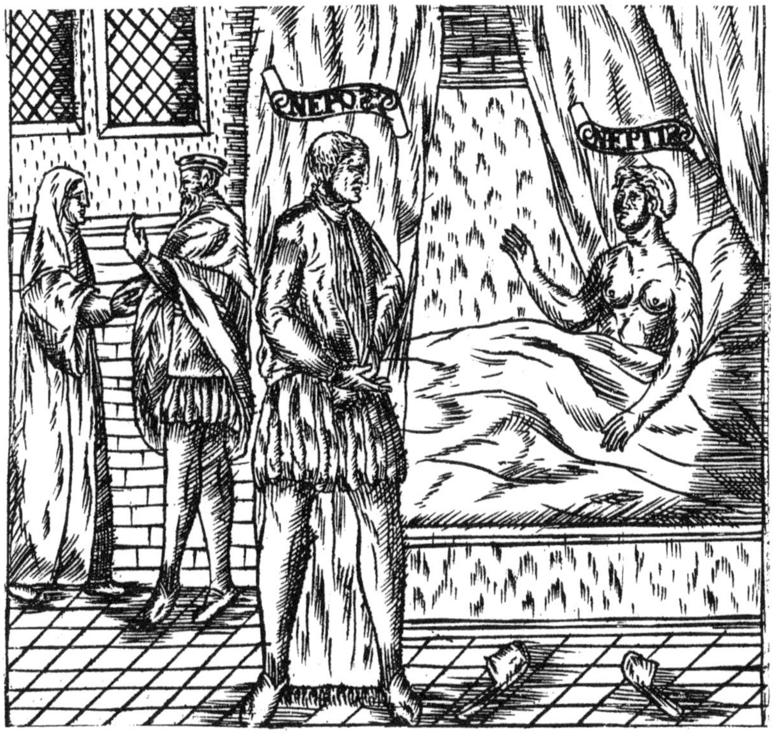

XCVI. De incestu

8 *Concubitus cum nepte* { *In matrimonio dispensato.* / *Per ignorantiam personæ.* } *non est incestus.*

9 *Incestus punitio est, &* { *Spiritualium* / *Secularium* } *Iudicum.*

10 *Fornicans sci nter cum meretrice sibi agnata, pœnam incestus non euadet.*

1 QVanto fornicatio est inter venerea cri-
mina leuior, tanto incestus est suo sce-
2 lere grauior Est .n. incestus,† venerea pera-
gere cum consanguineis, cum affinibus, c.
Lex illa, 33 q 1. cum monachis, cum nonnis
Vestalibus, ac ordine Ecclesiastico insigni
tis, gloss. not. in c. Virginibus, 27. q 1. Item
cum illis, qui nobis gradu & cognatione spi-
rituali, & Fidei sacramento in Baptismo cō-
iuncti sunt, c Si quis cum matre, 33. quæst.
2. Et prohibitus quadruplici ratione. Pri-
mo, quia naturaliter homo debet quandam
honorificentiā parentibus & per consequēs
aliis consanguineis. Secundo, quia personas
sanguine coniunctas necesse est adinuicem
simul cōuersari Tertio, quia per hoc impe-
diretur multiplicatio amicorum. Quarto,
quia cum naturaliter homo consanguineā
diligat, si adderetur amor, qui est ex cōmix-
tione venerea, fieret nimius ardor amoris,
& maximum libidinis incentiuum, quod
castitati repugnat, ex B. Thom secunda, se-
3 cundæ q. 154. art. 1. Quisquis† igitur hoc in-
cestu se contaminat, is capitaliter puniēdus
4 est. Sed diuersimode: Nam † qui nefand.s-
simo incestu cognouit matrem, sororē, ne-
ptem, aut filiam; is multo seuerius punien-
dus est, quam adulteri; nempe, morte pu-
blica & infami, & omnibus detestabili, vt e-
ius exemplo terreantur cæteri, per text. in l.
Si adulteriū cum incestu, & ibi Bart & Ang.
& Alberi. ff. ad l. Iul de adulter. quia pœna
incestus est per illum text. capitalis pœna,
secundum gl 1. ibi, & Iacob de Bellou in sua
prax. tit. de lenonib. in fin. per illum text. &
notat. in c. 2. & c. Ex literis, ext. de eo qui co-
gnou. consang. vxor. suæ; & sic patet, quod
imponitur grauior pœna pro incestu, quam
pro adulterio; vt & colligitur ex d. c 2. & ibi
gl. ext. de eo q cog. cōsang. vxor. suę, vide d. l.
Si adulteriū cum incestu, in princ. & c. Ad-
5 ulterii malum, 32. q 7. Contingit † autem
incestum committi simul cū adulterio, ali-
quādo sine matrimonio, aliquādo iuris er-
rore; aliquando sanguinis cōtaminatione,
quæ fere omnia admittunt suas distinctio-
nes. Cęterū de pœnis omnifariam coitus il-
liciti, extat optimus libellus. seu tract Pauli
Grillādi Et tractatur in l Si quis viduā, ff de
quæstionib. Et Papinian. inquit; Si adulte-
rium cum incestu cōmittatur; vtputa cum
priuigna, nuru, nouerca, mulier similiter
quoq; punietur; Id enim remoto etiā adul-
terio eueniret, d. l. Si adulteriū cum incestu,
ff ad l. Iul. de adult. & §. Stuprum, per totū.
Auth. de incest. & nefar. nuptiis, per totum,
6 colla. 2. atq; ita iuxta iura ciuilia. †Pōtificia
aūt iura iamiā dictos incestuarios puniunt
pœnitētia publica, ad discretionē & prudē-
tiā Officialiū & aliorū Iudicum, d. c. Si quis
matre, 33. q. 2. Quisquis † vero cognoscit &
7 polluit neptē suam, is certe incestū cōmittit
etiā si eadē neptis matrimonio illi esset cō-
iūcta; nisi certe, in eo matrimonio ipsi per †
8 Summū Pontificē hoc dispensatū esset; aut
nisi iuramēto se adstringeret, quod ante cō-
gressum venereū cū nepte nō p̄sciuisset fuis-
se neptē. †Porro de hoc crimine incestus, cē-
9 surę & iustitię spirituales & seculares, singu-
lę in suis & sibi subiectis cognoscūt: ꝓpter-
ea quod incestus crimē sit mixti fori. Et an-
10 tequā ad alia procedā, non omittā notabile
verbū cuius meminit Salic. in l. Quę adulte-
riū, C. ad l. Iul de adult. Quod si quis forni-
nicatus fuerit cū meretrice, quę erat agnata
ipsius viri coeūtis, incurrit pœnā incest⁹ vir
ipse si scienter cōmiscuit se cū illa. Secus aūt
si ignorabat illā esse eius consanguineā; quia
isto casu nō punitur de incestu. Ita tenet Sal.
in d l Quę adult Et ratio est, q a vir nō dabat
operā rei illicitę; sed ꝑmissę, l. Verū, in fin &
ibi Bart. ff. de Furtis. & idē Bart. in l. 3, in prin.

ff. de condit. ob turp. caus. & l. Gracchus, C. ad l. Iuliam de adulter. Plura huic quęst. deseruientia, videre Lector poterit per D. Paulum Gril. de pœnis omnifariam coitus, lib 3. quæst. 9. num. 4. Volens plura huius capitis cognoscere, perlegat Ioannem Nider sacræ Theologiæ professorē in suo manuali confessorū. Tertio specialiter. Quomodo de peccatis aliquibus pręsertim luxuriæ confessor rimari habeat, Secunda parte Quarta regula. Et per eundem in tractatu suo de mortali lepra, de luxuria, 4. c. versic. Quinta species est Incestus. Legimus quidem permissum fuisse olim Assyriis, Ægyptiis, Galatis, Gelonis & Germanis nuptias incestuosas contrahere cum matribus, filiabus, sororibus & neptibus, sed hodie apud Germanos Christiana cōsuetudo inualuit, ac huiuscemodi nuptiæ improbantur & lege puniuntur.

CAPVT XCVII.

De Raptu.

Summæ rerum tractatarum in Commentariis CAP. 97.

1 *Raptus Flandrice continet duo, scilicet* { Vrauwe cracht / ende / Ontschakinghe.

2 *Raptus quid sit.*

3. *Raptus vt varius, ita punitio varia.*

4 *Crimina magna concernunt duo, &* { *Partem aduersam.* / *Fiscum, vel Iustitiam.*

5

In criminibus { *Offenduntur, &* { *Pars.* / *Fiscus.* } / *placandi sunt, &* { *Pars.* / *Fiscus.* }

6

7 *Raptor (etiamsi cum consensu rapta) remissionem impetrare debet.*

8 *Parentes raptum filia dissimulantes, puniendi sunt exilio.*

9 *Quando in raptu vis committitur.*

10 *Meretricibus, de vi conquerentibus, non est credendum.*

11 *Virginem in lupanari vi constuprans, non punitur criminaliter.*

12 *Meretricibus conuersis,* } *nulla vis inferenda est.*
13 *Concubinis* }

14 *Rapiens impuberem, punitur exilio vel capite.*

15 *In raptu punitur* { *Voluntas,* / *Conatus,* } *vt factum.*

16 *Rapto non potest nubere suo raptori, ex iure ciuili.*

17 *Raptrices puniendæ sunt vt raptores.*

18 *Mulieres plurimæ viros rapuerunt, remissiuè.*

Sponsus

19 *Sponsus sponsam rapiens, quomodo puniendus.*
20 *Maritus vxorem rapiens, non est puniendus.*
21 *Meretrix virum rapiens, an punienda.*

PRiusquam pie lector in hoc Capite ra-
ptus declarationem aggrediamur, priùs
hoc te scire volo: apud Flandros crimen ra-
1 ptus, bifariàm intelligi, & distingui. †nem-
pe de eo crimine, quo alicui mulieri vis &
violentia infertur ad actum venereũ, quod
crimen vocant (vrouwe cracht) Deinde de
eo crimine, quo mulier vi abripitur, & ad
arbitrium Raptoris aliquò abducitur, vt ea
(quia non licitè) saltem illicite potiri pos-
sit, vulgò hoc crimen vocant (ontschaken)
Porro hæc duo crimina, licèt vulgo in no-
stris regionibus, voce & re differant: in iure
tamen eodem nomine appellantur, scilicet
Raptus. Quocirca nos quoq; vulgi diuer-
sa appellatione dissimulata, vtraq; crimina
sub vno titulo, & capitulo Raptus declara-
bimus, quod iura eorundem distinctionem
nullam ponant, sed ambo Raptum nomi-
2 nent. Est † autem Raptus, quoties mulier
aut virgo improbè vel vi abducitur, vel vi
corrumpitur, idq; diuersimodè, vt ex sequẽ-
3 tib. punitionib. pernosceris clariùs. † Nam
quicunq; virginem, viduã, religiosam, aut
quamlibet aliam honestam mulierem aut
rapit, aut ad actum venereum vim infert, is
puniendus est gladio, & bonorum confisca-
tione, l. vnica, C. de rap. virginum, l. Rapto-
res virginum, & in l. Si quis non dicam ra-
pere, C. de Episco. & cleri. Simili quoq; pœ-
na damnantur, quicunque aut consilio, aut
fauore, aut ope vlla ad dictũ raptum coad-
iuuerunt, d. l. vnic. §. Pœnas autem, & d. l.
Raptores virginum. Nec excusaret, si di-
ceretur, aut si ipsa rapta diceret, omnia acta
fuisse sua voluntate & consensu: quia nec
ius, nec iustitia ipsa talibus excusationibus
contenta forent: quod huiusmodi cõmissa,
4 †& facta concernant non solum partem ad-
uersam, & conquerentem: sed etiam con-
cernant ipsam Iustitiam, vel Fiscum, iu-
stitiæ legalis partem alteram. Cui Fisco
aut Iustitiæ non ob id satisfactum est ilico
de illata iniuria, cum parti aduersę vni in eo
crimine satisfactum fuit: hoc enim indubi-
tatum habeas pie Lector oportet, quod in
materia delictorum, ex crimine duæ nascã-
5 tur actiones, hoc est, duabus † personis in-
fertur iniuria, ob quam vtraque seorsum,
contrà factorem litem intendere aut appre-
hendere potest, & de iniuria illata cõqueri:
Vna persona est pars aduersa, & primò læsa,
quæ damnum & damni reparationem re-
poscere potest. Altera persona est Fiscus,
vel ipsa Iustitia læsa, quæ item damni sui,
hoc est, iustitiæ & dedecoris reparationem,
imo iniuriæ illatæ vltionem exposcit. Sunt
6 præterea † hæ duæ personæ in patratis cri-
minibus ita sibi vnita societate coniunctæ,
vt neutra sine altera plenè, validè, & effica-
citer placari posset, nec altera sine altera in
totum satisfieri velit. Quocirca non potest
se quisquam excusare, si priori personæ, id
est, parti aduersæ satisfecerit, neglecta parte
altera, hoc est, Fisco seu Iustitia. Nam hęc,
dissimulata prioris partis placatione, in lite
sua criminosa procedet, non secùs quàm si
neutri personæ satisfactum esset. Nam et-
si altera persona condonat, altera tamen in
sua actione permanet, sicuti in aliis quoq;
7 locis superiorib. subinde dictum est. † Por-
ro postquam raptor, raptam cognouerit, &
si rapta dicat omnia acta fuisse cum sua vo-
luntate & consensu, per istius tamen excu-
sationem nequaquam exonerantur facto-
res à iustitia (sicuti & iam prædictum est)
sed sunt capitaliter punibiles, & nullo mo-
do excusandi & absoluendi, donec & quo-
usque habuerint aut acquisierint à Princi-
pe delicti remissionem & indulgentiam, &
deinde remissionem illam cum vera con-
fessione, & in decenti forma interinarint.

8 Parentes † vero non prosequentes raptum
violentum seu violenter factum filiæ aut
nepti, puniendi sunt exilio seu deportatio-
ne tanquam suspecti de illo raptu, dicta le-
ge vnica. §. Etsi quidem, ver. nisi etenim:
9 Vim autem † in raptu tum fieri intellige,
quando mulier magno clamore implora-
uit alicuius opem & auxilium, isque cla-
mor per aliquos auditus fuerit. Porro si
res contingat procul ab hominibus, in syl-
uis, in foueis, in magnis agris, vbi vox op-
pressæ non facilè à quoquam audiri posset:
tum omnimoda fides de illata vi adhibe-
tur mulieri conquerenti, si modo ea hone-
stæ vitæ & famæ fuerit. Ad hæc seruiunt
in simili notata Barba. in addit. ad Bal. in c.
1. § Iniuria, de apost. Card. in primo capite
ext. de adulter. Et quemadmodum statur
iuramento virginis contra deflorantem,
quod erat virgo: ita statur iuramento ho-
nestæ raptæ contra raptorem, quod erat ra-
10 pta. Nam meretricibus † atque alioqui in-
honestis fœminis nunquam fides in vllo
adhibenda est, nedum in delationibus cri-
minalibus. Ideo ipsæ de oppressione vio-
lenta conquerentes, nunquam in iustitia
sic audiendæ sunt, vt ipsarum accusationis
gratia constuprator, aut violentiæ illator,
vllo modo criminaliter damnandus foret.
Nam tales mulieres sese omnib. priùs pro-
stituerunt, & quæstus gratia se omnibus
addixerunt, adeo vt nulli sui copiam dene-
gare possint: Phil. Decius in l. Inuitus, Di-
gestis, de Reg. iur. tales enim non sunt di-
gnæ legum laqueis innodari, l. Quæ adul-
terium, ad finem, C. ad l. Iul. de adult. At-
11 que † ob hanc quoque meretriciam suspi-
cionem (addam quod maius est) si in pro-
stibulis reperta sit iuuencula comptula, la-
sciuiens & quasi meretricio habitu ornata:
& contingeret, vt eam aliquis pro meretri-
cula vi comprimeret, is certè cõpressor ex-
cusandus esset, & nullo modo ob querelam
iuuenculæ etiam criminaliter puniendus
esset: etiamsi ex ea compressione stuprum
contigisset, hoc est, etiamsi ante compres-
sionem virgo fuisset: quum enim in mere-
tricio habitu & in loco meretricio reperta
fuerat, pro vera meretrice omni iure cen-
12 seri debebat. † Verum enimuero si contin-
geret tales meretrices posteà è spurcissim-
vita illa ad vitam honestiorem conuerti, &
sese ad matrimonium, aut ad monasterium
addicere, vel se ad collegium beghinarum
adiungere, aut ibi saltem honeste habitare:
tum nullo modo fas esset talibus meretri-
cibus conuersis, & honesto in statu viuenti-
bus, vllam vim inferre, rapere, aut vi cor-
rumpere, vt habetur in d. l. vnica. Salicet. se-
cutus opinionem Cyni in d. l. vnica, dicit,
quod isto casu raptor subiicitur eisdẽ pœ-
nis, de quib. in d. l. vnica: quia sufficit, quod
mulieres illæ honeste viuant tempore ra-
ptus: lex enim illa non requirit vitam præ-
teritam, sed præsentem duntaxat, hoc est,
qualis est tempore raptus. Nam si tempo-
re raptus tantum aliqua reperta esset hone-
ste viuere, eoque tempore ea sic viuens ra-
peretur, raptor crimen raptus committeret,
& pœnam incurreret, aliàs non: ita tenet
Salice. in dicta lege vnica, qui dicit, hoc esse
de mente Cyni ibi. Adde Baldum in d. l. v-
13 nica. Imo ne † licet quidem vim adferre
concubinis ipsis, quæ sese honestiùs aliquã-
to in suo concubinatu cum vno suo cõcu-
binario gerunt & viuunt, etiamsi in eodem
concubinatu reperiantur secreto aliquan-
do facere sui copiam alteri, aut quæstus, aut
amoris gratia: nam tales concubinæ non o-
mnibus, & singulis se prostituunt, sed vni
duntaxat suo concubinario, licèt non satis
14 semper fideliter. Quicunq; † rapuerit iuuẽ-
culã seu puellam nouẽ aut decẽ annorum,
& sic nondum viri potentẽ, is punitur secũ-
dum nonnullos exilio: secundum alios ca-
pite, siue extremo supplicio, etiamsi crimen
non impleuerit: Nam in hoc crimine ipsa
voluntas punienda est, vt mox infrà, ita Io-
an. Fab. in §. Item lex Iulia ibi: Item etiam
maior pœna imponitur, Institu. de public.
& vide-

& videte D. Guidonem Papæ, quæst. 555. v-
bi plenè ponit, quomodo puniatur de iure.
15 In hoc † namque crimine raptus, æquè pu-
nitur voluntas seu affectus, sicut factum i-
psum, siue ipse effectus: nempe, cum raptor
aliqua signa externa voluntatis suæ osten-
dit, quòd animum habuerit rapiendi: Imò
in quibusuis atrocissimis delictis (de quorũ
numero haud dubiè raptus est) punitur de-
lictũ attentatum, etiam si nõ sit secutus ef-
fectus, l. Si quis non dicã rapere, & ibi acu-
tissimè hoc axioma elegantissimis & subti-
lissimis distinctionibus examinat ac discu-
tit Cynus. C. de episc. & cleri. quem occasio-
nẽ nacti perlegite. Ideoq; qui iuit cum aliis
armatis hominib. ad domũ mulieris, vt il-
lam ibi raperet & si (quod ipsam domi non
inuenit) conceptũ scelus peragere nõ potu-
it, tamen puniri debet, ac si delictum con-
summasset, sequendo glos. Institu. vi bono.
rapto. quam etiam sequitur. Anto. Corseti
16 in singulari. in verb. vis. Et † qui vnã iuuẽ-
culam rapuerit, ea non poterit suo nubere
raptori de iure ciuili: & si illi nupserit, amit-
tit omnia quæ ab ipso habuit, d. l. vnica: sed
de iure Canonico potest rapta nubere rapto-
ri, ac matrimonium legitimè contrahere
cum raptore: & si illi nupserit, matrimoniũ
est firmum & validũ, nec perdit sua bona,
quia ipso matrimonio sua bona conseruã-
tur, c. Cum caussa, & c fin ext. de raptorib.
Nec statur in hoc dispositioni iuris ciuilis,
de quo in c. Ad id quod, de sponsalib. & in c.
Literas, de despon. impub. & D. Hippo de
Mars. in d. l. vnica, numer. 190. 191. 192. 183.
Priusquam tamen huic capiti finem impo-
namus, nequaquam extraneum fuerit nõ-
nullas subnectere quæstiones. Prima quę-
17 stio sit hæc: Quum † iura pœnã raptus sta-
tuant raptoribus, quam pœnã statuere de-
bent raptricibus? hoc est, mulieribus illis
audaculis, quæ ipsis viris aut adolescentib.
vim inferunt, & quasi ad sui concupiscen-
tiam, & actum rapiunt, sicuti Genesis 39.
quoque legitur, de vxore Pharaonis, quæ
Iosephum castum ad illicita coegit, & vio-
18 lentiam intulit. † Plurimas huiuscemodi
mulieres raptrices, siue viros rapientes in
medium adducit D. Andreas Tiraquellus,
lib. de legib. connubialibus, & iure maritali
charta 76. num. 84. quarum catalogũ bre-
uitatis caussa hîc omitto, & studiosum ad
præfatum Auctorẽ remitto. Pręterea qua-
tenus conscientiam grauat, & malum sit in
Ecclesia Christi raptus huiuscemodi tam in
viris quam in fœminis, satis declarat D. Io-
an Nider Sac. Theol. professor, in tractatu
suo de mortali lepra de luxuria, cap. 4. ver.
Quarta species est raptus, cò studiosius le-
ctor recurrat. De mulieribus enim idem vi-
detur iudicium, quod de viris. Ad hanc ta-
men quæstionem respondendum est, quòd
mulieres iisdem pœnis non subiacent in ra-
pta, quibus viri: quia dispositio illius l. Vni-
cæ, non habet locum in muliere rapiente
virum: ex quo non viget eadem ratio iniu-
riarum in hoc casu, sicut in alio: ita tenent
Bal. & Salic. in d. l. vnica, & est communis o-
mnium Doctorum opinio. Nec absimile
etiam dicendum est, in viro rapiente alium
virum causa libidinis, quia non comprehẽ-
ditur sub d. l. vnica, Ita tenent Salic. & Bald.
19 ibi. Altera quæstio: An sponsus † sponsam
propriam rapiens, puniẽdus sit? & qua pœ-
na plectendus? huic quęstioni ad hunc mo-
dum faciemus satis, & respondebimus,
quòd de iure ciuili punitur iisdem pœnis,
sicut ille qui rapuit mulierem honestam,
sibi nullo iure cõiunctam, d. l. vnica, §. Qui-
bus, & ibi Hippol. de Marsil. quẽ videte. De
iure autem Canonico, nulla pœna punitur
sponsus, qui sponsam suam rapuit, cũ qua
priùs præcesserat nuptiarũ consensus, c. Cũ
caussa, extr. de raptorib. & ibi glos. quæ me-
liùs hoc declarat, & notat. in c. Raptus, & in
c. Lex illa, 27. quæst. 2. vbi id expressè proba-
20 tur. Tertia † quæstio sit: An maritus vxo-
rem rapiens, & vim inferens, crimen raptus
cõmittat? & an iisdem obnoxius sit pœnis,
de quib. in d. l. vnica? Ad hanc quæstionem

respondendum est: quod ipse maritus raptor non subsit iisdem pœnis, nec iure ciuili, nec iure Canonico: quia omnes Doctores concludunt, quod maritus habet plenum ius in personam vxoris suę: intelligite tamē de illa, cum qua consummauit matrimonium, d. c. Cum caussa, extra de raptorib. & l. finali, C. de liber. homi. exhiben. & ita autumant & tuentur Bald. & Salicet. in d. l. vnica, & Canonistæ in d. c. Cum caussa.

21 Quartò † quæritur: An meretrix virum rapiens, subsit d. dispositioni, l. Vnicæ, C. de rapt. virgi. Angel. videtur affirmatiuā amplecti partem in d. l. vnica, narratque se vidisse Florentiæ quandam meretricem comburi ac cremari, eo quod rapuerat quendam pulcrum iuuenem, quem accuratius examinate. Sunt & aliæ quæstiones in hac re permultæ, quas huc omnes referre prolixū fuerat: ideo eas hîc breuitatis caussa omittimus.

CAPVT XCIIX.

De peccato contra naturam.

Summæ rerum tractatarum in Commentariis CAP. 98.

1 *Grauissimum venereorum crimen est Sodomiticum.*
2 *Crimen Sodomiticum, naturæ prorsus est contrarium.*
3 *Sodoma in cælum vocat.*
4 *Sodomitici criminis, species sunt triplices.*
5 *Species* { *Prima, quum quis secum Venere abutitur*
7 *Secunda, quum quis Venere abutitur cum alio in sexu* { *eodem.* / *diuerso.*
13 *Tertia, quum quis Venere abutitur cum brutis*
6 *Primæ speciei pœna.*
8 *Abusus* { *Veneris in eodem sexu masculino.*
10 *Veneris in eodem sexu fœmineo.*
11 *Veneris in sexu diuerso.*
9 *Pœna* { *Masculini concubitus mutui.*
12 *Omnium criminum 2. speciei.*
14 *Criminum 3. speciei.*
15 *Quæstio, cur bruta puniantur.*
16 *In Sodomiticis non requiritur seminis emissio.*
17 *In Sodomitis punitur voluntas proxima, pro effectu.*
18 *Pueros furantium pro Sodomitico implendo, pœna.*
19 *In Sodomiticis sunt notanda quinque* { *Communis mortalium procliuitas.* / *Criminis detestabilitas.* / *Pœnarum enormitas.* / *Iuris tecta explanatio.* / *Pauli nuda detectio.*
20 *Caussa communis procliuitatis in Sodomitica.*
21 *Sodomiticorum detestabilitas.*
22 *Ob Sodomitica inferuntur nobis* { *Fames.* / *Pestes.* / *Bella.* / *Terramotus.* / *Inundationes, &c.*

Sodo-

23 *Sodomiticorum testamenta, an rata sint.*
24 *An propter Sodomiticum fiat separatio tori.*
25 *Cur* { *Tam enormis infligatur Sodomitis pœna.*
26 *Iura tam tecte Sodomitica nominent.*
27 *Paulus tam aperte Sodomitica explicet.*
28 *Congressus cum infidelibus quadătenus Sodomiticus est.*
29 *Quatenus Turcas, bestias vocemus.*
30 *Congressus cum mortua, pene Sodomiticus.*
31 *Omnis congressus sine spe liberorum, innaturalis.*
32 *Referuntur breuiter species bestialis luxuria, vt ab iis homines abhorreant.*
33 *Mulier si adulteratur in ano, & non in vulua, qualiter puniatur.*
34 *Infans natus ex coitu cum Dæmone habito, cuius censeatur filius.*
35 *Quæ & quot ciuitates ratione peccati contra naturam perierunt.*

QVum paulo superius dixeramus, incestum ac raptũ in libidinum speciebus, multis aliis esse crimina grauiora, omnium
1 † nunc criminum venereorum tractabimus grauissimum & iure diuino pariter & humano detestabilissimum, vti Genesis 37. c. & in Authent. vt non luxurientur cõtra naturam: quod vocant crimen contra naturã seu Sodomiticum: nempe quod à Sodomis sacra Biblia testãtur traxisse originem, & ob quod Sodomitæ ipsi igne cælesti, & sulphure absumpti sunt, Genes. 19. cap. Aliæ enim omnes libidinum species naturales sunt, & à naturæ instinctu, & regula, & quodammodo à naturæ dictamine (licet non à ratione) proficiscuntur, hoc vero solum peccatum spretis naturæ legibus, imo extra naturæ cancellos violẽte erumpens, ipsam naturam aperto Marte oppugnat, violat, confundit, & naturę permissis regulis abutitur.
2 Quocirca † hoc ipsum peccatum naturę cõ-
3 ditor & custos † Deus tam aperte sibi detestabile passim proclamat, & ipsius indignitatem & fœdam malignitatem in cœlum vsque clamare, & inde sui vindictam exposcere dicat, Genes. 19. cap. præalleg. Ob hoc crimen enim, si Methodio credimus, Deus diluuium induxit mundo: & duos Iudę filios interfecit, Her & Onan. Genesis 38. Si igitur Deo ita sit hoc peccatũ odibile, multo magis exosum esse debet humanis legibus, sicuti in progressu huius cap. clarius etiam (Deo fauente) commonstrabimus. Quocirca Iura, vt huius peccati enormitatem aperte declararent, per pœnas enormes illud quoq; puniendum esse sanxerunt, pœnas tamen statuentes iuxta varietatem siue
4 diuersitatem specierũ in hoc genere. † Tripliciter enim coitus seu peccatum cõtra naturam (quod Sodomiticum vocant) committitur: nempe quum quis Venere abutitur aut secum, aut cum hominibus, aut cũ animantibus brutis. Ex his speciebus primum peccatum graue est; alterum grauius:
5 tertium grauissimum † Primam igitur speciem Sodomiticam committunt, quicunq; secum venerea secretò exercent, quod crimẽ Apostolus molliciẽ vocat, Latini vero magis proprię mastuprationem nominãt. Hos
6 † itaq; mastupratores damnãt (propter fœdam enormitatem) aut exilio, aut alia pœna extraordinaria: si quidem factum & crimen tale ad Iudicis notitiã peruenerit: quod addo, quia rarius talia crimina ad Iudicem perueniunt, ideoque rarius etiam puniuntur: nam cum talia fœda crimina clancularia & secreta sæpius in secreta confessione sacerdotibus committuntur, ibique merito abscondita perpetuo celantur, & raro ob sui fœditatem & pudorem ad alicuius notitiã erumpunt: ideo rarò quoque & fere nunquam huius primæ speciei punitio conspi-

citur: nihilominus tamē horribilis, & execranda: & ob hoc diuina punitione subinde grauius punitur.
7 Secundam † Sodomitici criminis speciem diximus quum quis Venere abutitur cum hominibus. Id autem fit
8 bifariam, aut † in eodem sexu, aut in sexu diuerso. In eodem quidem sexu etiā bifariā, quando masculus Venerē exercet cum masculo, l. Cum vir nubit in fœminam, C ad l. Iul. de adult. & §. Item lex Iulia, de adulteriis, & ibi Ang. Instit. de publ. iudic. Quem beluinum & detestabilem furorem etiam in gentibus execratur D Paulus ad Rom. 1. cap. appellans cupiditates ignominiosas. Nam (inquit) & fœminæ illorum immutauerūt naturalem vsum in eum vsum qui est cōtra naturam. Similiter autem & masculi relicto naturali vsu fœminæ, exarserunt in desideriis suis in inuicem, alius in alium, masculi in masculos turpitudinem seu fœditatem operantes, & perpetrantes, & præmium) (quod oportuit) erroris sui in semetipsos recipientes. Quod flagitium multis quoq; in locis insectatur Lucianus: Notat quoq; idē nefas Liuius lib. 8. in Lucii Papirii creditoris libidine, qui C. Publio debitori suo stuprū inferre voluerat, & Fabius in milite Mariano turpissimum ac nefarium facinus satis seuere & amarulenter exagitat: & licet is vir Romanus sit, non grauatur tamen ipsos Germanos (vt qui tale nihil nouerint) à pudicitia commendare. Cæterum de Italorum illa effrenata libidine Benedictus Curtius in 24. Arresto nonnulla percenset. De hoc etiam peccato contra naturam vide in Authent. vt non luxurientur contra naturam, colla. 6 & d. l. Cum vir nubit in fœminam, C. ad l. Iul. de adult.
9 De his † autem & de punitione ipsorum meminerunt sacra Biblia: nempe Leuitici c. 20. Qui dormierit cum masculo coitu fœmineo, vterque operatus est nefas, morte moriatur, sit sanguis eorum super eos. Quam detestabile sit hoc crimen innuit D. Paulus 1. ad Cor. cap. 6. dicens, Masculorum concubitores non possessuros regnum Dei. Et D. Augustinus ab normitatem innuit, de adulterinis coniugiis, c. Adulterii, 32. q. 7. Et Lactantius non habens odiosius vocabulum quo eos compellitet, eos lib. 6. cap. 23 diuinarum institu-
10 tionum vocat impios & parricidas. Aut † quando mulier Venerem exercet cum muliere, l. Fœdissimam, & ibi gloss. & Salicet. C. eodem tit. ad l. Iul. de adulter. secūdum alteram lecturā glossę, argumento d. l. Cum vir, quam sequitur Cynus, qui dicit quasdā mulieres fœdissima nequitia tentari, quæ libidinem suam exercent in alias mulieres, easque insectantur, vt viri, & cum gl. transeunt Alberic. de Rosa. & Salicet. vbi Albericus allegat textum cum glossa, in Authe. de non eligend. secundo nubent. §. Cum igitur, circa finem, collat. 1. in verb. luxurientur: quę dicit luxuriam committi, si mulier cum alia fœmina agat, per d. l. Fœdissimam, & per text. in d. Auth. vt non luxurientur contra naturam. Quomodo autem
11 tales Sodomiticę mulieres † puniēdæ sunt, aperte commonstrat D. Nicolaus Boerius in suis decisionibus aureis, q. 316. in 2. parte. Porro in diuerso etiam sexu contingit homines abuti Venere: id quoq; bifariè nō in membro debito, aut non modo debito. Quomodo autem hi duo nouissimi modi peragantur, non est nostrum hîc velle explicare. Turpiores enim & detestabiliores sunt, quam vt cuiuis pio Lectori vlla ratione committi debeant. Sed singulis sufficiat, nouisse talium criminum indeterminatos
12 modos, & puniendi rationem. † Puniuntur enim omnes huiuscemodi ex receptissima consuetudine igne & incendio. Tertia
13 species Sodomitica † est, atq; omnium horrendissima, quum quis venerea exercet cum animantibus brutis: hæc species prohibetur Leuitici 18. vbi dicitur: Cum omni pecore non coibis, nec maculaberis cum eo. Mulier non succumbet iumento, nec misce-
14 bitur ei. Hoc autem peccatum † tam est execrandum, vt Deus iusserit huiusmodi

Sodo-

Sodomiticos simul cum ipso bruto interfici, & simul comburi, vt Leuitici 20. Qui cũ iumento & pecore coïerit, morte moriatur: pecus quoque occidite: mulier quæ succubuerit cuilibet iumento simul interficiatur cum eo. Et Exodi 22. Qui coïerit cum iumento morte moriatur: hęc item in terminis probantur in c. Mulier, 15. q. 1. Mulier quæ accesserit ad omne pecus, & vult ascendi ab eo mulier & pecus morte moriantur; Rei enim sunt. Et c. Reos, §. Qui coierit,
15 2[illegible]. q. 5. Verum † hic oriri posset quæstio à curiosulis: Cur pecora ipsa in hoc flagitio plectantur, quæ contra legem (cuius non sunt capacia) nec peccarũt, nec peccare potuerunt? omne enim peccatum oportet esse voluntarium, & ex deliberato animo procedere, qua voluntate & animo carent animantia bruta, ideoque nec criminum rea censenda sunt. Sed his respondendum est, ea animantia bruta puniri non ob propriũ ac internum suum peccatum commissum; sed quoniam ea bruta instrumẽta fuere socia, cum quibus homines nefandissimum perpetrarunt nefas: ob quod horrenda etiam morte postea plectuntur: æquum enim est, vt eadem instrumenta, scilicet animantia bruta, cum homine ipso simul plectantur. Indignum enim esset & odiosum tale brutum irrationale subsistere, & in cõspectu hominum versari, ob quod misera morte periisset homo rationalis: Ne igitur tale animal conspicantibus odium & indignitatem incuteret; deinde ne hoc brutum tali flagitio contaminatum, tanti sceleris perpetrati diutius tam indignam memoriam refricaret (quam ilico abolitam oporteret) censuerunt iura tale brutum ilico cum homine peccante absumendum esse, ne vlla post patrati sceleris punitionem me-
16 moria remaneret reliqua. Porro in hoc †
delicto atrocissimo non requiritur consummatio operis, aut seminis eiaculatio: sed ad crimen & punitionem sufficit volũtas proxima, & conatus actui proximus: ita vt rem perfecisset, si potuisset, aut nisi aliquod impe-
17 dimẽtum intercessisset. In his enim † cona-
tibus actui proximis punitur voluntas coinquinata pro effectu, & delictum attentatum delicto consummato, vt in l. Si quis non dicam rapere, & ibi Scribent. Cod. de episcop. & cleric. Et l. 1. §. fin. ff de extraordinar. criminib. & c. Vt clericorum. De vita & honesta. cleric. & c. Clerici, de exces-
18 sibus prælato. Quocirca etiam † quicun-
que pueros, aut adolescentes furantur aut rapiunt, vt cum eis suam innaturalem hanc Venerem exerceant, hi profecto etiamsi actum nondum perfecerunt, plectendi sunt vti superiores: & si actum cõsummauerint, puniendi sunt ambo. Atque hæc de veris
19 Sodomitis dicta sufficiant. In † quibus piè
Lector quinque potissimum obseruare te velim: nempe, communem in his procliuitatem, sceleris detestabilitatem, grauissimum supplicium, iuris tectam explanationem, & reuerentem in modis nominationem, & Apostoli Pauli apertam criminis
20 detectionem. Quod igitur † homines his
Sodomiticis perpetrandis addictiores sunt, & ad tantum malum præ cæteris propensiores, ex vehementiori cacodæmonis tentatione prouenit. Scit enim humani generis perpetuus hostis diabolus, homines per fidem & charitatem potituros cælesti felicitate, qua ipse sese indignum fecit, & seipsum priuauit; quod ipsum tantopere torquet, & eum ad tantæ felicitatis inuidiam acuit, vt nihil non intentatum relinquat, quo à tanta felicitate humanum genus remoueтur, præcludat, & impediat. Sed quum nullum commodius & compendiosius impedimentum sua tartarea bilis excogitare potuerit, quam si efficere posset, vt pauculi homines nascerentur, imo si omnem sobolis humanæ propagationem impedire posset (quod per Sodomitica contingeret) huc omnibus neruis contendit, vt cum in omnibus aliis vitiis hominum animos labefactet,

in hæc Sodomitica vel omnium maxime vigilet, hæc hominib. suggerat, & ad ipsorum concupiscentiam & perpetrationẽ incendat & inflammet. Hæc mihi visa est potissima caussa, cur homines æquo ad dicta
21 Sodomitica sint propensiores. Sunt† tamen nihilo min' ea Sodomitica crimina omniũ profecto pessima, execranda, detestabilia, & indigna quę inter Christianos vel semel nominari debeãt, aut in cogitationibus versari; vocant enim ob hoc Sodomiticos, filios diffidentiæ, quasi de ipsorũ salute pene diffidendum sit, c. Clerici, de excessib. prelato. & ibi voluit gloss. fac. c. Deus omnipotens, 2. q. 1. c. Flagitia, 32. quæst. 7. c. Sed, de pœnitent. distinct. 1. Et ius ciuile in d. Authẽt. vt non luxurientur contra naturã, circa fin. l. 1. §. Remouet, ff. de postuland. vbi illi etiam gentiles, qui Iesum Christum & verum Deum non cognouerunt, huiusmodi tamẽ facinus vltimo supplicio affici voluerunt. Quin & sacra Biblia hæc crimina pessima vocarũt. Accusauit eos (inquiunt) Ioseph crimine pessimo, Genes. 37. & ibi peccatum eorum aggrauatum est nimis. Genesis 18. Crimine pessimo quod nonnulli Doct. asserunt fuisse hoc vitium Sodomiticum. Cæterum alii dicunt fuisse inuidiam & odium fraternum, nec credunt tantos patriarchas tam horrendo vitio fuisse inquinatos. Quãquam Chrysost. contrarium legat, videlicet quod ipsi fratres apud patrẽ ex inuidia mẽdaciter accusarunt Ioseph crimine pessimo. Sunt qui legunt, retulit patri ruinam eorũ
22 pessimam. Vt vt sit, istud nefas quod† tam execratur Deus, vt ob id (teste Põtifice) sæpe immittat in filios diffidentiæ fames, pestes, bella, terręmotus, inundationes, atque alias id genus plagas generales, confirmat textus in d. c. clericorum, ext. de vita & honesta. cleric. c. Adulterii malum, 32. quæst. 7 d. c. Flagitia, c. Offerebat Loth, c. Clerici, de excessibus prælato. text. in d. Authent. vt non luxurientur, collat. 6 Et in c. Qui puero, de pœniten. distinct. 1. & §. 2. Instit. de public. iudic. Et d. l. Cum vir nubit in fœminam, & l. Fœdissimam, Cod. ad l. Iuliam de adulter. Detestabilitatem præterea confirmat Andreas Barba. in consiliis suis, consilio 64. (quod vltimum est) in primo volumine, vbi etiam post illud consilium ponitur disputatio Anastasii Pluti, an scilicet ob criminis istius enormitatem Sodomita testari posset, hoc est, testamentum conde-
33 re: Deinde ob† criminis grande nefas in dubium vocat, & in d. consilio ample dispu-
34 tat: An propter † peccatum Sodomiticum fieri posset separatio tori: hoc est, An vxor maritum quoquo modo Sodomiticum (vel erga seipsum, vel cum aliquibus aliis) posset iure dimittere, aut contra, vti isthæc Lectori videre licebit. Tertio notanda est sup-
35 plicii magnitudo: † Cũ enim hoc peccatum sit omnium maximum & execrandum, nõ simplici & leui morte puniendum est, sed maximis suppliciis, & execrandis modis, ad terrorem aliorum mulctandum est. Puniuntur enim (vt dictum est) omnes Sodomitici (exceptis mollibus, in prima specie) incendio ignis: alii viui, alii prius strangulatione enecti, pro qualitate personarũ, factorum, & circunstantiarum. Quin & Imperator quum in d. l. Cum vir, admodum exclamaret & irasceretur tantę turpitudini, ex iustitiæ zelo in hunc modum prorumpit: Iubemus insurgere leges, & armari iura gladio contra huiusmodi facinorosos, qui audent naturæ ordinem peruertere: adeo enim turpe scelus est, vt minime expediat cognoscere, & nefas potius sit de ipso loqui, & diutius sermonem facere: hinc iura quoq;
36 (vt quartum explicemus) pudicissime, † & cum omni verecundia & reuerẽtia de hoc crimine nefario loquuntur, & tam tecte, vt nihil offendiculi lectoribus offunderẽt. Putabant enim satis esse, si rem tam horrendã, & pellicibilem Iudici quocunque modo insinuarint. Ideoque malebant crimen pessimum tecte, & cum inuolucris, cum verborum puritate, & castimonia, & sine offendiculo

culo prodere, quam apertè ſine prudentia &
iudicio citra delectum cuiuis nude & cum
ruina conſcientiæ, & bonorum morum ia-
27 ctura effundere. Non tamē ob † hoc taxan-
dus Apoſtolus Paulus (hic Quintum obſer-
ua) qui tam apertè quibuſuis hoc crimē de-
pingit, vt nemo poſſet apertius, vide ad Ro-
manos c.1. vbi ait: Nam fœminæ eorū im-
mutauerūt naturalem vſum, in eum vſum,
qui eſt contra naturam. Similiter autem
& maſculi, relicto naturali vſu fœminę, ex-
arſerunt in deſideriis ſuis in inuicem, ma-
ſculi in maſculos turpitudinem operantes:
quomodo (inquam) potuiſſet Sodomiti-
cum abuſum clariùs demonſtrare? Quod
certè non temere ab Apoſtolo factitatum
eſt, ideoque tibi erit expurgatior, ſi cauſam
tam apertę demonſtrationis propius inſpe-
xeris. Nam vt in re lubrica caſtiùs loquen-
dum coram virgunculis, & tectiùs loquen-
dum cum iis qui eius lubricitatis nondum
ſunt capaces, aut conſcii: Apertiùs autem, &
aliquanto etiam inuerecundius, ſi ſcortum
ab errore reducere, aut ſi cum rerum lubri-
carum expertiſſimis ſermonem feceris: Ita
Paulus quoque in aliis locis caſtiùs, & cau-
tius de hoc crimine meminit: Ad Romanos
verò, quos ſciebat in hoc nefario ſcelere eſſe
exercitatiſſimos, adeò vt hoc ſine fronte
& conſcientia paſſim committerent, no-
luit profecto leniter illorum conſcientias
pungere, & leuiuſcula rei denominatione
ipſos à ſcelere retrahere, quū ſciebat ſe hac
via parum profecturum. Sed duriùs ipſos
obiurgabat, & apertè ipſorum probra in fa-
ciem obiecit, vt vel naturali pudore com-
puncti coercerentur, qui internæ conſcien-
tiæ metu, forſan reſipiſcere detrectaſſent.
Atque ita hactenus de veris Sodomiticis,
cum ſuis quinque annotationibus. Priuſ-
28 quam † tamen hoc caput abſoluamus, no-
tanda tibi fuerit, cādide Lector & alia quę-
dam ſpecies cum Sodomiticis quiddam af-
finitatis habens, & pro Sodomitica conde-
mnata: re tamē à vero Sodomitico multum
aliena: quum nec vſum Sodomiticū & in-
naturalem, nec naturam Sodomiticā vllo
modo referat: ſed tamen cōſideratione no-
ſtræ fidei, pro vera Sodomitica iure habe-
tur, & tanquam Sodomitica in iure damna-
tur: veluti cum quis naturali Venere vtitur
29 cum Turcis, † Saracenis, aut Iudæis. Nam
huiuſmodi omnes, Iura & religio Chriſtia-
na non ſecùs, quàm beſtias (nō quidem na-
tura, aut rationis vſu, & communi vocatio-
ne, ſed ob procacem malitiam, qua fidem
Chriſtianā, ſine qua nemini ſalus promitti-
tur, apertè oppugnant) negligunt, faſtidi-
unt, oderunt, & cum iis congreſſum, coha-
bitationem, & omne commercium prohi-
bent, nedum actum venereum cum eis ex-
ercere interdicunt, qui actus intimi amoris
ſymbolum refert, quiq; pro fœdere huma-
næ, atque adeò Chriſtianæ charitatis me-
ritò debet procedere, non ex beluina, & illi-
cita extra conſtitutos terminos libidine, l.
Nequis Chriſtianā, C. de Iudęis, & c. Quan-
to & ibi Ab. Sic. & Præpoſitus Mediolan. a-
lias Card. Alex. de diuort. & text. in c. Caue
Chriſtianè, 28. q.1. & c. Si quis Iudaicè, ea.
30 cauſſa & q. Poſtremò cùm † libidinum ſpe-
cies abſoluere ſtatueram, caſu incidit in me-
moriam execrādus ille libidinis ardor, quo
quidam fœminam cognoſcunt mortuam.
Primò dubitabam, ad quam libidinū ſpe-
ciem reducere potiſſimum cōueniebat: ſed
quū ad nullam ſuperiorum propriè ſpecta-
re debeat, aptiſſimè ad Sodomitica reducē-
31 dum eſſe tandem ſtatui. Sunt † enim multi
qui putant omnem congreſſum, qui non
liberorum gratia fit, non eſſe ſecundum na-
turam, ſed omnino vitioſum & culpabilem,
inter quos ſunt beatus Gregorius, Ambro-
ſius, & Hieronymus: apud iuriſconſultos
quoq; inter recētiores Marius Salomonius.
Omnes tamen Theologi aiūt congreſſum
matrimonialem eſſe meritorium & virtu-
tis actum. Primò, ſi cauſſa prolis procrean-
dæ ac religioſe educandæ fiat. Secundo, ſi
fiat cauſſa reddendi debitum alteri coniu-

gum,quia tunc actus est iustitiæ. Vxori (inquit Paulus) vir debitũ reddat, 1.Cor.7. Tertio, si fiat causa vitandæ fornicationis in altero, quam aliter cauere non potest: quod si fiat causa vitandæ fornicationis in seipso, quamuis huiuscemodi congressus non sit meritorius, est tamen licitus, nec est peccatum, secũdum Augustinum. Et Paul 1.Corin.7. propter fornicationem, ait, vnusquisque suam vxorem habeat: & vnaquæq; suum virum habeat: hoc est, Vir ad vitandam fornicationẽ vtatur sua vxore: sua (inquit) non aliena: Et cõtra, vxor suo marito. Concedit igitur ob vitandam fornicationẽ congressum illum matrimonialem: quod nequaquam faceret, si esset peccatum. In aliis casibus, præter hos, huiuscemodi congressus, aliquando veniale peccatũ est, aliquando mortale. Sed de his satis: Cæterùm vt ad propositum redeamus vnde digressi sumus. Certe innaturalis prorsus est isthæc Veneris agitatio, nec scopum, nec finẽ, nec modum naturalis Veneris seruans: sed ita Venere cum mortuo cadauere abutitur, nõ secùs, quàm si cum ligno aut lapide coierit. Quocirca grauis deberet esse istius quoque sceleris punitio & non admodum absimilis, quã esset eius qui alterius corporis violator esset, iuxta legem fin. C. de sepul. viola. ibi. Si corpora ipsa extraxerint, vel ossa eruerint, &c. Quare si huiusmodi fuerint vilioris conditionis personæ, vltimo supplicio punientur: si vero honestioris fuerint conditionis, in insulam deportantur, aut aliàs relegantur, aut in metallum damnantur: certe ob nullam aliam caussam, quam quod tã fœde mortui corporis pudicitiam contrectauerint & contra naturã abusi fuerint, l. Sepulchri deteriorem, ibi. corporib. non contrectatis ff de sepulch. viola. Et D. Nicolaus Boerius in suis decisionibus au-
32 reis, q.316. in 2. parte. † Superiorib. addi possunt nonnulli alii modi monstruosi, & bestiales concumbendi, qui tãto peiores sunt: quanto per eos minus nata est sequi conceptio, fœtus quorum quatuor ponit Albertus in quarto. Primus quando cognoscitur lateraliter. Secundus peior quando cognoscitur sedendo. Tertius peior secundo, quãdo cognoscitur stando. Pessimus vero est, Quartus, quando cognoscitur velut bestia tergotenus. Et quintus etiam inter præfatos similiter quarto pessimus ille est, quando mulier supergreditur virum. Præterea qui huius materiæ pleniorem desiderauerit cognitionem, vt se, & alium, tam in foro seculari quam in foro conscientiæ instruat, perlegat declarationem D. Ioannis Nider sacræ theologiæ professoris, ordinis prædicatorum, in suo manuali cõfessorum. Tertio specialiter. Quomodo de peccatis aliquibus præsertim luxuriæ confessor rimari habeat. Secunda parte tertio cap. & per eundem in tractatu suo, De mortali lepra, 4. cap. De luxuria. versic. Septima species est vitium contra naturam, & etiam c. 16. § 8. vsq; ad 14. eiusdem tractatus ad facietatem ponẽtis. Priusquam huic capiti finẽ imponã, proposui addere nõnulla huic materiæ
33 satis seruientia. Mulier † si adulteratur in ano, & non in vulua, qualiter puniatur? Dicendũ paucis: Si adulteratur non in vulua, secundum naturam, sed in ano, contra naturam, nequaquam puniri debet de adulterio, sed punitur tanquã Sodomita, de Sodomia, cum tale vitium ita contrahatur in fœmina, sicut in masculo, & sic igne comburitur. Ita decidit D. Ludouicus Carerius V. I. Doctor insignis, in sua solenni repetitione l. 2. C. Quorum appellat. non recipi. folio 199. n. 43. Præterea alia occurrit quæ-
34 stio † nequaquã omittenda, nempe Infans natus ex coitu cũ dęmone habito, cuius cẽseatur filius? Nõ dicetur filius Dęmonis, sed illius cuius erat sperma, vel à quo habuit sperma. Diabolus igitur in coitu ipso generat ex spermate alieno, sc. alicuius viri in somniis polluti, aut etiã in vigilia: quotiescũque Dæmon in forma succubi se transformat, id est, in forma mulieris, & habet coi-

tum

tum cum viro; tunc recipit formam viri; & quanto citius velocissimè accedit ad mulierem in forma incubi, scil. viri, & assumens coitum cũ ea, intromittit dictum sperma in natura, & matrice mulieris; & inde sequitur inpręgnatio mulieris, & infantis generatio, nõ aliter ac si mulier cum naturali viro coitũ habuisset, tamẽ infans ipse, si oriatur, nõ dicetur esse filius Dæmonis, sed illius cuius erat sperma. Ita affirmãt cõmuniter Theologi S. Aug. vir planè, sanctissimus & omniũ doctorũ sui temporis præcipuus atq; supremus, in 3. De Trinit. & 21. De ciuitate Dei. Et S Thomas in tract. qq. in 1. parte. titu. de mirac. q. 8. ver. Ad primũ Huius meminit eximius D. Paulus Grillãdus in suo insigni tract. de Sortileg. lib. 2 fol. 208. n. 13. Finali-

85 ter, quæ, & † quot ciuitates ratione peccati contra naturam perierunt?

Quinq; ciuitates propter peccatum cõtra naturam perierunt, scilicet
1. Sodoma,
2. Gomorrha,
3. Seboin, aut Febrin
4. Segor &
5. Oleale.

Quarum duæ periẽrũt ex vicinitate, tres ex proprio d.licto. Horũ meminit D. Ioan. le Cirier Parisiensis, in suo singulari tract. de iure primogenituræ vel maioricatus, q. 7. lib. 3. f 99 vers col. 4 circa mediũ, & glos. expressa in verbo quinque, in c. clerici. extr. de excessib. prælatorũ & subditorum. Si tamen videre quis desideret huius delicti grauitatẽ ac enormitatẽ, legat c. Offerebat, & c. Flagitia. & c. vsus 32. quæstio 7. Facile fuisset mihi & alias plures materias, & quæstiones hic adiicere, tam ex pharetra mea, quam al.unde, nisi intelligerem in re feria, & periculosa mihi non esse immorandum. Oro igitur lectorem ne scãdaliz tur, si vltra quam placeat sordicies vitiorum seu peccatorum detegitur carnalium, quæ certe medicari aut corrigi nequeunt, nisi patefacta fuerint. Iuxta illud Horatii:

Stultorum incurata malus pudor vlcera celat.

De quibus tamen nil noui aut singularis dixi, nisi ea quæ Doctores magni in suis manifestè voluminibus referunt, carptim excerpta.

CAPVT XCIX.

De vi publica.

Summæ rerum tractatarum in Commentariis CAP. 99.

1 *Publica vis fit vbilibet locorum.*

Publica vis fit
2. 10 *Inuasione armorum: vel oppresione.* / *Cogendo ad damnosa, vel* — *Promittenda.* / *Facienda.*
3
4 *Violenta abductione.*
5. 7 *Violenta retardatione à iustitia.*
6 *Cogendo Iudicem ad iniquam sententiam.*
8 *Congregando milites pro oppressione alterius.*
9 *Infractione ostiorum vel fenestrarum.*
11 *Quæ arma dicenda sunt in vi publica.*

Publica vis cum armis
12 *Citra occisionem, punitur exilio & confiscatione.*
13 *Cum læsione vel morte, punitur vt iuris est.*

Vi expulsus sua possessione
14 *Sine a. mis* / [illegible] *Armis* — *contra expulsorem agere potest* — *Ciuiliter.* / *Criminaliter.*

16 [illegible]*udex ad vim publicam puniendam dissimulans, puniendus est ipse grauiter.*
17 *Alia pœna de vi publica in Iure ciuili: alia in Iure Canonico.*

EXplicatis vtcunq; venereis criminib. ad
alia deinceps procedẽdum eſt,ac primo
1 de vi ſeu violentia publica. † Publicam au-
tem vim vocamus, quoties alicui vis infer-
tur publica, vel in domo ſua, vel in plateis:
2 nempe † quum publicam violentiam infe-
rũt,aut armis,aut alio impetu,& vi aliquos
3 † conſtringunt quippiã polliceri, aut quip-
piam facere, quod eſſet contra iuſtitiã: Aut
4 † quando aliquis vi aliquô pertrahitur con-
5 tra ipſius voluntatem: Aut † quando ali-
quis violente remoratur aut præpeditur, ne
ad ſtatum diem iuridicum tempori perue-
niat,vt ob hoc iuſtitię iacturam tandem fa-
ciat,l. Lege Iul.ff ad l. Iul.de vi public. Aut
6 † certè quando Iudex violente cogitur pro-
ferre ſententiam contra æquitatem iuſtitię.
7 Poſtremò † ſi quiſpiam ita externis impe-
dimentis alium circumueniat, & retardet,
vt is circumuentus ſuæ iuſtitię iacturam fa-
cere cogatur, aut à ſententia ſua ſaltem re-
tardetur,l. Qui dolo malo, ff ad l. Iul de vi
8 public. † Aut quando quis cogit & congre-
gat auxiliares milites ad oppreſſionem alte-
rius aut ad occiſionem, aut ad ſeditionem
in populo excitandam, l. Qui cœtu,ff ad l.
9 Iul. de vi public. Aut quoties † quis violen-
10 ter infringit fores aut feneſtras. In ſumma
verò,† vim vocam⁹ publicã,quoties aliquis
armis opprimitur, aut ipſi armis vis infer-
tur,§ Item lex Iulia de vi publica,Inſtitut.
11 de public. iudic. Arma † autem in vi publi-
ca iura intelligunt omnia ea,quibus aliquis
noceri, lædi, vulnerari, aut occidi poteſt, l.
12 Armatos,ff. ad l. Iul.de vi publ.† Quoties i-
gitur alicui vis infertur armis huiusmodi,
citra occiſionem tamen: tum is publico &
perpetuo damnandus eſt exilio,cum confi-
ſcatione bonorum,l.1 & 2 C.ad l. Iul. de vi
publ. vel priuat.l 1.2.& 3. ff ad l. Iul. pecul.
& in gloſſ.1 in c.1. extr de ord.cognit. Ve-
13 rum † ſi cum vi coniuncta ſit corporalis læ-
ſio, aut mors, hoc eſt,homicidium, raptus,
& ſimilia,tum factor ipſe puniendus fuerit,
vt iuris eſt. Nam pro qualitate illius crimi-
nis,& vim publicam committentes,& ipſo-
rum fautores punientur, de quo plene per
Doct. in l. Quoniam multa facinora,C.ad l.
Iul.de vi public.vel priuat.& d.l. Qui cœtu,
14 §. Qui vacantem,ff.eod tit.Porro† ſi quan-
do quiſpiam, vi expellitur ſua poſſeſſione,
tum ille,cui vis infertur,iure contra violen-
tiæ illatorem agere poteſt ciuiliter pro poſ-
ſeſſorio,& priorem ſuam poſſeſſionem iure
15 recuperare,ſi poſſet. Si vero † hanc vim quis
intulerit armis,tum offenſo contra offenſo-
rem agere licebit pro pœna ſubeunda, iuxta
l.Iul.de vi publ quæ pœna eſt iamiam præ-
dicta l. 3.ad fin.ff ad l. Iul.de vi publ. Cæte-
16 rum † quisquis Iudex de hoc violentiæ illa-
tæ crimine nullam iuſtitiam fecerit,ſed aut
punitionem diſtulerit,aut ſententiam ferre
neglexerit,aut in eo crimine volens ſciens-
que diſſimulauerit, aut punitionem debitã
non inflixerit: is Iudex fit infamis,& ob hoc
priuandus ſuo officio,& omni officio dein-
ceps inhabilis: deinde ex iure damnandus
eſt pœna centum librarum auri,l fin.ad fin.
C ad l Iul.de vi publ. vel priuat. Quiſquis
autẽ ampliora de hac materia ſcire deſide-
rauerit,quibus modis vis publica commit-
tatur; certe breuior vel clarior cognitio ha-
beri non poteſt, quam ea quam exprimunt
text. 12.paruarum legum, ff. ad l. Iuliã,de vi
public.vbi modi &caſus,quibus committi-
tur vis publica,ſigillatim enumerantur.Sed
hic forſan mihi aliquis dixerit; ſupradictæ
17 pœnæ,† ſunt omnes pœnæ ciuiles,quomo-
do igitur puniuntur Iure Canonico? Re-
ſpondendum eſt, non eſſe prorſus eaſdem
pœnas pro illata violentia, atq; aliis crimi-
nibus publicis,& infamantibus,in foro Ci-
uili,& in Iure ſeu foro Canonico; Quando-
quidem clerici vim publicam committen-
tes,excõmunicari poſſunt, donec emendẽ-
tur,& pręterea deponi pro offenſa publica: pro
quo faciũt quę legũtur & notantur in c. Ve-
ritas ext.de dolo,& cõtu.& in c. inquiſitio-
nis,& in c Qualiter & quãdo,ext.de accu.&
in c. Licet Hely,ext.de ſimonia,& quę notã-
tur in c.Generali,de elect. lib.6 & in c. At ſi
clerici, & in l. Cũ nõ ab homine,ext.de iud.

CAPVT C.

De pignorationibus, vulgo, repræsaliis.

Summæ rerum tractatarum in Commentariis CAP. 100.

1 *Repræsaliarum Etymologia.*
2 *Repræsaliarum origo & ratio.*
3 *Repræsaliarum permissio quando.*
4 *Ab extero Principe quando negatur iustitia.*
5 *Repræsalia non dantur contra Iudicem appellationis.*
6 *Repræsaliarum literæ quatenus iustæ dicantur.*
7 *Repræsaliarum permissio ex variis authoritatibus.*
9 *Repræsaliarum caussæ.*

Repræsalia tantum conceduntur
10 *Grauem iacturam passis.*
11 *Iacturam plene probantibus.*
12 *Vere Principum subditis.*
18 *Principum subditis tempore damni illati.*

13 *Qui vere sunt Principum subditi.*

Priuilegiati & tamen Principum subditi sunt
14 *Studentes in academiis.*
15 *Studentium subsidiarii bedelli.*
16 *Stipendiarii Principum.*
17 *Consiliarii Principum.*

Repræsalia non dantur contra
10 *Subditum eiusdem Principis.*
19 *Subditum factum, post damnum passum*
21 *Mulieres, Clericos, Studentes, &c.*
22 *Legatos.*
23 *Euntes ad priuilegiatas nundinas.*
24 *Peregrinantes ad loca celebriter sacra.*
25 *Mercatores, nautas, vi aliquô impulsos.*
26 *Personaliter citatos.*

27 *Repræsaliarum literis vtendi ratio.*
28 *Repræsaliarum executio per officiarios Principis.*
29 *Repræsaliarum ius quibus permissum.*

Repræsalias male impetrantes, & iis abutentes, puniuntur.
30 *Quadruplo, cum perditione caussæ.*
31 *Resolutione omnium damnorum.*

QVoniam proxime præcedenti capite de vi publica peractum vtcunque fuit, non putaui hic silentio prætereundam vim illam, quam exteræ nationes, exteris aliis, temporibus pacis inferũt: quam vim publicam, prædationes vocant, aut rapinas: & grauissime tum à proprio, tum à quouis alio Iudice puniendæ sunt, vt infra suo loco
1 de rapinis & alibi. Quocirca hoc† loco nihil de prædationis crimine mihi enarrandum putaui, quam mutuam illam ac vicissitudinariam vim publicam, quam repræsalias iura compellitant, quasi reprædationes: nõ quod repræsaliæ peculiaris speciei sint cri-

minis: sed eatenus de iis hic priuatũ caput ponimus, quatenus violentię publicę, (quę criminum est species) punitionem in se cõtinent, & de suorum subditorum illata iniuria iustitiam exprimũt: sunt enim omnes repræsalię ad hoc concessę, vt vis publica aut puniatur, aut inferenda inhibeatur, aut vt offenso iustitia administretur. Ideo de his tantum hoc loco dicendum, & quomodo, & quando, & quatenus eas iura permittant, iuxta illud Ethnicorum, vim vt repellere licet. De his igitur pignorationibus seu re-
2 præsaliis hæc accipe. Si † quispiam exteræ nationis vi publica tempore pacis, mea eripiat, aut in terris, aut in mari: adeundum fuerit mihi ad illius exteri prędatoris vel raptoris proprium Principem, atq; ab eo restitutio meorum bonorum iure reposcenda. Quam si is Princeps mihi ita iustitiam requirenti neget, aut æquo diutius differat, aut dissimulet, adibo ad propriũ Principem meum, imploraturus illius opem, iuuamen & patrocinium, vt sua authoritate, & gratia mihi literas cõcedat ad illum Principem exterum, quibus requirat & expostulet mihi fieri iustitiam, & bonorum vi per ipsius subiectos ereptorum, restitutionem. Quam restitutionem, si secundo is Iudex mihi detrectauerit & adiudicare distulerit, redeo secũdo ad Principem meum, ipsi exteri Iudicis constantem iustitiæ denegationem exponens, probans, ab eo requirens, & humillime ob id ipsum obsecrans, vt alio modo per suam ipsius authoritatem & potentiam mihi tandem meorum ereptorum bonorum restitutio contingat, hoc est, vt mihi literas dignetur largiri repræsalias, quibus scilicet mihi concedat, & potestatem faciat, à quibusvis illius exteri Principis subiectis, in sua ditione existentibus, recuperationem bonorum meorum requirere, eosque comprehendere, ipsorumque omnia bona arresto sistere, eaque posse diuendere, donec mihi ad summam ereptorum satisfactum fuerit.
3 Atque huiusmodi † literas repræsalias post probationem meam meus Princeps mihi tunc ilico concedet, ad modum, caussam, & vsum præscriptum; vt scilicet subditorum bona diuẽdendo, mihi vel hoc modo satisfiat: quum aliter ad meorum restitutionem per æquiorem iustitiam peruenire neque-
4 am. Verum hic intelligas † oportet, tum mihi ab extero Principe negari iustitiam, quando prædatoris Princeps neglectui, vel potius contemptui meam habet querimoniam, adeo vt eam dissimulet, & iustitiam mihi adiudicare negligat, aut variis futilibusque dilationibus me semper procrastinet, aut vana quapiam sententia, eaque in-
5 iqua me abigat. Atque hoc vltimum † potissimum de Iudice nõ appellationis intellige, hoc est, qui non haberet superiorem, ad quem ob denegatam iustitiam, mihi appellare concessum esset. Nam si is denegans Iudex, esset Iudex appellationis, tum non darentur mihi literæ repræsaliarum à meo Principe: Sed tunc mihi ius relictum esset aliud & eundem scilicet Iudicem per appellationem ad superioris Iudicis tribunal, de iniquitate sententiæ pertrahendi concessa potestas, atque ab eo superiori Iudice ius meum reposcendi. Quam iustitiam si is quoque mihi negauerit, tum vt prius mihi recurrendum esset ad meum Principem, pro impetratione literarum repręsaliarum, vt dictum est iam prius. Atque hanc rerum æquitatem & iustitiam, iura vocant pignorationem, quam nostro vulgari idiomate nuncupant: letteren ofte brieuen van mar-
6 cke. Porro hæc qualisqualis † repræsaliarum æquitas, multis forsan videbitur plus æquo rigorosior, atque plus etiam habere violẽtiæ, quam æquitatis ac iustitiæ: nempe, quod ob incommoda nostra, quæ a sceleratis prædonibus passi sumus, vicissim nos vindicamus & armamus legum authoritate & permissu, ad alium quemlibet, etiam innocentissimum spoliandum, prædandum, & ad ipsius bona diuendenda, donec nobis abunde satis factũ fuerit, nem-

pe

C. De pignorationibus

pe vt alterius innocentia pœnam luat alte-
rius sceleratæ nocentiæ: & vt quispiam vir
innocuus mihi vi legum constrictus com-
penset, & soluat damnum, quod scelestus
aliquis mihi contra omnem iustitiam intu-
lit. Mihi autem quales eæ leges videantur,
non est hic velle definire: hoc tantum addi-
disse contentus ero quisquis tales leges san-
xerit, eas sibi non ex spiritu Euangelico sug-
gestas, qui vim vi repellere prohibet, & al-
teram maxillam percutienti, iubet præbe-
re alteram: & alibi, omni malo resistere ve-
tat: sed ex carne potius, & sanguine instin-
ctas esse crediderim. Tametsi eas leges, o-
mni iure permissas esse vtcunque probare
potuissem diuino, Iure gentium, vel ratio-
ne naturali, Iure ciuili, Iure canonico, Iure
consuetudinum, & constitutionum parti-
cularium: vti videre erit apud D. Iacobum
à Canibus, in tractatu suo Repræsaliarum,
& apud Bartolum in suo etiam excellentissi-
mo tractatu Repræsaliarum, & apud Sanct.
Thomam, secunda, 2. quæst. 40. quæ bre-
uitatis gratia Lectori legēda committimus.
De æquitate autem quid ipse censeam, hic
ne verbulum quidem amplius, quando eas
leges, ipsa iura ex confesso ob dictas caussas
satis permissas adstruant, iurium hanc æ-
quitatem omni iure (vt supra) compro-
7 bantes. Quum enim † omnis iustitia est
rationalis æquitas, hoc exposcit, vt singulis
tribuantur sua, & omnibus ablatorum fiat
restitutio: Deinde quum iuxta prædictas
rationes nulla fiat offenso, & spoliato per
iustitiam restitutio, sed vi, innocenti dene-
getur iustitia: ordinauit & permisit ipsa lex
& iustitia, alium modum iustitiæ & malo
nodo, malum obiicit cuneum, vt vim vi
repellat, & quod amore iustitiæ fieri non
potuit, saltem vi ad æquitatem suam quis
perueniat. Et licet hoc cum innocentis
& priuatæ personæ fiat iniuria, fit tamen
cum qualicunque iustitia illius totius cō-
munitatis, cuius is innocuus, pars est &
membrum: & ideo, quia commodio-
rem rationem iustitia inuenire non potuit,
hac ratione per repræsalias vti tandem coa-
cta est, duabus fere ex causis. Primo, vt
suo subdito faueret potius quam alieno, &
iniuria potius sineret affici exteros, quam
8 suos subiectos. Deinde, † vt ex harum
repræsaliarum permissarum consideratio-
na, diligentiores essent exteri Principes, &
faciliores ad faciendam iustitiam aduenis,
peregrinis, & exteris; & ne tam facile vi-
cini Iudices vicinis Iudicibus officerent &
incommodarent, neve tam facile sinerent
suos grassari extra bellorum tempora in
peregrinos mercatores: vel ob hoc, ne
si in hac forent negligentiores, totum da-
mnum tandem in suos subditos recide-
ret, & forsan in eos, quos maxime præ
9 cæteris amarent. Verum † enimuero in
hoc negotio, scito varia requiri, vt repræ-
saliæ à Principibus largiantur. Primo e-
nim necessum est ingentem esse iacturam,
& graue damnum sui subditi, ob quod
merito repræsaliarum authoritatem suo
subdito permitterent. Ob leue enim, par-
uum seu modicum dispendium, nulli æ-
quum est repræsalias literas expedire: quo-
niam sicut remedia subsidiaria & odiosa
(qualis est in integrum restitutio) non
competunt pro re modica, l. Scio, Digest. de
in integrum restitutio, & l. Si oleum, pa-
ragrapho finali, ff de dolo: ita repræsaliæ
(quæ reputantur remedium subsidiarium)
10 pro † re exigua non debebunt nec pote-
runt concedi, quin & concessæ prorsus es-
11 sent irritæ. Deinde † oportet Principem
concessurum, plene probationibus edo-
ctum de certitudine rerum. Ad hæc requi-
12 ritur, † vt repræsaliæ concedantur alicui,
vt supplicans vere sit subditus Principis,
13 quique communia † vectigalia, & reliqua
onera patriæ cum aliis persoluerit, exceptis
14 semper personis priuilegiatis. † quæ ratio-
ne priuilegii, nulla huiusmodi onera publi-
ca subeunt, quales sunt studentes in acade-
miis siue vniuersitatibus publicorum stu-

diorum caussa, ab huiusmodi oneribus li-
beris & priuilegiatis, Authent. Habita, C.
ne filius pro patre. Idemq; exprimit d. Au-
thent. de familiarib. & nunciis eorũ: Quod
15 Doct. extendunt per † identitatem rationis
ad scriptores. & (vt vocant) bedellos, qui
ex officio suo, per appendentiam vniuersi-
tatis partes sunt & membra, ipsisque stu-
dentibus, atque adeo studiosorum studiis
planè necessarii, arg. l. 1. in fin. & l. Scrinia-
rios, ff. de testam. militar. Quocirca huius-
modi studentes cum sibi adhęrentib. quan-
tum ad personas suas, cum iis omnibus quę
secum conferunt, seruant, auferunt, & du-
cunt studiorum publicorum gratia, pro ci-
uibus habendi sunt, & à seculari onere im-
16 munes. Pręterea ipsi † stipendiarii simili ra-
tione immunes sunt, quantũ ad stipẽdium
& militiam suam, in eo tamen loco vbi mi-
litiæ caussa degunt & militant, l. Municeps,
§. fin. ff. ad municipal. l. Hæres absens, § fi.
17 & ibi gloss. ff. de iudic. Ad hæc † immunes
sunt omnes Principis consiliarii, quum suo
funguntur officio. Nam ob officii rationem,
& in his quæ officii caussa gerunt, pro veris
ciuibus iudicandi sunt, l. Ciues, & ibi gloss.
notab. C. de incolis. Qui omnes superiores
à dictis oneribus liberi sunt, & tamen Prin-
cipum subditi. Qui omnes prænominati,
etiam si non exoluãt huiusmodi onera, im-
positiones, assisias, caillotas, gabellas, vecti-
galia, tributa, pedagia, guidagia, aut onera,
similia, qualicunque nomenclatura dican-
tur: nihilominus tamen veri sunt Principũ
subditi, & habiles, & digni quibus literæ re-
præsaliarum elargiantur, non secus, quam
quibusvis aliis dictis oneribus obnoxiis &
18 subiectis. † Cæterum Principum benigni-
tas non cõfertur quibusuis suis subditis, sed
tantum iis qui eo tempore, quo damnũ pas-
si sunt, fuerunt subditi, & hactenus in Prin-
19 cipum subiectione permanserunt; † Non
enim conferunt Principes dictas literas re-
præsaliarum illis subditis qui tempore passi
dispendii non fuerunt subditi. Si enim qui-
busvis subditis hanc clementiam conferret,
multi naufragium passi, ficto animo ad ali-
cuius præpotentis Principis patrocinium
confugerent, & se subditos efficerent, donec
impetratis repræsaliarum literis, damnum
amissum recuperassent, quo recuperato, ad
priorem suum Principem forsan ingrati re-
dirent. Atq; hactenus explicatum satis fuit,
quibus Princeps suas literas repræsaliarum
indulget, & contra quos, nempe contra ex-
teros, violentosq; prędones alterius Princi-
pis. Restat paucis animaduertas, cõtra quos
non expediantur Principum repręsaliarum
20 literæ. † Primo igitur non conceduntur ad-
uersus proprios subditos hoc est, non con-
ceduntur vni Principis subdito, contra aliũ
quẽlibet eiusdem Principis subditum, quũ
Principis sit, amborum subditorum caussas
cognoscere, & cuique æquam iustitiam ad-
21 ministrare. Non conferuntur etiam † dictę
literæ repræsaliarum contra mulieres, con-
tra clericos, contra studentes, cõtra Iudices,
aut contra ipsorum famulos, familiares, aut
bedellos (vt vocant.) Item non conferun-
22 tur † contra legatos, aut contra feciales, aut
(vt vocant) contra Ambasiatores, qui ex
mandato sui Principis ad alium Principem,
vel locum insignem emittuntur. Tales e-
nim nec in itinere, nec in loco destinato, vl-
lo modo aut seruari possunt, aut cõprehen-
di, quod vel iura gentium aperte testantur,
l. Sancitum, ff. de rerum diuis. & l. 2. §. Le-
gatis, ff. de iudic. & ibi notat gloss. in verb.
Destinari; atque idem etiam priuilegium
censent Doctor. de famulis & seruitoribus
suis, sicut etiam iamiam diximus de scho-
laribus. Quin & illud quod de legatorũ pri-
uilegio dictum est, & de suis famulis, idem
quoq; dicendum fuerit de his, qui inuiti vel
testimonii gratia, aliquò destinati sunt, vt
notatur in d. l. 2. de iudic. Item fallit ius re-
23 præsaliarum, quod non † concedatur con-
tra eos, qui se conferunt ad publicas & pri-
uilegiatas nundinas; Hi enim in nundina-
rum loco, nec capi, nec detineri possunt, l.
1. C.

24 l.C.de nundi. Item fallit contra eos, † qui
religionis caussa se recipiunt ad aliqua loca
sancta, peregrinantium frequentia, & indulgentiarum largitate, aut miraculorum
testimoniis celeberrima, vt in Authen. Omnes peregrini, C. communia de success. ibi, liberè hospitentur, & glos. in l. 1. §. Idem
Claudio, ff. de iudic. Verùm credo hunc casum raro obseruari. Fallit etiã contra mer-
25 catores, † nautas, & ipsorum seruitores, qui
ventorum ac tempestatum vi in aliquem portum tuto appellere coguntur: in eo enim portu ita impulsi, detineri nõ possunt, Auth. Nauigia, C. de furt. quę Authent. hoc expresse voluit: ad idem l. 1 C. de nauicula.
26 lib. 11. Item fallit † contra eos, qui persona-
liter citantur ad comparendum in iudicio: Omnes enim præfatæ personæ gaudẽt priuilegio iuris, quo omnibus & singulis conceditur libera eundi & redeundi potestas: Atque isthæc hactenus de literis repręsaliarum, à quibus elargiantur, & quibus concedantur, & contra quos, & contra quos mi-
27 nimè. Post hæc, tribus † aut quatuor regu-
lis accipe, istis literis impetratis vtendi rationem, & modum. Postquam igitur quispiam à Principe literas repræsaliarum impetrauerit, necessum est, vt eas ad executionem tradat, & committat in ditione seu districtu sui Principis, qui eas concessit, & ne-
28 quaquam extra ipsius ditionem. Deinde †
opus est, executionem hanc curet per sui Principis officiarios, & nullo modo per seipsum, aut per proprios suos impetrantis officiarios, nec per vllos alios, quam ad Principum executiones destinatos, quia cuiuis est interdicta propria sui ipsius vindicatio, l. Sciẽ iam, § Qui cùm aliter, ff. ad l. Aquil. facit l. Extat, ff. quod metus caussa, & l. Meminerint, & l. Si quis in tantam, C. vnde vi.
29 Antequam hoc † Repræsaliarum caput ab-
soluerem, libuit quoque hîc adiicere, non omnibus Principibus concessum esse repręsaliarum literas concedere. Sunt enim multi in hac sententia, qui negant illi Principi ius esse concedendi repræsalias, qui maiori Principi subesset, & maiorem Principem, seseque superiorem vt subditus agnosceret: sed consuetudine & vsu diuersum experimur, quod pauci sint huiusmodi Principes, qui superiores velint agnoscere, seseque superioribus, vt vasallos, subiicere. Qui autem maioribus Principibus ac superioribus subsint: qui verò minimè, non est hic nostri instituti explicare velle, quum res sit parum tuta, & fructus penè nullius: quicquid enim de hisce rebus statuitur, illi mordicus per fas & nefas suam tuentur sententiam. Nouissimè autem adiicere volui pœnã illam, quam leges statuunt illis, qui perperam & sinistrè à Principibus repræsaliarum literas
30 impetrarunt. Male † enim repræsalias im-
petrantes, aut etiam iis abutentes puniun-
31 tur quadruplo. Deinde caussam † iuris sui
perdunt: & postremo ad omnium damna, & dispendia recuperanda mulctabuntur, l. 2. & ibi per Iac. de Aret. ff. de verb. oblig. l. Si te, C. de iure deliberãdi, Authent. & omnino C. de actio. & oblig. & l. Nam & seruus, ff. de nego. gest.

CAPVT CI.

De Teloniis, ac aliis Exactionibus.

Summæ rerum tractatarum in Commentariis CAP. 101.

1 *Vis pub. fit etiam in* { *Teloniis, Vectigalibus, Tributis, Pedagiis, & similibus,* } *vel* { *Malè instituendis. Exigendis.* }

2 *Vis publica institutione fit bifariàm, &* { *Coactè, inuitis patientibus* / *Cum consensu patientum.* }

3 *Vis publica* { *Coacta,* / *Permissa seu concessa,* } *punitur* { *Hæc capitaliter.* / *Hæc 50. lib. auri.* }

4

5

6 *Vis pub. per exigentiam* { *A non debentibus* / *Pluris institutione* } *punitur* { *Capitaliter.* / *vel* { *Duplo.* / *Quadruplo.* } }

7

8 *Famuli crimina dominorum sectantes, pœnam quoque dominorum imbibunt.*

9 *Vectigalia poscentes, ab Ecclesiasticis excommunicantur.*

10 *An vectigalia non soluere liceat.*

11 *Tributum signum subiectionis est.*

12 *Christus tributum soluit, & solui præcepit.*

13 *Christus nemini subiectus fuit.*

14 *Telonarii fideles non deberent esse odibiles.*

15 *Telonarii à Principe sunt defendendi.*

16 *Doctorculorum quorundam imperitia.*

17 *Telonarii Rupelmundani spoliati exemplum.*

18 *Latronib. cōprehendendis imponenda precia.*

19 *Quot requirantur, ac necessaria sunt ad validitatem venditionis rei propter exactiones, pensitationes, telonia, aut tributa atque similia, non soluta?*

20 *Fisco vendente rem alienam, an statim fit emptor securus?*

21 *Gabellam illicitam fraudans, non tenetur Deo, nec mundo.*

22 *Non dicitur fraudem facere, qui fraudem excludit.*

23 *Conscientia non ligat, quos natura non obligat.*

EST postremò alia quædam species violētiæ publicæ, vsu quidem externo & forinsecus à superioribus nonnihil diuersa, re tamen cum vera illata vi planè eadem, eoq; non minùs execrabilis, minusve punienda.
1 Ista † autem species ferè contingit in vectigalibus, teloniis, tributis, gabellis, pedagiis, guidagiis, passagiis, datiis, aliisq; exactionibus, qualicunq; vocabulo nominantur: id dupliciter, apertè in institutione, & tectè in exigentia. Primò, quum quis priuatus dominus vspiam noua instituit vectigalia, telonia similiaque onera, quibus Rempub. suam grauat: atq; ista omnia citra authoritatem sui Principis, l. Vectigalia, & ibi Salic. in princ. & Azo, C. vectigalia noua institui non posse. Porrò isthæc † noua onerum
2 in repub. institutio, ferè fit bifariàm: nempe vi, aut coactè. Deinde cum gratia, aut beneplacito populi. Harum autem institutionum punitio quoque erit varia. Nam † si
3 coactè & vi huiusmodi onera in rempubl. inferat, tum is violentus illator (quia vim publicam committit) plectendus est capi-
4 taliter. Sin huiusmodi † grauamina non vi, sed cum populi gratia inferat, tum nō censendus publicæ violentiæ Reus, eoque nec capitaliter damnandus, sed priuatę violentiæ Reus, atq; mulctandus pœna quinquaginta lib. auri, & pœna l. Iulię de ambit. l. vnica, ff. ad l. Iul de ambi. aut alia pœna arbi-
5 trio Iudicis imponenda. Secundò tectè † vis publica committitur, quū quis telonarius, publicanus, seu tributorum collector, telonii iura vi requirit ab iis, qui ab huiusmodi telonio sunt immunes & liberi: is enim (vt iura volunt, licèt iis non vtamur) puniendus est, seu publicæ violentiæ illator, capitaliter,

CI. De teloniis, ac aliis exactionibus

taliter, expressa ac notabili l. Vniuersi, in fin.
6 C. de vectigalib. commiss. Porrò † quisquis
fraudulenter in teloniis aut vectigalib. am-
plius exigat, quàm telonii aut vectigalis in-
7 stitutio poscit, is puniendus est duplo. Si †
vero vi & violentia amplius exposcat & ca-
piat, tunc puniendus est quadruplo, l. 1. §.
Dixerit, ff. de pub. & vectigalib. & quantum
vero ad fiscum puniendus est perpetuo exi-
lio, l. fin. C. vectiga. no. instit. non posse. Ea-
8 dem † quoq; pœna plectuntur omnes fa-
muli telonariorum, publicanorum, ac si-
milium, qui in hoc dominorum suorũ cri-
mina imitantur, eadem crimina commit
9 tunt. De iure autem Canonico † seu Pon-
tificio, exigentes vel extorquentes ab Eccle-
siis vel personis Ecclesiasticis pro earum re-
bus propriis, quas non negociandi caussa
deferunt, aut deferri faciunt, vel transmit-
tũt, vectigalia, telonia, tributa gabellas, pe-
dagia, vel guidagia, suo vel alieno nomine,
excõmunicantur & anathematis mucrone
feriuntur, donec illi sic exacta restituerint,
& de transgressione huiusmodi competen-
ter satisfecerint; Clementina, Præsenti, De
censib. & exactionib. Antequam hanc ma-
teriam omnino absolueremus, quæstionẽ
non solum vtilẽ, sed etiam pernecessariam
(propter fraudum frequentiam) sciscitari,
& pauculis admodum examinare placuit:
10 nempe, an temerè † & in foro conscientiæ
fraudare liceat, & non soluere Principibus
vel institutorib. vectigalia, telonia, tributa,
gabellas, pedagia, guidagia, passagia, datia,
impositiones, assisias, caillotas, quocunque
etiam nomine appellentur? Deinde quãdo
licet huiusmodi vectigalia sine conscientiæ
scrupulo non soluere? De hac quæst. libuit
plurima disserere, sed quoniã apud autho-
res abundè ista cõmentata sunt, breuitatis
studio Lectorem ad ipsos fontes remittere
libuit, & inter eos, vide D. Ioan. Bertachinũ
in tract. suo singularis. gabellarum, tribu-
torum atque vectigalium. Meam tamen
interim hanc feram sententiam, Tributa
prorsus esse soluenda. Primo quod † ipsa
11 sint signa & testimonia subiectionis. L
subditorũ est parere præpositis suis autho-
ritate Petri Apostoli, primæ 2. & Pauli, ad
Ephes. 6. Porro subiectionis signum proba-
tur, c. Recepimus, de Priuileg. Glo. in c. Ma-
gnum 11. q. 1 Innoc. in c. Præterea, de trans-
actionib. quem sequitur Bald. in Margarit.
ver. Census, & in l. 3. & ibi Ange. C. de natu
liber. In l data opera 16 colum C Qui accu-
sa. non poss. Notatur in Authen. Quib. mo-
dis natu. effic. sui, §. Si quis, in c 2 vbi etiam
Doct & Abb. Sicul. de censibus, & Alex. de
Imol. in consiliis, consilio 34. 4. parte. Et
gloss. in c. Tributum 23. q. 8. Secundo tribu-
12 ta soluenda esse probatur lege diuina, & †
exemplo Christi, qui præcipit soluenda esse
Cæsari, quæ sunt Cæsaris. Quin & Christus
ipse tributa soluit & siquando pecunia de-
fuerat, piscem capi & in ore ipsius staterem
tributi recipi præcepit, ne cui maledicentiæ
occasionem aut tumultus causam præbe-
ret. Quod si Christus filius Dei nobis ex-
emplum præbens tributa soluere voluit,
13 qui tamen † nulli subiectus fuerat, secun-
dum gloss. ibi in verb. Omnis: quis ille tan-
tus, tamque cristatus qui negare audebit
Principibus tributa (potissimũ debite, & ex
caussa vrgente instituta) non esse soluenda?
Porro si tributa siue telonia iuste sint exol-
uenda, iuste quoq; & cũ pietate Christiana
14 telonarium officium exerceri potest, & † te-
lonarii minime sunt execrãdi, potissimum
si telonii ac vectigalium iura debite exigãt,
iuxta formam ipsis à Principe, aut à Princi-
pis officiariis traditam. Huiusmodi enim
prouentibus ac similibus, Principis potestas
& robur alitur & conseruatur, quo Rem-
pub. suã prouide curet, prospiciat, regat, &
in florenti tranquillitate gubernet. Ideoq;
15 † ipsi telonarii (licèt passim insipidis ho
minibus sint exosi, fortassis ob suam ipsorũ
importunitatẽ, aut ob recte cõiunctã rapa-
citatem, de cuius punitione supra memini-
mus) à Principib. sunt defendẽdi, ac prote-

ctionibus præsentibus ilico iuuandi. Alioquin ipsa tributa, telonia, ac similia Principum vectigalia pauculis mensibus interire contingeret, mox Principum potestas, ac tandem totius Reip. status (qui Principum ope sustentatur) collabasceret, & fieret postremo misera rerum facies, & confusio &
16 deploranda Anarchia. Quocirca † mihi audiendi non sunt isti Theologastri insipidi, & rerum mundanarum imperitissimi, qui ex Scoto, Aquinate, ex Postillis, ex Sūmulis, & id genus aliis obscuris libris sua axiomata stabiliunt, & asserunt, Telonia sine conscientiæ scrupulo nec exigi, nec solui posse, idque aliis atque aliis perperam suadentes, geminum scelus committunt, & quod seditioso consilio propriam animam lædūt & occidūt, deinde quod populum aduersus Principum (quibus Christus & Apostolus obediri præcepit, etiam dyscolis) leges instigant, ad seditiones commouent. & ad omnem rebellionem instruūt. Nec est quod huiusmodi Doctorculi suis libris duntaxat docti, mundi vera gubernaculis plusquam stupidi rem per se vulgo satis odibilem suis suasionibus vehementius exasperent. Satis sunt ipsi Telonarii omnibus exosi, satisque periculis variis expositi, etiam si isti frigidā non suffundant, neque malo malum accer-
17 sant. Referam † hic ea de caussa luctuosum exemplum quod in Maio anni 1560. contigit Rupelmondæ, non ita procul ab Antuerpia: In ædes Telonarii sub vespertinum diei crepusculū irruerunt vndecim viri laruati. Bini habitu nigrorum militū, tres aut quatuor nautarum specie, reliqui vero alio atq; alio militari habitu. Hi omnes atriū domus ingressi rogant vbinam sit Telonarius. Famulorum ille qui primo prodiit, dixit ipsum esse in cœnaculo cum vxore multum grauida, & liberis, aliisq; pauculis cum socru & socero, & iamiam omnes cœnaturos. His auditis cœnaculum imperterriti intrāt, telonarium & assidentes salutant. Venimus huc (inquiunt) telonium nostrum persoluturi, & vobiscū cœnaturi: dabitur ne nobis cœnandi locus? Simulq; cum dicto quatuor aut quinq; sclopetas manuarias eiaculantur in telonarii familiam præsentē, multosq; pilis transuerberantes, totum cœnaculum clamoribus, ac cædibus implent, ferientes gladiis, ac sclopetis, famulum autem illum primo omnium humi prosternunt, & mactant. Mox socerum ipsum virum canum, multisque verberibus & vulneribus affectum necant. Socrus autem multis verberibus ac vulneribus oppressa in angulo vspiam delituit. Telonarii vxor grauida post acceptum vnum aut alterum vulnus in capite, & in fronte miserandos clamores, & eiulatus sustulit, simulq; per fenestram vnā, cum tanto onere ventris exiliit, atque in editiorem cameram procurrens lecto se fixit, in quo sexto aut septimo die prolem edidit, maternorum vulnerum signatā stigmatis, atque intra pauculos dies ipsa simul cū prole è viuis excessit, literis vero & syngraphis, & libris Telonariis omnibus incensis & cōbustis, ipsum Telonarium cuius brachium sclopeto transfixerant & mutilauerant, coaceruatim denuo corripiunt, verberib. multis afficiunt, caput sclopetorum ictibus ferociter feriunt, clamantes, Cędite, sternite, occidite nefarium Telonarium. Alii minus ferociuli à verberibus abstinendum vlterioribus, clamant: Sat (inquiūt) habet. Redde nunc nobis omnes claues thesauri tui, & quicquid habes pecuniæ. Hæc omnia Telonarius cum iis per varia cubicula discursans, ostendere cogitur, omnes opes suis oculis diripi conspicit, & mutire non audet, quinimo misericordiam, & gratiam, & vitam implorans vix eādem obtinuit. Hi autem scelerati raptores direpta hac præda, ac vniuersa pecunia ad summam quinq; milium, & trecentorum ducatorum, combustisq; schædulis vniuersis repertis, incogniti, onustiq; domum exeunt, Telonario semiuiuo relicto, qui multos menses postea decubuit, pristināq; valetudinem receptu-

rus

rus nunquam. O ſegnes,& ignauos Princi-
pum offi.iarios, qui ad huiusmodi publicã
18 vim tam ſupini ſtertitis, neq; diligentiori †
ſtudio tales lat ones,ac publicarum viarum
graſſatores, nõ paſſim proſcribitis, perqui-
ritis, æreq; certo impoſito & inuentoribus
promiſſo non comprehendendos ſatagitis,
vt tam noxiis membris Reipublicæ paſſim
liberentur, iuxta l. Congruit ff.de offic.pręſid.
l.2. C. Quando lic. vnicui. in iudic. ſe
vindi. argu l. 1 C. de his qui latro. occulta.
Quæ lex vtinam omnium Iudicum, & Of-
ficiariorum mentib. altius infigeretur,ſyn-
cerius, & quietius Reſpublicæ regerentur.
Nulla autem pecunia Deo gratior, & Rei-
publicæ ſalubrior impendi poteſt, quã quæ
huiusmodi latronibus comprehendendis
promittitur,& perſoluitur. Reſtat nunc ex-
19 aminare, Quot † requirantur ac neceſſa-
ria ſint ad validitatem venditionis rei,pro-
pter exactiones, penſitationes, Telonia,aut
tributa atq. ſimilia non ſoluta? Huic inter-
rogationi ſatisfacit gloſſ. in verbo, vili pre-
cio. ad l. 1. C.de præſcript. 30. vel 40. anno-
rum, ſcilicet, quod debitum ſit & ceſſatum
ſit quodque bona ſynceraq; fide res venda-
tur: ac iuſto precio. Item, quod res ſubha-
ſtetur; quodq; præſidis autoritas interue-
niat, l. 2. & 3. Cod. Si propter publi. penſita.
vendit. fuerit celebrat. vbi textus habent:
Venditio ob tributa nõ ſoluta, ſolẽniter fa-
cta, non retractatur, ſecus ſi ſolenniter non
fuerit facta; quia quatenus de facto proceſ-
ſit, reuocatur, citato tamen poſſeſſore. Cõ-
uento debitore ac cõuicto ob publicas pen-
ſitationes non ſolutas, debet ſolennis cele-
brari venditio, & ſi minor ſit debitor, debet
citari legitime, nempe quod compareat cũ
tutore aut curatore, teſte D. Baldo præcel-
lentiſſimo legis perito locis præallegatis,
vel hoc modo: Si debitor fiſci conuentus
& conuictus, ceſſauerit in ſolutione publi-
carum functionum, ſolennis venditio de-
bet fieri eius bonorum: &, ſi debitor ſit mi-
nor, debet citari, vt compareat cum defen-
ſione, qui etiam venditioni debet adeſſe, D.
Salic. teſte in prædictis duabus legibus pre-
citatis. Videte D. Bart. in d. l. 1. C. de præ-
20 ſcript. 30 vel 40 annorum. Item: Fiſco †
vendente rem alienam an ſtatim ſit emptor
ſecurus? Reſpondendum breuiter negati-
ue, per d. l. 1. & ibi gloſſ. in verbo ſequetur,
cum ſeq. gloſſ. C. de præſcript. 30. vel 40.
annorum, vt videre tempore oportuno le-
21 ctor poterit. Item: Gabellã † illicitam frau-
dans, non tenetur Deo, nec mundo, Barto.
veritatis & æquitatis amator, in l. Vectiga-
22 lia, ff de public. Et non dicitur † fraudem
facere qui fraudem excludit, l. Cum pater,
§. Titio. ff. de legat. 2. gloſſ. eſt notabilis &
expreſſa, in c. Cupientes, ad exordium, in
verbo, malignantium, de elect. in 6. & ibi
notatur. Dicunt Philippus Francus, Ho-
ſtienſ. & Ioan. Andreas, quod hoc procedit
etiam in foro cõſcientiæ, & ad hoc facit di-
ctum Innoc. in c. Cum olim, ext. de reſtit.
ſpoliat. vbi dicit, quod ſi tu habes rẽ meam,
quam recuperare non poſſum, vel propter
potentiam tuam, vel fraudem, vel quia mi-
hi deficiunt probationes, vel aliter, tunc li-
cèt in foro conſcientiæ eam furari, vel alio
quocunq; & ſecreto modo recuperare. Vide
hæc & plura alia per D. Ioan. le Cirier in ſuo
ſingulari tractatu de iure primogenituræ
vel maioricatus, q. 8. lib. 3. fol. 102 verſo 1.
column. Bald. in l. 2. C. de iure aureorum
23 anulorum. Conſcientia † nõ ligat, quos na-
tura non obligat, per gloſſ. in c. Fraternita-
tis, 12. q. 2.

CAPVT CII.

De Vi priuata.

Summæ rerum tractatarum in Commentariis Cap. 102.

1 Vis priuata quid ſit.

Vis priuata committitur, quando
- *Creditor debitorem ad solutionem compellit,*
- *Quis naufragantium bona eiecta eripit.*
4 - *Quis in incendio quid spoliat.*
5 - *Quis copiis aliquem è possessione pellit,*
6 - *Quis pupilli sui bona vi occupat.*
7 - *Quis alterius sponsam vel filiam detinet.*

8 *Vis priuata punitur, &*
- *Tertia parte bonorum.*
- *Infamia.*
- *Inhabilitate ad quæuis officia pub.*

9 *Iudex ad priuatam vim dissimulans, redditur*
- *Infamis.*
- *Indignus omni officio.*
- *Obnoxius pœna arbitraria, in praxi.*

10 *Vis priuata ex Iure Canonico punitur tertia parte bonorum.*

IN tribus proximè præcedentibus capiti-
bus vtcunque peregimus de vi publica.
Restat pauca etiam de vi priuata comme-
1 moremus. Est autem vis priuata, † quan-
do aliquis alicui vim infert absque armis,
§. Item lex Iulia, de vi public. seu priuata,
Institut. de public. iudic. Qualiter autem
hoc crimen committatur, clare aperiunt
leges, ff. ad l. Iuliam, de vi priuata, veluti
quum creditor † ex propria authoritate de-
2 bitorem : ita enim priuatæ vis crimen ad-
mittit l. fin. ff. ad l. Iuliam de vi priuata. Si-
3 militer † priuata vi sese alligant, qui vim
inferunt nautis in naufragiis, ipsorumque
eiecta bona furtim auferunt, l. prima, ff. eo-
4 dem titulo. Item qui ad incendium † simul
cum aliis concurrunt, non quidem vt huic
malo sua opera suppetias afferant, sed vt, in
tali hominum strepitu, & animorum per-
plexitate incautius è domo incensa quid e-
ripiant : illud enim si faciant, vim priua-
tam committunt. Similiter priuatam vim
5 † committunt, quicunq; congregata mul-
torum virorum multitudine, & coactis co-
piis sine armis, aliquem pellunt sua domo,
fundo, vel possessione quapiam, & seipsos
in possessionem eandem vi inferunt, & col-
locant, l. Si quis, ff. eodem titulo. Præterea
6 priuatam vim † cõmittit tutor quiuis, qui
sui pupilli bona vi occupat, fac. l. Tutoris,
7 C. eodem titulo. Similiter † quicunque
alterius filiam aut sponsam vi conclusam
detinet, aut includi iussit, aut arcte cõstrin-
8 git, aut occultat. Pœna autem † istorum
criminum secundum iura, est confiscatio
tertiæ partis bonorum suorum: supra quam
declaratur infamis: & hinc omni officio &
dignitate priuatur, & præterea habetur in-
habilis cuique administrando officio, d. l. r.
9 eod. titu. l. Hoc iure, ff. de regul. Iuris, per
iura ibidem allegata. Quin & ipse Iudex †
in hoc crimine priuatæ violentiæ negligen-
ter dissimulans, & æquam de eo punitio-
nem non sumens, fit infamis, & omni mu-
nere publico indignus. Verum si hic puni-
tionem cõsuetudinariam spectare velis, sci-
to hoc crimen ex vsu & in praxi fere puniri
punitione Iudicis arbitraria, iuxta circun-
stantias rerum, & qualitates personarum.
10 Et hæc est pœna ciuilis. Pœna † autem ca-
nonica, est mulctatio tertiæ partis bono-
rum (vti supra capite de vi publica memi-
nimus) huic seruit caput secundum de or-
dinat. cognit.

CII. De vi privata

CAPVT CIII.

De Rapina.

Summæ rerum tractatarum in Commentariis CAP. 103.

1 *Rapina quid ſit.*

2 *Rapina fit*
- *Vi, &*
  - *Cum armis,*
  - *Sine armis,*
- *Sine vi, ſic furtum*

(*Cum armis, Sine armis, Sine vi*) *De bonis*
- *Magnis.*
- *Paruis.*

3 *Rapina leuiorum bonorum*
- *Sine vi, punitur*
  - *Intra annum quadruplo.*
  - *Poſt annum ſimplo.*
- *Vi*
  - *Sine armis,* } *punitur*: *Hac confiſcatione*
  - *Cum armis* } *punitur*: *Exilio perpetuo.*

4

5 *Raptorum fautores, raptorum pœnas deguſtent oportet.*

6 *Rapiens rem propriam, repetitor eſt, non raptor.*

7 *Rapina rerum magnarum punitur ſuſpendio.*

8 *Rapina continet in ſe, aut*
- *vim, aut*
  - *Publicam.*
  - *Priuatam.*
- *non vim, ſic furtum eſt.*

ACcedit ſuperioribus alia quædam vis,
aliàs publica, aliàs priuata, quam rapi-
1 nam vocamus. Eſt † enim Rapina, quando
quis alterius mobilia vel ſe mouentia bona,
2 publice rapit, quod fieri conſpicimus † duo-
bus modis, nempe vi, & ſine vi, ſiue ſine
violentiæ illatione. Vis quoq; fit bifariam:
cum armis, & ſine armis. Poſtremo ipſa
bona erepta duplicia ſunt, quando & in par-
uis, & in magni precii bonis rapina contin-
3 git. Quisquis † igitur alteri pileum, tuni-
cam, togam, pallium, gladium thoracem,
induſium lineum, peram, marſupium, an-
nulum, & ſimilia leuiora bona publicè & ci-
tra vim eripit, is rapinam committit, & pu-
niendus eſt quadruplo intra annũ, cui qua-
druplo ineſt ſimplum: Poſt annum vero da-
mnandus eſt principalis rei ablatæ reſtitu-
tione, hoc eſt, in ſimplum, l 2. & 4. ff. vi bo.
rapto. l. Res, C. eodem, & §. 1. Inſtitut. eo-
4 dem tit. † Qui vero ſuperiora enarrata vi &
publicè eripit, ſine armorum tamen præ-
ſidio, is damnatur confiſcatione partis bo-
norum ſuorũ: Si cum vi quoque arma con-
iunxerit, tum perpetuo exilio damnabi-
tur, aut alia ſimili pœna criminaliter, ſicut
& ſupra de vi public. meminimus. Similes
5 pœnas † oportet ſubeant omnes raptores
cooperarii, qui re, ope, opera, & auxilio ad
rapinam coadiuuerunt, l. Si pignore, § Cũ
furti, verſic. Qui ferramenta, ff de furt. fa.
l. Qui domum ff. ad l. Iul. de adult. Quis-
quis porro ſibiipſi Iudex eſt, & propriæ rei
6 executor, & raptor, vt rem ſuam † ablatam
propria authoritate raptori denuo eripiat:
is certe nullam rapinam committit, vt eius
gratia puniendus eſſet tanquam raptor,
propriæ enim rei potius repetitor eſt, quam
raptor. Ius tamen ſuum perdit, quo licuiſ-
ſet raptorem ſuum coram Iudice peragere,

l. 2. § Hæc actio, ff. vi bon. rapto. & §. Quia tamen, Instit. eod. tit. Hactenus de leuioribus bonis singula intellige.
7 Qui verò res † precio maiores alteri vi eripit, & publice ad hoc adhibitis armis: is certe suspendio damnandus est, quia ipsius crimen non multum ab ipso latrocinio abest. Quin & leuiorum quoq; bonorum raptores subinde suspendio damnantur, iuxta qualitatem personæ, & facti circunstantias & enormitates, non secus quam clancularii fures. Plura de præsenti materia, quatenus crimen in sese continet, explicare libuit: sed quia de ea in superioribus capitib. ampliora peregimus, & infra quoq; in sequentibus capitib. plura explicare certum est, nempe in capite de furto, & alibi: ideo his paucis ab hac materia hoc loco supersedẽdum putaui, fit enim
8 † rapina aut vi, aut sine vi. Vis autem, aut est publica, aut priuata: de quibus abunde supra. Si vero sine vi committatur, furtum censebitur, de quo infra suo loco.

CAPVT CIV.

De Latrocinio simplici.

Summæ rerum tractatarum in Commentariis CAP. 104.

1 *Latrocinium simplex quid sit?*
2 *Latrocinii simplicis punitio.* { *In inferiori Germania.*
9 *In Francia.*
10 *In Alemania.*
11 *Ex olim priuilegio Gandensium.* }
3 *Latrocinio non patrocinantur loca sacra.*
4 *Latrones comprehendendi, cuiuis est vbique concessa potestas.*
5 *Latro loco capturæ plectendus.*
6 *Latronibus, nulla concessa est expurgatio.*
7 *Latronibus fauore & ope succurrens, punitur vt principalis.*
8 *Iudex in latrocinio dissimulans, quomodo puniendus?*
12 *Latrocinium est casus fortuitus.*

RApinæ quoq; species est illud perniciosum prædandi genus quod latrociniũ vocant: non quidem illud latrociniũ quod cum homicidio coniũgitur, & de quo multa superius meminimus sed quod nudam spoliandi vim continet, quod apud Barth. Cepollam dicitur latrocinium simplex, in
1 Authent. Sed nouo iure, C. de ser. fugit. † Est enim latrocinium simplex, de quo hîc acturi sumus, aliquem furtim & vi suis citra mortem spoliare bonis: quod plerunque fit in viis occultis, in locis desertis & à testimonio hominum semotis, in syluis, in saltibus, aut in aliis suspectis locis, & etiam
2 temporibus illicitis. Hoc † latrocinium puniendum est vltore gladio, nec nõ confiscatione bonorum, vt corpus decollatum imponatur rotę, cui ex more adpẽdunt ramu-
3 los, latrocinii commissi testes: Hoc † crimẽ tam est detestabile & exosum omnibus, vt ne Iudices quidem Ecclesiastici huic patrocinari velint, nec loca sacra his latronibus
4 præsidio esse sinant. Eoque omnia † iura omnibus & singulis istos latrones quouis loco comprehendendi & accusandi potestatem faciunt, c. Inter alia, extr. de immu.
5 Ecclesia. Deinde volunt, vt is latro † captus morti adiudicetur & exequatur eodem loco, vbi captus fuit, absque vlla declinatio-
6 ne. Præterea † nullis latronib. iure permittitur,

CIV. De latrocinio simplici

titur, vt in hoc crimine sese ad expurgatio-
nem tradere possint: Verum hoc duntaxat
permittitur, vt in omnibus informationib.
habitis, & habendis sese committere liceat.
7 † Quisquis præterea sciens volensq;, dictos
latrunculos hospitio excipit, aut ope, vel fa-
uore vllo succurrit: is certè non minus pu-
niendus est capitaliter quàm principalis fa-
ctor, l. 1. ff. de receptato. & l. 1. Cod. de his qui
latro. occult. Nisi enim in huiusmodi latro-
nes sæuiùs & acriùs aliquantò animaduer-
terent leges, publicæ viæ passim obsiderentur
tur latronibus, & spoliatoribus, nec cuiquã
liberũ esset & tutum quoquã se recipere. I-
deoq; vt vel huic malo tẽpori occurreretur,
per diuersos Principes, atq; etiam per Prin-
cipẽ nostrum, & per suos maiores variæ cõ-
stitutæ & promulgatæ sunt ordinationes,
8 de puniendis latronibus. Et † si in eorum
punitione repertus esset Iudex plus æquò
negligens, & ad iustitiam & punitionẽ fe-
rendã dissimulans: is certè damnandus es-
set mulcta C. lib. auri. & exinde habẽdus in-
famis, omniq; dignitate publica indignus:
imò aliquãdo vel ipse capitaliter dãnatur,
iuxta dissimulationis magnitudinẽ. In Frã-
9 cia † verò, huiusmodi latrones vel spoliato-
res publici, primò puniuntur rapti ad calces
equorũ, deinde suffigũtur in malã crucem.
10 In † Alemania verò tales latrones, grassato-
res, & spoliatores publicè puniũtur confra-
ctione membrorũ, hoc est, in rotã subigun-
tur, vbi singula ipsorũ membra magno cũ
cruciatu cõfringuntur: & ita viui in rota re-
linquuntur, sua sponte animã expiraturi in
11 magna pœna & calamitate. Priuilegia †
Gandensiũ à comite Guidone cõcessa olim
hoc crimẽ puniebant ciuiliter: nempe, mul-
cta 60. lib. & restitutione rerum ablatarum
12 intra tertiũ diem. Lubet hîc vnam † quæ-
stionẽ in medium adferre: Latrocinium an
sit casus fortuitus? Gloss. in verb Etiã si sine
culpa, in l. Et ita, §. At hoc edict. ff nau. cau-
po. stabula. l. Cum duobus, §. Damna, ff. pro
socio. Glos. in verb. vel alio fortuito in l. 1.
C deposit, sustinet latrocinium esse casum
fortuitum, vti per ocium, & occasione e-
mergente, videre poteritis.

CAPVT CV.

De Incendiariis.

Summæ rerum tractatarum in Commentariis CAP. 105.

1 *Vehemens in Incendiarios inuectio.*
2. 7 *Incendiariorum punitio varia.*
10 *Incendendi voluntas punitur pro effectu.*
11 *Ad incendium præparationes struens, punitur vt factor.*
12 *Post bella confecta, succrescunt incendiarii.*

Incendiarii puniuntur (8)
- *Ex iure ciuili*
  - 3 *Capite.*
  - 4 *Igne, variè.*
  - 5 *Dilaceratione bestiarum, vel capite.*
- 6 *Secundum Doctores, variè.*
- *Secundum consuetudinem*
  - *Flandriæ, igne, sed prius enecti.*
  - 9 *Brabantiæ, igne viui.*
- *Ex iure canonico*
  - 13 *Restitutione damnorum, & pœnitentia 3. annorum.*
  - 14 *Excõmunicatione & perpetuo carcere.*
  - 15 *Peregrinatione longissima.*
  - 16 *Pro qualitate facti & personæ.*

1 GRaue crimen est, igne † aliorum tolle-
re bona, & ad coniunctionem humanę
societatis tuendam (quod iustitiæ pars est
non infima) perniciosissimum, imò ad eam
prorsus tollendam, & subuertendam, scelus
cum primis accommodum: quis enim eos
benignis intueretur oculis, imò quis æquo
animo ferret nequissimos illos incendia-
rios, qui studio dataq; opera, & captata de-
liberandi occasione, aliorum igne accen-
dunt domos? aut alia bona? vnde tam graue
exoritur incendia passorum dispendium, &
nulli, vel tantillum compendium, ne ipsis
quidem incendiariis, potissimùm quum o-
mnia citra vllius commodum per ignem
redacta sunt in cinerem. Et mihi certè (vt
ingenuè meam sententiam proferam) vi-
detur hi ciues in repub. esse perniciosissimi,
imò pestes planè lethales potiùs, qui in re-
pub. nihil aliud agunt, quã vt noceant mul-
tis, prosint nemini. Fures, spoliatores, la-
trones, raptores, prædones, ex scelere ali-
quid cõmodi aut consequuntur, aut saltem
venantur: incendiariis ex facinore nihil ac-
crescit. In aliis multis scelerib. expletur vt-
cunq; sceleratorũ voluptas, sed in incendio,
incendiarius nihil vtilitatis, nil voluptatis
consequitur. Ah quantula quæso est volu-
ptas aliorũ incendere domos? quas natura
sagaciter excogitauit ad tutandos homines
ab imbribus, à ventis, tempestatibus, & reli-
quis cæli iniuriis, à feris, à lupis, idq; genus
hominũ hostib. Quocirca cùm incendiarii
hoc bonum & cõmodũ confratrib. in Chri-
sto nequissimè eripiant, nullis voluptatis
stimulis excitati, nulla vtilitatis ratione pel-
lecti, sed solo odio, inuidia, & nocendi libi-
dine agitati videntur mihi (vt denuo repe-
tam) in repub. perniciosissimi, detestabiles,
& nullo modo ferendi diutius, imò tanquã
inimici naturæ tollendi sunt è medio, & ex
omni societate humana (cuius hostes se es-
se student) eripiendi sunt. Quod etiam
2 considerantes † ipsæ leges, grauissimas va-
riasq; incendiariis istis pœnas indixerunt.
Nam quisquis alterius casam, villam, ędes,
domum, aream, stabulum, horreũ, nauim,
similiaq; ædificia, aut etiam aceruũ frumẽ-
ti iuxta domum positum cõbusserit, igneq;
incenderit, aut ignem sciens volensque im-
miserit tam in ciuitate, quam ruri: is incen-
3 diarius de iure variè punitur. Primò † puni-
tur capit. vt dicit gloss. in verb. Potestis, in l.
Data opera, C. Qui accus. nõ possunt, de quo
ibi latè per Bald. & Salic. post Cynum & per
Barto in l. 3. cum aliis, per Alex. ibi allega-
4 tis, ff. de offic. præfect. vigil. † In aliis verò
textibus puniendus est igne, vt in l. Qui æ-
des, cum legibus seq. ff. de incend. rui. nau-
5 frag. Est item † aliùs textus, qui incendia-
rios puniri velit dilaceratione bestiarũ, aut
capite, sed aliquanto distinctiùs, vti habe-
tur in l. fin. ff. eodem titulo, de incend. rui.
naufra. Quin & alibi textus asseruit, huius-
modi cõburendos esse viuos, si incendiũ fa-
ctum sit ob inimicitias, vel prædæ caussa in
oppidis. Ratio est, quod is incendiarius, qui
in ciuitatibus domũ vllam incendit, quam
plurimos periculo exponit, vt incauti viui-
que in suis, aut in aliorũ domibus cõburan-
tur: & certè talem viuorum cõbustionem,
quantum in ipso est, ex sua malitia multis
præparat: ideoq; æquũ est, vt hic maleficus
eadem absumatur pœna, quam aliis nequi-
ter præparauit, argu. l. Sacularii, in ratione
sui, ff. de extraord. criminib. Si verò in casa
& villa cõmittatur incendium, puniuntur
capite, vt in l. Capitalium, §. Incendiarii, ff.
6 de pœnis De incendiariis † quoq; istis vio-
lentis abũdè meminit Angel. Aret. in tract.
malefici. in verb. Incendiario. & Anto. Abb.
Sicul & Fel in c. Tua nos, de senten. excom-
muni. bona gloss in c. Cum deuotissimam,
12. q. 2. in verb. Si verò incendiũ. Item Doct.
in l. Vendita insula, ff. de peri. & commodo
7 rei vẽdit. Ex † his nũc suprà allegatis textib.
& excitatis Doctoribus cernis clarissimè pie
Lector, incendiarios (vt antè memini) va-
riè puniri. Quia repetam denuo articula-
tiùs) puniũtur aliàs capite, aliâs furca, aliâs
incen-

CV. De incendiariis

Incendio, sed diuersimodè, aliâs bestiarum dilaceratione: quandoq; decollatione: interdum condemnatione in metallum, nouissimè deportatione: sed hæc vltima pœna ex misericordia potius infligitur quàm ex rigore iustitiæ. Hactenus de pœnis incendiariorum ex iure. Restat vt cõsuetudinem
8 † paucis attẽdas: qua scelerati, cõuictiq; incendiarii plectuntur apud quosdam gladio, apud alios verò igne absumuntur. Nam in Flandria moris ex inolita consuetudine tales perdere incendio ignis, deinde corpus infigere rotæ, cui appenditur olla testis puniti incendiarii.
9 In Brabantia † hos incendiarios plectunt multò acerbiùs. Nam eos viuos ad maiorem aliorum terrorem comburunt, vt horum exemplo minuatur incendiariorum frequentia, & extinguatur extimulans illicitaq; peccandi libido. Atq; isthæc habes candide Lector, quæ de incendiariis post opus, & post incẽdiũ patratum,
10 statuuntur. Sunt † tamen etiam incendiarii appellandi, qui voluntate, affectu & minis aliorum domibus incendiũ minantur immittere. Ideoq; hanc incendendi promptam, & paratã voluntatem & minas, non minus leges puniunt quàm factũ: Adeò vt si quis minitetur alterius incendere domũ, dicendo (vt est in prouerbio) Rubrum gallum tuas transmittam ad ædes, aut simile tritũ dictum: is puniendus sit nõ secùs, quã
11 si minas opere cõplesset. Sicut item is † qui ad actum, id est, incendium futurum quicquam apparauerit, aut actos præparatorios ad hoc præmiserit: veluti ignẽ immittẽdo, flando, pupas, aut lineas stuppas cũ igne, pice, sulphure, aut puluere bõbardico vspiam secretè collocando: aut carbones, aut titiones secreto in loco suppeditando, aut aliis infinitis modis animi promtitudinẽ ostendendo: etiamsi actu & opere non cõpleuisset, iuxta illud generale axioma iuridicum: Quod in atrocissimis delictis (quale est hoc studiosum incendiũ) punitur affectus, licèt nõ sequatur effectus, l. Si quis non dicam rapere, C. de episco. & cleri. cum simili-
12 bus, & ibi scribẽ. Hos † autẽ modos omnes, & alios (quod dolendũ est) quam plurimos excogitant scelerati milites, qui post bellorum tragœdiã exauthorati passim per agros ociosi vagãtur, pertæsi relicti opificii, & domum ad relictas vxores & liberos redire nescii, nobiles bonosq; agricolas opprimunt, non cõtenti aliquãdo rusticorum gratuita munificentia, qua ipsis conferunt quicquid possunt, nisi eos insuper ad maiora numeranda cogerent, & plura pro suo arbitrio ab ipsis vi & minis (quibus domos incensuros se minãtur, nisi tantũ numerẽt) extorquerent. Atque huiusmodi impunita libidine sic per aliquot annos grassantes, fiunt tandem ex militib. latrones, fiunt sicarii, fiunt spoliatores, fiunt incẽdiarii, & omissis spretisq; omnib. bonis moribus pessimis se coinquinant scelerib. excogitantes artes mille, milleq; modos quibus per fas & nefas sibi pecuniã conflent, & tanquã exleges & ratione cassi ex solis viuant affectibus: hęc autem de iure ciuili atque consuetudine. Sed
13 quæ pœna imponatur † talibus incendiariis voluntariis, ac dolosis, & domos comburentibus, tam in ciuitate quam ruri, de iure canonico, paucula quęso obserua. Nam ex iure canonico incendiarii voluntarii, ac dolosi primò damnantur restitutione omnium damnorum: deinde per tres annos pœnitentiam agere iubentur, vt in expresso capite, Si quis domum, extr de iniu. & damno dato. quæ quidem pœna procedit in occulto incendiario: quia si esset manifestus ac infamia notatus, tunc si incenderet Ecclesias, tanquam sacrilegus Romano Pontifici esset pro absolutione obtinenda, remittendus. c. Tua nos, extr. de senten. excõmu. & tales ipso facto sententiam excõmunicationis incurrũt. Incendiarii verò
14 aliorũ locorum † non sacrorũ, non sunt ipso facto excõmunicati, sed sunt excõmunicãdi, deinde perpetuo carceri mãcipandi, c. Pessimam, 33. quæst. 8. de quo in c. Cũ de-

15 uotissimam per gloss. 12. q. 2. Iniungitur † etiam eis aliquando peregrinatio Hierosolymitana, vel ad sanctum Iacobum in Galissia, c. Si quis membrorum, 23. quæst. vlt. de quo habetur in c. Si quis, ext. de iniur. & dam. dato: quæ quidem pœnæ sunt magis conscientiosi, quam contentiosi iudicii. Nã
16 si coram † officialibus episcoporum vel archiepiscoporum aliorumve prelatorũ, fiscali procuratore intercedente, in iudicio agetur: tũc pro qualitate commissi puniren-tur, ita vt si ingens sit & excessus in incendio magnus, tum propter ingens scelus, & damnum tam graue poterunt degradari: vel saltem si exiguus & modicus esset excessus, & incendium non vsq; adeo magnum, tum deponi à beneficio poterunt, aut certe à diuinis suspendi: & deinde pro qualitate criminis & personæ diuersimode puniri, per ea quæ traduntur in allegatis c. Pessimam, & c. Si quis, & in c. Cum non ab homine, extra, de iud. & in c. Tuæ, extra, de pœnis.

CAPVT CVI.

De spontaneo siue interno incendio.

Summæ rerum tractatarum in Comment. CAP. 106.

1 *Incendium*
- *Spontaneum,*
- *Immissum.*

} *Patremfamilias*
- *Grauat crimine.*
- *Nullo crimine grauat.*

2 *Incuria, per quam incendium oritur, varie punienda.*
3
4 *Incuria incendii punitur*
- *Eodem incendio.*
- *Perpetuo exilio.*
- *Fustigatione.*
- *Pœna Iudicis arbitraria.*

5
6
7 *Incuria patrisfamilias nihil præstruitur: Nec*
- *Ebrietas.*
- *Famulorum*
  - *Insipientia.*
  - *Negligentia.*
  - *Malitia.*

8 *Incendium*
- *Casu fortuito natum*
- *Ex malitia immissum*

} *Patrem familias ab omni crimine purgat.*

9 *Quando incendium censetur immissum.*
10 *Occasionem incendii præbens, non vacat crimine.*
11 *Incendium committitur*
- *Dolo malo.*
- *Lata* } *culpa.*
- *Leui* } *culpa.*
- *Leuissima* } *culpa.*
- *In ciuitatibus*
- *In pagis.*

DIximus superiori capite de incendio ab aliis immisso, & incẽdiariorum puni-
1 tione. Hîc de † incendio interno, & sponte per incuriam, imperitiam seu negligentiam aut casum fortuitum proueniente tractandum: quod à superiori in hoc differt, quod illud violentũ sit, & immissum: hoc spontaneum & vltro per infortunium exoriens. Dein-

CVI. De spontaneo sive interno incendio

Deinde illud prius, nempe ratione patris-
familias, crimine vacat: hoc vero, quia ex
alicuius incuria, imperitia & negligentia
cum alterius etiam detrimento nascitur,
criminibus est adiungendum, non quidem
directè quod quisquam malum illud, & cri-
men intenderit. aut in votis habuerit: quia
cum omnium ignorantia contigit: sed
propter incuriam, imperitiam, & negligē-
tiam & imprudentiam commissam: vnde
tot emersere mala, quorum omnium pater-
familias, aut sui domestici indiligenti cura
2 caussa fuerunt. Ideoque ipsorum † impru-
dentia, incuria, imperitia seu negligentia
(quum sit in crimine) non est impunita
relinquenda, l. Si seruus seruum, § Si for-
nicarius, ff. ad l. Aquil. & l. Videamus in
princ. ff. locati, & §. penult. Instit. de obli-
ga. quę ex quasi delict. nascuntur. Quoties
igitur vllum contingit incendium vltroneū
oriri, cum graui vicinorum detrimento: il-
le per cuius incuriam ortum est, varie puni-
3 ri potest. Primo enim † dissimulant Iudi-
ces, & conniuent, vt is vicinus qui ex vicini
incendio passus sit grauem rerum suarum
iacturam ob iustum dolorem, in ipsa animi
commotione posset alterum vicinū suum,
vnde ortum est incendium, impune in i-
gnem coniicere: si quidem in eo ipso animi
commoto furore comprehendi poterit. Sin
4 post illatum † sua culpa alteri incendium,
comprehēdi nequiuerit, sed callide elapsus
aliquô aufugerit, aut delitescat: tum dāna-
tur ob sua incuria illatum dispendium per-
5 petuo exilio. Verum si damnum † incendii
exiguum & leue fuerit, tum is, cuius incu-
ria exortum est incendium, damnandus est,
6 aut † fustigatione, aut pœna metalli, l. Ca-
pitalium, §. Incendiarii, ff de pœnis: cuius
loco in his partibus successit exilium perpe-
tuum, aut alia pœna Iudicis arbitraria Ne-
7 que ab his pœnis † incuriam, imperitiam,
& socordem negligentiā excusare vllo mo-
do potest, aut ebrietas, aut famulorum ne-
gligentia. Nam in incēdiorum casu, omniū
incuria, imperitia, seu negligentia in suum
recidit caput, atque adeo in suam negligen-
tiam, quæ aliorum omnium incurias, &
morum vitia in se recipit, vt pro omnibus
in ea re respondere debeat, & per suum in-
cendium omnibus damnum passis, eius-
dem damni restitutione teneatur, d. l. Ca-
pitalium, §. Incendiarii, versic. Nam for-
tuita incendia, d. l. Si seruus seruum, §. For-
nicarius, & d. l. Videamus, in exordio, & d.
8 §. pen. Si vero tale † incendium primum
ortum esset ex casu naturali, ex fulgure, vel
aliis impressionibus ignitis, aut casu fortui-
to, aut per alicuius immissionē & operam:
tunc nullo modo is, è cuius domo primum
manasset incendium, obligatus esset ad di-
ctas pœnas, l. Si fortuito, ff. de incendio,
ruina, naufragio, neque tenebitur resarcire
damnum, cum nulla fuerit negligentia, quę
tamen requiritur ad hoc, vt resarcire tenea-
tur, l. Qui ædes, versic. Si verò, ff. de incend.
rui. naufra. & ita intelligit gloss. in d. l. Si
fortuito: Nam rem quæ culpa caret, in da-
mnum vocari non conuenit, c. Cognoscen-
tes, in princ. extra. de constitutionib. pœna
enim noxiam præsupponit, l. Sancimus, in
exordio, C. de pœnis: argumentum opti-
mum in c. fin. de iniur. & dam. dato. In
summa, de incendiis vel casu, vel per negli-
gentiam factis, videte l. 1. 2. 3. & 4. ff. de
9 offic. præfe. vigil. Et tum † præsumitur in-
cendium immissum, quando ipsum primū
oritur ex horreo, aut ex stabulo aliquo, vel
simili loco, vbi non est cōsuetus construi &
excitari ignis, aut deferri lumen: vel quan-
do ipsi hospiti, vel patrifamilias prius inter-
minatum fuerat ab alio, quod is in domum
suam ignem immitteret, idque fide dignis
constiterit testibus. Item simili ratione, si
nefarius quispiam in alicuius horreum, vel
domum immitteret ignem, ex quo nasce-
retur eiusdem domus incendium: & ex hoc
incendio deinceps alterius vicini incendiū,
tum prior violētum incendium passus, non
tenebitur damnum restituere alteri vicino,

secundum incendium passo, d. l. Si fortui-
10 to: nisi certo † constaret illum priorem dedisse occasionem & caussam vel inimicitiæ, vel ob quam alius ipsius domum incendisset: tum enim omni iure teneretur ad restitutionē damni alterius. Ex hoc atq; ex præ-
11 cedenti † Capite summatim colligendū est, incendium quandoq; committi dolo malo, nonnunquam lata culpa, quandoq; leui, quandoq; etiam (secundum aliquos leuissima. Item quandoq; committi in ciuitate vel oppido, quandoq; in casa & villa, quandoq; casu fortuito, vti copiose deducunt & declarant acutissime ac distinctissime Ang. Aret. in suo singularissimo tract. maleficiorum, in gl. in verb. Incēdiario. Iacob. de Bellou. in sua pract. iudiciaria, sub Rubrica de Pœna ignis & concremationis. Io. Berbe. in suo Iuris viatorio, in Rub. de Incendiariis. Bald. & Salic. post Cyn. in l. Data opera, C. Qui accusare non possunt. Bart in l. 3. cum aliis per Alex. ibi allegatis, ff. de offic. præfect. vigil.

CAPVT CVII.

De aggerum ruptoribus.

Summæ rerum tractatarum in Commentariis CAP. 107.

1 *Aggerum infractio malitiosa.*
2 *Aggerum infractores multis nocent.*
3 *Infractores*
- *&* { *Littorum & Riparum* } *puniuntur igne.*
- *Aggerum, pratorum, puniuntur, vel* { *In metallum. Restitutione. Morte. Aliter.* }

4 *Cooperarii ad infractiones plectuntur pœna factorum.*
5 *Arbitrium Iudicis in maleficiis etiam ad mortem se extendit.*

HVmana malitia aliud à superiorib. excogitauit, & malum haud dubie non leuissimum, quo sola inuidia homines perciti, & vindicandi libidine, aut alterum læ-
1 dendi † furore inuidioso exagitati, omnem occasionem quamlibet pernitiosam captāt, qua aliis detrimentum quocunque modo inferant: potissimum autem & pernitiosum hoc malum, & de quo hîc sumus acturi, est alicuius aggerum irruptio, & confractio, hoc est: Quum aliquis ita lædendi rabie corripitur, vt nullam non sui hostis (aut cui ex inuidia male cupit) aut lædendi aut extinguendi occasionem excogitet, adeo vt si cōmodior nō detur occasio, præsumat alterius male sanus effringere aggeres, vt iis effractis, coniunctos agros, & campos, diluuio & inundatione corrumpat. Hoc malum quam sit perniciosum nemo non vel cæcu-
2 tiens facile perspicit quum † tali irruptione non solum lædat suum aduersarium, & cui parum fauet, sed etiā vicinos omnes agros vitiet, & ita sibi ignotissimis subinde, & etiam de ipso aliquando bene meritis, ob odium alterius, graue dispendium inferat; quocirca hoc crimen leges nō leuiter etiam
3 puniri volunt. Nam huiusmodi omnes † infractores aut littorum maris, aut aggerū, aut riparum, aut fluminum, puniri iubent igne eodem loco vbi huiusmodi effractio facta est, l. vnica, C. de Nili aggerib. nō rum-
4 pend. & ibi Cyn. & Bald. Atq; ob † eiusdem crimi-

CVII. De aggerum ruptoribus

criminis indignitatem & perniciosam malitiam, volunt eandem quoq; pœnā subire omnes istius criminis cooperatores, cōsultores, & eos deniq;, qui omnes ad hoc factū, vllum adiutamentum, opem, aut fauorem subsidiarium contulerunt, Cyn. & Bald. in d. l. vnica: certe propterea, quod ex dicta irruptione, tot tantaq; consequantur mala, damna, & incommoda. Si enim leue inde enasceretur dispendium, leuius quoque crimen esset puniendum: veluti si quispiā infringeret aggeres pratorum, ita vt ob talem infractionem prata inundatione obducerētur aquarum, & ita corrumperentur: is infractor non esset ob particulare malum damnandus igne, sed tantum secundum iura in metallum. cuius loco in his regionibus successit exilium perpetuum. Secundū consuetudinem vero damnātur primo ad restitutionem damni, deinde alia quauis pœna Iudicis arbitraria, pro qualitate personæ, facti, & dispendii, hoc est, aliquando capitaliter, vt not. singulariter Mat. Mathe. suis in
5 singularibus, singulari 102. incip. Nota † vnum quod solent vulgares dicere, &c. arbitrium enim Iudicis à lege datum in maleficiis, etiam ad mortem se extendit, si sit factū nimis graue, per Bart. in l. si ff de rerum diuisi. Nam si furunculos Iudices ob leuia aliquando furta subripiant in crucem, certe non videntur à cruce excusandi, qui tam enorme crimen, & furtum damnosum committunt. Porro (vti ex quorundam relatu didici) in quibusdam locis maritimis, hi vltimi infractores pugni abscissione plectūtur. In hoc crimine puniendo oculatissimi, & seuerissimi sint Iudices, qui maritima loca inhabitant, & tales criminosos ad omniū terrorem acerrime puniant, ex quo crimine tot, tantaq; deploranda mala proueniunt, non in vnum, aut alterum solum, sed in vniuersam plerunq; regionem. Sunt in multis locis (fateor) à Principe constituti Diicgrauii, aut Scabini, aut similes Officiarii, quibus hæc vna cura incumbit, vt diligenter inuigilent aggerum ac littorū quoq; refectionibus aduersus impetum vndarum, necubi vllæ rupturæ eueniant, per quas damnosa sequatur camporum inundatio. Et si ipsi littorū præfecti fortassis reperti fuerint nimiū segnes ad huiusmodi inspectiones, & ad tempestiua remedia adhibenda, ipsi simul cum littorum conterminis grauissime puniendi erunt, pro qualitate & magnitudine damni ex eorum emergentis incuria, qui promptiores sunt ad percipienda huic negotio constituta præmia, quam ad subeundos labores, & ad respondendum, & satis faciendum suis officiis, quod profecto magnopere est dolendum.

CAPVT CVIII.

De violatione templorum.

Summæ rerum tractatarum in Commentariis CAP. 108.

1 *Templorum violatio, diuina Maiestatis est offensio.*
2 *Templa, quando violantur?*
3 *Templorum violator* { *Ex iure Ciuili* / *Ex Iure Canonico* } *plectendus est* { *Capite.* / *Restitutione, reparatione, &c.*
4
5 *Non quilibet tuti sunt in locis sacris.*
6.9 *Loca sacra non tutantur* { *Publicos latrones.*
7 *Insidiosos homicidas.*
8 *Ob confidentiam loci sacri vicini, audacius occidentes.*

Loca sacra non tutantur
13 *Apostatas.*
14 *Clericum occidentes.*
15 *Infideles, hæreticos, schismaticos, templorum incendiarios.*
16 *Mancipia fugitiua.*
17 *Bancrotas vllos,*
de bonis.
18 *Bona fisco debita: Cætera in loco sacro tuta erunt.*

19 *Generalis Canonistarum de immunitate Ecclesiastica conclusio.*

Ex Iure Canonico
10 *Loca sacra tantum excludunt eos, qui suo scelere, eadem loca contaminant.*
Loca sacra tuentur omnes maleficos vsq; ad decisionem officialis, de immu-
11 *nitate, secundum nonnullos.*

Perniciosa iuris Canonici laxitas
12 *Non seruatur à Iudice seculari.*
21 *Ridetur à Ioan. Petro de Ferrariis.*

20 *Canones ex communi consensu, Ecclesiasticam libertatem negant*
Depopulatoribus agrorum.
Insidiatoribus viarum.
Homicidis.

22 *De immunitate Ecclesiastica varia discordantia.*

TAmetsi longe superius de duplici me-
minerimus Maiestate, diuina scilicet &
humana, & de earum læsione cum pœna-
rum varietate: Non tamen vtramq; ibidem
ita expressimus, vt quicquid alterutrius læ-
sionem concerneret, hoc illic totum accu-
ratè commonstraretur. Ibi enim animus e-
rat ipsas Maiestatum læsiones tantum aper-
tas explicare, cum earum pœnis ordinariis:
volens alibi quoque ea crimina suo ordine
proferre latius, quæque vtcunque ad læsio-
nes Maiestatum referenda viderentur, ali-
1 quanto amplius explicare. † Ad earum i-
gitur numerum sese præterea adiungit, &
hic sese primo offert templorũ violatio, quæ
profectò ad crimen diuinæ Maiestatis iure
2 applicanda fuerit. Etenim † templa viola-
re, aliquam vim ac violentiam in templis,
aut cœmeteriis committere, aut inde ali-
quem confugientem euellere, qui eò liber-
tatis aut patrocinii gratia confugisset. Et
huiusmodi vis, nonne tibi videtur Maiesta-
tis diuinæ grauis offensio? & libertatis Ec-
clesiasticæ enormis & violenta turbatio?
Quod iura dum considerant, varie hoc cri-
men puniendum statuũt, sicut & ipsum va-
3 rie quoque interpretantur & intelligunt. †
Nam quisquis sacras ædes, templa, delubra,
aut sacra monasteria, eorumque fines, con-
finia, septa, atria, vel porticus, per vim, aut
vllam illatam violentiam violat: is secun-
dum iura ciuilia (quoniã crimen læsæ Ma-
iestatis committit, l. Fideli, C. de his qui ad
Eccles. confug.) plectendus est capitali &
vltimi supplicii animaduersione, & bono-
rum confiscatione, l. fin. primo responso,
C. de his qui ad Ecclesiã confug. & ibi Cyn.
4 & alii scrib. Ex Iure vero † Canonico dãnan-
dus est restitutione personæ auulsæ, & repa-
ratione omnium detrimentorum. deinde
alia quoq; pœna arbitraria, iuxta qualitates
& circunstantias rerum, per ea quæ legũtur
& notantur in c. Non minus, & in c. Aduer-
sus, ext. de immu. Eccles. Et potest violator
pecuniaria pœna puniri: nẽpe mulcta non-
gentorum solidorum, c. Si quis contumax,
17. q. 4. Deinde, vt violatores, & vt publici
latrones habendi sunt, & excommunican-
di, donec resipiscentes damnum omne re-
sarciant, & ablata per pœnitentiam restitu-
ant, c. Sicut antiquitus, eadẽ Causa & Quę-
5 stione. † Verum non est quod quamlibet
personarum abstractionem à locis sacris hoc
crimine notes, & violationem templorum
nomi-

CVIII. De violatione templorum

nomines: quia ne ipsę leges quidem Canonicæ seu Canones, quasuis personas libertate Ecclesiastica donant, sed multas (potissimū triplices) ab ea arcent, quib. priuilegia sacra, & sacra loca patrocinari nolunt: sed eas à seculari Iudice, è templis, & aliis locis sacris eripi sinunt, ac omnibus easdem eri-
6 piendi potestatem faciunt. † Primò enim è templis (citra templorum violationem) eripi sinunt latrones quosuis publicos, vel agrorum depopulatores, sicarios in nemoribus, aut viis publicis grassantes, c. Inter alia, extr. de immu. Eccles. & ibi Panorm. & alii scrib. c. Sicut antiquitus, iuncta gloss. in verb. Nisi publicus, 17. quæst. 4 & l 1. & 2. C.
7 quando liceat vni. sine iudi. se vindi. Item † homicidas furtim & ex captatis insidiis homicidium perpetrantes, & non aperto Marte, per text. in c. 1. ibi, per industriam, & ibi, per insidias. & ibi Docto. extr. de homicid.
8 Deinde † eos arcent, qui sub titulo Ecclesiasticæ libertatis, & sub ea confidentia homicidium committunt, vt à patrato crimine sese mox in locum sacrum proximū recipiant, tāquam ibidem per locum sacrum tutandi: non commissuri aliàs crimen tale, nisi protectionem Ecclesiasticam ilicò à facto sperarent: aut nisi cœmeterio proximi, ilico certum subterfugium, post factum homicidium, conspicerent ad templum vel locum sacrum. Nam quum hac spe licentiosius peccent, non sunt per talem iniquam spem à libertate Ecclesiastica defendendi: sed Iudici seculari potiùs relinquendi, c. vltim. & ibi Panorm. aliique scriben. extra. de immun. Ecclesi. Nemo enim sub spe veniæ peccare debet, cap. Illud, extra. de cleric. excommunica. ministran. & c. Quando quis, de consecrat. distinct. 4. Quia facilitas veniæ, incentiuum tribuit delinquendi, c. Est iniusta, 23. quæ. 4. cap. Vt clericorum, extr. de vita & honest.
9 cleri. Item per † Ecclesiasticam libertatem non defendūtur illi latrones, milites, & potatores illi, qui in tabernulis, & fornicibus iuxta loca periculosa, & ad spoliandum accommoda potitant, quiq; conspectis mercatoribus aut aliis viatoribus illinc euolāt, & bonos quosuis ibi trucidant, aut spoliant: nusquam enim locorum sacrorum tales liberi esse possunt. Plures alios preterea à dicta Ecclesiastica libertate Iura Ciuilia excludunt: nempe homicidas, virginum ac mulierum raptores, vel violentiæ illatores, & adulteros, per §. Quod si delinquentes, in Authent. de manda. Princip. colla. 3.
10 de quibus suprà. Iura tamen † Canonica in his non per omnia ciuilibus legibus consentiunt, sed sese iis opponunt. Volunt enim tum solis homicidis, raptoribus, & adulteris ademptam esse libertatem Ecclesiasticam, quando crimen in loco sacro cōmissum est, c. fin. ext. de immu. Ecclesi. Angel. in § vlt. in fin. in Authentic. vt liceat matri & auię, & Alberi. de Rosa. in rub. C. de iis qui ad Eccles. confug. dicens in hac materia, iura ciuilia sequi debere iura Canonica, & Io. Berberii in suo iuris viatorio, titu.
11 de violatori. immunita. Imo ne in illis † quidem criminibus volunt Ecclesiasticam libertatē negandam esse malefactorib. sed iis debere esse præsidio: & neminē, quemlibet enormem maleficū seu malefactorem volunt à loco sacro eripiendum esse: donec officiario spirituali priùs significatum fuerit, quis fuerit malefactor, & quodnam crimen commisisset. Et si tale tandem cognosceretur esse crimen, quod Ecclesiastico priuilegio indignum esset: tum demum ex permissu Iudicis spiritualis volūt, ciuiles Iudices dictos maleficos seu malefactores, è locis sacris detrahere posse, & non aliter, §. Neq; autem, in Authen. de manda. Principū Colla. 3. & c. Inter alia, & ibi omnes Doct. ext. de immu. Eccl. & D. Boërius in suis decisionib. aureis, q. 109 ad principiū, in prima
12 parte. Verū Ecclesiastica † & nimis laxa volūtas plus æquo maleficis ac malefactorib. fauens, & elabendi occasionem præbens, & impunitatem tribuens, magnam sæpe iu-

ſtitiæ remoram & dilationē gignit: ob quā
non rarò criminoſiſſimi, & punitione di-
gniſſimi, cum graui detrimento Reip & iu-
ſtitiæ, & cū maiori malo agricolarū, merca-
torum, & bonorum ciuium, elapſi ſunt: I-
deoq; talia iura Eccleſiaſtica non ſeruantur
de facto: ſed per Iudicem ſecularem extra-
huntur, vt inquit Ioan. Fab. in § fin. Inſtit.
13 de iis qui ſunt ſui vel alien. iur. Eccleſia †
quoque (vt ad intermiſſas perſonas redea-
mus) non tutatur monachos apoſtatas: hos
enim ipſorū præfectis monaſticis ſiue præ-
latis citra loci ſacri violationem eripere o-
14 mni iure conceſſum eſt. Neque etiam † li-
bertatem iam ſæpe dictā confert iis, qui cle-
ricum vllum occidūt. Item nec patrocina-
15 tur † Iudæis, Saracenis, Infidelibus, Hære-
ticis, Schiſmaticis, Incēdiariis templorum,
& ſimilibus, l. 1. C de iis qui ad Eccle. confu.
Ioan Berber. in ſuo iuris viatorio, titu. de
16 violator. immunita. Neq; † etiam manci-
piis ſeu ſeruis à Dominis ſuis aufugientib.
l. Si ſeruus, C. de iis qui ad Eccleſ. confug.
17 Iura † quoq; & edicta Imperatoria ab Eccle-
ſiaſtica libertate reiiciendos volunt nefan-
diſſimos illos fures ac raptores (clancula-
riosne, an violentos dicere malim, neſcio)
qui quibuſuis optimis mercatoribus, pa-
triæ quaſi parentibus alumnis, callida no-
cturnaq; fuga aliquò profugientes, omne
debitum ipſis creditum eripiunt, auferunt,
& nequiter furantur: vulgus Bancrotas vo-
cat: optarim ego illos (caue, me ex ſtoma-
cho loqui putes) omnes ilicò citra vllū Prin-
cipis indultum in oſtio ſuo laqueo ſtrāgu-
latos. Meæq; ſententiæ adſtipulantur va-
ria Principis noſtri Caroli Rom. Impera. V.
diplomata: quibus huiuſmodi raptorib. o-
mnem libertatem adimit, & ſeueriſſimè v-
biuis locorum comprehendendos & puni-
endos mandat, veluti in diplomatibus ſuis
euulgatis, annis 31. & 40. In quib. tales frau-
dulosos Bancrotas declarat eſſe publicos la-
trones & reipub. peſtiferos hoſtes. Ideoque
citra omnem diſſimulationem, ſine vllo
fauore, & ſine ſtrepitu & figura iudicii, &
abſque vllius priuilegii conſideratione, la-
queo ſtatim puniendos mandat. Quæ qui-
dem edicta, & diplomata tam optarim ſe-
ueriſſimè citra vllam conniuentiam paſſim
exequi & ſeruari, quam ſunt prudenter &
vtiliter edicta & promulgata. Sed quæri
hîc nequaquam abſurdè poteſt: An quem-
admodum perſonæ gaudent immunitate,
gaudeant ſimiliter & bona in locis ſacris
18 depoſita vel allata? Reſponde † paucis, non
omnia bona tuta eſſe in locis ſacris. Quem-
admodum bona Principum, hoc eſt, bona
debitorum Fiſci, Principis aut reipub. quæ
non gaudent immunitate, & è locis ſacris
efferri poſſunt, citra illius loci violationem:
Princeps enim ex iure ſuo conſueuit quæ-
uis bona è templis citra templorum viola-
tionem eripere arg l. Diuus, ff. ad l. Iul. pe-
cul. Quod fieri tamen non poſſet de bonis
alicuius priuatæ perſonæ, hoc eſt, debito-
rum priuati: quia tunc immunitate gau-
dent: & ita intelligatur c. Sicut antiquitus,
18. q. 4 ſæpenumero præallegatum cū con-
cordantiis: Niſi certè hoc fieret ex cauſa &
cum conſenſu Epiſcopi, quem quidem cō-
ſenſum recuſare non deberet: quia Eccleſia
nequaquā constructa, & ædificata eſt ad fa-
ciendum alicui iniuriā ac damnum. Atque
ita hactenus de Eccleſiaſtica libertate, qui-
bus ea patrocinetur, quibus verò minimè,
19 in genere dictum ſufficiat. Strictim † tamē
hîc iterum communem concluſionem ſe-
orſum poſuero, qua omnes ſimul conſen-
tiunt de Eccleſiaſtico patrocinio tribuēdo.
20 In hoc enim omnes † Canoniſtæ conueni-
unt, vt Eccleſiaſtica libertas tribuatur o-
mnibus maleficis ſeu malefactoribus, exce-
ptis tribus, ſcilicet, depopulatoribus agro-
rum, inſidiatoribus itinerum, ac homicidis
inſidioſis, d. c. Inter alia, & d. c. 1. ext de ho-
micid. Ioan. Fab. in § fin. Inſtitut. de iis qui
21 ſunt ſui vel alie. iuris. † Verùm hanc laxam
Canonum & immodicè licentioſam pro-
tectionem ridet Petrus de Ferrariis in ſua
practi-

CIX. De publicae fidei, salvaguardiae sive securitatis violatione

practica.titu. forma inquisitionis, versicul. Ex iis potest non improbabiliter quæri. Dicit enim iura Canonica fuisse ad placitum, & sine ratione facta: imò contrà ius diuinũ, quo cautum est: Domus mea, domus orationis vocabitur: vos autẽ fecistis eam speluncã latronũ, c. Decet, de immu. Eccle. lib. 6. Si .n. Deus noluit tolerare ementes & vẽdentes in Ecclesia, sed eos eiecit: quãto magis non vult receptari in Ecclesiam latrones, homicidas, & similes, vt ibi latiùs: & eundem citat D. Nicolaus Boërius in suis decisionib. aureis. q. 109. nonnulla etiam addens: quos tẽpore & loco oportunis videre

23 licebit. † Vbi idem D. Nicolaus abundè tractat discordantias legistarum & canonistarum inter sese, & rursum discrepantiam legistarũ à canonistis, & contra, quas omnes breuitatis studio omittimus, tametsi nonnihil earum suprà attigimus. Cætera enim apud eundem Boërium loco prædicto latiùs tibi perlegenda committimus.

CAPVT CIX.

De publicæ fidei, Saluaguardiæ, siue securitatis violatione.

Summæ rerum tractatarum in Commentariis Cap. 109.

1 *Saluaguardia* } *punitur* { *Hac capitaliter.*
3 *Securitas pub.* } *punitur* { *Hac pœna infractori constituta.*
2 *Saluaguardia quando dicenda est violari.*
4 *Securitas publica non verbo, sed facto violatur.*
5 *In dubio violatæ securitatis inhærendum est verbis.*
6 *Amplior de securitate videnda insinuatio.*

ET publicam fidem vel publicam Principis indictam pacem, Saluaguardiam, aut securitatem infringere, violare quoque est iustitiæ leges, ideoque nec impunibile

1 tale crimen relinquitur. Quisquis enim † vllam Principis publicam fidem (vulgo *Saluaguardiam*) siue securitatem, volens sciensque violauerit: is puniendus est capitaliter, vltimoque supplicio subiiciendus, vulgata l. Denunciamus, ad fin. & ibi scrib.

2 Cod. de iis qui ad Eccles. confug. Tum † autem intelligitur publica violari Principis fides, quando quis directè & ex aduerso, quippiam contra talem prohibitionem committit: ita vt is qui ad sui defensionem talem Saluaguardiam ac securitatẽ à Principe impetrauit, per alterius violẽtiam, aut vllum dedecus patiatur, aut detrimentum.

3 Quisquis † autem violat & infringit eam publicam pacem siue securitatem, quam Magistratus inter quosdam ciues sub certa pœna constituit seruandã: is primus infractor puniendus est ea pœna, ad quam vterque obstrictus fuerat, quæ aliquando ciuilis, aliquando capitalis fertur: iuxta cõsuetudinẽ locorum, vbi ea publica pax aut se-

4 curitas aliis indicitur. Quæ † quidẽ pax siue securitas minimè verbis infringitur, sed facto tãtùm: ad ipsius enim violationẽ non minùs factũ requiritur, quã in actuali furto, l. Si quis vxori, §. Neque verbo, ff. de furt. Sicut ad verã quoq; quæstionẽ probãdam, non sufficit quæstionis terror ac commonstratio: sed ipsum factum, ipsaque pœnaria quęstio requiritur, l. Item apud Labeonem, §. Quæstionem, & §. Quæstionis, ff. de iniuriis. Quum enim securitas apertè pugnet contra ius commune, ideo ipsius violatio nulla verbali iniuria dicenda est cõmitti, sed facto vt diximus, arg. l. Constitutio-

5 nibus, ff. de iniur. Cæterùm † ad cõuincendã securitatis violationẽ, oportet verba ipsa

in securitate prolata, accuratè (potissimum quando dubitatur de facto) expendere, & & vltra ea non progredi: sed iuxta eorum formam, sententiam proferre, l. Non aliter,
6 ff. de legat. 3. Qui † ampliora de hac securitate desiderat, is tractatum securitatis D. Guilielmi de Cuneo consulat, Item Decisionum Capellæ Tolosanæ, q. 4089. & in additionibus ibidem.

CAPVT CX.

De pacis ac Induciarum violatione.

Summæ rerum tractatarum in Commentariis CAP. 110.

1.5 *Non miles* / *Miles.* } *violans inducias furto, punitur* { *Quadruplo, & infamia.* / *Capitaliter.*

2.6 / 3.7 *Inducias violans* { *Hostem lædendo, vel cædendo* / *Hostem occidendo* } *punitur* { *Pugno.* / *Capite.*

8 *Clericorum inducias violantium punitio, erit excommunicatio.*

NEque inter leuia crimina computanda erit Principum publicæ pacis violatio, siue induciarum in bellis pactarum infra-
1 ctio. Quisquis † igitur priuatus non miles, post publicam indictam pacē, aut post proclamatas inducias (quæ pactæ fuerant, aut à Principibus, aut à ciuitatibus) præsumit vlterius in aduersarios grassari, aut mercatoribus, aut agricolis sua per vim eripere: is puniendus restitutione quadrupli, deinde vt perfidus damnādus est publica infamia, qua omni publico munere indignus effici-
2 tur. † Qui vero vnum ex hostibus, tempore induciarum durante, aut cædit, aut lædit, is plectēdus est amputatione pugni, aut certe punitur alia pœna arbitraria, iuxta qualitatem & circunstantiam facti & perso-
3 næ. Qui autem eodem durante † tempore hostem occidit, is puniendus est capitaliter
4 animaduersore gladio. Sic ipsi † authorati milites & quicunque alii militiæ sacramento adstricti, qui hanc pacem atq; hasce publicatas inducias malitiosè infringunt & violant, puniendi sunt quoque capitaliter, ob publicæ pacis violationem, l. fin. ad fin.
5 ff. de re militar. Cæteri † vero ab omni militiæ sacramento liberi, qui tales publicas inducias frangunt, puniendi sunt pœna Iu-
6 dici arbitraria. Alium † vero lædentes ple-
7 ctuntur amputatione pugni. Alium † autem occidentes, puniuntur capitaliter, vti ante quoq; diximus. Porro si alio quocunque obliquo modo pacē publicam, aut inducias publicas violant, extraordinarie pu-
8 niendi sunt. Personæ † vero Ecclesiasticæ has publicas inducias violantes, plectendæ sunt Ecclesiastica excommunicatione, c. Illi qui 24. q. 3. & priuatione, c. 1. in fin. ext. de treug. & pace. Atque ipse quidem Episcopus hanc violationem non puniens, priuatione damnatur: multo magis igitur ipse inferior presbyter aut clericus violationem committens, cuius dolus cōmittentis haud dubie æquius puniendus foret, quam Episcopi non punientis negligentia: hanc tamē Ecclesiasticarum personarum punitionem cernes nō admodum obseruari, quare de ea quoq; ne verbulum vllum posthac.

CA-

CX. De pacis ac induciarum violatione

CAPVT CXI.

De violatione sepulchrorum.

Summa rerum tractatarum in Comment. CAP. III.

1.2 *Sepulchri violati punitio varia.*
3 *Domus direpta sepulchra continens, confiscanda erit.*
4 *Sepulchralia diripiens, quasi sacrilegus est.*
5 *Iudex violationem sepulchri non puniens, damnatur 20. lib. auri.*
6 *Cadauer sepulchro auferens, punitur* { *Plebeius, capitaliter.* / *Nobilis, perpetuo exilio.* }
7 *Violati sepulchri punitio apud Canones nulla.*

EST alia insuper violatio, qua non solum viuentibus, sed & mortuis quoque iniuriam inferimus: nempe quum sepulcrorum saxa, epitaphia, columnas, statuas, aut aliquas sepulchrales imagines efferimus: quod facientes crimen violati sepulchri committere dicuntur, quod sua punitione quoque omnino non vacat, l. Qui sepulchra, C. de
1 sepulchror. violat. Quisquis † igitur alicuius frangit aut aufert saxum, aut lapidem sepulchralem, imaginem, columnam, aut alia sepulchralia ornamenta: is condēnandus est restitutione rerum earundem ablatarum, contra illius sepulti veros posteros & hæredes: & deinde mulcta centum aureorum, l. Prætor ait, ff de sepulch. viol. imo iure C. decem pondo auri, l. Qui sepulchra,
2 C. eod. tit. Eadem † pœna quoq; damnandus nefarius ille ablator, & sepulchri violator contra omnes, qui de harum rerum ablatione ipsam apud Iudicem vrgebunt, etiamsi eorum nihil omnino posteritatis causa interesset. † Quin ipse locus siue ipsa do-
3 mus in quam huiusmodi saxa, marmora, lapides, sculpturas, &c. ipsi raptores deportarunt, ea per sententiam adiudicanda erit fisco l. Si seruus, C. eodem tit. de sepulchr.
4 violat Nam † quisquis hoc crimen committit, sacrilegus habendus est, & de sacrilegio iuxta iura puniendus in decem libras auri, d. l. Qui sepulchra, & l. Pergit, C. de se-
5 pulchr. viola. Iudex † vero qui dissimulanter hoc crimen non punit, damnandus pœna 20. lib. auri, l. Si quis sepulchrum, C. eo.
6 tit. Qui vero temerarius † præsumit e sepulchris eximere ipsum cadauer exanime, aut ipsius ossa vlla, aut reliquias quasvis: is certe grauius, nempe capitaliter puniendus est, summoque supplicio afficiendus potissimum si plebeius fuerit, aut infimæ conditionis seu fortunæ homo: Si verò nobilis fuerit, damnandus est perpetuo exilio, l. fi. ff. de sepulchr. violat. quod vocant iura deportationem, l. Relegatorum, §. Hæc est differentia, ff. de interdict. & relegat. nisi vi & armata manu id fecisset & aggressus fuisset more latronis: quo casu capitaliter plectendus est: Si autem sine armis, vsque ad pœnam metalli, l. Prætor ait §. Aduersus eos, ff. de sepulchr. violat. Quæ autem pœna violati sepulchri esse soleat, ruminabitis per gloss. super verb. Crimen, in l. 1. & in l. Si quis, in verb. violatores, C. eod. tit. Necnon in l. Prætor ait, super verb. Centum aureorum, & in l. fin. ff. eod. tit. de sepulchro. viola. ad quas pium Lectorem remitto. De
7 iure † autem Canonico nullam pœnam statutam reperio, nisi quod gesta irritantur, c. Fraternitatem, ext. de sepultur. Et vt paucis absoluam, quia hac tempestate Ecclesia abunde prouidit de cœmeteriis, hoc crimen in dissuetudinem abiit, parumque hæc rubrica in vsu est, ideo ingenii vires in ea exercere superuacaneum foret.

CAPVT CXII.

De Furto.

Summæ rerum tractatarum in Comment. CAP. 112.

1 *Furtum criminum omnium generalissimum.*

2–6 *Furtum prohibetur iure*
- *Ciuili.*
- *Naturali.*
- *Consuetudinario.*
- *Canonico.*
- *Diuino.*

7.8 *Furti definitio duplex.*

9–16 *Furtum fit cum*
- *Contrectatione, id est, ablatione.*
- *Fraude.*
- *Ablatione rei*
  - *Aliena.*
  - *Mobilis.*
  - *Corporalis.*
- *Vsu pignoris.*
- *Animo furandi.*
- *Inuito animo domini.*

17, 20 *Furtum est bifariam*
- *Simplex, id est, non compositum.*
- *Non simplex, id est, compositum, & qualificatum.*

18 *Bursicopi lepidum exemplum.*

19 *Bursicopi aliud exemplum.*

21–23 *Furti cum*
- *Violatione sacrorum*
- *Violatione armorum*
- *Homicidio, vel vulnere*

punitio qualis.

24 *Furtum compositum iuxta maioris partis culpam puniendum.*

25–29 *Simplex furtum punitur iure*
- *Veteri in*
  - *Seruis, fustigatione, vel loris, vel virgis.*
  - *Liberis*
    - *Nobilibus vel in dignitate constitutis, pecunia.*
    - *Ignobilib. vel extra dignitatem &*
      - *Probis tamen, pecunia, si soluendo essent, aliàs corporaliter.*
      - *Improbis, corporaliter.*
- *Nouo*
  - *Prima*, *Secunda*, *Tertia* *vice*
    - *Flagellatione.*
    - *Auris abscisione.*
    - *Laqueo vel puteo.*

30–32 *Fur vocatur*
- *Primò*, *Secundò*, *Tertiò* *Fur*
  - *Simplex.*
  - *Consuetus.*
  - *Famosus.*

33 *Cur fur morte mulctetur.*

34 *Furtum simplex Longobardi puniunt*
- *Primo, extinctione alterius oculi.*
- *Secundo, nasi præcisione.*
- *Tertio corporaliter.*

Roma-

35 *Romani nullam punitionem admittunt in facie.*

36 *In furto Iura Ciuilia nec agnoscunt* {
- *Magnitudinem,*
- *nec*
- *Aetatem.*

37 *Furtum grauatur potius frequentia, quam magnitudine vel ætate.*

In furto simplici obseruanda sunt {
- 39 *Furum* {
  - *Necessitas.*
  - *Inopia.*
  - *Fames.*
  - *Consuetudo.*
  - *Voluntas.*
  - *Calliditas.*
  - *Simplicitas.*
- 40 *Res furto ablata.*
- 41 *Tempus furti.*
- 42 *Locus.*
- *Qualitas furis.*

43 *Pro primo furto simplici suspenduntur* {
- *Famuli dominis suis furantes.*
- *Fures equorum, boum, vomerum.*
- *Concisores monetæ Principum.*
- *Hospiti suo furantes.*
- *E locis sacris furantes, vel sacrilegi.*
- *Plagiarii, & mangones.*

44 *Furtum quo* { *Liberi aut vxores* } *Furantur* { *Parentibus aut Maritis* } *Iura non puniunt.*

45 { *Patri* / *Marito* } *conceditur furata à* { *Liberis* / *Vxore* } *bona vbique posse referre.*

46 *Abducens alienam vxorem marito furantem, punitur capitaliter.*

47 *Vxor marito furans, & cum macho fugitans, punitur exilio, vel arbitrariè.*

49 *Fures in iure sunt quadrifarii* {
- 48 *Improbi & simplices.*
- *Improbiores, atque hi* {
  - *Effractores.*
  - *Expilatores.*
  - *Saccularii.*
  - *Directarii.*
- 50 *Improbissimi, vel grassatores.*
- *Plusquam improbissimi, id est, latrones famosi.*

51 *Furum item alii sunt* {
- *Manifesti.*
- *Non manifesti.*

52 *Amara reprehensio prætorum, bona furum sibi vsurpantium.*

53 *Furta licita sunt quæ fiunt* {
- *De iubente.*
- *aut*
- *Iure permittente.*

54 *Carnifices in quibusdam locis furtorum sunt receptores.*

55 *Exemplum furti, in valido mendicante.*
56 *Aliud exemplum furti in valido mendicante lepidum.*
57 *Exclamatio in neglectum legis vnica, de mendicantibus validis.*
58 *Constitutiones Philippi & Caroli V. de vagabundis, & validis mendicantibus.*
59 *Laus institutionis Scholarum pauperum apud Brugenses.*
60 *Fur magis est qui parua furatur, quam qui magna.*
61 *Furtum an sit casus fortuitus, & computetur inter casus fortuitos?*
62 *Furtum vnum magnum an æquipolleat tribus furtis.*
63 *Frangens ostia meretricis causa libidinis, aut teneatur de furto inde secuto?*
64 *Furari rem furatam à fure, an liceat?*
65 *Fur an præsumatur, penes quem res furtiua est inuenta, & vtrum contra eum possit agi actione furti?*
66 *Furtum an committant domini temporales, capientes res commissas per naufragium, id est, naues fractas?*
67 *Furtum committunt D. temporales capientes res commissas per naufragium.*
68 *Spoliantes patientes naufragium, sunt excommunicati.*
69 *Afflictis non est addenda afflictio.*
70 *Fiscus nihil sibi vendicat in alterius calamitate.*
71 *Vxor an & quando possit facere eleemosynam sine consensu mariti? & si facit vbi non potest, an ne furtum committat?*
72 *Vxor an possit commodare sine consensu mariti? remissiue.*
73 *Eleemosyna de rebus alienis non licite fit.*
74 *Vxor an possit litigare sine consensu mariti? remissiue.*
75 *Vxor an possit compromittere sine consensu mariti? remissiue.*
76 *Vxor an possit alienare, quod prohibitum est alienari? remissiue.*

EXplicatis variis criminum generibus,
quæ non vsquequaque frequenter oc-
currunt, enarrandum quoque tandem fue-
rit criminum pene omnium generalissimũ,
1 furtum: quod † vbique gentium tam est
familiare, vt vix vllum inter mortales repe-
riatur aut frequentius, aut notius, eoq; non
minus ad societatem humanam tuendam
2 pernitiosum & detestabile: ideoque † quo-
uis iure prohibitum. Primo, Ciuili, vt ff &
C. de furtis, clare & aperte cõstare haud du-
3 bium est. Deinde Iure † naturali, quod ostẽ-
ditur aperta l. 1. ad fin. ff. de furt. & §. Fur-
tum. Instit. de oblig. quæ ex delict. nascun.
Ius enim naturale dictat, vt quod tibi fieri
nolis, alteri ne feceris: hinc est, quod Scy-
thæ, qui iure scripto carent, nullum delictũ
grauius puniunt quam furtum, vt apud Iu-
4 stinũ: Adhæc Iure prohibetur † Consuetu-
dinario, vti ipsa quoque communis experi-
5 entia docet. Præterea Iure † Canonico, vt
6 extra, de furtis. Postremo, Iure † prohibetur
Diuino, sicut in Decalogo aperte monstra-
tur, cum dicitur: Non furtum facies. Est
7 autem † furtum, alicui clam, occulte, & si-
ne armis, sua eripere: vel furtum est alterius
bona mobilia, vel vsum eorum contra pos-
sessoris consensum animo furandi fraudu-
lose auferre: Aut (si mauis Iurisperitorum
8 definitionem) furtũ † est contrectatio frau-
dulosa rei alienæ mobilis, corporalis, vel e-
tiã vsus eius, possessionisve, quæ fit animo
lucrifaciendi, inuito domino, l. 1. ad fin. ff.
de furt. & §. Furtum, Institut. de oblig. quę
ex delicto nascuntur. Hic autem furti defi-
nitionem ipsam ad verbum exprimere li-
buit, quod tamen in aliis criminibus nõ vs-
que obseruatum comperies. Dicitur autem
in †

CXII. De furto

9 in † definitione (contrectatio) non ex rigore grammatico, pro quouis contactu rei alienæ, quæ nullum obligat vllo crimine; sed contrectationem Iurisperiti omnes hîc intelligũt actualem rei alienæ ablationem, hoc est, furtum, quod sine fraudulosa contrectatione fieri nequit, licet voluntas furandi & auferendi adfuerit, aut licet id ipsum conceptis verbis, aut scriptis vllis quis minatus fuerit: Sola enim & nuda cogitatio, & furandi voluntas, aut scriptura, aut contactus, furem facere non possunt, nisi actualis sequatur rei ablatio, d. l. 1. versicul.
10 Sola cogitatio, ff. de furt. Diximus autem † in definitione (fraudulosa) quia si quis credat aliquem facile permissurum contrectare hoc est, auferre res suas, is ablatiuus contrectator nullum furtum committeret. Similiter, si quis clanculum res alienas auferret, putans easdem esse suas, omnique iure sibi proprias, & ob hoc nihil inconcessi se patrare credens, sed omni iure licita: is certe ablator propter errorem nullo modo furtum committit, quod nec is error, nec ea ablatio fraudulosa fuerit, §. Quia tamen,
11 Institut. vi bo. raptor. Dixi † item in definitione (rei alienę) quod rei proprię nemo furtum committere possit, nisi eandem rem forsan haberet cum alio communem: Tum enim non tam suarum rerum, quam alienarum fur habendus esset, l. Si socius,
12 ff. de furt. Dictum † est præterea (rei mobilis) immobilia enim (vt ipsa vox sonat) propter summam suam grauitatem & onus moueri & contrectari vel auferri, non possunt, §. Quod autem, Instit. de vsucap. Si tamen quis cretam ex fundo alieno abstulerit, furtum committit, non quod cretam effoderit, sed quod eam scilicet mobilem effectam abstulerit, l. Si cretę ff. de furt.
13 Dixi insuper (rei corporalis:) Quia † res incorporales sicuti nec tradi nec possideri possunt, ita contrectari nec auferri, l. Seruus, §. Incorporales, ff de acquir. re domi.
14 Dixi † item in definitione (vsus, possessionisve:) Quia si creditor vtatur debitoris pignore, vel si depositarius vtatur deponentis re deposita, vterque furtum committeret. l. Si pignore. ff. de furt. & §. Furtum autem, Instit. de obligat. quæ ex delict. nascũt.
15 Dictum etiam fuit (animo lucrifaciendi) † propter eos, qui res alienas interdum contrectant & secum auferunt, non tamen animo furandi auido, & ex ea re lucri quippiam parandi cupido: ideoque etiam nullum furtum tales committunt: quia nullum furtum sine affectu furandi, & sine lucri amore inde parandi, committitur, §. Item si is, Institut. de vsucap & § Placuit Institut. de obligat. quæ ex deli. nascun. Dictum est denique in definitione (Inuito do-
16 mino) quia quando fit domino permittente, etiam si surripiens putet eam ablationem inuito domino fieri, furtum non est, § Placuit, cum §. seq. Institu. de obliga. quę ex delic. nascun. Post furti definitionem ad ipsius diuisionem procedendum est. Fur-
17 tum igitur est duplex: † Alterum simplex: Alterum non simplex. Simplex furtum & nõ compositum, id est, sine aliqua alterius criminis cõpositione, est cui nullum aliud crimen aggrauans vna coniunctũ est. Huiusmodi furtis subest aliud furti genus,
18 quod † bursicopiam vocare possumus, id est, bursarum abscissionem. In quo crimine multi dexterrimi sunt, & astutissimi, qualem ego audiui de quodam Antuerpiensi, qui in æde virgini Mariæ sacra conspexit quatuor aut quinque mercatores Brugenses mihi notissimos, horum vnum altari cuidam incumbentem in re diuina, latenter is fur aggreditur, astat, & crumenã mercatoris ex pera (quam sub toga suspensam habuit) subripit, in qua fuerant plus minus 100. Carolini. Mercator domum reuersus, subreptam crumenam comperit, tacetque ne aliis risui fieret. Proximo dominico die, eodem in altari breuiori pallio amictus denuo incumbit, peramq; rursus apertius ostentat. Accessit idem larus hians, cru-

menamq; tentat. Mercator ipsius manum persentiscens ocius se erigit, furem capillis comprehendit. Vah (inquit) fur nequissime, tu es qui superiori Dominica hic crumenam meam surripuisti, eandem mihi ocius redde, aut te hic comprehensum curabo. Fur veniam, & ne pudefiat, rogat: reddam tibi (inquit) omnem pecuniam tuam loco mihi per te designando. Hic mercator, prandebimus (inquit) quaterni in Leone in foro, illuc pecuniam mihi referas volo, aut in patibulum te abreptum curabo. Noui enim vbi habites, quidve exerceas. In prandium fur reuertitur, pecuniam surreptam numerat, & vt factum secretum maneat, orat. Cum iisdem mercatoribus prãdet, absoluto prandio à Mercatoribus rogatur cur tam vili, & sceleroso crimini sese addixerit. Quid (inquit) facerem, huic furto à multis annis assueui, & versatissimus, astutissimusque in eo euasi, vt iam vix me ab eo temperare queam. Si mei artificii specimen aliquod experiri cupitis, agite, contendo vobiscum periculo huius symboli, quod alicuius vestrum crumenam surripuero proxima dominica, si ad templum vos vẽturos cum crumenis, promittitis. Mercatores conditionem accipiunt, & circa futuram dominicam singuli crumenas suas quam possunt abditissimè occultant, alius in femorali, alius sub axillis, alius in tunica, quartus in ocreis. More igitur solito hi mercatores templum adeunt, peracto sacro ad diuersorium redeunt. Inter prandendum meminit vnus eorum de fure, num quis eorum ipsum in templo vidisset, id singuli negabant. Hoc dicto fur ipse in cœnaculum venit, conuiuas salutat, rogat num memores essent pacti, octauo die inter eos initi, an nemo ipsorum perdidisset crumenam suam, singuli suas perquirunt. Vnus atque alter dixerunt, ego meam habeo, alius ego quoque meam: Vnus vero comperit partem manicæ suę vnà cum crumena simul abcissam. Fur candem ilico tradit. Mercator rogat quibus technis id fecisset: Nouacula (inquit) acuta, & pollice plumbato, in processione, & populi compressione. Hic cachinnus tollitur, artifex laudatur & potatur strenuè. A prandio furem dimittunt, duobusque aureis ornant, ad saniorem interim mentem, & ad resipiscentiam ipsum admonent. Hi
19 iidẽ † mercatores intra pauculos dies proficiscuntur Bergas, vbi ipsis non procul à Bergarum portis aduehitur obuius fur iam iam suspendendus. Conscendunt hi in editiorem colliculum Iustitiæ executionem conspecturi. Adiungit se eis paruus nebulunculus, eandem quoque executionem conspecturus, à mercatoribus suscipitur, vt melius conspiceret erigitur, continetur, & sese vt fortiter teneat, iubetur: quod hic nebulunculus grauiter fecit, & vnum ipsorum stricte complectens, rogat num ipsum læderet, ipso mercatore hoc negante, furunculus suum artificium exercet, & mercatoris cui adhæserat crumenam, abscindit, quod idem mercator non prius perceperat, quam Bergas in diuersorium venerat. Huiusmodi technas, imo furta flagitiosa quotidie nobis fiunt obuia, & crebriora sunt, quam Reipublic. bonum est, sed de his plus satis. Porro non simplex furtum, id est, compositum cum alio
20 crimine est, † quod aliquo additamento, vel circunstantia aliqua grauante, conduplicatum aut aggrauatum est: veluti sacrilegium, quod furtum est non simplex, sed qualificatum, duplex vel compositum. Prẹter enim rerum violentam ablationem, adiunctam quoque habet vel loci sacri violationem, vel rei sacræ illicitam contrectationem: Ideo is ablator non vt simplex fur puniendus est, sed acrius, & enormius: quod is fur non simplex habeatur, sed fur cum adiuncto, nempe fur sacrilegus. Sic etiam
21 qui † quippiam furatur adhibita violentia publica vel priuata, effringendo seras aut alia repagula, vel obices: is (quia non

simplex

simplex furtum admisit, sed furtum alio præterea scelere auxit) non simpliciter et iam puniendus esset, sed lege Iulia de vi publica vel priuata: vel quia furando occidit vel vulnerauit: & tenetur l. Cornel. de sicar. vel l. Aquilia de vulnerato. Et sic, quotiescunque furtum componitur cum alio crimine, si illud cum quo componitur, in-
23 signius fuerit & † notabilius crimen: tunc punitur pœna criminis notabilioris. vt claret ex iamiam allegatis & productis exemplis. Iuxta hos enarratos modos dicendum quoque fuerit in omnibus aliis modis similibus, in quibus cum furto aliud crimen coniunctum adhæret, quod multis exemplis tibi commonstrare possem, nisi id plus molestiæ conferret & laboris, quam subtilitatis. Quocirca pergamus ad reliqua furti simplicis, cuius definitionem supra tibi apertè explicauimus: nunc vero furti simplicis varias punitiones accipe. Sed furtorum simplicium variam distinctionem prius dinoscas, oportet: Quandoquidem iuxta iura vetera simplex furtum puniebatur pro qualitate personarũ,
24 ad hũc modum: Si † furtum simplex commissum fuisset à seruo: is seruus puniebatur fustigatione, virgis, loris, aut alia simili punitione corporali citra mortem, l. In seruorum, ff. de pœnis. Si vero à libero homine commissum erat: tunc is liber, aut erat in dignitate constitutus, aut certe nobi-
25 lis. Si in † dignitate fuerat, aut nobilis: tum puniebatur pœna aliqua pecuniaria, sicut habet l. Capitalium, §. Non omnes, ff. de pœn. Si vero ignobilis & ab omni dignitate pub. alienus: tum considerabatur, an homo erat probatæ vitæ, an culpatæ.
26 Nam si is ignobilis, † idiota, plebeius fuisset bonæ vitæ, & qui ex consuetudine non consueuerit talia cõmittere mala: tũc is puniebatur mulcta pecuniaria: quam si soluere non potuisset, cõuertebatur ea mulcta in pœnam corporalem: In argumentum adducebant l. 1. §. Generaliter, ff. de pœn. & l. Quicunque, §. Quod si, Cod. de ser. fugi-
27 ti. Si † autem talis persona ignobilis contaminatæ fuisset vitæ, & quæ aliàs similia perpetrasset mala, aut alia quæuis: tunc ea puniebatur corporaliter, d. l. Capitalium, in fine, ibi Maiores nostri in omni supplicio seuerius seruos, quam liberos: famosos, quam integræ famæ homines punierunt. Atque ita de iure veteri, quod in puniendo furto personarum distinctionem perpenderant. Post hac de iure nouo, quod talem distinctionẽ non recipit, sed omnes ex æquo de furto punit, vti habetur Auth. Sed nouo iure, Cod. de ser. fug & text. vnde d. Authentic. deprompta est, in Authen. vt nulli iudicum. §. Quia vero nos oportet, colla. 9. constitu. 9. Sunt tamen nonnulli, qui iuxta communem Curiarum praxim, iura vetera, iuxta distinctionem præfatam obseruari velint, sed his non est summa authoritas: Secundum iura noua igitur in d. Authentic. Sed nouo iure, C. de ser. fugit.
28 & iuxta inoletam † diuque receptam consuetudinem, simplex furtum, in fure primum deprehenso punitur flagellatione seu fustigatione: Si secundo commiserit, punitur auris alterius aut manus abcissione, vel alia nota corporali. Si autem ita bis correptus, non resipuerit, sed tertium furtum audet aggredi: tũ ita tertio deprehensus puniendus erit suspendio; nempe, quod furtum toties iteratum, factum sit auctius & grauius: ideoque pœnam meretur ma-
29 iorem. † Sed hoc suspendium furti simplicis nascitur potius ex legum interpretatione, & ex consuetudine publicæ tranquillitatis gratia obseruata, quam ex vlla certa & constituta in iure lege, teste D. Ioan. Ber. in
30 suo iuris viatorio, sub Rub. de fur. Fur † autem ille, qui secundo furti Reus deprehenditur, vocatur in Iure fur consuetus seu cõsuetudinarius quod bini actus consuetudinem efficiant, l 3. in fin. & ibi gloss. in verb. Consuetudini, C. de epis. audien. Bart. in l. Cõsuetudinis, versi. Deinde quęro. quot re-

quiruntur ad cõſuetudinem inducendam,
C. quæ ſit long. conſuet. l. Capitalium, §.
31 Solent. iuxta fin. ff. de pœn. Qui vero† ter-
tio furtum commiſit, is fur famoſus voca-
tur, vel graſſator: & propterea vir reſte, mu-
lier puteo, aut aliàs ex more cuiusque regio-
32 nis, ad mortem punitur: niſi enim † tales
iterantes fures iuſtitia morte condemnet,
parum profecto ad reſipiſcentiam furũ pro-
fuerit: imo ne pilo quidem eos correctiores
reddiderit, quãlibet etiam atrociſſimis pœ-
nis, eos citra mortem affecerit. Adeo tales
fures omnes pœnas iuſtitiæ rident, & flocci
faciunt, vt earum gratia à furto rariſſime
ſuperſedeant, niſi præmaturius è viuis (ne
amplius obſint) ſuſpendio tollantur. Quod
quum cordati iudices & oculata iuſtitia cer-
neret, ſtatuit tandem tertio in furto depre-
henſos, laqueo eſſe tollendos, licet in iure
(quando ſeculum erat noſtro æuo non pa-
rum melius) hoc non ſit expreſſe notatum:
nempe vt vel hoc modo communi conſu-
latur bono potius, quam vt immodica la-
xitate alios in furãdi aſſiduo ſcelere foueat:
atque hanc noſtram conſtitutam legem cõ-
33 ſuetudinariam imitatur †Longobardi: ſed
ad hunc modum aliquanto à noſtro diffe-
rentiorem. Nam pro primo furto, ſimpli-
cem furem puniunt alterius oculi exocula-
tione, pro ſecundo, naſi præciſione: pro ter-
tio, corporaliter ac morte. Iura vero Roma-
34 na † nihil læſionis, nihil iniuriæ humanæ
faciei inferri ſinunt: ſed omnem faciei ma-
culam, imo quæuis humanæ faciei dedeco-
ra prorſum aſpernantur, & abominabilia eſ-
ſe volunt. Quocirca nec vllam punitionem
in facie ſtatuunt, quam ad diuinã effigiem
effectam eſſe cognoſcunt, l. Si quis in me-
tallum, C. de pœ. ibi, quo facies, quæ ad ſi-
militudinem pulchritudinis eſt cœleſtis fi-
gurata, minime maculetur, &c. gl. in verb.
Seu furtum, in c. vnico, in §. Iniuria, de pa-
ce tenenda inter ſubd. in vſib. feu. Cęterum
35 Iura Ciuilia †nullum diſcrimen ponunt in-
ter fures ratione magnitudinis furti vel æ-
tatis. vt puta ſi aliquis fur abſcindat marſu-
pium cuiuſdam ſcholaris, quod (vt plerun-
que) non eſt munitum multis pecuniis,
putans illum eſſe opulentum mercatorem,
animo auferendi quidquid in eo inuenerit,
& ibi non inueniat niſi groſſulum: alius ab-
ſcindat marſupium mercatoris, in quo in-
ueniat aureum: tales profecto æquali pœ-
na puniendi ſunt, quia ęquali cupiditate fu-
rantur. Omnes enim fures, & iuuenes, & ſe-
nes, & magni & parui furti, iura ex ęquo pu-
niunt capitaliter, quando frequenter con-
36 tigit: quia † plus delictũ aggrauatur ex fre-
quentia, quam ex magnitudine rei ſubtra-
ctæ, Iaſon in §. Ex maleficiis, colum. 2. In-
ſtitut. vi bo. rapt. & iteratio criminis indi-
get grandiori ſupplicio, c. 1. de pœnitent. di-
ſtinct. 5. l. 3. §. Si plures, & l. Non omnes, §.
Deſertor, ff. de re milita. Vnde elicitur: Iura
furti frequentiam debere potius obſeruare,
quam furum qualitatem. Hoc tamen notã-
37 dum eſt, Iudices † non paruam debere ob-
ſeruationem adhibere circa furum neceſſi-
tatem & inopiam: an ex neceſſitate famis,
an ex animo furandi cupido furtũ commi-
ſerint. Si enim neceſſitate famis, non vero
animo fraudulenter lucrandi, furtum factũ
ſit, excuſari certe poteſt c. Si quis, & ibi ſcri.
extr. de furt. ſi non ſit inſigne & magnum,
iuxta l. 1. ff. de furt. Non enim factum quę-
ritur ſed cauſſa faciendi. l. Verum eſt ff. eo.
38 Et neceſſitas † ſane non habet legem: quum
etiam ob extremam neceſſitatem aut ali-
mentorum gratiam, filios ſuos vendiderint
parentes, authore Paulo lib. 5. Sentent. De-
39 inde † obſeruent oportet circa calliditatem
aut ſimplicitatem furũ, hoc eſt, an furatus
ſit ex deſtinata malitia, vel ex conſuetudi-
ne, vel ex ſimplicitate, & prudentia, qua nõ
putabat ſe tantum crimen committere: vel
certe an ex paupertate, & rerum egeſtate ad
furtũ pene coactus & impulſus fuerit. De-
40 inde † res obſeruent, an panes aut potum
furatus fuerit, aut ſimiles res edibiles & po-
tabiles. Ad hæc obſeruent tempora cõmiſſi

furti:

furti: an fuerint ea rerum omnium penuria differta & obnoxia: an vbertate omni abundantia. Postremo, furti commissi locum diligenter obseruent oportet, & furis qualitates omnes: huiusmodi enim circũstantiæ furtum aut grauant aut eleuant, adeo vt non videam, quam æquam de furto sententiam sit laturus Iudex, qui ista non
41 accurate expenderit. Sunt † tamen quædã furta, ob quæ primo deprehensi fures morte afficiantur: veluti in Francia, & in aliis quoq; regionibus vsitatum est. ob primum etiam furtum simplices fures in crucem adigere. Primo enim ad patibulũ rapiunt dominorum seruos seu famulos & domesticos omnes cõuictores, qui suo domino aliquid clam (licet primum fuerit) eripiunt: Tametsi iura velint seruos seu famulos ob furtum domino factum, nunquã publice exequendos & puniendos esse; imo nullũ seruum siue famulum morte puniendum ob furtum in domo domini sui commissum, l. Serui & filii, ff. de furt. In Francia præterea vsitatum est, primos etiam fures suspendere, qui primo ex aratris furantur vomeres, aut equos, aut boues. Deinde qui Principum monetas defalcatoria concisione diminuunt. Ad hæc qui suo hospiti in diuersoriis quid auferunt, vbi hospitati sunt. Item qui aliquid è templis, aut cœmeteriis, aut ex alio loco sacro furantur. Postremo plagiarios omnes & mangones, qui aliorum liberos seu filios pignora charissima surripiunt, vt aliis diuendant, vt etiam in l. fin. C. ad l. Flauii de plagia. Huiusmodi enim fures omnes, licet simplices, licet, quæ primo commiserint, Franci tamen aliiq; permulti, in crucem surripiendos volunt. Iura porro Cæsarea in c. 1. § Si quis quinque solidos, de pace tenenda, & eius viola. in vsib. feud. furunculum etiam puniũt capitaliter & laqueo, qui tantum quinque solidos furatus esset. Verum hoc intelligas oportet, quando tale furtum simul contingit cum violatione pacis aut induciarum, aut similium fœderum. Nam in talibus furtis aiunt nonnulli Doctores singulos solidos indicare & efficere vnum nummum aureum, è quibus 72. constituerent vnum libr. auri glos. in §. Et iudicare, in verb. ad trecentos, in Auth. de defen. ciuitat. colla. 3. gloss. in l. fi. & ibi Alex. ff. de in ius vocan. gloss. in §. fin in fi. Instit. de pœnis teme. litigan. cum pluribus
42 aliis. Porro filii † aut filiæ, qui suis furantur parentibus, l. Ne cũ filiofam. ff. de furt. & vxores, quæ suis furantur maritis, furtũ quidem committunt; sed vti fures nõ sunt punibiles. subsunt tamen Iudicis censuræ arbitrariæ, vt ex consideratis circunstantiis & personarum, & rerum aliquam punitionem instituat pro suo arbitrio, l. Si quis vxori, ff. de furt. l. vxor. ff. de crimin. expilat.
43 hæredit. Ideoque † etiam iura, patri & marito concedunt, dicta ablata bona posse referre, suoque priori vsui attribuere posse, si cubi ea conseruari aut latere cognouerint, d. l. Si quis vxori, idq; etiam citra illius precii numerationem, aut pecuniæ pro iis solutionem, l. Si mancipium, C. de rei vendicat. & l. Inciuilem, C. de furtis, & vtrobiq;
44 scribentes. Si vero † vxor marito furata, se extra mariti consortium subtraxisset, & cũ aliquo adultero aufugeret, cui mariti erepta bona tradidisset: aut certe si is adulter ipse per operã vxoris marito quippiam abstulisset, aut pecuniam, aut annulos, aut argentea, aliave bona ad maritum, vel mariti domum pertinentia: tum is adductor alienæ vxoris & furator puniendus esset capitaliter, ob geminum furtum, nempe alienæ vxoris, & rei mobilis contra voluntatem mariti: Fur enim is est geminus & adulter
45 nefarius. Porro vxor † ipsa mœcha & fur punienda esset exilio, aut alia pœna arbitraria Iudicis. Hactenus de furtorum diuersitate, & de diuersis ipsorum pœnis, ex quibus colligas nunc licet, tam varios esse fures, quàm sunt varia furtorum genera. In Iure tamen enumerantur principaliter fu-
46 res quadruplices. Sunt † enim furum alii

improbi & simplices fures (quorum supra meminimus) quiq; clam, interdiu, noctéque furantur, & de his loquitur text. in d. §. Furtum, Institut. de obligat. quæ ex delict.
47 nascunt. & in d. l. 1. ff. de furt. Alii fures † vocantur improbiores, quorum quidam effractores dicuntur, qui cum effractura & ascensu in domum alicuius, furantur: eæ circunstantiæ furti pœnam augent, furesque maxime grauant, vti & supra. Quidam expilatores. Quidam saccularii, qui vetitas in sacculis artes exercent. Quidam vero directarii, qui se in aliena cœnacula inferunt & dirigunt: de quibus in l. 1. ff. de effracto. & in l. Saccularii, ff. de extraordin. criminib.
48 Tertii † vero, fures vocantur improbissimi, qui in stratis viisque furantur publicis, sine hominis occisione, & de his est textus in §. Grassatores, d. l. Capitalium, qui dicuntur proprie grassatores, & sunt proximi latro-
49 nibus. Quarti † autem ac nouissimi, fures vocantur plusquam improbissimi, hoc est, qui in stratis viisque regiis & publicis, aut in domibus rapiunt cum hominis occisione, aut occidendi intentione: & ii latrones famosi proprie dicuntur, ob maioris sceleris denominationem, & de his loquitur textus in d. l. Capitalium, §. Famosos, ff. de
50 pœnis. Rursus, furum † alii vocantur, fures manifesti, alii non manifesti: fures manifesti sunt, qui in furto atque adeo cum ipsa re ablata deprehensi sunt. Non manifesti fures sunt, qui furtim & clam aliorũ bona aut auferunt, aut contra eorum consentientium voluntatem seruant & contrectant, §. Furtum, & §. seq. Institut. de oblig. quæ ex delict. nascunt. Hæc tamen diuisio non magni est ponderis, quod eadem ratio sit de furto quocunque modo contracto & commisso. De homicidio autem & furto, pulchram & doctam repetitionem habes in §. Famosos, constituto in l. Capitalium, ff. de pœnit. editam ac publice disputatam per Dominum Iacobum Boullenc. Ebroicensem, iuris vtriusque Prolytam in almo Aurelianẽsi gymnasio. In qua repetitione, homicidii furtique pœnas aperte disputat, & explanat cui annectuntur 45. casus, in quibus homicida à pœna mortis releuatur. Huc nonnihil facit, quod scribit D. Barthol Chassan. humanorum Iuris Doctor nequaquam incelebris, in consuetudines Ducatus Burgundiæ Rub. *Des Iustices & droictz d'icelles*, §. Quinto, per plu-
51 res columnas. Quum † autem hactenus de furto in genere & de furum pœnis abunde satis explicatũ sit, antequam hoc absoluerem capitulum, inprudentem Iudicẽ prius admonitum volui, vt cum fures ipsos seuere puniat, ne ipsos etiam officiarios furti absoluat, aut parcat, qui in captura furum sibi reseruant, & bono iure asscribunt ea bona quæ cum furibus captis reperiunt, aut quæ fures ipsis commonstrant. Sunt enim
52 permulti † huiusmodi officiarii exitiali auaritia rapti & prætores & supprætores, & quæstores parricidarii, latrunculatores, idque genus officiarii permulti: qui captos fures ilico omnibus bonis exuunt, & spoliant, rogantes etiam, nuncubi plura furata bona recondiderunt, aut abstruserunt. Atque hæc omnia sibi, nescio quo iure (nisi iure prædario) vendicant, & pro iustissima possessione ea omnia ad proprios vsus attribuunt, quum tamen certo sciant, cuiusnam ea fuerint, & à quo per fures ablata. Nam secus est de bonis incognitis, & ad fiscum deuoluendis, de quibus non agimus. Certe tales nefarii Prætores (pene dixeram prædones) quum paruos furunculos in crucem adigant, quo munere quæso donandi sunt, qui iisdem furunculis, imo ipsis veris furtiuarum rerum dominis, triplo sæpe maiora scientes furantur? Scio quid premam. Fures suos in furcam rapiunt, & ipsi furum fures liberi dimittuntur, imo ipsorum furtum tandem iustum haberi volunt. Horum tantum in peritos Iudices admonitos voluerim, si tales officiarios (bonos, cordatos & iustos

iustis non noto) punire nolint, saltem ea furibus erepta bona, ab ipsis denuo eripiant, & proprio veroque Domino suo restituant, & reddant: Nullo enim iure, ea bona sua sunt, quanquam in hoc sibi mire blandientes, sibi admodum persuadeant:
53 sed falso & stulte. Idem quoque † furtum exercent in quibusdam locis carnifices, qui furunculos interdum alienis furtiuisque bonis exonerant, ipsos hospitio excipiunt, partemque furti ad se recipiunt, promittentes furunculis silentium, criminis dissimulationem, & sicubi necessum erit mitiorem excusationem, atque ita in furto (quātum in ipsis est) eos fouent, & alunt. Verum huiusmodi carnifices cum ipsis suis furunculis, mea sententia, in crucem simul abripiendi essent, imo aliquanto seuerius
54 etiam puniendi. Cæterum † velim pie Lector (vt hæc quoque huic subnectam capiti) subeant tibi quædam esse furta licita, eoque etiam nullo modo punienda. Veluti primo fuit furtum Israelitarum in Ægypto: qui Deo iubente Ægyptum spoliarunt suis opibus, vti habetur Exodi duodecimo, & in Decretis, canone, Dixit Dominus, decimaquarta, quæstione quinta, ibi, nec Israelitæ furtum fecerunt, sed Deo iubente ministerium præbuerunt. Sic Abraham & Samson, & alii permulti fuerunt excusati authoritate Domini, vt canone, Si non licet, 23. quæstione 5. Item excusatur, si quis furaretur res Turcarum, siue aliorum Barbarorum, l. Non solum, Cod. de commer. & mercat. Item excusatur & impunitus habetur, qui adstans abripiat res depositas aleatorum, l. prima, ff. de aleę lusu & aleator. hæc & similia puniri non possunt. Qui enim facit aliquid aut Deo iubente, aut lege permittente, non peccat, l. Gracchus, Cod. de adulter. & can. Qui peccat, 23. quæst. 4. vbi inquit Qui secundum leges facit, pœnam non meretur, d. c. Dixit Dominus, iuncta gloss. ibidem. in verb. furtum, nonnullas concordantias allegante.

55 Ad hoc Capitulum † quoque spectare videtur illud furti genus, quod à validis mendicantibus, planis, scurris ac impostoribus committitur, qui veris pauperibus è faucibus debitas eleemosynas eripiūt, quorum nusquam non plura quam æquum est exempla conspiciuntur. Vnum referam, quod Gandaui olim comperi, vbi ego cum aliquot Senatoribus Brugensibus sedi ante portam domus senatoriæ: Hic enim nobis adoritur Mendicus quidam, gemebundus, plorabundus, mirisque modis Iri paupertatem simulans, eleemosynam petit, habere se latens vitium ac malum prædicat, quod pudor illius hominis conspectui exhibere deterreat: Ipsius miserti singuli modico eleemosynam largimur. Mendicus à nobis digreditur. Vnus nostrum iussit famulum suum hunc mendicum insequi: & propius quid latentioris vitii habere, perquirere. Paret is mandatis Mendicum rogat quodnam sit illud latens vitium, quo se laborare dicebat. Inspicit faciem, videt pectus, videt brachia omniaque nitentia & valida conspicit. Nihil (inquit) famulus in te mali video. Ah (inquit mendicus) longe aliud est malum, quod me premit, quod à tuis obtutibus remotum est, nempe tale malum, quod per vniuersum corpus meum serpsit, quod per venas ac medullas ita grassatur, vt nullum sit mihi corporis membrum, quod sese laboribus ac operis tradere valeat. hoc malum vocari audio pigritiam & desidiam. Quid? hæccine noxia admodum sunt vitia? Famulus hic stomachabundus discedit, ad suos redit: Rogatur quod fuerit illud latens malum: famulus vrà mendico edoctus fuit rem explicat, cognitum illud latentissimum malum quod multos alios quoque premit, aperit. Responsum cum risu omnium excipitur. Mox perquiritur vt Capturæ piæ commendetur. Verum scurra aliò se subduxerat.

56 Huic † exemplo nō absimile fuerit illud,

quod ego quoque conspexi in inclyta ciuitate Brugensi, cui tum temporis eram à cõsiliis, profecto exemplum non minus lepidum quam flagitiosum & hoc loco narratu dignum. Circa annum Domini 1536 plateatim mendicabat quidam mendicus iuxta externam speciem plane (vt apparebat) miserabilis, mutus, elumbus, adeo vlcerosus, scabiosus & deformis, vt omnibus miserationem sui incuteret, aliis etiam lachrimas excuteret. Hic singulis dominicis per singula parochialia templa ante fores templorum sese prostrauerat, straminibus incubans, mutum balbutie quadam simulans, tintinnabulum altera manu agitans atq; vniuersam eamque miserabilem corporis deformitatem prætereuntibus ostentans. In quem prætereuntes conspicantes tanta cõmiseratione affecti sunt, vt sæpe singulis dominicis & festis ex hac improba mendicitate corraserit, 5. 6. aut 8. ducatos. Quod quũ æquo diutius durasset ad tres menses & in eodẽ statu semper per vices ad intermissas templorum fores tragœdiam suam iteraret & pro foribus D. virginis Mariæ prostratus iaceret: contigit vt vnus ex publicis satellitibus in hunc oculos intentius cõuerteret, imposturæ suspicione tangebatur, & quibusdam prætereuntibus dicebat hunc ita deformatum, esse plane planum & astutum impostorem. Tandem curiosius & certius rem cognoscere cupiens propius accessit, & iterum iterumque eundem pressius intuens, cœpit aliquanto audacius aliquot fascias & pannos lineos purulentos digitis suis detrahere, quibus detractis comperit cutem ipsius esse nitidissimam sanã & validissimam: idem conspicantibus multis. Mendicus autem cernens per hoc imposturam suam detectam, quam ocyssime sese in pedes conijcit, ceruoque velocius fugam init. Satelles clamoribus insequitur: Tenete nebulonem, tenete impostorem: Ob hos excitos clamores à quibusdam via prouolãti intercluditur, cursus remoratur, ab eodem satellite capitur, & ad carceres deducitur. Inter deducendum vero multæ muliercula, & simplices plebei multi (quib. in via hic mendicus captus fiebat obuius) non ferentes hanc indignam pauperis (vt apparebat) apprehensionem, clamare cœperũt, non ferẽdam talem iniuriam, tam indignã, tamque deplorandam, qua ita miselli & vlcerosi homines raptentur ad carceres. Videte (inquiunt) quam tyrannice iste calamitosus tractetur, quam inhumaniter abripiatur. Proh Deum atque hominum fidẽ! fieri nõ potest quin Deus tam indignum facinus propediem puniat, atque totam ciuitatem funditus tãdem perdat. Porro ad hũc mendicum vlcerosum imo impostorem nefariũ, postridie à captura accesserunt ipse Prætor cum duob. senatoribus, & vno Scriba pensionario, qui post carceralem examinationem & rerum debitam discussionem factã, iusserunt vt purulentas illas fascias abriperet quo facto compererunt ipsius corpus esse sanum, valens & purissimũ, nulla in parte læsum aut vlcerosum: Sed iuuenili ætate præditum, fortem & à summo capite vsque ad calcem sanum. Interim fallaciis atq; huiusmodi imposturis aperte cognitis eũdem mendicum impostorem admonere cœperunt, rogãtes quid ipsum mouisset, qui iuuenis esset multis naturæ dotibus exornatus, vt ad tam abiectam, vilem & dedecorosam vitam sese manciparet, & tam miseram mendicitatem potius amplecteretur, quam vitam per se modis omnibus honestam cõplecteretur. Quibus is hunc in modum respondit; postquam (inquit) video hãc imposturam meam esse detectam, meque infamiæ iam fore subiectum, vniuersum vitę meæ ordinem nude profitebor. Parentes habui honesto loco natos & re lauta, qui me erudiendum curarunt literis Latinis & Gręcis. Postea ad iura & ad praxim me applicuerunt. Vbi familiaritatem contraxi cum iis, qui me seductum prorsus corruperunt, adeo, vt relicta honestiori vita, relicta patria, relictis relictisq; parentibus (in quorum conspectum venire metueram) malorum consortiis me adiunxerim, cumquibus vnà in Italiam profugi, hinc in Franciam, deinde Neapolim, mox Cyprum quoque inuisi, hinc per Siciliam Romam reuersus fui, hinc Venetias, inde Germaniam peragraui: ac tandem in Belgiam hanc regressus, hîc sedem figere statui. Profusis autem rebus meis omnibus, aleis, atque omni voluptatum genere, tandem honestis ciuibus inseruire cœpi, quorum famulitium impatienter ferens, planis ac nebulonibus me adiunxi, cum quibus per varias ciuitates & Zenodochia vagatus nullum non imposturæ genus feliciter didici, quibus mundum hunc cæcum, astutè fallerem, pecuniam abundè corraderem, eoque modo commodam in ocio & voluptate vitam degerem. His igitur modis multos ad commiserationem concitaui, quæstum ingentem feci, ac non rarò singulis diebus 4. 5 6. aut 8. ducatos corrasi, quos per hebdomadam (detractis purulentis fasciis & indutus vestibus aliis elegantioribus, quarum quatuor aut quinque genera seorsum habebam) in nullo non delitiarum genere insumpsi & vitam Epicuri aut certe vitam Sardanapali commodissime transegi. Absumpta pecunia ad priorem piscationē meam redii, domunculam meam denuo subii, me vt prius ad speculum (quod in hunc vsum habebam) ornaui, siligineam farinam singulis membris, capiti, tibiis, pedibus, pectori, scapulis superliniui, quæ eadem membra mox lineis lacerisque fasciis vestiui, hinc ardentem cādelam altera manu complectebar, altera sulphuris partem quam ardore candelæ per easdem fasciolas passim instillaui. Postremò columbam aut alium pullum accepi, quem discerpens permisi guttatim per eadem membra sulphure & farina oblita instillare, vt vniuersum corpus tantò apertius appareret purulentum, miserabile & conspectu horridum, tandem vbi me ita probè ornatum ad speculum contemplatus fui ex tuguriolo meo (quod vbique locorum circa mœnia conduxi, ne quis me ibi instruentem perciperet) prodii, templorum valuas repetii, nonnunquam commeatum parare studui. Ad valuas me prostraui, tintinabulum in manu corripui, meamque miserabilem tragœdiam peragere cœpi, meis retibus populi transeuntis pecuniolam aucupari fategi. His omnibus cum risu auditis, Domini ipsum admonendo interrogabant. Cur ipse, qui iuuenis esset elegantissimus, variis literis & linguis instructus, multisque naturæ dotibus præditus, quibus sese ab egestate facile vendicare posset, imò lautissimam, atque honestissimā vitam vbique locorum peragere, mallet huiusmodi technis, dolis, & imposturis victum queritare, quam honestissimis mille aliis exercitamentis vitam protrahere. Quibus ille quoque ridendo ita respondit: Quid, inquam, miramini de hoc vitæ meę genere? Ego talem vitam pegi, qua ne meliorem quidem optare possem. Vixi enim votorum meorum compos, sine cura, sine sollicitudine vlla, in summa rerum omnium voluptate, aleas & omnium ludorum genera tractaui, ad quæ natura pronus fueram facile conquisiui. Mulieres etiam formosissimas mihi indulgentissimè adiunxi, varias ciuitates, varias regiones, varios hominum mores conspexi, quicquid rerum gerebatur vel apud Indos facile cognoui, atque omnia hæc absque vlla animi solicitudine. Ah, inquam, quænam vita huic vitæ generi est anteponenda? Sine cura enim, inquam, viuere felicem ac diuturnam vitam efficit. Curæ verò canitiem contrahunt ac prēmaturam mortem accelerant. Dum ita iactanter suam vitam commemorat Senatores ipsius insipientiam taxant, vitæ inhonestatem coarguunt, indignissimè nequiterque facta improbant, damnant, & contrariis rationibus nequitiam ipsius conuin-

cunt. Ipse verò quasi pœnitens, veniam, resipiscentiam & honestiorem vitam ipsis firmiter promittit, seque in gratiam Magistratus commendat, vt is misertus iuuentutis suæ atque insipientiæ in ipsum potius clementiam, quam iustitiæ rigorem exerceat; quod iidem Senatores ipsi bona fide promiserant. Interim tamen non desierunt repetere ipsius nequitiam, ipsumque nefariũ factum commisisse, qui tam enorme furti genus impudẽter perpetrauerat, veris pauperibus, veras eleemosynas è faucibus præripuerat, & subdolè & fucatè oppresserat, & fortassis mortis quoq; occasionem (ob non consecutas per eum debitas eleemosynas) præbuerat. Quam admonitionem is satis patienter admisit, & meliora promittebat. His rebus ita liquidò cognitis, Senatores ab ipso digrediuntur, audita, comperta & cõspecta ad Senatum nudè referunt. Causa ipsius discutitur, trutinatur & damnatur reus, vt postridie eius diei sese in carcere solito more exornet, ita ornatus inter satellites è carcere per Burgum forum publicum conducatur ad domum senatoriam, percepturus ibi suæ nequitiæ perpetratæ sentẽtiam. Inter deducendum verò leuis iudicii populus satellitibus occlamare cœpit, & obstrepere, indignissime fieri quod tam miserabilis hominumque omnium infimus, per Magistratum raptaretur ad pœnam. Interea tamen reus is impostor corã Magistratu sistitur, & hac sententia damnatur, vt ad semihoram palo affixus in theatro populò ita ornatus ostentaretur. Deinde à carnifice omnes fasciæ sordesq; tollerentur, vt cunctis nitor cutis & corporis sanitas innotesceret, deinde 12. virgis ad effusionem sanguinis acriter cæderetur, & tandem extra terminos Flandriæ decem annorum exilio, sub pœna suspendii, relegaretur. Quam quidem sentẽtiam is alacriter (metuerat enim suspendium) in se recepit, sed minus alacriter verbera sensit, qui ita verberibus discerptus fuit, vt totum corpus cruore madescе-
ret. Populus autem his dolis & imposturis
conspectis, ridere cœperunt qui prius fre-
muerant, & optimè dignissimeque factum
esse, quod prius imprudenter suggillaue-
rant, suamq; insipientiam detestabãtur, qui
tam temere Senatorum facta præter cogni-
tionem causæ, prius incessere non vereban-
57 tur. Hic † mihi exclamare libet, Ah homi-
nũ versutias & nefarias planorũ imposturas:
Cùm enim eas in memoriã reuoco, sine do-
lore cõmemorare nõ possum sacrosanctam
illam l. Vnicam, titulo de validis mẽdican-
tibus lib. 11. C. Imp. Iustini. tam neglectam
atq; adeo pene iacere sepultam, neque dili-
gentius reuocari in vsum. Quod si fieret,
nõ tot nebulones ociosos, nõ tot scelerosos
impostores alerent passim Regiones, neq;
tot passim committerentur maleficia. Ex
odiosa enim mendicitate quot mala sup-
pullulent, exempla certius quam libri per-
58 docent. Prodierunt prętereà † Imperatores
multi, potissimũ Carolus Rom. Imp. quin-
tus, & Philippus Rex Hispanię Caroli pater
in suis diplom. editis Mechliniæ anno 1506.
salubria Reipubl. edicta de validis mendi-
cantibus. Verùm multorum Iudicum in-
ertia, quosuis & vbilibet locorum mendi-
care permittit, qui eleemosynis non egent,
sed ociũ duntaxat sectantur & voluptates,
& vbicunq; pulchrã interim occasionẽ nã-
ciscũtur, ibi ne à maleficiis quidẽ temperãt,
quorum maleficiorũ causam præbent Of-
ficiariorũ supina inertia, & corrigendorum
pauperũ pertinax tædiũ. Optarem hìc no-
stram Christianorum pietatem æquiparari
posse Turcis & Ethnicis, apud quos nulli
fas est ita mendicare ostiatim, sed vnaquæ-
que ciuitas suos alit pauperes, & vere pau-
peres. Ociosos autem cogunt ad labores.
59 Qua in re † mihi magnopere laudãdę sunt
Brugæ, mea dulcissima patria, in qua insti-
tutæ sunt duæ clarissimę piissimęque scho-
læ: puellorum vna, puellarumque altera:
quibus præsunt decẽ præstantes viri recto-
res: illis sex, his verò quatuor. In has scholas
ciuita-

ciuitatis pauperes & penè platearum fæces
deducuntur, qui ibidem aluntur, vestiuntur, docentur, & pro naturæ dotibus instituuntur, donec adoleuerint. Adulti verò
alii traduntur mercatoribus canonicis, mechanicis, alii liberalioribus studiis, postea
altioribus facultatibus & disciplinis Puellę
in honestas familias seruituræ traduntur.
Nec ab his manus auxiliares Rectores retrahunt, priusquam ad matrimonium elocentur, aut ad statum perfectionis prouecti fuerint. Vnde contingit ex hisce scholis
emergere multos viros probos, bonos ciues, mercatores diuites, sacerdotes, Canonicos, imò & Abbates. Ex altera matronas
honestas, & aliquando religiosas, Abbatissas. Qui fortassis omnes sine harum scholarum institutione & auxilio ad nequissima peruenissent: alii ad furta, alii ad latrocinia, alii ad alia atq; alia maleficiorum genera. Puellæ quoq; aut ad furta, aut ad mēdicitatē, aut ad lupanaria, quæ istarū scholarum ope ad honestissima feliciter cōscenderunt. Quæ quidem scholarum institutio ita pia omnibus visa est, vt eam plures
huius regionis ciuitates imitari studuerint.
Imò & ipsa Francia easdem æmulari cœperit, forma & institutionibus à Brugensibus expetitis. Prioribus in editionibus &
exemplarib. omisi vnam quæstiunculam,
huic materiæ minime inconuenientem:
quam hîc inserere cupio paucis, & remissiue.
60 Vtrum fur † magis sit censendus, qui
modicū, aut qui magna furatur ac diripit?
Pro breui decisione eiusdem, quemadmodum dicimus illū magis ebrium, qui quolibet vino, quam qui optimo inebriatur, ita
& cupidum eum potissimū, qui ne minima
quidem rapere omittit. Nam qui maxima
diripit, minima fortasse contemnet: qui autem parua non despicit, quomodo his maiora nō despiciet? Fur igitur hic magis quā
ille est. Nam qui non aspernatur argentum,
nunquam profecto aurum aspernabitur.
Cui mirum in modum concinit text. in c.
vltimo. 14. q. 6. Huiusq; meminit D. Andr.
Tiraquellus De legib. connubial. lib. secunda lege connubiali. nu. 8. fol. 15. Nonnullas
hîc subnectere quæstiones decreui proposi-
61 to admodū seruientes. † Nempe, Furtū an
sit casus fortuitus, & cōputetur inter casus
fortuitos? Legistę tenent quod nō, secundū
Io. Andr. nisi quādo fit à persona cōuincta,
vel tali, de qua diligētissimus nō suspicaretur. l. Eum qui emit. §. Idem scribit, ff. de
furt. Huius meminit D. Iohannes Gaufredus, in sua 2. parte Collectarii, c. vnico. nu-
62 mero 12. de commodato. Item: Furtum †
vnicum, & magnum an æquipolleat tribus
furtis? Huic quæstioni respōdetur affirmatiue, quod sic. vt licet videre in decisionib.
aureis D. Boerii, q. 173. nu. 5. parte 1. fol. 286.
per text. in Authentic. Sed nouo iure, in fi.
C. de seruis fugitiuis argumento l. Si is qui
tres, ff de excusat. tuto. quem videndū nec
63 dissuadeo. Item: Frangens † ostia meretricis causa libidinis, an teneatur de furto
inde secuto? Huic q. satisfacere videtur D.
Ioan. Gaufred. in suo collectario iuris, in c.
Dilectus, lib. 1. n. 2. de rescript. Dicens quod
verū est, vt nō cōueniatur actione furti, sed
poterit cōueniri actione iniuriarū, nisi damna resarciat. vt notat Io Andr. de reg. iur.
Imputari. Et idē D Ioan. Gauf. in c. Si quis,
64 n. 2. de furt. & c. 1. in Clemēt. Item. Furari †
rē furatā à fure an liceat? Respōdendū, quod
nō, nisi vt domino restituatur, quo casu nō
est furtū ita tenet, & notat D. Host. de pœn.
& re. in summa, § Quilibet, & qualiter. vers.
Sed nūquid. & idē allegat D. Ioan Gaufred.
65 in suo collectario, lib. 5. n. 2. de furt. Itē: Fur †
an prę sumatur, penes quē res furtiua est inuēta: & vtrū cōtra eū possit agi actione furti?
videtur quod sic. vt notatur per D. Barto. &
alios. in l. 2. incip. Inciuilē C de furt. & seruo
corrup. Horū etiā meminit D Ioa. Gaufred.
in 2. parte Collectarii, n. 2. de furt. Et D. Bart.
in d l. Inciuilē, quærit, Vtrū ille qui emit à
fure, præsumatur sciēs & particeps fraudis?
gl. dicit ꝙ nō, ꝓpter vnā emtionē, sed si hoc

frequentaret secus. Bart. dicit in d. l. Inciuilem, num. 2. inspiciendum esse pro quanto precio emerit, &c, vtrum clam, aut palam emerit; & sic ex istis, aut similibus indiciis dolus perpenditur, l. Dolus, C. de dolo. I-
66 tem, Furtum † an cõmittant domini temporales, capiẽtes res commissas per naufragium, id est, naues fractas? Dicendũ quod licite capere possunt, sicut in pluribus de fa-
67 cto seruatur. Videtur tamen quod † non, vt scribit D. Ioan. Gaufred. in suo Collectario, super Decretalibus, in c. Excommunicationi, ext. de raptorib. & incendiar. vbi nota-
68 tur. Quod qui † spoliant patientes naufragium, sunt excommunicati; cum non sit
69 afflictis † addenda afflictio. Nec fiscus † e-
70 tiam sibi aliquid vendicet in calamitate alterius, l. 1. C. De naufragiis, lib. 11. & idem Ioan Gaufred. in c. Qui cum fure, ext. de furt. Ad quod etiam vide quod notatur in c. Dispensationes, 1. q. 7. Antequam huic capiti finem imponam, sequentia nequaquam inutilia, sed summe notanda adhuc
71 addere proposui: nempe, Vxor † an & quãdo eleemosynam pauperibus largiri seu facere, sine consensu ac licentia, viri siue mariti? Vt huic quæstioni faciam vtrumque satis, paucis apparet mihi dicendum & scribendum conformiter vt tenet D. Hostiens. in summa, de pœnitẽt. & remiss. in § quib. & qualiter, in ver. quid de facientibus eleemosynam, & post eum. D. Panorm. in c. Si quis, extra, de furt. Quod aut vxor vltra dotem habet alia bona; & tunc de eis potest facere eleemosynam; quia de illis maritus non potest se intromittere, contradicente vxore, l. hac lege, C. de pactis conuentis, extra, & l. Maritus, C de procurator. Aut non habet alia bona vltra dotem, & tunc contradicente marito non potest facere eleemosynam, quia dominium rei dotalis pertinet ad maritum constante matrimonio, l. Doce, C de rei vendicat. & si facit eleemosynã vnde & de quo non potest, censetur furtum aut saltem speciem furti committere. Sed si maritus non contradicit, potest facere eleemosynam conformando conscientiam ad voluntatem mariti; quasi dicat, quod facit illam quam præsumit maritum velle, non
72 aliam: Et est ratio, quia † de reb. alienis non licite facit quis eleemosynam, c. Non est putanda, 1. q. 1. & pro prædictis alleg. text. expressum cum glossa in c. Quod Deo, 33. q. 5. Huius q. etiam meminit, & aliarum, vt infra dicetur, D. Andreas Tiraquell. in suis commentariis, De legibus connubialib. & de iure maritali, 15. lege connubiali, gloss. 3. pag. 190. num. 192. vbi etiam ponit & examinat sequentes quæstiones, hac sequenti tabula comprehensas, quas lector ibi videre poterit, caussa euitandæ prolixitatis hîc omissas, num. 190, 191, 192, 193, 194, &c.

Vxor an { Possit facere eleemosynam.
73 Possit commodare, remissiue.
74 Posit litigare, remisiue.
75 Posit compromittere, remisiue
76 Posit alienare, quod alienari est prohibitum, remisiue. } sine consensu mariti.

CAPVT CXIII.

De Sacrilegio.

Summæ rerum tractatarum in Commentariis CAP. 113.

1 *Sacrilegium furtorum execrandissimum.*

Sacri-

2 *Sacrilegium est triplex* { *Rei sacra de loco sacro, propriè.* / *Rei sacra de loco non sacro, impropriè.* / *Rei non sacra de loco sacro, impropriissime.* }

3 *Sacrilegii proprii definitio.*

4 *In sacrilegio quam rem dicamus sacram.*

5 *Sacrilegium proprium punitur, vel* { *Laqueo.* / *Gladio.* / *Igne.* / *Bestiarum deuoratione.* }

6 *Sacrilegium improprium punitur* { *Præcisione pugni, vel Perpetuo exilio* } *ex iure.* / *Laqueo vel gladio ex consuetudinaria lege.* }

7 *Sacrilegium maxime improprium punitur, vel* { *Laqueo.* / *Gladio.* }

8 *Generalis sacrilegii punitio.*

9 *Sacrilegus nullam meretur veniam.*

10 *Quid sacrilegium excuset.*

11 12. *Sacrilegii punitio apud Ethnicos.*

13 *Carolus Imper. de capitalibus iudiciis.*

14 *Sacrilegium apud Canonistas est quadruplex,* { *Rei sacra è loco sacro.* / *Rei sacra è loco non sacro.* / *Rei non sacra, è loco sacro.* / *Violenta in clericum manus iniectio.* }

15 *Pœna canonum in sacrilegos nimis laxa.*

16 *Sacrilegus non fruitur loci sacri præsidio.*

17 *Sacrilegus semel, Ecclesiæ tutela indignus perpetuo.*

1 INter † furta materialia (Spiritualia præcipuè punit Deus, aut Iudex ecclesiasticus, nempe confessor) execrandissimum est Sa-
2 crilegium. Quodque fit tripliciter: † nempe quãdo sacrum de sacro, vel sacrum de nõ sacro: vel non sacrum de sacro aufertur, seu furto tollitur, c. Si quis cõtumax, & c. Quisquis, versus medium, 17. q. 4. & gloss. in c. Sacrilegium eadem Caussa & Quæstione, & in l. Sacrilegii pœnam, & l. Sacrilegi capite, & ibi gloss. & in l Diui, & ibi Bart. ff. ad l. Iulia. pecula. & Abb. Sicul. in c. Cæterum, co-
3 lum. 5. de Iudic. Hæc autem triplicia † sacrilegia nõ æque enormia, sed verum siue proprium sacrilegium de iure ciuili est, quod primum posuimus: hoc est, quando aufertur res sacra de loco sacro, vt notatur, in d. l. Sacrilegii pœnam, & l. Sacrilegi capite, & l. Diui, præcitatis, & ibi Dynus, Bart. & Alberic. de Rosa. quamuis de iure Canonico sufficiat alterum (& si minus proprie) d. can. Quisquis, & gloss. & Doct. in c. Conquesti, de sentent. excommunicationis. Porro rem
4 sacram † hîc intellige, non tantum ipsa Sacramenta, sed ipsa Sacramentorum vascula, vel aurea, vel argentea, seu monstrantias, in quibus est sanctum & venerabile Sacramentum altaris, seu Eucharistiæ, aut in quibus solet quiescere, & quęcunque alia ad sacrorum vsum potissimum dedicata, veluti ciboria, phialas, capsulas aureas vel argenteas, calices, patinas, feretra, libros, ornamenta, mappas, linteamina altarium, mantilia, cortinas, cæram, candelabra eburnea,

ærea, aut cryſtallina, gazophylacium aut ar-
cula, in quam ſacræ eleemoſynæ coniiciun-
tur. Hoc ſacrilegium leges ſeueriſſime pu-
5 niunt. Nam † quiſquis vllam dictarum re-
rum eccleſiaſticarum furatur è templis: is
puniẽdus eſt aut igne, aut gladio, aut ſuſpẽ-
dio, aut beſtiarum deuoratione, ad arbitriũ
Iudicis, d. l. Sacrilegii pœnam. Quiſquis
6 † vero ſacrilegium improprium commit-
tit, hoc eſt, qui vlla bona eccleſiaſtica furatur
extra templa, aut extra ſacrorum locorum
ſepta: is iuxta iurium conſtitutiones ple-
ctendus eſt abſciſſione pugni, ſeu manus
amputatione, aut perpetuo exilio arbitrio
iudicantis, l. Lege Iulia, §. Mandatis, ff. ad l.
Iul. pecul. Conſuetudo tamen (quæ opti-
ma legum interpres, necnon pro lege habẽ-
da eſt, l. 1. & per totum tit. & ibi ſcrib. Cod.
quæ ſit longa conſuetudo) eoſdem pariter
damnat laqueo, aut gladio, vt ſuperiores.
7 Porro quiſquis † vlla bona non ſacra fura-
tur, è loco ſacro: is quoq; patibuli damna-
tur ſuſpendio, aut gladio conſumitur. Nam
etſi ipſa bona ablata ſacra non fuerint, locus
tamen vnde ſuſtulerat, ſacer eſt quem furto
violat & contaminat: ob quam cõtamina-
tionem & violationem irreuerentem (li-
cet improprie) etiam ſacrilegus vocatur, &
vt verus ſacrilegus punitur. Sic qui è tem-
plis aut ex aliis locis ſacris furatur, vt è ſepul-
chris mortuorum cadauera, aut ciſtam mor
tuariam, vel linteamina & ſimilia: is quoq;
ſacrilegus cenſetur, & crucis ſuſpendio, aut
gladio (vt cæteri) damnatur, l. fin. ff. de
ſepul. violat. cum diſtinctione tamen, vt i-
8 bi. Cæterum in genere † ſacrilegium (vt de-
nuo repetam) ſecundum iura vario modo
punitur; nempe aut gladio, aut laqueo, aut
igni, aut proiectione ante feras, vt ab iis de-
uorentur, ſicut videre eſt in l. Sacrilegii, ff.
ad l. Iuliam peculat. Et quia præfatum cri-
men ſacrilegii furto maius ac grauius eſt, d.
l. Sacrilegii, poſt princip. & l. Aut facta, §.
Locus, ff. de pœn. ideo omnis pœna, quæ in
furto per legem municipalẽ ſtatuitur, mul-
to magis locum habet in ſacrilegio: quia
quod pluris eſt, vtique tanti eſt, l. Cum fur-
ti, ff. de in lit. iuran. tenet Baldus in l. Si nõ-
dum, verſic. Sed nunquid ſacrilegium, C. de
9 furt. Quocirca † etiam huiuſmodi ſacrile-
gia minus indulgẽtiæ, minus veniæ ſeu mi-
ſericordiæ merẽtur, quam furta rerum pro-
fanarum. Furta tamen in ſacris locis facta,
10 † hoc eſt, ſacrilegia, excuſantur etiam famis
neceſſitate, iuuentute, & ætatis vel ſimpli-
citatis imperitia, ſi modo legitime, ac vere
de iſtorum aliquo conſtet: In his enim agẽ-
dum eſt per omnia excuſantia, ſicut in pro-
fanis furtis prædictum eſt. Nec obliuiſcen-
11 dum † hoc capite cenſuimus, in ſacrilegos
etiam apud Ethnicos ſeuere animaduerſum
fuiſſe: ſicut de Phaleco Phocenſium ducto-
re legimus: qui quum furti inſimularetur,
& quod multas è ſacris pecuniis ſibi vendi-
caſſe traduceretur, ex Imperatoria dignita-
te, quam gerebat, prorſus excidit. Nam poſt-
quam ſacrilegii fama deprauatior fieret, tri-
bus delectis ducibꝰ, Dinocrate, Callia, & So-
phane ſacrarum pecuniarũ quæſtio eſt habi-
ta, qui cum ab iis, qui eas adminiſtrauerant,
rationem repoſcerent, & ii reddere eam ne-
quiſſent, eos maximo cruciatu adfectos, re-
ſtitutiſque quæ ex furto ſupererant, morte
acerba tandem mulctarunt. Habentur au-
12 tẽ paſſim multo † plura apud authores exẽ-
pla de ſacrilegorum pœnis, atq; adeo à diis
ipſis etiam quos depeculati fuerant, infli-
ctis. Hinc Menelaus apud Libanium: Vides
(inquit) impune nõ eſſe ſacrilegis, res Deo-
rum ſuſtuliſſe? vti eleganter commemorat
D. Iuſtinus Goblerus Goarinus, Iurecõſul-
tus nequaquam incelebris, & variæ multę-
quæ lectionis in ſuis Commentariis (quæ
ſumma cum laude edidit) ſuper conſtitu-
tione Auguſtiſſimi Imperatoris Caroli V.
13 † de Capitalibus iudiciis. De Iure autẽ Ca-
14 nonico, † ſacrilegium dicitur committi in
omnibus caſibus prædictis, quibus etiam
addunt quartũ, quoties quis manus impias
mittit in clericum vel monachum, c. Si quis
con-

CXIII. De sacrilegio

cōtumax, c. Quisquis inuentus, &c. Si quis
15 suadente, 17. q. 4. Pœna † autem Iure Canonico imponitur, scilicet quod post trinā admonitionem excommunicandus est, vt vult gloss. in d. c. Quisquis inuentus, §. Si quis domū, 17. q. 4. In quo miranda est immodica Canonum laxitas, qui in tanto scelere, tam mitē pœnam imponant, qua malum foueant potius & excusent, quam corrigant aut puniant, sicut etiā sentit d. gloss. Antequam hanc sacrilegii materiam deseramus, explicanda sunt nobis duo dubia satis
16 tis familiaria. Quorum prius est, † An sacrilegus gaudere possit immunitate Ecclesiæ, aut cœmiterii? huic dubio omissis variis argumentis in vtramq; partem, respondendū est, Sacrilegum nusquā sacrorum locorum tutū esse, nec vspiam debere gaudere Ecclesiæ, aut cœmeterii immunitate, c. Frater, 17. q. 4. propter quod dicit text. ibi in c. Sicut, Quod sicut maius peccatū est, quod in Deū committitur, quam quod in hominem: sic grauius est sacrilegum agere, quā fornicari, vt ibi, huc facit c. fin. iuncta gl. in verb. Quo faciunt se indignos. ext. de immunita. Eccles. & ibi Panor. l. Si quis in hoc genus. C.
17 de episco. & cleric. Alterum † dubium fuerit; An sacrilegium semel committēs, postea in aliis delictis vti possit Ecclesiæ aut cœmeterii immunitate? vel sic; An qui semel sacrilegium cōmiserit in Ecclesia vel cœmeterio, de quo non fuerat punitus, ob aliud prius, vel posterius delictum per eum commissum, fugiat ad Ecclesiam aut cœmeterium, gaudere debeat illius immunitate, vel locum habere debeat c. Inter alia, ext. de immunitat. ecclesię? Quam quidem quæstionem vtrinque examinauit & affirmatiue & negatiue D. Nicolaus Boerius in suis decisionibus aureis, q. 110 Et tandem negatiuam partem probat magis, dicens ita determinasse decision. Capel. Tolosa. 422. in princ. talem non debere gaudere, per text. in c. Ad episcopos, cum seq. 17. q. 4. & d. c. fin. extr. de immunita. eccles. & ibi tenere videtur Abb. Siculus, quia puniri debet in eo in quo deliquit; frustra enim legis auxilium implorat, qui committit in legem, & per consequens, contra Ecclesiam. Fridericus Schenck primo Tomo viridarii conclusionum Iuridicarum, conclusione 8. &c. Possem ipse quidem non pauca huic materię & capitulo non incōuenientia inserere, nempe quæ certa cognitione ab ipsis sacrilegis maleficis didici & intellexi, veluti quibus modis, qua arte, & quo pacto multi sacrilegi aperire consueuerint, sine sono etiam aut quasi templa, priuatas ædes, claustra, & portas. Verū ne hęc docere velle videamur, hoc præcipue corruptissimo seculo, ea omnia consulto subticere malui. Reliqua videte locis citatis.

CAPVT CXIIII.

De crimine expilatæ hæreditatis.

Summæ rerum tractatarum in Comment. CAP. 114.

1 *Crimen expilatæ hæreditatis quid.*
2 *Expilator hæreditatis punitur perpetuo exilio, aut pœna arbitraria.*
3 *Expilatorem non excusat ignorantia veri domini.*
4 *Expilator scit bona expilanda non esse sua.*
5 *Bona expilata sunt hæredibus omnibus communia.*
6 *Possidens, hæredes fraudans, perdit ius bonorum suppressorum.*
7 *Expilati cuiusdam Aurelianensis luctuosum exemplum.*

ALiud quoque furti genus est, & peculiari nomine à reliquis distinctū: nem-
1 pe † furtum luctuarium, sic vtique dictum, quod in domibus luctuum, siue in ædi...

mortuariis, seu in hæreditatibus fere contingat: ideoque iura vocant crimen expilatæ hæreditatis, vt ff. & Cod. eisdem titulis, de crimine expilatæ hæreditatis. Id igitur crimen vt nefarium est, & iuri naturę repugnans, ita sua punitione non caret. Quis-
2 quis enim furtum † luctuarium, hoc est crimen expilatæ hæreditatis committit, id est, qui domibus mortuariis aliqua bona necdũ diuisione hæreditaria partita, aut clam, aut vi sustollit: is puniendus est & coercendus extra ordinem perpetuo exilio, aut alia Iudicis pœna arbitraria, iuxta qualitatem personæ, & circunstantias facti, l. 1 ff. eod. tit.
3 Nec expilatori † patrocinatur, si dicat bona hæreditaria seu luctuariæ domus adhuc fuisse hęredibus communia, & ex æquo adhuc esse omniũ, vtpote nulla partitione seu diuisione facta singulis esse distributa: eoque nõdum constare, cuius bona abstulerit, aut cuius partem eripuerit: licèt enim de certitudine domini necdum constiterit, à quo abstulisset: de certitudine tamen & expilationis commissæ, & expilatoris committentis, certissime constitit. Atque ipsi expilan-
4 ti † certo constabat, eadem ablata bona non esse sua: sed alterius, licet hic ipsi non innotuit. Neque hoc ipsi etiam sciendum fuerat, quum non tantũ sit prohibita expilatio domini cogniti, sed omnis expilatio atq; adeo omne furtum rerum alienarũ, hoc est, quæ nostræ non sunt. Atq; hic si quis mordicus vrgeret, & certitudinem certæ personæ adstruere vellet, vnde talia indistributa bona sint ablata, non video quid hac ignorantiæ caussatione suæ expilationi præstruere vellet: certo defendi posset, certoque constare
5 de quo ablatæ sint, nempe † ab hæreditate siue à domo mortuaria, & à communitate indiuisa: quæ simul coniuncta mortui personam vsque ad tempus partitionis siue di-
6 uisionis eatenus repręsentat. Cæterũ † possessor aut possidens mulier, si alter ipsorum ab obitu illius, cuius possessionem reseruat iuxta consuetudinem regionis, deprehensus fuerit parum fideliter bona omnia in apertum protulisse, nõ omnia certo scripto, hoc est, repertorio, redegisse sed quædam aut studio expilãdi subticuisse, aut suppressisset: is iuxta Brugensium ac aliorum nonnullorum consuetudinem aut priuilegium, eadem tacita & suppressa bona perdit. Quan-
7 tum † autem peccent in foro conscientiæ huiusmodi expilatores nefarii: hoc ipse vno exemplo satis didici, quum Aureliæ Iuri nauarem operam circa annũ Domini 1530. Vbi quidam vir honestus & Aurelianensis ciuis, in suburbio ciuitatis peste (quæ tunc ibi magnopere sæuiebat) correptus, eoque ab omnibus suis derelictus, ad sui curam & ministerium adiũxit sibi duas mulierculas mercenarias, & vnum virum laicum. Ingrauescente morbo, ecclesiasticis sacramentis se munire curauit, & testamento condito legauit pastori 20. francos pro certis aliquot missis, quos francos iussit Pastori recipere ex demonstrata arca quadam. Pastore isto digresso, ministri decumbentis coniunctis animis præmonstratam arcam adeunt, effringunt & pecuniam omnem repertam diripiunt. Decumbens autem semiuiuus, ac pene moribundus, ęquo diutiorem suorum moram admirans, in mediis ardoribus sese ex lecto nudum corripuit, pedetentim incedens quid sui molirẽtur perquisiturus. Cõperit autem suos diligentissimos in expilãdis suis scriniis. Quid multis? Hic moribũdus præ nimio tum pestis ardore, tum indignissimi facti furore & iracundia percitus, inde se per posticum subduxit, ad ciuitatem celerrime cucurrit, seseque (infandum) iuxta mœnia versus Ligerim fluuium in profundissimum puteum præcipitauit, in quo plusquam 2. menses corpus ipsius nullo sciente delituit, & computruit. Atque huius putei aquis ego & vicini omnes tanto tempore vsi fuimus, ex quo plurima incommoda postea subsecuta sunt, vt hinc aperte constet, quantum huiusmodi expilatores peccent, qui nõ solum suam mentem coinquinant, sed & alios plerunque in peiora mala pertrahunt.

CA-

CXIV. De crimine expilatae haereditatis

CXV. De abigeatu

CAPVT CXV.

De abigeatu.

Summæ rerum tractatarum in Commentariis CAP. 115.

1 *Furantes aut* { *10 oues, 4 porcos, equum vnum, bouem vel vaccam vnam* } *puniuntur in metallum, &c.*

2 *Dicta cum violentia furantes, puniuntur deuoratione bestiarum.*

3 *Abactores siue abigeos hospitio recipientes, puniuntur, vel* { *Relegatione 10. annorum, de iure. Ex consuetudine, etiam exilio 10. annorum.*

4 *Furantes aut* { *Anates, Anseres, Pauones, Gallinas,* } *puniuntur arbitrariè.*

ALia item occurrit furandi species, eaque admodum etiam frequens, nempe abigeatus: id est, de bestiis aliorum furto abducendis: atque hoc furtum etiam suam in Iure constitutam habet punitio-
1 nem. Nam † quisquis alicui pecora subtrahit, furatur & quodammodo deprædatur gregem & numerum 10. ouium aut 4. vel 5. porcorum, aut equum vnum, aut bouem, aut vaccam etiam vnam ex pascuis, vel armentis, aut gregibus: is pro vnico istarum rerum furto, iuxta iura puniendus in metallum, & in perpetuum exilium, l. 1. & 3. ff. de abigeis: secundum consuetudinem verò patriæ & iamdiu inolitam, puni-
2 tur laqueo & suspendio. Si autem † dicta pecora, vi & adhibitis armis abduxerit, secundum iura puniẽdus est proiectione ante bestias, siue bestiarum deuoratione, hoc est, damnatur bestiis, l. Abigeatus. ff. eod.
3 tit. de abigeis. Quin & ipsi qui † tales abigeos, hoc est, equorum, aut ouium, aut porcorum subtractores, & quodammodo deprædatores scientes, volentesque hospitio excipiunt, id est, receptatores abigeorum seu abactorum, & ita abscondunt, & quantum in ipsis est, tuentur & fauent: ii puniendi sunt relegatione decem annorum, l. fin. ff. de abigeis. Secundum verò patriæ consuetudinem & iamdiu etiam obseruatam, puniuntur exilio decem annorum.
4 Cæterum † quisquis subtrahit aut furatur aliorum anates, anseres, pauones, apes, gallinas, capos, pullos, cuniculos, idque genus alias domesticas bestias: is ob furti indignitatem puniendus est mulcta Iudicis arbitraria, iuxta qualitatem & circunstantiam facti & personæ. Hoc autem Abigeatus crimen quàm sit frequens & impunitum in nostro æuo, clarius ex ipsis factis, & damnis vbilibet locorum passis erit cernere, quàm ex libris discere, idque tempore pacis, & potissimum tempore belli, quando nefarii milites non solum ab hostib. (quod iure belli foret excusabile) bestias quascunq; abigunt & diripiunt, sed etiam à suis amicis, cuncta eripiunt, bestias abigunt ac nullum non detrimentum audacius inferunt, & liberius, quàm ipsis hostibus, quos vt hostes certius metuerent, ab amicis nihil periculi formidantes.

CAPVT CXVI.

De Furto incendiario.

Summæ rerum tractatarum in Commentariis CAP. 116.

1 *Furtum incendiarium vel in naufragio commissum quid?*
2 *Pœna furti incendiarii.*

ADhęc aliud quoq; speciale furtum nobis occurrit, quod peculiari loco & tēpore committitur: scilicet illud furtum, quod in incendiis committitur: quod certè detestandum est, vt quod maligno animo destinataque malitia & captata occa-
1 sione peragitur. Dum enim † alios incendio turbatos norunt, & rebus suis seruandis inuigilare sciunt: atque ob eam curam ad aliarum rerum diligentiorem curam præpeditos esse, maligni quidam furunculi suis quoque inuigilant commodis (vt putant) & in ea turbatione incendii, tū audacius, tum etiam liberius, tū incōsideratius, bona domus incensæ clam subripiūt & furantur: quod crimen sua punitione etiam
2 non vacat. Quandoquidem ii, † qui ita in incendiis aliorum bona furtim eripiūt, intra eundem annum puniendi sunt restitutione quadrupli: Post annum verò, restitutione simpli, l. In eum, & ibi Bald. & Salic. C. de furt. & ser. corrup. Iuxta consuetudinē verò puniēdi sunt laqueo: nēpe quòd tanto sit crimē enormius factū, quod simulādo amicū, & adiutoriū velle adferre alteri, factus sit callidus hostis, & fur nefarius. Idem quoque censendum est de iis qui simili modo bona naufragorum eripiunt, d. l. In eum.

CAPVT CXVII.

De Peculatu.

Summæ rerum tractatarum in Commentariis CAP. 117.

1 *Peculatus est furtum Principis vel Reipub.*
2 *Peculator puniendus est* { *Quadruplo, & exilio,* / *vel* / *Capitaliter.* }
3 *Peculator extra officium receptoratus, punitur laqueo.*
4 *Bonam Principis pecuniam commutans vitiosa, punitur vt depeculator.*
5 *Publicum censum seruans coniiciendus est in carcerem, vsq; ad restitutionē eiusdem.*
6 *Publicus thesaurarius studio quadam in ratione subticens, punitur* { *Quadruplo,* / *&* / *Exilio.* }
7 *Quæstores ærarii, qui militib. pro bonis pecuniis acceptis, dependunt malas, quomodo puniēdi sint.*

NEque hoc loco subticendum crimen
1 illud, quod peculatum † appellāt, hoc est, furtū aut Principis aut Reipublic. Quis-
2 quis † igitur in administrandis, aut dispensandis Principū bonis ita infideliter se gerit, vt eas pecunias furetur, aut clanculariis technis eripiat, aut ad proprium commodū abutatur, aut ad alios certè vsus, quàm ad vsum Principis: is puniendus quadruplo, & exilio. Imò iuxta multorum sententiam, puniendus est capitaliter, l. vnica, C. de cri-
3 mine peculat. Alius verò, cui † nulla commissa est Principis pecunia, qui audet tamen Principis aut bona aut pecuniam furto subducere: is puniēdus est laqueo & suspendio, vti fur alius. Porrò cui commissa est fide

CXVI. De furto incendiario

est fides & administratio alicuius ciuitatis
aut regionis, aut reipub. si is eiusdem pecu-
niam secum auferat, & ad alios vsus impē-
dat, quàm ad id ad quod ipsi delegatę sunt,
traditæ & cōmissæ, sine authoritate & con-
sensu magistratus: is (inquam) puniēdus est
restitutione quadrupli & perpetuo exilio:
4 Simili quoq; † modo damnandus est, qui
talem pecuniā cambit & cōmutat, eiusque
loco pecuniam deteriorem, aut bona magis
5 vitiosa restituit. Qui † autem quippiam
annuè Principi debet aut Reipub aut sàl-
tèm reipub. bona apud se reseruat, nec ea a-
pud alias Principis pecunias & thesauros
deponit in ciuitatibus & locis iis, quę ad hu-
iusmodi thesauros recipiendos sunt com-
missa: is comprehendi potest, & in carcere
detineri, donec diu illam seruatā pecuniā,
6 suo loco deposuerit. † Thesaurarius seu re-
ceptor verò, qui repertus est, parum fideli-
ter suum subduxisse calculum: sed certis de-
monstrationibus constat eum non omnia
scripsisse quæ receperat, sed eorum quędam
subticuisse: is puniendus est quadruplo, &
exilio. His seruiunt l. 2. 4 & l. Qui tabu-
7 lam, ff ad l. Iuli. peculat. Item philargyri †
illi, quos quotidie conspicimus plenis velis
tendere ad receptiones publicas, & ad The-

saurariatus Principum, vel alicuius reipub. aliâs per sese, aliâs intercessione amicorum, aliâs opibus & pecunia, aliâs verò vtroque modo, ea tantùm caussa, vt sibi quid lucri indè comparent, nempe vendendo bonas pecunias receptas & pro iis emendo aut adulterinas aut iniusti ponderis, quas misellis laboratoribus, Principum aut Ciuitatū nomine persoluant: quiq; in bellis quæstores ærarios agunt, vbi pro optima pecunia miseris militibus stipendia soluunt militaria pecunia pessima, iniquo & pōdere & auro (boni receptores à nobis non taxantur) quā pecuniā milites ipsi pro necessariis exponere nequeunt: Tales, inquam, omnes iniust receptores (quales ipse in bellis partim vidi, partim ex ore aliorum didici) puniendi essent, vti superiores omnes, de quibus antè multa diximus. In summa, quisquis alterius bona, qualia qualia ea sunt, contra voluntatē veri domini aufert, quocunq; modo id fiat: is certè furtum cōmittit, diuersum tamen, eoq; diuersimodè etiam puniendum, nempe aliud restitutione quadrupli vel dupli: aliud exilio: aliud laqueo: aut alio modo diuerso (vt dictum est) iuxta qualitatem facti, & personæ.

CAPVT CXVIII.

De Receptatoribus Furtorum.

Summæ rerum tractatarum in Commentariis CAP. 118.

1 *Receptatores furum, furibus nihilo meliores.*
2 *Receptatores furum, vt fures plectendi sunt.*
3 *Consilium furti non semper criminosum, scilicet in foro fori.*
4 *Cognatio & affinitas eleuant receptionis crimina.*
5 *Amicus non cogitur amicum furem officiario prodere.*
6 *Officiario inquisituro omnia recludenda sunt.*

SVnt multi quos aut pudet, aut qui metuūt maleficium committere, attamen quantū in se est maleficiū animo conceptū, & peccandi libidinē opere cōsummant, aut per se, aut per alium, quem in furto alunt, defendunt, iuuant, & ope succurrunt. Hi

1 † quoniam ipsis furibus nihilo sunt melio-
res imò aliqua in parte sceleratiores, quòd
2 eos (vt dixi) in furto alunt, & post † furtum
domo recipiūt aut tuentur: ideo tales quo-
que furum aut furtorū receptores nō secùs,
quàm ipsi fures commissarii plectēdi sunt:

imo omnes qui furibus vllum solatium, subsidium, consilium, aut iuuatorium famulatum præbent: aut furti fuere participes, aut furtiua bona in domum receperũt, aut ex iis cum furibus comessati sunt, scientes eos esse fures, & bona ea illata aliis furto esse ablata: tales (inquam) omnes simili pœna cum veris furibus plectendi sunt, arg.
3 l. 1. ff. de receptatoribus. De consilio † autem sic intellige: Neminem ob consilium furti sic criminaliter esse puniendũ, nisi certo constet, tale furtum ob alicuius cõsilium tantum esse commissum, adeo vt fur illud nunquam commisisset, nisi talis viri consilio fretus fuisset, can. Sicut dignum, § Qui vero extra, de homicid. l. Non solum § Si mandata, versic. Attilicinus, ff de iniur. ita notat Bart. in l. Sępe, ff. de verb. & rer. signi. Bald. in l. Ob hæc, col. 2. ff. de his qui notã. infam. Idem Bald. in l. Data opera, in 17. col. C. de his qui accusar. non possunt, & in can. Querelam, in fin. de elect. in antiq. Late & pulchre discutitur per D. Iacob. Boullenc. Ebroicensem Iuris vtriusq; prolytam, in sua excellentissima repetit. § Famosos, constituti in l. Capitalium, ff. de pœnis. Parentes
4 † verò, mariti, vxores, liberi, fratres, sorores, atque id genus reliqui consanguinei & affines, si alterius sui consanguinei, & affinis bona receperint hospitio: ii non sunt tam acriter ac seuere puniendi ac alii ignoti, & extranei, vel ipsis nulla affinitatis, aut consanguinitatis societate coniuncti, l. 2. ff. de receptator. nisi certe ipsi bonorum furtiuorum fuissent participes: lex enim naturæ (cui positiua omnia ancillantur) hoc suadet & dictat: vt amicus amicum, vt consanguineus consanguineum iuuet, liberet, & defendat, sicubi potest: hinc nota aliquid fieri ratione sanguinis, quod aliàs non fieret, l fin. §. penult. C. de codicill. l. quamuis, 2. C de adulter. l. 1 ff ad l. Iul repetund, l. 4. §. fin. ff. de re militar. cum sine numero simili iurib. Atque ex hoc hic alia na-
5 scitur quæstio: † An si quispiam post commissum furtum, ad amicum sese præsidii aut patrocinii caussa reciperet, ibique latitare vellet: an is (inquam) amicus deberet fugitiuum furem domi suæ latitantem siue latentem prodere officiario? Sed hic, si iura naturæ, imo iura etiam positiua respiciamus, dicemus neminem debere hoc dicere, nec posse compelli, vt furem clam domi suę latitantem proderet, nisi is velit ipse: licèt contrarium videatur de Iure Canonico cẽsendum in c. Qui cum fure, iuncta ibi gloss. ext. de furt. vt ibidem videre nec obscurum erit. Sed si officiarius in eadem domo vellet inquisitionem facere, nullo modo is amicus eam inquisitionem officiario denegare
6 poterit. Imo officiario † permissum est quibusuis in locis & domibus furtiua bona requirere, vbicunque vlla ducatur suspicione, ac vlla ei appareant indicia, & apud parẽtes, filios, filias, nepotes, affines, & apud omnes denique vbi ea bona seruari putabit, nec vllus eorum est, qui officiario domus apertionem denegare poterit, sed cogetur illi aperire omnes seras, cameras, cistas, omniaque secreta. Sine enim suspicione aut indiciis, hodie nõ potest quis cogi, vt permittat quẽ scrutari in domo sua, vtrum ibi sint res furtiuæ, siue furto subtractæ. Expedit enim patrifamilias, ne secreta patrimonii sui pandantur.

CAPVT CXIX.

De Furtorum Emptoribus.

Summæ rerum tractatarum in Commentariis. CAP. 119.

1 *Furtorum emptores, fures alunt in furto.*

In fin-

CXIX. De furtorum emptoribus

2 *In furtorum mercatores exclamatiuncula.*
3 *Furtorum emptores, vt fures ipsi puniendi.*
4 *Furta insciens emens, culpa vacat.*
5 *Furtorum emptione infamis cito labitur in priorem suspicionem.*
6 *Consilium, ne furtorum emptione suspecti in periculum incidant.*
7 *Fœneratorum priuilegia, ratione esse irrita.*

ALiud præterea furti crimen est, quo multi fures subsidiarii, suos fures in furto fortiter coadiuuant & alunt, & quo furibus fouendis commoditatem sane præ-
1 bent non inefficacem: non † quo fures, aut hospitio suscipiunt, aut bona eorum domi conseruant: sed quo bona eadem furto subducta à furibus ilico emunt, & prompta pecunia soluunt, nō iuxta rerum dignum precium, sed longe infra dimidiam precii dignitatē, ac valorem, vt iidem fures suis sarcinis, & prædis liberi, ad noua furta sese accingant: quæ ipsi rursum coemunt, & vili
2 quibusvis † distrahunt & diuendunt. O sceleratos mercatores, dignos vos censeo, qui cum vestris authoribus, & præraptoribus inter cęlum & terram semisaltum spectanti populo peragatis, vt tali spectaculo perterriti cæteri caueant ab huiusmodi furibus ablata furta coemere, & ipsis liberiorem furādi ansam suppeditare. Huic meæ sententiæ suffragantur Iura, & leges consuetudinarię:
3 quæ † iubent furtiuorum bonorum emtores, quique certo sciunt ea bona esse furata, pari pœna cum ipsis furib. esse plectendos.
4 Verum si ipsis non † constitisset de furtiuis bonis, putantibus se iustas mercari merces, quum vere furtiuæ fuerint: tunc non puniendi erunt vt principales fures. sed tantum restitutione rerum, citra vllum precium aut solutionem earum, l. Si mancipium, C. de rei vendic. & l. Inciuilem, & quę ibi tractantur, & l Eos, C. de furt. & ser. corrup. Sed hoc
5 notandum † est, si quādo reperta fuerint in alicuius viri domo vlla bona furata, qui aliquando talia bona furata emere consueuerit, aut hoc nomine male audiuerit, aut semel per iustitiā conuictus & damnatus fuerit: tum suspicio est, & iura censent, eadem furata bona, apud ipsum reperta, empta esse ab eo cum cōscientia, & certa notitia furti, etiamsi ita res se non haberet, nec ipse iuxta veritatem de furto cognouisset: Quocirca vt fur etiam puniretur, licet innocenter: nempe ob priorem suspicionem mali, d. l. Si mancipium & d l. Inciuilem. cum ibi nota-
6 tis per gloss. & Doct. Hinc † suaserim omnibus huiusmodi criminis nigrore semel cōmaculatis, vt in emēdis bonis diligenter inquirant, & certo sciant, vnde allata sint: aut certe (si aliunde viuere possint) vt plane ab eo exercitio sese abstineant, ne incauti & imprudentes in vllum periculum vitæ incurrant: nisi forsan ab eo singularis priuilegii gratia plane immunes sint & liberi. Sunt enim nonnullæ ciuitates, quibus à Principibus ea legata sunt priuilegia, vt nemo à talium ciuitatum ciuibus & mercatoribus reposcere possit vllā bona (quamuis etiā furtiua) quæ ipsi propalam & in publicis foris emerunt, aut quæ tribus continuis diebus ante ædes suas expenderunt venalia. Quia ipsis lombardis seu fœneratoribus priuilegio concessum est, nulla bona furto ablata reddere dominis aut possessoribus citra resolutionem prænumerati precii. Atq; hi omnes à dictis periculis sunt tutiores. Hoc tamen vltimum, non omnium sed paucorum tantum sententiis comprobatur: quare
7 ego quoque his minime adstipulor. Non † enim aliquo modo fundatum reperitur in Iure, vt fœneratores & vsurarii (qui sunt Reipublicæ pestes) deberent esse melioris conditionis quam alii boni ciues, aut etiam extranei probatæ alioqui vitæ. Atq; ob hoc, cum ciuitati Brugensi eram à consiliis, atq;

hic casus de vsurariis nobis occurreret, consului magistratibus, tales fœneratores in suo priuilegio audiendos non esse, sed contrarium esse iudicandum, quodq; rationi magis esset consentaneum.

CAPVT CXX.

De Repertis.

Summæ rerum tractatarum in Comment. CAP. 120.

1 *Reperta, eaque cognita sibi vsurpans, furtum committit.*
2 *Reperta nota sibi seruans, punitur arbitrarie.*
3 *Reperta reddenda sunt suo domino.*
4 *Repertori pro fida custodia debetur domini benignitas.*
5 *Reperta incognita reddenda Episcopo.*
6 *Reperta incognita seruari possunt à repertore paupere.*

ALiud quoque est furti genus, non quo
animo furādi aliorum res furatum ab-
is, aut quo cum furibus fias particeps, aut
eos recipias, sed quo aliena tibi, fortuito ob-
lata, pro tuis vsurpas, hoc est, quando quis
1 inuentis vtitur vt suis. † Quisquis igitur
alterius casu reperit togam, tunicam, ve-
stem, zonam, crumenam, aut aliud quid
alterius, quod suum non esse cognoscit, nec
2 id profert in propatulum, & notitiam: † is
furtum committit, & puniendus est arbi-
trarie, l. Falsus, §. Qui alienum, ff. de fur-
tis, Chassan. in tit. *Des Iustices & droictz
d'icelles*, §. 3. in fin. super Consuetudinibus
Burgundiæ, c. Si quid inuenisti, & c. Mul-
3 ti, 14. q. 5. † Verum si rem repertam debito
modo per indicia, & proclamationem ad
notitiam prouexerit: atque exinde venerit
is dominus & possessor qui eam perdidit,
tum inuentor vero possessori tradere cogi-
tur, si is bonis indiciis demonstrare poterit
sarcinam, vel rem amissam esse suam. †
4 Attamen à possessore reposcere & iure pete-
re potest numum honestum pro fidelitate
sua, & pro cura rei seruatæ, & bene custodi-
tæ. Sin autem repertori nullo modo consti-
terit, nec post debitam inquisitionem fa-
ctam constare potest, cuiusnam dicta bona
reperta fuerint: in eo casu forsan mouenda
esset quæstio, ad quem vsum is repertor ta-
lia bona impendere debeat, & cui reddere
debeat: An sibi seruare possit, an alteri tra-
dere: quum certum sit ea non esse sua, ideo-
que sibi etiam non esse seruanda videtur.
Sed huius dubii apertam solutionem tradit
5 Baldus in l 1. ff. de rerum diuisi. † Vbi vult
ea incognita bona in foro conscientiæ tra-
denda esse in manus Episcopi, vt ea per i-
psum distribuantur pauperibus, vt in Auth.
6 Omnes peregrini, C. communia, de suc. †
Si autem is repertor vere pauper esset, cen-
suerim eo in casu talē repertorem citra con-
scientiæ scrupulum sibi ad proprios vsus, &
eleemosynarū loco ea incognita bona posse
seruare. Interim tamen obligaretur ad per-
petuas preces fundendas pro salute amit-
tentis.

CAPVT CXXI.

De Falsis.

Summæ rerum tractatarum in Commentar. CAP. 121.

1 *R[illegible]ete corrumpere, furti genus est.*

Rem

CXX. De repertis

2 *Rem adulterans, committit crimen falsi.*

3 *Falsi crimen committitur*
- *Consensu.*
- *Verbis.*
- *Scriptis.*
- *Abusu.*
- *Silentio.*

1 SVbdolum † & occultum furandi genus est, rem aliquam falso, malitioso, & excogitato animo corrumpere, atque ita simplicis falsitatis fuco decipere. † Quisquis
2 igitur tales res externo quodam & apparente amictu adulterat & ad deceptionem corrumpit; is dicitur committere crimen falsi, vt colligitur ex l. Quid sit falsum, ff. eod. ad l. Cornel. de fals. & ex c. Tua nobis, ext. de offic. vica. faciunt quæ habentur in can.
3 Super literis, ext. de rescript. † Quod ferè quinque modis committere conspicimus, nempe consensu, verbis, scriptis, abusu, & silentio.

CAPVT CXXII.

De Falsitate per consensum.

Summæ rerum tractatarum in Comment. Cap. 121.

1 *Falsitas per consensum fit in contractibus.*

2 *Falsitas per consensum punitur &*
- *Criminaliter.*
- *Mulcta pecuniaria.*
- *Restitutione damni.*

1 FAlsitas † autem per consensum fit, quoties aliquem circumuenimus & fallimus per contractus, aut compacta fœdera. Veluti quando rem vnam bis diuendimus, iisque diuersis; aut quando rem aut fundum vendimus vni, & eundem rursum alteri in solutionem damus, aut hypothecamus, l. Qui duobus, ff. ad l. Cornel. de fals. gloss. in l. Stellionatus, ff. de cri. stellio. l. Si quis ex pignore, §. Sed etsi quis, ff. de pign. act.
2 † Istiusmodi autem falsitas, quæ contractibus committitur, aut consensu, punienda est criminaliter, cum mulcta, & cum restitutione damni & interesse ex eo orti, ad arbitrium Iudicis, per lecta & notata in l. Stellio, §. Pœna, ff de crim. stellionatus.

CAPVT CXXIII.

De falsitate in verbis.

Summæ rerum tractatarum in Commentar. Cap. 122.

1 *Falsitas verborum committitur quinque modis, falsa*
- *Suggestione.*
- *Denunciatione.*
- *Accusatione.*
- *Depositione.*
- *Condemnatione.*

2 *Falsa impetratio, subreptitia est & nulla.*
3 *Falsa accusans, tenetur restitutione damni.*
4 *Falsus testis punitur ciuiliter, vel criminaliter.*

5 *Falsus testis ad mortem alterius, punitur capitaliter.*
6 *Falsus testis coram commissario punitur arbitrarie.*
7 *Falsus testis offendit* { *Deum,* / *Iudicem,* / *Proximum.* } *ob quem punitur* { *Pœnitentia.* / *Infamia.* / *Varie.* }
8 *Falso iudicans &* { *Declaratur falsarius pub.* / *Punitur pœna arbitraria.* }

ALtera falsitatis species est, quæ verbis
seu dictis cõmittitur dolosis, & ad frau-
dem & circumuentionem alterius. Cõmit-
1 titur † autem huiusmodi verborum falsitas
fere quinque modis: nempe falsa suggestio-
ne: falsa denunciatione: falsa accusatione:
falsa depositione seu falso testimonio & fal-
2 sa iudicatione, vel condemnatione. † Quis-
quis à Principe aut Iudice impetrat quippiã
falsa suggestione, aut declaratione, illius im-
petratio & subreptitia & obreptitia est, dolo-
sa, falsa: atque ob id nulla, impetratumque
ipsius fit irritum: siue id sit remissio crimi-
nis, siue alterius cuiuspiam beneficii, aut of-
ficii impetratio potissimũ quum ex ea sug-
gestione ac persuasione fiat iniustitia parti,
contra quam persuadetur, l. Si quis obrepse-
rit ff. ad l. Cor. de fals. cum iurib per gloss. in
ea allegatis, & l. Maiorem, & l. Vbi falsi. C.
3 eod. tit. † Quisquis item falso aliquem ac-
cusat crimine, quod certa probatione stabi-
lire nõ potest: is quoque à sua cadit accusa-
tione, quę tã fit irrita, vt ob eam nõ probatã,
damnãdus sit ad reparationẽ & restitutionẽ
detrimẽtorum, nõ solum parti accusatę, sed
etiam fisco, ad discretionem & arbitriũ Iu-
dicis Similiter à sua falsa denunciatione ca-
dit, qui falsa denunciat: veluti executor, aut
commissarius, qui falsa exequitur, aut falsa
renunciat, vt in l. Lege Cornelia cauetur, §.
fin. ff eod. ad l. Corn de falsis. Huc faciunt
quæ traduntur per Doct. in l. 1. §. Incidit, ff.
4 ad S C. Turpilianum. Testis † vero qui fal-
sa testatur seu dicit, vel tacet veritatem vel
aliquid accepit ne ferret testimonium, pu-
nitur aut criminaliter aut ciuiliter, iuxta
qualitatem facti, l. 1 in princ. & § 1. & l. Fal-
si pœna, ff. ad l Corn. de fals. etiam si falsum
suum depositum nullum sortiatur effectũ.
per lecta & notata in c. 1. extr de crim. fals.
5 Sin † ob falsum ipsius testimonium res pro-
ducatur ad actum, adeo vt ob fidem ipsius
quis condemnetur ad mortem, is tunc fal-
sarius testis non solum puniendus est, vt de-
nunciator, vel testis falsus, sed vt proditor &
vt homicida, vti supra memoratum est cap.
6 de homicidio. Pari † ratione testis qui corã
commissario aliter deponit quam res conti-
git, & quam publice in plateis notum est, i-
mo secus, & contrario modo, quam prius in
plateis & corã se producturo locutus & pro-
fessus ac testatus est: is non solum punien-
dus est vt testis falsus, sed etiam vt deceptor,
& vt mẽtitor noxius, ad discretionem & ar-
bitrium Iudicis, pro qualitate facti. Præter-
7 ea signa † ex his quæ diximus pœnam falsi
testis esse triplicem, quia tres lædit: Primo
Deum: pro quo imponitur pœnitentia: Se-
cundo Iudicem: propterea fit infamis: Ter-
tio proximum, contra quem testificatur: &
8 punitur pro modo læsionis, d. c. 1. † Postre-
mo quisquis falso iudicat & ex malitia, vel
munere corruptus falsam fert sententiam:
is puniendus est de crimine falsi, & falsarius
declarandus, atque ampliori pœna insuper
mulctãdus, iuxta qualitatem & circunstan-
tiam personæ Iudicis offendentis, & perso-
næ offensæ, atque etiam magnitudinem
damni ex ea falsa sententia consecuti, l. 1. §.
Sed et si quis. vers Et qui Iudicem, ff eod tit.
de falsis: teneturq; homicidii, si homicidiũ
sequatur, quemadmodum supra memini-
mus in cap. de homicidio.

CAPVT CXXIV.

De Falsitate scriptorum.

Summæ rerum tractatarum in Commentariis CAP. 124.

1 *Falsitas in scriptis committitur, falsa*
- *Minutatione.*
- *In mundum redactione.*
- *Conscriptione*
  - *Instrumentorum.*
  - *Literarum.*
  - *Librorum.*
- *Litura, vel rasura.*
- *Subscriptione*

1 *Falsitas in scriptis committitur, falsa*
- *Sigillatione.*
- *Enarratione scriptorum.*

2 *Quando falsitas in scripto dicenda est.*

3

4 *Falsarius* { *Scriptor* / *Sigillator* / *Chirographi effictor* } *punitur exilio, infamia.*

5 *Scripta vitians in perniciem Ecclesiæ, punitur perpetuo exilio.*

6 *Scriba ad Principem scribere iussus & non faciens, punitur amputatione manus, aut exilio perpetuo.*

7

8 *Falsa scribens* { *Ex malitia* / *Ex ignorantia* / *Inualida* } *punitur* { *Amputatione manus.* / *Confiscatione bonorum.* / *Nunquam.* }

9

10 *In omni falsitate plectenda requiritur offensio, & damnum proximi.*

11 *Falsarius licèt non nocens, punitur aliquando arbitrariè.*

12 *Falsè sigillum effingens, punitur amputatione manus.*

13 *Rasura falsitatis crimen est.*

14 *Rasura maxime lædit in* { *Datis* / *Summis* / *Numeris* / *Locis* / *Nominibus* } *commutandis.*

15 { *Rasura* / *Illatinitas* / *Lingua peregrina* } *innoxia, nullum falsitatis crimen agnoscit.*

16 { *Rasura* / *Illatinitas* / *Lingua alia* } *aut* { *Veritatem corrumpens* / *Sensum mutans* / *Substantialia* } *falsitatem habet.*

17 *Falsificans literas Principum* { *Ex Cancellaria* / *Ex alio Concilio* } *punitur* { *Hic per magnum Concilium.* / *Hic per idem Concilium.* }

18

19 *Aliorum aperiens literas, punitur arbitrarie.*

20 *Assumptas literas non deferens, falsitatem committit.*

Kkk

ALia præterea falsitatis species est, quæ
ad scripta adulteranda & corrumpen-
1 da progreditur. In † scriptis enim falsitatis
crimen committitur variis modis: veluti
falsa componendo, minutando, in mun-
dum (vt loquuntur) redigendo. Item, in-
strumenta, registra, rationes, acta, libellos,
contestationes, cautiones, chirographa, e-
pistolas, scienter & dolo malo in fraudem
alterius lædendo, corrumpendo, mutãdo,
adiiciendo, demendo, radendo, delendo,
abolendo, falsè subscribendo, falsa sigilla
appendendo, aut dolosè aliorum chirogra-
pha effictè imitando, aut certè scripto com-
missa falsè enarrando: quæ omnia puniun-
tur l. Cornel. de fals. vt in l. 1. Qui testamen-
tum, l. Paulus, & l. Quid sit falsum, cum a-
liis, ff. ad l. Cor. de fals. In quibus omni-
2 bus † tum rem scriptam dicimus falsò vi-
tiatam esse, quando ea contra veritatem est
confecta, aut quando aliter se scriptum vel
sigillatum habet, quam veritas requirit, ita
vt ob talem falsitatem aliquis detrimẽtum
3 patiatur. Hoc † crimen grauiter iura pu-
niunt. Nam quisquis notarius, tabellarius,
secretarius, scriba, graphiarius, commissa-
rius, aliqua instrumenta, edicta, pronuncia-
ta, sententias, aut scripta, perperam, & ma-
lè falsoque scribit, exscribit aut mutat, aut
adiicit aliquid, aut aliquid demit, idq; stu-
dio & ex industria, ita vt ob eam falsitatem
aliquis detrimentum patiatur: is falsarius
quisquis fuerit, plectendus est exilio, & de-
clarandus infamis, & indignus postea o-
mni publico munere, & dignitate publica
fungi, cum publicatione bonorum, si liber
est: si seruus, vltimo supplicio, l. 1 §. fin. & ibi
Bart. & Hipp. ff. ad l. Cornel de fals. & §. I-
tem lex Cornelia, Institut. de public. iudic.
4 Eadem † quoque pœna mulctandus est,
quisquis suo Chirographo aut sigillo ali-
quid falsi cõfirmasse probatur, l. Lege Cor-
nelia testamentaria, ff. ad legem Corneliam
de fals. Nec vllũ est constituendũ discrimẽ,
an ea scripta sic adulterata publica sint, an
priuata: quum de vtrisque dicta falsificatio
æquè intelligatur, per lecta & notata in l.
Damus licentiam, C. ad l. Cornel. de fals.
5 Quisquis autem Scriba, † aut Notarius vl-
la scripta falsitate vitiat in perniciem & da-
mnum Ecclesiæ, is damnandus est exilio
6 perpetuo, vt suprà. Quisquis porrò † No-
tarius, Secretarius Scriba, aut similis, data
opera & ex malitia cessat ad Principem scri-
bere, quæ à Magistratu aut superiori suo in
mandatis habebat scribenda: ita vt ob eam
malitiosam obliuionem & negligentiam,
Princeps damnum aut interesse patiatur,
aut iacturam aliquam faciat: is neglector
seu potiùs contemptor suæ commissionis,
puniendus est amputatione pugni seu ma-
nus, vt multi autumant: Alii verò sunt,
qui eundem puniri volunt generali puni-
tione falsitatis, nempe perpetuo exilio, seu
pœna irreuocabilis exilii, cum confiscatio-
ne omnium bonorum, d. l. 1. §. fin. & l. Iu-
bemus. 2. §. His tabellionibus, in fin. C. de
7 sacrosanct. Ecclesia. † Si verò falsa quędam
conscripserit, è quibus Princeps aliquid cõ-
sequeretur incommodi, & præiudicii: is (si
talis falsitatis, & incommodi primam oc-
casionem dederit & author fuerit) puni-
endus est amputatione manus, per cap. Im-
perialem, §. Scriba. de prohib. alien. feu. per
Feder. quod sic habet: Scriba verò, qui hoc
instrumentum sciens conscripserit, post a-
missionem officii cum infamiæ periculo,
manum amittat: aut (vt multi censent) in-
8 cendio. Sin † falsa iam dicta quis conscri-
pserit ignoranter, illius falsitatis nullam
caussam, prębens, nec eam primò aut inue-
niens aut excogitans, aut primam occasio-
nem præbens: sed ob instantiam & gratiam
alicuius tantum conscribens, quasi prece,
aut pręmio, aut fauore cõductus & permo-
tus: is tum non punitur modis suprà me-
moratis, sed tantùm confiscatione bono-
rum. Sic Notarius, Scriba, aut Graphia-
rius, qui ex imprudentia, negligentia, aut
inertia (non ex malitia) falsitate scripturæ
suæ

suæ vllum in damnū aliquod deducit, cu-
ius negligentia sua in culpa est: is non puni-
tur criminaliter, sed tantum ciuiliter, hoc
est, tanti damni restitutione, & reparatione
omnium detrimentorum indè orientium.
9 Adde † si ex sua authoritate tantum literas
aut instrumenta conficiat, quæ nihili nul-
liusque sunt valoris, quęque in formalibus
aut substantialibus peccant & deficiunt: is
(quoniā culpa vacat) indemnis est, & nul-
lo modo puniendus: nulli enim tales literæ
obesse possunt, glossa ordinaria & ibi Doct.
in l. Damus, C. ad l. Cornel. de fals. Barto. in
l. 1. §. Qui in rationibus, eo. tit. quibus ser-
uit quod voluit Bald. in l. vnica, in 8 colum.
10 C. de confess. Quocirca hîc † notanda est in
materiis falsitatis regula certissima: quod
nunquam vlla punitur falsitas (in quacun-
que etiam specie committatur) nisi indè a-
liquod consurgat damnum, præiudicium,
iniuria, aut dedecus alterius, Bal in consilio
suo 14. incip. Filius fa. in 3. volu. Potest ta-
11 mē ipse † patrator & author falsitatis extra-
ordinariè puniri, ob suam malitiam & fal-
sitatem commissam, quæ natura talis est,
vt ex ea detrimenti, infamiæ, aut iniuriæ
quid oriri potuisset, tametsi non euenerit:
id enim non sibi suæque prudentiæ aut bo-
nitati asscribendū fuerit, sed fortunæ, imò
Deo, omnia suo arbitratu disponēte. Quis-
12 quis † porrò alienum chirographum aut si-
gillum callidè & dolosè effingit, ita vt hinc
aliquis vllum patiatur incommodum, ac
detrimētum, vel corporis, vel vitæ, aut bo-
norum: is multorum iudicio puniendus est
amputatione manus seu pugni: Secundum
consuetudinem verò palam ac publicè in-
stallandus est, & subrigendus in pelorinum
seu in meastrum: ac indè extra ditionem
seu territorium aut etiam prouinciam eii-
ciendus, id est, exilio damnandus, aut aliàs
iuxta conditionem qualitatemque delicti
13 plectendus. † Quin & rasura præiudicat, ac
falsitatis crimen in se complectitur, potissi-
mum quoties ob eam subuertitur aut con-
14 funditur veritas, quod facilè fit † in datis,
in summis, in numeris, in locis, in nomini-
bus commutandis, vnde alicui detrimen-
15 tum aliquod consurgit. Verùm † ea ra-
sura, aut literarum syllabarumve in literis,
aut libris omissio (idem censendum est de
illatinitate, & alia quauis barbara lingua)
16 nullam efficit falsitatem, nisi † cum tali ra-
sura, omissione, aut illatinitate, aut cum ac-
cita alia lingua, veritas prior, hoc est substā-
tia prioris rationis & sensus ipse prior, cor-
rumperetur, & in malum verteretur. Sic
etiam rasura illa quæ commissa est in nar-
ratione factorum, reddit instrumentum &
literas falsitatis suspectas, quod non efficit
ea rasura, quæ fit in narratione Iuris. Quis-
quis rasuram admittit in literis Principum,
17 easque † corrumpit aut falsificat, quæ ex i-
psius promanant Cancellaria: is puniendus
est per magnum suum Concilium, & mul-
ctæ omnes inde manantes ipsius sunt Can-
18 cellarii. Si verò illæ † Principum literæ pro-
ueniant rasuris adulteratæ, aut aliàs falsifi-
catæ ex aliis suis Conciliis, idem hoc Con-
cilium talis falsitatis ac rasurę notitiam, in-
quisitionem, & punitionem sibi assumeret,
& mulctæ ipsius essent Principis. † Quis-
19 quis prætereà alterius resignat aut recludit
improbè literas, eas legit, aut legendas tra-
dit, contentaque aliis prodit, ob quod vel
scriptor, vel is ad quem scribuntur literæ,
aliquid detrimenti, damni, aut verecundię
patitur: is certè falsitatem committit, &
20 puniendus est arbitrariè. Qui † item ta-
bellas alicui deferendas assumpsit, nec eas
fideliter reddit, aut non reddit, falsum in-
dubiè etiam committit, l. Titio, ff. ad mu-
nicipal. & l. 1, ff. ad l. Cornel. de fals. & ibi
Bartol.

CAPVT CXXV.

De falsitate per abusum.

Summæ rerum tractatarum in Commentariis CAP. 125.

1 *Falsitas per abusum fit in falsis* { *Mensuris. Ponderibus. Mercibus. Nominibus. Titulis. Dignitatibus. Pecuniis, monetis.* } { *Aureis. Argenteis. Literis Syngraphis. Relevationibus. Puerorum suppositionibus.* }

2
6 *Falsitas* { *Mensurarum, Ponderum, Mercium,* } *punitur &* { *Restitutione dupli. Exilio. Ieiunio 30. dierum, Canonice.* }

3 *Cereales cur apud Romanos creati.*

4 *Cerealium officium & vtilitas.*

5 *Ex* { *Falsis Propolis* } { *Ponderibus, Mensuris, Mercibus,* } *magnum accrescit Reip. dispendium.*

7 *Scienter aut* { *Emens Vendens* } { *quicquam iniustum, aut* { *Mensura, Pondere,* } *punitur &* { *Dupli restitutione. Relegatione.* }

8 *Commodans iniquas vel* { *Mensuras, Pondera,* } *tenetur restitutione damni.*

9 *Iniquas mensuras aut pondera* { *Faciens, Locans, Conducens, Vendens,* } *tenetur restitutione damni.*

10 *Assumpto, falsoq; dignitatis titulo fallens, punitur vt falsarius arbitrariè.*

11 *Nomen suum mutans aut* { *Ioco, Vt se liberet, Amicum defendat, Hostem fallat,* } *extra crimen est.*

12 *Argentarius argentea sua vitians, mouendus est suo opificio.*

13
13 *Vendens* { *Aurichalcum pro auro. Electrum pro argento, Falsificatos pannos,* } *mouendus est suo opificio, & merce priuandus.*
14

15 17. *Principis monetam falsificans, punitur vt falsarius & vt traditor.*

16 *Falsi monetarii puniuntur extremo supplicio.*

18 *Moneta Principis est, & Reip.*

19 *Secreta iuridicè commissa reuelans, punitur pœna falsi.*

20 *Falsis se defendens literis, punitur pœna falsi.*

21 S. spe-

21 *Suspectis se defendens litteris, nantizare debet.*

22 *Falsos supponens pueros, punitur* { *Pœna falsi.* / *Pelorino.* / *Sententia arbitraria.*

23 *Falsitas sæpe iterata punitur grauius.*

1 FAlsitas per abusum † fere fit in mensurando, ponderando, & mercando. Quisquis igitur falsitatem committit, malitiose & fraudulenter abutendo falsis mensuris, libris, ponderibus, stateris, bilancibus adulterinis, speciebus, aut aliis mercibus deprauatis seu corruptis, eaque ceu iusta vsurpando, & exponendo: is iuxta leges ciuiles pu-
2 niendus † est duplo, ac relegatione siue exilio, l. penult. ff. ad l. Corn. de fal. vbi Modestinus I C ait; Si venditor mensuras publice probatas frumenti, vini, vel cuiuslibet rei, aut emptor corruperit, dolove malo fraudem fecerit: quanti ea res est, eius duplo cōdemnatur; Decretoque Diui Adriani præceptum est, in insulam eos relegari, qui pōdera & mensuras falsificassent, & in l. Annonam, § Finali, ff. de extraordinar. criminibus. Salomon in Prouerbiis inquit; Pondus & statera iudicia Domini sunt. Aduersus igitur Dei ordinationem, ac iuxta ciuilem Magistratum delinquit, qui pondere &
3 statera abutitur. Quocirca † ne hac in re facilius peccaretur, duo olim Ædiles apud pop. Roman. à Iulio Cæsare creati sunt, qui Cereales appellabantur. Hi cibariorum & mensurarum habebant rationem, authoribus Fenestella & Halicarnasseo; Deinde officium ipsorum erat (vt scribit Satyricus) de mensura ius dicere, vasa minora fran-
4 gere, &c. Considerabant enim † hanc curam politicam (& certe res ita se habet) & istarum rerum diligentem obseruantiam, plurimum vtilitatis ad Rempubl. augendam & conseruandam conferre. Eam vero curam neglectam, Reipub. bono plurimum officere & detrimento esse. Quocirca optarim hanc curam (Romanorū exemplo) omnibus nostris Magistratibus inprimis esse cordi, & curæ; vt in his ponderibus, ac mensuris, paulo omnes essent oculatiores. Nam
5 † quum in his æquo plus videamus eorum torpere diligentiam, passim etiam conspicimus in nūdinis publicis, apud cauponas, & myropolas grandem ponderum & mensurarum abusum, sine fronte & metu legū, callidum talibus abusum cōmittentes furtum. Atque hinc præterea propolæ suum quæstum venantur, aliisq; mille similibus technis & excogitatis modis Remp. opprimunt, & rerum omnium carissimam annonā per magistratuū somnolentiam inferūt. sicut I. C. Paulus ait in Dardanarios, propter falsum mensurarum modum, ob vtilitatē popularis annonæ, pro modo admissi, extra ordinem vindicari, l. In Dardanarios, ff. de pœn. & facit l. Annonam attentare, per totum, ff. de extraord. criminib. l. Si mensor, in fin. ff Si mens. fals. mod. dixer. Secun-
6 dum Iura vero Canonica † punitur inedia & ieiunio, spacio triginta dierum, in pane & aqua, c. Vt mensuræ, ext. de empt. & vendit. Ex consuetudine vero punitur ea mulcta, quam leges municipales ad hoc crimē
7 statuerunt. Quisquis † autem emit aut vendit quicquam sciens volensq; iniqua mensura, aut iniusto pondere; is crimen furti committit, & punitur restitutione dupli, necnō relegatione, seu exilio, l. pen. & l. Annonam, §. fin. præcitatis. Sic qui † sciens
8 volensque commodato alteri dat iniquam mensuram, aut pondera iniqua, siue adulterina, ad aliquem fraudādum tenetur & obligatur ad reparationē damni personæ fraudatæ. Ideoque damnandus est restitutione omnium damnorum ex iis factorum. Simi-
9 li † quoque reparatione tenetur, quisquis iniquas mensuras, stateres, bilāces aut pon-

dera conficit, vendit, aut locat, siue ipsi de
iniquitate constiterit, siue non. De mensu-
rarum enim suarum & æquitate & iniqui-
tate prius cognoscere debet, antequam eas
aliis tribuat. Paria enim sunt in Iure scire,
& scire debere, vel scire posse, l. Quod te, ff.
Si cert. peta. notatur per gloss. in l. Qui cum
alio contrahit, ff de reg. iur. in fin. in verb.
eius, dum dicit parem esse culpā scire & scire
debere, & ibi Phil. Decius. Quin etiam pu-
niēdus est de falsitate, supra citatis iuribus.
11 Falsa enim mensura non est mensura, ac fal-
sum pondus nullum censendum est pōdus,
sicut adulterinus numus, aut falsus, nullus
est numus. Paria enim sunt non soluere. &
soluere reprobos numos, l. Eleganter §. Qui
reprobos, ff. de pignor. actio quemadmo-
dum paria sunt, non satisdare, vel non ido-
nee satisdare, l. Quotiens, ff. Qui satisdar.
cogant. & paria sunt non facere, & non de-
bite facere. Pro his videbis tractatum eximii
Doctoris Ioannis Regnaudi, de mensuris, &
cuius authoritate possint fieri. Alium quo-
que hic falsitatis abusum attende, qui fere
10 in officiis vsu venit. Quisquis † enim sese
abutitur in falsis ac mentitis officiis, aut si-
biipsi alios titulos dignitatum, & officio-
rum assumit quam habet: aut qui se gerit
pro alio commissario: aut se certa quædam
in mandatis habere iactat à Principe, atque
hæc omnia falsè & contra veritatem, vt hac
mentita fide, imo falsitate excogitata, alios
facilius fallat: is crimen falsi committit &
puniendus est, vt mentitor extraordinarie,
cum reparatione damni, l. Eos § fin ff. ad
l. Cornel. de fals. Si autem hæc fecisset mu-
nere, pecunia, aut precio corruptus, puni-
endus esset vt falsarius pœna falsi, l. 1. §. Sed
etsi quis ob renunciandum, ff ad l. Cornel.
de Fals. Si quis præterea falso abutatur, &
arroget sibi falso titulum militis, aut eque-
stris ordinis, aut Doctoris, aut Notarii: is
falsitatis crimen committit, d. l. Eos, §. fi-
nal. Sicut. Item ii, qui aliorum insignia,
arma aut titulos pro suis vsurpant: qui o-
mnes plectendi sunt pœna falsi, d. l. Eos, §.
fin. Quisquis nomen, cognomen, aut præ-
nomen suum mentitur, aliudque falsò si-
bi vsurpat, vt hoc nomine, cognomine, vel
prænomine alium circumueniat & fallat,
atque ex eo sequatur proximi detrimen-
tum vel impedimentum: is puniendus est
pœna falsi, aut arbitrarie, iuxta qualita-
tem & circumstantiam facti, & ad pruden-
tiam & discretionem Iudicis, l. Falsi nomi-
nis, ff. Ad l. Cornel. de fals. & l. vnica, Cod.
11 de mutat. nominis. † Sed hanc censu-
ram non meretur, quoties nomen suum
commutat, aut ioco, aut vt sese ita tutius
ex aliquo periculo liberet, aut sibi citra al-
terius detrimentum prosit, non autem ex
malitia, & lædendi libidine: vnicuique e-
nim permissum est suum nomen commu-
tare pro suo arbitratu, sine fraude, hoc est,
si hinc nemo vllum detrimentum patia-
tur, d. leg. vnica, Cod. de mutat. nominis.
Quandoquidem (vt dictum est) aut pro
defensione propria, aut pro defensione a-
micorum, aut ad fallendos hostes, aut cer-
to ioco aliud nomen falso assumere licet, ci-
tra vllum crimen, aut culpam: sicut qui in
theatris stultorum, morionum, aut alia-
rum personarum nomina sibi assumunt.
12 Argentarius † autem qui aurea seu argen-
tea sua peiori valore & precio & substantia
vitiat, & non æquat iuxta statuta seu or-
dinationes Principis sui vel ciuitatis suæ:
is puniendus est vt falsarius, & suo mouen-
dus opificio, veluti eo tractando & exer-
13 cendo indignus. Similem quoque † pœ-
nam subeat necesse est, quisquis aurichal-
cum vendit pro auro, aut electrum pro ar-
14 gento. Simili ratione textor † aut merca-
tor pannarius, qui falsa sigilla suis appen-
dit pānis, aut falsam panni tincturam ven-
dit pro bona, aut aliam quamuis falsita-
tem in panno dolose immittit contra iu-
ramentum suum, contra leges, regulas, &
statuta sui opificii & ciuitatis, in qua suam
artem exercet: is puniendus est vt falsarius,
&

CXXV. De falsitate per abusum

& sua priuandus negotiatione ac opificio: & ipsi panni præfati ita falsificati nonnunquam igni consumuntur: aliquando in varias diuersasque partes dissecantur, & scin-
15 duntur. Nummularii seu † monetarii ac monetales, aut quicunq; etiam argentarii, Principis monetam falsificantes, & adulterantes, non solum vt falsarii, sed etiam vt traditores puniendi sunt: vti sunt illi quoque qui nummos aut rasura, aut circuncisione, aut tinctura, vel aqua forti vitiant & leuiores reddunt. Hi si liberi sunt, bestiis subiiciuntur: &, si serui, vltimo sup-
16 plicio damnantur. Idemque de iis † qui falsam monetam percusserint, l. Qui falsam, ff. ad le. Cornel. de fals. vel adulterinos nummos conflauerint & fecerint, puta plumbeos vel stanneos, d. l. Qui falsam, & l. Quicunque, & l. Lege Cornel. testamentaria, ff. eodem titulo, ad l. Cornel. de fals. Huius criminis pœna abundantius etiam à nobis explicata est superius, in capite de monetæ adulteratoribus. Nec absimili ra-
17 tione † censendum etiam est de iis nummulariis, atque etiam de illis pestiferis mercatoribus (verius hac nostra tempestate vsurariis) quos nunc communi vocabulo financiarios vocant: qui studio & ex auaritia iusti ponderis nummos supponunt: eos clam circuncidunt, radunt, tingunt vel effingunt: & postea eos leuiores seu falsos effectos, in vulgus emittunt, crimen falsi etiam committunt, & puniendi sunt admodum grauiter, quoniam Rempublicam deprædantur, ac furantur; Impossibile enim est nummos omnes cudere eius-
18 dem ponderis. † Et moneta spectat ad populum generaliter, & ad nullos particulariter, id est, nummi leuiores applicandi sunt prælo aurario siue argentario, quod est vulgi, & totius est Reipubl. aut Principis; non autem nummulariorum, aut alicuius
19 particularis personæ. Item † Aduocati, Procuratores, Tutores, Curatores, Oratores, Secretarii, Scribæ, Graphiarii, atque id genus similes, qui secreta dominorum, pupillorum, adultorum, magistrorum suorum pandunt & propalant: aut qui instrumenta, literas, aut informationes ostendunt partibus aduersariis, ii puniendi sunt (quia falsarii) pœna falsi, l. 1. §. Is qui deposita: & ibi Bartolus & Scribentes, ff. ad l. Cornel. de fals. le. Si quis aliquid, §. In-
20 strumenta, ff. de pœn. Præterea † quisquis sciens & volens vtitur, & se defendit falsis literis, & instrumentis in iudicio: is quoque puniendus est pœna falsi: sed non tam enormiter, atque is qui eas literas confecit ac falsificauit, argument. l. Falsi, §. Ordine, ff. ad l. Cornel. de fals. Dominus Hippolyt. de Marsil in l. Eiusdem, in princip. & in l. fin. ff. ad l. Cornel. de sicar. No-
21 ta, Si quis † Reus à creditore pertractus in iudicium, se defenderet & expurgare niteretur syngraphis, vel obligationibus falsitatis suspectis: Iudex eundem Reum, eo casu constringeret consignare seu (vulgo) nantizare: atque tum de falsitate cognosceret, & inquisitionem faceret, idque iuxta stylum quarundam curiarum, atque omnes literas & omnia instrumenta, quæ ipse certo comperit esse falsa, sibi assumit &
22 seruat, igniquetradit. † Præterea mulier quæ falsitatem committit in suppositione vel commutatione partuum, siue puerorum, vnum partum aut puerum supponendo, alterius partus seu pueri loco: ea punienda est pœna falsi, & statuenda in pelorino siue meastro, hoc est, in loco aliquo editiori; vbi infamiæ, & dedecoris gratia, omnibus deridenda deponatur: deinde alia pœna Iudicis arbitraria, l. Qui falsam, & l. Lege Cornelia testamentaria, ff.
30 ad l. Corn. de fals. Postremo vbi † frequens huiusmodi deprauatio & falsitas increscerет, augereturque, vel morte etiam mulctari posset: frequentatio enim delictum auget, iuxta vulgatiss. ac tritiss. l. Aut facta, §. Nonnunquam. ff. de pœn. vbi Claudianus dicit, nonnunquam euenire vt ali-

quorum maleficiorum supplicia exacerbẽtur, quoties nimium multis personis grassantibus exemplo opus sit. Quod quidem etiam ideo faciendum est authore Vlpiano I.C. l. Si quis forte, §. Si ques, ad fin. ff de poen. vt exemplo deterriti, minus delinquant cæteri, l. Si quis seruo, in fin. C. de furt. & l. 1. C. ad l. Iul. repetund vbi sic textus habet, vt vnius pœna, metus possit esse multorum.

CAPVT CXXVI.

De falsitate per silentium.

Summæ rerum tractatarum in Commentariis CAP. 126.

1 *Non obsistentes malo, crimen incurrunt.*

2 *Testamenta vel codicillos* { *Comburens, Supprimens, Occultans.* } *punitur &* { *Pœna falsi. Exilio. Restitutione damnorum.*

3 *Aliorum literas supprimens, punitur reparatione damnorum omnium.*

4 *Libros mercatorum* { *Falsificans, Comburens, Radens, Lacerans,* } *punitur &* { *Pœna falsi. Restitutione damnorum.*

5 *Testis veritatem rogatam subticens, punitur pœna falsi.*

6 *Actio falsi nulli intenditur post viginti annos.*

7 *Omnis falsitas ex Iur.* { *Olim puniebatur exilio, & confiscatione bonorum. Hodie punitur tantum exilio.*

8 *Falsitatis punitio ex quorundam consuetudine.*

9 *Punitio in facie detestabilis.*

10 *Principis generalis remissio omnem excludit falsitatem.*

11 *Falsariis negatur remissio cum ingressu Principis.*

12 *In falsitatis crimine iudicando, magna habenda est obseruatio.*

13 *In falsitate, tam Reo, quam Actori permittenda est probatio.*

SIcut in foro conscientiæ non solum peccant, qui actu rem vetitam & illicitam perficiunt, sed etiam ii, qui aut factoribus consentiunt aut vllum subsidium præbent:
1 imo qui † iniquis factoribus non omnibus modis, quibus debent, obsistunt: & nefariũ ausum, quantum in se est, non voce, ac delatione impediunt: Ita in foro quoque ciuili criminis Reus est, qui falsitatem celat, premit, abscondit, ac tacet, & crimini sit obnoxius.
2 Quisquis igitur † alicuius testamentum aut codicillos, aliasque literas similes testamentarias comburit, supprimit, & occultat, ita vt ob hoc veritas testamenti ac codicillorum vim patiatur & in apertum non veniant: cuius causa aliquis detrimentum patiatur, is falsum committit, puniendusque est pœna falsi. & exilio & restitutione interesse in conscientia, l. Eum qui, C. ad l. Cor. de fals. l. Qui testamentum, l. Paulus, & l. Impuberem, § Qui codicillos, ff eod.
3 tit. Id non est intelligendum de iis, qui † alias quasuis literas, aut instrumenta reseruant & occultant: hi enim tantum ad restitutionem damni puniendi sunt, non autem criminaliter: nisi certe ex destinata malitia huius-

huiusmodi literas occultarent, ne scilicet
veritas vnquam emergeret:in hoc enim ca-
su falsitatem committeret,&puniendus es-
set pœna falsi,l. Eum qui,l. Qui testamen-
4 tum, & l.Paulus prænarratis.†Quisquis i-
tem vitiat,corrũpit,& falsificat libros mer-
catorum,aut eos comburit, aut ex iis pagi-
nas vel quaterniones excipit, aut quædam
substantialia litura quadam vel rasura tol-
lit,& veritatem obscurat, ne fides mercato-
ris, & veritas aliis innotesceret: is crimen
falsi committit,& plectẽdus est & falsi pœ-
na,& restitutione omnium damnorum, &
argu. d. l. Paulus. Testis item in iudicium
5 aut † apud Cõmissarium accitus,ibique ve-
ritatem quæsitam non clarè & plenè iuxta
interrogationem factam deponens & con-
testans, aut eam tacens:is quoque crimen
falsi committit, ob quod similiter pœna
falsi puniendus est, l. 1. §. Sed & si quis ob
renuntiandum, ff. ad l. Cor. de fals. Bart. &
Bald.in l.Presbyteri, C de Episcopis & cler.
& Hippo. de Marsi.in l Si in rixa, numero 9.
6 ff.ad l. Cor. de sicar. Hanc autem † actio-
nem falsi,de qua iura loquuntur, intelligas
oportet, non durare vltra viginti annos,ita
vt nemo eam alteri intendere posset post
annos viginti,singulari l. Querela, ff. ad l.
Cor.de fal. Atque hoc summopere obser-
uandum est, quod amicis aliquando libe-
randis esset tam accommodum. Hactenus
de quinque falsitatis speciebus satis dictum
7 sit. In quibus † generalem punitionem
obserues velim, & nunc recentem, & con-
suetudinariam. Generaliter enim olim
omnis falsitas iuxta antiqua iura puniebatur perpetua deportatione siue exilio, & præterea omnium bonorum confiscatione, l. 1. §. Pœna falsi, ff. ad l. Cor. de fals. Secundum verò iura recentia, falsitas tantum punitur deportatione siue exilio nulla autem bonorum proscriptione, vt in Auth. vt nulli iudicum, collat. 9 § fin. Sed hîc considerandæ sunt (vt in dictis quoque capitibus demonstraui) variarum ciuitatum
variæ de falsitate punienda rationes. Nam
8 † Gandenses, Brugenses, Hyprenses, & alii
falsitatem puniunt pelorino, & claue can-
denti in faciem inusta,& deinde exilio. Sed
9 hanc † faciei commaculationem iura ad-
modum abhorrent & detestantur:quòd fa-
cies humana ad formam & imaginem Dei
expressa sit & cõdita, & quam Christus ser-
uator noster pro nostra salute assumere di-
gnatus sit, vti superiùs etiam capite 110. la-
tiùs ostendimus. Aliæ prȩterea sunt aliis
ciuitatibus falsitatem puniendi rationes,
quas hic prudens prætereo, ne omnia hîc
recensere velle videar: hoc tantum in fine
materiæ de falsitate adiungere libuit:Falsi-
10 tatem † crimen esse enorme, habens in se
plus malitiæ, quàm multi arbitrentur, vt
vel hinc patet, quòd falsitatem Princeps in
suis generalibus remissionibus non absol-
uat: Imò etsi remissionem condonasset,ac
postea constaret de falsitate impetrantis,
11 remissio esset inualida & nulla. † Deinde
etiam hinc enormitas constat, quòd falsa-
riis negatur remissio cum ingressu Princi-
pum,quam tamen alii malefici & crimino-
si in talibus solennibus ingressibus faciliùs
impetrare solent. Bart. in l. Lucius, in fine,
ff. ad Turpilia. Hippo. de Marsi. in l. Si in ri-
xa, numeris 12 & 13. ff. ad l. Cornel. de sicar.
Et Boërius in suis decisionibus aureis, quȩ-
stione 217. numero 23. folio 37. parte 2. qui
12 contrariæ tamen parti inniti videtur. † Po-
stremò (cum isthoc enim caput absoluero)
in quæstione falsitatis (vt scribit Olden-
dorp. regula 20. de probationibus crimina-
liter accusando mota) acerrimam oportet
fieri indagationem, & argumentis, & testi-
bus, & scripturarum collationibus, & aliis
idem similibus vestigiis ad veritatem com-
13 modè perducentibus. Non enim † accu-
satori tantum probationis necessitas indi-
cẽda est, sed etiã Reo tota sua probatio per-
mittitur, vt iudex constituatur medius Sed
hoc inter vtranq; personam in talibus pro-
bationibus seruandum est, vt eȩ iusto & de-

bito ordine fiant, hoc est, vt actor, & primò scripturam producens: deinde Reus, & eam falsam arguens, ad probandum admittatur, l. Vt falsi, C. ad l. Cornel. de fals. & l. fin. ff. eod. titulo.

CAPVT CXXVII.

De Diffamatione per Libellos.

Summæ rerum tractatarum in Commentariis CAP. 127.

1 *Furtum spirituale, est diffamatio.*
2 *Famosorum libellorum authores, puniendi sunt capitaliter.*
3 *Famosos libellos reperiens, vix tutus est à damnatione capitis.*
4 *Famosos libellos euulgans de rebus capitalibus & veris, est innoxius.*
5 *Extra iudicium non licet aliquem accusare.*
6 *Author libelli de re non capitali, puniendus est compensatione iniuria & fama.*
7 *Parum interest, an quis libellos famosos ediderit per se, an ex alio.*
8 *Libelli famosi de { Principib. / Repub. / Officiariis. } deferendi sunt ad Magistratum.*
9 *Famosorum libellorum authores, iure Pontificio flagellandi.*

QVum superiùs de furto reali ac materiali abundè tractassemus, furtum ibidem spirituale prorsus omissum esse, hic demum occurrit: quare illud inutili silētio præterire nolui, putans equidem præstare ipsum vel indigno loco vtcunque explanare, quam vbiuis locorum omittere. Est ita-
1 que † quoddam furtum spirituale, quo alterius famam malitioso & infami scripto, aut per sparsas literas siue chartulas diffamatorias, aut per cantilenas odiosas nefariè furamur, quas literas, aut scripta Latini
2 libellos vocant famosos. † Hoc crimen iura admodum detestabile habent & exosum, adeò vt omnes qui famosos libellos, hoc est, schedulas dictas detractorias vel cātilenas aut dictant aut componunt, aut vspiam ad valuas affigunt, aut plateatim vel spargunt, vel cantant, quibus alterius nomen bonum & famam conuellunt, lacerāt, & nequiter, iniquè præterque culpam, eripiunt, & quibus falsa spargunt, aut saltem talia quæ stabili veritate nunquam probare potuerūt: Omnes (inquam) tales diffamatores publici, puniendi sunt capitaliter, & vltore gladio, conuicti secundum leges, l. vnica, C de famos. libel. l. Ob carmen, ff de testib. Nec dissimilis fuit sententiæ Cornel.
3 Tacitus, lib. 1. historiarū. † Quin & eodem crimine reus tenetur, quicunque tales literas inuentas, aut diu seruatas, non lacerat aut cōburit, sed eas profert in publicū. Nam contra ipsum suspicio est, quòd ipse earum literarū sit author, quodque eas, aut composuerit, aut componi iusserit, aut ipsemet sparserit, quas mox dissimulanter inuenire voluerit: Aut quod in huiusmodi diffamationibus publicis, magnam voluptatē capiat d. l. vnica, C de famos. libel. si tamē sese ab hac suspicione eluere non posset, & suam innocentiā testib. fide dignis comprobare nō posset, qui iuramēto adstruerēt eum easdem schedulas, aut chartulas in conspectu ipsorū reperisse, atq; ita repertas ipsis conspicientibus, & præsentibus commonstrasse.
4 se. Quisquis autem † famosos libellos aut componit aut euulgat aut spargit de rebus capitalibus & veris, aut quas veras esse probare cupit is non est in crimine. modò eam probandi presentationem faciat in iudicio.

Nam

5 Nam extra iudicium nulli † fas est, alterum iniuriis & accusationibus vel diffamationibus impetere. In iis porrò literis quæ nihil habent capitale, scriptor & dictator, &
6 † euulgator puniendus est de iniuria, compensatione famę, ad tantã summam quantam diffamatus iurabit se cum nominis integri laceratione commutare nolle; deinde reparatione famæ cum contraria diuulgatione, hoc modo, vt qui priùs diffamatione alterius læserat nomen, nunc contra eiusdem nomen laudibus efferat, prædicet & commendet, & per alios libellos contrarios, vel sua conficta testetur mendacia, vel offensi testetur innocentiam. Nec mul-
7 tum curandum est in famosis † libellis, imo nullum discrimen ponendum, an is tales libellos, aut composuerit, vel ediderit sua propria authoritate: aut instinctu vel persuasu alterius. Deinde an fictis nominibus diffamationem peregerit, an veris: modò per ea ficta nomina, persona diffamata innotescere, & lædi possit. Deinde non excusat, siue dicat se diffamatum nouisse, siue non nouisse. Hæc enim, cum substantialia perstant, parum habent discriminis. Cæ-
8 terum † quisquis famosos libellos reperit, aut acquirit, qui sunt de rebus Principum, aut Reipub. in generali, aut de rebus Officiariorum, aliorumque gubernatorum in particulari: optimè fecerit (nedum peccabit) si eos famosos libellos repertos prudenter, & secretò deferat ad Magistratum, vel Iustitiam, aut ipsius Officiarios, & nulli al-
9 teri: quanquam † ius Pontificium verberari tantum seu flagellari iubet, c. Qui in alterius, 5. quæst. 1. facit l. Diffamari, C. de ingenu manumiss.

CAPVT CXXVIII.

De falsis aleis.

Summæ rerum tractatarum in Commentariis CAP. 128.

1 *Alea nulli non perniciosissima.*

2 *Alea pueris indigna.*

3.12. *Aleis falsis ludens, committit crimen* { *Falsi.* & *Furti.* }

4 *Aleator falsarius vt* { *Falsarius* & *Fur* } *puniendus est.*

5 *Cum falsis aleis* { *Perdens,* / *Lucrans,* } *ius suum* { *Repetendi habet.* / *Seruandi amittit.* }

6 9.10. *Omnis aleator perdit ius* { *De reparatione* { *Iniuriarum* / *Damnorum.* } / *Omnium contractuum, scilicet* { *Emptionis* / *Venditionis,* / *Locationis* / *Conductionis* / *Mutui,* / *Permutationis,* } *qui contigerunt in ludo.* }

8 *mus aleatoria debetur fisco.*

11 *Et* { *Lusores* / *Collusores* / *Adstantes participes* / *Pecuniam* / *Tabulam* } *dantes,* } *pari pœna plectendi.*

12 *Iuuenes ad ludum pellicens, grauiter plectendus est.*
13 *Quando iuuenes dicendi sunt ad ludum pertrahi.*
14 15. *Alearum mala & pericula.*
16 *Alea quatenus viris honestis permissa.*
17 *Omnes lusores pro graui pecunia, aut* { *Extraordinariè* / *Exilio* / *Mulcta pecuniaria* / *Arbitrariè* } *plectendi sunt.*
18 *Actio de bonis repetendis per aleam perditis, est perpetua, saltem, &c.*
19 *Restitutio facienda est* { *Victo, si is cognoscatur.* / *Fisco indignius,* / *Pauperi melius,* } *si ignoretur victus.*
20 *Alearum vsus antiquissimus.*
21 *Aleator pernicies & pestis est reipub.*
22
23 *Lusor 3. legis præcepta violat, scilicet* { *De honesta vita.* / *De nullo lædendo.* / *De vnicuique tribuendo suum.* }
24 *Ludus permittitur* { *Viris honestis.* / *Recreationis gratia.* / *Si sine dolo, & crimine.* }
25 *Ad Aleatorum correctionem vtilis admonitio.*
26 { *Voluptuarii* / *Ignaui* } *ciues, sunt telluris inutile pondus.*
27 *Veterum seueritas in pellendis ciuibus inutilibus.*
28 *Alea, &c. per Regem Franciæ coercita.*
29 *Ludi sagittarii quando in Francia priuilegiati.*

ANimaduerti, pii Lectores, inter varias illecebras, quibus multi potissimum adolescentes illaqueari consueuere, principatum obtinere lusum, præcipuè alearum.
1 Quam enim alea † sit vorax, ac bonis moribus inimica, multorũ id proditum est præclaris testimoniis, & nostris (proh dolor) satis conspicimus oculis. Ex ea enim videmus, multos diuites, & re laura bene natos, peruenire ad summam rerum omnium penuriam & egestatem: à rebus lætissimis, in extremum luctum: à gloria, ad ignominiosa dedecora: à pietate & mente catholica, in reprobum sensum, & tãdem in blasphemiã: à fidelitate & iustitia, ad furtum & rapinas. Quocirca non abs re me facturum esse putaui, si hoc caput de ludo aliquanto accuratius pertractarem: cum sit ludus hic alearum & frequentissimus, & in Repub. perniciosissimus: tametsi sint qui aleã excusent, & ei-

CXXVIII. De falsis aleis

&eidem indulgendum esse velint, recrea-
tionis animorum gratia: vtvt enim eam ex-
cusent, plus tamen dedecoris, impietatis, &
perniciei secum confert, quam gloriæ, pie-
tatis, ac vtilitatis. Quod cernens Censorius
2 Cato, † pueris ilico alearum vsu interdixit;
quiduis potius illis permittens, ac trochorũ
lusum prius commendans, vt tali initio à
malo seminario sese temperarent: sperans i-
psos tãto fore in senectute à corruptis mori-
bus alieniores, si iuuentutem aleis nũquam
contaminassent. Quum igitur hic alearum
vsum abominamur, maximè de falsis aleis
hîc nobis loquẽdum est, quibus plani mul-
ti, ac impostores hoc tempore maxime gau-
dent & se exercent. Poterat, hoc caput (fa-
teor) ad superiora de falsitate non incom-
mode referri, sed quoniam tam generale &
noxium, ideo seorsum hîc suo loco digessi-
3 mus. His igitur † falsis aleis quisquis vtitur,
ludit, & fallit, geminum crimen cõmittit,
& crimẽ falsi, & crimen furti; crimen qui-
dẽ falsi cõmittit, quod re falsa vtatur, arg. l.
Arbitrio, §. De eo, & quod ibi not. ff. de do-
lo Crimen vero furti committit, quod ni-
hil intersit inter lucrum dolosum, & lucrum
furtiuum: in neutro enim licet pecuniam
acquisitam & lucratam sibi tenere & reser-
uare, arg. l. Falsus, in princ. ff. de furt. Quo-
4 circa hic falsus aleator † duplici quoque pœ-
na plectendus est, & vt falsarius, & vt fur, ad
arbitrium Iudicis; semper cum restitutione
eiusdem falsi lucri, talibus aleis falsis com-
parati: quod solius vincentis semper sit tur-
pitudo Bart. in rubr. Cod. de condi. ob tur-
pem caus. teneturq; crimine stellionatus,
cum certum criminis nomen non sit, l. 2. ff.
5 de cri. stellionat. Quam † ob causam, qui
huiusmodi falsis imo etiã æquis aleis quic-
quam perdidit, ei ius manet, idem perditũ
à lucrante collusore reposcendi; imo ab i-
psius collusoris hæredibus vsque ad quin-
quaginta annos, idem repetendi ius perdẽ-
ti & perdentis hæredibus manet. Nam in
hoc crimine nulla temporis præscriptio, ni-
si quinquaginta annorum locum habet, sa-
lubri & sancta Authent. Alearum vsus, ibi,
sed solutum reddatur, &c. & ibi, nõ obstan-
te nisi quinquaginta annorum præscriptio-
ne, C. de religios. & sumptib. funer. Porro
si nec lusor perdens, nec hæredes ipsius vel-
lent vnquam talem perditam pecuniã, aut
opes à frauduloso aleatore, aut ipsius hære-
dib. reposcere: ipse fiscus (qui in omni cri-
mine, malè partarum opum se hæredẽ con-
stituit) contra aleatorem ex officio ageret,
& perditas opes cum mulcta debita reposce-
ret, d. Authent. Alearũ vsus, ad finem. Quin
6 9 tam abominabilem iura habent † aleã (e-
10 tiam si æquis, iustis, ac idoneis aleis aleator
vtatur, d. Authent. Alearum vsus, & ibi no-
tat. & in Authent. Interdicimus, C. de Epi-
scop. & cler. & in corpore vnde sumitur, in
Authent. de sanctiss. Episcop. §. Interdici-
mus, collat. 9. constitut. finali) & similes
ludos prohibitos, vt in ea lusoribus nullam
potestatem faciant ab sese mutuo iniuriarũ
illatarũ, aut quorumuis etiam damnorum
illatorum vindictam & reparationem posse
requirere, l. 1. ff. de aleæ lusu, & aleato. De-
7 inde omnes † cõtractus, vt venditionis, em-
ptionis, locationis, conductionis, mutui,
permutationis, transactionis, aut similes in
eo lusu volunt esse irritos, inualidos, & nul-
los; notat Bart. in l. Si quis cum sciret, in fi.
ff. de vsucap. pro empt. Nec lusor vendens
in ludo, tenetur emptori de euictione: nec
etiam lusor perdens, victori, quia ambo si-
mul delinquũt, l. Si filiofamilias, § Si in a-
lea, ff. quarum rer. act. nõ datur, & per Doct.
in d. l. Si quis cum sciret. Ipsa quoque do-
8 mus, vbi falsæ † tractantur aleæ, imo vbi
quæuis exercentur ex consuetudine aleæ, ex
iure cedit fisco: modo ea domus fuerit ipsi⁹
aleatoris; similiter etiam si domus alterius
fuerit, sciatque tamen, quod in ea huius-
modi ludi exerceantur, d. Authent. Alearũ
vsus, in versic. Et si quis, ibi, domib. eorum
publicatis, &c. Nisi illa domus fuisset cuius-
dam pupilli vel viduę, argum. l. 1. C. de fals.

mone. & ibi hoc in ſimili vult Cynus, & i-
dem cenſendum eſt de omnibus domibus
perſonarum miſerabilium, arg. not per Cyn.
in l 1. C. quando Imper. inter pup. & vid. Et
ſi ex eadē domo quippiam ipſi aleatori, du-
rante luſu ereptum fuerit, id perit, & aleato-
ri negatur repoſcendi actio, notabili l. 1. §. 1.
ibi, impune fit, &c ff de aleæ luſu, & aleato.
Et ſi aleatori vlla inferretur iniuria, aut da-
mnum (vt dictum eſt) aut ipſe cæderetur:
ſublata eſſet ei omnis de reparatione peten-
di actio, d l. 1 § Item notandum. Quin & o-
mnibus † adſtantibus, qui aut colludunt,
11 aut certe ſe participes faciunt periculi, & lu-
cri vel amiſſionis, eadem infligenda eſt pu-
nitio ſeu pœna, etiam ſi non colludant, d.
Auth. Alearum vſus, §. Cōmodis. Qui lu-
dens, aut ludum retinens, pecuniā in alearū
ludo aleatori dat mutuo, eam Iure repoſce-
re nō poteſt: quod ſua mutuatione alteri cri-
minis occaſionem dederit, gl eſt ordinaria
in d. l. 1. in princ. & in l fi. in gl ſuper verb. ac-
ceperit pecuniam, ff. de aleæ luſu, & aleato.
Secus ſi ab alio aleator, qui ignorabat eum
velle aleis ludere, mutuo accepiſſet; imo ipſi
adſtantes & ſpectantes, etiam ſi non collu-
dant, nec pecunia alios iuuēt, aut ſe partici-
pes faciant; ſunt tamen puniēdi vt ipſi prin-
cipales luſores, d. Auth. Alearum vſus, &
d. Auth. Interdicimus. Iure enim vetitum
eſt omnibus huiuſmodi aleis aut aleatorū
inſpectione, tempus ſuum tranſigere ac te-
rere, forſan ob hoc, quod ex tali auida ac vſi-
tata inſpectione, plerunque ipſi aleatores e-
12 uadant. † Quicunque ſimplices ac incautos
iuuenes & adoleſcentes, ſuaſionibus, bla-
ditiis, malitiis, ac ſimilibus illecebris, ad a-
learum frequentationem pertrahunt, ii nō
vt aleatores ſimplices, ſed multo grauius
plectendi ſunt ad arbitrium Iudicis, ob illa-
tum offendiculum, & læſam alterius inno-
13 centiam. Sed tum oportet † intelligas iuue-
nes & adoleſcentes pertrahi ad ludos alea-
torios, quando ipſis ſuppeditantur aleæ, in-
cenditur ignis, ſubminiſtrantur menſæ, ta-
bulæ, & candelę, cum reliquis commodita-
tibus, quibus iuuentus & adoleſcentia in af-
fectibus vehemens, & ſe, per ſuos iuueniles
calores cupidini deditos, moderari ac refre-
nare neſcia, ad hoc malum (vti ad cætera o-
mnia facilis eſt & cærea) cito perducitur. l.
fin. §. Melius enim, C. de bo. quę liber. quo-
14 niam ludum † tenentes, & luſores ſuſcipien-
tes, cauſſa ſunt multorum inde emergentiū
15 † malorum, ſc. blaſphemiæ, periurii, furto-
rum, ſacrilegiorum, depauperationum, ho-
micidii, necnon aliorum plurimorum, d.
Auth. Alearum vſus: vti etiam ipſa docet
experientia: niſi enim tales eſſent aleatores,
& tam multi, non tam frequenter aleis paſ-
ſim luderetur, maxime à iuuenibus. nec tot
orirentur pericula & mala; ſicut dicimus de
lenonibus, qui niſi eſſent, adulterium non
ita frequenter committeretur, l. 2. §. 2 ff. ad
l. Iul. de adulter. Monet ergo ſanctus vir ille
Cyrillus iuuenes, vt bonis morib. ſe infor-
ment, abſtinentes à prauis, maxime ludis:
quia, Quo ſemel eſt imbuta recens ſeruabit
odorem Teſta diu; & quod nouæ chartæ in-
ſcribitur, non facile inde delebitur: monet
igitur Cyrillus parentes ad eruditionem &
verbera filiorum, & alearum abſtinentiam,
ne flendi eis ſuccedat euentus. Hæc aurea
verba tene perpetuo, & bene audies. Atque
hactenus habita, de quouis ludorum gene-
re intelligas oportet, qui iure prohibiti ſunt,
veluti de ludis alearum, chartarum fritillo-
rum, tabularum, atque id genus ſimilium,
qui partim fortuna, partim induſtria gerū-
tur. Huiuſmodi enim omnia ludorum ge-
nera Iure ſunt prohibita: non tā ob malum,
quod in ſe habent, quam ob mala vitia &
peccata capitalia, quæ huiuſmodi ludos co-
mitari ſoleant, quæ his ſequentibus con-
tenta ſunt verſiculis;

Hæc cum taxillis ludendo crimina fiunt:
Eccleſia ſpretus, vſuraq; rixa, rapina,
Scandala, tū nuga, blaſphemia, tū faciendi
Furti doctrina, violentia, copia falſi,
Et mortis cauſſa, deceptio, perditioque

Tem-

Temporis, & desiderium, corruptioq; ingẽs:
Istis prædictis adulatio, vitaque turpis.

Quos versus Hostiensis in summa, de exces-
sibus prælato. declarat, quorum declaratio-
nem, quia facilis est, lõgius prosequi nolui.
Hic itaq; ludus censetur turpis ratione con-
sequentiæ & accidentium sibi; ob id etiam
forsan, quod omnia fortuita, & inexpectatò
prouenientia, mentẽ humanam nõ medio
criter quoq; turbare soleãt, prçcipue virorũ,
rationis vsu pene carentiũ. Quocirca etiam
16 dicti † ludi non prorsus interdicuntur viris
honestis, ratione satis vtentibus, ac animi
gratia & recreationis caussa tantum luden-
tibus, & non ex ardenti cupiditate & auari-
tia, quę tanquam radix omnium malorum,
est reprobata, c. Bonorum 47. distinct. sed
tantum causa societatis & solatii, pro vino
aut cereuisia potanda, aut pro pullis galli-
naceis, aut caponibus, aut leporibus, aut cu-
niculis, aut rebus similibus in conuiuium
insumendis, l. fin. ff. de aleæ lusu & aleato-
ribus, & pro exigua pecunia, idque tem-
pore & loco licitis, cõgruis, & honestis. Par-
uam autem pecuniã intellige hîc iuxta con-
ditionem, qualitates & opulentiam, ac po-
tentiam personarũ, c. Et si quæstiones, extr.
de simonia, in l. Sed etsi susceperit, ff. de iu-
dic. nempe talem, quæ ipsum victum non
multum lædere seu grauare posset, vtpote
solidum, secundum quod leges appellant,
quorum septuaginta duo vnam libram au-
ri efficiunt, l. 2. C de susceptoribus & arc.
lib 10. etiam si multum diues sit & opulen-
tus. Si pauper, egenus, inops, vnum aut
alterum grossum aut stuferum: ita vt non
multum curet an vincat, an perdat, saltem
ipsi obesse ac grauare nullo modo potest. d.
Authent. Alearum vsus, § Sed nec permit-
17 titur. Omnes igitur lusores † in ludis ve-
titis, & pro graui pecunia ludentes vbi pro-
cul dubio nequaquam deesse potest cupidi-
tas, puniendi sunt extraordinarie, aut exi-
lio, aut mulcta pecuniaria, aut aliter, secun-
dum Iudicis arbitrium, cum de iure non sit
pœna ordinaria expressa. Iudicis enim est
curare, ne in sua prouincia sint, qui suam
pecuniam (qua Reipub. prodesse possint)
male insumant & profundant, aut ea certe
inutiliter abutantur, l. Illicitas, ff. de offic.
præsid. l. Si cum dotem, §. Sin autem dissi-
18 pet, ff. solut. matrim. Atque actio † & pu-
nitio isthæc de vetito ludo durat perpetuo,
ad quinquaginta saltem annos, & si nescia-
19 tur † cui facienda sit restitutio, adiudicanda
est vel fisco, d. Authent. Alearum vsus, ibi;
in opus metallum conuertatur, vel potius
pauperibus, c. Qui habetis, &c. Non sane,
14 q. 5. Quando autem scitur is, à quo vi-
ctum & comparatum sit, hoc est, cui facien-
da sit restitutio; tunc ilico illi victo restitue-
tur, vt ibi habetur, & ibi per Bald. nota. A-
20 learum tamen ludus † antiquissimus est, ab
Alea milite Troiano sic dictus, vt testatur
constitutio Græca, qui ante Romam con-
ditam fuisse traditur; imo vt refert Vgutio,
fuit tempore belli Troiani. Et de hac sorte
ludi habetur Exodi 34. vbi dicitur; Sedit po-
pulus manducare & bibere, & surrexerunt
ludere, de qua etiam potest intelligi quod
habetur Genesis 16. Vidit Sara Ismaelem lu-
dentem cum Isaac, & eum decipientem; de
quibus verbis in c. Reuocet, in vers. Sequi-
tur 32. q. 1. Et de ea etiam potest intelligi,
21 quod † dicit Philosophus in 4. Ethicorum,
vbi affirmat lusores esse deterioris cõditio-
nis, quam latrones. Et aleator, hoc est tam
ludens, quam receptor ludi, est velut hostis
ac pestis Reipub. quia hoc cupit & optat vt
homines ludant & efficiantur pauperes; &
ideo etiam fures sunt, & falsarii, quia vt plu-
22 rimum † interserunt lusores falsas aleas seu
taxillos, & mutuant pecuniam, dando ma-
lam, & retinendo bonam, & semper in lu-
do iudicant contra extraneum cum ipsis lu-
dentem, secundum Odoffre. in l. 1. ff. de aleę
lusu & aleatoribus. Et Hostiens. in c. Quo-
23 rundam 34. distinct. † Ideo præcauendum
ait à ludo, quod lusor agit turpem vitam,
illa tria præcepta legis & iustitiæ transgre-

diatur, scilicet, Honestè viuere, Alterũ non lædere, & Ius suum vnicuique tribuere: deinde ob animi inquietudine & ardẽtem cupiditatem, quam radicem omnium malorum esse diximus, §. 1. Auth. vt Iudices si-
24 ne quoquo suffragio. † Quocirca omnis ludus, qui virtutis vel recreationis ocii terendi gratia tantum fit, & sine cupiditate & sine auaritia, is est permissus, l. Solent. § 1. ff. de aleæ lus. & aleator. secundum Canones. dummodo non immisceatur fraus, dolus, blasphemia, aut aliud delictum: & fiat horis debitis & congruis. Sed ludus omnis, qui fieret causa cupiditatis aut auaritię, cum admixtione alicuius delicti, est prohibitus, d.
25 Authent. Alearum vsus. Quum igitur † tam damnosa sit Reip. alea, optarem omnibus prouinciarum & ciuitatum Rectorib. acriorem in aleatores animaduersionem, vt nobilium aut ciuium diuitum, aut mercatorum filios, aleis, lusibusque deditissimos, ad saniorem Reip. frugem præstandã compellerent: vt eas opes (quas alea vorat) ad verum sui Principis ministerium, cum gloria impenderent: aut si ciues essent, ad mercaturam, ad fœnus, ad omnem deniq; Reipub. vtilitatem impenderent, potius quam vt aleis inseruirent, aut equos, canesve alerent, aut aliis luxibus absumerent: quibus tamen nostrorum ciuium iuuentutem florentissimam coinquinari conspicimus, & in omne voluptatũ genus potius resolui, quã vt suis (imo Dei) opib. vlla in re, bono Reipub. prodesse velint, aut optent, quasi iis voluptatibus & vitiis plane nati sint, & non
26 potius iuuandis aliis. Illi † igitur ignaui voluptuarii & sibi tantum viuentes, mihi tantum inutilia pondera terræ vidẽtur, & quos
27 Romana † seueritas nunquam passa fuisset, tam inertes, suam Rempub. coinquinare: sed eos sine vlla dissimulatione è ciuitatibus vt membra inutilia, imo perniciosa pepulis-
28 sent. Quos † imitatus optimus Rex Francorum Carolus VII. in suis diplomatis, anni 1369. omne genus ludorum prohibuit, quod tractant inhonesti isti circumforanei: veluti aleas, tabulas, fritilla, kegulas, globos, &c. quæ nulli corporali exercitio conducũt, nec ad suorum nobilium palæstram exercendam sunt instituta, aut ad defensionem regni. Illis enim inertibus lusibus pœnam indixit 40. solidorum Parisiensium pro suo fisco, quoties reperti fuissent huiusmodi lu-
29 dos tractasse. † Sed vti ipsis vtilius daretur ludendi exercitium, ludos sagittariorum vbique instituit, confirmauit, & priuilegiis nobilitauit. Hos sagittarios ob similem occasionem secuti sunt Balistarii, qui in bellis nunc plurimum sunt vsui. Qui plura de alearum ratione, pernicie, & detestatione desiderat, is legat D. Angel. Aretin. in suo singulari tractat. maleficiorum in gloss. super verb. *Metidore de mali dati*: D. Troilũ Maluetium in suo vtili tractat. de sortibus: D. Paridem à Puteo in suo aureo tract. in materia ludi: D. Ioan. Baptistam Caccialupum in suo tract. vtilissimo, de ludo & aleæ lusu: D. Stephanũ Constant. in suo eleganti tractat. de ludo. Consulo interim præfatis aleatoribus (qui tamen raro illo lucro ditari solent) vt restituant, vel saltem largas faciant eleemosynas, non est tamen rigorose eis dicendum siue iniungendum quasi esset simpliciter, de necessitate salutis. Istud de lusoribus bonis aleis ludentibus & nequaquam falsis, censendum opinor, quod enim falsis lucratum est aleis, indubie perpetuo restitutioni obnoxium & subiectum est, teste artium & sacræ Theologię professore diuiniq; verbi declamatore facundissimo, M. Godscalco Rosemondo Endouiensi: in suo libello modum confitendi pulcherrimè cõplectente, de ludis taxillorum, & restitutione lucri, fol. lib. meo 77. versic. Is enim ludus est instar pestis, nostra in Repub. Quemadmodum enim pestis adimit vitam, ita ludus ingens & grandis adimit pecuniã, euacuatque bursam. Vnde infinita mala oriri (proh dolor) in dies cernimus, quorũ memoriam hîc recensere ex causa omittimus.

CA-

CAPVT CXXIX.

De translatione Limitum.

Summæ rerum tractatarum in Commentariis CAP. 129.

1 *Qui agrorum limites* { *Euellens, vtitur,* } *committit* { *Hic furtum.*
2 *Transponit tãtum,* } *Hic furtum & falsitatem.*

1 *Limites* { *Euellens & iis vtens, punitur arbitrariè vt fur.*
2 *Transponens* { *Iuuenis* } *punitur* { *Exilio longo.*
3 *Senex* } *Exilio breuiori.*
4 *Durante lite, litem perdit cum sumptibus.*
5 *Ex malitia, punitur mulcta 50. aureorum.*
6 *Ex dolo, & conductus, puniendus est virgis & exilio.*
7 *Non dolosè, sed ex ignorantia, puniendus est virgis tantum.*

8 *Iura limites intelligunt* { *Saxa, Lapides, Arbores, Palos* } *agros ab agris dirimentes.*

9 *In crimine termini amoti, cuiuis licitum est accusare.*

CIrca agrorum, aut viarum limites, seu terminos non leue crimen contingit, idque fere duobus modis, nempe limitum seu terminorum omnimoda ablatione, &
1 eorundem transpositione. Quisquis † igitur aliorũ agrorum seu viarũ limites euellit, secum aufert, aut ad sua opera applicat, & vtitur: is se furto alligat, ob quod furti puniendus est ad arbitriũ Iudicis, etiam si eos abstulisset, nõ vt limites aut terminos mutaret, & aliis damnũ per hoc inferret: sed vt eis ad suum commodum vteretur, cuius meminimus sup. de furto. idque continet l. 1. in fin ff. de termino moto, dum dicit, sed pro conditione admittentium coërtione
2 transigendum. Quisquis † verò limites aliorum transponit tantũ, vt suos agros dilatet & promoueat, is supra furtum cõmittit falsitatem, gloss. vltima, in l. fi. ff. eodem, de termino moto: ob quæ variè puniẽdus est. Nam si fuerit iuuenis, punietur exilio & relegatione in longissimas regiones ad tem-
3 pus. Sin fuerit † senex, mulctandus est exilio ad discretionẽ & arbitrium Iudicis, l. 2. ibi, de pœna tamen, &c. ff. de termino mo-
4 to. Si cui contingeret † cum altero lite contendere de limitũ suorum differentiis, atq; alter ipsorum interim durãte lite & processu, eosdem limites seu terminos (de quibus esset quæstio) transponeret, vt hoc modo certius suũ processum & litem vinceret, is fraudẽ & falsitatem cõmittit, ob quã, litem perderet cum vniuersis sumptib. & damnãdus est ad restitutionẽ tantidẽ agrorũ, quãtum alteri eripere per transpositionem conabatur. Et limites tum constituẽdi sunt tanto à priori locatione citeriùs: quanto ipse priùs promouerat vlterius. Et si tantum non habeat, tenetur tamen semper restitutione omnium damnorum, & (vt vocant) interesse omniũ iuxta taxationem Iudicis, l. Diuus, in prin. & l. fin. in fin. ff. de termino
5 moto. Qui † prçtereà alioiũ limites ex malitia transmutat, vt vicinis negotiũ facessat, & sibi nullũ commodũ faciat: is secundum iura puniendus mulcta quinquaginta

aureorum, ad communem vtilitatem fisci, & restitutione omnium detrimentorum. l. Agraria ff. de termino moto. Qui autẽ do-
6 losè aliorum † fines & limites transponit ex iussu seu mandato alterius: is puniendus est virgis, & ad opus publicum biẽnio dandus, aut loco illius per bienniũ relegandus.
7 Si † autem id fecerit non dolosè, nec vt alteri vllũ incommodũ & fraudem inferret, sed tantùm ex ignorantia & fortuitò: tum puniendus est tantùm virgis & verberibus cædendus, nõ exilio aut relegatione, l. Diuus, ibi, si verò, ff. de termino moto. Et li-
8 mites † intellige, quæuis signa siue subsignacula, quæ agros ab inuicẽ dirimunt, aut lapides, aut palos, aut arbores, hisq; similia.
9 In hoc † crimine cuiuis permissum accusare & deferre, l. fin. ibi, & eius actionis petitionem ei qui volet esse iubet, ff. de termino moto.

CAPVT CXXX.

De Calumnia.

Summæ rerum tractatarum in Comment. CAP. 130.

1 *Calumnia est* { *Scienter in iustitia sustinere falsa.* / *Scienter deferre falsa & non probabilia.* / *Scienter propositum crimen dissimulare.* }

2 *Pœna calumniatoris est arbitraria.*

3 *Calumnia semper includit in se scientiam iniuriæ alterius.*

4 *Iurare de calumnia, est iurare, quòd putet se habere causam optimam.*

1 CAlumniam iura † vocant, aliquẽ malitiosè & scienter in iustitia accusare & deferre, de rebus falsis & vanissimis & non probabilibus; quæque nunquam contigerunt. Aut in iustitia sustinere pro vero & æquo, quod sciuit esse falsum & iniquũ. Aut est dissimulare, subticere, & nolle proferre ad iustitiam crimen, quod punitioni subiectum est, l. 1. §. Incidit, ff. ad senatusconsul. Turpilia.
2 Pœna † autem calumniarum est arbitraria, ad discretionem Iudicis, pro qualitate personarũ, & enormitate aut leuitate calumniæ, & rerum, sic vt videat quid calumniatorẽ mouerit, & induxerit, vt alteri talẽ inferret calumniam. Nam si ex simplicitate eã tantùm intenderit, putans sibi iuris potiora debere cedere, nõ suo aduersario: eo in casu certè nõ est censendus calumniã struxisse.
3 Oportet † enim calumniã semper cõiunctam esse cũ notitia iniuriæ alterius. Hîc autem notandũ illud iuramentũ, quod vocant iuramentũ calumniæ, aut de calũnia.
4 † Est enim iuramentũ præstare de calũnia, bona fide iurare, quòd sine fictione putet & arbitretur se habere bonã ac iustã caussam, & alterũ iniquam, ob quam eũ prouocet in iustitiã, &c l. Cum & Iudices, vers. Et actor, C. de iureiuran. propter calum. dand.

CAPVT CXXXI.

De Concussione.

Summæ rerum tractatarum in Commentar. CAP. 131.

1 *Concussio, est cum altera partium, iustitiæ caussa componere.*

2 *Iudex partem vel* { *Minis* / *vel* / *Inductionib.* } *pecuniæ gratia* / *pertrahens, vt* / *vel* { *Citius iudicet,* / *tardius iudicet,* / *non iudicet,* / *malè iudicet,* } { *concussionem committit.* }

Officiis

CXXIX. De translatione limitum

3 *Officiarius ob pecuniam studens* { *Capere, aut Non capere,* } *fit concussor.*

4 *Concussio punitur arbitrariè, cum* { *Restitutione principalis. Restitutione quadrupli. Exilio.* }

5 *Promotor minis ab honestis matronis pecuniam extorquens, puniendus est grauiter.*
6 *Iudex concussor Iure Canonico puniendus vt calumniator.*
7 *Quomodo puniendi qui fures suspendunt in marsupio.*

HAbent iura crimen, quod concussionẽ
1 vocant. † Est autem cõcussio, sub præ-
textu & titulo officii & dignitatis, cum ali-
quo de iustitia ferenda, aut non ferenda,
aut malè ferenda componere, & cum eo fœ-
dus aliquod pecuniarium hac caussa inire.
Hoc crimen directè spectat ad ipsum Iudi-
cem, qui partem litigantem concutit, & ad
sui corruptionem aut persuadet, aut com-
2 pellere studet. Iudex † qui alteram litigan-
tium partem cõcutit, hoc est, vel minis, vel
persuasionib. terret, & inducit, vt ab ea, aut
munera, aut summam aliquam pecuniariã
accipiat, ad eum finem, vt in gratiam eius-
dem partis, aut citiùs, aut tardiùs iudicet,
aut omnino non iudicet, aut certè vt aliter
iudicet, quàm debet, aut quàm iuris regula
monstrat: is (inquam) Iudex, qui ita se cor-
rumpi studet, crimen concussionis cõmit-
3 tit. Idem crimen † cõmittit omnis Hostia-
rius, ac omnis deniq; Officiarius, qui par-
tẽ (in quã habet executionem vel cõmissio-
nem) adit, ipsiq; proponit, quòd cõtra mã-
datum suũ sit illi parsurus, & quòd tardiùs,
aut mitiùs suã in ipsum commissionẽ exe-
cuturus sit, si ipsi tantum, aut tantũ pecu-
niarum numerare velit: aut hoc, aut illud in
4 gratiam ipsius efficere. Hoc crimen † com-
mittens puniendus est arbitrariè, ad discre-
tionem Iudicis, cum restitutione principa-
lis & quadrupli, & exilio, vt falsarius & ca-
lumniator pro modo delicti, l. 1 & ibi gloss.
in verb. Ablatum, & l. 2. ff. eod. titu. de con
cussionibus, & ibi Scrib. Et l. Si ab eo, & ibi
Docto. ff. de calumniatorib. Et in Authen.
Nouo Iure; C de pœn. iudic. qui male iudic.
desumpta ex Authent. vt litigantes in exor-
dio litis iurent, §. Si quis autem ex litigato-
ribus, colla. 9. cõstit. 5. & l. fin. C. eo. de pœn.
iudic. qui mal. iudic. Prolixiùs D. Ioa. Ber-
ber. in suo iuris viatorio, rubr. de Concus-
7 sionibus. † Grauius autem puniendi sunt
Prætores illi, qui fures, aut alios maleficos
mortis damnationi obnoxios, non meritis
suppliciis puniendos curant, sed ipsos ob
munera liberos remittũt, aut ex aliquo af-
fectus studio laxant. Paruos quidem furũ-
culos in crucẽ abripientes: Maiores vero ac
nocentiores studiosè liberantes suspendũt
in loculis. Iuxta illud; *Dat veniam coruis: vexat censura columbas.* De huiusmodi Pre-
toribus Diogenes rogatus, cur tam effuse
cachinnos emitteret, respondit: Non ride-
rem, inquit, quum tam aperte à maioribus
furibus paruos furunculos ad suspendium
duci conspiciam? Caueant igitur Iudices ne
huiusmodi malo sese coinquinent: quod &
si leges humanæ (quas sæpe corrũpunt, fal-
lunt, aut occultant) non puniant, legem ta-
men Diuinã non corrumpent, neq; diuinã
5 vltionem effugiẽt. Promotor † qui ad mu-
lierem nuptam non diffamatam, dicit: Da
mihi nobilem vnũ, aut citabo te coram Of-
ficiali de commisso adulterio: atque ea eius
criminis innocens, & nõ Rea, metu tamen
infamiæ (vt forsan sæpe fit) promotori pe-
titũ tribuit nobilem: is promotor cõmittit
crimen cõcussionis & falsitatis & calumniæ,
ob quæ tria mala puniendus est, ad exem-
plum aliorum enormiter l. 2 ff. eod. titu. de

concussionibus. Iure autem Canonico, Iu-
6 dex † concussor punitur vt calumniator,
per c. Militare, 23. quæst. 1. Sed Iure nouo plectitur pœnis, de quib. in c. Cum æterni tribunal, de sent. & re iudicat. lib. 6. verum quia hac tempestate nulli, aut saltem perpauci ita puniantur, tametsi nequaquam pauci ita delinquant, ideo Principum conscientiariis hanc pœnam relinquendam statui.

CAPVT CXXXII.

De Corruptione.

Summæ rerum tractatarum in Commentariis CAP. 132.

1 *Concussio & corruptio ambo Iudicem afficiunt,*

2 { *Concussio & Corruptio* } *afficiunt &* { *Iudicem*, *Officiarium*, *Testem* } *sed* { *Hæc internè.* / *Hæc externè.* }

3 *Iudicis corrupti*
4 *Officiarii corrupti*
4 *Testis corrupti*
} *punitio* { *In ciuilibus est restitutio principalis cum quadruplo.* / *In capitalibus est vel* { *Mors.* / *Exilium.* / *Qualibet pœna.* } }

5 *Restitutio in corruptione, facienda est fisco.*
6 *Corruptori nulla debetur restitutio.*
7 *Fiscus bonorum criminalum hæres est.*
8 *Iura corruptionem prohibent.*
9 *Iura qualia munera Iudicibus permittant.*
10 *In Francia quæ munera Iudici permissa.*

EXplicato crimine concussionis, proxime sequitur crimen corruptionis, quod à concussione nō admodum natura distin-
1 ctum est, & dissimile. † Ambo enim isthæc crimina vsuuenire conspicies in Iudice, in officiario, & in testibus, licèt diuersimode;
2 † Quandoquidem Concussio his inest actiue: Corruptio vero passiue. Hoc est, Cōcussio Iudicem, Officiarium, & testem cōcutit, & ad propriam corruptionē solicitat, id est, ipsos subagitat, ita vt Iudex à parte aduersa munera captet, quorum gratia inique iudicet, aut Officiarius inique exequatur, aut testis iniqua testetur. Corruptio vero à corruptore venit; in iudice tamen, Officiario, & testibus remanet, ipsosque nō minus afficit, ita vt Iudex munerum aut pecuniæ gratia quicquam inique iudicet, aut vt Officiarius inique exequatur, aut testis male testetur. Concusio itaque corrumpi studet & quærit, & pro iniqua sententia ferenda, munera & pecuniam quærit & affectat. Corruptio (scilicet, Iudicis, Officiarii & testium) etiam si munera & pecuniam accipiat, illa tamen non quæsiuit, nec ad ea danda partem coegit. Quocirca corruptio in tribus illis dictis personis, est concussione leuior, nihilominus grauiter damnan-
3 da, grauiusq; punienda. Ex his trib. † enim Iudex quiuis, qui sese à parte aduersa corrūpi sinit, aut munera accipit, vt in materia ciuili quippiā aut citius, aut tardius iudicet, aut nō iudicet, aut male iudicet, aut certe vt nihil prorsus in eadem materia discernat: is Iudex dependet quadruplum, cum restitutione principalis, quod acceperat, quæ omnia adiicientur ad fiscum, l. 1. & 2. C. ad L. Iul. repetund. Si autem ita corruptus talem

lem sententiam proferat, vnde innocentis
mors sit subsecuta: tum ipse puniendus est
capitaliter & gladio, & omnia bona ipsius
adiudicanda fisco, l. 1. in princip. in verb.
quive magistratus, ff. ad l. Cornel. de sicar.
aut certe damnabitur perpetuo exilio, aut
aliter punietur iuxta mensuram & qualita-
tem facti seu corruptelæ ad aliorum exem-
plum, Authent. Nouo Iure, §. Si vero cri-
minalis, C. de pœn. iudic. qui male iudic.
depromta ex Authent. vt litigantes in exor-
dio litis iurent, §. Si quis autem ex litigato-
ribus, collat. 9. constit. 5. Atque ad hũc mo-
4 dum † censebis de corruptis testibus, & de
quibusvis corruptis Officiariis, qui ob cor-
ruptiones aliter sese gerunt, testantur, aut
exequuntur, quam debeant, d. l. 1. Cæterũ
5 in dicta restitutione † quadrupli, nolim pu-
tes eam restitutionem fieri ipsis corrumpẽ-
tibus, aut actionem ad eam ipsis compete-
6 re: sed fisco. Corruptori † enim nihil eo-
rum iure restituendum est, quæ iniquo ani-
mo & ad corrũpendũ maligno tribuit, aut
7 Iudici, aut Officiario, aut testibus. Sed † hęc
omnia adiiciuntur fisco, quem iura verum
hæredem constituunt omnium bonorum
criminalium, id est, crimine partorum: ad-
eo vt talia bona crimine parta, non solum
iure reposcat ab eo qui accepit (nam hic in-
terim obire mortem posset) sed etiam ab i-
psius male accipientis hæredib. & successo-
ribus, l. 2. C. ad l. Iul. repetunda. Ratio au-
tem, cur iura eam corruptionis pecuniam
restitui fisco velint quadruplam, est, vt Iu-
dices, Officiarii, ac testes hac pœna exterri-
ti melius à corruptione sese abstineant. No-
8 lunt enim iura † vllo modo permittere, vt
Iudices, Officiarii aut Cõmissarii quicquã
amplius accipiant præter constituta stipen-
dia, salaria, & præmia laboribus digna, can.
9 Militare, 23. q. 1. Nisi forte quædam † mi-
nutula & gratitudinis symbola, quæq; talia
sint, vt ob ea nihil magis, aut minus in iu-
dicio aut executione facienda, valere pos-
sint: veluti cibaria aut potabilia, vt leporẽ,
cuniculos, capones, perdices, pauones, pha-
sianos, haleca, mullum, lupum, luciũ, mu-
rænam, sturionem, salmonem, & varia qui-
dem vinorum, & cereuisiarum genera, aut
similia leuicula, quæ intra breue tempus
10 peredi possint & concoqui. In Francia † nul-
li Iudici permissum est accipere vina, nisi in
amphoris, œnophoris, ac fideliis: nulla
autem in doliis, cupis, aut vasis. Sunt Doct.
qui volunt concussiones ac corruptiones in
Iudice, Officiario, Commissario, & in testi-
bus fieri posse tribus modis: nempe, In cor-
de, propter affectum, & desiderium: In ore,
ob gloriam & sui prædicationem: & in ma-
nibus vel operibus, munerum ac pecunia-
rum gratia: atque ab his tribus conuenit o-
mnem Iudicem, Officiarium & testem esse
liberum: vltimum puniunt iura: duo prio-
ra diuinæ punitioni subiecta remanẽt. Ho-
rum trium meminit D. Ioan. Berber. in suo
iuris directorio, sub rubr. De Concussionib.

CAPVT CXXXIII.

De emptione officiorum.

Summæ rerum tractatarum in Commentariis CAP. 133.

1 *Omnis potestas, & officium à Deo est.*
2 *Officia committenda dignissimis.*
3 *Officiorum* { *Committendorum & Impetrandorum* } *mirus abusus.*
4 *Ex ambitione omne malum in Remp. deriuatur.*

5 *Officia non* { *Ambienda* / *Committenda* } *sunt indignis.*
6
7 *Fructus pulsæ ambitionis, gloria Christi non modica.*
8 *Officium quisquis ambit, eodem se indignum reddit.*
9 *Contractus ambitiosus per Principem confirmatus, est excusabilis.*
10 *In foro conscientiæ, omnis contractus ambitiosus est detestabilis.*
11 *Officia publica nunquam emenda, aut vendenda.*
12 *Ambitio in Iure damnatur, pro* { *Emptore, infamia publica.* / *Venditore, 100. aureis.* }

1 QVum omnia † officia publicæ sint fun-
ctiones, & Dei sint administrationes,
ad seruitium & ministerium Dominici gre-
gis instituta, vt Deo, & gregi sibi commisso
2 per ea fideliter seruiatur; ideo talia † officia
publica omnia meritò, summo cum dele-
ctu committenda essent iis, quos Magistra-
tus & optimates ciuitatum ac regionum de-
cernerent eis officiis administrandis esse a-
ptissimos: non autem, quos fauor huma-
nus, aut sanguinis affectus eligeret, dignos.
3 † Sed (proh dolor) hîc passim peccatur, &
apud seculares, & apud ecclesiasticos, apud
quos plus valet in officiis delegandis, aut
pecunia aut fauor, aut affectus, aut sanguis:
quam dotes diuinæ, quam dignitas vera,
& animorum vel corporum, aut morum
commendationes certissimæ, adeo vt his
neglectis dotibus, ac veris virtutibus, ac o-
ptimis prudentiæ, doctrinæ & pietatis te-
stimoniis, tantum respiciatur ad eos, quos
aut mundus, aut caro, aut affectus com-
mendatione sua profert, & officiis admini-
4 strandis dignos censet. Certe dum † ista
præpostera Principum, & Episcoporum du-
rabunt iudicia, vt in committendis suis of-
ficiis, affectibus seruiant magis, quam ra-
tioni, & digniores aut non requirant, aut
non cogant, sed iis ineptiores semper præ-
ferant, aut citra electionem bonam com-
mendationem vulgi propriis affectib. post-
habent, infeliciter in Republica Christia-
na succedat oportet. Et contra, quam diu
regnabit isthæc perniciosa ambitio, qua
multi Simoniaci nō desinunt animos Prin-
cipum & Episcoporum solicitare, & preci-
bus & præmiis, & amicorum intercessioni-
bus, & pecuniis: vt præ aliis assequantur ea
officia, quibus se indignos sciunt, aut cer-
te aliis multo indigniores: & hoc modo Dei
ministeria & officia indignioribus contra i-
psius Dei dispensationem & voluntatem
præripiunt, & quasi inuito Deo, velit no-
lit, adipisci variis modis conantur: quam-
diu (inquam) ista in dominicis officiis
(sunt autem omnia officia aut mediate aut
immediate ipsius Dei) grassari & libere im-
puneque vagari cernimus, quis est qui pro-
sperum successum rerum humanarum ad
5 Dei gloriam expectet? Quocirca † arden-
ter rogandus Deus, vt suorum omnium a-
nimos ita mutet, ita inflammet & dirigat,
vt nemo ad officia sese indignus ingerat, vt
nemo officia assequi à superioribus tentet,
quibus se indignum iudicet, quamdiu se
multo digniores conspexerit. Deinde ne
superiores ipsi ob vllum humanum affe-
ctum officia quamlibet humilia commit-
6 tant † indignis, aut certe minus dignis: sed
ea potius delegent aptissimis, doctissimis,
& omnibus modis dignissimis, posthabitis
semper ineptis, aut etiam ineptioribus: Dei
enim ministerium est (si introspicias) quod
in officiis geritur, non humanum. Ideoque
in iis etiam humanus excludendus est affe-
ctus, & rationi obtemperandum est, & ra-
tionis

7 tionis rectæ dictamini. † Ita enim (meo iudicio) clarius illucesceret in suis Christus, & tranquillius cuncta gererentur. Sed de his satis superque, ne sutor (quod aiunt) vltra crepidam. Quæ nostro proposito seruiunt, hic vlterius persequamur iam cōuenit: nempe de Simoniaca ambitione, nō quam exitialis sit Deo, & perniciosa Reipublicæ Christianæ; hoc enim Theologis committimus; sed quam pœnam mereantur, quos publica officia mercari non pudet. Quis-
8 quis igitur † per contractus, aut per vlla pacta pecuniaria, studet ad quæuis publica pertingere officia, idque clam, & nescio Principe; is se eodem officio indignum reddit, & priuat; sicut idem Plato quoque testatur, qui vult omnes, officiis esse indignos
9 qui officia ambiunt. Verum si talis † contractus factus esset per ipsum Principem, vel per suos Officiarios, vel si eadem pecunia proueniret ad emolumentum Principis, in eo casu Iura Ciuilia volunt, contractum & emptionē talem in foro temporali esse excusabilem per l. vnicam, in princip. ff. ad l.
10 Iuliam de ambit. In foro vero † conscientiæ, & secundum Iura Ecclesiastica, non vacat enormi crimine, cap Cum essent, & ibi Scrib. extra de Simonia. Nullo enim mo-
11 do † pietas & sapientia Christiana permittit, vt quis vlla officia (iudicatoria præcipuè) mercetur, aut pecunia, vel contractu venetur. Atque ob hoc etiam per antiquas constitutiones regias in Francia vetitum est, vlla officia iudicatoria posse coemere, aut vendere. Easdemque constitutiones confirmauit rex Ludouicus duodecimus in suis diplomatis anni 1499. nec iis vllo modo derogandum esse voluit, vel propter punitionem illius criminis, quod Iura vocant Ambitionem, quam mulctari & damnari iura volunt 100. aureis pro venditore: & pro emptore, vel numeratore damnandam esse infamia publica, & perpetua inhabilitate ad quæuis officia publica, l. Si quenquam, in fin. Cod. de Episcop. & Cleric. & d. l. vnica, ff. ad l. Iuliam de ambit. Iura autem in dicta mulcta 100. aureorum volunt & taxant 72. aureos constituere vnam libram auri: vt superioribus capit. nonnunquam
12 docuimus. Et in eandem † mulctam incidunt non solum emptor & venditor; sed etiam is cuius permissu omnia peraguntur, atque etiam qui easdem literas obsignat, & chirographo munit; omnesque eadem pœna damnandos ex æquo volunt, l. Si quenquam, Cod. de Episcop. & Cleric. Atque hæc de ambitione, ad quam ad extremas insulas deportandam, & prorsus exterminandam, optarem nostros Principes tam esse cordatos, & strenuos; quam illa sese nusquam non apud Principes ingerit, vt officia ab iis per munera, aut fauorem impetret. Ah quam cupiam Principes omnes eo pectoris robore, & firma prudentia præditos, vt Platonicum Iudicium secuti, officia captantes reiicerent, & à publicis officiis fugientes, solos ad eadem officia compellerent, eosque solos iis dignos (sicuti de D. Basilio & Chrysostomo legimus) crederent: præclarius in religione nostra Christiana ageretur. Nusquam terrarum tam prodigiosis hominum portentis, tanquam indignis officiariis occuparentur officia, qui sese pascunt & ornant, officia dedecorant, & Rempublicam vexant & perdunt. Nec contra, tot reperirentur viri docti pene ob sui neglectum mendicantes, fame, squallore, contemptuque sui, & penuria rerum sæpe pereuntes & intermorientes, qui tamen soli ad officia publica pertrahendi forent, quique soli suis naturæ diuinisque dotibus in Republica Christiana multum prodesse potuissent, nisi ab indignis ambitiosis inde fuissent remorati. Huic voto meo de ambitiosis repellendis, & fugientibus pertrahendis, adstipulatur theorica l. Si quenquam, Cod. de Episcop. & Cleric. & l. fin. Cod. ad l. Iul. repetund. Et eandem reiectionem in Ecclesiasticis quoque muneribus & dignitatibus

fieri debere confirmant lecta & notata, can. Valentinianus 63. distinct. Nullus quippe sumendus est ad honorem, nisi qui vocatus fuerit à Domino, tanquam Aaron, ad Hebræos 5 & c. In scripturis, 8. q. 1. quia (vt ibidem) sicut locus regiminis desiderantibus negandus est, ita fugientib. est offerendus, Ecclesiastic. 8 cap. Admonemus non quærere fieri Iudices, nisi virtute irrumpere valeamus iniquitates. Postremo nostræ (qualis qualis est) sententiæ vel ipsi Principes, tum spirituales, tum sæculares libenter subscriberent, si ipsis in mentem aliquã do tot mala, totque incommodorum milia, quæ ex ambitione proueniunt, subreperent: aut si quispiam pius & doctus, qui apud ipsos authoritate plurimũ valeret, huiusmodi mala ex ambitione nascentia, aliquando suggereret, & ea tollenda admoneret.

CAPVT CXXXIV.

De Monopolio.

Summæ rerum tractatarum in Comment. CAP. 134.

1 *Monopolium quid?*
2.3 *Monopolium caritatis rerum omnium caussa est.*
15 *Monopolium directe pugnat cum charitate Christiana.*

Monopola damnantur, aut
3.14 *Confiscatione bonorum.*
3 *Priuatione negociationis.*
3 *Perpetuo exilio.*
5 *Mulcta 20. aureorum, cum restitutione damni.*
14 *Mulcta iuxta leges patria.*
14 *Iuxta diplomata Caroli V. Imperatoris.*

Monopolium committunt
2 *Qui comestibilia omnia in foro emunt, vt ea post carius pro suo arbitrio diuendant.*
2 *Qui quauis vsibus nostris necessaria passim emunt, vt pro suo arbitratu postea diuendant.*
4.5 *Qui impediunt, ne victualia, aut alia res ad forum peruehantur.*
9 *Qui in caritate annona ciuitatem frumento spoliant, idque aliô auferunt.*
10 *Opifices qui per clancularias, & iniquas inter se constitutiones Rempubl. grauant,*
11 *Medici, Chirurgi.*
12 *Laniones,*
13 *Pistores, œnopola, &c.* — *per clancularia & iniqua inter se pacta.*

6 *Nemo cogendus est, vt res suas diuendat, quum placeat populo.*
7 *Tempore necessitatis omnes cogendi ad venditionem rerum necessariarum.*

8 *Victuarii exercitus*
Victum non ferentes, Victum ferre differentes, Victum aliô ferentes, — *puniuntur aut* — *Confiscatione. aut Exilio.*
Aut,
Victum ad hostes, Secrete, directe, Vel indirecte ferentes, — *puniuntur, &* — *Capitaliter, & Confiscatione bonorum.*

14 *Monopolii pœna ex diplomatis Caroli V. Imper.*

Est

CXXXIV. De monopolio

Est aliud detestabile crimen,& nihilominus apud plerasque Respub. frequens & penè impunitum, quod monopolium vocatur: quasi singularis, ac penes vnum venditio. Est enim † Monopolium nihil aliud, quàm quando penes vnum aliquē, aut paucos solos tota alicuius rei vendendæ potestas est, hæc quā sit in Rep. perniciosa, quātumque † communi plebeculę detrimenti adferat, vel hinc manifestū est, quòd ex eo rerū omnium caritas in Remp. ilico erūpat. Ideoq; hoc malū iura grauiter puniendum statuerunt. Omnes enim mercatores aut negociatores, qui in negociatione sua ita se gerūt, & secretā intelligētiam inter sese habent, resq; suas ita instituūt, vt ad singularem vēditionem omnia contrahāt, hoc est, qui triticū, carnes, pisces, haleca, butyrum, caseum, oua, pullos, capones, brassicas, pyra, poma, vina, oleum, cereuisias, sal, saccarum, syrupum, oliuas, capparas, vuas passas piper, zingiber, cinnamomum, crocum, grana atq; id genus reliquorum aromatū, &c. comestibilia ac potabilia omnia, quantum in se est, ab agricolis emunt, vt postea cōciues sui ab ipsis solis isthæc singula cariùs redimant: Idem censendū est de aliis mercib. nempe lana, lino, ferro, alumine, corio, tapetis, pānis, variisq; & infinitis mercantiarū generib hîc studio breuitatis omissis: hi † (inquam) perniciosi monopolæ aut propolę, quoniā rerum multarum caritatis per monopoliū quod cōmittunt, sunt authores, & Rempub. plurimū grauant, puniendi sunt mulcta grauissima, cōfiscatione bonorū & etiā exilio vel priuatione suę negociationis & mercaturæ, iuxta qualitatē rerum & facti ad discretionē Iudicis, l. vnica, §. Si quis autē monopoliū ausus fuerit exercere, bonis propriis expoliatus perpetuitate damnetur exilii. C. de monopoliis & conuētu negociatorū illicito. D. Franciscus Lucanus in suo tractatu celeberrimo, in secūda parte principali, de casib bonorum publicandorum, num. 5. & 6. de Fisco & eius priuilegiis. D. Iohan. Berber. in suo Iuris directorio in Rubric. de collegiis illicitis & monopoliis.

1 (ditio. Est enim † Monopolium)

2 (tumque † communi)

3 († (inquam) perniciosi)

4 Monopolium † quoque committunt, qui astu quodam efficiunt, vt agricolę victualia necessaria ad forum non conferant, sed ipsi eò turmatim conuolent, & ab ipsis agricolis ibidem in villis omnia coëmant, quæ ipsi tum ad ædes suas conferunt, & paulatim tanti ferè communibus ciuibus vendunt, quanti velint.

5 Item † monopolium committunt, qui ex malitia efficiūt aut ex vafricie, ne vllæ merces vsui nostro necessariæ ad forum prorsus efferantur. Iura autem monopolis, aut propolis huiusmodi, pœnam statuunt 20. aureorū, cum restitutione totius damni, quod Resp. ex eo passa sit, l. 2. ff ad l. Iul. de anno. Atq; ad huius criminis accusationē admittuntur singuli, etiam si essent personæ in alio crimine accusando inhabiles.

6 † Verū enimuerò, cū nemo de iure cogatur suū vendere triticum, aut alia victualia (sicuti l. Inuitum, & per Scriben. ibidem, C. de contrahen. empt. & vēdit. & l. Nec emere, C. de iure delib.) ideo in hoc monopolii crimine, sanè ac cū multo sale omnia intelligas, oportet. Si enim mercator esset, apud quem vnius rei prostaret copia (aliis nempe mercatorib. omnib. easdem res diu diuendentibus) hunc iura non cogerent, vt res istas singulis diuēderet minoris, quam ipse emerit, aut quam prius alii easdem diuendidissent, aut quā actu vēdantur, l. Imperatores, in exordio, Digestis, ad l. Iul. de anno. Nam illi ex laboribus lucrandum esset, & foro accommodandum, nisi forsan ea ingrueret omnium rerum ac annonæ caritas, vt populus per inopiam subiaceret periculo vitæ.

7 Eo enim rerum statu, † Princeps aut magistratus, aut rector patriæ talibus rebus præcipuè victualibus, ex necessitate precia instituere posset certa & rationi consona, vt hoc modo Reipub. suæ consulat, ne aut fame aut rerum penuria aliqui moriantur, l. Annonam, & ibi Bart. ff de extraordin. criminib. & d. l. Impe-

ratores,& l. 1 §. Cura carnis,& ibi Docto. ff.
8 de offic. præfect. vrb. † Victuarii exercituũ,
qui tempore belli victualia sua non conferunt, aut conferre differunt, aut certè aliò conferunt, quàm ad exercitum sui Principis, vt pluris ea diuendant, aut alibi pluris vendant: illi puniendi sunt cõfiscatione bonorum aut exilio. Si verò ea victualia deferant secreto, directè aut indirectè ad hostes, vel castra aut ciuitates hostiũ: plectendi sunt capitaliter cum confiscatione bonorum, veluti proditores & criminis læsę Ma-
9 iestatis Rei. Qui tempore † caritatis, studet
pecunia aut aliàs callidè, è ciuitatibus ac regionibus efferre clam rem frumentariam aut victualem (non obstãte interdictione) vt eam alibi cariùs vendat: is monopolium committit & puniendus est arbitrariè: potissimùm, quum ex earũ euectione & monopolio respublica magnum detrimẽtum
10 passa fuisset. Monopolium † etiam com-
mittunt opifices, qui inter sese quasdam leges statuunt, quibus cariùs conciuibus suis laborent: & pacta inter se ineunt, ne quis eorum minoris laboret, & opera perficiat, quàm precio inter ipsos constituto, idque precium sit iniquum, & nimis enorme, nec cum vicinis ciuitatibus consentiens, sed
11 suam Rempub. admodum grauans. † Idem
de medicis quoque & chirurgis censendum est, qui similibus iniquis contractibus inter se & enormibus preciis Remp. grauant; & ad iniusta precia dependenda hoc modo
12 suos ciues compellũt. † Monopolium item
committunt laniones, qui coniunctis bursis omnia circum emunt, apud sese seruant, & ad certam tantùm quantitatem ad macellum deferunt, vt omnia cariusdiuendãt: deinde qui certas leges inter se constituunt, vt omnem carnem inflent, vt frusta grauiora & maiora, ac elegantiora tantum appareant: idque ea lege, vt omnia cariùs di-
13 uendant. Item Monopolium † commit-
tunt omnes pistores, coctores cereuisiarii, œnopolæ, caupones, & in genere omnes negociatores, qui clam & intra sese, mutuis collatis ad hoc consiliis, procurant & statuunt & ordinant quippiam, quod ad proprium cõmodum spectare videretur, & in prę-iudicium seu perniciem Reipublicę cense-
14 retur. Qui omnes & singuli † puniendi
sunt mulctis pro suis facultatibus, & iuxta Constitutiones siue ordinationes ciuitatũ, vbi ea monopolia tractantur, aut certè ad discretionem & arbitrium Iudicis. Nec hoc loco posthabenda sunt, quæ de hac materia tradita sunt per sacratissimam Cæsaream Maiestatem Caroli V. in diplomatibus annorum 31. & 40. In quibus prohibentur omnia monopolia & contractus monopoliales, constitutiones, & ordinationes quas aut mercatores, aut rerum venditores, aut artifices inter se comminiscuntur, & statuunt in præiudicium & graue detrimentum suorum cõciuium: volens in illis diplomatis idem æquissimus Imperator, omnes tales constitutiones, per suum Præsidentem & per generalem Officiarium esse rescindẽdas, abolendas, & nullas esse declarandas, & per sententiam (quãquam etiam his statutis impetrassent aliquam confirmationem) definiendas esse vanas, noxias, & confirmationes impetratas infringendas, & nõ seruandas. Atq; insuper volens, omnes dictos monopolas puniendos confiscatione bonorum per monopolium partorũ & deinde alia pœna arbitraria ad discretionem Iudicis, vti clariùs patet in suis dictorũ an-
15 norum edictis. Considerauit † enim Im-
perator, imò ipsa iura cõsiderabant monopolii in Repub. perniciem, quòd tãtum dispendium communi inferret plebeculæ, quodq; directè cum fraterna pugnaret charitate, quam Christus, omnibus virtutibus posthabitis, suis inculcat: quod proximæ auaritię tantum ancillaretur, & in tenues ciuium familias egestatem & famem immitteret. Ideo acriter & sine vlla dissimulatione, monopolia ilico punienda esse decreuerunt: adeò vt ipsos quoque Iudices, qui cum mono-

monopolis ad monopolia punienda dissimul ant, grauiter puniendos esse statuerint 40. lib. auri, d. l. vnica, §. Cæterarum, C. de monopoliis.

CAPVT CXXXV.

De Coadiutoribus Criminum.

Summæ rerum tractatarum in Commentariis CAP. 135.

1 *Peccata aliena, iuxta Theologos sunt nouem.*

2 *Qui delinquentem iuuat, aut* { *Auxilio,* *Consilio,* *Mandato,* } *punitur vt principalis.*

3
7 *Cuius* { *Auxilium,* *Consilium,* *Mandatum,* } *non dat maleficio causam, punitur mitius.*
7

4 *Auxilium in crimine confertur: aut* { *Ante factum, si sciens volensque, aliqua ad crimen necessaria suppeditauerit.* *In facto: si quis simul cum delinquente cooperetur.* *Post factũ: si ad fugam vel occultationẽ malefici iuuet.* }

5 *Consilio,*
& } *quando aliquis Reus efficitur alterius criminis.*
6 *Mandato*

8 *Nemo coadiutor criminis, nisi prius de concepto crimine perpetrando fuerit conscius.*

HAbent Theologi crimen & delictum, quod alienum vocant, hoc est, quod nemo per se, & ipso facto committit, sed cuius commissi qualicunque occasione, aut caussa est, aut caussam præbet, dum committentem, aut ante factum, aut in facto, aut factum, quoquo modo coadiuuat: ho-
1 rum quidem delictorum † nouem ferunt esse species, de quibus omnibus hîc singulatim percensere non est consilium, nisi de duobus: nempe de adiutorio criminum, vti in hoc capite: & de criminosorum receptione, scilicet in proximè seq. capit. & de
2 pœnis ipsorum. Quisquis † ergo auxilium, solatium, consilium, opem, suppetias, aut mandatum vllum contulit ad crimen aliquod peragendum: is puniendus est, vt principalis perpetrator, l. vnica, C. de rap. Virgin. l. Vulgaris, §. pe. ff. de furt. Alexander de Imol. in consilio 15. incip. Viso processu, lib. 1. consiliorum Fallit quartum ad l. Aquil. l. item Mela. §. Sed etsi seruum plures, ff. ad l. Aquiliam: prædictis præterea seruiunt l. Nihil interest, ff. ad l. Cor de sicar. l. 1. ff. ad l. Pompe. de Parricid. l. 1. ff. de Receptatoribus, & l. Qui domum, ff. ad l. Iul. de adulter. & stup. Hactenus autem habitas authoritates de eo auxilio intelligas oportet, quod mali caussam dedit & ob quod auxilium, crimen commissum consecutum est, & sine quo non fuisset perpe-
3 tratum. Nam si † tale fuisset consilium, quod vel caussam maleficio non dedisset, aut sine quo alioqui malum fuisset per maleficum perpetratum: tũ hic auxiliator mitius puniendus esset, quàm principalis perpetrator, l. 1. 2 resp C. de his qui latro. vel aliis criminibus Reos occult. Vbi occultans latronem post delictum commissum, nulla præcedente conuentione, punitur mitiùs d. l. vnica, ver. pœnas. C. de rap. virgin. l. vnica. C. de Nili agge. non rump. pen. Plura de hac materia videbis apud Dom. Iacobum Poullenc. Ebroicensem l. V. prelytam

in sua solenni repetitione, § Famosos, constituti. in l. Capitalium, ff. de pœnis. Auxi-
4 lium † autem confertur in crimine fere tribus modis: Ante factum; In facto; Et post factum, l. Raptores. & ibi Bart. in fin. C. de Episcop. & cleric. Ante factum quidem, si sciens & volens aliquis alteri suppeditet equum, arma, baculos, pecuniam, instrumēta, aut alia ad quæuis commoda, ad facinus peragendum idonea, l. Si pignore, § Cum furti, ver. Qui ferramēta, ff. de furt. & l. Qui domum, ff. ad l. Iul. de adult. & stup. l. 1. ad fin. ff. de extraordin. criminibus. In facto vero confertur auxiliū, si quis cū principali factore cooperetur, simul verberet, simul cædat, simul pungat, simul trahat, aut manibus, aut pedibus, aut instrumentis, aut persuasionibus, aut acclamationibus, aut verbis dictisq; aliquibus coadiuuet, l. Raptores, in princ. in ver. Pœnas, C. de Episco. & cleric. & l. vnica, in ver. Pœnas, C. de rap. virgin. Post factum autem confertur auxilium, quoties post commissum malum, aliquis cum factore, tanquam auxiliaturus fugit: vel si ipsum in fuga iuuet, opem vllam conferat, ipsum occultet, aut hospitio excipiat, & ne capiatur, impediat, l. Is cuius ope, ff. ad l. Iul. de adulter. l. 1. C. de his qui latro. vel aliis crimin. reos occultant. Porro
5 † consilio aliquis fit alterius criminis Reus, quando consilium fuit iniquum, & fraudulentum, & perniciosum, & tale, vt perpetrator nunquam tale crimen perpetrasset, nisi
6 tali consilio fretus. Mandato † autem aliquis Reus efficitur alterius delicti, quando tale delictum perpetrandum alteri expresse mandauit; ob quod mandatum, crimen cōmittit, alioqui non commissurus; is enim tam eodem crimine deuincitur quam ipse principalis factor. Addidi, nisi tali consilio
7 fretus & ob quod † mandatum crimē committit, &c. Nam si maleficus crimen destinatum omnino perfecisset, etiam si cōsulentis consilio, aut mandato nūquam vsus fuisset: tunc consultor ille nequaquam puniendus esset, vti principalis committens; sed mitius cum eo agendum esset, vt in c. Sicut dignum, §. Qui vero, extra. de homicid. l. Non solum, § Si mandato, ver. Attilicinus, ff. de iniur. Ita notat. Bart. in l. Sæpe, ff. de verbo. & rerum signific. Bald. in l. Ob hæc, colum. 2. ff. de his qui norant. infam. Idem Bald. in l. Data opera, in 17 colum. C. de his qui accusar. non possunt, & c. Querelam, in
8 fin. de elect. in antiq. Cæterum hīc † notādum est; Si aliquis cum principali factore simul in litem & pugnam contra alium incidat, nō sciens quicquam de ipsorum contentione, & concepto proposito; is nō censendus est, vt coadiutor, vt eiusdē criminis Reus, nisi postea eundem factorem post factum foueat, iuuet, protegat, capturā præpediat, cum ipso fugiat, ac factum sibi simul asscribat, dictis iurib. supra ad tertium membrum allegatis.

CAPVT CXXXVI.

De receptione Delinquentium.

Summæ rerum tractatarum in Commentariis CAP. 136.

1 *Crimen receptionis in quo consistat.*
2 *Recipientes maleficos, maleficorum pœna plectendi.*
3 *Receptatorum pernicies.*
4 *Receptationem excusat sanguis & affinitas.*
5 *Qui à Iustitia admonitus* { *recipit, aut occultat* } *maleficum, is punitur* { *Exilio perpetuo, & Confiscatione.* }

Altera

CXXXVI. De receptione delinquentium

1 ALtera delicti alieni species, & de † qua nos ante dicturos præmisimus, in delinquentis defensione consistit, & potissimum in criminosorum receptione, qua multi sese eodem alligant crimine. Quisquis enim
2 criminosum † aliquem hospitio recipit, is & omnis eiusdem receptatoris sodalitas, de crimine conscia, punienda est propter receptionem, aut propter silentium, & permissionem, non secus quam ipse principalis criminosus de aliquo crimine diffamatus, &
3 delatus. Pessimum enim † genus est receptatorũ; sine ipsis enim malefici latere diu non possent; quare, quod diu regnant, multaq; mala diu perpetrant, nec ad Iustitiam perueniunt, ipsi receptatores in causa sunt, l. 1. ff. de Receptatoribus, l. 1. C. de his qui latro. vel aliis criminibus reos occulta. & l. 3. § Non tantum, ff. de incend. rui. naufra.
4 Verum † hæc regula (quoniam æquo seuerior est) in multis fallit. Non enim locum habet in matrimonii, aut cognationis, aut proximæ affinitatis fœdere: veluti fallit de patre, & matre, & liberis, de auis, auiis, & nepotibus: fallit inter fratres & sorores, inter vxorem & maritum, & contra: & in similibus propinquitatis & affinitatis gradibus. Hi enim (sicuti & in præced. cap meminimus) non tam atrociter & rigide (ob receptum amicum) puniuntur, quam alii quiuis nullo sanguine & affinitate iuncti. In illis naturæ ratio dictat, talem receptionem ob sanguinis coniunctionem esse nonnihil excusandam, & arbitrarie tantum leuiusq; esse puniendam, ad discretionẽ Iudicis tantum, l. fin. ff de receptato. nisi certe isti criminosi amici, participes criminis essent. Imo sunt non pauci, qui volunt sanguinis & cognationis copulam, tantũ debere in receptione amici valere, vt eos à tali receptione plane excuset, liberet, & expurget: adeo vt hac gratia criminaliter non peccent, nullibique etiam puniendi sint. Aut saltem si vllam pœnam ipsis deberi quidam contendant, eam leuem debere esse contendunt, scilicet breue exilium, vel mulctã pecuniariam, iuxta qualitatem facti, d. l. fin. ff. de
5 receptatoribus. Si † quis à iustitia admonitus, vt criminosum receptum Iustitiæ tradat & sistat, non ilico obtemperet, nec receptum statim tradat, cum requisitus fuerat, & cum potuit, & pertinaciter eum domi cõtinet: is eandem domum suam cum adiuncta possessione perdet. Ea si sua non fuerit, nec alias possessiones habuerit: tum perpetuo damnãdus est exilio, ac bonorum confiscatione, d. l. 1. & l. 2. C. de his qui latro. vel aliis crimin. reos occulta.

CAPVT CXXXVII.

De Iniuriis.

Summæ rerum tractatarum in Commentar. CAP. 137.

1 *Iniuria committitur* { *Verbis.* / *Re & facto.* / *Scriptis.* / *Gestibus.* }

2 *Iniuriato contra iniuriantem agere licet.*

3 *Iniurians quomodo puniendus.*

QVum ante atque adeo hactenus de variis iniuriarum, criminib. peregimus, & post acturi simus, hic breuiusculo capitulo Iniuriarum naturam & varietatem pau-
1 cis cognoscas oportet. Omnis igitur † iniuria, quadrifariam committitur, verbis, fa-

ēto seu rescriptis, & gestu, l. 1. §. Iniuriā autem, ff. de iniur. & famos. libell. & §. Iniuria. Instit. de iniur. Quicquid enim fit animo & intentione iniuriandi aliumque aut commouendi, aut lædendi: siue id fiat ex contemptu & fastidio (quod contumeliam vocant) aut animo damnum aut infamiam inferendi, aut iniusta alicui præstandi; atque iniuriatus talis huiusmodi rebus commouetur & lacessitur, & irascitur: omne
2 (inquam) † tale iniuria dici potest; de qua ipsi iniuriato corā iustitia cōtra iniuriatorē agere permittitur ciuiliter, & certo iuramēto ad pœnam seu mulctam poscere. Hoc modo, si iniuriatus iniuriātem in iustitiam prouocet, & iniuriæ restitutionē ac reparationem poscat iurans, se pro ducentis coronatis nolle talem iniuriam perpeti, aut amplius, aut malle ducētos perdidisse coronatos,
3 quam talem pertulisse iniuriam: post † tale iuramentum præstitum, non poterit iniurians minori pœna puniri, quam pro iuramento iniuriati, idque secundum nonnullos: licèt in tali æstimatione plerunque Iudicis taxatio attendatur, vt Iudex vel tanti Reum condemnet, quanti iniuriam passus æstimauerit, vel minoris, prout ei visum fuerit, §. Pœna autem. Instit. de iniuriis Iacobus de Bellouisu in sua solenni practica iudiciaria, in materiis criminalibus: Quis taxabit iniurias, &c. & Angel. Aretin. in d. §. Pœna autem, Instit. de iniur.

CAPVT CXXXIIX.

De iniuriis verborum.

Summæ rerum tractatarum in Commentariis CAP. 138.

1 *Iniurians verbis, cogitur ad reuocationem & reparationem.*
2 *Iniurians ex caussa in iudicio, crimine vacat.*
3 *Iniuriam non facit, qui iure suo vtitur.*

Iniuria verbis committitur
- 1 *In iudicio.*
- 2 *Extra iudicium.*
- 4 *Exprobrando naturæ vitia.*
- 6 *Obiiciendo mendacia, vel dicendo: Mentiris.*
- 13 *Minis: quæ reparationem non exposcunt.*
- 19 *Blasphemia.*

5 *Iniuria non minus absenti dicitur, quam præsenti.*
6 *Iniuria verbalis fit lenior ex alterius prouocatione.*
7 8 *Iniuria verbalis non committitur, animo iniuriandi cupido.*
9. 10. 12. *Ioci & leuia scommata, nulli iniuriantur.*

11 *Reparatio iniuriarum fit*
- *Verbis, id est, reuocatione.*
- *Peregrinatione.*
- *Honorabili emenda.*
- *Eleemosynarum largitione.*
- *Fenestris vitreis.*
- *Impendiis & denariis Ecclesiasticis.*
- *Mulctis pecuniariis.*
- *Compensatione.*

14 *Minæ reparationem non exposcunt, sed assecurationem.*
15 *Quæ verba sint hic blasphemia.*

De verb

16 *De verbis blasphemis, rara est punitio.*
17 *Canones Ecclesiastici nullam verbali iniuria pœnam statuunt.*
18 *Potior est misericordia, quam victima.*
19 *Iniuriarum caussa cessat* { *Iniuriarum remissione.*
20 *Iniuriarum dissimulatione.*
21 *Signis, & indiciis de condonatione.*
23 *Quando iniuriās eodem loco & tempore reuocauit.*
24 *Quando iniuratus ante litis contestationē moritur.*
22 *Ex caussa iniuriam dissimulans, non perdit iniuriarum actionem.*
25 *Sortilegi furem commonstrantes, magis quam iniuriantur.*

INiuria autem verborum ita punitur, vt
1 quisquis alteri iniuriam verbis infert † extra iudicium vel iustitiam, etiam si vera diceret, l. vnica. & ibi not. Cod. de famos. libell. & in l. Eum qui, ff. de iniur. is (inquam) iniuriator puniendus est reparatione famæ, & eandem iniuriam reuocare tenetur ad discretionem Iudicis: modo iniuriatus obiecta verba iniuriatoria ad animū suum reuocet, ægre ferat, & ob ea sese conturbet, l. 1. §. Iniuriam autem fieri, ff. de iniur. l. Si non es, C. eod. tit de iniuriis, & † §. Iniuria autem committitur, Institut. de iniuriis. Dixi extra iudicium vel iusti-
2 tiam: Nam si † quis alteri vera inferat in iustitia, atque talia verba dicat, quæ caussæ suæ proponendæ aut defendendæ seruiant: ea quidem obiecta procul ab omni iniuria censenda sunt, potissimum si expresse protestetur, se ea neutiquam dicere animo iniuriandi, sed tantum, vt per ea caussam suam probet, confirmet, & defendat, l. Si quidem, C. de iniur. l. Si quis de libertate ff. eod. de iniur. & l. Si tibi, Cod. de liberali
3 caus. Nam † non videtur iniuriam facere, qui iure suo vtitur, & ordinaria actione experitur, l. Factum, §. Non videtur, & l. Nullus, ff. de reg. iur. & can. Cum Ecclesia extra de electione Iuris enim executio non habet iniuriam, l. Iniuriarum, ff. de iniur. Huius & eleganter & distincte meminit D. Oldradus, omnium ætatis suæ Iurisconsultorum primas tenens, in suis celeberrimis consiliis, consilio 53. incipiente: Consueuit dubitari, an dicens alicui verbum contumeliosum, quod tamen est verum, teneatur actione iniuriarum, &c. quod quidem consilium in materia iniuriarum scitu ac notatu dignum est, potissimum aduocatis ac causidicis omnibus nimium loquacibus, plurima nonnunquam scommata atque iniuriosa in suis scriptis ac dictis effutientibus, ob hanc (vt aiunt) caussam, vt sese per talia dicta ab iniuriis excusent
4 & defendant. Iniuria quoq; † verbis committitur, quoties alteri sua naturæ vitia exprobrantur: veluti si quis dicat, vah tu spurie, tu nothe, tu gibbose, tu loripes, tu lusce, tu monocule, tu strabo, tu cœce, & his similia; Bartolus in l. Eum qui nocentem, ff. de iniur. vbi tamen vtitur distinctione, de spuriis, nothis, & mitratis (quibus vult licere sua vitia obiici) & aliis vitiosis, quibus non licet citra iniuriam illorum vitia obiicere. Illa enim nouisse ad Rempublicam pertinet. hæc vero minime, vt i-
5 bi. In dictis etiam † iniuriandi modis nihil refert an iniuriatoria verba in præsentia iniuriati protuleris, an in ipsius absentia, l. Item apud Labeonem, § Conuicium autem, ff de iniuriis, & l. Si quidem, Cod. eodem, de iniuriis. Tantum enim peccat, qui absens rodit & mordet (imo etiam aliquanto nocentius) quam qui præsens lædit.
6 Prætterea † qui alteri impingit mendacia, dicendo. Tu mentiris: is certe iniuriatur, D. Bartolus in d. l. Item apud Labeonem, §. Ait prætor, ff. de iniur. & famos. libell.

nisi ipse prior grauiter iniuriatus, ac ad con-
uiciorum talionem prior prouocatus fuis-
set: aut talia obiecta fuissent, quæ nominis
ac famæ suæ causam grauiter læderent. In
7 hoc enim † casu fere fit, vt quis ex bile &
commoto animo, alterum audacter in os
mentiri dicat, atq; hæc quidem iniuria ver-
balis si sit reciproca, & qua alter alterum of-
fendit, nequaquam punienda est, modo to-
lerabiles, & non enormes sint iniuriæ, vt no-
tat Bart. in l. Quæ omnia, ver. Sed & si ad-
uersarius, ff. de procurato. Sed quid si dicat:
Tu mentiris saluo honore tuo, salua reuerē-
tia tua; quæritur, an tunc sit iniuria? Bart.
in l. Si quis extraneus, in princip. ff. de ac-
quir. hære. sustinet affirmatiuam partem:
quia verbum iniuriosum præcedens, decla-
rat se alterius honori non consulere; ideo
duo pugnantia coniungit, & quod nullam
habeat voluntatem ipsius seruandi honorē
aut reuerentiam, vt l. Si non conuicii, C de
8 iniur. Dictum quoque est supra, † si non a-
nimo iniuriandi dixerit: quandoquidem
nunquam iniuria verbalis committitur, ni
si verba animo ac proposito iniuriandi pro-
lata fuerint, atque talia sint, vt iniuriatus ea
iniquè tulerit, adeo vt ex iis conturbetur.
9 Nam si ioco † ac ridendo tantum prolata
fuissent, tum ea verba nullo modo pro in-
iuria interpretanda essent, l. Illud, §. Sane,
versic. Quare, ff. de iniur. l. Obligationum
substantia, §. fin. cum ibi not. ff. de actioni-
bus & obligat. voluntate enim & propositis
distinguuntur maleficia, l. Quæ iniuriæ, ad
exordium, ff. de furt, &c. Cum voluntate,
10 extr. de sentent. excommuni. Neque † item
scommata, aut leuia festiuaq; dicteria sunt
propriè iniuriæ æstimanda, nisi talia sint vt
mordeant, lacerent, & is in quem ingerun-
tur, ob ea pudefiat, cōfundatur, & ipsius no-
11 men, & fama lædatur. Reparatio † autem
iniuriarum (qua iniuriantes puniendos es-
se diximus) fit multifariam, aut verbis, aut
peregrinatione, aut honorabili emenda, aut
eleemosynarū elargitione, fenestris vitreis,
aliisque impensis ac donariis Ecclesiasticis,
& similibus emendationibus. Item mulctis
pecuniariis, compensatione reali, hoc est, vt
qui animum & famam læserit, eandem læ-
sionem pecunia & munere penset, atq; hæc
omnia ad arbitrium & prudentiam iudicis.
12 Porro generalia † quædam, veluti non to-
tus religiosus es, præstare te meliorem esse,
is es quem populus te iudicat, tu es qualis
es, tu à tuo ingenio non dissides, nec dege-
neras, & similia, sine vlla vitii ac sceleris ex-
pressa nomenclatura: ea (inquam) dicteria
nullam iniuriam pariunt, nec talia sunt, vt
eorum gratia quisquam se mouere, aut sibi
iniquè asscribere debeat. Verbalis itē com-
13 minatio † censenda est hîc etiam iniuria,
maxime cum illa comminatio periculosa
sit, & talis, vt non immerito timenda sit cō-
minatio: nempe vel ob horrendas ac graues
minas, vel ob qualitatem & malitiam com-
minantis, vel ob qualitatem & nequitiam
suorum vel parentum, vel amicorum quos
ob minas illatas & ob famosam malitiam
metuit, ne minas re compleant, & præstent.
14 † Eæ tamē, qualesquales minæ sunt, & qua-
liscunque comminator fuerit cum suis, nō
sunt tamen tales, vt reparationem exposcāt
de minarum iniuriis: sed tamen tantum va-
lent, vt comminatorem cogant ad præstan-
dam assecurationem & fidem, de non im-
15 plendis minis. Blasphemia † vero omnis,
pro iniuria quoque æstimanda est: Hîc au-
tem blasphemiam intelligo, quando alicui
mala ac diras imprecamur, veluti, Precor ti-
bi crucem ac furcam: velim te suspensum;
videbo aliquando in rotam abreptum, &c.
16 tamen de iis Iura, nullam aut † raro puni-
tionem decernunt: quod ea nihil aliud sint
quam leuia & futilia verba, quæ non admo-
dum grauiter alterum lædunt. Quocirca
etiam si is taliter iniuriatus impingeret in-
iurianti alapam, atq; simul ex commotio-
ne aliud conuicium regereret: is cædens vt-
cunque excusandus esset, ac certe leuius pu-
17 niendus. † Canones (quibus etiam subser-
uiunt

uiunt cõfessarii) in his nullam punitionem statuunt: imò suadent & volunt huiusmodi iniurias ilico ob amorem Christi esse remittendas, & ad fraternam reconciliationem redeundum, quod hinc multum lucri accedat animis, quodq; sit eleemosynarum
18 species maxima. Deinde † quod Deo gratior, ac potior sit misericordia, quam victima: & melior spiritualis seu cordis, quam corporis siue pecuniæ eleemosyna, c. Et qui, c. Tria, & c. Duæ, 45. distinct. Atq; hinc Iudices magnam dant operam, vt omnes huiusmodi iniurias placent, & sopitas reddãt, maximè, quum tantum sint verbales, potiùs quam vt earum gratia lites ineant, & discordiis scindantur, atque istud verè est Christianum Iudicem agere. Cæterum hic notandum est, tribus modis cessare caussam iniuriarum, ex quibus nulli fas est alterum coram Iudice iniuriarum illatarum, reum peragere: nempe iniuriarum remissione, iniuriarum dissimulatione, & signis & indiciis, iniuriæ remissæ testibus, hoc est,
19 familiari conuersatione. Remissione † autem perit iniuriarum actio, quoties ob preces & intercessiones iniuriantis, iniuriatus iniuriãti cõdonauit ac remisit, c. Si illic, 23. q. 4. & ibi gl. in verb. Recidiuo. Dissimula-
20 tione † vero perit actio, quoties vltra diem & annum differt iniuriantem corã Iudice accersere. §. fin. Instit. de iniuriis. & ibi gl. &
21 scrib. Signis & indiciis verò iniuriarum † actio perit, quando iniuriatus iniuriantem comiter & amicè salutat, exosculatur, eo familiariter vtitur, colloquitur, cum eo motu proprio comedit aut potitat sine protestatione, ac omnia amicitię & pacis recõciliatæ signa declarat, hic modus à Doctor. citatur, mihi tamen videtur parum sapere Christum, ex cuius iussu nõ solum charitatis signa, sed ipsammet charitatem & perpetuã
22 amicitiam debemus proximo. Dixi † motu proprio comederit, aut potauerit: quia si iniuriatus cum iniuriante vspiã comederit, vbi simul ambo inuitati fuerant: tum ob necessitatem, & honoris rationem esset iniuriato iniuria dissimulanda, & cum iniuriante simul prandendum aut cœnandum esset, vel saltem prandere aut cœnare posset, citra tamen suæ iniuriarum causæ detrimentum aut perditionem, vt habent Iohan Fab. & Ange. Areti. in § Hæc actio, Instit. de iniuriis. Sunt qui dicunt, tum quo-
23 que † iniuriato perire iniuriarum actionẽ, quando iniurians eodem loco, vbi iniuriatio contigit, dixit se iniuriarum pœnitere, adeo vt eodem loco & tempore illatam iniuriã reuocet, & se malè dixisse proclamet:
24 Actio † quoque iniuriarum perit quoties iniuriatus intermoritur: Nec hæredibus tunc relinquitur de eadem iniuria agẽdi actio, nisi processus prius per iniuriatum intentatus fuisset, & lis contestata fuisset, l. Si eum §. Qui iniuriarũ, ff. Si quis cautionibus, & l. Iniuriarum actio, ff. de iniuriis
25 & famos. libel. † Astrologus aut sortilegus, qui ex arte sua aut ex dæmonis indicio furem commonstrat: is nullam iniuriam cõmittit (vt multi autumant) sed multo grauius peccat. Nam ob eam superstitionem aut sortilegium, puniendus est corporaliter, l. Item apud Labeonem, §. Si quis Astrologus, ff. de iniur. & l. Nemo, C, de malefi. & mathe.

CAPVT CXXXIX.

De iniuriis factorum.

Summæ rerum tractatarum in Commentariis Cap. 139.

Iniuria factorum fit;
1 *Si quis alterius vestes conuellat.*
2 *Minatoriis gestibus per arma expedita.*

Ooo

1 6 *Iniuria factorum fit,*
- *aut*
  - *Iactando,*
  - *Verberando.*
  - *Pungendo.*
  - *Lædendo.*
- *Alium in ius sine caussa vocando.*
- 7 *Si debitum poscat, quod non debuit.*
- 8 *Pecora ex communibus pratis exigendo.*
- 9 *Si sordes in alienum fundum mittat.*

4 *Iniuriarum per facta emenda, sunt iuxta singularum ciuitatum constituta.*

5 *Euaginato cultro petens aut* { *Ciuem Gandensem, aut Ciuem Brugensem.* } *mulctatur 60. lib. Paris.*

10 *Actio iniuriarum conceditur &* { *Iniuriato. & Iniuriati amicis.* }

11 *Tot sunt iniuriæ reparandæ, quot fuere iniuriantes.*

12 *In Iniuriis non obligantur*
- *Persona ab iniuriato prouocata.*
- *Impuberes & furiosi.*
- *Potando admodum ebrii.*
- *Dormientes.*
- *Iocantes, & ridentes tantùm.*
- *Salse monentes tantùm.*
- *Cognati, & affines.*
- *Ignoranter iniuriantes.*
- *Volenti, & dissimulanti.*

13 *Iuris executio non habet iniuriam.*

14 *Non infertur iniuria, nisi animo maligno.*

15 *Omne malum præsumitur animo malo perpetratum.*

16 *Mali facti suspicio ex malo animo, fallit in* { *Consanguineis. Matrimonio.* }

17 *Iniuriarum aliæ* { *Enormes, id est quæ fiunt cum læsione corporali. Leues, &c.* }

18 { *Iudicem suum cædens. Capitaneo grauiter iniurian.* } *puniendus est corporaliter.*

19 *Enormitas iniuriæ perpenditur ex qualitate* { *Temporis, Loci, Personarum.* }

1 INiuriam factis † multis modis fieri conspicimus: nempe quum alter alterius cõuellit & trahit pileum, caputium, aut cappam: is enim non leuiùs offendit & peccat, quàm si eundẽ capite, citra læsionẽ corripe-
ret, l. 1. & l. Sed est, ff. de iniur. §. Iniuria autem, Inst. eod. de iniur. Item iniuriam facit,
2 † qui alteri minatur gestib. quasi lapidem,
baculum, cultrum, aut similia arma in eum vibraturus, etiam si minas opere non compleue-

pleuerit: ideoque de talibus minarum ter-
rorib puniēdus, l. Item apud Labeonem, §.
Si quis pulsatus, ff. de iniuriis: si vero cæci-
3 derit, † iactauerit, & læserit, de verbere illo
& cōtactu suppliciū ferat oportet. l. 1. §. In-
iuriam autē, ff. de iniur. & § Iniuria autem
cōmittitur. Instit. eod tit. de iniuriis. Qua-
4 lia autem sint iniuriarū † per facta, suppli-
cia & emendæ, ea petēda sunt è singularum
ciuitarū constitutionib. Nam singulis penè
locis de his iniuriis puniēdis, suæ cōstitutæ
sunt ordinationes. Iuxta priuilegia autem
5 † Comitum Philippi Elzatii, & Gardonis,
quisquis cultrū euaginat animo furioso in
ciuē Gandēsem aut Brugensem, is mulctā-
dus est 60. lib. Paris. etiamsi manū tēperans
6 ipsum nō cæciderit. Quisquis itē † alterum
in ius, vel ad tribunal vocauerit sine iusta ac
rationabili, sed vexādi caussa: is iniuriā cō-
mittit, d. l. 1. & l. Iniuriarum actio, §. Si quis
7 per iniuriā, ff. de iniur. Itē qui † debitum ab
8 altero reposcit, quod nō debuit. Item † qui
prohibet mea pecora depascere in commu-
9 ni prato. Prætereà qui in vicini aut † alterius
domū aut fundū, stercora mittit, fimū aut
alios pædores & sordes, l. Si inferiorū, ff. de
10 iniuriis Porrò actio † iniuriarū conceditur,
non tantū ipsi iniuriato, sed etiā iniuriati a-
micis, parentib. heris, præceptoribus & do-
minis, & marito de iniuria vxoris: Sponso
pro sponsa: Abbati pro monacho: & his si-
milib. l. 1. in fin. cū seq & l. Itē apud Labeo-
nē, §. Sponsum quoq;, ff de iniur. l. 2. C eo.
tit. & §. Patitur, cum seq Inst. de iniur & ibi
Ang. Aret. in quib. altero (scilicet inferiori)
iniuriā remittēte remanet tamē alteri (sci-
licet superiori) eiusdem iniuriæ actio. Et si
11 † plures fuerint iniuriātes, singuli ad iniu-
riarū reparationē obligātur. Tot enim sunt
iniuriæ, quot sunt personæ iniuriātes. Et si
vnus omnium pro se illatam iniuriam de-
penderet, non est quod cæteri se absolutos
ab eadem iniuria putent: quum omnes ex
æquo ad iniuriam eandem resarciendā ob-
ligati sint, l. Si plures, ad fi. ff. de iniur. In in-
12 iuriis † nō obligantur personæ iniuriantes,
quādo ipsi iniuriati eundē iniuriantem ad
iniurias proferēdas prouocarunt, & cōmo-
uerunt. Ab iniuriis quoq; liberæ sunt variæ
personæ, nempe, impuberes & furiosi, qui
nulli iniuriari valent, l. Illud, §. Sanè, ff. de
iniur. quia doli mali capaces nō sunt. Nam-
que hi pati iniuriā solent, non facere: cū in-
iuria ex affectu facientis cōsistat. Potatores
quoq; egregiè poti, ab iniuriis (potissimum
verbalibus) excusandi sunt: quum quid ef-
futiant, nesciant, vt testatur hisce in partib.
ipsa (proh dolor) quotidiana experientia:
quia tales nō sunt domini sui, sicut nec fu-
riosi, quibus æquiparantur, vt not. in Auth.
quibus modis natur. effic. legi. § Illud quo-
que, colla. 6. super verb. vehementiùs, l. O-
mne delictum, §. Per vinum. ff. de re milita.
l. Respiciendum. §. Delinquunt, ff. de pœn.
Idem censendum de dormientibus, qui
cum non habeant animum, non possunt
facere iniuriam, l. Illud, ff. de iniur. Item
omnes qui iniuriam ioco, & ridendo pro-
ferunt, d. l. Illud. §. Sane, ad fin ff. de iniur.
vel eo animo vt doceant, moneant, & alte-
rius vitia corrigant: nisi hic iocus æquò fre-
quentior contingeret, & admonitio æquò
esset seuerior. Item excusantur ab iniuriæ
illatione cognati omnes, propinqui, & pro-
ximè affines, qui liberiùs aliquantò in inui-
cem dicitant. Item qui iniuriam faci-
unt ex mandato iudicis, strictim & forti-
terius secundum ius exequendo, excusan-
tur ratione officii, vt si quis in magistratu
constitutus quid exequitur, vel paulò du-
rius quē alloquitur, siue iubet incarcerari,
non videtur hoc facere caussa iniuriæ. Iuris
13 † enim executio non habet iniuriā, l. Iniu-
riarum actio, ff. de iniur. Ab iniuria simili-
ter excusantur, qui alteri iniuriā inferūt ob
gratiā sui Principis (tametsi hoc parū Chri-
stianum redoleat) aut certe suæ venerandæ
reipub. gratia. Excusantur item qui igno-
ranter iniuriam faciunt: veluti quū iuuenis
quispiā iuuenculā adoritur, dissolutis ami-

ctam vestibus (alioqui tamen honestam) & eam comprimit, putans eam ob vestium leuitatem & loci suspicionem esse meretriculam, l. Item apud Labeonem, §. Si quis
14 virgines, ff. de iniur. Nulli infertur † facto iniuria, qui eam sibi nec asscribit, nec eam reparari cupit. Volenti enim non fit iniuria, d. l. 1. §. Vsque adeo, ff. de iniur. c. Scienti, de reg. Iur lib. 6. & l. Nemo fraudare, ff. de reg. Iul. & ibi Philip. Decius. Attamen si ea iniuria propalam facta esset etiã remittenti, aut per iustitiam persequi nolenti: fiscus nihil remittet, sed ex officio procedet pro iure suo, & pro interesse publico seu iustitiae, vt not. Bart. in d. l. 1. §. Vsq; adeo, per l. Qui coetu, §. Qui vocantem, ff. de vi pub. Hic enim sciendum est: In quocunque iniuriarum genere facta est iniuria, ius perpetuo praesumit eam iniuriam malo animo factam esse, studio & voluntate maligna: quod omnis iniuria per se mala sit & dete-
15 stabilis. Sicut † omne malum praesumitur ex malo animo potius commissum, quam aut ex ignorantia, aut studio bono. Fallit
16 † hoc tamen in personis sanguinis propagine coniunctis, inter quas nulla habenda est iniuriarum suspicio. Fallit quoque inter maritum & vxorẽ, inter quos quoq; (quod duo sint in carne vna, Genes. 2. cap.) nulla
17 iniuriarum cadit suspicio. Iniuriarum † autem quae facto peraguntur, aliae enormes sunt, aliae leuiores. Enormes seu atroces sunt, quae fiunt simul cum effusione sanguinis abundanti, ita vt offensus magnopere egeat curatione laesionis, per emplastra & inunctiones, atque alia chirurgorum ac medicorum officia: aut si inhumaniter cõtusus ac caesus sit fustibus, §. Atrox, Instit. de iniur. aut si iniuria illata sit personis iudiciariis, ac publ. officiariis, aut alijs quibus è Senatu vel Concilio, aut Episcopis, aut Sacerdotibus ad sacrificia facienda vestitis, d.
18 §. Atrox: Si quispiam suo Iudici † impingeret alapam animo maligno, is puniendus esset capitaliter, sicut & eques qui suo capitaneo irreuerenter iniuriatur. Enormitas siue atrocitas iniuriae quoque attenditur ex temporis vel loci qualitate: nempe si facta esset die Paschae, diebus Dominicis aut festis solennibus, tempore summi sacri, aut tempore cõsecrationis in missa, aut in templo, in coemeterio, theatro, vel in foro, aut in plateis publicis, in domo senatoria, in curia Principis, in consistorio, aut in prębsentia Iudicis, Prętoris, Magistratus, aut alio simili tempore & loco vetitis, l. Praetor, §. Atrocem, l. Vulneris, & l. Sed est, ff. de iniur. & §. Atrox, Instit. eod. tit. de iniur. Atrocem
19 † autem iniuriam aut pro personę, aut temporis vel loci qualitate, aut reipsa fieri iam perspicuum est, hoc est, vel ex facto, vel ex loco, vel ex tempore, vel ex persona, adeo vt ex his facile colligi & intelligi possit, quę dicantur leues iniuriae, & quae atroces.

CAPVT CXL.

De iniuriis per scripta.

Summae rerum tractatarum in Comment. CAP. 140.

1 *Scriptorum iniuria fit*
- *Malitiosa compositione,*
- *Cantilenis* } *famosis.*
- *Libellis* } *famosis.*
- *Rhythmis* } *famosis.*
- *Actionibus* } *famosis.*
- *Inuectionibus publicis,*

2 *Maledica lingua ferro nocentior.*

Scripto

CXL. De iniuriis per scripta

CXLI. De iniuriis per gestus

Scripto non minus iniuriam facit permissor, quam scriptor.
Scriptorum iniuria per quosuis accusanda.

SCriptis vero non raro fit alteri iniuria; quoties, scil. dolose ac malitiose com-
1 ponuntur,† ac scribuntur cantilenę, rhythmi, libelli, comœdiolæ, aut actiunculæ publicæ: quibus alterius laceratur nomen & fama; idque totum præter æquum & verum; de quo crimine supra quoque dictum est, in cap. 127. De diffamatione per libellos. Vah quanta hic impunita scribēdi ac inuehendi libertas? Vtinam ab hinc multis annis ea per Principes fuisset coercita, melius credo successissent res humanę; vti quoque non minus veraciter, quam prolixe nobis commonstrat D. Eras. in vere aureo suo libello cui tit. præscripsit, Lingua; in quo acerrime in laxas easque perniciosas linguæ habenas inuehitur, & damnat. Quod idem quoq; fecit in symbolo suo, famosos quosque libellos damnans, & execrans: vt qui non minus innocentes sæpe lædant, lapi-
2 dent, & stricto calamo perimant, † imo aliquando crudelius & nocentius, quam si gladio conficerent: est enim maledica lin-
3 gua. & famosus libellus, † quouis ferro nocentior, & aspide quauis formidolosior. In hac quoque scriptorum iniuria, nil refert, an quis ipsemet tale carmen, historiam, aut librum ad alterius infamiam scripserit, ediderit: an per alios scribi, edi, aut publice diuendi curauerit, aut ipse vendiderit. Neque refert an suo præscripto nomine ediderit, an alieno. Imo nil refert, an nomen ipsius expresserit in quem inuehitur & scribit; an illud suppresserit: modo talis sit scriptura, ex qua alterius infamia per se nascatur, & ad alterius notitiam peruenire possit. Hæc au-
4 tem scriptorum† & famosorum libellorum iniuria, per quoslibet accusari, & ad Iudicem traduci potest. Nam ob eam de Iure imponenda esset pœna capitalis, l. vnica, Cod. de famos. libel.

CAPVT CXLI.

De iniuriis per gestus.

Summæ rerum tractatarum in Commentariis Cap. 141.

1 *Iniuria gestuum fit* {
Nutibus.
Signis.
Indiciis.
Commonstrationibus.
Imprecatoriis signis.
Distortionibus.
Inuestitionibus.
Abusibus.

1 GEstu item aliquando † fit iniuria, veluti si quis vtatur veste lugubri, vel squalida ad iniuriam alicuius: vel barbam, capillosque demittat, vel alioqui faciem quis mutet, siue linguam in contumeliam alicuius exerat. aut oculos distorqueat, infortunia indiciis exprobret, malam crucem nutu aliquo & indicio venturam, aut dignā commonstret: aut religiosorum vestibus, in ordinum infamiam abutatur: aut similia quędam contumeliosis signis obiiciat & exprobret, quę quidem punienda venit discretione Iudicis. Et in hac quoque requiritur, quod actor probet reum animo iniu-

riandi fecisse : in aliis enim speciebus iniuriarum regulariter probatio imponitur reo, sed negatiue, videlicet vt probet se non animo iniuriandi fecisse.

CAPVT CXLII.

De læsione & mutilatione.

Summæ rerum tractatarum in Comment. CAP. 142.

1 *Læsio fit* { *Verbis,* / *Verberibus* } { *Cum* / *Sine* } *mutilatione.*

2 *Læsio faciei grauior est, quam in alia corporis parte.*

3 *Læsio cum* { *Mutilatione,* / *Dislocatione,* / *Diffiguratione,* } *punienda est arbitrarie ad iuramentum* { *Medicorum.* / *aut* / *Chirurgorum.* }

4 *Contusio non est vulneratio, nisi post apertionem.*

1 LÆsio bifariam discriminatur, † nempe verbis : & sine verbis ; sed facto, verberibus, atque simili alia corporali læsione, quam rursus bifariam scindimus : est enim talis læsio corporalis, aut coniuncta cum mutilatione, aut sine omni mutilatione facta. Atque de singulis his læsionibus variæ sunt vbique constitutæ leges, &
2 impositæ pœnæ. Læsio in facie grauior †
est & enormior, quam in alia quauis corporis parte : eoque dupla mulcta etiam condemnari solet, l. Prætor, ad fin l. Vulneris, ff. de iniur. & §. Atrox, versic. nonnunquã, Institut. eodem titulo de iniur. Si vero tam
3 fuerit † enormis ac atrox læsio, vt aut mutilationem aut dislocationem, aut diffigurationem pariat : multo grauius tum punienda erit ad discretionem ac arbitrium Iudicis : qui hac in re vtetur medicorum ac chirurgorum consilio : quibus iurantibus in arte credẽdum ac standum proculdubio est, c. Significasti, §. et. 1. 2. extra de homicid. vbi Panorm. Ioan. Andr. & Felin. l. Semel, Cod. de re militar. libro 12. Porro o-
4 mnis contusio, † quæ in tumorem erumpit, non est vt vulneratio punienda : nisi talis sit ac tam enormis, vt tumor ille in vulnus per apertionem & scissuram chirurgi necessario ducendus sit : atque eo casu contusio talis pro vulneratione damnanda erit, l. Prætor, ad fin. & ibi Bartolus, & sequaces, ff. de iniur. Eleganter Dominus Nicolaus Boerius in suis decisionib. aureis, quæstione 323.

CAPVT CXLIII.

De Correctione.

Summæ rerum tractatarum in Commentariis CAP. 143.

1 *Castigans* { *Filium,* / *Pupillum,* / *Vxorem,* / *Consanguineum,* } *Non peccat, si castigandi limitem non transiliat.*

Casti-

CXLII. De laesione et mutilatione

CXLIII. De correctione

1 *Castigans* { *Nepotem, amulum, Ancillam, Discipulum, Suum subditum,* } *Non peccat, si castigandi limitem non transiliat.*

2 *Nimis inhumaniter corrigens, puniendus est arbitrio Iudicis.*

3 *Inferiori non conceditur ius castigandi superiores.*

4 *Iniuriam filiorum in parentes, magistratus ipse subinde corrigit.*

5 *Iura mariti humanam tantum castigationem vxoris permittunt.*

6 *Vxorem enormiter castigans à magistratu puniendus.*

Contingit sæpenumero læsionem fieri corporalem in castigãdis suis subditis: quam tamen non dicimus perpetuo coniunctam esse cum iniuria; imo hanc raro iniuriam vocamus, sed potius virtutem ac salutarem (licet acrem) ad bonos mores, & ad honestam disciplinam, correptionem.
1 In hac igitur † castigatione hoc notandum est, Si pater filium verbis, ac verberib. acriter corripiat, & cædat, etiam ad sanguinis profluxionem; aut tutor, pupillum; aut maritus, vxorem; consanguineus, consanguineum; aut auus, nepotem; aut herus ac dominus, famulum siue seruum; aut matrona, ancillam; aut ludimagister, discipulum; aut quiuis superior, suum subditum, eo animo tantum, vt de admissis supplicium sumat, vt ipsum corrigat & emendet, vt ipsum denique ab omni scelere, & peccandi effrenata libidine coerceat: & hoc modo ad virtutis viam, & ad obedientiam asperis stimulis instiget; is certe corrector talis, nullam correcto iniuriam facit, sed virtutis materiam suppeditat, & animi vitiis salubriter medetur, l. 3. & ibi Bald. C. de patria potesta. c. Sicut alterius, 7. q. 1. iuncta gloss. in verb. Iudicari. l. Congruit, §. Furiosi, & ibi Bald. ff. de offic. præsid. l. Serui & filii, ff. de furt. l. Respiciendum, §. Furta domestica, ff. de pœnis, l. Prætor, §. Præterea, ff de iniur. & §. fin. Institit. de his qui sunt sui vel alieni iur. & l. 2. §. fin. ff. eod. tit. de his qui sunt sui vel alieni iuris, c. Duo ista nomina, 23. q. 4. Nisi certe sub castigationis titulo, modũ & castigandi licitos limites enormiter excederet, atque furore percitus, suũ subditum perderet potius, quam corrigeret. In quo
2 casu, Iudici † diligenter examinanda esset ea correctionis ratio, modus, & enormitas, vt hinc iustam de illata iniuria censurã fer-
3 ret. Et quamuis correctionis † ius diximus esse superiori in inferiorem, natura tamen secus fieri denegat: non enim æquum est, filio ius competat castigãdi patrem, aut nepoti ius cõcedatur castigandi auum suum. Quod tamen si aliquando scelerate facere præsumerent, tum licet patribus, ac auis suos subditos filios, & nepotes grauiter cædere, & ob sceleratam malitiam grauiter in eos paternali iure animaduertere: aut si ipsi ad hęc dissimularent, tum ipse Magistra-
4 tus † (ne tantum malum relinqueretur impunitum) de filiorum talium ac nepotum
5 iniuria acre supplicium sumeret. Sic † marito quoq; Iura permittunt castigationem & correctionem & punitionem vxoris, citra vllam mulctam, aut pœnam iudiciariam: modo ea correctio humana sit, & debitum modum non excedens: vxor enim de familia mariti est, c. Hæc imago, 33. quæst. 5. & glos. in verb. Iudicari, in c. Sicut alterius, 7.
6 quæst. 1. Si enim enormem † cum punitione committeret excessum, castigandus ac puniendus esset ipse maritus à magistratu, propter enormitatem castigationis vxoriæ.

CAPVT CXLIV.

De damno pecuario.

Summæ rerum tractatarum in Commentariis CAP. 144.

- *Bestia lædens*
  - 1 *Ex interna malitia, ipsa punienda est, non dominus, non famulus, nisi eam seruare sibi velint.*
  - 2.4.6 *Instigata per aliquem, tum solus instigator puniendus est restitutione omnium damnorum.*
  - 3.5 *Ex iniuria, aut malitia custodientis vel seruantis: tum ipso custodiens puniendus est, non dominus.*
  - *Aliam bestiam*
    - *Sed prior ab ipsa commota: sic ea bestia non est punienda, nec dominus.*
    - 7 *Ex propria malitia: sic bestia damnanda, aut possessor eam seruans.*
    - 8 *Ex alterius instigatione, sic puniendus est tantum instigator.*
    - *Sine notitia, vtra prior læserit vel commouerit alteram, sic singulis sua ferenda incommoda.*

9 *Alens domi* — *Canem, Verrem, Aprum, Vulpem, Vrsum, Leonem, Lupum, Aut similem feram* — *lædentem alium, is dominus tenetur ad restitutionem damni.*

10 *Nulli licet alere bestias cum alterius detrimento.*
11 *Bestia post fugam à domino lædens, dominum à culpa liberat.*

FIt vt non semper homo lædatur actualiter ab altero homine, sed potius per ipsi⁹ negligentiam, & incuriam, veluti si ipsius bestiæ alteri detrimentum vllum inferant.
1 † In quo notandum est, si cuiuspiam equus, asinus, porcus, vacca, bos, canis, aut simile domesticum animal, alteri ex propria naturali malitia, & non ex alicuius instigatione damnum inferret, læderet, aut eum occideret; is animantis lædentis possessor nullo modo in culpam caderet, nec puniendus esset, nisi ipsemet vellet. Nam eo casu deberet bestiam suam renunciare, & reiicere, dareque id quod nocuit, id est, id animal, quod noxiam commisit, aut certe mulctam læsionis ferre, & damnum illatum resarcire, aut æstimationem noxæ offerre, l. 1. in princip. ff. si quadrupes paup. fecisse dicatur, & §. 1.
2 Instit. eod. tit. Dixi citra alterius † instigationem, & ex propria, & vltronea malitia. Nam si animalia & bestię alteri vim, aut damnum, aut læsionem, aut mortem inferrent, ex alicuius instigatione, is instigator Reus esset omnium damnorum, læsionis, & totius criminis, nec absolueretur sola nudaque animalis & bestiæ renunciatione. Si-
3 cut dicendum est, si canis, † aut similis alia quæuis bestia cōcredita fuisset, & ad seruandum

CXLIV. De damno pecuario

CXLV. De damno per eiecta

dum & custodiendum seruo tradita: isque
seruus eundem canem aut vltro solueret, &
ex malitia effugere sineret: aut certè ob fa-
muli crassam incuriam effugeret, tumque
alium læderet: is seruus tunc aut sua mali-
tia, aut incuria in culpa esset, & nullo modo
dominus, aut possessor, d. l. 1. §. Ait Prætor,
4 & §. Sed & si canis. Si verò † is canis per al-
terum commotus, & instigatus fuisset, ad-
eoque tum fureret, vt à seruo contineri nō
posset: tum & dominus & seruus extra o-
mnem culpam essent, & damnandus ipse
instigator, d. l. 1. §. Sed & si canis, versic. Sed
5 & si instigatu. Similiter censendum † est de
hippocomis & equorum institutoribus, &
iis seruis, qui dominorum suorum equos
in stadiis ad cursum arte edocent, aut ada-
quandos ducunt: hic enim si quid incom-
modi ab equis nascatur per incuriam seruo-
rum, aut ipsorum malitiam, damnādi sunt
ipsi famuli, & non domini, l. fin. ff ad l. A-
6 quil. Si verò † incommodum contingat ex
alterius instigatione, tum instigator ipse
7 condemnandus fuerit, vti prædictum est.
Ad hunc † modum si equus tuus equum
meum, aut aliam bestiam meā irritauerit,
commouerit, adeò vt ex hac commotione
equus meus tuum læderet, aut occideret,
aut etiam aliorū bestias ob hoc læderet, aut
occideret: In hoc casu, omne damnum tibi
ferendum esset, & resarciendum etiam da-
mnum alterius, & non mihi, nisi certè da-
mnum esset tantum, vt equum tuum reii-
cere malis & renunciare: quia renunciatio-
ne tum absolui, & expurgari posses. Quod
autē ego nō essem in culpa, caussa est quòd
primum malum atque ratio læsionis & da-
mni primaria, profecta sit ab equo tuo, & nō
8 à meo. Si autem † ignoretur, vtrius bestia
alteram prior inuaserit, altera tamen ab al-
tera conspicitur læsa: tum neuter domino-
rū in alterius culpā cadit: sed vtriq; sua sunt
9 ferēda incōmoda. Porrò † si quis domi suæ
aleret canem, verrē, aprum, vulpem, vrsum,
leonem, lupum, aut similem ferā bestiam,
quæ alteri esset incōmodo, aut certè mor-
deret, aut læderet: tum is possessor damnā-
dus esset ad reparationē dānorū ad discre-
10 tionem Iudicis: nulli.n. fas est huiusmodi †
bestias in detrimentū alterius, aut alere, aut
cōseruare, §. Cæterum Inst. eo. Si quadrup.
11 paupe. fecis. dicatur. Si tamē † talis fera be-
stia à me, aut iā procul è septis meis effugis-
set, vt nec insequi possem, nec scirē quò tan-
dem fugisset: atq; interim tamen ita elapsa
alicui damnum inferret & læderet: in eo ca-
su nullum mihi damnū reparandum esset,
vt qui omni culpa vacarem. Cum enim à
me procul fugerat, tum mea esse desierat,
& facta est illius, qui eam aut capere, aut oc-
cidere poterit, d. l. 1. § In bestiis, & §. Cæte-
rum, versic. Denique si vrsus, Instit. Si qua-
drup. paup. fecis. dicatur.

CAPVT CXLV.

De damno per eiecta.

Summæ rerum tractatarum in Commentariis CAP. 145.

1 *Sordes eiiciens* { *in viam publicam, quibus transeuntem offendit, punitur duplo.* / *In viam priuatam, non est puniendus.* }

2 *Inconsiderato eiectu aut* { *Lædens, & occidens* / *Lædens, & nō occidens* } *punitur* { *Hic 50. aureis.* / *Hic cōpensatione dānorum dupla.* }

3 *Eiectore non comperto, damnantur omnes in cubiculo præsentes.*

4 *Eiectis è cauponis, damno primò sunt cauponi.*

5 *Eiectio noxia semper imputanda illi, è cuius fenestris contigit.*

Ppp.

6 *Eiectorum damna semper imputanda sunt, aut* { *Dominis, Heris, Praeceptoribus, Conuiuatoribus* } *non* { *Seruis. Domesticis. Discipulis. Conuiuis.* }

SI quis è fenestris suis, aut ex ostiis suis, aut alterius, sordes, lotium, stercora, aut alia quæuis eiiceret, aut immunda, aut no-
1 xia, in plateā aut viam publicam, † quibus pileū transeuntis, aut togam, aliamve vestem laceret, contaminet aut corrumpat: is transiens ita læsus, bono Iure damni sui reparationem duplam reposcere potest. Sed hæc dupla compensatio non addiceretur, si via nō fuisset publica, aut si priùs seriò, & sine fraude proclamasset aquam eiiciendam, fugito, (vulgò) *Garde l'eau*, l. 1. ad exordiū. ff de his qui deiecerunt, vel effuderunt. Si
2 quispiam † domo eiiceret os, aut lignum, aut simile quippiam, non ex malitia, sed ex inaduertētia, in viam aut in plateā publicā: ex qua eiectione quispiam lęderetur & moreretur: tum is eiector condemnandus esset ciuiliter mulcta quinquaginta aureorum. Si verò tantum læsio citra mortē secuta fuisset: tum eam læsionem duplo impēdio omnium detrimentorum resarciat, oportet,
3 d. l. 1. in princ. Si autē in eadē domo † multi essent, nec sciretur quis eiecisset: tum omnes in domo pręsentes in eandē mulctam & reparationem incidunt. Si tamen vnus omnium plenè & in solidum soluisset. reliqui liberi essent, & immunes à mulcta, l. 1. §. si ad fin. cum duabus ll. seq. ff. de his qui de-
4 iecer. vel effuder. Cæterùm si talis † eiectio contigisset in publicis cauponis, ac œnopoliis: tum solus caupo ac hospes in culpa esset, & ad reparationem damnādus: interim tamen actionem haberet idē damnum repetendi, & resarciendi à suis potorib. & ho-
5 spitibus d. l. 1. § si versic. Sed is. † Si pręterea in eadem domo duæ essent diuersę familię, atque ea domus distincta esset in duas partes inhabitantium: tum ob eiectionem lædentē ea pars & familia damnanda esset ad dāni reparationē, vnde cōstaret eiectionem esse factā, l Si verò, ff. de his qui deiece.
6 vel effuder. Sic † ad superiorē modū, si aut cōuictor, aut discipulus, aut operarius quippiam eiiceret, vnde aliquis damnū consequeretur: tū puniēdus esset ad resarciendū damnū præceptor, herus, & dominus operarii operam conducens: sed ipsi ius interim seruatur resarciendi idem damnum à suo conuictore, discipulo, aut operario.

CAPVT CXLVI.

De Damno generaliter.

Summæ rerum tractatarum in Commentariis CAP. 146.

1 *Malitiose alteri damnum inferens, tenetur ad restitutionem omnium detrimentorum.*

2 *Ad damna vel* { *Consilium vel Auxilium* } *conferens, punitur vt principalis.*

1 IN genere † quisquis alteri vllum infert detrimentum, aut damnum, in corpore, aut rebus ac fructibus, idque malitiose, ex fraude, negligētia, siue directè, siue indirectè, quocunq; modo id faciat: is tenetur ad restitutionē siue restaurationē omniū damnorum & detrimentorum. Atque adeò
1 † etiam omnes qui ad hoc damnum vllum contulerunt subsidium, cōsilium, & opem: aut qui hoc ipsum facere mandauerunt, c. In nostra, & c. Si culpa tua, cum glos ibidē, ext. de iniur. & dāno dato. Atq; in hoc crimine sunt qui statuant, vt confitentes in simplū, inficiantes verò puniātur in duplū.

CAPVT

CAPVT CXLVII.

De Pace componenda.

Summæ rerum tractatarum in Commentariis CAP. 147.

1 *Cuiuis cum parte læsa, permissa est pacis compositio.*
2 *Vnicuique licet redimere sanguinem suum.*
3 *Iudicum est, suos ad recöciliationem mutuam compellere.*
4 *Iudex partes procaces ad Gesilationem constringit.*
5 *Pace inter partes composita, Iudici suum seruatur integrum.*
6 *Prætor Gandensis non agit in reum, nisi conquerente parte.*
7 *Post compositam inter partes pacem, partium posteris ademptum est ius querelæ.*
8 *Iudex ex audita partium pace composita, criminis confessionem arguit: ex qua ad punitionem (procedit.*
9 *Cauti mutuam pacis concordiam Iudicem celant.*
10 *Pupillus paciscitur de morte patris per consensum tutorum, &c.*
11 *Fœminis pacis reconciliandæ fœdus adimitur.*
12 *Reconciliatio homicidii fieri debet cum* { *Omnibus hæredibus.* / *Maximo numero stante pro omnibus.* }
13 *Illegitimatio à parte matris in Flandria nunquam*
14 *In*
- *Omnib. regionibus, nec*
  - *Pater, Mater, Horum cognati,* } *reconciliat de morte filii illegitimi.*
  - *Filius, Filii hæres, Filii cognati,* } *reconciliat de morte* { *Patris, aut Matris.* } *illeg.*
- *Flādria.*
  - *Nec*
    - *Pater Cognati,* } *reconciliat de morte filii illeg.*
    - *Filius, Filii hæredes, Filii cognati,* } *reconciliant de morte patris illegitimi.*
  - } *Sed* { *Rex / Princeps / Dominus.* }
  - *Et*
    - *Mater. & Matris hæredes* } *reconciliant de morte filii* } *non* { *Rex. / Princeps. / Dominus.* }
    - *Filius, & Filii hæres,* } *recöciliat de morte matris.*

HActenus pie lector, de variis criminibus (quæ ad communem Reipub. vtilitatem spectare videbantur) quam potuimus diligentissimè tibi tradidimus: superest vt pauca de iis agamus, quæ nihil cum crimine cōmune habent, sed tantū aut post crimina commissa sequi solent, aut indè manare, ac postremò omnium, de variorum criminū executione. Ac primò sese offert transactio, hoc est, cum parte læsa, vel

1 aduersa pacis compositio. In omni † igitur
crimine publico, cuius gratia inferenda esset pœna sanguinis lædentibus & delinquentibus, iura permittunt, vt cum suo aduersario læso, pacis fœdera ineāt, absq; vllo damno & mulcta, l. Transigere, C. de trans-
2 act. Cuius rationem hanc censeo, † quod
licitum sit, imò natura hoc suadeat, & eo quemlibet impellat, vt sanguinem suum quā potest tutissimè, redimat, & caput suū

ab omni periculo coerceat, l. 1. ff de bon. eo.
qui ante sentent. sibi mon consci. Quin i-
pse Iudex aliquando ex officio compellere
potest alteram partium, nempe læsam, vt
cum lædente in gratiam redeat, & cum ipso
pacem componat, ipsumque sibi reconci-
liari sinat, l. Congruit, ff. de offic. præsid.
3 Suntque hæc † Iudicum munia multo prę-
stantissima, nec minus Christiano Iudice
digna & salutaria, quam ipsi decora & ma-
gnifica; vt cuius maxime refert, se & com-
missum sibi populum in pacis cõcordia vi-
uere, & vt hoc maxime curet & studeat, satis
suum admonet officium. Porro si aliquan-
do ei res esset cum duabus personis conten-
tiosis ac procacibus, quæ haud facile ad pa-
4 cis beneficia auscultarent: tum Iudex † v-
tramque personam constringere potest &
damnare (barbari Gisilare dicerent) in cer-
tum locum, vt inde neutra se recipiat, nisi
pace simul composita concordes fuerint, &
ex hoc fideiussio siue cautio confecta sit, quod
neutra alteram sit læsura, sed vtrobique o-
mnis via facti sit apertè prohibita. Hic tamẽ
5 pie lector † non est quod putes, post hãc re-
conciliationem, crimen plene absolutũ esse,
aut pœna cassum: nam vt vt pax inter par-
tes est composita, Iudex tamen semper ex
officio ad criminis punitionem procedit; e-
tiam si nullam habeat partem aduersam co-
ram se conquerentem, l. Iurisgentium, §. Si
paciscar, ff. de pact. Nisi certe publicis sta-
tutis secus ordinatum esset, l. Constitutio-
nibus, ff. ad municip. hoc modo: Quisquis
pacem habet cum suo aduersario, is quoque
pacem habeat cum officiario & iustitia. Si e-
nim tale fuisset promulgatum statutũ, Iu-
dex supersederet ab vlterius ex officio pro-
6 cedendo; sicuti † Ganden. Prętorem ex ino-
lita consuetudine, & ex statuto lato facere
conspicimus. cui tali statuto vetitum est, vt
nunquam reum aliquẽ arcessere posit, nisi
conquerente parte aduersa. Fit, vt subinde
pacem & concordiam confirmari cernamus
per ipsos procuratores; veruntamen omni-
no necessum est, vt ii procuratores specia-
le ad hoc procuratorium habeant, l. Man-
7 dato, ff. de procuratoribus. Porro, † quo-
ties pax composita est inter duos aduersa-
rios, quorum alter alterum læserit, atque
læsus lædenti noxam plane remiserit; tum
post talem pacem confirmatam, nullus
est (scilicet ratione partis læsæ) qui quip-
piam, amplius lædentem exigere, aut pos-
sit, aut debeat; adeo enim hęc firma pax ha-
betur & rata, vt si post eam reconciliationẽ
& pacem contingeret læsum postea mori,
pax quoque rata esset, & inuiolabilis, ita vt
læsor mortis reus non fuerit, nisi in recon-
ciliatione, conceptis verbis, & expresse ex-
ceptum fuisset de morte, hoc est, eatenus
pacem esse validã, quatenus ex læsione nul-
8 la mors consequeretur. † Cæterum, quo-
ties duæ partes inter sese contendunt de in-
iuriis, postea tamen fiat, vt de iis iniuriis in-
ter se pacem confirment, & concordes fiant,
ac reconcilietur altera alteri; Iudex tamen
isthæc audiẽs, colligit & autumat ex tali re-
conciliatione & confessione, crimen aperte
esse confessum; ita vt hac confessionis no-
titia procedere posset ad criminum & iniu-
riarum punitionem; absque vlla alia am-
pliori, ac latiori inquisitione faciẽda aut in-
9 formatione. Quocirca † callidi quique, vt
Iudicem hîc circumueniãt, & ne certi quip-
piam ex cõposita pace percipere possit, hoc
efficiunt, vt factum ac delictum constanter
coram Iudice pernegent; & in pacis cõpo-
sitione curant, vt Notarius scribat pacẽ esse
confirmatam inter ipsos tantum de iis læ-
sionibus ac iniuriis, quib. alter alterum im-
petierat, siue quarum gratia, alter de altero
dolere & conqueri posset, aut in iustitiam
aduocare, sine vllius criminis nominatio-
ne; hac enim generali confessione nullum
certum delictum confessi sunt, sed vaga &
incerta est confessio. Verum si Notarius scri-
psisset duas partes in pacis fœdere cõuenis-
se, de istis, aut istis læsionibus (rem ipsam
nominando) & quarum gratia altera alte-

ram

ram pertraxit vel pertrahere voluit in iudicium, & quas omnibus aperuit: tunc Iudici certa, confessa, nominataq; iniuria, & læsio confirmata esset, vt omnibus modis procedere hinc posset, tanquam ex confesso ad criminis punitionē. Aliud pupillo permit-
10 titur † pacisci, & pacem conciliare de morte sui parentis, sed non nisi per consensum & authoritatem suorum tutorum, & ex ordinatione, & decreto senatus, & sui Iudicis, atque talis pax ita constituta firma est, & rata, nec violari potest ab vllo, ne ab ipso quidem postea adulto pupillo: potissimum si ea pax donario aliquo fuisset constabilita, hoc est, si dona vlla in symbolum ratæ ac reconciliatæ pacis de morte parentis accepisset, ita dixit Speculator, in tit. de homicid. & D. Anton. Corset. in suo tractatu priuilegiorum, siue de priuilegiis pacis, numer. 15.
11 Fœminæ † tamen nullo modo pacis fœdera componere, neque donaria accipere pos-
12 sunt. Si post † commissum homicidiū contingeret homicidam, pacem ac reconciliationem facere cum vno hęredum, vbi multi hęredes essent, non est satis efficax & valida. Nam tunc eam fieri oportet consensu, & authoritate omnium hęredum simul, aut saltem cum consensu maioris numeri, & eorum, quib. huiusmodi reconciliationis faciendæ conuenit & obtigit actio, quiq; reliquorum suffragia, & consensum in se reciperent, c. Quod omnes, de reg. iur. libr. 6. & l. fin. C. de autori. præstand. Atq; ita hactenus de reconciliatione facienda in generali & in legitimo toro. In illegitimo verò toro plus contingit perplexitatis, tum ex parte parentum, tum ex parte liberorū illegitimorum: atq; hoc ob diuersitatem regionum: in quarum aliis illegitimi ab v-
13 traque parte sunt illegitimi: In aliis † vero regionibus illegitimatio tantum à parte patris descendit: à parte vero matris (vti in
14 Flandria) nunquam. In illis † igitur regionibus, vbi illegitimatio ab vtraque parte, id est, à patre & matre constituitur, ibi nec pater, nec mater, nec horum cognati consanguinei vllo modo reconciliationem aut facere, aut accipere possunt de occisione & morte sui filii illegitimi: sed tantum Rex, Princeps, aut Dominus loci illius: qui illegitimorum omnium verum hęredē se constituit. Item contra, nec filius illegitimus, nec ipsius posteri vllo modo accipere aut facere possunt reconciliationem de cæde ac morte sui patris ac matris; sed occisi parentis legitimi ac proximi cognati. Qui si nulli fuerint, tum solus aut Rex, aut Princeps aut Dominus loci, reconciliationem & facit & accipit: In iis vero regionibus, vbi illegitimatio tantum à parte patris succrescit (sicuti in nostra Flandria, atque ita omnium æquissime) à parte vero matris nunquam, in his (inquam) regionibus hoc obserua, quod nec pater sui illegitimi filii cædem ac mortem reconciliare potest. & contra, filius illegitimus de patris sui cæde reconciliationem nec facere nec accipere potest (quoniā vtrinque concernitur illegitimatio) sed solus Princeps aut dominus loci, vt suprà. Mater vero quæ nullam agnoscit ex sese illegitimationem productam, potest (nō quidem per se, quum hoc fœminæ diximus esse negatum) per proximos amicos, consanguineos, aut affines reconciliationem de cæde ac morte filii sui & facere & accipere. Et contra filius etiam de matris suæ morte & occisione semper reconciliationem (si is sit aut solus, aut natu maximus) & facere & accipere potest: quod ea mater ipsi semper sit legitima: & ob hoc etiam matris semper hæres, vt alibi quoque constituitur. Princeps vero ex hac parte, & dominus loci, de recōciliatione aut facienda, aut accipienda, nihil sibi iuris asscribunt.

CAPVT CXLVIII.

De Abolitionibus.

Summæ rerum tractatarum in Commentar. CAP. 148.

1 *Abolitio est instituta actionis peremptio.*

Abolitio est triplex
2 *Generalis, qua soli Principi conuenit.*
6 *Specialis, qua accusanti competit.*
9 *Legalis, qua à legibus conceditur.*

3 *Princeps crimen abolet, ob*
Insignem natalem filii.
Victoriam partam.
Festiuam populi aggratulationem.
Consecrationem templi.
Latum ingressum in ciuitatem.
Latum rerum euentum.

4 *Princeps abolitione ius partis non abolet.*
5 *Princeps ius partis abolet ob pacē publicam.*
7 *In abolitione speciali obseruanda sunt multa.*
8 *Abolitio specialis tantum fit intra 30. dies.*

Morte
10 *Accusantis accusatio*
11 *Accusati crimen*
extinguitur.

12 *Specialis abolitio non tollit crimen*
Læsæ Maiestatis.
Peculatus.
Repetundarum.
Falsi.

EST item alia criminum leuatio, quam non inconcinnè abolitionem vocant, nempe, qua ipsa crimina realiter abolentur.
1 Est † enim abolitio (vti definiunt) actionis institutæ peremptio vel absolutio. Quam
2 tribus modis fieri conspicimus. Prima † enim abolitio generalis est, & quā Princeps suo arbitrio, & propria authoritate conficit. Hæc extinguit & cassas facit omnes accusationes, quibus accusatus premebatur, vel quibus postea grauari & accusari potuisset: non autem extinguit caussam accusantis. Nam hæc potest repetere accusatum intra 30. dies vtiles, supputando ab illo die quo generales abolitiones sunt finitæ, l. 1. C. de genera. abolit. Et fiet hæc repetitio eo-
3 dem iure, quo priùs accusabatur. Fit † autem hæc generalis abolitio à Principe ob multas variasq; caussas: quandoq; ob diem insignem natalis sui vel filii, quandoque ob rem prosperè gestam, vt cum profligauerit hostes: quandoque propter publicam gratulationem, qua voluit diem aliquem festiuum esse cunctis, & vt singuli pari gaudio congratularentur secum: vel ob partam victoriam: vel ob templum recèns consecratum: vel ob triumphalem aliquem lætumque ingressum: regionis aut ciuitatis: aut ob alium similem prosperum lætumque rerum euentum, ob quem iure Senatus censere posset abolitionē reorum fieri. Probantur hæc, l. Cum eo tēpore, C. de genera. abolit. l. Si quis repetere. & l. Si interueniente, ff. ad S. C. Turpilia. idque de Iure. Sed
4 de † consuetudine pars semper est in suo integro, ad petendum suas reparationes & inter-

intereſſe & damna, qualemqualem aboli-
tionem Princeps inde tulerit, niſi in contra-
5 ctanda pace Principis: Tum enim † Princeps
ius partis in ſe recipere poteſt, & crimen ex-
tinctione ac remiſſione abolere, in fauorem
publicæ pacis. Hinc vulgatum hoc axioma:
Princeps ius priuati auferre poteſt pro bono
pacis. Bart. in l. Quæcunque, in fin. C. de fi-
de inſtrum. & iure haſt. fiſca. libr. 10. Cor-
ſet. Sicul. in ſuo tract. priuilegiorum pacis,
6 num. 24. vbi multos citat. Secunda † abo-
litio fit per accuſatorem, hanc ipſam ex ſe
poſtulantem: & dicitur priuata ſeu ſpecia-
lis. Quæ fit, quando accuſator abolitionem
petit priuatim à Principe, aut ab alio Iudi-
ce, qui habet cognitionem meri & mixti
imperii: hæc autem abolitio aliquando cõ-
ceditur; aliquando ex cauſſa negatur. Quo-
7 circa in ea † vel admittenda vel deneganda,
opus eſt ſumma rerum cognitione. Et pri-
mo obſeruandum, quod ea cognitio dele-
gari alteri non poſſet: deinde videndum an
accuſauerit vere, an per errorem, vel teme-
ritatem: Adhæc an accuſauerit pro ſua in-
iuria, vel iniuria ſuorum. Nam quando ac-
cuſauit cognatum, conceditur hæc ſpecia-
lis abolitio, potiſſimum ſi hic cognatus ac-
cuſatus iam inde paſſus ſit iniuriam, vel i-
pſo etiam affirmante qui accuſauit. In hoc
enim caſu dabitur, ſed non niſi per accuſan-
tis conſenſum. Si autem non ſit paſſus iniu-
riam, dabitur accuſato etiam accuſante in-
8 uito. Debet † autem peti hæc abolitio in-
tra 30. dies numerandos à die inſtitutæ a-
ctionis, intra quos accuſatus habet ſpacium
ad componendos mæſtos penates. Poſt
dies vero 30. non dabitur hæc ſpecialis abo-
litio, niſi accuſato Reo volente & conſen-
tiente, l. Fallaciter, §. Poſt hoc vero tempus,
9 C. eod. tit. de abolitionibus. † Tertia aboli-
tio legalis eſt, vt quæ à lege conceditur, ſci-
licet quando accuſator eſt mortuus, vel ali-
qua iuſta cauſſa impeditus ita vt in accuſa-
tione procedere non poſſet, l. Aut priuatim,
10 ff. ad S C. † Turpilia. Hoc enim caſu fini-
ta eſt accuſatio, quo ad accuſantem, non ta-
men ob hoc Reus eſt liberatus, quin poſſit
rurſum ab alio (etiam de eodem crimine)
accuſari, c. Prohibentur, verſic. Ab alio, 2.
quæſt. 1. l. 1. Cod. ſi Reus vel accuſat. mort.
fuer. & l. Defuncto, §. 1. ff. de publicat. iu-
dic. Si ergo eximitur Reus à accuſatione,
abolitione interueniente, d. l. Si interueni-
ente: Nec accuſator incidit in Turpilianum.
Et cum accuſator mortuus vel iuſta cauſſa
impeditus fuerit, vel forte impetrauit ſpe-
cialem: tunc Reus poterit ab alio accuſari
11 intra 30. dies vtiles: Aut † ſi accuſatus mor-
tuus fuerit, finitur accuſatio. Morte enim
accuſati, crimen extinguitur, l. fin. Cod. ſi
12 Reus vel accuſat. mort. fuer. Fallit † hoc in
ſequentibus criminibus, in quibus nequa-
quam permittitur hæc ſpecialis abolitio,
nempe in crimine læſæ Maieſtatis, pecula-
tus, repetundarum, & falſi; vbi ex vtraque
parte acerrima fit indagatio, l. 1. 2. & fin.
Cod. de abolit. quia illa crimina morte ac-
cuſati haud quaquam abolentur; vide ple-
nius Speculato. Nobis hîc paucula oſtendiſ-
ſe ſufficiat.

CAPVT CXLIX.

De Remiſſione.

Summæ rerum tractatarum in Commentariis CAP. 149.

1 *Remiſſionem largiri, ſolius eſt Principis.*
2 *Quæſtor in Flandria,*
2 *Quidam domini, & officiarii,* } *cum Reo tranſigere poſſunt, remittere non poſſunt.*
3 *Domini de Concilio Flandriæ,*

4 *Transigentium vis est efficax, vt remissio.*
5 *Princeps tantum remittit capitalia, &c.*

6 *Princeps non remittit*
- *Crimen læsæ Maiestatis,*
- *Constuprationem violentam,*
- *Sodomitica,*
- *Monetarios falsos,*
- *Latrocinia,*
- *Incendia,*
- *Prædationes.*

nisi extraordinariè.

7 *Princeps remittit aut*
- *Plenariè, veluti*
  - *Die passionis Dominicæ.*
  - *Die noui lætique introitus in ciuitatem.*
- 8 *Non plenariè: sed cum emenda, veluti quouis tempore non prædicto.*

9 *In plenaria remissione, remissum consequetur confiscatio debita.*
10 *In Francia omnis remissio Regis est plenaria.*
11 *In remissionibus largiendis, obseruanda sunt multa.*
12 *In supplicatione quid subticens, subreptitie remissionem impetrat.*

13 *Remissio includit*
- *Reconciliationem partis cum satisfactione.*
- *&*
- 14 *Interinationem faciendam.*

Interinaturus
- 15 *Literas exhibeat intra annum & diem.*
- 16 *Se captiuum præbeat.*
- 17 *Procuratorem generalem,*
- 17 *Quæstorem in Flandria,*
- 17 *Prætorem loci,*
- 17 *Partem aduersam,*

contra se citet.

18 *In*
- *Supplicationibus*
- *aut*
- *Interinatione*

mentiens, virtute remissionis se priuat.

19 *Remissio intra annum non exhibita perit, nisi releuetur.*
20 *Remissio exhiberi neglecta, grauatur emenda.*
21 *Interinatio in Flandria committitur dominis de Concilio.*
22 *Differentia inter remissionem & absolutionem vel indulgentiam.*
23 *Variæ quæstiones circa remissionem.*

QVandoquidem remissiones seu gratiæ
multum (proh dolor) hoc calamitoso
ac infelici sæculo in vsu sint, ac frequentius
quam par est vbilibet locorum practicētur;
ideo remissionū naturam, vsum, & circun-
stantias hîc vtcunque examinare constitui,
cum modo & forma interinandi post remis-
sionem impetratam. Vt autem è remissio-
1 ne † auspicemur, sciendum est hanc crimi-
nis remissionem neminē largiri posse, quā
solum Principem, l. 3. C. de Episc. audient.
l. Cum indulgentia, l. fin. C. de sent. pass.
& l. fin. C. de gener. abolit. Bald. in l. 2. fin.
2 ff. de offic. præsid. Quæstor † autem parri-
cidiarius in Flandria, ac præterea multi pri-
uati domini & officiarii, ex commissionis
suæ virtute possunt cum Reo de delicto per-
petrato componere seu transigere: verum e-
iusdem criminis remissionem nullo modo
largiri possunt, quum (vt supra dictum est)
id so-

3 id solius sit Principis. Eadem† ratione Do-
mini concilii Flandriç possunt & valent vir-
tute instructionis Cameræ, cum Reo de de-
licto commisso componere ac transigere ;
possunt scilicet, quum Reus sese submittit
& quum negotium reperitur anceps, ac du-
bium: attamen delictum ipsum nequaquã
remittere queunt, ob eandem scilicet supra
4 narratam rationem. † Atque dicta officia-
riorum compositio tã est efficax, & valida,
vt ob eam solam Reus liberatus sit à delicto,
& absolutus : non secus, quam si Princeps
5 ipse remisisset. Largitur autem Princeps †
remissionem non de delictis ciuilibus, & per
compositionem remissibilibus: hoc est, quę
ciuiliter puniri possunt, aut componi : sed
tantum de iis delictis, quorum punitio es-
set capitalis, aut corporalis: nempe, de ho-
micidio aut mutilatione, de quib. plane ne-
cessarium est, vt Reus Principis imploret
indulgentiam & absolutionem, quamlibet
infelici fato, & innocenter in crimen factor
incederit. Sunt tamẽ crimina tam enormia,
6 & fœda, vt de iis princeps ex sua virtute ac
potestate ordinaria nullam remissionẽ aut
indulgentiam largiri velit: veluti de crimi-
ne læsæ Maiestatis, de violatione mulierum
violenta, de Sodomiticis, de monetariis fal-
sis, de latrocinio, de incendiis, de prædatio-
nibus, atque his similibus. Dixi ex potesta-
te sua ordinaria; Nam ex sua potestate extra-
ordinaria & absolula, crimina istiusmodi o-
mnino remittere potest omnia, quoties ipsi
visum fuerit. Quando autem placet ipsi ex
sua hac potestate extraordinaria remissio-
nem largiri, tunc Secretarius in literis re-
missionis tantum subscribit; Per Comitem,
aut per Ducem, aut per Regem, aut per Im-
peratorem; sine ampliori additamento, nec
addit : ex relatione Concilii aut Cancella-
riæ. Atque post sigilli munitionem & ap-
pensionem ad literas remissionum extraor-
dinariarum iubet Secretario, vt super plica
scribat hoc modo; Sigillata per expressum
mandatum domini Regis, aut Imperatoris.

7 Remissiones autem † Principum sunt bi-
fariæ; Aliæ enim largiuntur plenariè: Aliæ
cum mulcta ciuili. Nam remissiones, quas
Princeps elargitur ipso bono die Veneris,
hora passionis Dominicæ, illæ omnes regu-
lariter expediuntur & donantur plenarie, si-
ne vllo additamento ciuilis mulctæ. Item
omnes eæ, quas Princeps confert in trium-
phali aliquo lætoque nouo suo ingressu in
regionem ac ciuitatem suam. Nam tum o-
mnia remittit ciuilia, corporalia, ac capita-
lia, quatenus sunt suę Maiestati remissibilia.
Idem censendum est, quando Principes fœ-
minæ remisiones largiuntur in lætis suis
ingressibus: hoc tantum interest, quod ipsę
fœminæ remissionum literas non expedi-
unt, sed eorum mariti Principes. Aliæ ve-
8 ro remissiones quas Princeps † concedit a-
lio quouis tempore, ferè restrictæ ac grauа-
tæ sunt ciuili emenda, siquidem ciuilis ali-
9 qua emenda inciderit. † Si quando autem
Principi placet crimẽ aut corporale, aut cri-
minale aut ciuile plane remittere & absol-
uere: tum impetranti Reo restituit, reddit,
aut certe cõsequi permittit confiscationem
bonorum, in quam suo delicto inciderat,
modo de ea necdum sit pronũciata senten-
tia, & adiudicata fisco. Nam si fisco adiudi-
cata fuisset, tum ad bonorum recuperatio-
nem peruenire posset nunquam, nisi ea le-
ge, qua id in remissionis literis aperte exce-
pisset, ac iis literis hoc iussisset inseri (de
10 confiscatione scilicet sequenda.) † Porro in
Francia hac bifaria remissionum distinctio-
ne non vtuntur, siquidem eæ leges etiam-
num durent, quarum vsum ego meo stu-
diorum tempore in Francia conspexi, sed i-
bi Rex & Principes omnes remissiones suas
expediunt plenariè, sine vllo additamento
pœnæ ciuilis seu mulctæ : sed de iis delictis
remissionem tantum elargiuntur, quę sunt
11 remissibilia †Quum hic remissionum na-
turam tractemus, velim piè lector intelli-
gas, quod circa remissionem expediendam
& largiendam, multa sint obseruãda: nem-

pe facti propositum & voluntas delinquen-
tis, euentus & finis facti, quidque inde eue-
nit, vel euenturum sit, facti modus & cir-
cunstantia, qualitas personæ, tempus, lo-
cus & similes circumstantiæ. Deinde an
factor priùs alio crimine sit grauatus: nam
idipsum in supplicatione notificet opor-
tet, & de nouo repetat, etiam si eiusdem a-
liàs impetrasset remissionem, & partibus
12 aduersis fecisset satis. Nam † si hoc subti-
ceret, ipsius impetratio seu remissio habe-
retur subreptitia, obreptitia clandestina, &
nulla: Ita Baldus in l Nemo, in 1. colla. Cod.
de Episc. audien. Ex quo dicit And Sicu.
in c. Super literis, in 24 col. extr. de rescript.
quòd in ciuitate Bononiensi fuerit malefi-
cus decapitatus, qui impetrauerat gratiam
& remissionem secundi homicidii, nulla
facta mentione de primo, ac eius impetra-
ta gratia: Ita refert & sequitur D. Iason in
l. Nec damnosa, Cod. de precibus Imperat.
13 offerend. † Hoc præterea in remissionibus
obserues oportet, quod omnis remissio im-
petrata præsupponit & includit pacem &
reconciliationem Partis, cum satisfactio
ne, si ea facta non fuerit: ideò (vt videmus)
communiter Principes solent apponere in
gratiis hanc clausulam (satisfactione parti
læsæ facta) quæ est etiam consona iuri, &
ob quam Principes possunt remittere pœ-
nam corporalem, aut pecuniariam appli-
candam fisco, sed non pœnam pecuniari-
am applicandam parti: faciunt quæ dicit
Angel. in l. Si docueris, Cod ad l. Cornel.
de fals. Panorm. in suis consiliis, consilio 6.
in 2. volu. in 2. dubio. Item includit inte-
14 rinationem † postea faciendam esse: sed
15 antequam interinatio fiat, oportet † vt li-
teræ remissoriæ priùs exhibeantur ad inte-
rinationem peragendam commisso, ad il-
las interinandum, atque hoc intra annum
& diem ab impetratione consecuta: alioqui
impetrata remissio Reo impetranti nullo
modo patrocinari posset, nec vllius esset ef-
16 ficaciæ. Deinde † necessum est, vt impe-
trans cum remissionis præsentatione sese
simul captiuum offerat, & captiuus per-
maneat donec ipsius remissio interinata
fuerit: tum enim personaliter abire licebit
si priùs tamen promiserit & stipulatus fue-
rit, datis ad hoc fideiussoribus, comparere
quouis tempore, & toties, quoties citatus
aut admonitus fuerit, vel ipse, vel ipsius cō-
stitutus Procurator, & præterea soluere iu-
dicata. Et post hanc promissionem, & sti-
pulationem factam, oportet vt Reus die
quo citabitur, omnino compareat & iudi-
catis obediat. Nam si post talem promis-
sionem, & durante adhuc huiusmodi inte-
rinatione remissionis & gratiæ, Reus cita-
tus ampliùs non redeat, nec compareat,
plectendus erit ipse fideiussor, sed leuiùs &
ciuiliter, vti videre fuerit apud Bartholo-
mæum Chassanæum in suis commenta-
riis super Consuetudinibus Burgundiæ, tit.
Des Iustices & droitz d'icelles, §. 5. Ex quo
loco etiam notandum est, ventilari dubi-
um: An criminosus sic per se captiuus ob-
latus, relaxari posset cum dicta cautione,
annon? cuius dubii solutionem loco su-
17 periori videre licebit. Ad hæc, † quando
Rei remissio ad interinationem erit pro-
ducenda, & ipse denuo citatus fuerit, opor-
tet vt ipse impetrans, Procuratorem gene-
ralem, & Quæstorē parricidiarium in Flan-
dria contra se in Iudicium, ad videndum
procedere ad verificationem & interinatio-
nem prædictam, prouocet & citet, atque
etiam Prætorem loci, vbi factum contigit,
simul cum parte aduersa, etiam si priùs pa-
cem cum ea habeat, vt omnes ii conspici-
ant processum & interinationem facien-
dam intra annum & diem: ne si tacita fie-
ret huiusmodi interinatio, quispiam hinc
læderetur, & in alicuius graue præiudici-
um, aut damnum fieri posset, arg l. Nam
ità diuus, ff. de adopti. l. De vnoquoque, ff.
de re iudica. Ideoque si non citarētur, quo-
rum interest interinationem literarū Prin-
cipis conspicere, præsumeretur ea remissio
clan-

clandestina, fraudulosa, & parti læsæ, vel al-
teri Iudici detrimẽtosa, l. fin. C. Si per vim
vel alio modo. fa. in arg. c. Si episcopus, de
præbend. libro sexto. Atque ob hanc cau-
sam prænominati personaliter citandi e-
runt, quod hi quoque remissionibus Rei
contradicere possunt, aut eam accuratè pro
contradictione discutere, an sit subrepti-
tia, hoc est, veritate tacita: & an obreptitia,
hoc est, falsitate expressa, impetrata: & quæ
18 impetranti diligenter † obseruanda fue-
rint, ne aut in supplicationibus remissio-
nis, aut in interinatione vllum committa-
tur mendacium, aut falsum exprimatur,
cum falsus precator carere debeat impetra-
tis, l. Etsi legibus, Cod si contra ius vel vtil.
public. Si tamen Princeps concedat alicui
gratiam aut remissionem de plenitudine
potestatis, vel ex certa scientia (quod idem
est) tum non requiritur citatio illorum,
quorum interest: ita tenet Lodouicus Ro-
man in suis consiliis, consilio 369 incipi-
en. Circa principum, in 10 colum. in ver-
sicul. Et huius est ratio. de quo plenè per
Franciscum de Curte iuniorem, in suis con-
siliis feudalibus consilio primo, in 12. co-
19 lumn. Porrò † si factor & impetrans per
negligentiam oblitus sit intra annum &
diem, suam remissionem verificare, & ad
interinationem exequi, perit tum remissio-
nis seu gratiæ vis, nisi curet sese ab ea negli-
gentia restitui & releuari, quod tum illi fa-
cere licebit Verum in hoc casu per Can-
20 cellarios, † Præsidentes, aut similes inue-
ctum introductumque est, vt literas remis-
sionis grauent emenda, qua non erãt one-
ratæ priùs, tantum vt talem pœnam seu e-
mendam pro crassa, & supina negligentia
inferant. Similem quoque pœnam aut e-
mendam adiiciunt, quando impetrãtes re-
deunt declaraturi se aliquid per obliuio-
nem subticuisse, aut certè minus omnia se-
se confessos esse, & ampliorem de oblitis
seu omissis remissionem & indulgentiam
21 à Principe de nouo postulant. Omnis † au-
tem verificatio & interinatio remissionum
& gratiarum in Flandria committitur Do-
minis de Concilio: quòd talis omnis in-
terinatio sit Principis, & sic pro verificatio-
ne contentorum in remissione seu gratia,
dirigitur seu delegatur cognitio ipsis (vt di-
xi) Dominis de Concilio, qui habent illam
22 verificationem interinare. † Antequam
hoc caput finirem, explicare volui discri-
men inter remissionem, indulgentiam vel
gratiam. Nam remissiones expediuntur
tantum de homicidiis & aliis capitalibus.
Absolutiones verò seu indulgentiæ in re-
bus vbi nullum defertur homicidium, aut
capitale aliud. Rursum (si externa notare
libet) remissionum literæ expediuntur, &
donãtur cũ chordis sericis, & sigillo viridi:
Indulgentiæ verò cum simplicibus caudis
& sigillo rubro. Deinde ante capitis hu-
23 ius finem, animus erat varias † discutere
quæstiones, non minus vtiles quàm vsu
frequentes: nempe, an Principis introitu li-
berentur qui crimina geminarunt? falsa-
rii, an habeant remissionem in ingressu
Principis? Restitutus gratia Principis an
recuperet officium? Gratia an morte Prin-
cipis expiret? Princeps an gratiam datam
per se possit reuocare? An Princeps possit
eam interpretari? Sed quoniam has D. Ni-
col. Boër. in suis decisi. aureis q. 217. nume.
21. & 22. & D Barthol. Chassan. in Comm.
suis in Consuetudines Burgundiæ. Rubr.
Des Iustices & droictz d'icelles, §. 5. abun-
dè explicarunt, ideo de his prudens ipse su-
persedeo.

CAPVT CL.

De Reuocatione Exilii.

Summæ rerum tractatarum in Commentariis CAP. 150.

1 *Rappella expediuntur in* { *Chordis sericis, vt cera viridi, si exilium fuerat 50. annorum & vltra.*
Caudis dupl. & cera rubra: si exilium fuerit vltra decem annos vsq; ad 50.
Caudis sim. & cera rubra, si exilium fuerit infra decem annos. }

2 *Exilium pronũciatum* { *Ad instantiam partis, requirit in rappellis interinationem & satisfactionem partis.*
3 *Ad instantiam Fisci, nõ requirit rappellationem grauari debere interinatione.* }

4 *Exules Gandenses Princeps* { *Ciuitate & Patria* } *donat, cum consensu Senatus.*

5 *Exules* { *Brugensium* / *Hyprensium* } *ad certum tempus, Princeps tantum patria donat vsq; ad terminos Scabinatus.*

6 *Exules* { *Brugensium* / *Hyprensium* } *sine certo tempore, Princeps absolute liberat, reddens eos & patria, & ciuitati.*

7 *Volens Brugis rappellas suas interinatas ostendere, cogitur ad limites scabinatus subsistere, donec cum ciuitate conuenerit.*

8 *Cætera exilia Flandriæ Princeps absolutè reuocat, donans exules &* { *Patria, & Ciuitate.* }

9 *Rappella exiliorum Gãdensium, nulla* { *Interinatione, aut Satisfactione,* } *grauantur.*

POst promulgatũ alicuius ob condignum
meritum exilium, sæpe fit, vt per instã-
tiam exulis, & ex causa Princeps (cui dun-
taxat competit, l. Relegati, in fin. ff. de pœ.)
exilium remittat, relaxet, liberet, & extincto
exilii iure exulantem in priorem statum re-
stituat. Quam Principis gratiam Iura con-
suetudinaria rappellas vocant. In quib. tri-
plex est varietas, sed ea varietas tantum ab
externis oritur. Hæ igitur reuocationũ aut
1 rappellarum literæ tribus † modis expedi-
untur: nempe, in sericis chordis, & cera viri-
di: In ligatura siue cauda duplici: Et in sim-
plici cauda: Atque hæc iuxta diuersitatem
exiliorum. Omnia enim exilia 50. annorum
& vltra, expediũtur in cera viridi & in chor-
dis sericis: Exilia vero 10. annorum & suprà,
vsque ad annum 50 expediuntur in caudis
duplicibus, & cera rubra: Et exilia infra 10.
annos expediuntur in caudis simplicibus,
2 & cera quoque rubra. Atque † in his anim-
aduertendum est, quum exilium pronun-
ciatum fuerit ad instantiam & persecutionẽ
alicuius partis læsæ & grauatæ, tum reuo-
cationem exiliorum literæ, interinatione
& satisfactione parti læsæ & grauatæ facien-
da onerantur, si ea facta nõ fuerit, & in quã-
tum aliqua satisfactio facienda cadat. Si ve-
3 ro † exilium pronunciatũ sit ad instantiam
& petitionem fisci tantum, tunc reuocatio-
num seu rappellarum literæ non grauant
impetrantem ad interinationem. Cæterum
hîc nota varietatem exiliorum seu banno-
rum, iuxta varias ciuitates. Nam de exiliis
4 † Gandaui per Magistratum Gandensium
pronunciatis, Princeps exules sua patria, &
etiam ciuitate donat, quatenus Magistra-
5 tus hæc consensu suo confirmet. De † exi-
liis verò, aut Brugis, aut Hypris per Magi-
stratum Brugensium & Hyprensium ad cer-
tum

tum tempus & annos edictis, Princeps nul-
las literas reuocatorias seu rappellas largi-
tur, nec ab exilio liberat absolute, sed tātum
exules patria donat vsque ad terminos ac li-
mites, hoc est, vsque ad Scabinatum ciuita-
6 tis. Cum verò † in iisdem ciuitatibus exi-
lia proclamantur citra vllam certi temporis
distinctionem, absolute absoluit, & ciuita-
te exules donat & patria. Brugenses tamen
hîc expressum habent priuilegium quo ad-
huc hodie pacifica possessione fruūtur: Ni-
7 mirum † quotiens impetrans, Flandriā in-
gressus, curat suarum rappellarū interina-
tionem, tum eandem interinationē eidem
concedunt, quo ad patriam: Nam ciuitatis
iurisdictionem & limites ingredi non lici-
tum est, priusquam tempus exilii finitum
fuerit: nisi de hoc cum ciuitate conuenerit,
quod & Concilium ipsum ita quoque quo-
tidie confirmat, sicuti multis exemplis id
confirmari ac comprobari posset, nisi bre-
8 uitas temporis nos aliô vocaret. † Cætera
vero exilia in aliis ciuitatibus Flandriæ pro-
nunciata, siue ad certum tempus, siue incer-
to tempore definita, Princeps ea remittit,
rappellas confert, dulciq; patria donat, & ci-
uitati restituit sicut & quoties ipsi libuerit.
Hîc illud obiter quoque notandū est, quod
9 † Gandenses aliquando magno studio im-
petrare contenderint, ne ipsorum bānorum
rappellæ vlla interinatione grauarētur, hoc
habentes pro causa, quod casus seu res satis
per se manifesta sit, & constet per literas exi-
lii priores, quas vulgo titulum banni voca-
mus: Deinde, quod ex causa vrgente, & ex
inolita hoc habeant consuetudine, vt nulli
vnquam exuli ciuitatis priorem libertatem
restituant, nisi prius satisfacta parte. Atque
in hoc studio tantum promouerunt, vt vo-
torum facti sint compotes, & tale impetra-
rint priuilegium, quo posthac bannorum
suorum rappellę amplius nulla interinatio-
ne grauantur, sed quoties rappellarum im-
petrās, denuo sua patria & ciuitate frui gau-
det, ac sese iterum in ciuitatem asserere stu-
det: tum plane necessum erit vt sese submit-
tat Senatui, & fideiussionem statuat de im-
plendo, quicquid per Magistratum de ipsius
rappellis arbitrarie decernetur: Atque de his
(ne nimius videar) plus satis superque.

CAPVT CLI.

De Appellatione.

Summæ rerum tractatarum in Commentariis Cap. 151.

1 *Ex* { *Propria confessione,*
2 *Non propria confessione,* } *criminaliter damnatus, appellare* { *Hic non potest.* / *Hic potest.* }

3 *In* { *Concilio Flandria,*
sed
4 *Aliis Senatibus Flandria,* } *in criminalibus* { *Nulla recipitur appellatio.* / *Recipitur appellatio sine propria confessione.* }

5 *In Flandria nulla est reformatio sententia criminalis, sed bene exilii.*
6 *Concilium Flandria largitur exuli literas reformatorias.*
7 *In Francia semper obeditur appellationi criminali.*
8 *Quæstiones variæ de appellationibus.*

FIt sępenumero, vt Reus in crimine à sen-
tentia per se, aut per procuratorem ap-
pellet ad alium Iudicem, de cuius clementia
forsan melius speret, aut certe cui magis
1 caussam suam fidat. In † quo casu hoc no-
tandum est, quod ex Iure nemo Reus crimi-

naliter conuictus, & damnatus ex propria cõfessione, ab ea sententia appellare potest, sed sentẽtia prolata, ilico ꝓducitur ad actũ, & ad executionem, quantumlibet etiam verbis ac clamoribus ad aliud tribunal appellitet, l. 2. & ibi Bald. C. Quorum appella. non recip.
2 Si vero ex propria † confessione non fuerit conuictus, & pœna infligenda corporalis foret, tum ipsi Reo appellare permittitur, & sententiæ executio differtur, donec per Iudicem appellationis iterum definitum ac decisum fuerit: atq; hæc ita ex iure, d. l. 2. ad fin. Concilium Flandriæ etiam nullam audit appellationem, vel appellationi non defert, hoc est, neque ob eam vnquam sententiæ executionem differt, quando ea fuit diffinitiua, etiam si proprio ore nil confessi sint, modo probata, legitima, digna, certaque probatione conuicti fuerint. Sicut multis exemplis id confirmare possem, & potissimum hoc vno, de
3 Ioanne quodam Faillant captiuo † in Concilio Flandriæ, qui proprio ore nil confessus fuerat, ex legitimo tantum certoque multorum testimonio condemnatus & adiudicatus morti fuit, appellando non deferebatur appellationi. Quod idem etiamnum hodie in eodem Concilio obseruatur, vbi in similibus casibus appellationi non de-
4 fertur. In Flandriæ † vero aliis Senatibus, nequaquam obediunt aut deferunt appellationi in materiis criminalibus, maxime in diffinitiuis: quod in iis neminem corporaliter puniri possint, nisi ex sua propria cõ-
5 fessione conuictum. Nec etiam † admittunt reformationem huiusmodi diffinitiuarum, ob eandem rationem: quod tamen subinde permittunt in sentẽtiis exiliorum.
6 Nam hoc casu domini † de Concilio largiuntur & expediunt Reo exulanti literas reformatorias, quibus ei potestatem faciunt se tuto & libere posse recipere, & ire per totam Flandriam, excepto tantum loco, vbi
7 exilii sententiam accepit. Porrò † in Francia vbilibet locorum, in re criminaria post primam sententiam Reo permittitur appellatio, secundum quam Rex vult processum, & personam Ream in Parlamentum perferri, atque ibidem omnia peragi, examinari, expendi & confirmari, vel reformari, vel grauari, vel minui. Atque iuxta hanc sententiam in facto (remissis persona & processu ad priorem Senatum) procedendum esse, vt debet. Omitto interim plures quæstiones, breuitatis studio, quæ hic dici & examinari suis quibusque locis commo-
8 de potuissent: nempe, Qualiter † appellatio fieri posset in criminali: & à quo posset interponi: & an posset appellationi renunciari? Deinde an quilibet ex populo posset pro absente appellare? Iterum, an in crimine læsæ Maiestatis posset appellari? Ad hęc, qualiter Iudex non admittens appellationem, teneatur? Deinde, an valeat statutum, quod in criminali tollit appellationem? Præterea, Si sententia confirmetur per Iudicẽ appellationis, quis eam mandabit executioni? Item, an Syndicus communis sit citandus, cum appellatur à sententia in criminali? Deinceps, si appellatur in criminali, & appellatio non recipiatur, quid sit faciendum? Insuper, qualiter puniatur Iudex, qui non recipit appellationem, quam recipere debebat, sed sententiam exequitur? Rursum, an appellatione interposita ab vno, & illa pendente, possit contra alios fieri executio? An deniq; Reo moriente interposita appellatione extinguantur omnia? Postremo, an Reo moriente intra decem dies datos ad appellandũ, crimen extinguatur, & etiam confiscatio bonorum? Quarum abundè meminit Angel. Aretin. in suo tractatu malẽficiorum sub gloss. Præsente Caio, quem data occasione videre poteritis.

CLI. De appellatione

CLII. De confessione maleficorum

CAPVT CLII.

De confessione maleficorum.

Summæ rerum tractatarum in Comment. CAP. 152.

1 *Consultatio Magistratuum de capitali pœna malefici.*

2 *Sententia capitalis profertur* { *Pridie executionis.* *aut* *Eodem die executionis.* }

3 *Capitaliter exequendo* { *Doctor* *aut* *Confessor* } *Ecclesiasticus est concedendus.*

4 *Capitaliter exequendo non est neganda Eucharistia.*

5 *Capitaliter exequendus, non est inebriandus.*

6 *Confessorum abusus apud capitaliter plectendos.*

7 *An confessor reuelare debeat confessionem malefici.*

8 *Quid faciendum confessori si cogatur ad reuelationem confessionis.*

9 *Exemplum de Parocho qui ex confessione futura exitia præmonuit.*

10 *Quomodo mala ex confessione sacramentali cognita arcenda erunt.*

11 *An ob accusationem Confessoris maleficus capi possit.*

POstquam maleficorum facta Magistratui aut per propriam confessionem, aut per certa & explorata indicia satis innotue-
1 rint & constiterint, tunc Prætor iustitiæ † minister, cum Magistratu consultat aut requirit iuxta admissa, confessa, & perspecta scelera (de capitalibus loquor) iustitiam fieri, & mala secũdum leges patrias ex mandato Dei, & Principis puniri, & de factore ordinatum supplicium sumi. Cuius requisitione, & petitione audita; totus Magistratus legibus parere coactus, certa hora conuenit: facta, personam, causam, finem, occasionem, tempus, locum, qualitatem, ac omnem denique circunstantiam expendit, in deliberationem ponit: & de malefici scelere puniendo, maturo, graui, luctuosoq; consilio consultat, & pro commerito flagitio pœnam statuit, & de ea, post singulorũ auditas opiniones sententiam pronunciat.
2 Quæ quidem sententia † in aliis locis pronunciatur pridie quam maleficus sit puniendus, aut certe pridie inter Magistratus ipsos decernitur & confirmatur: atq; postridie (quum plectendus capitaliter erit) ipsi malefico Reo in consessum Magistratus producto, aut publice, aut priuatim eadem sententia pronunciatur. In aliis locis tantum eodem die supplicii sumendi sententia profertur: atq; in hoc nil certi, sed spectandus est
3 vsus regionis, & loci. In hoc † aũt pene omnes conueniunt, vt reum, quem sua vita corporali priuabunt, eundem ad vitam spiritualẽ promoueant, & ad resipiscentiam & ad commissorum pœnitentiam & in spem veniæ erigant. Ideo pridie quam patietur, hanc habet laudabilem consuetudinem, vt ad ipsum mittãt parochum, aut alium bonum sacrificum, aut monachũ quempiam cui confiteri possit, & qui ipsius animũ ad cõtritionem permoueat, ad misericordiam diuinam accẽdat, & ad satisfactionem corporali pœna persuadeat, qui denique Rei pectus sacra admonitione, concione, & piis verbis emolliat, ad dolorem compungat, & Christi facilitatem in remittendo

persuadeat, atque ita ad supplicii locum eundem pie perducat. Ad quem cum venerit totus in hoc sit, vt ipsius animum ad veram contritionem permoueat: deinde ad synceram, puram, minimeq; fucatam suorum scelerum exomologesim & confessionem. Quod vt facilius fiat: scelerum quæ commisit multitudinem & enormitatem ei proponat: & maximam ipsius in Deum ingratitudinem, qui tam potentissimum Deum, tamque pientissimum patrem de nobis omnibus optime meritum ausus sit offendere. Persuadeatque illi opus esse summæ misericordiæ diuinæ, quod in manus & potestatem iustitiæ deuenerit: & nō permiserit Deus illum vel pugna vel alio quouis subitaneo perire periculo: hocque modo Deum habuisse rationem salutis ipsius, vt hac scilicet temporali confusione, tristitia, & dolore, rediret ad cor, mentisque oculos aperiret pœna, quos prius culpa clauserat, vnde & illum moueat vt pro tanto beneficio Deo ex corde gratias agat. Deinde proponat illi Dei misericordiam, qui non vult æternam peccatoris mortem, sed potius vt conuertatur & viuat in æternum, Ezech. 18. qui nullum vere cōtritum ac resipiscentem vnquam despexit, sed benigne recepit reuertentem semperq; consolatus est: paratus omnibus vere resipiscentibus remittere peccata, vt patet in Manasse Rege, in parabola filii prodigi, in Petro, Paulo, Magdalena, Samaritana, Latrone. Et quomodo Christus orauerit pro suis crucifixoribus, quod fuit signum nullos velle perdere si reuertantur ad cor, & in ipso confidant. Testimonia quoque verbi Dei diligenter ei inculcet: vt illud Christi: Non veni vocare iustos, sed peccatores ad pœnitentiam, Matthęi 9. Et, Venite ad me omnes qui laboratis & onerati estis & ego reficiam vos. Matthæi 11. Sic Deus dilexit mundum, vt filium suum vnigenitum daret, vt omnis qui credit in illum non pereat, sed habeat vitam æternam. Ioannis 3. Et Paulus: Deus proprio filio non pepercit sed pro nobis tradidit illum, quomodo non etiam cum illo omnia nobis donauit, Rom. 8. Et rursus, Fidelis sermo & omni acceptione dignus, quoniā Dominus Iesus venit in hūc mundum peccatores saluos facere, 1. Timoth. 1. Et Ioannes. Aduocatum habemus apud patrem Iesum Christum iustum, qui est propitiatio pro peccatis nostris, & non tantum pro nostris, sed etiam pro totius mundi. Et quoniam satisfactio vna est ex partibus pœnitentiæ, persuadeat illi confessor, vt patienti, lubentiq; animo propter Deum & peccata, quę admisit, temporalem hanc pœnam, mortemque sustineat: dicens ex corde illud Iob 33. Peccaui, & vere deliqui, & vt eram dignus non recepi: Et, quod nihil interest apud Deum, vbi aut quo genere mortis quis moriatur. Cum ipse Christus innocentissimus acerbissimo eodemq; ignominiosissimo crucis patibulo, pro nobis fuerit interemptus, & latroni eodem supplicio crucifragioque sit ademta vita: qui tamen, quia in cruce pendens & morti proximus, scelera sua recognouit & confessus est fidens in Christum: mellifluā illam vocem consolatione plenam audire meruit, Hodie mecum eris in paradiso. Proinde fidei articulos illi reducat in memoriā: & præcipue quatuor, videlicet de Ecclesia sancta Catholica, quæ est corpus Christi, cuius ipse est saluator & redemptor. In cuius fide qui moritur, pie moritur. 2, De remissione peccatorum: quam obtinent vere pœnitentes merito passionis Christi. 3, De resurrectione carnis, quod videlicet omnes in Christi fide morientes: siue flammis assumpti fuerint, siue aquis præfocati, siue in rota aut cruce à volucribus comesti, glorioso tamen corpore resurgent, vt cum Christo regnent in perpetuū. 4, De vita æterna, quam promisit Christus in se vere credentibus, & à suis peccatis resipiscentibus, Pœnitemini (inquit) & credite Euangelio, Marci 1. Et rursus, Pœnitentiam agite, appropinquauit enim regnum cælorum. Matth. 10. Mo-

nean-

neatque quoque illum ne mortem metuat quam Christus deuicit, nec posse quęquam mortalium ad vitam introire æternã, quin prius corpore moriatur, atque ita Rei pectus sacra admonitione, concione, piis verbis emolliat, & ad veram in Christo fiduciam inducat, & sic eum ad supplicii locum piè perducat: vbi cum venerit, admoneat eum vt meliori qua possit voce roget Deum omnipotentem veniam pro illis quos læsit in re vel in corpore, siue præsentes sint, siue absentes, denique Iustitiam ipsam, nec pudeat illum hoc facere, quia cedit ei in maximam satisfactionis partem. Deinde imploret preces & suffragia astantium: quo facto paret se ad mortem, recitando orationem Dominicam cum salutatione Angelica, & fidei symbolo: & inuocata Diua Virgine, Angelo custode, & sanctis omnibus, commendet animam suam Deo, dicens: In manus tuas Domine commendo spiritum meum. Vel: Domine Iesu accipe spiritum meum. Quæ omnia vt faciat felicius ac facilius imaginem aut statuam paruam Christi crucifixi ipsius manibus inserunt, & ad eiusdem Christi acerbam, atque ignominiosam passionem assiduè erigunt, & ad felicem statum animam emigraturã præparare, & Christo lucrifacere contendunt, adeò vt ipsum Reum non deserant priùs, quàm mortis supplicium vita persoluerit. Hanc laudabilem & piam consuetudinem, summa cum diligentia ipse semper obseruari conspexi in nostra ciuitate Brugensi, cui multis annis à consiliis immeritus fui. Quęri autem hoc loco solet, an misero Reo,
4 † Eucharistiæ sacramentum aut sacra Synaxis, si petierit, largienda sit? Quæ quidem quæstio Augustissimi Imperatoris Caroli Quinti de Capitalibus iudiciis, benigna & Christiana constitutione, soluta est 79. articulo: vbi Reo misero & plectendo petenti & desideranti Eucharistia conceditur: quam etiam indulgent Canonica iura, c. Quæsitum, 13. quæst. 2, c. 2, & ibi Panorm. & Scribent. extr. de furt. & in c. Si quis, de pœnitent. Distinct. 7. Quem morem laudabilem quidem & probandum sequuntur hodie pleræque Romani Imperii ciuitates, aliique pii deuotique Magistratus: Atque has dictas consuetudines probatiores, puto, & Magistratibus Christianis digniores, quam illas, quibus Reus plusquam militari ritu ad supplicium producitur. E
5 quibus maximè † mihi videtur improbanda illorum consuetudo, qui Reum longo vini potu ad ebrietatem penè afficiunt, quò minùs sentiat mortis imminentis pauorem & memoriam. Sed hunc abusum sustulit clementissimus Imperator noster, Carolus V. articulo 79. qui idem multa alia absurda, mala consuetudine inuecta sua prudentia aut deleuit, aut restituit. Qui et-
6 iam articulo † 103. taxat & abrogat quosdam cõfessorum abusus, qui improba quadam & superstitiosa pietate, ne dicam impietate, confessos Reos ad negandum reuocandumque facinus patratum adducũt, quum intersit Reipublic. vt delicta non remaneant impunita. Fit enim eiusmodi insipientium confessorum importuna pietate, & indulgentia, cæteris ad liberius peccandum liberior occasio. In leuioribus autem criminibus, hoc ęquiùs dissimulandum esset, in quibus omnes proniores ad liberandum absoluendumque esse debemus, quam ad condemnandum, l. Respiciendum, § 1. & l. Hodie, ff. de pœn. In grauioribus verò & enormibus atrocioribusque, secùs, l. Si Præses, ff. eo. Nam grauè dictum Stratoclis obseruandum est: Ignoscẽdo nocentibus, innocentium salutem custodiri non posse. Et Lycurgus, Nocentium remissio (inquit) improborum studia ad peccandum excitat. Posset hoc loco item moueri quæstio, An sacerdos (quisquis ille fuerit) qui alicuius malefici confessionem audiuit, aut in carcere (vbi captus est) aut extra carcerem (antequam capitur) aut sub patibulo, aut alio loco supplicii, ex quo

quidem confitente percepit ipsum enorme aliquod facinus destinasse aut certe commisisse. Nempe Principis intoxicationem. Patriæ aut Ciuitatis proditionem. Templorum aut Ciuitatum incendium, aut totius Magistratus inuasionem aut his simi-
7 lia: An, inquam, † hic sacerdos confessor teneatur, aut saltem possit huiusmodi confessionem reuelare Iudici, ipsumque maleficum, aut suos complices prodere. Ad hanc quæstionem omissis longioribus disputationibus dico, talem sacerdotem nullo modo posse aut debere reuelare ea, quæ ipsi in secreta confessione commissa sunt, nec ante mortem, nec post mortem male-
8 fici, nec vllos complices prodere: † Et si fortassis per improbitatem Iudicis ad prodendam confessionem cogeretur, nullum non supplicii genus potius subiret, quam secretum confessionis (quod est de substantia sacramenti confessionis) vlli mortalium aut verbo, aut indicio proderet. Et si ad iuramentum veritatis adigatur, tutò iurare poterit se nihil eorum scire quæ Iudex interrogat, & de quibus fieri cupit certior. Atque ita iurando non peccat. Quod enim scit nescit. Nam quod scit vt Dei Vicarius, nescit vt homo. Atque huiusmodi leui infitiatione prudens & minimè sanguinarius Iudex contentus esse deberet. Et sacerdos huiusmodi cõfessione audita ante incarcerationem non deberet esse tam scrupulosus, vt suum confitentem nomine aut indicio proderet aut maleficum accusaret. Contigit itaque meo tempore Brugis huic quæstioni non admodum dissimile exem-
9 plum. † Vbi Parochus quidam audiuerat confessionem cuiusdam malefici, qui non ita pridem ob sua scelera publicè in eadem ciuitate correptus fuerat, quique confessus fuit ob talem punitionem passam, se cum quinque aut sex aliis nefariis nebulonibus coniuratis proposuisse certo die septem aut octo totius ciuitatis ædes maximas incendere, & sic totam ciuitatem flammis, & ignibus perdere. Parochus hac confessione percepta, vnum Pensionarium, hoc est, vnum ex consiliariis Magistratus adit, confessa ipsi (citra vllius nomenclaturam) explicat, nempe se scire ægrotum cuius confessionem audisset, qui prædictum facinus cum suis coniuratis certo die per-
10 petrare destinasset. Idcirco † iubet vt Magistratum præmoneat, vt huic malo, ne fiat, repagulum obiiciat, & remedia prouideat. Pensionarius his auditis Parochum obseruat, quam domum frequentet, inuestigat. Videt tandem ipsum frequenter adire domum cuiusdam tonsoris chirurgi. Pensionarius capillorum præcidendorum gratia eodem se recipit, quis ibi ægrotet à famulo tonsoris cognoscit, qui nullius fuci suspiciosus ait, ibi esse quendam vulneratum, quem pastor subinde quoque visitaret, & simul nomen edidit. Pensionarius his perceptis, & viro cognito de quo certa tunc erat suspicio ipsum esse, de quo Parochus commemorasset, eundem ad Magistratum defert: confessa, comperta, ac suspi-
11 ciosum Reum exponit. Disputatur † an ob huiusmodi confessionem & ob secuta indicia is ægrotus comprehendi posset. Re multum diuque disputata, etiam à Iurisperitis doctissimis tandem in hanc sententiam descenderunt, vt ob reuerentiam sacramenti confessionis, dictus Parochus non amplius rogaretur, & quod ob generalem ipsius accusationem (quæ tantum erat de crimine concepto & non completo) talis ægrotus capi non posset, nedum torqueri, aut executioni mandari: Cum enim secretum sit de substantia confessionis: talis Parochi imprudens & temeraria proditio, & quęcunque inde cõsecuta sunt, censenda sunt esse nulla. Quum sacerdos nihil reuelare debuisset, vt in c. Omnis, in §. Caueat, de pœn. & remis. & in c. Si sacerdos, de offic. ordi. & in cap Sacerdos, de pœnit. distinct. 6. Interim tamen Magistratus non fuit ociosus, sed ne quid tale periculum

culum suæ ciuitati contingeret, diligenti hac cura & opera repressit vt per varia compita & vicos disponerent, qui peruigiles agerent circa illa tempora excubias, deinde qui dictum ægrotum diligenter obseruarent, quid ageret, quid moliretur, quibus studiis sese à morbo leuatus addiceret, quibus sociis se adiungeret. Quæ omnia diligenter curata fuerant, ob quæ haud dubie nihil ab illis maleuolis tentatum aut certe perpetratum fuit mali. Porrò si quis plura de hac quæstione cupiat, is legat D. Io. Lupi in suo tractatu De Matrimonio & legitimatione, & M. Godscalcum in suo confessionali. c. de Sigillo confessionis.

CAPVT CLIII.

De Relegatione ad ergastula seu vincula nautica.

Summæ rerum tractatarum in Commentariis CAP. 153.

1 *Errabundi damnandi sunt ad ergastula nautica.*
2 *Triremium varia nomenclatura.*
3 *Nauigandi, remigandique primi institutores seu inuentores.*
4 *Nonnunquam pœnæ corporales cōmutantur in relegationē ad ergastula nautica.*
5 *Relegatio ad ergastula nautica duplex* { *Perpetua.* *&* *Temporalis.* }
6 *Temporalis non minor sexennio.*
7 *Exemplum malæ damnationis ad triremes.*
8 *Non est iudicum commutare pœnas ad ergastula nautica, nisi de expressa licentia Principis.*
9 *Causa cur, & quando mittantur ad ergastula nautica.*
10. 11. 13 *Qui ad triremes damnandi sunt.*
12 *Commutantur solum pœnæ criminales in ergastula nautica.*
14 *Aliquando Principes concedunt aliis ius ergastulorum nauticorum.*
15 *Ad ergastula nautica condemnati, quomodo tractandi, & cuius expensis.*
16 *Iudicum officium in transmissione condemnatorum ad ergastula nautica.*
17 *Exemplum damnatorum ad ergastula, & eorundem ereptorum.*
18. 19 *Pœna eorum, qui damnatos eripiunt.*
20. 21 *Cur, & quando agri passim opplentur vagabundis nebulonibus.*
22 *Condemnatio ad ergast. nautica, duobus maximè temporibus contingit.*
23 *Bella omnium malorum causa.*
24 *Præcipua caussa emissionis edicti de ergast. nauticis.*
25 *Reipub. interest prouincias à malis hominibus purgari.*
26 *Quæ debeant præcedere ante condemnationem ad ergast. nautica.*
27. 28. 29. 30. 31. *Diuersa malefactorum genera, qui ad ergastula nautica condemnandi sunt.*
32 *Qualificata crimina exemplari punitione plectenda.*
33 *Publicæ punitiones, quantum remedii præstent.*
34 *Filiorum relegatio ad ergast. nautica per parentes facta.*
35 *Miserrima ergastulorum, & vagabundorum vita.*
36 *Exemplum cuiusdam validi mendicantis.*
37 *Multi relegationem nauticam magis timent, quàm mortis supplicium.*
38 *Malefici sese mutuo in syluis exercent perferendis tormentis.*

39 *Iudices nostri temporis neminem corporali pœna afficiunt, nisi confessum, &c.*
40 *In confessum non sunt aliæ partes iudicis, quam in condemnando.*
41 *Multi malefici, torturas pro ludis habent.*
42 *Supplicii genus apud Germanos non infrequens dictum* Rabraecken.
43 *Exemplum cuiusdam ossifragati.*
44 *Exemplum aliud.*
45 *Condemnatio ad ergast. nautica morte naturali est terribilior.*
46 *Quidam ad nautica ergastula damnati illinc liberari recusant.*
47 *Quidam ad perpetuos carceres damnati, illinc liberari recusant.*
48 53. *An iudicis autoritas per noua edicta Principum tolli possit.*
49 50. *Quædam edicta Caroli V. Imper. in vagabundos.*
51 *Punitio eorum Iudicum, qui Principum edicta negligenter administrant.*
52 *Edictum Imperatoris de validis mendicantibus in violentos extortores, non in mendicantes ex necessitate, promulgatum est.*
54 *Vbi est certa pœna à lege aut consuetudine statuta, non potest eam iudex augere, aut minuere.*
55 *Facti quæstio in arbitrio est Iudicis, pœna persecutio legis autoritati reseruatur.*
56 *Duplici ratione impeditur Iudex, vt reum à pœna in iure statuta liberet.*
57 *Iudex rei pœnam aut minuens, aut remittens, reddit se suspectum & conscium eiusdem criminis.*
58 *Edicta Regia stricte obseruanda.*
59 *Edictorum Regiorum vim in dubium vocantes, inobedientiæ notam incurrunt.*
60 *Consilium autoris de edicto promulgando in opifices vagabundos.*
61 *Opificii prætextus mala multa tegit.*
62 *Consilium autoris ad impedienda mala & delicta nostri seculi.*
63 *Edictum Regis Philippi de commutanda pœna corporali in relegationem ad triremes.*
64 *Idem edictum R. P. extensum ad hæreticos.*
65 *Ab edicto excipiuntur, qui atrocia delicta patrarunt.*
66 *Qui sint condemnandi ad ergast. nautica ad tempus.*
67 *Interpretatio ad eam superioris edicti partem, quæ de hæreticis adiecta est.*
68 *Hæretici pertinaces rei sunt criminis læsæ Maiestatis.*
69 *Amictus seu vestiendi ratio, qua vtuntur condemnati ad ergastula nautica.*
70 *Modus catenandi.*
71 *Victus seu alimenta nautica.*
72 *Dormiendi seu quietis ratio.*
73 *Quare remiges* Forsaires *vocentur Italis.*
74 *Exercitia remigum cum à remigando sunt immunes.*
75 *Qualibet triremis peculiarem habet popinam.*
76 *Peculium nauticum.*
77 *Delicta, quæ in triremibus committuntur.*
78 *Crimen traditionis.*
79 *Pœna seu supplicia in triremibus vsitata.*
80 *Instrumenta quibus coercentur remiges.*
81 *Extraordinaria supplicia.*
82 *Aegrorum curatio in triremibus.*
83 *Mortuorum sepultura.*
84 *Libertas seu emissio, ad tempus condemnatorum.*

Prec.

POstquam doctorum quorundam virorum mihi amicissimorum atque persa-miliarium quotidianis interpellationibus sollicitarer ad nouam rursus huius libri editionem, tum ob plurium exemplarium defectum, tum ob sui desiderium, quo à multis denuo desiderari videbatur: Nolui amicorum precibus tam honestis, nec studiosorum æquissimis votis, non morem gerere. Verum priusquã ad hanc editionem me accingerẽ; eundẽ librum noua lectione recognoscere statui. Quod cũ succisiuis horis, per temporis, ociiq; inopiam vtcunq; me perfecisse, existimassem, ac plærisq; in locis tũ quæ superflua videbantur, aut non satis arridebant resecando; tum quæ primis illis editionibus, non inutilia, sed tamen festina, & præcipiti acceleratione omissa videbantur, addendo, lambendo, limandoq; recognouissem: Venit mihi (nescio quomodo casu) in mentem nouæ cuiusdam punitionis criminalis alia prętereaquędam species, à nobis in hac opere prętermissa interim tamen ad praxim hanc nostram criminalem
1 apprimè accommoda & subseruiens. Ea † 1, autem punitionis species est per quã homines nihili, erratici siue errones, sine lare & sine fide viuentes, incertisq; sedibus oberrantes, aut alioqui perditi, noxii ac deplorati, & nefarii nebulones, & Reipublicæ pestes condemnantur ad ergastula, seu vincula (vt vocant) nautica, aut ad triremes Sed priusquam hanc materiam ingrediamur, operæpretium fore duximus, prius pro clariori istius intellectu discutere, ac aperire ipsum vocabulum, qui vocentur, & quales sint eæ naues (vulgo *Galeyen*) ad quas nebulones passim condemnari conspicimus.
2 Eas autem † naues reperio vocari Latinè à quibusdam, actuarias naues, vt quę non solum velis, sed & remis facillime huc atque illuc flecterentur, & agerentur. Marcellus l. 2. ff. de capt. Alii easdem vocant naues lõgas. Galli vero ex suo idiomate, *Gallees* seu *Galleres* vocant, fortaßis à lingua Hebraica, quia *Galal* (vti Hebræi mihi narrarunt) tantum valet quãtum inuoluere. Inde *Gal*, cuius plurale est *Gallim*, id est, aceruus, fons, fluctus, vndarũ inuolutio, inundatio. *Galleres* igitur dici videntur, quod ab inundationibus feruent. Ab hac materia nostra nõ alienum fore arbitror, si prius aperuero, vnde nauigandi, remigandique ars, & principium nobis defluxerũt, quibusve nominibus tũ naues illas appellauerint. † Nauium 3
itaque primum vsum alii Danao tribuunt, qui primus ex Ægypto in Gręciam traiecit. Alii Iasoni tribuũt, qui primus in Ægypto longas naues ædificauerit, quibus postea vsi sunt, cum prius fuissent vsi papyraceis, ac scirpeis, sicut in Danubio lyntribus tãtum. Ego vero Nauium vsum primum referendum puto ad Noam, qui ob futurum diluuium iussus fuerat fabricare Arcam, quæ nauis quandam formam præ se tulit; Quã quidem formam, quodque inuentum, alii postea imitati sunt, ac varias sibi construxerũt nauiũ formas, iuxta varietatem aquarumq; marium aut fluminum adiacentiũ, æstus, turbationes, aut sedationes, deinde pro materiarum parabilitate. Vnde factum videmus, vt alia regio alias naues habeat pro vario vsu, & etiam varias nomenclaturas, vt Cyrenenses primo lembum, Phœnices cymbam, Rhodii celocem, Cyprii circerum, Illyrii scaphas, &c. Successu vero temporum hic nauiũ vsus multum auctus est, & cõmodiores paulatim consabricatæ na-

ues, quibus Dædalus malos. & Icarus vela
attribuerunt. Copas vero remos adiecit. A
quorum remorum distinctis ordinibus di-
stincta sunt & Nauium nomina. Dicuntur
enim Biremes, triremes, quadriremes, &
quinqueremes. Ab ingenti autem onere fe-
rendo, aliæ dictæ sunt naues onerariæ. De
his vide Plinium libr. 7. cap. 56. & Polydo-
rum Virg. lib. 3. cap. 15. Porro aut triremes,
aut quadriremes plærunque sunt ad quas
damnari solent validi, inertesq; mendican-
tes, errones, & vagabundi, & quicunque alii
nefarii malefici, de quorum punitione hîc
potissimum agere decreuimus. Vt autem
reuertamur vnde digressi sumus, & nucleū
rei aperiamus: Sciendum est igitur quoties-
cunque aliquis pro suo delicto merebatur
capitaliter & corporaliter, ita vt mors sequi
4 debebat, corrigi & puniri, licere iudicibus
eundem maleficum vita naturali donare,
5 & † commutare pœnam corporalem mor-
tis, seu vltimi supplicii, in perpetuam, aut
temporalem relegationē, in ergastula nau-
tica, idque secundum exigentiam delicti,
aut secundum merita caussæ. Tempora-
6 lem † quidem, sed non minorem quam ad
sexennium. Ne scilicet accidat talis aut si-
7 milis difficultas † qualis non ita pridem cō-
tigit in hisce nostris regionibus de quibus-
dā ad ergastula nautica damnatis, qui quo-
niam non satis cōmeruerant, imo qui non
tam enormia perpetrauerant, vt ad vincula
nautica perpetuo condemnandi forent, ad
ergastula nihilominus naualia condemna-
ti fuerant ad tempus duorum, triū, aut qua-
tuor annorum, & ad triremes vincti mit-
tebantur. Verum postquam eò peruene-
rant, Monarcha, siue patronus nauium co-
gnoscens sententiam duorum, ac trium
annorum tantum datam, eosdem conde-
mnatos recusabat atq; ad ipsorum Iudices
remittebat. Quod pro mancipatione tam
paucorum annorum nō poterat satis resar-
cire damnum, & sumptus, quos ferre debe-
bat pro aduehendis, & auehendis iisdem
damnatis. Quocirca ne quando tam perdi-
ti sumptus oriretur, aut ne huiusmodi sen-
tentiæ redderentur illusoriç, statutum fuit
edictis Caroli Quinti Imperatoris, & Re-
gis Philippi euulgatis annis 1554, 1556, &
1561. ne vlli amplius condemnarentur ad
vincula nautica minori tempore, quam sex
annorum. Et vbi delicti enormitas non es-
set tāta, vt relegationem sex annorum non
posceret, voluerunt eosdem potius tunc pu-
niri alia corporali seu exemplari punitione,
quam per prædictam coercitionem ad vin-
8 cula aut ergastula nautica. † Sed interim
sciendum est Iudices non solere huiusmodi
ferre sententias, aut vti tali pœnarum com-
mutatione, nisi expresso edicto, aut diplo-
mate Imperatorum, Regum, Principum
& similium, ipsis mandatum fuerit, vt pœ-
nas capitales seu vltimi supplicii in dictas
9 pœnas nauticas, conuerterent. Idque †
fere accidere solet, quoties Principibus vi-
sum est comparare & instruere certum ali-
quem numerum triremium ad expeditio-
nem bellicam. Ad quas triremes instruen-
das, & agendas opus est validis atque robu-
stis remigibus, quales in illis locis mariti-
mis non tam facile comparantur, vt saltem
in iis locis nō suppetit tanta mancipiorum
copia, aut multitudo, quanta replendę clas-
si sufficiat. Diplomata igitur tunc emit-
tunt, quibus ad omnes passim Iudices, &
officiarios superiores, ac principaliores literas
dimitti edicunt (qui postea scribant ad o-
mnes alios iudices & Officiarios subalter-
nos, siue illorum iurisdictioni subiectos)
eisdemque Iudicibus, autoritate sua in-
terposita, atque licentia iniungunt, vt sta-
tim & sine mora cum summa diligentia cu-
10 rent corporaliter apprehendi, realiterque †
citari omnes & quoscunque vagabundos,
vagos, errones, & sine certis sedibus passim
vagantes, nec non ganeones, nebulones,
mendicosque validos, sine pudore vicatim
mendicantes, & similes Reipublicæ fæces,
11 inutiliaque pondera terræ. Itemque † mi-
lites

lites exauthoratos, & post missionem diu per agros, & rusticos grassantes. Hos, inquam, omnes ocius comprehendi, tutoque carceri committi iubent, & vt actionem coram Iudicibus competentibus, & contra illos secundum Cæsareæ, Regiæque Maiestatum & edicta, & diplomata procedant. 15 Idq; summariè, & sine strepitu iudicii, id est,
12 sine formali iudicio. Et vt † pœnas vltimi supplicii commutent in prædictam relegationis pœnam: nisi delicti aut criminis enormitas desideraret exemplarem coercitionem, legalem, ordinariam, extraordinariam, aut statutariam pœnam. Verum hic opus est prudentia, ne Iudex secundum tale diploma Principis quosvis præter delictum
13 ad talem relegationem condemnet, sed † tantum robustos ac fortissimos quosque & triremium laboribus aptos, & idoneos. Nullo modo autem infirmos, debiles, mutilos, mancos, decrepitos, insanos, phreneticos, aut similes, quique ob ætatem, aut corporis infirmitatem, atque vitium aliquod nauticis laboribus vsui esse ac sufficere non possint: quemadmodum enim non omne lignum ad ædificandum, aut ad ædificationem est aptum: ita non omne genus hominum deploratorum, siue maleficorum, aptum aut idoneum est ad cõdemnãdum ad ergastula aut vincula nautica Quocirca tales inutiles condemnandi sunt non ad relegationem nauticam, sed alia pœna, secundum delictorum rationem, & secundum id quod ius postulat & requirit, & iuxta leges scriptas, aut iuxta locorum consuetudines, aut Principum edicta, siue capitaliter, vt mors sequatur, siue citra mortem. Contingit tamen aliquando, quod Principes huiusmodi biremibus, aut triremibus nõ indigeant ad instructionem clas-
14 sis: † ex alia tamen causa, aut ex gratia speciali beneficiariis, aut suis, aut exteris, aut etiam mercatoribus, tam exteris quam suis permittant certum mancipiorum numerum conquirere, quæ ipsis in vinculis & laboribus nauticis, aut ad certos annos, aut ad mortem vsque seruiant, sine vlla liberationis, aut reditus in patriam spe. De his quoque idem faciendum est, quod de superioribus. Nempe vt qui ad tempus ibidem condemnantur, ad sexennium duntaxat condemnentur & condemnati † statim sunt tradendi arctæ custodiæ, vbi secundum Iudicum & Officiariorum discretionem frugaliter erunt alendi. Postea statuetur certus dies, quo transmittendi erunt viriliter vestiti ad certum aliquem portum, in vincula nautica, cum formula condemnationis authentica. Sed in hac transmissione requiritur summa Iudicum diligentia, vt tuto ad eum destinatum portum perducantur. Quò postquam peruenerint, excipiendi sunt ab iis, quibus eius rei commissum est negotium, nempe à classis præfecto, siue patrono, & mox ducentur ad naues, vt inde vehantur ad destinatas biremes, triremes, aut quadriremes. Atq; tum iidem isti commissarii iudicibus nostris, aut ipsorum commissariis tunc præsentibus exoluent omnes vestimẽtorum & ferramentorum sumptus. Item expensas pro deductione à loco carceris vsque ad locum destinatum, portum seu nauem, exoluent, nempe singulis diebus vnicuique satellitum quinq; stuferos. Et pro vnoquoq; captiuorum singulis dieb. duos stuferos. Reliquos vero sumptus, quos Iudices pro iisdem vagabundis prius expenderunt, eos recuperabunt super executionibus sententiarum officii, & in computum rationalem
16 referent. His omnibus peractis † debent officiarii statim Principi siue Curiæ significare totum rei gestæ ordinem, atque diligentiam in eo negotio adhibitam, simulque præscribere numerum condemnatorum cum ipsorum nominibus & cognominibus. Dixi autem paulò ante huiusmodi cõdemnatos cum summa diligentia, ac tuto ad destinatum portum esse perducẽdos, ob exemplum, quod nostra memoria con-

17 tigit, scilicet. † Nonnulli vagabundi ad vincula nautica condemnati, producebantur à satellitib. ad portum destinatum, illinc vlterius mittendi in ergastula præparata: in Ciuitate autem quadam, per quam forte illis iter erat, per maleuolos quosdam vi, atque armata manu fuerunt intercepti, è satellitum manibus extracti, atque in libertatem, seu fugam potius emissi. Vnde factum est vt sententiæ in dictos ergastularios latæ executio fuerit impedita, ipsaq; condemnatio reddita illusoria, summa cum magistra-
18 tus, iuris, iustitiæque contemptu. De † hoc facto autem quæri posset, qua pœna, quove supplicio huiusmodi violenti extractores sint afficiendi? Omissis itaque tam delictorum, quam pœnarum exaggerationibus, ego eosdem extractores existimo capitaliter esse puniendos, argum. l. 1. ff de effractorib. & expilat. & l. Ad commentariensem, Cod. de custo. reor. atque glossa singulari ibidem,
19 in verbo, qui fugerit. † Aut certe si quis eos mitius punire velit, ego eos puniendos esse puto iisdem pœnis & suppliciis, quibus iisdem fugitiui fuissent affecti, si ipsos nō eripuissent, nempe eadem ipsorum relegatione in eadem ergastula seu vincula nautica. dicta l. Ad Commentariensem, cum d. glos. in verbo, qui fugerit. Sicut puniendi sunt Commentarienses aut Carcerarii, qui captiuum crimine notatum, sua vel suorum incuria, negligentia aut ebrietate carceribus effractis sinunt effugere, obnoxii enim fiūt tales carcerarii iisdē pœnis, mulctis, & suppliciis, quibus ipse fugitiuus, siue capitalibus, siue ciuilibus, idq; ad arbitrium Iudicis, sicuti & supra meminimus cap. 17. titu.
20 de Carcerariis. † Cæterum hîc libet explicare tempora, caussas, ob quas huiusmodi vagabundis agri passim oppleātur, quos ad
21 triremes relegari conspicimus. Tanta † igitur vagabundorum, erronum, perditorūque hominum colluuies primo abundare conspicitur temporib. felicissimis, post longam & tranquillam pacem, & rerū omnium vbertatem, annonæ fertilitatem. Tunc enim populus licentiore vita, delitiis ac omni voluptatum genere eneruatus ac pene dissolutus, ad ocia, & ad inertem vitam cōuertitur, labores aspernatur & honesta quęque exercitia (quibus vita humana firmatur, & vegetior redditur) fugit, & exosa habet, sese delitiis, compotationibus, poculis, choreis, reliquisque voluptatibus totos tradunt. Abliguritis vero pecuniis, ad furta, rapinas, & ad latrocinia se conuertunt, qui se honestis studiis dare non possunt. Iuxta illud Ouidii: *Luxuriant homines rebus plerunque secundis, Nec facile est æqua commoda mente pati.* Hinc fit vt multi huiusmodi licentia, atque rerum omnium, voluptatūq; varietate soluti, & à laboribus auocati discurrant, & vagentur regionatim, oppidatim, atq; ostiatim emendicent, rapinis, latrociniisque sese exercent, non secus, quam si principum edicta & Iura passim torpesce-
22 rent. † Secundo vero tantam vagabundorum ac erronum colluuiē per agros passim grassari conspicimus post bellorum confectionem, post pactas inducias, aut post proclamatam pacem. Soluta enim militia, non pauci milites à stipendiis militaribus plærunque præter spem exauthorati, cum se domum ad labores, opificium suum exerciturі referre deberent, quo coniugibus, liberis, familiæ, & amicis victum pararent, passim errabundi oberrant, miseros rusticos grauant, & opprimunt, quotidianis furtis, cædibus, latrociniis, adulteriis, lenociniis, stupris, rapinis, incendiis, sacrilegiis, aleis, similibusque nefariis ausis sese contaminãt
23 ac potius perdunt, ita † vt non putem vllum scelus excogitari posse quod bella nostra tā execranda non pariant. Hæc dum mecum pensiculatius mente pertracto, mirari satis non possum, quid mentis habeant nōnulli Principes nostri Christiani, qui interdū ob res tam leues, & tolerabiles, tam dira atque furiosa in fratrem Christianum non verentur suscipere bella, vnde tantorum malorum

rum

rum oceanus in felicissima regna plerunq; exundatione perrumpit. Profectò de huiusmodi Principibus (penè perniciebus dixeram) nil aliud diuinare possum, quã eos esse aut stolidos, aut insensatos, aut atheos (licèt titulo, verboq; tenus Christianissimi iustissimique haberi velint) qui suis morib.
testentur, se non credere Deum nusquam non præsentem esse suarum actionum inspectorem. Aut certè crediderim Deum eos tradidisse in reprobum sensum, vt tam obstinatè contra fraternam Christianamque concordiam militare, & infesta signa ferre non revereantur, seseque obcæcatis animis præbere flagella, quibus Deus ad suorum probationem aut correptionẽ prorsus abuti videtur. Quam execranda autem sint huiusmodi Christianorũ bella, quamq; fœda, quamq; indigna Christianis Principibus & scandalosa illis, qui à nostra religione, ac fide sunt alienissimi, luculẽtissimè nobis declamauit ter maximus ille noster Erasmus Roterodam. in libello suo de Querela pacis. Sed & nos quoque nonnulla mala, quæ ex bellis oriuntur, supra capite 82. de bello meminimus, & singulorum maleficiorum punitiones sparsim expressimus. Sed
24 ad intermissa redeo. † Quod Principes interdũ edicta euulgant, quib. vagabundos, & maleficos ad ergastula nautica condemnari
25 volunt, præcipua causa hinc oritur, quod † Reipublicę intersit regiones seu prouincias passim purgari maleficis, nempe vt boni ciues, & agricolæ quietã, & securam vitam vbique tutò peragant. insigni l. Congruit. ff. de offic. præsid. l. 2. C. quando licet vni sine iud. se vindi. vti meminimus supra in nostro procemio. Vt autem Iudicib. atq; Officiariis omnib. ad hanc condemnationem
26 nauticã certa prius præparetur via: † sciant iidem Officiarii sibi opus esse certis inquisitionib. & obseruationib. potius, quibus vtantur ad hãc nauticam missionẽ. Primò ipsis obseruandum est, quales oporteat esse, quos comprehendi, quosque ad triremes mitti dignos existiment. Hi autem sunt va-
27 rii. Principio † comprehendi, ac ad nautica vincula mitti possunt omnes vagabundi, errones, & quibus nulla certa habitationis sedes est, quique validi sunt mendicantes, fortes, robusti, & ad victum & amictum in-
28 terim parandũ habiles & idonei. Sunt † his & alii aliquantò peiores: Nempe, quos vulgo vocamus **Verloren Cremers / verloren Schoenlappers / ende Ketelaers.** Qui sub prætextu opificii sui & ex consuetudine intrant in villas & ædes, quærẽtes ibi quod agãt seu operẽtur. Cũq; nihil operis ipsis traditur, mẽsę nihilominus nõ secus quàm familiares ac domestici accũbũt, nolẽtes illinc abscedere, neq; ædibus egredi, nisi egregie pasti, & probe poti: habentes nõ raro sibi adiunctam meretricem aliquam, aut concubinam vnam aut alteram. Atq; his non cõtenti oblata occasione in absentia patrisfamiliâs, aut matrisfamiliâs, famularũ oppugnant pudicitiã, & quæ possunt clam surripiunt, aut per sua scorta auferri satagunt, ita vt illinc nemine aut obseruante, aut nõ obsistente sæpe exeant alienis bonis onustio-
29 res, quàm intrauerant. Sunt † præterea & alii superioribus non parũ nocentiores, ac deteriores, nempe exauthorati milites, qui armati vicatim, & ostiatim mendicãtes oberrant, seseq; pro militib. gerunt, eoq; prætextu sese in quorumlibet ædes ingerũt, cibum sibi potumq; apponi postulant. Postea; probe refecti exigunt præterea in viaticum nummum, quo inde vlterius scilicet progrediantur, agricolis & monasteriis infestissimi, qui quidẽ ad vnum omnes, apti sunt & digni, qui ad ergastula seu vincula
30 nautica, condemnentur. Sunt † item & alii, quos non inepte Mercuriales fures appellaueris, qui cum noctu, tum interdiu frumẽtum, triticum, hordeum, auenã, linum idque genus alias fruges ac segetes in agris hortisque dextero Mercurio deprædantur.
31 Sunt † alii, qui in nemoribus atque etiam pascuis, ac saltib. nouellas & adhuc crescen-

tes plantulas, vimina, aut vetulas, atq; virgulta, & arbores succidunt. Hi omnes, hisque persimiles, veluti inutilia Reipublicæ membra passim comprehendi, & ad ergastula nautica damnari, & exterminari pos-
32 sunt. Cæterum † sceleratissimos quosque fures, latrones, raptores, homicidas, incendiarios, parricidas, patriæ proditores, falsos monetarios, hisque similes; ego ergastulis nauticis indignos censuerim, sed eosdem potius in exemplum aliorum (quod de maleficis sumere pœnas, maximi mali sit euitatio, teste Platone de Repub.) plectendos esse secundum leges, secũdum iura scripta, iuxta edicta Principum, aut secundum cõsuetudines locorũ in quibus capti sunt, aut captiui detinentur, de quibus punitionib. capitulatim supra aperte meminimus. Pu-
33 blicæ † enim huiusmodi punitiones nocẽtiores interdum resipiscere cogunt, à maleficiis cohibent, & scelerib. alioqui committendis præsentaneum antidotum prębent. Neminem enim mortalium (sanæ mentis) vnquã fuisse puto, qui asseruerit maleficia non esse plectenda, neque à noxiis vnquam sumenda supplicia. Castigare enim noxam oportet non ob præteritum delictum, cum id corrigi nequeat, sed ne iterum licentius peccet, tum ne ipsius exemplo cæteri quoque peccent liberius. Punienda ergo sunt maleficia, vt vnius pœna metus possit esse multorum, memoratu digna l. 1. C. ad l. Iul. repetund. & notabi l. Capita-
34 lium. §. Famosos, ff. de pœnis. Sunt † præterea & alii Triremibus digni: Nempe quorundam proborum parentum perditi filii, parum morigeri, rerum suarum profusissimi, aleatores, scortatores temerariique pugnatores, qui & parentes, & seipsos tot tantisque implicant & impediunt curis & miseriis, vt suis peruersis morib. præmaturam nõ rarò parentib. mortẽ accelerent, aut certe si mortis occasionẽ non prębeant, saltem post omnes paternas correctiones, admonitiones, atq; castigationes salutares frustra susceptas, tandem ad hoc seuerius & extremum correctionis & animaduersionis genus inuiti cogantur descendere: suorumq; liberorum salutem, quasi fortunæ arbitrio committere, nempe, vt cũ Trierarcho certo pacto conueniant de mittendis suis filiis in vincula nautica ad biennium, trienniũ, aut quadriennium, certumq; pro ipsorum expensis persoluãt pretium, vt vel hoc correptionis remedio corrigantur, & resipiscere discant, ad saniorem mentem, & ad mores meliores redeant, qui sese prius incorrigibiles præbuerant. Atque hoc remedium tam seuerũ à mititate tamen paterna profectũ aliquando tã præsentaneum, & salutare fuisse certa experientia didicimus, vt quidam qui ad annos aliquot huiusmodi pœnæ genere fuerunt coerciti, tãdem facti sunt nõ modo meliores, verum etiã ad maximas atq; præcipuas dignitates euaserint. Quod profectò diuinæ prouidentiæ Christiq; clementiæ ferendũ est acceptum, quũ plærique alii in nauticis ergastulis non solum non sint redditi meliores, vt etiam effecti sint decuplò nequiores. Quod nulli mirum videri debet, qui in tam prauorũ contubernio tot annos conuersati fuerint. Verissimum enim est illud Dauidis Psalm. 17 Cum sancto sanctus eris, & cum viro innocente innocens eris, & cum electo electus eris, & cum peruerso peruerteris. Et, Corrumpunt bonos mores, cõuersationes pra-
35 uæ. † Miserrima igitur & omnium deploratissima est isthæc ergastularia vita, vbi tã ægrè emendantur nebulones nefarii: Neq; minus, misera vagabundorum, & validorum mendicantium vita, ex qua ad ergastulariam vitam merito eripiuntur, tametsi ipsis vagabundis longe secus videatur, vt suam vitam regalem, ac Sardanapalicam
36 potius existiment. † Referam hac de causa exemplum memorabile: Iuuenis quidam magnam florentis suæ ætatis partẽ in misera atque calamitosa mendicitate cõsumpsit, qui cum pauper & inops per omnes ter-

rarum

rarum angulos peruagatus diu oberrasset, tandem in relicta patria opimam satis hæreditatē adeptus fuit, scilicet hæreditatem bis mille aureorū, quæ ad ipsum pro parte sua, lege, atq; successionis iure redibat: Accitus itaque ex Italia, vbi tum temporis turpem, atq; inopē vitā traduxerat, ab iis, quibus à defuncto testamenti, voluntatisque suæ cura, atq; executio erat commissa, atq; in patriam reuersus, honestis continuo (pro mutatæ fortunæ facultatibus) vestibus induitur, ad proborum virorū consortia perducitur, inque tanto fortunæ splendore triumphat, & passim dominum agit locupletissimū, cōuiuia instruit, ludit aleā, potitat strenuè, scortatur, & verè Acolastum agit, omniq; voluptatū genere sese contaminans, non destitit prius quàm omne patrimoniū abligurièdo absumpsisset: Rebus itaq; suis omnib. ad hūc modū turpiter intra annum profusis, ad pānosas suas vestes priores, & ad intermissam suā mendicitatem redit; lætus cantillabat, nullaq; nō hilaritatis signa exhibebat: quod sibi tanta libertas atq; copia esset data, redeūdi ad pristinas solitæ suę vitæ sordes & miserias, à quibus, diuitiarum pondere grauatus, prius fuerat abductus & prępeditus. Postquā autem hoc ipsius stolidū factum multi probi atq; honesti viri grauiter culparēt & reprehenderēt, eiusq; prodigam & deploratā vitam prudēter taxarēt, pręsertim illi, qui eū ex Italia euocarāt, hilari admodū facie incūctanter respōdit: Feliciorem potius atque beatiorem tunc se esse existimandum, qui vitæ genus longe securius atque commodius (nempe curis ærumnisque huius vitæ maximè vacuum) elegisset, cum quo nō sit aliud vllum viuendi institutū vlla ex parte conferendū. In quo (inquit) mendicitatis sectatores totū terrarum orbē læti, securi, atq; nullo suo sumptu aut incōmodo perlustrant, quiq; cōtecti modo in hoc, modo in illud sese hospitale cōiiciunt, vbi gratis delicatè nutriūtur, vbi etiā ad omnē explendā libidinē omnis generis scorta reperiūt: adeò vt nihil eis desit, quod ad voluptatē (in qua summū huius vitæ bonū constituunt) pertinere videretur. Qui postquam tali encomio, vitæ suę genus, eiusq; sectatores extulisset atq; beasset: ad eandē mendicitatem rediit, nō secus quā canis ad vomitū aut sus ad cœni volutabrum. Qui si hodie in ea ætate, & robore corporis, quo tum temporis erat, adhuc superesset, is non vnis ergastulis dignus esset. Quæ ipsi tales medici nō secus quàm mor-

37 tem habent exosa, † adeo vt plerunq; decollationē ergastulis nauticis præferāt. Ratio, & causa hæc assignari potest, quod multis leuior videatur, (ob moriēdi necessitatem) mors quæuis subita, quàm illa nautica tam diuturna, totq; suppliciis assiduis excarnificata. Et si diuersum sentiāt qui nō ita diu vagabundorum consortia frequentarunt, quiq; in ipso impuræ huius vitæ limine in Iudicis manus potestatemq;, gladio, furca, igne, aut alio huiusmodi supplicio plectendi, deuenerunt. Istis. n. cor nondū est obfirmatū, neq; induratus animus ad extrema vitæ supplicia sine metu & timore perferēda. Sunt tamen alii innumeri, qui diutino huius generis erronū seu nequā & flagitiosorum hominū congressu, visu, & familiaritate quandā sibi malefaciendi assuefactionē atq; habitū cōpararūt. Qui quoties ipsis est aliquid temporis vacui à deprędationib. atque à latrociniis, (ne nihil agāt, neve à scelerib. vacent aut ferientur) nō abstinent. Et interim cū cōsortib. suis siue nequitię sociis,

38 aut potius magistris & pręfectis, † in syluis, locisq; ab hominum frequētia secretis sese mutuo exercēt virgis, cordellis, aqua, idque genus aliis tormentorum modis, vt cōprehensi aduersus torquēdi quæq; genera sint confirmatiores, ac obstinatiores. Hinc sæpe fit, vt dum torquentur, taciti, & immoti, nō secus quam Marpesia cautes, torturas omnes, quæstionesq; sufferāt, éque iudicum manibus sontes sæpe ita torti elabantur: ferè enim pro more habent huius nostri tem-

39 poris in inferiori Germania tribunalia, † vt neminē afficiant corporali pœna, nisi prius, aut vltro ante tormenta, aut inter quæstiones delictum confiteatur, & in eadem confessione à quæstionibus libere remotus permaneat. Qua quidem iterata confessione peracta, nulla amplius cadit appellatio. In
40 confessum †.n. (quod in iure pro maxima obseruatur) nō sunt aliæ partes iudicis, quã in condemnando, l. Proinde, ff. ad l. Aquil. l. finali, 1. responso, ff. de custod. reor. & l. Cum reis, C. de pœnis, de quo supra latius memini, cap. 34. tit. De respondendo pede ligato, num. 5. Huiusmodi autem deploratorum hominum Principes, siue potius archididascali efficiuntur illi, qui sępius comprehensi, atq; post varia torturarum genera fortiter & constanter tolerata, tandem tamen ob præfractum, obstinatumq; silentiũ
41 euaserunt. † Nam huiusmodi torturas pro ludis, & iocis tandem habentes, iterũ se pessimo vitæ generi dedunt. Hi itaq; fidentes animis, atque in vtrunque parati, Seu versare dolos, seu certæ occumbere morti, vt ait Poeta. Hi, inquam, vbi sunt comprehensi mortem pro nihilo ducunt. Si enim gladiis colla præbenda sunt, alacres ad mortē tam momentaneam accedunt, atque ventum chalybeum ioco appellitant. Si vero suspendio vita terminanda fuerit, iugulum sacculi instar constringi ridendo dicunt, atq; momento vitã extingui. Si vero igne puniendi sint, aut prius strangulantur, quam flamma immittatur (quod suspēdio vix est grauiꝰ,) aut viui exuruntur. (quod maxime formidandum esse videtur) parum tamē hoc supplicio terrentur, quod ipsorum memoria fumo, flammaq; superueniente statim deficiat, spiritusque suffocetur: eaque de causa mali totius sensum breui tēporis spacio, vnà cum vita amittunt. Porro si qui propter delictorum atrocitatē ferrea catena ad palum religentur, paruo lentoq; igne circum extructo, aut ferreę caueę, subiectis flammis includantur, vt pœnæ magnitudo metum mortis & ipsis, & aliis adaugeat, ne isthæc quidem supplicii seueritas ipsis tam est formidabilis, quam est ergastulorum nauticorum durabilis & perpetua calamitas. Suppliciorum enim grauitas temporis breuitate statim finitur, ergastulorum plus æquo est diuturnior. Quod si meruerint illud hor-
42 rendum & fere † inhumanum supplicii genus, dictum Germanicè **Rabraecken**/ Latinè ossifragium, vel rotifragium, vt ipsorum ossa membratim (quod fit in brachiis, scapulis, pectore, dorso, collo, femore, ac tibiis luxatis) confringantur, rotæq; impositi in altum sufferantur, vt ibi vino & pane apposito (quibus tamen vti non possunt) intolerabiliori pœna, siti videlicet & inedia tandem intereant, & conficiantur, ne hoc quidem suppliciorũ genere perterrentur: quum per ea suis miseriis cito finem impositum iri credant, quod tamen supplicii genus ob pœnæ enormitatem atq; inhumanitatem supra modũ humano ingenio terribile videtur atque extimescendum: superuiuunt enim nonnunquam, 5, 10, 15, 20. interdum 24. horis, vt nonnulli latrunculatores multiscii & experti nobis aliquando narrarunt.
43. Et simile † exemplum recitare solebat Comes Nassouius Henricus, Caroli V. Imper. Archicubicularius de Iudæo quodam Augustę hoc supplicii modo ob grauissima delicta affecto: cui cum non poterat persuaderi, vt præuia peccatorum cōfessione se morti, iamiam imminenti præpararet, rotę fuit impositus. Postquam autem aliquot horas ibi moriens consedisset, conspiciens forte mercatores aliquot ad vrbem properantes continua pluuia & imbre madefactos, eosdem ad sese conuocans, orabat vrbis Antistiti vt nunciarent, paratum se esse peccata (vti hominem decebat Christianum) confiteri. Cumque ad locum Antistes reuertisset cum magna populi caterua, ad rei tum nouitatem, tum spectaculum excitata, deridere aduenientes multo maxime cœpit, & ludificare, inque proposito pertinacius permansit.

mansit. Rogatus vero, cur tandem illuc eos euocasset: Nimis, inquit, commode agebatis vestris in ædibus, ego vero in maximis sum miseriis & suppliciis. An ne decebat pœnæ huius meę aliqua saltem ex parte vos quoque fieri participes? Aliud quoq; exem-
44 plū referre solebat idem de alio † quodam, qui vbi confractis, atque diruptis ossibus rotæ aliquandiu insedisset, forteq; equitem quendam prætereuntem conspexisset, eundemque misera & plorabunda voce ad sese conuocasset, rogabat vt ipsi poculum cereuisiæ porrigeret. Cumque eques id non facile posset, neque ob rotæ altitudinem ex equo eo pertingeret: consuluit maleficus vt eques in pedes se in equi sellā erigeret. Quod vbi eques precibus & commiseratione supplicis permotus, fecisset, maleficus nolarum strepitu (quæ fere ex more hoc supplicii genere affectis adiunguntur) hominem & equum adeo terruit, vt de cella equi in terram lapsus decideret, & eo casu suam tibiam frangeret. Scelestus vero inter medios cruciatus, & iamiam morte ingruente, tantum facinus perpetrare adeo non metuit, vt benefactoris infortunium etiam rideret, & læso cachinnis insultaret. Ex quibus exemplis manifestum euadit, quam parui faciāt multi grauissima queq; mortis subita supplicia, quę à Iustitia inferuntur. Qui verò ad nautica vincula aut perpetuò, aut ad longius aliquod tempus damnantur: ii ad vitę vsq; terminū, in grauissimis miseriis & ęrumnis nulli non seruitutis generi mancipan-
45 tur. Adeo vt hæc † mors ciuilis nulla non morte naturali sit terribilior. Cum enim indies mori videantur, nunquam tamē sæpe sperata atque implorata morte frui contingit, vniusq; mortis loco millies moriuntur. Quod quidem mortis genus tam sæpe repetitæ, propter pœnarum assiduitatem improbos quosque & facinorosos homines maximo, atque extremo metu territat, & exanimat: maxime autem infinitas, atque adeo intolerabiles esse triremium miserias, & calamitates satis superque indicat vetus hoc prouerbium; Qui vitæ triremicæ desiderio tenetur, eius voto Deus aspiret. Quo vti consueuerunt, qui ex vinculis seu erga-
46 stulis nauticis euaserunt. Scimus † nihilominus inuentos fuisse nonnullos ad perpetua nautica vincula damnatos, qui cum annos aliquot in illis miseriis operam atq; seruitium præstitissent, vt ob diutinā operam fideliter impensam libertate & missione digni viderentur, eam tamen libertatem serio recusabant, & in ergastulis suis seruire, quā liberi esse malebant: tum quod laborum & miseriarum vsu & assuetudine essent indurati, adeo vt iam eis leuia essent reddita atque dulcia, quæ aliis grauia atque intolerabilia videntur. Tum quod nescirent, cui se vitæ generi dederent, si in libertatem euasissent. Atque vt maxime alicuius essent artificii periti, quo sibi victum parare commode possent, non dignarentur tamen illud ob laboris tædium quo maxime capiuntur, exercere. Aut forte metuebant, ne postea rursum ad eadē, aut grauiora crimina labe-
47 rētur, vti sępe experiētia didicimus. † Quod etiam memini ab iis factum, qui ad perpetuos aut ad diuturnos carceres fuerunt damnati, qui postquam magnatum precibus gratiam obtinere potuissent, eadem tamen gratia frui nolebant, quod non scirēt quod vitæ institutum, è carcere liberati, arriperēt: quin potius metuebant ne ad eundem denuo impingerent lapidem, easque ob caussas prætulerunt libertati strictos & sordidos carceres. Sed existimo talium paucissimum esse numerum. Postquam autem sumus hic in materia edictorum siue diplomatum ab Imperatore, Rege, Principe & similibus emissorum ad omnes & quoscunque primarios Iudices & magistratus officiariosq; ordinarios (quorum munus est, postea idem transcribere & significare omnib. aliis subalternis seu secundariis Iudicibus) quibus edictis tenentur & obligantur morem gerere sesque ad eadem componere, & accom-

modare, non præter rem me facturum arbitror, si hoc loco præcipuas aliquot clausulas in huiusmodi edictis adhiberi solitas recensuero, vt ex iis inspectis, certius & facilius
48 postea cognoscant, † an per talia edicta, eorumq; formulam & iussiones officium Iudicis sublatum esse subuersumq; videatur,
49 an non? Exempli igitur gratia, ponemus † diploma Imperat. Caroli Quinti piæ memoriæ datum Namurci, 18. Septembris anno 1542. Quo vagabundis & malefactorib. tum erat constituta pœna furcę, aut patibuli per Iudices imponenda, ipsisque passim obsistendũ esse, etiam sonitu campanæ (si res postulet) aut alio quouis modo contra eos procedendum esse. Iubetque vt illud edictum stricte conseruetur, adeo, vt eius transgressores sine gratia, simulatione, aut fauore, grauissimis pœnis damnandos sta-
50 tuat. Est & † aliud eiusdẽ Imperat. Bruxellę datum, 3. Februarii eodem anno 42. superiori non dissimile. Quo iniungit, omnib. in vniuersum iudicibus, decurionibus, vulgo scabinis, & similibus, tam suæ, quam beneficiariorum suorum iurisdictioni subiectos, vt summo studio, opera, & diligentia incumbant apprehendendis, capiendisque facinorosis & nequam hominibus, in quos edictum constitutum est, mulctamque indicit Iudicibus grauissimam, qui quod sui in hoc muneris est, negligenter reperiantur
51 administrasse. † Eos enim abrogat magistratibus & officiis, & inposterum à munerum & honorum functionib. arcet, & veluti indignos pronunciat; pœnam insuper irrogat arbitrariã, & condemnat ad damnorum æstimationem restituendam & persoluendam, quæ accidere possent è fuga, aut euasione eorundem facinorosorum. Postea edicit & præscribit omnib. Iudicibus, decurionibus, & magistratibus, (corã quib. administri aut procuratores Imperii, aut eius beneficiariorum, deferent, accusabũt, & iudicio sistent eosdem vagabundos, & facinorosos, sed edicto hoc comprehensos) vt procedant ad condemnationem capitalem & criminalem eorundem trangressorum siue malefactorum, simulatq; ipsis liquido constiterit illos huiusmodi perpetrasse facino-
52 ra, nempe † si cibum aut pecuniam à villicis (non dico gratiose mendicassent) sed vi & minis extorsissent, non persoluto precio. In illos enim hoc edictum potissimum & nominatim est promulgatum, etiam si illi læsi, aut iniuria affecti, nõ conquerantur, neq; actionem eis intẽtent. Tãdem hoc edictum eò euadit, vt nolit Iudicibus licere aut vllo modo postponere, differre, aut commutare, siue moderari condemnationem, & pœnas in hoc edicto comprehensas, sub pœnis & mulctis superius recitatis. Atq; hisce diplomatis mandato, & iussione Imperatoria, & solenni totius concilii deliberatione, Iudicibus datur plena potestas, auctoritas & mandatum speciale. Verum enimvero per talia noua edicta Imperatoria interdum contrauenitur scriptis legibus. Et ideo hic quoque
53 discutiendum erit † an per ea edicta tollatur, aut imminuatur Iudicis officium, & ea permissa semper authoritas, quæ consistit in pœnis legum, consuetudinum, aut statutorum temperandis, remittendis, aut pro suo arbitratu, iuxta causarum notitiam mitigandis. Nam per superiora & similia edicta iudex prohibetur vagabundos & malefactores minori, aut alia pœna afficere, quã ea quę in edictis cõtinetur. Tam hęc, quam aliæ ab ea dependentes quæstiones multoties nobis fuerunt obuiæ, atq; in medium à quibusdam allatę, cum inclitę ciuitati Brugensi essemus à consiliis, cumq; vagabundorum seu erronum causæ agitarentur, & variis vltro citroque opinionibus discuterentur. Quidam enim imperitiores & ignari perperam iudicabant, prædictam Iudicis authoritatem per noua edicta Imperatoria nequaquam esse sublatam, atque ita pœnas etiam contra edicta certis ex rationibus sese aut augere aut minuere posse censebant. Alii vero melius sentire videbantur, qui existimant,

ſtimant, prædictam Iudicis authoritatem
per noua Imperatorum, aut Principum edi-
cta eſſe reſtrictam & ſublatã. Sicut enim nõ
ſtatim atq; Iudex quiſpiã habet ius vitæ ne-
ciſq;, liberũ ei eſt paſſim quos voluerit mor-
ti adiudicare, ſed eos tantum quos lex, aut
conſuetudo primum condemnauerit: Sic
neq; eſt in eius arbitrio eos redimere, vel e-
tiam mitius punire, qui ex legis, ſiue cõſue-
tudinis præſcripto fuerint, aut vltimo addi-
cti ſupplicio, aut certe alicui pœnæ deuoti.
54 Nã † vbi eſt certa pœna à lege, aut conſuetu-
dine ſtatuta, non eã poteſt Iudex remittere
aut minuere, ſiue augere, aut aliter mutare
& arbitrari, vt eſt text. in l. 1. §. 1 in fine, ff. ad
S.C. Turpil. c. de cauſis, & ibi Doct. de offic.
deleg. c. licet, & ibi gl. in verbo pœnam pecu-
55 niariam, de pœnis. † Facti enim quæſtio in
arbitrio eſt Iudicãtis: pœnę vero perſecutio,
non eius voluntati mandatur, ſed legis au-
toritati reſeruatur, d. l. 1. §. vlt. ad S.C. Tur-
pil. l. Ordine. ff. Ad municip. & l. Si operum,
C. de pœnis. Quæ enim pœna à iure eſt ſta-
tuta, retractari non poteſt, l. Si qua pœna,
quæ eſt antepenult ff. de verb. ſignific. Ab-
ſurdum enim eſſet, vt inferior tolleret, aut
immutaret legem ſuperioris, tot vigiliis &
laborib. conditam, l. Si quando, C. de inoſ-
fic. teſtam. c. inferior. 21. diſt. & c. Eccleſia
veſtra, de elect. Quin & ipſa lex ſuperioris,
etiam ſi non debeat rationem, nõ poteſt ta-
men infringi per inferiorem, vt dicit Bald.
in l. Non omniũ, poſt principiũ, ff. de legib.
pro text. in l. Proſpexit, ff. Qui, & à quibus.
Nam ſufficit (vt ſubdit) ſic fuiſſe ſtatutum.
56 Secundũ † quam ſententiã Princeps Theo-
logorum (quos ſpeculatiuos vocant) Tho-
mas ſecunda, 2. q 67. artic. 4. ſcribit inter a-
lia: Iudicem impediri ne reum à pœna à iu-
re ſtatuta liberet duplici ratione, primo ex
parte accuſatoris, cuius plerunq; intereſt vt
reus puniatur. Secundo ex parte reipub. cu-
ius etiam intereſt (vt antea quoq; diximus)
puniri maleficia, & ideo (inquit) in his quę
ſunt determinata ſecundum legem diuinã,
vel humanã, non eſt Iudicis miſericordiam
facere: Iudex enim inferior non habet pote-
ſtatem abſoluendi reum à pœna contra le-
ges à ſuperiori ſibi impoſitas. Vnde D. Au-
guſtin. ſuper illud Ioan. 19. Non haberes ad-
uerſum me poteſtatẽ vllam, niſi tibi datum
eſſet deſuper: Talẽ (inquit) Deus dederat Pi-
lato poteſtatem, vt eſſet ſub Cęſaris poteſta-
te, ne eis omnino liberũ eſſet accuſatum ab-
ſoluere. Quod aũt lege iam diximus, idem
de cõſuetudine quoq; dicendũ eſt, & de edi-
ctis Principum. Illud enim indubitatum eſt,
quod ſi eſt certa pœna à cõſuetudine intro-
ducta, nõ licet ab ea recedere, neq; eſt ibi lo-
cus arbitrio Iudicis, vt eſt text. expreſſus in
l. Si quis reum, ff. de cuſtod. reor. per quem
ita voluerunt omnes fere Doct. in d. c. de
cauſsis, de offic. deleg. Non poteſt ergo Iu-
dex, aut alius à Principe, recedere à pœna
57 legis, aut conſuetudinis. Quin † ſi eam mi-
nuerit, aut omnino remiſerit, (ſunt enim il-
la paria, vt probat text. in l. Seruos, in fine,
C. de vi publ.) ſeſe oſtendit cõſcium ipſius
criminis. Text. eſt diligenter notandus, in l.
2. in fine, C. de commer. & merci. cum dici-
tur: Et ſi Iudex repertum non vindicat, te-
gere, vt conſcius crimino ſa feſtinat. Et ibi
notabiliter Bald. facit text. in c. Sicut inquit
ante finem, ibi. Nam ſi quis in hoc piger,
aut negligens, &c. & rurſum in c. negligere,
ibi. Nec caret ſcrupulo ſocietatis occultæ, &
c. 2. q. 7. Sed quamuis hæc ſanè ſint intelli-
genda, vt videlicet non poſſit Iudex temere,
& ſine cauſſa minuere aut augere pœnas à
iure ſtatutas. Ob cauſſam vero vtrunque
impune facere, imo etiam remittere poſſit,
hoc tamen effugium ad prædicta edicta nõ
58 eſt referendum. † Illa enim quia ſub cer-
tis iuſſionum & ſanctionum formulis ſunt
concepta, ſtrictiſſime, præciſe, & ſub ipſis
nudis terminis obſeruanda ſunt. Fruſtra-
que diſputatur à Iudicibus ordinariis aut
ſubalternis de eo quod ex Regio ſiue ex
principali mandato, & in concilio ſummo,
certis & indubitatis ſententiis diſcuſſum

atque conclusum, pro edicto perpetuo siue
inuiolabili lege, præcipitur obseruandum.
59 Quamobrem † qui nimium curiose de edi-
ctorum principalium vi, potestate, & obser-
uantia disputant, eamque in dubium vo-
cant, videntur hi inobedientiæ notam sub-
ire, atque in suspicionem malæ affectæ con-
scientiæ deuenire. Quoniam autem supra
meminimus vagabundorum seu erronum,
quos Gallicè, *Belistres, comme mercenters,*
Teutonicè, *Verloren Cremers, verloren Kete-
laers, Schoenlappers, Schotelbinders, Cuypers,*
&c. qui sub prætextu sui opificii, & vicatim,
& ostiatim diuagantur. Non videtur alienū
60 hîc quærere: an † vtile, inque rem esset rei-
pub. huiusmodi vagabundos opifices edi-
cto coercere, atq; in vniuersum illud homi-
nū genus (qui nihil aliud sunt quā, vt supra
dixi, telluris inutile pondus) prorsus tol-
lere, sub certis pœnis in similes vagabundos
constitutis? Scio eandem hanc quęstionem
in Flandria olim me præsente propositam,
seu agitatam. Quibusdam sustinentibus,
nequaquam vtilem esse reipub. prædictam
prohibitionem, & maxime rusticis ruri de-
gentibus, quibus illi vagabundi, tabernarii,
& opifices magno sunt vsui seu commodi-
tati. Alii qui melioris erant sententiæ, con-
tendebant necessarium esse, vt stricte prohi-
61 berentur. † Sub prætextu enim opificii sui
multa mala tam mediate, quam immedia-
te ab illis perpetrari conspicimus, quod est
fundamentum necessariæ prohibitionis.
Quod autem ii, qui contrariæ sunt opinio-
nis, adferunt de rusticorum commoditati-
bus, quod vnum est, præcipuumq; eorum
fundamentum, facile quidem id potest dis-
solui. Cum enim rustici ad vrbem comme-
ant (vt fere singulis septimanis semel, bisve
ad nundinas curru, equove fruges aut lacti-
cinia comportant, aut cōuehunt ad ciuita-
tem) facile, tum si quibus opus habeāt co-
emere, aut si quæ reficienda resarciendave
sint ad ciuitatem secum apportare & adfer-
re poterunt. Vnde non magna eis ob talium
defectum esse potest incommoditas, & vt
maxime sit incommodum tales vagantes
artifices è villis & pagis abigere, non est ta-
men paucorum commoditas, publicæ o-
mnium vtilitati pręferenda. Hanc quæ-
stionem libuit impræsentiarum latius de-
monstrare, verum ob temporis angustiam,
qua hæc scribens, premebar, prolixius eam
pertractare non licuit. Non dubitem tamen
doctis omnibus, atque bonis viris probatū
consultumque visum iri, saluo semper me-
liori iudicio, si tale aliquod edictum à Rege
nostro aliquando impetretur promulgan-
dum; hac maxime tempestate, qua cerni-
mus tot, tamque execranda mala passim
62 committi atque perpetrari. Quibus † malis
obuiandis existimo, non aliud remedium
esse præsentius, quam si Rex quotannis bis
aut semel ad minus, aliquot triremes, sal-
tem vnam, duas, pluresve, pro copia & mul-
titudine vagabundorum instrueret, aut per
alium instrui sineret & permitteret. Id enim
vagabundis (vt ante diximus) maiori esset
terrori, quam grauissimorum quorumque
suppliciorum terriculamenta, & exempla.
Eoque metu & terrore, sæpe pessimum vitę
genus, in meliorem frugem conuerterent,
atque alicui artificio seu opificio animum
adiungerent. Cum hoc caput de ergastu-
lis nauticis præ manibus haberemus, ex-
iit mandato Regio edictum propositæ no-
stræ materiæ consentaneum & conueniens.
Quod non modo non alienum, verum vti-
le, atq; adeo necessarium videtur huc tran-
scribere. Est enim plenius, pluraque cōpre-
hendit, quam simile eadem de re edictum
Bruxellæ 4. Decembris, anno 1554. Quo
nihil erat cōstitutum de hæreticis, sectariis,
& errorum defensoribus. Illius autem ver-
63 ba sunt quę sequuntur. † Quoniam ad no-
titiam nostrā peruenit, innumerabiles pas-
sim vagari homines maleficos, mendicos,
vagos, sine lare familiari, aut certo domici-
lio viuentes, & in agris grassari, qui hoc v-
num moliuntur, vt in proborum hominū

&lo

& locupletum circumuentionem, oppres-
sionem, & perniciem conspirent: vicatim,
perque villas ruri oberrantes, atq; stipem o-
stiatim emendicantes, vel vt plurimum cō-
minationibus improbè & violenter extor-
quentes; qui sub vesperam aut noctem in
cauponas popinasq; sese proripiunt, aut in
horrea, locaq; ab hominū frequentia semo-
ta, occultè concedunt. Quod vitæ genus in-
grediuntur, nullo quodam infortunio ad e-
gestatem redacti, nullave alia honesta aut
graui, iustaq; caussa, & necessitate ad men-
dicitatē compulsi: verū tum sola animi ab-
iectione & innata nequitia, tū deniq; igna-
uia & laboris faciendi, aut artificii exercen-
di tædio, quo sibi victum, reliquaq;, quę ad
vitam sint necessaria cōparare possint. Ea-
que de caussa se cōferunt, deportantq; mo-
do in hanc, modo in illam regionem, nul-
lumq; non mouent lapidē, omnemq; occa-
sionē venantur. vt cum in locis sunt pere-
grinis aduenæ & incogniti, passim depræ-
dētur, rapiāt, grassentur, cumq; miseris ru-
sticis de vita eorū fortunisque transigant &
cōponant. Vtq; semel omnia dicam, mo-
dos omnes & machinationes excogitant,
quibus minitando, idque genus aliis frau-
dulentis & violētis artibus alicundè ab in-
uitis extorqueant, quo vitā dissolutam & i-
gnauam, nequiter & luxuriose transigant:
maximo cum priuatorū, totiusque reipub.
64 incommodo, & subuersione. Cumque †
præterea certo comperimus non paucos es-
se inter illos, qui sub prætextu & vmbra re-
ligionis, pessimis infecti sectis, huius sæcu-
li & erroribus, concionentur siue Euange-
listas agāt, Psalmosque suo quodam modo
translatos, eiusdemque farinæ cantiones
decantent, quibus populū ad turbas & sedi-
tiones commoueant & exuscitent. Quod
multis sæpe diplomatis prohibitum est, at-
que vt res est plena periculi & discriminis,
ita neutiquā toleranda. Hoc verò ipso tem-
pore peropportune à Regia nostra Maiesta-
te literas acceperimus, quibus certum trire-
mium numerum instruere sibi in animo
esse scribit, neq; facile tam breui spatio, a-
liis è regnis & regionib. suis recuperare pos-
sit iustam remigum seu mācipiorum mul-
titudinem: vtque eam ob caussam disquiri
mandaremus, an ne certa maleficorum
copia in his inferioris Germaniæ regio-
nibus colligi possit, qui labori nautico
idonei sint, atque ergastulorum nautico-
rum relegationi meritò addici posse vide-
antur. Nobis visum fuit eosdem vagabun-
dos, & id genus alios maleficos supra no-
minatos huic negocio triremium valde es-
se opportunos. Sic enim inferioris huius
Germaniæ prouinciæ inutilibus, & perni-
ciosis reipub. hominib. repurgabuntur. In
locum autem pœnarum capitalium per di-
plomata indictarū, cedet condemnatio seu
relegatio in ergastula nautica. Ideoq; in-
stanter à te postulamus atq; flagitamus, ti-
bique adeo R. Maiestatis nomine expressim
& definitè iniungimus, vt confestim, & si-
ne vlteriori mora, aut procrastinatione, ca-
pi & manus iniectione apprehendi iubeas
omnes mendicos, grassatores, & errones su-
perius dictos, qui reperiētur in iurisdictio-
nis tuæ limitibus & districtu, eosque man-
dari cures strictæ, tutęque custodię. Deinde
tui erit muneris, actionem mox in eos in-
stituere, litemq; prosequi & lege agere, se-
cundumque edicta hac de re edita. Effici-
esque vt lis in eos contestata summatim, &
disceptatione compendiaria definiatur.
Quocirca authoritate nostra interposita
concessimus & adhuc concedimus hoc edi-
cto, (vsque ad reuocationem) vt Iudices &
Magistrat⁹ pœnas capitales, seu vltimi sup-
plicii per Principum constitutiones indi-
ctas, conuertant & cōmutent in relegatio-
nem ad vincula nautica, tam aduersus va-
gabundos, quā id genus quoscunq; malefi-
cos, modo sani sint, validi & robusti, idonei-
que ad triremiū labores sufferēdos implen-
dosque, vtq; eos adiudicent & condemnēt
ad perpetua vincula, nulla spe reliqua, has

in regiones vllo vnquam tempore reuer-
65 tendi. † Exceptis tamen iis, qui grauibus & enormibus delictis obnoxii erunt, & culpabiles, aut hæresiarchæ sint, & schismata, perniciosaque dogmata disseminasse in populum, resque in repub. nouas, periculosas, & offensionib. plenas moliti fuisse conuincentur. Qui omnes, propter exemplum, puniendi sunt pœnis quę in diplomatis indictæ sunt, neq; hac nostra cõstitutione cõ-
66 prehenduntur. † Emergentibus verò hinc inde difficultatibus, quarum ex circunstantiis appareat quosdam ex dictis mendicis & facinorosis non esse morti adiudicandos, imò nec ad perpetua nautica vincula condemnandos: permissum erit iudicibus magistratibus ἐπιεικείᾳ, & moderatione vti, vt eos scilicet condemnent ad certum, atque determinatũ aliquod tempus: ita tamen vt non ad minus, breuiusq;, quam sex annorũ spatium. Quo temporis curriculo exulum proscriptorumq; loco his in prouinciis habebuntur, neq; poterũt intra idem tempus in has regiones tutò redire, etiãsi effractio ne aut fuga ex ergastulis euaserint. Quos insuper cõdemnatos curabis strictè, tutoq; in loco custodiri, & asseruari, donec de loco edoctus fueris, quem ad locum deduci debeant, vt postmodum tradantur, dedanturque in potestatem eorum, quib. à Regia Maiestate eos excipiẽdi cura cõmissa erit atque negotiũ. Et vt persoluantur sumptus tam in victũ, quam in aduectionẽ impensi, reliquęq; expensę in eodem captiuo effusę, intelligimus vt illa omnia recuperẽtur, refundanturq; ex iis, quæ ab officii tui administratione prouenient, tibique accepta ferentur, vt par erit in computu tuo & rationib. Quod si verò officii tui functiones tantis sumptib. non respondeãt: dabitur opera vt à Curia tibi quod vltra impensæ factum erit præstetur, refundaturque, cum rationum tuarum editionẽ iusta assertione confirmatam transmiseris: Vt autem diligentiam, quam hoc in negocio pręstiteris certo cognoscamus, rectè & consulto, proq; officio facies, si nos certiores feceris, quo in numero sint iidem rei seu captiui. Quò postmodum determinemus atq; consultemus de tempore & loco. De Tempore quidem, vt ad constitutũ tempus parati sint futuræ transuectioni. De loco verò, vt is certus cõstituatur, ad quem deuehantur, hac itaque in re omnib. modis vide & cura, vt ne defuisse officio tuo videaris. Actũ Bruxellæ 27.
67 Ianuarii 1561. † Postea ad dubitationẽ quorundã addita fuit superiori edicto, ea in parte, quæ de hæreticis loquitur, talis interpretatio. Nũquã eius fuimus propositi, neq; adhuc sumus, vt hæretici pertinaces, obfirmati, & præfracti, inq; erroribus ad extremũ vsq; constanter permanentes, siue Anabaptistæ sint, siue alterius sectæ seu hæresis, comprehendantur sub cõstitutione, in eos, qui ad triremes, seu ergastula nautica cõdemnandi sunt & mittendi, edita & promulgata. Verũ in eos exempla edẽtur, prout crimen eorũ, hæresisq; qualitas & circũstantię
68 desiderare videbuntur. Quæ † quidẽ constans atq; pertinax hæresis ęquiparatur crimini læsę Maiestatis: & iure, legeq; habetur & numeratur inter atrocia & enormia delicta, quæ nominatim excipiuntur à pręfata cõstitutione. Actum Bruxellæ 13. Februarii. 1561. Pro huius autẽ nostri capitis coronide, seu colophone libet quædã sigillatim adiicere, quæ ad pręsentem triremiũ materiam imprimis facere conducereq; videbuntur.
69 Primo itaq; discutiendũ † quo amictu prædicti remiges seu mãcipia nautica vestiantur, & quis eis victus diurnus subministretur, tum quib. horis, quo loco, & quomodo tecti siue instrati dormiant, quib. denique modis sese exerceant, cũ à remigando vacationem habent. Itaque cũ ad triremes condemnati deducuntur, vestimẽta eis omnia detrahũtur, & crines piliq; à vertice vsq; ad calcẽ nouacula abraduntur, vt mundiores sint, atq; tutiores à pediculis, pulicib. cimicibus, & id genus alii vermiculis humano

gene-

generi infeſtis, & fere ex ſudore generatis.
Deinde induuntur ſubligaculo nautico, &
ſubucula ex vili rudique panno confecta, ad
genua vſq; propẽſa, quæ eſt eius coloris quẽ
Trierarchus pro nota geſtat ſiue diſcrimine
nauali, tũ autem Gauſapina eis iniicitur ſeu
tunica talaris ex panno villoſo cum cucul-
lione à tergo ad inſtar mantelli Irlandici de-
pendente, capiti verò imponitur pileolus è
panno, altior & eleuatus, eiuſdẽ cuius ſubu-
70 cula coloris. † Moxq; catenæ eis iniiciũtur
trium paulo plus minus vlnarũ alteri pedi
alligatæ, eorum quidẽ qui à puppi proram
verſus dextrum tenẽt latus, ſiniſtro: qui ve-
rò læuum dextro. quę vtrinq; commutatio
ſeu diuerſitas accidit, vt facilius & commo-
dius tã hi, quam illi remigẽt: Grauitas enim
71 catenę tẽdit ad medium triremis. Quo † ad
victum autẽ eorum quotidianum, cõmu-
niter eos accepimus veſci pane cibario ſeu
biſcocto, qui panis nauticus inde eſt appel-
latus, & vt plurimũ eſt vetus, mucidus, ſor-
didus, durus, vermibuſque repletus: vt autẽ
molleſcat & gratiorem contrahat ſaporem,
aquæ fere eum intingunt in modum offæ.
Pro potu, ſeu ad ſitim reſtinguendam aqua
dulcis eis præbetur, idq; eis bis in die datur
portionatim, & certo demenſo ſeu mẽſura,
quum videlicet in mari ſunt, aut in locis
hoſtilibus ad conflictum ſeu naumachiam
parati expeditique, niſi fortaſſis difficiles
extra ordinem labores capere & exantlare
cogantur: tum enim ter aut quater cibus
eis potuſque adminiſtratur. Cum vero
ſunt in portu aliquo, aut in amicorum ſo-
ciorumque prouinciis reſident, tum tan-
tum eis panis nautici & aquæ conceditur,
quantũ ſat eſt, quantũq; deſiderant. Quin-
etiam interdum lautius multò tractantur,
datur enim illis iuſculi ſorbitio in ſcutellis
ligneis, è fabis aut piſis cum allio, cæpis &
ſale conditis, aut ex oriza, faſeolis, cicere, &
id genus aliis leguminibus. Nonnunquam
etiam cum in portu & ſtationibus ferian
tur, diſtribuitur eis panis recens, è fabis, a-
liisq; leguminibus coctus, admixto paulu-
lum frumenti, vtq; melius corpora eorum
reficiantur, hilariusq; victitent, indulgetur
eis aliquando iuſculum ex oriza in iure car-
nium decocta, aut cum lardo ex aqua cocto,
aut cum carne ſalſa bubula. Cum autẽ ex-
curſiones faciunt, & in loca hoſtilia præda-
tum emittuntur, diſtribuuntur eis edulia
ex prędis, quas reportarunt, & pro potu aqua
datur aceto mixta, aut vino permiſta & in-
72 cocta. † Dormiẽdi ſeu quietis nullã certam
horã, nullum determinatũ tempus habent,
verum vigilare eos oportet, & in quamlibet
horã aut potius momentũ, quo appellãtur,
expergiſci. Adeo vt eodẽ in loco ſint apud
Trierarchũ remiges, quo ſunt apud locato-
res equi meritorii. Cum autẽ quieſcunt, in
tunicis ſuis talaribus catenati per ſedilia re-
cumbũt, raroq; & nõ niſi Trierarchi indul-
gentia ſanis, validisq; matta cõceditur, pro
ſedilis longitudine & latitudine. Cum à re-
mis vacationẽ habent (quod fere contingit
quum vento ſecundo, propitio, & in pup-
73 pim delato aguntur,) remigib. († quos Ita-
li forſaires vocant, quia inuiti & nolentes vi
in triremib. ſiue ergaſtulis detinentur) cõ-
74 ceditur † vt ſe quiſquis exerceat tali opifi-
cio, cuius eſt peritus & artifex, & ex eo quic-
quid tandẽ poterit lucretur, lucriq; plenum
habeat ius & arbitrium. Poteruntq; ſibi eo
75 ex lucro edulia potũq; cõparare. † Eſt enim
in vnaquaq; triremi popina, in qua omnis
generis cõmeatus vitę nauticæ accõmodus
vænum exponitur, vinum nempe, panis,
caſeus, nuces, cæpe allium, ſalſamẽta, & id
genus penus nautici. Qui verò non ſunt
tam induſtrii, vt alicui ſe artificio dedant,
impune ludũt aleam, chartarum, aut id ge-
nus alios ludos, vel etiam otium ſectantur,
& quieti ſe ſomnoq; dedunt. Prædicta au-
tẽ lucra nemo eis iure tollere & auferre po-
teſt, quemadmodum neque tolli poteſt pe-
cunia, quam interdum à notis cognatiſque
76 gratuitò aut precariò recipiunt. † Hoc enim
aliorum eſt peculium nauticum. Nõ tamen

ſemper eis conceditur ociari aut ſibi viuere,
cum à remigando vacant. Verum vbi aqua
dulcis eis deficit, aut ligna deſunt, aliaque
id genus ad triremes neceſſaria, catenis ſo-
luti in littus inermes exponuntur, armatis
cuſtodibus, vt à fuga eos prohibeant, comi-
tantibus, iisque rebus neceſſariis compara-
tis & in nauim comportatis, in priſtina er-
gaſtula reducuntur. Nonnunquam in ter-
ram expoſiti à cuſtodibus in proxima em-
poria deducuntur, vt merces, ſi quas habe-
ant vænales, facilius diuendant, ipſique a-
lias coemant, omnisq; generis inſtrumenta
ad opificium quisque ſuum exercendum a-
pta & commoda comparent, præter ea ta-
men quibus compedes catenasve præcidere
& amputare poſſint, vt ſunt ſerræ, limæ, ſe-
cures, mallei, ſcalptra, dolabræ, & id genus
77 ſimilia. † Iam deſcendamus ad delicta, quæ
communiter in triremibus, inter prædictos
remiges cōmittuntur, pœnasque iis & ſup-
plicia ordine ſubnectamus, primo itaq; de-
linquunt quum remigare recuſant, aut in
remigando diſcordant, cumque ad triremis
munia implenda ſeu obeunda non ſunt pa-
rati, vt cum triremis obuertenda eſt, aut de-
torquenda, cum vela facienda, aut contra-
henda, cum figendæ ſunt aut tollendæ an-
choræ, cum erigendus aut dimittēdus ma-
lus, vel ſcapha in mare eiicienda, aut in na-
uem recipienda, cumque ſuo tempore te-
gumentum triremi ſiue de nocte ſiue inter-
diu non imponunt. Peccant etiam cum à
Nauarcho ſigno de nocte dato, nō ſe ſtatim
ad ſomnum ſine turbis & ſtrepitu compo-
nunt, tum autem non leuiter delinquunt
cum lites inuicem aut pugnas ſine licentia
exercent. Hoc etiam inter delicta connu-
meratur, cum ſubuculam iuſſi non exuunt,
quo expeditiores, promptioresque reddan-
tur ad opus & labores alacrius, faciliusq; ſub-
eundos, cumque econtra laboribus defati-
gati & ſudore paſſim defluentes, ſubuculas,
tunicasque talares non induunt: fere enim
Trierarchus parem eandemq; de iis curam
gerit, quam in præliis de equis gerunt equi-
78 tes. † Grauiſſimum vero atque atrox deli-
ctum eſt eorum, qui ignes flāmasque emit-
tere in triremem eiusque munimenta mo-
liuntur, quod traditionis crimen ſiue inſi-
dias appellitant. Enarratis delictis, quæ vt
plurimum inter ergaſtularios accidunt, cō-
79 ſentaneum eſt † coercendi puniendiq; mo-
dos & genera ſubiungere. Illæ itaque pœ-
næ quæ citra mortem inferuntur, trifariam
tribusque mediis ſiue inſtrumentis exercē-
tur. aut enim ventri, aut tergo, aut plantis
pedum totidem verbera infliguntur, quot
Trierarchus decreuerit, arbitratusque fue-
80 rit. media autē ſeu † inſtrumenta ſunt ner-
ui taurini, bubuli, equini, aut mulares. Item
fuſtes è ſalictis digitales, & funes ſeu reſtes
innodatæ. Quæ pœnæ citra mortem in eos,
qui leuiora delicta commiſerunt exercētur,
qualia ſunt quæ primo ſupra loco recita-
mus Cum vero corporaliter puniuntur ex-
tremaque in eos exempla eduntur, aut ca-
put eis detruncatur, aut ex malo ſuſpendū-
tur, aut ſacco incluſi, aut inſuti in mare pro-
iiciuntur, aut vtroque pede diuerſas ad tri-
remes alligati, triremibusque incitatis re-
mis disiunctis, dilacerantur, quod fit ingra-
uioribus & atrocibus delictis, cum traditio-
81 nis aut inſidiarum rei condemnantur. † Sę-
pius autem cum naumachia opus eſt decer-
tare, & cum hoſtibus confligere, ſi remiges
pro arbitrio & libidine non ſatis diligenter
remis incumbant, de facto in eos Trierar-
chus crudeliter deſæuit & animaduertit.
Huic nares, illi aures, alteri brachia, tibias
aut caput (ſi libuerit) amputat, membris-
que præciſis alios furioſe cædit & impellit,
vt eos ad diligentius remigandum, hoc ve-
luti territamento, attonitos & conſternatos
in rebus prope deſperatis cohortetur. Iam
82 de † curatione ægrorum dicendum eſſe vi-
detur, ad quam quidem facilius, dexterius
commodiusque obeundam pro more atq;
conſuetudine obſeruatur, vt quilibet Trie-
rarchus peculiares ſibi habeat confeſſores,
medi-

medicos & chirurgos, illos quidem, vt æ-
gris, & afflictis illorum conſcientiis, corri-
gendo, terrendo, erigendo, conſolandoque
præſentaneum adferant remedium, hos ve-
ro, vt ægra affecta & laborantia corpora, pro
ſuo vterque munere viſitent recognoſcant,
curent & confirment. Plerique etiam Trie-
rarchi tres eosdem in ſua quisque triremi
proprios habere conſueuerunt, ſingulæ ſal-
tem triremes ſuum habent chirurgum. Æ-
gros autem ad remorum labores nunquam
compellunt, niſi in maximis ſint difficili-
misque anguſtiis conſtituti, cum forte por-
tus aliquis ſubeundus eſt, aut triremis ab
hoſtibus eripienda, aut ad hoſtes remorum
vi impellenda eſt, atque incitanda. Medico-
rum qui de iis curam gerunt, muneris eſt, o-
ptimis quibusque atque recentioribus ci-
bis, qui tanta triremium inopia & calami-
tate recuperari poterint, infirmorum vale-
tudine conſulere. Cum in portu per dies ali-
quot conſtiterunt, neceſſitasque incumbit,
vt relicto portu in mare ſit proficiſcendum,
medici eſt negotium, vt ægros paſſim recē-
ſeat, ſi quos inter eos reperiat, de quorū vita
aut valetudine certis ſignis deſperet, Trie-
rarchi iuſſu & mandato in vicinam regionē
exponuntur, (ne triremis inutilibus, nulli-
que vſui futuris mancipiis prægrauetur.)
eiusque loci incolis, ſi qui ſint, eorum cura-
tio commendatur, ſi vero nullius hominis
ſit copia, fato fortunæque committuntur.
83 † Quiq; inter maritimas profectiones mo-
riuntur, in mare proiici conſueuerunt: qui
autem in naualibus ſeu ſtationibus vitam
cum morte commutarunt, in proximo lit-
tore ſepulturæ honore afficiuntur. Toto fe-
re ſuperiori tractatu de condemnatione ad
ergaſtula nautica diximus, eaque tempora-
li, quoniam vero ii qui ad tempus ſunt da-
mnati, tempore illo finito, iure legeque ex
84 ergaſtulis liberantur, † obiter hic videntur
quædam de libertate ſiue emiſsione man-
cipiorum nauticorum quantum propoſi-
to noſtro ſat erit, neceſſario ſubiicienda. I-
taque qui ad tempus erunt condemnati ad
triremes, impetrabunt condemnationis
ſuæ formulam authenticam, quam mox v-
bi triremem fuerint ingreſſi, in tabulas, quę
de mancipiis ſeu remigibus habentur, refer-
ri curabunt, & penes ſe toto ſeruitutis tem-
pore eandem formulam authenticam dili-
genter aſſeruabunt quam nemo, ne Trie-
rarchus quidem, ab eis tollere, aut ſubtra-
here poteſt: tempore verò condemnationis
completo, Trierarcho formulam ſuam ex-
hibebunt, petentque, vt ſecundum eam li-
beri ab illo pronuncientur emittantu q;, &
85 † perſoluent pro libertatis precio ternos nū-
mos aureos, quorum primus Trierarcho
cedet, pro neruorum, fuſtium, funiumque
quibus eos coercuit, vſu & impenſis. Alter
acceſſo ſiue adminiſtro triremico pro com-
pedum, catenarum, ſimiliumque ferramē-
torum ſumptibus & diſpendiis. Tertius ve-
ro ſcribæ ſeu graphiario, pro referendis in a-
86 cta condemnationum formulis. † Quod
ſi vero Trierarchus in mora eſt, eosque con-
demnationis elapſo tempore ſoluere emit-
tereque recuſet, dabunt operam iidem ad
tempus condemnati, vt à iudicibus, magi-
ſtratibus, aut dominis, qui eos condemna-
uerint, literæ ad Trierarchum impetrētur,
quibus poſtulabunt, vt quoniā condemna-
tionis tempus ſit impletum, liberi ab eo ſo-
lutique emittantur, idque ſi facere recuſet
ad vltimum & extremum ſubſidium con-
fugiendū erit, & repræſaliis, habita à Prin-
cipe licentia, vti contra eum poterunt. De
87 quibus vide ſupra latius, cap. 98. De pigno-
rationibus (vulgo) repræſaliis. † Fere au-
tem eos liberare recuſant, qui triremi ma-
gno vſui ſunt, & omnino neceſſarii, vt ſtru-
ctores, ſeu archimagiros, ſymphoniacos,
ſeruos & precones, extremos remiges in vl-
timis vtrinque ſedilibus locatos: illis enim
maximus remigandi labor onusq; incum-
bit, neque ad hoc, niſi fortiſſimi quique &
robuſtiſſimi deliguntur: tum vero vix vn-
quam liberātur, qui naiucularię periti ſunt,

quique naues construere & reædificare norunt: propter assiduum eorum in triremibus vsum, operas, commoditatem & necessitatem, quodque non facile neque statim alii recuperentur, qui eis in artem laboresq; succedant, difficillime multisque molestiis vix tandem liberi euadent, nisi maximum cognatorum necessariorumque studium, diligentia, & conatus interueniant. Possem multa de iuribus & priuilegiis triremium congerere, & in medium hoc loco adferre, sed breuitatis studio, ne caput hoc crescat in immensum, iis supersedere satius

88 esse visum fuit. † Hoc vnum adiiciam, quod etsi omnes remiges siue ergastularii, eodem pariter iure sint & conditione, euenit tamen

89 vt † Trierarchi volūtate, nutu, & indulgentia, si qui sint inter eos nobilitate & prosapia insignes, aut diuitiis locupletes, à remigandi onere, & eiusmodi muniis seu laboribus nauticis excusentur, & immunitatem consequantur, ea tamē conditione, vt ipsorum sumptibus & impensis, alium qui illis obeundis implendisque aptus sit & idoneus, substituant: habent enim plærunque nonnullam nobilitatis & diuitiarum rationem & respectum. Verum hæc omnia consistunt in Trierarchi nutu & arbitrio. Qui plura de triremium priuilegiis desiderat, is legat libellum, D. Antonii à Gueuara Episcopi Mondonetensis Confessoris, archieleemosynarii, consiliarii, & historiographi Imper. quondam Caroli Quinti, quem inscripsit, De muniis, laboribus, & priuilegiis triremium, deq; inuentoribus nauicularię, siue artis gubernandi naues, qui libellus multo sale & lepôre refertus, facile lectoribus erit propter festiuum argumenti genus, commendabilis & plausibilis: mira enim arte inter medias huius vitæ ergastulariæ miserias & calamitates ludit & iocatur. Qui vero de triremibus similibusque nauibus longis & earum formis seu figuris ex antiquitate desumptis, iustum tractatum desiderat, operæprecium fecerit si euoluat libellum Lazari Baifii de re nauali, quem composuit ad l. 2. ff. de capt. & postlim. reuers. & de redempt. ab hostib. Atque hæc sunt, quæ pro ocii nostri ratione, de ergastulis nauticis obiter dicenda esse duximus. Cætera enim, si quæ restant ad hoc cap. facilia sunt. Ideoque operam nostram æqui bonique consulite, qua prodesse communibus studiis, citra cuiusquam tamen vel iniuriam vel fraudem cupimus.

CAPVT CLIV.

De executione criminalis sententiæ.

Summæ rerum tractatarum in Comment. CAP. 154.

1 2 *Executio criminalis,*
- *In magno Concilio committitur Procuratori generali vel ipsius vicario cum hastariis.*
- *In concilio Flandriæ committitur Pratori Comitis, qui semper Prator est antiqui Castri Gandensis, vel aulæ Hyprensis, vel Pratori alio proximo.*
- 3 *In aliis Senatibus committitur Pratori loci.*

4 *Mulier prægnans non debet dari vltimo supplicio, donec pariat.*

5 *Mulier damnata consequitur per partum, quod non potest consequi per seipsam.*

6 *Ratione adiuncti inseparabilis permittitur, quod aliàs non permitteretur.*

7 *Mulier prægnans damnata, vltimo supplicio, quod possit confinari.*

8 *Mulier damnata in amputatione membri, si est prægnans, executio defertur.*

9 *Mulieres prægnanti damnata & conseruata postquam peperit, erit etiam conseruanda si partus alio modo commode nutriri non possit.*

Post

CLIV. De executione criminalis sententiae

POst varia criminum genera, post ea o-
mnia, quæ criminum rationem, natu-
ram, exceptionem, liberationem, vel aggra-
uationem cum circunstantiis concernere
videbantur, restat, vt nunc epilogum atque
adeo extremũ actum agamus, & nõnihil de
criminum executione dicam⁹, iuxta varie-
1 tatem locorum. In † magno enim Concilio
Procurator generalis (is enim Imperatoris
vices ex suo officio solus sustinet) aut ipsius
vicarius aut substitutus procuratore gene-
rali absente, partim ex officio, partim ex sen
tentia tenetur ad executionem criminalem
peragendam, & eam curare solenniter (si ita
refert sententia) cum hostiariis producere
2 ad actum. † In cõcilio vero Flandriæ execu-
tio committitur, primo Prætori clementis-
simi Comitis, aut augustissimi inuictissi-
miq; Imp. ad hoc requisito. Isq; Prætor fere
semper est Pręter antiqui Castri Gandensis,
Prætor aulæ Hyprensis, aut alius quispiam
Prætor, proximus eo loco vbi camera resi-
dentiam habet: cum assistentia Procurato-
ris generalis, & hostiariorum. In aliis autem
3 † Senatib. particularibus, siue iam his duo-
bus dictis inferioribus; ipsa criminalis exe-
cutio cõmittenda est eiusdem senatus præ-
tori, vel ipsius vicario, qui in suo officio
principis vices referũt. Antequam præsens
caput absoluam, decreui aliquot quæstio-
nes huic materiæ congruentes adiicere. Pri-
4 ma est. Vtrum mulier prægnãs † debeat da-
ri vltimo supplicio, antequam pariat? Huic
q. hoc pacto potest satisfieri, per l. Impera-
tor 2. & ibi Bart. ff. de statu homin. Quod
mulier prægnans nõ debet dari vltimo sup-
5 plicio, donec pariat. Et nota, quod † mulier
damnata cõsequitur per partũ quod nõ po-
6 test cõsequi per seipsam. Itẽ † ratione adiun-
cti permittitur aliquid, quod aliàs non per-
mitteretur. Ad primum opponitur per l. Si
impressionẽ, C. quod met. causa. Solut. hic
contingit ratione necessitatis, ne patiatur
partus detrimentũ, propter delictum ma-
tris. Opponitur ad secundum per l. 1. C. si in
cõmuni eademq; causa in integrũ restitut.
postuletur, nõ soluit. Solutio Bart. quod aut
est adiectũ separabile aut nõ: primo casu lo-
quitur contrariũ. Secundo casu loquitur d.
l. Imperator 2. Quærit gloss. hic loquitur de
muliere libera: nũquid idem in ancilla? Di-
cendũ quod sic; quantũ ad hoc vt obseruari
debeat, non quantũ ad hoc, vt liberũ pariat:
quia in ancilla est eadẽ ratio, & sic idem ius,
7 vt l. Illud, ff ad l. Aquil. Secũda q. Quærit †
gl. in l. Imperator 2. ff. de sta. hom. Quid si
mulier ista debeat deportari, vel confinari
hodie an possit, nõ obstãte partu? & videtur
quod sic: quia d. l. Imper. 2. loquitur in vlti-
mo supplicio. In contrariũ tenet Guil. quod
mulier ista non deportetur, si partus ex hoc
habet detrimẽtum; quia est eadem ratio in
hoc, quę in vlti. supplicio; si vero partus nõ
habet detrimentum, quia potest nutriri ali-
bi, sicut hic, tunc dico quod posset, l. Ex fa-
cto, §. Ex facto, ff. Ad Trebell. nec obstat
quod hîc dicitur de vltimo supplicio: quia
ponitur ad maiorem exacerbationem. Ex
hac ratione dicunt Doctores, prægnantem
non cõpelli testificari si ex hoc partus incõ-
modaretur, arg prędictorũ. horum etiã me-
minit D. Bart. in d. l. Imperator 2. Tertia q.
8 Quid † si mulier damnata esset in amputa-
tione mẽbri, an seruetur, donec pariat? & vi-
detur quod nõ, vt in d. l. Imperator 2. quia
illa lex loquitur de vlt. supplicio. In contra-
rium est veritas; vt in corpore de collat. §.
prohibemus. colum. 9. vbi comparantur
mutilatio membri, & vltimũ supplicium.
Item, quoad iurisdictionẽ æquiparãtur; vt
l. Imperiũ, ff. de iurisd. omnium iudicũ, &
ista est veritas. Sed nũquid debet examinari
interim? Dic quod sic: nõ tamen torqueri, vt
l. Prægnantis, ff. de pœnis, & huius vltimi
memini supra, cap. 41. Qui à tortura sint
9 excusandi. Quarta q. Mulier † prægnans est
conseruata, peperit. Officialis vult eam tra-
dere vltimo supplicio, dicit ipsa, si tradis me
vltimo supplicio, periculum est, ne infan-
tulus pereat: an debeat conseruari? Guil.

tenet quod non conseruetur, amplius per textum ibi, donec partum edat, &c. In contrarium videtur, quia eadem est ratio in illo casu sicut quãdo prægnans est; ergo idem ius: vnde conclude, quod si commode per alium non possit nutriri partus, mater debet conseruari, vt præallegatis iuribus: vide Bartolum in præcitata l. Imperator secunda, ff. de statu hominum, num. 6.

CAPVT CLV.

De Carnifice.

Summæ rerum tractatarum in Comment. Cap. 155.

1 *Carnifex executione sua non peccat.*

2 *Carnificum executio fit variè:* *Igne. Gladio. Puteo. Dissectione. Rota. Furca. Patibulo. Tractu. Raptatu. Puncturis. Abscissionibus. Truncatione. Perforatione. Euulsione. Flagellatione, &c.*

3 *Carnifex non fit occidendo homicidii reus.*

4 *Carnificem ab homicidii crimine tria sunt quæ liberant.*

5 *Carnifex multis modis homicidii crimine astringitur.*

6 *Carnifex cur omnibus tam sit execrabilis.*

7 *Carnifices quales sint constituendi.*

8 *Carnifices nequam qui sint.*

9 *Carnifices boni & verè Christiani qui sint.*

10 *Carnifex quibus officiis bonam inibit gratiam apud populum.*

11 *Carnificis boni præsentia nullum locum reddet execrabilem.*

12 *Carnifex in tutela & protectione est Principis.*

13 *Corpora cur in Patibulo, in Rota aut in Furca relinquantur.*

Executor sententiæ & iustitiæ instrumẽtalis minister, habetur ipse lictor, seu carnifex: qui tametsi odiosum apud omnes sustineat nomen, quod cruentum, tyrannicum, & quasi parum humanum videatur exercere officium, nihil tamen † in consci-
1 entia peccat, nec coram mundo, nec coram Deo, qui totius iustitiæ fons est, origo, & author. Ex iustitiæ enim mandato peragit, quicquid facit iustitiæ, imo Dei (iuxta D. Paulum) minister est, non suorum affectuum, c. Non frustra, c. In officia, &c. Non
2 est, 23 q. 5. Atq; hic † obseruandum est per lictorem executiones varie fieri, iuxta sententiarum varietatem: nempe, ad ignem, gladio, puteo, dissectione, rota, furca, patibulo, seu cruce, tractu, seu raptatu, punctura ignitarum forcipum, abscissione seu truncatione, aut perforatione linguæ, abscissione digitorum, aut pollicis, abscissione auricularum, virgis & flagellis, cæsione, cum aliis infinitis similibus, iuxta morem ac ritũ vniuscuiusq; loci, quæ magistratus ad terrorem maleficorum decernit; & ad malum puniendum instituit. In quibus suppliciorum generibus irrogandis carnifex (vt di-

CLV. De carnifice

3 ctum est) minimè peccat. Neq; † in capitali supplicio inferendo, sanguineq; fundendo homicidii reus tenetur, nō magis quam Iudex ipse morti adiudicans, aut assessor, aut testis, aut accusator, dummodo (seruato ordinario rerum iudicio) reum ad mortē quā meruit cōdemnatum, quouis genere mortis sibi præcepto ex zelo iustitiæ mortem infligat. Nam in suo officio non propriis seruit affectibus, sed iusti Iudicis imperio paret Ipsique Iustitiæ (quę virtus est) suum ministerium ex legitimo mandato & ordinario modo præstat. Quod idem ipse Augustinus confirmat, dicens: Non ipse occidit qui ministerium debet iubenti, sicut adminiculum gladius vtenti, quemadmodum nec ille minister peccauit, qui iubente Dauid interfecit illum, qui Saulem Regem fatebatur occidisse, 2. Reg. 1. Nec illi iuuenes qui eodem iubente peremerunt Baanam & Rechab fratres, qui occiderant Isboseth, Saulis filium, quamuis in gratiam Dauid id fecisse iactarent, 2. Reg 4. Neque Banaias filius Ioiadæ, qui iussu Salomonis Adoniam & Ioab regni insidiatores interfecit, 3 Reg. 2. Et vt semel dicam, sicut miles authoritate Principis hostem interficiens non peccat, sic nec minister iustitiæ iudicis authoritate ac iussu fretus latronem aut alios sontes occidens, peccare censebi-
4 tur. † Tria enim sunt quæ Carnificem ab homicidii crimine imò ab vllo peccato, in hoc officio purgant & liberant. Nempe, Caussa iusta, scilicet ob quā occidit & mortem infert. Culpa enim peccantis eam mortem meruit. Et ob eam Dominus, Exod. 22. præcepit, Maleficos non patieris viuere. Ordo iuris, qui non suæ voluntati, sed Iudicis imperio paret, qui legitimæ potestatis authoritatem habet, & ad quē malefici damnandi sunt, Nume. 35. & Deut. 21. Animus iustus, quo & Iudex, & Iudicis minister Tortor, solam iustitiæ promotionē spectant, per quam malum puniendum est, vt Respublica quieta seruetur, & gloria Dei magis elucescat. Quocirca lictores in quibus ista tria desiderantur, ab homicidii crimine, aut coram Deo, aut iustitia seculari
5 nō sunt immunes. Multis † enim modis in hanc peccandi labem incidunt, scilicet si iniussu iudicis id faciant. Si iussu potestatem nō habentis, homicidii rei sunt, etiā coram tribunali seculari. Si amore pecuniæ id officii expetunt & peragant. Si odio aut liuore vindictæ. Si ex libidine aut delectatione. Si ob auram popularem, ac laudem suum munus exequātur, aut immitius sontes plectunt, homicidii rei sunt coram Deo. Hinc
6 fit † quoniā huiusmodi vitia in Carnificib. plerunq; regnant, vt & ipsi passim locorum omnibus sint exosi, & execrabiles, odiumq; vulgi in se prouocent, nempe quod non zelo iustitiæ, neque cum tanta commiseratione & humanitate suum officiū exerceāt, quæ ipsos deceret & amabiliores redderet, sed omnibus sceleribus inquinatissimi in sibi commissos patientes reos desæuiunt, ipsos tractant, raptant, perdunt & mactant, non secus quàm si beluam conficerent, & in tam crudeli ac tyrannica executione gloriantur. Reis interim merita supplicia exprobrātes, & æquò seuius & citius ipsos abripientes nō secus quàm si propriæ bili potius inseruirent & affectibus, quam rationi, Iustitiæ mandatrici. Atq; ideo euenit, vt ipsi non tantum exosi, sed etiā crudelissimi tyranni habeantur: adeò vt quoties virum crudelem indicare cupimus, eum carnificē
7 exclamemus. † Optarem igitur ego, vt Officiarius quiuis ac Iudex (quantū in ipsis erit) cum iudicio ac diligenter deligant Carnifices, qui ab iis vitiis sint liberi, & inculpati, quib. plerūq; tales sunt obnoxii. Nem-
8 pe qui non sint † aleatores assidui, publici scortatores, calumniatores improbi, blasphematores impii, sicarii, fures, homicidę, latrones, aut qui similibus vitiis nec sunt,
9 nec fuerūt obnoxii. Sed † eligant bonos, in officio suo gnaros, certos, & imperterritos, præterea probos, mites, humanos, commi-

ſericordes, affabiles, qui honeſtum opificiũ
exerceant, qui torquẽdos reos mitius allo-
quantur, clementer tractent, piè humani-
terque conſolentur, ad Christianam pati-
entiã cohortentur & ad certam in Deum fi-
duciam, cui & viuere, & mori lucrum erit.
Neq; hic mihi occinat quiſquam hoc ſolius
confeſſoris eſſe officium, quum in extremæ
vitæ periculo quiuis Chriſtianus alteri me-
ritò debeat eſſe loco confeſſoris, & in rebus
afflictis ſolatii præſtare remedium. Quod
nulli opportunius ac felicius, quàm (exce-
pto confeſſore) ipſi Carnifici præſtandum
relinquitur, qui vitę finem clauſurus eſt vl-
timum. Proinde quiſquis erit huiuſmodi
delectus Carnifex, is ad talem executionem
nunquam accedat, niſi prius memor ſui,
ſecum expendat & cogitet quanta ſit hu-
mana fragilitas, atque hinc de lapſu dole-
at, & de infligẽda morte rei ex animo com-
miſereſcat. Deo interim proteſtans, & con-
fitens ſe nulla ratione interfecturum illum,
niſi iuberet legitima authoritas, niſiq; ſci-
ret eſſe præcepti diuini, vt criminoſi tali vel
tali afficerentur ſupplicio. Roget præterea,
& obteſtetur Deum, vt quod iuſtum eſt,
iuſte exequi poſſit, ad commodum & ad v-
tilitatem totius Reipublicæ Chriſtianæ.
Supplex quoque reum, qui plectendus eſt,
orabit vt ſibi mortem condonare dignetur,
quam iubente Iudice Dei miniſtro illatu-
rus eſt ipſi. Si opportunitatis ratio inte-
rim permittat, ipſum Deo ſuis precib. com-
mendet, & populum ad preces quoque pro
ipſo fundendas inuitet, & ad ſacras eleemo-
ſynas pro ipſo præſtandas imploret. Idem-
que etiam poſt peractum officium perage-
re curet. Neque ipſum huiuſmodi piarum
actionum vnquam aut pudeat, aut pœni-
teat, qui talibus Chriſtianis officiis reum
Chriſto lucrifecerit, ſibi quietam conſcien-
10 tiam conciliauerit, † odium ſui diſpulerit,
& bonam gratiam & laudem apud quoſuis
11 ſibi pepererit. Poſtremò † vſitatã ac veterem
illam vulgi opinionem ſuis inculpatis mo-
ribus refellet, quæ putat eum locum fune-
ſtum eſſe, & execrabilẽ, in quo ſit Carnifex.
Neq; funeſtabitur (cõtra ſententiam Cice-
ronis) ob præſentiã Carnificis vlla concio.
Cicero enim nimis Ethnicè, deſpecteq; de
Carnifice ſentit, nobis Chriſtianis longe a-
liam mentẽ de hoc magiſtratus officio, atq;
miniſterio eſſe cõuenit, qui nõ ignoramus
iniuſtis hanc legẽ eſſe poſitã, atq; hanc poli-
ticam iuris partẽ ad gloriam Dei, & ad Reip.
tranquillitatẽ directe ſpectare, & Carnificis
(ſiue magis iuſtitiæ executoris) officium
12 prorſus eſſe neceſſarium. Quocirca † hic et-
iam ob officii ſui neceſſitatem, in tutela ac
ſecuritate eſt Principis, vt nefas ſit illum ob
officii (quam vocant) vtilitatẽ aut cædere;
aut vim vllã inferre, adeo vt hunc auſum,
taleq; factum Princeps capitale crimen eſſe
voluerit, vt habet Auguſtiſ. Imper. Carolus
Quintus, de capitalium iudiciorum Cõſti-
tutionib. artic. 97. Occurrit † & alia quęſtio,
cuius nequaquam memini in prioribus e-
xemplaribus, operæpretium itaq; erit eam
hîc non omittere, qui audiui nõnunquam
aliquot concionatores in cathedra verita-
tis admodum ea de cauſſa turbatos, deque
iudicibus ac magiſtratibus male ſentien-
tes, allegantes has & ſimiles rationes, quod
corpora defunctorum non debent remane-
re inſepulta. c. Ebron. 13. q. 2. Facit l. Scri-
ptus hæres, in verſ. finge enim, ff. de relig. &
ſumptibus funerum. Propterea argumen-
tantur, Corpora (maxime Chriſtianorum)
minime debere in patibulo, in rota, aut in
13 furca relinqui. His † tamen non obſtanti-
bus, contrarium eſt cenſendum & ſuſtinen-
dum. Corpora debere relinqui in patibulo,
in rota, aut in furca, per textum in c. Deni-
que quam ſit inſeparabile 7. q. 1. iuncta ibi-
dem bona gloſſa in verbo, memoriale. Hic
enim quę generant materiam mali, iuben-
tur publicè exponi vt aliis terror incutiatur,
& c. Mãdamus, 19. quęſt. 3. quibus capitibus
notatur quod aliqua affiguntur publicè, vt
in d. c. Denique, ibi lamiæ ductiles in altari

adterad terrorem oculorum: ne similia perpetrent: vt videmus oculata fide corpora suspensorum patulo remanere in patibulo, in furca, ac etiam capite truncatos velut truncos ad patibulum deferri: & hoc vt publicè omnibus illac commeantibus in memoriã cõmissorum pateat, vt pœna vnius sit multorum metus, aurea l. 1. C. ad l. Iul. repetun. & l. Capitaliũ, § Famosos, ff. de pœnis. His conformis est glossa in verbo Pertimescat, in c. Sicut. ext. de iureiur. vti memini supra in procemio, numero 9. ad hæc vide D. Abbatem Panor. in c licet, in principio & fine tertiæ columnæ, extra de elect. Licet videatur obstare c. Mulier 15. q. 1. Quod habet, Mulier quę accesserit ad omne pecus, & vult ascendi ab eo, interficietis mulierem, & pecus morte moriatur: rei enim sunt. Quæritur quomodo sit reum pecus, cum sit irrationabile, nec vllo modo capax legis est. Idem pecora inde eredendum est iussa interfici: quia tali flagitio contaminata, indignam refricant facti memoriam. Vide ad plenum & abunde huius quæstionis solutionem, quam posui supra Cap. 96. De peccato contra naturam, numeris 14. & 15. & causa breuitatis omisi.

CAPVT CLVI.

Casus in quibus pœna mortis specificè à lege est imposita.

Summæ rerum tractatarum in Commentariis CAP. 156.

Lapidans Christianum in Christi contemptum, est morte puniendus, vt infra sequitur.

Virginem rapiens, idolis sacrificans, officia turbans diuina, contra naturam luxurians, scienter rebaptizans, & qui in lapide crucem sculpit, morti debent tradi.

Muricem emens, & purpuram tingens, muros violans, ciuitatis & proditor principis, puniuntur pœna mortis.

Parricida, homicida, pacis violator, seditiosus, domini proditor, dominam adulterans, adulter, condemnandum emittens, morte plectendi sunt.

Carcerem priuatum tenens, furcas erigens, commilitonem feriens, & in bello fugiens, morti addicuntur.

Sacrilegus, depradator, moneta falsificator, bruto subiecta & incendiarius est morte puniendus.

Hostes adiens, seditioni fauens, patriam prodens, viarum aggressor, & pupilla corruptor, morti traduntur.

Turbator pacis, hostibus arma prabens, leno carcerem frangens & captiuum dimittens, morte plectuntur.

Pragnantem necans, cadis auctor, malandrinorum receptator, debilitatem fingens & ripas destruens, morti subduntur.

Iudex matremfam. in publicum vocans, falsum instrumentum immunitatis conscribens, plebei, liberi, & humiles persona, & serui saluti dominorum insidiantes, pueros alienos furantes, Castra & ciuitates inuadentes, permittentes venire hostes, quos prohibere debuerunt, facientes vastum in campis de nocte, abstrahentes aliquem de religione, extremo supplicio afficiuntur.

AT quia diuersitas factorũ exigit diuersitatem pœnarum, l. Si seruus, ff ad l. Aquil. ideo colligendi sunt casus, in quibus per legem imponitur pœna mortis, & casus quibus citra ademptionẽ vitæ pœnę veniunt infligendæ. Præmittendum est igitur quod delicta quatuor modis cõmittuntur, scilicet facto, dicto, consilio & scriptura, vel

Ex maleficiis, ff. de actio. & oblig. & l. Aut facta, ff. de pœnis, & in quolibet reperiuntur casus mortis, vt patet.

1 Qui Christianum odio nominis Christiani lapidat, mox flammis dedendus est, & cum omnibus suis participib. concremandus, l. 2. C. de Iudæis & cælicolis.

2 Qui virginem, maxime Deo dicatam, vel vxorem alterius rapit, & qui ei auxilium, inuasionis tẽpore, præbuerit, mortis damnatur supplicio, l. vnica, C. de rapt. virg. seu viduarum, nec non sanctimonialium. Huius meminimus supra tit. de raptu, cap. 95. in omnibus fere numeris, cõ studiosus lector recurrat.

3 Qui idolis sacrificat, gladio vltore sternitur, facultates perempti vendicantur fisco, vt l. 1. C. De paga. & sacrificiis, & templis eorum.

4 Qui officia diuina dolose turbauit, capitali supplicio punitur, vt l. Si quis in hoc genus sacrilegii, C. de episcop. & cleric.

5 Qui contra naturam luxuriatur, gladio vltore exquisitis subditur pœnis, l. Fœdissimam, & l. cum vir nubit in fœminam, C. ad l. Iul. de adulter. & stupro. quemadmodum supra prolixe meminimus, tit. De peccato contra naturam, cap. 96. per totum.

6 Qui scienter rebaptisauit, tam rebaptisans, quam rebaptisatus vltimo supplicio percellatur, vt l. 2. C. ne sanct. Baptis. iteret.

7 Qui in silice signum Crucis, in vilipendium diuini Numinis sculpit, pœna mortis mulctatur, l. vnica, C. Nemini licere signum saluatoris Christi humo vel in silice seu marmore aut insculpere, aut impingere.

8 Qui emit muricem, & tingit purpuram, fortunarum suarum, & capitis subibit discrimen, l. 1. C. Quæ res vendi non possunt: & qui vendere vel mercari vetantur.

9 Qui muros ciuitatis violat, capite punitur, vt l. finali, ff. de rerum diuisione.

10 Proditor principis vel conspirans in eum, vel in dominum suum, temporalem, vel spiritualem iurisdictionem habentem, puto Comitem, Episcopum, vel Baronem, cui subest, vt maiestatis reus vel quasi, gladio feritur, omnibus eius bonis fisco additis, & eadem seueritate voluntatem sceleris, qua effectum puniri iura voluerunt, vt l. Quisquis, C. ad l. Iul. Maiest. prout late tractauimus supra titulo, De crimine læsæ Maiestatis temporalis, cap. 62. num. 1.

11 Parricida, seu homicida parentum, insutus culeo, cum cane, & gallo gallinaceo, & vipera, & simia, & inter eas ferales angustias comprehensus serpentum cõtuberniis misceatur, vel in vicinum mare, vel in amnem proiiciatur, vt omni elementorum vsu viuus carere incipiat: & ei cælum superstiti, terra mortuo, auferatur, l. Vnica, C. de his qui parentes, vel liberos occiderunt: vti late deduximus supra tit. de Parricidio, cap. 87. num. 1, 2, 3, &c.

12 Homicida quicunq; quod fecit expectet, l. Nemo deinceps, C. de episc. audient. & l. eiusdem, §. legis, versic. sed solent, ff. ad leg. Cornel. de sicar. & Apocalyp. 13. cap. de quo satis abunde tetigimus supra tit. De cęde seu homicidio, cap. 67. numeris 1, 2, 3, 4, 5, 6 7, 8, 9, & 10.

13 Qui pacem iuramento firmatam frãgit, occidendo vel vulnerando, capitalem subire debet sententiam, vt c. 1. §. Si quis hominem, de pace tenenda, & eius violat. in vsib. feudo. Tetigi supra cap. 108. tit. De pacis ac induciarum violatione, num. 2. 3, 6, 7.

14 Qui prouocat tumultum & clamorem in populo, dicendo, Viuat vel Moriatur, debet mori pœna seditionis, vt l. 1. & 2. C. De seditiosis, & de his qui plebem contra Rempublicam audent colligere. & l. Qui cœtu, ff. ad l. Iul. de vi public. vti ad satietatẽ meminimus supra titu. De seditionib. cap. 63. num 5, 6, &c.

15 Si seruus Dominum prodit, id est, si saluti domini sui insidiatur, igni crematur, l. Capitalium, §. Igni, ff. de pœnis.

16 Seruus dominam vitians, id est, qui cum domina concubuit, debet comburi, & domina

mina decapitari, vt l. Vnica, C. de mulier. quæ seruis propr. se iunxerunt.

17 Adulter, siue qui adulterium committit, reus est mortis, nam sacrilegus nuptiarum gladio puniri oportet, l. Quamuis adulterii 2. C. ad l. Iul. de adulter. & stupro, vt licet videre supra, tit. De adulterio. cap. 89, numero 48.

18 Commentariensis, qui reum mortis euadere permisit, subit supplicium, quod qui fugit esset subiturus, vt l. ad Commentariensem, Cod. de custod. reo. huius meminimus satis abundanter, tit. De carcerariis siue commentariensibus, cap. 17. num 7.

19 Qui priuatum carcerem facit, tanquam ipsius maiestatis violator, vltimo subiungendus est supplicio, l. Vnica, in fine, C. de priuat. carcer. inhibēd. vt sufficienter tradidimus supra tit. De priuatis carceribus faciendis, cap. 64. num. 1.

20 Qui sua auctoritate erigit furcas, vel cum sit priuatus vtitur imperio, vel insignia, seu repręsentātia magistratum gerit, quia istud est crimen læsæ maiestatis, capite punitur, vt l. 3. ad finem, ff. ad l. Iuliam Maiest. & l. eos §. Qui se, ff. ad l. Corn. de fals.

21 Miles qui sociū, commilitonē ferit, id est, ferro percutit: (nam ferire proprie est cum ferro) caput amittit, l. Omne delictum, §. Si quis, ff. de re militar.

22 Qui Præposito, vel duci, vel potestati, vel Capitaneo illius terræ manus intulit, capite puniendus est, d. l. Omne delictum, §. Qui manus.

23 Iudex qui substraxit publicā pecuniam, capitali animaduersione plectitur, vt §. Item lex Iulia peculatus Institut. de public. iudic.

24 Miles qui fugit in bello integra acie, capite plectendus est, d. l. Omne delictum, §. Qui in acie, ff. de re militar.

25 Qui maius sacrilegium faciunt, aut viui exuruntur, aut in furcas suspenduntur, vt l. Sacrilegii, ff. ad l. Iul. peculat.

26 Qui actor rerum priuatarum, vel castaldio, vel procurator Cæsaris subiectum deprædauit, viuus publicè concrematur, vt l. Vniuersi. C. vbi causæ fisca. agantur.

27 Qui monetam adulterauit, seu falsificauit, flammarum exustionibus mancipatur, l. Si quis nummos, C. de fals. monet. & l. 1. eodem tit. sicuti satis deduximus supra tit. De monetæ adulteratoribus, c. 65. nume. 1. vsq; ad numerum 11.

28 Mulier quę se animali bruto subiecit, interficitur vnà cum bruto, vt c. Mulier. 15. q. 1. cuius supra mentionem fecimus, cap. 96. tit. De peccato contra naturam, numeris 7. 10. 13. &c.

29 Qui in ciuitate vel oppido incendium facit, vinctus, verberatꝰ igni necari iubetur, si modo sciens prudensque id commiserit. Si vero casu, id est, negligentia, aut noxam sarcire iubetur, aut si minus idoneus sit, leuius castigatur, vt l. Qui ædes, ff. de incend. rui. & naufrag & l. Capitalium, & §§. sequentibus, ff. de pœnis. meminimus supra Cap. 103. tit. De incendiariis, n. 8. vbi per cium videre poteritis.

30 Qui ad hostes confugit & eis consilium manifestat, aut viuus exuritur aut furca suspenditur, vt l. Si quis aliquid, §. 1. ff. de pœnis, & l. Penultima, §. sunt quidam, ff. de extraord. criminib.

31 Qui fautores seditionis fuerint, in furcā tolluntur, aut bestiis subiiciuntur, aut pro qualitate dignitatis in insulam deportātur, vt d. l. Si quis, §. Auctores, ff. de pœnis.

Qui proditor fuerit patriæ, capitali supplicio animaduertitur, vt l. Fallaciter, §. finali, ad finem, C. De abolit.

32 Latro in insula, vel nemore, vel infrequentatis itineribus deprędans, capite punietur, vt l. Capitalium, §. Grassatores, ff. de pœnis. vnde supra cap. 86. tit. De Latrociniis, num. 8. &c.

33 Publicus & famosus fur, in illo loco in quo furatus est, furca figendus est, vt d. l. Capitalium, §. Famosus, ff. De pœnis. Et Bald. in c. 1. §. iniuria, versic. Seu furtum.

De pace iuramento firmanda. in vsib. feud. vbi etiam enumerat alios casus, quib. quis venit laqueo seu furca suspendendus.

35 Qui eam cuius tutor est, corrumpit, deportatur; & eius bona fisco cōfiscantur: quāuis eam pœnam debuerit sustinere, quam Raptori leges imponunt l. Vnica, C Si quis eam cuius tutor fuerit corruperit. Hanc materiā satis amplè tractauimus in nostro *Pupillorum patrocinio, tit. De tuto, & Curato munere, cap. 10,* num. 71, 72.

36 Qui manus sibi infert, nec factum peregit (nisi impatientia, tędio vitæ, furore, aut morbi, luctusve alicuius, vel alia causa fuerit) capite puniendus est, l. Si quis, §. finali ff. de pœnis, & l. Omne delictum, §. Qui se vulnerauerit, ff. de re militar. Vide supra cap. 88. titulo De homicidio suiipsius, n. 1.

37 Miles turbator pacis, capite punitur, l. finali, § Finali, ff. de re militar.

38 Qui fulcit hostes, vel vendit eis arma, capitalem pœnam subire debet, bonis eius vniuersis fisco adiectis, l. nemo alienigenis, C. quæ res export. non debeant.

39 Puellam tenens in prostibulo seu lupanari, nouissimum sustinebit supplicium vt occidatur, vt in Authent. de Leno. §. Præconizamus, collat. 3.

40 Qui homines castrat, capite punitur, vt l. 1. C. de Eunuchis.

41 Qui effracto carcere fugit capite punitur, vt l. Milites agrum, §. eius fugam, ver. eum tamen qui carcere, ff. de re militar. & l. 1. ff. de effractor. & expilator. quod si per negligentiam custodum euaserint, mitius puniuntur, vt ibidem tractauimus supra, cap. 18. tit De effractione carceris: num 1.

42 Miles custos, qui captiuum dimisit, capite punitur: Eadem pœna tenetur qui eum quem custodiebat deseruit, & d. l. Si quis aliquid ex metallo, §. Miles ff. de pœnis.

43 Qui prægnantem mulierem necat, summo supplicio afficitur, d. l. Si quis aliquid, §. Qui abortionis, ff. de pœnis.

44 Aggressuræ & violentiæ auctor vbi cędes facta est, capitale supplicium excipiet, vt l. Quoniam multa facinora, C. ad l. Iuliam de vi public. vel priuat.

45 Malandrini, & musellantes vel receptantes buccellarios, scilicet latrones qui à minimis incœperunt, puta a bucella panis, vel verius, quia ponunt in ore captorum lignum, pilam, aut quid huiuscemodi, vt non clament, capitali supplicio ferientur, vt l. finali, eod. tit C. ad l. Iul. de vi publ. vel priuat. & l. 1. & 2. C. de his qui latro. occultat.

46 Miles qui, ne pugnet, languorem simulat, & debilem se fingit, contumacia etiam in milite capite punitur, d. l. Omne, §. contumacia, ff de re militari.

47 Iudex qui matremfamilias in publicum vocat, capitali pœna plectetur, vt l. 1. in fine, C. de offic. diuers. iudic.

48 Qui Nili aggeres, id est, ripas destruit, vel in ciuitatib. maris vt Ianuæ & Venetiis clusas publicas destruit: quia idem exitus ibi sequitur, qui in Ægypto de aggeribus Nili, flammis consumitur & concrematur, & eius participes sine spe veniæ deportantur, l. Vnica, C. de Nili aggeribus non rumpēdis. Hanc tetigi materiam supra cap. 5. titulo De aggerum ruptoribus, num. 3.

49 Qui falsum instrumentum immunitatis conscripserit igne est comburendus, l. 1. C. De immunitat. nemi. conced lib. 10. vide supra cap. 122. tit. De falsitate scriptorum, num. 1, 2, &c. vbi satis, reperire haud dubiè lector poterit. Infinita suppeditabunt frequentes lectiones supradictorum & allegatorum capitum.

50 Plebeii, liberi & humiles personæ, serui quoq;, qui saluti dominorum suorum insidiati fuerint, igni cōcremantur, vt d. l. Capitalium, §. Igni, ff. de pœnis.

51 Qui furantur pueros alienos, gladio consumūtur, vt l. fi. C. ad l. Flauiam de plagiar.

52 Qui inuadunt castra, ciuitates vel oppida, vt rei maiestatis decapitantur, vt l. 1. §. Quo armati, & in ver. locave occupentur, ff. ad l. Iul. maiestat. & l. Eorum, in glos. ead.

Qui

53 Qui permittit venire hostes quos ratione officii debet prohibere, viuus comburitur, l. Si quis barbaris, de re militar. lib. 12. C.

54 Qui facit vastum in vineis vel campis de nocte, à quolibet impune occiditur, l. 1. C. Quando liceat vnicuiq; sine iudic. se vindic.

55 Qui abstrahit aliquem de religione, puta rapientes nouitios à fratribus, capite puniuntur, vt l. Eum, C. de apostatis. Et vt tandem cum illo Virgilii loquar in cæteris delictis & pœnis:

Non mihi si linguæ centũ sint, oraq; centũ,
Ferrea vox, omnes scelerũ cõprẽdere formas,
Omnia pœnarũ percurrere nomina possem.

Iure autem diuino casus quibus quis condemnetur ad mortem, Leuitici 21. cap.

CAPVT CLVII.

Casus in quibus pœna citra mortem specificè à lege est imposita.

Summæ rerum tractatarum in Commentar. CAP. 157.

4 *Pœna citra mortem sunt, quæ aut*
- 1 *Seruitutem iniungunt, id est, libertatem adimunt, vt est*
  - *Condemnatio in metallum: vel*
  - *In opus metalli, cuius pœnæ loco solent hodie de cõsuetudine damnari in perpetuũ remigium marinum, vel ad tempus.*
- 2 *Ciuitatem auferunt, vt proximis casibus sequitur*
- 3 *Exilium dicitur triplex: scilicet aut*
  - *Ceterorum locorum interdictio.*
  - *Lata fuga, vt omnium locorum interdictio præter certum locum.*
  - *Insula vinculum, id est, relegatio in insulam, vbi non stat cum hominibus.*
- *Corporis coerctionem continent, & cæteræ pœnæ pecuniariæ, ad æstimationem spectabilium Iudicum, erga eorum personas, quos culpa reddit obnoxios, vsq; ad tres auri vncias spectant.*
- *Veluti aut*
  - 4
    - *Fustium admotio.*
    - *Flagellorum castigatio.*
  - 5 *Vinculorum verberatio.*
  - 6 *Damnum pecuniarium cum infamia.*
  - 7 *Dignitatis alicuius depositio.*
  - 8
    - *Alicuius actus prohibitio.*
    - *Deportatio, & omnium bonorum publicatio.*

PRæter pœnarum supradicta genera, sunt nonnulla alia quib. citra ademptionem vitæ magistratus aut pręsides afficere queq; noxiũ possũt. Et sunt pœnę quidẽ quę seruitutẽ iniungũt aut ciuitatẽ auferũt, aut exiliũ, aut corporis coertionẽ continent, veluti fustiũ admotio, flagellorum castigatio, vinculorũ verberatio, aut damnũ pecuniariũ cũ infamia, aut dignitatis alicui⁹ depositionẽ, aut alicuius actus prohibitionẽ cõtinent, vt l. Siquis forte. §. finali, cũ duab. legib. seq ff. de pœnis. Et nota quod pœnę, ꝑsonales, sc. amissiones vitę & membri requirũt actum cõsummatũ: Sed pœnę minores, vt hę quæ sequũtur, nõ requirũt actum cõsummatũ, sed inchoatum, vt l. 1. §. qui puero, ff. De extraordin. crimin. vbi dicitur, perfecto flagitio punitur capite, imperfecto deportatur vt supradictum est.
1 Prima pœna, † est seruitutis iniũctio, quæ adimit libertatem, vt puta si quis in metallum, vel in opus metalli damnetur, vt l. Aut damnum, §. est pœnæ, ff. de pœnitent. Cuius pœnę loco solent hodie de consuetudine damnari in perpetuum remigium marinum, vel ad tempus, secundum criminum qualitatem, vt solent illi qui nõdum viri potentes virgines corrũpũt, aut qui abortionis aut amatoriũ poculum dant, aut qui viui testamẽtum aperuit, recitauerit, aut si quis instrumẽtũ litis ápro-

curatore aduersario proditum esse conuicerit, aut quicunque instrumenta penes se deposita alteri altero absente reddiderit, vel aduersario prodiderit. Humiliores enim ad metallum damnantur, honestiores vero deportantur, l. Si quis aliquid, §. qui nondum, vsq; ad §. Iudices, ff. de poenis. Huius meminimus supra, cap. 151. tit. de Relegatione ad ergastula seu vincula nautica, num. 5. &
2 seq. Secunda poena, scilicet ablatio † ciuitatis consistit his proximis casibus supradictis, vt d. l. Si quis aliquid, & l. Quidam, ff.
3 De poenis. Tertia poena † est exilium, qua damnantur hi, qui vulgo se iuuenes appellantes in quibusdam ciuitatibus turbulentis acclamationibus sese accommodant, si semel correcti in eisdem deprehendãtur, vt l. Capitalium, §. Solent, ff. de poenis, & l. Exilium, ff. de interdict. & releg. vbi dicitur quod triplex est exilium: scilicet aut caeterorum locorum interdictio; aut lata fuga, vt omnium locorũ interdictio, praeter certum locum; aut insulae vinculum, id est, relegatio in insulam, vbi non stat cum hominibus. Sed exilium proprie dicitur deportatio, improprie autem relegatio, vt glos. in d. l. Exilium. Et sic est capitalis damnatio, vbi mors vel ciuitatis amissio, vel seruitutis impositio sequitur, vt l. rei capitalis, ff. De poenis. Et videre poteritis supra cap. 108. tit.
4 De Exiliis siue Bannis. Quarta poena est coertio corporis, qua coercentur hi qui semel tantum se turbulentis acclamationibus accommodarunt; nam fustibus caesi dimittuntur, vt d. l. Capitalium, §. solent, ff. de poenis. Fures etiam pro primo furto fustib. castigantur, vt in Authent. Sed nouo iure, C. de seruis fugit. Aut cuius negligentia incendium factum fuerit, fustibus castigatur, l. Qui aedes, ff. de incend. rui. & naufrag. Si quis iniuria commiserit aliquid. Nam serui flagellis caesi dominis restituuntur, liberi vero humiliores quidem loci fustibus subiiciuntur, caeteri vero vel exilio temporali, vel interdictione rei certae coercentur, vt l. finali, ff. de iniur. Et generaliter ii quib. obiiciuntur leuia delicta, si liberi, fustibus castigantur, si serui, flagellis, vt l. Leuia, ff. De accusat. Dicuntur autem leuia crimina quae sunt priuata, vt gloss. ibidem, sicuti crimen legis Iuliae de Annona, & crimen de nauibus submersis, vt l. De submersis, C. de naufrag. & crimen abigeatus, & C. De abigeis, vel cognitio custodum, l. Vnius, §. finali, de quaestio. & de his criminib. potest iudex cognoscere & discutere summariè & de plano, non sedendo pro tribunali, vt gloss. in d. l. Leuia, & l. Vnius, §. fin. ff. de quaestio. & in Auth. de mandat. princip. §. sit tibi, & Exod. 22.
5 Quinta poena est vinculorum verberatio, quae imponitur ei qui imaginem Caesaris in inuidiam alterius praetulit: in vincula enim publica coerceri diuus Pius rescripsit, vt d. l. Capitalium, §. eumque qui, ff. De poenis.
6 Sexta poena est damnum pecuniarum cum infamia, quod quis incurrit, quãdo est condemnatus actione famosa, scilicet iniuriarum, vt l. Decuriones, §. verum, C. ex quib. caus. infa. irrogat. & ff. eodem, de his qui not. infa. l. 1. Nam condemnatus crimine iniuriarum incurrit infamiam, vt gloss. in d. §. verum. allegat le. Infamem, ff. de public. iudic. vbi dicitur, quod ex eo crimine, quod publici iudicii non fuit damnatũ infamia non sequitur: nisi id crimen ex ea actione fuit, quae etiam in priuato iudicio infamiam condemnato importat, veluti furti, vi bonorum raptorum, & iniuriarum. Sed quaerit gloss. ibi, an condemnatus criminaliter de crimine priuato sit infamis? Et dicit, si est ciuilis actio quae ex eo crimine descendit, infamat: vt furti ciuilis, & vi bonorum raptorum, & de dolo, quę infamant, vt §. ex quibusdam, Instit. de poena temere litig. vbi dicit textus, quod his non solum damnati notantur infamia, sed & is qui pactus fuerit precio aeris sine iussu praetoris, vt l. in action. b. ff. de his qui not. infa. & l. furti, §. Pactus, eod. titulo: quoniam intelligitur confiteri crimen qui paciscitur, vt l. athle-

athletas.§. finali, & l. seq. ff de his qui not. infa. Si autem agitur criminaliter, infamatus condemnatur d. l. Infamem. ff. de public.iudic. Si autem ciuilis actio, non infamat, vt contraria pignoratitia: nam nulla contrarietas infamat. vt l. furti, §. Contraria, ff. de his qui notant. infamia. Ratione autem calumniæ nō erroris, pœna infamiæ imponitur, vt l. Ea quæ, & l. seq ff de his qui notantur infa. Septima pœna est, alicuius
7 dignitatis depositio, quam patiuntur iudices, qui se furtis & sceleribus maculasse cōuicti fuerint, ablatione codicillorum, insignib. & honore exuti, inter pessimos quosque & plebeios habentur: nec sibi de eo honore posthac blandiri possunt, quo seipsos indignos esse iudicauerunt, vt l. Iudices, de dignitate lib 12. C. Pedanei etiam iudices vel ordinarii si pecunia esse corrupti dicantur, plerumq; à præside à curia submouentur, aut in exilium mittuntur, aut ad tempus relegantur, vt l Si quis aliquid, § iudices. ff. de pœnis. Similiter qui iudicem corruperit corrumpendumve curauerit, iudex etiam qui constitutiones principum neglexerit, pœna legis Corneliæ de falsis tenetur, vt l prima. §. & qui iudice, ff. ad l. Cornel. de fals. Cuius pœna est deportatio & omnium bonorum publicatio, vt d. l. 1. §. finali. Nec etiam toleranda, quæ ab insolentia iudicum sunt reperta, vel à peruersis aut iratis iudicibus sunt acta, leg. Nemo carcerem, de exacto. tribut. lib. 10. C. maximè vbi est contemptus legum vel iudiciorum superiorum, vt c. 1 extra. de postulat. prælat & l. penultima, & finali & l. Vellera, de vesti-
8 bus oloberis, libr. 11. C. Octaua pœna † est prohibitio alicuius actus, quæ solet fieri quando præsides aduocationibus interdicunt, aut in perpetuum, aut ad tempus, vel ad annum. Solet ita viris studiosis interdici vel aduocatis vel tabellionibus, siue pragmaticis, vt l. Moris, ff. de pœnis, maximè quando sunt præuaricatores, scilicet, quia diuersam partem adiuuant prodita causa sua. Et etiam extraordinariè puniuntur, vt l. 1. & 2. ff. de preuaricat. Sunt etiam alii quibus negotiatio interdicitur & eis prohibetur ad conductionem eorum quæ publicè locantur accedere, vt d. l. Moris §. Sunt autem. ff. de pœnis. Sicut solet fieri his qui coemptas merces supprimunt, vel qui locupletiores sunt, qui fructus suos æquis pretiis vendere nolunt, dum minus vberes prouentus expectant; vt annona oneretur, & his aut negotiatio tantum interdicitur, aut interdum relegantur, vt l. annonam, ff. de extraord. criminibus. Pœna autem extraordinaria dicitur ideo, quia à iure non est introducta, sed iudex ex æquo & bono arbitratur quid facto opus sit vsque ad pœnam capitis, vt l. Saccularii, §. sunt quędam, ff. de extraord. criminibus. Interdicitur etiam alicui ne certis personis adsit, vt d. l. Moris, in principio. Vtputa si quis ei quem suspectum habet de sua vxore ter in scriptis denunciauerit sub præsentia triū testium fide dignorum. Et, si post inuenerit eum conuenientem vxori suæ in domo sua, vel vxoris vel adulteri, vel in popina, siue in prouincia, aut in suburbanis, sine periculo eum perimet, vel potest eum tradere iudici, qui nulla alia ratione quæsita habet puniendi licentiam, secundum pœnam à lege impositā vel extraordinariam, vt in Authentic. Si quis, C. ad l. Iul de adult. De vi autem denunciationis sunt tex. in l. Si fundum, C. de rei vendic. & l. Ait prætor, §. Si quis, ff. quæ in fraud. credit. Ceteræ autem pœnæ pecuniariæ ad æstimationem spectabilium iudicum erga eorum personas, quos culpa reddit obnoxios, vsque ad tres auri vncias spectant. Nec putent iudices facile esse, vt aut præcipiti persuasione condemnent, quem culpa non ingrauat, aut erubescenda varietate iudici pro arbitrio proprio immutandū esse quod lex iusserit, nisi paupertas condemnati hoc persuaserit, vt l. finali, Cod de modo mulct. Nullus autem ignoret mulctarum seuera

compendia protinus ærario principis esse quærenda, nisi ipse Iudex id quod ad pœnam admissi facinoris exculpetur, vel publicis opibus vel cursui publico, vel aliis necessariis specialiter deputauerit, l. Mulctarum, Cod. eodem. Si qui autem comprehensi fuerint in peculatibus aut manubiis, id est deprędationibus, cōcussionibus, furtis, atque aliis flagitiis, quę coerceri seuerius cōuenit, ad pœnæ supradictæ moderationē pertinere se non credant, cum maior mulcta quam supradicta posset à Iudice indici, vt d. l. finali. § Nec tamen, C. de modo mulctarum. Sapiens igitur fiet in pœna, qui stultus fuit in culpa, vt 38 distinct. c. Qui ea, & gloss. in c. finali, extra. de accusat. in verb. Pro meritis recepturus.

CAPVT CLVIII.

De Iustitia.

Fauor, Cognatus. — Despectus, Miseria.
Argentum. — Paupertas.
Causidicus, Aduocatus. — Innocentia, Veritas.
Tutor, Receptor. — Vidua, Pupillus.

Vnusquisque
Popellus, aut
Communitas.

Infernus. — Paradisus.

Summæ rerum tractatarum in Comment. CAP. 158.

1 *Iustitia mundana explicatio.*
2 *Iustitiæ proprietates, & insignia.*
3 *Iustitia mundana cur bifrons, & biformis.*
4 *Iustitia mundana à variis oppugnatur.*
5 *Fauor Iustitiam falso corrumpere studet.*
6 *Despectus, & Miseria, Iustitiæ fauorem ambiunt.*
7 *Scriptura, vt Iudex miserorum causas iustè iudicet.*
8 *Miseri à mundana Iustitia reiecti.*
9 *Argentum, id est, opulenti Iustitiæ æquitatem oppugnant.*
10 *Paupertas Iustitiæ fauorem ambit.*
11 *Paupertas cum Iustitia mundana scripturis agit.*
12 *Mundana Iustitia Argento fauet.*
13 *Aduocati Iustitiæ falsa obtrudunt, falsaque defendunt.*
14 *Innocentia, & Veritas sese apud Iustitiam purgant.*

Scriptu-

15 *Scriptura ſacra pro Innocentibus.*
16 *Tutor & Receptor Iuſtitiam falſis labefactant.*
17 *Vidua cum pupillis, Iuſtitiæ patrocinium implorat.*
18 *Scriptura ſacra pro Viduis, & Pupillis.*
19 *Vidua cum Pupillis à mundana Iuſtitia neglecti.*
20 *Vnuſquiſque calamitatem ſuam Iuſtitiæ commendat.*
21 *Communi pereunte populo, pereunt & potentes.*
22 *Scriptura ſacra pro iuuanda communi plebecula.*
23 *Plebs à mundana Iuſtitia deſpicitur.*
24 *Ex æquo iudicantem cæleſtia manent præmia.*
25 *Iudicem iniquum, hians abſorbet Infernus.*
26 *Admonitio pia ad omnem Iuſtitiæ adminiſtratorem.*

EXplicatis hactenus ſingulorum crimi-
num ſæcularibus punitionibus, quas
ob Reipubl. tranquillitatem Iuſtitiæ meri-
tò decernit, non abs re hîc me facturum e-
xiſtimo, ſi coronidis vice, hic ipſius Iuſtitiæ
ſecularis vſum, rationem, commodum pa-
riter & incommodum, piorum lectorum o-
culis ſubiecero. Commodum quidem, ſi o-
culata Iuſtitiam adminiſtret. Incommo-
dum verò, ſi cæca cenſuram ferre præſu-
mat. Hæc vt plenius cognoſcas, pie Lector,
en ob oculos tuos graphicè ipſius Iuſtitiæ
effigiem tibi proponimus, cũ iis perſonis,
quæ ipſam Iuſtitiam vario modo ſibi con-
ciliatam cupiunt. Atq; hoc aliȩ quidem iu-
ſtiſſimis ex cauſis, quibus Iuſtitia ſubinde
cæca eſt & ſurda. Aliæ iniquiſſimis rationi-
bus, quibus fere Iuſtitia oculata eſt, attenta
eſt, benigna eſt, & facilis. Sed vȩ illis qui hu-
iuſmodi Iuſtitiæ perſonam induunt, vti tũ
authoritatib. tum exemplis tibi mox cum
ſingularũ perſonarum explicatione debita
1 patefecerimus. Principio † igitur hic cernis
Iuſtitiã bifrontem, altera nempe parte ocu-
latã, altera verò faſciola obuinctam, & cæ-
cam, ſolio ſuo, tanquam pro tribunali inſi-
dentẽ: dextera diſtrictum vibrantem gla-
dium, ſiniſtra autẽ expẽdentem bilancem.
Porrò à dextra (vbi oculata depingitur) vi-
des perſonas applauſibiles, & gratas, nempe
Fauorem, Amicos, Cognatos, Affines, be-
neficos, & opulentos, & id genus alios, qui
omnes Iuſtitiæ faciem in ſuas partes incli-
nant, ſibi conciliant, & in ſuam (quam vo-
lunt) ſententiã protrahunt. A ſiniſtra verò
(qua cæca eſt & obuincta faſcia) aliȩ ſiſtun-
tur perſonæ à ſuperiorib. multum diuerſæ,
nempe, Odiũ, Paupertas, Egeſtas, Innocen-
tia, Viduarũ tenuitas, Pupillorũ debilitas,
& quicquid deniq; per ſe infirmũ eſt, & mi-
ſerũ nulloq; patrocinio fultũ, niſi ſola ſpe
Iuſtitiæ, quæ tamen ipſis oculos clementiæ
claudit. Potentiorib. verò, diuitib. & fauto-
ribus quibuſuis aperit. Sub Iuſtitiȩ pedibus
ſubſtratã vides, ſub perſona ruſtici, miſerã,
calamitoſamq; plebeculam, cui Vnuſquiſq;
nomen imponitur. Huic cum cæteris cala-
mitoſis hominib. appictus eſt cæleſtis para-
diſus, cuius hi omnes poſt has ȩrumnas,
poſt multa iniuſta durè quidem, ſed pati-
enti animo perpeſſa, cum fide bona, & ſpe
æquioris Iuſtitiæ percipiendȩ, in futura ea-
que vita vera, ſeſe fore participes ſperant.
Atq; has omnes perſonas cum Iuſtitia col-
loquẽtes dabimus, ipſiusq; Iuſtitiæ clemẽ-
tiam, gratiam, & beneuolentiam implorã-
2 tes. Sed prius ipſius † Iuſtitiæ proprietates
oſtenderimus. Iuſtitia itaque in ſolio reſi-
dẽs indicat omnem Iuſtitiæ adminiſtrato-
rem debere ſedere, argumento l. Quiſquis,
in fine C. de poſtul. l. A procedente, C. de di-
lat. & in Authentic. Vt ab illuſtrib. §. Sanci-
mus, colla. 5. Hoc eſt, debere inferri cẽſuram
animo quieto, libero, & ab humanis affe-

ctibus defæcato. Quod etiam confirmant
ſacræ Scripturæ multis in locis, præcipuè
Exodi 18. vbi legimus: Moyſen à mane vs-
que ad veſperam ſedentem, vt iudicaret po-
pulũ. Et Ioan. 19. Pilatus legitur ſediſſe pro
tribunali, vt ſententiam (quamuis iniuſtã)
aduerſus Ieſum pronũciaret. Et recte ſeden-
do, debet Iudex ſententiam pronunciare.
In quieſcendo enim & ſedẽdo anima fit ſci-
ens & prudens, Ariſtotele teſte 7. Phyſico-
rum lib. Bifrons, ſignat Iuſtitiæ gubernato-
res non ſolum vni partium debere præbere
aſpectum amicum, aut intentos oculos, ſed
vtrique partium ex æquo debere intendere,
vtriusque partiũ cauſſas æquè benigne co-
gnoſcere, & citra vllius perſonæ delectum,
quod res eſt, fideliter & incorrupte iudicare,
vt Deus monet, Leuit. 19 Non conſideres
perſonam pauperis, neque honores vultum
potentis, ſed iuſtè iudica proximo tuo. Et
rurſum: Deuteronom. 1. Nulla erit diſtãtia
perſonarum. Ita paruum audietis, vt ma-
gnum. Nec excipietis cuiusquam perſonã,
3 quia Dei iudicium eſt. † Quod autem hîc
Iuſtitiam bifrontem exhibemus, altera par-
te oculatam, altera cæcam, Iuſtitiæ munda-
næ effigiem damus, corruptæ quidem, &
parum æquæ, idque ad ſummam infamiã,
& probrum eorum Iudicum, qui talem bi-
frontem Iuſtitiam iniquam, & Deo (cuius
perſonam in Iudiciis ſuſtinent) execrabi-
lem aſſumere non verentur. Non autem hic
bifrontem damus, vtpote ab vtraque parte
æquè blãdam, æque oculatam, æquè attẽ-
tam & æque percupidam. Nam hæc Iuſtitia
ſolius Dei eſt, & eorum qui Dei Iuſtitiã hîc
æmulantur, quod ab omnibus quidem fie-
ri conuenit. Sed Iuſtitiam mundanam ex-
hibemus, quæ affectibus eſt obnoxia, & vt
nunc ſunt mores hominum, ſubinde aut eſt
corrupta, aut non perinde æqua. Sunt ni-
hilominus qui Iuſtitiam vna tantum facie
pictam oſtentant, verum eandem plane cæ-
cam, & vtrosque oculos faſcia obuinctos ex-
hibent, vtpote quod Iuſtitiæ ſit, ad vtram-
que partem cæcutire, neutriq; fauoris, aut
odii aſpectum præbere. Porro bilanx (quam
in Iuſtitiæ ſiniſtra conſpicis) Iudicis accura-
tam cauſarum, & partium indagationem,
obſeruationem, cum plena earundẽ cogni-
tione ſignificat, ſic vt de cauſarum differen-
tia & veritate prius cognoſcat, quam ad iu-
dicandum ſeſe accingat. Vides præterea
Iuſtitiam dextra diſtrictum tenentem gla-
dium, quo nobis ſignificatur æquum Iudi-
cem poſt cauſſas plene cognitas debere aſſu-
mere gladium, quo cauſſam iniquam ab æ-
qua diſſecet, quo innocentem defenſum,
tutum, & tranquillum reddat. Nocentem
vero absque diſſimulatione iuſte puniat.
Quemadmodum Paulus affirmat, ad Rom.
13. cap. de Iudice loquens. Dei (inquit) mi-
niſter tibi in bonum: Si autem malum fe-
ceris time, non enim ſine cauſa gladiũ por-
tat. Dei enim miniſter eſt, vindex in iram
ei, qui malum agit. Et beatus Petrus ait miſ-
ſos Iudices ad vindictam malefactorũ, lau-
dem vero bonorum, 1. Pet. 2. Cæterum hu-
iusmodi æquis verisque Iudicibus beatiſſi-
ma quæque à Domino pollicentur, veluti
Pſalmo 105. Beati qui faciunt Iudiciũ & Iu-
ſtitiam in omni tempore. Et Pſal. 40. Bea-
tus qui intelligit ſuper egenum & pauperẽ.
In die enim mala liberabit eum Dominus.
Contra vero mala quæque & infauſta mi-
natur iniquis Iudicibus, veluti Deuteron.
27. Maledictus qui peruertit iudicium ad-
4. uenæ, pupilli, & viduæ, &c. † Verum quo-
niam à variis rectitudo Iuſtitiæ oppugna-
tur, qui omnes Iuſtitiæ integritatem corrũ-
pere ſtudent, vt ſunt fautores, amici, cõſan-
guinei, familiares, diuites, &c. quibus ipſa
iuſtitia cedit, ocularum blandumque vul-
tum exhibet: ab aliis vero fruſtra ſollicita-
tur, inuocatur, ſiue potius imploratur, vt
ſunt deſpectus, odium, innocentia, pauper-
tas, &c. quibus ſe obdurat, quibus faciem
nubiloſam, inuitã, procacẽ & aduerſantem
exhibet: idcirco has perſonas oẽs (vt & ante
diximus) cũ ipſa Iuſtitia colloquẽtes intro-
duximus. Ac primo ſeſe Iuſtitię ſiſtit Fauor.

Cogna-

CLVIII. De iustitia

Mundanae iustitiae effigies

Cognatus. Fauor.

5 † Cognata Iuſtitia, eademque amica dulciſſima, lis nobis eſt coram tuo tribunali, cum Deſpectu, & Miſeria, hoſtibus noſtris pertinaciſſimis, qui neſcio quibus logis iuris æquitatem nobis præripere tentant. Rogamus igitur, vt memor veteris ac ſtabilis amicitiæ noſtræ, adhæc cognationis noſtræ firmiſſimæ nobis (quantum amicitiæ iura permittunt) Iuſtitiæ fauorem concedas, & ab his pannoſis hoſtibus noſtris nos defendas, & amicé liberes.

Deſpectus. Miſeria.

6 †Iuſtitia rerum Domina æquiſſima, ne vilem quæſumus habitum noſtrum, neque perſonas noſtras deſpicabiles intuearis, ſed æqua lance quod res eſt perpendito. Verum iudica, nosque miſellos ab omnibus deſpectos, reiectos, & odio grauiſſimo preſſos, recipe, defende, & patrocinium præbe, potiſſimum contra fautores, cognatos, & affines tuos, qui hoc tuo Fauore freti nos ærumnoſos faſtidioſe deprimunt, & quicquid æquũ eſt, nobis indigniſſime eripere ſtudent. Neque in noſtram perſonam, ſed ad Dei volũtatem oculos rogamus conuerte, qui intentiſſime ad te apud Eccleſiaſticum reclamat,
7 cum, (inquit) † Non laudes hominem in vita ſua, neq; ſpernas hominem in viſu ſuo, vbi Deus non vult æquum iudicem animũ conuertere ad ea quæ ſenſibus externis, & affectibus adblandiuntur, neque ea contemnere quæ ſpecie tenus miſeranda videntur. Quin potius vult his omnem commiſerationem impendi, præ cæteris omnibus, adeo, vt per D. Iacobum 2. tam immites Iudices his verbis terreat Iudicium ſine miſericordia fiet ei qui miſero miſericordiam non fecerit, Idem 4. Qui amicitiam huius mundi diligit, is inimicitiam apud Deum comperit. Et Chriſtus Apoſtolos ſuos eatenus amicos ſuos agnoſcit, quatenus quæ præcepit diligenter exequantur. Ioann. 15. Neq; vllam cognationẽ agnoſcit quã eorum qui faciunt patris ſui cæleſtis voluntatem. Matth. 12. volũtas autem cæleſtis patris eſt, vt Iudex absque vllo reſpectu perſonarum ſecundum æquitatem iudicet omnes. Noli igitur, mi Iudex, eſſe perſonarum acceptor, Iac. 2. Neque iudicare ſecundum faciem, Ioan. 7. & Prouerb. 24. Sed ſi amicis temet accommodare libet, id fiat vsque ad aras, vt ait Pericles Athenienſis. MISERIA. Quid fruſtra, mi frater, ſurdo authoritates occinis? quid cæcæ Iuſtitiæ veritatem aperis? teque clamando, flectendo, lachrimandoque coram ſuperciliosa Iuſtitia defatigare pergis? Caſſa ſunt quæ clamitas inuitumque irritas potius quã in tuas partes flectis. Vide vt oculos à nobis auerſos ad ſuos amicos, & cognatos aduerterit. Quocirca hinc ſecedamus, & cauſam noſtram Deo miſerorum omnium patrono blãdiſſimo commendemus. DESPECTVS. Placet conſilium, ſed prius Iuſtitiæ verba patienter audiamus. Nam ſuis locutura conuertitur IVSTITIA. Vos cognati fautoresque candidiſſimi, ſcitote nihil eſſe quod in gratiã veſtram ſim recuſaturus. Quocirca craſtino die hîc preſentes eſtote, non iniquam veſtris optatis à nobis feretis ſententiam. MISE-
8 RIA. †Dixin nos eſſe reiiciendos? Ad Deũ igitur aſylum noſtrum tutiſſimum confugiamus. Sed eccum. Quodnam mõſtrum huc ad Iuſtitię ædes anhelum ſudabũdum-
9 que prouit? Vah, † Argentum eſt, monſtrum auaritia tumidum, pecunia differtũ, & Iuſtitiæ reginæ cõmendatiſſimum. DESPECTVS. Hem, Video quoq; eõdem pro-
10 perantem Paupertatem. † Eſt fortaſſis ſua vtrique coram eadẽ Iudice explicanda cauſa, nos igitur deſpecti recedamus, ipſisque perorandi locum permittamus.

Argentum.

Quantis laboribus, quantisque sudoribus ad tuum tribunal Iustitia regina clementissima prorepserim, ex hac mea deformitate conspicere licet. Ideoque te æquiorem meæ causæ futuram spero, quæ hic apud tuum tribunal versatur & discutitur contra aridam hanc (quam conspicis) Paupertatem, quæ contra bonum & æquum mihi tantum facessit negotium. A qua si me defensum curaueris, causæq; meæ faueris, tuæ benignitati me nunquam experieris ingratum. Habeo hos loculos, qui tuo fauori sese largiter effuderint. Equos præterea duos, & duo Cretici vini dolia in gratitudinis symbolum tibi promittimus. Tantum nostræ causæ faueas oro.

Paupertas.

Tenuis fortunæ pauperculus, inopia & rerum omnium egestate grauis, humanaque ope prorsus destitutus, ad tuam clementiã confugio, ô Iustitia benignissima, tuam humanitatem obtestans quam possum amanter, ne vel tua irrefragabilis æquitas me deserat, causamque meam negligat, vultumque à me pannoso retrahat, sed eum potius amicum, benignum, & gratum præbeat. Quod mea paupertas non compensauerit, id diuina misericordia abunde ditauerit. Res est mihi cum nummoso, infartoque diuite, qui opibus suis cõfisus, causam meã labefactare studet, idq; haud dubie faciet, nisi iustitiæ tuæ æquitas me fulserit, & Deũ potius quam humanas illecebras curauerit, qui Iudices optat, in quibus sit veritas,
11 & qui oderunt auaritiam, Exod. 18. † Quique officium tuum his verbis admonet. Ita paruum audietis vt magnum, nec accipietis cuiusquam personam, quia Dei Iudicium est, Deuteronom. 1. cap. Nouit, extra de Iudic. & c. vltim. 3. quæst. 9. Rursum Iusto iudicio iudica populum, nec in alteram partem declines, Deuter. 16. Item, qui iudicat in veritate pauperes, thronus eius in æternum firmabitur, Prouerb. 29. Item, Nõ accipies personã nec munera, quia munera excæcant oculos sapientum, & mutant verba iustorum. Exo. 23. Iterum: Væ, qui iustificatis impium pro muneribus & iustitiam iusti aufertis ab eo, Isa. 5. Iudicate egeno & pupillo, humilem & pauperem iustificate. Eripite pauperem, & egenum de manu peccatoris liberate, Psal. 81. Postremò, ait, Xenia, & dona excæcare oculos Iudicum, Eccles. 20. Noli igitur quæso Iustitia æquissima imitari filios Samuelis, qui peruerterunt Iudicia, sequentes auaritiam, & accipientes munera, 1. Regum 8. Non enim proderunt tibi thesauri impietatis, sed iustitia liberabit te à morte Prouerb. decimo. Neque secteris iniustum Achab, qui ob auaritiam occidi iussit innocentem Naboth, 3. Reg. 21. Sed me miserum? faciem tuam auertis à me misello paupere? Ah, non pluris facis tot authoritates Dei grauissimas, cuius vices in iudicando nunc sustines? Cur quæso argento vultum tam amicum exhibes, quod te intra pauculos annos (nisi resipiscas) in profunda demerget tartara? cap. pauper. 11. quæstio. tertia. Abs te itaque spretus & auersatus ad Deum ipsum certissimum causæ meæ patronum & Iudicem meum profugio, apud quem causę meę veritatem depositurus auxilium petam, teq; cum exitiali tuo argento nunc
12 relinquo. IVSTITIA. † Mihi multo gratissimum Argẽtum, causam tuam multum diuque discussam, tandem expendi serio, eamq; comperio talem, cui neutiquam refragari possum. Promissis igitur, fac respondeas, teque cras meo tribunali cura præsentem sistas, sententiam auditurus es, tuis votis minimè ingratam. Sed quos huc aduentantes conspicio? hem Causidicus meus

meus est, & malarum causarum Patronus, quos sequitur (nescio) quæ turba simplex. Rursum in solium meum resideo, & quid hi dicturi sint cognouero.

Causidicus. Aduocatus.

13 † Æquissima Iustitia in causarum cognitionibus nostram fidem iamdudum abunde tibi perspectam arbitramur. Sumus nunc à consiliis & à causis nobili & opulento viro Domino Socrati Phylargyro, qui conqueritur se grauiter offensum, & læsum. Interim & sibi plurimum negotii fieri ab ea quam cominus aduentantem spectas turba, specie quidem simplici, & innoxia, re tamen (nobis fide) nocentissima, vt quæ nulli nō quoduis maleficii genus infert, quos & nos ex certo multorum relatu didicimus. Et quod communis fama fert, id verissimum esse conuenit. Cicero Rhetoric. nouorum lib. 1. & lib. Topic. Necnon Aristoteles lib. 7. Ethic. Nos igitur (quorum probitatem & fidem certo certius nosti) tuam æquitatem rogamus, vt nos audias, nobis credas, nobilem Dominum defendas & tranquillum reddas, atq; hanc turbam stupidam & insolentem à maleficiis prudenter coerceas.

Innocentia. Veritas.

14 † Æquissima Iustitia, nos nullo alio patrocinio, quam (quod dicitur) simplici Innocentia, & nuda veritate fulti ad tuum tribunal confugimus. Nullum vnquam læsimus, nulli maleficium intulimus, nihil corrupimus, sed quantum in nobis est, de omnibus belle mereri sategimus. Interim tamen D. Socrates Phylargyrus nobilitatis titulo fretus, suorumque Causidicorum prætectionibus fisus, nos opprimit, nobis passim incommodat, in rebus & nominis integritate nusquam nō lædit, famam nostram proscindit, de quouis maleficii genere nos traducit, & prorsus perdere studet, nec veretur interim nos iniquè apud tuum tribunal quasi maleficos nocentissimos accersere, multisque criminibus alligatos deprimere. Externa specie rumore falso, & traductione iniqua videbimur fortassis nocentes, si nos tamen propius agnoscere non pigeat, comperies certo nostram innocentiam, & veritatem simplicem, quas rogo contra oppressores nostros defendere velis, recepturus à Deo Iustitiæ tuæ administrationis mercedem dignissimam. Caue igitur ne Herodis innocentes puerulos Matthæi 2. capite, impie trucidantis truculentiam imiteris, ne ipsum quidem Dauid, qui innocentem Vriam occidi iussit,
15 2. Regum 11. † Quin potius (si nos exaudiri parum digni videbimur) ipsum Deum (cuius hic vicarium agis) libenter audi, & sanè monenti libentius obtempera. Iudicium (inquit) & iustitiam facite, & liberate vi oppressos de manu calumniatoris. Hieremiæ 22. cap. Rursum, Mendacium fugies, innocentem & iustum non occides. Exodi cap 23. Et à tribunali tuo procul facessat ea truculenta immititas, quam Deus insectatur apud Ecclesiast. cap. 4. Vidi (inquit) calumnias quæ sub sole geruntur, & lachrymas innocentum, & neminem consolatorem, & auxilio destitutos eorum violentiæ non posse resistere. Hos tam immites Iudices Deus maledictos pronunciat, quique munera accipiunt, vt percutiant animam sanguinis innocentis. Deuteronom. capite vigesimo septimo, Sed proh dolor, me miserum innocentem! Cur quæso, Iudex Dei in iudicando vicarie, nos vere innocentes tam indigne auersaris? nostris clamoribus obsurdescis? causamque veritatis tam impudenter negligis? Quæ quidem innocentia, & veritas licet in mun-

do sæpe premamur, nunquam tamen nos opprimi sinet Deus, vt cui nostrum patrocinium perpetuo fuerit curæ, dicente Propheta: Iustus Dominus, Iustitias diligit, æquitatem videt vultus eius, Psalm. 10. Ideoque à tuo tribunali appellantes ad ipsum defendendæ confugimus.

Tutor. Receptor.

16 † Æquissime Iudex, ad tuam Iustitiam ego Tutor fidelis, & Receptor propero. Res istarum viduarum, & pupillorum multos annos fideliter rexi, curaui, & ipsorum vsibus, quum res poscebat vtiliter expedi, (teste conscientia propria) & rationē ipsorum fideliter subductam, fidelius reddidi. Interim tamen non desinunt istorum patroni me falsis traductionibus proscindere, ac infidelitatis apud quosvis malitiose deferre. Quum tamē tua æquitas me noscat talem, vt cuius conscientia mentiri timeat, aut vlli hominum vel minimam iniuriolam inferre formidet. Quare tuam Iustitiam pro veteri necessitudine rogo, vt ab ipsorum latratibus meam integritatem defendat, ipsorumque petulantes linguas æquitatis tuæ virga coerceat. Rem mihi amico tuo candidissimo, multo gratissimā præstiteris, & pro beneficio tuo amplifs. pręmia reportaueris.

Vidua. Pupillus.

17 † Patronus Viduarum, & Pupillorum nomine loquitur. Iudex æquissime, in nos quæsumus tuæ clementiæ oculos conuerte, nostras lachrymas nostrosque singultus clementer aspice. Viduæ istæ sunt, suis orbatæ maritis, qui ipsarum causas, qui necessitatem, qui inopiam earum dum vixerant, ex amore coniugali tutari non destiterant, nunc ipsarum maritali patrocinio viduatæ omnique humano destitutæ præsidio, nihil ipsis factum est reliquū præter hos, quos manibus complectuntur misellos pupillulos, quos vnà cum suis matribus in tuæ Iustitiæ clementia commendamus plurimū, vt ipsorum misertus causæ eorum patrocinium libenter assumas, defensionem præstes, veriq; tutoris vices subeas, potissimum contra hos subdolos atque imaginarios potius Tutores suos, contra Receptores suos iniquos, contra denique creditores earum quoslibet, qui eas misere contristant, mundana astutia circumueniunt: nihil non falaciæ struunt, ac plane opprimere student: Gratitudinem tuis beneficiis rependere curabunt, sicubi fortuna aliquando responderit Interim quod ipsarum tenuitas exoluere nequiuerit, id post hanc vitam abunde pensauerit Deus, qui nullum op⁹ bonum irremuneratum sinet, & certe apud quem tua virtus Iustitiæ tuæ merces erit maxima. Quod si tu nos despicis, si oppressorib. nostris fauens nos auerseris, ad tutissimū Pa-
18 tronum nostrum confugimus Deum, † qui pupillo, & viduæ iudicium faciet, Deut. 10. Cui & propheta dicit Psal 9. Tibi derelictus est pauper, orphano tu eris adiutor. Tuque interim maledictus eris qui aduenæ, pupilli, & viduæ iudicium peruertis, Deuter. 27. Quam maledictionem, vt certo effugias, te variis in locis commonefacit, quidque nobis abs te fieri velit, aperte clamitat, mentemque suam his verbis aperit: Aduenam, pupillum & viduam nolite contristare, neque opprimatis iniquè. Hierem. 22. & Exod. 22. Opprimit autem, quisquis oppressoris iniuriam, quum potest ac debet non propulsat. Rursus: In iudicando esto pupillis misericors vt pater, & pro viro matri illorum, & eris tunc velut filius altissimi obediens, & miserebitur tui magis, quam mater, Eccles. 4. iterum, Viduæ & pupillo non nocebitis. Si læseritis eos vociferabuntur ad me, & ego audiam clamorem eorum: & indignabitur furor meus, percutiamque vos

vos gladio, & erunt vxores vestræ viduæ, &
filii vestri pupilli: Exod. 22. Quorũ lachry-
mosi clamores quã sint Deo odibiles, quã-
que seuerè eorum neglectores puniat, clarè
demonstrat, cum ait: Nonne lachrymę vi-
duæ ad maxillam descendunt, & exclama-
tio eius super deducentem eas? A maxilla
enim ascendunt in cælum, & Dominus ex-
auditor non delectabitur in eis; Eccles. 35.
Rursum per Isa. increpat Dominus oppri-
mentes pupillos & viduas, dicens: Omnes
diligunt munera, sequuntur retributiones,
pupillo non iudicant, & causa viduæ non
ingreditur ad illos; Isa. 1. Propter oppressio-
nem præterea pupillorum & viduarum in
exilium & captiuitatẽ missi sunt filii Israel.
Ezechiel. 22. Causam viduæ, non iudica-
runt, causam pupilli non direxerunt, & iu-
dicium pauperum non iudicauerunt, nun-
quid super his non visitabo: Dicit Domi-
nus? aut super gentem huiuscemodi non
vlciscetur anima mea? Hier. 5. Authoritates
tot tantæque Iudex æquissime te rogo mo-
ueant, vt nostri misertus, quod bonum est,
19 & æquum iudices. Verum ah & nos quo-
que misellos, qui cum nostri similibus sur-
do videmur occinere, & cæco claram ipsi-
que odiosam lucẽ obtrudere. Proinde hinc
recedentes ad Deum Patrem misericordia-
rum, & Deum totius consolationis cum
certa fiducia accedimus.

Vnusquisque. Popellus. Communitas.

20 † Quisquis suos patimur manes. Quisque
à potentioribus infirmamur, & concidi-
mus, ô Iustitia mundi regina fortissima.
Causam nostram tuæ Iustitiæ committi-
mus. Vnusquisque necessitatem, inopiam,
debilitatem, ac nostram miserandam Vni
uscuiusque calamitatem (in qua tam mi-
sere computrescimus) coram te expandi-
mus, tuæque clementiæ suppliciter com-
mendamus, vt tantæ nostræ necessitatis
miserta, nos Vnumquemque erigas, iuues,
confirmes, laboribus stabilias, decoribus
21 necessariis ornes & munias. Ita fiet, vt & †
ipsi potentes, (qui sine Vniuscuiusque ope-
ra simul existere nequeunt, sed cũ ipso con-
cidente simul & ipsi concidant oportet)
potentiores euadant, mutuis operis firmẽ-
tur, viribus coalescant, opibus, lætaque pa-
ce, & tranquillitate floreant, splendidisque
virtutibus perpetuò triumphent. Porrò si
nos Vnumquemq;, humilemque POPEL-
LVM, despicis, nostramque causam inde-
fensam negligas, nosque ęrumnosos miserè
contabescere sinas, futurum est, vt Respub.
tua nobiscum simul contabescat, & quæ
per tua in nos auxilia floruerat, nostro ne-
glectu squalleat ac tandem pereat. Agri
debita cultura fraudati obsylueſcent, nulla
officia constabunt, sed ad miserandam re-
rum faciem cuncta labescent, florẽtissima
quęque marcescent, & Potentiores ipsi tan-
dem Vniuscuiusque vices & seruilia officia
apprehendere cogentur, si sese in viuis con-
seruatos velint: Proinde Iustitia mundi re-
ctrix fortissima, hæc iterum atque iterum
æquitatis tuæ bilance trutina, diligenter
considera, & Vniuscuiusque causam, & in-
opiam tutandam libenter amplectere, ne
tanta rerum incommoda in tuam Remp.
latenter subrepta, tandem cum dolore per-
cipias. Quod si ne hæc quidem Reipubl.
mala te satis permoueant, saltem te pro-
priæ salutis ratio expergefaciat, aut exitii
futuri causa solicitet. Terreat te præterea
diuina Iustitia, teque ab ipsa doceri permit-
te, quid abs te Vnicuique fieri postulet, qua-
lemque te misello Popello præbere conue-
22 niat. Audite (inquit) illos, † quod iu-
stum est iudicate, siue sit ciuis ille, siue per-
egrinus, nulla erit distantia personarum.
Deut. 1. Atque iterum: Non consideres per-
sonam pauperis, nec honores vultum po-
tentis, sed iustè iudica proximo tuo. Non
stabis contra sanguinem proximi. Leuit.

19 Non facies violētiam pauperi, quia pauper est: neque conteras egenum in porta, quia iudicabit Dominus causam eius, & configet eos qui confixerunt animam eius. Prouerb. 22. Et rectè iudicate filii hominū. Psalm. 57. Vsquequo iudicatis iniquitatem, & facies peccatorum sumitis? Psalm. 81. Væ qui iustificatis impium pro muneribus, & iustitiam iusti aufertis ab eo. Isa. 5. Qui iustificat impium & iustum condemnat, vterque abominabilis est apud Deum. Prouerb. 17. Sed vt video, Vnusquisque pereat
23 oportet. † Nam, surdo diuina verba personat, & cæco lumen veritatis ostendit, qui nec rationibus flectitur, nec minis terretur diuinis. Ad Deum igitur properamus iniuriarum nostrarum vindicem acerrimum, & opitulatorem egestatis nostræ clementissimum.

Infernus. Paradisus.

Superiori hac imagine conspecta Iudex æquissime, imo hisce veris, atque diuinis edoctus authoritatibus, Iustitiæ tuæ admi-
24 nistratæ, præmia certò cognosce. † Si rectam æquitatis virgam seruaueris, si citra vllius personæ exceptionem, quod verum, quodque iustum fuerit, iudicaueris, en regni cælestis amœna optataque felicitas te
25 exceptura proponitur. † Sin iniquè à rectitudinis tramite deuiaueris si personas consideres, si affectibus in iudicando obsequi libeat magis, quàm veritati, en manet te hians Infernus, cum vniuersis suis suppli-
26 ciis, & tormentis. † Proinde te rogo Iudex quisquis es, vt Officii tui, imò diuinæ voluntatis (cuius vices in iudicando sustines) memor, Iustitiæ integritatem perpetuò inuiolabilem serues, æquitatis virgam nusquam non rectam gestes, humanos affectus omnes prorsus exuas, partium causas penitus, vereque cognoscas, tardè iudices, atque in iudicando veritatem ipsam quodque bonum erit & æquum, tanquam ex iusti iudicis Dei ore iudica, & veluti non tuam, sed Dei sententiam pronuncia. Quod vt syncerius efficias, in causis rei veritatem, non odium spectes, aut gratiam: quæ duo Iustitiæ corrumpendæ consultores sunt pessimi, c. Ipse, c. Iudicare c. Qui rectè, &c. Quatuor, cum multis aliis, huic materiæ congruentibus, 11. quæst. tertia, c. Omnis 45. distinct. Debet enim Iudex considerare omni in negotio, quid liceat secundum æquitatem, quid deceat secundum honestatem, & quid secundum vtilitatem expediat, vt (inquit) text. in c. Magnæ deuotionis, extra, de voto. Postremò, omnibus istis consideratis, debet Iudex moderatè, aut absoluere, aut condemnare, nullo modo in Reos excandescere, furiose clamare, aut imprudenter obiurgare, sed potius in animo condemnans plorare, vultuque verum animi mœrorem ostendere. Vnde text. in l. Obseruandum, ff de offic. præsid. congruit proposito nostro ibi. Sed & in cognoscendo neque excandescere aduersus eos, quos malos putat: neque precibus calamitosorum illachrymari oportet, id enim non est constantis & recti Iudicis, cuius animi motum vultus detegit. Et vt summatim dicam, ita ius reddi conuenit, vt authoritatem dignitatis ingenio suo augeat. Alibi text. in c. Est iniusta. 24. q. 4. Ait Iudicem nō debere mouere filiorum suorū preces, nec lachrymæ coniugis delinquentis. Vnde fons ille Romanæ eloquentię Cicero, Iustitiam humanæ societatis, vitęque communis conseruatricem meritò prędicauit, si ita moderatè ex bono & æquo citra humanos affectus cuncta iudicentur. Et hæc omnia nostri temporis Iudicibus perpetuò sunt obseruanda. Qui quam sint aliquando corrupti, lippis & tonsoribus est notissimum, qui quod Pilatus fecit semel, id ipsi quotidie (metuo) faciunt: qui peruersa voluntate, aut odio, aut amicitiæ gratia, aut consangui-

sanguinitatis, vel affinitatis affectione, aut (vt deteriora taceam) pecuniarum cupiditate corrupti, iustitiam (vt ita dixerim) ita contaminatam reddunt & pronunciant, quam rectæ rationis libramine perpensam, æquissimam pronunciare deberent. Vnde text. in c. 1. de re iudic. libro 6 grauiter dixerit. Caueant igitur Iudices, (vt iterum ipsos admoneam) & prudenter attendant: vt in causarum processibus nullum grassetur odium: fauor nullus vsurpetur: timor præterea omnis exulet: præmium aut expectatio præmii iustitiam non auertat: sed bilancem gestent semper in manibus, stateram æquo perpendant libramine: vt in omnibus quæ in causis agenda fuerint: præsertim in concipiendis sententiis & ferendis præ oculis habeant solum Deum. Ne Pilatum imitentur, qui in causa Christi iniquissimi Iudicis specimen exhibuit, non solum in Deum peccans, sed etiam contra leges humanas, ideoque & grauissimo supplicio, vel per Cæsarias leges meritò puniri debuisset. De hoc vide D. Lud. Montaltum Syracusium, super reprobatione sententiæ Pilati. Poteram interim (fateor) multo plura per varia capita inspergere, quæ ipse longa experientia comperi, quæque ad purgationem maleficiorum è Repub. conducere videbantur, eaque multo latius, multoque testatius, & firmius, si hunc librum ad Officiariorum manus tantum peruenturum existimassem. Verùm metuens ne (quod fortassis fieri solet) ad alios quoque hic libellus perueniat, quibus huiusmodi comprobationes & expositiones nocumento potius essent, & offendiculo, idcirco satius esse duxi ab amplioribus demonstrationibus prudenter supersedere, quàm imprudenter indigna quæque leui commonstratione simplices quosque docere. Non enim tutum est hoc corruptissimo sæculo, præter Iudicium omnia chartis illinire. Quisquis hodie in Iure quippiam meditatur, is inter sacrum (vt aiunt) & saxum sese constituit, &c.

CAPVT CLIX. ET VLTIMVM.

Adhortatio ad obseruationem Æquitatis.

Summæ rerum tractatarum in Commentariis CAP. 159.

1 *Sicut virtutes sua præmia habent, ita vitia suas pœnas, quas infert Deus.*
2 *Quas pœnas vel præmia infert natura.*
3 *Magistratus quia gladio vtitur & occidit, præmia, non pœnas, meretur: & docetur quare.*
4 *Æquitas excusat magistratum, quod gladio percutiens, non pœnas, sed præmia meretur.*
5 *Iniquus magistratus propter iniquitatem punitur.*
6 *Iustitia cum misericordia sit iuncta.*
7 *Æquitas præferenda rigori iustitiæ.*
8 *Æquitas quæ bona & ornamenta præstet magistratui.*
9 *Qui transgreditur æquitatem, punitur: vt patet exemplo Pilati.*
10 *Præmia delata naturaliter magistratui seruanti æquitatem.*
11 *Æquitas seruanda est, quia hæc à Deo commendatur, & Deo placet.*
12 *Quare potius lenitate, quàm rigore sit vtendum in obseruanda æquitate.*
13 *Coacti defendere se, si alium lædant, tametsi à natura non puniantur apertè, sentiunt tamen facti in se remorsum quendam.*
14 *Legibus pœnæ infliguntur criminibus, & præmia dantur virtuti.*
15 *Quæ crimina legibus non puniuntur vbicunque locorum sit, ea tamen à natura puniuntur.*
16 *Conscientia delicti est instar multorum tormentorum.*

17 *Scelera nunquam manent impunita.*
18 *Voluntas delicti ne pœna quidem caret.*
19 *Perpetrata scelera quæ pœna etiam sine legibus sequantur.*
20 *Diabolus propter scelera punitur.*
21 *Æquum est vt magistratus puniat crimina.*
22 *Vt exemplo à malis deterreantur homines, ideo æquum est vt magistratus puniat scelera, & legibus pœna constituta sunt arcendis criminibus.*
23 *Æquum est, vt diuersis criminibus diuersa quoque supplicia adhibeantur.*
24 *Æquitatis est potius leni supplicio quàm rigore vti, in puniendis criminibus iuxta legis ordinationis.*
25 *Rigor legum in puniendis criminibus nonnunquam obseruandus est.*
26 *Iniquus magistratus est qui conniuet criminibus, nec id impunè fert.*
27 *Orandus Deus vt efficiat quo iudices & magistratus in omnibus seruent æquitatem.*

1 QVemadmodum virtutum præmia à
Deo naturaliter, & Legum cõstitutione
obseruantur: ita scelerum, criminumque
supplicia etiam irrogantur, de Deo dicit
Propheta, quod Iudex iustus est, patiens,
longanimis nimis, nunquid irascitur per
singulos dies: nisi conuersi fueritis vibrabit
gladium suum: & quæ sequuntur pau
cis hoc distichon comprehendit ea, quæ
huc faciunt:

Ergo etiam scelerum pœnas hic exiget vltor,
Virtutumq; dabit præmia grata piis.

2 Naturaliter autem, vt † verum esse illud D.
Augustinus dixit, Per quæ quis peccat, per
eadem punitur, non desunt Authores, qui
exemplis plurimis verisque hoc demonstrant.
Quotidiana hoc quoque rerum
obseruatione certum declaratur. vulgò &
morale dici solet, Ab altero expectes, alteri
quod feceris. Qui suo proximo benefecerit,
à proximo bona recipiet: qui contra profecto
etiam læditur, & punitur, Matth. 26.
Qui gladio ferit, gladio perit. In Euangelio
igitur sic Christus proloquutus est, &
præcepit: Conuerte gladium tuum in locum
suum: Omnes enim qui acceperint
3 gladium, gladio peribunt. Iudex † verò vt
potè à Deo ordinata potestas, gladium iustitiæ
gestat ad defensionem bonorum, &
4 vindictam malorum. Oportet † igitur ne
hoc gladio Iudex, vel Princeps, vel vllus
magistratus abutatur, sed æquabiliter vtatur
& obseruet rigorem, non immemor sit
misericordiæ. Æquitatem, quæ benigna
est antè omnia colat, nã iuxta parœmiam,
æquitas non parit bellum. Quod si hac discretione
processerit magistratus, & gladiũ
vibrauerit, quando & vbi opus est; nec se
lædit, nec alium quenquam immeritum
percutit, nam qui nocentes sunt, ipsi sunt sibi
causæ & authores cur percutiantur à magistratu,
sua enim sententia facti se damnant
& feriunt. Quamobrem talis magistratus
nunquam punitur propter mortem
maleficis illatam ad defensionem bonorũ,
& piæ congregationis, & Reipub. trãquillitatem,
sed etiam honoratur, & præmiis
afficitur, triumphũq; meretur, & glo-
5 riã. † At iniquus magistratus, vel qui nimis
crudelis est, vel nimis lenis dum iustitiæ
nõ satisfacit, plerunq; punitur ille, vt Tyrannus,
de quo illud Iuuenalis meminisse
conuenit:

Ad generum Cereris sine cæde, & vulnere pauci
Descendunt Reges, & sicca morte Tyranni.

Hic vt præuaricator, aut corruptor, aut timidus
perniciem sibi ipsi creat, & ab eo,
cui præter leges indulsit, læditur, aut occiditur
haud rarò. Cicero habita oratione
vinctũ traditumque sibi à magistratu nefarium,
quum punire deberet, dimisit, & hic
posteà

postea ab Antonio ipsi Ciceroni proscripto iugulum præcidit, vt, Plutarchus in vita illius narrat, si rectè memini. Non declinet itaque bonus Iudex ad dextram, aut sini-
6 stram, sed recto tramite progrediatur. In † primis vero magistratus nouerit, quod vt D. Ioannes Chrysostomus habet super Matthæum, Iustitia sine misericordia non est Iustitia, sed crudelitas: sic contra misericordia sine iustitia non est misericordia, sed fatuitas, & iustitia cum misericordia coambulent, vt Ioannes de Terra Rubea contra rebelles sui Regis, in gloss. super verbo, intromittere, folio 41. tradit latius. Hinc Poëtæ affingunt Herculi clauum, oleique coronam: vt feriat quidem, sed ita, vt oleo misericordiæ ictum leniat. Decet Principes vt hanc Herculis formam in exemplum sibi sumant, hac de causa Principes & Magistratus consequentur virtutem æquitatis, vtpote quæ benigna est hocque sibi proprium & peculiare habet epitheton, vnde benigne o-
7 mnia moderatur. † Etenim æquitas præferenda est rigori iustitiæ, nam æquitas est temperata iustitia cum dulcedine & misericordia facta consideratione diligenti, & discretione circunstantiarum. Salomon dicit optime quidem Prouerbiorum 30. Non sis nimium iustus, ne pereas in propria iustitia, & qui nimium emungit, elicit sanguinem. Vnde præcipitur quoque, quod non omnia iura obseruāda sunt iuxta rigorem: nec omnia præcepta rigorem volunt, nonnulla exceptionem patiuntur, cūcta vero secundum æquitatem sunt agenda, defi-
8 nienda, & dirigenda. Hæc † æquitas efficit, vt Iudex sordibus careat, munera non curet, innocentem nō opprimat, melius est enim centum nocentes absoluere, quam vnū innocentem condemnare, vulga. l. Arianus, & ibi glossa in verbo: Vt faciliores simus, & etiam scribentes ff. de actionib. & obligat. & l. Fauorabiliores, ff. de reg. iur. & l. Finali, §. Sed cum aliquid, ff. de iureiuran. Concord. text. in Canone, Veniam nunc, & ibi etiam gloss. in verb. Si faciendum, 35. q. 9. in cuius signum ad pœnalem sentētiam lauacrum manuum ex pura aqua præberi solet Iudici, vt & illo Epigrammate testatum est:

Marmorea in tumulis vna stat parte columna
Vrceus, ex alia cernere malluuium est.
Ius hac forma monet, dictum sine sordibus esse
Defunctum puras atq; habuisse manus.

Huc pertinet quoq; factum Pilati lauantis coram populo manus suas & dicentis: Innocens ego sum à sanguine iusti huius, vos videritis. quid enim aliud voluit demōstrare, quam sequendam esse æquitatē, ipsamq; innocentiam nullo modo esse opprimendam. Quanquam ipse mox in eo facto deliquit tradendo innocentem inimico populo, nec Pilatus quidē hoc impune tulit. Nam in exilium relegatus, paulo post deuenit Viennam Allobrogum, & à canibus in campo prope Rhodanum, vbi nunc locus nūcupatur Vinea Pilati, dilaniatus est iusto iudicio, nimirū sicut crudeli populo, factioso & malo, tanquam canibus voracibus & clamanti: Sit sanguis eius super nos & filios nostros, sitienti sanguinem Christi, dilaniandum contra æquitatem Christum tradidit: ita ipse à canibus laceratus, distractus, deuoratusq; est. Crimina igitur considerate perpēdenda, pensiculatè in iudicium vocanda, atque punienda sunt: innocentia semper defendenda, in omnibus seruanda est æquitas, tanquam æquilibrium iustitiæ, ne rigor iustitiam superet, aut violet, ne nimia lenitas eam perdat, & obruat, haud dubie magistratus hac regia via procedens laudem merebitur, nec naturaliter vllam pœnam, sed præmia vere obtinebit, nam apud Ethnicos honorata fuit æquitas, & magistratus tali modo procedens laudabilis extitit. Anne Dionysius Areopagita videri potest ex iudicib. Areopagi propter æquitatem à Deo electus, vt ex infideli fidelis, ex Iudice secularium,

Iudex spiritualis, ex prophano magistratu
sacer fieret, & Episcopus Atheniensium. Sa-
lomon æquitate iudicii celebratus fuit, &
11 honoratus ineffabiliter. † Ita enim à patre
suo Propheta institutus erat, vt sciret quod
iniquitatem odio haberet, & abominare-
tur. Nam ipse Dauid sic ait Psalm. 118. Pro-
nunciabit lingua mea eloquium tuũ: quia
omnia mandata tua æquitas. & paulo ante:
Æquitas testimonia tua in æternum, intel-
lectum da mihi, & viuam. Apud Xenophõ-
tem in Cyropędia legitur Cyrus à suo præ-
ceptore institutus, vt in omnibus iudiciis
seruaret æquitatem, cuius quidem institu-
tionis memor Cyrus summa cũ laude Rex
factus præfuit, & honoratus est: sed enim
huius generis plurima exempla passim ob-
uia sunt, quibus magistratus ad obseruan-
dam æquitatem commoueri potest. Ante
omnia illud prophetæ (Psalm. 10.) dictũ in
pectore gestandum est bono magistratui,
quo dicit: Quoniam iustus Dominus, &
iustitias dilexit, æquitatem vidit vultus e-
ius. & paulo ante in eodem Psalmo: Qui di-
ligit iniquitatem, odit animã suam. Prin-
ceps verò Dei imaginem refert, & ad hanc
iudices, omnesque boni magistratus acce-
dunt, quare imitari Deum debent, & æqui-
tatem in omnibus retinere, sic enim viuent
rectè, & laudabiliter, nec à naturali vlla im-
pressione incommodum sentiẽt: quicquid
vero accidit aliunde est, & violenter infer-
tur, sicut æquitatem amanti omnia sunt
æqua: ita contra, iniquos odit Deus, odit
vir bonus, odit ipsa natura, & punit. Diuus
Paulus in epistola ad Galatas, qui ait: insti-
tuitur ei, à quo instituitur, communicet in
omnibus bonis. Nolite errare. Deus non
irridetur, quę enim seminauerit homo, hæc
& metet: Inferri potest haud inepte qui se-
minat æquitatem, metet eam: qui iniqui-
tatem, ab hac conficietur. Leuitici decimo
nono præceptũ legitur datum: Non facies,
quod iniquum est, nec iniuste iudicabis.
& mox inde: Nolite facere iniquum ali-
quid in iudicio, in regula, in pondere, in
mensura, statera iusta, & æqua sint ponde-
ra, iustus modius, æquusque sextarius. V-
bi ipsa æquitas præualet, ibi contentioni
materia, ac fomentum subtrahitur, non de-
ficit misericordia, non discretio, non cultus
12 iustitiæ, aut sufficiens rigor. † Princeps i-
gitur, omnisque magistratus etiam in pu-
niendis criminibus, Iudex in ferenda sen-
tentia studeat esse æquus, sic sibi & suis be-
ne consulet, nec male vtetur potestate. Vn-
de nulla redundat iniquitas: & peccatorib.
timori erit, bonis autem honori, quod si a-
libi contrarietas inciderit, aut anxietas quę-
dam de inferẽda pœna, semper pars mitior
est præferenda, iuxta sententiam omnium
Theologorum & Iureconsultorum: minus
enim delinquitur in lenitate, quam in ri-
gore: illi mederi licet, huic nequaquam, nec
caret ratione lenitatis, quod quadraginta
plagas minus vna ex lege Mosayca (Deut.
25.) Reo Iudæi inferebant. Nam pro men-
sura peccati, statuebatur modus plagarum,
ita tamen vt quadragenarium numerum
non excedant, ne fœdè laceratus ante ocu-
los tuos abeat frater tuus. Hæc est autem
obiter nunc commemorata ratio eorum,
qui non solum impune, sed & etiam cum
13 laude vtuntur gladio, gladio feriunt. Et †
alios iuxta carnalem oculum lædunt, qui e-
tiam se defendunt, necessitateque in deli-
ctum percutiendi proximum fratrem in-
currunt, tametsi non aperte à natura puni-
antur, quod legis naturalis proprium cen-
setur esse, vt liceat vim vi repellere: tamen
horrent ad facti mentionem, dolentque re
gesta, & haud raro maligniorem erga se na-
turam ipsam experiuntur. Serpens si quan-
do hominem necarit, aut lethaliter vulne-
rauerit ab ipsa terra non amplius recipitur,
sed perit, nimirum ipsa natura vindicante
factum. Ita ipsa natura homines homici-
das, maleficos, & iniquos rursus æquissi-
me punit: (Cain quia occidit Abel fratrem,
rursus à Lamech occisus fuit.) contra au-
tem

tem, nam bonos exaltat: crimina non finit inulta: virtutem præmiis recōpensat. Hæc
14 nunc † legum, quæ crimina puniunt, origo est. In veteri Lege constant supplicia, vt qui hominem voluerit occidere, & ideo percusserit, morte moriatur, qui percusit per insidias, vel de industria occidens, vt morte moriatur, etiam si de altari Dei euellatur, qui percusit aut maledixit patri aut matri, morte moriatur. Qui furatus fuerit hominem & vendiderit eum, noxæ conuictus morte moriatur, Exod. 21. Reddet animam pro anima, oculum pro oculo: dentem pro dente: manum pro manu, pedem pro pede, adustionem pro adustione, vulnus pro vulnere, liuorem pro liuore, & quæ Lex talio-
15 nis hinc iure ciuili confirmata manet. † Porro vt crimina varia, ita illorum diuersa quoq; supplicia apud diuersas nationes fuere, & vbicunque nullis legibus punita fuere crimina: ibi ipsa natura pœnas sumpsit, crudeliusque authores vexauit & puniuit, quam si latis legibus pœnæ inflictæ fuis-
16 sent. Haud raro † ipsa conscientia in leuissimis etiam peccatis tormento continuo suppliciū facti infert vt est apud Iuuenalem.

Exemplo quodcunque malo committitur ipsi
Displicet authori, prima est hæc vltio, quod se
Iudice nemo nocens absoluitur, improba quamuis
Gratia fallacis prætoris vicerit vrnam.

Hinc est quod multi quum ante scelus & crimen tutum vident refugium, & sui defensionem, imo hæc sæpe præparata habēt, quibus se post admissum crimen liberatum iri sperant, mox perpetrato scelere omnem sibi viam effugiendi, defendendi, iuuandique sese offendunt præclusam, & infinita experiuntur incommoda ac impedimenta, vt statim in pœnas semetipsos præcipites deuoluant, in manus eorum deueniant à quibus iure puniri debent. & vt salua sint cætera omnia, tamen tot aduersitatibus affliguntur, vt etiam tectissima crimina detegant, & se publicis suppliciis exponant, vltroq; manibus magistratus offerant, vt luant dignas meritis pœnas. Nonnulli semetipsos conficiunt, addentes sceleri scelus, & in desperatione pereunt, malumque exem-
17 plum relinquunt. † Nemo autem criminibus oneratus impune tulit admissa, vnde verè Ethnicus ille Poëta Satyricus sic prodit, Satyr. 13.

——Cur tamen hos tu
Euasisse putes, quos diri conscia facti
Mens habet attonitos, & surdo verbere cædit,
Occultum quatiente animo tortore flagellum.
Pœna autem vehemens, ac multo sæuior illis,
Quas & Caditius grauis inuenit, aut Rhadamanthus:
Nocte dieque suum gestare in pectore testem.
Spartano cuidam respondit Pythia vates,
Haud impunitū quondā fore, quod dubitaret
Depositum detinere, & fraudem iure tueri
Iurando, quærebat enim qua numinis esset
Mens, & an hoc illi facinus suaderet, Apollo.
Reddidit ergo metu, non moribus, & tamen omnem
Vocem adyti dignam templo, verāq; probauit,
Extractus tota pariter cum prole, domoq;.

Hanc vero historiam prolixe Herodotus narrat de Glauco Lacedæmonio libro sexto.
18 eò candidus Lector recurrat. † Atqui adeo etiam crimina puniuntur, vt vel voluisse deteriora sequi, mox suum habeat supplicium, quod idem Poëta expressit luculēter.

Et quamuis longa deductis gente propinquis,
Has patitur pœnas peccandi sola voluntas.
Nā scelus intra se tacitum qui cogitat vllum,
Facti crimen habet, cedo si conata peregit.

Sicut in magnis voluisse pulchrum aliquid est laus: ita contra voluisse malum, vel turpe, improbum. Nam huic pœnæ, inde præmia confestim sequuntur. Quod si perpetrata sunt scelera, horum statim pro foribus sunt pœnæ. Iudicium enim suum secū portant vt ait Christus: Conscientia vnumquemque arguit, vt Paulus dixit, nec malè ea Iuuenalis recenset, quæ factum scelus comitantur: vt,

Perpetua anxietas, nec mensa tempore cessat,
Faucibus & morbo siccis, interq; molares
Difficili crescente cibo: sed vina misellus
Expuit, Albani veteris pretiosa senectus
Displicet: Ostendas melius, densissima ruga
Cogitur in frontem, velut acri ducta Falerno.
Nocte breuem si forte indulsit cura soporem,
Et toto versata thoro iam membra quiescunt,
Continuo templum, & violati numinis aras:
Et quod præcipuis mentem sudoribus vrget,
Te videt in somnis tua sacra, & maior imago
Humana turbat pauidum, cogitque fateri.
Hi sunt qui trepidant, & ad omnia fulgura pallent.
Cum tonat, exanimes primo quoq; murmure cæli,
Non quasi fortuitu, nec ventorum rabie, sed
Iratus cadat in terras, & vindicet ignis.
Ille nihil nocuit, cura grauiore timetur
Proxima tempestas, velut hoc dilata sereno.
Præterea lateris vigili cum febre dolorem
Si cœpere pati, missum ad sua corpora morbum
Infesto credunt à numine. Saxa deorum,
Hæc & tela putant, pecudem spondere sacello
Balantē, & laribus cristam promittere galli
Non audent: quid enim sperare nocentib. ægris
Concessum? vel quæ non dignior hostia vita?
Mobilis, & varia est ferme natura malorum.
Cum scelus admittunt, superest constantia, quid fas
Atque nefas, tandem incipiūt sentire peractis
Criminibus, tamen ad mores natura recurrit
Damnatos, fixa & mutari nescia. Nam quis
Peccandi finem posuit sibi? quando recepit
Eiectum semel attrita de fronte ruborem?
Quisnam hominum est, quem tu contentum videris vno
Flagitio? dabit in laqueum vestigia noster
Perfidus, & nigri patietur carceris vncum,
Aut maris Aegæi rupem, scopulosque frequentes
Exulibus magnis, pœna gaudebis amara
Nominis inuisi, tandemque fatebere lætus
Nec surdum, nec Tiresiam quemquam esse deorum.

Idem prima Satyra huc respexit, quum sic canit,

Ense velut stricto quoties Lucilius ardens
Infremuit, rubet auditor, cui frigida mens est
Criminibus, tacita sudant præcordia culpa
Inde iræ & lachrymæ ——

Adeo verum est quod ipsis criminibus præsentia semper sunt, moxque cuncta supplicia, vt id vulgò notissimum sit, dicique solet teste Iuuenale Satyra prima:

Aude aliquid breuibus Gyaris, & carcere dignum
Si vis esse aliquis: probitas laudatur & alget.
Criminibus debent hortos, prætoria, mēsas,
Argentum vetus & stantem extra pocula Caprum.

Quod si nunc exitus vitæ eorum perstringerentur, qui criminibus peperere hortos, prætoria, mensas, & cætera his similia, haud dubie omnia tragica, & luctuosissima pœnarum genera occurrerent. Quamobrem Virgilius sexto Æneid. sceleribus subuertit pœnas, & tandem infert sic:

Non mihi si centū linguæ sint, oraq; centum
Ferrea vox omnes scelerum comprendere formas
Omnia pœnarū percurrere nomina possem.

Valerius Maximus rectè aliquando pœnam
differri quidem, sed non auferri hac senten-
tia insinuauit. Diuina, ait, ira lento gradu
ad vindictam procedit, sed tarditatem sup-
20 plicii grauitate recompensat. † Et Dauid de
hoste humani generis, & de peccatoribus sic
in Psalmo 7. scripsit: Lacum aperuit & ef-
fodit eum, & incidit in foueam quam fecit.
& conuertetur dolor eius in caput ipsius, &
nequitia in verticem descendit: Diabolus
itaque author omnis criminis, iuste omni
genere suppliciorum torquetur, tum eius
21 angeli, & asseclæ ac peccatores prout † de-
linquunt, castigantur. Quia igitur Deus, &
natura non sinunt inulta esse scelera: quo-
modo homines in magistratu constituti,

Dei

Dei personam referentes, non animaduertant in peccata? Et si sæpe nolunt, & inuiti ad suppliciade criminibus sumenda impelluntur: tamen vt maleficis hæc irrogent, & innocentiam tueantur bonorũ, ipsi malefici eos incitãt, qui clara voce se latrones, homicidas, adulteros, & improbos sceleratosque clamant, & ipsi magistratui aliquando apertè, aliquando clam vim non modo intentant, sed etiam se insidiari fatentur, nisi puniantur, nimirum ipsa natura peccato-
12 rum pœnas exigente † Tum exempli dandi ratio haud exigua est, vt mali deterreantur ab improbitate, & boni sint in virtute constantes, cur sumendorum suppliciorum de criminibus alibi consuetudines, alibi leges sint introductæ & confirmatæ. Nec ineptè huc detorqueri potest: quod dicitur, Ex malis moribus bonæ leges natæ sunt. Nam propter maleficiorum depulsionem vtiles, atque optimæ leges sunt promulga-
13 tæ & approbatæ. Cæterum sicut † crimina sunt diuersa, ita ex illis diuersa quoque supplicia inferuntur, & hęc apud varias nationes haud parua quoque recipiunt discrimina: quemadmodũ de hac æquitate pœnarum in multis locis huius commentarii demonstratum est, quare his longius inhærere tædiosum nec operæprecium vide-
14 tur. † Sed illud repetiuisse haud obfuerit, quod æquitati in primis studendum est, præstatque mitiore pœna crimina punire, quàm rigore extremo procedere. In morborum curatione, imò etiam in ipsa sanitatis conseruatione medici statuũt omne nimium esse noxium. Sed in ciuilibus & criminalib. rigor iustitiæ formam eius, quod
23 nimium dicitur, repræsentat. Esset † igitur rigor formidandus in multis, nisi sicut extremis morbis extrema exquisitè remedia optima sunt. Ita maximis & enormibus criminibus ipsa quoque extrema supplicia essent conuenientia, nimirum quæ nullam misericordiam admittunt. Haud raro incurrunt flagitia, & vulnera immedicabilia, quæ ense recidẽda sunt, ne pars syncera trahatur. Quamobrem bonus magistratus, grauis Iudex, & lectus Senatus seruantissimus æqui, dignus est omni laude, & gloriam inueniet. Ita iniquus afflige-
26 tur & plurima mala experietur. † Nam conniuens cum flagitiosis, & improbis tanquam cernens furem & currens cum eo, se participem facit criminis alieni, & huius quoque pœnam sibi accersit. Qui autem malitiem punit, pœnam à se & suis, omnibusque bonis abigit præmium consequetur, quod quidem vniuersum paucis comprehensum est à Regio propheta in Psalmo octuagesimo primo, canente in hanc sententiam: Deus stetit in Synagoga, in congregatione Deorum, nimirum Principum & Iudicum, in medio autem illorum diiudicat qualescunque alios magistratus, & in illis hęc loquitur: Vsquequo iudicatis iniquitatem, & facies peccatorum sumitis? Iudicate & iudicio defendite probitatem, egenum pupillum, humilem & pauperem iustificate, eripite pauperem, & egenum de manu peccatoris liberate. Cæterum magistratus illi nesciuerunt, neque intellexerunt hæc, in tenebris ambulant. Quare omnia fundamenta terræ mouebuntur, regna mutabuntur, tituli & honores talibus magistratibus adimentur, iterum varias vexationes illis notum Deus facit, quod Dii sunt, illis loquitur, ego dixi, Vos Dii estis, & filii excelsi omnes. Quia verò hoc necdum intellexerunt, nec æquitatem obseruant, ideo infert Deus: Vos autem sicut homines, sicut iniqui, & vt peccatores moriemini.

Vos ignota eritis contemptaq; funera, sicut
Obscura vulgus morte perire solet.

Vos, & sicut vnus de Principibus cadetis, sicut Lucifer cecidit in pœnam æternam, pręcipitabimini cum eo, & cruciabimini:
27 † Quare orandus est Deus, vt surgat in cordibus iudicum, omnisque magistratus, vt per hoc iudicet terrã, & homines terrenos,

bonos defendendo, malos puniendo pro meritis. Quoniam ipse Deus hæreditabit in omnibus gentibus, namque æquitas præualebit, quoniam de sceleribus supplicia sicut debet fieri, sumuntur: & multa crimina non sinuntur à Deo, aut à natura. Elegans est Psalmus ille Iudici necessarius, & memori mente recitandus, atq; obseruandus, cuius graui pleraque elocutione, vtilissimaque condemnatione finem argumento imponere, & hoc loco desinere, verum, & æquum est.

Quid sunt sine Iustitia Regna, nisi Latrocinia magna?

Humanum est peccare
Angelicum emendare
Diabolicum perseuerare
} *pro quo facit glossa in l. Consentaneum, in verb. perseuerauerit. C. quomodo & quando Iudex.*

Veritatem super omnia debet quærere iudex.

Veritatem inuenire difficile est, vbi sapientes discordant.

Ecclesia est auctrix iustitiæ.

Deus irascitur ex negligentia correctionis delictorum.

Mali male omnibus vtuntur, digni qui malè pereant.

Malitiis non est indulgendum.

Nõ potest dolo carere, qui imperio magistratus non obtemperat.

Inobedientia est maximum delictorum.

Mala omnia quis potius debet pati, quã malo consentire.

Mundi conseruatio est in pace & tranquillitate viuere.

Sapientiæ 1.

Diligite iustitiam, qui iudicatis terram.

Consuetudo in delinquendo aggrauat pœnam.

FINIS.

APPEN-

APPENDIX CVM ELENCHO DE PROPRIIS LIBRIS HACTENVS A ME EDITIS, TAM in Iure, quam aliis profeſſionibus, & nonnullis adhuc ſcriptis mox imprimendis in gratiam ſtudioſorum.

CERTA conſuetudo fuit veterum authorum, qui in aliquo genere ſcientiæ multas lucubrationes, aut diuerſa ſcripta in lucem emiſerunt, tandem aliquando omnium illorum rationem, ordinem & catalogum cōtexere: vt ſuos partus ab alienis diſcernerēt, & legitima illegitimis anteferrent. Sic Hippocrates ille ſuorum librorum ſubinde meminit, vt ad eos lectorem remittat. Plato alibi diuerſa ſua ſcripta enumerat, & eorum methodum prodidit publicè, vt apud Diogenem Laertium in vitis Philoſophorum legere licet. Ariſtoteles quoq; ad Alexandrum Magnum ſuorum Hypomnematon vel commentariorum diſtinctionem facit, teſte Aulo Gellio Noctium Atticarum, id plurimi Philoſophi maximè polygraphi fecerunt. Galenus medicus non vnum modo, ſed plures commentarios de propriis libris edidit, idē deinceps alii doctiſſimi viri ſecuti ſunt, vt neotericos omittā. quorum multi etiam ſuis exemplis ad hoc præſens incœptum inſtimulauerūt, rationes plurimæ impulerunt illos, eædem me mouent. ante omnia hunc meorum librorum catalogum conſcribere placuit, quod viderē eos in diuerſis vrbib. typis & linguis imprimi. vnde aſſertorem propriū me eſſe haud iniuria meorum librorum profiteri poſſum, antequā ex mei nominis dominio in alienum ius tranſeant. Res autem in hunc modum ſe habet, cum animaduerterem quam plurimos iureconſultos & cauſidicos noſtræ ætatis grauiter ſubinde in variis cauſis, maximè pupillorum, minorū & prodigorū allucinari, imo non debitā diligentiā præſtare. Vnde innocentia ſępe obrueretur, nolui deeſſe profeſſioni iuris iuſticiæ erga afflictam & teneram ætatem. legeram, imo animo reuoluebam continuo, illud Prophetæ, *Viduæ, & orphano tu eris adiutor:* Rurſus illud eiuſdem, *nec circumſcribi pupillos fraude ſinatis.* Idcirco vt errores multorum corrigerem & pupillorū, minorum, & prodigorum cauſam defenderem, quod in foro ſedulus prçſtiti, impulſus ſum etiā ſcriptis priuatis procurare. quid igitur? ſcripſi *Patrocinium pupillorum, minorum, & prodigorum.* totam materiam vno opere complexus: quam multis probis & doctis communicaui, & gratam in lucem adhortātib. omnibus emiſi. reiterantib. impreſſionem huius operis multis typographis, adiūxi aliud opus inſcriptum *Subhaſtationum compendioſa exegeſi.* forte ampliſſimæ Ciuitatis Brugenſis politiam multis aliis oppidis neceſſariam & imitabilem, tanquā bonam Reipublicæ ideam, & exemplar conſyderans conſcripſeram multa ad rem notatu digna. tandem integrum libellum abſolui,

& gratitudinis ergo destinaui perpetuę memoriæ patriæ meæ, sic & hic libellus in publicum prodiit, continuæ, & variæ multorum, qui in lingua Latina non satis versati essent, preces & flagitationes extorserunt operis mei De patrocinio pupillorum, minorum, & prodigorum, & alterius De subhastatione Gallicam interpretationem. Itaq; ambo illi libri in Gallicam linguã à me conuersi & mox typis impressi sunt. Porro rerum criminalium in foro multiplices quæstiones & obscurus vsus vel praxis occurrere cœpit. Hic committere nequiui quin in hũc campum per omne genus authorum in iure vtroque exspaciarer, sic accidit vt iustum volumen, res à me collectæ implerent, inuigilaui attẽtius toti negotio, & expoliui scriptum, quod non solum mihi, sed etiam omnibus iuris studiosis mirum in modum breuitatis causa & ordinis placuit, res necessaria & vtilis supprimi sine cõtrouersia non potuit, ecce & hic liber mihi extortus est, & typographis traditus meruit publicam lectionem, materia huic affinis successit, *Praxis rerum ciuilium.* Pertractaui igitur hanc & edidi non minorib. auspiciis & applausu quam illam de criminalibus, talibus modis duo commentarii, vnus *De praxi rerum criminalium*, & alter *De praxi ciuilium*, impressi sunt ab initio: qui quum à studiosis, & causidicis vehementer desiderarentur, operam nauaui vt rudem editionem subinde expolirem, augerem, & formando perficerem, secutus sum in hoc multorum exempla doctorum; qui, sicut vrsæ rudẽ massam lambendo in perfectum vsque animal conformant, neque prius cessant, quam omnia mẽbra absoluta vident. Interea sparsim annotaueram multa paria, similia, dissimiliaque in vtroque iure, quæ forum sequentibus ex vsu essent. Scripsi igitur de his farraginem & enchiridium confeci, quod mox in lucem emisi: ne quid mearum lucubrationum quod prodesset, temere interiret. Postquam causa religionis in Belgio magis, quam antea vnquam promiscue à populo illotis (quod aiunt) manibus pedibusque tractaretur, continuisque quæstionibus & altercationibus mensæ perstreperẽt, nec scirem cum qua vtilitate: sic studium Theologicum delibare volui, exemplo multorum iureconsultorũ, qui vtriusque iuris tractationem connexerunt cum Theologia. Qua de causa *Paraneses Christianas*, siue *locos communes ad religionem & pietatem Christianam pertinentes*, ex vtroq; testamento desumptos collegi, & his quædam vtilia ac noua de pecuniis & peregrinatione Christiani hominis ac morte cõtexui, atque in lucem producere, multis suadentibus, non sum veritus, quamuis pluribus de causis hac in re quid facerem subdubitauerim. Scio enim quam graue, & ineptum multis fuerit etiam doctissimis alioqui viris, & simul piis, ex sua vel iuris, vel medicinæ, vel artium liberalium professione prosiluisse in Theologicos limites: imo multis quasi capitale probrum, hoc est imputatũ, quod suam falcem in alienam messem miserint. Cæterum difficultas temporis eiusdem occasio euicit, vt Theologos propitios haberem, nec immerito. Nam animo syncero & candido compilatis meis commentariis fenestram bene merendi de omni genere hominum sine fuco piis lectorib. aperui, sic & hi libri prælum lucemq; non formidauerunt. Editi etiam plurimis concionatoribus profuerunt, & aliis lectoribus omnibus, vt credo, propterea quod multa singularia & occulta detegerem, optimamque mihi certe visam tractarem methodum docendi rudem populum. Sed cum essent paulo altioris speculationis, quam vt rudiorib. conuenirent, descẽdi ad principia Christianæ religionis, vt rudimenta pueritię in nostra fide & catechesim. Proinde conscripsi librum, cui titulum dedi *Speculum conscientiæ*, in tribus linguis, Latina, Gallica & Flandrica. Opus approbatum quidem & confirmatum Regio priuilegio, sed nondũ

inuuiniuria temporum editum est typis: spero autem quod breui impedimenta proferendi illud è medio tollantur. Haud dubiè illud fore confido, statim ac infesta pace huic nostræ prouinciæ pristina felicitas, fauente Deo, & domino Iesu redierit.

Vt certus ordo fœturæ meorum librorũ constet, vnà cum titulis, ideo copiosum catalogum attexi: in quo quidem nomina typographorum, qui eos diuersis locis & temporib. impresserunt, quãtum ad meam noticiam hactenus peruenit, & viri referuntur, quibus dedicaui meos labores. Classis autem talis est:

Primo omnium in lucem exire feci librũ cui titulus est, *Patrocinium pupillorum, minorum, atque prodigorum*, cupidę legum, canonum, praxisque iuris iuuentuti non tam vtile, quam necessarium. Hunc Brugis Hubertus Crocus chalcographus impressit, anno 1544. in folio 2. cum gratia & priuilegio Cæsareo, in annos sex: dedicaui illum clarissimo ac prudentissimo viro, & publici, priuatiq; iuris consultissimo, domino LVDOVICO de SCHORE Cæsareæ Maiestatis præsidi meritissimo. Hic liber iterum in 4. forma impressus est Antuerpiæ, apud Iohannem Bellerum, anno 1564. & illustratus iconibus materiæ subiectæ conuenientibus, cum priuilegio Regis in 8. annos. Dedicaui hunc reuerendissimo atque illustrissimo Domino Antonio Perenoto Grãuellano, Sacrosanctæ Romanæ Ecclesiæ presbytero Cardinali, Archiepiscopo Mechliniensi primo. Additus est alter liber in eadem impressione, cui titulus, *Subhastationum compendiosa exegesis*: à me dedicata reuerendissimo domino Viglio Zuichemo, iurisconsultissimo, pręposito Diui Bauonis Gandauensis, supremi consilii Belgici primario Præsidi & custodi sigillorum Regiæ Maiestatis Hispaniarum, nec non equitum Aurei velleris cancellario ac consiliario. Adiunxi tertium libellum, *De magnificentia politia amplissima Ciuitatis Brugarũ*, in laudem amplissimi Senatus Brugensis, cum oratione ad eundem. Quãquã liber Subhastationum compendiosa exegesis iam ante etiam Gandaui, cum Imperiali priuilegio per Erasmum Quercinum in forma quarta, cum declamatione, in laudem Hispanicæ nationis Brugis fixas sedes habentis, impressus fuerat anno 1564. Deinde tamen anno 1558 etiam typis Stephani Valerii, Louanii cũ gratia & priuilegio Regio ad quadriennium, in 8. forma emissus est. Tertio liber *De patrocinio pupillorum, minorum & prodigorum*, Venetiis apud Ioannem Antonium Ferreum locupletatus, & cum Subhastationum compendiosa exegesi editus est, anno Domini 1572. in octaua. Rursus *De patrocinio pupillorum, minorum & prodigorum*, Gallicè à me conscriptus, & dedicatus illustri ac magnanimo D. Petro Ernesto, Comiti Mansfeldensi: impressus est Antuerpiæ apud Ioannem Bellerũ, anno 1567. cũ gratia & priuilegio Regio ad decenniũ. in 4. forma, titulus est *Le Refuge & Guarand des pupilles, orphelins, & prodigues*. Libri hi etiam in Gallicam linguam & simul & separatim, mox etiam in Flandricã translati, omnes in magna forma edendi typis restant.

Hinc à me in lucem emissus est liber, cui titulus, *Praxis rerum criminalium*, &c. impressus primò Antuerpiæ apud Ioannem Bellerum, sub Aquila aurea, in 4. forma cũ iconibus, anno Domini 1554 dedicatus Ludouico à Flandria Pratensiũ dynastæ, sacræ & catholicæ Maiestati Cæsareæ secundo à cubiculis, & Financiarum prefecto, &c. mox idem liber in Gallicam linguam à me translatus, Louanii imprimitur eodem anno, cum gratia & priuilegio Cæsareo ad annos quinque, in 4. forma, additis figuris vel iconibus. Inde nomine Enchiridii & practicę rerum criminalium in Gallia, Lugduni per Sebastianum Bartholomæum Honorati, in 8. forma, anno 1555. editur & dedicatur vt supra. Mox in Flandricam linguam, versus à me Louanii, anno Domini 1555. cum priuilegio Cæsareo, ad annos quinq; impressus est. Rursus Gallica inscriptione & lingua hoc eodem anno 1555. Parisiis editur in 8. forma, *Practicque iudiciaire es causes criminelis, &c. illustre & enrichie des ordonãces, statutz, & coustumes de France, imprime par Gilles Gourbyn, à l'enseigne de lesperance prez le college de Cambray, auecq priuilege du Roy pour six ans.* Dedicaui hanc interpretationẽ D. Carolo Baroni de Barlaymont, Gubernatori Comitatus Namurcensis, &c. Deinde Antuerpiæ, idem opus excuditur per Ioannem Bellerum anno 1562. cum priuilegio Regis ad annos decem, in 4. forma, dedicatum est D. Miraldo ab Egmont, Principi à Gauere, Comiti de Egmont, Baroni de Baer, & D. de Fiennis, Auxi, Armentieres, &c. consiliario Regio, ordinis aurei velleris, equiti aurato, Flandriæ, Artesiæque summo præfecto, &c. Rursus translatus in Germanicam linguam liber criminalium Francofurti ad Mœnum, in Germania imprimitur forma 4. cum iconibus à me trãsmissis, per Ioannem Wolffium, anno Domini 1565. Inde Antuerpiæ iterũ in 4. forma anno Domini 1570. cum additionibus, iconibus, figurisq; per Ioannem Bellerum concesso Regio priuilegio in annos 8. dedicatus à me D. Philippo de sancta Aldegunda & Noircarmes equiti & commendatori de Alcantara, Cæsareæ & Catholicæ Maiestati Caroli V. olim à cubiculis, nunc consiliario Regis Hispaniarum, & præfecto ærarii seu Financiæ eiusdem, &c. Hinc Venetiis, anno 1572. apud Ioannem Antoniũ Bertanum, in 4. forma exit, dedicatus vt supra. Postea Lugduni in Gallica lingua editur forma 16. anno 1573. cum inscriptione, *Practicque iudiciaire es causes criminelis, &c. illustre & enrichie des ordonances, statutz & coustumes de France, à Lyon par Benoit Rigaudt*, dedicatus est D. Carolo Baroni de Barlaymont, &c. Financiarum Regiæ Maiestatis Hispaniarum præfecto, &c. Adhuc Praxis rerum criminalium in Gallicam linguam translatus, auctus cum allegationibus Latinis à me typis destinatus reseruatur in suum tempus.

Post librum de Praxi criminalium absolui commentarios *De Praxi rerum ciuilium*, prætoribus, proprætoribus, consulibus, proconsulibus, magistratibus, reliquisque id genus iusticiariis ac officiariis in quacunq; Republica forensem administrationem assumentibus apprime vtili & necessaria, cum nonnullis iconibus subiectæ materiæ conuenientibus. Hos dedicaui illustrissimæ Principi D. Margaretæ ab Austria Ducissæ Parmensi, & Placentiæ Gubernatrici, Generali Prouinciarum Regiæ Maiestatis Belgii, is liber est impressus in 4. forma Antuerpiæ, apud Ioann. Bellerum, anno Domini 1567. cum gratia & priuilegio Regio ad decennium. Rursus idem reuocatus est sub typum eiusdem Ioannis Belleri, Antuerpiæ, anno Domini 1569. cum priuilegio Regio ad annos decem in eadem forma, dedicatus vt supra. Deinde Gallice à me conscriptus cum Latinis allegationibus, dedicatus D. Carolo de Thysnac, equiti aurato, præsidi secreti consilii, impressus Antuerpiæ in 2. forma per Ioannem Bellerum anno 1572. cum gratia & priuilegio Regio, titulus est Gallicus, *Practicque iudiciaire es causes ciuiles.* Idem liber antea Venetiis Latine est impressus, typis Dominici Guerrei, & Ioannis Baptistæ fratrum, anno Domini 1568. in 4. folio. Rursus à me correctus & auctus primo in Latina lingua, tum in Gallica cum allegationibus Latinis & iconibus imprimendus in magna forma paratus est. Similiter idem in Flandricam linguã translatus, in forma eadem cum Latinis additionibus & iconibus, concessa iam gratia & priuilegio tradit᷒ Bellero typographo Antuerpiano breui emittitur.

Post hæc absolui *Enchiridion parium & similium vtriusq; iuris*, omnib. praxeos studiosis, aut in foro publicam rerum admini-

nistra-

nistrationem assumentibus admodum vtile ac necessarium, dedicaui illud clarissimo D. Carolo à Thysnac, equiti aurato, Pręsidi priuati consilii Regii, Thesaurario aurei velleris, &c. imprimendum tradidi Ioanni Bellero, qui illud Antuerpiæ excussit typis, anno Domini 1568. cum priuilegio Regio ad sexennium. Inde hunc commentarium multis additionibus locupletaui & typis destinatum prima occasione oblata emissurus sum, si Deus vitam dederit.

Elaboraui opus ad Theologiam & bonos mores pertinens, cui titulum feci *Paraneses Christianæ siue loci communes ex vtroque testamēto & variis autoribus*, &c. Hoc Antuerpiæ apud Ioannem Bellerum sub Aquila Aurea, anno 1571. impressum est, cū priuilegio Regio, ad annos duodecim: dedicatum vero à me est Gubernatori delegato Belgii Duci Albano, Ferdinando de Toleto, Marchioni de Coria, &c. Rursus idem opus impressum est in Italia Venetiis apud Ioannem Antonium Bertanum, anno D. 1572. in 6. forma, qui liber à me reuisus & cum multis appendicib. locupletatus, spectat nouam editionem, sicut idē liber trāslatus in linguā Gallicam, similiter & Flandricam typis paratus necessitate temporis supprimitur, alioqui omnino perfectus vt possit excudi.

Reliquus est adhuc liber inscriptus *Speculum conscientiæ* in lingua Latina, Gallica, & Flandrica, visitatus & admissus cum gratia & priuilegio in annos sex, sed adhuc à typographo Ioanne Bellero cui tradidi ante aliquot annos impressus non est, propter hæc vlcerata & maligna tempora, in quib. destructioni rerum potius, quam augmentationi aut conseruationi studetur; dedicatus est autem D Ludouico Requesino, magno Commendatori Castiliæ, ordinis equestris sancti Iacobi, Gubernatori Belgię nomine Regis Hispaniarum, &c.

IN LAVDEM LVCVBRATIONVM CLARISSIMI ET AMPLISSIMI IVRIS VTRIVSQVE DOCTORIS, ornatissimi Viri D. IODOCI DAMHOVDERII Brugensis, equitis aurati, quondam Cæsareæ, nunc Regiæ Hispaniarum Maiestatis Philippi à consiliis, atq; eiusdem Regis per totam Belgiam ærariæ œconomiæ, vel financiarum commissarii, carmen additum, autore ENNIO ELCHIONE Frisio.

SVnt qui villarum gaudent renouare ruinas,
Distinctis thalamis conclauia pulcra parantes,
Exstruere immensas ædes non tempore cessant.
Templa locant alii, turres cum mœnibus altas,
Castri diuersas species, molesq; superbas,
Aut ponunt Asia perductas orbe columnas:
Vel monumenta struunt laudato marmore celsa,
In quibus authoris relegetur carmine nomen.
Mille hominum species, hominum conamina mille,
Per quæ contendunt ad sydera spargere famam,
Vel saltem vitæ normam formare modestam.
Pluribus auxiliis qui publica commoda seruant,
Aut studiis augent, horum pars parua videtur.
Quamuis sint tales diuorum stemmate nati,
Et dici in terris terrestria numina possunt.
Nam Deus est quisquis mortales adiuuat arte.
Hæc dum contemplor, priscos video sapientes
Consensu magno palmas statuisse poetis,
Atque viris doctis, qui condunt publica scripta.
Hos laudant, horum factis insistere gaudent,
Qui reparant chartis rerum monumenta per æuum:
Hic labor insignis superat mortalia facta,
Et cunctis præstat conatibus atque labori,

Æter-

Æternumq́; decus fama per sæcula voluit.
Marmora Mæonius vincit, Maro ferrea vincla.
Ingenio & scriptis verissima vita paratur,
Cætera sed mortis Stygias voluuntur ad vndas.
Hæc bene perspectans naturæ dotibus amplus,
Ingenio magnus, rerum doctissimus vsu,
Vir Damhouderius non cessat premere digna
Perlectu monumenta, ferens vigilando labores
Continuos: genium fraudat, mensasque paratas,
Et sorti rerum, & vitæ defalcat vbique,
Quantumcunque potest horæ, vt lucretur opellas.
Hinc varios fœtus legum monumenta sacrarum,
Atque libros iuris conscripsit in ordine tali.
Primo tractauit Pupillis *atq́; minori*
Ætati quæ sint legalia iura tuendæ.
Moxque subhastandi *diuulgat iura fidemque.*
Hinc celebres Brugas *claris ornasse Camænis*
Vnus & è doctis multa cum laude refertur.
Addidit orando quæ gens Hispanica *Brugis*
Efficiat memoranda piis exempla bonorum.
Interea meditans scelerum deformia monstra,
Pellere de medio, Praxim *perfecit honestam,*
Vndique quâ possint depelli crimina rerum.
Hoc opus excellens in paruo corpore miras
Virtutes aperit, pariter defendit honores,
Iustitiæque decus, magis ense tuetur, & armis.
Hinc subit insignis labor, vtile ciuibus agmen
Litibus in variis monstrare perennia iura,
Ciuilesq́; bona distinguere voce querelas.
Sic Praxim rerum ciuilia *nomina habentem*
Edidit, exponens abstrusas legibus ansas.
Protinus absoluit, quod vasta in mole refertur
Immensi simile, & quod par est, iuris in arte.
Hoc manuale opus est, Enchiridion *atq́; vocatur.*
Collegit multos diuerso nomine libros,
Quos arcis seruat per motus temporis ergô.
Sed quærens multis prodesse errantibus vsu,
De recta morum vitæq́; via sine fraude:

Perpendit tales in verum ducere cursum;
Ergo opus eximium cunctis virtutibus adfert.
Communesq; locos *doctrinæ classibus auget.*
Vnde Parænetic on *cum dogmate vera mouendi*
Confecit, iungens Numi crudelia sceptra,
Nec minus atra feræ mortis certamina pingit.
Denique quo constet vitæ tutissima meta,
Pluribus expressit linguis speculum, quod adesset
Humanæ menti seu sit sibi conscia quæque.
Quod si præterea causarum respicis acta,
Officiumq; fidele suo Regi repetitum,
Et quibus ille suo vexetur tempore nobis,
Mirum clamabis, quo pacto talia scripta
Edidit oppressus variarum pondere rerum.
Id vigilans animi candor, studiumq; iuuandi
Discentes ingens, rerum cognitio certa,
Iudiciumque potens de cunctis artibus egit.
Neptuni tubicen, cuius pars infima cœtum,
Sed facies pars summa Deum maris indicat esse.
Serpentis medio Triton comprenditur orbe,
Qui serpens caudam reuoluto continet ore.
Facto, animoq; viros insignes, claraque gesta
Tollit, & ad cælos, & famam terminat astris.
Hinc Damhouderii sedem componit Olympo,
Et iubet æternum scriptis distendere nomen,
Quod lyra nũc resonat Bistonica plectra pererrãs.
Ingeminant Musæ cantu, calamisque sonoris:
Vt sicut incœpit pedibus felicibus ire,
Pergere persistat modo iustam fine coronam
Expectet palmis auro, lauroque decoram:
Quæ testis magno veniet laudata triumpho,
Iustitiæ tribuens victricia symbola cultæ.
In templis statuas, & in aris cerea ponat.

EIVSDEM IN LAVDEM AVCTORIS.

Ius Damhouderii studio propagatur in orbem,
Et quid iusticia est; barbara lingua sonat.
Cæsaribus ferro mortales flectere cessit
Praxibus ille nouis pectora cuncta regit.

Eiusdem.

Felix iusticiæ cultus felicia iura,
At Damhouderius præstat vtrunq; libris.

EPITAPHIVM NOBILISSIMÆ, & ornatissimæ Dominæ ac modestissimæ matronæ Lodouicæ Chantrainæ de Broussaultz, charissimæ ac optimæ coniugis D. IODOCI DAMHOVDERII, &c.

Respice Lodouicæ Chantrainæ marmora lector,
Cui pietate Deum cernere vita fuit
Improba vis morbi matronam morte peremit,
Hanc Damhouderio coniuge, reque probam.
Hæc nisi mortali sorti foret altera vitæ
Ianua perpetuæ, quis lacrymando modus?
Coniugis, at chara nunc perfert funera coniunx,
Quod puro cælo restituetur amor.
Virginis hæc diuæ Mariæ est tumulata sacrato
In templo Brugis, hic vbi nata fuit.
Ante pii Christi requiescit corpore corpus
Altisonam expectans, quæ excitet ossa tubam.

Anno Domini MDLXXV. Iunii XX. Bruxellæ obiit; & hinc translata Brugas.

ELENCHVS ELEMENTARIVS COMMENTARIORVM D. IODOCI DAMHOVDERII BRVGENSIS, EQVITIS AVRATI,

Iuris Pontificii, & Cæsarei Doctoris insignis, quondam Imperatori Carolo Quinto, nunc vero Philippo Regi à Consiliis, ac Commissis, in sua inferioris Germaniæ Financia, super Praxi rerum criminalium, memoratu digna in eisdem Commẽtariis contenta ditissimè demõstrans.

Prior numerus Caput: posterior Numerum sub quo ponitur, continet.

accu-

alea

assassi-

Blasphe-

carce-

citatus

confes-

Confisca-

diuina-

falsum

fiscus

hemi-

Incuriæ

inquisi-

Lin-

malefi-

Mor-

N

Cæte-

Cetera vide infra in litera V. in ver. Vsus.

Præsum-

Princi-

Q

R

Recu-

ſcribens

Reliqua habes ſupra in litera Q in verſicul. Quæſtio.

Verba:

Praxis rerum Criminalium D. IODOCI DAMHOVDERII Brugensis, Viri clariss. ac Iureconsulti doctiss. de Iure haud male meriti, finit feliciter.

Vt vino vendibili, iuxta prouerbium, non opus est suspensa hedera: sic nec vtile hoc opus eget commendatione: ipsum enim sese ostendit l. 1. ff. de rest. in integ.

FINIS.

www.ingramcontent.com/pod-product-compliance
Lightning Source LLC
LaVergne TN
LVHW080617300926
849162LV00005B/1185
* 9 7 8 1 5 8 4 7 7 5 6 0 7 *